전자회로 특론

Analysis and Design of
Electronic Circuits

조규형

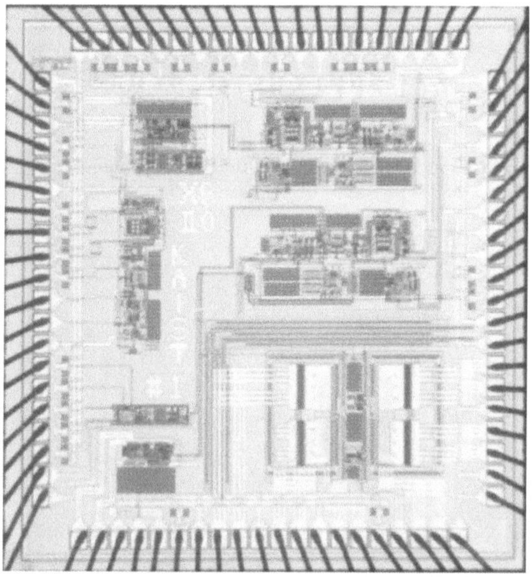

KAIST

홍릉과학출판사

머리말

Preface

전자공학을 전공하는 사람이라면 전자회로에 대한 개념을 꼭 파악할 필요가 있다. 요즘 디지털이 매우 발달한 시대이지만 디지털도 그 근본으로 들어갈수록 아날로그 회로개념을 더욱 필요로 한다. 우리 나라가 메모리 반도체에서 성공하였듯이 향후 비메모리 분야에서도 꽃을 피우기 위해서는 많은 수의 우수한 아날로그 엔지니어 배출이 절실히 요구되는 상황이다. 그러나 문제는 아날로그 회로의 기본인 전자회로를 대부분의 학생들이 난해하게 생각한다는 것이다. 그 결과로 대부분의 전자공학도들이 전자회로를 배우지만 제대로 회로를 이해하고 졸업하는 학생을 발견하기가 어려운 것이다. 이러한 현실에 대하여 도움이 되기를 바라는 마음에서 이 책을 출간하게 되었다.

이 교재는 KAIST 전기 및 전자공학과에서 지난 20 여년동안 학생들 특히 석사과정을 대상으로 강의해 온 내용을 정리한 것이다. 학부에서 전자회로 I, II를 수강한 학생들을 대상으로 하고 있지만 대부분 그 기초가 약하기 때문에 이 교재의 내용은 회로해석의 처음부터 다시 시작하고 있다. 이 교재는 학생들로 하여금 전자회로의 기본 개념을 확실하게 다지도록 하는 데 도움을 줄 것이다.

전자회로에 관하여 기술한 대부분의 교재들이 주어진 회로에 대해서 등가회로를 그려 수식을 정리하고 풀어서 해를 구하는 방법을 사용하고 있다. 그러나 이러한 방법만으로 회로를 바라보려 하는 것은 한계가 있다. 왜냐하면 회로가 복잡해짐에 따라 난이도가 크게 증가하기 때문이다. 따라서 이미 주어진 어떤 회로에 대한 해석은 가능하겠지만 설계의 관점에서 볼 때는 적합한 방법이라고 할 수 없다. 주어진 회로에 대한 해석은 한 가지 해답을 구하는 문제이지만 설계는 수 많은 해답이 존재하는 상황에서 적절한 해를 선택하는 문제이기 때문이다. 또한 대부분의 경우 최적의 해는 존재하지 않는다. 이런 경우는 좋아지고 저런 경우는 나빠지는 변수들이 혼재하는 상황에서 적절한 타협을 통하여 하나를 결정해야 하는 것이 설계의 문제이다. 따라서 설계를 가능하게 하기 위해서는 근사화를 잘 할 수 있어야 한다. 아날로그 회로를 잘하기 위한 핵심은 근사화를 얼마나 잘 할 수 있느냐에 있다고 말해도 과언이 아니다. 근사화를 잘하기 위해서는 무엇이 중요하고 그렇지 않은지 하는 개념을 잘 파악해야 한다.

회로에 대한 개념을 잘 파악하기 위해서는 기본원리에 대한 기초가 충실해야 한다. 기본원리를 수식으로 파악하는 데 그치지 않고 개념적으로 파악하는 것 또한 매우 중요하다. 기초가 충실하지 않으면 사상누각과 같아서 창의적인 설계를 할 수 없다. 기본원리에 대한 기초를 충실하게 하기 위해서는 한 가지 과제에 대해서 해답을 구하는 과정이 한 가지만 존재하는 것이 아니라 다양한 경로가 존재함을 이해해야 한다. 목표는 동일하지만 길이 다른 다양한 경로를 철저하게 파헤쳐서 여러 각도에서 대상을 바라보고 이해하였을 때 사고의 폭이 넓어지게 되며 비로소 완전히 이해할 수 있게 된다. 이런 과정을 통하여 튼튼한 기초가 닦여지는 것이다. 이 교재는 새로운 방법으로 기본원리를 확실하게 이해하고 기초를 충실하게 다지는 것을 목표로 하고 있다. 근사화의 중요성에 대해서 강조하고, 등가회로를 그려서 회로를 이해하기 보다는 근사화를 통하여 복잡한 회로를 바로 한 눈에 파악하는 방법을 제시하였다. 이렇게 해야 비로소 설계가 가능해 지는 것이며, 설계가 자유자재로 될 수 있어야 창의적인 설계가 나오게 되는 것이다.

전자회로의 기본원리를 효과적으로 이해하기 위해서는 바이폴라 트랜지스터로 구성된 회로가 MOS 트랜지스터 회로보다 더 좋다. 왜냐하면 MOS 회로는 입력저항이 매우 크기 때문에 각각의 증폭단이 쉽게 분리될 수 있어서 문제가 단순해지기 때문이다. 이와는 대조적으로 바이폴라 트랜지스터의 경우는 단순하지가 않다. 입력 임피던스가 충분히 크지 않아서 여러 단이 연결되는 경우에 이웃하는 두 단이 서로 영향을 주기 때문이다. 여기에 바이어스 저항과 부하저항이 연결되면 회로가 복잡하게 느껴지는데, 이와 같이 복잡한 상황이 오히려 회로에 대한 다양한 경험과 이해를 확고히 하는 데 도움이 된다. 이 책에서는 바이폴라 회로와 MOS 회로를 모두 다루고 있다. 그러나 위와 같은 이유로 회로의 기본원리를 깊이 이해하도록 하기 위해서는 바이폴라 트랜지스터와 저항으로 구성된 회로의 예를 많이 들어 설명하였다.

이 책을 공부하다 보면 다른 교재들과는 다른 점을 많이 발견하게 될 것이다. 다른 교재에서 발견할 수 없는 새로운 사실들은 저자가 다년간의 경험과 발견을 통해서 체득한 내용들을 정리해 놓은 것들이다. 여기에서 각 장 별로 내용을 간략히 요약하면 다음과 같다.

제1장은 바이폴라 트랜지스터와 MOS의 기초에 대해서 설명하였다. 회로를 이해하기 위해서 최소한으로 꼭 필요한 만큼만 기술하였다.

제2장은 증폭기의 소신호 해석방법, 다단 증폭기의 이득을 쉽게 구하는 방법에 대하여 기술하였다. 여기에서 제시하는 방법은 기존 교재들에서 다루는 방법과는 다른 새로운 방법이며 저자가 오래 전에 발견한 내용을 간결하게 정리한 것이다.

제3장은 차동증폭기와 왜율에 대해서 기술하였다. 바이폴라와 MOS를 비교하여 기술하였으며, 차동증폭기의 CMRR을 구하는 방법, 왜율을 구하는 방법 등에서 타

교재와는 다른 점을 느낄 수 있을 것이다.

제4장은 증폭기의 주파수 특성에 대해서 다루었다. 여기에서도 에미터 폴로워의 주파수 특성, 에미터 저항을 가진 CE 증폭기의 주파수특성을 구하는 방법 등에서 특이점을 발견할 수 있을 것이다.

제5장은 부귀환 증폭기의 내용을 다루었다. 부귀환은 전자회로를 이해하는 데 핵심적인 요소이며 매우 중요한 개념이다. 그럼에도 불구하고 학생들이 가장 어려워하는 내용이기 때문에 배우고 나서도 이해하는 사람이 별로 없다는 것이다. 이 교재에서는 이런 문제에 대해서 근본적인 해결방법을 제시하고자 노력하였다. 즉, 기존의 교재들에서 다루는 방법과는 전혀 다른 새로운 접근방법으로 부귀환 문제를 다루었다. 기존의 방법은 부귀환을 네 가지 기본형태로 각각 구분하여 설명하고 있는 바 본 교재에서는 네 가지를 서로 구분하지 않고 모두 한 가지로 통합하여 설명하는 통일적인 방법을 제시하였다. 루프이득을 쉽게 구할 수 있는 방법을 제시하였으며, 임피던스가 증가하고 감소하는 현상이 모두 밀러효과에 의한 것임을 밝히고 일반화를 통하여 회로의 구조로부터 바로 파악할 수 있는 방법 등을 제시하였다.

제6장은 부귀환 증폭기의 안정도에 대해서 다루었다. 수동보상기와 능동보상기의 개념을 설명하고, 이러한 보상기를 사용하여 대역폭을 조정하면서 위상여유를 확보하여 안정도를 높이기 위해서 보드 선도를 이용하여 설계하는 방법에 대해서 상세히 설명하였다.

제7장은 전류원과 그 응용으로 밴드갭 기준전원에 대해서 다루었다. 다른 교재와는 다르게 이 내용을 이와 같이 뒤에서 다룬 이유는 전류원을 구성하는 회로가 간단한 것처럼 보이지만 사실은 부귀환을 확실하게 이해한 후에야 비로소 정확하게 체득할 수 있기 때문이다. 캐스코드 구조에 대한 분석 등에서 타 교재와는 다른 차이점을 발견할 수 있을 것이다.

제8장은 연산증폭기에 대해서 다루었다. 바이폴라를 이용한 구조로는 Op-앰프의 예를 들어 설명하였으며, 단순한 해석을 넘어 설계자의 관점에서 바라보면서 회로를 설계한 배경을 설명하려고 노력하였다. MOS 회로로는 기본적인 2단 증폭기에 대해서 설명하였다. 여기에서도 타 교재와는 다른 접근 방법을 제시하였다.

제9장은 위상동기루프(PLL)에 대한 내용이다. 기본적인 동작원리와 루프필터의 설계방법에 대해서 제6장에서 제시한 보상기의 개념을 사용하여 간략하게 기술하였다.

옛말에 '물고기를 잡아서 주면 한끼를 먹고, 물고기 잡는 방법을 가르쳐주면 평생을 먹고 산다'라는 말이 있다. 이와 유사한 이야기를 여기에서도 할 수 있다. '주어진 회로를 이해하는 것보다 더 중요한 것은 생각하는 방법을 배우는 것이라고.' 이 교재도 시종일관 이런 맥락에서 작성하려고 노력하였으며, 단순한 해석을 넘어 설계를 중시하는 관점에서 기술하였다. 독자들도 이 교재를 통해서 대상을 이해하는 차원에 머물지 않고 사고하는 방법을 배우려고 노력한다면 소기의 성과를 얻을 것이라고 생각한다.

이 책이 나오기까지 많은 사람들로부터 도움을 받았다. 특히 지금은 은퇴하셨지만 은사이신 박송배 교수님께 깊이 감사를 드린다. 이 분이 아니었으면 오늘의 저자는 존재하지 않았을 것이다. 그리고, KAIST 전자공학과 회로설계 및 시스템응용연구실 석박사과정 재학생 및 졸업생들에게도 감사를 드린다. 이 책이 나오기 까지는 이들의 도움이 매우 컸다. 이 외에도 이름을 열거할 수 없지만 많은 이들의 도움이 있었으며 그 분들께 깊이 감사를 드린다.

마지막으로 이 책의 내용에 대한 건의사항이 있거나 혹은 오류가 발견된다면 홈페이지 www.circuit.kaist.ac.kr의 독자투고란을 통하여 연락 바랍니다.

저자 조 규형

차 례

Contents

01 능동소자의 모델링

서 론

전자회로를 해석하거나 설계함에 있어서 목표로 하는 회로의 동작특성을 파악하기 위해서는 먼저 회로를 구성하는 능동소자에 대하여 적절한 모델을 구현하는 것이 꼭 필요하다. 개략적인 설계나 해석을 위해서는 간소화된 모델을 사용하는 것이 편리하며 좀 더 정확한 특성을 알기 위해서는 복잡한 모델을 도입해서 컴퓨터를 이용하여 해를 구할 수 있다.

설계자의 입장에서는 정확하고 복잡한 모델보다는 간단화한 모델을 사용하는 것이 유용한 일이나, 이런 경우에도 사용하는 모델이 실제와 다를 수 있는 한계 상황은 대략 파악하고 있어야 한다. 대부분의 경우에 소자 자체의 구조와 집적회로의 연결방법, 항복전압, 기생소자, 점유면적, 전력 소모, 매칭의 정확도 등등을 모르는 채 의미 있고 유용한 회로를 설계할 수는 없다. 회로의 설계는 가급적 간단화한 방법으로 하되 소자가 동작하는 한계상황을 잘 파악하고 대처하는 것이 중요하다고 할 수 있다.

이 장에서는 바이폴라와 MOS 트랜지스터에 대한 물리적인 특성과 모델링에 대해서 언급하고자 한다. 그러나 이 책에서는 이러한 소자들의 물리적인 특성에 대해서 심도 있게 다루지는 않는다. 회로의 해석과 설계를 위해서 개념파악에 필요한 기본지식을 전달하는 선에서 언급하고 있으며 좀 더 깊이 있는 내용이 필요한 경우에는 소자의 물성에 관한 다른 교재를 참고하기 바란다.

1.1 바이폴라 트랜지스터

바이폴라 트랜지스터의 대신호 또는 DC 특성에 대해서 살펴보기로 한다. 그 중에서도 NPN 트랜지스터를 위주로 근사화한 모델을 사용하여 능동영역에서의 동작특성을 파악하여 보기로 한다.

능동영역에서의 DC 특성

전형적인 NPN planar 트랜지스터의 구조는 그림 1.1에 보이는 바와 같다. 에미터(E), 콜렉터(C), 베이스(B)에서 불순물의 첨가 농도는 실제에 있어서 일정하지 않고 표면에서부터 깊이 방향으로 달라지게 된다 [부록 1A 참조]. 하지만 이러한 현상까지 고려하게 되면 너무 복잡하므로 에미터, 콜렉터 및 베이스에서 각각 일정한 농도를 가정하여 계산하는 것이 근사 방법이며 이렇게 하더라도 소자의 특성을 파악하는 데 많은 도움이 된다.

각 영역에서 일정한 불순물 농도를 가정한다면 능동영역에서 동작하도록 외부에서 바이어스 전압을 인가하였을 때 캐리어(carrier) 분포는 그림 1.2에 보이는 바와 같이 도시 될 수 있다. 여기에서 베이스-에미터간 접합은 순방향으로, 콜렉터-베이스간 접합은 역방향으로 걸려 있다. 따라서 베이스-에미터간 공핍 구간은 좁고 콜렉터-베이스간 공핍 구간은 넓게 표시되어 있다. 평형상태에서의 다수 캐리어 농도는 에미터가 가장 높고, 다음은 콜렉터이며 그리고 마지막으로 베이스가 가장 낮은 것이 일반적이다.

하나의 예로 에미터, 베이스, 콜렉터에서의 다수 캐리어 농도가 각각

$$n_E=10^{18}\text{개/cm}^3,\ p_B=10^{15}\text{개/cm}^3,\ n_c=10^{16}\text{개/cm}^3$$

인 트랜지스터를 생각할 수 있다. 물론 트랜지스터에 따라 다르게 도핑될 수 있으며

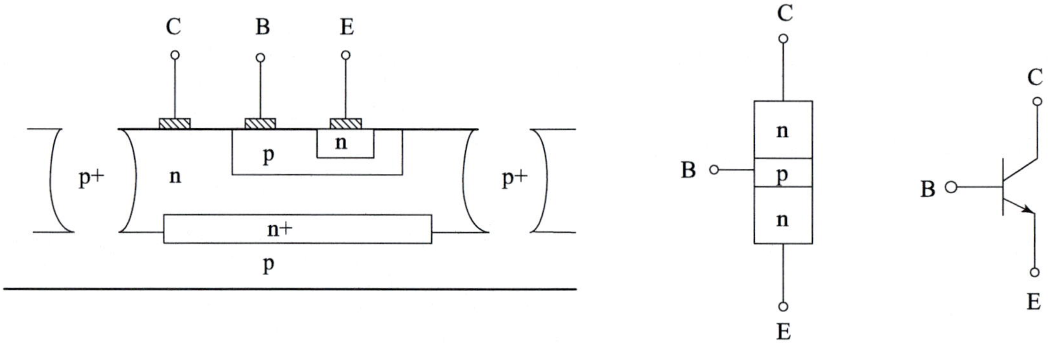

그림 1.1 전형적인 NPN 트랜지스터의 구조 및 기호

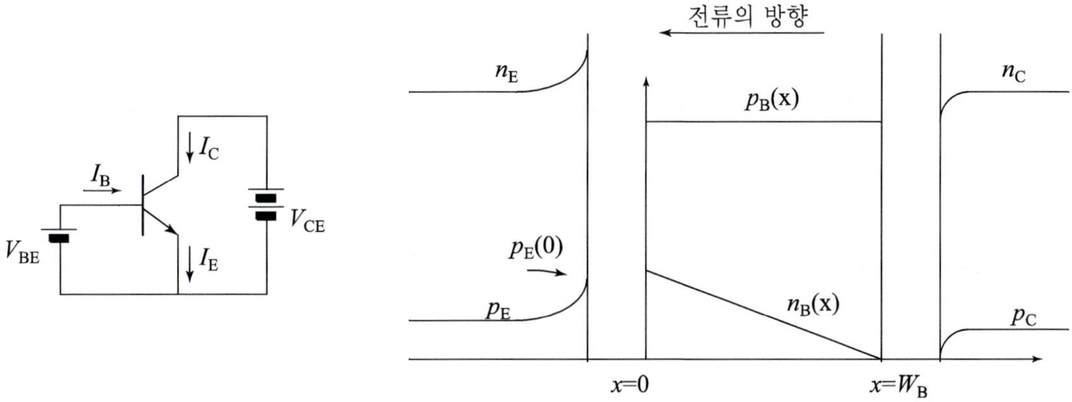

그림 1.2 순방향 능동영역에서의 캐리어 분포

캐리어 농도가 달라지면 소자의 특성도 달라지게 된다. 이런 정도의 불순물이 첨가된다면 얼마만큼의 밀도인지를 이해하기 위해서 Si 결정에서의 단위부피당 원자수(S)를 알아보면 단위부피 1cm^3 당

$$S=10^{22}\text{개/cm}^3$$

정도가 된다. 따라서 위의 예에서 보인 바와 같이 에미터에서의 불순물 농도가 상당히 높다고 하여도 실리콘 원자 일 만개 당 불순물이 한 개씩 들어가 있는 셈이 된다.

상온에서 불순물이 전혀 첨가되어 있지 않은 순수 실리콘 결정의 진성 반도체(intrinsic semiconductor) 내에서도 미약하지만 자유전자와 홀이 존재하게 된다. 이런 상황에서의 자유전자(free electron)와 홀의 농도는

$$n_i=p_i=10^{10}\text{개/cm}^3$$

와 같은 값으로 주어진다고 알려져 있으며, 불순물이 첨가되는 경우에도 상온 평형 상태에서는

$$np=n_i p_i=n_i^2=10^{20}[\text{개/cm}^3]^2$$

의 관계를 유지하게 된다. 따라서 이런 조건을 적용한다면 위의 예에서 주어진 에미터, 베이스, 콜렉터에서의 소수 캐리어 농도는 상온에서 각각

$$p_E=10^2\text{개/cm}^3,\ n_B=10^5\text{개/cm}^3,\ p_C=10^4\text{개/cm}^3$$

가 됨을 알 수 있다. 따라서 이런 상황을 로그 눈금(logarithmic scale)으로 표시하여 세로축으로 나타낸 것이 그림 1.2이다.

도핑 농도가 낮으면 저항이 증가하게 되며, 큰 전류가 흐를 때에는 여기에서 전압 강하가 커지게 되어 문제가 된다. 특히 이런 문제는 콜렉터 영역에서 주로 발생하게

되는데 실제 트랜지터에서는 이런 문제를 해결하기 위하여 수직방향의 베이스 경계로부터 일정 깊이의 콜렉터(deep collector) 영역을 고 도핑 영역(buried layer 첨가)으로 제작하게 된다[부록 1A 그림 참조].

그림 1.2는 순방향 능동영역에서의 캐리어 분포를 나타낸 그림인데 베이스와 에미터 공핍층이 만나는 점(x=0)에서의 캐리어 농도는 베이스와 에미터 사이에 순방향 전압 V_{BE} 를 인가할 때 근사적으로 다음과 같이 주어진다.

$$n_B(0) = n_{B0} \exp\left(\frac{V_{BE}}{V_T}\right) \tag{1.1}$$

여기에서 $V_T = kT/q$ 이며 크기는 상온에서 26 mV이고, n_{B0} 는 $V_{BE} = 0$ 일 때 평형 상태에서 베이스 영역에서의 소수 캐리어 농도이다.

한편 베이스와 콜렉터 공핍층이 만나는 점(x=W_B)에서는

$$n_B(W_B) = n_{B0} \exp\left(\frac{V_{BC}}{V_T}\right) \approx 0 \tag{1.2}$$

이 된다. 여기에서 V_{BC}는 순방향 능동 영역에서 음의 값을 가지고 크기는 V_T 보다 훨신 크다고 가정한 것이다. 이와 같은 상태에서 베이스 중간영역($0 < x < W_B$)에서의 캐리어 분포는 베이스 폭(W_B)이 통상 1μm이하로 매우 짧기 때문에 그림처럼 두 점을 잇는 직선으로 근사화 할 수 있다.

여기에서 한 가지 참고할 사항은 식 (1.2)와 같은 근사화는 저준위 주입(low level injection) 조건에서만 성립한다는 사실이다. 즉 에미터에서의 베이스로 유입된 x=0인 지점에서의 소수 캐리어 농도가 평형상태에서 베이스에서의 다수 캐리어 농도(이 경우는 p_{B0})보다는 작다는 조건이 저준위 주입 조건이다. 이런 조건을 벗어난 고준위 주입(high level injection) 조건에서는 베이스 폭이 콜렉터 쪽으로 확장되는 효과(kirk 효과)가 있다. 이런 경우에는 베이스 영역에서의 소수 캐리어 분포도 비선형적으로 바뀌게 되어 주파수 특성과 전류 이득이 빠른 속도로 감소하게 된다[부록 1B 참조].

저준위 주입조건에서 베이스내 소수 캐리어의 선형적인 근사화는 베이스 영역에서의 재결합에 의한 소멸이 매우 작다는 다른 하나의 사실을 필요로 한다. 재결합 소멸의 효과를 고려에 넣는 경우에는 실제 그림이 직선보다 약간 아래쪽으로 휘어진 곡선이 될 것이다.

에미터 영역에서 다수 캐리어가 베이스 영역으로 주입되게 되면 베이스 영역에서는 소수 캐리어가 되며, 이 캐리어 농도가 베이스 영역에서 선형적인 기울기를 가지게 되므로 농도차이에 의한 확산(diffusion)이 일어나게 된다. 이렇게 확산되는 베이스 영역에서의 소수 캐리어는 콜렉터 쪽으로 빠져나가게 되며, 이것이 콜렉터 전류의 주 성분이 된다. NPN 트랜지스터의 예를 들면 베이스 영역에서의 소수 캐리어는 에미터로부터 주입된 전자가 되며, 전자에 의한 단위면적당 확산전류밀도(diffusion current density)는

$$J_n = qD_n \frac{d\,n_{\mathrm{B}}(x)}{d\,x} \tag{1.3}$$

와 같이 주어지게 된다. 여기에서 D_{n}은 전자의 확산상수이다. 이 식은 베이스 내에서의 확산전류밀도가 전자농도의 기울기에 비례함을 보이고 있다. 따라서 선형적인 기울기를 가정하여 식 (1.1) ~ 식 (1.3)을 다시 정리하면

$$J_n = -qD_n \frac{n_{\mathrm{B}}(0)}{W_{\mathrm{B}}} \tag{1.4}$$

와 같이 표시된다. 따라서 여기에서 콜렉터 전류의 크기는 콜렉터의 단면적을 A라 할 때

$$I_{\mathrm{C}} = qAD_n \frac{n_{\mathrm{B}}(0)}{W_{\mathrm{B}}} \tag{1.5}$$

와 같이 표시된다. 식 (1.4)에서 음의 부호는 전류의 흐름이 전자의 운동과 반대방향임을 의미하므로 콜렉터로 유입되는 전류를 정(+)의 방향으로 설정하면서 식 (1.5)에서는 제거 하였다. 따라서 식 (1.1)과 (1.5)로부터

$$I_{\mathrm{C}} = \frac{qAD_{\mathrm{n}}n_{\mathrm{B0}}}{W_{\mathrm{B}}} \exp\left(\frac{V_{\mathrm{BE}}}{V_{\mathrm{T}}}\right) \tag{1.6}$$

$$= I_{\mathrm{S}} \exp\left(\frac{V_{\mathrm{BE}}}{V_{\mathrm{T}}}\right) \tag{1.7}$$

와 같이 된다. 여기에서 I_{S}는

$$I_{\mathrm{S}} = \frac{qAD_n n_{\mathrm{B0}}}{W_{\mathrm{B}}} \tag{1.8}$$

인데 이것을 포화전류(saturation current)라고 부르며, 능동영역에서 트랜지스터의 전류특성을 결정짓는 하나의 파라미터라고 생각할 수 있다.

베이스 전류 I_{B}는 두 가지 성분으로 구성되어 있다. 하나는 에미터로부터 주입된 소수 캐리어와 베이스 영역에서의 다수 캐리어가 베이스 영역에서 재결합하여 소멸하는데 따른 재결합전류(recombination current)이고, 다른 하나는 NPN 트랜지스터의 경우 베이스 영역에서의 다수 캐리어인 홀이 에미터 영역으로 주입되는 데에 따른 주입전류(injecion current)이다.

먼저 재결합전류 성분을 살펴보면 이 전류는 에미터로부터 베이스에 주입되어 베이스 내에 머물고 있는 소수 캐리어의 총 전하량(Q_{B})에 비례하며, 베이스 영역에서 소수 캐리어의 평균수명(life-time) τ_{b}에 반비례한다. 따라서 재결합 전류(I_{B1})는 베이스 영역의 소수 캐리어가 형성하는 총 전하량을 평균수명으로 나눈 값으로 주어지게 되며 그림 1.2로부터

$$I_{B1} = \frac{Q_B}{\tau_b} = \frac{\frac{1}{2} n_B(0) W_B qA}{\tau_b} \tag{1.9}$$

와 같이 표시될 수 있다. 이 전류는 베이스 영역에서 소수 캐리어와 재결합으로 소멸되어 없어지는 양 만큼 추가로 공급되어야 할 다수 캐리어(NPN에서는 홀) 전류를 의미하게 된다. 위 식을 또 식 (1.1)을 이용하여 다시 정리하면

$$I_{B1} = \frac{1}{2} \frac{n_{B0} W_B qA}{\tau_b} \exp\left(\frac{V_{BE}}{V_T}\right) \tag{1.10}$$

와 같이 된다.

다음으로 베이스영역에서의 다수 캐리어가 에미터로 주입되는 전류로서 NPN 트랜지스터에 있어서는 이와 같은 홀 전류가 베이스 전류의 대부분을 차지한다. 이 전류는 에미터로 주입된 뒤에는 에미터 영역에서 재결합으로 모두 소멸된다. 따라서 이 전류의 크기는 NPN에서 홀이 접합부 근처의 에미터 경계에서 내부영역으로 진행하다가 소멸함에 따른 기울기에 비례하는 값으로 표시될 수 있다. 즉,

$$I_{B2} = \frac{qAD_P}{L_P} p_E(0) \tag{1.11}$$

가 된다. 여기에서 D_P는 홀의 확산 상수이고, L_P는 에미터에서의 평균 확산거리이다. 이 전류에 관한 식은 콜렉터 전류의 식과 유사한 형태임을 알 수 있다. 여기에서 에미터에 주입된 홀의 에미터 접합부에서의 농도 $P_E(0)$는 식 (1.1)과 유사하게 표현되며

$$p_E(0) = p_{E0} \exp\left(\frac{V_{BE}}{V_T}\right) \tag{1.12}$$

와 같이 된다. 여기에서 p_{E0}는 평형상태에서 에미터 영역의 홀 농도를 의미하며, 만일 에미터 역역에서의 불순물 도우너(donor) 원자 농도를 N_D라 한다면

$$p_{E0} \cong \frac{n_i^2}{N_D} \tag{1.13}$$

와 같이 표시 될 수 있다. 이 식으로부터 에미터의 불순물 농도를 베이스에 비하여 매우 높게 해주면 p_{E0}가 매우 작아지게 되어 I_{B2}를 작게 할 수 있음을 알 수 있다. 따라서 주입전류를 식 (1.11) – (1.13)으로부터 다시 정리하면

$$I_{B2} = \frac{qAD_P}{L_P} \frac{n_i^2}{N_D} \exp\left(\frac{V_{BE}}{V_T}\right) \tag{1.14}$$

가 된다. 그러므로 총 베이스 전류는 재결합전류 I_{B1}과 주입전류 I_{B2}의 합으로 표시되어

$$I_B = I_{B1} + I_{B2} = \left(\frac{1}{2}\frac{n_i^2}{N_A}\frac{W_B qA}{\tau_b} + \frac{qAD_p}{L_p}\frac{n_i^2}{N_D}\right)\exp\left(\frac{V_{BE}}{V_T}\right) \tag{1.15}$$

이 된다.

따라서 위와 같이 주어지는 콜렉터 전류와 베이스 전류의 비를 순방향 전류이득 β_F라 할 때 식 (1.6)과 식 (1.15)로부터

$$\beta_F = \frac{I_C}{I_B} = \frac{1}{\dfrac{W_B^2}{2\tau_b D_n} + \dfrac{D_P}{D_n}\dfrac{W_B}{L_P}\dfrac{N_A}{N_D}} \tag{1.16}$$

와 같이 표시될 수 있다. 여기에서 N_A는 베이스 영역에서의 불순물인 억셉터(acceptor) 원자 농도이며 $n_{P0} \cong n_i^2/N_A$의 관계를 적용하였다. 이 식으로부터 β_F를 증가시키기 위해서는 베이스폭 W_B를 줄이고, 에미터 베이스간 도우핑 농도비 N_D/N_A를 크게 하여야 함을 알 수 있다.

한편, 빠른 스위칭을 필요로하는 스위칭용 트랜지스터에 있어서는 턴오프(turn-off) 시에 베이스내 잔류 소수 캐리어를 짧은 시간내에 제거하기 위하여 베이스 내에 재결합 센터로 작용하는 불순물을 도핑하거나 혹은 고에너지 전자폭격으로 결정격자의 결함을 의도적으로 유발시켜 τ_b를 줄여주는 방법을 사용하기도 한다. 이런 경우에 있어서는 식 (1.16)에서 보는 바와 같이 τ_b가 작아지면서 β_F도 함께 작아질 수 있다.

여기에서 또 에미터 전류와 콜렉터 전류와의 관계를

$$I_C = \alpha_F I_E = \alpha_F (I_C + I_B) \tag{1.17}$$

와 같이 정의할 경우에 α_F는

$$\alpha_F = \frac{\beta_F}{1+\beta_F} \cong \alpha_T \gamma \tag{1.18}$$

로 놓을 수 있으며 식 (1.16)과 식 (1.18)로부터 다시 정리하면

$$\alpha_T = \frac{1}{1+\dfrac{W_B^2}{2\tau_b D_n}}, \qquad \gamma = \frac{1}{1+\dfrac{D_P W_B N_A}{D_n L_p N_D}} \tag{1.19}$$

와 같이 표시 될 수 있다. 식 (1.18)식에서 $\alpha_F \cong \alpha_T\gamma$의 관계는 β_F가 충분히 큰 경우에 성립한다. 여기에서 α_T는 에미터에서 베이스로 주입된 캐리어가 베이스를 지나 콜렉터에 도달 될 때까지 재결합으로 소멸되지 않고 건너갈 수 있는 비율을 나타내는 인자로서 베이스 수송인자(base transport factor)라고 부르며, γ는 에미터 주입능률(emitter injection efficiency)이라 칭하고 에미터에서 베이스로 주입되는 전자 전류(NPN 트랜지스터 일 때) 성분을 총 에미터 전류의 비율로 나타낸 값이다. W_B가 작고 τ_b가 길면 α_T는 1에 근접하게 되고, N_D를 크게 하고 N_A와 W_B를 작게 하면 γ가 1에

근접하게 된다. 두 값이 모두 1에 근접하면 β_F가 큰 값을 가지게 된다.

역방향 능동영역

콜렉터와 에미터를 서로 뒤바꾸어 사용하는 일은 자주 나타나는 일은 아니다. 그러나 설계자가 의도하지 않은 상황에서 간혹 나타나는 경우가 있다. 또, 트랜지스터를 사용하여 교류신호를 스위칭 한다든지 하는 상황에서도 이런 현상이 나타나게 된다. 역방향 능동영역에서의 전류 이득은 β_R로 표시하며 이것에 관한 표시식은 식 (1.16)으로부터 쉽게 유추할 수 있다. 이 식에서 분모의 첫째 항은 순방향 능동영역에서와 동일하며 둘째 항보다 훨씬 작은 값이 되므로 무시할 수 있게 된다. 따라서 β_R은 대략

$$\beta_R \approx \frac{D_n L_p N_D}{D_p W_B N_A} \tag{1.20}$$

와 같이 근사화가 가능하다. 여기에서 L_p와 N_D는 콜렉터 영역에서의 값이므로 에미터 영역에서의 값과는 크게 다르게 된다. 일반적으로 에미터 영역에서의 도핑 농도는 주입 효율을 높이기 위하여 가급적 크게 하지만 콜렉터측에서는 V_{CE}를 높이기 위하여 의도적으로 작게 한다. 따라서 β_R은 많은 경우에 10보다 작은 값을 가지게 되며 내압이 높을수록 더 작아진다. 또한 콜렉터 도핑농도가 낮은 경우에는 콜렉터측에서의 저항성분이 증가하여 전류가 흐를 때 전압강하가 증가하게 되므로 앞에서 언급한 바와 같이 이 문제를 극복하기 위하여는 콜렉터 영역 저변에 고 도핑영역을 넣어주는 방법을 사용한다.

트랜지스터의 대신호 모델

이상과 같은 결과로부터 트랜지스터의 순방향 능동영역에서 바이어스 회로계산에 사용될 수 있는 대신호 모델은 그림 1.3에 보이는 바와 같다. 이 모델에서 베이스 에미터간 접합부는 일반 다이오드 대신 제너(zener) 다이오드로 표시되어 있다. 그 이유는 에미터 도핑 농도가 높기 때문에 에미터 베이스간 역방향 항복전압이 콜렉터 베이스간 항복전압보다 낮고 일반적으로 대략 5 V에서 10 V범위에 있기 때문이다.

특히 에미터 베이스간의 역방향 제너 특성은 간과하기 쉬운 부분으로서 타이밍 회로나 스위칭 회로 설계시에 특히 문제를 야기 할 수 있으므로 기억할 필요가 있다. 한편 베이스 에미터간의 순방향 특성은 제너 다이오드나 일반 다이오드가 크게 다르지 않으므로 동일하게 생각하여도 무방하다. 단, 이와 같은 등가회로에서 베이스 분포저항은 무시하여 근사화하였고 콜렉터측도 단순히 전류원으로만 표시하였으나 이것 역시 근사적인 것이다. 콜렉터 항복전압은 집적회로 프로세스(process)에 따라서 다르며 수십 V에서 수백 V에 이를 수도 있다.

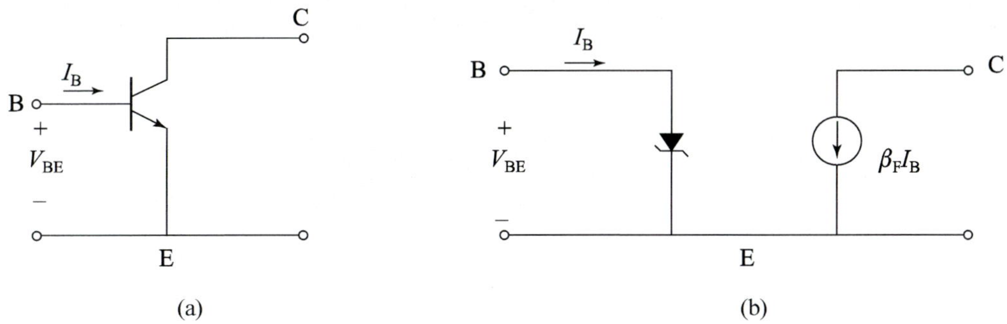

그림 1.3 NPN 트랜지스터의 대신호 모델

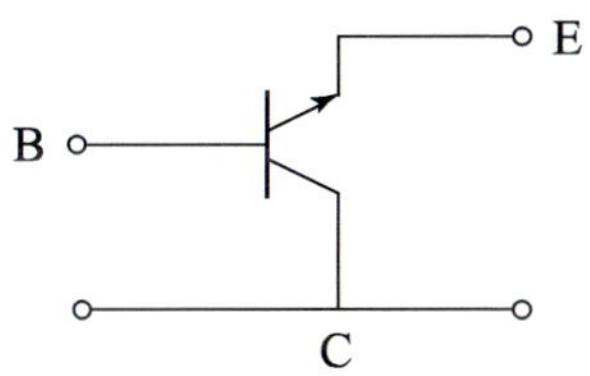

그림 1.4 콜렉터와 에미터를 바꾸어 놓은 역방향 능동 회로

Early 효과와 콜렉터 항복 전압

콜렉터와 베이스간의 PN접합은 능동영역에서 역방향으로 걸려있게 된다. 따라서 이상적인 트랜지스터라고 한다면 콜렉터 전압이 변화하여도 콜렉터 전류의 크기는 거의 변하지 말아야 한다. 그러나 실제에 있어서는 어느 정도 영향을 주게 되는데 그 이유는 주로 그림 1.5에 보이는 바와 같이 콜렉터 전압이 변화하면 콜렉터 베이스간의 공간 전하 영역이 변하면서 베이스 폭이 영향을 받기 때문이다. 그림 1.5에 보이는 바와 같이 콜렉터 전류 곡선을 V_{CE}의 반대 방향으로 연장시키면 대략 한 점에서 만나게 되는데 이점을 Early 전압이라 부르며 V_A로 표시한다.

콜렉터 전압과 전류의 관계에 있어서 능동영역에서 미소 변위 ΔV_{CE}에 대한 ΔI_C의 관계는 해당 직선의 기울기를 나타내게 되며

$$V_A = \frac{I_C}{\dfrac{\Delta I_C}{\Delta V_{CE}}} \tag{1.21}$$

로 표시할 수 있다. 식 (1.6)으로부터 I_C는

$$I_C = K\frac{1}{W_B} \tag{1.22}$$

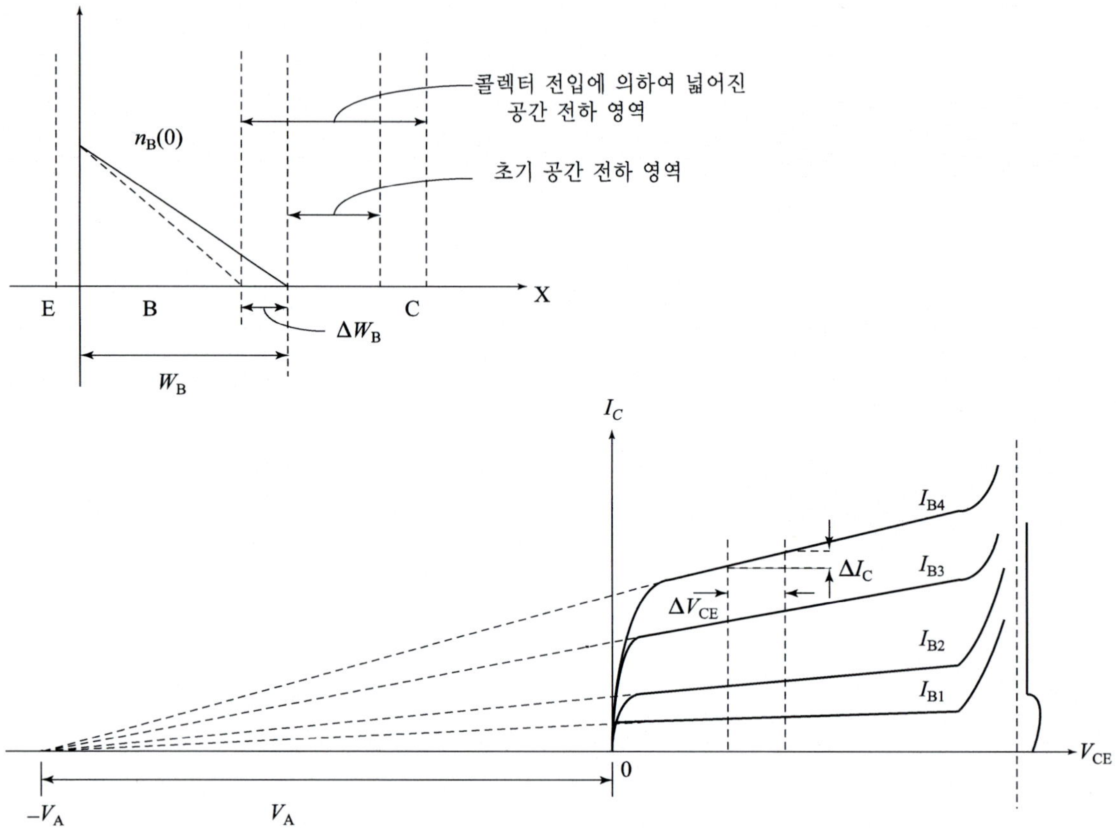

그림 1.5 콜렉터 전압의 변화에 따른 콜렉터 전류의 변화

와 같이 W_B에 반비례하므로 ΔI_C는

$$\Delta I_C = \frac{dI_C}{dW_B} \cdot \Delta W_B \tag{1.23}$$

와 같이 놓을 수 있으며, 따라서 식 (1.22)로부터

$$\Delta I_C = -\frac{I_C}{W_B} \cdot \Delta W_B \tag{1.24}$$

와 같이 된다. 그러므로 식 (1.21)과 식 (1.24)로부터 아주 작은 변화분을 생각한다면

$$V_A = -W_B \frac{dV_{CE}}{dW_B} \tag{1.25}$$

와 같이 표시가 가능함을 알 수 있다. 이 값은 I_C와 무관하게 주어지는데 대부분의 회로설계시에 그와 같이 근사화한다 (그렇지만 실제에 있어서는 I_C의 함수로 어느 정도 영향을 받는다). 일반적인 집적회로 공정에서 바이폴라 트랜지스터의 얼리전압은 대략 수십 V에서 100 V 전후의 값을 가지는 것이 보통이다. 또한 식 (1.21)으로부터 콜렉터

측에서의 등가 저항 r_o는

$$r_o = \frac{\Delta V_{CE}}{\Delta I_C} = \frac{V_A}{I_C} \tag{1.26}$$

와 같이 표시되며 V_A가 클수록 r_o는 큰 값을 가지게 된다.

한편 V_{CE}가 계속해서 증가하게 된다면 항복 전압에 이르게 되는데, BV_{CEO}로 표시되는 값은 베이스를 개방시킨 상태에서 콜렉터 에미터간의 항복 전압을 의미한다. 이와 비교하여 콜렉터와 베이스간의 항복전압을 규정할 때는 에미터를 개방한 상태에서 측정하여 BV_{CBO}로 표기하는데 일반적으로 BV_{CBO}가 BV_{CEO}보다 상당히 높은 값을 가진다. 이런 특성을 이용하여 트랜지스터를 스위칭 회로에 응용할 때 베이스쪽에서 스위칭 하는 것보다 에미터 쪽에서 스위칭 함으로써 좀 더 높은 전압에서 동작이 가능하도록 설계한 예도 있다.

동작 중 온도가 상승하면 BV_{CEO}가 더 낮아지게 되므로 트랜지스터의 규격을 참조할 때 온도 조건을 유념할 필요가 있다. 한편, 베이스에 전류가 흐르면 콜렉터 에미터간의 항복전압은 더욱 낮아지게 되며 큰 전류에서는 비선형적인 특성을 보이면서 더 크게 낮아질 수 있다. 이런 영향으로 인하여 소자에 큰 전류가 흐르는 동작상태에서는 왜율이 크게 증가하거나 혹은 전력용 트랜지스터에 있어서는 항복특성에 기인한 과도 전력 소모에 의하여 부분적인 과열로 파괴되는 일도 자주 발생한다. 바이폴라 트랜지스터에 있어서 이와 같은 현상은 2차항복(second breakdown) 현상으로 알려져 있다.

전류이득의 변화

회로를 해석하는 과정에서 일반적으로 트랜지스터의 전류이득을 변하지 않는 것으로 생각해서 일정한 값으로 간주한다. 그러나 이것은 주어진 동작점에서 미소변위를 생각할 때는 옳지만 넓은 영역에서 살펴볼 때는 그렇지 않다. 위에서 언급한 Early 효과 역시 V_{CE}에 따라서 전류이득이 달라지기 때문에 발생하는 현상이다.

그림 1.6에는 전류이득이 온도와 콜렉터 전류의 함수로 변화하는 모양을 보여주고 있다. 온도가 증가하면서 β_F도 증가하는데 그 주된 원인은 도핑 농도가 높은 에미터로부터 주입효율 γ가 증가하기 때문이다. β_F의 증가율은 대략 +7000 ppm/°C (여기에서 ppm은 parts per million의 약어로 백만분의 일을 의미한다.) 정도로서 100°C 변화하면 약 70%가 달라진다.

콜렉터 전류 변화에 따른 β_F의 변화는 그림 1.6에 보이는 바와 같이 대략 세 구간으로 나누어 생각할 수 있다. 구간 I은 저전류 구간으로 콜렉터 감소함에 따라 감소해가는 구간이다. 구간 II는 중전류 구간으로 β_F가 대략 일정한 구간이다. 구간 III은 대전류 구간으로 콜렉터 전류가 증가하면서 반대로 β_F가 감소하는 구간이다.

구간 I에서 β_F의 감소는 베이스 전류에 다른 하나의 변수가 있기 때문이다. 즉 베이스 에미터간 공핍영역에서 캐리어들의 재결합에 의하여 발생하는 성분이 베이스 전류에

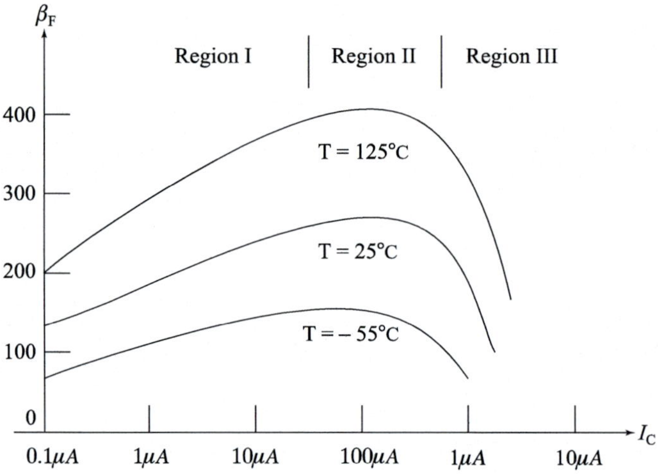

그림 1.6 온도와 콜렉터전류의 변화에 따른 전류 이득의 변화. 에미터 면적이 $6u^2$인 NPN 트랜지스터의 경우를 보인 것임.

포함되어 나타나는 것이 주 원인인데 전류가 큰 구간에서는 이 성분을 무시할 수 있으나 작은 구간에서는 크게 나타나기 때문이다. 구간 III에서 전류 이득의 감소는 고준위 주입(high-level injection)으로 알려져 있는 현상으로 에미터에서 베이스로 주입되는 소수 캐리어의 농도가 베이스측의 다수 캐리어 농도보다 커질 때 발생하며 대략 다음과 같이 표시된다.

$$I_C \approx I_{SH} \exp\left(\frac{V_{BE}}{2V_T}\right) \tag{1.27}$$

이 식에서 보는 바와 같이 고준위 주입 조건하에서는 지수 부분이 V_{BE}/V_T가 아니라

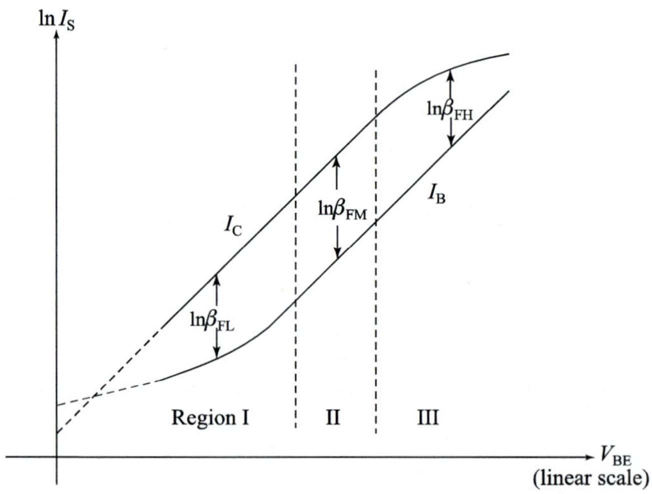

그림 1.7 베이스 및 콜렉터 전류와 베이스 전압과의 관계

$V_{BE}/2V_T$로 바뀌어 표시됨을 알 수 있다. 여기에 추가하여 커크(Kirk) 효과라고 알려진 현상이 하나 더 있는데 이것은 대 전류 하에서 베이스 폭이 콜렉터쪽으로 확장되는 현상을 지칭한다. 즉, 대전류에서는 커크 효과에 의하여 베이스 폭이 크게 확장되면서 β_F는 급격히 감소하게 되는 것이다. 그림 1.7에는 세로축은 로그 눈금으로 전류를 표시하고 가로축은 선형 눈금으로 V_{BE}를 표시한 그림을 보여주고 있다.

1.2 트랜지스터의 소신호 모델

트랜지스터에서의 전류 전압 관계는 비선형적이다. 그러나 신호의 크기가 작아서 트랜지스터의 바이어스 전류나 전압보다 충분히 작을 경우에는 동작점을 중심으로 선형화하여 회로의 이득이나 임피던스 등을 계산할 수 있으며 이와 같이 선형화한 모델을 소신호 모델이라 부른다. 여기에서는 소신호 모델을 구하는 방법에 대해서 알아보기로 하겠다.

그림 1.8은 순방향 능동영역에서 동작하는 트랜지스터의 베이스에 소신호 전압 v_i가 바이어스 전압 V_{BE}에 중첩하여 직렬로 인가된 상태를 나타낸 것이다. 이와 같이 소신호가 바이어스에 중첩하여 베이스에 인가된 상태에서는 베에스측의 에미터 공핍층과의 경계점(x=0)에서 캐리어의 주입농도가 달라지게 된다. 즉, 식 (1.1)에 주어진 바와 같이 바이어스만 인가된 경우 경계점에서의 캐리어 농도

$$n_B(0) = n_{B0}\exp\left(\frac{V_{BE}}{V_T}\right)$$

로부터 소신호가 중첩된 경우의 캐리어 주입농도는

$$n_B(0) + \Delta n_B(0) = n_{B0}\exp\left(\frac{V_{BE}+v_i}{V_T}\right) = n_B(0)\exp\left(\frac{v_i}{V_T}\right) \tag{1.27a}$$

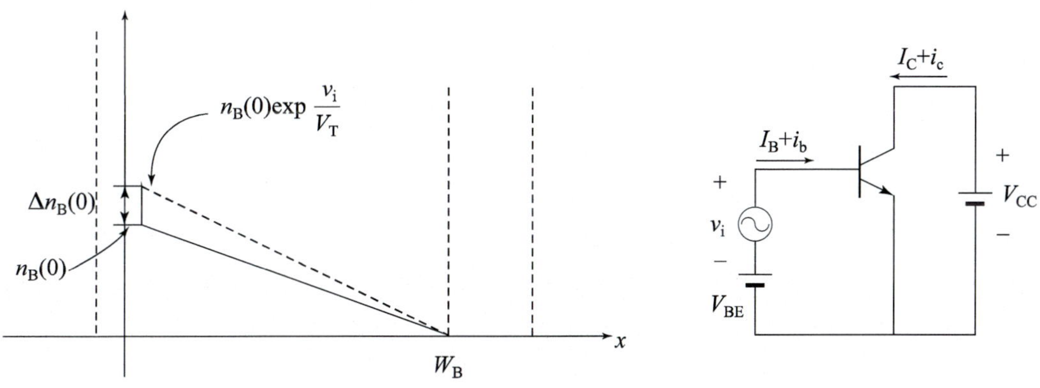

그림 1.8 소신호 입력에 대한 캐리어 분포(a) 및 바이어스 회로(b)

로 바뀌게 되며 베이스내에서의 캐리어 분포 기울기가 달라지게 된다. 이 때 콜렉터 전류와 베이스 전류는 각각 $I_C + i_c$ 및 $I_B + i_b$로 바뀌게 되는데 여기에서 소신호간의 관계를 다음에 살펴보기로 하겠다.

트랜스콘덕턴스

저항 양단에 전압을 인가하면 전류가 흐른다. 이 때 전압, 전류의 관계는 선형적이며 저항의 역수를 콘덕턴스라 한다. 한편 트랜지스터의 경우를 보면 베이스와 에미터 양단에 전압을 인가할 때 제3의 단자인 콜렉터에서의 전류가 크게 변화하므로 베이스 에미터간의 인가전압과 콜렉터 전류의 변화 사이의 관계를 트랜스라는 말을 덧붙여 트랜스콘덕턴스로 정의하며

$$g_m = \frac{dI_C}{dV_{BE}} \tag{1.28}$$

와 같이 표시한다. 따라서 콜렉터 전류의 변화분 ΔI_C는

$$\Delta I_C \approx \frac{dI_C}{dV_{BE}} \cdot \Delta V_{BE} = g_m \Delta V_{BE} \tag{1.29a}$$

혹은 $\Delta I_C = i_C$, $\Delta V_{BE} = v_i$로 놓을 때

$$i_c = g_m v_i \tag{1.29b}$$

와 같이 쓸 수 있다. 여기에서 g_m 값은 (1.7)과 (1.28)로부터

$$g_m = \frac{d}{dV_{BE}} I_S \exp\left(\frac{V_{BE}}{V_T}\right) = \frac{I_C}{V_T} \tag{1.30a}$$

와 같이 표시 된다. 식 (1.30a)를 식 (1.29b)와 같은 형태로

$$I_C = g_m V_T \tag{1.30b}$$

와 같이 대비시켜 기억하면 편리하다.

여기에 더하여 트랜스콘덕턴스에 대해서 한 가지 더 기억해야 할 점이 있다. 즉, 식 (1.30a)에 주어진 바와 같이 바이폴라 트랜지스터에 있어서 g_m은 단지 전류만의 함수이며 트랜지스터의 크기와는 무관하다는 사실이다. 이것은 조금만 생각한다면 쉽게 이해할 수 있는 일로서 매우 큰 트랜지스터나 반대로 작은 트랜지스터라 할지라도 정상적인 동작영역에서 전류의 크기만 동일하다면 동일한 값의 g_m을 가지게 되는 셈이다. 따라서 이런 점이 설계자의 입장에서는 매우 편리하다고 할 수 있다. 그러나 MOS 트랜지스터에 있어서는 그렇지 않으며 트랜지스터 크기의 제곱근에 비례하여 달라지게 된다.

소신호 모델의 근사범위

위에서 정의한 소신호 모델의 적용 가능한 범위를 살펴보자. 베이스에 소신호 전압 v_i가 인가되었을 때 콜렉터 전류는 식 (1.7)로부터

$$I_C + i_C = I_S \exp\left(\frac{V_{BE} + v_i}{V_T}\right) = I_C \exp\left(\frac{v_i}{V_T}\right) \tag{1.31}$$

가 되며 다음과 같이 Taylor급수의 형태로 전개 될 수 있다. 즉,

$$I_C + i_C = I_C \left\{1 + \frac{v_i}{V_T} + \frac{1}{2}\left(\frac{v_i}{V_T}\right)^2 + \frac{1}{6}\left(\frac{v_i}{V_T}\right)^3 + \cdots\right\} \tag{1.32}$$

이 된다. 따라서 소신호 전류 i_C는

$$i_C = \frac{I_C}{V_T} v_i + \frac{1}{2} I_C \left(\frac{v_i}{V_T}\right)^2 + \frac{1}{6} I_C \left(\frac{v_i}{V_T}\right)^3 + \cdots \tag{1.33}$$

와 같이 주어지는데 이 결과로부터 둘째 항 이하를 무시할 수 있을 때 식 (1.29)와 같이 근사화 하여 쓸 수 있음을 알 수 있다. 둘째 항 이하는 왜율(distortion)을 가져오는 요소이며 상온에서 $V_T = 26$ mV로 볼 때 $v_i < 10$ mV이면 소신호 모델이 10%이내의 왜율을 가진 선형 모델이라고 간주할 수 있다.

이 선형 모델을 다른 관점에서 본다면 그림 1.9에서와 같이 다이오드의 경우와 대비 될 수 있다. 즉, V_{BE} 변화에 따른 I_C의 특성 곡선은 일반 다이오드의 특성 곡선과 같은 모양이며 동작점에서의 접선의 기울기가 바로 g_m에 해당한다. 그림에서 보는 바와 같이 소신호의 크기가 증가할수록 변화 전류 i_c는 비선형성이 증가하게 됨을 알 수 있다.

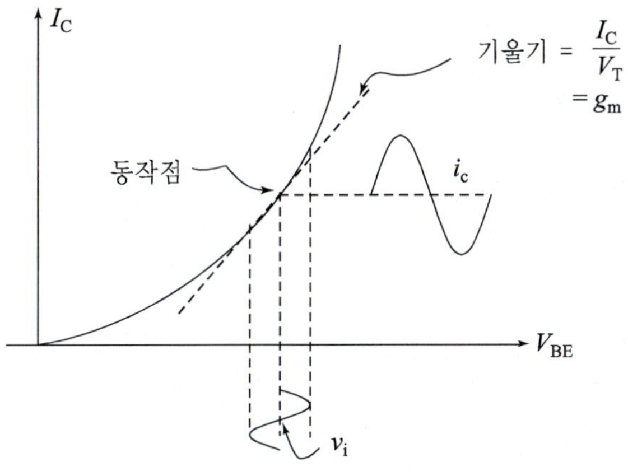

그림 1.9 BE 다이오드 특성 곡선과 g_m과의 관계

베이스 충전 커패시턴스

그림 1.8에 보인 바와 같이 소신호 전압 v_i의 인가에 의하여 베이스 내에서 소수 캐리어에 의한 전하량이 ΔQ_B만큼 변화하게 된다. 베이스 내에서의 소수 캐리어를 전자라고 할 때 (NPN의 경우) 전자에 의한 베이스 전하 변화량이 $-\Delta Q_B$라고 한다면, 전하중화(Charge neutrality)요건에 의하여 베이스 내에서 다수 캐리어인 홀에 의한 전하의 변화량도 동일한 양의 $+\Delta Q_B$ 만큼 일어나야 한다. 이것은 마치 평행판 커패시터 양극에 전압을 인가할 때 한쪽은 $-Q$ 다른 한 쪽은 $+Q$로 대전되어 전체적으로는 중성을 유지하는 현상과 동일하게 생각할 수 있다. 한 가지 다른 점이 있다면 평행판 커패시터는 양단이 개방상태 이어서 직류적으로는 거의 무한대의 저항 값을 가지는 데 비하여 트랜지스터에 있어서는 베이스 에미터간에 직류 바이어스 전류가 흐르며 일정한 값의 등가 저항이 연결되어 있는 것으로 볼 수 있다는 점이 다르다. 커패시턴스의 특성은 저항의 유무에 의하여 영향을 받는 것이 아니므로 평행판 커패시터 양단에 저항을 연결해 놓고 비교해 본다면 쉽게 이해가 갈 것이다. 그림 1.8로 돌아가서 빗금 친 부분에 해당하는 전하량이 ΔQ_B이므로 이 값은 다음과 같이 표시될 수 있다.

$$\Delta Q_B = \left\{\frac{1}{2}\Delta n_B(0)\, W_B\right\} qA \tag{1.34}$$

여기에서 $\Delta n_B(0)$는 베이스 가장자리($x=0$)에서의 소신호 전압 v_i에 의한 주입 캐리어 농도의 변화 분을 의미한다. 식 (1.34)는 소수 캐리어의 베이스 내 분포가 선형적이라는 가정을 전제로 한 근사식이다. 식 (1.1)로부터 $\Delta n_B(0)$는

$$\Delta n_B(0) = \frac{dn_B(0)}{dV_{BE}} \cdot \Delta V_{BE} = \frac{n_B(0)}{V_T} v_i \tag{1.35}$$

가 되므로, 따라서 식 (1.1)과 (1.34) 및 (1.35)로부터

$$\Delta Q_B = \frac{W_B{}^2}{2D_n}\left(\frac{qAD_n n_B(0)}{W_B}\right)\frac{1}{V_T}\ v_i \tag{1.36}$$

와 같이 표시되는데 이 식은 괄호 안의 부분이 식 (1.5)로 주어진 I_C의 표시식과 동일하므로

$$\Delta Q_B = \frac{W_B{}^2}{2D_n} \cdot \frac{I_C}{V_T}\ v_i = \frac{W_B{}^2}{2D_n} g_m v_i \tag{1.37}$$

와 같이 간단하게 표시 된다. 따라서 이 식으로부터 베이스 충전 커패시턴스 C_b를 다음과 같이 정의할 수 있다. 즉,

$$C_b = \frac{\Delta Q_B}{v_i} = \frac{W_B{}^2}{2D_n} g_m \tag{1.38}$$

이다. 한편, 베이스에 축적되어있는 전하의 총량 Q_B는

$$Q_B = \frac{1}{2} n_B(0) W_B q A \tag{1.39}$$

와 같이 주어지므로 여기에 식 (1.5)을 도입하면

$$\frac{Q_B}{I_C} = \frac{W_B^2}{2D_n} = \tau_F \tag{1.40}$$

가 얻어진다. 여기에서 τ_F는 중요한 하나의 파라미터로서 시간의 단위를 가지고 있으며 베이스 통과시간(base transit time) 이라고 이름한다. 그 이유는 콜렉터 전류가 베이스 영역을 지나서 에미터로 흐르는 과정에서 τ_F 만큼의 시간이 경과하면 베이스 내에 축적되어 있던 모든 전하는 콜렉터로 넘어가고 에미터로부터 흘러 들어온 새로운 전하가 베이스 영역을 모두 채우게 되는 셈이므로 소수 캐리어의 입장에서 보면 베이스내의 총 전하량이 베이스 영역을 통과해 나가는 데 걸리는 평균시간이라고 볼 수 있기 때문이다. 실제에 있어서는 τ_F가 트랜지스터의 바이어스 조건(특히 콜렉터 전압)에 의하여 어느 정도 영향을 받지만 식 (1.40)을 단순하게 생각한다면 τ_F는 트랜지스터의 동작 속도를 나타내는 하나의 파라미터로 볼 수 있다. 일반적인 집적회로에서 NPN 트랜지스터의 경우에 τ_F는 통상 10 ps에서 500 ps의 범위에 있으며 측방(lateral) PNP의 경우는 대략 1 ns에서 40 ns정도의 값을 가진다.

또 식 (1.38)과 (1.40)로부터 C_b를 다시 표현하면

$$C_b = \tau_F g_m = \tau_F \cdot \frac{I_C}{V_T} \tag{1.41}$$

가 되므로 이 식으로부터 베이스 충전 커패시턴스는 콜렉터 전류의 크기에 비례함을 알 수 있다.

소신호 등가회로

순방향 능동영역에서 소신호 입력 저항은 다음과 같이 정의한다. 즉,

$$r_\pi = \frac{v_i}{i_b} = \frac{v_i}{i_C} \beta_F = \frac{1}{g_m} \beta_F \tag{1.42a}$$

이다. 또한 출력 저항은 얼리효과에 의하여 식 (1.26)에 주어진 바와 같으므로 주파수가 낮은 저주파 영역에서의 소신호 등가회로는 그림 1.10에 보이는 바와 같이 도시가 가능하다. 이 그림에서 콜렉터 전류는 식 (1.42a)으로부터

$$i_C = \beta_F i_b = g_m v_i \tag{1.42b}$$

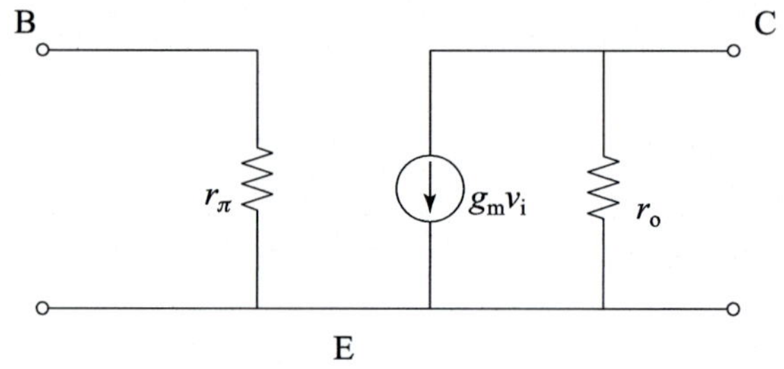

그림 1.10 저주파에서의 소신호 등가회로

의 관계를 적용하여 표시하였다.

이 등가회로는 저주파 등가회로이며 주파수가 상승함에 따라 베이스 충전 커패시턴스 C_b의 영향이 나타나기 시작한다. 여기에 더하여 공간 전하영역을 사이에 두고 베이스 에미터간 커패시턴스 C_{je}와 콜렉터 베이스간 커패시턴스 C_μ의 영향도 고려에 넣어야 한다. 그렇게 할 경우 베이스 전류와 콜렉터 전류는 각각

$$i_b = g_\pi \cdot v_i + \left(C_b + C_{je}\right) \cdot \frac{dv_{BE}}{dt} \tag{1.43a}$$

$$i_C = g_m \cdot v_i + C_\mu \cdot \frac{dv_{CB}}{dt} \tag{1.43b}$$

와 같이 표시할 수 있다. 위의 식들과 여기에 덧붙여 베이스내의 분포저항 r_b를 추가로 고려해서 등가회로를 그리면 아래 그림과 같이 도시가 가능하다.

여기에 보이는 등가회로는 일반적으로 널리 사용되고 있는 소신호 모델이며

$$C_\pi = C_b + C_{je}$$

로 표시하여 하이브리드(hybrid) π 모델이라 부르기도 한다. 그러나 집적 회로내에서는 이외에도 몇 개의 기생소자(parasitic elements)들을 더 포함시켜야 좀 더 정확한 모델을 얻을 수 있다.

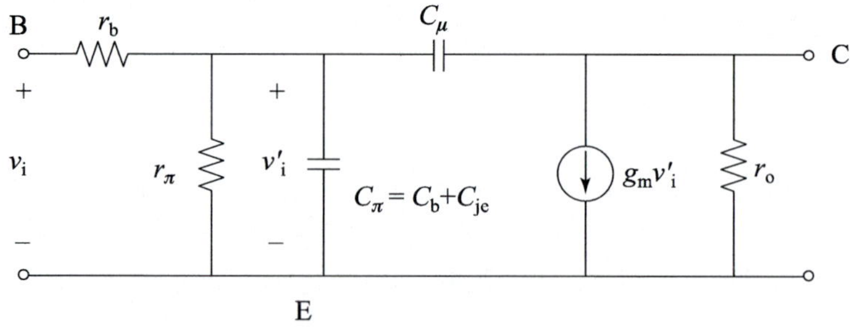

그림 1.11 (a) 고주파를 포함한 소신호 등가회로

소신호 등가회로에서의 기생소자

실제에 있어서 집적회로 공정을 통하여 소자를 제작할 때에는 필연적으로 수반되는 것이 기생소자이다. 주로 문제가 되는 기생소자들은 그림 1.11 (b)에 보인 바와 같이 에미터 단자와 직렬로 연결되는 r_{ex}가 있고, 콜렉터 단자와 직렬로 연결되는 r_{cx}가 있으며 또 콜렉터 단자에서 접지 사이에 나타나는 C_{cs}가 그것이다.

에미터측 기생 저항 r_{ex}는 크기가 작은 트랜지스터의 경우에 대략 수 Ω 정도이다. 이 정도의 저항은 전류가 작을 때에는 무시하여도 오차가 크지 않으므로 문제가 없으나 수 mA 이상의 큰 전류가 흐를 때는 문제가 된다. 한편, 콜렉터측 기생저항 r_{ex}는 콜렉터측 도핑농도가 낮으므로 상당히 큰 값을 가지며 수십 Ω에서 수백 Ω에 이르므로 문제가 되는데 이것을 줄이기 위하여 콜렉터 안쪽에 큰 도핑영역을 묻어둔 구조(buried layer)에서는 작아진다. 또한 콜렉터측 기생 커패시턴스 C_{cs}는 수십 fF에 이르며, 이것이 문제가 되는 것은 고주파 영역이다. 즉, 일반적으로 콜렉터측은 전압이득을 크게 얻기 위하여 임피던스를 크게 설계하는 일이 많은데, 이런 경우에는 C_{cs}로 인하여 극점이 낮은 곳에 발생하게 되어 고주파 특성이 제한을 받게 된다.

이 외에도 콜렉터와 베이스 사이에 매우 큰 기생저항(r_{μ})이 존재하지만 대부분의 경우에는 무시하여도 큰 지장이 없으므로 생략할 수 있다. 한편, 기생소자는 소자의 크기와 반도체 공정에 따라 달라지게 되며 동작조건에 따라서 변화하기도 한다. 예를 들어 기생 커패시턴스는 PN접합 커패시턴스이므로 PN접합부 양단에 걸린 전압의 비선형적인 함수로 달라진다. 또한, 베이스 분포저항 r_b는 일반적인 트랜지스터의 경우에 수십에서 수백 Ω 정도이나 콜렉터 전류가 상당히 커지면 전류밀집(current crowding) 현상에 의하여 작아지는 효과가 있다.

그러나 이러한 모델은 너무 복잡하므로 컴퓨터를 이용할 때 사용하게 되며 근사계산하여 대강의 특성을 파악하기 위해서는 그림 1.11(a)에서 보인 바와 같이 단순화한 모델을 주로 사용하게 된다.

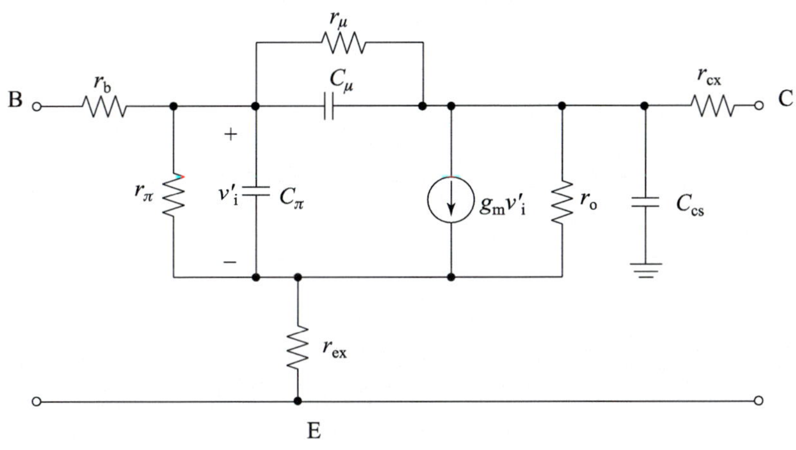

그림 1.11 (b) 기생소자를 포함한 소신호 등가회로

1.3 트랜지스터의 주파수 특성

트랜지스터의 고주파 특성은 커패시턴스 소자에 의해서 제한된다. 주파수 특성을 언급할 때 주로 사용되는 파라미터로서 ω_T, ω_β, ω_α (혹은 f_T, f_β, f_α)가 있다. 이들에 대한 정의는 다음과 같다.

ω_T : CE 단락 전류 이득의 크기가 1인 주파수

ω_β : CE 단락 전류 이득이 3dB 떨어지는 주파수

ω_α : CB 단락 전류 이득이 3dB 떨어지는 주파수

여기에서 CE는 에미터 접지, CB는 베이스 접지 연결구조를 의미하며 단락이라 함은 콜렉터측을 교류적으로 접지시킨다는 것을 의미한다. 실제로 이 주파수들을 측정함에 있어서는 콜렉측에 바이어스 전압을 연결하고 베이스측에는 소신호 교류전류원을 연결한 상태에서 교류전류원의 주파수를 가변하면서 콜렉터 전류의 교류 성분의 크기(위상은 고려할 필요 없음)를 검출하여 비교하면 된다.

실제 측정을 위해서는 소신호 교류전류원을 교류전압원과 직렬로 큰 저항을 연결하여 근사적으로 구현하는 것이 하나의 방법이다. 이러한 방법을 통하여 ω_β 및 ω_T를 측정하기 위한 에미터 접지회로와 그 등가회로는 그림 1.12에 보이는 바와 같다.

한편, 그림 1.12의 등가회로로부터 베이스 분포저항 r_b는 전류원 i_S와 직렬로 연결되어 있으므로 무시할 수 있으며, 콜렉터 동저항 r_o는 콜렉터측이 단락되어 있으므로 역시 무시할 수 있다. 따라서 그림 1.13처럼 단순화해서 그릴 수 있다.

이 그림에서 r_π에 흐르는 전류를 i_1이라 하고 $C_\pi + C_\mu$에 흐르는 전류를 i_2라 한다면 입력에 교류전류신호를 인가할 때 커패시터 양단의 전압과 전류 관계는 90° 위상차가 나타나게 된다. 즉, 그림 1.12(b)에 보인 바와 같이 i_1과 i_2는 90° 위상차를 가지며 두 전류의 합은 i_S와 동일하게 된다.

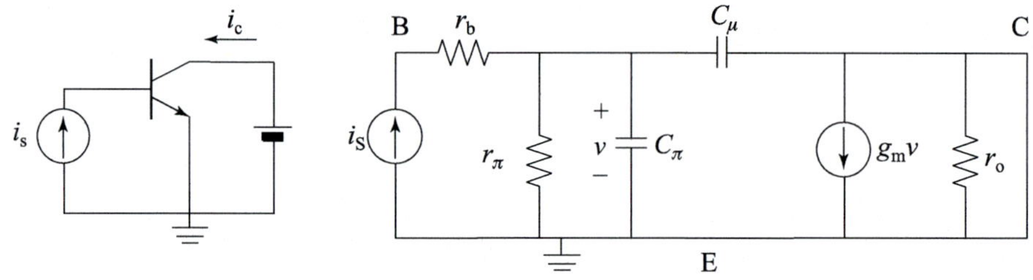

(a) (b)

그림 1.12 ω_T를 구하기 위한 소신호 등가회로

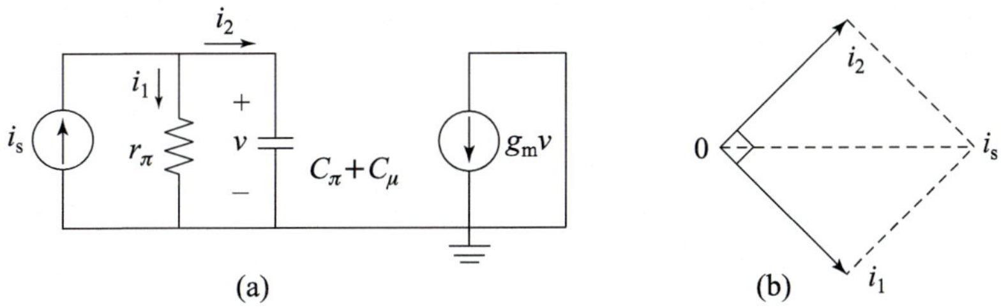

그림 1.13 ω_T 단순화한 등가회로 (a) 및 입력 전류의 벡터도 (b)

여기에서 콜렉터측에 연결된 종속 전류원 $g_m v$는 $v = r_\pi\ i_1$이므로 식 (1.42a)를 적용하면

$$g_m \cdot v = g_m \cdot r_\pi \cdot i_1 = \beta_F \cdot i_1 \tag{1.44}$$

와 같이 표시할 수도 있다. 즉, 이 식이 의미하는 바는 콜렉터 전류는 r_π에 흐르는 전류 성분 i_1이 β_F 만큼 증폭되어 흐르는 것이며, $C_\pi + C_\mu$에 흐르는 전류는 영향을 주지 못한다는 사실이다. 다시 말해서 콜렉터에 흐르는 전류는 r_π에 흐르는 전류 i_1에 종속되므로 콜렉터 전류의 -3dB 주파수는 i_1 전류의 -3dB 주파수와 동일하게 됨을 의미한다.

한편, -3dB 주파수라 함은 *RC* 회로에서 그 크기가 $1/\sqrt{2}$로 감소하고 위상이 45° 차이가 나게 되는 주파수를 의미하므로 그림 1.13(b)에서 $|i_1| = |i_2|$ 이고 i_S와 각각 45° 위상차를 가지는 주파수를 구하면 이것이 바로 ω_β가 된다. 여기에서 두 전류 i_1과 i_2의 크기가 동일하기 위해서는 r_π와 C_π 양단에 전압 v가 공통으로 걸려 있으므로 두 소자의 임피던스 크기가 동일하면 된다. 따라서

$$r_\pi = \frac{1}{\omega_\beta\ (C_\pi + C_\mu)} \tag{1.45}$$

혹은

$$\omega_\beta = \frac{1}{r_\pi\ (C_\pi + C_\mu)} = \frac{g_\pi}{C_\pi + C_\mu} \tag{1.46}$$

와 같이 표시될 수 있다.

한편, 그림 1.13의 콜렉터측 종속 전류원을 입력전류 i_S의 함수로 표시하면

$$g_m \cdot v = g_m \cdot z_\pi \cdot i_S = \beta(s) \cdot i_S \tag{1.47}$$

로 쓸 수 있다. 여기에서 z_π는 r_π와 $C_\pi + C_\mu$의 병렬 임피던스를 의미하며

$$z_\pi = \frac{1}{g_\pi + s(C_\pi + C_\mu)} = \frac{r_\pi}{1 + s\, r_\pi (C_\pi + C_\mu)} \tag{1.48}$$

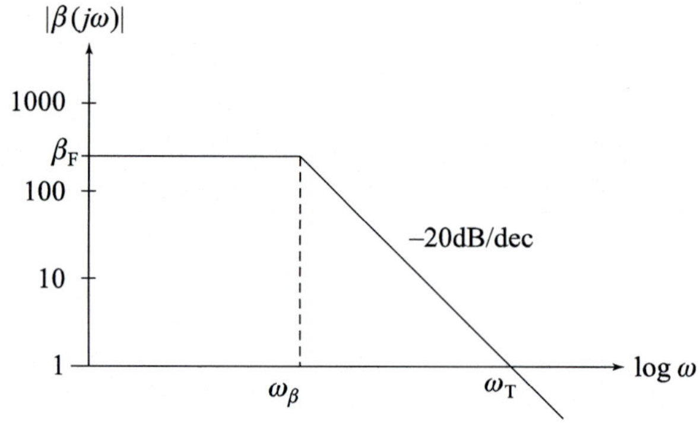

그림 1.14 전류이득의 주파수 특성

와 같이 표시되므로 위의 두 식 (1.47), (1.48)로부터

$$\beta(s) = \frac{\beta_F}{1 + s\, r_\pi (C_\pi + C_\mu)} = \frac{\beta_F}{1 + s/\omega_\beta} \tag{1.49}$$

가 되고 이로부터 | $\beta(j\omega)$ |를 그림으로 그리면 그림 1.14와 같다.

이 그림으로부터 ω_T는

$$\omega_T = \beta_F \omega_\beta = \frac{g_m}{C_\pi + C_\mu} \tag{1.50}$$

와 같이 표시된다. 이것은 하나의 극점(pole)으로 감소하는 구간 즉, -20dB/dec로 감소하는 구간에서는 이득과 대역폭의 곱이 항상 일정하며 이 경우에는 ω_T와 동일한 값이 되는 관계가 성립하기 때문이다.

마지막으로 나머지 하나의 파라미터인 베이스 접지 연결에서의 -3dB주파수인 ω_α를 구하여 보기로 하자. 이 값을 구하기 위해서는 그림 1.15와 같은 등가회로로 바꾸어 생각하는 것이 편리하다. 이 등가회로에서 에미터측의 r_e는

$$r_e = \frac{1}{g_m} = \frac{r_\pi}{1 + \beta} \tag{1.51}$$

와 같이 정의되는 값이다. 콜렉터측의 전류이득 α는 낮은 주파수에서는 식 (1.18)로 정의되는 값으로서 α_F와 동일한 것이다. 그러나 높은 주파수에서 α는 주파수의 함수로 감소하게 된다. 여기에서 α의 크기가 -3dB로 감소하는 주파수가 ω_α인데 이것은 r_e에 흐르는 전류가 -3dB 감소하는 주파수와 동일하게 된다. 따라서 등가회로로부터 ω_α는

$$\omega_\alpha = \frac{1}{r_e C_\pi} = \frac{g_m}{C_\pi} \tag{1.52}$$

와 같이 된다. 이 식은 식 (1.50)으로 표시된 ω_T와 그 크기가 거의 비슷한 값이 됨을 알 수 있다.

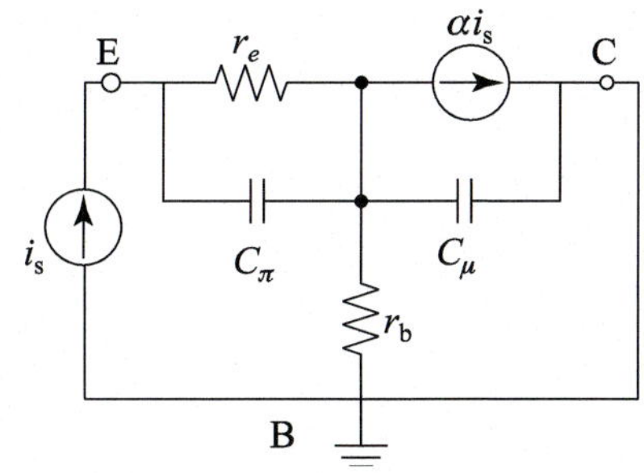

그림 1.15 베이스 접지 등가회로

한편, 여기에서 ω_T에 대하여 다른 각도에서 좀더 자세히 살펴보기로 하자. 식 (1.50)으로부터 ω_T를 다시 쓰면

$$\omega_T = \frac{g_m}{C_b + C_{je} + C_\mu} \tag{1.53}$$

와 같이 되는데 여기에 식 (1.41)를 대입하고 정리하면

$$\omega_T = \frac{1}{\tau_F + (C_{je} + C_\mu)/g_m} \tag{1.54}$$

와 같이 된다. 여기에서 분모를 보면 트랜지스터의 ω_T가 콜렉터 전류를 변화시킬 때 어떻게 변화하는지를 알 수 있다. 즉, 식 (1.40)으로부터 콜렉터 전류의 변화에도 불구하고 τ_F는 영향을 받지 않는다. 그러나 g_m은 변화하므로 따라서 콜렉터 전류가 작은 영역에서는 g_m이 작아지면서 ω_T가 감소하지만, 콜렉터 전류가 커지면 ω_T는 증가하나 최대 $1/\tau_F$ 까지만 증가할 수 있음을 알 수 있다. 그러나 전류가 어느 한계를 초과하여 증가하면 고준위 주입조건과 커크(Kirk) 효과에 의하여 전류 이득이 감소함과 아울러 τ_F가 급격하게 증가하게 되어 ω_T는 빠르게 감소하는 모양을 보인다. 이와 같은 현상을 그림으로 보여주는 예가 그림 1.16에 있다.

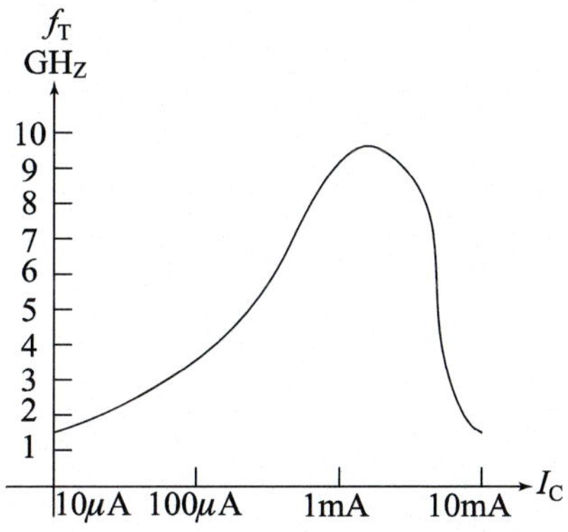

그림 1.16 전형적인 f_T와 I_C의 관계(에미터 면적이 $6\mu m^2$인 NPN의 경우)

한편 τ_F는 I_C의 함수는 아니지만 V_{CE}에 의해서는 크게 영향을 받게 된다. 즉 식 (1.40)으로부터 τ_F는 베이스 폭 W_B의 제곱에 비례하므로 V_{CE}를 증가시키면 W_B가 감소하면서 τ_F가 큰 폭으로 감소하여 ω_T가 크게 증가하게 된다. 특히 고주파용 트랜지스터에 있어서는 이런 현상이 더욱 두드러지게 되는데 그 이유는 W_B가 처음부터 작게 설정되어 있기 때문에 $\Delta V_{CE}/V_{CE}$의 변화에 따른 $\Delta W_B/W_B$의 변화가 크기 때문이다. 따라서 개별 소자로 상품화 되어 있는 고주파용 트랜지스터를 보면 V_{CE}와 I_C의 평면상에서 f_T가 일정한 곡선을 그리는데 그림 1.17과 같은 형태로 주어지게 된다.

이 특성 곡선으로부터 적절한 동작점을 설정할 수 있는데 최대한 높은 주파수 영역에서 동작시키려고 한다면 상당량의 전력 소모가 불가피함을 알 수 있다. 따라서 만일 동작점을 잘못 설정하는 경우에는 과도한 전력소모를 유발할 수 있으며, 소자의 과열로 인하여 손상을 초래할 수도 있다.

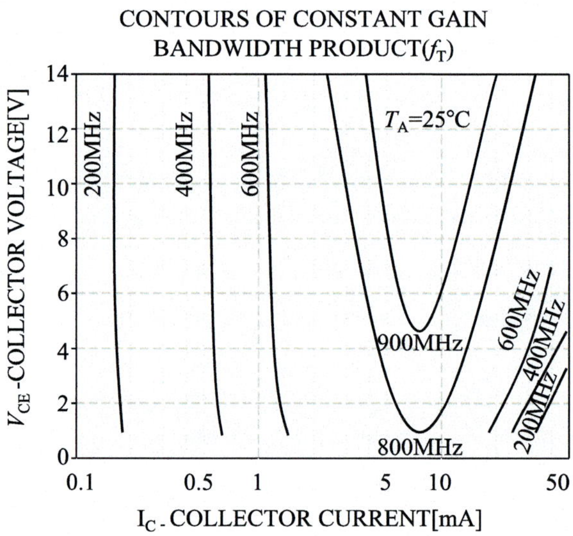

그림 1.17 고주파 트랜지스터의 V_{CE}, I_C에 따른 f_T 특성 곡선

1.4 MOSFET

바이폴라 트랜지스터와 비교하여 MOSFET은 여러 가지 특징이 있다. 그 중 장점 몇 가지를 들어보면, 게이트 전류가 전혀 흐르지 않으며 크기를 작게 만들 수 있고, 소자와 소자 사이를 격리시키기 위한 공간이 별도로 필요치 않아 공간을 효율적으로 이용할 수 있으므로 집적도를 높일 수 있으며, 스위칭 소자로 사용하기에 편리한 점이 있다는 등이다. 아날로그 회로에서도 MOSFET을 사용하는 회로를 많이 채택하고 있으며 디지털 회로와 혼용한 단일 혼성모드 칩(Chip)이 많이 설계되는 추세에 있다. 그러나 한편으로는 바이폴라 트랜지스터 보다 트랜스콘덕턴스가 작아서 전압이득이 작아지는 점과 전류 구동 능력이 작다는 등의 단점도 있다. 따라서 고기능의 회로 설계에서는 바이폴라와 MOSFET의 장점을 모두 살릴 수 있는 BiCMOS 설계를 채택하기도 한다. 여기에서는 MOSFET의 특성에 관해서 간단하게 살펴 보기로 하겠다.

구조 및 비포화 영역에서의 동작

간략화 된 MOSFET의 구조는 그림 1.18에 보이는 바와 같다. 이 구조는 n-MOS를 보여 주는 것으로 지지층(substrate)이 p형이며 여기에 n+우물을 양쪽에 만들어 넣어 소스(Source)와 드레인(Drain)을 형성시키고 그 중간은 얇은 산화막을 두고 게이트(Gate) 금속을 얹은 형태이다. 산화막의 두께는 채널(channel)영역과 그 외의 영역으로 구분하여 달라지며 대략 1:10 정도의 차이가 있다.

그림 1.18과 같이 MOS의 소스와 기판(bulk)이 연결되어 있는 경우를 보자. 여기에서 $V_{DS} \cong 0$으로 두고 V_{GS}를 서서히 증가시킬 때 드레인과 소스사이가 도통되기 시작하는 점을 문턱 전압(threshold voltage)이라 하며 V_t로 표시한다. 문턱 전압에 대해서는 이장 뒷부분의 부록 C를 참조 바란다. $V_{GS} < V_t$인 경우는 일반적으로 차단상태에 있다고 말한다. 그러나 전혀 도통이 되지 않는 것은 아니고 매우 큰 저항 값을 나타내며 약반전(weak inversion) 영역이라 부른다. 한편 $V_{GS} > V_t$인 구간은 채널이

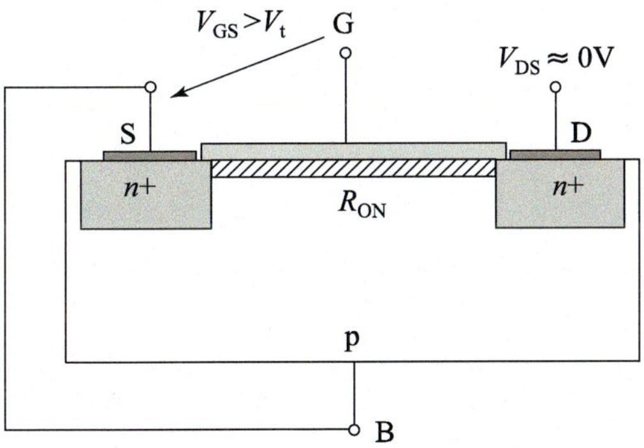

그림 1.18 간략화된 n-MOS구조 : R_{on}은 소스, 드레인 사이의 도통 저항

형성되므로 도통상태가 되며 이 구간을 강반전(strong inversion) 영역이라 한다. 반전(inversion)의 의미는 채널 산화막 바로 아래 부분이 n-MOS의 경우는 p형에서 n형으로 바뀐다는 의미이며 이것은 $V_{GS} > 0$인 게이트 전압에 의하여 기판(bulk)내의 전자가 몰려오기 때문에 일어나는 현상이다. 여기서는 강반전 영역을 중점적으로 살펴보기로 하겠다.

게이트와 소스간 전압이 문턱 전압을 넘어서면 채널 산화막 아래로 모여드는 전하의 양은 인가하는 전압의 크기에 비례한다. 이 때 만일 $V_{DS} \cong 0$이라고 한다면 소스와 드레인 사이에 비교적 균일한 저항 분포를 보이는 채널이 형성되어 도통될 것이며 채널의 컨덕턴스는 채널 전하량에 비례하게 된다. 이와 같은 상황을 그림으로 표시하면 그림 1.19와 같다.

이 관계를 수식으로 표현하기 위하여 단위 면적당 채널에 축적되는 전하량을 Q_{ch}라 할 때 이것은

$$Q_{ch} = C_{ox}(V_{GS} - V_t) \tag{1.55}$$

와 같이 주어지게 된다. 따라서 채널의 컨덕턴스(conductance)를 σ_{ch}라 할 때

$$\sigma_{ch} = KQ_{ch} = \mu \frac{W}{L} Q_{ch} \tag{1.56}$$

와 같이 놓을 수 있다. 여기에서 μ를 이동도(mobility) 라 부르고 n 채널일 때 μ_n은 p 채널 일 때 μ_p 보다 대략 2~3배 더 크다. 따라서 채널의 ON저항을 R_{ON}이라 한다면 식 (1.55), (1.56)으로 부터

$$R_{ON} = \frac{1}{\sigma_{ch}} = \frac{1}{\mu \frac{W}{L} C_{OX}(V_{GS} - V_t)} \tag{1.57}$$

와 같이 표시할 수 있다.

이번에는 드레인과 소스 양단의 전압 V_{DS}를 서서히 증가 시키는 경우를 생각하여 보자. 이 때 드레인에 흐르는 전류 I_D는

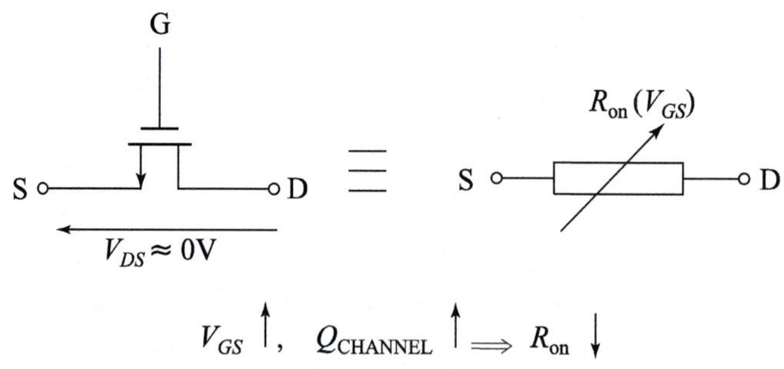

그림 1.19 $V_{DS} \cong 0$이고 $V_{GS} > V_t$일 때 MOS의 등가 저항

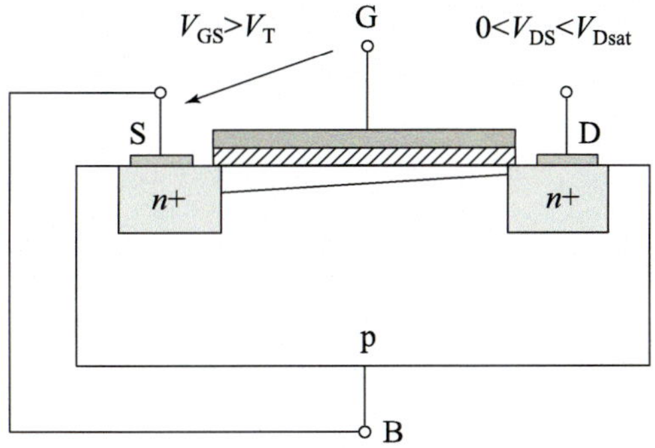

그림 1.20 비포화 영역에서의 비균질한 채널 모양

$$I_D = \frac{V_{DS}}{R_{on}} = \mu \frac{W}{L} C_{OX}(V_{GS} - V_t)V_{DS} \qquad (1.58)$$

와 같이 주어진다. 그러나 V_{DS}가 증가함에 따라 게이트와 소스간 전위차는 일정하지만 게이트와 드레인간의 전위차는 감소하게 된다. 따라서 채널의 형태가 바뀌기 시작하여 그림 1.19에 보이는 바와 같이 소스측과 드레인측에서 각각 전하의 분포가 비대칭적으로 바뀌게 된다. 즉, 소스에 가까운 영역은 전하가 많아지게 되고 드레인에 가까운 영역은 전하가 적어지게 된다.

드레인에 인가된 전압 V_{DS}가 높지 않으면 이러한 현상속에서 소스와 드레인 사이는 채널을 통하여 계속 연결되어 있는 상태를 유지하게 된다. 이와 같은 동작 구간을 트라이오드(triode) 영역 혹은 비포화(non-saturation) 영역이라고 부른다.

이러한 비포화 영역에서 V_{DS}가 낮은 값으로 인가되는 경우 채널저항 R_{ON}은 $V_{DS}=0$인 경우에 해당하는 식 (1.57)로 표현되는 값과는 약간 달라지게 되며 V_{DS}의 증가에 영향을 받아서 어느 정도 증가하게 된다. 따라서 그 오차를 보정하기 위해서는 채널의 전하량을 표시한 식 (1.55)를 수정할 필요가 있다. 환언하면, 그림 (1.21)에 보이는 바와 같이 게이트와 채널간 전압이 소스측과 드레인측에서 각각 동일하지 않은 점을 고려해야 한다. 즉, 소스측은 접지되어 있으므로 게이트와 소스측 채널간 전압은 항상 V_{GS}와 동일하나, 드레인측에서는 전압원 V_{DS}의 영향으로

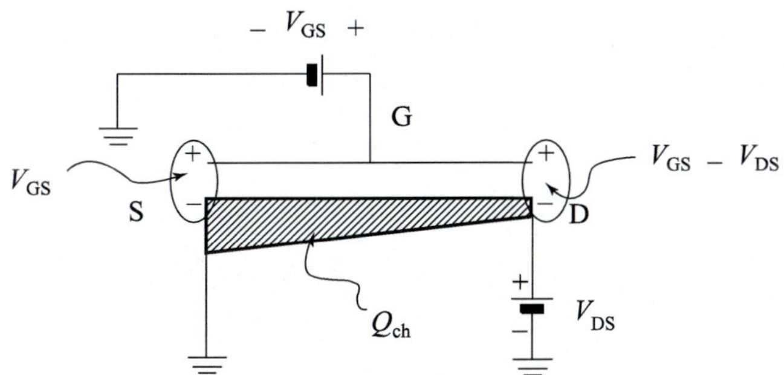

그림 1.21 비포화 영역에서의 채널 전압의 인가 상태

게이트와 드레인측 채널 사이의 전압이 V_{GS} - V_{DS}로 작아지게 된다. 따라서 양 극단에서 단위 면적당 채널 전하로 각각 표시하면 식 (1.55)로부터

$$Q_{ch}|_{소스측} = C_{OX}(V_{GS} - V_t) \tag{1.59}$$

$$Q_{ch}|_{드레인측} = C_{OX}(V_{GS} - V_{DS} - V_t) \tag{1.60}$$

이 되므로 양 극단의 값으로부터 전체 평균을 생각한다면

$$Q_{ch}|_{평균} = \frac{1}{2} C_{OX}(Q_{ch}|_{소스측} + Q_{ch}|_{드레인측}) \tag{1.61}$$

이 된다. 따라서 식 (1.59), (1.60)을 여기에 대입하면

$$Q_{ch}|_{평균} = C_{OX}(V_{GS} - V_t - \frac{V_{DS}}{2}) \tag{1.62}$$

가 된다. 이 식을 또 식 (1.56) – (1.58)에 대입하면

$$\sigma_{ch}|_{평균} = \frac{1}{R_{ON}}|_{평균} = \mu\frac{W}{L} C_{OX}(V_{GS} - V_t - \frac{V_{DS}}{2}) \tag{1.63}$$

가 되므로, 이 경우 드레인 전류는

$$I_D = \mu\frac{W}{L} C_{OX}(V_{GS} - V_t - \frac{V_{DS}}{2})V_{DS} \tag{1.64}$$

와 같이 표시된다. 이 식은 MOS의 저항영역(triode region) 즉 비포화 영역에서 적용 가능한 식으로 알려져 있으며, 따라서 드레인쪽에서의 채널이 없어지게 되는 핀치오프 (pinch off) 직전까지 적용이 가능하다고 할 수 있다.

포화 영역에서의 동작

핀치오프가 일어나면 채널의 형태가 삼각형 모양이 되며 그림 1.22에 보이는 바와 같다. 여기에서 핀치오프를 일으키는 드레인과 소스간의 임계 전압 $V_{DS}|_{sat}$을 V_p라고 한다면

$$V_{DS}|_{sat} = V_p = V_{GS} - V_t \tag{1.65}$$

로 놓을 수 있으며, 이 때 게이트와 드레인 간의 전압 V_{GD}는

$$V_{GD} = V_{GS} - V_{DS} = V_t \tag{1.66}$$

가 되어 정확히 문턱 전압과 같게 되므로 채널이 드레인과 인접하는 부분은 채널이 없어지는 임계상태가 되며 이것을 핀치오프라고 한다.

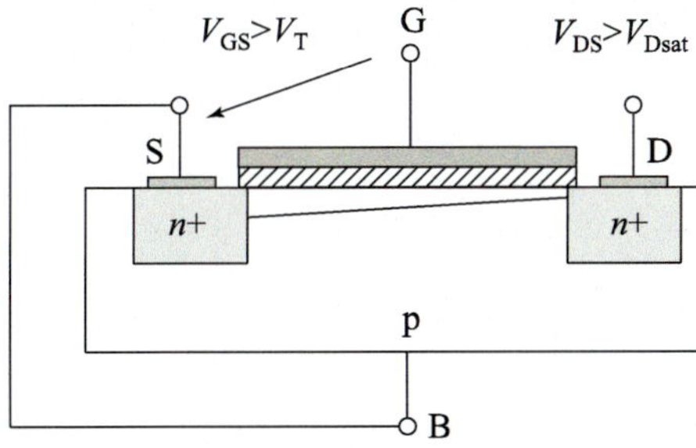

그림 1.22 핀치 오프가 일어난 포화 영역에서의 채널 모양

일단 핀치 오프가 일어나게 되면 핀치 오프 구간은 채널이 없어지면서 공간 전하 영역으로 바뀌게 된다. 따라서 V_{DS}의 크기를 V_p를 넘어서 보다 더 크게 증가시킬 때에는 이상적인 경우 핀치오프 구간의 전압만 증가할 뿐 채널의 형태는 변화하지 않게 된다. 그러므로 이런 상태에서는 드레인 전류의 크기도 더 이상 드레인 전압의 함수가 아니며 이 때 I_D는 식 (1.64)에서 V_{DS} 대신 식 (1.65)의 V_p를 대입한 것으로 표현이 가능하게 된다. 따라서

$$I_D = \frac{1}{2}\mu\frac{W}{L}C_{OX}(V_{GS}-V_t)^2 \tag{1.67 a}$$

와 같이 표시되며 이름하여 Sar 근사식으로 알려져 있다.

포화 영역에서의 채널에 걸려있는 전압의 형태를 그림으로 그려보면 그림 1.23과 같은 모양이 된다. 여기에서 그림 (b)의 경우는 이상적인 동작을 가정하여 그린 그림이며 위에서 유도한 식들도 이러한 가정 하에서 얻은 것이다. 즉, 이 그림이 나타내는 것은 드레인과 채널의 인접 점에서 핀치오프가 발생하는 경우에 V_{DS}가 V_p를 넘어서는 여분의 전압 $V_{DS}-V_p$는 핀치 오프 지점에 모두 걸리고 채널의 형태는 일정하게 유지됨을 보인다.

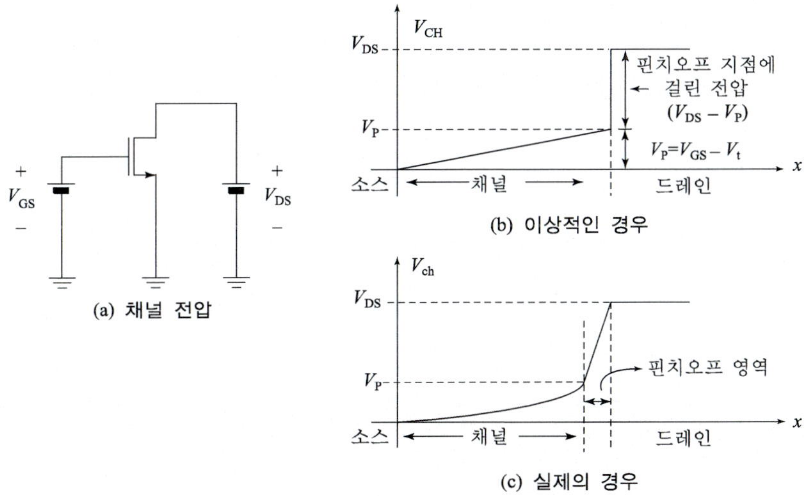

그림 1.23 핀치 n-MOS 채널의 포화 영역에서의 전압강하

그러나 실제 상황은 그림 1.23(c)에 보이는 바와 같으며 이상적인 경우와 비교하여 두 가지 관점에서 차이가 있다. 즉, 이것을 채널 구간과 핀치 오프 구간으로 나누어 생각해 보자. 먼저 채널 구간을 보면 핀치 오프 직전까지의 채널 전압 형태가 굽어지게 되는데 이것은 충분히 예측이 가능하다. 왜냐하면 채널 모양을 그림 1.22와 같이 삼각형 형태로 가정하였을 때 소스 부근은 채널 저항이 작고 드레인 부근은 채널 저항이 크게 됨을 알 수 있다. 그런데 전류는 I_D로 일정하게 흐르므로 미소 길이당 전압 강하를 생각한다면 이것은 채널에 걸리는 전압의 기울기가 되는데, 이 기울기는 소스측이 작고 드레인측이 크게 될 것이다. 따라서 기울기를 고려할 때 그림 1.23(c)와 같은 형태가 됨을 유추할 수 있다. 따라서 채널 전압이 비선적이라면 채널전하 분포 형태도 그림 1.22와는 다르게 비선적이 될 것이며 따라서 선형적인 형태를 가정하여 얻은 식 (1.67a)는 오차가 있게 됨을 알 수 있다. 그러나 엄밀하게 구하려고 한다면 MOSFET에 관한 정확한 관계식은 복잡하게 되며 어떤 형태로든 근사화를 하게 되고 근사화의 정도에 따라 정확성에 차이가 있게 된다. 따라서 표현식의 정확성을 보정하기 위하여 보정상수 n을 도입하기도 하며

$$I_D = \frac{n}{2}\mu\frac{W}{L}C_{OX}(V_{GS}-V_t)^2 \tag{1.67 b}$$

와 같이 표시하기도 한다. 여기에서 n은 집적회로 공정에 따라 달라지는 값이며 대략 $1 < n < 1.5$ 범위에 있다. 그러나 전류의 크기가 실제와 약간 다르다 해도 동작 특성을 파악하는 데는 큰 문제가 되지않으므로 여기에서는 식 (1.67a)의 근사식을 그대로 사용하기로 하겠다.

채널 변조 효과

위에서 언급한 드레인 전류 표시식을 부정확하게 하는 다른 하나의 요인으로 드레인 전압이 증가함에 따라 핀치오프 영역이 넓어지게 되는 것이다. 핀치오프 영역이 넓어짐에 따라 채널 길이는 감소하게 된다. 그런데 식 (1.67)로부터 드레인 전류 I_D는 채널

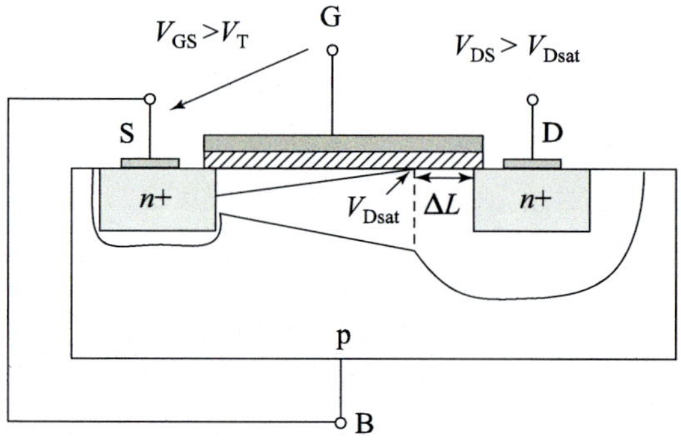

그림 1.24 채널 길이 변조 효과를 보여주는 그림

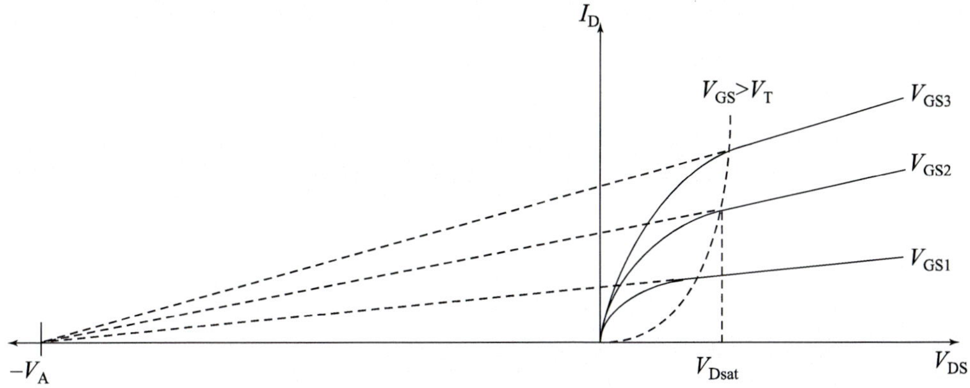

그림 1.25 채널 $I_{D,}$ V_{DS}의 특성 곡선 - 얼리 (Early)전압

길이 L에 반비례하므로 증가하게 된다. 이런 현상은 바이폴라 트랜지스터의 경우에 있어서는 베이스폭 변조 현상에 해당한다고 말할 수 있다. 그림 1.24에 채널 길이가 변조되는 모양을 보여 주고 있다.

이 그림에서 보듯이 V_{DS}에 의한 길이 변화를 ΔL 이라 할 때 상대적인 변화율 $\Delta L/L$이 채널이 짧은 경우가 긴 경우에 비하여 더 크게 되므로 I_D의 변화가 더 크게 된다. 이것을 다른 말로 표현하면 MOS의 얼리전압(Early Voltage)은 채널 길이에 반비례한다 라고 말할 수 있다.

즉 그림 1.25를 보면 얼리 전압 V_A를 산출하는 방법을 보여주고 있으며 이것은 바이폴라 경우와 동일하다. 이와 같은 얼리 효과를 고려에 넣을 때 식 (1.67a)는

$$I_D = \frac{1}{2}\beta(V_{GS} - V_t)^2(1 + \lambda V_{DS}) \tag{1.68}$$

와 같이 표시할 수 있으며, 여기에서

$$\beta = \mu C_{OX}\frac{W}{L} \tag{1.69}$$

$$\lambda = \frac{1}{V_A + V_p} \approx \frac{1}{V_A} \tag{1.70}$$

이다. 위의 관계식에서

$$\lambda = f(L) \tag{1.71}$$

의 관계가 있음에 주의해야 한다. 바이폴라의 경우는 집적회로 공정(process)이 주어지면 얼리 전압이 고정된다. 왜냐하면 베이스 폭이 고정되기 때문이다. 그러나 MOS의 경우는 바이폴라의 베이스폭에 해당하는 것이 채널 길이인데 채널 길이는 설계자가 임의로 조정이 가능하기 때문에 얼리 전압을 소자에 따라 다르게 설계할 수 있다는

점에 유의해야 한다. 이 얼리 전압은 물론 공정에 따라서도 많이 달라지며 제작회사에 따라 파라미터로 주어지게 된다.

소자 크기가 점점 줄어 $L=1\mu m$ 근처에 이르게 되면 얼리 전압도 물론 낮아지게 되지만 숏 채널 효과(short channel effect)라 이름하는 현상과 함께 추가로 복잡한 현상이 나타나며 컴퓨터를 이용한 모사를 활용하는 것이 매우 중요하게 된다.

1.5 MOSFET의 소신호 모델

포화 영역에서 MOS의 바이어스와 소신호입력 v_i에 대한 모델은 그림 1.26과 같이 표시할 수 있다.

이것은 주파수가 낮은 영역에서 커패시턴스는 포함하지 않은 경우이다. 게이트 전압의 소신호 변화분 v_i에 대한 드레인 전류 변화를 구하기 위하여 먼저 트랜스콘덕턴스 g_m을 식 (1.67) 및 (1.70)을 이용하여 구하면

$$g_m = \frac{\partial I_D}{\partial V_{GS}} = \beta (V_{GS} - V_t) = \beta V_p \tag{1.72}$$

와 같이 된다. 여기에서 g_m을 계산함에 있어서 식 (1.68)을 사용하지 않은 이유는 등가회로 그림 1.26(b)에 표시된 r_o가 $(1+\lambda V_{DS})$의 효과를 포함하고 있기 때문이다. 이 r_o는 바이폴라의 경우와 마찬가지로

$$r_o = \frac{V_A}{I_D} \tag{1.73}$$

로 주어진다.

고주파 신호에서의 등가회로는 그림 1.27에 보이는 바와 같이 C_{gs}와 C_{gd}를 포함하면 된다. 집적회로 내부에서는 벌크(bulk)와의 기생 커패시턴스가 존재하여 드레인, 소스 및 게이트에서 각각 작은 커패시터 하나씩을 제 3의 단자인 벌크와 연결시켜 놓고

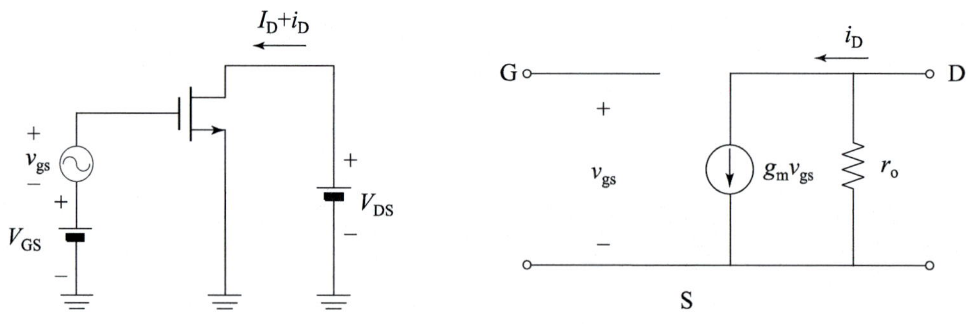

그림 1.26 저주파 포화 영역에서의 MOS의 바이어스(a)와 소신호 모델(b)

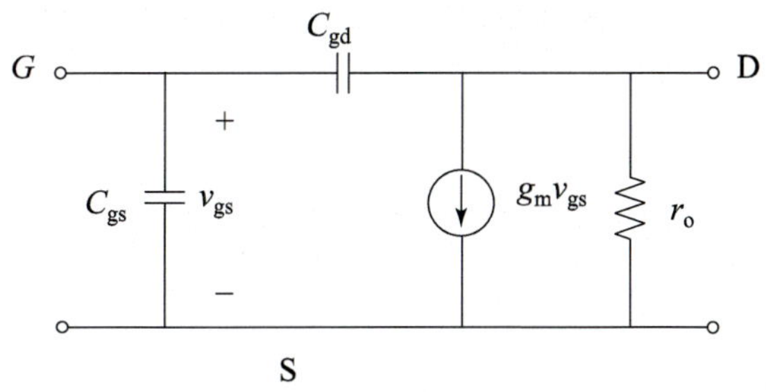

그림 1.27 고주파에서의 MOS 등가회로

생각해야 한다. 이와 같이 기생 용량을 고려한 등가회로는 그림 1.28에 보여 주는 바와 같다.

여기에서 C_{db}와 C_{sb}는 각각 드레인 및 소스와 벌크사이의 pn접합 커패시턴스이며 역방향 전압이 증가하면 공핍영역이 넓어져서 감소하는 특징이 있다. C_{gb}는 C_{gs} 보다는 충분히 적으며 일반적으로 무시하여도 무방하다. C_{gd}는 게이트와 드레인이 중첩되는 영역(overlap area)의 면적에 비례하는 값으로 C_{gs} 보다는 상당히 적지만 고주파 동작에서는 무시할 수 없는 영향을 준다. 한편 C_{gs}는 가장 큰 값을 가지는 커패시턴스인데 포화영역에서는 채널의 모양이 삼각형 형태로 바뀌는 효과에 의하여 비포화 영역보다 2/3 만큼 그 크기가 작아지게 된다. 즉, 포화영역에서 C_{gs}는

$$C_{gs} = \frac{2}{3} C_{OX} WL \tag{1.74}$$

와 같이 주어지게 된다.

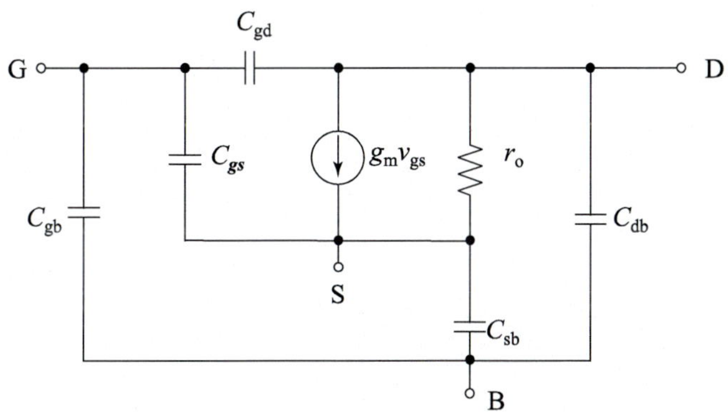

그림 1.28 기생용량을 고려한 등가회로

MOS의 고주파 특성

여기에서 MOS의 주파수 특성 ω_T를 구하여 보기로 하자. 그림 1.29와 같이 드레인에 직류전원을 인가하고 (즉 교류적으로 단락 시키고) 게이트에 소신호 교류 전류원을 연결한 상태를 생각해 보자. 여기에서 MOS는 직류 바이어스가 잘 잡혀 있고 포화영역에서 동작하는 경우를 생각한다. 또 그림 1.28의 등가회로를 적용할 때 C_{sb}와 C_{db}는 접지와 각각 단락상태이므로 무시할 수 있고 C_{gb}도 C_{gs}에 비하여 충분히 작다고 가정하였다. 그림 1.29는 C_{gd}와 C_{gs}를 밖으로 그려주고 내부의 MOS는 커패시턴스가 없는 이상적인 MOS라고 가정하여 나타낸 것이다.

여기에서 소신호 전류 I_S에 의하여 V_{gs}가 나타나고, V_{gs}에 의하여 i_D가 흐르게 되는데 주파수가 증가할수록 V_{gs}는 C_{gs}와 C_{gd}의 영향으로 작아지게 되며 따라서 i_D도 작아지게 될 것이다. ω_T는 다음과 같은 조건 즉

$$|i_S|_{\omega_T} = |i_D|_{\omega_T} \tag{1.75}$$

가 성립하는 주파수를 의미하게 되므로 ω_T를 구하기 위하여 V_{gs}를 주파수의 함수로 표시하면

$$V_{gs} = \frac{1}{j\omega(C_{gs} + C_{gd})} i_S \tag{1.76}$$

가 되고, 따라서 i_D는

$$i_D = g_m v_{gs} = \frac{g_m}{j\omega(C_{gs} + C_{gd})} i_S \tag{1.77}$$

가 된다. 그러므로 식 (1.75), (1.77)으로부터 ω_T는

$$\omega_T = \frac{g_m}{C_{gs} + C_{gd}} \tag{1.78}$$

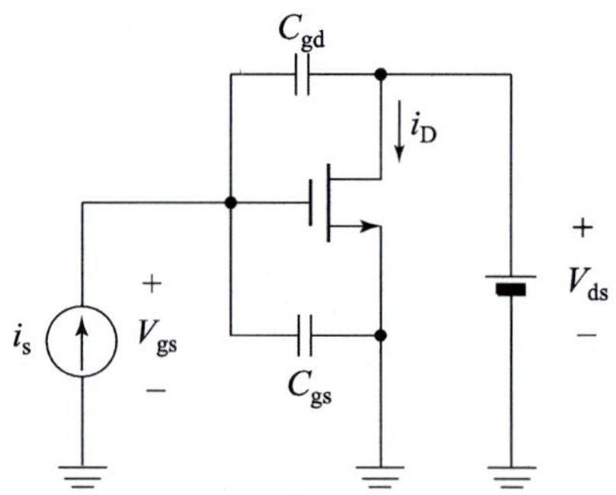

그림 1.29 ω_T를 구하기 위한 개념적인 회로

와 같이 표시된다. 이 식을 바이폴라 트랜지스터의 경우인 식 (1.50)과 비교해 보면 매우 유사한 특징이 있음을 알 수 있다. 즉, 식 (1.78)을 식 (1.72)와 (1.74)를 이용하여 다른 형태로 표시해 보면

$$\begin{aligned}\omega_T &\cong \frac{g_m}{C_{gs}} = \frac{\mu C_{ox}\frac{W}{L}(V_{GS}-V_t)}{\frac{2}{3}WLC_{ox}} \\ &= \frac{3}{2}\frac{\mu}{L^2}(V_{gs}-Vt) = \frac{3}{2}\frac{\mu}{L^2}V_p\end{aligned} \tag{1.79}$$

와 같이 된다. 이 식을 보면 MOS에서는 채널의 길이가 주파수특성에 매우 큰 영향이 있음을 알 수 있다. 채널의 길이가 짧아질수록 고주파특성이 좋아지며 채널길이의 제곱에 반비례하여 증가하는 특성이 있음을 보인다. 이 외에도 모빌리티의 차이로 인하여 NMOS가 PMOS보다 2~3배 높은 주파수 특성을 가지며 V_P를 크게 설계하는 것이 유리함을 알 수 있다. 한편, 바이폴라 경우를 다른 형태로 다시 바꾸어 보면 식 (1.50)으로부터

$$\begin{aligned}\omega_T|_{BIP} &\cong \frac{g_m}{C_\pi} \approx \frac{g_m}{C_b} = \frac{1}{\tau_F} \\ &= \frac{2D_n}{W_B^2} = \frac{2\mu_n}{W_B^2}V_T\end{aligned} \tag{1.80}$$

와 같이 된다. 식 (1.79)과 (1.80)을 비교해 보면 통상적으로 L보다는 W_B가 작고 V_P보다는 V_T가 작으므로 이 둘 간의 절대적인 비교는 어려우나 일반적으로 바이폴라가 MOS보다는 고주파 특성에서 좀 유리하다고 알려져 있다.

그러나 MOS의 경우도 채널길이가 점점 더 짧아지는 방향으로 발전하고 있기 때문에 공정의 개발에 따라 매우 높은 ω_T를 얻을 수 있는 추세에 있다.

부록 1A

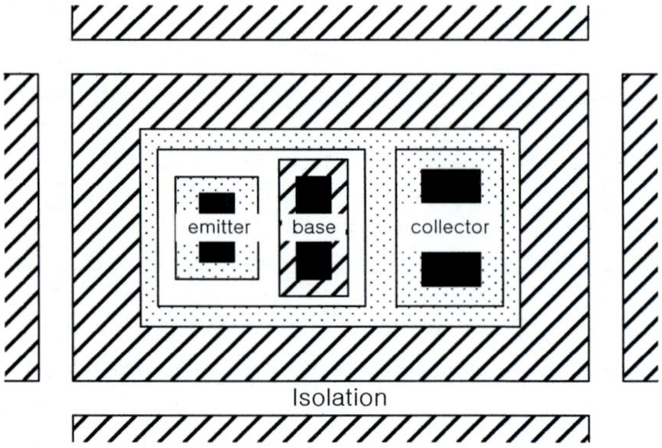

그림 1A.1 평면도

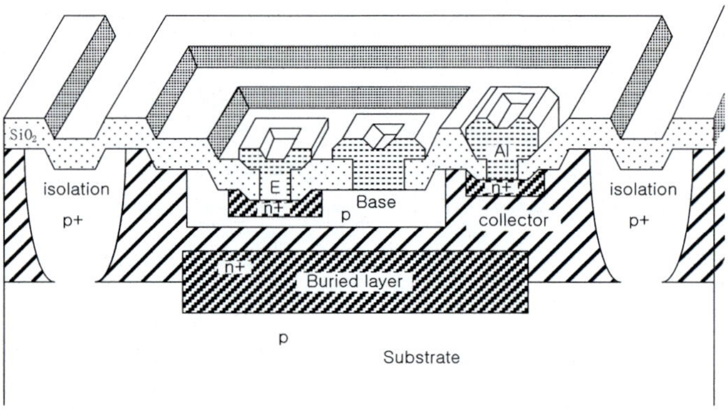

그림 1A.2 바이폴라 트랜지스터의 단면도

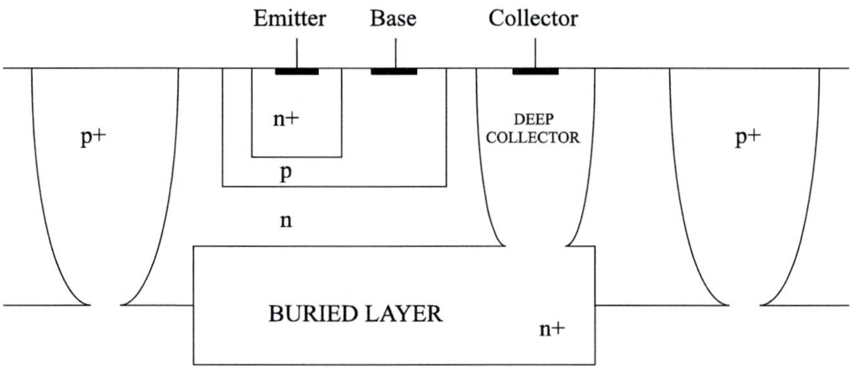

그림 1A.3 Deep collector를 가진 바이폴라 트랜지스터의 단면 모형도

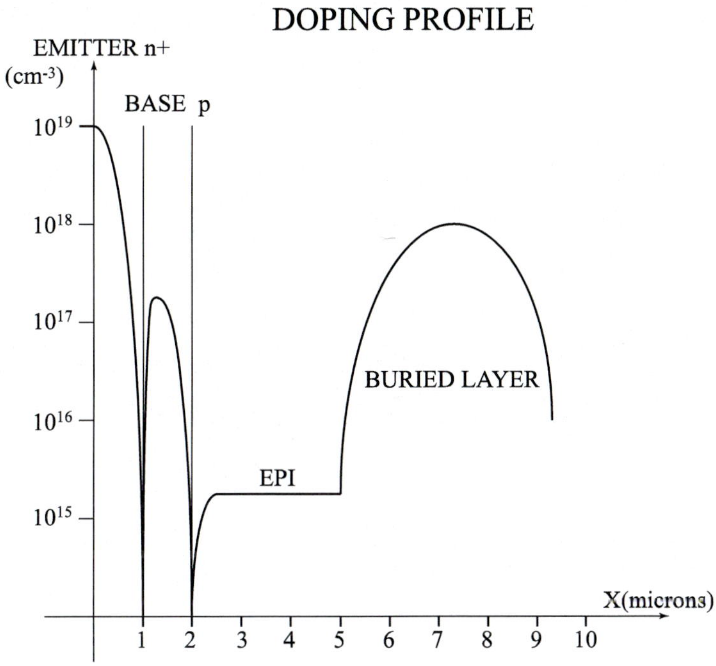

그림 1A.4 수직방향으로의 도핑농도

부록 1B

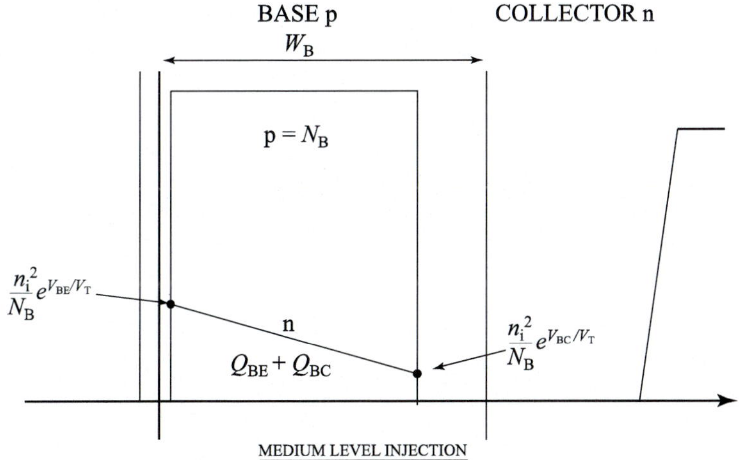

그림 1B.1 베이스 영역 캐리어 분포

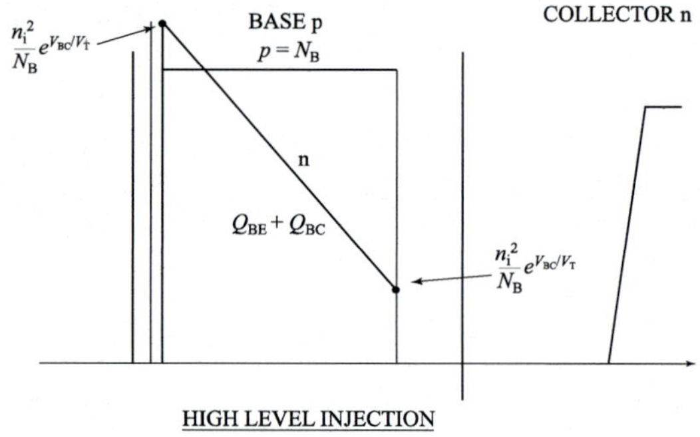

Q_{BE} : 에미터로부터 주입되어 베이스에 축적된 전하

Q_{BC} : 콜렉터로부터 주입되어 베이스에 축적된 전하

그림 1B.2 베이스 고준위 주입 상태

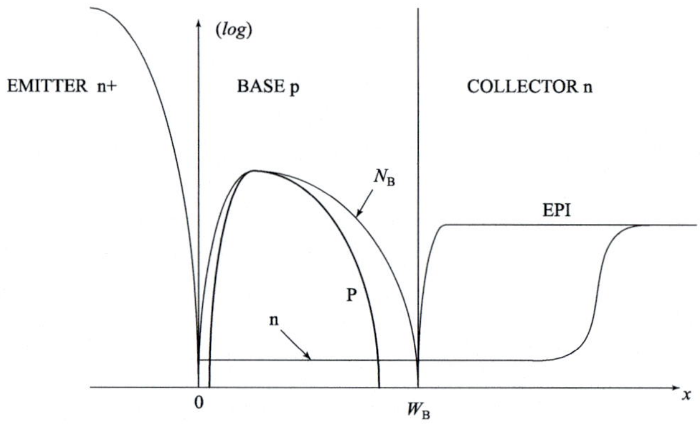

그림 1B.3 소전류시 베이스 영역 전자의 저준위 주입상태

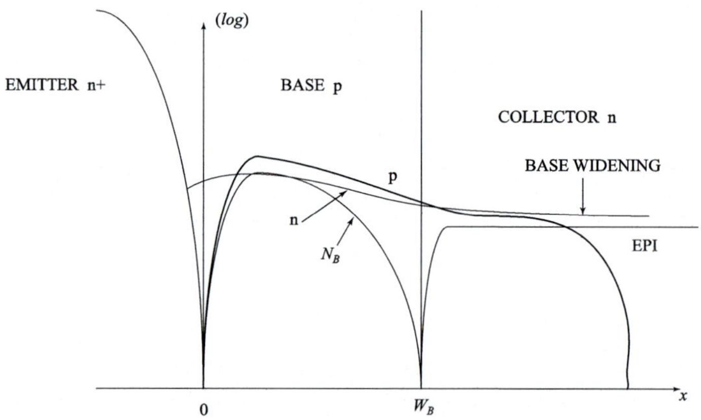

그림 1B.4 대전류시 베이스영역 전자의 고준위 주입과 EPI영역 홀의 고준위 주입상태 (베이스영역 확장효과)

부록 1C

MOSFET의 문턱전압

그림 1C.1과 같이 실리콘의 밴드도(band diagram)를 보자. 여기에서 ϕ_c는 전도대(conduction band) 전위이고 ϕ_v는 가전자대(valance band) 전위를 의미한다. 실리콘에서 밴드갭 전위는

$$\phi_c - \phi_v \approx 1.2\text{Volt} \tag{1C.1}$$

로 알려져 있으며 이 값은 온도의 변화에 의해 거의 영향을 받지 않는다. 진성 반도체(intrinsic semiconductor)에서는 페르미 준위가 중앙에 위치하여 P형 또는 N 형 불순물을 첨가함에 따라 전도대 또는 가전자대 쪽으로 움직인다. 이 때 전위를 각각 ϕ_{fp} 및 ϕ_{fn}이라 할 때 그림 1C.1에 보이는 바와 같이 두 값의 차이가 대략

$$\phi_{fp} - \phi_{fn} \approx 2\phi_f \tag{1C.2}$$

라 하자. 여기에서 ϕ_f는 진성반도체 준위 ϕ_i와 ϕ_{fp} 또는 ϕ_{fn}과의 차이를 의미하는 것으로, 그 차이가 대략 동일하다고 본 것이다. MOSFET의 공정에서 ϕ_f를 대략 0.3 V로 설정하는 경우가 보통이며, 이렇게 볼 때 p형과 n형과의 페르미 준위의 전위차는 대략 0.6 V 정도가 된다.

다른 한편으로 MOSFET의 게이트와 소스 사이에 전압을 인가하면 산화막 바로 아래 부분의 페르미 준위가 변화한다고 볼 수 있다. 즉, 페르미 준위는 불순물의 첨가에 의해 달라지지만 인가전압에 의해서도 변화하는데 이것을 의사 페르미 준위(quasi Fermi level)라고 부르기도 한다.

N형 MOSFET을 예를 들면 게이트에 전압을 인가하기 전에는 산화막 바로 아래 부분이 P형이므로 드레인과 소스간에 전압을 인가하여도 도통될 수가 없다. 이 산화막

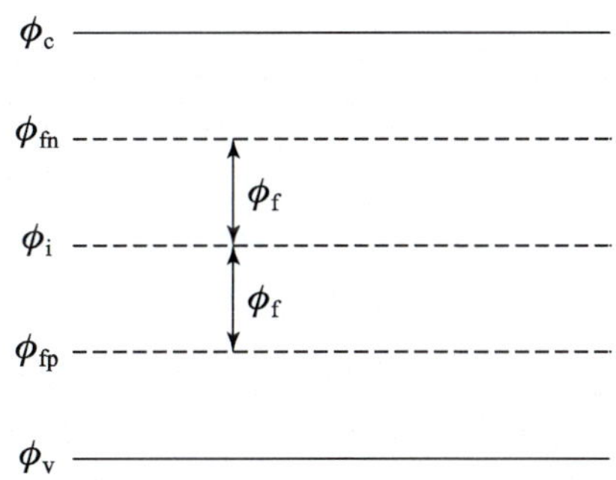

그림 1C.1 에너지 밴드

바로 아래 부분이 P형에서 N형으로 바뀔 때에만 도통이 가능하게 되므로 페르미 준위가 처음 ϕ_{fp}에서 ϕ_{fn}으로 $2\phi_f$만큼 변화하기 위한 게이트 전압이 필요하다.

그러나 이와 같이 페르미 준위를 변화시키기 위해서는 치러야 할 대가가 더 있다. 그 하나는 채널영역에서 P형의 홀을 밀어 내기 위한 전압이 그것이다. 이 과정에서 공간전하영역이 형성되며, 이 공간전하영역의 전하량 Q_B를 알면 이에 대응하여 추가로 인가되어야 하는 게이트 전압은

$$\phi_b = \frac{Q_B}{C_{ox}} \tag{1C.3}$$

와 같이 표시될 수 있을 알 수 있다.

이 외에도 고려해야 할 또 다른 한 가지는 게이트 금속과 채널 실리콘과의 일함수(workfunction)의 차이 이며, 이 차이를 극복해야 한다는 점이다. 즉 게이트 금속의 일함수를 ϕ_m이라 하고, 실리콘의 일함수를 ϕ_s라 할 때, 이 두 일함수간의 차이는

$$\phi_{ms} = \phi_m - \phi_s \tag{1C.4}$$

가 된다. 여기에서 게이트 금속과 채널 실리콘과의 중간에 게이트 산화막이 있지만 이것은 고려하지 않는다. 왜냐하면 산화막을 고려 할 경우 ϕ_{ms}는 $(\phi_m - \phi_{ox}) - (\phi_{ox} - \phi_s)$와 같이 표현할 수 있을 텐데 이 과정에서 ϕ_{ox}는 상쇄되기 때문이다. 한 편 게이트에 금속대신 폴리실리콘(poly silicon)을 사용하는 일도 많으며 이 경우에는 폴리실리콘이 N형인지 P형인지에 따라서 ϕ_{ms}가 달라지며 이를 공정상에서 문턱전압의 조정에 이용하기도 한다.

마지막으로 한 가지 더 고려할 사항은 산화막내에 고정되어있는 불순물에 의한 전하의 효과이다. 이것은

$$\phi_{ss} = -\frac{Q_{ss}}{C_{ox}} \tag{1C.5}$$

와 같이 쓰는데 이 고정 전하는 대부분 나트륨 이온에 의한 양전하가 대부분이므로 N형 MOS에서는 −부호를 붙이게 된다.

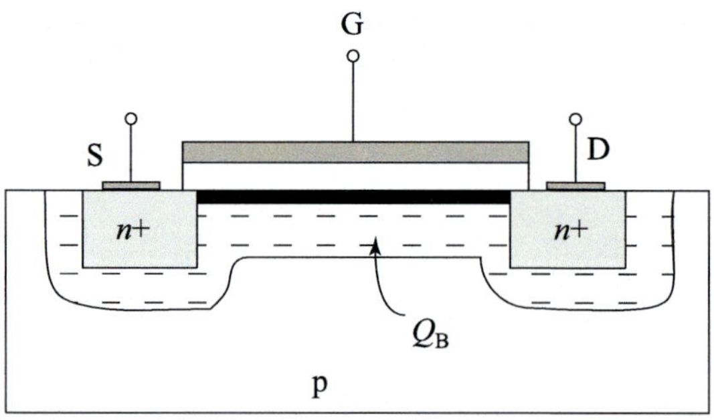

그림 1C.2 N형 MOSFET

따라서 식 (1C.2) ~ (1C.5)로부터 문턱전압 V_t는

$$V_t = 2\phi_f + \frac{Q_b}{C_{ox}} + \phi_{ms} - \frac{Q_{ss}}{C_{ox}} \tag{1C.6}$$

와 같이 나타낼 수 있게 된다. 그러나 채널의 도통현상이 문턱전압에 도달하면 갑자기 나타나는 것이 아니라 점진적인 과정이기 때문에 편의상 근사화한 개념으로 문턱전압을 정의하고 사용하는 것이다.

부록 1D

Short Channel 효과

MOSFET은 채널의 길이가 줄어들면서 특성이 달라지게 된다. Short Channel MOSFET은 그 구분이 명확하게 되어 있지는 않지만 대략적으로 채널 길이가 2nm 이하가 되면 Short Channel 효과를 고려할 필요가 있다. 다음은 이와 같이 Short Channel MOSFET에서 채널의 길이가 줄어들면서 나타나는 Short Channel 효과를 요약한 것이다.

1) 문턱전압의 변화

채널길이 L이 감소하고 드레인 바이어스 전압이 증가될 때 문턱전압 V_T가 감소한다. 이런 현상은 다음에 설명하는 세 가지 요인에 의해서 나타난다.°

i) Source/drain charge Sharing

Long-channel MOSFET에서의 소스와 드레인 공핍영역은 전체 길이에 비해서 무시할 만큼 작은 영역이지만, 채널 길이가 짧아짐에 따라 점점 중요한 요소가 된다.

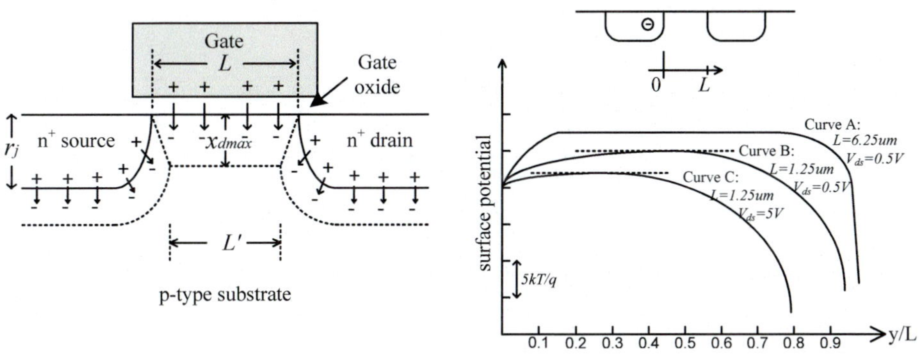

그림 1D.1 2D MOSFET의 단면도 및 채널길이와 드레인전압에 따른 표면전위

Short-channel MOSFET에서는 벌크전하의 일부를 소스와 드레인의 공핍영역이 점유하기 때문에 실리콘 표면에 채널을 형성하기 위한 벌크영역이 감소하면서 게이트에 인가되어야 하는 전압이 감소하게 된다. Poisson's equation으로부터 채널 길이가 작을 때 문턱전압 V_T는 채널길이 L이 줄어듦에 따라 기하급수적으로 감소하며, 또한 V_D가 증가함에 따라서도 드레인의 공핍영역이 증가하면서 역시 감소하게 된다.

ii) Drain-induced Barrier Lowering(DIBL)

DIBL은 소스쪽 산화막 계면의 np 접합의 전위장벽이 드레인 전압의 영향에 의해서 낮아지는 현상을 말한다. 소스에서 채널로 들어가는 전자의 농도는 전위장벽이 낮아지면서 급격하게 증가한다. Long-channel MOS의 경우 전위장벽은 VGS에 의해서 조절되지만 short-channel MOS의 경우는 그림 1D.2 (a)와 같이 충분히 높은 드레인 전압에 의해서 낮아진다. 또한 subthreshold 전류는 DIBL에 가장 민감한 요소인데, 그림 1D.2(b)에 나타낸 바와 같이 long-channel MOS의 경우에는 드레인 전압에 무관하지만 DIBL이 나타나는 short-channel MOS에서는 subthreshold 전류가 크게 증가되는 것을 확인 할 수 있다.

iii) Subsurface Punchthrough

Subsurface punchthrough는 DIBL과 같이 드레인 전압에 의한 소스쪽 np 접합에서 전위장벽의 변화를 나타낸다. 하지만 둘 사이의 차이점은 surface punchthrough는 substrate에서 발생하고 DIBL은 표면에서 발생한다는 것이다. Short-channel MOSFET에서 표면 아래에 더 넓은 공핍영역을 형성하기 위해 표면의 p-region (NMOS의 경우)을 더 높게 도핑한다. 따라서 높은 드레인 바이어스 전압이 인가 되었을 때, drain-substrate 공핍영역과 source-substrate 공핍영역이 연결되게 된다. 따라서 그림 1D.3에 나타난 바와 같이, 드레인 바이어스 전압을 높임으로 punchthrough region을 형성하면서 드레인 전류를 증가시킨다.

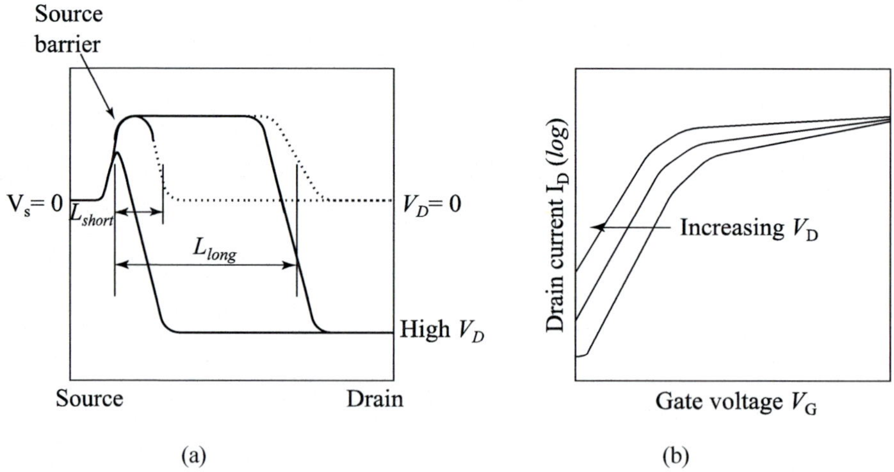

그림 1D.2 (a) Long-Channel과 Short-Channel MOSFET의 전위장벽, (b) DIBL에 의한

subthreshold 전류특성

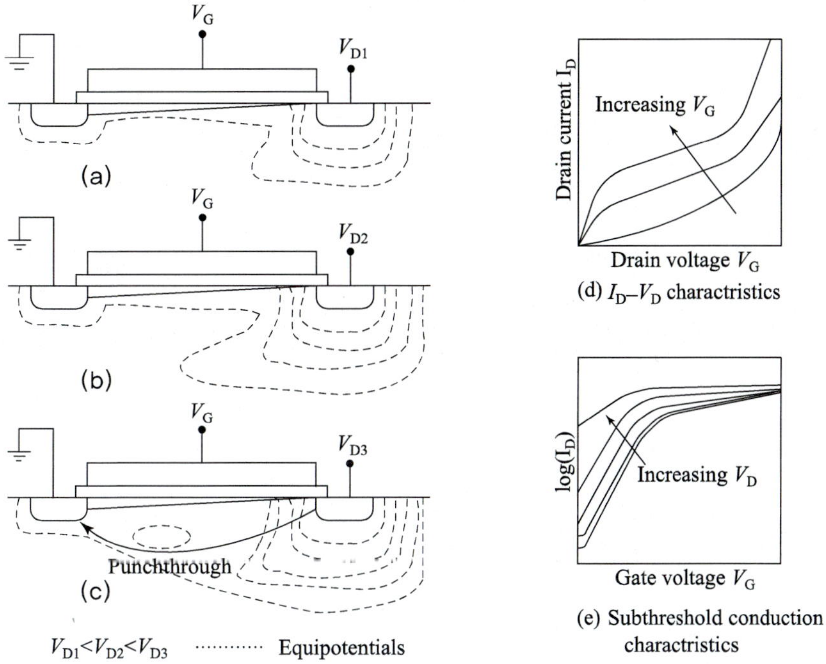

그림 1D.3 Subsurface punchthrough

2) *V*elocity Saturation

MOS transistor가 저항영역에서 동작할 때, 채널을 따라서 형성되는 수평전장은 V_{DS}/L이다. 따라서 V_{DS}가 작고 L이 크다면 기존에 long channel MOSFET에서 가정했던 캐리어 속도와 전장 사이의 관계 ($\upsilon_d(y) = \mu_n E(y)$)가 유효하다. 하지만 높은 전장에서 캐리어 속도는 thermal 속도에 도달하게 되고 전장이 증가하면서 캐리어 속도의 증가율은 감소한다. 따라서 낮은 전장에서 캐리어 속도는 전장에 비례해서 증가하지만, 전장이 증가하면서 캐리어 속도는 *scattering-limited velocity*라고 불리는 상수υ_{scl} 에 도달한다. 그래서 캐리어 속도는 다음과 같은 수식으로 근사화 할 수 있다. 즉,

$$\upsilon_d = \frac{\mu_n E}{1 + E/E_c} \tag{1D.1}$$

이다. 한편, 드레인 전류와 캐리어 속도에 대한 관계와 전장과 전압에 대한 관계는 아래 식 (1D.2)와 같이 주어진다.

$$I_D = WQ_I(y)\upsilon_d(y), \quad E(y) = \frac{dV}{dy} \tag{1D.2}$$

따라서 식 (1D.1)를 식 (1D.2)에 대입하여 채널에 따라서 적분해주면 다음과 같은 식을 얻을 수 있다.

$$\int_0^L I_D\left(1+\frac{1}{E_C}\frac{dV}{dy}\right)dy = \int_0^{V_{DS}} WQ_I(y)\mu_n dV \tag{1D.3}$$

$$I_D = \frac{\mu_n C_{ox}}{2\left(1+\frac{V_{DS}}{E_C L}\right)}\frac{W}{L}\left[2(V_{GS}-V_T)V_{DS}-V_{DS}^2\right] \tag{1D.4}$$

위 식 (1D.4)는 트랜지스터가 triode 영역에서 동작할 때 유효하다. 여기에서 트랜지스터가 triode 영역에서 동작하기 위한 최대 전압 V_{DS}를 $V_{DS(act)}$라고 하면 이는 트랜지스터가 능동영역에서 동작하기 위한 최소 전압과 같다. 따라서 $V_{DS(act)}$를 구하기 위해서 $\partial I_D/\partial V_{DS}=0$을 만족시키는 V_{DS}를 구하면 다음과 같이 된다.

$$V_{DS(act)} = E_C L\left(\sqrt{1+\frac{2(V_{GS}-V_T)}{E_C L}}-1\right) \tag{1D.5}$$

위 식 (1D.5)를 taylor 급수에 적용하면,

$$V_{DS(act)} = (V_{GS}-V_T)\left(1-\frac{V_{GS}-V_T}{2E_C L}+\cdots\right) \tag{1D.6}$$

$$\lim_{E_C\to\infty} V_{DS(act)} = (V_{GS}-V_T) = V_{OV}$$

와 같은 관계식이 얻어진다.

능동영역에서 드레인 전류를 구하기 위해 식 (1D.6)를 식 (1D.4)에 대입해서 정리하면 다음과 같다.

$$I_D = \frac{\mu_n C_{ox}}{2}\frac{W}{L}\left[V_{DS(act)}\right]^2 \tag{1D.7}$$

한편, 캐리어의 속도가 완전히 포화 되었을 때는 앞에서 얘기 했듯이 캐리어의 속도는 υ_{scl}에 도달한다. 따라서 이 때의 전류는

$$\lim_{Ec\to 0} I_D = \mu_n C_{ox} W(V_{GS}-V_T)E_C = WC_{ox}(V_{GS}-V_T)\upsilon_{scl} \tag{1D.8}$$

가 된다. 캐리어 속도가 전장에 비례할 때는 드레인 전류는 채널 길이에 반비례 하지만, 이 식에서와 같이 캐리어의 속도가 포화되었을 때는 드레인 전류는 V_{OV}에 대해서 선형적인 함수가 되며, 채널 길이에도 무관하게 된다.

여기에서 위의 식 (1D.7)에 식 (1D.6)를 대입하고 정리하면,

$$I_D = \frac{\mu_n C_{ox}}{2\left(1+\frac{V_{GS}-V_T}{E_C L}\right)}\frac{W}{L}(V_{GS}-V_T)^2 \tag{1D.9}$$

이 된다. 이 식은 캐리어의 velocity saturation 영향을 고려하여 얻어진 식인데 이 결과는 그림 1D.5와 같이 이상적인 square-law를 따르는 트랜지스터의 소스에 직렬 저항을

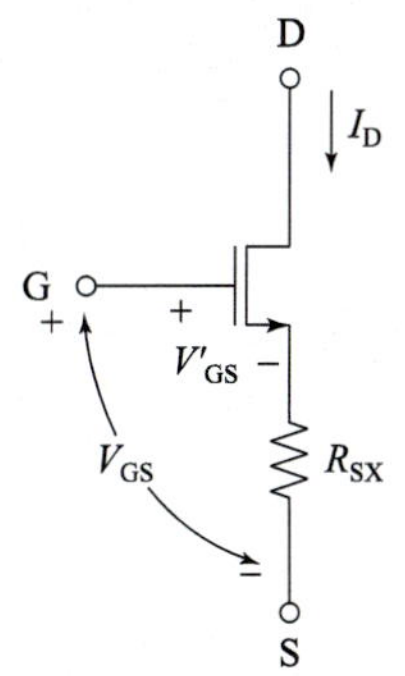

그림 1D.5 Velocity saturation을 고려한 근사화 모델

삽입한 형태로 모델링 될 수 있다. 이 그림에서 V'_{GS} 을 이상적인 square-law를 적용하는 트랜지스터의 게이트와 소스의 전압이라고 하면

$$V_{GS} = V'_{GS} + I_D R_{SX} \tag{1D.10}$$

이므로, V'_{GS}에 square-law를 적용해서 이 식을 이용하여 근사화 하면

$$I_D \cong \frac{\mu_n C_{ox}}{2\left(1+\mu_n C_{ox}\dfrac{W}{L}R_{SX}(V_{GS}-V_T)\right)}\frac{W}{L}(V_{GS}-V_T)^2 \tag{1D.11}$$

이 얻어진다. 따라서 식 (1D.11)와 식 (1D.9)를 비교하면 RSX는 다음과 같이 주어진다.

$$R_{SX} = \frac{1}{E_C \mu_n C_{ox} W} \tag{1D.12}$$

그림 1D.6은 Long channel과 비교하여 Short channel MOSFET의 드레인 전류를 도시한 것이다. 여기에서 보는 바와 같이 캐리어의 velocity saturation 영향을 받는 경우 square-law를 따르는 Long channel의 경우보다 V_{GS} 의 변화에 대해서 보다 선형적임을 알 수 있다.

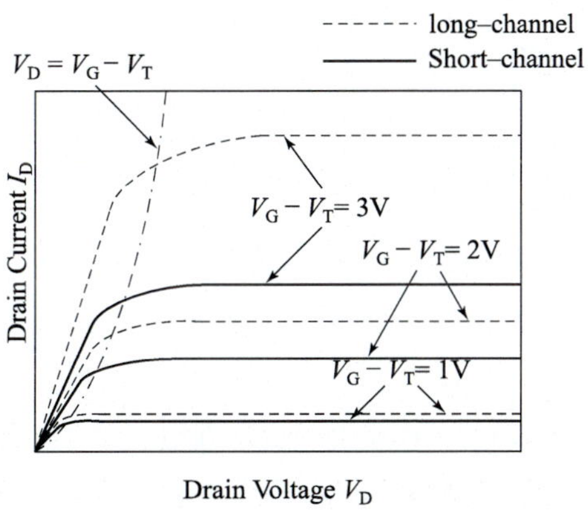

그림 1D.6 $I_D - V_D$ 특성 곡선(long channel인 경우와 short channel인 경우)

3) Transconductance and Transition Frequency

Short-channel 효과가 존재할 때, 모든 소신호 모델의 변수들의 값들이 바뀔 수 있다. 가장 중요한 변화중의 하나가 transconductance이다. 식 (1D.7)을 V_{GS} 에 대해서 편미분 해줌으로써 구할 수 있는데 다음과 같이 주어진다.

$$g_m = \frac{\partial I_D}{\partial V_{GS}} = WC_{ox}\upsilon_{scl}\frac{\sqrt{1+\frac{2(V_{GS}-V_T)}{E_C L}}-1}{\sqrt{1+\frac{2(V_{GS}-V_T)}{E_C L}}} \quad \text{(1D.13)}$$

Transconductance의 변화는 transition 주파수 f_T 에 영향을 준다. 여기에서 $C_{gs} >> C_{gb} + C_{gd}$ 라고 근사화 하면, transition 주파수 f_T 는 다음과 같은 관계가 있다.

$$f_T = \frac{1}{2\pi}\frac{g_m}{C_{gs}} \propto \frac{WC_{ox}\upsilon_{scl}}{WLC_{ox}} \propto \frac{\upsilon_{scl}}{L} \quad \text{(1D.14)}$$

여기서 중요한 점은 transition 주파수 f_T 는 Velocity saturation이 발생할 때는 V_{OV} 에 무관하다는 점이다. 또한 transition 주파수 f_T 는 Velocty saturation에 도달하기 전에는 채널 길이의 제곱에 반비례하여 증가하지만, 도달할 때는 채널 길이에 반비례하여 증가한다. 따라서 Velocity saturation은 최소 채널 길이를 통해서 향상되는 스피드를 둔화시키는 역할을 한다.

4) Mobility Degradation with *V*ertical Field

높은 게이트 전압에서 게이트와 채널 사이의 높은 E-field는 oxide-silicon 면에 캐리어를 구속시킨다. 이렇게 되면 carrier scattering이 더 심해지고, 결과적으로 Mobility가 낮아지게 된다. 여기서 MOSFET의 scaling이 이상적인 경우에서처럼 constant-field로 유지되지 않기 때문에 short channel MOSFET의 경우에는 더욱 심각한 Mobility 감소가 일어나게 된다. 이러한 Mobility 감소는 또한 MOSFET의 트랜스컨던턴스에 영향을 미치게 된다.

따라서 effective한 이동도는 다음과 같이 주어진다.

$$\mu_{eff} = \frac{\mu_n}{1+\theta(V_{GS}-V_T)} \quad \text{(1D.15)}$$

여기서 μ_n 은 수직 전장이 존재하지 않을 때의 값이고, θ 는 oxide의 두께에 반비례하는 상수이다.

5) Channel length Modulation(드레인-소스간 전압변화에 따른 출력임피던스 변화)

Long-channel MOSFET의 경우에는 드레인 전류가 saturation에 도달한 이후 드레인 전압이 더 증가하여도 드레인 전류는 거의 일정한 값을 가지게 된다. 하지만 short channel의 경우에는 pinch-off 지점이나 Velocity saturation 지점을 지나더라도 드레인 전류는 어느 정도 증가를 하게 된다. 이는 channel length modulation과 문턱전압의 변화에 기인한다. channel length modulation에 관련하여 살펴보면, pinch-off 지점이나 Velocity saturation 지점부터 drain 접합까지 길이만큼 실질적으로 channel length가 줄어든다고 볼 수 있는데 short channel의 경우에는 원래의 채널 길이가 짧기 때문에 그 효과가 크게 보이는 것이고 long channel의 경우에는 그 효과를 거의 무시할 만큼 미미하게 보이는 것이다.

부록 1E

약반전(Weak inversion) 모드

게이트 전압이 문턱전압보다 낮은 영역을 subthreshold 영역이라고 한다. 이런 영역에서도 매우 적은 양이긴 하지만 weak inversion에 의한 전류가 존재하게 되는데, 매우 작은 전력소모를 필요로 하는 경우에는 이 영역에서 회로를 설계하는 일이 있다. 다음은 이 영역에서 MOS의 동작에 대해서 간략히 살펴보기로 하겠다.

낮은 게이트 전압이 인가될 때 채널의 실리콘 표면에서 전자의 농도가 bulk 영역의 농도보다는 낮은 상태 일 경우 약반전(weak inversion)이라고 부른다. 이와 대비하여 게이트 전압이 더 증가하여 표면에서의 전자 농도가 bulk의 홀 농도보다 더 증가하게 되면 이것을 강반전(strong inversion)이라고 부른다. 일반적으로 반전(inversion)이 일어났다고 하면 강반전이 일어났다는 말로 해석한다. 즉, 문턱전압에 도달하여 채널이 형성되는 경우는 강반전이 일어난 경우이다. 약간은 복잡한 수식으로 표면전하 분포 그래프를 그려보면 그림 1E.1과 같다.

아래 그림에서 보듯이 강반전이 일어 난 뒤부터 표면전하가 급격하게 늘어 나는 것을 볼 수 있다. 즉, 소스에서 드레인으로 흐르는 전자 캐리어의 양이 많아져 채널이 형성되어 전류가 흐르게 된다. 하지만 약반전의 경우에도 매우 적은 양이긴 하지만 소스와 드레인 사이에 분명 캐리어가 존재하므로 무시할만한 전류가 흐른다(공핍 영역의 경우에는 공간 전하만 존재하므로 전류를 흐르게 할만한 캐리어가 없다). 따라서 보통 채널이 형성되어 전류가 흐르기 시작하는 시점인 문턱전압 이전 영역을 subthreshold region이라고 한다. 이런 전류가 흐르지 않는다고 간주되는 영역에서 매우 적은 양이긴 하지만 약반전에 의한 전류가 존재하게 되는 것이다.

약반전 영역에서 MOS에 흐르는 전류는 바이폴라 트랜지스터와 유사하게 V_{GS}에 대해서 지수함수적으로 증가하는 특징이 있다. 이를 수식으로 표현하면

$$I_D = \frac{L}{W} I_{D0}\, e^{V_{GS}/nV_T} \tag{1E-1}$$

와 같이 주어진다. 여기에서 I_{D0}는 바이폴라 트랜지스터의 I_{C0}에 해당하는 값으로 공정에 따라 주어지는 값이며, n은 대략 2 ($1 < n < 3$) 정도의 값으로 subthreshold slope 계수이다. 그림 1E.2에서는 세로축로그눈금에서 I_{DS}가 선형적인 영역이 바로 약반전 영역이다. 약반전 영역에서의 동작은 매우 낮은 전력소모를 필요로 하므로 저전력회로 설계에서 중요한 영역이다. 그러나 소자의 f_T가 매우 낮아서 주파수 특성이 낮은 것이 한계라고 할 수 있다.

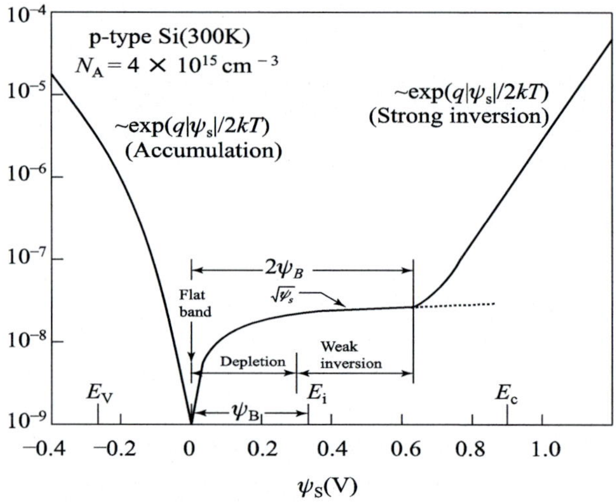

그림 1E.1 표면전하 분포 그래프

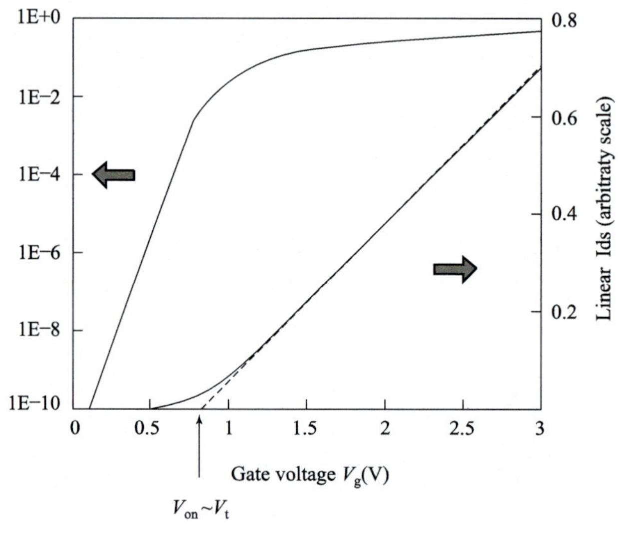

그림 1E.2 약반전 영역에서 V_{GS}에 따른 드레인 전류

EXERCISE

01 연습문제

1.1 바이폴라 트랜지스터는 베시스-에미터 및 베이스-콜렉터간 접합이 모두 pn 접합이다. 따라서 베시스-에미터 및 베이스-콜렉터 사이는 각각 pn 다이오드인데 트랜지스터를 이와 같이 단순히 두 개의 다이오드로 대체하여 모델링 할 수 없는 이유는 무엇인가?

1.2 바이폴라 트랜지스터에 있어서는 베이스 폭(W_B)이 매우 중요한 의미를 지닌다. W_B를 작게 하는 경우의 장점과 단점들을 기술하라.

1.3 트랜지스터의 콜렉터와 에미터를 뒤바꾸어 연결할 때 발생할 수 있는 문제들은 무엇인가?

1.4 동작점 (I_C, V_{CE})=(1mA, 2V)에서 ω_T=20 GHz 인 바이폴라 트랜지스터에 있어서 소수캐리어의 베이스 통과시간(τ_F)은 대략 얼마인가? 이 때 베이스 폭의 길이(W_B)와 충전용량(C_b)을 구하라.

1.5 바이폴라 트랜지스터에 있어서 트랜스콘덕턴스(g_m)는 트랜지스터의 크기와 관계없이 콜렉터 전류만의 함수로 주어짐을 증명하라.

1.6 MOSFET에서 식 (1.74)와 같이 포화영역에서 $C_{gs}=\frac{2}{3}C_{OX}WL$로 주어짐을 증명하라.

1.7 MOSFET의 얼리전압은 기판(bulk)의 도핑농도에 따라서 어떻게 변화하는지 설명하라.

1.8 Short 채널효과에 의해서 트랜스콘덕턴스 g_m이 어떻게 변화하는지 보여라.

1.9 weak inversion mode에서는 g_m이 어떻게 변화하는가?

02 간단한 트랜지스터 증폭기

서 론

이 장에서는 회로 해석을 위한 기본 방법을 소개한다. 기존의 해석 방법이 등가회로에 바탕을 둔 방법이었기 때문에 다단 증폭기를 해석하려 할 때 계산의 복잡성을 피하기 어려웠다.

여기에서는 베이스 및 에미터 주변저항의 에미터 투사 방법과 각 단을 효과적으로 등가분리하는 새로운 방법을 도입하여 등가회로를 사용하지 않고도 다단 증폭기를 각각의 증폭단별로 분리하여 쉽게 계산할 수 있는 기본 개념을 소개한다. 여기에서 제시하는 새로운 방법은 약간의 근사화를 포함하고 있으나 실제에 있어서 거의 정확한 결과를 제시하며 특히 설계자의 입장에서는 매우 편리한 방법이다.

마지막 부분에서는 MOSFET 증폭기에 관해서 살펴보며. 기본 회로인 CS, CG 및 소스 폴로워 회로에 대한 해석과 바디효과에 대해서 언급한다.

2.1 소신호 해석 – 기존 방법

트랜지스터의 증폭회로 해석에 대해서는 수 많은 교재들이 나와 있다. 여기에서는 기존 방법과는 달리 새로운 시각에서 보는 해석 방법을 제시하고자 한다. 그러나 그 이전에 먼저 기존의 일반적인 해석 방법에 대해서 간단히 재검토해 보기로 하겠다.

그림 2.1(a)는 간단한 CE 증폭회로를 보인 것이다. 여기에서 베이스측 바이어스 전압 V_B를 증가시키면서 V_O의 변화하는 모양을 그린 것이 그림(b)이다. 소신호 증폭을 위해서는 그림(b)에 보이는 바와 같이 적절한 동작점을 설정하게 되며 이 동작점을 중심으로 하여 소신호가 베이스에 인가되면 콜렉터에서는 증폭된 신호가 나타나게 되는데 이 두 신호의 크기의 비가 바로 소신호 증폭이득이 된다. 여기에서 동작점에서의 접선의 기울기는 바로 비선형성을 무시할 때 이 증폭기에서 얻을 수 있는 평균전압이득에 해당한다.

소신호가 베이스측에 인가된 모양과 콜렉터측에서 나타나는 전압의 파형을 동시에 도시하면 그림(c)에 보이는 바와 같다. 이 그림에서 베이스측 직류 바이어스 성분은 V_{B1}으로, 콜렉터측 직류 바이어스 성분은 V_{CE}로 표시되어 있다. 일반적으로 특별히 직류성분이 중요한 의미를 가지지 않을 경우에는 이 두 직류성분을 제외하고 교류신호 성분만 고려하게 된다. 교류신호 성분만을 본다면 베이스측 전압 파형과 콜렉터측 파형이 서로 180°의 위상차를 가지고 있다. 다른 말로 표현한다면 입력신호 파형을 기준으로 하여 베이스측을 (+) 위상으로 정의할 때 콜렉터측에서는 (–) 위상의 증폭된 신호가 나타나게 된다고 말한다.

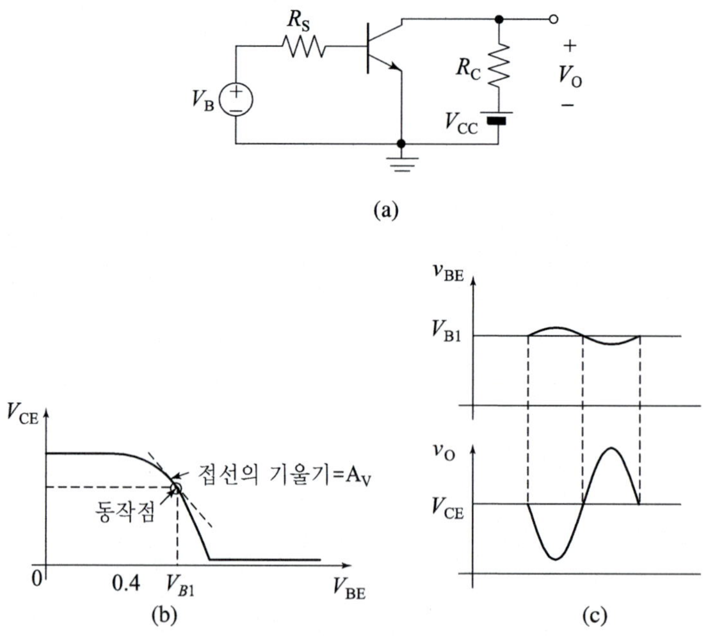

그림 2.1 CE회로 및 파형

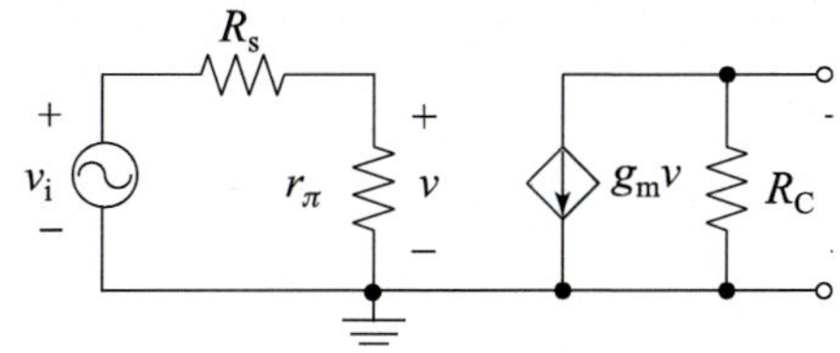

그림 2.2 소신호 근사 등가회로로 대치한 그림

트랜지스터의 베이스와 에미터 간 전압과 콜렉터 전류의 관계는 지수함수의 관계이며 비선형적이다. 그러나 소신호를 인가할 때에는 근사적으로 어느 정도의 오차 범위 내에서 선형화하여 다루는 것이 소신호 모델이며 제1장에서 언급한 바와 같다. 따라서 그림 2.1에서도 동작점을 중심으로 선형화 하여 본다면 베이스 에미터 간은 근사 등가저항으로 대체할 수 있게 된다. 이와 같이 바꾸어 그린 그림이 바로 그림 2.2에 보이는 바와 같다. 소신호 등가회로에서는 항상 바이어스를 형성하고 있는 직류성분은 제외하고 그리게 되므로 여기에서도 교류성분에 대한 등가 회로를 보였다. 또한 이 등가회로는 주파수가 높지 않은 중간주파수 영역에서 도시한 것이며 베이스 분포저항 r_b와 콜렉터측 동저항 r_o를 무시하고 도시한 것이다.

앞으로 무시한다는 말을 자주 사용할 터인데, 여기에서 이 말의 의미를 잘 음미해 볼 필요가 있다. 즉, 무시한다는 말의 의미는 근사화 한다는 말인데 근사화하기 위해서는 그럴만한 근거가 있어야 한다. 여기에서 근사화한 근거는 일반적으로 집적회로 내의 작은 트랜지스터에 있어서 r_b는 수십에서 수백 Ω 정도이고 R_s는 대개 수 kΩ 범위의 값이라는 개념 하에서 r_b=0으로 근사 한 것 이다. 또한 r_o는 수백 kΩ에서 수 MΩ인데 비하여 일반적인 회로에서 R_C는 수 kΩ 정도가 보통이므로 따라서 $r_o=\infty$로 하여도 그 오차가 작을 것이라는 가정을 전제로 하고 있다. 만일 이들을 무시하기 어려운 경우에는 r_b는 R_s측에 직렬로 r_o는 R_C측에 병렬로 포함시켜 생각하면 된다.

아무튼 설계자의 관점에서는 근사화가 절대적으로 중요하며 근사화 할 경우에는 적절히 무시할 수 있어야 하고 무시할 때는 항상 상대적인 비교를 통하여 행해야 한다. 또한 어떤 것을 무시하는 경우에도 항상 오차의 한계를 대략 어림잡은 후에 무시해야 한다. 따라서 등가 회로를 그릴 때나 주어진 회로를 보고 판단할 때 항상 소자들의 값을 대략 예측하는 것이 매우 중요하며 그 값들의 범위를 모를 경우에는 근사화는 불가능하다.

이렇게 해서 얻어진 그림 2.2의 등가 회로를 사용하면 전압이득은 다음과 같이 구해진다. 즉,

$$v = \frac{r_\pi}{R_S + r_\pi} v_s \qquad v_o = -g_m R_C v$$
$$A_V = \frac{v_o}{v_s} = \left(\frac{v}{v_s}\right)\left(\frac{v_o}{v}\right) = -\frac{g_m R_C}{R_S + r_\pi} r_\pi \tag{2.1}$$

와 같이 쓸 수 있다.

위에서 보이는 바와 같이 에미터 접지의 형태는 쉽게 그 해를 구할 수 있으나 다른 경우는 그렇지 않다. 다음의 예 2.1에 보이는 바와 같이 에미터 폴로워(emitter follower)의 경우를 보자.

예 2.1 다음의 에미터 폴로워에 대해서 입력 및 출력저항과 전압이득을 구하여라.

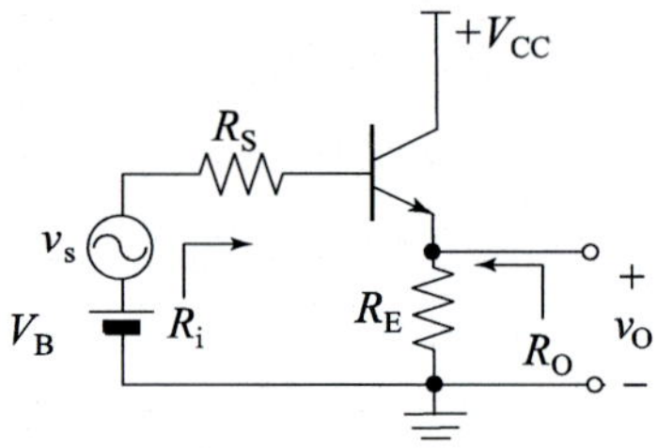

그림 2.3 에미터 폴로워

풀 이 입력측과 출력측에서 본 등가 회로를 간략화하여 그리면 각각 다음과 같다.

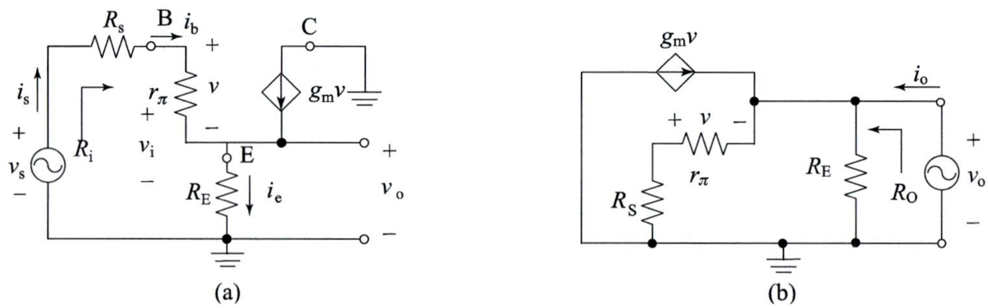

그림 2.4 입력 (a) 및 출력 (b)측에서의 등가회로

먼저 입력 (a)측 등가회로로부터

$$v_{\mathrm{i}} = v + v_{\mathrm{o}}, \qquad v = r_{\pi} i_{\mathrm{b}}, \qquad v_{\mathrm{o}} = i_{\mathrm{e}} R_{\mathrm{E}}$$
$$v_{\mathrm{o}} = (1 + g_{\mathrm{m}} r_{\pi}) R_{\mathrm{E}} i_{\mathrm{b}} = (1+\beta) R_{\mathrm{E}} i_{\mathrm{b}}$$
$$v_{\mathrm{i}} = \{ r_{\pi} + (1+\beta) R_{\mathrm{E}} \} \cdot i_{\mathrm{b}}$$

이므로 따라서,

$$R_{\mathrm{i}} = \frac{v_{\mathrm{s}}}{i_{\mathrm{s}}} = R_{\mathrm{S}} + \frac{v_{\mathrm{i}}}{i_{\mathrm{b}}} = R_{\mathrm{S}} + r_{\pi} + (1+\beta) R_{\mathrm{E}} \tag{2.2}$$

$$A_V = \frac{v_o}{v_s} = \frac{(1+\beta)R_E}{R_S + r_\pi + (1+\beta)R_E} \tag{2.3}$$

로 주어진다. 출력저항을 구하기 위해서는 (b)로부터 v_s=0으로 하고 외부에서 출력단자에 전압원 V_o를 연결하였다고 가정할 때 다음과 같은 관계식이 성립한다. 즉,

$$v = -\frac{r_\pi}{r_\pi + R_S} v_o$$

$$i_o = \frac{v_o}{R_E} + \frac{v_o}{r_\pi + R_S} + \frac{g_m r_\pi v_o}{r_\pi + R_S}$$

이 된다. 따라서 출력저항은

$$R_o = R_E // \left(\frac{r_\pi + R_S}{1+\beta} \right) \tag{2.4}$$

와 같이 주어진다.

위의 계산과정에서 알 수 있는 바와 같이 단지 저항의 위치가 에미터에만 삽입되어도 이와 같이 복잡하여진다. 만일 회로연결에 사용하는 소자수가 몇 개만 위치를 바꾸거나 추가되어도 계산의 복잡성은 급격히 증가하게 되며, 바로 이런 점이 이와 같은 고전적인 해석방법의 단점이다. 이와 같은 단점을 해결하기 위한 하나의 방법으로 등가회로에서 나타나는 종속 전류원을 쉽게 처리하는 방법이 있다. 이런 방법만 숙지하여도 계산의 복잡성을 크게 경감시킬 수 있다. 아래에 종속 전류원의 제거 방법에 대해서 알아보자.

줄임정리(Reduction Theorem)

줄임정리는 종속 전류원을 쉽게 처리하는 방법에 관한 것이다. 그림 2.5에 보이는 바와 같이 두개의 회로망 A와 B 사이에 전류이득이 β인 종속 전류원이 있을 때 이를 등가적으로 제거하는 방법을 살펴보자. 여기에서 회로망 A의 내부 임피던스를 Z_A, 회로망 B의 내부 임피던스를 Z_B로 표시하였고, 신호원은 각각 v_A, v_B로 놓았다. 여기에서 종속 전류원은 회로망 A에서 흘러나오는 전류의 함수로 제어된다고 할 때 이 전류를 i라 하면 회로망 B에는 $(1+\beta)i$만큼의 전류가 흘러 들어가게 된다.

한편, 여기에서 종속 전류원을 B쪽에 포함시켜서 본 임피던스를 Z_1이라 하고, 반대로 A쪽에 포함시켜서 돌아본 임피던스를 Z_2라 한다면 각각의 크기는 종속 전류원의 함수로 달라지게 되며, 다음과 같은 관계가 성립한다. 즉,

$$Z_1 = (1+\beta)Z_B \tag{2.5}$$

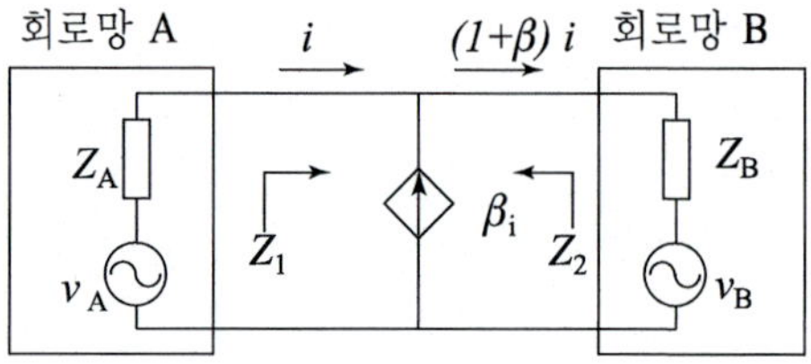

그림 2.5 줄임정리를 보이기 위한 등가회로

$$Z_2 = \frac{Z_A}{(1+\beta)} \tag{2.6}$$

이 된다. 즉, 전류이득 더하기 1 만큼의 임피던스 변화가 양측에서 나타나게 되며, 하나는 그 비율로 커지고, 다른 하나는 반대로 그 비율로 작아진다. 임피던스를 이런 형태로 표시할 때 종속 전류원을 제거 시킨 셈이 되므로 이런 원리를 이름하여 **줄임정리**라고 한다.

이와 같은 줄임정리를 이용하면 계산이 얼마나 단순해질 수 있는지는 다음 예에서 살펴보기로 하자.

예 2.2 다음 에미터 폴로워에 대해서 줄임정리를 이용하여 입력 및 출력측에서의 등가 저항값을 각각 구하여라.

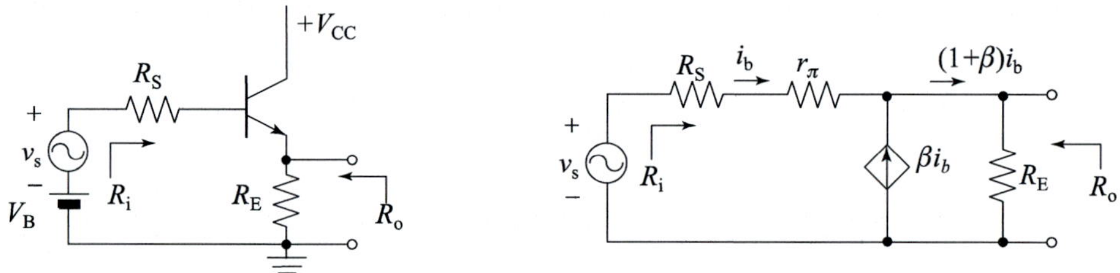

그림 2.6 예 2.1과 동일한 에미터 폴로워와 등가회로

풀 이 등가회로로부터 줄임정리를 이용하면 바로 다음과 같이 쓸 수 있다. 즉,

$$R_i = R_s + r_\pi + (1+\beta)R_E \tag{2.7}$$

$$R_o = R_E // \left(\frac{R_S + r_\pi}{1+\beta}\right) \tag{2.8}$$

이 되며, 이 두 식은 식 (2.2) 및 (2.4)와 동일함을 알 수 있다.

이상에서 보인 바와 같이 줄임정리를 이용하면 계산의 과정을 거치지 않고 곧바로 결과식을 쓸 수 있게 된다. 여기에서 다음의 또 다른 예를 보자.

예 2.3 다음의 에미터 저항을 가진 CE 증폭회로에 대해서 전압이득을 계산하여라.

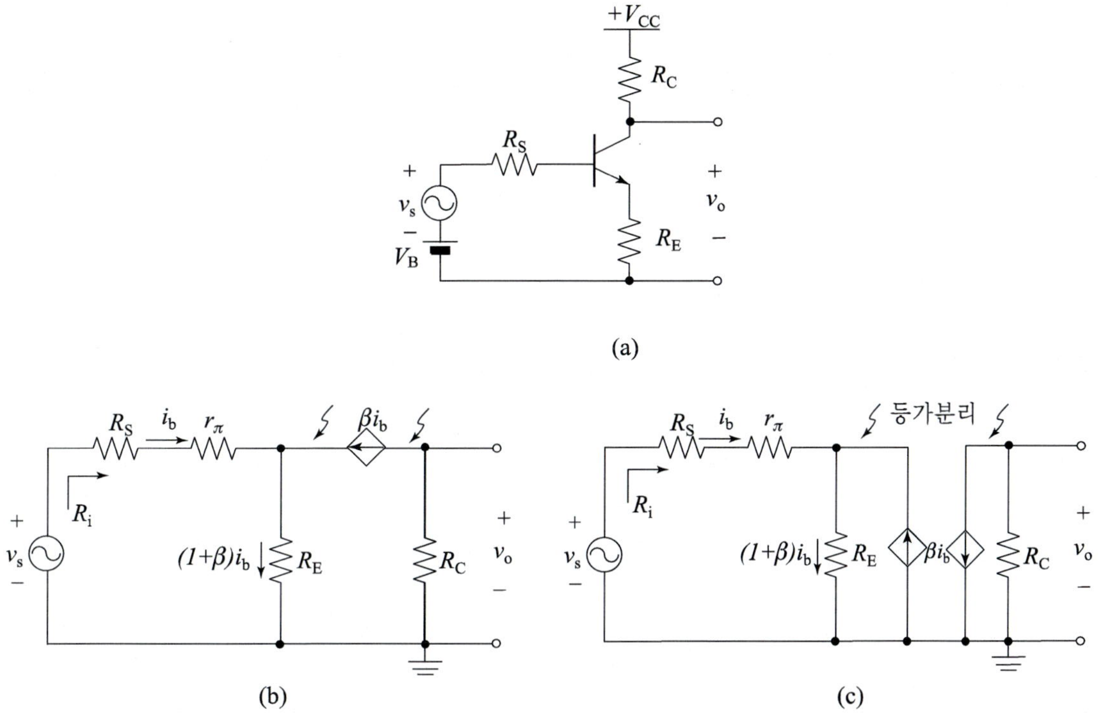

그림 2.7 에미터 저항을 가진 CE증폭기 및 등가회로

풀 이 그림 (b)의 등가회로에서 (C)의 등가회로로 가는 과정에서 종속전류원 βi_b는 화살표한 양단에서 등가 분리되었으며 접지측에서 볼 때도 흘러 들어온 양만큼 동일한 크기가 흘러 나가므로 전류변화가 전혀 없는 셈이고 영향을 주지 않는다. 따라서 두 등가회로가 동일하므로 (C)의 등가회로로부터

$$i_b = v_s / R_i, \quad v_o = -\beta i_b R_c$$

$$A_v = \frac{v_o}{v_s} = -\frac{\beta R_c}{R_s + r_\pi + (1+\beta)R_E} \approx -\frac{R_c}{R_E}$$

와 같이 된다. 여기에서 식 (2.7)이 적용되었다.

다음에는 좀더 복잡한 상보형 에미터 폴로워의 예에 대해서 줄임정리를 이용하여 계산하여 보자.

예 2.4 다음의 상보형(complementary) 에미터 폴로워에 대해서 입출력저항과 전압이득을 계산하여라.

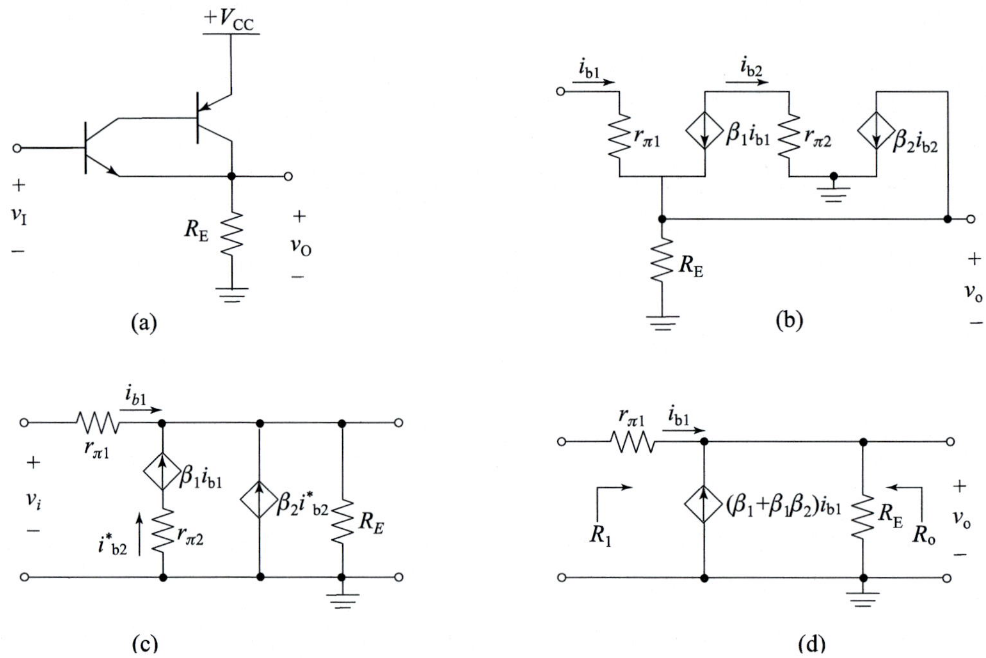

그림 2.8 상보형 에미터 폴로워 및 등가회로 변환

풀 이 등가회로 (b)에서 (C)로 넘어가는 과정에서 i_{b2}의 방향을 바꾸었기 때문에 $\beta_2 i_{b2}$의 방향이 바뀌게 되었다. 마지막으로 얻은 (d)와 같은 등가회로에서 우리는 매우 쉽게 R_i 및 R_o를 계산할 수 있다. 즉,

$$A_v = \frac{(1+\beta_1+\beta_1\beta_2)R_E}{r_{\pi1}+(1+\beta_1+\beta_1\beta_2)R_E} \approx 1$$

$$R_i = r_{\pi1} + (1+\beta_1+\beta_1\beta_2)R_E$$

$$R_o = \frac{r_{\pi1}}{1+\beta_1+\beta_1\beta_2} // R_E$$

와 같이 표시 된다.

이상의 예에서 우리는 줄임정리를 이용할 경우 등가회로만 잘 도시하여 정리하면 복잡한 계산을 거치지 않고도 손쉽게 결과식을 얻어낼 수 있음을 알았다. 그러나 등가회로를 매번 그려야 한다는 것이 하나의 부담이 되며 복잡한 회로에서는 이 방법 역시 한계를 드러낼 수 밖에 없다. 따라서 궁극적으로 등가회로를 구태여 그리지 않고도 결과식을 쉽게 얻어낼 수 있는 새로운 방법에 대해서 지금부터 알아보기로 하자.

2.2 소신호 해석 - 새로운 방법

다시 가장 간단한 에미터 접지 증폭기로 되돌아가서 다른 관점에서 회로를 살펴보기로 하자. 그림 2.9 (a)의 기본회로에 대해서 두가지 다른 종속변수의 전류원을 가진 모양으로 그림 (b)와 (c)에 각각 간략화한 등가회로 I, II를 보여주고 있다.

여기에서 이 두 등가회로를 이용하여 전압이득을 구하는 방법을 한 번 생각하여 보기로 하자. 전압이득을 구하는 과정을 살펴보면 먼저 콜렉터 전류를 구하고 다음에 콜렉터측에 연결된 임피던스를 곱하는 순서에 의해서 얻어지고 있음을 알 수 있다. 따라서 만일 콜렉터 전류를 쉽게 구할 수 있다면 전압이득은 쉽게 얻어지는 것이다. 그러므로 어떻게 하면 빠르게 콜렉터 전류를 구할 수 있는지 하는 방법에 대해서 다음에 살펴보기로 하자.

등가회로 I은 r_π에 흐르는 전류의 관점에서 콜렉터 전류를 종속 전류원으로 표시한 것이고, 등가회로 II는 r_π양단 전압의 관점에서 콜렉터 전류를 종속 전류원으로 나타낸 것이다. 즉 등가회로 I에서는

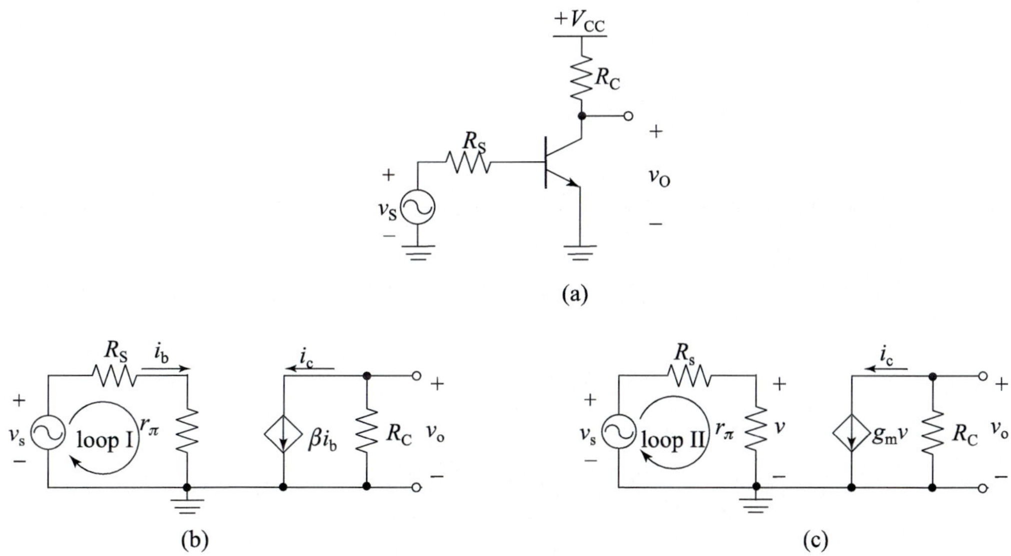

그림 2.9 CE 앰프 및 등가회로

$$i_c = \beta i_b \tag{2.9}$$

이고 등가회로 II에서는

$$i_c = g_m v \tag{2.10}$$

가 된다.

이 두 등가회로가 동일한 것이지만 등가회로 I과는 달리 등가회로 II로부터는 한가지 재미있는 현상을 발견할 수 있다. 즉 베이스 루프에 연결되어 있는 R_s와 r_π를 임의의 값 k로 나누어 주는 경우에도 v의 값은 달라지지 않는다는 사실이다. 이를 그림으로 표시하면 그림 2.10과 같다.

이 그림을 변형된 등가회로 III이라고 한다면, 이 등가회로로부터 v는

$$v = \frac{r_\pi / k}{R_s / k + r_\pi / k} v_s \tag{2.11}$$

$$= \frac{r_\pi}{R_s + r_\pi} v_s \tag{2.12}$$

로 주어진다. 즉, 변형된 등가회로 III로부터 얻어진 식 (2.11)을 정리하여 얻어진 식 (2.12)는 등가회로 II에서 얻어지는 관계식과 동일하며 차이가 없다. 따라서 식 (2.10)으로 주어지는 콜렉터 전류의 크기는 등가회로 II와 III에서 모두 동일한 값으로 주어지며

$$v_o = -R_c i_c \tag{2.13}$$

가 된다. 따라서 전압이득 (v_o/v_s)도 두 경우 모두 동일하게 주어지게 된다.

그러나 등가회로 II와 III의 한가지 차이점은 베이스 루프에 흐르는 전류의 크기가 다르다는 점이다. 즉 등가회로 II의 입력 loop II에 흐르는 전류는 등가회로 I의 loop I의 전류와 동일하며 i_b가 된다. 그러나 등가회로 III의 loop III에 흐르는 전류의 크기는 ki_b가 되어 k배 증가하게 되므로 변형 등가회로 III는 베이스측에서 볼 때는 더 이상 등가가 아니다. 그러나 그럼에도 불구하고 콜렉터 전류의 크기는 동일하므로 콜렉터측에서는 등가가 성립한다. 따라서 전압이득을 구하는 관점에서는 베이스 루프의 전류의 크기가 k배 달라진다 하여도 상관이 없으며 동일한 결과가 얻어진다는 사실이다.

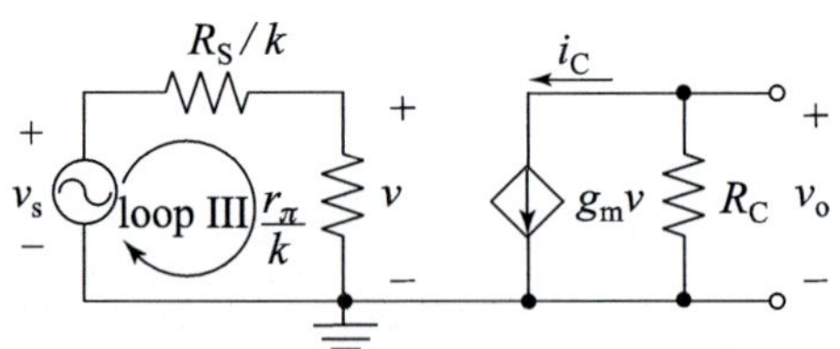

그림 2.10 등가회로 II의 베이스 루프저항을 모두 k로 나누어준 변형된 등가회로 III

이 점은 계산의 단순성을 위하여 매우 중요한 포인트가 된다.

우리는 k의 크기에 관계없이 전압이득은 동일하게 됨을 알았으므로 이번에는 임의의 상수 k가 의미를 가지도록 하기 위하여

$$k = \beta \tag{2.14}$$

와 같이 두는 경우에는 어떻게 되는지 살펴보자. 이렇게 둔 경우의 변형등가 회로를 다시 보이면 그림 2.11과 같다.

이렇게 하는 경우에는 그림에 보이는 바와 같이 베이스 루프 전류가 β배 증가하게 되며, 이 전류의 크기는 바로 콜렉터 전류의 크기와 동일하게 됨을 알 수 있다. 다시 말해서 이런 변형등가회로에서는 콜렉터 전류의 크기를 베이스 루프에서 바로 알아낼 수 있게 된다. 즉,

$$i_c = \frac{1}{\frac{R_s}{\beta} + \frac{r_\pi}{\beta}} v_s \tag{2.15}$$

와 같이 됨을 알 수 있다. 따라서 이 식을 식 (2.13)에 대입하면

$$v_o = -\frac{R_c}{\frac{R_s}{\beta} + \frac{r_\pi}{\beta}} v_s \tag{2.16}$$

이 되므로 전압이득은

$$A_v = -\frac{R_c}{\frac{R_s}{\beta} + \frac{r_\pi}{\beta}} \tag{2.17}$$

와 같이 주어지게 된다. 이 식이 의미하는 바는 베이스 루프와 콜렉터 루프의 전류를 동일하게 일치시킴으로써 전압이득은 각 루프에 연결되어 있는 저항값의 비로서 바로 표시할 수 있음을 나타내는 것이다.

여기에서 베이스 저항을 각각 β로 나누었다는 의미는 베이스측 저항을 근사적으로 에미터측으로 투사한 것이라고 바꾸어 말할 수 있다. 즉, 이 경우의 전압이득을 일반화하여 표현한다면

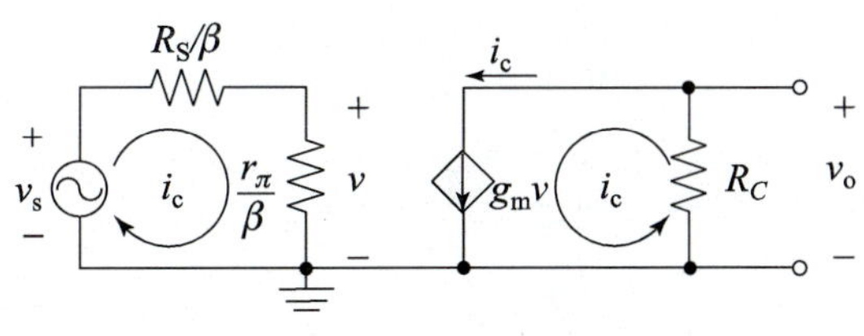

그림 2.11 k=β일 때 변형 등가회로

$$|A_v| = \frac{\sum \text{콜렉터 저항}}{\sum \text{에미터로 투사된 저항}} \tag{2.18}$$

와 같이 정리할 수 있다.

한편, 여기에서 만일 근사화 하지 않고 정확하게 베이스저항을 에미터로 투사하기 위해서는 β로 나누는 대신에 줄임정리를 이용하여 $(1+\beta)$로 나누어 주면 된다. 식 (2.17)에서는 분모가 β로 나누어진 형태이므로 엄밀한 의미에서 콜렉터로 등가 투사된 저항이라고 말해야 더 옳을지도 모른다. 그러나 베이스측 저항을 콜렉터로 투사할 수 있는 방법은 없으며 오직 에미터로 투사할 수 있을 뿐이다. 그리고 식 (2.18)과 같이 에미터로 투사할 때는 대략 $1/\beta$만큼의 오차를 가지게 된다. 그러나 일반적으로 $\beta=100$을 기준으로 할 때 오차는 1% 정도이므로 실제에 있어서 무시하여도 무방하다고 하겠다.

예 2.5 에미터 저항을 가진 CE증폭기에 대하여 줄임정리를 이용하여 베이스 저항을 에미터로 투사하고 전압이득의 관계식을 정확하게 구하여라.

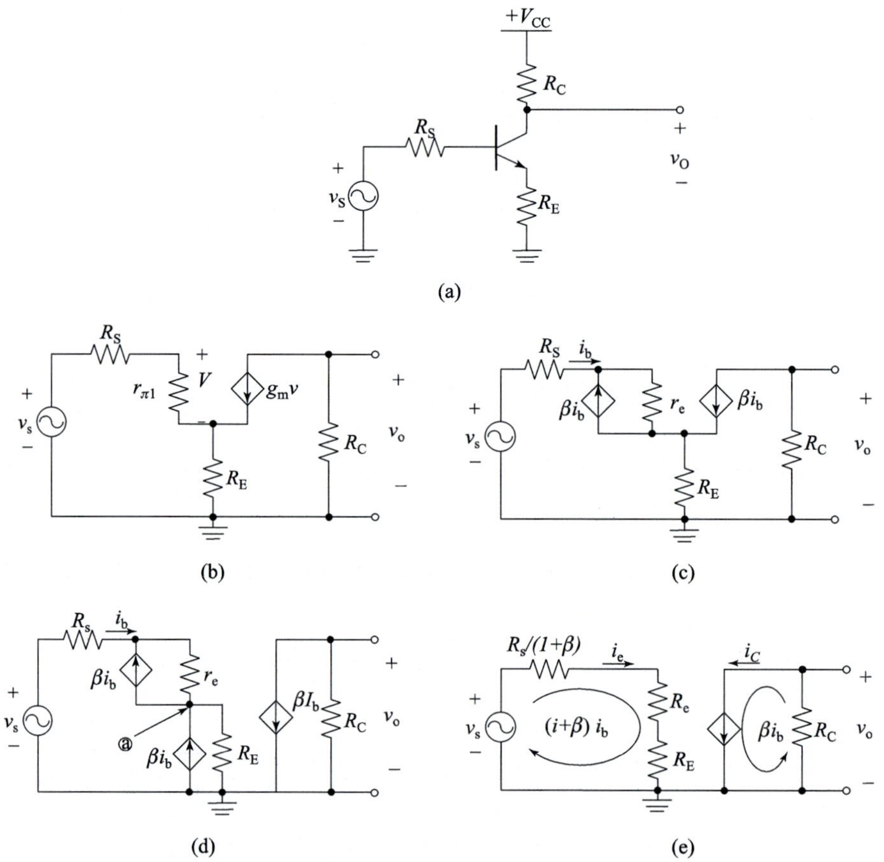

그림 2.12 에미터 저항을 가진 CE 증폭기

풀 이 위에서 (c)는 r_π대신 βi_b와 r_e의 조합으로 나타내었고 $g_m v$대신 βi_b로 바꾼 것이다. (d)에서는 ⓐ점에서 βi_b의 전류가 흘러 들어오고 또 동일한 양이 흘러 나가므로 βi_b의 전류원을 분리시켜도 달라지지 않으며 βi_b의 직렬 연결은 하나로 대치해도 동일하므로 (e)와 같은 등가회로가 된다.

최종 등가회로 (e)는 베이스 저항을 에미터로 정확하게 투사한 경우를 보이는 것이며 베이스루프 전류와 콜렉터 루프 전류가 i_b만큼 차이가 나고 있으므로 이로부터 정확한 전압이득은

$$|A_v| = \left(\frac{R_c}{R_E + r_e + R_s/(1+\beta)}\right)\left(\frac{\beta}{1+\beta}\right) \tag{2.19}$$

와 같이 주어진다. 그러나 식 (2.19)를 적용함에 있어서 일반적으로 전류이득 β가 1보다 충분히 크므로 약간의 근사화를 허용하여

$$|A_v| - \frac{R_c}{R_E + r_e + R_s/\beta} \tag{2.20}$$

와 같은 형태로 표현하여도 무방하다고 할 수 있다. 이것이 바로 앞서 언급한 바와 같이 베이스 저항을 에미터측에 근사 투사한 것이다.

실제에 있어서 베이스측 저항을 에미터로 투사함에 있어 등가회로를 반드시 그려야만 할 필요는 없다. 이것을 쉽게 하는 방법은 다음에 보이는 그림에서와 같이 회로상에서 바로 에미터로부터 베이스로 돌아가는 루프를 그리면서 루프내에 있는 저항을 모두 에미터측으로 투사하는 것이다.

즉, 식 (2.18)의 분모에서 에미터 투사저항의 합은 에미터로부터 베이스로 돌아가는 루프를 그리면서 에미터에 존재하는 저항은 그대로 써 주고, 에미터와 베이스의 접합부를 지날 때는 r_e를 써 주며, 베이스 저항은 전류이득으로 나누어 준 결과를 모두 더하면 된다.

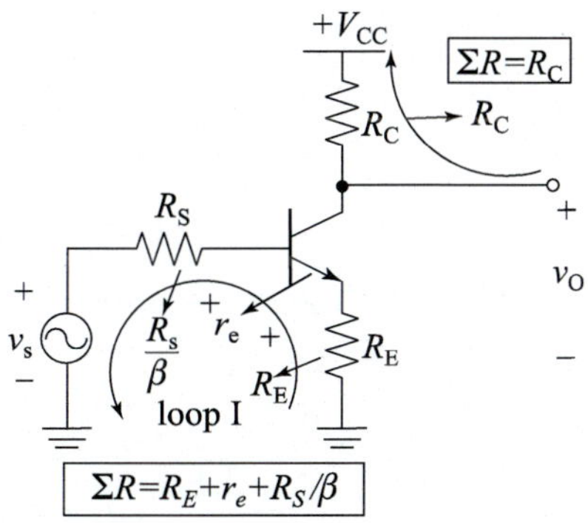

그림 2.12.1 등가회로를 그리지 않고 바로 저항을 투사하는 예

콜렉터측에서는 출력에서 접지를 통하여 루프를 그리면서 나타나는 저항을 모두 더해준다. 이 과정에서 나타나는 + 혹은 −의 공급전원은 모두 교류적으로 단락과 동일하게 본다. 단, 이 경우에 주의할 점은 주 신호 전류가 흐르지 않는 경로에 나타나는 저항은 고려의 대상에서 제외해야 하며 이에 관해서는 다음절의 예에서 나타나게 될 것이다.

MOSFET의 경우도 바이폴라 트랜지스터와 다르지 않다. 즉, MOS트랜지스터의 게이트, 소스, 드레인을 바이폴라 트랜지스터의 베이스, 에미터, 콜렉터에 각각 대응시켜 생각하면 된다. 단, MOS트랜지스터의 경우는 전류이득을 무한대로 놓고 생각하면된다. 물론 MOS트랜지스터도 주파수가 증가할수록 전류이득이 반비례하여 감소해 가지만 (제4장 참조) 주파수가 충분히 낮아서 MOS소자에 존재하는 커패시터의 영향을 무시할 수 있는 영역에서는 무한대로 근사화 할 수 있다. 이럴 경우 구체적인 예를 들어 소스에 저항이 들어있는 아래 그림 2.12.2와 같은 증폭기에 대해서 생각해 보자.

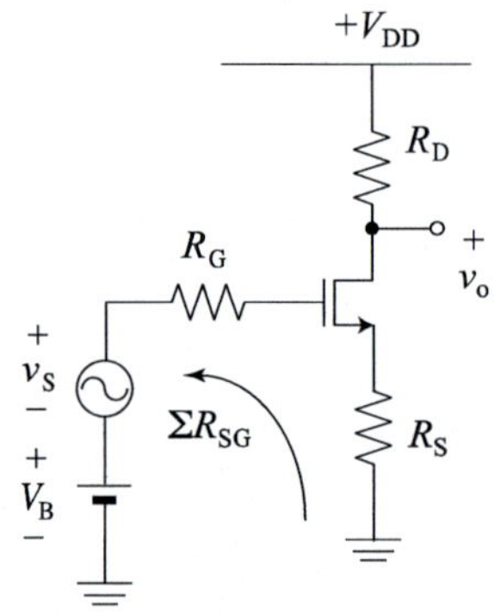

그림 2.12.2 소스저항을 가진 CS 증폭기

위 회로에서 등가회로를 도시하고 게이트 소스 루프를 다른 형태로 정리하는 과정을 보인 것이 아래 그림 2.12.3 이다. 여기에서 등가변환회로 (c)에서 (d)로 넘어가는 과정에서 전류이득이 무한대라는 조건이 이용되었다. 즉, 전류이득이 무한대라면 게이트에전류가 흐르지 않게 되므로 게이트에 삽입된 저항 양단에 전압강하가 발생하지 않게 된다. 따라서 게이트 저항을 단락으로 무시할 수 있게 된다. 이것은 바이폴라 트랜지스터의 경우 $\beta \rightarrow \infty$를 대입하면 분모에서 베이스 저항을 무시할 수 있는 것과 동일한 원리이다.

따라서 등가변환회로 (e)로부터 게이트 소스 루프를 관통하는 전류와 드레인 전류를 동일하게 일치시키게 되었으므로 전압이득은 단순하게 게이트 소스 루프저항의 합과 드레인 저항의 비로 주어지며

$$|A_v| = \frac{R_D}{R_S + 1/g_m} \tag{2.20.1}$$

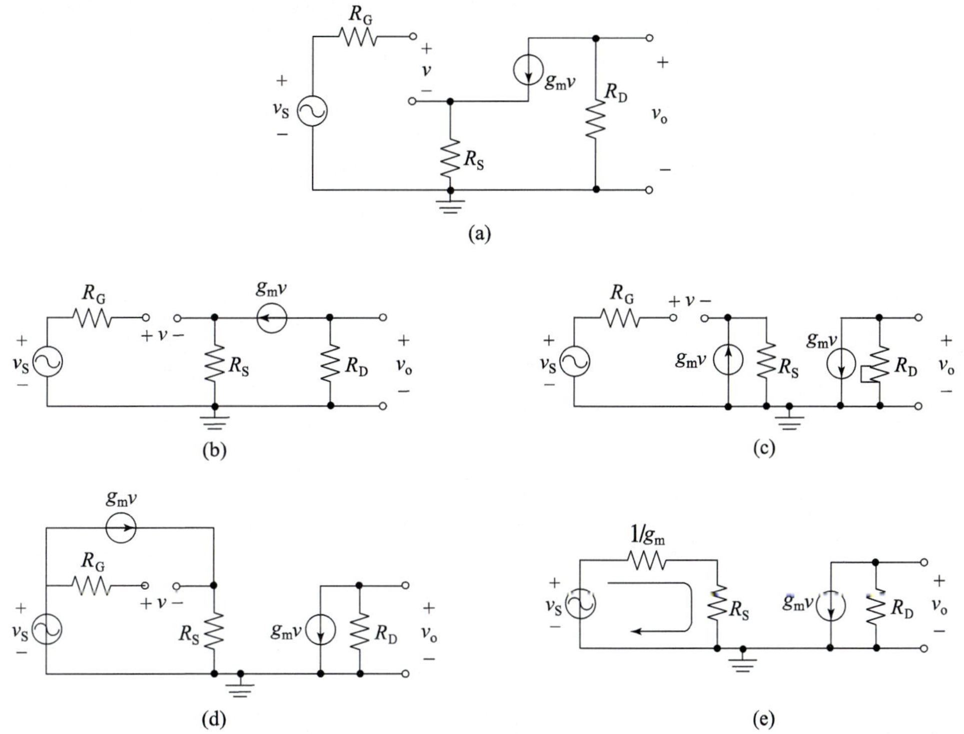

그림 2.12.3 소스저항을 가진 CS 증폭기의 등가변환회로

와 같이 표시될 수 있음을 알 수 있다. 따라서 이 결과로부터 분모항은 소스측으로 투사한 저항의 합을 의미하므로 MOSFET를 $\beta \rightarrow \infty$인 바이폴라 트랜지스터로 간주하여 얻은 것과 동일한 결과임을 의미한다. 단, 이 등가회로를 게이트 측에서 바라보면 실제 MOS를 게이트에서 바라본 경우와 등가가 되지 않는데 그것은 바이폴라 트랜지스터에서도 역시 그러하며 그 이유에 대해서는 이미 앞에서 언급한 바와 같다.

2.3 다단 증폭기의 분리 방법

전 절에서 트랜지스터 한 개를 사용한 증폭기의 해석방법을 살펴 보았다. 간단한 회로를 해석함에 있어서는 방법의 차이가 크게 문제되지 않을 것이다. 그러나 복잡하게 연결된 다단 증폭회로의 경우는 이야기가 달라진다. 이와 같이 복잡한 다단증폭기에 대해서도 간편하게 이득을 구하기 위해서는 다른 하나의 조건이 더 필요하다. 이제 그 두 번째 조건에 대해서 살펴 보기로 하자.

다음에서 보이는 그림 2.13과 같이 어느 한 트랜지스터의 콜렉터측만을 생각하여 보기로 하자. 여기에서 콜렉터쪽을 들여다 본 임피던스는 R_C에 비하여 충분히 크다고

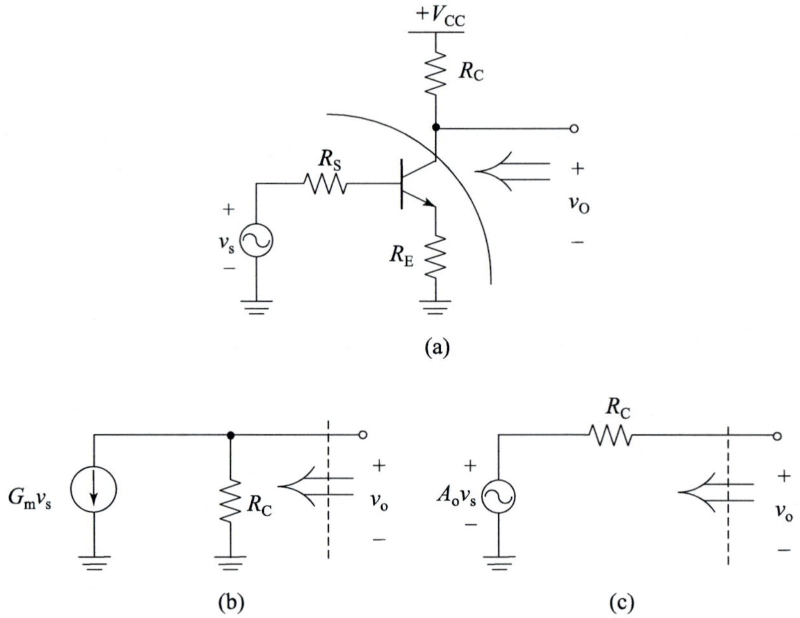

그림 2.13 부하 개방 상태에서 콜렉터측에서 본 등가회로

가정하여 무시하였다. 또한 그림(b)의 등가회로에서 G_m은 $1/(R_E + r_e + R_S/\beta)$를 의미한다. 이 등가회로는 그림(c)와 같이 전압원 형태의 신호원을 사용한 모양으로 변경시켜도 동일한 결과가 얻어지게 됨을 회로이론에서 Norton 및 Thevenin 등가회로로 잘 알려져 있는 사실이다. 여기에서 신호전압원과 전류원간의 극성을 고려하면

$$A_O = -G_m R_C \tag{2.21}$$

와 같이 주어지며, 이 식은 부하가 개방된 상태에서의 이득을 의미한다.

이번에는 출력단자에 부하저항 R_L이 연결되어 있는 경우를 살펴보자. 이것은 아래의 그림 2.14에 보여주는 바와 같다. 여기에서도 출력전압 v_o를 구함에 있어서는 그림 (b)와 (c)의 등가회로 I과 II 중에서 어느 것을 사용하여도 동일한 결과가 얻어지게 된다. 즉, 먼저 등가회로 I을 적용하면 출력전압 v_o는

$$v_o = -G_m (R_c \,//\, R_L) v_s \tag{2.22}$$

와 같이 표시 된다. 이번에는 등가회로 II를 적용하여 구하면

$$v_o = \left(\frac{R_L}{R_c + R_L} \right) A_o v_s \tag{2.23}$$

으로 주어지게 된다. 여기에서 식 (2.21)을 감안하면 이 두 가지 표시식은 동일한 것의 다른 표현임을 쉽게 알 수 있다.

여기에서 위에서 주어진 두 식의 의미가 매우 중요하므로 좀 더 깊이 있게 생각해

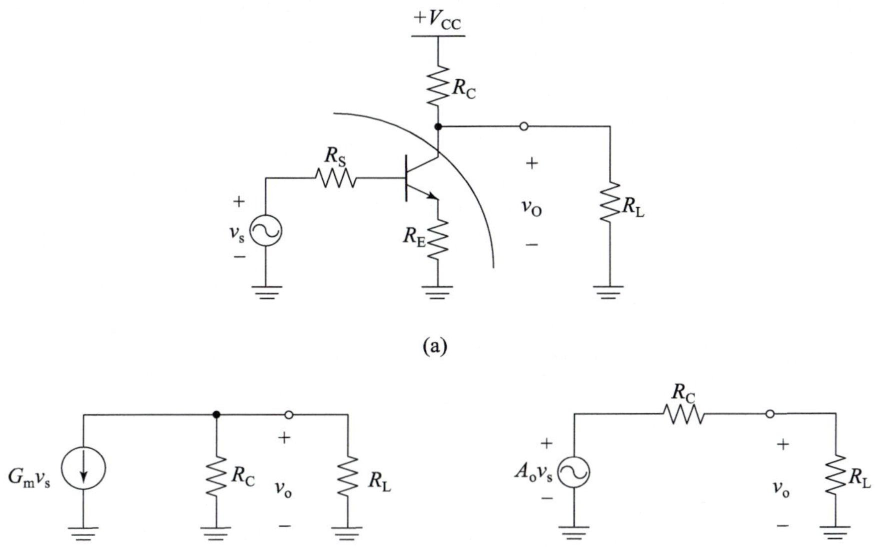

(a)

(b) 등기회로 I (c) 등기회로 II

그림 2.14 부하 R_L이 연결된 등가회로

보기로 하자. 식 (2.22)는 v_o를 구함에 있어서 R_C와 R_L이 병렬로 연결되어 있음을 먼저 고려하여 $R_C//R_L$ 값을 계산한 다음 나중에 G_m을 곱하여 계산한 것임을 의미한다. 한편 식 (2.23)은 부하가 연결되어 있지만 잠시 R_L을 개방 시켜 놓고 A_o를 계산한 후에 다시 R_L을 연결한 상태에서 $R_L/(R_C+R_L)$항에 의하여 R_L의 효과를 추후 보정하였다는 것을 의미한다. 바꾸어 말하면 두 가지 경우가 계산의 순서가 다르다는 점이다. 즉 R_L의 영향을 먼저 고려하느냐 아니면 나중에 고려하느냐의 차이가 그림 (b)와 (c)의 등가회로 중 하나를 선택하는 경우에 이미 정해져 있게 된다는 점이다.

복잡하게 연결된 다단 증폭기의 전압이득을 쉽게 구하기 위해서는 이와 같은 방법으로 계산의 순서를 잘 고려하는 것이 무척 중요한 문제가 된다. 기존 교재에서 언급하고 있는 방법은 모두 등가회로 I의 방법을 채택하여 이득을 계산하는 경우에 해당한다. 그러나 여기에서는 등가회로 II의 방법을 사용하여 다단 증폭기의 이득을 구하는 데에 적용하는 것이다. 부하저항이 연결된 상황에서 이와 같이 계산의 순서를 달리하는 방법이 바로 복잡한 회로로부터 전체 이득을 쉽게 구할 수 있는 두 번째 원리가 된다.

이 개념은 매우 중요하며 앞으로 이 교재에서 자주 등장하게 될 것이다. 중요하기 때문에 좀 더 부연설명하자면 부하를 개방한다는 말은 부하로 연결되는 선로를 절단한다는 말과 동일한 의미가 된다. 즉, 등가회로 II를 사용하여 그림 2.14로부터 등가분리회로의 개념을 적용하여 다시 나타내보면 그림 2.14-1과 같다. 그림 (a)는 부하를 단순히 절단한 상황을 보여주는 것이다. 이 등가 분리회로로부터 출력전압 v_{o1}은

$$v_{o1} = -G_m R_c v_s = A_o v_s$$

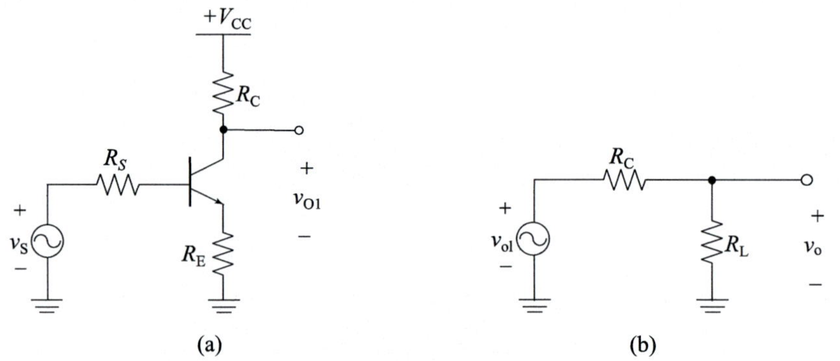

그림 2.14-1 등가회로 II를 이용한 등가 분리회로

로 주어지게 되며 부하개방상태에서 구한 콜렉터측 출력전압이다. 그림 (b)는 이 상황에서 얻어지는 출력전압(v_{o1})을 다음 단의 신호원으로 인가하고 절단면에서 콜렉터측을 뒤돌아본 출력저항(R_C)을 직렬로 접속하여 부하저항(R_L)을 연결해 준 것이다. 여기에서 부하저항 R_L을 연결한 효과가 고려되는 것이다. 따라서 부하저항이 연결된 상황에서 최종 v_o는

$$v_o = \frac{R_L}{R_c + R_L} v_{o1}$$

와 같이 주어게 된다. 이 결과가 바로 식 (2.23)이 의미하는 것이다. 이와 같은 등가분리 방법의 응용에 대해서 다음 예제를 통하여 좀 더 알아보기로 한다.

예 2.1 등가회로 II의 분리방법을 사용하여 다음 회로의 전압이득을 구하여라.

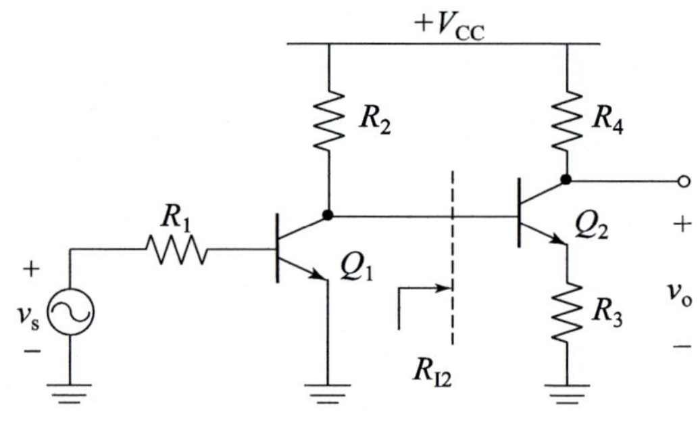

그림 2.15 2단 증폭회로 : 바이어스는 생략함.

풀 이 이런 회로를 대할 때 복잡함을 느끼기 시작하는 원인은 Q_1의 콜렉터와 Q_2의 베이스가 서로 연결되어 있으므로 Q_2의 베이스측 입력저항 R_{i2}가 Q_1의 콜렉터 저항 R_2와 병렬로 연결되어 있다는 점이다. 이런 회로에서 계산을 단순화하는 방법은 Q_1과 Q_2를 완전히 분리

시키는 것이다. 단 분리 전후가 등가가 되어야 함은 물론이다. 여기에 위에 언급한 등가 회로 II의 방법으로 분리한다면 그림 2.16과 같이 된다.

그림 (b)의 등가회로에서 v_{o1}은 Q_1의 콜렉터에서 부하를 개방하고 즉 Q_2의 베이스를 개방하고 측정한 전압에 해당하며 이것은 바로 그림 (a)에서 얻어지는 v_{o1}과 동일한 값이 된다. 이와 같이 분리한 후에는 각 단의 이득을 독립적으로 구한 후 모두 곱해주면 다단 증폭기의 이득이 된다. 즉 전체의 전압이득은

$$A_{vo} = \frac{v_0}{v_s} = \frac{v_{o1}}{v_s} \times \frac{v_o}{v_{o1}} = A^*_{vo1} \cdot A^*_{vo2} \tag{2.24}$$

와 같이 표시된다. 여기에서 각 단의 이득을 계산함에 있어서는 그림과 같이 루프저항을 합해서 구하는 방법을 사용하면 된다.
이와 같이 등가분리 된 회로에서 각 단의 이득은

$$A^*_{vo1} = -\frac{R_2}{r_{e1} + R_1 / \beta_1} \tag{2.25}$$

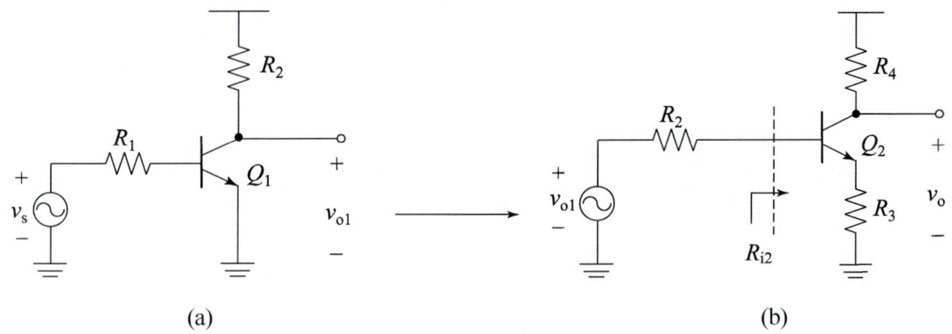

그림 2.16 등가 분리 회로

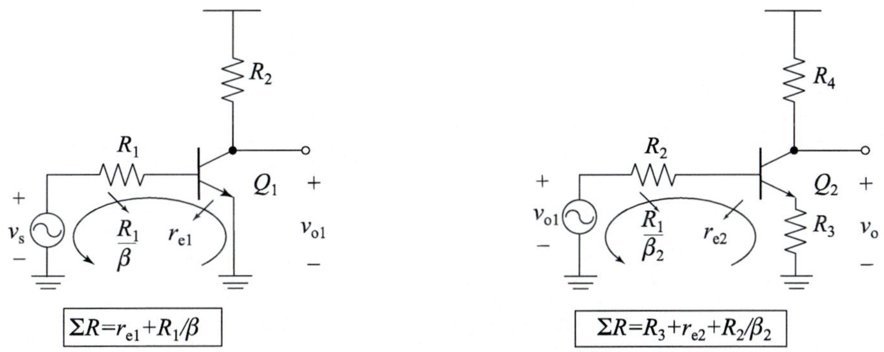

그림 2.17 에미터 투사를 예시한 회로

$$A_{vo2}^{*} = -\frac{R_4}{R_3 + r_{e2} + R_2 / \beta_2} \quad (2.26)$$

가 되며, 따라서 전체 이득 A_{vo}는

$$A_{vo} = \left(\frac{R_2}{r_{e1} + R_1 / \beta_1}\right)\left(\frac{R_4}{R_3 + r_{e2} + R_2 / \beta_2}\right) \quad (2.27)$$

와 같이 표현됨을 알 수 있다.

이 과정에서 한 가지 주의를 요하는 점은 식 (2.25)와 (2.26)으로 주어지는 A_{vo1}^{*}와 A_{vo2}는 그림 2.15와 같이 회로가 연결되어 있는 상태에서의 각 단의 실제 이득을 의미하지는 않는다는 점이다. 즉, 이러한 계산방식은 등가 분리한 상태에서 각 단에서 각각 얻을 수 있는 이득을 의미하므로 다른 말로 표현하면 각 단에서 부하 개방 상태의 이득을 뜻한다. 따라서, A_{Vo1}^{*}와 A_{Vo2}^{*}는 두 단의 증폭기가 연결되어 있는 상태에서 각 단에서 측정 가능한 이득이 아니고 등가분리를 가정한 상태에서 얻어질 수 있는 가상적인 이득 이라는 사실이다.

다단 증폭기에서 각 단이 연결되어 있는 상태에서 각 단의 실제 이득을 측정해서도 전체 이득을 구할 수 있다. 이번에는 계산 방법도 각 단의 실제 이득을 표시하도록 하고자 한다면 그림 2.14에 언급한 바와 같이 등가회로 I을 사용하면 된다. 이것이 바로 기존 계산 방법과 동일한 것이다. 예를 들어, 그림 2.15를 등가회로 I을 이용하여 등가 분리해 보면 그림 2.18과 같게 된다.

이와 같은 등가 분리에서는 Q_1의 콜렉터에서 Q_2를 들여다본 입력저항 R_{i2}를 Q_1의 부하저항 R_2와 병렬로 두었으므로 첫 단의 이득은 실제로 연결되었을 때와 동일한 값이 된다. 마찬가지로 둘째 단의 이득도 실제로 측정에서 얻어질 수 있는 값과 동일한 값이 되며 여기에서 각 단의 이득을 기존의 방법으로 계산해 보면,

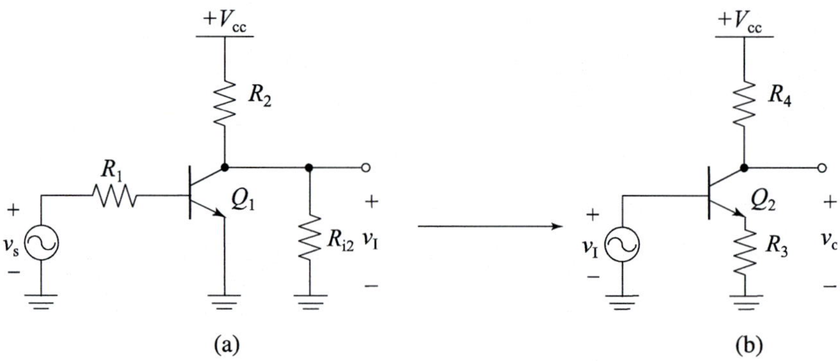

그림 2.18 등가회로 I을 이용한 분리회로

$$A_{v1} = \frac{v_1}{v_s} = -\frac{R_2 /\!/ R_{i2}}{R_{i1}}\beta_1 \tag{2.28}$$

$$A_{v2} = \frac{v_o}{v_1} = -\frac{R_4}{R_{i2}}\beta_2 \tag{2.29}$$

와 같이 표시되고, 전체 이득은

$$A_{vo} = \left(\frac{R_2 /\!/ R_{i2}}{R_{i1}}\beta_1\right)\left(\frac{R_4}{R_{i2}}\beta_2\right) \tag{2.30}$$

와 같이 된다. 이 식은 다단 증폭기가 연결된 상태에서 실제로 측정 가능한 각 단의 이득을 곱하여 전체 이득을 계산한 경우에 해당하는데, 이 결과는 식 (2.27)로 주어지는 값과 동일한 것의 다른 표현임을 증명할 수 있다.

예 2.7 다음 회로의 전압 이득을 계산하시오. (단, 바이어스 조건은 I_{C1}=0.1 mA, I_{C2}=3 mA이고 $\beta_1=\beta_2$=100이다.)

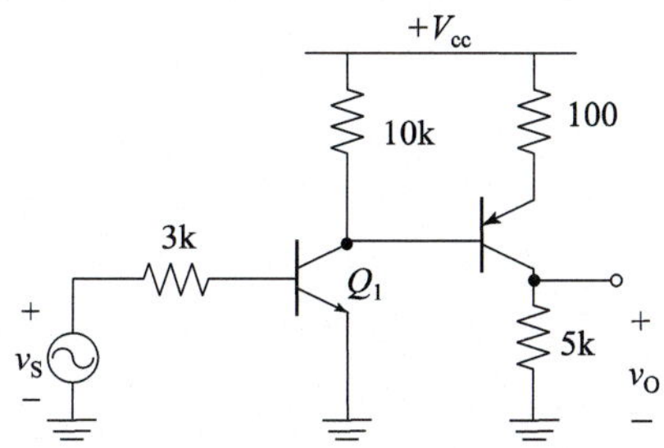

그림 2.19 2단 증폭회로

풀 이 이 회로를 그림 2.14 등가회로 II의 개념으로 분리시키는 것을 감안할 때 위에서 예시한 바와 같이 등가 분리회로를 그려서 전체 이득을 계산할 수 있지만, 이것 역시 번거롭기 때문에 등가 분리를 가정하고 바로 에미터 투사 루프를 생각해서 이득공식을 적용할 수 있다. 이것을 예시하기 위해 그림을 다시 그려보면 다음 그림과 같다.

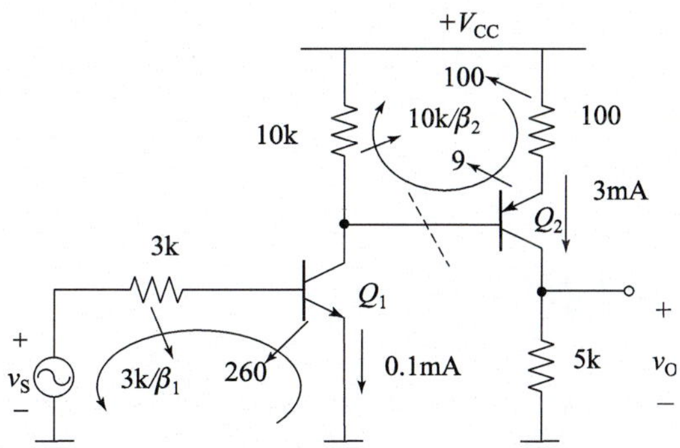

그림 2.20 에미터 투사를 예시한 회로

따라서, 전체 이득은

$$A_{vo} = \left(\frac{10k}{260+30}\right)\left(\frac{5k}{100+9+100}\right)$$
$$= 34 \times 24 \ = 816$$

와 같이 계산이 되는데 여기에서 얻은 각 단의 전압이득 34와 24는 위에서 언급한 바와 같이 각 단에서 측정되는 실제 이득이 아니다.

이 예에서 보는 바와 같이 새로운 방법으로 계산하면 매우 빠른 속도로 전체 이득을 얻을 수 있음을 알았다. 한 가지 주의할 점은 이득공식을 적용함에 있어서 콜렉터측 저항을 정하는 일이다. 예를 들어 다음 그림 2.21과 같이 Q_2의 베이스에 저항이 연결되어 있을 때 등가분리를 어떻게 해야 할까?

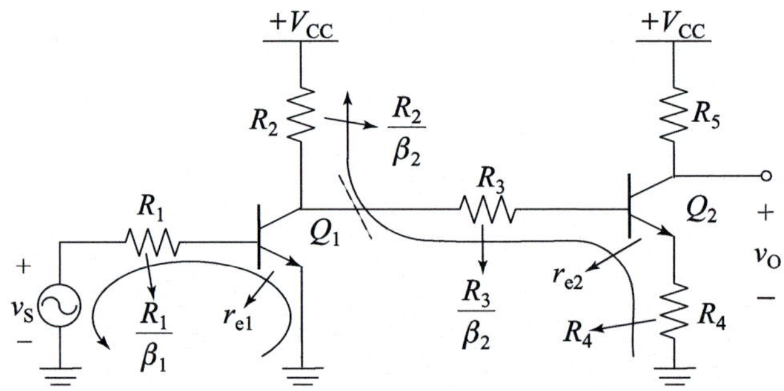

그림 2.21 Q_2의 베이스 저항이 있는 2단 증폭기의 예

이 경우는 점선을 그은 것과 같이 R_3는 Q_2의 베이스측에 포함시켜 계산하는 것이 옳다. 그 이유는 그림 2.14의 등가 분리 방법을 다시 생각해 보면 이해가 갈 것이다. 또한 Q_2에 대한 에미터 투사를 위한 루프는 접지에서 전원을 통하여 그려야 하며 베이스측에 연결된 R_2와 R_3는 모두 β_2로 나누어 주어야 한다.

따라서, 전체 이득을 다시 써 보면

$$A_{vo} = \left(\frac{R_2}{r_{e1} + R_1/\beta_1}\right)\left(\frac{R_5}{R_4 + r_{e2} + (R_2 + R_3)/\beta_2}\right) \tag{2.31}$$

와 같이 된다.

등가 분리점의 선택

다단 증폭기에서 새로운 이득공식을 적용하는 경우에 등가분리 지점들을 적절히 선택하는 것이 계산을 손쉽고 빠르게 하는 데 매우 중요하다. 회로에 익숙해지게 되면 분리 지점들이 쉽게 눈에 들어온다. 그렇지 않을 경우에는 다음과 같은 기준으로 생각하면 된다.

1) 주증폭 트랜지스터 한 개를 포함하는 각 단을 분리한다.
2) 임피던스가 나누어지는 부분들을 분리한다.

이 경우 주의해야 할 사항은 회로의 구조를 보고 분리하는 것이며 다음 단의 임피던스가 크고 작음을 고려하여 분리하는 것이 아니라는 점이다. 두 번째의 임피던스가 나누어지는 부분의 의미를 좀 더 부연 설명하면 다음과 같다. 즉, 한 노드에 연결된 지로가 셋 이상인 경우에서 어떤 지로를 통해서는 신호가 입력되고 다른 지로를 통해서는 신호가 출력될 때 출력되는 지로를 절단해서 분리함을 의미한다. 이렇게 분리를 실시한 후에 계산원칙은

1) 분리한 지점까지의 이득을 계산하는 경우에는 분리한 지점의 뒷부분은 개방시켰으므로 무시해 버릴 것.
2) 분리한 지점의 다음 단 이득을 계산 하는 경우에는 분리한 지점의 앞 부분은 앞서 분리했던 부분들을 모두 연결시킨 상태에서 계산할 것.

의 두 가지이다. (좀 더 자세한 내용은 부록 3A의 앞부분 참조) 이와 관련해서 다음과 같은 예를 살펴보자.

예 2.8 다음 회로에서 전체 전압 이득을 계산하시오.

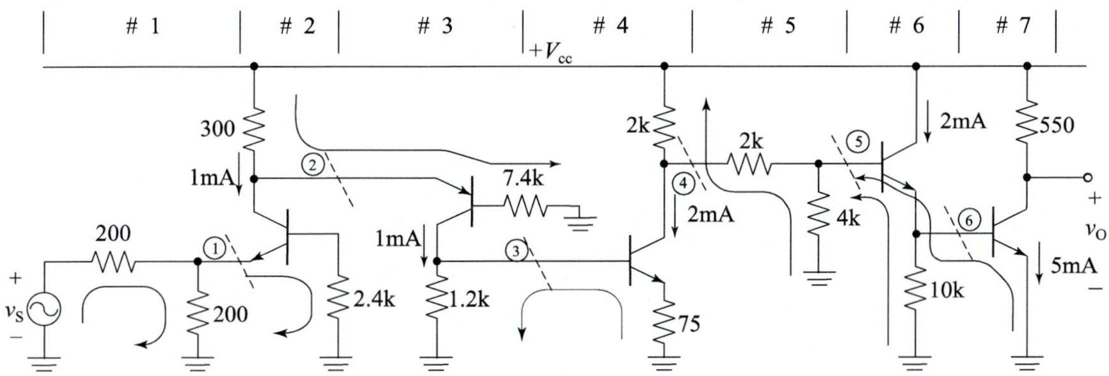

그림 2.22 다단 증폭기 및 분리 지점들의 선택

풀 이 이 예에서는 분리지점을 6개 선정하였으며 따라서 7개의 단으로 나누어진다. 예를 들어 분리지점 ①,②는 다음 단의 저항이 CB구조이기 때문에 작음에도 불구하고 관계없이 선택하였고, ④, ⑤ 등은 임피던스의 분기점에 해당하기 때문에 선택하였다. 따라서, 전체 전압이득의 계산은 다음과 같이 된다.

$$A_v = \left(\frac{200}{200+200}\right)\left(\frac{300}{100+26+24}\right)\left(\frac{1.2k}{300+26+74}\right)\left(\frac{2k}{75+13+12}\right)$$
$$\left(\frac{4k}{2k+2k+4k}\right)\left(\frac{10k}{10k+13+20}\right)\left(\frac{550}{5.2+100//(0.13+0.2)}\right)$$
$$= 0.5\times 2\times 3\times 20\times 0.5\times 1\times 100 = 3000$$

여기에서 전류이득은 모두 β=100으로 가정하였다. #2단의 분모 100 Ω은 분리 지점 ①을 연결시킨 상태에서 #1단의 병렬저항이 200 Ω 두 개이기 때문이며, #7단의 분모는 #4단까지 고려하고 있다. 이 모든 계산에서 콜렉터측 r_o는 충분히 크다고 가정하여 무시하였다.

위의 예로부터 계산 원칙1)은 각 단의 분자에 적용되는 원칙이며 계산원칙2)는 각 단의 분모에 적용되는 원칙임을 알 수 있다.

이상과 같이 간단한 계산이 가능한 비결은 앞서 언급한 바와 같이 에미터 투사 방법과 등가 분리법의 두 가지를 활용하여 얻어진 것이며, 등가분리 지점만 적절히 선정할 줄 알면 매우 편리한 방법임을 알 수 있다.

이득공식에서 에미터 베이스의 루프 임피던스를 계산하는데, 이것은 바로 에미터에서 들여다 본 임피던스와 동일한 것이다. 다음의 예를 보자.

예 2.9 CC와 CB 증폭기의 출력 및 입력 저항을 비교하시오.

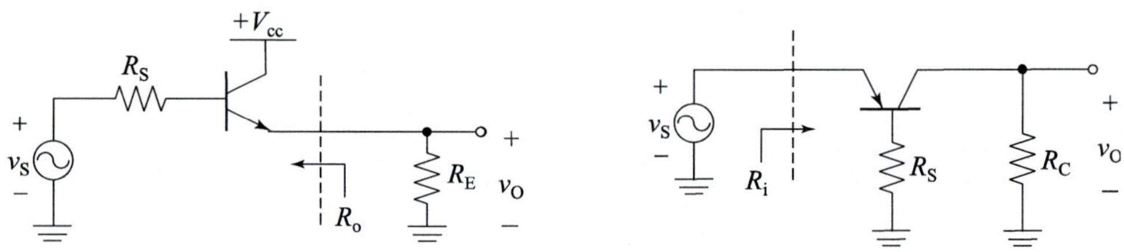

그림 2.23 에미터 폴로워와 베이스 접지 회로

풀 이 에미터 폴로워의 특징 중에서 출력 임피던스가 낮아지는 것과 베이스 접지 회로에서 입력 임피던스가 작아지는 것은 연관 관계가 있다. 이 두 회로에 대해서 그림과 같이 R_o와 R_i를 정의하면

$$R_o = R_i = r_e + R_s / \beta$$

가 되며 두 값이 완전히 동일함을 알 수 있다. 두 회로에서 PNP나 NPN 트랜지스터를

선택하는 것은 교류신호의 관점에서 볼 때는 전혀 차이가 없으며 에미터 쪽에서 들여다 볼 때는 두 회로가 동일한 것이라는 점이다.
예를 하나 더 들어 아래와 같이 교류신호의 관점에서 도시한 회로를 보자.

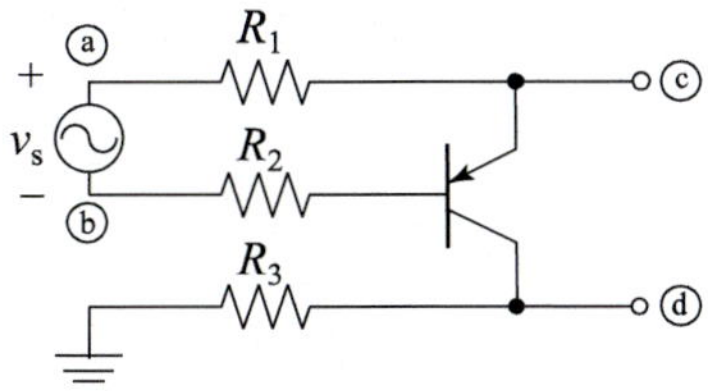

그림 2.24 일반화한 회로 구조

이 회로는 바이어스를 생략하고 그린 것이며, 입력 신호 v_s는 접지가 되어있지 않고 공중에 떠 있는 상태이다. 여기에서 ⓐ점을 접지하고 ⓒ점 출력을 본다면 R_3는 영향을 주지 못하므로 단락시킨 것과 차이가 없으며 따라서, 에미터 폴로워로 볼 수 있다. 한편, ⓑ점을 접지하고 ⓓ점 출력을 본다면 R_1의 위치는 에미터측에서 베이스측으로 등가투사하여 $R_2+(1+\beta)R_1$으로 놓고 보면 기존의 베이스접지 회로와 동일한 형태이므로 베이스 접지 회로로 볼 수 있다. 즉, 동일한 회로에 대해서 접지의 위치에 따라 에미터 폴로워 또는 베이스접지 회로로 간주 되는 것이다. 그러나 ⓒ점과 ⓓ점에서 관측되는 신호는 ⓐ점이나 ⓑ점 중 어느 곳을 접지하여도 달라지지 않는다. 다시 말해서 어느 곳을 접지한다는 의미는 신호가 입력되는 위치를 어느 관점에서 보느냐 하는 것이다. 따라서, 보는 관점이 동일하면 CC인지 CB인지 구분을 필요로 하지 않는다.

전압이득과 전류이득

전류이득과 전압이득 간에는 어떤 상관관계가 있음을 우리는 알고 있다. 그러나 그 양자간에 일정한 비례관계가 있는 것은 아니다. 예를 들어, 전류이득이 10배인 트랜지스터를 사용하는 경우 전압이득이 10배가 되는 것은 아니다. 즉, 전류이득이 큰 트랜지스터를 사용하여 증폭기를 설계하는 경우 전압이득을 크게 얻을 수 있다는 것은 일반적으로 사실이지만 반드시 비례 관계에 있는 것은 아니다. 예를 들어, 그림 2.25와 같은 간단한 CE회로를 생각하여 보자.

그림과 같이 에미터 저항이 영(zero)인 경우 전압이득은

$$|A_v| = g_m R_C = \frac{R_C}{r_e} \tag{2.32}$$

으로 주어지게 된다. 이 식의 형태를 다시 한번 검토하여 보면, 그림 2.26과 같이 에미터에 저항을 가진 CE증폭기의 이득 표시식과 동일함을 알 수 있다.

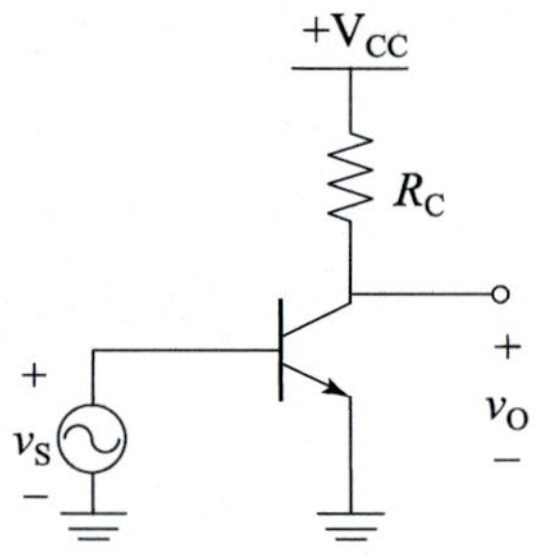

그림 2.25 베이스 저항이 없는 CE증폭기

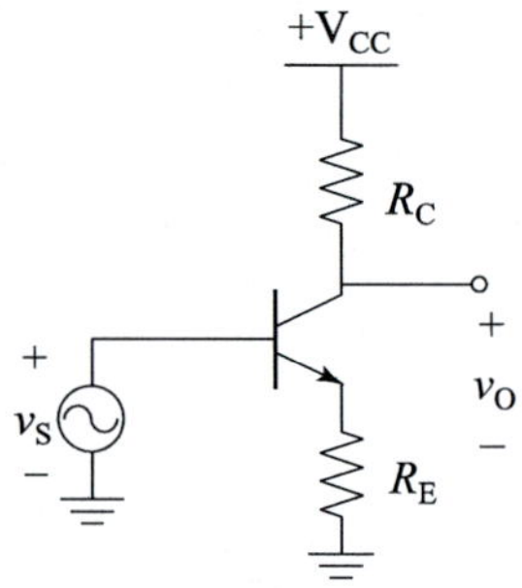

그림 2.26 에미터 저항을 가진 CE증폭기

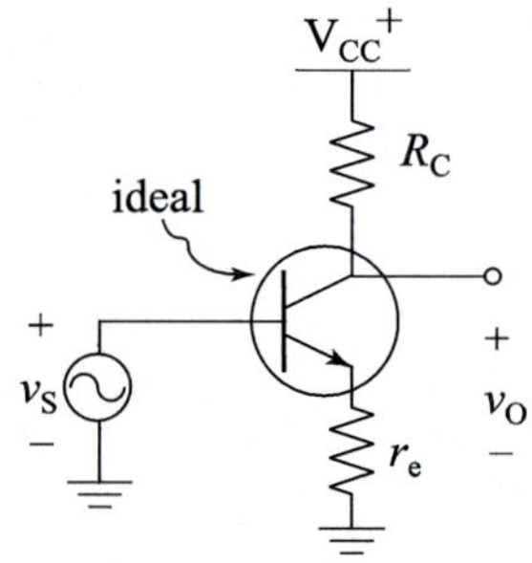

그림 2.27 이상적인 트랜지스터를 사용한 그림 2.25의 다른 표현

즉, 에미터에 저항을 가진 회로에서 전압이득은 대략 에미터 저항과 콜렉터 저항의 비로 주어진다. 따라서 기존의 에미터 저항이 없는 CE증폭기는 아래와 같이 베이스 에미터 간의 접합 저항이 영(zero)인 이상적인 트랜지스터를 가정하여 동그라미로 표시할 때, 에미터측에 저항 r_e를 추가로 삽입시켜 얻어지는 에미터 저항을 가진 CE 증폭기처럼 바꾸어 생각할 수 있는 것이다.

한편, 식 (2.32)로 주어지는 관계식은 전압이득이 전류이득과 아무런 상관관계가 없음을 보여주고 있다. 그러나 이 식이 전류이득과 전혀 상관이 없는 것은 아니며 전류이득이 10이하가 되면 오차가 점점 나타나게 된다. 즉, 전류이득에 반비례하여 에미터 전류와 콜렉터 전류의 차이가 점점 발생하게 되면서 오차가 발생하는 것이다. 그러나 전류이득이 10보다 크면 전류이득이 100이건 1000이건 아무리 더 커져도 전압이득은 식 (2.32)로 주어지는 바와 같으며, 거의 달라지지 않는다. 따라서 전압이득이 전류이득에 비례한다고 할 수 없다. 이런 일은 베이스 저항이 없다고 가정할 때 두드러지게 발생하는 현상이지만, 이런 현상을 인정할 때 여기에서 이 식이 의미하는 바를 좀 더 고찰하여 보기로 하자.

식 (2.32)의 분모, 분자에 콜렉터 전류 I_C를 각각 곱하면

$$|A_v| = \frac{R_C}{r_e} \cdot \frac{I_C}{I_C} = \frac{R_C}{V_T} \cdot I_C \tag{2.33}$$

가 된다. 여기에서 R_C값이 고정되게 주어지는 경우에는 전압이득이 콜렉터 전류 I_C에 직접 비례하게 됨을 알 수 있다. 즉, 트랜지스터의 바이어스 전류를 증가시키면 전압이득이 증가하며 반대로 감소시키면 전압이득도 감소하게 된다. 이런 현상을 이용하면 자동 이득 조정(Automatic Gain control)이 가능하게 된다.

다른 한편, R_C I_C는 저항 R_C양단에 걸리는 전압의 크기를 의미한다. 즉 R_C I_C는 항상 전원전압 V_{CC}^+보다 클 수는 없으므로 (2.33)식은

$$|A_v| \le \frac{V_{CC}^+}{V_T} \tag{2.34a}$$

의 관계가 있음을 알 수 있다. 이 식은 트랜지스터 1개를 사용하여 얻을 수 있는 최대 전압이득이 전원 전압의 크기로 제한됨을 보인다. 여기에서 만일 R_C를 무한대로 보낸다면, 다시 말해서 저항 R_C 대신 바이어스 전류를 공급하는 전류원으로 대치한다면 전압이득은

$$|A_v| = \frac{V_A}{V_T} \tag{2.34b}$$

와 같이 주어지게 된다. 위의 식으로 주어지는 값이 트랜지스터 하나로 얻을 수 있는 최대이득이 되며 얼리전압 V_A를 대략 100 V라고 할 때 이 값은 어림잡아 4,000이 됨을 알 수 있다. 이것이 트랜지스터를 사용하여 1단 증폭으로 얻을 수 있는 전압이득의 상한치가 되는 셈이다.

이번에는 전류이득이 전압이득에 미치는 영향을 살펴보기로 하자. 결론부터 말하면 전류이득은 베이스측에 저항이 존재하는 경우, 그 효과를 경감시키는 버퍼링(buffering) 역할을 한다고 해석할 수 있다. 즉, 그림 2.28과 같이 입력 저항이 존재하는 경우를 생각하여 보자. 이 회로의 전압 이득은

$$|A_v| = \frac{R_C}{r_e + R_S / \beta} \tag{2.35}$$

와 같이 주어진다. 이 식은 전류이득 β가 클수록 R_S의 효과를 더 크게 경감시켜 주므

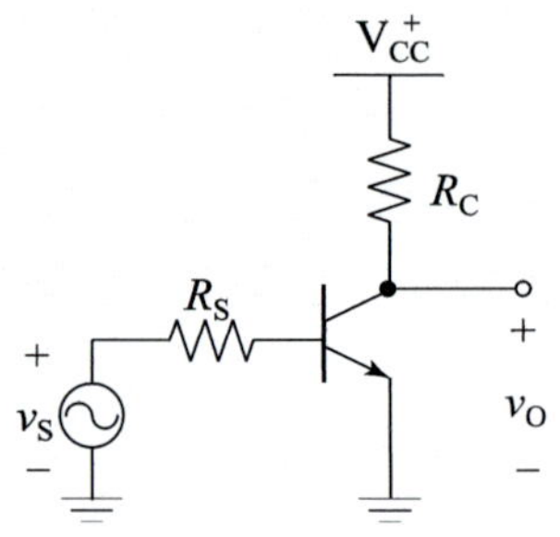

그림 2.28 베이스 저항이 있는 CE회로

로 전압이득이 더 증가하게 됨을 의미한다. 즉, 다단 증폭기에서는 각 단 콜렉터측 부하저항이 다음 단 트랜지스터의 베이스에 연결되므로 전류이득에 의해서 그 효과가 경감되어 큰 전압이득을 얻을 수 있게 되는 것이다.

따라서 CB증폭기와 같이 전류이득이 1보다 작은 증폭기로는 아무리 많이 연결하여도 중간 단에서는 전압이득을 기대할 수 없음을 의미한다. 일반적으로 대부분의 증폭기가 큰 이득을 얻기 위하여 다단으로 구성하고 있으므로 큰 전류이득은 전압 이득을 크게 하기 위하여 매우 중요한 요소로 작용한다.

만일 전류이득이 무한대로 크다면 입력 저항의 효과를 무시할 수 있을 것이다. 이러한 예는 바로 FET에서 찾아볼 수 있다. 바꾸어 말하면, FET는 전류이득이 무한대인 BJT로 간주될 수 있음을 의미한다. 하지만, 한가지 다른 점은 FET의 소스측 동저항 r_s가 크기에 따라 달라지기는 하지만 BJT의 에미터측 동저항 r_e보다 동일한 전류에서 일반적으로 10배 이상 크다는 점이다. 따라서,

$$\begin{array}{ccc} \textbf{BJT} & & \textbf{FET} \\ r_e + \dfrac{R_s}{\beta} & \longleftrightarrow & r_s \end{array}$$

로 주어지는 이 두 값을 비교하여 어느 쪽이 더 작은가에 따라 FET와 BJT 중 유리한 쪽을 택할 수 있을 것이다. 일반적으로 BJT를 사용하여 더 큰 전압이득을 얻을 수 있지만 소스측 저항이 매우 큰 경우는 FET를 사용한 경우가 더 유리할 수도 있다. 그러나 여기에서 한가지 주의할 것은 이와 같은 경우는 주파수가 낮은 영역에서 성립하는 이야기라는 점이다. 만일 주파수가 높아지면 FET 라고 해서 전류이득이 무한대가 되는 것은 아니다. 앞 장에서 설명한 바와 같이 FET의 경우에도 주파수 ω_T에서 전류이득의 크기가 1이 됨을 기억한다면 쉽게 이해가 갈 것이다. 이런 경우는 소스저항이 클수록 높은 주파수 영역에서의 전압이득은 급격하게 감소하게 된다.

2.4 MOSFET 증폭기

게이트 저항이 매우 크고 집적도면에서 유리하다는 장점 때문에 MOSFET은 디지털 회로에 널리 쓰인다. 아날로그와 디지털이 혼합된 형태(Mixed-Mode)의 집적회로에서는 아날로그 부분을 MOSFET로 설계하면 단일 칩(Chip)으로 구현하기가 편리하다. 따라서, MOS 아날로그 회로 설계가 또 하나의 크게 주목을 받고 있는 분야이며, 여기에서 기본적인 형태의 회로들을 살펴보자.

소스접지 증폭기

간단한 소스접지 증폭회로를 아래 그림에 보인다.

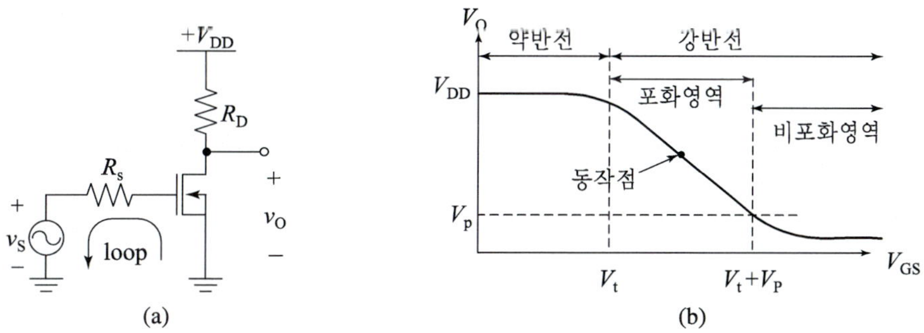

그림 2.29 소스접지(CS) 증폭기 (a) 및 동작영역 (b)

여기에서 그림 (b)는 V_{GS}를 증가시키면서 MOSFET이 동작하는 영역을 구분하여 표시한 것이다. 즉, V_{GS}가 문턱전압보다 낮은 영역은 전류가 매우 적게 흐르며 약반전(weak inversion) 영역이라 부른다. 전류의 크기로 구분한다면 MOS의 크기에 따라 다르기는 하지만 대략 1μA이하의 전류가 흐르는 영역이 약반전 영역이 된다고 말할 수 있다.

그러나 우리의 1차적인 관심은 주로 V_{GS}가 문턱전압을 넘어서 비포화영역에 들어가기 전까지의 강반전(strong inversion) 영역에 있다. 이 구간을 포화영역이라고도 부르며 능동 증폭구간에 해당한다. 여기에서 MOS에서의 포화의 의미는 BJT에서의 포화와는 다른 개념임을 다시 한번 상기할 필요가 있다. 이 회로에서의 전압이득도 BJT의 경우와 동일하게 구할 수 있으며, 소스에서 게이트로 루프를 그리면서 소스측으로 투사한 저항의 합과 드레인 저항의 합의 비로 주어진다. 즉,

$$|A_v| = \frac{\sum \text{ 드레인 저항}}{\sum \text{ 소스 투사 저항}} \tag{2.36}$$

와 같이 쓸 수 있으며, FET에 있어서 전류이득은 주파수가 낮은 영역에서는 무한대로 간주하면 된다. 따라서, 그림 2.29의 경우는 R_s를 무시할 수 있으므로 전압이득은

$$A_v = -g_m R_D \tag{2.37}$$

와 같이 쓸 수 있다. 여기에서 g_m은 식 (1.61a) 및 (1.65)로부터

$$g_m = \beta V_P = \sqrt{2\beta \cdot I_D} \tag{2.38}$$

로 주어지는 값이며, V_P는 또

$$V_P = 2I_D / g_m = \sqrt{2I_D / \beta} \tag{2.39}$$

의 관계가 있다. 여기에서 $V_P = V_{GS} - V_t$를 의미한다. 식 (2. 38)에 보는 바와 같이 g_m은 전류의 제곱근에 비례하는 함수이며, 일반적으로 BJT보다 작다.

여기에서 만일 그림 2.29(a)의 회로에서 R_D대신 저항이 무한대인 전류원으로 대치하면 어떻게 되는지 살펴보자. 이것은 MOSFET 하나로 얻을 수 있는 최대 전압이득이라고 할 수 있으며 매우 중요한 의미를 가진다. 이 때의 전압 이득을 A_{vm}이라 하면

$$A_{vm} = -g_m r_o \tag{2.40}$$

와 같이 표시할 수 있다. 여기서 식 (1.66)으로 주어지는 r_o를 대입하고 식 (2.39)를 이용하면

$$A_{vm}|_{MOS} = -g_m \cdot \frac{V_A}{I_D} = -\frac{V_A}{V_P / 2} \tag{2.41}$$

와 같이 표시된다. 한편, BJT와 비교하기 위하여 여기에 다시 써 보면

$$A_{vm}\big|_{BJT} = -g_m \cdot \frac{V_A}{I_C} = -\frac{V_A}{V_T} \tag{2.42}$$

와 같이 되므로 위의 두 식을 비교하여 보면 분모가 차이가 있음을 알 수 있다. 즉, 각각의 경우에 분모는

MOSFET		BJT
$\frac{V_P}{2}$	⟵ 대응관계 ⟶	V_T

의 대응관계가 있음을 알 수 있다.

한편, MOSFET은 V_p가 식 (2.39)에 보이는 바와 같이 전류의 크기에 따라서 제곱근에 비례하여 증가하므로 식 (2.41)로 주어지는 전압이득은 드레인 전류의 제곱근에

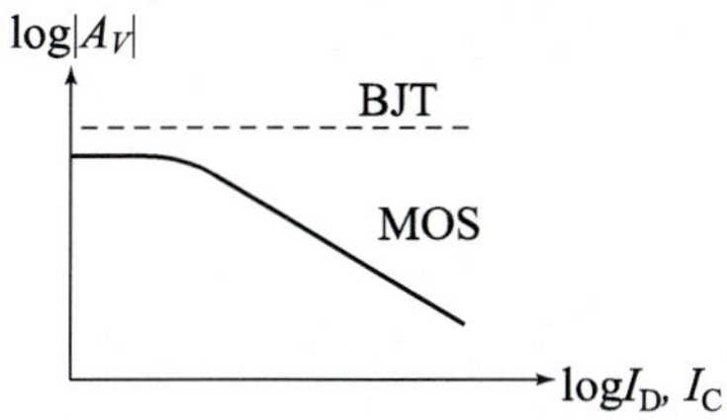

그림 2.30 MOS 및 BJT의 전류에 따른 전압이득

반비례하여 감소한다. 그러나 BJT에 있어서는 V_T가 전류의 함수가 아니며 전류의 크기에 관계없이 일정하므로 식 (2.42)로 주어지는 최대 이득도 전류의 함수가 아니다. 이와 같은 현상을 대비시켜 그린 것이 그림 2.30이다.

그림 2.30에서 보이는 바와 같이 MOS의 경우 전류의 크기가 아주 작은(대략 1μA 이하) 약반전(weak Inversion) 영역에서는 BJT와 유사하게 큰 이득을 얻을 수 있지만, 전류가 큰 강반전 영역에서는 이득을 크게 얻기 어렵게 된다. 다음과 같이 한 예를 보기로 하자.

예 2.10 그림 2.29(a)의 CS증폭기에 대해서 정수값이 다음과 같을 때 소신호 전압이득은 얼마인가?

$$V_{DD}=5\text{V} \quad R_D=2\text{k}\Omega \quad W=100\mu m \quad L=10\mu m$$

$$V_t=1\text{V} \quad K_n(=\mu_n C_{OX})=40\mu\text{A/V}^2 \quad \lambda=0.01\text{V}^{-1}$$

동작점 : $V_{GS}=3\text{V}$

풀 이 동작점에서의 I_D를 구하면

$$I_D=\frac{1}{2}K_n\frac{W}{L}(V_{GS}-V_t)^2$$
$$=\tfrac{1}{2}\times 40\mu\text{A}/\text{V}^2\times 10\times(3-1)^2=800\mu\text{A}$$

가 된다. 따라서,

$$V_{DS}=V_{DD}-I_D R_D=5-800\mu\text{A}\times 2k=3.4\text{V}$$

이다. 또한

$$V_P = V_{GS} - V_t = 2\text{V}$$
$$g_m = \frac{2I_D}{V_P} = \frac{2\times 800\mu\text{A}}{2\text{V}} = 800\mu\text{S}$$
$$r_o = \frac{V_A}{I_D} = \frac{1}{\lambda I_D} = \frac{1}{0.01\times 800\mu} = 125k\Omega$$

이므로 따라서,

$$A_v = -g_m R_D // r_o \approx -g_m R_D = -\frac{R_D I_D}{V_P/2} = -1.6$$

이 된다.

바디 효과 (Body Effect)

MOSFET의 채널 전하량은 게이트 전압에 비례하지만 바디에 의한 영향을 어느 정도 받게 된다. 이것을 바디 효과라 하며 문턱전압과 I_D, g_m, 및 V_p에 모두 영향을 주게 된다. 먼저, 문턱전압에 대한 표시식 (c-6)식 (제1장 부록 C)으로부터 MOS의 소스와 벌크(bulk)간 전압이 영일 때, 즉, V_{SB}=0일 때 문턱전압을 V_{t0}라 하면

$$V_{t0} = 2\Phi_f + \frac{Q_{b0}}{C_{OX}} + \Phi_{ms} - \frac{Q_{SS}}{C_{OX}} \tag{2.43}$$

와 같이 표시된다.

여기에서 그림 2.31과 같이 소스와 P형 바디사이에 역방향으로 V_{SB}가 인가된다고 하면 공간전하 영역이 확장되게 된다. 이로 인한 벌크(bulk) 전하량이 Q_{bo}에서 Q_b로 증가하게 되며 문턱전압은

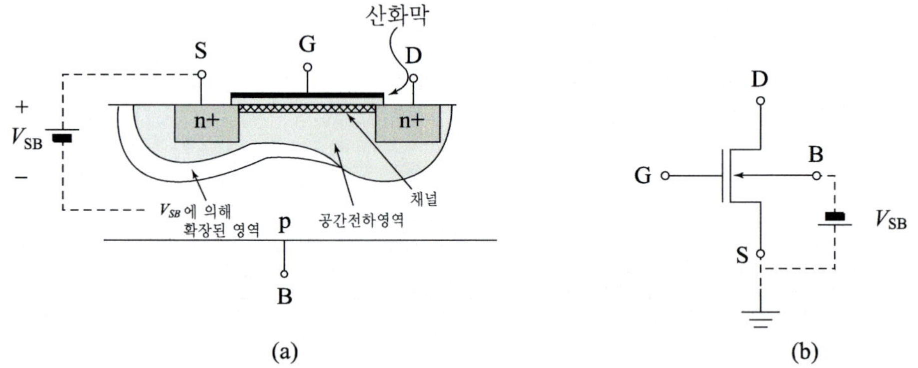

그림 2.31 바디효과를 보이기 위한 MOS

$$V_t = V_{t0} + \frac{Q_b - Q_{b0}}{C_{OX}} \tag{2.44}$$

와 같은 모양으로 변화하게 된다. Q_b의 변화는 대략 인가 전압의 제곱근에 비례하며 식 (2.44)를 다시 쓰면

$$V_t = V_{t0} + \gamma(\sqrt{2\Phi_f + V_{SB}} - \sqrt{2\Phi_f}) \tag{2.45}$$

와 같이 표현이 가능하다. 여기에서 γ는

$$\gamma = \frac{1}{C_{OX}}\sqrt{2q\varepsilon N_A} \tag{2.46}$$

으로 주어지는 값이다. 따라서, 식 (1.61a)와 (1.63)으로부터 바디 효과에 의한 트랜스콘덕턴스 성분 g_{mb}는 다음과 같이 주어진다. 즉,

$$g_{mb} = \frac{\partial I_D}{\partial V_{BS}} = -\beta(V_{GS} - V_t)\frac{\partial V_t}{\partial V_{BS}} \tag{2.47}$$

가 된다. 또한 식 (2.45)로부터

$$\frac{\partial V_t}{\partial V_{BS}} = -\frac{\gamma}{2\sqrt{2\phi_f - V_{BS}}} = -\chi \tag{2.48}$$

가 되며 이와 같이 정의된 χ를 사용하면 식 (2.47)은

$$g_{mb} = \chi g_m \tag{2.49}$$

라고 놓을 수 있다. 여기에서 식 (2.48)로 주어지는 χ를 다른 형태로 표시하면

$$\chi = \frac{C_{js}}{C_{OX}} \tag{2.50}$$

와 같이 된다. 여기에서 C_{js}는 그림 2.31로부터 채널과 P형 바디 사이의 공간전하 영역을 사이에 두고 존재하는 단위 면적당 커패시턴스를 의미한다.

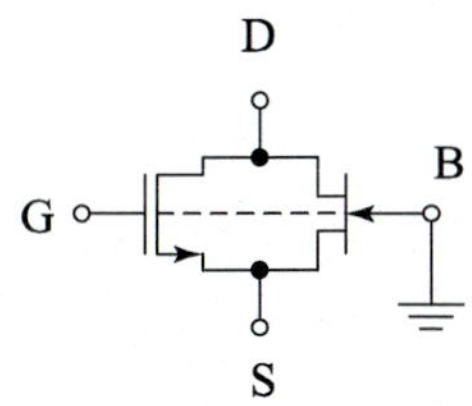

그림 2.32 바디효과를 표현하는 JFET을 포함한 MOS기호

이상의 결과로부터 채널을 중심으로 보면 산화막을 사이에 두고 게이트가 있고, 공간전하 영역을 사이에 두고 바디가 있게 된다. 따라서 게이트 전압이 채널에 영향을 주는 것과 마찬가지로 바디 전압의 변화 역시 채널에 영향을 주게 됨을 알 수 있다. 단 영향을 주는 정도는 가까운 쪽의 게이트가 훨씬 크게 될 것이며, 바디쪽은 상대적으로 그 영향이 적게 될 것이다. 따라서, 바디를 2차 게이트(second gate)라고 부르기도 하며, 이 두 게이트 간의 상대적인 영향력을 표시하는 값이 커패시턴스의 비이고 χ로 정의되는 셈이다. 한편 χ의 값은 바디 도핑 농도가 작을수록 공간전하 영역이 넓어지기 때문에 작아지며 대략 0.1 ~ 0.3정도의 범위에 있다.

또, 2차 게이트인 바디는 채널과의 사이에 공간 전하 영역을 두고 있으므로 JFET로 모델링이 가능하게 된다. 따라서, 바디 효과를 고려하여 MOSFET을 기호로 그리면 그림 2.32와 같이 도시가 가능하다.

이 그림에서 보면 드레인과 소스는 함께 연결되어 있고 바디에 해당하는 JFET의 게이트는 항상 접지(또는 PMOS의 경우는 V_{DD}에 연결)되어 있게 된다. 여기에서 JFET는 MOS에 비하여 그 영향이 작기 때문에 크기를 작게 도시하였다.

이 등가회로는 바디효과가 있는 회로를 해석함에 있어서 매우 편리한 등가회로 이다. 그러나 한가지 주의할 점은 그림 2.32에 보이는 회로가 바디효과의 영향이 전혀 없는 MOS와 JFET의 조합이 아니라는 점이다. 이 등가회로에서 보이는 MOS의 g_m은 바디효과가 전혀 없는 경우의 g_{m0} 보다는 작은 값을 가지게 된다. 따라서 이러한 영향을 나타내기 위하여 그림에 보이는 등가회로에서 두 FET 의 채널간을 점선으로 연결하여 표시하였다.

바디 효과를 확실하게 제거하기 위해서는 그림 2.32에서 JFET의 게이트인 바디와 소스가 항상 연결되어 있으면 된다. 그러나 소스 전압이 변동하는 경우에도 이것이 가능하기 위해서는 격리된 우물(isolated well)을 만들어 그 속에 MOS를 만들고 우물과 소스를 접지하여 사용하기도 한다. 단, 이 경우는 회로의 동작을 예측할 때 우물과 기판과의 사이에 형성되는 접합 커패시턴스가 상당히 큰 값으로 존재함을 고려에 넣어야 한다.

게이트 접지 (Common Gate) 증폭기

그림 2.33에 게이트 접지 증폭회로를 보인다. 바디효과를 고려하여 그린 그림이 그림 (b)이다.

여기에서 우리는

$$R_i = \frac{1}{g_m + g_{mb}} = \frac{1}{g_m(1+\chi)} \quad (2.51)$$

$$A_v = (g_m + g_{mb})R_D = g_m R_D(1+\chi) \quad (2.52)$$

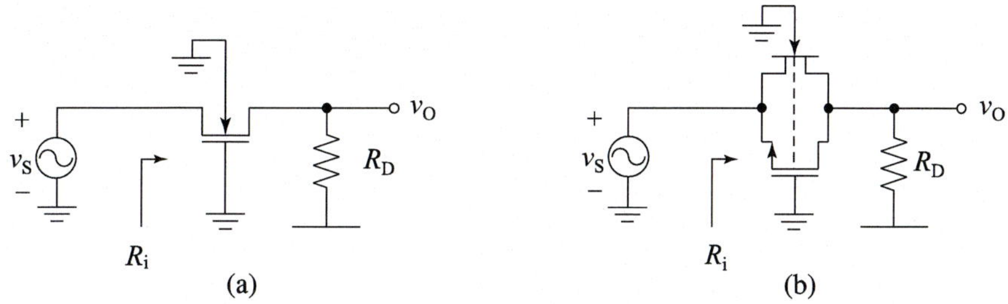

그림 2.33 CG회로(a) 및 등가 바디 모델로 표시한 회로(b)

와 같이 표시됨을 쉽게 알 수 있으며 바디 효과가 트랜스콘덕턴스를 증가시키는 역할을 함을 알 수 있다. 그러나, 바로 앞에서 언급한 바와 같이 바디효과를 고려한 문턱전압이 $V_t > V_{to}$임을 고려할 때 $g_m=\beta\ (V_{GS}-V_t)$의 관계로부터 바디효과에 의한 $g_m(1+\chi)$ 값이 g_{m0}에 비하여 더 커지는 것은 아님에 주의해야 한다.

소스 폴로워 (Source Follower)

소스 폴로워는 버퍼(buffer)나 직류전위 이동기(DC level shifter)로 많이 쓰인다. 바디 효과가 없는 경우에는 소스 폴로워의 이득이 쉽게 표시되지만 바디효과가 영향을 주는 경우에는 전압이득이 1보다 상당히 작아지며 그 표현식 또한 약간 더 복잡해진다. 그림 2.34에 바디효과가 있는 소스 폴로워의 그림과 등가 모델로 표시한 그림을 보여주고 있다.

등가회로 (b)로부터 소스 노드(node)에 KCL을 적용하면

$$g_m v_{gs} - g_{mb} v_o - g_s v_o = 0 \tag{2.53}$$

이 된다. 이 식에서 사용하는 기호들은 위의 그림을 참고로 하면

$$v_{gs} = v_s - v_o, \qquad g_s = 1/R_S \tag{2.54}$$

의 관계가 있다. 따라서 다시 정리하면

$$g_m(v_s - v_o) - g_{mb} v_o = g_s v_o \tag{2.55-a}$$

라고 놓을 수 있으므로 전압이득은

$$\frac{v_o}{v_s} = \frac{g_m}{g_m + g_{mb} + g_s} \tag{2.55-b}$$

와 같이 표시된다.

식 (2.55-b)로부터 만일 바디가 소스와 접지되어 있다면

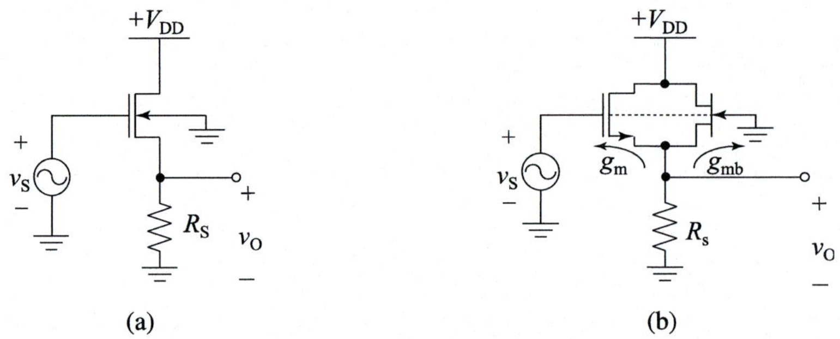

그림 2.34 바디효과를 가진 소스 폴로워(a) 및 등가회로(b)

$$A_V = \frac{g_m}{g_m + g_s} \tag{2.56}$$

이 된다. 여기에서 만일 R_S 대신 전류원을 사용한다면 $g_s = 0$이 되므로 $A_v = 1$이 된다.

식 (2.55-b)로부터 만일 $g_s = 0$ 즉, 전류원을 사용할 때 바디효과가 그대로 존재한다면

$$A_V = \frac{g_m}{g_m + g_{mb}} = \frac{1}{1+\chi} \tag{2.57}$$

이 되며, 만일 χ=0.2 정도를 가정한다면 $A_v = 0.8$ 정도가 된다. 따라서, 바디효과가 있을 때는 내부저항이 무한대인 전류원을 소스에 연결하는 경우에도 전압이득이 상당히 떨어지는 특성이 있음을 알 수 있다.

만일 소스 폴로워가 직류전위를 이동시키기 위한 목적으로 사용될 때에는

$$V_{GS} = V_t + V_{P,} \quad V_p = \sqrt{\frac{L}{W}}\sqrt{\frac{2I_D}{K}} \tag{2.58}$$

임을 고려할 때, W/L과 I_D를 조절하여 V_{GS} 조절할 수 있으며, 바이폴라보다 넓은 영역에서 전위 조정이 가능하게 된다.

소스 저항을 가진 CS 증폭기

바디효과가 있는 CS 증폭기를 살펴보자. 여기에서 회로는 그림 2.35에 주어진 바와 같으며 그 등가회로를 함께 보여 주고 있다.

여기에서 전압이득을 계산함에 있어서는 두 가지 방법을 생각할 수 있겠다. 하나는 MOS에 흐르는 전류와 JFET에 흐르는 전류를 나누어 계산한 후 합해서 전류이득을 계산하는 방법이 있겠고, 또 다른 하나는 식 (2.55)로부터 R_1에 걸리는 전압이득을 구하여 계산하는 것이다. 즉, R_1 양단의 전압은 소스 폴로워 전압이득의 관계로부터

쉽게 알 수 있으며, R_2에 흐르는 전류 또한 R_1에 흐르는 전류와 동일하다. 따라서 R_2 양단의 전압이득은 R_1 양단의 전압이득을 구하여 두 저항의 비만큼만 더 고려해 주면 된다.

두 번째 방법을 사용하여 구해보면 최종 전압이득은

$$\begin{aligned} A_V &= \frac{v_o}{v_i} = -\frac{v_{R1}}{v_i} \times \frac{R_2}{R_1} \\ &= -\frac{g_m}{g_m + g_{mb} + 1/R_1}\frac{R_2}{R_1} \end{aligned} \tag{2.59}$$

와 같이 표시될 수 있음을 알 수 있다.

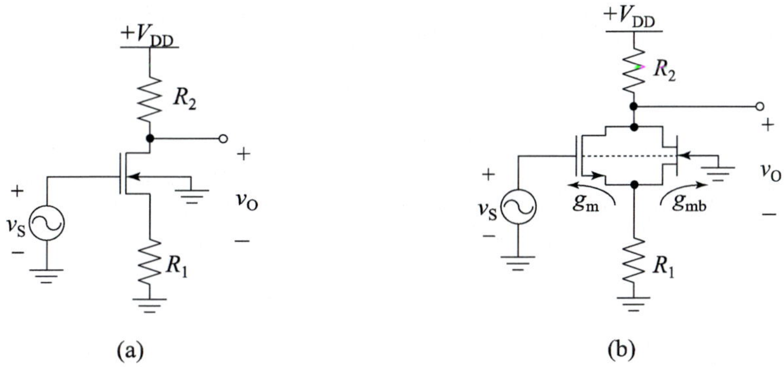

그림 2.35 소스 저항을 가진 CS증폭기

부록 2A 이득 공식 (G.H.Cho formula) 증명 및 응용

임춘택(KAIST 박90졸)

I. Introduction

1. Basic Principle of an Amplifier

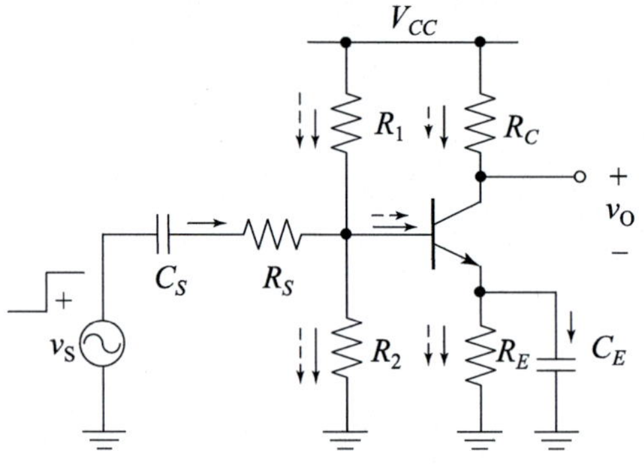

(actual operation)

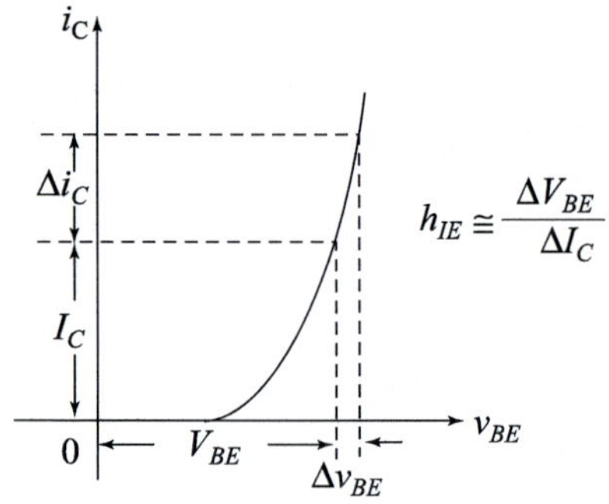

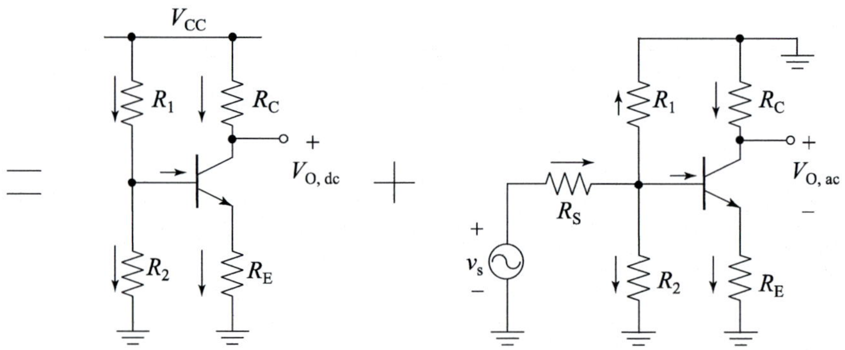

(dc operation) (ac operation)

$$V_{o,ac} = V_o - V_{o,dc}$$

2. Considerations in amp design

(1) A_v, R_i, R_o

(2) $P_{o,max}$ (swing), f_c, Q point

} basic requirements

(3) drift(dc), stability(ac), noise ; high performance

II. Serial Connection of Networks(Linear, Independent - source - free network)

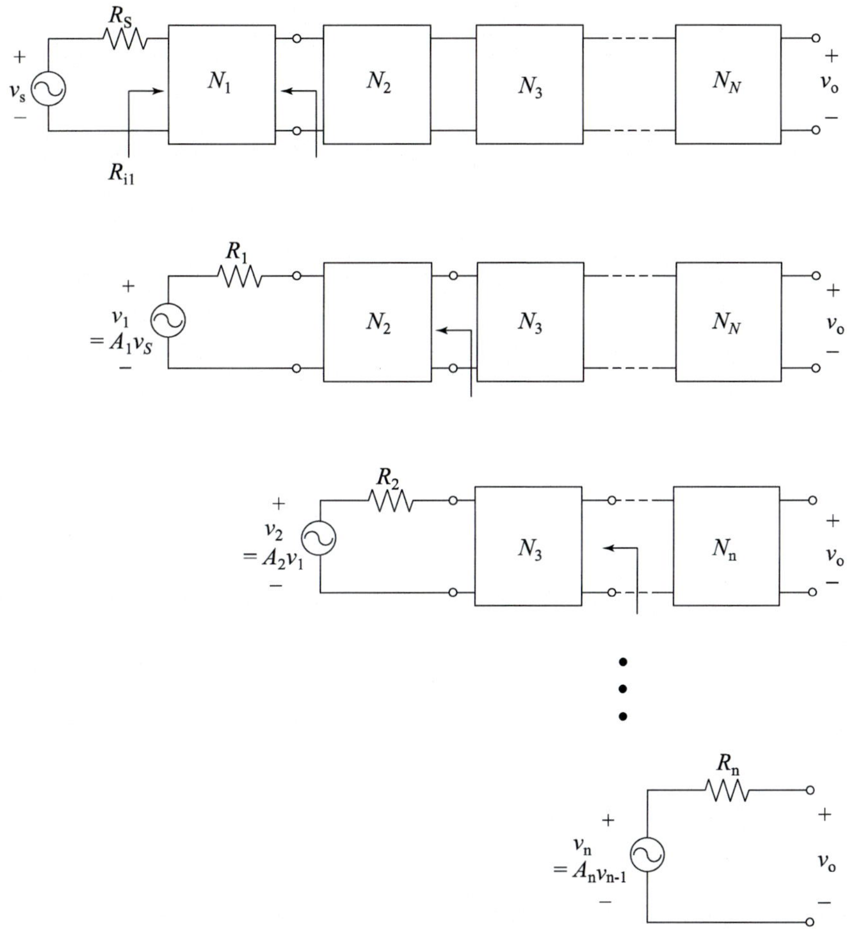

$$\longrightarrow \; v_o = v_n = A_n A_{n-1} \cdots A_2 A_1 v_s$$

$$\therefore \; A \equiv \frac{v_o}{v_s} = \prod_{k=1}^{n} A_k \qquad \cdots. \text{[eq. 1]}$$

$$R_o = R_n$$

$$R_i = R_{i1}$$

III. Electronic circuit Topology

1. Serial connection of sub-circuits

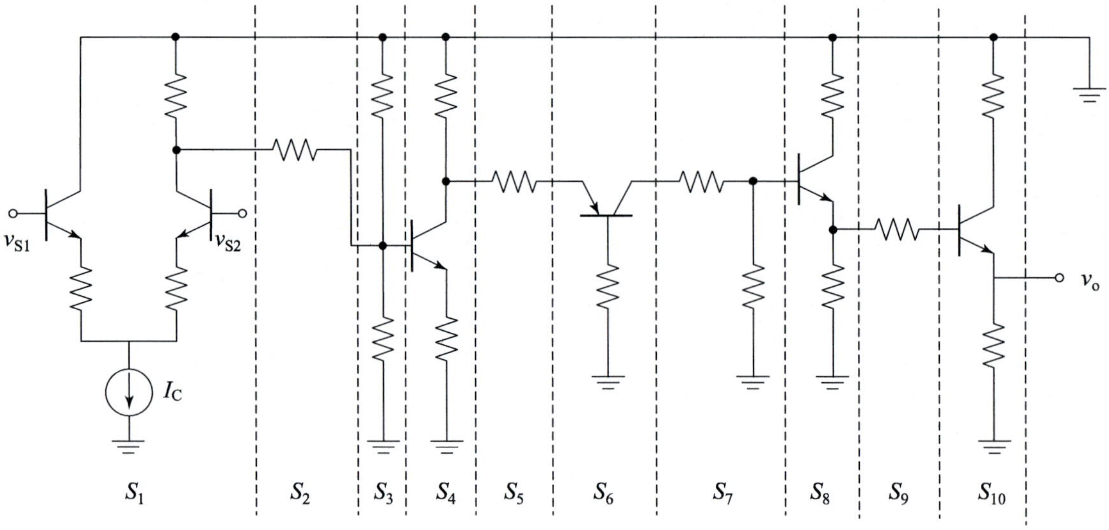

1) possible sub-circuits combinations

<u>Ex1</u> $(S_1\ S_2)(S_3\ S_4\ S_5)(S_6\ S_7\ S_8)(S_9\ S_{10})$

<u>Ex2</u> $(S_1)(S_2)(S_3\ S_4\ S_5)(S_6\ S_7\ S_8\ S_9\ S_{10})$

2) Impossible sub-circuits combinations

<u>Ex</u> $(S_1\ S_2\ S_3)(S_4\ S_5\ S_6)(S_7\ S_8\ S_9\ S_{10})$

- Remark : current source can not be opened.

2. Basic sub-circuits

1) Pure resistance type

: serial or parallel connections of passive elements

Example >

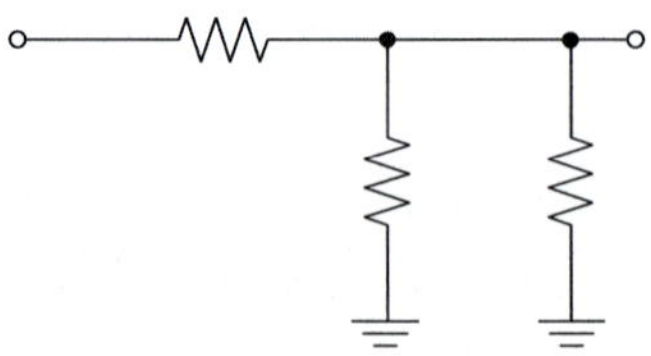

2) SISO amp type (BJT, FET)

Example >

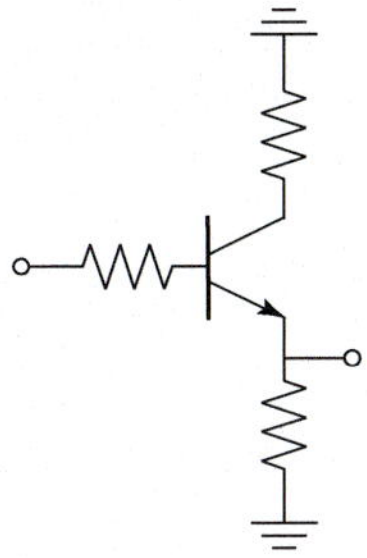

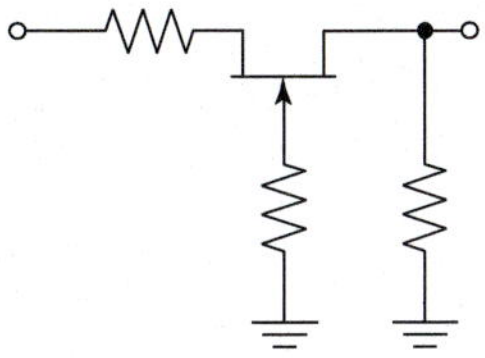

3) MIMO amp type (BJT, FET)

Example >

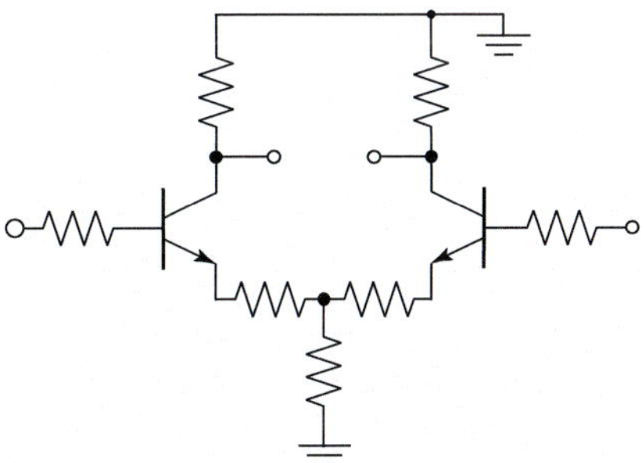

- Remark : There are many possible sub-circuits not mentioned above. But Most of them can be transformed to the well-known basic sub-circuits.

Example >

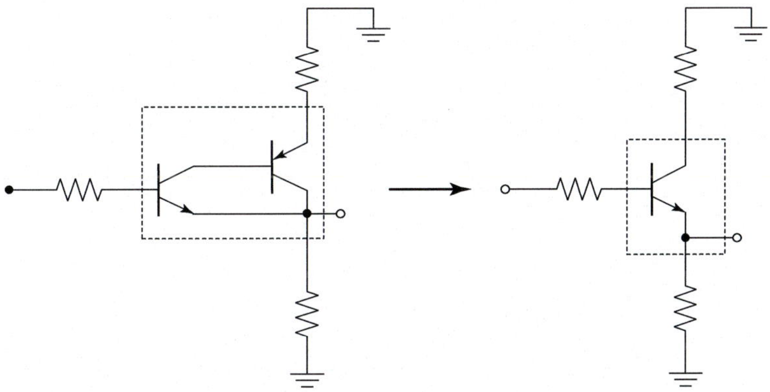

IV. Thevenin Equivalent Circuits of the Basic Sub-circuits

1) Pure resistance type

It's very easy for us to find the V_{th} & R_{th} for this type. Therefore an Illustration may be enough for understanding.

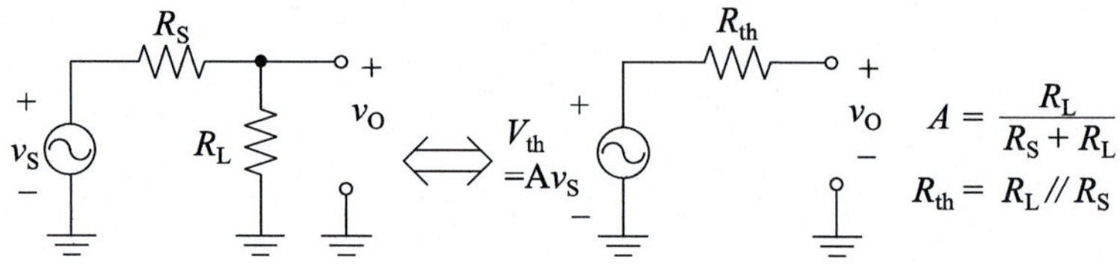

2) SISO amp type

i) BJT amp

a. C-E amp

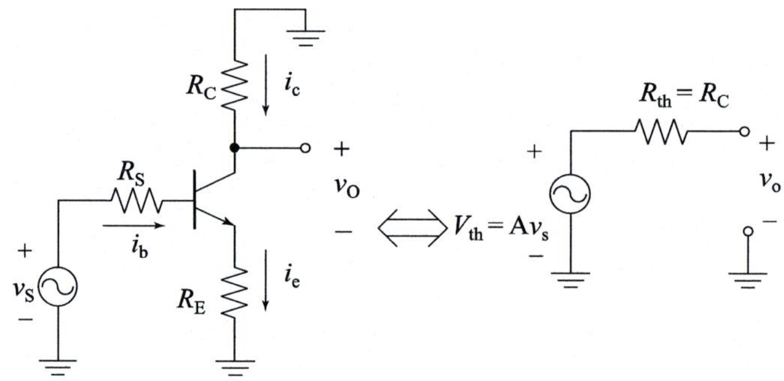

. Conventional Approach

$$v_s = R_s i_b + h_{ie} i_b + R_E(i_b + i_c) \quad \cdots ①$$

$$v_o = -R_c i_c \quad \cdots ②$$

$$i_c = \beta i_b \quad \cdots ③$$

→ solve ①, ②, ③ to eliminate i_b, i_c

$$\rightarrow A_v \equiv \frac{v_o}{v_s} = \frac{-\beta R_c}{R_s + h_{ie} + (1+\beta)R_E}$$

. New Approach

: express v_s & v_o in terms of i_C and eliminate i_C to find the *R*atio.

$$A_v \equiv \frac{v_o}{v_s} = \frac{-R_c i_c}{R_E(i_c \frac{1+\beta}{\beta}) + h_{ie}\frac{i_c}{\beta} + R_s \frac{i_c}{\beta}}$$

$$= \frac{-R_c}{R_E \frac{1+\beta}{\beta} + h_{ie}\frac{1}{\beta} + Rs\frac{1}{\beta}}$$

- Remark1 : The results of conventional and new approach are equivalent.
- Remark2 : $\frac{1+\beta}{\beta} \cong 1$ assuming that $\beta \geq 100$, which is well justified in the real electronic circuit.
- Remark3 : $h_{ie} = r_b + r_\pi = r_b + \beta r_e$

  (r_b: base resistance, $r_e = \frac{V_T}{I_c}$)

  In reality r_b is negligible if $\beta \geq 100$ and $Ic \leq 10mA$.

. Approximated gain formula

$$A_v \cong \frac{-R_c}{R_E + r_e + R_s/\beta}$$

It's partially proved that the formula is accurate having less than 5% error.

. Equivalent Transistor

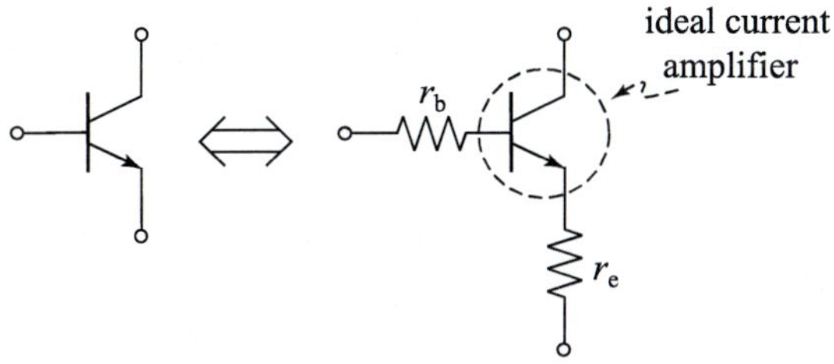

<real TR> <r_b & r_e + ideal TR>

b. C-C amp

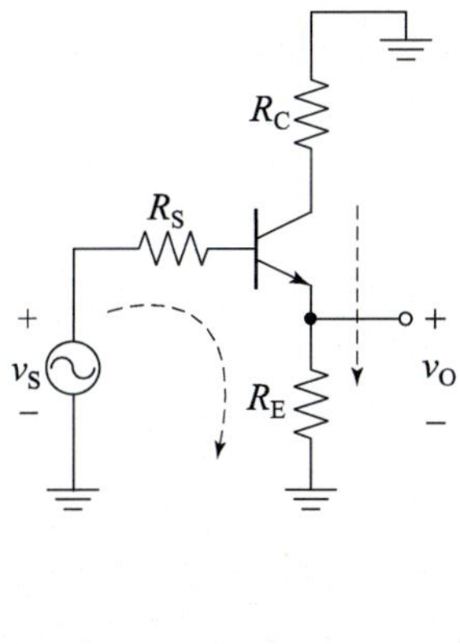

$$A_v \equiv \frac{v_o}{v_s} = \frac{R_E i_c}{R_E i_c + r_e i_c + R_s i_c/\beta}$$

$$= \frac{R_E}{R_E + r_e + R_s/\beta}$$

$$R_{th} = R_E // (r_e + R_s/\beta)$$

C. C-B amp

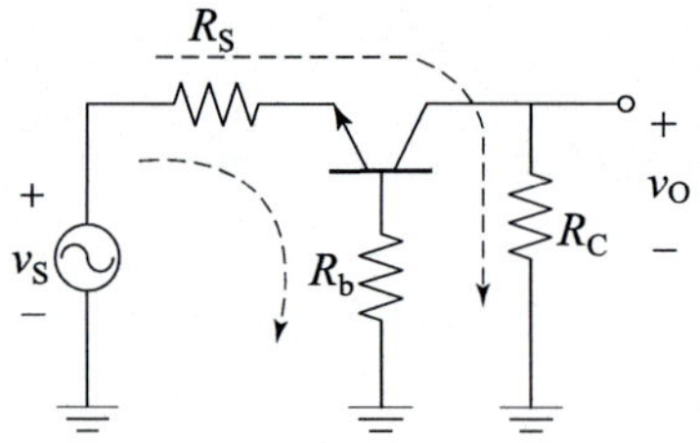

$$A_v \equiv \frac{v_o}{v_s} = \frac{R_c i_c}{R_s i_c + r_e i_c + R_b i_c / \beta}$$

$$= \frac{R_c}{R_s + r_e + R_b / \beta}$$

$$R_{th} = R_c$$

ii) FET amp

a. C-S amp

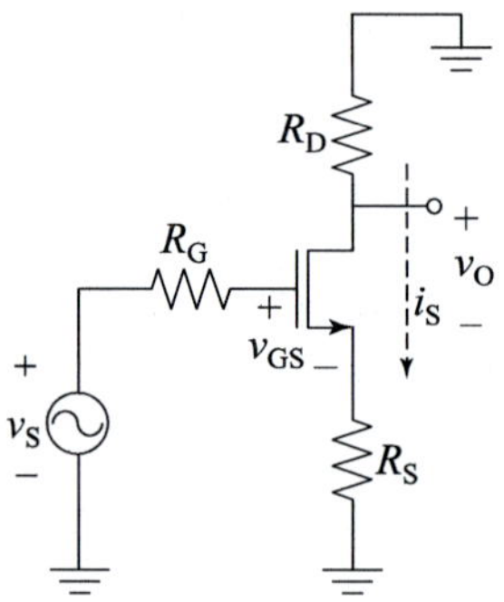

$$A_v \equiv \frac{v_o}{v_s} = \frac{-R_D i_s}{R_s i_s + v_{gs}} = \frac{-R_D}{R_s + v_{gs} / i_s}$$

$$= \frac{-R_D}{R_s + Y_s} \quad (\because Y_s \equiv 1/g_m)$$

$$R_{th} = R_D$$

- Remark1 : R_o and substrate effect are neglected.
- Remark2 : Notice the fact that R_G does not affect A_v. Intuitively an FET may be considered as a BJT ωith $r_e(=r_s)$ and infinite β.

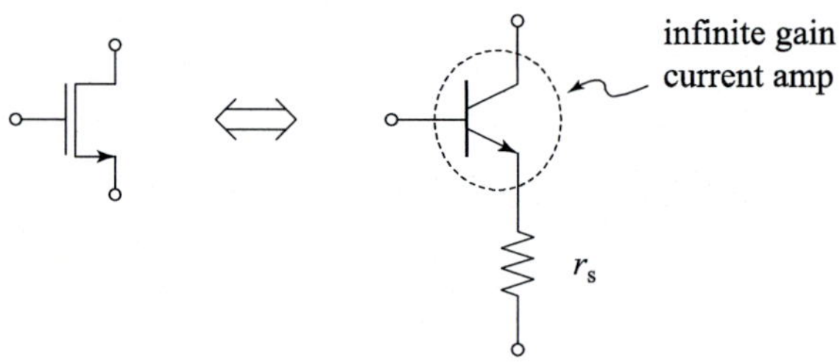

b. C-D amp

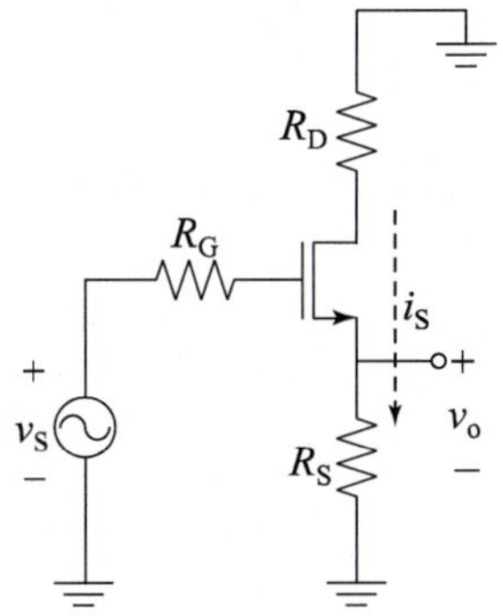

$$A_v \equiv \frac{v_o}{v_s} = \frac{R_s i_s}{R_s i_s + r_s i_s} = \frac{R_s}{R_s + r_s}$$

$$R_{th} = R_s // (r_s + R_G / \beta) = R_s // r_s$$

C. C-G amp

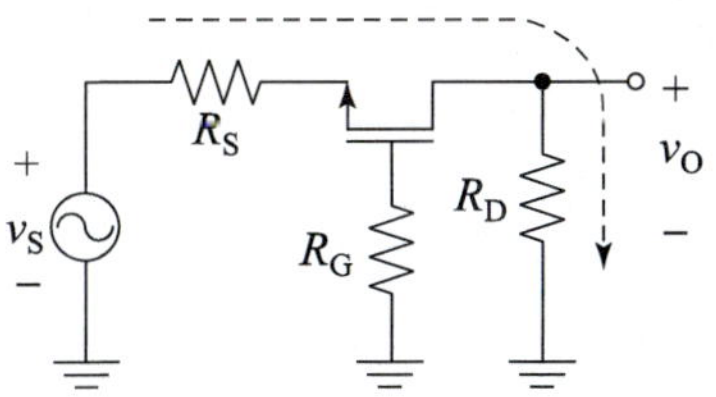

$$A_v = \frac{v_o}{v_s} = \frac{R_D i_s}{R_s i_s + r_s i_s} = \frac{R_D}{R_s + r_s}$$

$$R_{th} = R_D$$

3) MIMO amp type

i) Checking of the differential mode

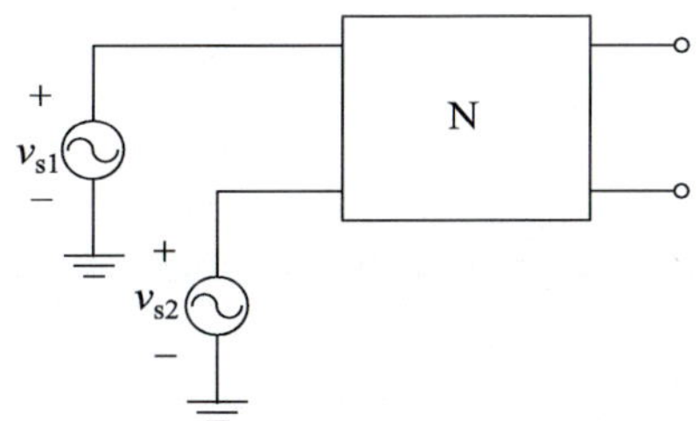

If the network N is linear and independent-source-free amplifier, then V_o is as follows;

$$v_o = A_1 v_{s1} + A_2 v_{s2}$$

N becomes a differential amp if $A_1 = -A_2$ is met.

To check the condition $A_1 = -A_2$, let $V_s = v_{s1} = v_{s2}$ and examine whether $V_o = 0$ is met or not. if $A_1 \neq -A_2$ then use the superposition theorem. But this is not the case we are frequently confronted with.

ii) Differential amplifier with dc current source

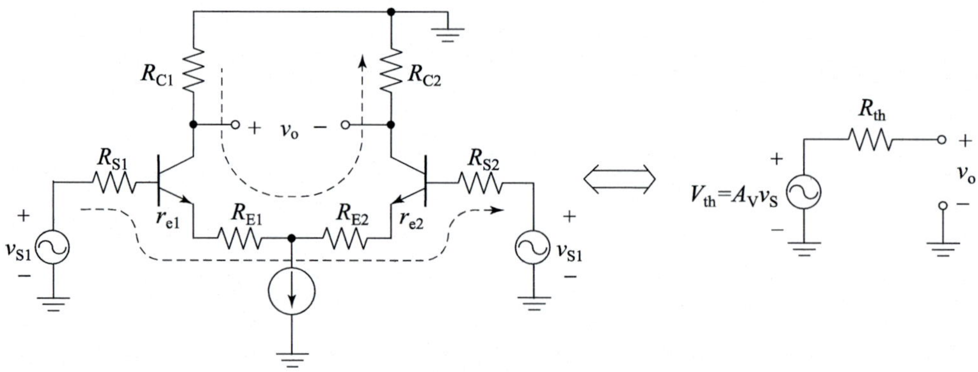

. differential mode check

If $v_s = v_{s1} = v_{s2}$, then $i_e = i_e = 0$.

Therefore $v_o = -R_{c1}i_{c1} + R_{c2}i_{c2} = -R_{c1} \cdot 0 + R_{c2} \cdot 0 = 0$: O.K.

. $A_v \equiv \dfrac{v_0}{v_s} = \dfrac{v_0}{v_{s1} - v_{s2}}$

$$= \frac{R_{c1}(-i_c) + R_{c2}(-i_c)}{R_{E1}i_c + r_{e1}i_c + R_{s1}i_c / \beta_1 + R_{E2}i_c + r_{e2}i_c + R_{s2}i_c / \beta_2}$$

$$= \frac{-(R_{c1} + R_{c2})}{R_{E1} + r_{e1} + R_{s1} / \beta_1 + R_{E2} + r_{e2} + R_{s2} / \beta_2}$$

$R_{th} = R_{c1} + R_{c2}$

iii) Differential amp with common emitter resistance

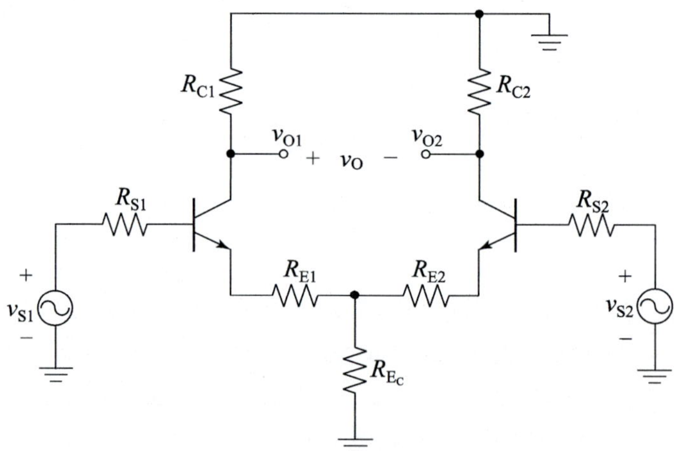

. differential mode check

If the circuit is electrically symmetrical, that is, $R_{C1}=R_{C2}$, $R_{E1}=R_{E2}$, $R_{s1}=R_{s2}$, then $v_{o1}=v_{o2}$.

$$\therefore v_o = v_{o1} - v_{o2} = 0 \qquad \text{: O.K.}$$

. Now $A_{v\ i}$s the same as that of (2).

< G. H. Cho Formula >

- We conclude that $|Av|$ of any basic BJT (or FET) amplifier may be expressed as follows :

$$|A_v| = \frac{\sum_i R_{oi}}{\sum_i R_{Ei} + \sum_i R_{Bi} / \beta_i} \qquad \cdots\text{[eq.2]}$$

$$\begin{pmatrix} R_{Ei} \text{ : emitter-side resistance containing } r_e \\ R_{Bi} \text{ : base-side resistance (containing } r_b) \\ R_{oi} \text{ : output-side resistance} \\ \text{cf. for FET, } R_{Ei} = R_{si},\ R_{Bi} = R_{Gi},\ \beta_i = \infty \end{pmatrix}$$

- From [eq.1], we see the following :

$$|A| = \left| \prod_{k=1}^{n} A_k \right| = \prod_{k=1}^{n} |A_k| \qquad \cdots\text{[eq.3]}$$

$$\begin{pmatrix} |A_k| \text{ consists of } |A_v| \text{ and the gain of pure resistive sub-circuits} \\ \text{cf. the polarity of A may be chosen easily by considering physical amp operation.} \end{pmatrix}$$

[eq.3] is said to be **'G. H. Cho Formula'.**

Now G. H. Cho Formula has been generally proven.

Cf. Remark : The right part of the denominator of [eq.2] is said to be 'reflected resistance'. 'Reflected resistance' is also useful in finding input resistances and output resistances of amp.'s.

V. Applications of G. H. Cho Formula

1.

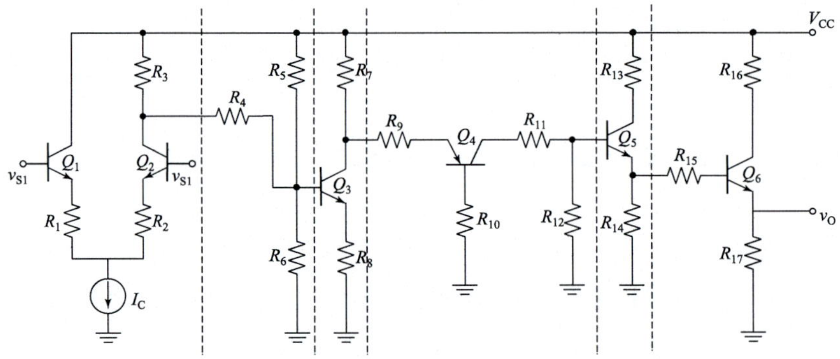

- $$|A| = \frac{R_3}{R_1 + R_2 + r_{e1} + r_{e2}} \cdot \frac{R_5 // R_6}{R_5 // R_6 + R_4 + R_3} \cdot \frac{R_7}{R_8 + r_{e3} + \{R_5 // R_6 //(R_3 + R_4)\} / \beta_3} \cdot$$

$$\frac{R_{12}}{R_7 + R_9 + r_{e4} + R_{10} / \beta_4} \cdot \frac{R_{14}}{R_{14} + r_{e5} + R_{12} / \beta_5} \cdot \frac{R_{17}}{R_{17} + r_{e6} + \{R_{15} + R_{14} //(r_{e5} + R_{12} / \beta_5)\} / \beta_6}$$

- $\frac{A}{|A|} = (+)(+)(-)(+)(+)(+) = (-)$
- $R_i = \beta_1 (r_{e1} + R_1) + \beta_2 (r_{e2} + R_2)$
- $R_o = R_{17} // \left[r_{e6} + \{R_{15} + R_{14} //(r_{e5} + R_{12} / \beta_5)\} / \beta_6 \right]$

2.

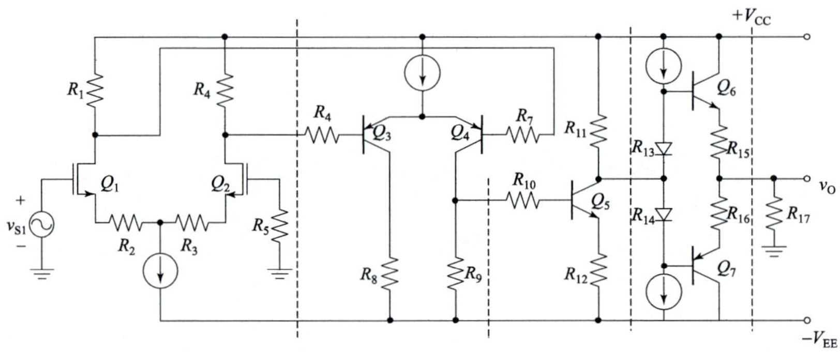

- $$|A| = \frac{R_1 + R_4}{R_2 + R_3 + r_{s1} + r_{s2}} \cdot \frac{R_9}{r_{e3} + r_{e4} + (R_6 + R_4) / \beta_3 + (R_7 + R_1) / \beta_4} \cdot \frac{R_{11}}{R_{12} + r_{e5} + (R_{10} + R_9) / \beta_5}$$

$$\cdot \frac{R_{17}}{R_{17} + (R_{15} + r_{e6} + R_{13} / \beta_6) //(R_{16} + r_{e7} + R_{14} / \beta_7) + R_{11} / \beta'}$$

- $\frac{A}{|A|} = (+)(+)(-)(+) = (-)$
- $R_i = \infty$

$R_o = R_{17} // \{(R_{15} + r_{e6} + R_{13} / \beta_6) //(R_{16} + r_{e7} + R_{14} / \beta_7) + R_{11} / \beta'\}$

EXERCISE

02 연습문제

2.1 식 (2.5), (2.6)으로 주어진 줄임정리를 증명하라.

2.2 다음에 보이는 그림 P2.2-1의 상보형 에미터 폴로워와 다링톤 에미터 폴로워에 대해서 물음에 답하라.

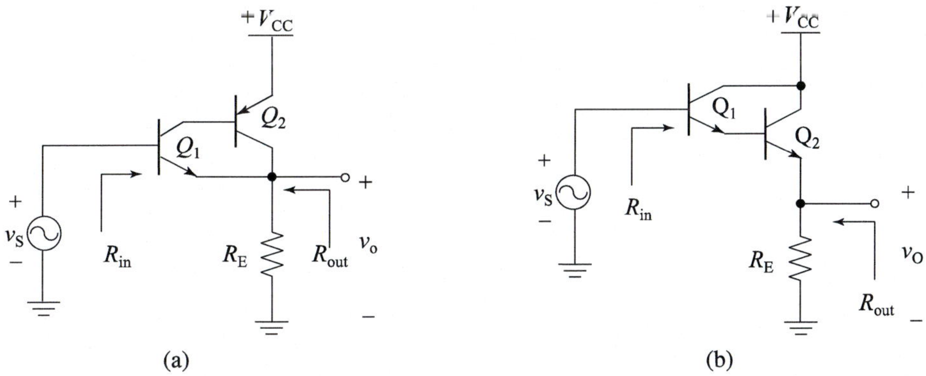

그림 P2.2-1 상보형 및 다링톤 에미터 폴로워

(1) 입력 임피던스는 두 회로가 거의 동일함을 보여라.

(2) 출력 임피던스는 두 회로에서 R_E를 무시하고 볼 때 상보형에 비해서 다링톤의 경우가 2배가 됨을 증명하라. (단, 트랜지스터의 전류이득은 모두 동일하다고 가정할 것)

(3) 두 회로에서 각각 Q_1의 바이어스 전류를 현재보다 더 크게 증가시키기 위한 방법을 제시하라.

(4) 위의 (3)에서 Q_1의 바이어스 전류가 증가하면 상보형의 출력 임피던스가 다링톤에 비해서 훨씬 더 작아지게 됨을 증명하라.

(5) 위의 (4)와 같은 현상이 왜 일어나는지 설명하라.

(6) 상보형의 회로는 다음 그림 P2.2-2와 닮은 점이 있음을 설명하라.

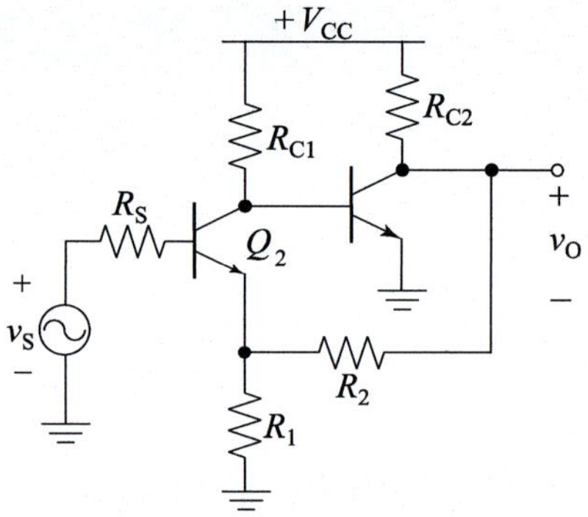

그림 P2.2-2 부귀환 증폭회로

2.3 그림 2.15의 회로에 대해서 그림 P2.3과 같이 등가 분리한다면 왜 옳지 않은지 설명하라.

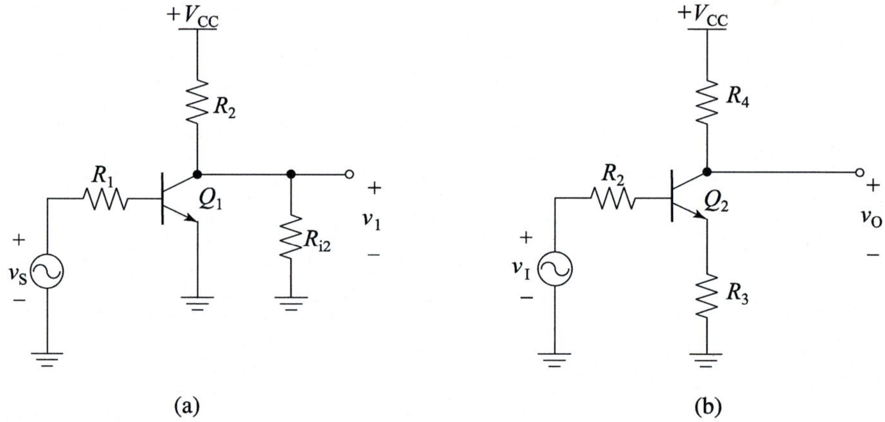

그림 P2.3 그림 2.15에 대해서 등가 분리를 시도한 예

2.4 설계조건이 다음과 같이 주어졌을 때 아래 물음에 답하라.

$$R_i = 100\Omega,\ R_o = 100\Omega,\ A_v = +100,\ V_{opp} \geq 5V$$

단, $V_{cc} = +15V$이고 트랜지스터의 $\beta = 100$이다.

위의 조건을 만족하는 회로의 기본 골격을 NPN과 PNP의 조합으로 다음에 보이는 네 가지 형태중의 하나를 선택하여 설계 하는 것이 가능하게 된다.

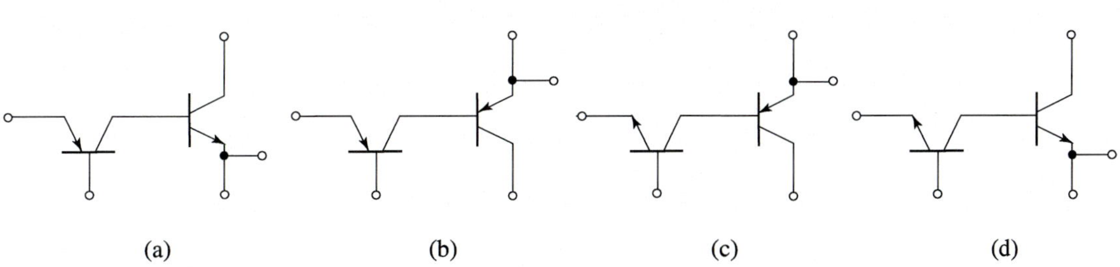

그림 P2.4 R_i와 R_o가 낮은 네 가지 기본형태

(1) 위의 네 가지 형태에 대해서 주어진 조건을 만족하도록 각각 바이어스 회로를 설계하라.

(2) 여기에서 만일 $\beta = 50, 100, 200$ 으로 변화하는 경우 R_i, R_o, A_v 는 각각 어떻게 달라지는지 보여라.

(3) 입력에 주파수가 1kHz인 신호를 인가하고 출력에서 $5V_{pp}$ 신호가 얻어질 때 회로 각 부분의 파형을 컴퓨터 모사로 보이고 설계조건을 만족하는지 확인하라.

03 차동 증폭기와 트랜지스터 바이어싱 및 왜율

서론

집적회로 설계에서 차동 증폭기는 매우 중요한 비중을 차지하고 있다. 이 장에서는 전압이득공식을 차동 증폭기에 적용하는 방법과 전류의 크기를 고려하여 적용하는 이득공식의 일반화한 방법을 소개한다. 또한 동상제거특성과 그 일반화한 방법을 통하여 균형이 깨어진 상태에서도 차동 증폭기의 동상제거특성을 구하는 방법, 콜렉터 구조가 바뀌는 경우의 특성 등을 언급한다. 아울러 증폭기의 선형영역과 이를 넓히는 방법에 대해서도 소개한다.

한편 트랜지스터의 바이어스 설계법에 대해서 간편한 방법을 소개하며, 바이어싱과 연관되어 있는 출력 신호의 최대스윙의 크기 및 이와 관련된 왜율에 대해서 언급한다. 마지막으로 바이폴라 트랜지스터 증폭기, FET 증폭기, 차동 증폭기 등에서의 왜율을 비교하며 다단 증폭기에서의 왜율을 구하는 방법 등을 알아본다.

3.1 에미터 결합 증폭기

트랜지스터를 사용하여 구성되는 증폭기의 세 가지 형태 즉 CB, CC, CE 중에서 가장 큰 전압이득을 얻을 수 있는 구조는 CE 증폭기이며 그림 3.1.1에 보이는 바와 같다.

여기에서 그림 3.1.1(a)와 같은 구조는 교류신호성분을 고려한 등가회로로서 간략화하여 자주 표현되는 형태이나 실제에 있어서는 바이어스의 안정성 때문에 에미터에 저항 R_E를 삽입하지 않을 수 없다. 이런 경우에는 전압이득이 감소하게 되므로 그림 3.1.1(b)와 같이 바이패스 커패시터 C_E를 R_E와 병렬로 연결하여 교류신호 성분에 대해서 이득의 감소를 막아 주는 것이 잘 알려져 있는 보통의 방법이다. 한편 반도체 칩으로 구현되는 집적회로를 설계할 때는 C_E와 같은 큰 용량의 커패시터는 사용할 수 없게 된다. 그럼에도 불구하고 큰 전압이득을 얻기 위해서는 에미터측의 임피던스를 어떤 형태로든지 줄여 주지 않으면 안 된다.

한 가지 방법은 그림 3.1.2(a)에서와 같이 PNP트랜지스터를 사용한 CB 증폭기를 연결하는 방법이다. 이렇게 해 줌으로써 Q_1의 바이어스 전류통로는 Q_2를 통하여 형성되면서 동시에 Q_1의 에미터측 임피던스도 Q_2에 의하여 낮아지게 되므로 일단은 동작 가능한 구조라고 말할 수 있다. 그러나 이런 구조 역시 바이어스 안정성의 관점에서 볼 때는 두 개의 V_{BE}가 직렬로 연결되어 있는 형태이어서 좋지 않으므로 특별한 경우를 제외하고는 잘 사용하지 않는다.

바이어스의 안정성을 개선하면서 Q_1의 에미터측 임피던스를 낮추어 주는 방법은 그림 3.1.2(b)와 같이 NPN 트랜지스터 Q_2를 사용하여 베이스접지 구조를 연결시켜 주는 일이다. 이 구조에서는 두 트랜지스터의 V_{BE} 전압이 온도의 함수로 변화한다 하여도 서로 상쇄되어 안정된다. 그러나 이 형태에서는 두 NPN 트랜지스터의 바이어스 전류를 설정하여 주기 위한 통로가 형성 되어있지 않으므로 에미터의 연결점에서 저항이나 혹은 전류원을 추가로 연결하여 바이어스를 잡아주게 된다.

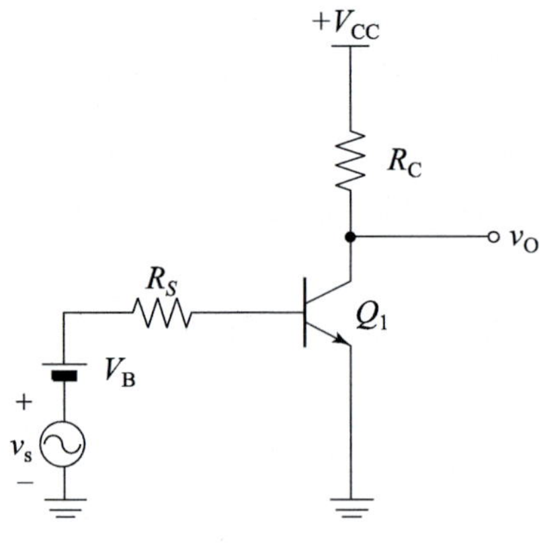

(a)

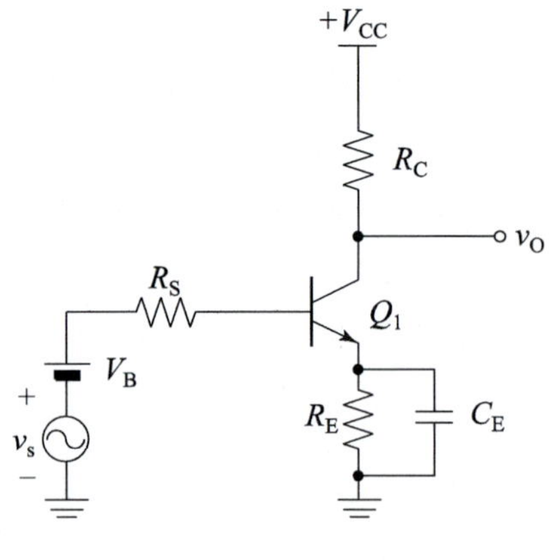

(b)

그림 3.1.1 CE 증폭기의 기본구조

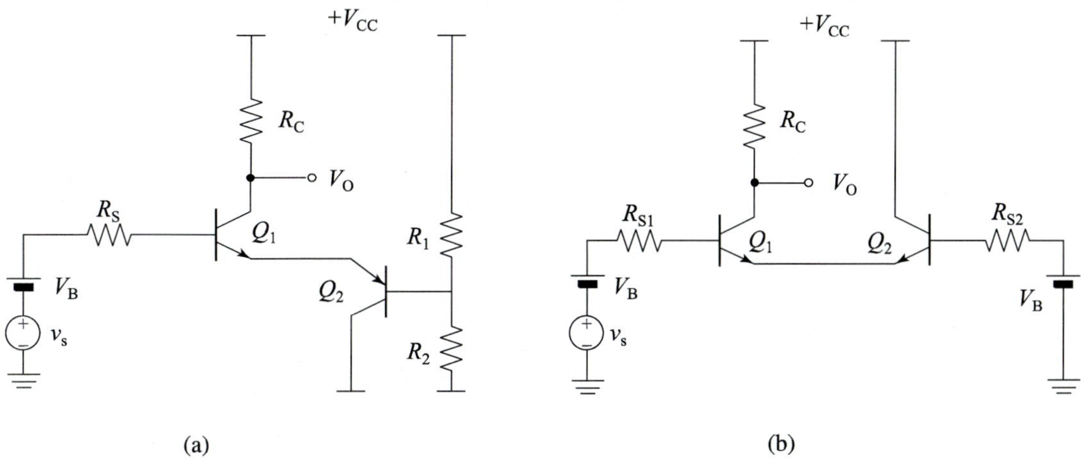

그림 3.1.2 에미터 결합 방법

이렇게 하여 얻어진 최종 회로가 그림 3.1.3과 같으며 에미터 결합 증폭기라고 말할 수 있다.

이와 같은 과정을 통하여 보는 바와 같이 교류신호 성분에 대한 회로의 동작을 생각할 때 Q_2의 역할은 Q_1의 에미터측에 단지 낮은 임피던스를 제공하기 위하여 연결된 트랜지스터라고 생각하여도 무방하다는 사실이다. 즉, Q_2의 에미터에서 들여다본 등가저항 R_{e2}는

$$R_{e2} = r_{e2} + \frac{R_{S2}}{\beta_2} \tag{3.1.1}$$

가 된다. 따라서 R_{EE}의 효과를 함께 고려하여 Q_1의 콜렉터에서 얻을 수 있는 전압이득을 정확하게 계산하여 보면

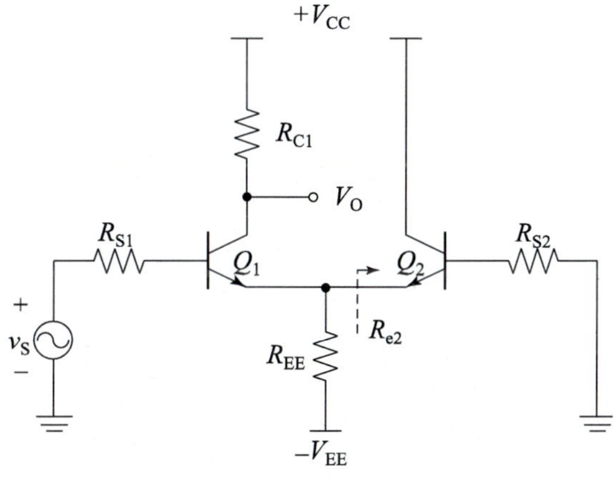

그림 3.1.3 에미터 결합 증폭기

$$|A_v| = \frac{R_{C1}}{r_{e1} + \frac{R_{S1}}{\beta_1} + (R_{EE} \parallel R_{e2})} \tag{3.1.2}$$

로 주어질 수 있음을 쉽게 이해할 수 있다.

트랜지스터 Q_2의 콜렉터에도 교류신호 성분에 해당하는 전류가 흐르게 되므로 여기에 저항을 연결하는 경우에도 전압이득을 얻을 수 있다. 이렇게 하여 얻어진 회로는 Q_2의 베이스에도 단지 접지만 시키는 대신 별도의 신호를 인가할 수 있게 된다. 이렇게 구성된 회로는 Q_1과 Q_2의 베이스에 인가하는 신호의 위상이 동상일 때 최소의 이득이 얻어지며, 서로 다를 때 최대의 이득을 얻을 수 있게 되므로 차동 증폭기라고 부른다. 이와 같이 차동 증폭기의 형태로 구성하는 경우에는 일반적으로 R_{EE}가 충분히 크므로 바이어스 안정성이 좋고 따라서 교류신호뿐만 아니라 직류신호의 증폭에도 유리하며, 동상신호 제거특성과 차동신호의 선형성이 좋아지는 장점이 있다. 이런 이유로 집적회로에서 증폭기를 설계하는 경우에는 거의 대부분 차동 증폭기를 많이 사용하게 된다. 이와 같이 차동 증폭기는 아날로그 회로설계에서 빼놓을 수 없는 매우 중요한 구조이므로 아래에서는 차동 증폭기의 특징과 동작 및 해석에 대해서 좀 더 깊이 있게 알아보기로 하겠다.

차동 증폭기

일반적으로 많은 경우에 차동 증폭기를 접하게 되면서 간단한 구조의 에미터 접지나 베이스 접지 회로보다 상당히 어렵고 복잡하다고 생각하는 경향이 있다. 그러나 이 경우에도 앞에서 유도한 방법을 적용하면 간단히 해석이 가능하다. 여기에서 다시 그림 3.1.4와 같은 차동 증폭기의 기본구조를 생각하여 보자.

이 회로의 등가회로는 기존의 소신호 모델을 사용하면 그림 3.1.5와 같이 도시할 수 있다. 문제를 단순화하고 이해를 쉽게 하기 위하여 여기에서 두 트랜지스터가 서로

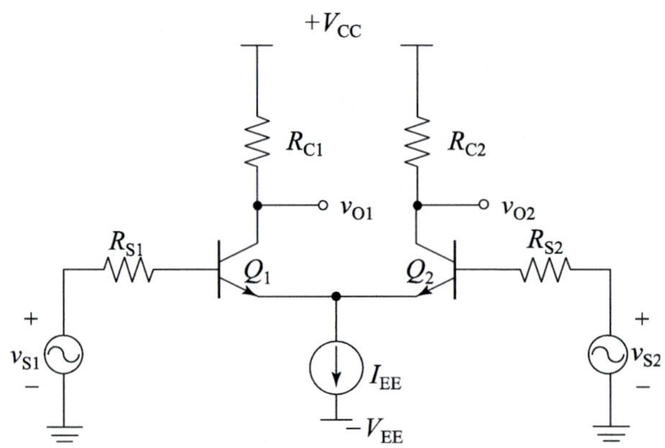

그림 3.1.4 차동 증폭기

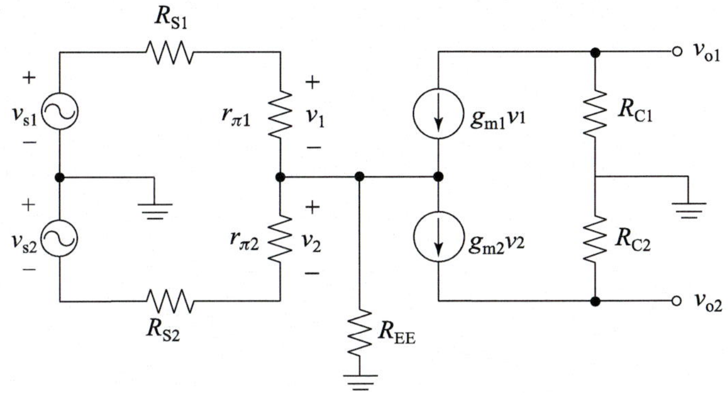

그림 3.1.5 차동 증폭기의 등가회로

대칭의 관계로 연결되어 있는 경우를 생각하여 보자. 즉, 이것은 바로 등가회로에서 주어진 정수 값들간의 관계가 $R_{s1}=R_{s2}$, $r_{\pi1}=r_{\pi2}$, $g_{m1}=g_{m2}$, $\beta_1=\beta_2=\beta$, $R_{EE}=\infty$라고 근사화 하는 것을 의미한다. 이와 같은 가정하에서 그림 3.1.5는 베이스측 등가회로이다. 이 등가회로에서 모든 저항을 에미터측으로 투사한 다음 에미터측 등가회로로 바꾸어 그리면 그림 3.1.6과 같이 된다.

이렇게 바꾸어 그리더라도 전압이득은 동일하게 되며, 아래에 보이는 그림 3.1.6으로부터 쉽게 계산이 될 수 있다. 즉, 약간의 근사화를 허용한다면 이 등가회로에서는 입력 루프1을 관통하여 흐르는 전류와 출력 루프2를 관통하여 흐르는 전류의 크기가 동일하게 되므로 앞장에서와 마찬가지로 전압이득은 다음과 같이 각각의 루프저항을 더한 합의 비로 간단히 표시된다. 즉,

$$|A_v|=\left|\frac{v_{o1}-v_{o2}}{v_{s1}-v_{s2}}\right|=\frac{R_{c1}+R_{c2}}{R_{s1}/\beta+r_{e1}+r_{e2}+R_{s2}/\beta} \tag{3.1.3}$$

와 같이 주어지게 된다. 이와 같이 개별적인 차동 증폭기의 이득은 쉽게 계산이 됨을 알 수 있다.

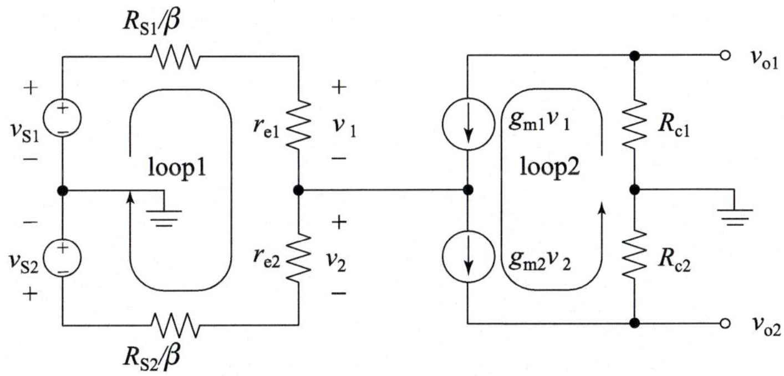

그림 3.1.6 에미터 투사 등가회로

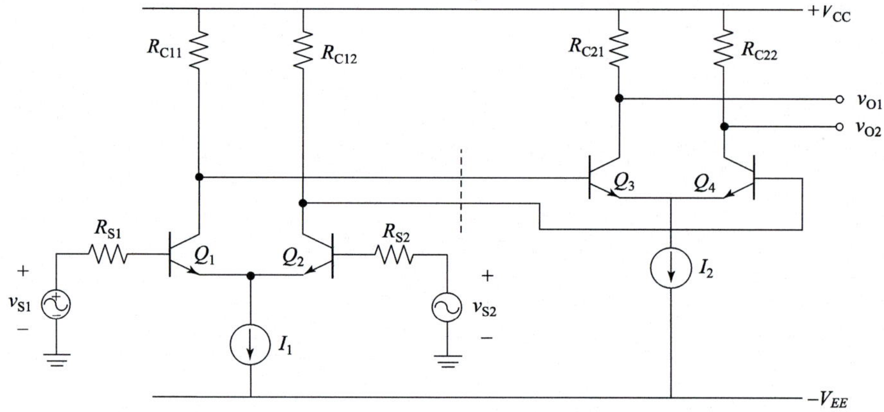

그림 3.1.7 2단 차동 증폭회로

이번에는 다단 증폭기의 경우를 생각하여 보기로 하겠다. 아래에 보이는 그림과 같이 2단 차동 증폭회로를 생각하여 보자.

이 회로를 테브닌(Thevenin) 등가회로를 이용하여 각 단을 등가분리하면 그림 3.1.8과 같이 된다.

이와 같이 분리된 두 회로를 살펴보면 앞장에서 다단 증폭기의 분리방법과 차이가 없음을 알 수 있으며, 따라서 전압이득도 동일한 형태로 각 단의 이득의 곱으로 쉽게 표시될 수 있음을 알 수 있다. 따라서 식 (3.1.3)의 결과를 이용하여 그림 3.1.7의 총 전압이득을 표시하여 보면 다음과 같이 간단한 형태로 얻어진다. 즉,

$$|A_v| = \left|\frac{v_{o11}-v_{o12}}{v_{s1}-v_{s2}}\right| \cdot \left|\frac{v_{o1}-v_{o2}}{v_{o11}-v_{o12}}\right| = \left(\frac{R_{c11}+R_{c12}}{\dfrac{R_{s1}}{\beta_1}+2r_{e1}+\dfrac{R_{s2}}{\beta_1}}\right) \cdot \left(\frac{R_{c21}+R_{c22}}{\dfrac{R_{C11}}{\beta_2}+2r_{e2}+\dfrac{R_{C12}}{\beta_2}}\right) \tag{3.1.4}$$

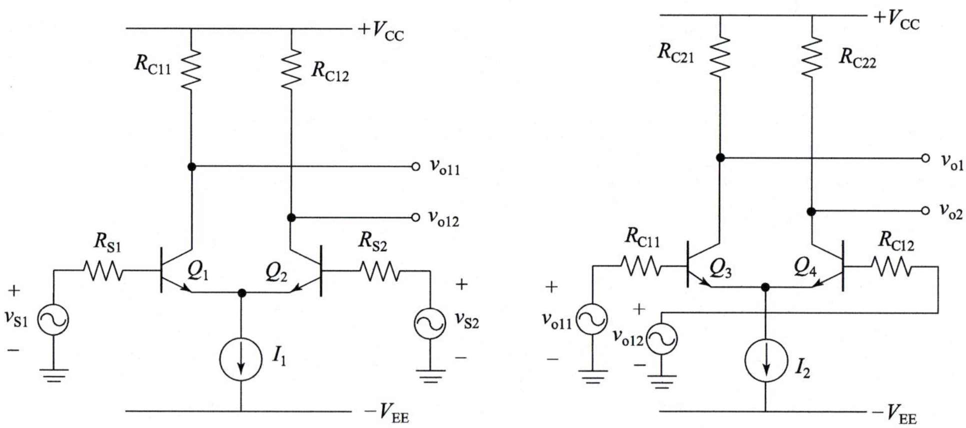

그림 3.1.8 등가 분리된 차동 증폭회로

와 같이 주어진다. 따라서 차동 증폭단으로 이루어진 다단 증폭기의 경우에도 전압이득은 다음과 같이 앞서 기술한 바와 동일한 형태로 기술된다.

$$|A_v| = \prod_{all\ stages} \left| \frac{\sum(\text{이득에 기여하는 콜렉터저항})}{\sum(\text{에미터측으로 환산한 } E-B \text{ 루프저항})} \right| \tag{3.1.5}$$

여기에 관한 부가 설명은 제2장 부록 2A를 참고 바란다.

예 3.1 다음 회로의 전압이득을 구하라. 단, 각 트랜지스터의 콜렉터 전류는 1mA이고 β =100 이다.

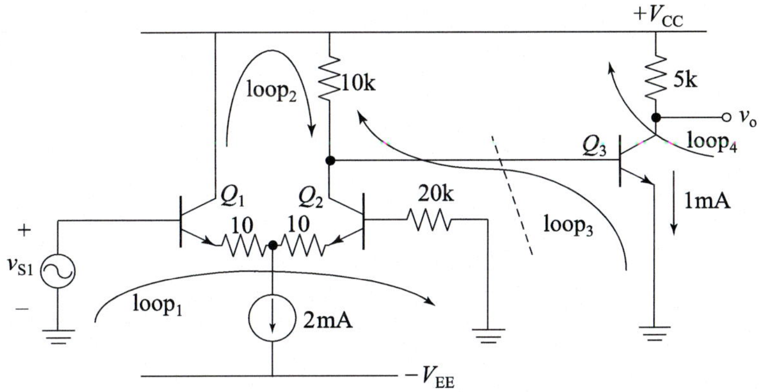

그림 3.1.9 2단 증폭기

풀 이 이 회로는 차동 증폭기와 단순한 에미터접지 증폭기가 결합되어 있는 경우이다. 여기에서 두 단이 서로 연결되어 있는 상태에서 각 단을 등가 분리한 것으로 간주하여 각각의 루프저항을 구해보면 다음과 같이 된다. 즉,

루프 1 : Q_1, Q_2의 에미터로 환산한 저항의 합 :

$$\sum R_{EBi} = 26+10+10+26+200 = 272$$

루프 2 : Q_3 베이스 개방하고 Q_2의 콜렉터 저항의 합: $\sum R_{Ci} = 10k$

루프 3 : Q_3의 에미터로 환산한 저항의 합 : $\sum R_{EBi} = 26+100 = 126$

루프 4 : 콜렉터 저항=5k

따라서, 총 이득 $|A_v|$는 $|A_v| = \left(\frac{10k}{272}\right)\cdot\left(\frac{5k}{126}\right) = 1459$

가 되며 A_v의 부호는 (Q_2의 콜렉터 : +) × (Q_3의 콜렉터 : -)=(-)와 같이 주어진다.

예 3.2 다음은 좀 더 복잡한 형태로서 아래와 같이 다단 구성의 다른 예를 살펴보자. 단, 이 회로에서 각 트랜지스터의 전류이득은 100 이고, FET의 g_m은 0.5m mho에서 2m mho이며, 각 소자의 얼리전압은 충분히 크다고 가정한다.

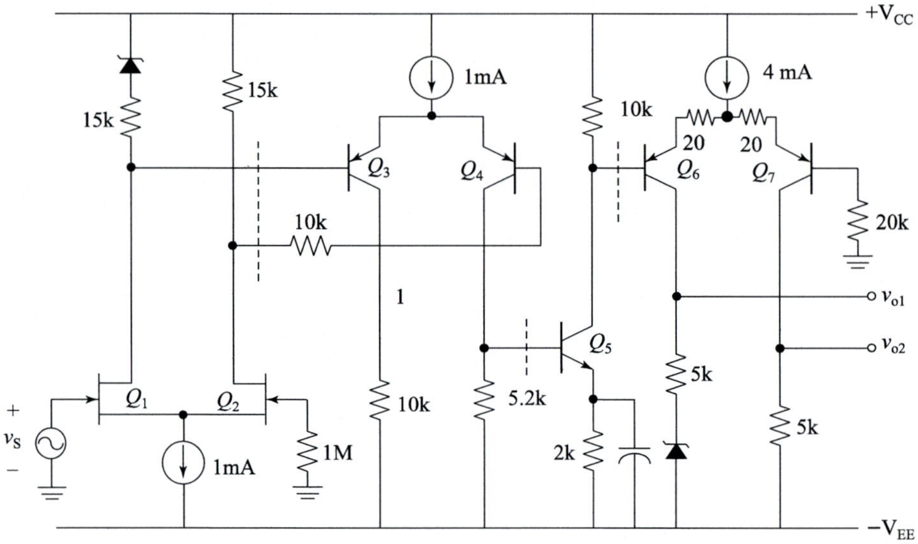

그림 3.1.10 4단 증폭기

풀 이 여기에서 각 트랜지스터의 콜렉터 전류 및 동저항 r_e를 구하면

$$I_{C3} = I_{C4} = 0.5mA \quad \rightarrow \quad r_{e3} = r_{e4} = 52\Omega$$

$$I_{C5} = 1mA \quad \rightarrow \quad r_{e5} = 26\Omega$$

$$I_{C6} = I_{C7} = 2mA \quad \rightarrow \quad r_{e6} = r_{e7} = 13\Omega$$

이 되고, FET의 r_s는 500Ω으로 주어져 있다. 따라서 총 이득은

$$|A_v| = \left(\frac{5k+15k}{500\times2}\right)\left(\frac{5.2k}{52\times2+100+150+50}\right)\left(\frac{10k}{26+52}\right)\left(\frac{3k+5k}{20\times2+13\times2+100+200}\right)$$

$$= 724973\,(=117dB)$$

와 같이 계산된다. 여기에서 FET Q_2의 게이트 저항 1MΩ은 저주파영역에서 무시되었으며, Q_3의 콜렉터 저항 10kΩ은 증폭경로에서 제외되어 있는 저항이기 때문에 계산에서 제외 되었다. 이상에서 보는 바와 같이 상당히 복잡한 회로임에도 불구하고 어렵지 않게 전체이득을 계산할 수 있다.

이득공식의 적용시 고려사항

이상의 예에서 보는 바와 같이 이득공식은 차동 증폭기와 일반 개별 증폭단이 혼재하는 경우에도 포괄적으로 적용이 가능하다. 그러나 앞장에서도 언급하였지만 다시 한 번 강조하면 식 (3.1.5)와 같은 관계식으로 주어지기 위해서는 한 가지 조건이 필요하다는 사실이다. 즉, 그것은 에미터 전류와 콜렉터 전류가 거의 같다는 사실을 전제하고 있다는 점이다. 만일 두 전류의 크기가 다르다면 이득공식은 그 점에 있어서 보완되어야 한다. 따라서 좀 더 정확하게 표현하기 위해서는 다음과 같이 수정된 형태로 다시 쓸 수 있다. 즉,

$$|A_v| = \prod_{i=1}^{N} \left| \frac{I_{Ci} \times \left(\sum 콜렉터저항\right)_i}{I_{Ei} \times \left(\sum 에미터투사저항\right)_i} \right| \tag{3.1.6}$$

와 같이 된다. 여기에서 전류 I_E와 I_C는 바이어스 전류의 크기를 의미하는 것이기 보다는 각각 에미터와 콜렉터를 경유하여 흐르는 신호전류의 크기를 의미한다. 일반적으로 바이어스 전류의 크기에 비례하여 신호전류의 크기도 나눠어 지게 되므로 두 가지를 유사하게 생각할 수 있다. 그러나 반드시 모두가 다 그런 것은 아니며 그렇지 않은 경우도 있으므로 주의가 요망된다.

일반적으로 대부분의 경우에는 $I_E \approx I_C$이므로 분모와 분자의 전류가 소거되어 식 (3.1.5)와 동일하게 된다. 그러나 실제에 있어서는 전류가 분할되는 경우가 존재한다. 예를 들어 하나의 저항에 여러 개의 트랜지스터가 동시에 연결되어 있는 경우에는 전류가 분할되게 되므로 각각의 분할되는 전류의 크기를 고려하여 식 (3.1.6)을 적용해야 한다. 다시 말해서 이득공식의 올바른 적용을 위해서는 전류의 흐름을 먼저 이해하는 것이 중요하며 각 트랜지스터와 저항에 흐르는 전류의 크기를 항상 염두에 두어야 한다. 이런 점만 주의한다면 모든 경우에 주어지는 문제에 대한 해답을 어렵지 않게 얻을 수 있다. 전류의 분할에 관하여 한 가지 예를 다음에 보기로 하자.

예 3.3 다음 회로의 이득을 구하라.

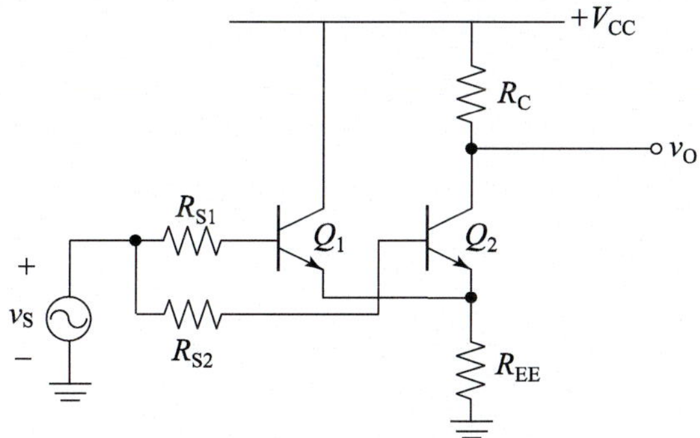

그림 3.1.11 에미터 전류와 콜렉터 전류가 다른 회로

풀 이 에미터와 베이스루프를 그려보면 아래 그림과 같이 R_{EE}에 흐르는 전류가 Q_1과 Q_2로 나뉘어지고 다시 입력신호 v_s에서 더해져서 흐르게 된다. 따라서 그림 3.1.12의 그림(a)에서

$$\sum 에미터투사저항 = R_{EE} + R_1 \| R_2$$

여기에서

$$R_1 = r_{e1} + R_{s1} / \beta_1$$
$$R_2 = r_{e2} + R_{s2} / \beta_2 \quad (3.1.7)$$

와 같이 된다. 한편 아래 그림 3.1.12(b)처럼 R_{EE}에 흐르는 전류는 Q_1과 Q_2의 콜렉터로 나뉘어지며 Q_2의 콜렉터 전류성분의 비율은

$$\frac{I_{C2}}{I_{EE}} = \frac{R_1}{R_1 + R_2} \quad (3.1.8)$$

와 같이 표시가 가능하다.

따라서 식 (3.1.6)에서 식 (3.1.8)로부터 그림 3.1.11의 전압이득 A_v는

$$A_v = \frac{-R_C}{R_{EE} + R_1 \| R_2} \cdot \frac{R_1}{R_1 + R_2} \quad (3.1.9)$$

와 같이 계산될 수 있음을 알 수 있다.

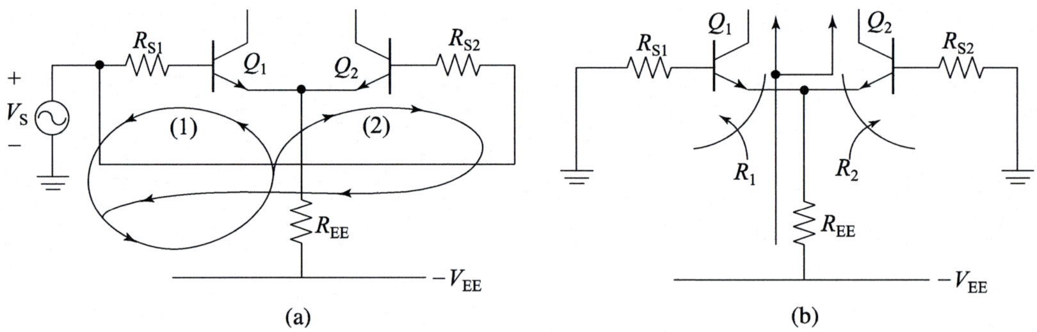

그림 3.1.12 전류의 흐름

3.2 차동 증폭기의 동상 제거특성

앞에서도 언급하였듯이 차동증폭기의 한가지 중요한 특징은 동상신호를 억제할 수 있다는 점이다. 동상신호의 증폭율은 에미터에 공통으로 연결된 저항 R_{EE}의 값에 의하여 결정되며, 동상이득과 차동이득의 비를 동상제거비(*CMRR*)라 부른다. 먼저 그림 3.2.1과 같이 간단한 형태의 양단출력(double ended output) 차동증폭기를 살펴보자. 여기에서 차동이득 A_{dm}의 크기를 구하여 보면

$$|A_{dm}| = \left|\frac{v_{o1} - v_{o2}}{v_{s1} - v_{s2}}\right| = \frac{2R_C}{2r_e} = g_m R_C \tag{3.2.1}$$

로 주어짐을 쉽게 알 수 있다. 동상이득을 구하기 위하여 $v_{s1} = v_{s2} = v_s$로 놓으면 $v_{o1} = v_{o2} = v_o$가 되며 에미터쪽으로 환산한 에미터 루프저항은

$$R_{e,\,loop} = r_e \,\|\, r_e + R_{EE} = r_e / 2 + R_{EE} \tag{3.2.2}$$

와 같이 표시됨을 알 수 있다.

저항 R_{EE}를 흐르는 전류는 Q_1과 Q_2전류의 합이므로 바꾸어 말하면 Q_1 또는 Q_2의 콜렉터 전류는 R_{EE}를 흐르는 전류의 반이 된다(베이스 전류는 무시함). 따라서 식 (3.1.5)를 적용하면 동상 전압이득 A_{cm}은

$$|A_{cm}| = \left|\frac{v_{o1}}{v_s}\right| = \left|\frac{v_{o2}}{v_s}\right| = \frac{1}{2} \cdot \frac{R_C}{R_{e,\,loop}} \tag{3.2.3}$$

와 같이 주어지며 식 (3.2.2)를 대입하면

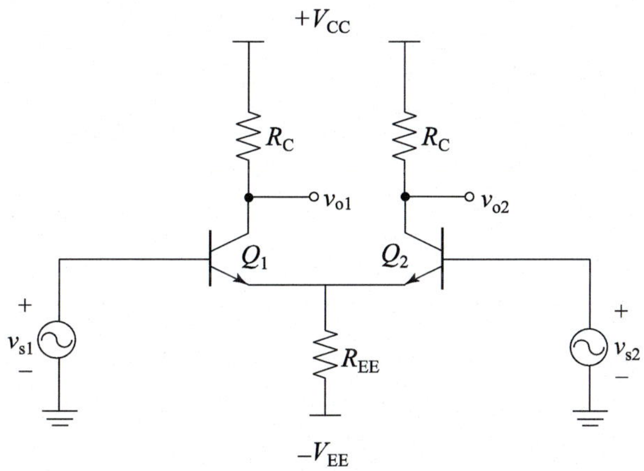

그림 3.2.1 양단 출력 차동증폭기

$$|A_{cm}| = \frac{R_C}{r_e + 2R_{EE}} \tag{3.2.4}$$

가 된다. 따라서 동상제거비 *CMRR*은

$$CMRR = \left|\frac{A_{dm1}}{A_{cm}}\right| = 1 + 2g_m R_{EE} \tag{3.2.5}$$

와 같이 표시됨을 알 수 있다. 베이스 전류를 무시하지 않고 계산할 경우는 좀 더 복잡한 형태가 되지만, 그것은 별 의미가 없으며 식 (3.2.5)도 다음과 같이 좀 더 간단히 줄여서 생각할 수 있다.

$$CMRR \cong 2g_m R_{EE} = 2 \cdot \frac{R_{EE}}{r_e} \tag{3.2.6}$$

즉 *CMRR*은 에미터측에서의 저항의 비로 정하여짐을 알 수 있다. 여기에서 계수 2는 양단(double ended) 출력 형태이기 때문에 곱해진 상수이며, 외단(single ended) 출력 형태를 가진 경우에는 동상이득은 동일하지만 차동이득이 절반으로 줄게 되므로 1이 된다.

그러나, 어떤 관점에서 보면 균형 잘 잡혀있는 차동 증폭기에서 양단 출력 사이의 *CMRR*을 위의 식과 같이 정의하는 것이 옳지 않은 것처럼 보인다. 왜냐하면 Q_1과 Q_2의 콜렉터 양단에 나타나는 동상이득은 두 트랜지스터의 콜렉터 전류가 동일하다고 가정할 때, 콜렉터 저항 R_C가 역시 동일한 크기라면 나타나지 않기 때문이다. 다시 말해서 두 출력단(v_{o1}, v_{o2}) 사이의 전압만을 생각한다면 *CMRR*은 무한대라는 점이다. 즉, 식 (3.2.4)로 표시되는 동상이득은 각각의 출력단과 접지사이의 이득이며 출력단 양단 간의 동상이득이 아닌 것이다. 그러므로 차동 증폭기에서 좌우가 완전히 대칭이라면 두 출력단 사이의 동상이득은 영(zero)이 되며, 이와 같은 회로에서 두 출력단 사이에서 동상이득이 나타나기 위해서는 좌우의 비대칭이 존재해야 한다.

그러나 한편으로 비대칭이 없이 완전 대칭인 차동 증폭기의 두 출력단 사이에서 볼 때 *CMRR*이 무한대라고 할 수 있기 위해서는 한가지 가정이 전제되고 있음을 알아야 한다. 즉, 이 경우는 관측자의 입장에서 *CMRR*이 무한대인 계측기를 사용하여 측정하는 상황을 가정하고 있는 셈이며, 이러한 조건하에서 성립하는 이야기가 된다. 그러나, 실제로 회로설계의 관점에서 볼 때 출력단에 연결되는 다음 단의 구성이 유한한 *CMRR*을 가지게 된다. 일반적으로 연이어 연결되는 다음 단의 *CMRR*을 함께 고려할 때 전체의 *CMRR*은 식 (3.2.5)로 주어지는 값과 다음 단의 *CMRR*을 곱한 결과로 표시할 수 있다. 이러한 관계는 다음 단의 *CMRR*이 얼마이건 상관없이 성립한다. 따라서 양단 출력의 경우에도 위의 식 (3.2.5)로 정의하는 *CMRR*이 의미가 있다고 할 수 있다.

외단 출력 차동 증폭기의 *CMRR*

그림 3.2.2와 같이 외단 출력 차동회로의 *CMRR*을 생각하여 보자. 여기에서는 차동 신호와 동상 신호가 교류신호에 대해서 볼 때 모두 접지점을 기준으로 나타나는 전압이므로 다음 단의 연결과 무관하게 *CMRR*이 주어지게 된다. 이 회로에 대하여 차동이득과 동상이득을 구하여 보기로 하자. 즉, 여기에서 차동이득은

$$|A_{\rm dm}| = \frac{R_{\rm C}}{2(r_{\rm e} + R_{\rm e} + R_{\rm s}/\beta)} \tag{3.2.7}$$

으로 주어지게 되며, 동상이득은

$$|A_{\rm cm}| = \frac{1}{2} \cdot \frac{R_{\rm C}}{R_{\rm EE} + (R_{\rm e} + r_{\rm e} + R_{\rm s}/\beta) \| (R_{\rm e} + r_{\rm e} + R_{\rm s}/\beta)} \tag{3.2.8}$$

와 같이 된다.

따라서 *CMRR*은

$$CMRR = \frac{1}{2} + \frac{R_{\rm EE}}{r_{\rm e} + R_{\rm e} + R_{\rm s}/\beta} \tag{3.2.9}$$

으로 표시가 가능하다. 여기에서 $R_{\rm e} = R_{\rm s} = 0$인 경우를 가정하여 보면 이와 같이 외단 출력인 경우는 양단 출력에 대한 식 (3.2.5)를 2로 나누어준 결과와 동일하게 됨을 알 수 있다.

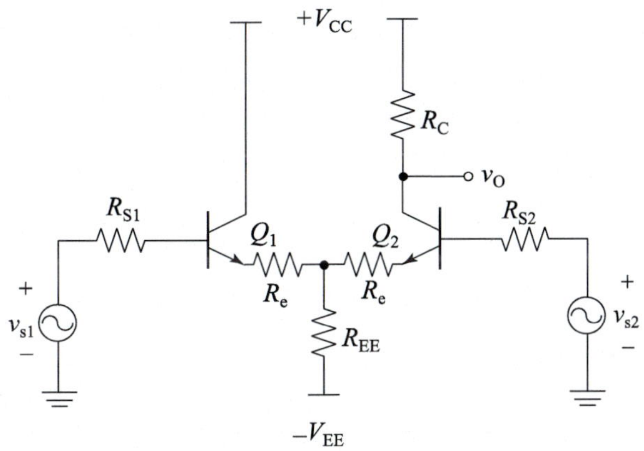

그림 3.2.2 외단 출력 차동 증폭기

차동 및 동상 입력 임피던스

지금까지 우리는 주로 에미터측으로 환산한 등가회로를 생각하여 왔으나 베이스측으로 환산하면 입력 임피던스가 된다. 그림 3.2.2에서 차동 입력 임피던스 R_{id}는

$$R_{id} = 2R_s + 2r_\pi + 2(1+\beta)R_e \tag{3.2.10}$$

로 표시됨을 쉽게 알 수 있다. 여기에서 $1+\beta \approx \beta$로 근사 하여도 무방하다.

한편 동상신호의 입력 임피던스는 양 베이스에 동상신호를 인가하고 한 쪽 베이스에서 본 임피던스로 정의되므로 이것은 Q_1과 Q_2의 베이스를 연결하고 한꺼번에 들여다 본 임피던스의 2배가 된다. 따라서

$$\begin{aligned} R_{ic} &= 2\{(R_s + r_\pi + (1+\beta)R_e)/2 + (1+\beta)R_{EE}\} \\ &= R_s + r_\pi + (1+\beta)R_e + 2(1+\beta)R_{EE} \end{aligned} \tag{3.2.11}$$

와 같이 표시가 가능함을 알 수 있다. 여기에서 $CMRR$은 이 두 입력저항의 비로도 주어질 수 있다. 즉,

$$CMRR = \frac{R_{ic}}{R_{id}} \tag{3.2.12}$$

로 되며, 약간 정리하면 이 식은 단방향 출력인 경우에 대한 식 (3.2.9)와 동일한 형태임을 알 수 있다.

단방향 입력신호에 대한 차동 증폭기의 이득

차동 증폭기의 두 입력단자에 차동 입력신호가 인가될 때 두 출력단에서 나타나는 신호의 크기와 위상을 각각 보면, 크기는 동일하고 위상은 반대가 된다. 그러나 두 입력 중에서 어느 한쪽 입력은 접지하고 다른 한 쪽에만 신호를 인가하는 단방향 입력신호의 경우를 보게 되면 상당히 재미있는 현상을 발견할 수 있다. 즉, 이런 상태에서는 각각의 출력에 나타나는 신호의 위상은 차동 입력신호가 인가된 경우와 마찬가지로 서로 반대가 되지만 그 크기에 있어서는 다르다. 이런 현상은 차동 증폭기의 동상제거 특성과 관련이 있다. 다음의 예를 보기로 하자.

예 3.4 다음 회로는 입력신호가 한쪽에만 인가되었다. 외단출력에 대하여 *CMRR*의 크기와 총이득을 구하고, 차동이득과 동상이득으로 각각 나누어 구한 값과 비교하라.

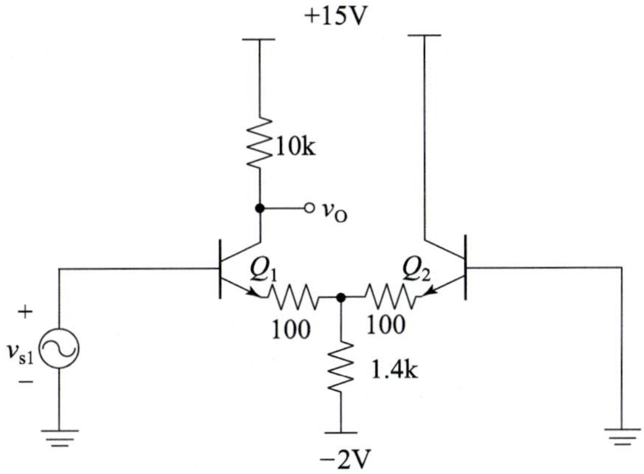

그림 3.2.3 단방향입력 외단출력 차동 증폭기

풀 이 먼저 바이어스 전류를 대략 구하면,

$$I_{C1} = I_{C2} \cong \frac{1}{2} \cdot \frac{2-0.6}{1.4k} = 0.5\,\text{mA}$$

가 되고, *CMRR*은 에미터 저항의 비로 정하여 지므로

$$CMRR = \frac{1}{2} + \frac{R_{EE}}{r_e + R_e} = \frac{1}{2} + \frac{1.4k}{52+100} = 9.7$$

이 된다. 총이득의 크기는

$$|A_v| = \frac{10k}{152 + 1.4k \,||\, 152} = \frac{10k}{152+137} = 34.6$$

이 얻어진다.

한쪽에만 인가된 단방향 입력신호의 경우를 다른 관점에서 본다면 아래 그림에서 보이는 바와 같다. 즉, 신호 v_s를 둘로 나누어 각각의 입력단자에서 한쪽 입력에는 동위상으로 연결하고 다른쪽 입력에는 서로 반대위상으로 각각 연결하여 인가한 것으로 간주 할 수 있다.

이렇게 볼 때 이 그림을 잘 보면 두 입력 양단간에는 v_s의 크기를 가진 차동신호와 $v_s/2$의 크기를 가진 동상신호가 동시에 인가된 것과 마찬가지로 생각할 수 있음을 알 수 있다. 따라서 차동 및 동상신호에 해당하는 성분이 각각의 이득을 가지고 증폭되어 출력에서

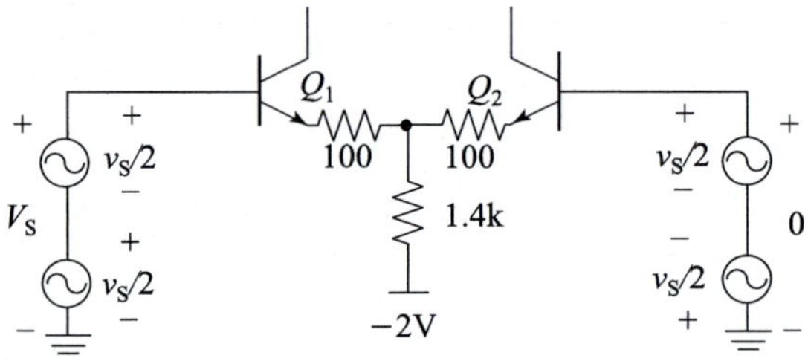

그림 3.2.4 등가입력신호

더해지게 된다. 그러므로 차동 및 동상이득을 각각 구해보면

$$|A_{dm}| = \frac{10k}{52+100+100+52} = 32.9$$

$$|A_{cm}| = \frac{10k}{52+100+2\times1.4k} = 3.4$$

와 같이 얻어진다. 이 회로에서 주어진 외단출력의 경우에는 차동 이득과 동상 이득이 동일한 위상을 가지게 되므로 총이득은 차동이득에 동상이득의 1/2을 더한 결과와 같게 된다. 그 이유는 차동신호의 크기는 v_s이지만, 동상신호의 크기는 $v_s/2$이기 때문이다. 즉

$$|A_{dm}| + \frac{1}{2}|A_{cm}| = 32.9 + 1.7 = 34.6$$

이 되며 이 값과 앞에서 구한 A_v를 비교하면 동일한 값이 됨을 알 수 있다.
만일 Q_2의 콜렉터에 저항을 연결하여 이득을 구한다면 총이득의 크기는 차동이득과 동상이득의 크기의 차이로 표시되어야 한다. 좀 더 일반적인 다음의 예를 보기로 하자.

예 3.5 차동 증폭기에서 한쪽 입력단자에만 신호가 인가되었을 때 각각의 출력단자까지의 전압이득은 $A_v = A_{dm} + A_{cm}/2$와 같이 일반화한 형태로 주어짐을 증명하라.

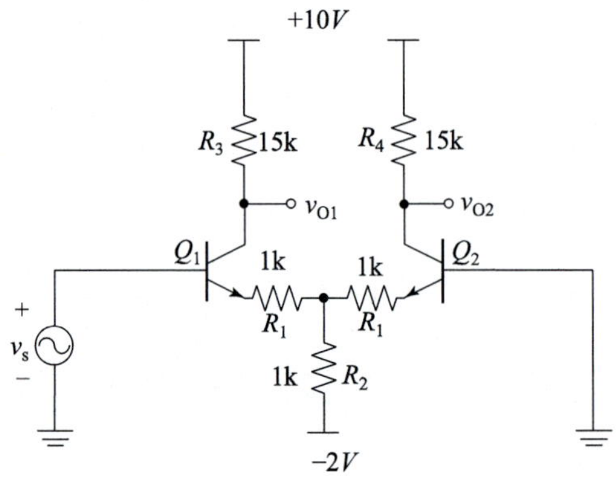

그림 3.2.5 입력신호가 한쪽에만 인가된 양단 출력 차동 증폭기

풀 이 이 회로를 사용하여 위의 관계를 증명하여 보자. 먼저 v_{o1}단자까지 이득을 차동이득과 동상이득으로 나누지 않고 한꺼번에 구해보면

$$A_{v1}=\frac{v_{o1}}{v_s}=-\frac{R_3}{r_{e1}+R_1+R_2\,\|\,(R_1+r_{e2})}$$

와 같이 된다. 여기에서 r_{e1}, r_{e2}는 R_1에 비해 매우 작으므로 무시하고 실제 값을 넣어 근사 계산하여 보면 다음과 같이 된다. 즉,

$$A_{v1}=-\frac{15k}{1k+1k\,\|\,1k}=-10$$

이다. 여기에서 이번에는 다시 v_{o1}단자까지의 이득을 차동이득 A_{dm}과 동상이득 A_{cm}으로 각각 나누어 구해보면 다음과 같이 주어진다.

$$A_{dm}=-\frac{R_3}{r_{e1}+R_1+R_1+r_{e2}}\cong-\frac{15k}{2k}=-7.5$$

$$A_{cm}=-\frac{1}{2}\cdot\frac{R_3}{R_2+(R_1+r_{e1})\,\|\,(R_1+r_{e2})}=-\frac{1}{2}\cdot\frac{15k}{1.5k}=-5$$

따라서 이상의 결과로부터 v_{o1}까지의 총 이득은 $A_{v1}=A_{dm}+A_{cm}/2$가 만족되고 있음을 알 수 있다.
이번에는 v_{o2}까지의 이득을 한꺼번에 구해보면

$$A_{v2}=\frac{v_{o2}}{v_s}=+\frac{1}{r_{e1}+R_1+R_2\,\|\,(R_1+r_{e2})}\cdot\frac{R_2}{R_2+R_1+r_{e2}}\cdot R_4$$

으로 표시된다. 이 식에서 가운데 항은 Q_1의 에미터를 통하여 흐르는 전류의 일부가 Q_2의 에미터로 분할되어 흘러 들어가는 비율을 의미한다. 따라서 여기에서도 r_e는 무시하고 근사화를 통한 저항값을 대입하면

$$A_{v2}=\frac{1}{1k+1k\,\|\,1k}\cdot\frac{1k}{1k+1k}\cdot 15k=5$$

가 된다. 이 계산에서 또한 v_{o2}까지의 A_{dm}과 A_{cm}을 각각 구해보면

$$A_{dm}=\frac{R_4}{r_{e1}+R_1+R_1+r_{e2}}\cong\frac{15k}{2k}=7.5$$

$$A_{cm}=-\frac{1}{2}\cdot\frac{R_4}{R_2+(R_1+r_{e1})\,\|\,(R_1+r_{e2})}=-\frac{1}{2}\cdot\frac{15k}{1.5k}=-5$$

가 얻어진다. 따라서 v_{o2}까지의 이득도 $A_{v2} = A_{dm} + A_{cm}/2$가 만족된다.

결론적으로 차동 증폭기의 한쪽 입력에만 신호가 인가되었을 때 각 출력단자에서의 이득은 차동이득에 동상이득의 절반을 더해 준 결과와 같게 된다.

MOS 차동 증폭기의 CMRR

MOS 차동 증폭기도 바이폴라의 경우와 동일하게 생각할 수 있다. 단, MOS에 있어서는 바디효과가 있느냐 없느냐에 따라 표현식이 약간 달라질 수 있다. 다음에 이 두 가지에 대해서 각각 살펴보기로 하자. 아래 그림 3.2.6은 바디가 소스에 연결되어 있어서 바디효과가 없는 경우의 MOS 차동 증폭기를 도시한 것이다. 여기에서 MOS 소스측의 동저항을 rs라 할 때 차동이득과 동상이득을 구하면 각각

$$|A_{dm}| = \frac{2R_D}{2r_s} = g_m R_D \tag{3.2.13}$$

$$|A_{cm}| = \frac{1}{2} \times \left(\frac{R_D}{r_s/2 + R_{SS}} \right) \tag{3.2.14}$$

와 같이 주어지며, 따라서 동상 제거비 CMRR은

$$CMRR = \left| \frac{A_{dm}}{A_{cm}} \right| = 1 + 2g_m R_{SS} \tag{3.2.15}$$

으로 표시된다. 이 식은 바이폴라 트랜지스터의 경우에 구하였던 식 (3.2.4)와 비교해 보면 동일한 형태의 표현식 임을 알 수 있다.

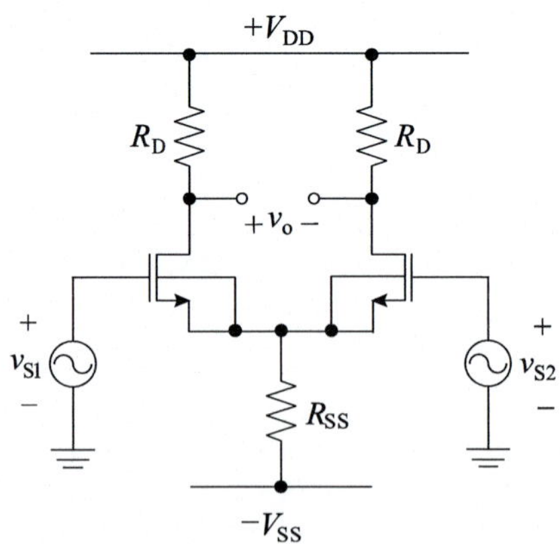

그림 3.2.6 바디효과가 없는 MOS 차동증폭기

이번에는 바디효과가 존재하는 경우의 CMRR에 대해서 생각해 보기로 하자. 그림 3.2.7(b)는 그림 3.2.7(a)의 회로에서 바디효과를 JFET 등가회로로 바꾸어 나타낸 것이다. 따라서 그림 3.2.7(b) 의 회로로부터 우리는 차동이득을 다음과 같이 구할 수 있다. 즉,

$$|A_{dm}| = \frac{2R_D}{2/g_m} = g_m R_D \tag{3.2.16}$$

이 된다. 여기에서 JFET의 영향이 무시되었는데, 그 이유는 MOS와 JFET로 형성되는 폐루프 내에서 JFET에 의해서 발생하는 소스측 전류변화와 드레인측 전류변화가 서로 상쇄되어 없어지기 때문이다. 한편, 동상이득은 $v_s = v_{s1} = v_{s2}$로 놓고 구하면 되므로 다음과 같이 주어지게 된다.

$$|A_{cm}| = \left(\frac{v_{ss}}{v_s}\right) \times \frac{1}{R_{ss}} \times \frac{1}{2} \times R_D = \left(\frac{2g_m}{2g_m + 2g_{mb} + g_{ss}}\right) \times \frac{R_D}{2R_{ss}} \tag{3.2.17}$$

여기에서 gss = 1/Rss 을 의미한다. 따라서 동상 제거비 CMRR을 구해보면

$$CMRR = \left(2g_m + 2g_{mb} + g_{ss}\right) R_{SS} \tag{3.2.18}$$

와 같이 주어지게 된다. 위 식에서 gss가 다른 두 항에 비해서 충분히 작다면

$$CMRR \cong 2(1+\chi) g_m R_{SS} \tag{3.2.19}$$

와 같이 근사화가 가능하다. 따라서 이 식과 위에서 바디효과가 없는 경우의 표현식 (3.2.15)를 비교하여 보면, 이 두 식에서 g_m이 동일한 값이 아니라 식(3.2.18)의 g_m이 바디효과에 의하여 식 (3.2.15)의 g_m보다 작음을 고려 할 때, 실제에 있어서 두 값이 거의 차이가 없음을 알 수 있다. 그러므로 바디효과가 있는 경우와 없는 경우에 차동 증폭기의 CMRR에는 큰 변화가 없으나 그 외에 다른 부분에서는 차이가 있다. 즉, 바

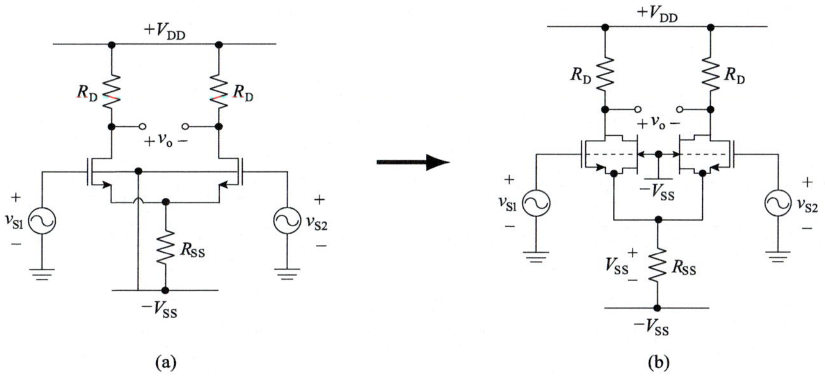

그림 3.2.7 바디효과를 고려한 MOS 차동증폭기

디효과가 있는 경우에는 입력신호의 동상성분이 변화할 때 MOS의 문턱전압의 크기가 변하기 때문에 V_{GS} 의 변화가 커질 수 있는 단점이 있다. 한편, 바디효과를 없앤 경우에는 동상신호에 따른 V_{GS} 의 변화는 없으나, 바디를 형성하는 우물과 실리콘 기판 사이의 기생 커패시턴스로 인하여 주파수가 높은 영역에서 동상 임피던스의 감소에 의한 CMRR의 저하가 크게 나타나게 된다는 점이다.

3.3 *CMRR*의 일반화

지금까지의 논의는 콜렉터측이 외단 출력인지 또는 양단 출력인지에 대한 것과 에미터 저항의 영향에 대해서 다루었다. 그러나 이 과정에서 한 가지 가정이 전제되어 있었다. 그것은 두 트랜지스터의 특성이 동일하고 각 트랜지스터의 베이스 또는 에미터에 연결된 저항 등이 완전히 대칭이라는 전제였다. 그러나 실제에 있어서 두 트랜지스터의 특성의 차이로 전류가 차이가 나게 되면 r_e의 차이가 나게 되고, 연결된 저항의 오차 때문에 비대칭성이 존재하게 된다. 여기에서는 이와 같이 비대칭이 존재하는 일반적인 경우에 *CMRR*이 어떻게 달라지게 될 것인지 하는 문제에 대해서 해답을 구해보기로 하자.

그림 3.3.1에 하나의 트랜지스터만을 사용하여 두 개의 신호원이 인가된 예를 보였다. 이런 형태가 차동 증폭기라고 주장한다면 좀 어색하게 보일지 모르나 한 개의 트랜지스터를 에미터 투사 등가회로로 바꾸어 놓은 형태로 간주할 수 있으며, 교류신호성분에 대해서만 생각해본다면 외단 출력을 가진 차동 증폭기의 일반적인 표현임을 알 수 있다. 여기에서는 대칭성을 주장할 필요가 없다. 따라서 이와 같이 비대칭성을 가지고 있는 일반화한 차동증폭 회로에 대해서 각각 차동이득과 동상이득을 별도로 계산하여 *CMRR*을 구해보기로 하자.

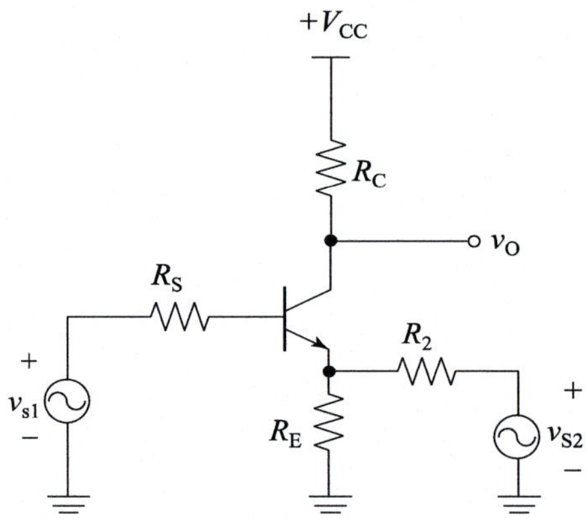

그림 3.3.1 일반화한 차동 증폭회로

두 입력신호 v_{s1}과 v_{s2}가 동시에 존재하는 경우의 출력전압은 중첩의 원리에 의하여 각각의 신호원이 독립적으로 인가될 때의 출력전압을 각각 구해서 더한 결과와 동일하게 된다. 따라서 다음의 두 가지로 나누어 계산하기로 하자. 즉,

(1) $v_{s1} \neq 0$이고 $v_{s2} = 0$일 때

$$v_{o11} = -\frac{R_C}{R_E \parallel R_2 + r_e + R_s / \beta} \cdot v_{s1} = -A_0 v_{s1} \tag{3.3.1}$$

(2) $v_{s1} = 0$이고 $v_{s2} \neq 0$일 때

$$v_{o12} = +\frac{R_E}{R_2 + R_E} \cdot A_0 v_{s2} \tag{3.3.2}$$

가 된다. 여기에서 차동이득을 구하는 조건은 신호원을

$$v_{s2} = -v_{s1} \tag{3.3.3}$$

으로 놓고 계산하면 되며, 여기에서 새로운 차동신호 v_s를 다시 정의하여

$$v_s = v_{s1} - v_{s2} = 2v_{s1} \tag{3.3.4}$$

로 놓기로 하자. 따라서 식 (3.3.3)의 조건을 만족하는 두 차동신호원 v_{s1}과 v_{s2}에 대한 차동신호 출력 v_0는

$$\begin{aligned} v_0 &= v_{o11} + v_{o12} \\ &= -\left(1 + \frac{R_E}{R_2 + R_E}\right) \cdot A_0 v_{s1} \end{aligned} \tag{3.3.5}$$

이 된다. 그러므로 차동신호이득을 구하기 위하여 차동신호에 대한 식 (3.3.4)를 고려하여 A_d를 구하면

$$A_d = \frac{v_o}{v_s} = -\frac{A_0}{2}\left(\frac{R_2 + 2R_E}{R_2 + R_E}\right) \tag{3.3.6}$$

와 같이 표시됨을 알 수 있다.

한편, 동상신호이득을 구하기 위해서는 두 신호의 조건이

$$v_{s1} = v_{s2} = v_s \tag{3.3.7}$$

을 만족하는 상태이다. 따라서 이런 조건에서 식 (3.3.1)과 식 (3.3.2)를 더해주면 동상신호 출력 v_0는

$$v_0 = -\left(1 - \frac{R_E}{R_2 + R_E}\right) \cdot A_0 v_s \tag{3.3.8}$$

이 된다. 그러므로 여기에서 동상신호이득을 A_C라 할때

$$A_c = -A_0 \frac{R_2}{R_2 + R_E} \tag{3.3.9}$$

이 된다. 따라서 *CMRR*은 식 (3.3.6)과 식 (3.3.9)로부터

$$CMRR = \left|\frac{A_d}{A_c}\right| = \frac{1}{2} + \frac{R_E}{R_2} \tag{3.3.10}$$

와 같이 간단한 형태로 주어질 수 있음을 알 수 있다.

이 결과로부터 그림 3.3.1로 돌아가보면 v_{o1}에 나타나는 신호의 *CMRR*은 R_E와 R_2에만 관계가 있고 트랜지스터의 $r_{e1} + R_s/\beta$의 값과는 전혀 관계가 없음을 알 수 있다. 다음에 보이는 그림 3.3.2 및 그림 3.3.3과 같이 MOS와 바이폴라 트랜지스터가 연결된 경우를 예를 들어 살펴보면 다음과 같다.

i) 출력을 Q_1의 콜렉터에서 얻을 때

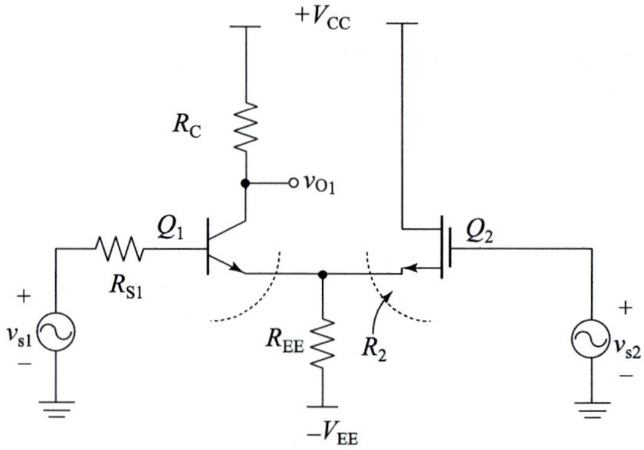

$$CMRR = \frac{1}{2} + \frac{R_{EE}}{R_2} \quad \text{여기서,} \quad R_2 = \frac{1}{g_m}$$

그림 3.3.2 바이폴라, MOS 차동 증폭회로 (1)

ii) 출력을 Q_2의 콜렉터에서 얻을 때

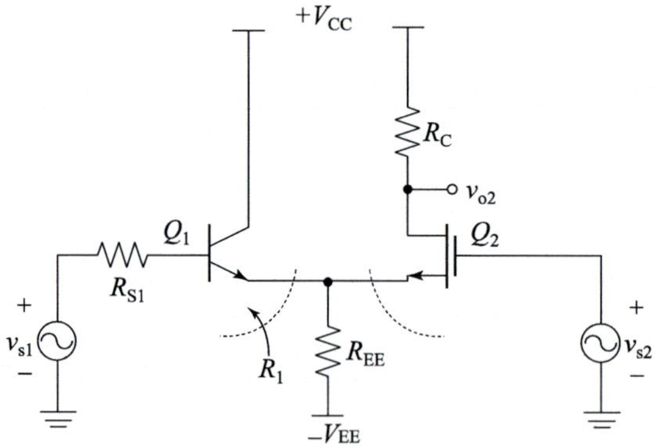

$$CMRR = \frac{1}{2} + \frac{R_{EE}}{R_1} \quad \text{여기서,} \quad R_1 = r_e + \frac{R_{s1}}{\beta_1}$$

그림 3.3.3 바이폴라, MOS 차동 증폭회로 (2)

와 같이 됨을 알 수 있다. 즉, R_{EE}가 연결된 지점에서 왼쪽과 오른쪽의 등가 임피던스를 각각 R_1, R_2라 하면 바로 이 값과 R_{EE}의 관계는 어느 쪽 콜렉터에서 신호를 취하느냐에 따라 *CMRR*을 결정하게 된다. 즉, 차동 증폭기에서 에미터측 임피던스가 서로 다른 경우에는 각각의 콜렉터에서 얻어지는 *CMRR*이 각각 다른 값을 가짐을 알 수 있다.

콜렉터 저항의 크기가 서로 다른 경우의 *CMRR*

베이스와 에미터측은 균형이 잡혀있는 차동 증폭기에서 콜렉터 저항의 차이가 발생할 때 양단(double ended) 출력신호의 *CMRR*은 어떻게 달라지는지를 알아보자. 위에서 얻은 식 (3.3.10)을 다시 살펴보면 이 식은 콜렉터 저항의 크기와는 무관함을 알 수 있다. 즉, 이를 바꾸어 말하면 출력전압의 *CMRR*은 사실상 콜렉터 전류성분의 *CMRR*과 동일한 것임을 의미하는 것이다.

이제 그림 3.3.4와 같이 에미터와 베이스측은 균형이 잘 잡혀있고, 콜렉터 저항의 크기만 차이가 나는 경우의 *CMRR*을 구해 보자. 이 그림에서 에미터와 베이스측은 좌우가 대칭이므로 두 트랜지스터의 콜렉터 전류성분은 동일한 *CMRR*을 가지고 있게 된다. 따라서 두 트랜지스터의 콜렉터 루프에 직렬로 연결되는 임의의 저항 양단전압에서의 *CMRR* 역시 모두 동일하게 된다.

따라서 그림 3.3.4에서 R_{C1}과 R_{C2} 각각의 단자에서는 *CMRR*의 크기가 동일하며 동상신호의 위상도 동일하다. 그러나 두 단자에서의 차동 신호의 위상은 서로 다르게 된다. 그러므로 만일 두 콜렉터 양단자간 출력전압을 v_o라 정의하는 경우에는 차동 신호는 더 크게 그리고 동상 신호는 더 작게 나타나며, 차동신호의 크기는R_{C1}과 R_{C2}양단 전압이 더해진 만큼 커진다. 그러나 이 때 동상 신호는 R_{C1}과 R_{C2}의 차이에만 비례하는 크기로 나타나는 것으로 보아서 *CMRR*이 이들의 비율(ΣR_C /ΔR_C)만큼 더 커지는

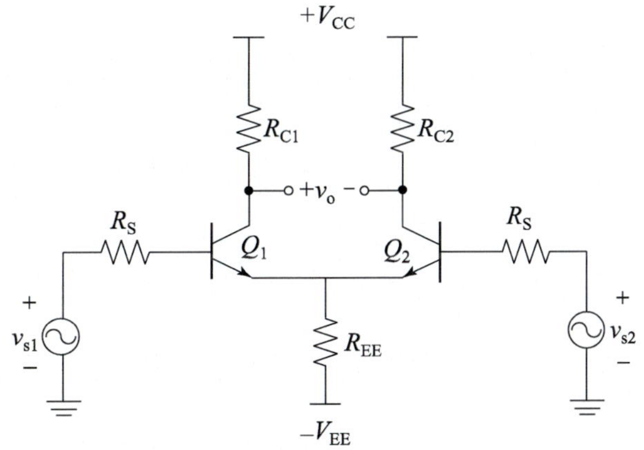

그림 3.3.4 콜렉터저항에 차이가 있는 차동 증폭기

것으로 계산하는 것은 오산이다. 즉, 동상신호의 크기는 앞에서도 논의한 바와 같이 두 콜렉터 양단전압(v_o)의 입장에서 볼 때는 작아지지만 이것은 뒤에 연결되는 회로의 무한대 동상제거특성을 먼저 가정하고 생각하는 실수를 범하는 것이므로 옳지 않으며, 이 경우는 각 콜렉터와 접지 사이에 나타나는 동상신호를 사용하여 계산을 하는 것이 더 적절하다고 할 수 있다. 즉, R_{C1}과 R_{C2}양단 전압파형의 *CMRR*은

$$CMRR\big|_{V_o} = \frac{\sum R_C}{Max(R_{C1}, R_{C2})} \cdot CMRR\big|_{ic} \tag{3.3.11}$$

와 같이 표시하는 것이 옳다고 할 수 있다. 여기에서 Max(R_{C1}, R_{C2})은 두 저항 R_{C1}, R_{C2} 중에서 큰 값을 선택한다는 의미이고, ΣR_C은 두 콜렉터 저항의 합($R_{C1}+R_{C2}$)을 의미한다.

전류 미러 (Current Mirror)가 연결된 회로의 *CMRR*

그림 3.3.5와 같이 전류 미러가 콜렉터에 연결된 구조의 *CMRR*을 살펴보자.

여기에서는 위의 경우와는 크게 다르게 된다. 즉, Q_1, Q_2의 콜렉터 전류 성분은 *CMRR*이 모두 동일하다고 할 때 동상 신호 전류가 Q_3, Q_4로 형성되는 전류 미러의 역할에 의하여 Q_2, Q_4의 콜렉터에서 대부분 상쇄되므로 더욱 줄어들게 되고 차동 신호 전류는 거의 두 배로 증가하게 된다.

따라서 이 회로에서의 *CMRR*은

$$CMRR\big|_{mirror} = \frac{\sum I_C}{\Delta I_C} \cdot CMRR\big|_{ic} \tag{3.3.12}$$

와 같이 된다. 여기에서 $\Delta I_C = |I_{C3} - I_{C4}|$이고 $\Sigma I_C = I_{C3} + I_{C4}$이므로 $\Sigma I_C / \Delta I_C$는 대략 β_3가 되며, 따라서 전류 미러의 오차가 작을수록 *CMRR*은 더욱 커지게 된다.

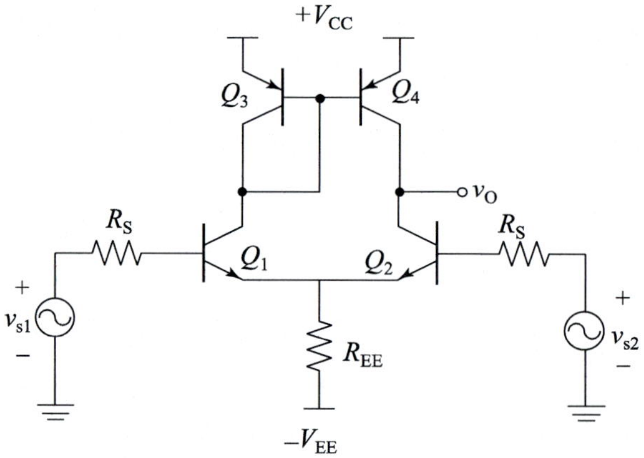

그림 3.3.5 전류 미러가 연결된 차동 증폭기

그러나 Q_1, Q_2의 에미터투사 임피던스가 서로 다를 경우에는 콜렉터 전류성분의 *CMRR*이 서로 다르므로 미러구조에 의하여 동상성분이 정확하게 상쇄되지 않으며 따라서 *CMRR*은 이 보다는 더 작아지게 된다.

3.4 차동 증폭기의 선형 영역

지금까지 우리는 차동 증폭기의 소신호 특성에 대해서 살펴보았다. 그러나 증폭기가 선형 영역에서 동작하는 범위는 매우 좁다. 따라서 대신호가 인가될 때 왜곡되는 동작 특성을 알아보는 것은 매우 중요하며 여기에서 그 특징을 살펴보기로 하겠다. 아래 그림 3.4.1의 회로를 다시 보자.

이 회로는 입력측의 저항이 0인 차동 증폭기이다. 여기에서 R_{EE}가 매우 크다고 가정하면 다음 관계가 성립한다. 즉,

$$v_{s1} - v_{s2} = V_{BE1} - V_{BE2} = V_{id} \tag{3.4.1}$$

그런데

$$I_{C1} = I_s e^{V_{BE1}/V_T} \tag{3.4.2}$$

$$I_{C2} = I_s e^{V_{BE2}/V_T} \tag{3.4.3}$$

가 된다. 따라서 이 식들에서

$$\frac{I_{C1}}{I_{C2}} = e^{(V_{BE1} - V_{BE2})/V_T} = e^{V_{id}/V_T} \tag{3.4.4}$$

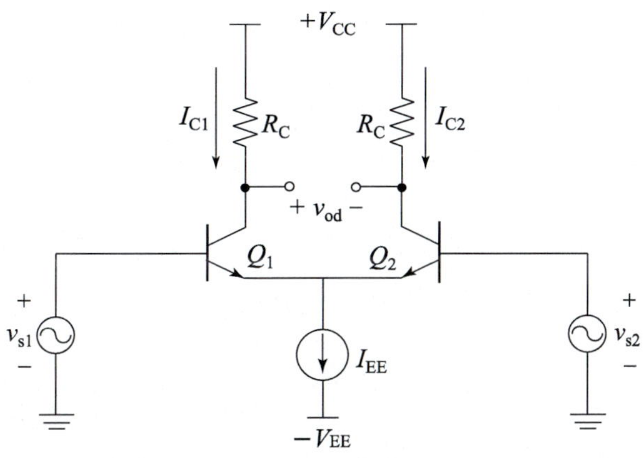

그림 3.4.1 차동 증폭기

의 관계가 있다. 그런데

$$I_{C1}+I_{C2}=I_{EE} \tag{3.4.5}$$

이므로, 위의 두 식으로부터

$$I_{C1}=\frac{I_{EE}}{1+e^{-V_{id}/V_T}} \tag{3.4.6}$$

$$I_{C2}=\frac{I_{EE}}{1+e^{V_{id}/V_T}} \tag{3.4.7}$$

와 같이 된다. 이 두 식으로부터 우리는 그림 3.4.2와 같은 특성곡선을 얻을 수 있다. 이 그림은 트랜지스터의 콜렉터 전류가 V_{id}의 함수로 변화하고 있는 모양을 보인다. 두 전류가 동일한 값을 가지는 경우는 $V_{id}=0$일 때 이며, 지금까지 계산해왔던 전압이득 $A_v=-g_mR_C$로 주어지는 관계가 바로 이 동작점에서 소신호 이득을 구한 것이다. 그러나 두 입력단자 간에 DC전위차가 존재한다면 각 트랜지스터의 콜렉터 전류가 서로 달라지게 되므로 각각의 에미터 동저항 r_e는 서로 다른 값을 가지게 된다. 이를 $I_{C1}=I_{C2}=I_{EE}/2$일 때, 즉 $V_{id}=0$일 때의 r_{e0}로 정규화 하여 도시하면 그림 3.4.3와 같은 형태가 된다.

이 그림에서 $r_{e1}^*=r_{e1}/r_{e0}$, $r_{e2}^*=r_{e2}/r_{e0}$이고 $r_{e0}=2V_T/I_{EE}$이다. 따라서 두 트랜지스터의 전류의 크기가 서로 각각 다른 동작점에서는 전압이득을

$$|A_v|=\frac{2R_C}{r_{e1}+r_{e2}} \tag{3.4.8}$$

와 같이 계산하는 것이 옳다.

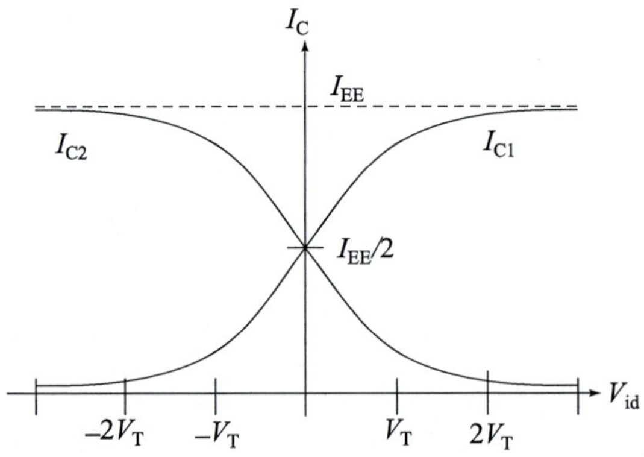

그림 3.4.2 차동 증폭기의 DC전달특성

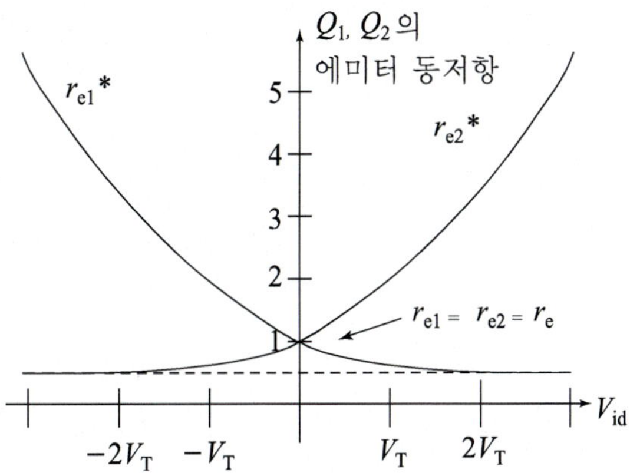

그림 3.4.3 정규화한 Q_1, Q_2의 에미터 동저항

예 3.6 다음 그림과 같이 Q_1의 베이스에 50mV의 DC오프셋(offset)이 걸린 경우의 소신호 전압이득을 구하고 오프셋이 없는 경우와 비교하라.

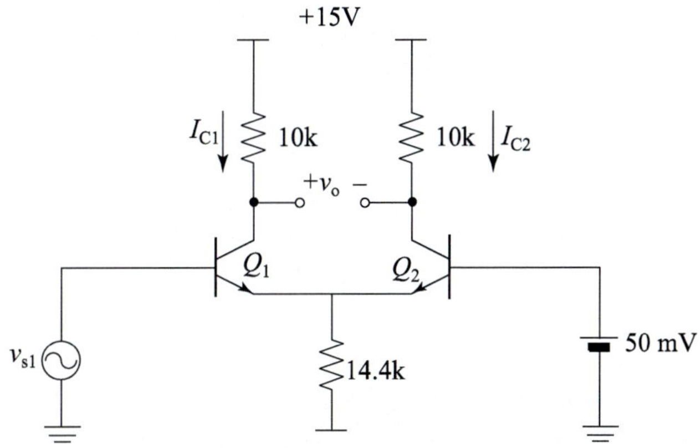

그림 3.4.4 오프셋이 있는 차동 증폭기

풀 이 I_{EE} =1mA이므로 오프셋이 없는 경우의 전압이득 A_{v1}을 구해보면

$$|A_{v1}| = \frac{R_C}{r_e} = \frac{10k}{52} \approx 200$$

이 된다.

오프셋 50mV를 고려하여 Q_1의 콜렉터전류를 구하면 $I_{C1} < I_{C2}$이므로

$$I_{C1} = 1\,\text{mA}/(1 + e^{50\,\text{mV}/26\,\text{mV}}) = 0.13\,\text{mA}$$

$$I_{C2} = 1\,\text{mA} - I_{C1} = 0.87\,\text{mA}$$

이 되며 따라서

$$r_{e1} = \frac{26\,\text{mV}}{0.13\,\text{mA}} = 200\Omega, \quad r_{e2} = \frac{26\,\text{mV}}{0.87\,\text{mA}} = 30\Omega$$

이 되므로 이 지점에서의 소신호 전압이득을 A_{v2}라 할 때

$$|A_{v2}| = \frac{10k + 10k}{200 + 30} = 87$$

와 같이 얻어진다. 이 결과로부터 $|A_{v1}| > |A_{v2}|$임을 알 수 있다.

위의 예에서 보는 바와 같이 두 트랜지스터의 바이어스 전류가 달라지면 전압이득이 달라지며 일반적으로 차동 증폭기에서 전류의 함수로 전압이득이 어떻게 변화하는지를 살펴보는 것은 흥미 있는 일이다.

총 전압이득은 식 (3.4.8)로 표시되므로, 이 식을 다시 쓰면

$$|A_v| = \frac{2R_C}{\dfrac{V_T}{I_{C1}} + \dfrac{V_T}{I_{C2}}} = \frac{2R_C}{V_T} \cdot \frac{I_{C1} \cdot I_{C2}}{I_{C1} + I_{C2}} \tag{3.4.9}$$

와 같이 된다. 이 식은 또 식 (3.4.5)으로부터

$$|A_v| = \frac{2R_C}{V_T \cdot I_{EE}} \cdot I_{C1} I_{C2} \tag{3.4.10}$$

이 되므로 총 전압이득 $|A_v|$는 두 전류의 곱으로 표시됨을 알 수 있다. 한편, 두 전류의 합이 일정하므로 식 (3.4.10)은 $I_{C1} = I_{C2}$일 때 최대값을 가지며, 그림 3.4.5와 같이 정규화 하여 $A_v^* = A_v / \{A_v(I_{c1} = I_{c2})\}$를 V_{id}의 함수로 도시할 수 있다. 이 그림은 어떤 원인에 의해서든 두 트랜지스터의 바이어스 전류차이가 날수록 전압이득이 비선형적으로 줄어들게 됨을 보이며 이것이 왜율의 원인이 된다고 할 수 있다.

또한 그림 3.4.1에서 출력전압 V_{od}는

$$V_{od} = I_{C1}R_C - I_{C2}R_C \tag{3.4.11}$$

로 주어지므로 식 (3.4.6) 및 식 (3.4.7)을 대입하면

$$V_{od} = I_{EE}R_C \tanh\left(-\frac{V_{id}}{2V_T}\right) \tag{3.4.12}$$

와 같이 표시되며 그림으로 도시하면 그림 3.4.6에 보여주는 바와 같다.

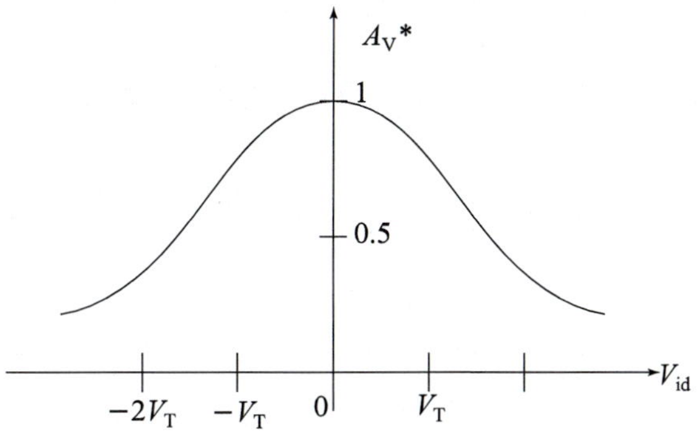

그림 3.4.5 차동 증폭기의 V_{id}에 따라 변화하는 정규화한 소신호 전압이득

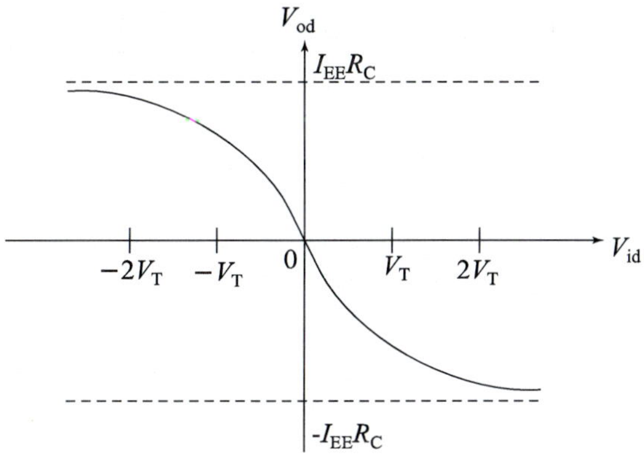

그림 3.4.6 차동 증폭기의 V_{id}에 따른 출력전압

에미터 저항이 있는 차동 증폭기

그림 3.4.1과 같이 주어지는 차동 증폭기는 선형 증폭기로 동작하기 위한 입력신호의 범위가 너무 좁은 것이 단점이다. 이것은 물론 전압이득이 크기 때문이기도 하다. 따라서 입력신호의 크기가 소신호 영역을 벗어나서 커지게 되면 신호의 크기에 따른 전압이득이 선형적인 관계에서 심하게 벗어나기 시작하며 그림 3.4.5에 보인 바와 같다. 그러므로 신호의 왜곡이 지나치게 커지지 않는 범위에서 입력신호를 인가해야 하며 선형영역은 그림 3.4.8에 보이는 바와 같이 I_{C1}과 I_{C2}의 변화범위가 I_{EE}의 50%(I_{EE}/2)를 중심으로 25%(I_{EE}/4)에서부터 75%(3I_{EE}/4)까지의 범위를 선형영역의 하나의 기준으로 간주할 수 있다. 물론 왜율의 크기가 허용된다면 이 범위를 벗어나서 동작시키는 것도 가능하며, 또 이 범위내에서 동작한다고 하여도 왜곡이 없는 것은 아니다. 그러나 여기에서는 하나의 기준으로 다소의 왜율을 허용하는 범위에서 이와 같이 선형영역을 정의하여 보기로 하자.

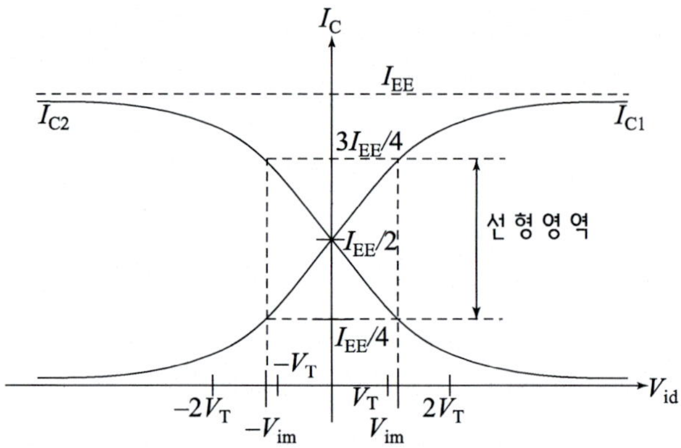

그림 3.4.7 선형영역의 기준선택

이 때 여기에서 경계점에서의 입력신호의 크기를 V_{im}이라고 한다면

$$\Delta I_C = G_{m0} V_{id} \tag{3.4.13}$$

라 근사화 할 수 있다. 여기서 G_{mo}는 그림 3.4.1에서 $V_{id} = 0$일 때 트랜스 컨덕턴스를 의미하며 여기에서는 $1/(2r_{eo})$가 된다. 그림 3.4.7에서 $V_{id} = V_{im}$일 때 $\Delta I_C = I_{EE}/4$가 되므로 식 (3.4.13)에 대입하면

$$V_{im} = \frac{1}{G_{m0}} \cdot \frac{I_{EE}}{4} = r_{e0} \cdot \frac{I_{EE}}{2} = V_T \tag{3.4.14}$$

가 됨을 알 수 있다. 여기에서 $I_C = g_m V_T$ 혹은 $r_e I_C = V_T$의 관계를 적용하였다. 또한 그림 3.4.1의 차동 증폭기에서 각 트랜지스터의 동작점 전류는 $I_{EE}/2$이므로 위의 결과로부터 다음과 같이 정리할 수 있다.

> 단순 차동 증폭기의 트랜지스터 콜렉터 전류에 있어서 동작점 전류를 중심으로 ±50% 변화를 유발하는 차동 입력 신호의 선형영역은 $\pm V_T$이다.

여기에서 보는 바와 같이 차동 증폭기의 선형영역으로 간주할 수 있는 입력신호의 범위는 매우 작은 영역임을 알 수 있다. 따라서 입력신호의 범위를 좀 더 넓게 하는 것이 중요한 응용분야에서는 간편하게 각각의 에미터에 적절한 크기의 저항을 삽입하는 방법이 있다. 이것은 다음 그림 3.4.8에서 보이는 바와 같다.

즉, 이와 같이 각각의 에미터에 R_E를 삽입하면 입력신호 V_{id}가 인가될 때 변화하는 이득과 최대이득의 비가

$$\frac{A_{v\,max}}{A_v} = \frac{2R_E + r_{e1} + r_{e2}}{2(R_E + r_{e0})} \tag{3.4.15}$$

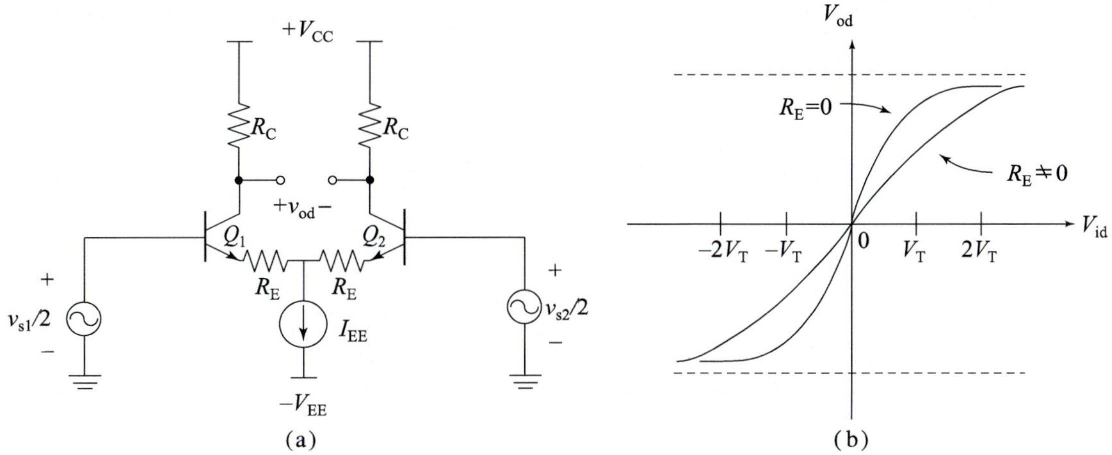

그림 3.4.8 에미터 저항이 있는 차동증폭기 및 입출력 특성

와 같이 표시됨을 알 수 있다. 이것을 근사화 하여 다른 형태로 표시하면

$$\frac{A_{\mathrm{v\,max}}}{A_{\mathrm{v}}} \approx 1 + \frac{\Delta r_{\mathrm{e}}}{2R_{\mathrm{E}}} \tag{3.4.16}$$

와 같이 놓을 수 있다. 여기에서 Δr_{e}는

$$\Delta r_{\mathrm{e}} = r_{\mathrm{e1}} + r_{\mathrm{e2}} - 2r_{\mathrm{e0}} \tag{3.4.17}$$

로 주어지는 값이다. 식 (3.4.16)으로부터 Δr_{e}가 $2R_{\mathrm{E}}$보다 충분히 작은 범위를 선형영역으로 간주할 수 있음을 알 수 있다.

한편, 이 경우 동작점 전류가 50% 변화하는 차동 입력전압의 범위는

$$V_{\mathrm{im}} = \frac{I_C}{2} \cdot 2\left(R_{\mathrm{E}} + r_{\mathrm{e0}}\right) \approx R_{\mathrm{E}} I_{\mathrm{C}} = R_{\mathrm{E}} I_{\mathrm{EE}} / 2 \tag{3.4.18}$$

가 되며 이 식을 식 (3.4.14)와 비교하여 보면 선형영역이 훨씬 넓어질 수 있음을 알 수 있다. 또한 식 (3.4.18)로부터 $R_{\mathrm{E}}I_{\mathrm{EE}}/2$는 바로 $R_{\mathrm{E}}I_{\mathrm{E}}$를 의미하며 이것은 각 트랜지스터의 동작점에서 에미터 저항 R_{E}양단에 걸려 있는 DC바이어스 전압을 의미한다. 따라서 다시 정리해 보면

> 에미터에 저항이 연결되어 있는 차동 증폭기에서 콜렉터 전류가 ±50% 변화하는 차동 입력 신호의 범위는 $\pm V_{\mathrm{RE}}$와 같다.

와 같이 말할 수 있다. 여기에 더하여 에미터에 저항 R_{E}가 삽입된 경우에는 선형영역의 관점에서 더욱 좋은 점이 있다. 즉, 식 (3.4.16)에서 보이는 바와 같이 R_{E}가 상당히

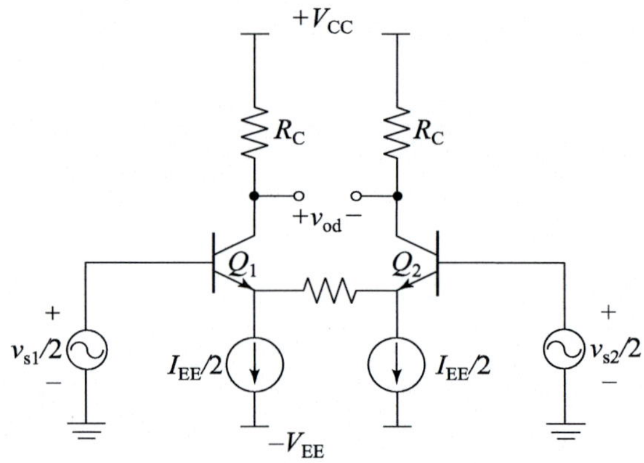

그림 3.4.9 동상신호 범위를 넓히기 위한 방법

큰 값이면 Δr_e가 좀 더 커진다 하더라도 상대적인 관점에서 볼 때는 왜율이 충분히 작아지게 되므로 사용 가능한 선형영역은 위에서 언급한 범위보다 더 넓어져도 무방하다는 사실이다. 이것은 실제 응용에 있어서는 적절한 전류변화범위를 가정하여 r_{e1}, r_{e2}를 계산하고 이로부터 Δr_e를 구하여 왜율의 상한 값을 고려하면 원하는 입력 선형영역을 알아낼 수 있으나 대략 위에서 주어진 값보다 두 배 가까운 값까지 크게 하는 것도 경우에 따라서는 가능하다고 할 수 있다.

에미터에 저항을 삽입함으로써 충분히 크게 선형범위를 넓힐 수는 있으나, 이로 인한 단점은 1) 전압이득이 감소하는 점과 2) *CMRR*이 작아지는 점, 그리고 3) R_E 양단의 직류전압 강하만큼 동상신호의 가변 범위가 좁아지는 점등을 들 수 있다. R_E 양단의 직류전압 $I_{EE}R_E/2$값이 커서 문제가 될 때 입력측의 동상전압 이용범위가 크게 좁아지게 되는 것을 해결하는 한 가지 방법은 회로를 그림 3.4.9와 같이 전류원을 분할하여 공급하는 것이다. 이 회로의 차동신호에 대한 동작은 그림 3.4.8의 회로와 동일하지만 동상입력신호의 가변범위가 좁아지는 문제는 간단히 해결될 수 있는 장점이 있다.

한편 베이스에 저항이 삽입되어 있는 경우는 이 저항을 에미터로 등가 투사한 뒤에 위와 동일한 방법으로 생각하면 되므로 별도로 취급하지 않겠다.

예 3.7 그림 3.4.8과 그림 3.4.9가 교류적으로 서로 등가임을 증명하라.

풀 이

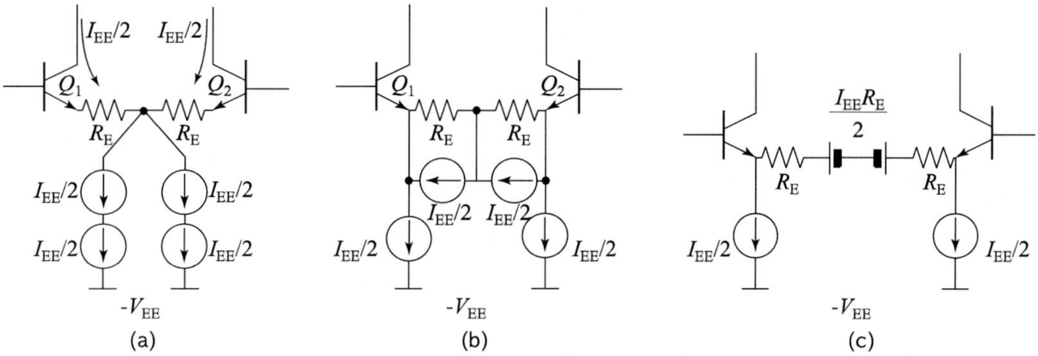

그림 3.4.10 등가회로의 변환과정

위의 그림에서 그림(a)는 그림 3.4.8의 전류원을 나누어 그린 것이다. 동일한 전류원을 직렬로 연결하여도 역시 동일하며 그 중간점을 임의의 곳에 연결하여도 무방하다. 따라서 그림(b)와 같이 연결이 가능하며 Thevenin등가회로로 바꾸어 그린 것이 그림(c)이다. 여기에서 두 직류전압원은 상쇄되므로 증명이 된 셈이다.
그림 3.4.10(a)에서는 R_E 양단에 $R_E I_{EE}/2$가 걸리므로 트랜지스터의 에미터 전위가 $R_E I_{EE}/2 - V_{EE}$이하로는 내려갈 수 없으나 그림(C)에서는 거의 $-V_{EE}$ 가까운 전압까지 내려갈 수 있다는 점이 다른 것이다.

MOSFET 차동 증폭기의 선형영역

다음 그림 3.4.11에 보이는 바와 같이 MOS 소스결합 차동 증폭기의 선형영역을 생각해 보자. 두 MOS가 서로 잘 매칭(matching)되어 있다고 가정할 때 소스와 게이트 루프로 부터 다음과 같은 관계를 정의할 수 있다. 즉,

$$V_{id} = V_{i1} - V_{i2} = V_{GS1} - V_{GS2} \tag{3.4.18}$$

이 된다.

그런데 앞서 포화되는 드레인 소스간 전압을 V_p라고 정의 하였고 이것은 $V_p = V_{GS} - V_t$로 표시되므로

$$V_{id} = V_{p1} - V_{p2} = \sqrt{\frac{2}{\beta}}\left(\sqrt{I_{D1}} - \sqrt{I_{D2}}\right) \tag{3.4.19}$$

와 같이 놓을 수 있다. 여기에서 $\beta = \mu_{nCox} W/L$이다. 또,

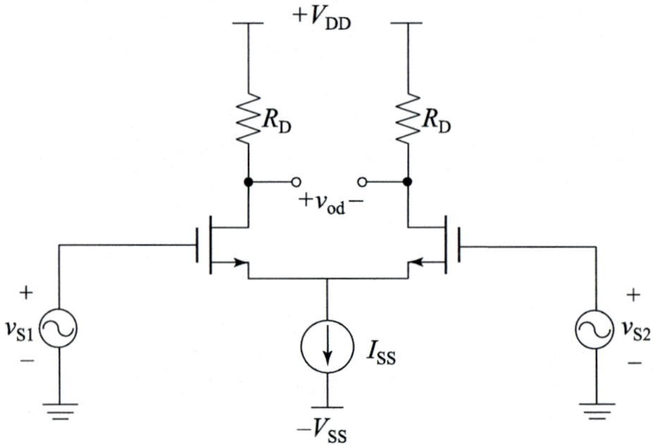

그림 3.4.11 소스결합 차동 증폭기

$$I_{D1} + I_{D2} = I_{SS} \tag{3.4.20}$$

의 관계가 있으므로 식 (3.4.19)를 제곱하여 근의 공식을 이용하면 아래의 두 식이 얻어진다. 즉, 각각의 드레인 전류는

$$I_{D1} = \frac{I_{SS}}{2}\left(1 + V_{id}\sqrt{\frac{\beta}{I_{SS}} - V_{id}^2\left(\frac{\beta}{2I_{SS}}\right)^2}\right) \tag{3.4.21}$$

$$I_{D2} = \frac{I_{SS}}{2}\left(1 - V_{id}\sqrt{\frac{\beta}{I_{SS}} - V_{id}^2\left(\frac{\beta}{2I_{SS}}\right)^2}\right) \tag{3.4.22}$$

의 관계가 있다. ``

위의 두 식은 두 트랜지스터가 능동(또는 saturation) 영역에서 동작할 때 유효하다. 따라서 이 범위를 구하기 위하여 $I_{D2} = 0$일 때 $I_{D1} = I_{SS}$이므로 이 값을 식 (3.4.19)에 대입해보면, 두 트랜지스터가 능동영역에서 동작하는 차동입력의 유효범위는

$$|V_{id}| \le \sqrt{\frac{2I_{SS}}{\beta}}$$

이 된다. 여기에서 또 $I_{D1} = I_{D2} = \frac{I_{SS}}{2}$인 조건($V_{id} = 0$인 경우)에서 MOS의 V_P를 정의하여 위 식을 다시 쓰면 차동입력의 유효범위는

$$V_{id} \le \sqrt{2} \cdot V_P$$

와 같이 표시될 수 있다. 이 범위를 벗어나는 V_{id}에 대해서는 I_{D1}과 I_{D2} 중 하나는 0이 되고 다른 하나는 I_{SS}가 된다고 근사화 할 수 있다.

MOS의 선형영역도 바이폴라와 유사하게 각 MOS의 전류가 $I_D/2$만큼 즉 $I_{SS}/4$만큼 변화하는 차동입력 전압의 범위를 하나의 기준으로 선택할 수 있을 것이다. 이 범위를 구해보면 그림 3.4.11에 있어서

$$\Delta I_D = G_{m0} V_{id} \tag{3.4.24}$$

가 되는데 여기에서 $G_{mo} = \frac{1}{2} g_{mo} = \left.\frac{1}{2r_{so}}\right|_{Vid=0\text{일 때}}$ 와 같이 놓을 수 있으며 따라서 차동신호 V_{id}의 경계값 V_{im}은 식 (3.4.24)에서 $\Delta I_D = I_D/2$를 대입하면

$$V_{im} \approx \Delta I_D / G_{mo} = I_D r_{so} \tag{3.4.25}$$

가 된다. 그런데 MOS의 관계식

$$g_m V_p = 2 I_D \tag{3.4.26}$$

를 고려하면 $g_m = 1/r_{so}$와 같으므로 식 (3.4.25)는

$$V_{im} = V_p / 2 \tag{3.4.27}$$

가 얻어진다. 따라서 여기에서도 선형영역을 정리하면

> 단순 MOS 차동 증폭기에서 드레인 전류가 ±50% 변화하는 차동입력 신호의 범위는 $\pm V_p/2$이다.

위의 관계를 식 (3.4.14)로 주어지는 바이폴라와 비교하면 역시 바이폴라의 V_T는 MOS의 $V_p/2$에 대응하고 있음을 알 수 있다. 위에서 언급한 관계를 그림으로 정리하면 아래와 같다. 한편, 출력전류에 관해서는

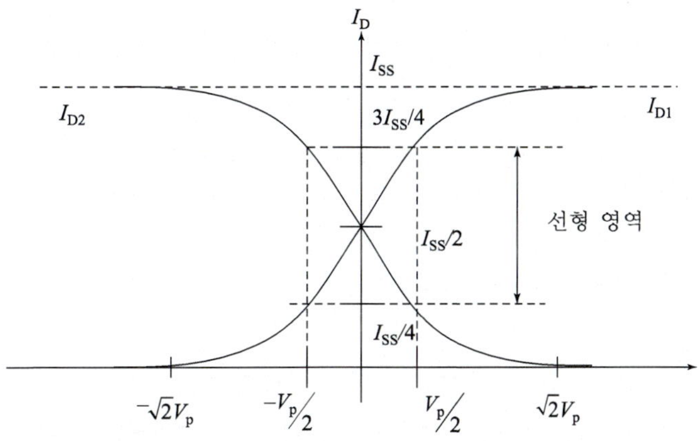

그림 3.4.11-1 소스결합 차동 증폭기의 선형영역

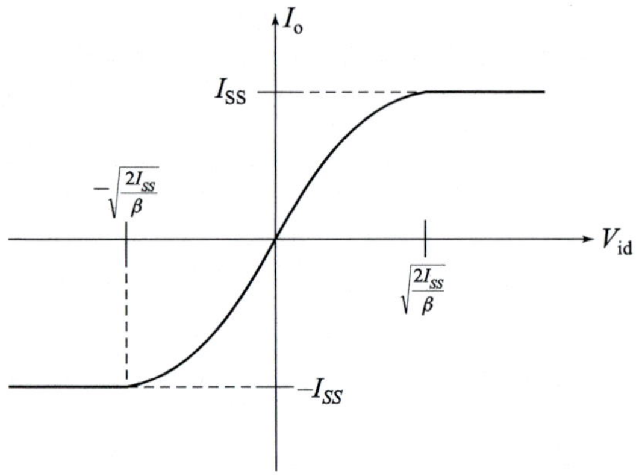

그림 3.4.12 소스결합 차동 증폭기의 대신호 특성

$$I_O = I_{D1} - I_{D2} = I_{SS}V_{id}\sqrt{\frac{\beta}{I_{SS}} - V_{id}^2\left(\frac{\beta}{2I_{SS}}\right)^2} \tag{3.4.23}$$

이 된다. 이것을 그래프로 그리면 그림 3.4.12와 같은 형태가 얻어진다.

MOS에 있어서는 바이폴라와 달리 V_p가 W/L과 I_D의 함수이며 바이폴라의 V_T보다 일반적으로 상당히 큰 값이 된다. 따라서 단순 차동 증폭기만을 서로 비교하면 MOS의 입력신호 선형영역이 바이폴라의 선형영역에 비해 일반적으로 상당히 크다고 말할 수 있다. 그러나 이 경우에도 선형영역을 더욱 넓히기 위해서는 바이폴라와 마찬가지로 소스에 저항을 삽입하는 방법을 사용할 수 있다. 이 외에도 MOS를 능동영역이 아닌 저항영역에서 동작하도록 회로를 설계함으로써 선형영역을 넓게 하는 방법 등이 있다.

차동 증폭기의 오프셋

차동 증폭기의 입력 오프셋은 아래 그림 3.4.13에서 보이는 바와 같이 두 차동 트랜지스터의 베이스 에미터간 전압 V_{BE}의 차 $V_{BE1} - V_{BE2}$로 나타나는 입력 오프셋 전압 V_{OS}와, 두 트랜지스터의 증폭률 차이가 베이스 전류의 차 $I_{B1} - I_{B2}$로 되어 나타나는 입력 오프셋 전류 I_{OS}로 나누어 생각할 수 있다. 이들 입력 오프셋 전압, 입력 오프셋 전류는 모두 온도 특성을 갖는다.

입력 오프셋 전압

이상적인 차동 증폭기인 경우는 차동입력전압이 "0"일 때 차동출력전압도 "0"이 되어야 한다. 그러나 실제의 증폭기는 차동입력전압이 "0"일 때 어느 정도의 차동출력전압을 가지게 된다. 즉, 두 입력이 모두 접지되어 있어도 차동출력 전압이 "0"이 되지

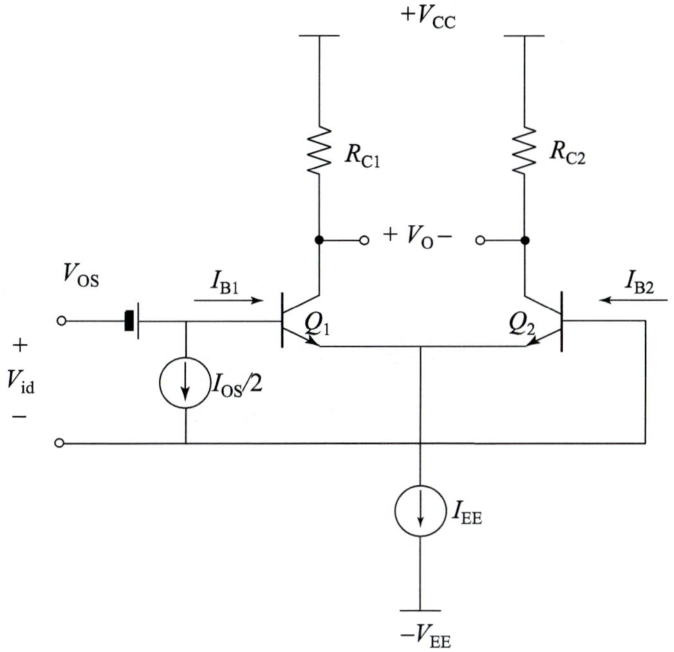

그림 3.4.13 차동 증폭기의 오프셋

않는다. 이와 같은 차동출력의 오차 전압을 제거하기 위해 필요한 것으로 입력단자에 인가하여야 하는 전압을 입력 오프셋 전압이라고 한다.

그림 3.4.13에서 오프셋 전압은

$$V_{OS} = V_{BE1} - V_{BE2} = V_T \ln \frac{I_{C1}}{I_{S1}} - V_T \ln \frac{I_{C2}}{I_{S2}}$$
$$= V_T \ln \left(\frac{I_{C1}}{I_{C2}} \times \frac{I_{S2}}{I_{S1}} \right)$$

와 같이 표시할 수 있다. 여기에서 입력이 인가되지 않았을 때 $V_{od} = 0$ 이 되기 위해서는

$$I_{C1}R_{C1} = I_{C2}R_{C2} \Rightarrow \frac{I_{C1}}{I_{C2}} = \frac{R_{C2}}{R_{C1}}$$

의 조건을 만족하여야 한다. 따라서 입력 오프셋전압을 다시 쓰면

$$V_{OS} = V_T \ln \left(\frac{R_{C2}}{R_{C1}} \times \frac{I_{S2}}{I_{S1}} \right)$$

가 된다. 여기에서 $\Delta R_C = R_{C1} - R_{C2}$, $\Delta I_S = I_{S1} - I_{S2}$라고 놓으면 이 식은

$$V_{OS} = V_T \ln\left[\left(\frac{R_C - \Delta R_C/2}{R_C + \Delta R_C/2}\right)\cdot\left(\frac{I_S - \Delta I_S/2}{I_S + \Delta I_S/2}\right)\right]$$
$$\cong V_T \ln\left[\left(1-\frac{\Delta R_C}{R_C}\right)\left(1-\frac{\Delta I_S}{I_S}\right)\right]$$
$$\cong V_T\left(-\frac{\Delta R_C}{R_C}-\frac{\Delta I_S}{I_S}\right)$$

와 같이 근사화 할 수 있다. 여기에서

$$R_C = \frac{R_{C1}+R_{C2}}{2}\ ,\ I_S = \frac{I_{S1}+I_{S2}}{2}$$

를 의미한다. 이 식으로부터 일반적으로 $\partial_{\Delta R/R} = 0.01$, $\partial_{\Delta I/I} = 0.05$인 경우의 예를 계산해 보면 오프셋 전압이

$$V_{OS} = 0.06V_T = 1.5\,\text{mV}$$

와 같은 값을 가짐을 알 수 있다.

오프셋 전압의 드리프트

오프셋 전압은 온도에 따라 변동한다. 이것을 제로점 변동 또는 드리프트라고 한다. 즉 1˚C의 온도 변화에 따른 입력 오프셋 전압의 변화를 입력 오프셋 전압 드리프트라고 정의하며 바이폴라 트랜지스터의 경우 위 식으로부터

$$\frac{dV_{OS}}{dT} = \frac{V_{OS}}{T},\qquad V_T = \frac{KT}{q},$$

와 같이 표시될 수 있다.

이 식으로부터 예를 들어 $V_{OS} = 1.5\,\text{mV}$ 이고 온도가 300°K 일 때 드리프트는

$$\frac{dV_{OS}}{dT} = \frac{1.5\,\text{mV}}{300°\text{K}} = 5\,\text{uV}/°\text{C}$$

와 같이 계산될 수 있음을 알 수 있다.

입력 오프셋 전류

이상적인 차동 증폭기는 두 입력 바이어스 전류가 동일해야 하며 따라서 전류차는 0 이어야 하는데 실제의 경우는 두 입력 바이어스 전류가 동일하지 않다. 따라서 입력 오프셋 전류의 정의는 입력 바이어스 전류간의 차 즉 두 트랜지스터의 베이스 전류의 차로 주어진다. 그러므로 오프셋 전류는

$$I_{OS} = \frac{I_{C1}}{\beta_1} - \frac{I_{C2}}{\beta_2}$$

와 같이 표시된다. 여기에서

$$\Delta I_C = I_{C1} - I_{C2}, \quad \Delta\beta = \beta_1 - \beta_2$$

라고 놓으면, 위의 오프셋 전류는

$$I_{OS} \cong \frac{I_C}{\beta}\left(\frac{\Delta I_C}{I_C} - \frac{\Delta\beta}{\beta}\right)$$

와 같이 된다. 이 식에서

$$I_C = \frac{(I_{C1} + I_{C2})}{2}, \ \beta = \frac{(\beta_1 + \beta_2)}{2}$$

을 의미한다. 한편, 출력 오프셋 전압이 "0"이 되는 조건으로부터

$$\frac{\Delta I_C}{I_C} = \frac{\Delta R_C}{R_C}$$

의 관계가 성립하므로 이 때 오프셋 전류는

$$I_{OS} \cong I_B\left(\frac{\Delta R_C}{R_C} - \frac{\Delta\beta}{\beta}\right)$$

와 같이 표시될 수 있다. 이 식으로부터 일반적으로 $\partial_{\Delta R/R} = 0.01$, $\partial_{\Delta\beta/\beta} = 0.1$인 경우를 여기에 적용하면 오프셋 전류는 $I_{OS} = 0.11 I_B$가 된다. 즉, 입력 베이스 바이어스 전류의 11% 정도가 입력 오프셋 전류의 크기가 되는 셈이다.

한편, 입력 오프셋 전류도 온도의 함수로 변화하며 온도 계수는 대략 $0.5\,nA/°C$ 정도이다.

MOSFET의 오프셋

이번에는 MOS 차동증폭기의 입력 오프셋 전압에 대해서 알아보기로 하자. 그림 3.4.14에서 입력 오프셋 전압은

$$\begin{aligned} V_{\text{OS}} &= V_{\text{GS1}} - V_{\text{GS2}} \\ &= (V_{\text{t1}} - V_{\text{t2}}) + (V_{\text{P1}} - V_{\text{P2}}) = \Delta V_{\text{t}} + \Delta V_{\text{P}} \\ &= \Delta V_{\text{t}} + \left(\sqrt{\frac{2I_{\text{D1}}}{\beta_1}} - \sqrt{\frac{2I_{\text{D2}}}{\beta_2}} \right) \end{aligned}$$

와 같은 형태로 표시될 수 있다. 이 식으로부터 약반전(weak inversion) 영역에서는 ΔV_{P} 값이 작기 때문에 ΔV_{t}의 크기가 더 큰 문제가 되고, 반면에 강반전(strong inversion) 영역에서는 ΔV_{P}의 크기에 비해 ΔV_{t}의 크기가 작아서 ΔV_{P}의 크기가 오프셋 전압에 더 크게 영향을 준다. 일반적으로 바이폴라 트랜지스터의 오프셋 전압은 보통 0.1~2 mV 정도의 범위에 있고, MOS의 오프셋 전압은 바이폴라 트랜지스터에 비해서 10배 정도인 1~20 mV 정도의 값을 가진다.

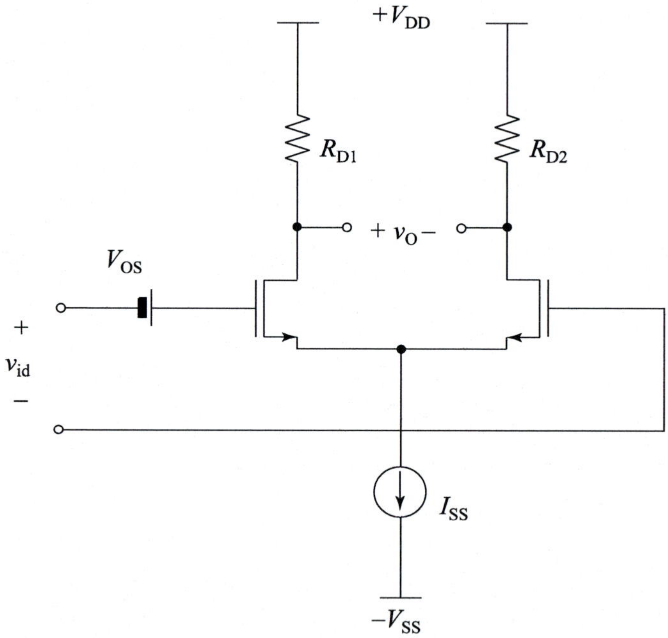

그림 3.4.14 MOS 차동 증폭기의 오프셋

여기에서

$$\beta_1 = \beta + \frac{\Delta\beta}{2}, \quad \beta_2 = \beta - \frac{\Delta\beta}{2}, \quad \Delta\beta = \beta_1 - \beta_2$$

라고 할 때, V_{OS}의 표시 식은 다시 아래와 같이 정리될 수 있다. 즉,

$$\begin{aligned} V_{OS} &= \Delta V_T + \sqrt{I_{ss}}\left(\left(\frac{1}{\beta + \Delta\beta/2}\right)^{\frac{1}{2}} - \left(\frac{1}{\beta - \Delta\beta/2}\right)^{\frac{1}{2}}\right) \\ &\cong \Delta V_T + \sqrt{\frac{I_{ss}}{\beta}}\left\{\left(1 - \frac{\Delta\beta}{2\beta}\right)^{-\frac{1}{2}} - \left(1 + \frac{\Delta\beta}{2\beta}\right)^{-\frac{1}{2}}\right\} \\ &\cong \Delta V_T + V_P\left\{\left(1 + \frac{\Delta\beta}{4\beta}\right) - \left(1 - \frac{\Delta\beta}{4\beta}\right)\right\} \\ &\cong \Delta V_T + \frac{1}{2}V_P\left(\frac{\Delta\beta}{\beta}\right) \end{aligned}$$

와 같이 근사화하여 표시가 가능하다.

3.5 트랜지스터 증폭기의 바이어스 설계

바이폴라 트랜지스터의 바이어스 회로설계는 주로 온도의 변화에 대해서 안정적으로 동작하도록 하는 데에 중점을 두고 있다. 여기에 부가하여 한 가지 더 고려해야 할 사항은 개별 트랜지스터의 데이터 혹은 집적회로 공정상에서 규격으로 주어지는 분산범위 이내의 임의의 트랜지스터로 바뀌는 상황에서도 잘 동작되도록 설계하는 것이 중요하다. 이렇게 호환성이 있도록 설계하지 않으면 예를 들어 대량생산을 하는 경우라든지, 혹은 집적회로에서 공정에 따라 특성차이가 큰 트랜지스터들이 사용되는 경우에는 문제가 발생한다. 바이폴라 트랜지스터에 있어서 호환성 있는 설계는 대개 전류이득(β)의 변화범위를 고려하여 주면 되는 경우가 많다.

전자회로를 공부하는 많은 사람들이 트랜지스터의 바이어스 회로설계에 상당한 애로를 느낀다. 그 주된 원인은 첫째 베이스 전류의 흐름에 지나치게 신경을 쓰는 점과, 둘째 동작점을 선정하는데 따른 어려움이 아닌가 한다. 바이어스 설계를 확실하게 이해하는 것은 회로설계의 기본을 확실하게 하는 것이기 때문에 바이폴라 트랜지스터에

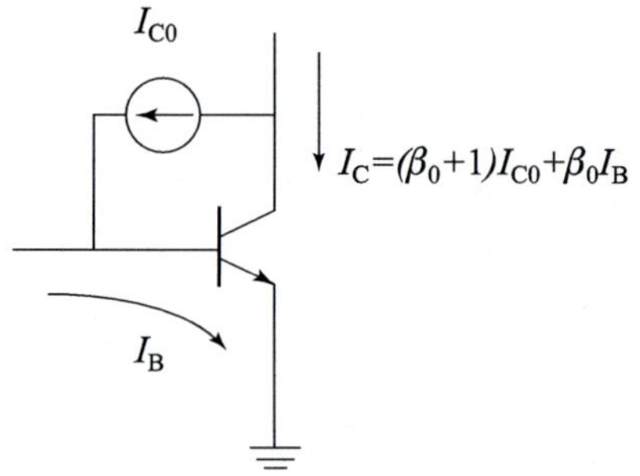

그림 3.5.1 누설전류를 포함한 트랜지스터

대한 바이어스 설계법을 이 절에서 별도로 취급하였다. 여기에서는 어떻게 하면 정확하게 설계할 수 있는가 하는 점보다는 어떻게 하면 쉽고 빠르게 그리고 여유를 두어 설계할 수 있는가 하는 점에 중점을 두어 이야기를 전개하고자 한다.

그림 3.5.1은 누설전류를 포함하여 바이폴라 트랜지스터에 흐르는 전류를 도시하였다.

다음 그림에서 보이는 바와 같이 트랜지스터가 능동영역에서 동작할 때 콜렉터 전류 I_C와 베이스 전류 I_B 사이에는 누설전류 I_{C0}를 고려하여야 한다. 만일 이 누설전류가 모두 베이스로 흘러간다면 다음 관계가 성립한다.

$$I_C = (\beta_0 + 1)I_{C0} + \beta_0 I_B \tag{3.5.1}$$

이 관계에서 보듯이 누설전류가 콜렉터 전류의 변화에 크게 영향을 줄 수 있다. 그러나 실제에 있어서는 바이어스 회로에 따라 누설전류가 콜렉터 전류에 주는 영향이 달라지게 되며 잘 설계하는 경우에는 크게 경감시킬 수 있으므로 바이어스 회로의 설계가 매우 중요하게 된다.

누설전류 외에도 콜렉터 전류에 영향을 줄 수 있는 요인이 더 있으며 β_0, V_{BE}의 온도에 따른 변화가 바로 그것이다. 실리콘 바이폴라 트랜지스터에 있어서 온도의 함수로 변화하는 β_0, I_{C0} 및 V_{BE}의 관계가 표 3.5.1에 주어져 있다. 이 표에서 보는 바와 같이 실리콘 트랜지스터의 경우 -50°C ~ +150°C의 범위에서 β_0는 6배, V_{BE}는 0.5 V 변화하고 I_{CO}는 수 pA로부터 수 μA 범위에서 대략 1,000,000배 변화함을 알 수 있다.

표 3.5.1 실리콘 트랜지스터의 온도에 따른 변화

변 수	변 화 량			함수관계
T(°C)	-50	25	150	
$I_{C0}(\mu A)$	10^{-5}	10^{-3}	8	2배/6°C
β_0	40	100	240	2배/60°C
V_{BE}(V)	0.78	0.6	0.25	-2mV/°C

따라서 위의 세 변수에 대해서 직류 바이어스회로의 안정화 계수를 각각

$$S_{\mathrm{I}} = \frac{\partial I_{\mathrm{C}}}{\partial I_{\mathrm{C0}}} \qquad S_{\mathrm{v}} = \frac{\partial I_{\mathrm{C}}}{\partial V_{\mathrm{BE}}} \qquad S_{\beta 0} = \frac{\partial I_{\mathrm{C}}}{\partial \beta_0} \tag{3.5.2}$$

와 같이 정의하면 콜렉터 전류의 변화 ΔI_{C}는 다음과 같이 주어진다.

$$\Delta I_{\mathrm{C}} = S_{\mathrm{I}} \Delta I_{\mathrm{C0}} + S_{\mathrm{v}} \Delta V_{\mathrm{BE}} + S_{\beta 0} \Delta \beta_0 \tag{3.5.3}$$

여기에서 바이어스의 안정성을 우수하게 설계하기 위해서는 ΔI_{C}가 가능한 한 작은 값을 가지도록 설계함을 의미한다. 즉, 이를 위해서는 안정화 계수들이 모두 작은 값을 가지도록 바이어스 회로를 설계하는 것이 중요하다.

예를 들어 아래 그림 3.5.2와 같이 설계되는 트랜지스터 바이어스회로에 대해서 살펴보자. 여기에서 바이어스 회로에 대한 등가회로를 바꾸어 도시하면 우측 (b)의 그림처럼 된다. 여기에서 V_{B} 및 R_{B}는 각각

$$V_{\mathrm{B}} = \frac{R_{\mathrm{b2}}}{R_{\mathrm{b1}} + R_{\mathrm{b2}}} V_{\mathrm{CC}} \tag{3.5.4}$$

$$R_{\mathrm{B}} = R_{\mathrm{b1}} \parallel R_{\mathrm{b2}} \tag{3.5.5}$$

로 주어지는 값이다. 베이스-에미터 루프에 KVL을 적용하면

$$V_{\mathrm{BE}} = V_{\mathrm{B}} - I_{\mathrm{E}} R_{\mathrm{E}} - I_{\mathrm{B}} R_{\mathrm{B}} + I_{\mathrm{C0}} R_{\mathrm{B}} \tag{3.5.6}$$

이 되므로 이것을 다시 정리하면

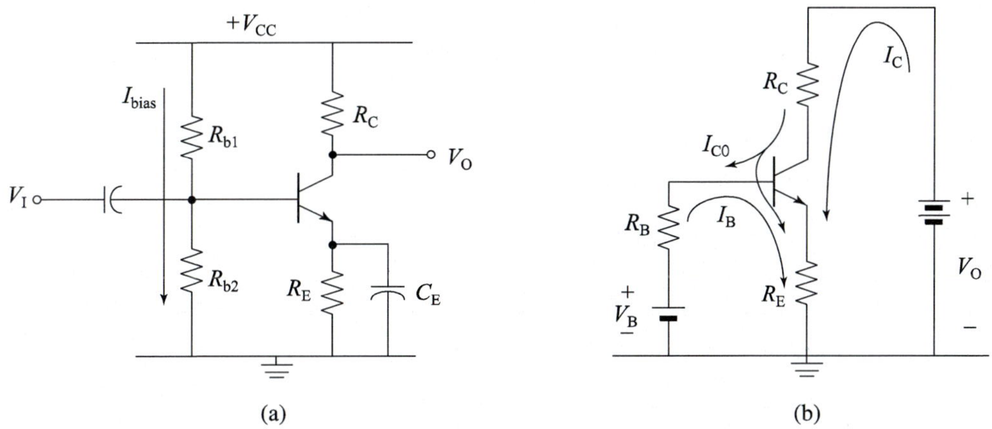

그림 3.5.2 트랜지스터의 바이어스회로 및 등가회로

$$V_B - V_{BE} = I_C\left(\frac{1}{\alpha_0}(R_E + R_B) - R_B\right) - \frac{I_{C0}}{\alpha_0}(R_E + R_B) \tag{3.5.7}$$

와 같이 된다. 단, 여기에서

$$I_E = \frac{1}{\alpha_0}(I_C - I_{C0}) \tag{3.5.8}$$

$$I_B = I_E - (I_C - I_{C0}) \tag{3.5.9}$$

의 관계를 이용하였다. 따라서 I_{C0}에 대한 안정화 계수 S_I를 구하면 식 (3.5.2)와 식 (3.5.7)로부터

$$S_I = \frac{1 + R_E / R_B}{(1 - \alpha_0) + R_E / R_B} \tag{3.5.10}$$

와 같이 주어진다. 이와 유사한 방법으로 S_v 및 S_{β_0}도 구할 수 있다.

여기에서 S_I에 대해서 좀 더 살펴보면

$$\lim_{R_E / R_B \to 0} S_I = \frac{1}{1 - \alpha_0} = 1 + \beta_0$$

$$\lim_{R_E / R_B \to \infty} S_I = 1$$

의 관계가 있음을 알 수 있다. 안정화 계수 S_I의 크기는 작을수록 좋으므로 R_E/R_B를 크게 할수록 I_{CO}의 영향이 줄어든다. 그러나 저항의 비를 얼마나 크게 해야 되겠는지 하는 점이 문제인데 그것은 설계자의 취향에 따라 또는 주변의 상황에 따라 어느 정도 서로 다를 수 있다. 그 이유는 여기에서는 최적조건이 존재하지 않기 때문이다. 이와 같이 최적조건이 존재하지 않는 문제에서는 일반적으로 엔지니어링의 관점에서 엄지규칙(Rule of Thumb) 이라는 것이 있다. 이런 경우에 주어지는 바이어스 설계의 엄지규칙은

$$\frac{R_E}{R_B / \beta_0} \ge 5 \tag{3.5.11}$$

와 같이 알려져 있다. 이 식의 의미를 살펴보면 $\beta_0 R_E \approx R_i$인 점을 감안할 때 주파수가 0인 직류신호에 대하여 트랜지스터의 베이스를 들여다 본 입력저항이 베이스 바이어스 저항값 보다 5배 이상 크게 하는 것이 바람직하다는 것을 의미한다. 만일 여기에서$R_i \approx 5R_B$로 하는 경우에는 그림 3.5.3에 보이는 바와 같이 콜렉터에서 베이스쪽으로 흘러 들어 온 전류 I_{CO}가 대략 1/6(17%)은 베이스 내부로 흘러서 영향을 주고, 5/6(83%)는 베이스 바이어스 저항쪽으로 바이패스(bypass) 됨을 의미한다. 따라서 외부에서 흘러온 전류가 베이스 전류에 주는 영향을 가급적 적게 하기 위해서는 $R_i \ge 5R_B$의 조건이 만

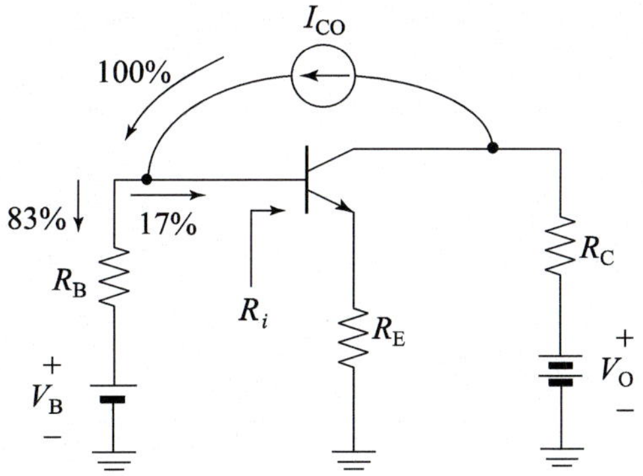

그림 3.5.3 $R_i = 5R_B$일 때 I_{co}전류의 분배를 보이는 회로

족 되도록 R_B를 선정하는 것이 일반적으로 무난한 하나의 기준이 된다는 의미이다.

이러한 조건이 만족되도록 설계하면 안정화 계수 $S_{\beta 0}$로 표시되는 β_0의 변화에 대한 콜렉터 전류의 안정화도 더불어서 어느 정도 기대할 수 있게 된다. 왜냐하면 온도의 함수로 혹은 트랜지스터를 바꾸어 삽입하여 β_0가 달라지는 경우에는 결국 베이스 전류의 변화를 가져오게 되는데 R_B를 작게 선정하면 이 변화분이 대부분 R_B를 통하여 바이패스 되기 때문이다.

여기에서 우리는 기왕 엄지규칙을 사용하는 김에 좀 더 쉽게 실용적으로 설계하는 방법으로서 좀 다른 형태의 엄지규칙을 생각해 보기로 하자. 즉,

$$I_{\text{bias}} \geq \frac{1}{10} I_C \left(= 10 I_B = 10 \frac{I_C}{\beta} \right) \tag{3.5.12}$$

와 같이 I_{bias}전류를 기준으로 선택하는 것이다. 여기에서 I_{bias}는 그림 3.5.2(a)에 보이는 바와 같이 트랜지스터의 베이스 전류를 무시하고 두 바이어스 저항 R_{b1}, R_{b2}를 통하여 직류전원으로부터 흐르는 전류를 의미한다. 이 엄지규칙은 대부분의 경우 $\beta_0 \approx 100$정도이므로 I_{bias}전류를 콜렉터 전류의 10% 내외로 선택하면 베이스 전류를 무시하고 설계함에 따르는 오차가 크지 않으므로 대체로 무리가 없다는 의미를 내포하고 있다. 위의 식 (3.5.11)과 식 (3.5.12)로 주어지는 엄지규칙들은 서로 유사한 규정이라고 말할 수 있으며 둘 중 어느 한 가지를 선택하여 설계하면 대부분의 경우 무난하다고 하겠다.

그러나 이것만으로는 충분하지 않다. 이 규칙들이 I_{C0}와 β의 변동에 대해서는 효과적인 규정이나 다른 한편으로 하나의 규정이 더 필요한데 그것은 트랜지스터의 베이스 전위를 결정하는 문제와 관련이 있다. 이것은 에미터의 DC전위를 어느 정도 할 것인지 하는 문제와 결부된다. 에미터 저항 양단의 전압 V_{RE}를 선정함에 있어서는 안정화 계수 S_v 즉 V_{BE}의 온도변화에 대한 대책을 별도로 고려하지 않으면 안 된다. 예를 들어 주변온도가 ±50˚C 범위에서 변화한다고 가정할 때 ΔV_{BE}의 변화범위가 대략 ±0.1V정도이며 이때 콜렉터 전류의 변화가 ±10%이내에 있도록 하기를 원한다면 다음

조건이 만족되도록 R_E양단의 전압을 선정해야 한다. 즉,

$$V_{RE} \geq 1V \tag{3.5.13}$$

따라서 트랜지스터의 베이스 에미터간 전압의 온도에 따른 변화 ΔV_{BE}가 에미터 저항 R_E에 걸리는 직류 바이어스 전압 V_{RE}의 10% 이하가 되게 하면 에미터 전류도 10% 이하의 범위에서 변화하게 된다. 따라서 식 (3.5.13)는 또 하나의 다른 엄지규칙이 되는 셈이다. 여기에서 하나의 가정은 이와 같이 바이어스를 설정하면 그림 3.5.2(b)의 베이스, 에미터 루프에서 ΔV_{BE}의 변화는 대부분 R_E 양단에 나타난다고 보는 것이다. 왜냐하면 베이스 저항의 효과를 에미터쪽으로 환산하여 보면 R_B/β_0가 되는데, 바이어스 전류 선정 시 $R_E >> R_B/\beta_0$의 조건이 이미 고려되는 셈이기 때문이다.

이상에서 언급한 두 가지 엄지규칙을 기억하면 트랜지스터 회로의 바이어스 설계는 매우 쉬운 일이 된다. 이상에서 언급한 바이어스 설계에 관하여 순서를 정리하여 보면 다음과 같다.

바이어스 설계순서

1단계) 콜렉터 전류의 크기를 정한다.

2단계) 직류 바이어스 V_{CE}와 R_C및 R_E양단의 전압을 배분한다. 이 때 R_E 양단의 전압은 V_{BE}의 온도변화를 고려한 엄지규칙을 참고하여 정하고 V_{CE}와 R_c양단의 전압은 출력 스윙(swing)조건 혹은 이득조건으로부터 정한다. 여기에서$V_{CE}I_C < P_{cmax}$ 조건을 고려해야 함은 물론이다.

3단계) I_{C0} 및 β와 관련하여 규정한 바이어스 전류에 관한 엄지규칙으로부터 I_{bias}전류를 구하면 전원전압의 크기로부터 $R_{b1}+R_{b2}$값을 알 수 있다.

4단계) 베이스의 DC전위를 고려하여 R_{b1}, R_{b2}를 정한다. 이때 엄지규칙에 의하여 I_{bias} 전류를 충분히 크게 선택하게 되므로, 바이어스 저항값들을 정할 때 베이스 전류를 무시하고 정하는 것이 방법이다. 좀 더 정확히 설계하고자 한다면 베이스 전류를 무시한 만큼 베이스 DC전위를 변화(NPN은 높게, PNP는 낮게)시켜 선정하면 된다. 즉 베이스 전류가 I_{bias}의 10%이었다면 베이스 바이어스 전위 V_B를 10% 높게(NPN) 혹은 낮게(PNP) R_{b1}, R_{b2}를 정하는 것이다.

이상에서 언급한 방법이 절대적인 것은 아니다. 예를 들어 전원전압이 낮은 경우에는 식 (3.5.13)으로 주어지는 엄지규칙을 만족시킬 수 없다. 필요에 따라서는 엄지규칙을 벗어난 설계가 가능할 수 있으며 컴퓨터 시뮬레이션 혹은 정확한 계산에 의해서 확인할 수도 있으나 가장 확실한 것은 실험을 통해서 주어진 조건을 만족하는지 여부를 검증하는 것이다.

집적회로를 설계하는 경우에도 바이어스에 대한 개념이 없이 회로를 설계할 수는 없다. 특히 다단증폭기를 설계할 시에는 각 단의 전압과 전류 배분을 올바르게 설정하

는데 있어서 바이어스 회로 설계에 대한 이해가 상당한 도움을 준다. 공학적인 문제는 최적의 해가 존재하지 않는 경우가 대부분이며 이런 상황에서는 복잡한 설계보다는 엄지규칙을 활용한 근사적인 설계가 많은 도움이 된다. 엄지규정은 누가 만들어 주는 것이 아니고 설계자가 주변 상황을 고려하여 합리적으로 적절히 만들면 되는 것이다.

예 3.8 다음 회로에서 출력스윙이 peak-to-peak 10volt가 얻어질 수 있도록 바이어스 회로를 설계하라. 단 트랜지스터의 $\beta = 100$, $V_{BE} = 0.6$V이다.

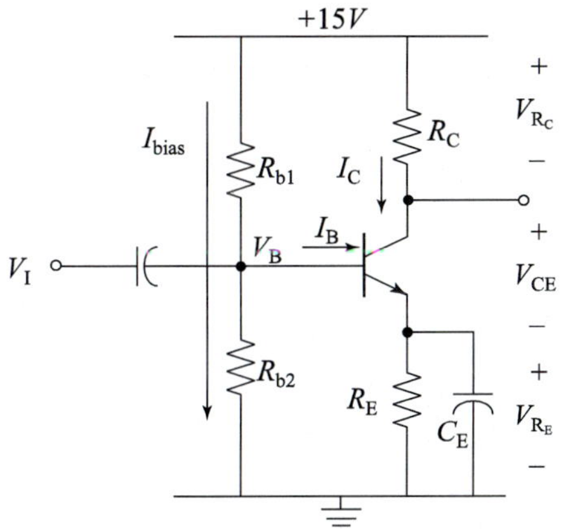

그림 3.5.4 바이어스 설계를 위한 회로

풀 이

1단계) Ic는 출력에 연결된 부하조건을 고려하여 선택하는 것이 보통이다. 이 경우에는 $I_c = 1$mA로 하자.

2단계) 출력 스윙 조건과 엄지규칙을 고려하여 $V_{RC} = V_{CE} = 6$V, $V_{RE} = 3$V로 선택한다면 $R_C = 6\text{k}\Omega$, $R_E = 3\text{k}\Omega$이 된다.

3단계) $I_B = I_C/\beta_o = 1\text{mA}/100 = 10\mu\text{A}$이므로 $I_{bias} \geq 10I_B$ (= 0.1mA)로부터 $I_{bias} = 0.1$mA로 선택하면 $R_{b1} + R_{b2} = 15\text{V}/0.1\text{mA} = 150\text{k}\Omega$이 된다.

4단계) $V_B = 3.6$V이므로 $V_{Rb2} = 3.6$V, $V_{Rb1} = 11.4$V가 되면 된다. 베이스 전류를 무시하면 이와 같은 전압배분을 위하여 $R_{b1} : R_{b2} = 3.6 : 11.4$가 되고 한가지 선택으로 $R_{b1} = 3.6\text{k}\Omega$, $R_{b2} = 11.4\text{k}\Omega$으로 한다면 $I_{bias} = 1$mA가 된다. 입력 임피던스를 증가시켜서 전류소모를 줄이기 위하여 3단계의 조건을 고려하면 I_{bias}를 0.1mA로 하면 되므로 R_{b1}과 R_{b2}를 각각 10배씩 크게 한다.

검토 1) 이와 같은 설계에서 베이스 전류가 바이어스전류의 10% 정도이니까 베이스 전류를 무시한 대가로 베이스의 직류바이어스전압이 10% 정도 낮아지게 되며 따라서 콜렉터 전류도 10% 작아지게 될 것이다. 이것을 좀 더 보정하고자 한다면 R_{b2}를 10% 증가시킨다.

검토 2) $V_{RE} = 3V$로 선택되었으므로 ΔV_{BE}가 0.1V (온도가 약 50°C 변화에 해당) 변화하는 경우에 콜렉터 전류가 약 3.3%변화하게 되고 또 이것은 V_{RE}와 V_{BE}를 같은 양만큼 증감시키게 된다.

이상의 두 가지 사항을 고려하여 출력 스윙의 크기에 큰 지장이 없으므로 설계는 일단 수용할 만하다고 할 수 있겠다.

3.6 신호의 크기와 왜율

엄밀하게 말하면 존재하는 모든 증폭기는 비선형적이다라고 말하는 것이 진실이다. 그러나 우리는 선형증폭기에 관해서 논의하고 있다. 그러나 이것은 어디까지나 비선형성을 무시하고 근사화해서 하는 이야기이다. 그렇다면 비선형성에 의한 왜율이 얼마나 포함되는지 하는 것을 알 필요가 있다. 일반적으로 신호의 크기가 증가하면 비선형성이 커지고 왜율도 증가한다. 이것에 관해서 이 절에서 알아보기로 한다.

출력스윙 (Swing)

증폭기에서의 출력스윙의 폭은 트랜지스터의 동작점(V_{CE}, I_C)과 연관되어 있음을 우리는 알고 있다. 일반적으로 출력스윙의 범위를 구하기 위하여 사용되는 방법으로 기존에 알려진 것은 I_C와 V_{CE}특성곡선을 도시하고 부하 곡선을 그어 동작점으로부터 콜렉터 전류와 전압의 스윙범위를 구하는 것이다. 이와 같은 방법으로는 $V_{CE} = R_C I_C$로 동작점을 선택할 때 최대스윙을 얻을 수 있는 것으로 알려져 있다. 위의 예에서도 ±5V(peak to peak 10V)출력스윙을 보장하기 위해서 $V_{CE} = R_C I_C = 6V$로 선택하였다. 그러나 이와 같은 개념으로 출력스윙을 구하는 것은 전혀 의미가 없다. 왜냐하면 실험을 해보면 바로 알 수 있지만 출력 파형의 왜율이 지나치게 심해서 더 이상 선형증폭기로 생각할 수 없기 때문이다.

그렇다면 어떤 방법으로 출력스윙의 크기를 정해야 하겠는가 하는 의문이 있겠는데 여기에 대해서 그림 3.6.1에 보이는 회로를 사용하여 알아보기로 하자. 이 그림에서 C_1, C_2는 충분히 크다고 가정할 때 교류신호에 대한 출력스윙을 구하기 위하여 기존의 방법은 그래프를 사용하여 부하곡선을 그려서 구하는 것이었다. 그러나 이러한 방법은 복잡할 뿐 아니라 별로 도움이 되지 않는다.

따라서 여기에서 우리는 다음과 같이 단순한 방법으로 접근해 보기로 한다. 요점을 정리해 보면

출력신호의 스윙은 콜렉터 전류의 변화에 의해서 부하저항 양단에 나타나는 것으로서 다음과 같이 주어진다.

$$v_o = \Delta I_C R_L \tag{3.6.1}$$

라고 말할 수 있다. 그림 3.6.1의 회로에서는

$$R_L = R_C \parallel R_1 \tag{3.6.2}$$

$$\Delta I_C \approx \frac{1}{R_E + r_e} v_s \tag{3.6.3}$$

와 같이 주어진다. 여기에서 ΔI_C는 v_s의 크기에 비례하며 왜율과 관계된다. 따라서 ΔI_C는 왜율의 크기를 고려하여 정해야 하며 출력신호와 입력신호의 크기가 얼마인가에 따라 결정될 수 밖에 없다. 이 과정에서는 특성곡선이나 부하 곡선의 개념은 전혀 필요치 않은 것이다. 다음의 예를 보자.

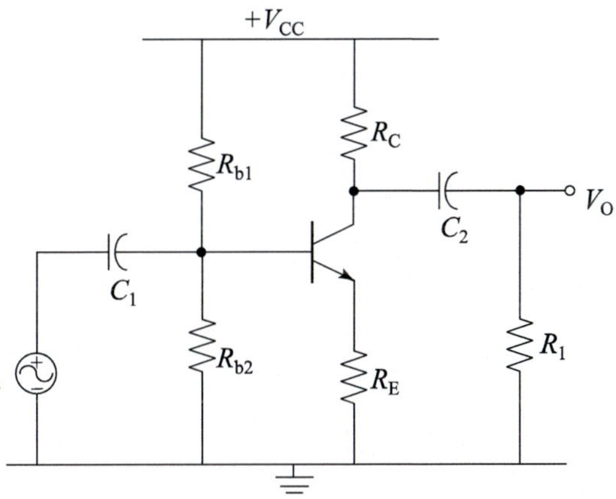

그림 3.6.1 출력 스윙의 예를 보이기 위한 회로

예 3.9 다음 회로에서 트랜지스터의 동작전류가 $I_C = 2\text{mA}$일 때 중간주파수에서 소신호 첨두 전류의 크기 $\hat{i}_c$가 10% 변화하는 출력스윙과 이때 입력신호의 크기는 얼마인가?

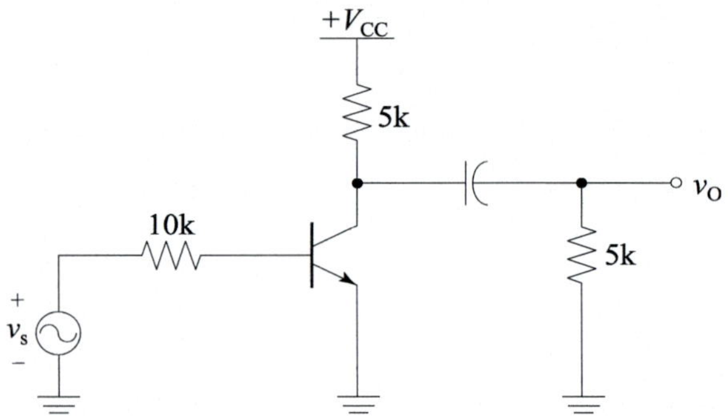

그림 3.6.2 CE증폭기

풀 이 먼저 $\hat{i}_c$의 의미는 $i_C = I \cdot \sin\omega t$와 같은 정현파 신호의 첨두전압 즉 $\hat{i}_c = I$를 의미한다. 문제로부터 콜렉터 전류의 변화분은

$$\Delta I_C = \hat{i}_c = 0.1 I_C = 0.2\,\text{mA}$$

이므로 출력신호의 피크치는

$$\hat{v}_o = \Delta I_C R_L = 0.2\,\text{mA} \times 5k \,\|\, 5k = 0.5\,\text{V}$$

이고 입력신호와 피크치는

$$\hat{v}_s = \Delta I_C\left(r_e + \frac{R_s}{\beta}\right) = 0.2\,\text{mA} \times (13 + 100) = 22.6\,\text{mV}$$

로 계산하거나 혹은

$$A_v = \frac{5k \,\|\, 5k}{13 + 100} = 22$$

이므로

$$\hat{v}_s = \hat{v}_O / A_v = 0.5 / 22 = 22.6\,\text{mV}$$

로 구해도 마찬가지 결과가 얻어진다.

A급 증폭기의 왜율 (Distortion)

트랜지스터 회로에서 증폭과정을 살펴보면 소신호 전압이 전류로 바뀌고 다시 전류에서 전압으로 바뀌어가는 과정을 반복하면서 증폭이 이루어진다. 이 과정에서 비선형성이 포함되면서 왜율의 형태로 나타나게 되는 것이다.

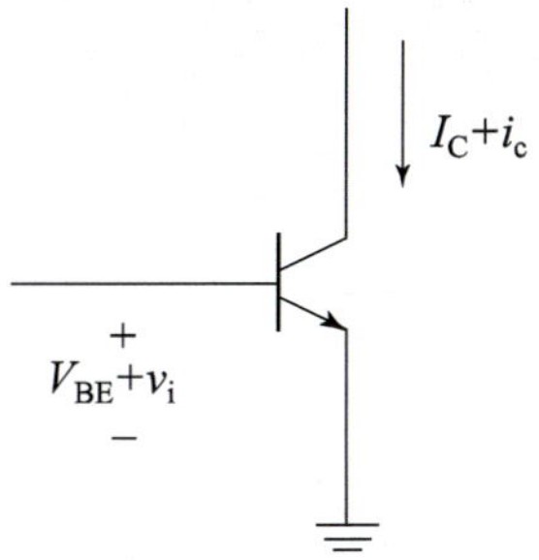

그림 3.6.3 능동영역에서 소신호 동작

그림 3.6.3에 보이는 바와 같이 트랜지스터가 능동영역에서 동작점을 중심으로 소신호가 인가되어 나타날 때 입력신호 v_i에 대한 콜렉터 전류 i_c의 관계는 비선형성을 포함하고 있다. 이에 관한 관계식은 제1장에서 보여준 바와 같지만

여기에 다시 적어보면

$$i_C = I_C \frac{v_i}{V_T} + \frac{1}{2} I_C \left(\frac{v_i}{V_T} \right)^2 + \frac{1}{6} I_C \left(\frac{v_i}{V_T} \right)^3 + \cdots \tag{3.6.4}$$

로 표시된다. 여기에서 입력신호 vi를 정현파 신호로 생각하여

$$v_i = \Delta V_{BE} \sin \omega t \tag{3.6.5}$$

라고 놓는다면 식 (3.6.4)의 두번째, 세번째 항은 각각 v_i^2, v_i^3을 포함하고 있으므로 이 항들에서 2차 및 3차 고조파성분이 발생하게 된다. 이들의 고조파 성분만을 표시해 보면,

$$v_i^2 = \Delta V_{BE}^2 \sin^2 \omega t \quad \rightarrow \quad -\frac{\Delta V_{BE}^2}{2} \cos 2\omega t \tag{3.6.6}$$

$$v_i^3 = \Delta V_{BE}^3 \sin^3 \omega t \quad \rightarrow \quad -\frac{\Delta V_{BE}^3}{4} \sin 3\omega t \tag{3.6.7}$$

와 같이 된다. 이 두 고조파보다 더 높은 고조파들도 무수히 발생되나 그 크기가 너무 작아져서 대부분의 경우에 사실상 무시해도 좋다. 따라서 여기에서 식 (3.6.4)에 식 (3.6.5) ~ 식 (3.6.7)을 대입하여 3차항 까지만 정리하면

$$\frac{i_C}{I_C} \approx \frac{\Delta V_{BE}}{V_T} \left(\sin \omega t - \frac{1}{4} \frac{\Delta V_{BE}}{V_T} \cos 2\omega t - \frac{1}{24} \left(\frac{\Delta V_{BE}}{V_T} \right)^2 \sin 3\omega t \right) \tag{3.6.8}$$

와 같이 근사적으로 표시할 수 있다.

고조파 왜율을 기본파 성분의 크기에 대비한 고조파 성분의 상대적인 크기로 정의할 때 2차 및 3차 고조파 왜율을 각각 HD_2 및 HD_3라 하면 식 (3.6.8)로부터

$$HD_2 = \frac{1}{4}\frac{\Delta V_{BE}}{V_T} \tag{3.6.9}$$

$$HD_3 = \frac{1}{24}\left(\frac{\Delta V_{BE}}{V_T}\right)^2 \tag{3.6.10}$$

와 같이 놓을 수 있다. 여기에서 기본 주파수 신호에 내해서 고조파성분의 상대적인 크기를 비교할 때 첨두치로 비교하든 실효값으로 비교하든 동일한 결과가 얻어짐에 유의할 필요가 있다. 즉 입출력 신호가 실효값으로 정의되는 경우에도 위 식에 적용하면 바로 실효값에 대한 왜율을 의미하게 된다.

위에 주어진 식들은 고조파 왜율을 전압의 형태로 표시한 것이다. 그러나 고조파 왜율을 전류의 형태로 표시하면 매우 도움이 된다. 여기에서 왜율을 전류의 형태로 표시하는 방법을 생각하여 보자. 소신호 콜렉터 전류 성분 i_C를

$$i_C = \Delta I_C \sin \omega t \tag{3.6.11}$$

라고 놓는다면, 고조파성분이 지나치게 크지 않을 때에는

$$i_C \approx g_m v_i = \frac{I_C}{V_T} v_i \tag{3.6.12}$$

와 같이 선형화한 관계식을 적용할 수 있다. 이런 경우에 첨두치로 표현할 때 식 (3.6.5), (3.6.11), (3.6.12)로부터

$$\frac{\Delta V_{BE}}{V_T} \approx \frac{\Delta I_C}{I_C} \tag{3.6.13}$$

의 관계가 성립함을 알 수 있다.

따라서 고조파 왜율을 전류 변화분으로 표시하면 식 (3.6.9), (3.6.10)은

$$HD_2 \approx \frac{1}{4}\frac{\Delta I_C}{I_C} \tag{3.6.14}$$

$$HD_3 \approx \frac{1}{24}\left(\frac{\Delta I_C}{I_C}\right)^2 \tag{3.6.15}$$

로 표시하는 것도 가능함을 알 수 있다. 이 결과는 A급으로 동작하는 CE증폭기에 관한 것이며 만일 신호의 선형영역을 앞절의 경우와 유사하게 ΔI_C가 I_C를 중심으로 ± 50%변화하는 범위로 선정한다면 식 (3.6.8) 및 (3.6.9)로부터

$$HD_2 \le 12.5\% \qquad HD_3 \le 1\% \qquad \Delta V_{BE} \le 13\,\text{mV}$$

와 같은 값들을 얻게 된다. 즉, 이러한 왜율의 범위에서 선형적으로 근사화 하겠다는 것을 의미한다. 위의 비교 계산으로부터 바이폴라 트랜지스터에 있어서 5차 이상의 고조파 성분은 2차와 3차 고조파성분에 비해 훨씬 적음을 알 수 있으며 따라서 대부분의 경우에 2차와 3차 고조파 성분에 비하여 무시할 수 있다고 말할 수 있겠다. 위의 결과로부터 요점을 정리하여 언급하면

> 출력스윙의 크기가 주어졌을 때 왜율을 최소로 설계하기 위해서는 $\Delta I_C/I_C$ 혹은 $\Delta V_{BE}/V_{BE}$를 가급적 작게 설계하여야 한다.

라고 말할 수 있다. 이것은 당연한 이야기이지만 매우 중요한 사실이다. 또 한가지 재미있는 사실은 식 (3.6.9)로부터 상온에서 V_T =26mV를 대입하면

$$HD_2 = \frac{1}{4}\left(\frac{\Delta V_{BE}}{26\,\text{mV}}\right) \approx \frac{\Delta V_{BE}}{100\,\text{mV}} \tag{3.6.16}$$

와 같이 놓을 수 있다. 따라서 우리는 또 다음과 같이 말할 수 있다.

> CE 증폭기에서 소신호 전압변화 ΔV_{BE}를 [mV]단위로 표시 한다면 바로 ΔV_{BE} 값이 2차 고조파의 % 왜율을 의미한다.

다음의 예를 보기로 하자.

예 3.10 A급으로 동작하는 CE 증폭기에서 소신호 전류 $\hat{i}_c$가 10% 변화하는 2차 및 3차 고조파 왜율은 각각 얼마인가? 그리고 이 때 ΔV_{BE}는 얼마인가?

풀 이 각각의 경우에 대해서 계산해 보면

$$HD_2 = \frac{1}{4}\times 10\% = 2.5\%$$

$$HD_3 = \frac{1}{24}\left(\frac{1}{10}\right)^2 = 0.04\%$$

$$\Delta V_{BE} = 2.5\ \text{mV}$$

가 된다.

위에서 언급한 바와 같이 증폭기의 왜율을 작게 하기 위해서는 $\Delta I_C / I_C$를 줄여서 설계해야 한다. 그럼에도 불구하고 출력스윙을 크게 유지하고자 하는 경우에는 주어진 바이어스 조건하에서 부하저항 R_L이 크게 증가해야 하며 따라서 인가해야 하는 전원 전압도 비례해서 증가 되어야 한다. 다시 말해서 만일 전원전압이 고정되어 있다고 한다면 저항부하가 연결되어 있는 CE증폭기의 경우에는 어떤 주어진 크기의 출력스윙을 얻고자 할 때 바이어스 전류를 변화시키는 것 만으로는 왜율의 개선을 기대할 수 없다. 다음의 예를 보기로 하자.

예 3.11 다음의 세 회로에서 트랜지스터의 전류이득은 모두 100이고 콜렉터 측의 등가저항 r_o는 충분히 크다고 가정하자. 각각의 회로에 대하여 교류출력신호의 피크치가 모두 1V일 때 HD_2를 비교하라.

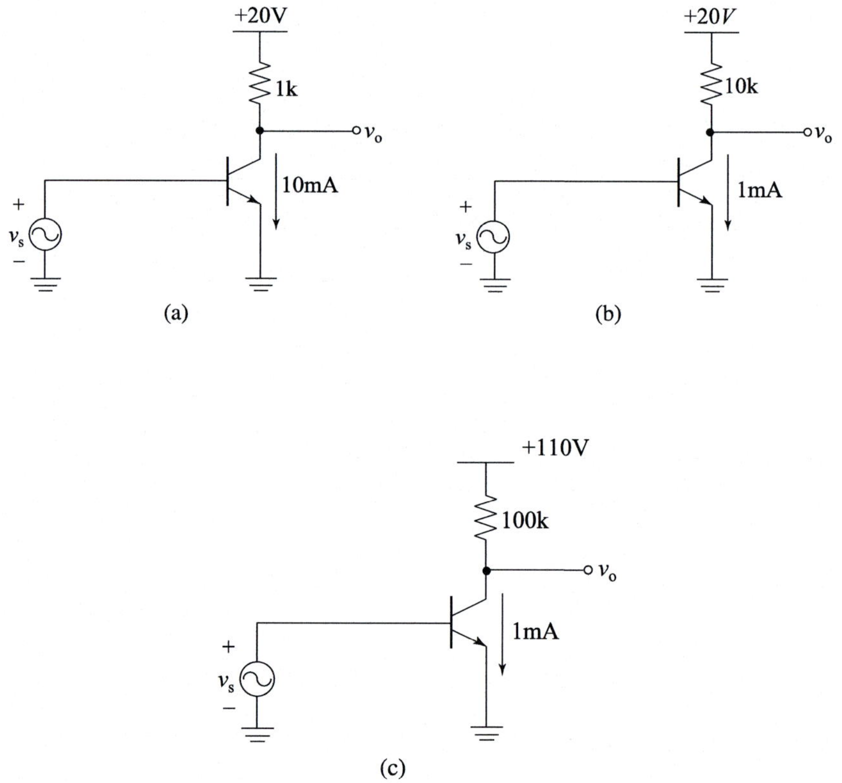

그림 3.6.4 바이어스 조건과 왜율을 보이기 위한 회로

풀 이 출력 피크치 1V를 얻기 위한 ΔI_C는 $\hat{v}_O / R_C$ 로부터 각각

$$\Delta I_C\big|_{(a)} = 1\,\text{mA} \;\rightarrow\; \frac{\Delta I_C}{I_C}\bigg|_{(a)} = 0.1$$

$$\Delta I_C\big|_{(b)} = 0.1\,\text{mA} \;\rightarrow\; \frac{\Delta I_C}{I_C}\bigg|_{(b)} = 0.1$$

$$\Delta I_C\big|_{(c)} = 10\,\mu\text{A} \;\rightarrow\; \frac{\Delta I_C}{I_C}\bigg|_{(c)} = 0.01$$

와 같이 주어진다. 그러므로 식 (3.5.14)를 이용하면

$$HD_2\big|_{(a)} = \frac{1}{4} \times 0.1 = 2.5\%$$

$$HD_2\big|_{(b)} = \frac{1}{4} \times 0.1 = 2.5\%$$

$$HD_2\big|_{(c)} = \frac{1}{4} \times 0.01 = 0.25\%$$

가 얻어진다. 여기에서 (a)와 (b)의 회로는 동일한 전원전압을 인가하고 있지만 콜렉터 저항과 바이어스 전류가 다른 경우이다. 한편 (b)와 (C)의 회로는 바이어스 전류는 동일하지만 콜렉터 저항과 전원전압이 다르게 설정되어 있는 경우이다. 이 예에서 보는 바와 같이 전원전압을 높게 인가한 (C)의 회로가 동일한 출력스윙의 조건 아래에서 $\Delta I_C/I_C$값이 가장 작으며 왜율도 가장 작다.

그러나 위의 예에서 보는 바와 같이 실제 설계에 있어서 높은 전원전압과 큰 부하저항을 사용하여 회로를 구성하는 것은 바람직하지 않은 경우가 대부분이다. 특히 집적회로로 설계되는 회로에서는 수 V 이내의 전원전압을 주로 사용하고 있으며 전원전압의 크기는 점점 더 낮아지는 추세에 있다. 낮은 전원전압에서도 위에서와 유사한 효과로 왜율을 낮추기 위해서는 부하저항 대신 전류원으로 대치하거나 부스트래핑(boostrapping)등의 방법을 사용할 수 있으며 뒤에서 좀 더 자세히 논의하기로 하겠다.

베이스와 에미터 주위에 저항을 가진 CE 증폭기의 왜율

베이스와 에미터 주위 특히 에미터에 저항을 가진 회로의 왜율은 그렇지 않은 회로에 비하여 매우 작은 왜율의 특성을 보인다. 그 이유는 에미터에 저항을 삽입하게 되면 부귀환의 효과가 나타나기 때문이다. 부귀환의 해석에 대해서는 제5장에서 자세하게 다루게 될 것이다. 그러나 여기에서도 왜율이 줄어드는 원리에 대해서는 어느 정도 언급할 필요가 있으므로 부록 3A에 부귀환의 기본 구성과 아울러 간략하게 기술하였다.

베이스와 에미터에 저항을 가진 간단한 형태의 CE 증폭기에 대해서는 부귀환의 구체적인 해석방법을 적용하지 않는다고 하여도 그 결과를 예측하는 것은 어렵지 않다. 그림 3.6.5에 보이는 바와 같이 베이스와 에미터에 각각 저항을 가진 CE 증폭기의 에미터-베이스 루프를 생각하여 보자. 이 때 여기에서 루프저항을 에미터로 환산하여 더한 값의 비를 다음과 같이 D로 정의할 수 있다. 즉,

$$D = 1 + \frac{R_E + R_s/\beta}{r_e} \tag{3.6.17a}$$

와 같이 된다. 그 이유는 에미터 또는 베이스에 저항이 들어가는 경우에는 전압이득이 작아지게 되는데 이것은 바꾸어 말하면 부귀환의 효과에 의한 것으로 부귀환의 특징 중의 하나라고 할 수 있다.

즉, 에미터와 베이스 루프 내에 r_e를 제외하고 아무런 저항이 존재하지 않는 경우가 가장 전압이득이 크게 얻어지는 조건에 해당한다. 이 때가 바로 개루프 이득을 구하는 것이 되며 D=1에 해당한다. 이것을 기준으로 하여 저항이 존재하는 경우에는 이득이 작아지게 되며 이 값과의 상대적인 비율이 부귀환을 인가한 양이 된다. 따라서 이것을 바로 D로 정의 할 수 있는 것이다.

따라서 이와 같은 방법으로 에미터 저항을 가진 회로의 D를 구한다면 2차 및 3차

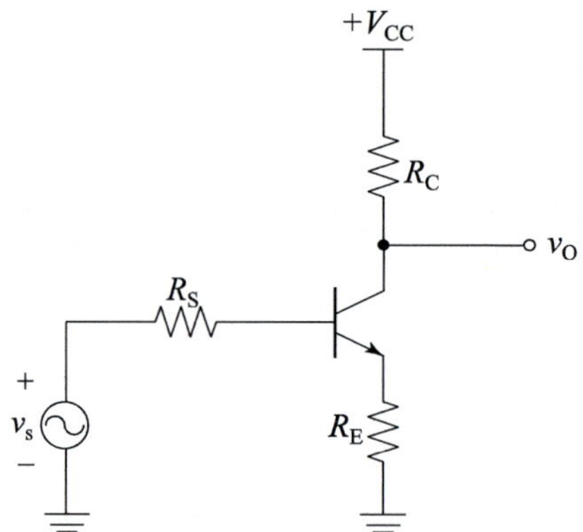

그림 3.6.5 베이스와 에미터에 저항을 가진 CE 증폭기

고조파 성분에 의한 왜율을 쉽게 구할 수 있다. 즉, 부귀환이 걸린 경우의 왜율을 각각 HD_{2f}, HD_{3f}라 할 때 부록 3A에 의하여

$$HD_{2f} \cong HD_2 / D^2 \tag{3.6.17b}$$

$$HD_{3f} \cong HD_3 / D^3 \tag{3.6.17C}$$

와 같이 근사적으로 표시할 수 있게 된다. 다음의 예를 보자.

예 3.12 다음과 같이 베이스와 에미터에 저항을 가진 CE 증폭기에서 소신호 전류가 바이어스 전류 I_C에 비하여 10% 변화하는 2차 및 3차 고조파 왜율은 각각 얼마인가? 또 이 때 입력신호와 출력신호의 크기는 각각 얼마인가?

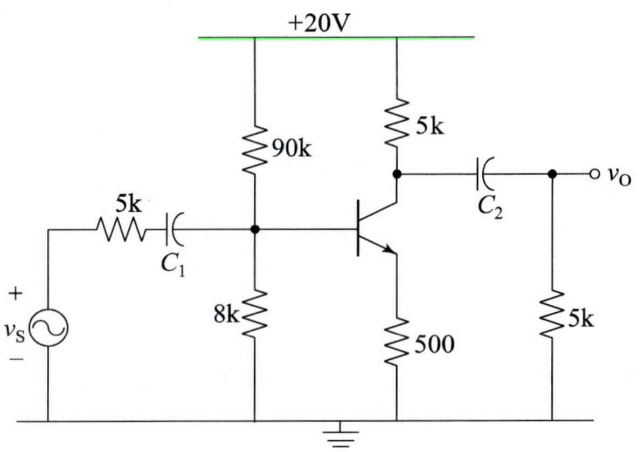

그림 3.6.6 에미터 저항이 있는 CE증폭기

풀 이 이 회로에 대해서 바이어스전류를 구하면 대략 $I_C = 2mA$이다. 따라서 중간주파수에서 커패시터를 단락으로 보고 간략화된 소신호 등가회로로 나타내면 그림 3.6.7과 같이 된다.

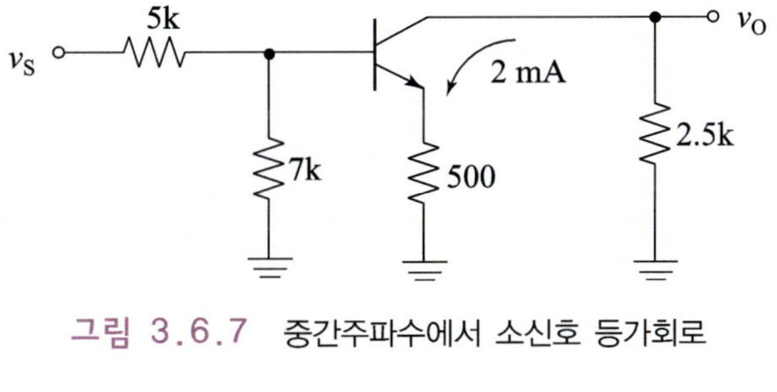

그림 3.6.7 중간주파수에서 소신호 등가회로

여기에서 Q_1의 에미터 동저항의 크기와 콜렉터 전류의 10% 변화에 해당하는 소신호 변화분 ΔI_C는 각각

$$r_e = 1/g_m = 13\Omega, \qquad \Delta I_C = 200\mu\text{A}$$

가 된다. 따라서 D를 구하면

$$D = 1 + \frac{500 + (5k // 7k)/100}{13} = 42$$

가 얻어진다. 따라서 HD_{2f} 및 HD_{3f}를 각각 구하면

$$HD_{2f} = \frac{1}{4} \cdot \frac{200\mu\text{A}}{2\text{mA}} \cdot \left(\frac{1}{42}\right)^2 = 0.0014\,\%$$

$$HD_{3f} = \frac{1}{24} \cdot \left(\frac{200\mu\text{A}}{2\text{mA}}\right)^2 \cdot \left(\frac{1}{42}\right)^3 = 5.6\times10^{-7}\,\%$$

이 된다. 이 예에서 보이는 바와 같이 베이스와 에미터에 저항이 들어간 회로 특히 에미터에 저항이 들어간 회로는 왜율이 무척 작아지게 된다는 사실을 알 수 있다.

이제 신호의 크기를 구하여 보기로 하자. 먼저 출력스윙의 피크치는

$$\hat{v}_o = \Delta I_C \cdot R_C \| R_L = 200\mu\text{A} \times 2.5k = 500\,\text{mV}$$

와 같이 구해진다. 혹은 실효값으로 표시한다면 출력전압은

$$v_{o\,rms} = 500\,\text{mV} / \sqrt{2} = 353\,\text{mV}$$

로 나타낼 수도 있다. 이때 입력신호의 크기를 피크치로 구하면

$$\hat{v}_s = \Delta I_C \left(R_E + r_e + \frac{R_s \| R_B}{\beta} \right) \frac{R_s + R_B}{R_B}$$
$$= 200\mu\text{A} \times \left(500 + 13 + \frac{5k \| 7k}{100} \right) \frac{5k + 7k}{7k} = 186\,\text{mV}$$

와 같이 된다. 혹은 A_v를 구하면

$$A_v = -\frac{R_B}{R_s + R_B} \cdot \frac{R_C \| R_L}{R_E + r_e + \dfrac{R_s \| R_B}{\beta}}$$
$$= -\frac{7k}{5k + 7k} \cdot \frac{2.5k}{500 + 13 + \dfrac{5k \| 7k}{100}} = -2.7$$

이 되므로 따라서 이로부터 입력신호의 크기는

$$\hat{v}_s = \hat{v}_o / |A_v| = 500\,\text{mV} / 2.7 = 185\,\text{mV}$$

와 같이 구할 수도 있다.

위의 예에서 보는 바와 같이 왜율은 트랜지스터의 V_{BE}와 I_C간의 비선형성에 기인하는 것이지만 에미터에 저항을 삽입하면 전압이득이 줄어드는 대신에 왜율을 개선하는 효과가 매우 크게 된다. 베이스에만 저항을 삽입하는 경우에도 왜율의 개선효과가 있다. 그 이유는 베이스에 삽입된 저항은 전류이득으로 나누어 주고 보면 등가적으로 작아진 저항을 에미터에 삽입한 것과 동일한 것으로 돌려서 생각할 수 있기 때문이다. 따라서 왜율의 관점에서만 보면 원리적으로 베이스에 저항이 들어있으나 에미터에 들어있으나 그 효과면에서 그다지 차이가 없다고 할 수 있다. 마지막으로 한가지 주의할 점은 여기에서 베이스 저항이라고 할 때 베이스에 직렬로 연결되는 저항을 의미한다는 사실이다. 바이어스를 위하여 베이스에 연결되는 저항을 의미하는 것이 아님에 주의할 필요가 있다.

이번에는 왜율을 표시함에 있어서 콜렉터 측에서의 스윙의 크기로 표시하는 방법에 대해서 생각하여 보기로 하자. 에미터나 베이스에 저항이 있는 CE 증폭기에서는 다음과 같은 관계가 성립함을 알 수 있다. 즉,

$$HD_2 = \frac{1}{4}\frac{\Delta I_C}{I_C}\cdot\frac{1}{D^2} \quad = \frac{1}{4}\frac{R_C \Delta I_C}{R_C I_C}\cdot\frac{1}{D^2} \quad = \frac{1}{4}\frac{\hat{v}_o}{V_{R_C}}\cdot\frac{1}{D^2} \tag{3.6.17d}$$

와 같이 표시가 가능하게 된다. 이 식에서도 알 수 있는 바와 같이 왜율을 줄이기 위하여 R_C를 증가시키는 것이 효과가 있으며 이것은 전원전압을 증가시키는 것과 통한다. 이런 사실은 앞에서 언급한 바와 같다.

전원전압을 증가시키는 대신에 전류원부하(current source load)를 사용하여도 동일한 특성을 얻을 수 있다. 이렇게 하는 경우에는 위의 식에서 V_{R_C} 대신에 트랜지스터의 얼리전압 V_A로 바뀌게 되며 다음과 같이 쓸 수 있다. 즉,

$$HD_2 = \frac{1}{4}\frac{\hat{v}_o}{V_A}\cdot\frac{1}{D^2} \tag{3.6.17e}$$

여기에서 전류원 부하의 임피던스는 무한대로 가정한 경우이다. 실제에 있어서는 전류원을 형성하는 능동소자의 얼리전압을 병렬 연결한 값으로 대체하여 생각하여야 한다.

요 약

▶ 저항부하를 사용하는 경우

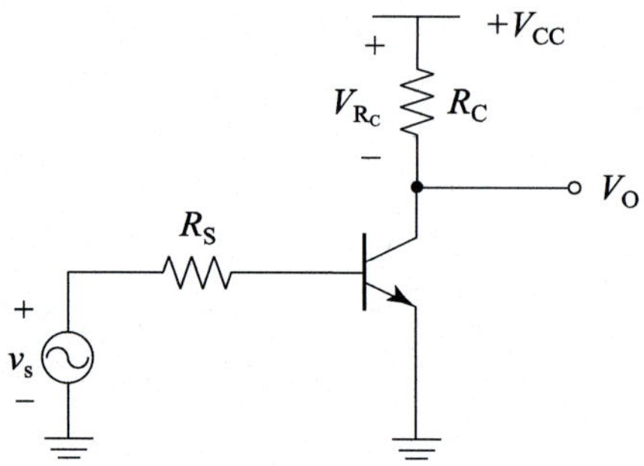

$$HD_2 = \frac{1}{4}\frac{\hat{v}_o}{V_{R_C}} \cdot \frac{1}{D^2}$$

▶ 전류원부하를 사용하는 경우

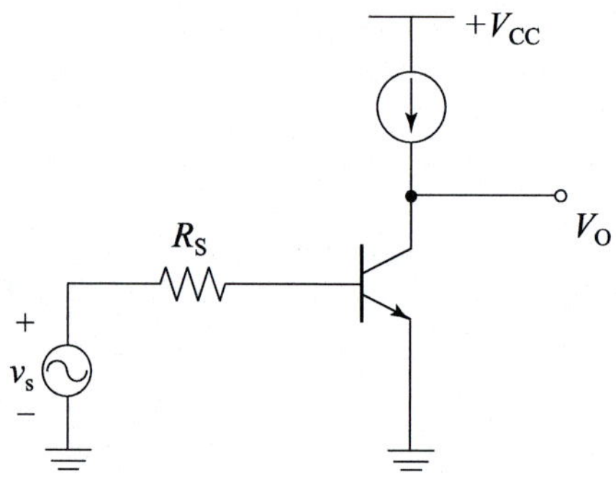

$$HD_2 = \frac{1}{4}\frac{\hat{v}_o}{V_A} \cdot \frac{1}{D^2}$$

EF(Emitter Follower)의 왜율(Distortion)

에미터 폴러워는 버퍼(buffer)로서 널리 사용된다. 이 경우 역시 신호는 트랜지스터를 통과하므로 왜율이 발생할 수 밖에 없다. 그림 3.6.8 EF에 대하여 왜율을 알아 보기로 하자.

이 EF회로 역시 A급 증폭기의 일종이라고 할 수 있으며 v_S의 변화에 따라 i_e의 변화가 나타나게 되고 이로 인한 ΔV_{BE}가 나타나게 된다. 앞의 예에서처럼 CE증폭기에 있어서는 왜율을 구할 때 출력전압파형의 왜율을 계산하였지만, 부하저항이 일정한 값이므로 사실상 콜렉터 전류의 왜율을 구한 것과 같은 것이다.

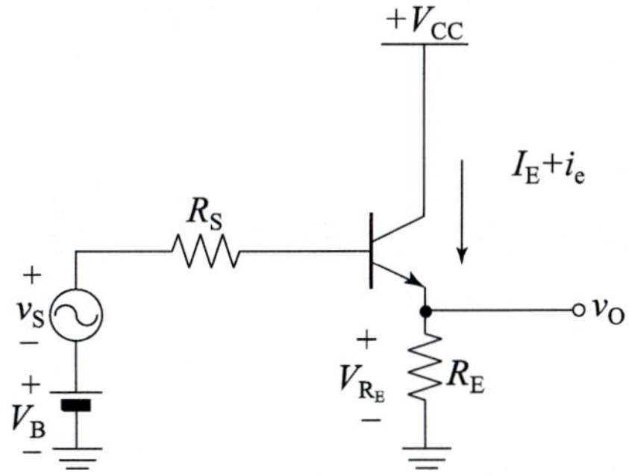

그림 3.6.8 에미터 폴로워

다시 EF회로를 생각하여 보면 출력전압이 에미터에서 나타나고 있으며 이 전압의 소신호 성분은

$$v_o = i_e R_E$$

와 같이 주어지는 것이다. 따라서 여기에서도 v_o의 왜율은 R_E가 일정하므로 i_e의 왜율과 동일하게 되며 식 (3.6.14), (3.6.17a) 및 (3.6.17b)에 의하여 다음과 같이 표시될 수 있음을 알 수 있다.

$$HD_{2f} \approx \frac{1}{4}\frac{\hat{i}_e}{I_E}\cdot\frac{1}{D^2} \quad \approx \frac{1}{4}\frac{\hat{v}_o}{V_{R_E}}\cdot\frac{1}{D^2} \tag{3.6.18}$$

이다. HD_{3f}도 역시 식 (3.6.15) 및 (3.6.17c)를 적용할 수 있으며 ΔV_{BE}의 관계로 주어지는 식은 전류관계식을 식 (3.6.9)와 식 (3.6.10)로 치환하여 그대로 적용할 수 있다. 즉 EF에 있어서도 CE증폭기와는 달리 전류의 변화나 ΔV_{BE}의 변화로 주어지게 되는 관계식이 D의 함수로 달라지게 되며 따라서 매우 작은 왜율을 보이게 된다. 그림 3.6.7에서 $\hat{i}_e$ 및 I_E를 구해보면

$$\hat{i}_e = \frac{\hat{v}_s}{R_E + r_e + \dfrac{R_s}{\beta}} \approx \frac{1}{R_E}\hat{v}_s \tag{3.6.19}$$

$$I_E = \frac{V_B - V_{BE}}{R_E + R_s/\beta} \approx \frac{1}{R_E}(V_B - V_{BE}) \tag{3.6.20}$$

로 주어지게 되므로 이 값들로부터 HD_{2f} 및 HD_{3f}를 구할 수 있다.

요 약

▸ EF Distortion

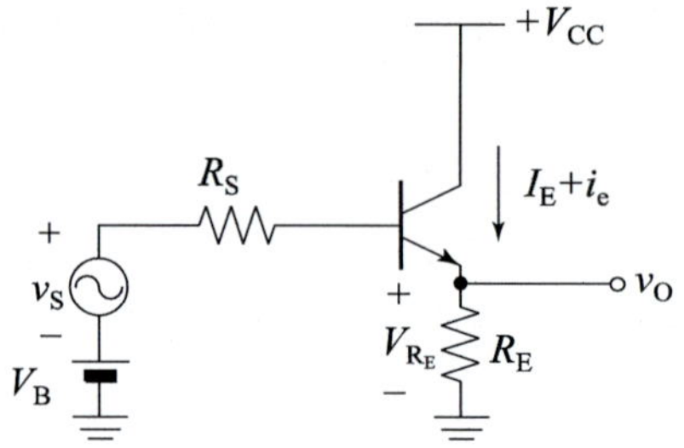

$$HD_{2f} \approx \frac{1}{4}\frac{\hat{v}_o}{V_{R_E}} \cdot \frac{1}{D^2}$$

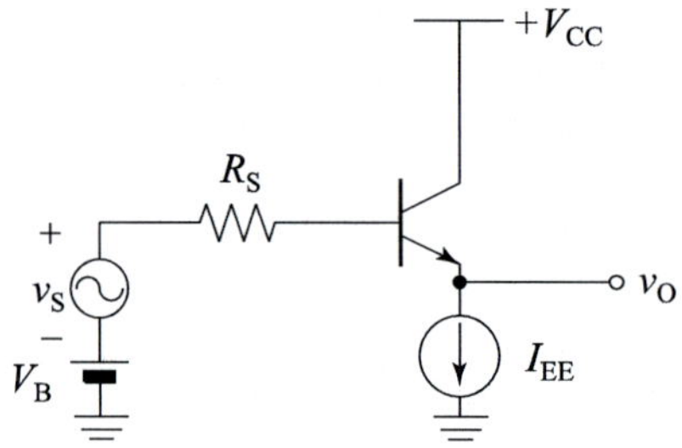

$$HD_{2f} \approx \frac{1}{4}\frac{\hat{v}_o}{V_A} \cdot \frac{1}{D^2}$$

그러나 위의 관계식에서 한 가지 주의해야 할 점은 트랜지스터의 전류변화가 큰 상황에서는 D의 값이 일정하지 않고 변화한다는 사실이다. 즉, 에미터 폴로워는 임피던스 버퍼로 사용되므로 출력측에 일반적으로 작은 임피던스를 가진 부하가 연결되게 된다. 이런 상황에서 입력신호의 스윙이 크게 변화하는 경우에는 출력전류 역시 큰 범위에서 변화하게 되므로 트랜지스터의 g_m 또한 전류의 함수로 달라지게 된다. 따라서 D의 크기 역시 전류의 함수로 변화하게 된다. 이런 경우에는 최소의 D를 사용하여 계산하는 것이 하나의 방법이 될 것이다.

두 에미터 접지 증폭기를 이용한 차동출력 신호의 왜율

그림 3.6.9와 같이 에미터가 접지된 두 증폭기의 베이스에 차동입력($v_{i2} = -v_{i1}$)신호를 인가하는 경우 각각의 콜렉터 사이에서 얻는 차동출력은 어떤 왜율 특성을 보일 것인지 생각해 보기로 하자. 이 회로는 $CMRR$=1인 차동증폭기와 같으며 각각의 베이스에 인가된 신호의 위상이 180° 차이가 있기 때문에 두 콜렉터사이의 출력 v_o는 동상신호로 나타나는 짝수 고조파제거특성을 보인다. 그림 3.6.9에 주어진 회로를 살펴보자.

이 회로에서 소신호 성분을 각각 ΔI_{C1}, ΔI_{C2}, ΔV_{BE1}, ΔV_{BE2}로 표기하였다. 그림 3.6.9(b)에서와 같이 동작점을 중심으로 Q_1에 대해서 ΔI_{C1}의 증가는 ΔV_{BE1}의 증가에

대응하며 Q_2에 대해서는 ΔI_{C2}의 감소가 발생하고 ΔV_{BE2}의 감소에 대응된다. 이 때 ΔV_{BE1}과 ΔV_{BE2}는 차동 입력신호가 인가되므로 동일한 값으로 놓을 수 있다. 즉

$$\Delta V_{BE1} = \Delta V_{BE2} = \Delta V_{BE} \tag{3.6.21}$$

라고 놓을 때 트랜지스터 특성곡선으로부터 우리는

$$\Delta I_{C1} \neq -\Delta I_{C2} \tag{3.6.22}$$

임을 알 수 있으며, 또

$$I_C + \Delta I_C = I_S e^{(V_{BE} + \Delta V_{BE})/V_T} = I_C e^x \tag{3.6.23}$$

로 놓을 수 있다. 여기서 $x = \Delta V_{BE}/V_T$를 의미한다. 따라서 Q_1과 Q_2에 대한 전류 표시식은 식 (3.6.4)에서처럼

$$I_C + \Delta I_C\big|_{Q1} = I_C\left(1 + x + \frac{1}{2}x^2 + \frac{1}{6}x^3 + \cdots\right) \tag{3.6.24}$$

$$I_C - \Delta I_C\big|_{Q2} = I_C\left(1 - x + \frac{1}{2}x^2 - \frac{1}{6}x^3 + \cdots\right) \tag{3.6.25}$$

와 같이 된다. 그러므로 양단출력을 얻을 때는

$$v_o = R_C \Delta I_C\big|_{Q1} - R_C\left(-\Delta I_C\big|_{Q2}\right) \tag{3.6.26}$$

와 같이 주어지므로 식 (3.6.24) ~ 식 (3.6.26)으로부터

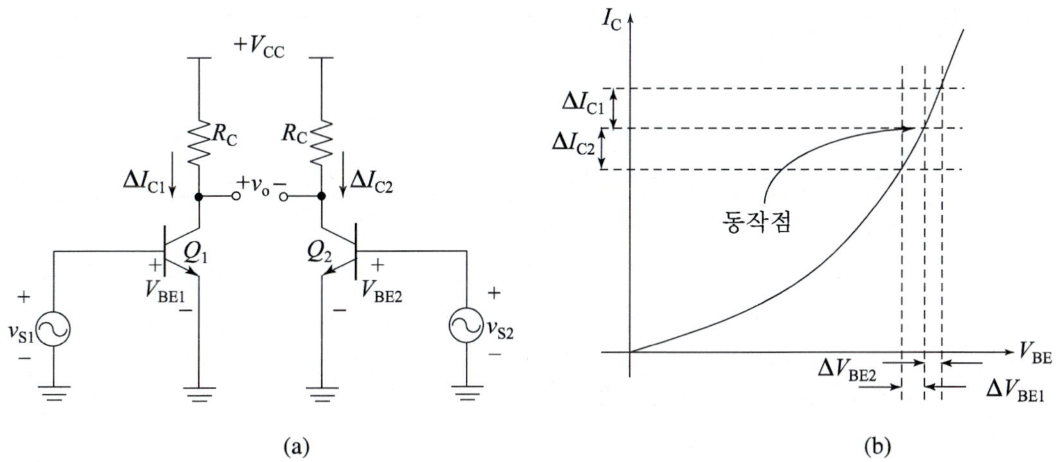

그림 3.6.9 차동출력을 가진 두 CE증폭기(a) 및 동작특성곡선(b)

$$v_{\mathrm{O}} = 2R_{\mathrm{C}}I_{\mathrm{C}}\left(x+\frac{1}{6}x^3+\cdots\right) \tag{3.6.27}$$

이 얻어진다. 이 결과는 두 에미터접지 증폭기의 입력에 차동신호가 인가되었을 때 출력을 양단에서 얻으면 신호의 크기는 외단 출력에 비하여 커지면서 짝수 고조파가 제거되며 홀수 고조파 성분은 그대로 나타남을 보인다. 즉

$$HD_2 = 0 \tag{3.6.28}$$

$$HD_3 = \frac{1}{24}\left(\frac{\Delta V_{\mathrm{BE}}}{V_{\mathrm{T}}}\right)^2 \tag{3.6.29}$$

가 된다. 또 HD_3에 관한 식을 차동 입력 신호의 함수로 표시해 보면

$$\hat{V}_{\mathrm{id}} = \hat{V}_{\mathrm{i1}} - \hat{V}_{\mathrm{i2}} = 2\Delta V_{\mathrm{BE}} \tag{3.6.30}$$

이므로 식 (3.6.29)는

$$HD_3 = \frac{1}{24}\left(\frac{\hat{V}_{\mathrm{id}}/2}{V_{\mathrm{T}}}\right)^2 = \frac{1}{96}\left(\frac{\hat{V}_{\mathrm{id}}}{V_{\mathrm{T}}}\right)^2 \tag{3.6.31}$$

와 같이 표시될 수 있음을 알 수 있다. 이 식은 근사적으로 $(V_{\mathrm{id}}/V_{\mathrm{T}})^2$값이 %단위로 표시되는 백분율과 같은 값이 됨을 의미한다.

예 3.13 그림 3.6.8에서 $\hat{v}_{\mathrm{id}}$의 크기가 각각 2.6mV, 26mV, 52mV일 때 HD_3는 얼마인가?

풀 이 식 (3.6.31)을 적용하면 다음과 같다.

$\hat{v}_{\mathrm{id}}$	2.6mV	26mV	52mV
HD_3	0.01%	1%	4%

위의 결과에서 보는 바와 같이 에미터가 접지된 두 트랜지스터를 이용한 차동 증폭기를 이용하여 양단출력을 얻으면 고조파 성분이 대폭 개선되는 특징이 있음을 알 수 있다. 만일 이 회로에서 출력단자를 한쪽 콜렉터에서만 취해서 외단(single-ended) 출력을 얻으면, 이때는 모든 고조파가 그대로 나타나게 되며 개별 CE증폭기의 고조파 특성과 동일하게 된다. 즉 양단출력에서는 짝수고조파 성분이 동상성분이기 때문에 제거가 가능하며, 이 동상신호가 제거되어 나타나지 않을 때 왜율이 크게 개선될 수

있는 것이다.

차동 증폭기의 왜율

*CMRR*이 충분히 큰 차동증폭기에 있어서 차동 입력 신호에 대하여 각각의 전류와 전압은

$$I_{C1} = I_C + \Delta I_C \qquad I_{C2} = I_C - \Delta I_C$$

$$V_{BE1} = V_{BE} + \Delta V_{BE1} \qquad V_{BE2} = V_{BE} - \Delta V_{BE2}$$

와 같이 표시할 수 있다. 즉, 앞의 경우와는 달리 양쪽 콜렉터에서 전류가 가감되는 양 ΔI_C는 동일 하지만 $\Delta V_{BE1} \neq \Delta V_{BE2}$이기 때문에 두 에미터의 연결점에 나타나는 전압 V_{ee}는 차동 입력신호($V_{i2} = -V_{i1}$)에 대해서 항상 0이 되지 않는다.

따라서 여기에서 두 에미터 연결점의 V_{ee}를 구하여 보기로 하자. 콜렉터 전류와 베이스 전압간의 관계식은 각각

$$I_C + \Delta I_C = I_S e^{(V_{BE} + \Delta V_{BE})/V_T}$$

$$V_{BE} + \Delta V_{BE} = V_T \ln\left(\frac{I_C + \Delta I_C}{I_s}\right) \qquad (3.6.32)$$

으로 주어지므로, 여기에서

$$\Delta V_{BE1} = V_T \ln\left(\frac{I_C + \Delta I_C}{I_S}\right) - V_{BE} = V_T\left[\ln\frac{I_C + \Delta I_C}{I_S} - \ln\frac{I_C}{I_S}\right]$$

$$= V_T \ln\left(1 + \frac{\Delta I_C}{I_C}\right) = V_T \ln(1 + x), \quad x = \Delta I_C / I_C$$

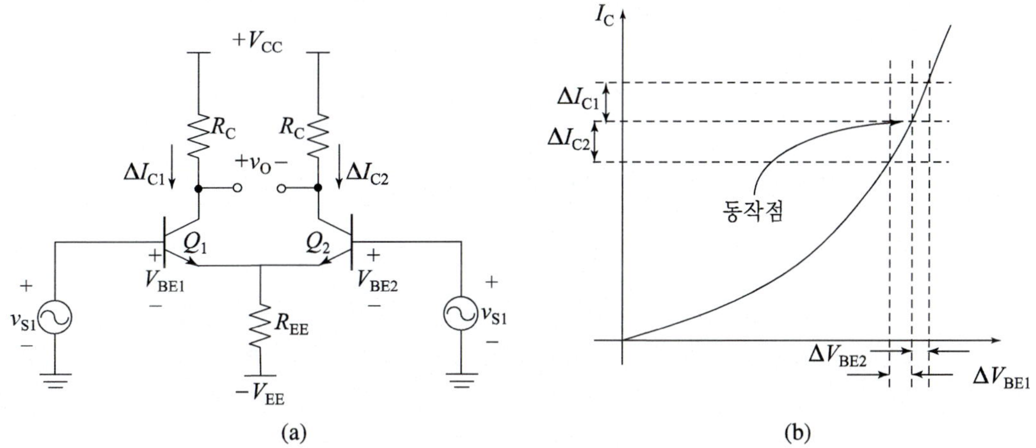

그림 3.6.10 차동 증폭기(a) 및 동작 특성 곡선(b)

$$\Delta V_{\mathrm{BE2}} = V_{\mathrm{T}}\ln(1-x)$$

이 된다. 여기에서 $\pm\Delta I_{\mathrm{C}}$는 그 변화분의 크기가 동일하므로 x는 동일하다. 한편

$$\ln(1+x)|_{|x|<1} = x - \frac{1}{2}x^2 + \frac{1}{3}x^3 - \frac{1}{4}x^4 \cdots \tag{3.6.33}$$

이므로 V_{ee}는

$$V_{\mathrm{ee}} = \frac{1}{2}(\Delta V_{\mathrm{BE1}} + \Delta V_{\mathrm{BE2}}) = \frac{1}{2}x^2 + \frac{1}{4}x^4 + \cdots \tag{3.6.34}$$

와 같이 주어진다. 즉 V_{ee}는 짝수 고조파 성분이 나타나며 이것은 동상신호로 나타나므로 *CMRR*에 의해서 제거된다. 따라서 콜렉터측에서는 짝수 고조파 성분이 나타나지 않는다. 이것은 출력이 외단 출력(single ended)이건 양단 출력(double ended)이건 마찬가지이다. 이 경우에는 입력 신호가 한 쪽에만 인가되는 단방향 입력일 때에도 짝수 고조파 제거가 가능하게 된다.

이제 여기에서 좀 더 구체적으로 차동증폭기에서 홀수 고조파의 크기를 구하여 보자. 콜렉터 전류에 관한 식은 이미 앞에서 보인 바와 같이 대신호가 인가되는 것을 가정하는 경우에

$$\frac{I_{\mathrm{C2}}}{I_{\mathrm{EE}}} = \frac{1}{1+e^{v_{\mathrm{id}}/V_{\mathrm{T}}}}$$

와 같이 주어진다. 한편,

$$\frac{1}{1+e^x} = \frac{1}{2} - \frac{1}{4}x + \frac{1}{48}x^3 - \frac{1}{480}x^5 \cdots, \quad x = v_{\mathrm{id}}/V_{\mathrm{T}} \tag{3.6.35}$$

이므로, $x = A\sin\omega t$라고 놓는 경우

$$x^3 \sim \frac{A^3}{4}\sin 3\omega t$$

의 항이 나타나게 된다. 따라서 위의 세 관계식으로부터

$$\frac{I_{\mathrm{C2}}}{I_{\mathrm{EE}}} = \frac{1}{2} - \frac{1}{4}\left(A\sin\omega t - \frac{A^3}{48}\sin 3\omega t + \cdots\right) \tag{3.6.36}$$

이 얻어짐을 알 수 있다. 여기에서 $v_{\mathrm{id}} = V_{\mathrm{id}}\sin\omega t$라 할 때

$$HD_3|_{\mathrm{diff}} = \frac{A^2}{48} = \frac{1}{48}\left(\frac{V_{\mathrm{id}}}{V_{\mathrm{T}}}\right)^2 \tag{3.6.37}$$

가 된다. 이 과정에서 보듯이 짝수고조파는 모두 제거되어 존재하지 않으며 제3 고조파가 가장 큰 값으로 나타남을 알 수 있다. 위 식을 전류의 관계로 다시 표시하기 위해서 베이스 저항이 없는 차동증폭기의 경우를 생각해 보면

$$\Delta I_C = \frac{1}{2} g_m V_{id} \text{ 또는 } \frac{\Delta I_C}{I_C} = \frac{1}{2}\frac{V_{id}}{V_T}$$

의 관계가 있으므로, 이 관계를 위 식 (3.6.37)에 적용하면

$$HD_3|_{diff} = \frac{1}{12}(\frac{\Delta I_C}{I_C})^2 \tag{3.6.38}$$

와 같이 왜율이 주어짐을 알 수 있다.

여기에서 한 가지 재미있는 사실은 두 트랜지스터를 사용한 에미터 접지형 차동출력 증폭기와 에미터 결합형 차동증폭기를 비교하여 보는 것이다. 위의 결과에서 보듯이 제3고조파 성분을 비교하여 볼 때 두 트랜지스터를 사용한 에미터 접지형 차동출력의 경우가 에미터 결합형보다 더 왜율이 작아짐을 알 수 있다. 그러나 에미터 접지형의 경우에는 증폭이 이루어진 다음에 연결되는 그 뒤 단에서 동상제거특성을 얻는 방법이 강구되어야 한다.

한편, 에미터 결합형 차동증폭기는 그 자체로서 동상제거 특성이 있으므로 짝수 고조파 성분을 제거하고 홀수 고조파 성분만을 남기게 되는 바람직한 특성이 있다. 그러나 이 경우에도 홀수 고조파 성분의 크기만을 비교하여 본다면 보통의 에미터 접지 증폭기에 비하여 두 배로 증가하는 특징이 있음을 알 수 있다. 즉, 짝수 고조파 성분이 제거되는 대가로 홀수 고조파 성분이 증가되는 것이다.

클래스 B 출력단의 왜율 (I)

클래스 B 출력단은 큰 부하전류를 높은 효율로 공급하기 위해서 자주 사용되는 중요한 수단이다. 여기에서는 클래스 B 출력단의 왜율을 구하여 보기로 한다. 그림 3.6.11에서 만일 $R_L \approx 0$, $V_{BE1} \cong V_i + V_{BB}$, $V_{BE2} \cong V_i - V_{BB}$, $I_L \cong I_{C1} + I_{C2}$ $I_{Bia} = I_s e^{V_{BB}/V_T}$ 라고 근사화 한다면 두 콜렉터 전류는 각각

$$I_{C1} = I_S e^{V_{BE1}/V_T} = I_{Bias} e^{V_i/V_T} \tag{3.6.39}$$

$$I_{C2} = -I_S e^{-V_{BE2}/V_T} = -I_{Bias} e^{-V_i/V_T} \tag{3.6.40}$$

와 같이 주어지게 된다. 이 식을 다른 형태로 표시하면

$$I_{C1} = I_{Bias}[1 + \frac{V_i}{V_T} + \frac{1}{2}(\frac{V_i}{V_T})^2 + \frac{1}{6}(\frac{V_i}{V_T})^3 + \cdots] \tag{3.6.41}$$

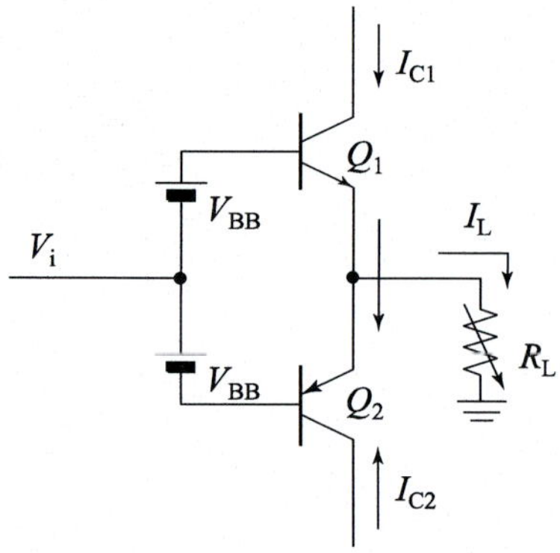

그림 3.6.11 클래스 B 출력단

$$I_{C2} = -I_{Bias}[1 - \frac{V_i}{V_T} + \frac{1}{2}(\frac{V_i}{V_T})^2 - \frac{1}{6}(\frac{V_i}{V_T})^3 + \cdots] \quad (3.6.42)$$

가 되며, 출력전류는 두 전류의 합으로 표시할 수 있으므로

$$I_L = I_{Bias}[0 + 2\frac{V_i}{V_T} + 0 + \frac{2}{6}(\frac{V_i}{V_T})^3 + \cdots] \quad (3.6.43)$$

와 같이 됨을 알 수 있다. 위의 식에서 보는 바와 같이 여기에서도 짝수 고주파 성분이 발생하지 않음을 알 수 있다. 한편, R_L 값이 존재하는 경우에는 고조파 왜율이 부귀환의 영향을 받아서 줄어들게 된다. 그러나 이 방법은 R_L이 존재하는 경우에는 실제로 클래스B 출력단의 왜율 계산에 적용하기에는 실질적으로 유용하지 않다. 따라서 아래에 보이는 바와 같이 다른 방법을 생각하여 보기로 한다.

클래스 B 축력단의 왜율 (II) - practical solution

여기에서는 위의 방법과는 달리 부하저항 R_L이 존재하는 경우에 출력전류가 흐르는 상태에서 트랜지스터의 V_{BE}가 어떤 모양으로 달라지게 될 것인지 생각하여 보기로 하자. 즉, V_{BE}의 비 선형성 때문에 왜율이 나타나게 되므로 V_{BE}의 변화하는 형태를 그림 3.6.12에서와 같이 구형파로 근사화 한다면 다음과 같이 표현이 가능하다. 즉,

$$\Delta V_{BE}(t) \approx \frac{4}{\pi}\Delta\hat{V}_{BE}(\sin\omega t + \frac{1}{3}\sin 3\omega t + \frac{1}{5}\sin 5\omega t + \cdots) \quad (3.6.44)$$

와 같이 놓을 수 있다. 이 식에서 보는 바와 같이 여기에서도 홀수고조파만 나타남을 알 수 있다. 이제 여기에서 제 3 고조파 성분만을 본다면 왜율은

$$\hat{V}_{HD3} = \frac{4}{\pi}\frac{1}{3}\Delta\hat{V}_{BE} = \frac{4}{3\pi}V_T \ln(1 + \frac{\hat{I}_L}{I_{Bias}}) \qquad 단,\ \hat{I}_L = \frac{\hat{V}_o}{R_L} \quad (3.6.45)$$

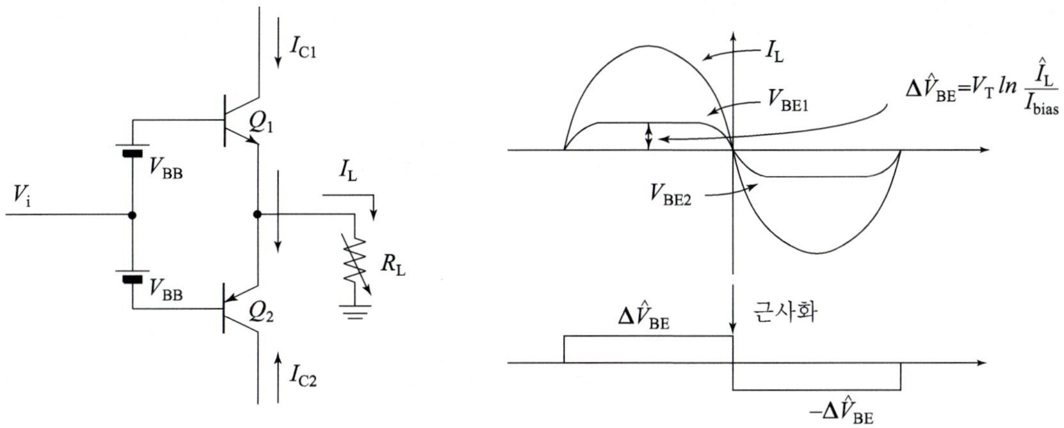

그림 3.6.12 클래스 B 출력단과 출력파형

와 같이 주어질 수 있다. 따라서 제3 고조파 왜율은 기본파 출력전압의 상대적인 값으로 주어지므로 다음과 같이

$$HD_3 = \frac{\hat{V}_{HD3}}{\hat{V}_O} = \frac{4}{3\pi} V_T \ln(1 + \frac{\hat{I}_L}{I_{Bias}}) / \hat{V}_O \tag{3.6.46}$$

으로 표시가 가능하게 된다. 이제 다음의 예를 보기로 하자.

예 3.14 부하저항 R_L=8Ω에 대하여 출력파워가 P_o=100 W인 조건에서 제3 고조파 왜율 HD_3를 구하라. 단, 아이들링 상태에서 바이어스 전류는 P_o=100 W 시 첨두 출력전류 대비 $\hat{I}_L / I_{Bias}$ =100이라고 가정하라. 또, P_o=1 W일 때 다시 계산하여 위의 결과와 비교하라.

풀 이 1) $P_O = R_L \left(\hat{I}_L / \sqrt{2} \right)^2$이므로 $\hat{I}_L = \sqrt{\frac{2P_O}{R_L}} = \sqrt{\frac{2*100}{8}} = 5\,A$

따라서 $I_{Bias} = \hat{I}_L / 100 = 50\,mA$로 설정되어 있다. 또한

$$\hat{V}_O = R_L I_L = 8*5 = 40\,V$$

$$V_T \ln(101) = 120\,mV$$

이므로 따라서 $HD_3 = \frac{4}{3\pi} \cdot 120mV / 40V \approx \frac{51mV}{40V} = 0.13\%$

가 얻어진다.

풀 이 2) P_o=1 W일 경우에는

$$I_{Bias} = 50\text{mA}, \quad \hat{I}_L = 500\,\text{mA}$$

가 된다. 따라서

$$\hat{V}_O = 500\text{mA} \cdot 8\Omega = 4\,\text{V}, \qquad V_T \ln\left(1 + \frac{500\text{mA}}{50\text{mA}}\right) \cong 60\text{mV}$$

이므로

$$HD_3 = \frac{4}{3\pi}\frac{60\,\text{mV}}{4\,\text{V}} \cong \frac{25\,\text{mV}}{4\,\text{V}} \cong 0.63\%$$

가 얻어진다. 이 결과는 위의 P_o=100 W일 때의 결과와 비교하여 훨씬 큰 왜율을 나타내고 있다. 즉, class B 출력단의 경우에는 신호의 크기가 작을 때가 큰 신호에 비하여 더 큰 왜율을 보임을 알 수 있다.

FET의 왜율

여기에서는 MOSFET의 왜율에 대해서 생각하여 보기로 하겠다. 그림 3.6.13에 보이는 바와 같이 CS 증폭기에 대한 표시식을 다시 써 보면

$$I_D + i_D = \frac{1}{2}\beta(V_{GS} + v_{gs} - V_t)^2 \tag{3.6.47}$$

와 같다. 여기에서 V_{GS}-V_t = V_P로 놓고 정리하면 소신호 성분에 대하여

$$i_D = \beta V_p v_{gs} + \frac{1}{2}\beta {v_{gs}}^2 \tag{3.6.48}$$

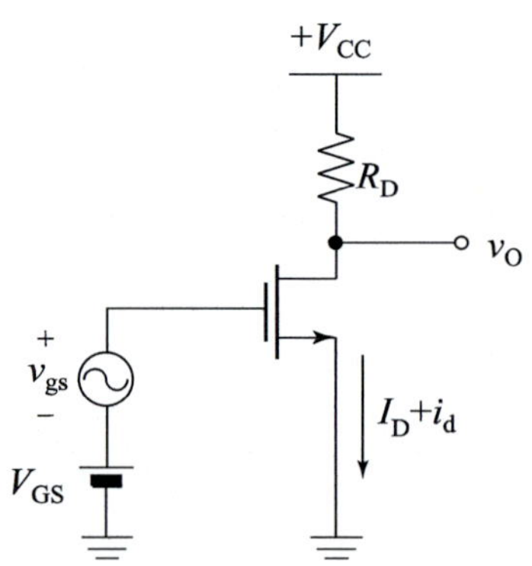

그림 3.6.13 소스접지 증폭기

이 얻어진다. 한편, v_{gs}를 다음과 같이 놓자. 즉

$$v_{gs} = \Delta V_{GS} \sin \omega t \tag{3.6.49}$$

이 때 식 (3.6.49)를 식 (3.6.48)에 대입하고 기본파와 제2 고조파 성분의 비를 첨두값의 관계로 구하면

$$HD_2 = \frac{1}{\beta V_p \Delta V_{GS}} \left(\frac{1}{4} \beta \Delta V_{GS}{}^2\right) = \frac{1}{4} \frac{\Delta V_{GS}}{V_p} \tag{3.6.50}$$

와 같이 된다. 여기에서 구한 왜율은 전압의 관계로 표시되었지만 드레인 전류에 포함된 고조파 왜율의 성분을 구한 것이다. 따라서 출력 전압파형의 왜율도 이와 동일한 값을 가지게 된다. 위의 식에서 보이는 바와 같이 MOS의 왜율은 2차 고조파 외에는 존재하지 않으며 바이폴라 트랜지스터에 비하여 유리한 특성을 가지고 있다. 그러나 식 (3.6.47) 자체가 근사식이며 소신호 모델임을 고려한다면 실제에 있어서는 신호의 크기가 커짐에 따라 다른 성분의 고조파가 일부 나타날 수 있음을 감안해야 한다.

FET 차동증폭기의 왜율

먼저 소스가 접지된 두 MOS 차동 출력 증폭기의 왜율을 생각하여 보자. 차동 입력 신호 $V_{id} = V_{i1} - V_{i2}$에 대해서 MOSFET M_1의 드레인 전류가 $+i_D$ 증가하면, M_2의 전류는 $-i_D$ 만큼 변화한다고 근사화 할 때, 식으로 표시하면 M_1, M_2에 대해서 각각

$$+i_D = g_m V_{gs1} + 0.5\beta V_{gs1}{}^2 \tag{3.6.51}$$

$$-i_D = -g_m V_{gs2} + 0.5\beta V_{gs2}{}^2 \tag{3.6.52}$$

와 같이 쓸 수 있으며, 여기에서 $\beta V_p = g_m$이다. 여기에서 $V_{gs1} = -V_{gs2}$라 할 때, 양단의 출력 전압은

$$V_o = R_D i_D - (-i_D) R_D = 2 g_m V_{gs1} \tag{3.6.53}$$

으로 주어지며 고조파 성분을 포함하지 않는다. 즉, 개별 CS 증폭기의 2차 왜율이 서로 상쇄되어 선형성이 매우 좋은 증폭기가 되는 셈이다. 즉, 두 소스접지 증폭기를 이용하여 양단출력을 얻을 때에는 두 에미터접지 바이폴라 트랜지스터의 경우와 마찬가지로 각각의 드레인에서는 짝수 고조파 성분이 제거 되지 않으나, 양단의 출력을 이용하여 *CMRR*이 큰 다음 단에 결합하거나, 혹은 두 드레인측에서 전류미러를 이용하여 동상 제거 특성을 가지도록 구성한 출력형태일 때에는 이런 특징을 이야기 할 수 있다. 그러나 여기에서도 신호의 크기가 커지면 비선형성이 나타나게 된다.

이번에는 아래 그림과 같이 소스 결합형 차동증폭기의 경우에 대해서 왜율이 어떤 특징이 있는지를 살펴보기로 하자. 먼저 차동입력 신호전압을 다음과 같이 정의하여

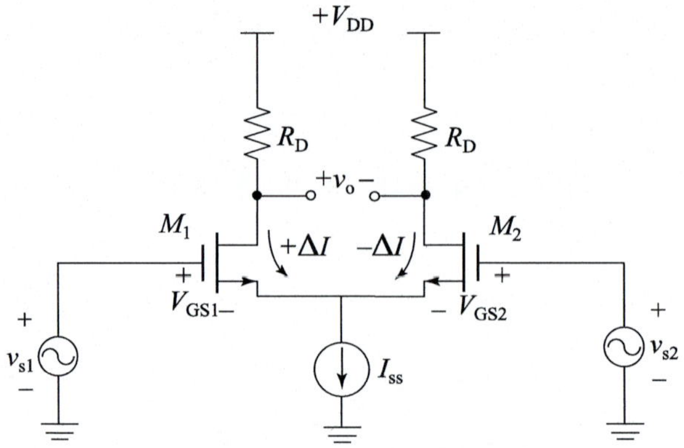

그림 3.6.14 MOS 차동 증폭 회로

$$V_{id} = V_{GS1} - V_{GS2} = \sqrt{\frac{2}{\beta}}\left(\sqrt{I_{D1}} - \sqrt{I_{D2}}\right) \tag{3.6.54}$$

로 두기로 한다. 여기에 $I_{D1} = I_D + \Delta I$, $I_{D2} = I_E - \Delta I$. $I_{SS}=2I_D$를 대입하면 다음과 같은 식을 얻을 수 있다. 즉,

$$V_{id}^{\ 2} = \frac{2}{\beta} I_{SS} \left\{ 1 - \left[\left(1 + \frac{\Delta I}{I_D} \right) (1 - \frac{\Delta I}{I_D}) \right]^{\frac{1}{2}} \right\} \tag{3.6.55}$$

또는 이 식을 다시 정리하여

$$\frac{\Delta I}{I_D} = \left(\frac{\chi}{2}\right)\left[1 - \left(\frac{\chi}{2}\right)^2\right]^{\frac{1}{2}} \quad \text{단, } \chi = V_{id}/V_p \tag{3.6.56}$$

와 같이 놓을 수 있다. 한편, 테일러 공식에 의하면

$$f(y) = (1-y)^{\frac{1}{2}} = 1 - \frac{1}{2}y - \frac{1}{8}y^2 - \frac{1}{16}y^3 - \cdots$$

이므로 이 관계를 위 식에 적용하면

$$\frac{\Delta I}{I_D} = \frac{\chi}{2}\left[1 - \frac{1}{2}\left(\frac{\chi}{2}\right)^2 - \cdots\right] = \frac{1}{2}\left[\chi - \frac{1}{8}\chi^3 - \cdots\right] \tag{3.6.57}$$

와 같이 얻을 수 있게 된다. 여기에서 $\chi = A\sin\omega t$ 라고 하면, $\chi^3 \to \frac{A^3}{4}\sin 3\omega t$ 이므로

$$\frac{\Delta I}{I_D} = \frac{1}{2}[A\sin\omega t - \frac{1}{32}A^3 \sin 3\omega t - \cdots] \tag{3.6.58}$$

로 표시가 가능하다. 따라서, FET에서의 고조파 왜율은

$$HD_2 = 0 \qquad (3.6.59)$$

$$HD_3 = \frac{1}{32}\left(\frac{V_{\text{id}}}{V_{\text{p}}}\right)^2 \qquad (3.6.60)$$

와 같이 주어진다. 이 과정에서 보는 바와 같이 FET로 차동증폭기를 구성할 경우에도 짝수 고조파 성분은 역시 존재하지 않는다. 그러나 홀수 고조파 성분은 이 경우에도 역시 나타나서 존재하게 됨을 알 수 있다. 그러나 홀수 고조파를 대표하는 3차 고조파 성분의 크기를 보면 바이폴라 트랜지스터와 비교하여 볼 때 작아진다. 이 고조파 성분이 구체적으로 얼마나 작아지게 되는지 하는 점에 대해서는 아래에서 비교하여 논의하기로 한다.

[Ref.] D.Pederson, k. Mayarn “*Analog Integrated circuit for communication*”., Kluwer Acaderrier 1991

바이폴라와 FET 증폭기의 왜율 비교

바이폴라와 FET의 왜율을 비교하여 보는 것도 흥미롭다. 아래 그림 (3.6.15)에 각각의 CE와 CS 증폭기의 기본 구조 및 2차 고조파 왜율을 표시하였다. 이 그림에서 보인 바와 같이 제2 고조파 왜율에 관한 두 표현식이 유사하다. 이 둘을 비교함에 있어서 만일 동일한 크기의 입력 신호를 인가한다면 일반적으로 $V_p >> V_T$이므로 당연히 바이폴라의 왜율이 더 크다. 그러나 바이폴라의 경우 전압 이득이 FET보다 훨씬 크므로 이것은 합리적이지 않다. 둘 사이의 공정한 비교는 출력 신호의 크기가 동일하게 되는 입력 신호를 가정하여 왜율을 비교하는 것이 더 옳다고 할 수 있다.

이와 같이 출력신호의 크기가 동일하게 되는 조건에서 비교하는 경우에는 FET가 훨씬 더 큰 입력 신호를 필요로 한다. 두 출력 신호가 동일하게 되는 조건은 또 부하저항이 동일한 상황에서 비교해야 한다. 따라서 이것은 바이어스 전류대비 출력전류의 변화가 동일한 경우의 왜율을 비교하는 것과 등가라고 말 할 수 있다. 다시 말해서 바이어스 전류가 동일한 상황에서

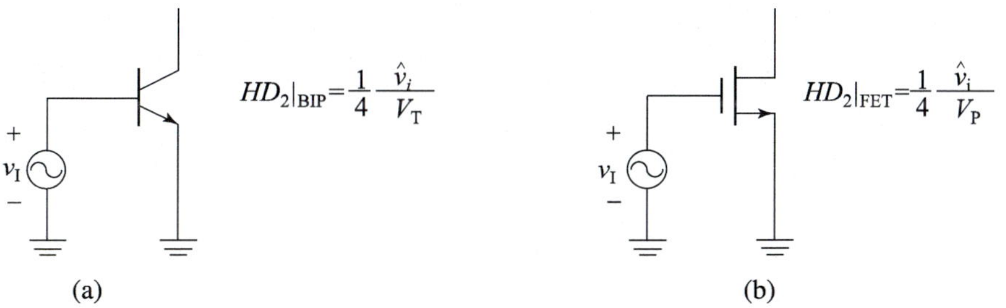

그림 3.6.15 바이폴라 CE (a) 및 MOS CS (b) 증폭기의 왜율 비교

$$\Delta I_C|_{BIP} = \Delta I_D|_{FET} \tag{3.6.61}$$

인 조건에서 비교하는 것과 등가가 된다. 그런데 바이폴라의 경우는 왜율을 전류의 변화로 표시해서

$$HD_2 = \frac{1}{4}\frac{\Delta I_C}{I_c} \tag{3.6.62}$$

의 관계가 있음을 이미 지적하였다. FET의 경우에도 HD_2를 전류의 변화로 표시하여 보기로 한다. 즉,

$$\Delta I_D = g_m \hat{v}_i, \quad g_m V_p = 2I_D \tag{3.6.63}$$

의 관계를 돌이켜 보면,

$$\frac{\hat{v}_i}{V_p} = \frac{1}{2}\frac{\Delta I_D}{I_D} \tag{3.6.64}$$

의 관계가 있음을 알 수 있다. 따라서 2차 왜율을 전류의 관계로 표시하면

$$HD_2|_{FET} = \frac{1}{8}\frac{\Delta I_D}{I_D} \tag{3.6.65}$$

의 관계가 얻어진다. 따라서 위의 결과로부터 바이폴라와 FET를 비교해 보면 동일한 출력 전류의 변화율에 대한 CE접지와 CS접지의 2차 고조파 왜율은 FET가 바이폴라의 절반임을 알 수 있다. 이것은 MOS 뿐만 아니라 JFET의 경우에도 마찬가지이며 3차 이상의 고조파를 고려한다면 바이폴라에 비해서 FET가 더욱 유리하게 된다.

이번에는 바이폴라와 MOS 차동 증폭기의 경우에 대해서 각각 왜율을 비교하여 보기로 하자. 먼저 바이폴라 트랜지스터 차동 증폭기의 경우는 앞의 계산에서 보여준 바와 같이

$$HD_3 = \frac{1}{48}(V_{id}/V_T)^2 = \frac{1}{12}(\Delta I/I_C)^2 \tag{3.6.66}$$

으로 주어짐을 알고 있다.

한편 MOSFET 트랜지스터 차동 증폭기에서는 $G_m V_{id} = \Delta I,\ G_m = g_m/2,\ g_m = 2I_D/V_p$이므로 $\frac{g_m}{2}V_{id} = \frac{I_D}{V_p}V_{id} = \Delta I$, 즉 $\frac{V_{id}}{V_p} = \frac{\Delta I}{I_D}$가 된다. 따라서 식 (3.6.60)에 대입하면

$$HD_3 = \frac{1}{32}(V_{id}/V_p)^2 = \frac{1}{32}(\Delta I/I_D)^2 \tag{3.6.67}$$

와 같이 주어진다. 이 결과는 차동 증폭기로 구성하는 경우에도 3차 고조파 왜율은

FET가 바이폴라에 비하여 약 1/3 정도로 작아짐을 의미한다.

결론적으로 FET는 개별 증폭단의 전압이득이 작아서 큰 이득을 얻기 위해서는 바이폴라보다 증폭단이 많아질 수 있지만, 개별 소자로 증폭기를 설계하든 혹은 차동증폭 회로로 설계하든 FET가 바이폴라 보다 더 우수한 직선성을 가지고 있다고 말 할 수 있다.

THD와 왜율 요약

THD(Total Harmonic Distorion)라 함은 총 고조파 왜율을 의미하며 다음과 같이 정의된다. 즉,

$$THD = \sqrt{HD_2^{\ 2} + HD_3^{\ 2} + \cdots} \qquad (3.6.68)$$

이다. 이 식으로부터 주로 제2 고조파와 제3 고조파 성분이 THD를 결정하는 주 요인이 됨을 쉽게 알 수 있다. 여기까지의 결과를 바탕으로 왜율을 요약하면 아래의 표 3.6.1로 주어지는 바와 같다.

왜율 요약

표 3.6.1 바이폴라 CE, MOS CS 및 차동 증폭기의 왜율

고조파	*Single CE or CS*		차동 증폭기	
	BIP	*FET*	*BIP*	*FET*
HD_2	$\frac{1}{4}(V_i / V_T)$	$\frac{1}{4}(V_i / V_P)$	0	0
	$\frac{1}{4}(\Delta I / I_C)$	$\frac{1}{8}(\Delta I / I_D)$	0	0
HD_3	$\frac{1}{24}(V_i / V_T)^2$	0	$\frac{1}{48}(V_{id} / V_T)^2$	$\frac{1}{32}(V_{id} / V_p)^2$
	$\frac{1}{24}(\Delta I / I_C)^2$	0	$\frac{1}{12}(\Delta I / I_C)^2$	$\frac{1}{32}(\Delta I / I_D)^2$

다단 증폭기의 왜율

지금까지 우리는 개별 증폭기의 고조파 왜율에 대해서 고찰해 보았다. 이와 같은 왜율이 다단 증폭기에 대해서는 어떻게 적용될 수 있는지 알아 보기로 하자. 그림 3.6.16에 보이는 바와 같이 2단 직렬 증폭기에 대해서 첫 단의 이득을 A_1 그리고 2차 고조파 왜율을 $(HD_2)_1$이라고 하고, 둘째 단 이득을 A_2 그리고 2차 왜율을 $(HD_2)_2$라 하자. 이 때, 고조파 왜율에 대한 표시식을

$$(HD_2)_1 = \frac{B_1}{A_1} \tag{3.6.69}$$

$$(HD_2)_2 = \frac{B_2}{A_2} \tag{3.6.70}$$

로 놓는다면 B_1과 B_2는 2차 고조파가 발생되어 출력에 나타나는 크기를 의미하게 된다. 따라서 V_{o1}과 V_{o2}의 표시식은

$$V_{o1} = A_1 V_i(\omega) + B_1 V_i(2\omega) \tag{3.6.71}$$

$$V_{o2} = A_2 V_{o1}(\omega) + B_2 V_{o1}(2\omega) \tag{3.6.72}$$

표시할 수 있으며 여기에서 ( ) 안의 2ω의 의미는 2차 고조파를 발생시킴을 의미한다. 따라서 식 (3.6.71)를 식 (3.6.72)에 대입하면

$$V_{o2} = A_2 A_1 V_i(\omega) + (A_2 B_1 + B_2 A_1) V_i(2\omega) + B_2 B_1 V_i(4\omega) \tag{3.6.73}$$

와 같이 표시가 가능하게 된다. 따라서 식 (3.6.73)의 최종 출력 V_{o2}에 있어서 총 고조파 왜율$(HD)_{1+2}$는

$$(HD_2)_{1+2} = \frac{A_2 B_1 + B_2 A_1}{A_1 A_2} = \frac{B_1}{A_1} + \frac{B_2}{A_2} \tag{3.6.74}$$

$$(HD_4)_{1+2} = \frac{B_1 B_2}{A_1 A_2} \tag{3.6.75}$$

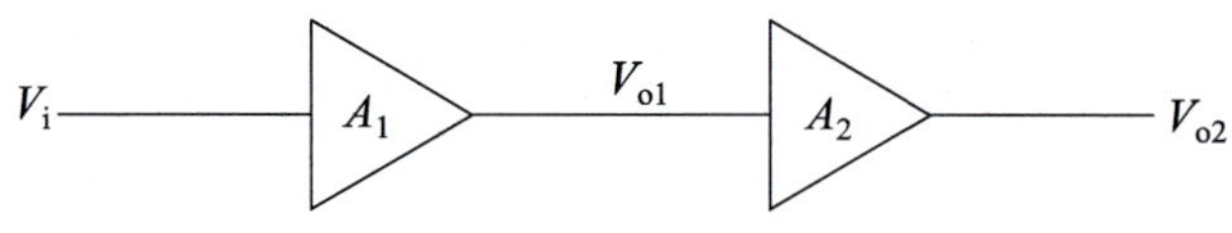

그림 3.6.16 다단증폭기

와 같이 얻어지며 2차 고조파 왜율은 식 (3.6.69),(3.6.70) 그리고 식 (3.6.74)로부터

$$(HD_2)_{1+2} = (HD_2)_1 + (HD_2)_2 \tag{3.6.76}$$

와 같이 된다. 즉, 최종 출력의 2차 고조파 왜율은 각 단의 2차 고조파 왜율의 합과 같음을 알 수 있다. 또 한 식 (3.6.76)과 같이 2차 이상의 고차 왜율이 발생하게 되지만, 그 크기는 미약하여 무시가 가능하게 된다. 따라서 정리하면 다음과 같다.

> 다단 증폭기에서 특정 고조파 성분에 대한 전체 왜율은 독립적으로 구한 각 단의 왜율을 더한 값으로 근사화 할 수 있다.

상호간섭 왜율(Intermodulation Distortion)

여기에서는 상호간섭왜율에 대해서 생각해 보기로 하겠다. 증폭기의 전달특성은 비선형적이기 때문에 근사적으로

$$V_o = a_1 V_i + a_2 V_i^2 + a_3 V_i^3$$

와 같이 주어진다고 생각할 수 있다. 이 때 입력신호가 두 개의 주파수 성분을 포함하고 있으며

$$V_i = V_1 \cos\omega_1 t + V_2 \cos\omega_2 t$$

로 주어지는 경우를 생각하여 보자. 위의 두 식으로부터 증폭기의 제곱특성은 다음과 같은 고조파들을 발생시킨다. 즉,

$$\begin{aligned} a_2 V_i^2 &= a_2 V_1^2 \cos^2\omega_1 t + a_2 V_2^2 \cos^2\omega_2 t + 2a_2 V_1 V_2 \cos\omega_1 t \cos\omega_2 t \\ &= \frac{1}{2} a_2 (V_1^2 + V_2^2) + \frac{1}{2} a_2 V_1^2 \cos 2\omega_1 t + \frac{1}{2} a_2 V_2^2 \cos 2\omega_2 t \\ &\quad + a_2 V_1 V_2 \cos(\omega_1 + \omega_2)t + a_2 V_1 V_2 \cos(\omega_1 - \omega_2)t \end{aligned} \tag{3.6.77}$$

가 된다.

이때 $V_1 = V_2$일 경우를 가정한다면 2차 상호간섭 왜율은

$$IM_2\ (=2HD_2) \equiv \frac{a_2 V_1 V_2}{a_1 V_1} = \frac{a_2}{a_1} V_2 = \frac{a_2}{a_1} V_1 \tag{3.6.78}$$

와 같이 주어진다. 이 식에서 보는 바와 같이 2차 상호간섭왜율은 그 크기에 있어서 제2고조파왜율의 2배가 됨을 알 수 있다. 다른 하나 즉, 증폭기의 세제곱 특성으로부

터 발생되는 고조파 성분들은

$$a_3V_i^3 = a_3V_1^3\cos^3\omega_1 t + 3a_3V_1V_2^2\cos\omega_1 t\cos^2\omega_2 t$$

$$+ 3a_3V_1^2V_2\ \cos^2\omega_1 t\cos\omega_2 t + a_3V_2^3\cos^3\omega_2 t$$

$$= \cdots a_{32}\cos(\omega_1 \pm 2\omega_2)t + a_{33}\cos(2\omega_1 \pm \omega_2)t$$

$$\text{단, } a_{32} = \frac{3}{4}a_3V_1V_2^2\ ,\ a_{33} = \frac{3}{4}a_3V_1^2V_2 \qquad (3.6.79)$$

와 같이 주어지게 된다.

그러므로 역시 $V_1 = V_2$일 경우를 가정한다면 3차 상호간섭 왜율은

$$IM_3\ (=3HD_3) = \frac{3}{4}\frac{a_3V_1^3}{a_1V_1} = \frac{3}{4}\frac{a_3}{a_1}V_1^2 \qquad (3.6.80)$$

와 같이 주어지게 된다. 이 식으로부터 3차 상호간섭왜율은 그 크기에 있어서 제3고조파왜율의 3배가 됨을 알 수 있다. 여기에서 3차 상호간섭왜율은 특히 중요한 의미를 가진다. 즉, 서로 다른 두 주파수의 차이가 크지 않을 경우에는 3차 상호간섭 주파수 중에서 합주파수 성분은 높은 영역으로 올라가기 때문에 별 문제가 없으나 차주파수 성분은 기본 주파수인 ω_1 또는 ω_2 근처에 머물게 된다. 무선통신에서는 이런 성분들이 통화를 위하여 사용 중인 주파수 채널대역을 통과하게 되므로 인접채널의 신호가 혼선을 일으키는 간섭신호로 나타나게 되어 매우 바람직하지 않은 결과를 초래하게 된다.

그림 3.6.17은 기본파 성분과 3차 상호간섭성분의 크기를 입력신호의 크기의 함수로 도시한 것이다. 이 그림은 신호가 큰 영역에서는 출력신호가 포화상태로 들어가기 때문에 잘 맞지 않는다. 그렇지만 신호가 작은 영역에서는 잘 맞게 되므로 잘 맞는 소신호 영역의 경향을 대신호 영역까지 확장하여 그린 그림이다. 이 그림에서 보는 바와 같이 기본파 성분은 입력신호의 크기가 증가함에 따라 출력신호 역시 선형적으로 증가하지만 3차 상호간섭의 출력성분은 입력신호 크기의 세제곱에 비례하여 증가하게 되므로 두 성분의 교차점이 발생하게 된다. 이 교차점에 해당하는 입력신호의 크기를 IIP3 (3차 입력교차점: input Intercept Point 3)라고 부르며, 이에 해당하는 출력신호의 크기를 OIP3(3차 출력교차점: Output Intercept Point 3)라고 부른다. 증폭기의 설계방법에 따라서 IIP3와 OIP3의 크기가 달라지며 이 값들을 가능한 한 크게 설계하는 것이 바람직하게 된다. 무선통신에서는 이 값들에 대한 허용규격이 정해져 있어서 초기부터 이 규정을 만족하도록 설계하지 않으면 안 된다. 아날로그 타입의 필터(예: g_mC 필터)를 설계하는 경우에도 IIP3와 OIP3는 신호의 성형영역을 나타내는 수단이 되며, 신호의 동작 가능한 영역을 표시함으로써 필터의 성능을 나타내는 지표가 된다.

앞에서 언급한 바와 같이 신호가 증가함에 따라서 기본파 출력신호가 포화상태에 이르게 되는데 그렇게 되면 기본파 성분에 대한 이득 또한 신호가 커지면서 감소하게 된다. 이것을 나타내는 하나의 지표로서 $A_{1\text{-dB}}$가 있다. 이것은 기본파 성분의 이득이 1dB 감소하는 입력신호의 크기를 표시한다. 이에 관한 좀 더 자세한 내용은 부록 3B를 참고하기 바란다.

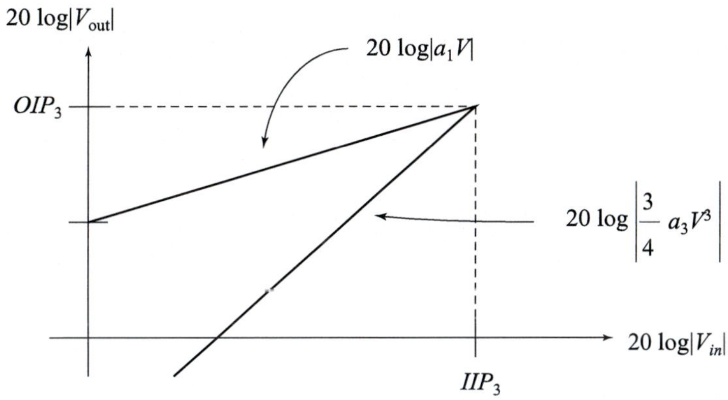

그림 3.6.17 IIP_3와 OIP_3 ($V_1 = V_2$일 때)

부록 3A

Feedback을 고려한 왜율의 계산

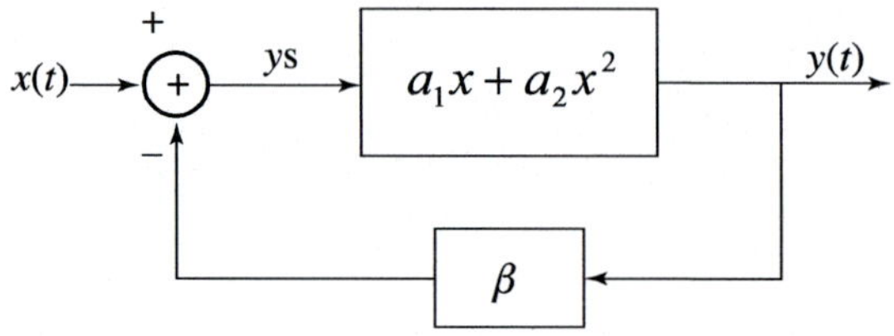

증폭기의 입출력 특성이 $y \approx a_1x + a_2x^2$ 로 주어진다고 가정하자.

입력으로 $x(t) = V_{\rm m}\cos\omega t$ 가 가해질 경우, 이 증폭기의 출력을 $y \approx a\cos\omega t + b\cos 2\omega t$ 로 근사화할 수 있다.

이러한 가정하에 수식을 전개해보면,

$$
\begin{aligned}
ys &= x(t) - \beta y(t) \\
&= V_{\rm m}\cos\omega t - \beta(a\cos\omega t + b\cos 2\omega t) \\
&= (V_{\rm m} - \beta a)\cos\omega t - \beta b\cos 2\omega t
\end{aligned}
$$

증폭기를 통과한 신호는

$$
\begin{aligned}
y(t) &= a_1[(V_{\rm m} - \beta)\cos\omega t - \beta b\cos 2\omega t] \\
&\quad + a_2[(V_{\rm m} - \beta a)\cos(\omega t - \beta b\cos 2\omega t)]^2 \\
&= [a_1(V_{\rm m} - \beta a) - a_2(V_{\rm m} - \beta a)\beta b]\cos\omega t) \\
&\quad + [-a_1\beta b + \frac{a_2(V_m - \beta a)^2}{2}]\cos 2\omega t\cdots
\end{aligned}
$$

로 주어진다.

여기서 계수 a와 b를 구해보면,

$$
\begin{aligned}
a &= (a_1 - a_2\beta b)(V_{\rm m} - \beta a) \\
b &= -a_1\beta b + \frac{a_2(V_{\rm m} - \beta a)^2}{2}
\end{aligned}
$$

가 된다.

이 때 a_2 와 b의 값이 작다고 가정한다면, 각각,

$$
a = \frac{a_1}{1 + \beta a_1}V_{\rm m}
$$

$$b = -a_1 \beta b + \frac{1}{2} a_2 (\frac{a}{a_1})^2$$
$$= \frac{a_2 {V_m}^2}{2} \frac{1}{(1+\beta a_1)^3}$$

로 간략화된다.
즉,

$$HD_2 = \frac{b}{a}$$
$$= \frac{a_2 V_m}{2} \frac{1}{a_1} \frac{1}{(1+\beta a_1)^2}$$

로 feedback이 없을 때 보다 $D^2(D=1+a_1\beta)$의 factor로 왜율이 작아짐을 알 수 있다.

[Ref.] Razavi, *Design of Analog CMOS Integrated Circuits*, 1st ed.

부록 3B

이득 축소 (Gain compression: $A_{1\text{-}dB}$)

$$y(t) = \alpha_1 A\cos\omega t + \alpha_2 A^2 \cos^2 \omega t + \alpha_3 A^3 \cos^3 \omega t$$

$$= \alpha_1 A\cos\omega t + \frac{\alpha_2 A^2}{2}(a + \cos 2\omega t) + \frac{\alpha_3 A^3}{4}(3\cos\omega t + \cos 3\omega t)$$

$$= \frac{\alpha_2 A^2}{2} + (\alpha_1 A + \frac{3\alpha_3 A^3}{4})\cos\omega t + \frac{\alpha_2 A^2}{2}\cos 2\omega t + \frac{\alpha_3 A^3}{4}\cos 3\omega t \qquad (3B.1)$$

$$20\log|\alpha_1 A + \frac{3\alpha_3 A^3}{4}| = 20\log|\alpha_1 A| - 1dB \qquad (3B.2)$$

$$A_{1\text{-}dB} = \sqrt{0.145\left|\frac{\alpha_1}{\alpha_3}\right|} \qquad (3B.3)$$

위 식에서 이득축소는 이것은 $\alpha_3 < 0$ 일 때 발생한다. 이득축소 현상이 심하게 되는 경우에는 입력신호의 변화에도 불구하고 출력전압이 포화상태에 이르러 입력신호의 정보가 출력에 전달될 수 없게 되며 증폭기로서의 기능을 상실하게 된다. 따라서 포화를 표시하는 하나의 지표로서 출력신호의 왜곡으로 -1dB 감소하게 되는 입력신호의 크기를 $A_{1\text{-dB}}$로 정의 한다. 참고로 전형적인 50Ω RF 증폭기의 경우 $A_{1\text{-dB}}$ ≈-20 dBm ~ -25 dBm 정도이다(50Ω에서 63.2 $mV_{p\text{-}p}$ ~ 35.6 $mV_{p\text{-}p}$).

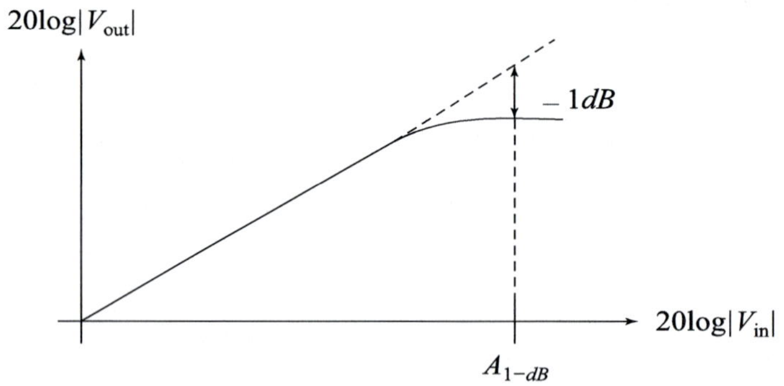

그림 3.B.1 1dB Compression point

EXERCISE

03 연습문제

3.1 아래 회로에서 전압이득은 얼마인가?

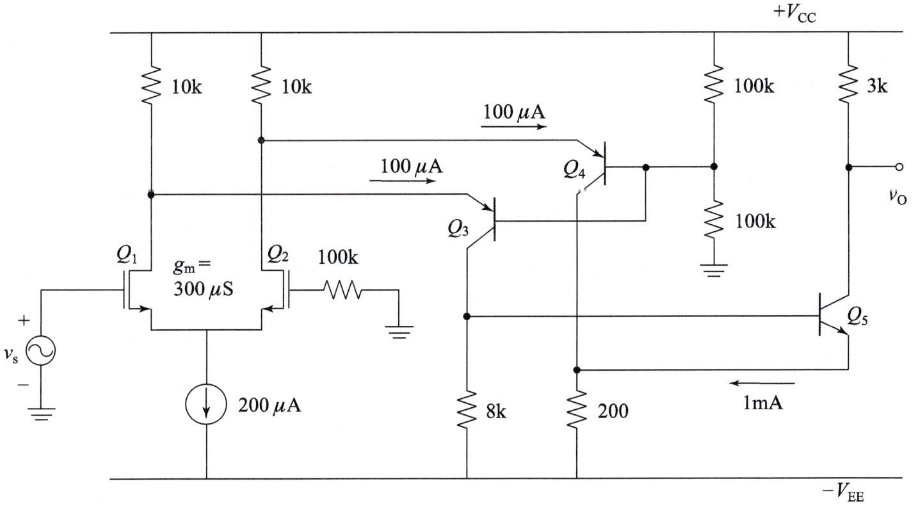

그림 P3.1

3.2 식 (3.3.10) 으로 주어지는 *CMRR*에 관한 수식으로부터 R_2=0인 경우를 생각해 보면 *CMRR*이 무한대가 되는데, 그림 3.3.1의 회로로 되돌아가서 생각해 볼 때 이것이 왜 옳은 결과인지 그 이유를 설명하라.

3.3 두 트랜지스터의 특성이 동일하다고 할 때, 다음 물음에 답하라. 단, $\beta = 100$, $V_A = \infty$ 이고, $I_{C1} = I_{C2} = 0.5\text{mA}$, $I_{C3} = 2\text{mA}$ 이다.

(1) 차동입력신호에 대하여 전압이득을 구하기 위한 등가 분리회로를 그리고 계산하라.

(2) 동상입력신호에 대하여 전압이득을 구하기 위한 등가 분리회로를 그리고 계산하라.

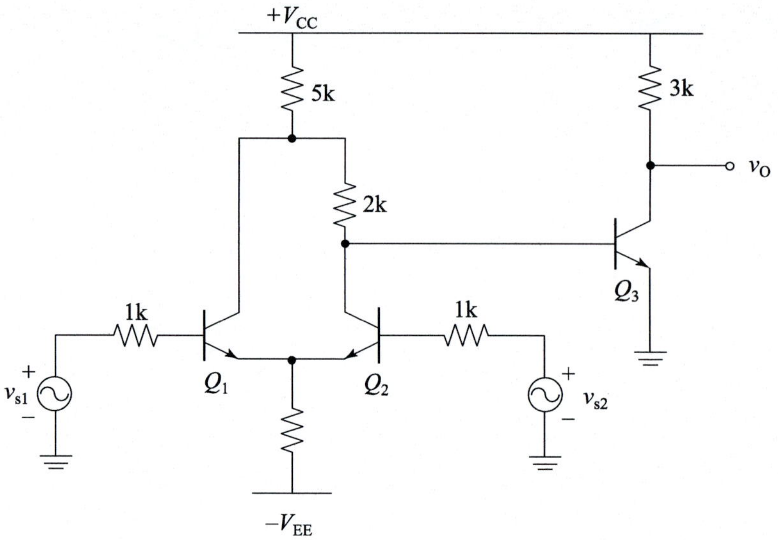

그림 P3.3

3.4 다음 회로에 대하여 출력신호 V_O 에 대한 *CMRR*을 구하라. 단, 각 트랜지스터의 콜렉터 전류는 1mA 이고 특성이 동일하다.

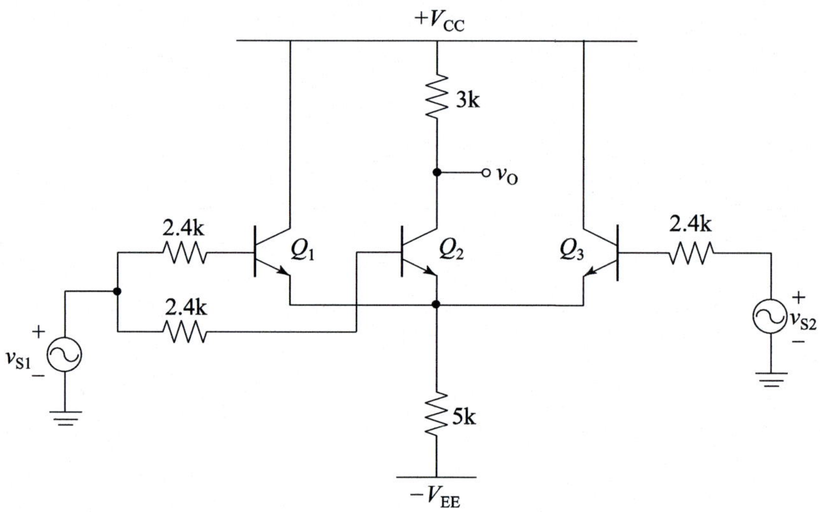

그림 P3.4

3.5 각각의 회로에 대하여 출력스윙이 10 V *peak-to-peak*일 때, 약 1% 의 *THD* 를 얻기 위한 전원 전압, 바이어스 전류, 저항 값을 결정하라. 단, 출력쪽에서 $R_L = 1k\Omega$ 이고, 큰 커플링 커패시턴스를 가진다고 가정한다. 또한 PSPICE 시뮬레이션을 통해 결과를 검증하라.

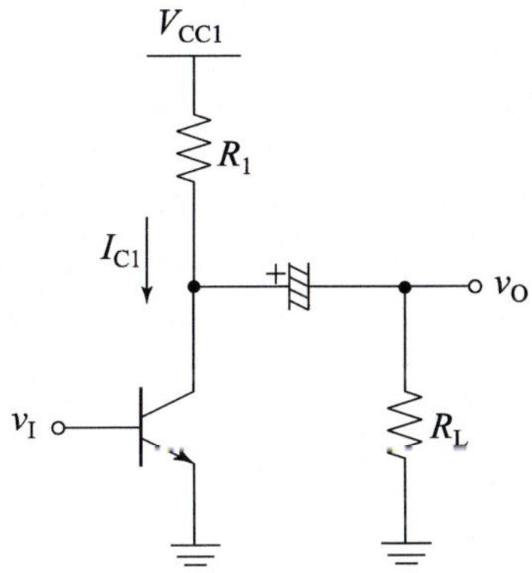

그림 P3.5.1

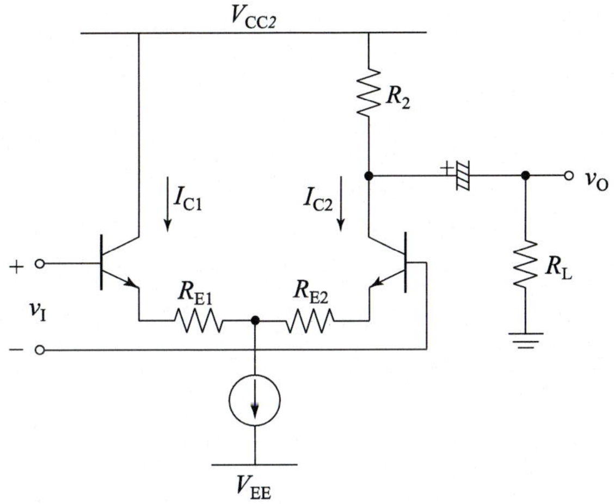

그림 P3.5.2

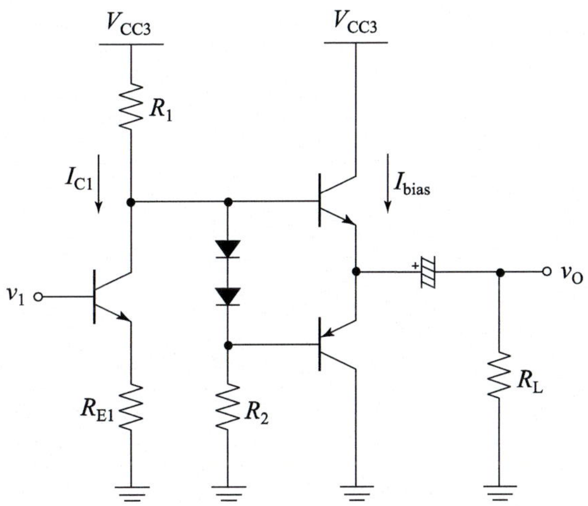

그림 P3.5.3

3.6 다음 회로에 대해서 물음에 답하라. 단, 소자 파라미터는 다음과 같다.

BJT : β=100, V_{BE}=0.6V, V_A=100V
MOS : L=2μm, K_n=50μA/V^2, V_t=0.7V, V_A=10V/μm

1) 소신호 전압이득이 20dB가 되도록 설계하고자 한다. 저항 R_{ss}와 M_1, M_2의 W를 정하라.

2) 위 회로에서 출력신호의 $CMRR$을 구하고, 이를 증가시키기 위한 방안을 한가지만 제시하라.

3) 고조파왜율을 0.1% 이내가 되기 위한 출력신호의 크기 V_{P-P}는 얼마인가?

4) 컴퓨터 모사를 통하여 소신호 이득이 20dB가 얻어짐을 확인하라.

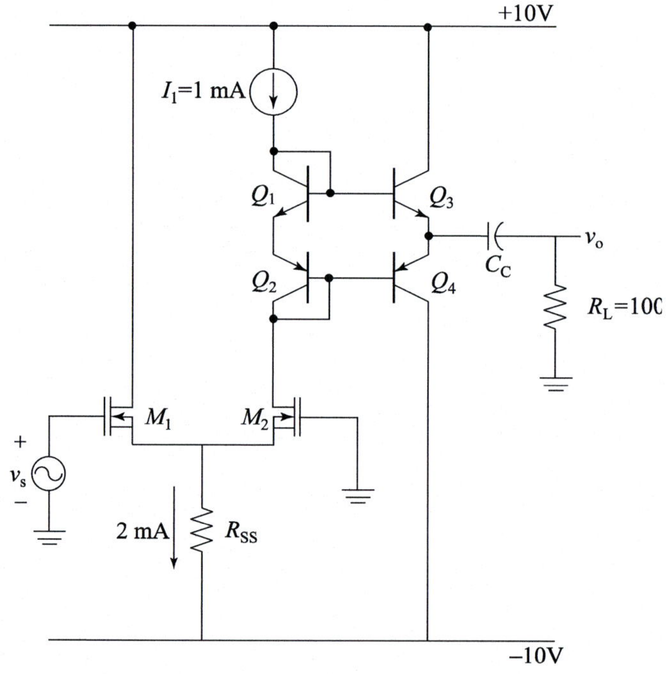

그림 P3.6

04 증폭기의 주파수 특성

서 론

앞 장에서는 저주파 영역에서의 회로의 기본 동작에 대해서 논의하였다. 그러나 소자 자체가 필연적으로 커패시턴스를 포함하게 되며 이로 인하여 고주파 대역의 특성이 영향을 받게 된다. 커패시턴스 외에 인덕턴스도 존재하지만 특별히 의도적으로 제작하여 삽입하지 않는 한 대부분 무시할 수 있으므로 집적회로에서는 커패시턴스와 저항 및 능동 소자로 된 회로를 취급하게 된다.

이 장에서는 먼저 에미터 접지 증폭기에 대해서 주파수 특성을 살펴보고 대역폭을 넓히기 위한 광대역 증폭기의 구조에 대하여 알아 본다. 광대역 증폭기에 있어서 매우 중요한 에미터 폴로워의 특성을 자세히 살펴 보고, 다단 증폭기의 주파수 특성을 쉽게 알아보는 방법을 설명한다. 이 과정에서 기존에 제시되지 않았던 새로운 개념들이 몇 가지 소개 될 것이며 어떻게 하면 어렵지 않게 증폭기의 고주파 특성을 파악할 수 있겠는가 하는 관점에서 서술하였다. 마지막으로 차동 증폭기의 특성 및 스텝 응답, 그리고 저주파 −3dB 주파수의 설계와 관련된 방법을 기술하였다.

4.1 에미터 접지 증폭기의 주파수 특성

저주파 대역에서는 에미터접지 증폭기가 일정한 전압 이득(A_{v0})을 가진 것으로 간주하였다. 그러나 주파수가 상승하여 고주파 대역에 이르면 전압 이득은 주파수의 함수로 감소하게 되며 저역통과 특성이 나타나게 된다. 이와 같이 어떤 회로의 특성이 주파수의 함수로 변화할 때에는 저주파 영역과 고주파 영역을 분리하여 계산한 다음 결합시켜 전체 특성을 표현하는 것이 매우 편리한 방법이다. 에미터접지 증폭기에 대해서 언급하기 전에 이와 같은 예를 다음과 같이 단순한 *RC* 저역 통과 여파기에 대하여 적용해 보자. 그림 4.1.1의 *RC* 회로에서 저주파 대역에서의 전달 특성을 보면

$$A_0 = \left.\frac{v_0}{v_s}\right|_{\text{Low Freq}} = \frac{R_2}{R_1 + R_2} \tag{4.1.1}$$

이 된다. 그리고, 고주파 특성은

$$H(s) = \frac{1}{1 + s/\omega_1} \tag{4.1.2}$$

와 같이 표시가 가능하다. 단, 여기에서

$$\omega_1 = \frac{1}{(R_1 // R_2)C_2} = \frac{g_1 + g_2}{C_2} \tag{4.1.3}$$

이다. 그러므로 전체 주파수 대역에서의 특성은

$$(\text{전체대역 특성}) = (\text{저주파 특성}) \times (\text{고주파 특성}) \tag{4.1.4}$$

와 같이 표시할 수 있다. 따라서 위의 관계로부터 우리는

$$\begin{aligned} A(s) &= A_0 H(s) \\ &= \left(\frac{R_2}{R_1 + R_2}\right) \cdot \left(\frac{1}{1 + s/\omega_1}\right) \end{aligned} \tag{4.1.5}$$

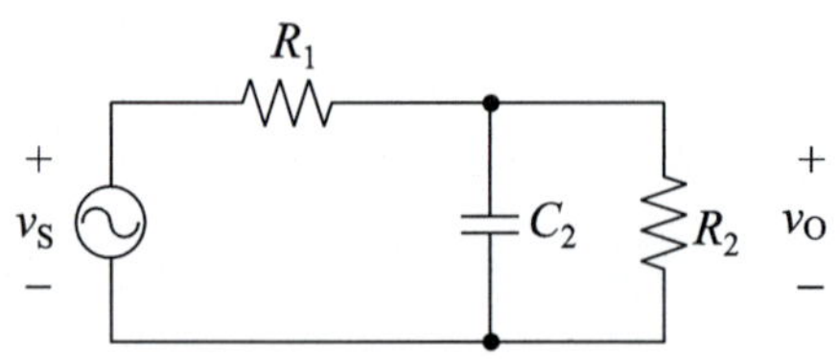

그림 4.1.1 간단한 저역 통과 여파기

와 같은 결과를 얻을 수 있다. 이 식은 계산을 통해서도 구할 수 있지만 이와 같은 개념으로 회로를 이해한다면 계산을 생략하고 바로 최종 관계식을 쉽게 구할 수 있게 된다.

식 (4.1.3)에 주어진 ω_1에 대해서 좀 더 생각해 보면 이 주파수는 신호원을 단락시키고 (즉, v_S=0으로 놓고) C_2를 중심으로 형성되는 극점(pole)과 관계가 있는 주파수임을 알 수 있다. 회로의 극점은 회로 자체의 고유한 특성에 의해서 결정되는 것이며 신호의 인가 여부와는 관계없으므로 전압원은 단락하고 전류원은 개방한 상태에서 구한 시정수의 역수가 된다.

그러나, 여기에서 한가지 확실하게 구별하여야 할 것은 극점과 −3dB 주파수와의 차이이다. 일반적으로 이 둘을 혼동하여 사용하는 경우가 자주 있다. 그러나 이 둘은 엄밀한 의미에서 구분되어야 하며, 이 회로에서 극점의 정확한 위치는 $-\omega_1$ 이다. 즉, 이 회로에서 극점은 s 평면상에서 좌반면의 실축상에 존재하고 극점주파수 $-\omega_1$ 에서는 이득이 무한대가 된다. 그러나 이와 같은 음의 주파수가 실재로 존재하는 것이 아니며, 실제 응용에서 나타나는 것은 양의 주파수이다. 한편, 극점의 절대값에 해당하는 양의 주파수에서는 이득이 무한대가 되는 대신에 3dB 감소한다. 따라서 극점의 절대값에 해당하는 양의 주파수 ω_1 을 이름하여 3dB 주파수라 말한다. 이와 같은 −3dB 주파수 ω_1 에서는 커패시터의 임피던스와 저항의 임피던스가 동일하게 되는 특성이 있음에 유의할 필요가 있다.

이와 같은 관점에서 그림 4.1.2와 같은 간단한 CE 증폭기의 주파수 특성에 대해서 알아 보기로 하자. 이 회로에 대해서 하이브리드-π 소신호 모델을 사용하여 등가 회로로 도시하면 그림 4.1.3과 같다. 집적회로에서는 이 외에도 콜렉터와 기판(substrate) 사이에 존재하는 기생 용량이 고려되어야 하지만 단순화를 위하여 생략하였으며 뒤에 이와 같은 것들을 고려 할 수 있는 방법이 제시될 것이다.

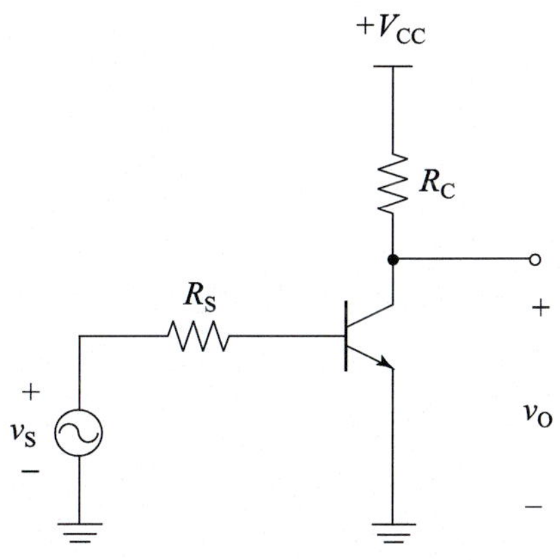

그림 4.1.2 CE 증폭기

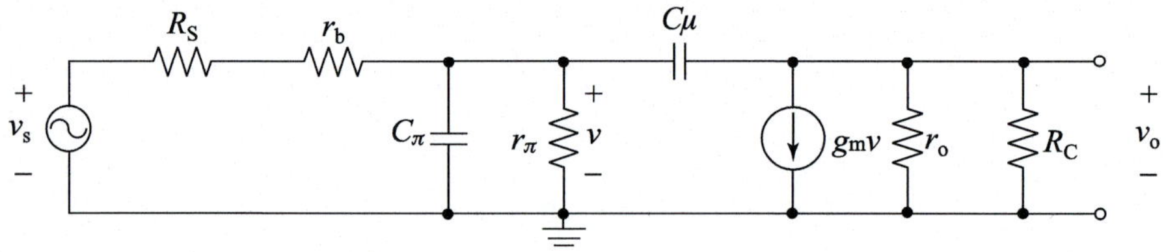

그림 4.1.3 CE 증폭기의 하이브리드-π 등가 회로

이 등가 회로에서 문제를 단순화하기 위하여

$$G_b = 1/R_b = 1/(R_s + r_b) \tag{4.1.6}$$

$$R_L = r_o \,//\, R_c \tag{4.1.7}$$

와 같이 정의하기로 한다.

근사적인 해석을 위하여 C_μ에 밀러 효과(Miller Effect)를 적용하면 베이스 측에서 볼 때 등가 커패시턴스 C_M은

$$C_M = C_\mu(1 + g_m R_L) \tag{4.1.8}$$

와 같이 놓을 수 있고 이 C_M은 C_π와 병렬로 연결 되는 셈이므로 이 둘을 더하여 C_t라 하면

$$C_t = C_\pi + C_M \tag{4.1.9}$$

과 같이 쓸 수 있다. 이상을 정리하여 간략화 한 등가 회로를 다시 그리면 그림 4.1.4와 같다.

이 등가 회로는 임력 임피던스 계산과 순방향 신호 전달에 유용한 근사 등가 회로이다. 이 등가 회로로부터 저주파에서의 전압 이득은

$$A_{v0} = -\frac{R_L}{r_e + R_b/\beta} \tag{4.1.10}$$

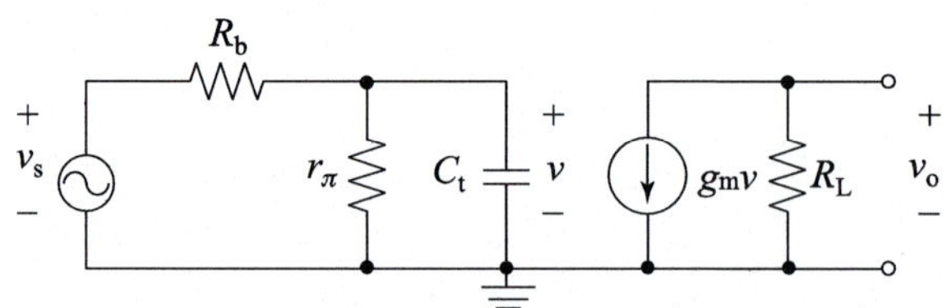

그림 4.1.4 밀러 효과를 이용한 순방향 근사 등가 회로

이 되며, 고주파에서의 특성은

$$H(s) = \frac{1}{1 + s/\omega_h} \qquad (4.1.11)$$

로 주어진다. 여기에서 ω_h는

$$\omega_h = \frac{1}{(R_b // r_\pi) C_t} = \frac{G_b + g_\pi}{C_t} \qquad (4.1.12)$$

이다. 따라서 식 (4.1.4), (4.1.10), (4.1.11)로부터

$$A_v(s) = \frac{A_{v0}}{(1 + s/\omega_h)} \qquad (4.1.13)$$

와 같이 간단히 표시할 수 있다.

여기에서 ω_h에 대하여 좀 더 살펴 본다면, 이 주파수는 R_b 즉 R_s의 함수이며, 또한 C_t 즉 R_L의 함수이기도 하다. 만일 R_L이 충분히 작고 R_s가 매우 크다면 식 (4.1.12)는

$$\omega_h \approx \omega_\beta \qquad (4.1.14)$$

가 된다. 한편 R_L이 작고 R_s=0 이라면

$$\omega_h \approx \frac{1}{r_b C_\pi} \qquad (4.1.15)$$

의 값으로 접근하게 되며 이 주파수가 주어진 트랜지스터로부터 얻을 수 있는 최대 주파수가 된다. 이 값을 일명 횡단 차단 주파수(transverse cutoff frequency)라고 부르기도 한다.

예 4.1 그림 4.1.2의 CE회로에 대해서 전압 이득의 주파수 특성을 도시하라.

단, R_s=500Ω, r_b=50Ω, I_C=2mA, β=100,

f_T=600MHz(I_C=2mA일 때), C_μ=1pF, R_L=3kΩ 이다.

풀 이 식 (4.1.12)에 주어지는 ω_h를 구하기 위하여

$$G_b + g_\pi = \frac{1}{500 + 50} + \frac{1}{1.3k} = 2.6 \times 10^{-3}$$

이며, ω_T의 정의로부터

$$C_\pi = \frac{g_m}{\omega_T} - C_\mu = \frac{1/13}{2\pi \times 6 \times 10^8} - 10^{-12} = 19\ pF$$

이고, 또한 식 (4.1.8)로부터,

$$C_M = 10^{-12}(1 + \frac{1}{13} \times 3k) = 232\ pF$$

따라서

$$f_h = \frac{G_b + g_\pi}{2\pi(C_\pi + C_M)} = \frac{2.6 \times 10^{-3}}{2\pi \times 251 \times 10^{-12}} = 1.65\ MHz$$

전압 이득은,

$$A_{v0} = \frac{3k}{13 + 5.5} = 162 \quad (= 44dB)$$

이상의 결과를 그림으로 그려 보면 아래 그림에 보이는 바와 같다.

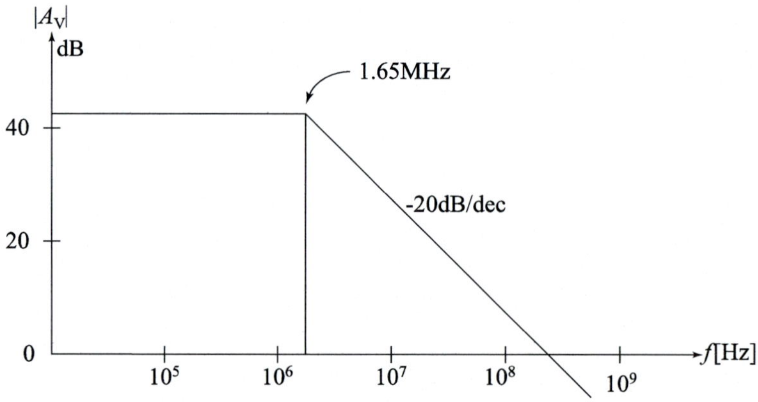

그림 4.1.5 CE 증폭기의 전압 이득 특성

CE 증폭기의 정확한 해석

앞 절에서는 밀러 근사 방법에 의한 고주파 해석의 유용성을 살펴 보았다. 하지만 이것은 정확한 방법은 아니므로 한 번 정확하게 계산해서 비교해 볼 필요가 있다. 그림 4.1.3을 Norton 등가 회로로 바꾸어 다시 그려 보면 그림 4.1.6과 같다.

이 등가회로에서 입력 신호전류원은

$$i_s = v_s / R_b \tag{4.1.16}$$

을 의미한다. 따라서 점 B'에 KCL(Kirchhoff's current law)을 적용하면,

$$i_s = \frac{v}{R_b // r_\pi} + sC_\pi v + sC_\mu (v - v_o) \tag{4.1.17}$$

가 된다. 또 점 C에 KCL을 적용하면,

$$g_m v + \frac{v_o}{R_L} + sC_\mu (v_o - v) = 0 \tag{4.1.18}$$

이 된다. 위의 세 식을 연관시켜 v_o/v_s를 구하면,

$$\frac{v_o}{v_s} = -\frac{G_b R_L (g_m - sC_\mu)}{G_b + g_\pi + s\left\{C_\pi + C_\mu + C_\mu R_L (g_m + g_\pi + G_b)\right\} + s^2 C_\pi C_\mu R_L} \tag{4.1.19}$$

의 관계를 얻을 수 있다.

이 결과식은 두 개의 극점과 하나의 영점을 가지고 있음을 보인다. 여기에서 하나의 특징은 두 극점은 s 평면의 좌반면(left half plane)에 존재하지만 영점(zero)은 우반면(right half plane)에 존재한다는 점이다. 그러나 영점의 위치는 그 크기가 g_m / C_μ로서, g_m/C_π로 근사 되는 ω_T보다도 상당히 높은 영역에 있으므로 일반적으로 바이폴라 트랜지스터에서는 그 영향을 무시할 수 있다. 이 영점이 형성되는 것은 C_μ를 통하여 출력측에 직접 전달되는 신호에 의한 것이다. 한편 MOSFET에서는 이 영점이 문제가 되기 때문에 신중하게 대처하여야 하는데 이에 관해서는 뒤에 좀 더 자세히 언급하기로 하겠다.

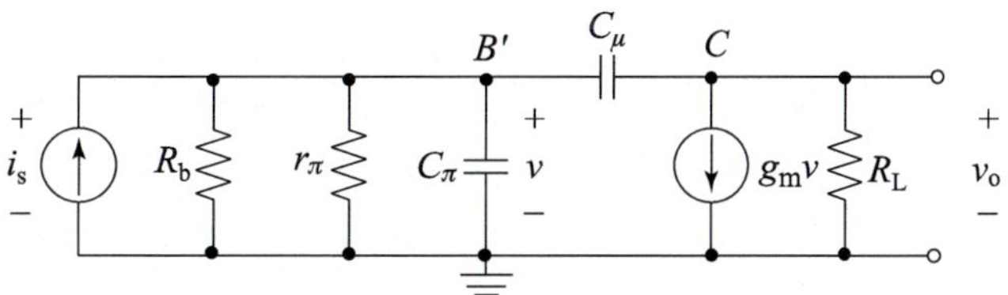

그림 4.1.6 입력을 등가 전류원으로 바꾼 하이브리드-π 등가 회로

이번에는 식 (4.1.19)의 분모를 생각하여 보자. 이 식은 두 개의 극점을 가지고 있으며 실제에 있어서 이 두 극점은 서로 멀리 떨어져 있다. 따라서 여기에서 두 개의 극점을 각각 ω_1, ω_2라 한다면 이 식의 분모를 다음과 같이 근사화하여 표시할 수 있다. 즉,

$$D(s) = \left(1 + \frac{s}{\omega_1}\right)\left(1 + \frac{s}{\omega_2}\right) \tag{4.1.20}$$

라고 놓을 수 있다. 따라서 이 식을 풀어서 다시 쓰면

$$D(s) = 1 + \left(\frac{1}{\omega_1} + \frac{1}{\omega_2}\right)s + \frac{1}{\omega_1\omega_2}s^2 \tag{4.1.21}$$

이 되는데 여기에서 만일 $\omega_1 << \omega_2$인 경우에는 다시

$$D(s) \approx 1 + \frac{1}{\omega_1}s + \frac{1}{\omega_1\omega_2}s^2 \tag{4.1.22}$$

와 같이 근사화 하는 것이 가능하게 된다. 이 식과 식 (4.1.19)의 분모를 각각 비교하여 ω_1을 구하면

$$\omega_1 \approx \frac{G_b + g_\pi}{C_\pi + C_\mu\{1 + (g_m + G_b)R_L\}} \tag{4.1.23}$$

와 같이 얻어진다. 단, 여기에서 분모의 $g_\pi = g_m/\beta$이므로 g_m에 비하여 작기에 무시하였다. 이 식과 식 (4.1.12)로 주어지는 ω_h를 비교하면 분모항의 G_b 값만 차이가 있음을 알 수 있다. 그러나 일반적으로는 대부분의 회로에서 G_b 값이 g_m보다 충분히 작으므로 따라서 이 결과는 밀러 근사화 방법으로 구한 값과 거의 유사한 결과라고 말할 수 있다.

예 4.2 다음 회로에서 R_S가 100Ω 및 1kΩ일 때 G_b/g_m의 비는 각각 얼마인가? 단, r_b=100Ω, I_C=1mA, β=100, f_T = 400MHz이다.

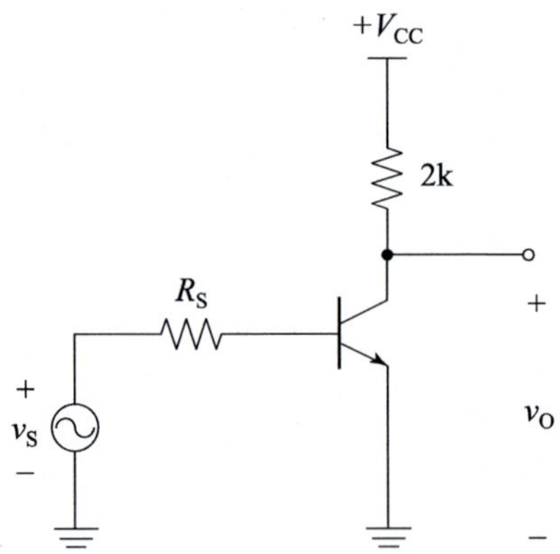

그림 4.1.7

풀 이 I_C=1mA이므로 g_m=1/26이고, $G_b=1/(R_s+r_b)$이므로

i) R_s=100Ω일 때,

$$G_b/g_m=\frac{r_e}{R_s+r_b}=\frac{26}{100+100}=0.13$$

ii) R_s=1kΩ일 때,

$$G_b/g_m=\frac{26}{1k+100}=0.02$$

이 결과는 R_S 값이 클수록 비율이 작아짐을 보이고 있다.

한편 식 (4.1.19)과 (4.1.21)을 비교하여 고주파 대역에 위치한 극점 ω_2를 계산해 보면

$$\omega_2=\frac{1}{\omega_1}\cdot\frac{G_b+g_\pi}{C_\pi C_\mu R_L} \tag{4.1.24}$$

이고, 여기에 식 (4.1.23)의 ω_1을 대입하여 정리하면

$$\omega_2=\frac{1}{C_\mu R_L}+\frac{1}{C_\pi R_L}+\frac{g_m}{C_\pi}+\frac{G_b}{C_\pi} \tag{4.1.25}$$

이 된다. 이 결과로부터 $g_m/C_\pi\approx\omega_T$인 점을 감안하면 $\omega_2>\omega_T$임을 알 수 있다. 그러므로 ω_2는 매우 높은 위치에 있으며 따라서 단일 CE증폭기에서는 두 개의 극점이 멀리 떨어져 있게 된다.

예 4.3 예 4.1에서 f_2는 어디에 위치하는가?

풀 이 식 (4.1.25)로부터

$$f_2=\frac{1}{2\pi}\left(\frac{1}{1\,\text{pF}\times 3k}+\frac{1}{19\,\text{pF}\times 3k}+\frac{1/13}{19\,\text{pF}}+\frac{1/550}{19\,\text{pF}}\right)$$

$$=53.1\text{ MHz}+2.8\text{ MHz}+644.3\text{ MHz}+15.2\text{ MHz}$$

$$=715.4\text{ MHz}$$

예 4.1에서 $f_T = 600\,\text{MHz}$ 이었음을 감안하면 위의 결과로부터 f_2는 f_T 보다 약간 높은 위치에 존재함을 알 수 있다.

Positive Zero의 의미

앞에서 보여준 식 (4.1.19)는 s 평면의 우반면에 영점을 가지고 있다는 사실을 언급하였다. 이 영점을 정영점(positive zero)이라고 부르며 부영점(negative zero)과 구별된다. 그림 4.1.8에 s 평면상에서 에미터접지 증폭기의 극점과 영점의 위치를 보여 준다. 일반적으로 회로에 정극점(positive pole)이 존재하는 경우에는 그 자체로 불안정하므로 허용할 수 없게 되지만 정영점이 존재하는 경우는 반드시 그렇지는 않다.

정영점의 특성을 알아보기 위하여 이번에는 보드 선도(Bode plot) 상에서 정영점의 영향을 도시해 보자. 그림 4.1.9는 부극점과 정영점이 각각 하나씩 존재하는 경우의 그림이다. 이 그림에선 정영점의 영향이 진폭특성은 부영점과 동일하나 위상특성은 다름을 보여준다. 즉, 위상특성은 부극점과 동일한 양상을 나타낸다. 따라서 정영점의 역할은 주파수가 증가함에 따라 진폭은 증가시키지만 위상을 지연시키므로 이와 같은 정영점이 주파수 대역상에서 아주 높은 곳에 위치할 때에는 별 문제가 없으나 낮은 쪽으로 내려 오게 되면 심각한 문제를 야기할 수 있다.

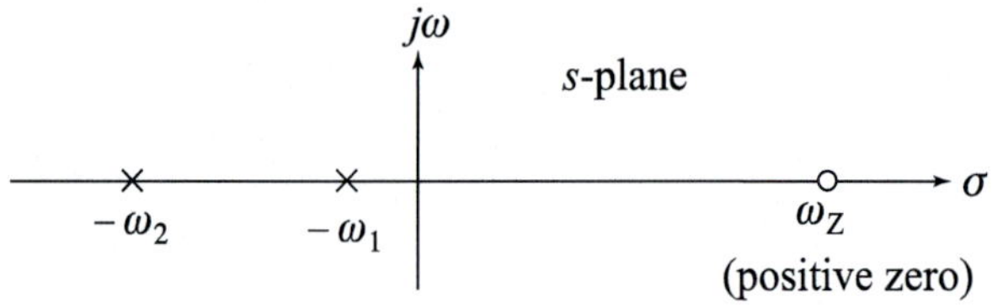

그림 4.1.8 CE증폭기의 극점과 영점의 위치

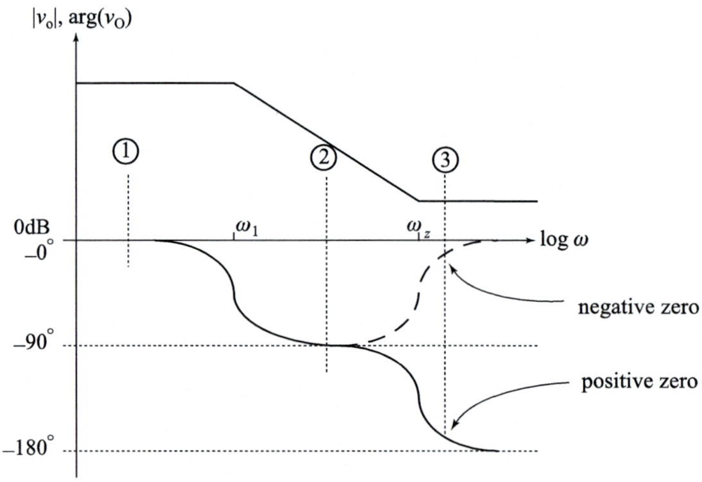

그림 4.1.9 정영점의 영향을 보이는 보드 선도

그렇다면 증폭기에서 이와 같은 문제가 발생하는 원인에 대해서 생각해 보기로 하자. 정영점은 입력과 위상이 반대되는 출력 단자와 입력단자 사이에 커패시터가 연결되어 있을 때 발생한다. 즉, 주파수가 낮은 영역에서는 이 커패시터는 밀러 효과를 발생 시키면서 증폭기의 주파수 대역을 줄이는데 크게 기여한다. 그러나 신호의 주파수가 높아지면서 출력 신호는 작아지게 되고, 이 출력 신호가 매우 작아지게 되면 이번에는 이 커패시터를 통하여 입력측에서 출력측으로 직접 전달되는 성분이 트랜지스터를 거쳐 전달되는 신호보다 더 커지게 된다. 정상적인 경우에는 입력 신호가 트랜지스터에 의하여 위상 반전이 이루어진 뒤에 출력측에 나타나야 하는데, 이와 같은 상태에서는 트랜지스터가 증폭 작용을 상실한 상태에서 입력 신호가 직접 출력에 전달되게 된다. 따라서 위상 특성이 비반전 형태로 바뀌게 되는데 커패시터를 통과하는 신호는 더 높은 주파수일수록 잘 통과하므로 영점의 특성을 보이는 것이다.

좀 더 자세한 설명을 위하여 벡터 선도를 이용하여 정영점의 특성을 알아 보자. CE 증폭기의 소신호 모델을 다시 도시하면 그림 4.1.10과 같다. 이 그림에서 i_μ와 i_o의 방향을 그림과 같이 표시할 경우 주파수가 낮은 곳에서 높은 곳으로 상승함에 따라 v_s, v 및 i_μ, i_o의 벡터가 어떻게 방향을 바꾸는지 그 모양을 알아 보기로 하겠다. 먼저 그림 4.1.10을 일부 떼어 내어 그림 4.1.11과 같이 도시 하였다.

이번에는 낮은 주파수부터 높은 주파수에 이르는 넓은 영역에서 동작을 살펴보기 위하여 그림 4.1.9의 보드 선도에 표시한 주파수 영역 ①,②,③에 해당하는 각각의 주파수 영역에서 전류 및 전압의 벡터를 도시하여 보면 그림 4.1.12와 같다. 주파수가 낮은 영역 ①에서는 모든 C의 영향을 무시할 수 있으므로 (a) 그림과 같이 v_s와 v의 위상은 동일하고 i_o의 위상은 v_o의 위상과 동일하며 v_s 및 v와 반대로 되어 있다.

중간 주파수 영역 ②에서는 C_π양단의 전압은 v_s보다 -90° 지연된 위치에 있게 된다. 이 때 콜렉터 전압 v_o의 크기가 v에 비하여 아직 충분히 크기 때문에 C_μ는 베이스측에서 볼 때 밀러 효과가 있는 증폭된 값으로 C_μ와 병렬로 간주될 수 있으며 i_μ의 방향은 그림 4.1.11에 정의된 방향과는 반대로 콜렉터에서 베이스 쪽으로 흐르게 되고 i_o의 방향보다 대략 90° 가까이 앞서는 위치에 있게 된다. 왜냐하면 i_o의 위상과 v_o의 위상이 같고 v_o는 C_μ양단에 거의 나타난다고 볼 수 있기 때문이다.

주파수가 상승하여 ③의 높은 영역에서는 C_π의 임피던스가 더욱 작아져서 v의 값이 작아지게 되고 따라서 종속 전류원 $g_m v$ 값도 작아진다. 이 때 C_μ의 임피던스가

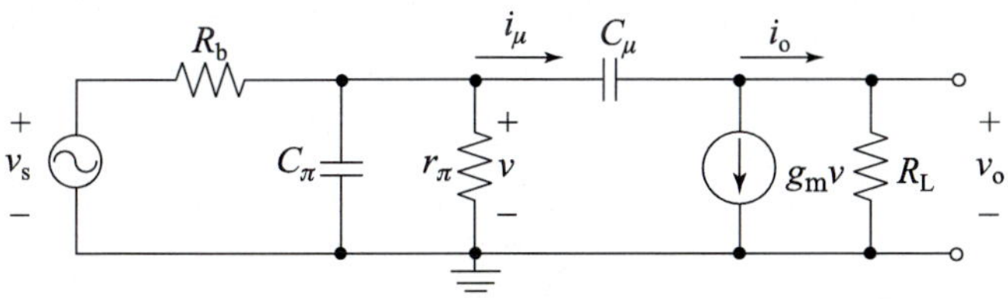

그림 4.1.10 CE 증폭기의 소신호 모델

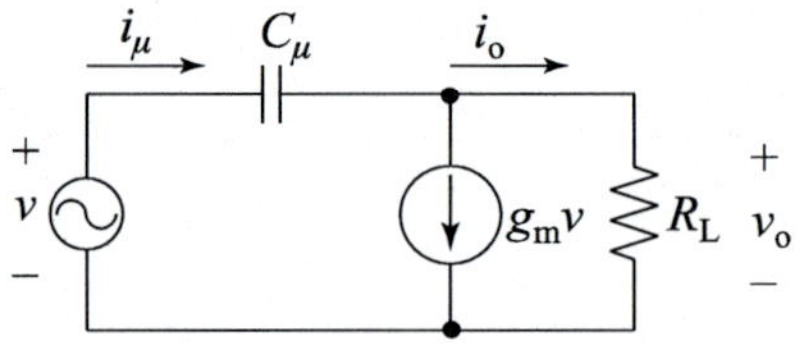

그림 4.1.11 소신호 모델의 부분회로

감소하기 때문에 i_μ는 상대적으로 증가하는 추세가 되며 v_o의 크기가 v보다 작아지면서 i_μ의 방향이 바뀌게 된다. 이 과정에서 $|i_\mu|=|g_\mu v|$를 만족하는 주파수가 존재하게 되며 이 주파수보다 더욱 높은 주파수에서는 i_μ의 크기가 더 커지기 때문에 $|g_m v| \approx 0$으로 근사화 할 수 있게 된다. 즉 이 때 v_o는 C_μ를 통하여 흐르는 전류 i_μ가 R_L 양 단에 나타나는 전압을 의미하게 되며 트랜지스터의 역할은 상실되고 출력 전압의 위상은 처음 v_o의 위상에서 -180°를 향하여 지연된다.

이와 같은 상태를 설명하기 위하여 ③의 영역에서 벡터 선도를 그리면 등가 회로로부터 C_μ의 전류 방향은 그림 4.1.12(C)와 같은 위치에 있게 되고 이 전류 i_μ는 위상이 v의 위상보다 진상을 나타내게 된다. 또한 종속 전류원 $-g_m v$의 방향은 아직 그 크기가 충분히 작아지기 전에는 항상 v 방향의 반대편에 있게 되므로 출력 전류 i_o는 이 두 전류의 벡터 합으로 표시되며 그림 4.1.12(C)와 같은 형태로 도시할 수 있다.

이상의 결과로부터 주파수 ①의 영역에서 ③의 영역으로 증가해 감에 따라 출력 전류 i_o의 방향은 0°에서 -90°를 지나 -180°를 향하여 지연 되게 되며 i_o의 위상이 곧 v_o의 위상과 같게 되므로 그림 4.1.9와 같은 보드 선도를 그릴 수 있게 된다.

여기에서 정영점의 위치를 구하기 위해서 그림 4.1.11의 콜렉터 노드에 KCL을 적용하면

$$sC_\mu(v - v_o) = g_m v + g_L v_o \tag{4.1.26}$$

의 관계가 얻어진다. 여기에서 $g_L = 1/R_L$을 의미한다. 이 식을 다시 정리하면

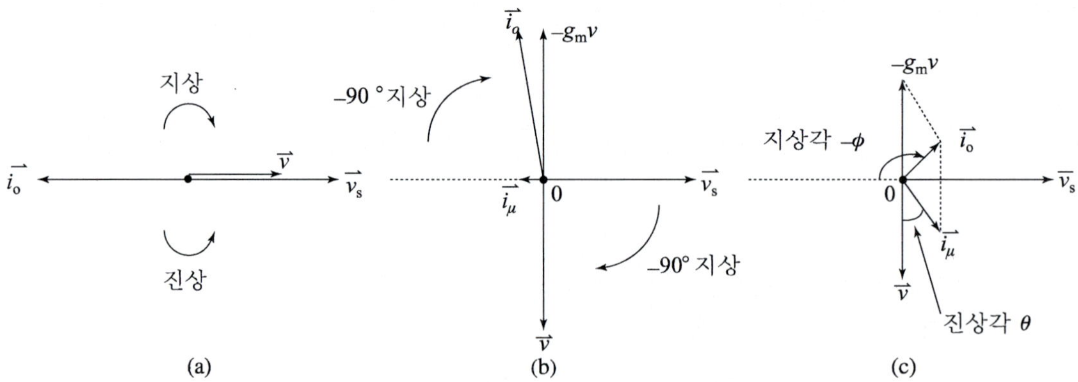

그림 4.1.12 주파수에 따른 벡터의 위치(그림 4.1.9 참조)

$$\frac{v_o}{v} = \frac{s - g_m/C_\mu}{s + g_L/C_\mu} = \frac{s + \omega_z}{s + \omega_p} \tag{4.1.27}$$

와 같이 된다. 따라서 이 식으로부터 영점은 $s = -\omega_z$에서 발생하는데

$$\omega_z = -\frac{g_m}{C_\mu} \tag{4.1.28}$$

가 되어 s평면상에서 정영점이 나타남을 알 수 있다.

한편 여기에서 하이브리드-π 모델의 유용한 주파수 영역이 어느 정도인가 간단히 살펴 볼 필요가 있다. 하이브리드-π 모델은 베이스 통과 주파수 τ_F^{-1} 보다 훨씬 낮은 영역에서 유효한 것으로 알려져 있다. 이 모델에 사용되고 있는 커패시터나 베이스 저항이 사실은 분포 커패시턴스 및 분포 저항인데 이것을 단일 소자로 대체하였기 때문에 오차의 요인이 있는 것이다. 우리는 또 $\tau_F^{-1} = (C_b/g_m)^{-1} \approx \omega_T$임을 알며 일반적으로 하이브리드-π 모델은 ω_T의 1/10 이하에서는 정확하게 적용될 수 있으나 그 이상에서는 오차 요인을 감안해야 한다고 말할 수 있다.

4.2 광대역 증폭기

에미터 접지 증폭기에 대해서 다시 한 번 고찰해 보자. 그림 4.2.1에 보이는 바와 같이 이 증폭기의 고역 -3dB 주파수 ω_h는 베이스 에미터 루프에 형성되는 극점을 의미하게 된다. 광대역 증폭이 가능하기 위해서는 여기에서 ω_h를 높여야 하는데 그 방법은 다음의 세가지를 들 수 있다.

C_M을 줄이기 위해서 R_L을 줄이는 방법

G_b를 크게 하기 위하여 R_s를 줄이는 방법

베이스를 접지하고 에미터에 신호를 인가하는 방법

이상의 세 가지 방법을 구현하기 위해서는 다음의 세가지 연결 방법을 대응시킬 수가 있다. 즉, 임피던스를 줄여주는 수단으로 에미터 폴로워(EF)가 있으므로 이 EF를 잘 활용하여 다음의 세 가지 구조를 생각할 수 있다.

R_L을 줄이기 위하여 콜렉터에 EF를 연결한다.

R_s를 줄이기 위하여 베이스에 EF를 연결한다.

에미터에 신호를 연결하기 위하여 EF를 연결한다.

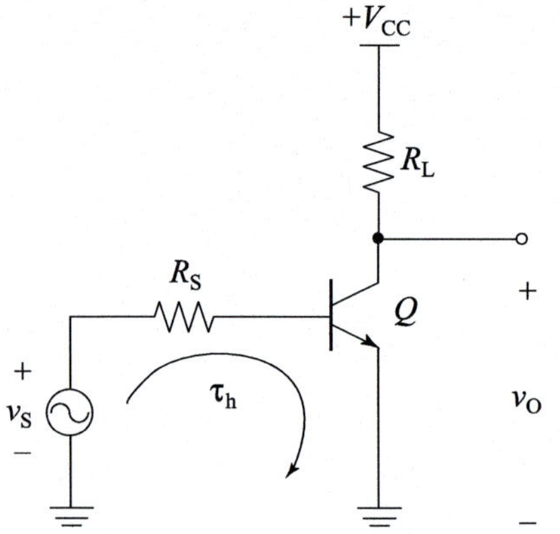

$$\omega_h = \frac{1}{\tau_h} = \frac{g_\pi + G_b}{C_\pi + C_M}$$

$$C_M = C_\mu (1 + g_m R_L)$$

그림 4.2.1 CE 증폭기 및 극점의 위치

위의 세 가지 내용을 간단히 요약하면 그림 4.2.1의 트랜지스터 Q 주변에 EF를 연결하면 광대역 특성을 얻을 수 있음을 의미한다.

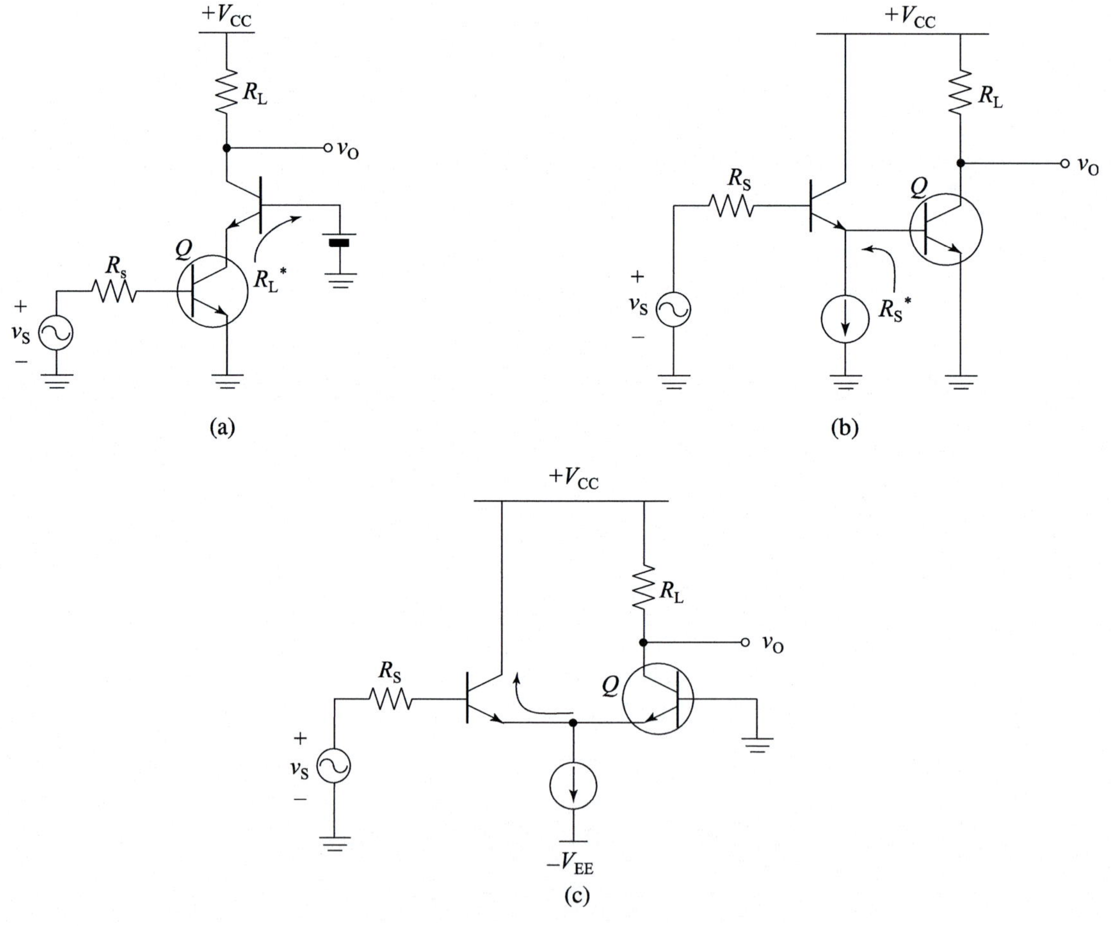

그림 4.2.2 트랜지스터 Q의 콜렉터(a), 베이스(b), 에미터(c)에 각각 에미터 폴로워를 연결한 구조

따라서 위의 세가지 구성을 간략하게 도시하면 그림 4.2.2의 (a), (b), (c)에 보이는 바와 같다. 여기에서 그림 (a)는 베이스 접지를 콜렉터에 연결한 것으로서 캐스코우드(cascode) 구조라고 부른다. 이것은 트랜지스터의 콜렉터에 에미터 폴로워를 연결하고 다음에 EF의 콜렉터에서 저항을 연결하여 출력단자를 얻은 것으로 간주할 수 있다. 이 회로에서 R_L^*는 크기가 작은 r_e로 대치되는 셈이며 따라서 ω_h가 상승하게 된다. 이 회로를 다른 말로 CE-CB연결이라고 하자.

마찬가지 방법으로 두 번째 그림(b) 회로는 트랜지스터 Q의 베이스 저항이 $R_s^*=r_e + R_s/\beta$로 대치되는 셈이며 CC-CE 연결이라고 하겠다.

세 번째 그림(c)는 CB단이 역시 광대역 특성이 있으므로 에미터에 신호를 연결시킨 형태가 되며 CC-CB 연결이 된다.

이상의 세가지 형태는 주 트랜지스터 Q의 주변에 각각 한 개씩의 EF를 연결한 형태이지만 두 개씩 연결하는 것도 가능하며 좀 더 높은 주파수 특성을 기대할 수 있게 된다. 이와 관련하여 두 개의 연결형태를 그려 보면 그림 4.2.3-1과 같다.

실제에 있어서는 바이어스의 안정성을 고려하여 차동증폭기의 형태로 설계하는 것이 바람직하다. 따라서 이와 같은 형태로 그림 4.2.3-1 회로를 다시 나타내 보면 다음 그림에 보이는 바와 같다.

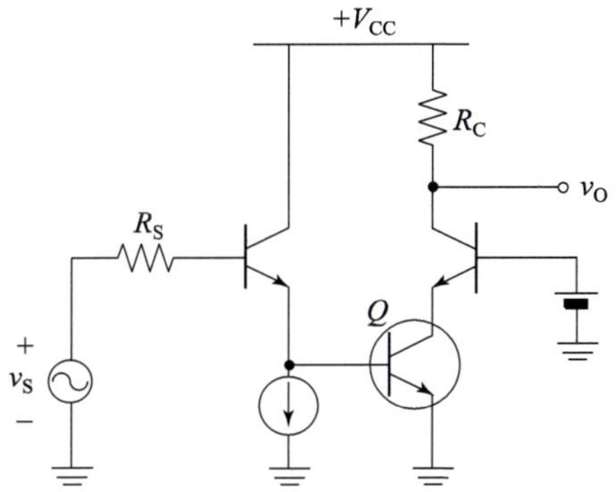

그림 4.2.3-1 EF를 주 트랜지스터 주변에 두 개씩 결합시킨 회로

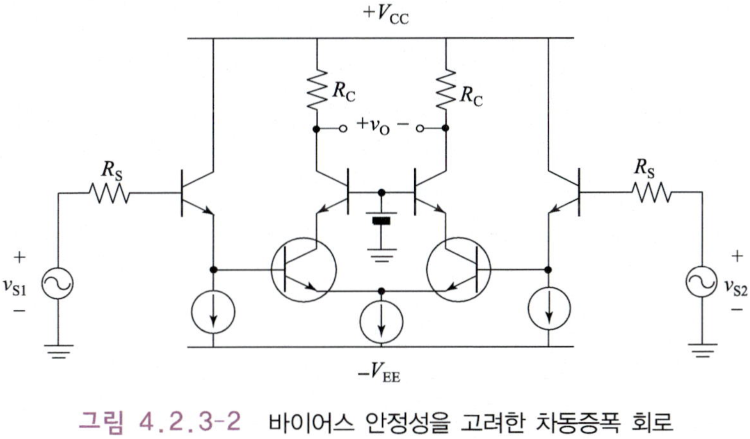

그림 4.2.3-2 바이어스 안정성을 고려한 차동증폭 회로

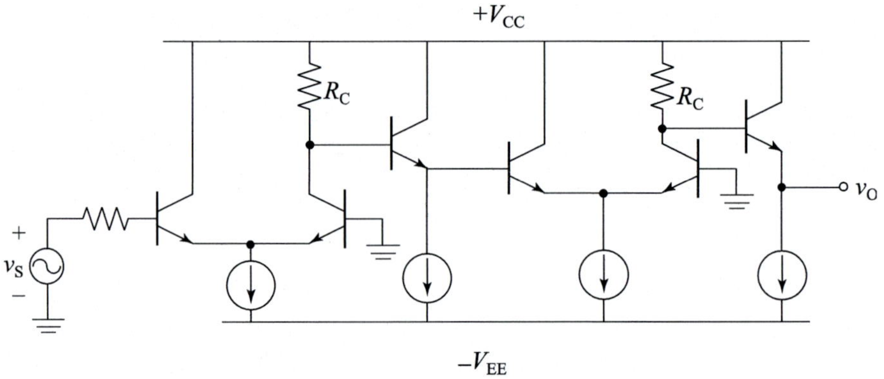

그림 4.2.4 CC-CB를 결합시킨 2단 증폭 회로

이번에는 에미터를 결합시킨 CC-CB 연결 구조로 된 2단 증폭회로를 그림 4.2.4에 보인다. 이 회로에서 콜렉터 저항에 에미터 폴로워를 2단 연결하여 CB와 결합시킨 형태는 입력 임피던스를 충분히 높이기 위함과 CB 트랜지스터의 V_{CE} 전압의 확보를 위한 두 가지 목적이 있다.

밀러 효과를 제거하기 위한 수단으로서 또 다른 방법은 그림 4.2.5에 보이는 바와 같이 차동 증폭기의 반대편 출력에서 각각 작은 C를 연결하여 각각의 베이스에 결합시키는 방법이다. 이 C값이 트랜지스터의 C_μ와 동일하다면 위상이 서로 반대인 곳에서 동일한 크기의 커패시턴스가 연결된 셈이므로 한 쪽 출력에서 C를 통하여 베이스에 흘러 오는 전류의 크기가 다른 쪽 출력에 연결된 C를 통하여 흘러 나가는 전류의 크기와 동일하게 되어 서로 상쇄되므로 결국 베이스 신호의 관점에서 영향을 받지 않게 되는 셈이다. 이 C를 실현하기 위해서 주 증폭 트랜지스터와 동일한 크기의 트랜지스터를 추가로 만들어 콜렉터와 베이스 접합 C를 그림 (b)와 같이 연결하여 주는 방법

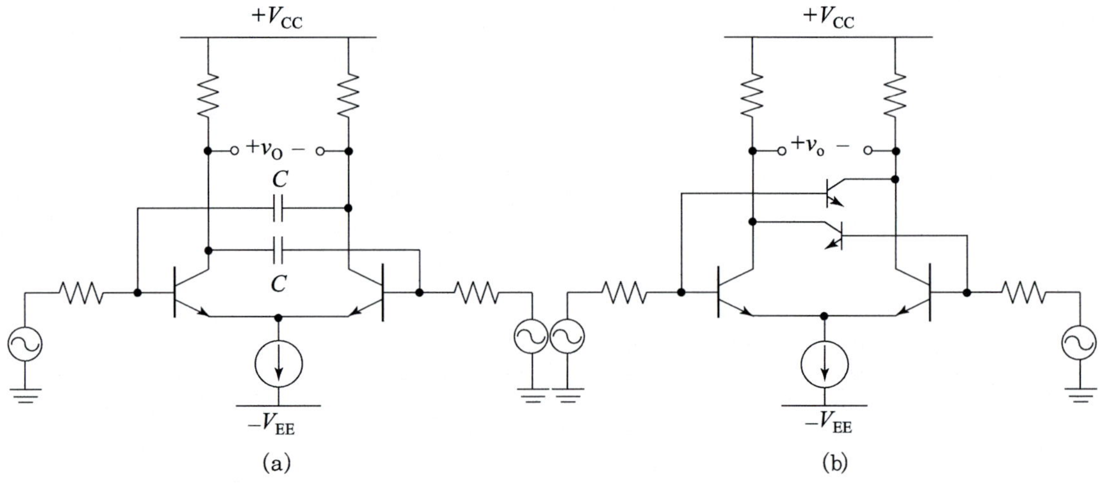

그림 4.2.5 C_μ를 상쇄하기 위한 연결 구조

이 있다. 그러나 문제는 C_μ 자체가 콜렉터 베이스간 접합 커패시턴스이므로 이 커패시턴스의 크기가 일정하지 않고 V_{CB}전압의 함수로 바뀐다는 사실이다. 따라서 두 콜렉터 신호의 스윙이 서로 반대 방향으로 움직이므로 신호의 크기가 작을 경우에는 문제가 없으나 클 경우에는 두 C값이 전압의 함수로 변화하면서 서로 다르게 되어 상쇄 효과가 감소하게 되며 잘못하면 정귀환의 효과가 커져서 안정성에 문제가 발생할 수 있는 위험성이 있다.

광대역 증폭기에서는 각 단의 이득을 크게 얻지는 않는 것이 일반적이다. 만일 한 단의 이득을 10dB이하로 얻을 경우에는 C_μ의 밀러 효과가 크지 않으므로 캐스코우드와 같은 형태는 불필요하다. 각 단별로 작은 이득을 얻는 방법으로는 부귀환(negative feedback)을 이용하는 것이다. 각 단별로 부귀환을 걸 때는 안정도의 문제도 없으므로 별 어려움 없이 광대역 특성을 얻을 수 있다.

트랜지스터 한 개를 사용한 증폭단에 부귀환을 거는 방법은 그림 4.2.6에 보이는 바와 같이 두 가지 형태가 있다. 그림 4.2.6(a)는 입력 및 출력 임피던스가 모두 낮고, 그림 (b)는 그 반대로 모두 높다. 이와 관련된 자세한 설명은 다음 장에서 기술하겠으며 여기에서는 개략적인 특성만 언급하기로 한다. 위의 두 가지를 결합시킨 형태로 다단 증폭기를 구성하면 대역폭과 이득을 조절할 수 있다.

한 예로 입력 임피던스는 높고 출력 임피던스는 낮은 형태를 보이면 그림 4.2.7과 같다. 이 회로에서 보이는 바와 같이 광대역 증폭기는 일반적으로 전체 증폭단을 포괄하는 부귀환을 피하고 각 단별로 개별 부귀환을 걸어주는 방법이 안정성에서 유리하며 간편하다. 이 회로에는 또 출력단에 에미터 폴로워를 연결하여 부하의 영향을 덜 받도록 구성하는 것도 가능하다. 아울러 입력단에 에미터 폴로워를 첨가하여 입력 임피던스의 영향을 경감시키는 방법을 사용할 수도 있다.

그림 4.2.7 회로를 차동 증폭기의 형태로 구성하면 그림 4.2.8과 같게 된다.

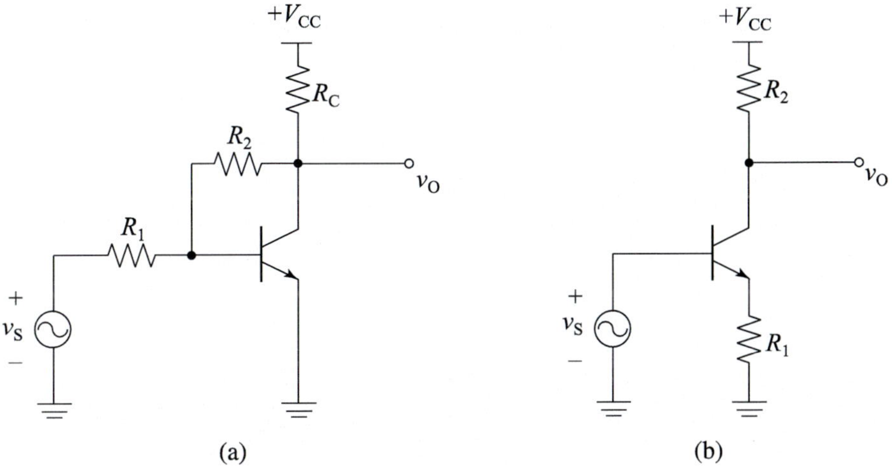

그림 4.2.6 광대역 증폭을 위한 부귀환 방법

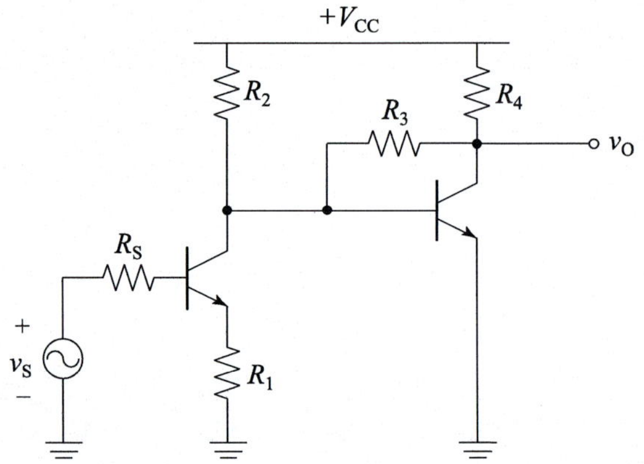

그림 4.2.7 2단 광대역 증폭기의 예

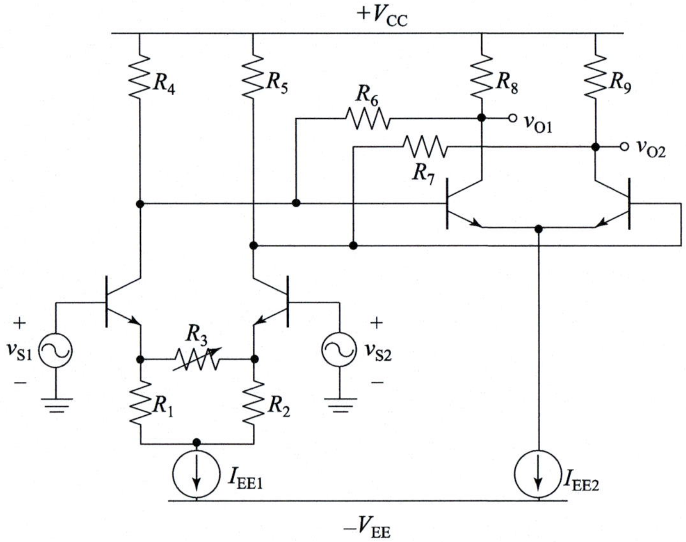

그림 4.2.8 차동 증폭 형태의 광대역 증폭기

한편, 그림 4.2.9는 CMOS를 이용한 광대역 증폭기의 간단한 예를 보인 것이다. 두 경우 모두 전압이득은 트랜스컨덕터의 비로 주어지며, 두 MOS에 흐르는 바이어스 전류를 동일하게 동작시키는 경우는 전압이득이 다음과 같이

$$A_v = -\frac{g_{m1}}{g_{m2}} = -\sqrt{\frac{(W/L)_1}{(W/L)_2}} = -\frac{V_{p2}}{V_{p1}}$$

로 주어짐을 쉽게 알 수 있다.

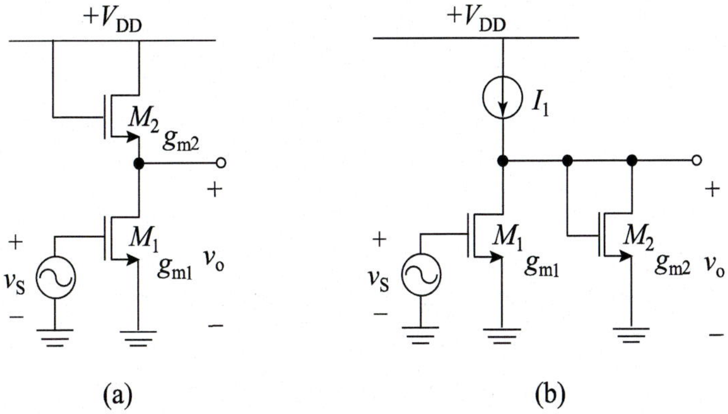

그림 4.2.9 CMOS 형태의 간단한 광대역 증폭기

4.3 에미터 폴로워의 주파수 특성

광대역 증폭기에서는 극점을 높은 곳으로 보내는 수단을 얼마나 효과적으로 활용하느냐에 따라 대역폭이 결정된다. 대역폭을 넓히기 위해서는 입력단과 출력단을 포함하여 주 트랜지스터 주변에 에미터 폴로워를 연결하는 방법이 효과적임을 전 절에서 보였다. 따라서 에미터 폴로워의 특성을 정확하게 파악하는 것은 매우 중요한 일이며, 여기에서는 에미터 폴로워의 주파수 특성에 대해서 상세하게 살펴 보기로 하겠다.

그림 4.3.1의 에미터 폴로워를 다시 생각해 보기로 하자. 이 회로의 고주파 등가회로는 우측에 보이는 바와 같다. 여기에서 C_μ는 베이스와 접지 사이에 연결되어 있으므로 밀러 효과가 없으며 그 영향이 크지 않다. 따라서 아주 높은 주파수 범위에서만 영향을 주게 되므로 그보다 낮은 주파수 영역이 주 관심 영역일 때에는 잠시 무시하는 것이 해석을 간소화 하는 방법이다. 나중에 그 효과를 고려하도록 하겠다.

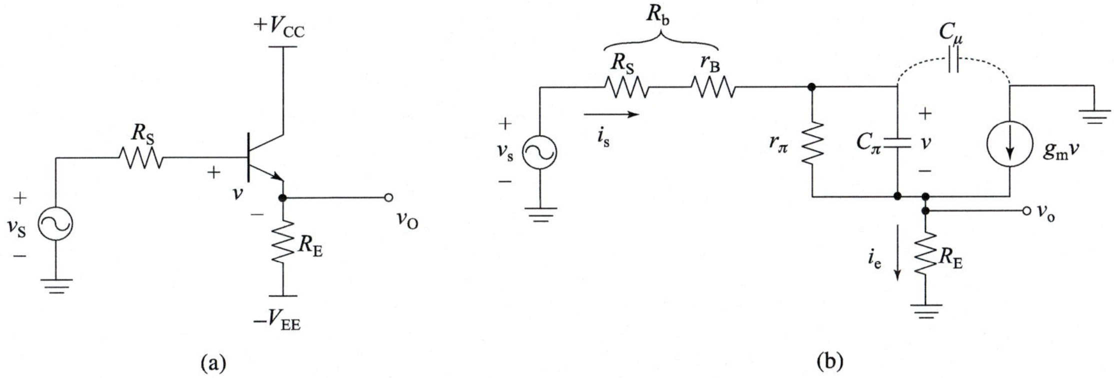

그림 4.3.1 에미터 폴로워 및 소신호 등가 회로

등가회로에서 C_μ를 제거하고 보면 C_π만 남게 되는데 이런 구조에서는 전압이득 A_v(= v_o/v_s)이 하나의 극점과 하나의 영점을 가지게 된다. 그 이유를 설명하면 다음과 같다.

먼저 주파수가 아주 낮은 영역을 생각해 보자. 매우 낮은 저주파 영역에서는 C_π의 효과를 무시할 수 있으므로 C_π를 개방하고 보면 모두 저항으로만 구성된 등가회로가 된다. 한편 주파수가 상승함에 따라 C_π의 효과가 나타나기 시작하는데 이 부근이 바로 극점 근처에 해당한다. 따라서 극점이 하나 존재하고 있음을 알 수 있다. 주파수가 극점을 벗어나 더욱 상승하면 C_π의 임피던스는 더욱 작아져서 단락 된 것으로 근사화 할 수 있다. 이렇게 단락으로 근사할 수 있을 만큼 충분히 높은 주파수 영역에서 다시 등가 회로로 돌아가 보면 C_π를 단락 시킨 상태에서도 출력전압이 나타남을 알 수 있다. 만일 하나의 극점만 존재하고 있다면 매우 높은 주파수 영역에서 출력이 0으로 수렴해야 한다. 그렇지 않고 충분히 높은 주파수 영역에서 출력이 존재할 수 있다는 사실은 극점의 효과를 상쇄할 수 있는 영점이 하나 존재하고 있음을 의미한다. 이와 같이 극점과 영점의 존재를 고려하면 우리는 C_π의 효과에 의한 전압이득의 표현식을 다음과 같이 놓을 수 있다. 즉,

$$A_v(s) = A_{v0}\frac{1+s/\omega_z}{1+s/\omega_1} \tag{4.3.1}$$

와 같은 형태로 둘 수 있다. 여기에서 A_{v0}는 낮은 주파수 영역에서의 이득이며,

$$A_{v0} = \frac{R_E}{R_E + r_e + R_b/\beta} \tag{4.3.2}$$

와 같이 주어지는 값임을 쉽게 알 수 있다. 여기에서 극점의 위치 ω_1과 영점의 위치 ω_z를 구하기 위해서는 등가 회로에 대하여 방정식을 세워서 해를 구하면 된다. 부록 4A에 이와 같은 계산 과정을 보여 주었다. 그러나 여기에서는 그러한 단순한 방법보다는 실체적인 의미를 이해하기 위하여 다른 방법을 시도하여 보기로 하겠다.

새로운 방법을 시도하기 위하여 그림 4.3.1(b)의 등가 회로를 알아 보기 쉬운 다른 형태로 도시한 것이 그림 4.3.2이다. 이 그림으로부터 우리는 극점의 주파수 ω_1을 먼

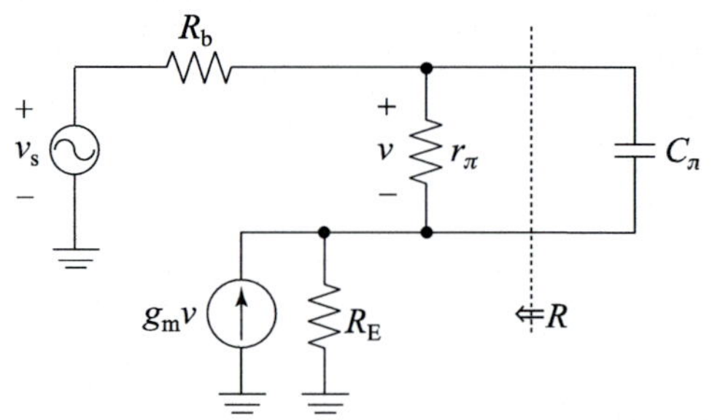

그림 4.3.2 다른 형태의 소신호 등가 회로

저 구하여 보기로 한다. 즉, ω_1은 C_π 양단에서 좌측을 들여다 본 등가 저항 R을 구한다면 $\omega_1=1/RC_\pi$의 형태로 주어지게 될 것임을 알 수 있다. 따라서 여기에서 등가 저항 R을 구하기 위해서 먼저 입력 신호원 v_s는 불필요하므로 $v_s=0$으로 단락시키고 C_π를 개방한 다음 양단에 그림 4.3.3(a)와 같이 독립 전압원 v를 연결하여 놓고 보자. 이런 상태에서 전압원으로부터 흐르는 전류를 구한다면 등가저항은 바로 전압과 전류의 관계로부터 얻어지게 된다.

좀 더 알아보기 쉽게 하기 위하여 여기에서 종속 전류원 $g_m v$를 Thévenin 등가 회로로 바꾸어 도시한 것이 그림 4.3.3(b)이다. 이 그림에서 r_π를 잠시 제외하고 좌측을 들여다 본 등가 저항을 R^*라 할 때, 이 저항을 구하기 위하여 이 부분을 다른 형태로 도시하면 그림 4.3.4(a)와 같다.

이 그림 4.3.4(a)에서 R^*를 구하는 문제는 그림 4.3.4(b)에서 Z_{eq}를 구하는 법을 알면 동일한 방법으로 구할 수 있다. 즉, 그림 4.3.4(b)의 회로에서

$$i_1=\frac{v_1-Av_1}{Z}=\frac{1-A}{Z}v_1 \tag{4.3.3}$$

로 둘 수 있고, 따라서 Z_{eq}는

$$Z_{eq}=\frac{v_1}{i_1}=\frac{Z}{1-A} \tag{4.3.4}$$

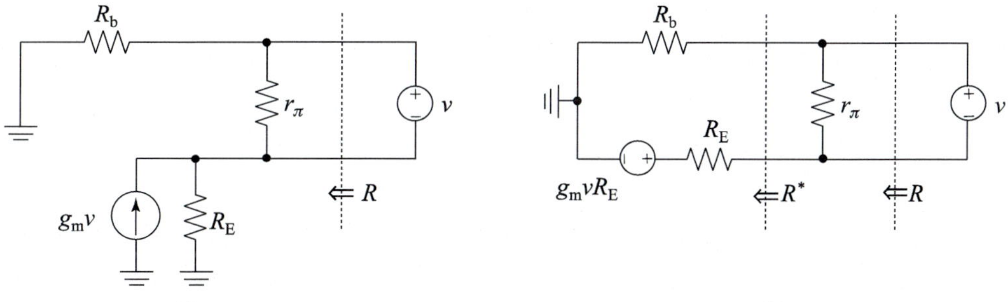

그림 4.3.3 v_s=0으로 두고 변형시킨 등가 회로

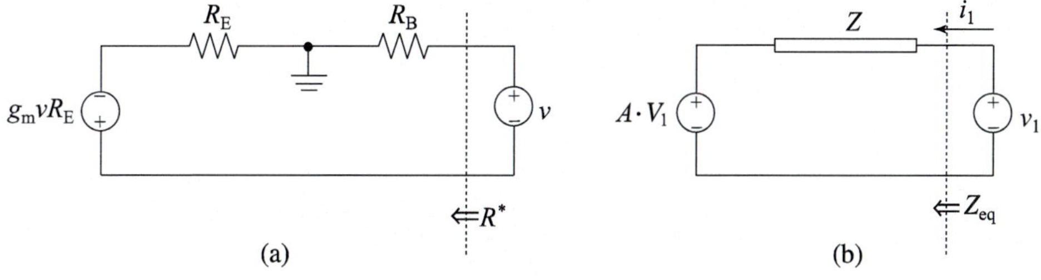

그림 4.3.4 R^*를 구하기 위한 등가 회로

로 주어진다. 이것이 바로 밀러 효과와 동일한 것이다. 그림 4.3.4(a)에서는 그림 4.3.4(b)의 A에 해당하는 값이 전압원의 극성을 고려하면

$$A = -g_m R_E \tag{4.3.5}$$

이 되고, Z에 해당하는 값은

$$Z = R_b + R_E \tag{4.3.6}$$

가 된다. 이 그림에서 R_E와 R_b사이에는 접지가 되어 있는 형태이나, 이런 형태에서는 접지를 통하여 전류가 흘러 나가거나 들어올 수 없으므로 전원측에서 본 등가 임피던스는 접지와는 관계가 없게 된다. 따라서 우리는

$$R^* = \frac{R_b + R_E}{1 + g_m R_E} \tag{4.3.7}$$

가 됨을 알 수 있다.

여기에서 잠시 식 (4.3.7)의 분모를 살펴보고 논의를 계속하기로 하자. 그림 4.3.3에 보이는 에미터 폴로워의 등가회로에서 전압원 v는 베이스와 에미터 양단에 인가된 소신호 전압원을 의미한다. 이 신호원에 의해서 콜렉터에 소신호 전류가 흐르게 되는 것이며 그 크기는 $i_c = g_m v$로 주어지는 값이다. 따라서 만일 콜렉터에 저항이 존재한다면 그 양단에 $g_m R_c v$라는 전압이 나타나게 됨을 우리는 알고 있다. 이와 동일한 이유로 에미터에 저항이 존재한다면 에미터 전류도 콜렉터 전류와 크기가 거의 동일하므로 $g_m R_E v$라는 전압이 에미터에 나타나게 된다. 따라서 이와 같이 에미터 저항에 나타나는 전압이득에 의해서 밀러 효과가 초래되는 셈이다. 이상에서 한가지 유의할 점은 여기에서 논의하고 있는 신호전압원 v는 베이스 에미터 양단에 가해진 격리된(floating) 독립 전압원이라는 사실이다. 따라서 이 신호전압원은 격리되어 있으므로 에미터 저항 R_E에 의한 부귀환의 영향을 받지 않기 때문에 위와 같이 말할 수 있는 것이다.

다시 원래로 돌아 가서 그림 4.3.3을 보자. 여기에서 다시 앞에서 제외시켰던 r_π를 포함하여 등가 저항 R을 구하면

$$R = r_\pi \| R^* = r_\pi \| \frac{R_b + R_E}{1 + g_m R_E} \tag{4.3.8}$$

와 같이 된다. 따라서 이로부터 극점 주파수 ω_1은

$$\omega_1 = \frac{1}{\left(r_\pi \| \dfrac{R_b + R_E}{1 + g_m R_E} \right) C_\pi} \tag{4.3.9}$$

와 같이 구할 수 있음을 알 수 있다.

이번에는 식 (4.3.1)에서 영점의 위치 ω_z을 구하여 보기로 하자. 그림 4.3.1(b)의 등가 회로로 다시 돌아가서 입력 신호의 주파수가 ω_1보다 더 높아지면 회로의 동작이 어떻게 되는지 살펴 보기로 하자. 신호원의 전류를 i_s, 에미터 저항 R_E에 흐르는 전류를 i_e라 할 때,

$$i_e = i_s + g_m v \tag{4.3.10}$$

의 관계가 있다. 입력 주파수가 ω_1보다 낮은 주파수에서는 $g_m v=\beta i_s$이므로 i_s보다 콜렉터측 전류 $g_m v$의 값이 훨씬 더 큰 값이 된다. 한편 주파수가 ω_1보다 더욱 높이 상승해 감에 따라 C_π의 임피던스가 감소하게 되므로 따라서 C_π 양단에 나타나는 전압 v의 값이 감소하게 된다. 그러므로 $g_m v$의 값도 점점 감소해 간다. 주파수가 더욱 상승하면 결국,

$$|i_s| = |g_m v| \tag{4.3.11}$$

의 조건에 도달하는 주파수가 존재하게 된다. 그런데 여기에서 v의 위상이 i_s보다 90° 지연되고 있음에 주의할 필요가 있다. 왜냐하면 등가 회로로부터

$$Z_\pi i_s = v \tag{4.3.12}$$

이며, 여기에서

$$Z_\pi = r_\pi \| \frac{1}{sC_\pi} \approx \frac{1}{sC_\pi} \tag{4.3.13}$$

의 관계가 있기 때문이다.

식 (4.3.13)의 근사화는 r_π보다 C_π의 임피던스가 훨씬 작아지게 되는 높은 주파수 대역을 고려하기 때문에 가능한 것이다. 즉 식 (4.3.13)이 성립하는 고주파에서는 i_s는 대부분 C_π를 통하여 흐르며 C_π 양단의 전압과 전류는 90° 위상차가 있다. 따라서 이와 같이 위상을 고려하면 그림 4.3.5와 같은 전류 벡터 선도를 그릴 수 있다.

여기에서 만일 주파수가 더욱 상승하면 v의 크기는 점점 감소하여 결국 영(zero)에

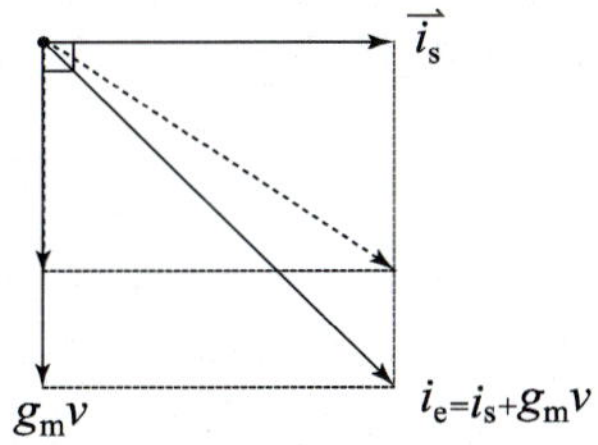

그림 4.3.5 에미터 폴로워의 영점 근처에서 전류간 벡터 선도

접근하게 될 것이며 i_e는 i_s의 값에 접근하게 될 것이다. 이런 경우에는 콜렉터에서 흘러오는 종속 전류원을 무시할 수 있다. 이 때 C_π의 임피던스도 단락으로 근사화할 수 있게 되므로 출력 전압은

$$v_o = \frac{R_E}{R_b + R_E} v_s \tag{4.3.14}$$

와 같이 표현할 수 있다.

이 과정에서 영점의 주파수는 식 (4.3.11)에 주어진 조건을 만족하는 주파수가 된다. 즉, 이런 경우 영점의 주파수는 +3dB 주파수 (벡터 선도를 참고하면 쉽게 알 수 있다)를 의미하게 된다. 따라서 식 (4.3.12)와 (4.3.13)을 식 (4.3.11)에 대입하면

$$\omega_z = \frac{g_m}{C_\pi} \tag{4.3.15}$$

와 같이 주어지게 된다.

여기에서 한가지 언급하고자 하는 것은 이 영점은 CE 증폭기에서 나타났던 정영점과는 달리 C_π를 통하여 흐르는 전류가 고주파 영역에서 출력측의 위상을 반전시키지 않으므로 부영점이 나타나게 되며 따라서 +3dB 주파수가 바로 부영점에 해당하는 주파수가 된다는 점이다.

위와 같이 주어지는 극점과 영점의 위치는 등가회로를 그려서 방정식을 세운 후 계산을 통하여 구한 결과와 정확히 일치한다(부록 4A).

이상의 결과를 종합하면 에미터 폴로워의 전압이득은, 식 (4.3.1)로부터

$$A_v(s) = \left(\frac{R_E}{R_E + r_e + R_b/\beta}\right) \cdot \left(\frac{1 + sC_\pi/g_m}{1 + sC_\pi\left(r_\pi \| \dfrac{R_b + R_E}{1 + g_m R_E}\right)}\right) \tag{4.3.16}$$

와 같이 주어지게 된다.

여기에서 $A_v(s)$에 대한 보드 선도를 도시하기 위해서 식 (4.3.9)로 주어지는 ω_1을 다시 살펴 보면, ω_1은 R_b의 함수로 달라지고 있음을 알 수 있다. 즉,

$$\lim_{R_b \to \infty} \omega_1 = \frac{1}{r_\pi C_\pi} \approx \omega_\beta \tag{4.3.17}$$

$$\lim_{R_b \to 0} \omega_1 = \frac{1}{r_e C_\pi} \approx \omega_T \tag{4.3.18}$$

의 관계가 있으므로 ω_1은 R_b값에 따라 이 두 주파수 사이에 있으며 식 (4.3.15)의 영

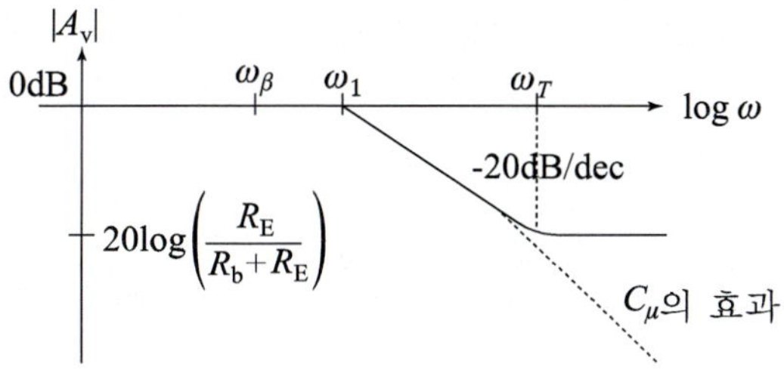

그림 4.3.6 에미터 폴로워의 전압 이득

점은 ω_T의 위치에 있으므로 그림 4.3.6과 같은 보드 선도를 그릴 수 있다. 이 그림에서 C_μ의 효과를 고려에 넣는다면 고주파 영역에서 점선으로 표시한 형태로 감쇄 될 것임을 예측할 수 있다.

에미터 폴로워의 입력 임피던스

에미터 폴로워는 입력 임피던스가 매우 높다. 그러나 이 임피던스는 트랜지스터의 전류 증폭률에 의존하므로 전류 이득이 주파수의 함수로 변화하면 임피던스 역시 변화하게 된다. 이와 같은 관계를 아래에서 알아 보기로 하자.

그림 4.3.1(b)의 등가 회로로부터

$$g_m v = g_m Z_\pi i_s = \beta(s) i_s \tag{4.3.19}$$

의 관계가 있다. 따라서 여기에서

$$\begin{aligned}\beta(s) &= g_m Z_\pi = g_m\left(\frac{1}{sC_\pi}\|r_\pi\right)\\ &= \frac{g_m}{sC_\pi + g_\pi} = \frac{\beta_0}{1+sC_\pi r_\pi}\\ &= \frac{\beta_0}{1+s/\omega_\beta}\end{aligned} \tag{4.3.20}$$

와 같이 주어 질 수 있음을 안다. 이와 같은 $\beta(s)$를 사용하여 등가 회로를 다시 도시하면 그림 4.3.7과 같다.

여기에서 입력 임피던스를 먼저 살펴 보자. 입력측에서 이 등가회로에 축약 정리(reduction theorem)를 적용하여

$$Z_i = R_b + Z_\pi + \{1+\beta(s)\}R_E \tag{4.3.21}$$

와 같이 쉽게 표시할 수 있다. 이 관계식으로부터 주파수가 낮은 영역과 높은 영역에서 Z_i 값을 알아 보면

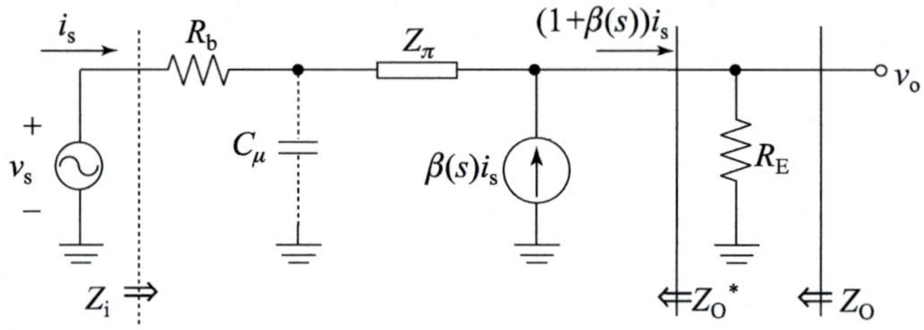

그림 4.3.7 에미터 폴로워의 다른 형태의 등가 회로

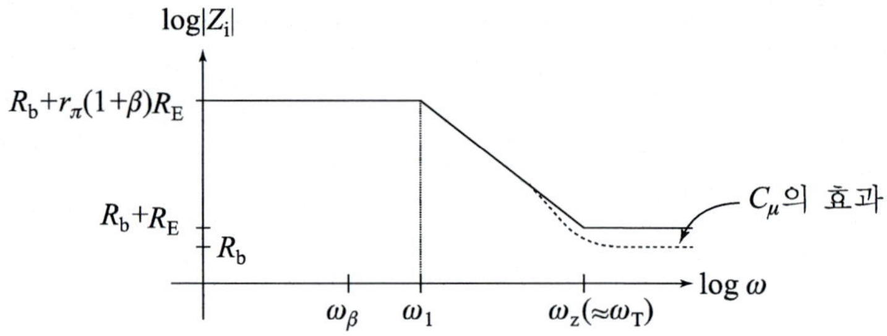

그림 4.3.8 에미터 폴로워 입력 임피던스의 주파수 특성

$$\lim_{\omega\to 0} Z_i = R_b + r_\pi + (1+\beta_0)R_E \tag{4.3.22}$$

$$\lim_{\omega\to\infty} Z_i = R_b + R_E \tag{4.3.23}$$

와 같이 된다. 여기에서 주파수가 높은 영역에서는 Z_π=0, $\beta(s)=0$ 이 됨을 적용하였다. 따라서 Z_i는 극점과 영점을 각각 하나씩 가지고 있음을 알 수 있으며 극점의 위치는 $\beta(s)$의 -3dB 주파수인 ω_β 근처에서 약간 높은 위치에 있고, 영점의 위치는 $|\beta(s)|=1$인 주파수 ω_T 근처에 있으면서 R_b값에 따라 다소 달라지게 됨을 알 수 있다. 따라서 Z_i에 대한 보드 선도를 그려보면 그림 4.3.8과 같은 모양이 된다.

에미터 폴로워의 출력 임피던스

한편 출력 임피던스는 $\beta(s)$가 감소함에 따라 증가하는 형태가 된다. 출력에서 이 등가 회로 4.3.7에 역시 축약 정리를 적용하면

$$Z_o^* = \frac{R_b + Z_\pi}{1+\beta(s)} \tag{4.3.24}$$

$$Z_o = R_E \,//\, Z_o^* \tag{4.3.25}$$

와 같이 표시된다. 여기에서 Z_o^* 가 낮은 주파수 영역과 높은 주파수 영역에서는 각각 다음과 같이 됨을 알 수 있다. 즉,

$$\lim_{\omega\to 0} Z_o^* = r_e + R_b/\beta_0 \tag{4.3.26}$$

$$\lim_{\omega\to\infty} Z_o^* = R_b \tag{4.3.27}$$

와 같이 된다. 따라서 Z_o^* 역시 극점과 영점을 각각 하나씩 가지고 있으며 이 두 주파수의 위치도 역시 Z_i의 경우와 유사하게 ω_β와 ω_T 근처에 각각 존재하게 된다. 따라서 보드 선도를 도시해 보면 그림 4.3.9와 같다.

이 특성 곡선으로부터 우리는 에미터 폴로워의 출력 임피던스가 유도성(inductive) 특징을 가지고 있음을 알 수 있다. 등가회로로 표현하면 그림 4.3.10과 같은 형태가 된다. 이 등가 회로로부터 $R_1 \ll R_2$인 점을 고려한다면 낮은 주파수와 높은 주파수 영역에서의 임피던스는 각각

$$\lim_{\omega\to 0} Z_. = R_1 // R_2 \approx R_1 \tag{4.3.28}$$

$$\lim_{\omega\to\infty} Z_. = R_2 \tag{4.3.29}$$

와 같이 근사 된다. 따라서 이 두 식과 (4.3.26), (4.3.27) 식을 비교하여 등가로 놓으면

$$R_1 = r_e + R_b/\beta_0 \tag{4.3.30}$$

$$R_2 = R_b \tag{4.3.31}$$

의 관계가 있음을 알 수 있다.

여기에서 또 인덕턴스 L_1값을 구하기 위하여 높은 주파수(ω_T 근처)에서 등가 회로를 살펴 보자. 높은 주파수에서는 임피던스 ωL_1에 비하여 R_1을 무시할 수 있고 $\omega L_1 \approx R_2$를 만족하는 주파수가 -3dB 주파수가 된다. 따라서

$$\omega_T L_1 = R_b \quad \text{혹은} \quad L_1 = R_b/\omega_T \tag{4.3.32}$$

와 같이 구할 수 있다. 한편, 낮은 주파수 ω_z 부근에서는 $\omega L_1 \approx R_1$을 만족하는 주파수

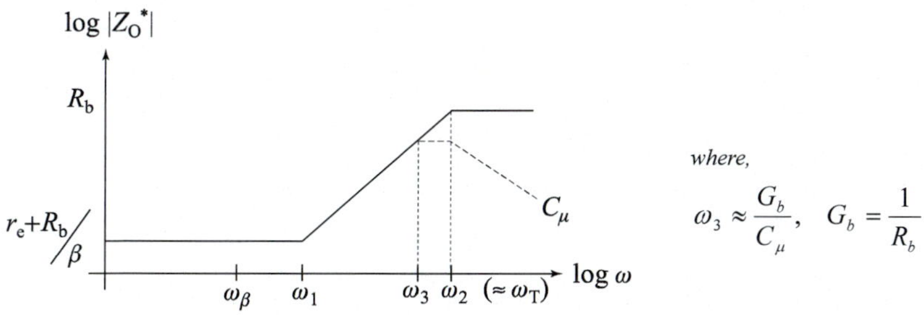

그림 4.3.9 에미터 폴로워 출력 임피던스의 주파수 특성

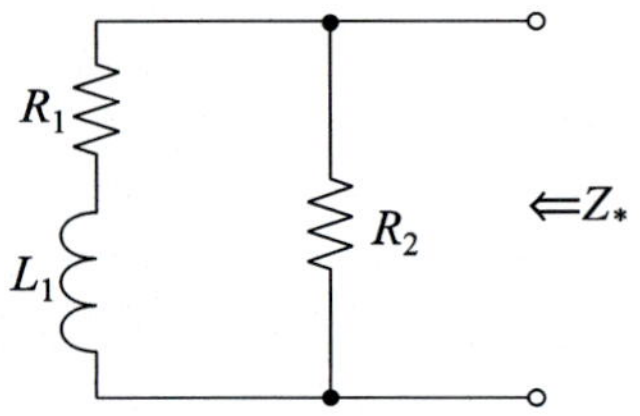

그림 4.3.10 에미터 폴로워 출력 임피던스의 등가 회로

가 3dB 주파수이며 R_2는 충분히 크기 때문에 무시할 수 있다. 따라서

$$\omega_z L_1 = r_e + R_b/\beta_0 \quad \text{혹은} \quad L_1 = \frac{r_e + R_b/\beta_0}{\omega_z} \tag{4.3.33}$$

와 같이 주어진다.

위에서 구한 두 L_1값이 동일해야 하므로,

$$\frac{R_b}{\omega_T} = \frac{r_e + R_b/\beta_0}{\omega_z} \tag{4.3.34}$$

가 된다. 따라서

$$\omega_z = \omega_T\left(\frac{1}{\beta_0} + \frac{r_e}{R_b}\right) \quad \left(\approx \omega_\beta \quad if \quad R_b >> r_e\right) \tag{4.3.35}$$

의 관계가 있음을 알 수 있다.

에미터 폴로워의 피킹(peaking)

에미터 폴로워는 광대역 증폭기에 있어서는 임피던스 버퍼(buffer)로서 매우 중요한 역할을 한다. 그러나 한가지 문제점은 출력 임피던스가 그림 4.3.10과 같이 유도성 특징을 가지고 있으므로 용량성 부하를 구동할 때 고주파 대역에서 신호의 크기가 증가하는 피킹 현상이 발생하거나 혹은 심할 경우에는 발진을 일으킬 수 있다는 점이다.

한가지 예로서 그림 4.3.11과 같이 에미터 폴로워로 구동 되는 CE 증폭기를 생각하여 보자.

이 그림(b)에서 보는 바와 같이 에미터 폴로워와 Q_2의 베이스 연결점에서 등가 회로를 그려보면 L, R, C 회로를 형성하고 있음을 알 수 있다. 여기에서 C_{i2}는 Q_2의 베이스측을 들여다 본 커패시턴스이며, −3dB 주파수를 훨씬 초과하는 고주파 대역에서는 밀러 효과를 무시하고 대략 C_{p2}가 될 것이다. 왜냐하면 C_L의 영향에 의해서 고역쪽에서는 트랜지스터의 전압이득이 충분히 작아지면서 밀러 효과를 상실하기 때문이다. 여기에서 저항은 감쇄(damping)를 가져오는 요소이며, 피킹을 일으키는 주파수는 대략,

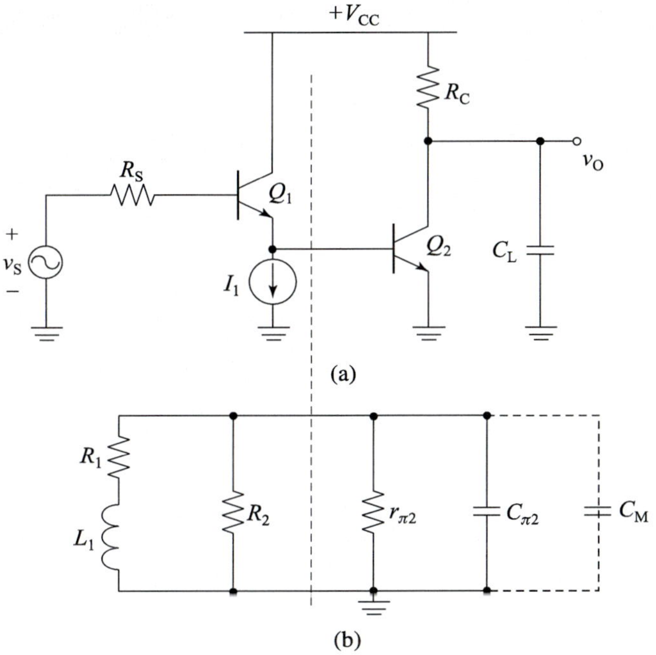

그림 4.3.11 에미터 폴로워로 구동 되는 CE 증폭기 (a) 및 연결점에서의 등가 회로 (b)

$$\omega_o \approx \frac{1}{\sqrt{L_1 C_{i2}}} \approx \frac{1}{\sqrt{L_1 C_{\pi 2}}} \tag{4.3.36}$$

가 된다. 식 (4.3.32)를 여기에 대입하면

$$\omega_o = \sqrt{\omega_{T1}/R_b C_{\pi 2}} = \sqrt{\omega_{T1}\omega_{T2}}\sqrt{r_{e2}/R_b} \tag{4.3.37}$$

이다. 만일 $\omega_{T1} \approx \omega_{T2}$이라면 윗 식은

$$\omega_o \approx \omega_{T1}\sqrt{r_{e2}/R_b} \tag{4.3.38}$$

가 되는데, 여기에서 $R_b = R_s + r_{b1}$임을 감안한다면 피킹을 일으키는 주파수는 R_s에 따라 달라지지만 대략 ω_β보다는 높고 ω_T보다는 낮은 쪽에 위치한다는 사실을 알 수 있다. 따라서 이런 회로에 대한 보드 선도를 그려보면 그림 4.3.12와 같은 형태가 된다. 따라서 에미터 폴로워를 여러 단 사용하는 경우에는 피킹을 고려하여야 하며 이로 인한 의사 발진(spurious oscillation)이 문제가 될 수 있다. 이런 현상은 부귀환(negative feedback)이 걸리는 회로에서는 위상보정과도 관계없이 발생하기 때문에 어려움에 처할 수 있다. 의사 발진이나 피킹을 조절하는 한가지 방법은 그림 4.3.11(b)와 같은 공진 회로에 감쇄(damping)를 주는 방법을 생각할 수 있다.

즉 그림 4.3.11(a)의 회로에서 Q_1의 에미터와 Q_2의 베이스 사이에 작은 저항을 추가하는 것이다 이 추가되는 저항에 의해서 대역폭이 약간 낮아지는 것은 어쩔 수 없는 일이나 의사 발진이나 피킹을 조절할 수 있다. 이런 방법은 오디오용 파워 앰프에서 발견되기도 하는데, 출력단 에미터 폴로워를 몇 단 연결하는 중간 중간에 감쇄 저항을 삽입하여 의사 발진문제를 해결하는 것이 그 예가 된다.

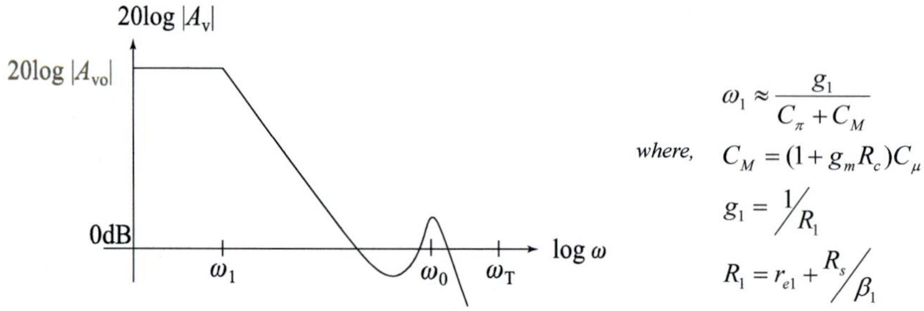

그림 4.3.12 에미터 폴로워 버퍼를 가진 CE 증폭기의 보드 선도

베이스 접지 증폭기

그림 4.3.13에 베이스 접지 증폭기의 기본 회로와 입력 임피던스의 특성을 보인다. 입력 임피던스는 기본적으로 에미터 폴로워의 출력 임피던스와 동일하며

$$Z_i = \frac{R_s + r_b + Z_\pi}{1+\beta(s)} \tag{4.3.39}$$

와 같게 된다. 한편 $R_s = 0$인 경우에는

$$Z_i \Big|_{R_s=0} = r_e \| \frac{1}{sC_\pi} + \frac{r_b}{1+\beta(s)} \tag{4.3.40}$$

이 된다. 여기에서 $\omega_\alpha \approx \omega_T$로 간주하였다. 이것을 보드 선도로 나타낸 것이 그림 4.3.13(b)의 점선으로 표시한 것이다. 즉 입력 임피던스를 낮추기 위해서는 베이스 저항 R_s를 작게 하는 것이 매우 중요하며, 이것은 캐스코우드(cascode) 연결시 밀러 효과를 줄이는데 크게 기여하는 요소이다. 그러나 R_L이 매우 커서 트랜지스터의 r_o보다 더 크게 증가하는 경우에는 $R_s = 0$이라 하더라도 Z_i가 크게 증가하게 된다. 이런 현상은 R_L과 병렬로 나타나는 커패시턴스의 영향 때문에 고주파에서는 큰 R_L값을 유지하기 어려우므로 일반적으로 고려할 필요가 없다. 그러나 주파수가 낮은 영역에서는 크게 나타나며 캐스코우드 연결에서 출력 저항이 증가하는 요인, 즉 전압 이득을 크게 얻을 수 있는 요인과 관계가 있다. 여기에서는 이것에 관해서 더 이상 자세한 언급을 피하기로 하겠으나 필요시에는 등가 회로를 그려서 해석해 보면 해답을 얻을 수 있다.

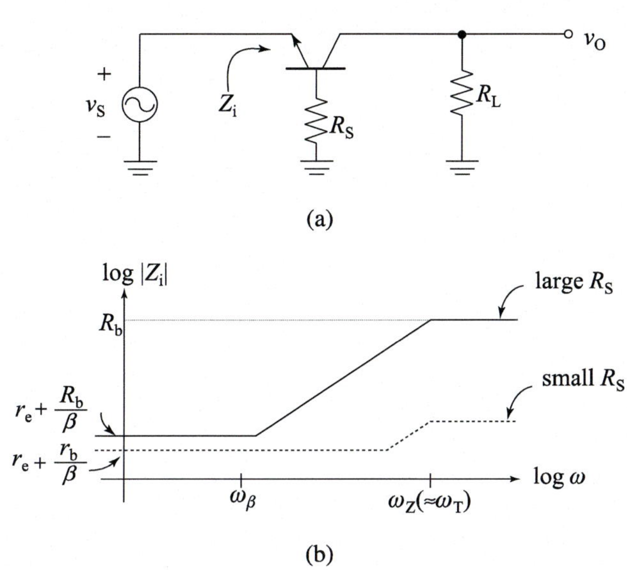

그림 4.3.13 CB회로 및 $|Z_i|$특성

MOSFET CS 증폭기의 주파수 특성

여기에서는 MOSFET의 주파수 특성을 알아 보기로 하자. 먼저 소스 접지 증폭기에 대해 살펴 보면 그림 4.3.14에 회로 및 소신호 등가 회로를 보이고 있다.

이 등가 회로와 바이폴라 등가 회로를 비교하여 보면

$$MOS = BIP\Big|_{r_\pi \to \infty}$$

의 관계가 주된 특징으로 나타남을 알 수 있다.
따라서 전압 이득에 관한 식 $A_v(s)$는 바이폴라에 관한 식 (4.1.19)에서

$$g_\pi = 0, \quad G_b \leftarrow g_G(=1/R_G), \quad C_\pi \leftarrow C_{gs}$$

로 대치하면 바로 얻어지게 된다. 즉

$$A_v = -\frac{g_G R_L (g_m - sC_\mu)}{g_G + s\left[C_{gs} + C_\mu\{1 + (g_m + g_G)R_L\}\right] + s^2 C_{gs} C_\mu R_L} \tag{4.3.41}$$

와 같이 주어지며, 여기에서 ω_1, ω_2, ω_z는 각각

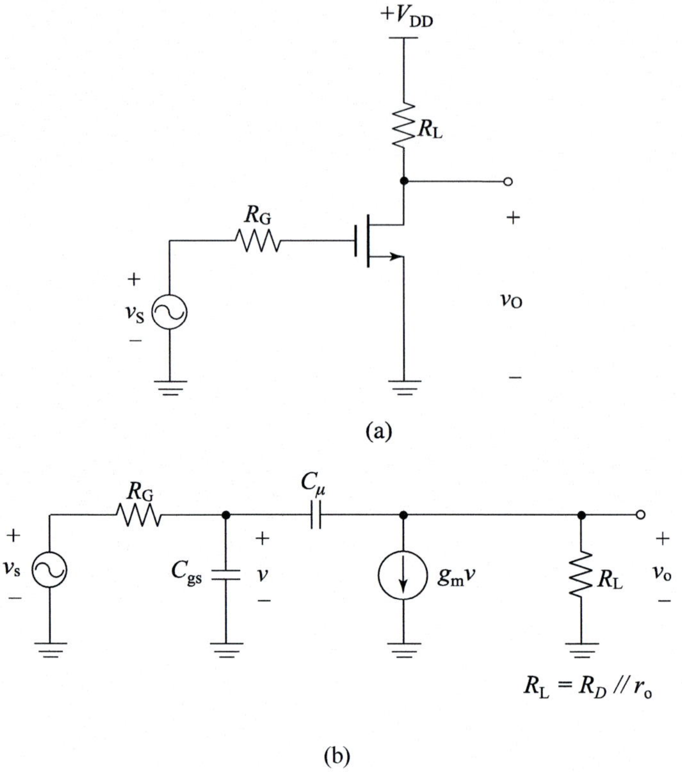

그림 4.3.14 MOS CS 증폭기 및 소신호 등가 회로

$$\omega_1 = \frac{g_G}{C_{gs} + C_\mu \{1 + (g_m + g_G) R_L\}} \tag{4.3.42}$$

$$\omega_2 = \frac{1}{C_\mu R_L} + \frac{1}{C_{gs} R_L} + \frac{g_m}{C_{gs}} + \frac{g_G}{C_{gs}} \tag{4.3.43}$$

$$\omega_z = \frac{g_m}{C_\mu} \tag{4.3.44}$$

와 같이 주어진다. 식 (4.3.44)에서 정영점 ω_z는 바이폴라의 경우보다 상당히 낮아지게 되는데, 그 이유는 g_m이 작기 때문이다.

소스 플로워의 주파수 특성

이번에는 CD 증폭기 즉, 소스 플로워(source follower)에 대해서 살펴 보기로 하자. 그림 4.3.15에 소스 플로워와 그 등가 회로를 보인다.

이 등가회로에서 먼저 MOS의 전류증폭률이 주파수의 함수로 어떻게 변화하는지를 생각해 보기로 하자. 일반적으로 전류증폭률은 바이폴라 트랜지스터에서 주로 사용하

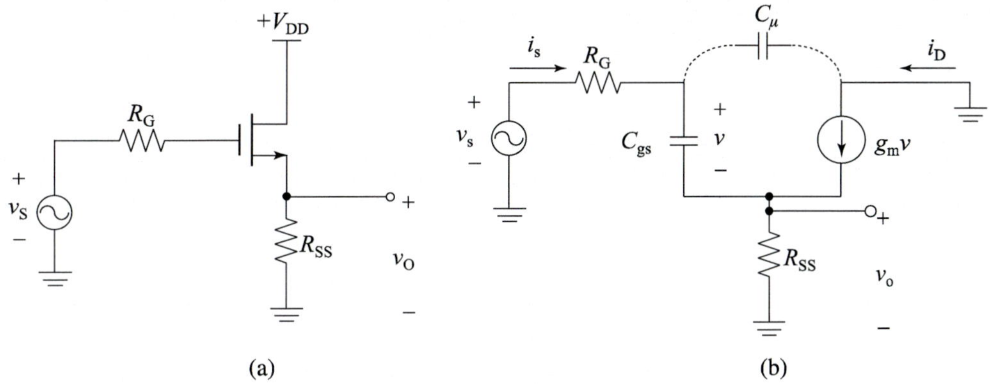

그림 4.3.15 소스 플로워 및 등가 회로

는 개념이지만, MOS에서도 동일하게 정의될 수 있다. 즉, MOS에 있어서의 전류증폭률은, 바이폴라 트랜지스터에서 베이스전류와 콜렉터 전류의 배수로 정의되는 것과 마찬가지로, 위 등가회로에서 보이는바와 같이 게이트를 통하여 흐르는 입력 신호 전류를 i_S라 할 때 드레인 전류와의 배수 $\beta(s) = i_D / i_S$로 정의될 수 있다. 이것은 주파수의 함수가 되며 전압의 관계로 주어지는 종속전류원의 표시식으로부터 형태를 바꾸어 표현하면

$$g_m v = g_m \cdot \frac{1}{sC_{gs}} \cdot i_s = \beta(s) i_s$$

와 같이 등가변환이 가능하며, 이로부터 $\beta(s)$를 쉽게 구할 수 있다. 혹은 MOS의 $\beta(s)$를 r_π가 무한대인 바이폴라 트랜지스터로 간주하여

$$\beta(s)\Big|_{MOS} = g_m Z_\pi \Big|_{\substack{BIP \\ r_\pi \to \infty}} = \frac{g_m}{sC_{gs}} \tag{4.3.45}$$

와 같이 구하는 것도 가능하다.

위 식으로부터 MOS의 전류이득을 주파수의 함수로 도시해 보면 아래 그림 4.3.15-1과 같은 모양이 된다. 여기에서 주파수가 낮아져서 0(즉 s = 0)으로 접근하는 경우는 β가 무한대로 증가 하는 모양을 보이고 있으며 이것은 MOS에 대해서 이미 제 2장에서 언급한 바와 같이 전류이득이 무한대인 트랜지스터로 간주할 수 있음을 의미한다. 한편, 바이폴라 트랜지스터에 있어서는 주파수가 어느 값 이하로 낮아질 때 전류이득이 β_0로 고정되는 데 그 코너 주파수가 바로 ω_β인 셈이다.

MOS에서도 주파수가 증가하는 경우에는 전류이득이 감소하게 되며, 전류이득이 1 즉, 0dB가 되는 주파수가 바로 ω_T에 해당하는 주파수이고, 그 크기는 대략 그림에서와 같이 g_m/C_{gs}로 주어지는 값이다. 이 값이 바이폴라 트랜지스터에 서는 대략 g_m/C_π로 주어지므로 둘이 유사한 형태가 됨을 알 수 있다.

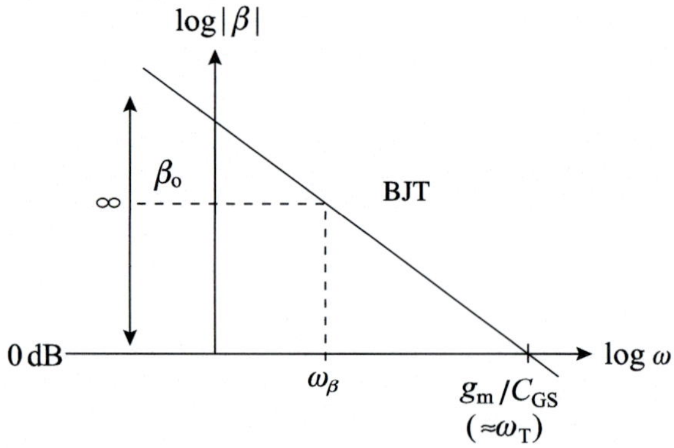

그림 4.3.15-1 MOS 전류이득의 주파수 특성

이번에는 소스 폴로워에서 발생하는 극점과 영점의 위치 및 주파수의 함수로변화하는 임피던스에 대해서 살펴보기로 하자. 여기에서도 바이폴라 트랜지스터의 경우와 마찬가지로 커패시터 C_μ의 효과를 잠시 제외하고 아래 그림 4.3.16에 보이는 바와 같이 C_{gs}의 효과에 의한 극점과 영점을 구해보면 전압 이득의 관계식은

$$A_v(s) = A_{v0}\frac{1+s/\omega_z}{1+s/\omega_1} \tag{4.3.46}$$

와 같이 놓을 수 있다. 여기에서 ω_1은 C_{gs}와 이것에 병렬로 연결된 등가 저항 R로 구성되는 시정수의 역수로 주어진다. 그리고, R값은 게이트와 소스를 바라본 저항 값(= $R_G + R_{SS}$)이 게이트와 소스간의 소신호 전압 v가 R_{SS}에 의하여 증폭되는 이득(= $g_m R_{SS}$)에 의한 밀러 효과만큼 작아지게 된다.
따라서 바이폴라의 경우와 동일한 방법으로 등가저항은 다음과 같이

$$R = \frac{R_G + R_{SS}}{1+g_m R_{SS}} \tag{4.3.47}$$

로 표시될 수 있음을 알 수 있다. 그러므로 ω_1은

$$\omega_1 = \frac{1}{C_{gs}\left(\dfrac{R_G + R_{SS}}{1+g_m R_{SS}}\right)} \tag{4.3.48}$$

로 주어지게 된다. 한편 영점 ω_z는 바이폴라의 경우를 상기할 때, $|\beta(s)|=1$인 점에서 결정되므로

$$\omega_z = \frac{g_m}{C_{gs}} \approx \omega_T \tag{4.3.49}$$

와 같이 정해짐을 알 수 있다.

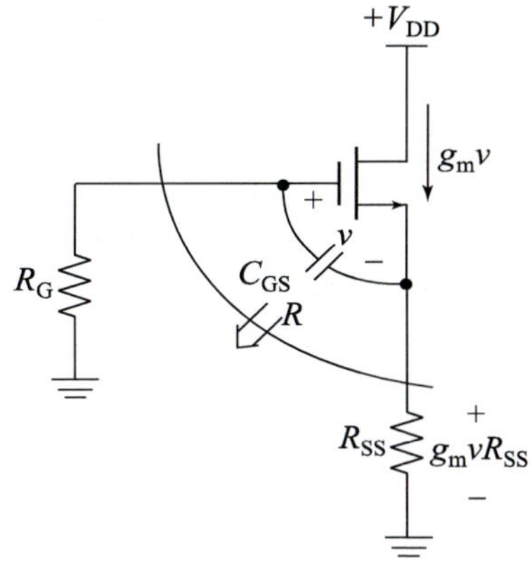

그림 4.3.16 C_{gs} 양단에 나타나는 극점을 구하기 위한 회로

한편 입력 임피던스 Z_i는 주파수가 증가함에 따라 감소하는 특성을 보이며, 바이폴라의 경우와 다를 바 없다. 수식으로 표시해 보면

$$Z_i = R_G + \frac{1}{sC_{gs}} + (1+\beta(s))R_{SS} \tag{4.3.50}$$

으로 주어지게 된다. 이 식은 게이트와 드레인 사이의 커패시턴스 C_μ의 효과에 대해서는 고려하지 않은 결과이며, 이 식으로부터 입력 임피던스를 주파수의 함수로 도시해 보면 그림 4.3.16-1에 보이는 바와 같다. 이것은 저주파 특성을 제외하면 바이폴라 트랜지스터와 유사한 형태임을 알 수 있다. 저주파에서는 MOS의 입력 임피던스가 바이폴라 트랜지스터와는 달리 무한대로 증가하는 점이 다르다.

여기에서 이와 같은 소스 폴로워의 등가 입력 커패시턴스의 개념을 생각해 보기로 하자. 그림4.3.16-1에서 주파수가 낮은 영역 즉, $\omega \ll \omega_T$ 인 주파수 영역 또는 다른 말로 표현하면 $|\beta(j\omega)| \gg 1$ 인 영역에서의 입력 임피던스는 커패시턴스로 보임을 알 수 있다. 이것은 주파수가 $\ll \omega_T$인 영역에서 그림 4.3.16-2에 보이는 바와 같이 그림(a)의 소스 폴로워를 입력에서 바라볼 때 그림(b)처럼 입력 커패시턴스 $C_\mu + C_{in}^*$를 가진 등가회로로 간주할 수 있음을 의미한다. 여기에서 등가 커패시턴스 C_{in}^*를 구하여 보기로 하자. 위의 식 (4.3.50)에서

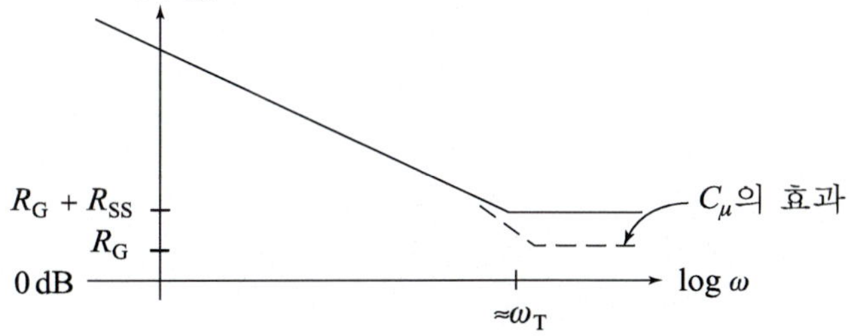

그림 4.3.16-1 입력 임피던스의주파수 특성

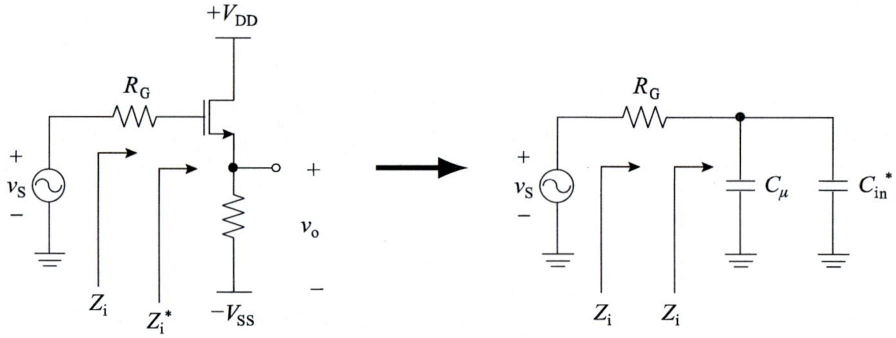

그림 4.3.16-2 소스폴로워의 $\omega \ll \omega_T$ 에서 입력등가회로

$$Z_i = R_G + Z_i^*$$

로 놓을 때 Z_i^*는 C_{in}^*와 관련이 있는 임피던스가 되므로 정리하면 다음과 같이 근사화 할 수 있다. 즉,

$$\begin{aligned} Z_i^* &= \frac{1}{sC_{gs}} + (1+\beta(s))R_{SS} \\ &\cong \frac{1}{sC_{gs}} + \beta(s)R_{SS} \quad if\ |\beta(s)| >> 1 \\ &= \frac{1}{sC_{gs}} + \frac{g_m}{sC_{gs}}R_{SS} \\ &= \frac{1}{s}\cdot\frac{(1+g_mR_{SS})}{C_{gs}} \\ &\cong \frac{1}{sC_{in}^*} \end{aligned} \tag{4.3.50-1}$$

이 된다. 따라서 여기에서 C_{in}^*는

$$C_{in}^* \cong \frac{C_{gs}}{(1+g_mR_{ss})} \qquad if\ \omega << \omega_T \tag{4.3.50-2}$$

와 같이 표시가 가능한 값임을 알 수 있다.

이상의 결과로부터 C_{in}^*는 g_mR_{SS} 값이 증가하면 감소하게 되므로 g_mR_{SS} 값이 상당히 클 경우에는 C_{in}^*가 매우 작은 값이 됨을 알 수 있다. 즉, MOS 소스 폴로워를 연결하면 등가입력 패시턴스는 상당히 작은 값이 되기 때문에 부하를 완충하는데 있어서 효과가 있음을 의미한다.

한편, MOS 소스 폴로워의 출력 임피던스는 일반적으로 R_{SS}가 충분히 큰 값이므로

R_{SS}를 제외하고 생각한다면

$$Z_o^* = \frac{R_G + 1/sC_{gs}}{1+\beta(s)} \tag{4.3.51}$$

와 같이 표시가 된다. 이 식에 (4.3.45)의 $\beta(s)$를 대입하면,

$$Z_o^* = \frac{R_G + 1/sC_{gs}}{1+g_m/sC_{gs}} = \frac{R_G(s+g_G/C_{gs})}{s+g_m/C_{gs}} \tag{4.3.52}$$

로 주어진다. 여기에서 g_G=1/R_G이다. 바이폴라와 유사하게 양극 주파수에서의 값을 보면

$$\lim_{s\to 0} Z_o^* = 1/g_m \tag{4.3.53}$$

$$\lim_{s\to \infty} Z_o^* = R_G \tag{4.3.54}$$

와 같이 된다. 그리고 $g_m/C_{gs} \approx \omega_T$인 점을 감안하면 출력임피던스는 $z_1(= -g_G/C_{gs})$와 ω_T 사이에서 직선적으로 변한다. 그리고 이 두 주파수 밖에서는 바이폴라와 유사하게 유도성 특성을 보이고 있음을 알 수 있다.

4.4 다단 증폭기의 주파수 특성

지금까지 우리는 트랜지스터 한 개의 주파수 특성에 대해서 비교적 상세히 알아 보았다. 한 트랜지스터만 생각할 때는 주로 주극점(dominant pole) 하나가 가장 중요하며 이 주파수가 고역 3dB 주파수가 되고 비교적 쉽게 이 값을 구할 수가 있다. 또한 제2극점과 영점의 위치도 알아볼 수 있었다.

다단 증폭기에서는 극점과 영점들이 여러 개 나타나며 회로 구조상 서로 복잡하게 연관되어 있으므로 손으로 모든 값들을 계산한다는 것은 사실상 어렵다.컴퓨터의 도움으로 이런 값들을 계산하는 것은 가능하다. 그러나 회로를 설계하려는 입장에서는 가급적 신속하게 목표로 하는 회로의 어느 위치에서 얼마만큼의 대역폭에 제한을 가져올 것인가 하는 등의 대략적인 주파수 특성을 파악하는 것이 매우 중요하며 이런 과정을 통하여 적절한 회로 구조를 고안할 수 있게 된다. 정확한 특성은 추후에 컴퓨터의 도움으로 확인하는 것이 올바른 설계의 순서라고 말할 수 있다.

설계자가 필요로 하는 것 중 가장 중요한 것은 개략적인 개념이다. 어느 정도 오차가 있는 것은 초기 단계에서는 크게 문제가 되지 않는다. 따라서 근사화를 통한 전

체적인 특성 파악을 쉽고 빠르게 할 수 있는 방법이 있다면 매우 유용한 도구가 마련되는 셈이다.

다단 증폭기에서 나타나는 여러 개의 극점과 영점들을 손으로 계산해서 쉽게 알아낼 수 있는 방법은 없다. 그러나 그 중에서 가장 필요한 정보는 고역쪽 -3dB주파수이다. 만일 저주파 대역을 차단하거나 직류 바이어스를 분리할 목적으로 큰 커패시터들이 연결된 경우는 저역쪽 차단 주파수(cut-off frequency), 즉 -3dB 주파수도 필요한 정보가 된다. 먼저 고역쪽 3dB 주파수를 구하는 방법을 살펴보고, 뒤에 저역쪽 3dB 주파수를 구하는 방법에 대해서 알아 보기로 하겠다.

다항식의 근사법

트랜지스터 한 개의 주파수 특성은 주극점과 기타 극점 및 영점을 가지고 있지만 주극점만을 가진 것으로 근사화 할 수 있다. 따라서 다단 증폭기에 있어서 트랜지스터가 여러 단 연결된 경우에는 최소한 트랜지스터의 개수만큼 주극점에 해당하는 비교적 낮은 주파수 영역의 극점 수가 존재하는 셈이며 이런 극점들은 어느 정도 거리를 두고 있거나 어떤 경우에는 서로 가까이 위치할 수도 있다. 이와 같은 다단 증폭기의 전압이득을 표현한다면 다음과 같은 형태의 식을 얻게 될 것이다. 즉,

$$A_v(s) = \frac{K}{a_0 + a_1 s + a_2 s^2 + a_3 s^3} \tag{4.4.1}$$

의 형태가 된다. 이와 같이 주어지는 식에서 극점들의 위치를 모두 구하였다면 다음과 같은 모양으로 다시 표시할 수 있다.

$$A_v(s) = A_{v0}\frac{1}{(1+s/\omega_1)(1+s/\omega_2)(1+s/\omega_3)} \tag{4.4.2}$$

위의 두 표현식이 동일한 것의 다른 형태이므로 이 두 식에서 분모를 비교하여 각 항의 계수를 일치시키면 극점들과 계수간의 관계를 알아낼 수 있다. 즉, 식 (4.4.1)의 분모를 $D(s)$라 할 때, 다시 정리하면

$$D(s) = a_0\left(1 + \frac{a_1}{a_0}s + \frac{a_2}{a_0}s^2 + \frac{a_3}{a_0}s^3\right) \tag{4.4.3}$$

이므로 식 (4.4.2)의 분모를 전개하여 두 식의 계수를 서로 비교하면

$$s\text{의 계수}: \frac{a_1}{a_0} = \frac{1}{\omega_1} + \frac{1}{\omega_2} + \frac{1}{\omega_3} \tag{4.4.4}$$

$$s^2\text{의 계수}: \frac{a_2}{a_0} = \frac{1}{\omega_1\omega_2} + \frac{1}{\omega_2\omega_3} + \frac{1}{\omega_3\omega_1} \tag{4.4.5}$$

$$s^3\text{의 계수} : \frac{a_3}{a_0} = \frac{1}{\omega_1\omega_2\omega_3} \tag{4.4.6}$$

와 같이 된다.

여기에서 만일 다음과 같은 가정이 성립한다면 즉,

$$\omega_1 << \omega_2 << \omega_3 \tag{4.4.7}$$

이러한 조건하에서 우리는 위의 비교 결과를 근사화하여 식 (4.4.4)로부터

$$\frac{a_1}{a_0} \approx \frac{1}{\omega_1} \quad \rightarrow \quad \omega_1 \approx \frac{a_0}{a_1}, \tag{4.4.8}$$

의 관계를 얻을 수 있으며, 또한 식 (4.4.5)와 (4.4.8)로부터

$$\frac{a_2}{a_0} \approx \frac{1}{\omega_1\omega_2} \quad \rightarrow \quad \omega_2 \approx \frac{a_1}{a_2}, \tag{4.4.9}$$

가 얻어진다. 따라서 식 (4.4.6), (4.4.8), (4.4.9)로부터

$$\omega_3 \approx \frac{a_2}{a_3} \tag{4.4.10}$$

의 관계가 얻어짐을 알 수 있다. 이 결과로부터 식 (4.4.1)와 같이 주어진 증폭기에 대하여 보드 선도를 그린다면 그림 4.4.1과 같이 ω 축상에서 각각의 주파수에 대한 근사화가 가능하게 된다.

식 (4.4.7)과 같은 조건이 만족되지 않는 경우, 즉 극점들이 멀리 떨어져 있지 않은 경우는 어느 정도 오차를 발생시키게 되지만 그렇다 하더라도 상당히 유용한 결과를 가져오게 된다. 또한 식 (4.4.8)로 추정되는 ω_1의 근사위치는 식 (4.4.4)를 살펴볼 때 정확한 ω_1의 위치보다 약간 낮은 쪽에 위치함을 알 수 있다. 실제에 있어서도 여러 개의 극점이 동시에 존재할 때 정확한 -3dB 주파수는 높은 극점들의 영향에 의해서 가장 낮은 극점보다 약간 더 낮은 곳에 위치하게 된다.

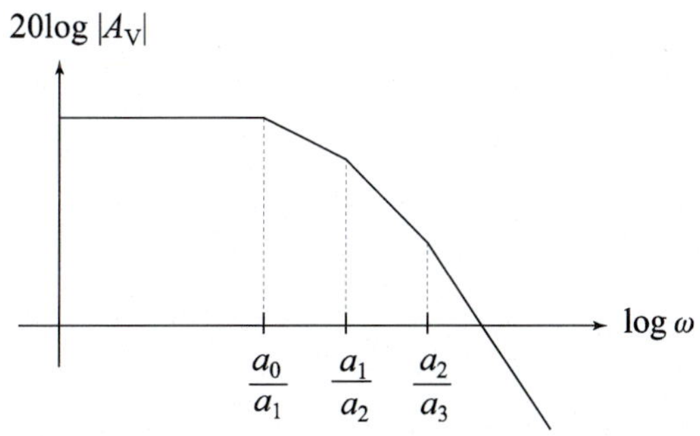

그림 4.4.1 분모의 다항식 근사에 의한 보드선도

개방회로 시정수(Open Circuit Time Constant)

전절에서 언급한 바와 같이 다단 증폭기에서 발생하는 여러 개의 극점을 모두 계산을 통해서 구하는 것은 쉬운 일이 아니다. 그러나 가장 중요한 -3dB 주파수에 대해서만은 개방 회로 시정수 방법을 사용하면 비교적 손쉽게 구할 수 있다. 개방회로 시정수법은 극점이 여러 개 존재할 때 주극점에 해당하는 -3dB 주파수가 다항식 근사법에서 보인 바와 같이 전압 이득의 표현식에서 분모의 상수항과 s항의 계수를 알 수 있다면 이 둘의 관계로 표시될 수 있다는 사실에 근거를 두고 있다. 그러면 임의의 일반적인 회로에 대해서 어떻게 이런 값을 구할 수 있는가에 대해서 생각하여 보기로 하자.

그림 4.4.2에 보인 바와 같이 어떤 선형 능동 회로가 있을 때에너지 저장 소자로서 커패시터만을 포함하고 있는 경우를 생각해 보자. 그리고 여기에서 커패시터들을 모두 밖으로 추출한 경우를 가정하여 보자. 이 예에서는 세 개의 커패시터만을 가진 회로를 보인 것인데, 이 세 커패시터들을 모두 개방 시킨 경우를 고찰한다면 사각형 내부 회로는 순수한 저항과 종속 전류원으로 구성된 선형 능동 회로망이 된다. 여기에서는 또한 독립 전압원이나 독립 전류원 역시 사각형 내부에서는 존재하지 않는 상태를 생각하는 것이다.

이때 그림 4.4.3과 같이 커패시터가 제거된 각 단자에 독립 전압원 v_1, v_2, v_3를 연결하고 단자 전류를 각각 i_1, i_2, i_3라 한다면 각 단자간의 전압과 전류 관계는 다음과 같이 표시될 수 있다. 즉,

$$\begin{bmatrix} i_1 \\ i_2 \\ i_3 \end{bmatrix} = \begin{bmatrix} g_{11} & g_{12} & g_{13} \\ g_{21} & g_{22} & g_{23} \\ g_{31} & g_{32} & g_{33} \end{bmatrix} \begin{bmatrix} v_1 \\ v_2 \\ v_3 \end{bmatrix} \tag{4.4.11}$$

여기에서 다시 그림 4.4.2와 같이 각 단자에 커패시터를 하나씩 추가한다면 윗 식은 다음과 같이 바뀌게 된다. 즉,

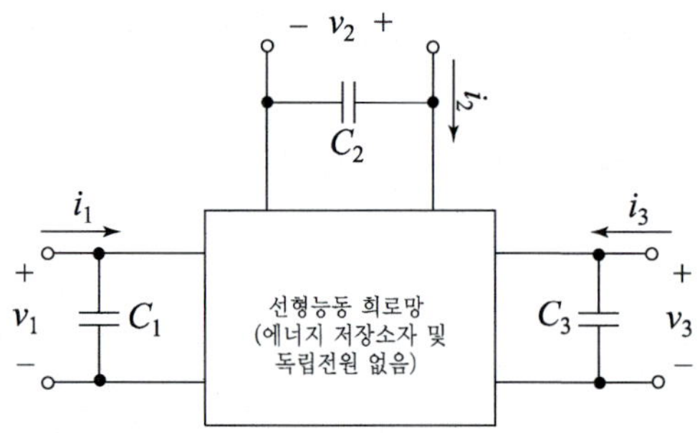

그림 4.4.2 세 개의 커패시터를 가진 선형 능동 회로망의 예

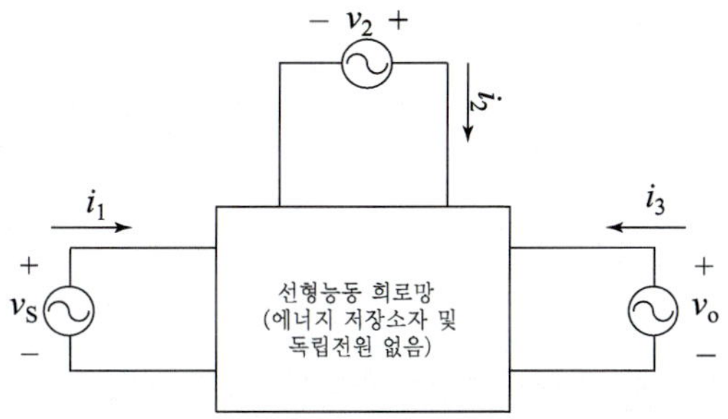

그림 4.4.3 커패시터를 제거하고 신호원을 각 단자에 연결한 회로

$$\begin{bmatrix} i_1 \\ i_2 \\ i_3 \end{bmatrix} = \begin{bmatrix} g_{11}+sC_1 & g_{12} & g_{13} \\ g_{21} & g_{22}+sC_2 & g_{23} \\ g_{31} & g_{32} & g_{33}+sC_3 \end{bmatrix} \begin{bmatrix} v_1 \\ v_2 \\ v_3 \end{bmatrix} \tag{4.4.12}$$

이 된다. 이렇게 표시된 시스템 방정식으로부터, 시스템의 극점의 위치를 구하기 위해서는 계수 부분의 행렬식을 0으로 두고 그 해를 구하면 되므로,

$$\Delta(s) = \begin{vmatrix} g_{11}+sC_1 & g_{12} & g_{13} \\ g_{21} & g_{22}+sC_2 & g_{23} \\ g_{31} & g_{32} & g_{33}+sC_3 \end{vmatrix} = 0 \tag{4.4.13}$$

의 조건을 만족하는 해를 구하면 된다. 이 식을 다시 쓰면

$$\Delta(s) = a_0 + a_1 s + a_2 s_2 + a_3 s_3 = 0 \tag{4.4.14}$$

이 되므로 이 식의 해를 구하면 바로 극점들의 위치가 되는 셈이다. 그런데 식 (4.4.8)에서와 같이 주극점에 해당하는 고역 -3dB 주파수를 ω_h라 할 때,

$$\omega_h \approx \frac{a_0}{a_1} \tag{4.4.15}$$

의 관계가 있음을 알고 있으므로 식 (4.4.13) 및 (4.4.14)로부터 a_0와 a_1을 각각 구하면

$$a_0 = \Delta_0 \tag{4.4.16}$$

$$a_1 = C_1(\Delta_0)_{11} + C_2(\Delta_0)_{22} + C_3(\Delta_0)_{33} \tag{4.4.17}$$

이 된다. 여기에서 Δ_0는 $\Delta(s=0)$를 의미하며 $(\Delta_0)_{jj}$는 행렬 Δ_0에서 jj요소에 대한 cofactor이다. 따라서 위의 두 식으로부터

$$\frac{a_1}{a_0} = C_1\frac{(\Delta_0)_{11}}{\Delta_0} + C_2\frac{(\Delta_0)_{22}}{\Delta_0} + C_3\frac{(\Delta_0)_{33}}{\Delta_0} \tag{4.4.18}$$

의 관계가 얻어진다. 그런데 식 (4.4.11)로부터

$$\frac{(\Delta_0)_{11}}{\Delta_0} = \frac{v_1}{i_1}\bigg|_{i_2=i_3=0} = R_{10} \tag{4.4.19}$$

와 같이 정의할 수 있는데 이것은 첫 번째 단자를 제외한 나머지 두 단자를 개방하고 첫 번째 단자에서 측정한 입력 저항을 의미한다. 따라서 유사한 방법으로 식 (4.4.18)은 다음과 같이 정리할 수 있다. 즉

$$\begin{aligned}\frac{a_1}{a_0} &= C_1R_{10} + C_2R_{20} + C_3R_{30} \\ &= \tau_{10} + \tau_{20} + \tau_{30} = \sum_j \tau_{j0}\end{aligned} \tag{4.4.20}$$

와 같이 된다. 따라서 식 (4.4.15), (4.4.20)으로부터

$$\omega_h = \frac{1}{\sum_j \tau_{j0}} \tag{4.4.21}$$

로 표시된다. 그림 4.4.2에서 볼 때 τ_{j0}는 j번째 단자에서 나머지 단자에 연결되어 있는 커패시터들을 모두 개방하고 측정한 시정수를 의미하므로 개방회로 시정수(open circuit time constant)라고 말하거나 혹은 나머지 단자의 C값을 모두 0으로 놓았다는 의미로 zero value time constant라고 말하기도 한다. 다음에 이것에 관한 응용 예를 살펴 보기로 하자.

예 4.4 다음 회로에 대해서 전압 이득과 −3dB 주파수를 구하라. 단, 트랜지스터의 $\beta_1 = \beta_2 = \beta_3 = 100$, $C_\mu = 2$ pF, $r_b \approx 0$, $f_T = 700$ MHz($I_C = 10$ mA, $V_{CE} = 5$ V에서)이고, 바이어스 전류는 각각 회로에 주어진 바와 같다.

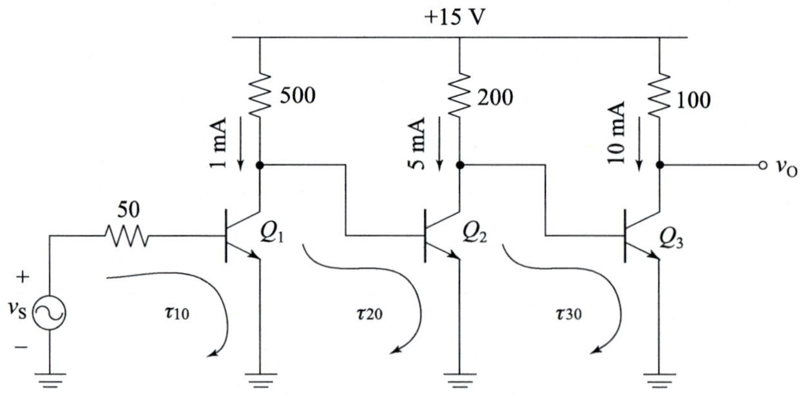

그림 4.4.4 3단 CE 증폭 회로

풀 이 낮은 주파수에서 총 전압 이득은

$$A_{v0} = -\left(\frac{500}{26+0.5}\right)\left(\frac{200}{5.2+5}\right)\left(\frac{100}{2.6+2}\right) = -8042.$$

가 된다. 여기에서 각 트랜지스터의 C_π 값을 대략 계산해 보면,

$$C_{\pi 3} \approx \frac{g_m}{\omega_T} = \frac{1/2.6}{2\pi \times 7 \times 10^8} = 90\,\text{pF},$$
$$C_{\pi 2} \approx \frac{5\,\text{mA}}{10\,\text{mA}} C_{\pi 3} = 45\,\text{pF},$$
$$C_{\pi 1} \approx \frac{1\,\text{mA}}{10\,\text{mA}} C_{\pi 3} = 9\,\text{pF}.$$

와 같이 주어진다. 따라서 $\tau_0 = \tau_{\pi 0} + \tau_{\mu 0}$로 계산하거나 혹은 밀러 효과를 이용한 계산으로, 각 단의 시정수를 계산하면

$$\tau_{10} = (50 // 2.6k)\left\{9\,\text{pF} + 2\,\text{pF}\left(1 + \frac{500 // 520}{26}\right)\right\} \approx 1.5\,\text{n sec},$$

$$\tau_{20} = (500 // 520)\left\{45\,\text{pF} + 2\,\text{pF}\left(1 + \frac{200 // 260}{5.2}\right)\right\} \approx 23\,\text{n sec},$$

$$\tau_{30} = (200 // 260)\left\{90\,\text{pF} + 2\,\text{pF}\left(1 + \frac{100}{2.6}\right)\right\} \approx 19\,\text{n sec}.$$

이 된다. 그러므로

$$f_h = \frac{1}{2\pi} \frac{1}{\sum \tau_{j0}} = 3.7\,\text{MHz}$$

가 얻어진다.

위 예의 계산 과정에서 세가지를 언급한다면 첫째, 각 단의 τ_{j0}를 구함에 있어 C_π와 C_μ를 분리하여 개방회로 시정수를 구하는 대신 밀러 효과를 개개의 트랜지스터에 적용하여 한꺼번에 구하였는데 두 결과는 동일 하게 된다. 단, 밀러 효과의 근사 계산만큼 차이는 있다. 두 번째는, τ_{j0}를 구함에 있어서 이득 공식에서처럼 부하측을 분리해서 보지 않고 기존 방법과 마찬가지로 다음 단의 r_π를 병렬 저항 값으로 계산하였다는 점이다. 왜냐하면 이득 공식의 계산법은 각 단의 실제 이득을 표시하지 않기 때문이다. 셋째는 τ_{20}와 τ_{30}의 값이 거의 비슷하므로 다항식의 근사 가정인 극점의 분리 조건이 만족되지 않는다는 점이다. 따라서 이 계산 결과로 얻어진 f_h가 어느 정도 오차를 가지고 있을 터인데, 이에 관해서는 다음에 좀 더 언급하기로 하겠다.

예 4.4-1 다음의 MOS 증폭회로에 대해서 개방회로 시정수를 구하라.

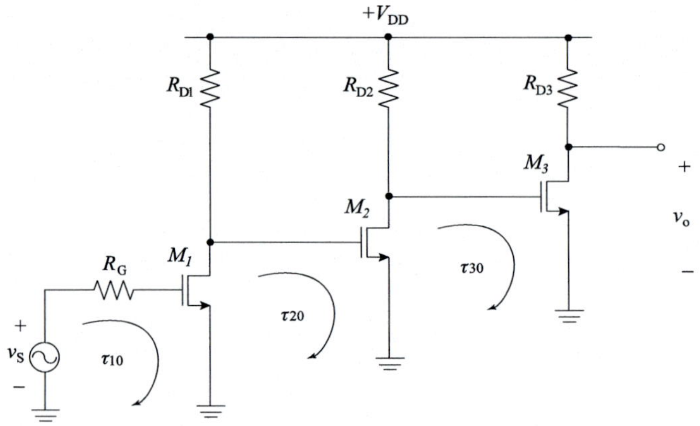

풀 이 이 회로에서 개방회로 시정수의 총합은 다음과 같다.

$$\sum_j \tau_{j0} = \tau_{10} + \tau_{20} + \tau_{30}$$

여기에서 각각의 시정수는

$$\begin{aligned}\tau_{10} &= \tau_{gs10} + \tau_{\mu 10} \\ &\cong \left\{C_{gs1} + C_{\mu 1}\left(1 + g_{m1}R_{D1}\right)\right\} \cdot R_G \\ \tau_{20} &\cong \left\{C_{gs2} + C_{\mu 2}\left(1 + g_{m2}R_{D2}\right)\right\} \cdot R_{D1} \\ \tau_{20} &\cong \left\{C_{gs3} + C_{\mu 3}\left(1 + g_{m3}R_{D3}\right)\right\} \cdot R_{D2}\end{aligned}$$

와 같이 주어진다. 위 식에서 각 시정수의 근사화의 의미는 드레인과 벌크 사이의 커패시턴스 C_{db} 의 효과를 C_{gs} 에 비하여 충분히 작은 것으로 무시하였기 때문이다. 즉,

$$\tau_{20} \text{ 에서 } C_{gs2} + C_{db1} \approx C_{gs2}$$

$$\tau_{30} \text{ 에서 } C_{gs3} + C_{db2} \approx C_{gs3}$$

로 근사화 하였으며, M3의 C_{db3} 에 의한 시 정수 $\tau_{db30} = C_{db3}R_{D3}$ 도 좀 더 정확한 결과를 위해서는 더해주어야 하나 여기에서는 역시 근사화하여 무시되었다. 위 식들에서 게이트-소스간 커패시턴스는

$$C_{gs} = \frac{2}{3}C_{ox}WL$$

로 주어지며, 각 단의 바이어스 전류와는 무관한 값이 된다. 또한 $C\mu$ 는 드레인과 게이트 사이의 중첩된 영역에서 형성되는 커패시턴스가 된다.

개방회로 시정수 적용시 고려사항

개방회로 시정수는 회로에서 커패시터 간의 결합 계수가 강할수록 더욱 효과적으로 ω_h를 추정하는데 유리하다. 이 방법이 증폭기의 -3dB 주파수를 구하는데 적용되므로 저역 여파기(low pass filter)에 적용하여 -3dB 주파수를 근사 계산하는 데에도 이용될 수 있다. 그림 4.4.5의 예와 같이 2차 저역 여파기에 대하여 커패시터 간의 결합 관계를 생각하여 보자.

이 회로에 개방회로 시정수법을 적용하여 ω_h를 구해 보면

$$\omega_h = \frac{1}{\sum_j \tau_{j0}} = \frac{1}{R_1C_1 + (R_1 + R_2)C_2} \tag{4.4.22}$$

이 얻어진다. 한편 정확한 전달 함수를 구해 보면

$$H(s) = \frac{1}{1 + \{R_1C_1 + (R_1 + R_2)C_2\}s + R_1R_2C_1C_2s^2} \tag{4.4.23}$$

과 같이 주어지게 되며, 이 식에서 s^2의 항을 무시할 수 있을 때 $H(s)$의 극점은 ω_h와 일치 함을 알 수 있다.

즉, $H(s)$는 R_2값에 따라서 다음과 같이 근사화가 가능하다.

$$\lim_{R_2 \to 0} H(s) = \frac{1}{1 + \{R_1C_1 + (R_1 + R_2)C_2\}s} \tag{4.4.24}$$

$$\lim_{R_2 \to \infty} H(s) = \frac{1}{(1 + R_1C_1s)(1 + R_2C_2s)} \tag{4.4.25}$$

이 두 결과로부터 R_2값이 C_1과 C_2를 결합시키는 강도를 조정하는 셈이며 R_2가 작을수록 개방회로 시정수로 구하는 -3dB 주파수와 일치하게 되고 R_2가 클수록 결합 강도가 약해지면서 두 개의 극점으로 분리된다. 그러나 이렇게 분리된다 하더라도 개방회로 시정수 방법으로 추정하는 -3dB 주파수는 상당히 근접한 결과를 보여 주게 된다. 다음의 예를 살펴 보자.

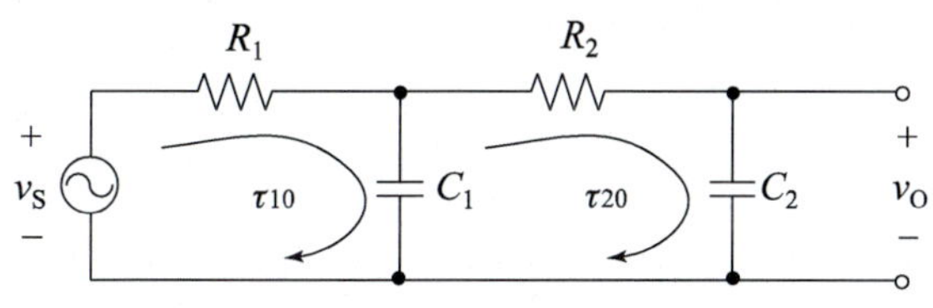

그림 4.4.5 2차 저역 여파기

예 4.5 전달 함수가 두 개의 분리된 극점 w_1과 w_2를 가지고 있을 때 개방회로 시정수로 추정한 값과 정확한 계산 결과를 비교하라.

풀 이 예를 들어 (1) $\omega_1=\omega_2$인 경우와 (2) $\omega_2=2\omega_1$인 경우의 두 가지를 비교하여 보자. 전달 함수는

$$H(s)=\frac{1}{(1+s/\omega_1)(1+s/\omega_2)}$$

로 주어지며,

$$|H(j\omega)|=\frac{1}{\sqrt{1+\left(\frac{\omega}{\omega_1}\right)^2}\sqrt{1+\left(\frac{\omega}{\omega_2}\right)^2}}=\frac{1}{\sqrt{2}}$$

을 만족하는 주파수가 -3dB 주파수이므로,

(1) $\omega_1=\omega_2$일 때 정확한 $\omega_{-3\text{dB}}$는

$$\left(\frac{\omega_{-3\text{dB}}}{\omega_1}\right)^2=\sqrt{2}-1=0.41$$

따라서 $\omega_{-3\text{dB}}=0.64\omega_1$

(2) $\omega_2=2\omega_1$일 때

$$\omega_{-3\text{dB}}=0.84\omega_1$$

따라서 이 결과를 표로 나타내면 다음과 같다.

비교조건	$\omega_{3\text{dB}}$	ω_h
$\omega_1=\omega_2$	$0.64\omega_1$	$0.5\omega_1$
$\omega_2=2\omega_1$	$0.84\omega_1$	$0.67\omega_1$

이 결과에서 보는 바와 같이 개방회로 시정수법은 극점이 멀리 떨어져 있지 않은 경우에도 어느 정도 오차는 있으나 상당히 유용한 정보를 주고 있다고 말할 수 있다.

개방회로 시정수 방법을 적용함에 있어서 고려해야 할 사항은, 이 방법은 -3dB 주파수에 대한 정보는 주고 있으나 -3dB 이후의 고역 주파수 특성이 어떠한 기울기를 가지고 감쇠할 것인지 하는 정보는 주고 있지 않다는 점이다. 즉, 가장 낮은 주파수 하나를 예측하는 데는 도움을 주지만 제2극점 이후의 상위 극점에 관한 정보를 주지는 않는다는 점이다.

에미터 저항을 가진 CE 증폭기의 비교 이득에 의한 계산법

에미터 접지의 CE 증폭기는 고주파 영역에서 전압 이득이 주파수의 함수로 감소한다. 그리고 일반적으로 증폭기에서 이득과 대역폭을 곱한 값이 일정한 값을 가지는 관계가 성립한다. 그러나 이것은 모든 경우에 적용되는 것은 아니고 주극점이 하나인 감쇄영역, 즉 −20dB/dec로 감쇄하는 구간에서만 적용된다. 이 값을 이득과 대역폭의 적 혹은 GB(gain bandwidth product)라고 할 때, 한 개의 CE 증폭기는 −20dB/dec로 감소하는 구간에서

$$GB = A_{v0}\omega_{-3dB} = const. \tag{4.4.26}$$

가 성립한다.

한편 에미터 저항을 가진 CE 증폭기는 이득은 줄고 대역폭은 증가한다. 이 경우의 이득은 A_{v1}이고 대역폭은 ω_h라고 할 때

$$GB = A_{v1}\omega_h \tag{4.4.27}$$

이 된다. 위 두 경우에 대해서 두 식을 근사적으로 동일하게 놓을 경우에는

$$\omega_h = \frac{A_{v0}}{A_{v1}}\omega_{-3dB} \tag{4.4.28}$$

의 관계가 있음을 알 수 있다. 여기에서 두 이득의 비를 D라 하면

$$\omega_h = D\omega_{-3dB}, \quad D = \frac{A_{v0}}{A_{v1}} \tag{4.4.29}$$

라고 놓을 수 있다. 혹은 다른 형태로,

$$\tau_h = \tau_{01}/D \tag{4.4.30}$$

와 같이 둘 수 있다. 여기에서 $\tau_h = 1/\omega_h$, $\tau_{01} = 1/\omega_{-3dB}$를 의미한다.

예를 들어 그림 4.4.6의 회로를 살펴 보자. 이 회로에서 D를 구해보면

$$D = \frac{A_{v0}(R_E = 0)}{A_{v1}} = \frac{R_E + r_e + R_S/\beta}{r_e + R_S/\beta} \tag{4.4.31}$$

와 같이 쉽게 구해진다. 여기에서 D는 콜렉터 저항과는 무관하며 단지 R_E가 있을 때와 없을 때 각각 에미터-베이스 루프 저항의 비로 주어짐을 알 수 있다. 이 방법은 D 값이 크지 않을 때는 비교적 정확하게 ω_h를 예측할 수 있다. 그러나 D가 증가하면 어느 정도 오차 요인이 발생한다.

다단 증폭기에 이 방법을 적용하기 위해서는 각 단마다 별도로 개방회로 시정수와 D를 각각 구한 다음,

$$\omega_h = \frac{1}{\sum_i (\tau_{io}/D_i)} \tag{4.4.32}$$

와 같은 방법을 사용하여 근사적으로 전체의 3dB 주파수를 추정할 수 있다.

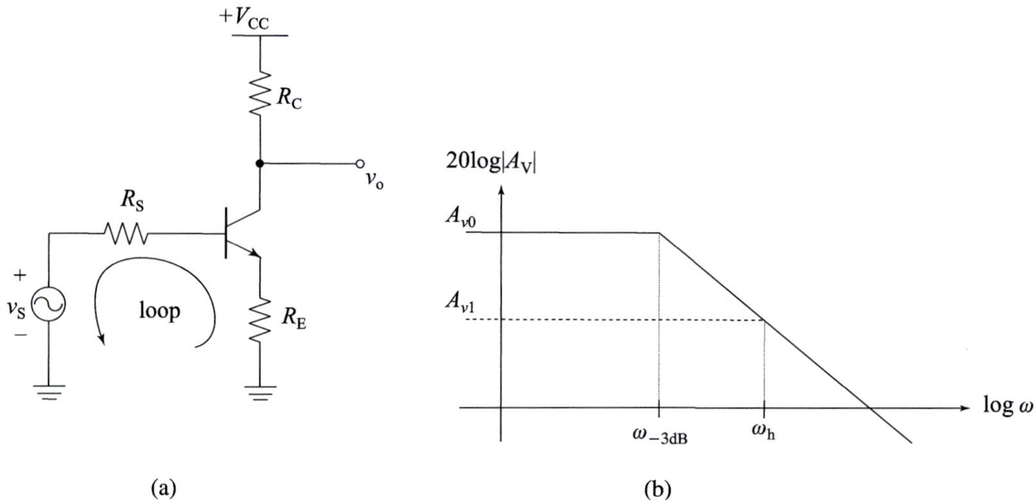

그림 4.4.6 에미터 저항을 가진 CE 증폭기 및 보드 선도

예 4.6 그림 4.4.4(예 4.4)의 3단 증폭회로에서 $f_h \approx 10$ MHz로 증가시키고자 한다. 그림 4.4.7과 같이 각 트랜지스터의 에미터에 저항을 넣어 설계하고자 할 때 필요한 저항 값을 구하고, 그 때의 전압 이득을 계산하라. 단, 두 회로에 있어서 바이어스 조건은 동일하다.

풀 이 예 4.4의 계산 결과는 τ_{10}=1.5 nsec, τ_{20}=23 nsec, τ_{30}=19 nsec로 주어졌었다. f_h=10 MHz로 하기 위해서는

$$\tau_h = \frac{1}{2\pi f_h} = \frac{1}{2\pi \times 10^7} \approx 16\, n\text{sec}$$

가 되어야 한다. 따라서 한 가지 선택으로

$$\tau_{10}^{\ *} = 1.5\ \text{n sec}, \quad \tau_{20}^{\ *} = 7\ \text{n sec}, \quad \tau_{30}^{\ *} = 7\ \text{n sec}$$

와 같이 정한다면 f_h = 10 MHz는 보장할 수 있을 것이다. 이와 같이 하는 경우 각 단에서 대략

$$\begin{aligned} D_1 &= \tau_{10}/\tau_{10}^{\ *} = 1.5/1.5 = 1, \\ D_2 &= \tau_{20}/\tau_{20}^{\ *} = 23/7 \approx 3, \\ D_3 &= \tau_{30}/\tau_{30}^{\ *} = 19/7 \approx 3. \end{aligned}$$

로 설계하면 되므로 식 (4.4.31)로부터

$$\begin{aligned} R_{E1} &= 0, \\ R_{E2} &= (D_2 - 1)(5.2 + 5) \approx 20\Omega, \\ R_{E3} &= (D_3 - 1)(2.6 + 2) \approx 10\Omega. \end{aligned}$$

이 값들을 각각 트랜지스터 에미터에 추가하면 된다. 한편 전압 이득 A_{v1}은

$$\begin{aligned} A_{v1} &= A_{v0}/D_1 D_2 D_3 \\ &= -8040/9 \approx -890 \end{aligned}$$

이 얻어 진다.

이와 같이 비교 이득에 의한 계산법은 근사적인 방법으로서 고주파 광대역 회로 설계에 편리한 방법 중의 하나임을 알 수 있다.

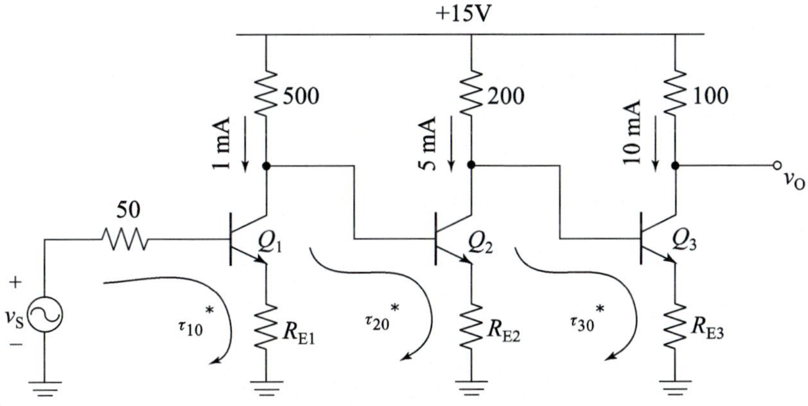

그림 4.4.7 에미터 저항을 가진 CE 3단 증폭 회로

베이스-에미터 등가 투사에 의한 대역폭 계산법

여기에서 밀러 효과에 대하여 다시 한 번 고찰해 보기로 하자. 그림 4.4.8은 트랜지스터의 베이스와 콜렉터 사이에 연결된 C_μ가 어떻게 베이스와 접지 사이로 투사되는지 하는 내용을 보여 주기 위함이다. 그림 4.4.8(a)에서 C_μ를 통하여 베이스에서 콜렉터로 흐르는 전류를 i_μ라 할 때, 동일한 베이스 신호 v_i에 대해서, 그림 4.4.8(b)에서와 같이 베이스와 접지 사이에 얼마나 큰 커패시터 C_μ^*를 연결하면 i_μ와 동일한 전류가 흐르겠는가 하는 것을 안다면 C_μ를 C_μ^*로 등가 투사하는 셈이다. 이것을 수식으로 계산하는 과정을 그림의 오른쪽에 보였다.

이와 같은 내용은 이미 잘 알려져 있다. 이렇게 C_μ를 투사하는 것이 ω_{3dB}를 계산함에 있어서 간편하게 되는 이유는 C_μ^*가 C_π와 병렬로 나타나기 때문이다. 여기에서 v_i는 베이스 에미터간, 즉 C_π 양단간 전압임을 주의할 필요가 있다.

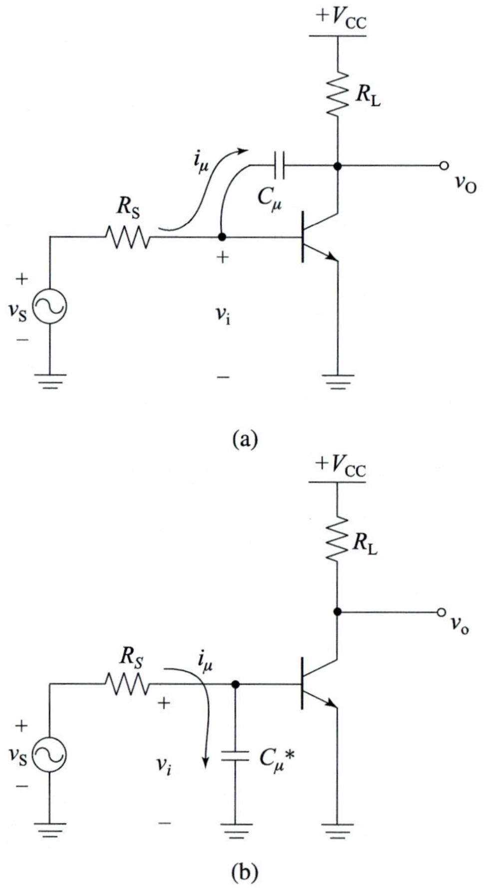

$$
\begin{aligned}
i_\mu &= C_\mu \frac{d}{dt}(v_{BE} - v_{CE}) \\
&= C_\mu \frac{dv_i}{dt} - C_\mu \frac{dv_o}{dt} \\
&= C_\mu \frac{dv_i}{dt} + g_m R_L C_\mu \frac{dv_i}{dt} \\
&= (1 + g_m R_L) C_\mu \frac{dv_i}{dt} \\
&= C_\mu^* \frac{dv_i}{dt}
\end{aligned}
$$

$$\therefore C_\mu^* = (1 + g_m R_L) C_\mu$$

그림 4.4.8 밀러 효과에 의한 등가 C_μ투사를 보이는 회로

이번에는 에미터에 저항을 가진 그림 4.4.9(a)와 같은 회로를 검토하여 보자. 여기에서도 C_μ를 베이스와 접지 사이로 역시 밀러효과를 이용하여 투사할 수 있다. 그러나 이렇게 투사하는 경우에는 C_π와 C_μ가 형성하는 시정수(time constant) 루프가 각각 다르게 되므로 등가 저항을 각각 별도로 계산해서 곱한 후 더하는 방식으로 개방회로 시정수 법을 적용할 수 있다. 그러나 이 방법은 너무 복잡하므로 다른 방법으로 위의 예에서와 같이 C_μ를 베이스-에미터 간, 즉 C_π 양단 간에 직접 투사하는 방법을 시도하여 보자.

그림 4.4.9(a)에서 베이스-에미터간 소신호 전압 변화를 v_i라 할 때, C_μ를 통하여 베이스에서 콜렉터로 흐르는 전류 i_μ는 v_i의 변화와 관계 되므로 이 i_μ와 동일한 크기의 전류 변화를 가져오는 등가 커패시터 C_μ^*를 v_i 양단(즉 베이스- 에미터 간)에 직접 연결할 때 필요한 C_μ^*는 얼마이겠는가 하는 문제에 대한 해답을 찾으면 되는 것이다. 여기에서 v_i는 베이스- 에미터 간 전압이며, 따라서 접지로부터는 분리되어 있으므로 에미터를 새로운 하나의 기준점으로 생각할 때 v_i의 변화에 해당하는 전류 변화는 콜렉터 측에서 $g_m v_i$가 되고 에미터 측에서도 베이스 전류를 무시하면 역시 콜렉터 전류와

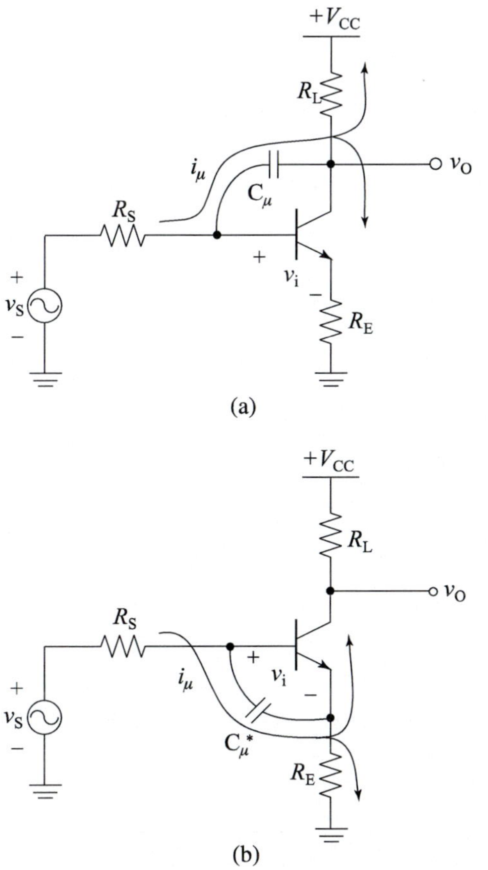

$$
\begin{aligned}
i_\mu &= C_\mu \frac{d}{dt}(v_{BE} - v_{CE}) \\
&= C_\mu \frac{dv_i}{dt} - C_\mu \frac{dv_{ce}}{dt} \\
&= C_\mu \frac{dv_i}{dt} + C_\mu g_m (R_L + R_E)\frac{dv_i}{dt} \\
&= \{1 + g_m(R_L + R_E)\} C_\mu \frac{dv_i}{dt} \\
&= C_\mu^* \frac{dv_i}{dt} \\
\therefore C_\mu^* &= \{1 + g_m(R_L + R_E)\} C_\mu
\end{aligned}
$$

그림 4.4.9 베이스-에미터 간에 등가 투사를 보이는 회로

동일한 것으로 근사화가 가능하며, 따라서 그림 4.4.9의 오른편 수식과 같이 표현이 가능하게 된다.

이 관계식으로부터 R_E도 R_L과 마찬가지로 C_μ^*를 증가시키는데 기여하고 있음을 알 수 있다. 따라서 이 회로의 베이스 에미터간 총 커패시턴스 C_t는

$$\begin{aligned} C_t &= C_\pi + C_\mu^* \\ &= C_\pi + C_\mu\{1 + g_m(R_E + R_L)\} \end{aligned} \tag{4.4.33}$$

이 된다. 한편 베이스-에미터 간 등가 저항 값은 에미터 폴로워의 경우와 마찬가지로

$$R_{eq} = r_\pi \| \left(\frac{R_E + R_S}{1 + g_m R_E} \right) \tag{4.4.34}$$

으로 주어지게 되며, 따라서 고역 −3dB 주파수 ω_h는

$$\omega_h = \frac{1}{R_{eq} C_t} \tag{4.4.35}$$

와 같이 주어진다.

여기에 제시한 방법을 사용하여 콜렉터와 베이스 사이에 저항이 연결되어 있는 경우에도 그 저항 자체를 베이스-에미터 사이에 등가 투사가 가능하다. 이 때 저항 값이 큰 경우에는 쉽게 근사 투사가 가능하나 저항 값이 작은 경우에는 부하 효과(loading effect)를 고려할 필요가 있다. 부하 효과에 관해서는 다음 장에서 다루게 되므로 여기에서는 더 이상의 설명은 생략한다.

예 4.7

예 4.4의 마지막 단 트랜지스터(Q_3)에 대해서 에미터에 저항이 삽입된 경우 비교 이득에 의한 방법과 베이스-에미터 투사 방법을 비교하시오. 단, 트랜지스터 특성은 예 4.4에서와 같이 $f_T = 700$ MHz (I_c=10 mA), C_μ=2pF, $r_b = 0$, $\beta = 100$ 이다.

풀 이

예 4.4의 계산에서 R_E=0일 때 Q_3에 대한 계산 결과는

$$C_{\pi 3} = 90\,\text{pF}, \quad \tau_{30} = 19\,\text{n sec}$$

을 얻었었다. 먼저 비교 이득의 방법으로 계산하기 위해서 D를 구하여 보면,

$$D = \frac{15 + 2.6 + 2}{2.6 + 2} = 4.26$$

이 된다. 따라서 에미터 저항 R_E=15Ω이 부가된 경우는

$$\tau_A^{\ *} = 19\ \text{ns} / 4.26 \approx 4.5\ \text{ns}$$

이다. 이번에는 베이스-에미터 투사 방법을 적용하기 위하여 계산하여 보면

$$C_\mu^{\ *} = \left\{1 + \frac{1}{26}(100 + 15)\right\} \times 2\ \text{pF} \approx 90.5\ \text{pF}$$

이 된다. 따라서

$$\tau_B^{\ *} = \left\{\left(\frac{200 + 15}{1 + 15/2.6}\right) \| 260\right\} (90\ \text{pF} + 90.5\ \text{pF}) \approx 5.1\ \text{ns}$$

로 주어진다. 한편 개방회로 시정수를 C_μ 및 C_π 각각에 적용하여 계산하면

$$\tau_C^{\ *} = \tau_{\pi 0} + \tau_{\mu 0} \approx 2.54\ \text{ns} + 2.58\ \text{ns} \approx 5.12\ \text{ns}$$

가 된다. 따라서 $\tau_A^{\ *}$, $\tau_B^{\ *}$, $\tau_C^{\ *}$를 비교해 보면 개방 회로 시정수 방법과 베이스- 에미터 투사 방법은 거의 같은 값을 보이며, 비교 이득의 방법은 시정수가 더 작은 값으로, 즉 f_h는 약간 더 높은 값으로 계산됨을 보인다.

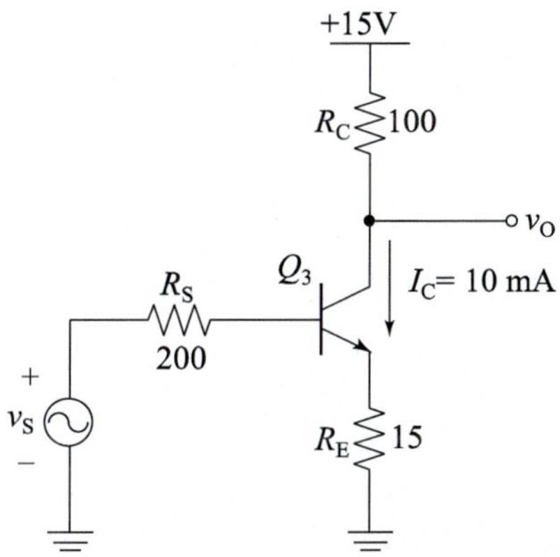

이와 같은 등가 투사 방법은 CE 증폭기의 밀러 효과가 나타내는 오차를 가지고 있는 것과 같이 약간의 오차를 포함하고 있다. 이제 그 오차를 살펴보기 위하여 그림 4.4.10의 에미터 폴로워의 C_μ를 등가 투사한 예를 살펴 보기로 하자.

이것은 극단적인 예이긴 하지만 이 회로에서 $C_\mu^{\ *}$는 그림 4.4.9에서 R_L=0인 경우에 해당하므로 식 (4.4.33)을 적용하면,

$$C_\mu^{\ *} = C_\mu(1 + g_m R_E) \tag{4.4.36}$$

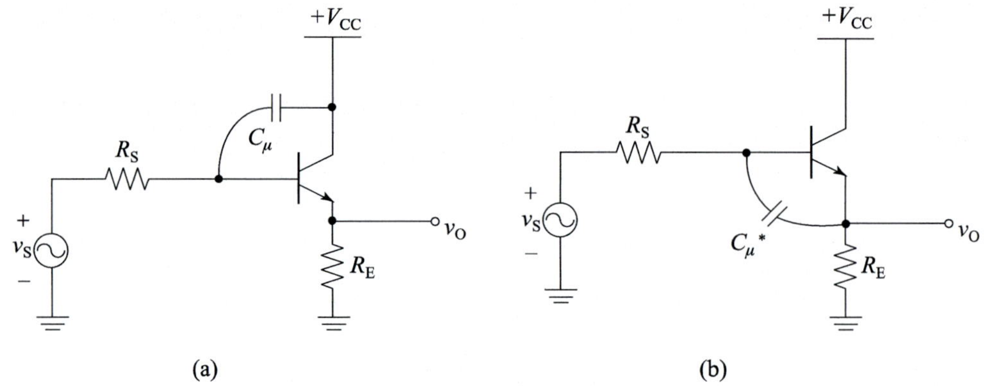

그림 4.4.10 에미터 폴로워 및 C_μ를 등가 투사한 그림

이 되는데 이것은 쉽게 납득하기 어렵게 보이지만 잘 생각해 보면 실제로 가능한 이야기 임을 알 수 있다. 따라서 식 (4.4.35)로부터

$$\tau_{\mathrm{h}} = \frac{1}{\omega_{\mathrm{h}}} = R_{\mathrm{eq}} C_\pi + R_{\mathrm{eq}} C_\mu^{\;*} \tag{4.4.37}$$

인데, 여기에서 두 번째 항을 잘 살펴 보면, 식 (4.4.34), (4.4.36)으로부터

$$\tau_\mu^{\;*} = C_\mu (1 + g_{\mathrm{m}} R_{\mathrm{E}}) \left(r_\pi \middle\| \frac{R_{\mathrm{E}} + R_{\mathrm{S}}}{1 + g_{\mathrm{m}} R_{\mathrm{E}}} \right) \tag{4.4.38}$$

이 되는데, 여기에서 r_π가 충분히 커서 병렬 저항 값을 계산할 때 무시할 수 있다고 가정해 보자. FET가 이런 경우에 해당하며 이런 가정 하에서도 등가 투사 방법이 정확하다면 동일한 가정 하에서 개방회로 시정수법을 적용한 결과와 비교하여 유사한 결과를 보여야 할 것이다. 이 때 식 (4.4.38)은

$$\tau_\mu^{\;*} = C_\mu (R_{\mathrm{E}} + R_{\mathrm{S}}) \tag{4.4.39}$$

와 같이 나타남을 알 수 있다. 한편 그림 4.4.10(a)의 회로에서 C_μ에 대해서 개방회로 시정수법을 적용한다면, r_π가 충분히 크다는 가정 하에서는

$$\tau_{\mu 0} = C_\mu R_{\mathrm{S}} \tag{4.4.40}$$

와 같이 주어진다. 따라서 이 두 식을 비교할 때 식 (4.4.39)는 오차를 가지고 있음을 알 수 있으며 R_{E}가 R_{S}보다 충분히 작은 경우에만 유용하게 된다. 에미터 폴로워의 경우는 R_{E}가 R_{S}보다 충분히 작은 경우를 찾기는 어렵겠지만 그림 4.4.9와 같은 경우는 일반적으로 타당한 이야기가 된다. 따라서 에미터 투사 방법의 한계가 여기에 있음을 알 수 있다.

그렇다면 왜 이와 같은 오차가 발생 하는가? 그 이유는 밀러 투사 방법이 C_μ를 통하여 흐르는 전류의 크기가 등가가 되도록 투사한 것이며 여기에는 문제가 없다. 그러

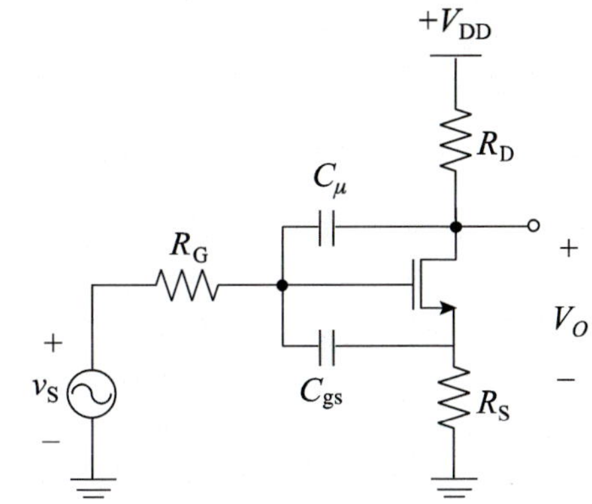

그림 4.4.10-1 소스저항을 가진 MOS 증폭기

나 그렇게 등가 투사해 놓고 C_μ^*와 같이 등가 투사된 커패시턴스를 연결한 것으로 가정하여 C_μ^* 주변에 형성되는 시정수가 등가가 된다는 사실을 보장하지는 않기 때문이다. 왜냐하면 밀러투사는 단방향 등가투사인 반면에 시정수는 양방향 등가의 개념을 가지고 있기 때문이다. 따라서 CE 증폭기에 밀러 효과를 적용한 결과가 $g_m >> G_b$인 조건에서 잘 적용되었듯이, 에미터 저항을 가진 CE 증폭기에서도 $R_S >> R_E$인 조건이 추가로 성립할 때 밀러 투사 결과의 정 확성이 커지는 것은 사실이다. 그러나 일반적인 경우에 근사 방법으로서의 유용성은 충분하다고 말할 수 있다.

MOS 트랜지스터에 대해서도 마찬가지로 게이트와 드레인 사이의 커패시터 C_μ를 게이트와 소스 사이에 등가투사 하는 방법을 적용할 수 있다. 소스와 드레인에 각각 저항을 가진 그림 4.4.10-1의 MOS회로에 대해서 개방회로 시정수 를 구하면 다음과 같이 된다. 즉,

$$\tau_0 \cong \left[C_{gs} + C_\mu\left\{1 + g_m(R_S + R_D)\right\}\right] \cdot \left(\frac{R_G + R_S}{1 + g_m R_S}\right) \qquad (4.4.40\text{-}1)$$

4.5 차동 증폭기의 주파수 특성 및 증폭기의 스템 응답

그림 4.5.1(a)에 주어진 차동 증폭기를 생각하여 보자. 입력 신호가 동상 입력을 포함하지 않은 순수 차동 신호일 때, 차동 이득에 대한 주파수 특성은 두 트랜지스터의 바이어스 및 주변 조건이 완전히 동일하다면 그림 4.5.1(b)와 같이 에미터 연결점을 접지 시킨 반쪽 회로만을 생각하여도 무방하다. 왜냐하면 왜율을 무시하고 생각하는 경우에 차동입력신호에 대해서 두 트랜지스터의 에미터 연결점은 항상 중성점이므로 신호의 움직임이 없어서 접지와 마찬가지로 생각할 수 있기 때문이다. 따라서 반쪽 회로

에 쉽게 밀러 효과를 적용하여 식 (4.1.12)와 같이 ω_h를 구할 수 있다. 즉 (b)의 그림에서 베이스-에미터 루프의 시정수를 τ_{10} 라 할 때 고역 -3dB 주파수는

$$\omega_h = \frac{1}{\tau_{1o}} \tag{4.5.1}$$

으로 주어진다.

그러나 시정수의 개념은 신호가 인가되는 것과는 무관하게 회로의 고유특성으로 주어지는 것이다. 그렇다면 그림 4.5.1의 회로는 각각의 트랜지스터에 존재하는 커패시터들에 대해서 각각의 개방회로 시정수를 구한 다음 더해 준 결과로 -3dB 주파수를 구하는 것이 타당할 것이다. 따라서 그림 4.5.1의 Q_1, Q_2에 대해서 각각의 커패시터에 대한 개방회로 시정수를 구하기 위한 등가 회로를 그려 보면 그림 4.5.2와 같다. 이렇게 분리시킨 등가 회로를 살펴볼 때 개별 커패시터에 각각 개방회로 시정수 방법을 적용하여 구하는 대신에 좀 더 간편한 방법이 있음을 알 수 있다. 즉, 각각의 트랜지스터에 비교이득에 의한 대역폭 계산법을 적용하는 것이 더 편리함을 알 수 있다. 따라서 각각의 시정수는

$$\tau_{10}^{\ *} = \tau_{10}/D_1 \tag{4.5.2}$$

$$\tau_{20}^{\ *} = \tau_{20}/D_2 \tag{4.5.3}$$

와 같이 주어지게 된다. 여기에서 τ_{1o}, τ_{2o}는 R_1=R_2=0일 때 각각의 시정수를 의미한다. 그러므로 이 결과로부터 ω_h는

$$\omega_h = \frac{1}{\tau_{10}^{\ *} + \tau_{20}^{\ *}} \tag{4.5.4}$$

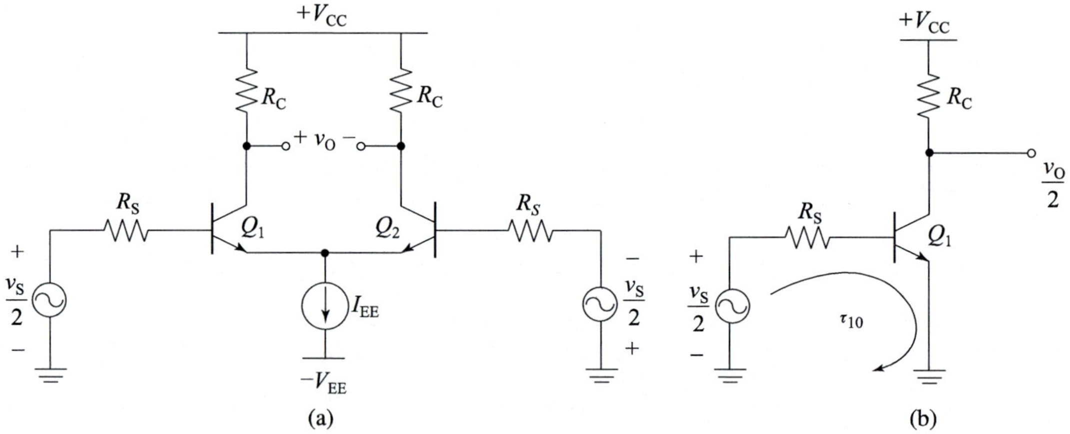

그림 4.5.1 차동 입력 신호를 인가한 차동 증폭기 및 등가 절반 회로

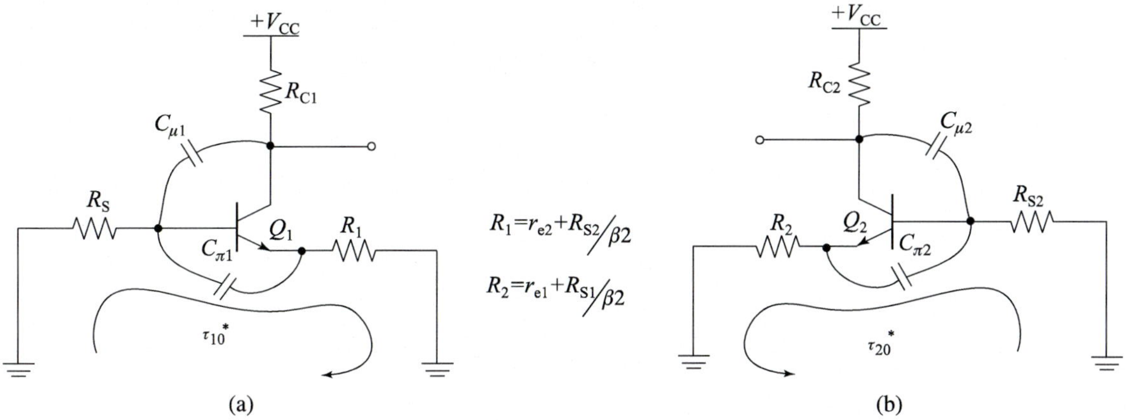

그림 4.5.2 시정수를 구하기 위한 차동 증폭기의 일반화한 등가 회로

와 같이 계산 될 수 있다. 만일 여기에서 R_1=R_2, RC_1=RC_2 인 경우, 즉 두 트랜지스터가 완전히 균형이 잡힌 경우라면 $\tau_{10}^* = \tau_{20}^*$, $D_1 = D_2 = 2$가 되므로 따라서 $\tau_{10}^* = \tau_{20}^* = \tau_{10}/2$ 임을 알 수 있다. 그러므로 비교이득의 방법으로 계산한 식 (4.5.4)로 주어지는 결과는 차동 반쪽회로를 이용하여 구한 식 (4.5.1)과 결과적으로 동일하게 된다.

*CMRR*의 주파수 특성

이번에는 차동 증폭기에 동상 신호가 인가된 경우를 생각하여 보자. 그림 4.5.3에 보인 바와 같이 에미터 연결점에 연결된 저항 R_{EE}는 순수 저항일 수 없고 반드시 C_{EE}와 같은 커패시턴스를 포함하게 된다. 이 둘의 병렬 임피던스를 Z_{EE}라 한다면

$$Z_{EE} = R_{EE} \| \frac{1}{sC_{EE}} = \frac{R_{EE}}{1 + s/\omega_z} \tag{4.5.5}$$

가 된다. 여기에서

$$\omega_z = \frac{1}{R_{EE}C_{EE}} \tag{4.5.6}$$

이다. 따라서 동상 이득은

$$A_{cm} \approx -\frac{R_{C1}}{2Z_{EE}} = -\frac{R_{C1}}{2R_{EE}}(1 + s/\omega_z) \tag{4.5.7}$$

와 같이 나타난다. 따라서 ω_z보다 높은 주파수에서는 동상 이득이 증가하기 시작하여 트랜지스터의 한계 주파수에 이르기까지 증가를 계속하므로 *CMRR*은 감소하게 된다.

그러다가 ω_h를 넘어서면 차동이득이 감소하기 때문에 더욱 급속하게 감소하게 된다. 이것을 그림으로 나타내면 그림 4.5.3과 같다. 다음의 예를 보기로 하자.

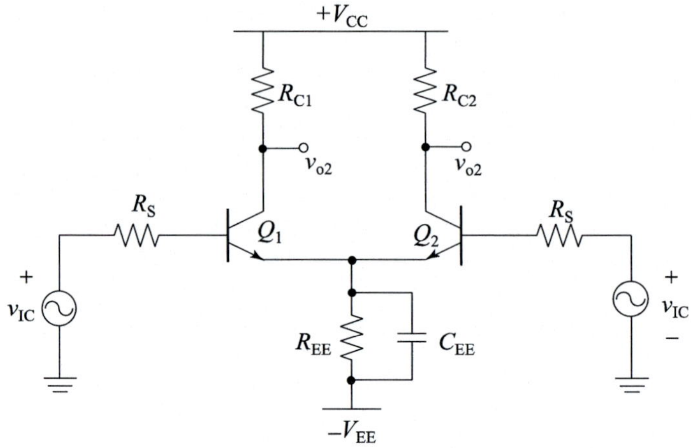

(a)

그림 4.5.3(a) 동상 입력이 인가된 차동 증폭기

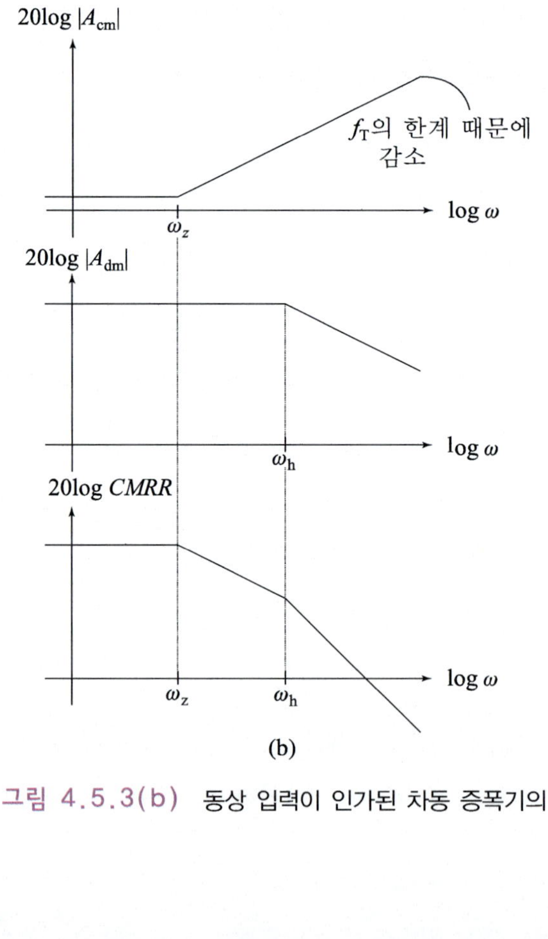

(b)

그림 4.5.3(b) 동상 입력이 인가된 차동 증폭기의 주파수 특성

예 4.8 그림 4.5.3에서 R_{EE} 대신 트랜지스터를 사용한 전류원으로 바이어스를 잡을 때 ω_z는 얼마인가? 단, 트랜지스터의 규격과 바이어스 조건은 각각 $V_A = 100\text{ V}$, $I_C = 50\,\mu\text{A}$, $C_{EE} = 1\text{ pF}$이다.

풀 이 여기에서 $R_{EE} = r_o$이므로

$$R_{EE} = 100\,\text{V}/50\,\mu\text{A} = 2\,\text{M}\Omega$$

따라서

$$f_z = \frac{1}{2\pi R_{EE} C_{EE}} = \frac{1}{2\pi \times 2 \times 10^6 \times 10^{-12}} \approx 80\text{ kHz}$$

가 된다. 즉, 전류원 트랜지스터의 콜렉터 우물(collector well)과 기판(substrate) 사이에 존재하는 커패시턴스 C_{EE}의 영향이 $CMRR$의 주파수 특성을 낮게 하는 주원인이 된다.

증폭기의 스텝 응답

일반적으로 어떤 증폭기가 한 개의 주극점을 가지고 있고, 안정성이 좋으며, 제 2극점 이상은 멀리 떨어져 있다고 가정하자. 이 때 구형파 신호에 대한 스텝응답은 그림 4.5.4와 같은 모양을 보인다.

이와 같은 형태로 나타나는 구형파 스텝응답 파형으로부터 10%에서 90%까지 상승하는 시간을 상승시간(rise time)이라 한다. 한편, 역으로 90%에서 10%까지 하강하는 시간을 하강시간(fall time)이라 부른다. 파형이 대칭인 경우에는 상승시간과 하강시간이 동일하므로 스텝응답과 대역폭과의 관계를 알아 보기 위하여 하강시간에 대한 식을 써보면,

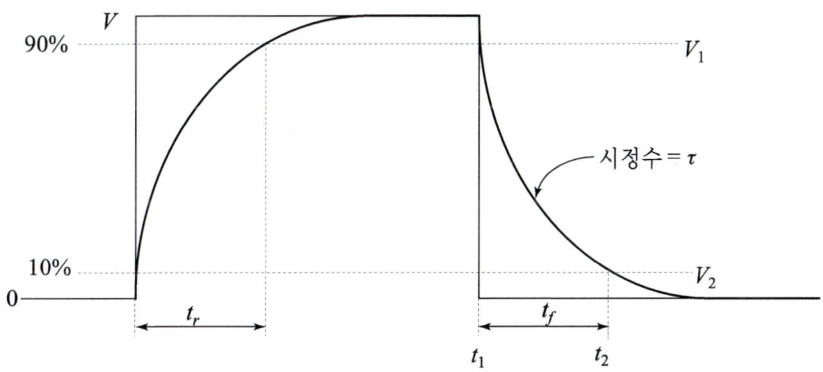

그림 4.5.4 증폭기의 스텝 응답 파형

$$V_1 = Ve^{-t_1/\tau} \tag{4.5.8}$$

$$V_2 = Ve^{-t_2/\tau} \tag{4.5.9}$$

의 관계로 주어진다.

따라서 두 식으로부터

$$\frac{V_1}{V_2} = e^{(t_2-t_1)/\tau} = e^{t_f/\tau} \tag{4.5.10}$$

이 얻어진다. 여기에서 τ는 증폭기의 주극점 주파수의 관계로 주어지는 시정수, 즉 $\tau=1/w_h$를 의미한다. 상승시간과 하강시간이 동일하다고 가정할 때, 위 식으로부터

$$t_r = t_f = \tau \ln \frac{V_1}{V_2} = \tau \ln 9 = 2.2\tau \tag{4.5.11}$$

의 관계가 있다. 혹은, 이 식을 f_h의 관계로 표시하면

$$t_r \cdot f_h = \frac{2.2}{2\pi} = 0.35 \tag{4.5.12}$$

로 주어지는데 이것은 유용한 관계식이므로 기억해 둘 필요가 있다.

만일 증폭기가 복소 쌍극점(complex pole pair)을 가지고 있거나 슬루율(slew rate)의 한계로 인하여 파형의 형태가 왜곡되거나 제한되는 경우는 그림 4.5.5(a) 또는 (b)와 같은 모양으로 나타나는데 이런 경우에는 위와 같은 관계를 간단히 적용할 수가 없음에 유의해야 한다. 다음의 두 가지 예를 각각 보기로 하자.

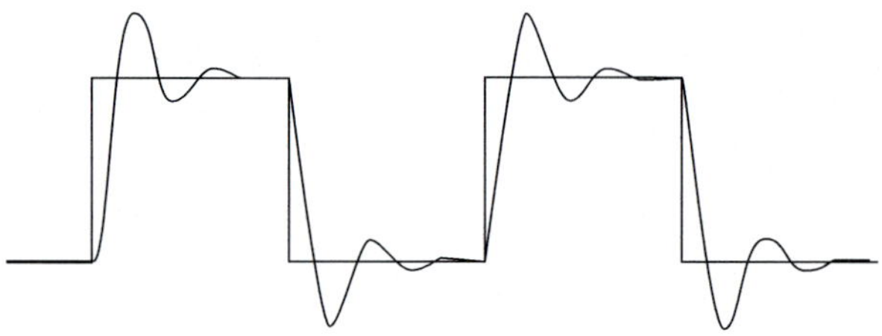

(a) 복소 쌍극점을 가진 경우

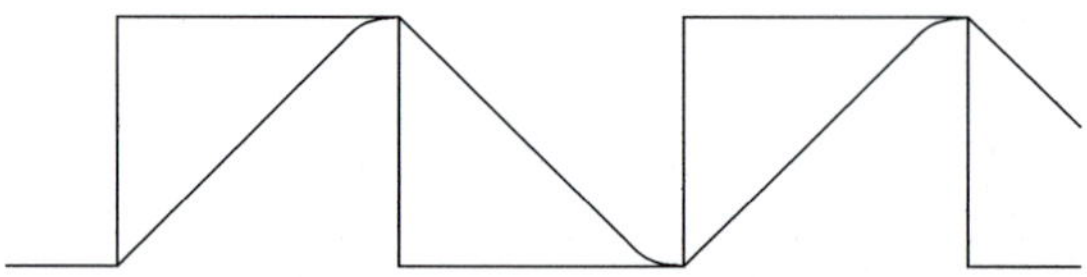

(b) 슬루율의 한계에 걸리는 경우

그림 4.5.5 상승 시간과 대역폭의 관계를 적용할 수 없는 예

예 4.9 물체의 유무를 가까운 거리에서 감지하기 위한 근접 센서를 설계함에 있어서, 송출부로부터 발사된 적외선 펄스 신호를 수신부에서 받아서 증폭시킨 후 동기 시켜 검출하고자 한다. 수신부 펄스 증폭기의 이득이 60 dB이고 상승 시간이 500 ns이하가 되도록 설계하여야 한다면 이런 조건을 만족하는 증폭기의 보드 선도를 도시하라.

풀 이 식 (4.5.12)로부터

$$f_h \geq \frac{0.35}{500\,\text{ns}} = 700\,\text{kHz}$$

따라서 우측 그림과 같이 3 dB 주파수가 700 kHz이상이고 전압이득이 60 dB인 증폭기를 설계하면 된다. 그러나 신호의 크기가 클 경우에는 여기에 덧붙여 slew-rate을 고려하여야 한다.

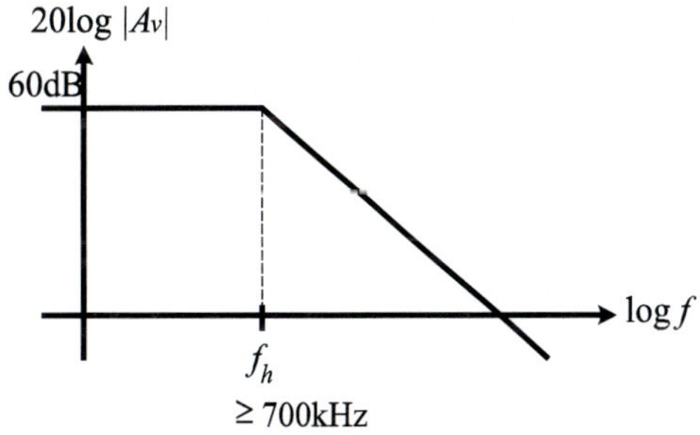

예 4.10 아래 그림에 보이는 바와 같이 직류 전동기를 구동하기 위한 컨버터 제어기를 설계함에 있어서, 전동기가 정지 상태에서 2000rpm의 속도에 도달할 때까지 상승시간이 0.5초 정도의 조건이 만족되어야 한다면 속도 제어 루프의 ω/ω_{ref}에 대한 대역폭을 얼마로 설계하여야 하는가?

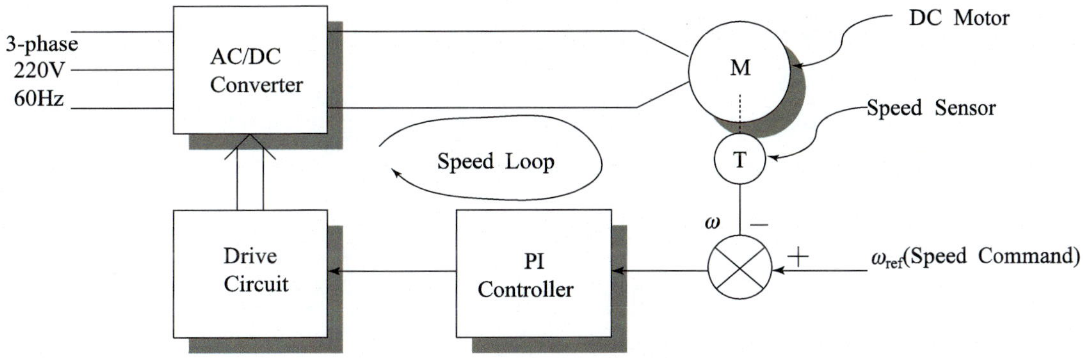

그림 4.5.6 전동기 속도 제어를 위한 제어 회로 구성

풀 이 이와 같은 문제는 전자회로와는 전혀 별개인 것처럼 보이지만 비슷한 문제이다. 여기에서도 식 (4.5.12)을 그대로 이용하면 된다. 즉,

$$f_h = \frac{0.35}{0.5} = 0.7\,\text{Hz}$$

와 같이 고역 -3dB 주파수를 구할 수 있다. 따라서 속도 제어 루프를 설계할 시에는 다음 그림과 같은 특성이 얻어지도록 설계하면 된다.

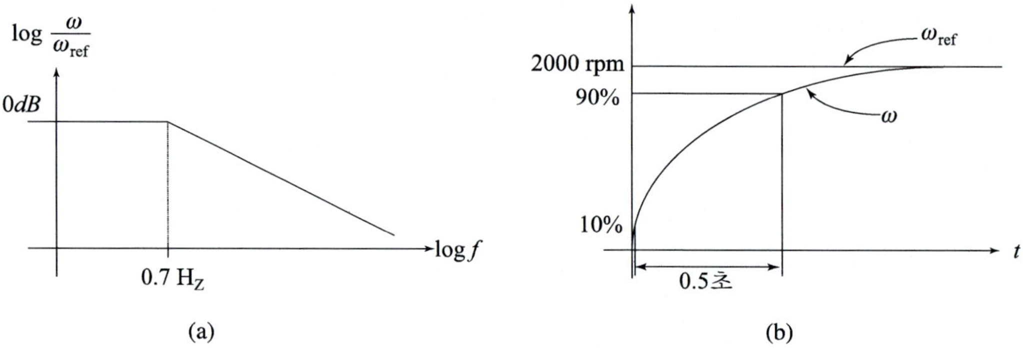

그림 4.5.7 속도 루프 특성 (a) 및 가속 특성 (b)

이 예에서 보는 바와 같이 기계적인 시스템의 고역 -3dB 주파수는 통상 매우 낮으며 아주 빠른 응답을 요구한다 하여도 통상 수십 Hz를 넘지 않는다.

4.6 단락회로 시정수(Short circuit Time constant)

우리는 앞의 4.4절에서 개방회로 시정수에 대해서 살펴 보았다. 개방회로 시정수가 여러개의 극점 중에서 가장 낮은 극점의 위치를 근사적으로 구하는데 사용하는 방법이라면, 단락회로 시정수는 가장 높은 쪽의 극점을 근사적으로 구하는 방법이다. 따라서 개방회로 시정수가 고역측에서 -3dB 차단 주파수를 근사적으로 구하는 데에 편리한 방법이었다면, 단락회로 시정수는 저역측에서 -3dB 통과 주파수를 구하는데 편리하게 사용할 수 있는 방법이다.

다단 증폭기의 경우 각 단의 직류 바이어스 분리를 위하여 앞 단과 다음 단의 신호 연결을 커패시터를 통하여 하는 경우가 자주 있다. 이럴 때에 증폭기의 대역폭은

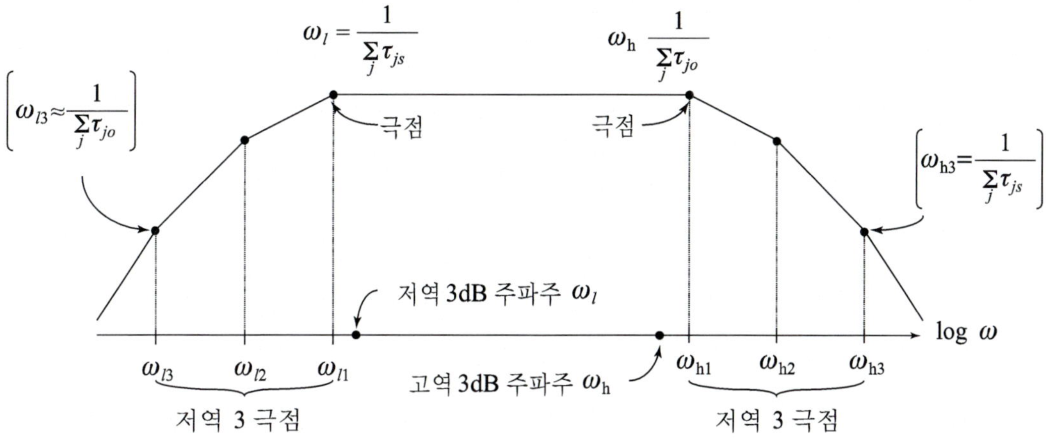

그림 4.6.1 커패시터로 결합된 다단 증폭기의 대역폭: 저역과 고역에 각각 3개의 극점을 가진 경우

그림 4.6.1에 보이는 형태를 가진다. 만일 각 증폭단을 커패시터로 결합하지 않고 직결하였다면 저주파 특성은 DC까지 증폭 가능하며 ω_l=0이 된다. 그러나 바이어스 설계의 편의상 혹은 저주파 신호의 차단이 필요하여 커패시터로 결합시키는 경우는 저역 −3dB 통과 주파수 ω_{l1}을 쉽게 예측할 수 있는 방법이 필요하다.

그림 4.6.1과 같이 저역과 고역에 각각 3개의 극점을 가지고 있는 경우에는 저역측과 고역측을 각각 분리해서 생각할 수 있다. 만일 저역측을 생각해 보면 ω=0에서부터 주파수가 증가하면서 최초로 나타나는 극점은 ω_{l3}이다 (s=0에 영점이 3개 더 있지만 이 영점들은 관심의 대상이 아니다). 이 값을 근사 계산하고자 하는 경우에는 앞에서 설명한 개방회로 시정수 방법을 적용하여 계산이 가능하다. 그러나 저역측에 가장 높은 쪽에 나타나는 주파수 ω_{l1}을 근사적으로 구하고자 한다면 단락회로 시정수 방법을 적용하여 구할 수 있다.

마찬가지 방법으로 고역측에서 ω_h 보다 높은 주파수로 상승하면서 최후에 나타나는 ω_{h3}에 대해서도 역시 단락회로 시정수 방법을 적용하여 근사 계산이 가능하게 된다. 즉 개방회로 시정수와 단락회로 시정수는 주로 고역측 차단주파수 ω_h와 저역측 통과주파수 ω_l를 각각 구하기 위함이 목적이지만, ω_{h3}와 ω_{l3}도 이들을 적용하여 각각 근사 계산이 가능하다는 점을 알 수 있다. 여기에서 ω_h와 ω_l은 각각 ω_{h1}과 ω_{l1}을 근사적으로 의미한다.

그림 4.6.1로부터 ω_{l1}은 저역 3개의 극점 중에서 가장 높은 극점이며, ω_{h3}는 고역 3개의 극점 중에서 역시 가장 높은 극점이므로, 이들을 근사 계산하는 방법을 찾기 위해서는 4.4절에서 a_0, a_1의 계수에 관심을 집중했던 것과는 달리, a_2, a_3의 계수에 관심을 가져야 함을 알 수 있다. 따라서 다음에서 이 계수 관계를 구하여 보기로 하자.

최고 극점의 근사 계산

그림 4.6.2에 보여 주는 바와 같이 선형 능동 회로에서 커패시터를 모두 밖으로 끌어내어 표시하였다. 이 때 각 단자 전압 및 전류를 각각 v_1, v_2, v_3 그리고 i_1, i_2, i_3라 할 때 제4.4절에서와 마찬가지로

$$\begin{bmatrix} i_1 \\ i_2 \\ i_3 \end{bmatrix} = \begin{bmatrix} g_{11}+sC_1 & g_{12} & g_{13} \\ g_{21} & g_{22}+sC_2 & g_{23} \\ g_{31} & g_{32} & g_{33}+sC_3 \end{bmatrix} \begin{bmatrix} v_1 \\ v_2 \\ v_3 \end{bmatrix} \tag{4.6.1}$$

와 같이 표현할 수 있고, 이 식으로부터 극점을 구하기 위해서 역시 계수 행렬식 $\Delta(s)=0$의 근을 구하면 되는데,

$$\Delta(s) = a_0 + a_1 s + a_2 s^2 + a_3 s^3 \tag{4.6.2}$$

의 형태에서 최고 극점은 식 (4.4.10)으로부터 근사적으로 a_2와 a_3의 비로 주어진다. 식 (4.6.1)로부터 s_3의 계수 a_3는

$$a_3 = C_1 C_2 C_3 \tag{4.6.3}$$

가 됨을 쉽게 알 수 있다. 또한 s_2의 계수 a_2는

$$a_2 = g_{11}C_2C_3 + g_{22}C_1C_3 + g_{33}C_1C_2 \tag{4.6.4}$$

가 된다. 여기에서 g_{11}, g_{22}, g_{33}는 주파수의 함수가 아니므로 식 (4.6.1)에서 s=0으로 놓은 후 각각

$$g_{11} = \left.\frac{i_1}{v_1}\right|_{v_2=v_3=0} \quad g_{22} = \left.\frac{i_2}{v_2}\right|_{v_1=v_3=0} \quad g_{33} = \left.\frac{i_3}{v_3}\right|_{v_1=v_2=0}$$

와 같이 주어지는 값이다. 즉, 이와 같이 주어지는 값들은 한 단자에서 타 단자들을

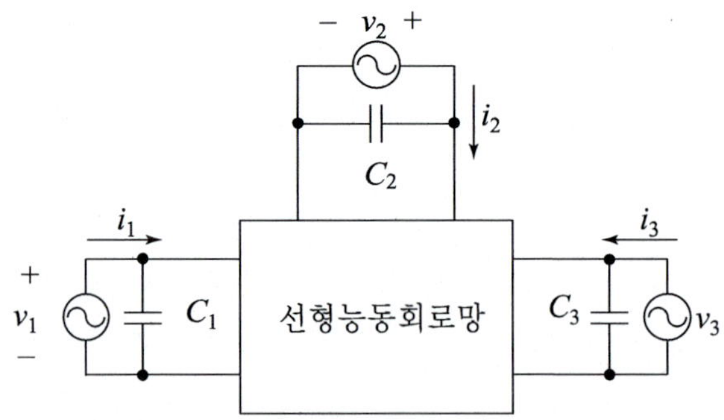

그림 4.6.2 C를 모두 외부로 추출한 선형 능동 회로 모형

모두 단락 시킨 상태에서 구한 단락회로(short circuit) 콘덕턴스를 의미한다. 한편, 식 (4.6.3) 및 (4.6.4)로부터

$$\frac{a_2}{a_3} = \frac{g_{11}}{C_1} + \frac{g_{22}}{C_2} + \frac{g_{33}}{C_3} \tag{4.6.5}$$

와 같이 표시되며, 각 항은 단락회로 시정수(short circuit time constant)의 역수가 된다. 따라서 저역 3dB 통과주파수를 ω_l이라 하면

$$\omega_l = \frac{a_2}{a_3} = \frac{1}{\tau_{1s}} + \frac{1}{\tau_{2s}} + \frac{1}{\tau_{3s}} \tag{4.6.6}$$

와 같이 쓸 수 있으며 일반적인 형태로는

$$\omega_l = \sum_j \frac{1}{\tau_{js}} \tag{4.6.7}$$

와 같이 표시할 수 있다. 여기에서 주어지는 ω_l은 그림 4.6.1에 있어서 저역에서는 근사적으로 ω_{l1}이라 말할 수 있지만, 실제 −3dB 주파수는 ω_{l2}, ω_{l3}의 영향을 받아서 ω_{l1}보다 약간 높은 곳에 위치하며 식 (4.6.7)은 이 −3dB 주파수를 근사한 것으로 볼 수 있다.

이 식은 또한 고역 3극점 중에서 ω_{h3}를 근사적으로 구하는 데에도 사용될 수 있다. 일반적으로 ω_{h3}와 같은 극점을 구하려고 노력할 필요는 없으나 때에 따라서는 유용한 경우도 있음을 아래에서 예를 들어 보이기로 하겠다.

예 4.11 다음 회로에 대해서 저역 3 dB 주파수를 f_l=100 Hz로 설계하라. 단, 트랜지스터의 β = 100, V_A = 100 V이다.

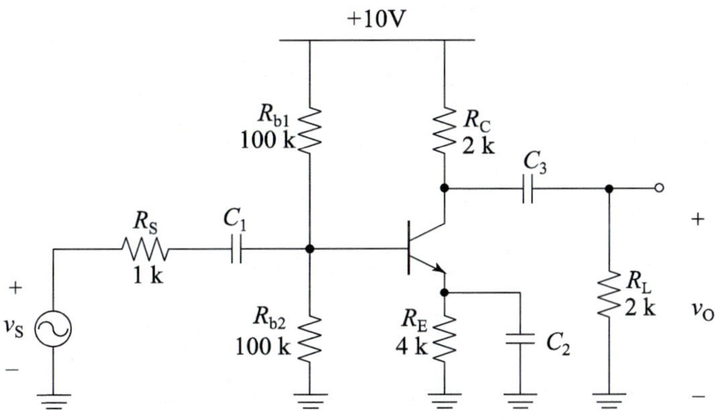

그림 4.6.3 CE 증폭기

풀 이 C_1, C_2, C_3에 대한 단락회로 시정수 τ_{1s}, τ_{2s}, τ_{3s}를 구하기 위한 등가 회로를 보이면 다음과 같다.

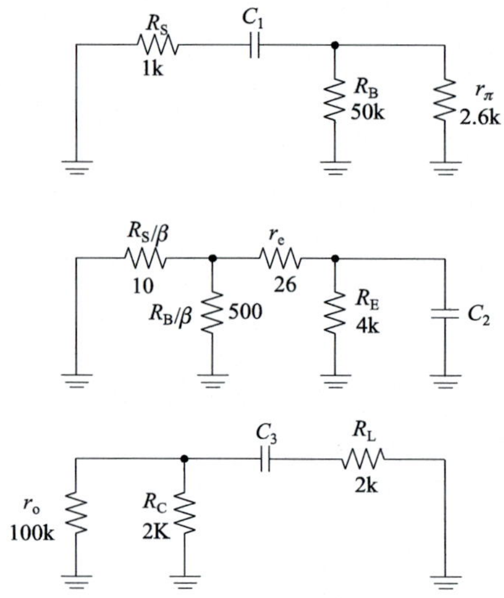

$$\tau_{1s} = \{R_S + (r_\pi // R_B)\}C_1 = 3.5\times10^3 C_1$$

여기에서 R_B=R_{b1}//R_{b2},

r_π=2.6k(I_C=1mA)

$$\tau_{2s} = \left\{R_E // \left(r_e + \frac{R_S // R_B}{\beta}\right)\right\}C_2 \approx 35C_2$$

$$\tau_{3s} = \{R_L + (R_C // r_o)\}C_3 \approx 4\times10^3 C_3$$

따라서 식 (4.6.7)로부터

$$\omega_l = \frac{1}{\tau_{1s}} + \frac{1}{\tau_{2s}} + \frac{1}{\tau_{3s}}.$$

여기에서 만일
τ_{1s}=τ_{2s}=τ_{3s}라 가정하면

$$\tau_{1s} = \frac{3}{2\pi f_l} = \frac{3}{2\pi\times100} \approx 4.8\times10^{-3}.$$

그러므로

$$C_1 = \frac{4.8\times10^{-3}}{3.5\times10^3} = 1.37\mu\text{F},$$

$$C_2 = \frac{4.8\times10^{-3}}{35} = 137\mu\text{F},$$

$$C_3 = \frac{4.8\times10^{-3}}{4\times10^3} = 1.2\mu\text{F}.$$

이 결과는 C_2가 상대적으로 C_1, C_3에 비하여 너무 크므로 재 조정을 위하여 C_2를 절반으로 줄이고, C_1과 C_3를 각각 2배로 조정해도 동일한 결과가 됨을 알 수 있다. 따라서

$$C_2 \approx 70\,\mu\text{F},\; C_1 = C_3 \approx 3\,\mu\text{F}$$

와 같이 선택할 수도 있다.

예 4.12 단락회로 시정수를 이용하여 MOS 소스접지 증폭기의 두 번째 극점 주파수를 대략 구하라.

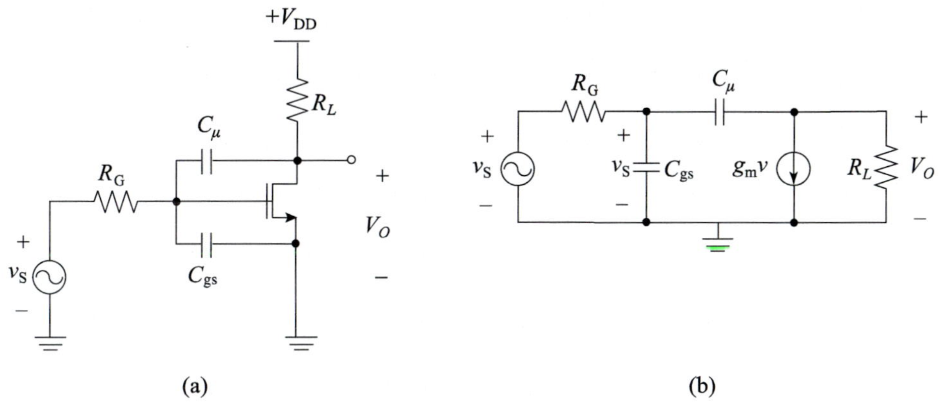

그림 4.6.4 소스접지 증폭기 및 등가 회로

풀 이 커패시터가 두 개 있으므로 ω_h는 개방회로 시정수로 구할 수 있고, 두 번째 극점은 단락회로 시정수로 대략 예측이 가능하다. 따라서 C_{gs}, C_μ에 대하여 각각 단락회로 시정수를 구하면

$$\tau_{gs}\Big|_{C_\mu\ short} = (R_G // R_L // \frac{1}{g_m})C_{gs} \quad = \frac{C_{gs}}{g_G + g_L + g_m}$$

$$\tau_{\mu s}\Big|_{C_{gs}\ short} = R_L C_\mu \quad = \frac{C_\mu}{g_L}$$

이 된다. 따라서 두 번째 극점 주파수는

$$\omega_2 \approx \frac{1}{\tau_{gss}} + \frac{1}{\tau_{\mu s}} \quad = \frac{g_G}{C_{gs}} + \frac{g_L}{C_{gs}} + \frac{g_m}{C_{gs}} + \frac{g_L}{C_\mu}$$

$$\approx \frac{g_m}{C_{gs}} + \frac{g_L}{C_\mu}$$

와 같이 구할 수 있게 된다. 이 결과는 등가회로를 이용하여 계산한 결과와 동일함을 보여준다.

결론

이 장에서는 주로 증폭기의 고주파 특성을 파악하기 위한 방법들을 다루었다. 고주파 특성을 파악하기 위해서는 일반적으로 등가회로를 사용하여 방정식을 세운 후 복잡한 계산을 필요로 한다. 그러나 여기에서는 이 과정에서 복잡한 수식을 사용하여 계산하는 방법을 지양하고 회로의 구조적 특성을 잘 관찰하여 직관적으로 결과식을 유추할 수 있는 여러 가지 방법들을 제시하였다. 회로 설계에서 중요한 것은 근사적이긴 하지만 쉽고 빠른 방법이 더 유용하며, 정확한 결과를 원할 시는 컴퓨터 모사 등과 같은 검증을 통하여 확인하면 된다. 이 장에서도 다양한 관점에서 회로를 관찰하고 생각하는 방법들을 제시하려고 노력하였다.

부록 4A

에미터 폴로워의 주파수 특성

여기에서는 에미터 폴로워에 대해서 밀러효과 이용하지 않고 등가회로를 이용하여 직접계산 한 예를 보이고 그 결과를 서로 비교하여 보기로 한다. 아래 그림 4A.1(a)에 보이는 에미터 폴로워에 대해서 소신호모델은 그림 4A.1(b)에 보이는 바와 같다.

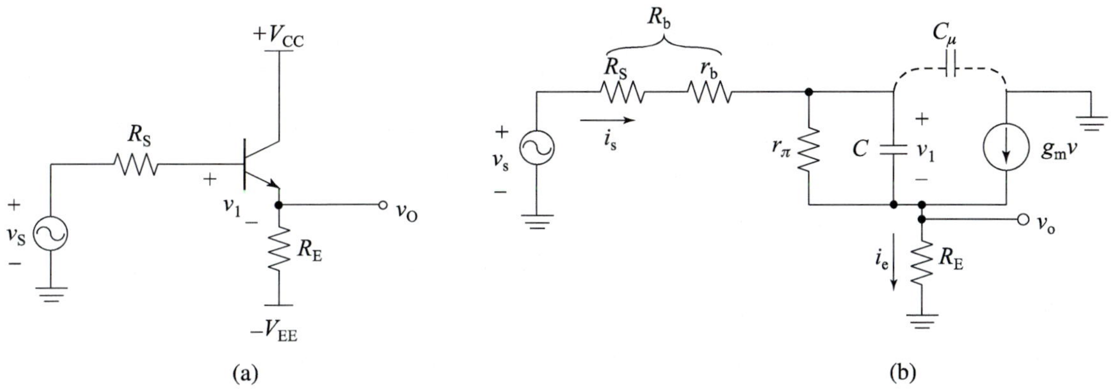

그림 4A.1 에미터 폴로워 및 소신호 등가 회로

여기에서 베이스 저항과 소스 저항을 더하여 하나의 저항 $R_b = R_S + r_b$ 로 놓고, C_μ 는 복잡성을 피하기 위하여 잠시 무시하고 보면 소신호 등가회로로부터 다음과 같은 식을 쓸 수 있다.

$$v_i = i_i R_b + v_1 + v_o \tag{4A-1}$$

$$i_i = \frac{v_1}{z_\pi} \tag{4A-2}$$

$$z_\pi = \frac{r_\pi}{1 + sC_\pi r_\pi} \tag{4A-3}$$

$$i_i + g_m v_1 = \frac{v_o}{R_E} \tag{4A-4}$$

식 (4A-2), (4A-3)을 (4A-4)에 대입하면

$$\frac{v_1}{r_\pi}(1 + sC_\pi r_\pi) + g_m v_1 = \frac{v_o}{R_E}$$

이 되므로

$$v_1 = \frac{v_o}{R_E}\frac{1}{g_m + \frac{1}{r_\pi}(1 + sC_\pi r_\pi)} \tag{4A-5}$$

이다. 따라서 식 (4A-5), (4A-2)를 식 (4A-1)에 대입하면

$$v_i = \left(\frac{R_b}{z_\pi} + 1\right)\frac{v_o}{R_E}\frac{1}{g_m + \frac{1}{r_\pi}(1 + sC_\pi r_\pi)} + v_o$$

이 얻어진다. 따라서 정리하면

$$\frac{v_o}{v_i} = \left(\frac{g_m R_E + \frac{R_E}{r_\pi}}{1 + g_m R_E + \frac{R_b + R_E}{r_\pi}}\right)\left(\frac{1 + \frac{s}{z_1}}{1 + \frac{s}{p_1}}\right) \tag{4A-6}$$

이 얻어진다. 여기에서

$$z_1 \simeq \frac{g_m}{C_\pi} = \omega_T \tag{4A-7}$$

$$p_1 = \frac{1}{C_\pi R_1} \tag{4A-8}$$

$$R_1 = r_\pi \parallel \frac{R_b + R_E}{1 + g_m R_E} \tag{4A-9}$$

이다. 위 식 (4A-7)~식 (4A-9)로부터 우리는 계산을 통해서 얻은 극점과 영점의 위치가 원문에서 밀러효과를 이용하여 구한 결과와 일치함을 알 수 있다.

EXERCISE

04 연습문제

4.1

다음 그림 P4.1의 회로에 대해서 물음에 답하라.

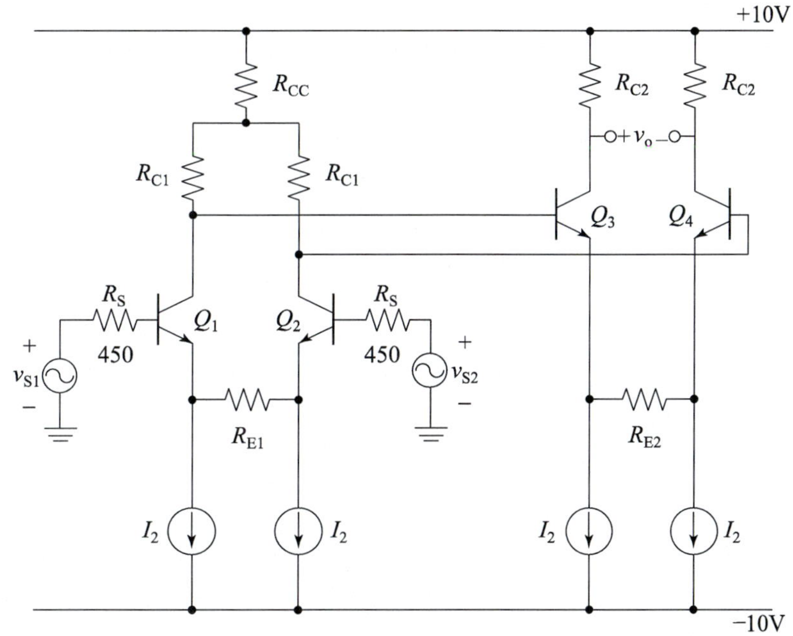

그림 P4.1

(1) $R_{E1} = R_{E2} = 0$일 때, 다음 조건을 만족하도록 설계하고자 한다. 모두 같은 종류의 트랜지스터를 사용한다고 할 때, 바이어스 전류와 저항 값들을 정하고 트랜지스터의 f_T 규격을 산출하라.

설계 조건: $f_h \geq 5\,\text{MHz}$, $A_{Vo} \geq 100$, $V_{opp} \geq 1V$, $r_b = 50\Omega$, $C_\mu = 0.1\,\text{pF}$
$\beta = 100$, 최대 전력 소모 $P_{max} \leq 100\,\text{mW}$

(2) R_{E1}과 R_{E2}를 정하여 $f_h \geq 20\,\text{MHz}$로 하고자 할 때, D를 사용한 방법으로 R_{E1}, R_{E2}의 저항 값을 구하고 A_V를 다시 계산하라.

(3) 베이스-에미터 투사 방법으로 위의 (1.2)에서 f_h를 계산을 통하여 다시 확인하라.

(4) 개방회로 시정수 방법으로 다시 f_h를 구하여 보고 계산의 간편성이나 정확성 등에 대해서 논하라.

4.2

다음 그림 P4.2의 회로에 대해서 물음에 답하라. 단, 소자의 파라미터는

Bipolar 트랜지스터: V_{BE} = 0.6 V, β=100, V_A = 100V, r_b = 0, f_T = 1 GHz, C_μ =0.2pF

MOS 트랜지스터: W=100μm, L=2μm, $K_n = 50\,\mu A/V^2$, V_t = 0.7V, V_A = 5V/μm, f_T = 100 MHz, C_μ = 0.3pF

(1) 출력전압 V_o의 DC전위는 얼마인지 계산하라.

(2) 전압이득 A_V 의 -3dB 주파수 f_h 를 구하라.

(3) 출력 임피던스 Z_o의 등가 inductance는 얼마인가?

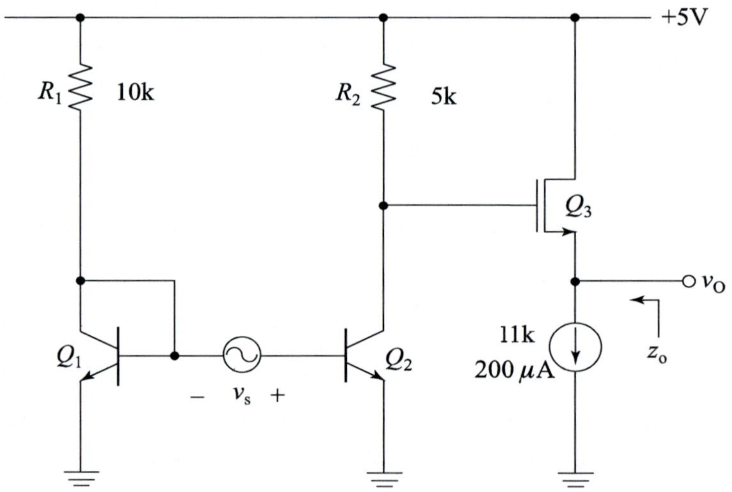

그림 P4.2

05 부귀환 증폭기

서 론

부귀환 증폭기의 이해는 회로설계에서 가장 중요한 핵심적인 요소중의 하나이다. 왜냐하면 부귀환이 없는 아날로그 회로는 거의 생각할 수가 없다고 하여도 과언이 아니기 때문이다. 이와 같이 중요한 것이 부귀환인데 일반적으로 대부분의 경우 부귀환은 복잡하고 이해하기가 쉽지 않은 주제로 간주되고 있다. 이와 같이 복잡하게 인식하게 된 가장 중요한 원인은 기존의 해석방법에 있다고 생각된다. 즉, 기존의 방법에서 제시하고 있는 부귀환의 종류가 다양하여 혼란스럽게 느껴지므로 핵심을 파악하기가 어려웠기 때문이 아닌가 한다.

이 장에서는 기존의 해석방법과 달리 통일적인 해석방법을 새롭게 제안함으로써 부귀환의 핵심을 파악하기가 용이하게 하였다. 이미 기존 방법에 대해서 어느 정도 익숙해져 있는 사람들을 위하여 기존 방법에 대한 기억을 되살리면서 새로운 통합적인 방법을 제시하는 방식으로 기술하였다.

이 장의 앞부분에서는 루프이득을 구하는 관점에서 기존의 네 가지 구조로 분리하여 부귀한을 해석하던 방식에서 벗어나서 한 가지 통합적인 방법으로 해석하는 것이 가능함을 보였다. 아울러 형태에 관계없이 루프이득을 쉽게 구하는 방법을 제안하였으며, 부귀환을 전체적인 관점에서 쉽게 파악하는 방법을 제시하였다. 또한 입력과 출력에서의 임피던스가 변화하는 이유에 대해서 기술하였으며, 귀환루프를 정확하게 분리하는 방법에 대해서 언급하였다. 또한 임피던스가 변화하는 일반적인 특성에 대해서 기술하였으며, 구체적인 응용예를 들어 새로운 해석방법의 간편성과 정확성을 인식할 수 있도록 하였다.

5.1 부귀환의 구성

부귀환 증폭기의 기본 구성은 그림 5.1.1에 보이는 바와 같이 증폭기(open loop amplifier)의 개루프이득과 귀환 인자(feedback factor) 및 비교기로 구성되어 있다. 이렇게 구성하는 주된 이유는 증폭기의 개루프이득 A를 신뢰할 수 없기 때문에 따라서 원하는 출력 X_o를 얻기 위하여 신뢰성이 떨어지는 A를 감시할 필요가 있다. 이 A를 감시하는 수단이 귀환인자 F이며, 이 F는 확실하게 믿을 수 있어야 하기 때문에 대부분 수동 소자로 구성한다. 따라서 입력측에서 신호(X_s)를 주고 A를 통하여 증폭을 시킨 후(V_o) 출력은 F를 통하여 검출해 와서 (X_f) 입력 신호와 비교하여 오차(X_e)가 발생하면 이 오차를 조정하여 출력을 간접제어 하겠다는 것이 부귀환 증폭기의 기본 의도이다. 이 과정에서 오차를 매우 작게 할 수 있다면 검출해온 신호(X_f)는 입력 신호(X_s)와 거의 같은 값이 되므로 출력 신호는 감시 인자의 관계로부터 바로 알아낼 수 있게 되며 (즉 $V_o/V_s=1/F$) 이렇게 되면 좋겠지만 실제로 오차를 감안할 필요가 있기 때문에 정확한 분석을 하는 것이다.

그림 5.1.1로부터 부귀환의 간단한 관계식을 유도해 보면

$$X_o = A(X_s - X_f) = A(X_s - FX_o)$$

이다. 따라서 귀환이득은

$$A_f = \frac{X_o}{X_s} = \frac{A}{1+FA} \tag{5.1.1}$$

가 되고 또한 오차는

$$X_e = X_o/A$$

로 주어지므로

$$A_e = \frac{X_e}{X_s} = \frac{1}{1+FA} \tag{5.1.2}$$

의 관계식을 얻을 수 있다. 여기에서 수동소자로 귀환회로를 구성할 경우에 F는

$$0 \le F \le 1 \tag{5.1.3}$$

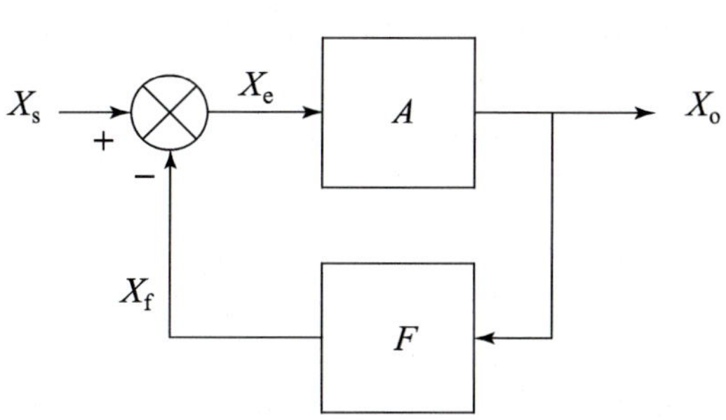

그림 5.1.1 부귀환 증폭기의 기본 구성

의 범위에 있게 되며 F=0는 부귀환이 없는 상태 즉 개방 상태를 의미한다. 한편, F=1은 단일 귀환(unity feedback)이라 부르며 가장 많은 부귀환이 걸린 상태에 해당한다.

한편 이 식들로부터 $F \neq 0$ 이고 A→∞이면 A_f=1/F이고 A_e=0임을 알 수 있다. 그러나 실제에 있어서는 그렇지 못하기 때문에 오차가 발생하며 A와 F를 곱한 값이 부귀환의 오차와 관련이 있는 변수가 된다. 여기에서는 새로운 변수 T를

$$T = FA \tag{5.1.4}$$

로 정의하면 T는 그림 5.1.1에서 보는 바와 같이 귀환 루프의 이득 (T=X_f/X_e)을 의미하게 된다. 식 (5.1.1.)과 (5.1.4)로 부터 A_f를 다시 쓰면

$$A_f = \left(\frac{1}{F}\right)\left(\frac{T}{1+T}\right) \tag{5.1.5}$$

와 같이 두 항의 곱으로 표시할 수 있음을 알 수 있다. 이 식이 의미하는 바는 우리가 원하는 것은 A_f=1/F인데 T가 충분히 크지 않기 때문에 T/(1+T)만큼의 오차가 나고 있음을 나타내고 있다.

또한 일반적으로 A가 주파수의 함수이기 때문에 T도 역시 주파수의 함수가 되며 크기와 위상이 고역 주파수 영역에서 변화해간다. 낮은 주파수에서는 T가 실수이고 $T > 0$이면 부귀환, $T < 0$이면 정귀환에 해당한다. 한편, 정귀환인 경우 만일 $T < -1$일 때는 안정된 루프를 형성할 수 없기 때문에 위에서 주어진 식들을 적용할 수 없게 되므로 별도로 다루어야 한다.

주파수가 상승하면 T는 복소수의 형태가 되며 $|T(j\omega)|=1$인 지점 주파수에서의 위상에 따라 루프의 안정도를 판별하게 된다. 이 장에서는 주파수가 낮은 영역 즉 T가 실수인 경우만을 생각하여 부귀환의 여러 특징을 알아볼 것이며 높은 주파수 영역에서의 문제는 다음 장에서 취급하게 될 것이다.

귀환 회로를 해석한다 함은 루프 이득 T를 구하는 것이라고 말해도 과언이 아니다. 즉, 루프 이득 T로부터 귀환 회로의 모든 특성을 유도할 수 있게 되며 회로의 특징이 정해지기 때문이다. 루프 이득과 관계되는 것으로서 부귀환 증폭에서 중요한 다

른 하나는 둔감도(desensitivity)라는 것이 있다. 이것은 민감도함수(sensitivity funCtion)를 다음과 같이

$$ {}^{A_f}_{A}S = \frac{dA_f / A_f}{dA / A} = \frac{A}{A_f}\frac{dA_f}{dA} \tag{5.1.6} $$

로 정의하면, 이 식으로부터

$$ \frac{dA_f}{dA} = \frac{1}{1+FA} - \frac{FA}{(1+FA)^2} = \frac{1}{(1+FA)^2} \tag{5.1.7} $$

의 관계가 있으므로 이것을 다시 위 식에 대입하면

$$ {}^{A_f}_{A}S = \frac{1}{1+FA} = \frac{1}{1+T} \tag{5.1.8} $$

와 같이 표시되는데 여기에서 D를

$$ D=1+T $$

와 같이 정의하고, 이것을 둔감도라고 말한다. 즉 D의 의미는 개루프 증폭기의 이득 변화율이 부귀환이 걸린 증폭기에서는 얼마나 줄어드는지를 표시하는 양으로써 D가 클 경우에는 부귀환 증폭기에서의 변화율이 크게 줄어들게 된다. 루프 이득 T가 클 경우에는 거의 $D \approx T$ 가 되며, T가 크게 설계된 회로는 증폭기의 이득 변화나 외란에 대해 둔감하게 된다.

정위상과 부위상의 의미

귀환 회로에 들어가기 전에 위상의 의미를 확인하고 넘어가기로 하겠다. 그림 5.1.1의 비교기에서와 같이 (+), (−) 부호를 사용하여 정,부 위상을 표기하는 일이 많은데 이 의미는 교류 신호에 대해 적용하는 것이다. 즉 트랜지스터 회로에서 임의의 점을 관찰하여 본다면 직류 바이어스가 걸려 있고 거기에 교류신호가 중첩되어 나타난다. 여기에서 위상을 언급하는 것은 직류 바이어스 성분을 제외하고 교류 신호 성분만을 고려하여 말하는 것이다. 그림 5.1.2와 같이 하나의 기준 신호를 (+) 위상 신호라고 정의할 때 이와 180° 위상차를 가진 신호를 (−) 위상 신호라고 부르기로 한다. 여기에서 보는 바와 같이 신호의 크기는 관계없지만 모양은 동일한 형태이어야 한다. 또 위상 반전이라 함은 정위상에서 부위상 혹은 그 반대로 뒤바뀌는 것을 의미한다.

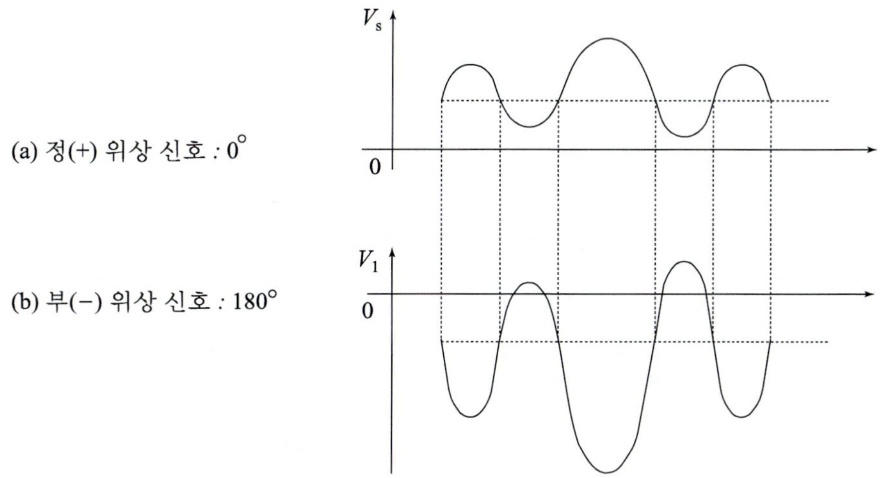

그림 5.1.2 (+) 위상과 (-) 위상의 예

부귀환을 거는 방법

출력에서 입력측의 (−) 단자에 귀환 회로망을 거쳐서 연결하여 형성시키는 것을 부귀환을 건다고 표현하며, 정귀환이 아니고 부귀환이 되기 위해서는 형성시킨 루프가 반드시 위상 반전 루프이어야 한다는 점이다. 그림 5.1.3에 부귀환 거는 두 가지 루프를 예시하였다. 여기에서 Q_1 트랜지스터의 베이스 위상을 기준위상(+)으로 정의하였을 때 각 단자에서 나타나는 위상을 표기하였다. 즉 신호가 베 이스에 인가될 때 콜렉터에서 반전되며 에미터에서는 동위상이 된다. 만일 에미터에 신호가 인가된다면 콜렉터로 나타나는 신호는 반전되지 않고 동위상으로 나타나게 된다는 점을 기억해야 한다.

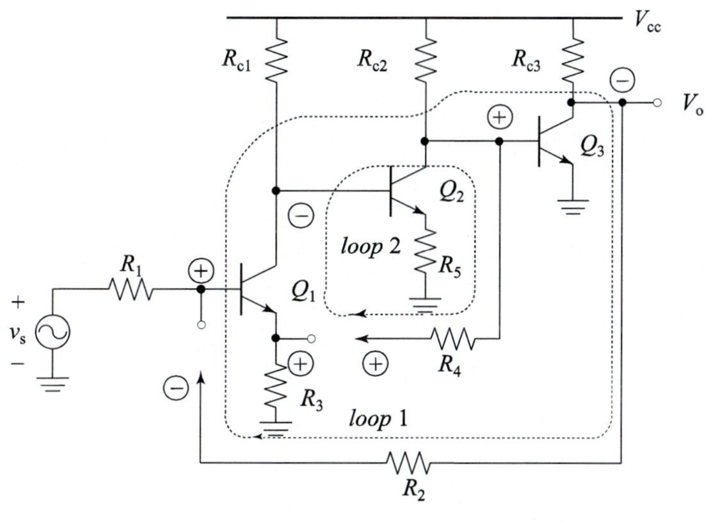

그림 5.1.3 부귀환을 거는 두 가지 방법의 예시

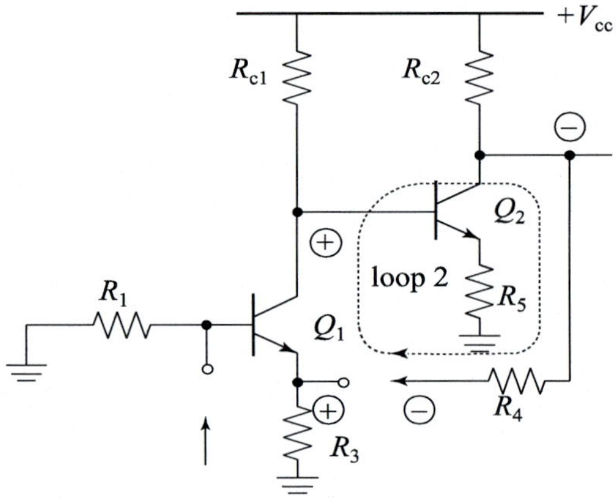

그림 5.1.4 에미터 신호를 기준으로 다시 표기한 loop2의 위상

이 두 개의 루프를 검토해보면 loop1은 큰 루프를 형성하고 있으며 루프를 되돌아 온 신호가 (−)위상을 가지고 돌아 오므로 위상 반전 루프가 틀림없으며 따라서 부귀환임이 당연하다. 그러나 loop2를 보면 Q_1의 에미터 측에 부귀환이 돌아오며 연결 직전의 위상이 동 위상이 되므로 위상 반전 루프라고 말할 수 없지 않은가라고 반문할 수 있다. 그러나 이것은 어디까지나 베이스 신호를 기준으로 위상 관계를 표기한 것임에 주의할 필요가 있다. 에미터에 인가되는 신호를 기준으로 다시 위상관계를 보이면 그림 5.1.4와 같다. 여기에서 보는 바와 같이 에미터에 신호가 인가될 때는 콜렉터 신호의 위상이 반전되지 않기 때문에 전체적인 loop2의 위상은 반전 루프가 되는 것이며 따라서 부귀환 루프임이 분명하다.

정리하면, 부귀환은 그림 5.1.1의 비교기에 (−)로 표시한 것과 같이 귀환루프가 반전 루프를 형성하도록 연결하여야 하며 첫 단의 베이스 신호를 기준 위상으로 하는 경우에는 베이스측에는 반대위상으로 돌아오도록 연결하고 에미터 측에는 동위상으로 돌아오도록 연결하면 부귀환이 걸리도록 연결한 것이다 라고 말할 수 있다.

부귀환의 네 가지 구분-기존 방법

기존 방법에서는 부귀환의 구분을 입력측에서 직렬로 연결하느냐 혹은 병렬로 연결하느냐에 따라 구분하고 출력측에서 전압을 취하느냐 혹은 전류를 취하느냐에 따라서 구분한다. 그러므로 입력과 출력의 조합에 의하여 네 가지로 구분하며, 그 각각을 정리하면 다음과 같다.

(1) 전압 직렬 귀환

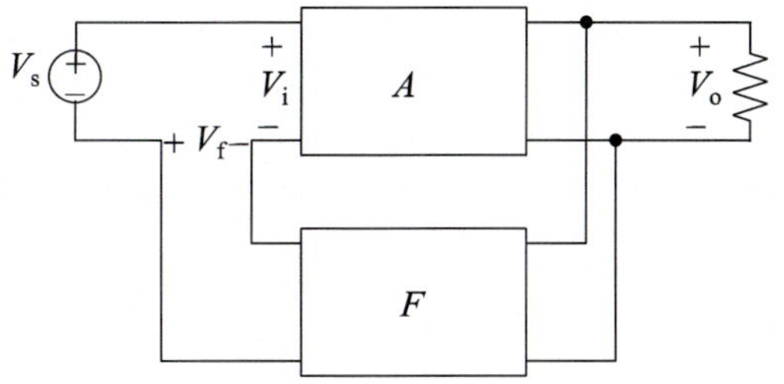

$A_v = \dfrac{V_o}{V_i}$ Z_{if}: 증가

$F_v = \dfrac{V_f}{V_o}$ Z_{oif}: 감소

(2) 전류 직렬 귀환

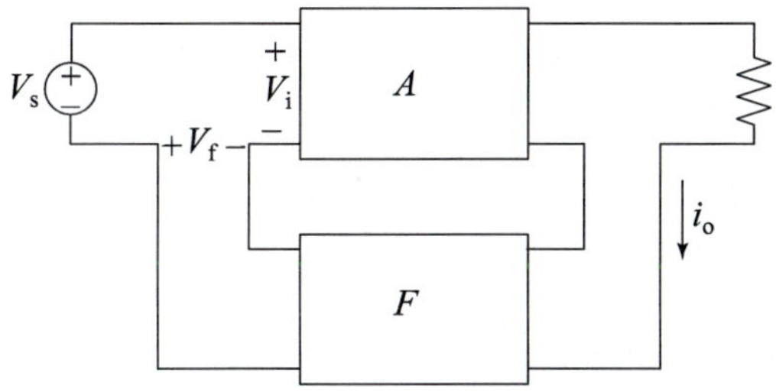

$A_G = \dfrac{i_o}{V_i}$ Z_{if}: 증가

$F_R = \dfrac{V_f}{i_o}$ Z_{oif}: 증가

(3) 전압 병렬 귀환

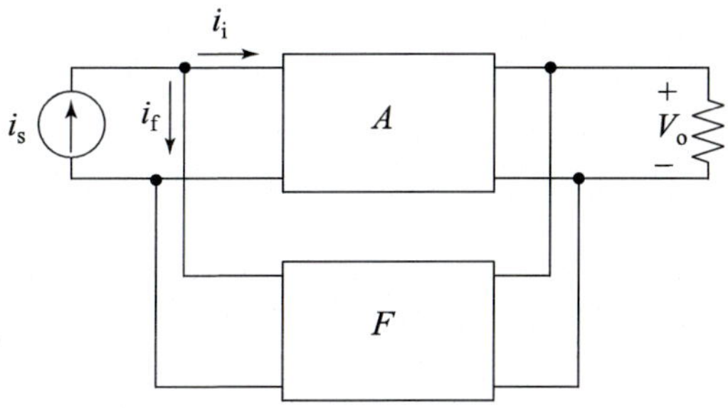

$A_R = \dfrac{V_o}{i_i}$ Z_{if}: 감소

$F_G = \dfrac{i_f}{V_o}$ Z_{oif}: 감소

(4) 전류 병렬 귀환

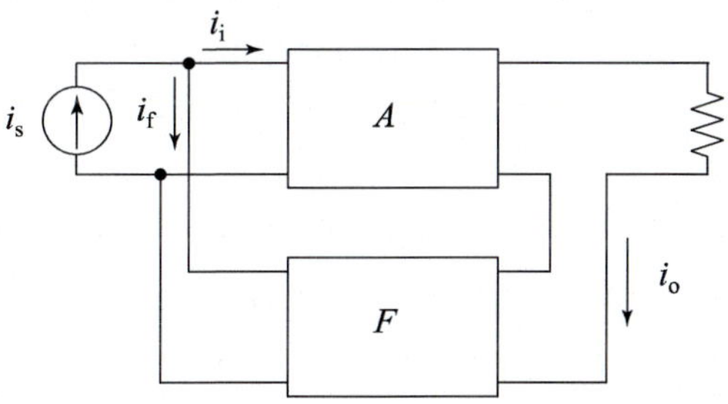

$A_I = \dfrac{i_o}{i_i}$ Z_{if}: 감소

$F_I = \dfrac{i_f}{i_o}$ Z_{oif}: 증가

그림 5.1.5

이와 같이 구분하는 경우 일반적인 해석 방법은 다음과 같이 정리할 수 있다.

① 주어진 회로가 어느 형태에 속하는지를 찾아낸다.
② 귀환을 제거시킨 기본 증폭기를 도출한다.
③ 기본 증폭기로부터 개루프 이득과 입출력 임피던스를 계산한다.
④ 귀환 인자 F를 찾아내어 둔감도 D를 계산한다.
⑤ 마지막으로 A_f 및 Z_{if}, Z_{of}를 구한다.

이와 같은 과정을 거쳐 계산하는 것은 잘 정리된 방법이긴 하지만 네 가지 형태와 연관되어 혼란스러움을 유발하기 쉬우며, 복잡하게 느껴지는 문제점이 있다. 이런 단점을 보완하기 위하여 다음에 이 네 가지의 다른 형태의 부귀환 방법을 통합하여 한 가지로 해석할 수 있는 새로운 방법을 제시하고자 한다.

5.2 부귀환의 통일적 해석법

부귀환 회로를 해석한다 함은 개루프 및 폐루프 이득과 입출력 임피던스의 변화를 구하는 것이다. 부귀환 회로의 형태는 네 가지 다른 모양이 존재하며 이득의 정의나 임피던스의 변화 형태에 따라 달라지지만 부귀환 회로를 해석함에 있어서 이들 모두에게 공통적인 것이 있다. 즉, 이 공통적인 것이란 바로 루프 이득 T이며 이득과 임피던스는 모두 T의 함수로 표시된다. 기존의 방법은 루프 이득 T를 구함에 있어서 바로 전절에서 언급한 바와 같이 네 가지 다른 형태로 분류하여 구하였으나 여기에서는 이들을 분리하지 않고 통합하여 구하는 방법을 제시하고자 한다.

전압 귀환과 전류 귀환의 통합 (출력측)

그림 5.1.5의 네 가지 형태에서는 출력 신호를 취하는 방법이 두 가지 있음을 보인다. 즉 전압을 취하거나 혹은 전류를 취하는 것이 그것이다. 출력 전압을 귀환시키는 경우에는 출력 임피던스가 감소하게 되고 출력 전류를 귀환시키는 경우는 출력 임피던스가 증가한다. 따라서 이 둘은 크게 차이가 나므로 구분하여 생각하는 것이 당연하다. 그러나 루프 이득 T를 구함에 있어서는 반드시 그럴 필요가 없다.

그림 5.2.1의 전압 직렬 귀환 회로와 그림 5.2.2의 전류 직렬 귀환 회로를 비교하여 보기로 하자. 두 회로에 있어서 차이점은 출력 단자를 어느 곳에서 추출하였는가 하는 점에 있다. 부귀환이 걸려있는 회로에 대해서 루프 안 혹은 밖의 임의의 점에서 신호를 단지 관찰만 하는 것은 루프 이득에 영향을 주지않는다. 따라서 그림 5.2.1과 5.2.2의 두 회로에 있어서 루프 이득은 다를 수가 없다. 단지 출력 신호를 관찰하는

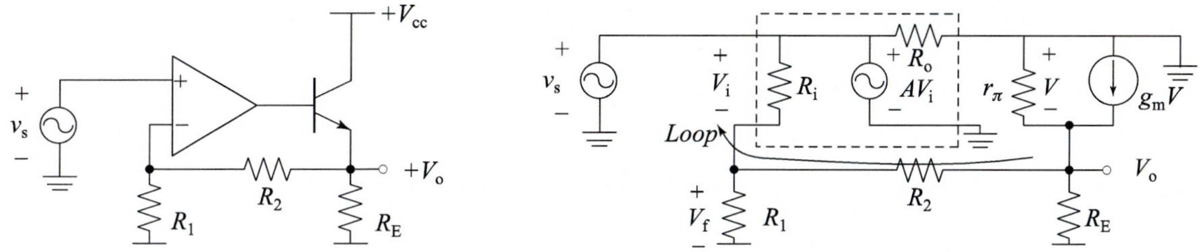

(a) (b)

그림 5.2.1 전압 직렬 귀환 회로 및 등가 회로

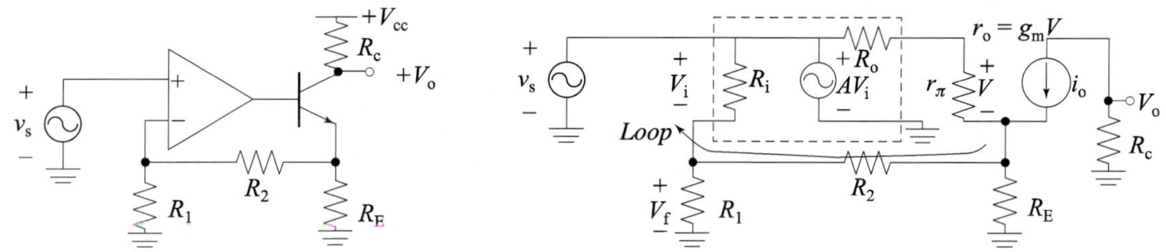

(a) (b)

그림 5.2.2 전류 직렬 귀환 회로 및 등가 회로

위치가 다를 뿐이다. 두 회로를 비교하여 보면 사실상 귀환 회로는 동일한 것이며 따라서 루프 이득도 동일함이 마땅하다. 그러나 그림 5.1.5에 보인 바와 같은 기존분류에 따르면 하나는 전압 귀환 회로이고 다른 하나는 전류 귀환 회로이므로 다르게 해석해야 한다. 그러나 실상 이렇게 다르게 해석한다 하여도 루프 이득의 최종결과는 동일한 값이 얻어지게 된다.

부연 설명하여 그림 5.2.2의 전류 귀환 회로에 있어서 만일 우리가 트랜지스터의 에미터에서 단자를 꺼낸 것으로 생각한다면 전압 귀환 회로로 볼 수 있다. 이 때 콜렉터 저항 R_c는 단락시키든 그대로 두든 영향을 주지않으므로 그림 5.2.1의 경우와 다르지 않은 것이다. 따라서 전류 귀환 회로로 분류되는 회로에 있어서 루프 이득 T를 구하려고 한다면 귀환 신호를 취한 단자를 가상 출력 단자로 간주하고 전압 귀환 회로로 바꾸어서 구한다 하여도 무방함을 알 수 있다.

지금까지의 설명은 입력 단자에 직렬로 연결되는 형태를 예를 들어 설명하였으나 병렬로 연결된다 하여도 출력단자에 관한한 동일한 결론을 내릴 수 있다. 따라서 전류 직렬 귀환은 전압 직렬 귀환으로 전류 병렬 귀환은 전압 병렬 귀환으로 각각 바꾸어서 해석할 수 있다. 다시 말해서 이것은 곧 네 가지 형태로 분류되는 귀환 회로를 두 가지로 줄여서 해석할 수 있음을 뜻한다. 즉, 네 가지가 두 가지로 통합될 수 있음을 의미한다.

이번에는 입력 측에서 직렬 혹은 병렬로 연결되는 형태에 대해서 살펴보기로 하자.

직렬 귀환과 병렬 귀환의 통합(입력측)

입력 임피던스의 관점에서 볼 때 직렬 귀환은 매우 커지고 병렬 귀환은 반대로 매우 작아진다. 따라서 이 두 가지 구분하여 설명하는 것은 당연하다. 그러나 루프 이득 T를 구하는 관점에서는 어떠한지 생각하여 보기로 하자. 그림 5.2.3에 두 가지 형태의 귀환회로를 op-amp를 사용하여 도시하였다.

한편 그림 5.2.4를 생각하여 보자. 이 회로는 신호원의 접지가 격리(floating)되어 있다. 그림에서와 같이 신호원의 접지를 ① 혹은 ② 중 임의의 것으로 선택할 수 있다고 할 때 ①번을 접지하면 그림 5.2.3(b)와 같은 형태의 회로이며 전압 병렬 귀환 회로에 속한다. 이번에는 ①번을 접지하지 않고 ②번을 접지로 선택한다면 그림 5.2.3(a)와 같은 형태가 되며 전압 직렬 귀환 회로에 속한다. 그러나 Vs=0이라면 어떠한가? 두 단자의 접지가 동일한 지점이 되며 아무런 차이가 없으니 이 것은 병렬 귀환인가 아니면 직렬 귀환인가?

여기에서 잠시 생각을 돌려서 루프 이득을 구함에 있어서 입력 신호원이 반드시 필요한 것인가를 숙고해 볼 필요가 있다. 귀환 루프는 입력 신호가 인가되든 그렇지 않든 달라지지 않으며 따라서 루프 이득도 회로의 특성에 의해서 결정되는 것이지 입력 신호와는 무관한 것이다. 사실상 루프 이득을 측정하려면 입력 신호원은 단락(전압원) 혹은 개방(전류원)시키고 루프내의 한 점에 신호를 인가하고 루프를 돌아서 증폭되어온 신호의 크기를 측정하는 것이다. 따라서 그림 5.2.4에서 루프 이득을 측정하고자

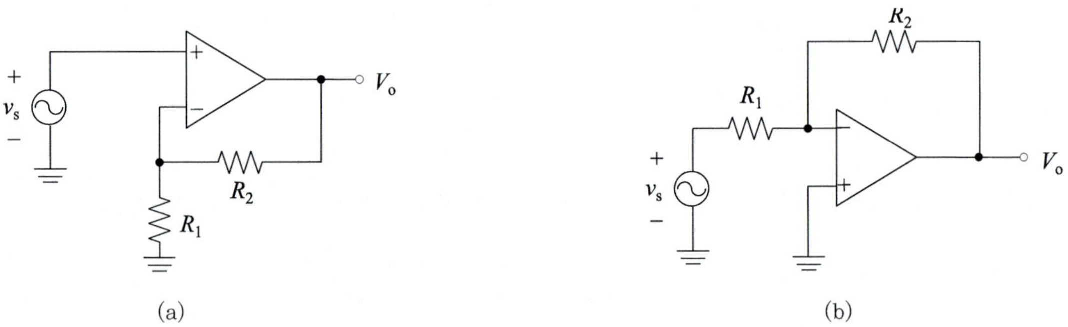

그림 5.2.3 전압 직렬 (a) 및 전압 병렬 (b) 귀환 회로

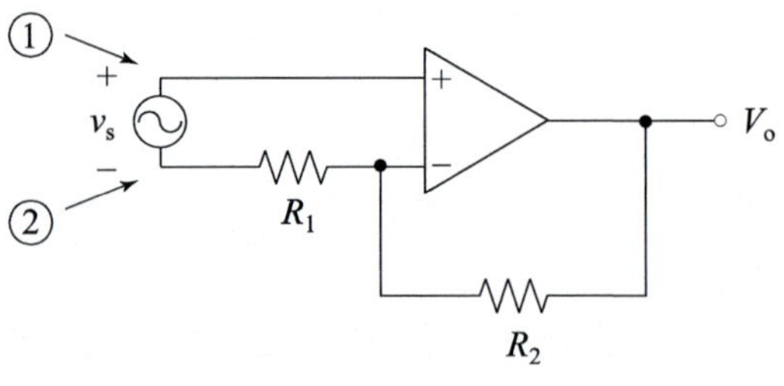

그림 5.2.4 접지와 격리된 신호원을 연결한 회로

할 때 신호원 V_s는 불필요하며 단락 시켜야 한다. 그러므로 1번과 2번의 접지는 동일한 것이며 구분은 불필요한 것이다.

따라서 이 결과로부터 우리는 두 가지로 통합한 것을 다시 더 줄여서 한 가지로 통일이 가능함을 알 수 있다.

통일적 해석법의 정리

이상의 논의로부터 우리는 네 가지 귀환형태를 한 가지로 통일할 수 있음을 알았다. 따라서 여기에서는 기존의 네 가지 분류 방법을 개별적으로 분류하지 않고 한 가지로 해석하기 위하여 대표적인 한 가지로서 전압 직렬 귀환 회로를 선택하기로 하겠다. 즉, 모든 귀환 회로 해석을 이 한 가지 방식으로 해석하는 방법에 대해서 앞으로 논의를 진행할 것이다.

그러나 여기에서 주의하여야 할 점이 있다. 즉, 이러한 통합방법은 루프 이득 T를 구하는 관점에서 통일적으로 해석한다는 뜻이다. 즉, 귀환회로의 기본 형태는 그림 5.1.1에 보이는 것과 같이 원래 한가지 형태이었다. 이것이 트랜지스터의 특성과 어우러져 네 가지 다른 구조로 분류되었으니 이것은 귀환회로의 특징이 귀환형태에 따라 많은 차이가 있기 때문이다. 그러나 루프 이득을 구하는 관점에서 볼 때는 이러한 분류가 전혀 불필요한 것이다. 기존의 네 가지 분리해석 방법이 오히려 귀환 회로의 해석을 복잡하게 만든 원인이었던 것이다.

루프 이득 T를 구한 후 그 다음의 과정은 아래와 같은 관계식에 의하여 계산하게 된다.

$$D = 1 + T \tag{5.2.1}$$

$$A_f = \frac{1}{F}\frac{T}{1+T} \tag{5.2.2}$$

$$R_{if} = DR_i \quad \text{혹은} \quad R_{if} = R_i / D \tag{5.2.3}$$

$$R_{of} = DR_o \quad \text{혹은} \quad R_{of} = R_o / D \tag{5.2.4}$$

이상에서 보는 바와 같이 루프 이득 T를 구한 다음에는 입출력 임피던스나 목표로 하는 이득이 무엇인가가 회로의 형태에 따라 달라진다. 따라서 루프이득을 계산하는 것은 귀환 회로를 해석함에 있어서 약 80% 정도를 해결하는 셈이다. 나머지 20% 정도는 회로의 형태를 파악하는 것이 다시 중요하게 된다. 그러나 이와 같은 형태에 대한 파악은 기존 방법처럼 다시 네 가지로 분류해야 알 수 있는 것은 아니다. 약간의 훈련을 거치면 어렵지 않게 체득할 수 있다. 이와 관련된 논의를 앞으로 계속해서 진행하여 나가기로 하겠다. 다음의 예를 보기로 하자.

예 5.1 다음 회로는 V_{o1}을 출력으로 할 때는 전압 직렬 귀환 회로이며 V_{o2}를 출력으로 할 때는 전류 직렬 귀환 회로이다. 기존의 귀환 회로에 대한 정의로부터 각각 루프 이득을 계산한 후 두 방법의 결과를 비교하라.

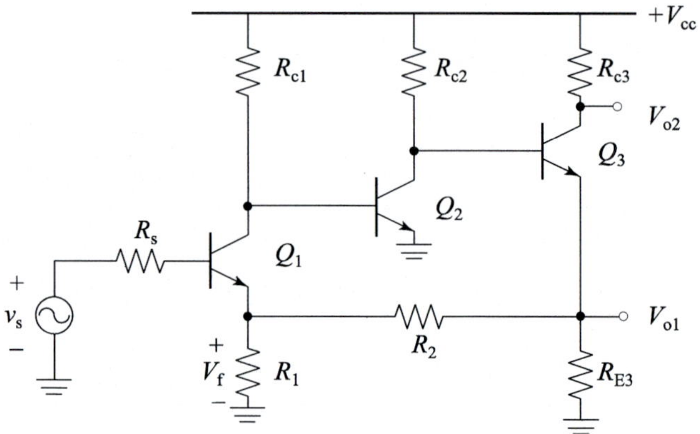

그림 5.2.5 두 출력 단자를 가진 회로

풀 이 두 가지 방식에 대해서 각각 기본증폭기를 도시하면 아래와 같다.

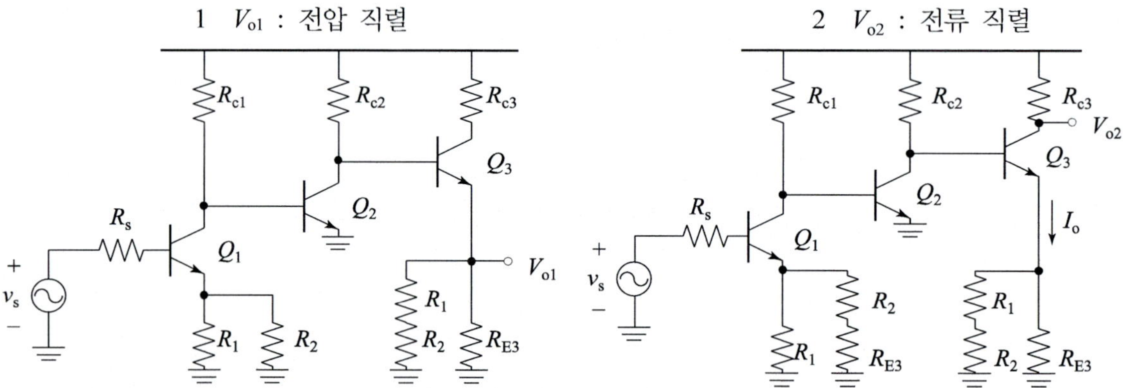

그림 5.2.6 루프 개방 회로

위 그림에 보이는 것은 전압 직렬 및 전류 직렬 각각에 대해서 기존의 루프 개방근사화 개념을 사용하여 보인 것이다.

두 분리 회로에서 Q_1의 에미터 저항에 일부 차이가 있는 것은이 분리 방법이 근사화 개념을 사용하여 분리한 것이기 때문에 발생한 오차이다. 이상의 계산 과정에 보여주는 바와 같이 실제에 있어서는 오차가 있을 수 없으므로이 오차를 무시한다면 두 가지 방법으로 계산한 루프 이득 T가 동일한 값이 됨을 알 수 있다.

【1】 V_{o1} : 전압 직렬

$$A_{v1} = \frac{V_{o1}}{V_s}$$

$$F_v = \frac{V_f}{V_{o1}} = \frac{R_1}{R_1 + R_2}$$

따라서

$$T = F_v A_{v1} = \left(\frac{R_1}{R_1 + R_2}\right) A_{v1}$$

【2】 V_{o2} : 전류 직렬

여기에서 $R_p = R_{E3} // (R_1 + R_2)$

$$F_R = \frac{V_f}{i_o} = \frac{V_f}{V_{o1}} \cdot R_p = F_v \cdot R_p$$

따라서

$$T = A_G F_R = A_{v1} F_v$$

5.3 귀환 회로의 등가 절단법

앞 절에서 귀환 회로의 통일적 해석법에 대해서 살펴보았다. 이렇게 통일적 방법을 적용함에 있어서는 부귀환 회로를 분리하고 해석하는 방법이 앞에서 언급한 바와 같이 한가지 형태를 기준으로 하기 때문에 루프 이득을 구하는 방법을 통일할 필요가 있다. 또한 귀환 인자의 개념이 바뀔 필요가 있으며 귀환의 형태에 따라 다소 고려해야 할 사항이 있다. 이 절에서는 등가 절단법에 대해서 살펴 보기로 하자.

귀환 루프의 등가 절단법

부귀환 증폭기의 해석에 있어서 기존의 개념은 귀환 인자(feedback factor)를 정의하고, 귀환루프 개방 기본증폭기(basic amp)를 구하여 개루프 이득을 계산하는 방법을 사용하는 것이다. 이 방법에서는 귀환인자의 정의 및 이득의 정의가 네 가지 귀환 형태에 따라 달라지게 되므로 복잡하다는 점을 이미 언급하였다. 여기에서는 귀환 인자의 개념 없이 또한 네 가지 귀환 형태를 구분할 필요 없이 한 가지 방법으로 루프 이득을 계산하는 방법에 대해서 생각하여 보자.

1) 출력 단자를 중심으로 한 등가 절단법

그림 5.3.1(a)에 보이는 바와 같이 전압 직렬 귀환 회로에 대하여 생각하여 보자. 이 회로는 R_2를 통하여 출력 전압을 입력쪽에 직렬로 귀환시키고 있다. 이 귀환 루프를 출력 단자를 중심으로 등가 분리한 회로를 그림 5.3.1(b)에 보이고 있다.

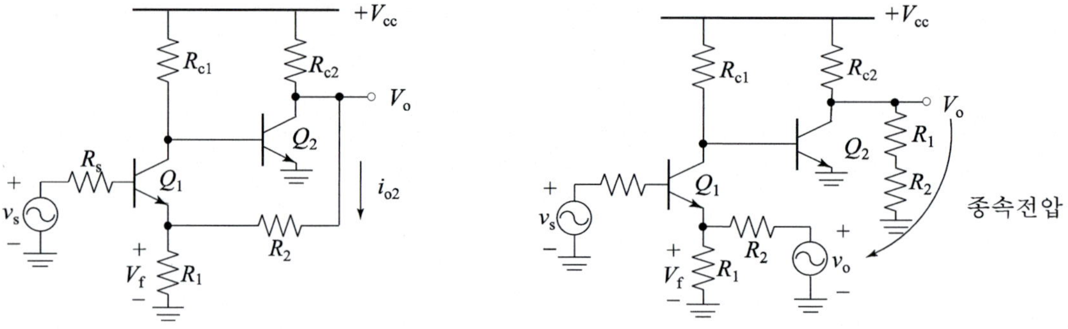

(a) (b)

그림 5.3.1 전압 직렬 귀환 회로 및 루프 등가 분리 회로

여기에 보이는 그림 5.3.1(b)는 V_o가 양쪽으로 분리되어 있으며 그림 5.3.1(a)와 그 동작에 있어서 전혀 다르지 않다. 즉 그림 5.3.1(a)의 경우 트랜지스터 Q_2의 콜렉터 측에서 V_o의 출력 전압이 나타나고 있으며 R_2를 통하여 i_{o2}라는 전류가 흐르고 있는 상태이다. 그림 5.3.1(b)에서는 이와 등가의 상황이 되도록 Q_2의 콜렉터에 R_2와 R_1의 직렬 연결을 접속하였다. 그리고 R_2를 분리한 후 여기에 출력 전압과 동일하게 변화하는 종속 전압원 V_o를 연결하여 주었으므로 그림 5.3.1(b)는 그림 5.3.1(a)를 분리하였으나 트랜지스터의 동작 관점에서는 분리하지 않은 것과 완전히 동일하다. 즉 그림 5.3.1(b)는 그림 5.3.1(a)를 등가 분리한 셈이 된다. 이번에는 그림 5.3.1(b)로부터 루프 이득을 측정하기 위하여 그림 5.3.2와 같이 신호원을 변경하여 연결하였다.

이 그림 5.3.2에 대해 그림 5.3.1(b)와 비교하여 요약 설명하면 다음과 같다.

(1) 루프 이득을 측정하기 위하여 V_s는 불필요하므로 단락하였다.

(2) R_2에 연결된 종속 전압원 V_o는 독립 신호원 V_{s1}으로 치환하였다.

이렇게 하는 경우 Q_2의 콜렉터에서 나타나는 신호를 V_{o1}이라 할 때 루프이득은

$$T = -\frac{V_{o1}}{V_{s1}} \tag{5.3.1}$$

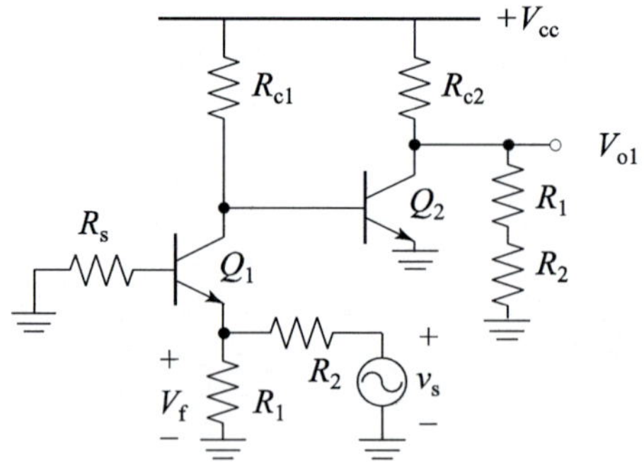

그림 5.3.2 루프 이득을 구하기 위한 그림 5.3.1(b)의 신호원 변경 회로

으로 주어지게 된다. 여기에서 (−) 부호는 부귀환이기 때문에 T의 정의로부터 붙게 되는 것이다. 이 과정을 다시 한번 되돌아보면 그림 5.3.1(a)와 같은 회로에서 트랜지스터 Q_2의 콜렉터측에서 R_2로 연결되는 신호 경로를 등가 분리시키고, 분리시킨 R_2 단자에 신호원을 연결하여 출력에 나타나는 전압이득을 계산하면 바로 루프 이득이 된다는 것이다. 이 과정은 단지 Q_2의 콜렉터 측에서 등가 분리한 것일 뿐이며, 기존 분류방법의 귀환 인자 등의 개념은 전혀 관계가 없다는 사실이다. 따라서 네 가지 형태로 분류되는 귀환의 종류에 관계없이 루프이득을 구함에 있어서이 방법은 임의의 모든 형태에 대해서 공히 적용될 수 있다.

다음의 전류 병렬 귀환 회로의 예를 보기로 하자.

예 5.2 아래에 보이는 전류 병렬 귀환 회로에 대해서 루프 이득을 계산하라.

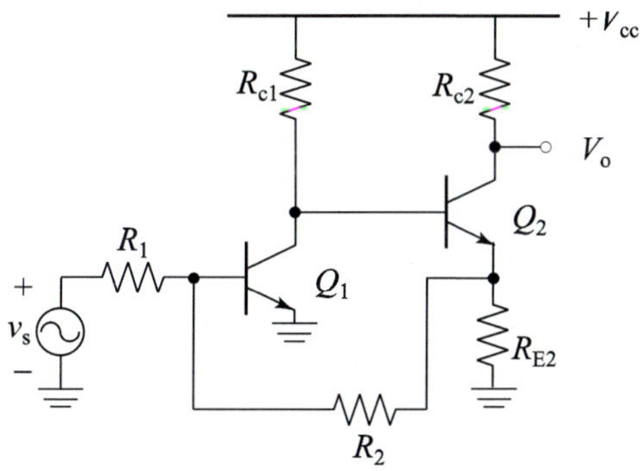

그림 5.3.3 전류 병렬 귀환 회로

풀 이 이 회로는 전류 병렬 귀환 회로이지만 사실상 Q_2의 에미터 가상 출력으로 생각하면 전압 병렬 귀환 회로이다. 따라서 루프 이득을 계산하기 위한 등가 분리 회로를 보이면 그림 5.3.4와 같다.

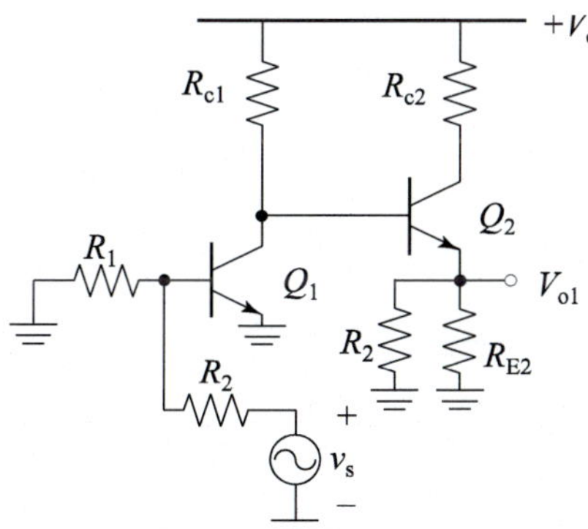

그림 5.3.4 루프 이득 계산을 위한 등가 분리 회로

여기에서 loop 이득 $T = -V_{o1}/V_{s1}$이므로

$$T = \left(\frac{R_1}{R_1 + R_2}\right) \cdot \left(\frac{R_{c1}}{r_{e1} + (R_1 // R_2)/\beta_1}\right) \cdot \left(\frac{R_2 // R_{E2}}{R_2 // R_{E2} + r_{e2} + R_{c1}/\beta_1}\right) \tag{5.3.2}$$

와 같이 주어진다.

이 과정에서 보이듯이 루프 이득은 귀환 형태에 관계없이 단지 출력단을 등가 분리하여 전체 이득을 구하면 된다.

2) 증폭기 내부에서의 등가 절단법

앞에서의 설명은 귀환 신호를 연결해간 출력단자를 중심으로 등가 절단하는 방법에 관해서 설명하였다. 이 과정에서 약간의 근사화가 도입되었는데 그림 5.3.1(b)의 출력단자에 연결된 R_2-R_1직렬 저항 중 R_1만을 연결한 것과 그림 5.3.4의 Q_2 에미터에 연결된 저항 R_2가 그것이다. 이렇게 근사화한 것은 기존 방법에서 루프 개방 기본 증폭기의 도출과정에서 나타나는 근사화와 동일한 것이다. 기존 방법에서는 정확하게 분리하기 어렵기 때문에 근사화하는 것이지만 엄밀하게는 이런 근사화가 통하지 않는 경우도 있으며 이럴 때에는 문제가 발생한다. 이런 문제가 발생하지 않도록 하는 해결방법을 여기에 제시하고자 한다. 즉, 증폭기 내부에서의 분리방법을 사용하면 근사화하지 않고 정확한 루프 이득의 계산이 가능할 뿐 아니라 더욱 빠르고 쉽다.

그림 5.3.5(a)의 귀환 증폭기의 기본 구조를 여기에서 다시 생각하여 보자. 이 그림 5.3.5(a)에서 점선 ①의 출력측 귀환선로를 중심으로 절단하여 계산한 것이 앞 절의 방법이다. 그러나 루프 이득을 구함에 있어서 반드시 귀환 저항을 중심으로 등가 절단하여 계산할 필요는 없다. 루프내의 임의의 곳을 절단하여도 성립되지 않을 이유가 없다. 따라서 우리는 여기에서 그림 5.3.5(b)와 같이 증폭기 내부의 임의의 점을 선택하여 등가 절단하는 방법에 대해서 생각하여 보기로 한다.

증폭기 내부절단의 예를 보기 위하여 다시 이전 그림 5.3.1(a)의 전압 직렬 귀환 회로에 대해서 생각해 보자. 가장 절단이 편한 지점은 Q_1의 콜렉터와 Q_2의 베이스

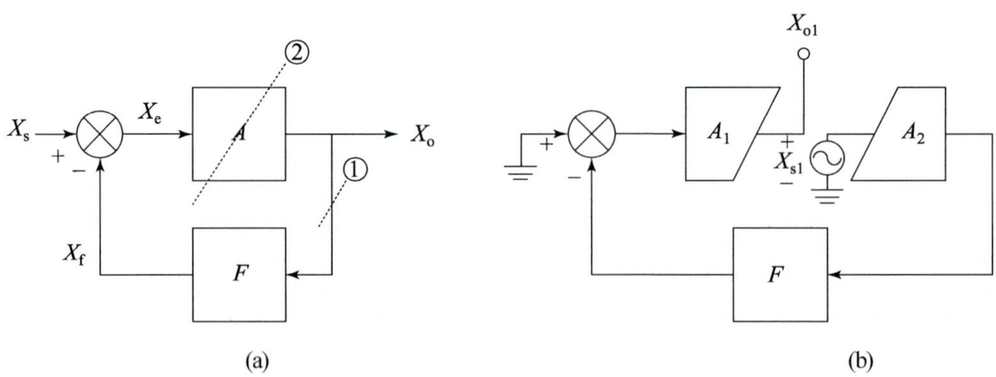

그림 5.3.5 귀환 증폭기의 기본 구조 및 증폭기 내부 등가 절단 구조

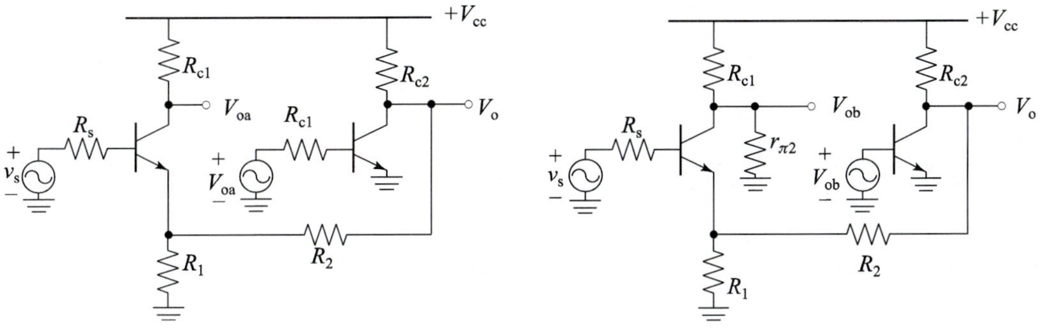

(a) (b)

그림 5.3.6 Q_1의 콜렉터와 Q_2의 베이스를 등가 절단하는 두 가지 방법

사이를 등가 절단하는 것이다. 이 등가 절단법은 제2장의 이득 공식을 구할 때 사용했던 방법과 동일하며 두 가지가 있다. 등가절단 된 결과를 여기에 다시 보이면 그림 5.3.6과 같다. 이 두 가지 등가절단 방법에 관한 설명은 되풀이하지 않겠으며 필요한 경우에는 제2장을 참고하기 바란다.

이 두 가지 방법이 동일한 것이므로 어느 것을 사용하여도 무방하나 여기에서는 그림 5.3.6(a)의 절단 방법을 채택하기로 하겠다. 그림 5.3.6(a)의 그림에서 V_{oa}는 Q_1의 콜렉터 전압을 그대로 추종하는 종속전압원을 의미한다. 따라서 루프 이득을 구하기 위하여 V_s를 단락하고 종속전압원을 독립전압원 V_{s1}으로 대치한 것이 그림 5.3.7에 보이는 바와 같다. 여기에서 종속전압원을 독립전압원으로 대치하는 과정이 바로 루프를 분리하는 행위인 것이다.

따라서 루프가 등가분리 되었으므로 이 그림으로부터 루프 이득 T는 역시 $T = -V_{o1}/V_{s1}$으로 구해짐을 알 수 있다. 이렇게 루프 이득을 구하는 방법을 살펴보면 기존방법과는 달리 귀환의 네 가지 형태를 구분할 필요가 전혀 없음을 알 수 있다. 즉, 어떤 형태의 귀환이 되었든 그저 단순하게 증폭기 내부의 한 곳을 등가 절단한 후 돌아오는 전체 이득을 구하면 그만이다. 이런 방법으로 구하게 되면 정확한 루프이득이 얻어지며, 기존 방법과는 달리 근사화가 개입되어 있지 않게 된다.

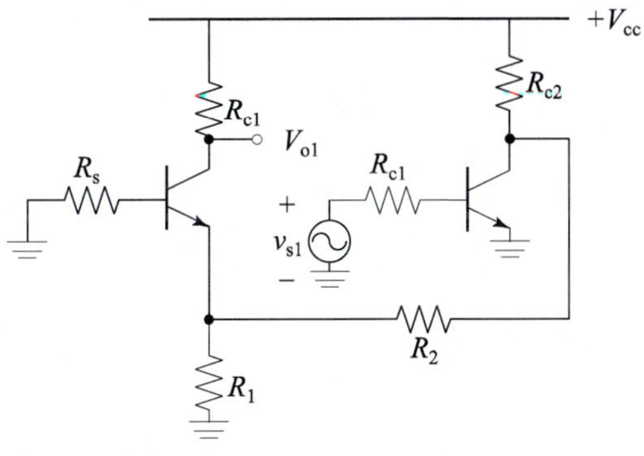

그림 5.3.7 루프 이득을 구하기 위한 등가 분리 회로

다음의 예를 보자.

예 5.3 그림 5.3.3(예 5.2)의 전류 병렬 귀환 회로에 대해서 증폭기 내부 절단 방법으로 루프 이득을 다시 구하라.

풀 이 내부 등가 절단 회로를 도시하면 그림 5.3.8과 같다.

여기에서 점선으로 그은 부분들을 단위로 이득공식을 적용하여 구하면

$$T = \left(\frac{R_{E2}}{R_{E2} + r_{e2} + R_{c1}/\beta_2}\right)\cdot\left(\frac{R_1}{R_1 + R_2 + R_{E2}//(r_{e2} + R_{c1}/\beta_2)}\right) \cdot\left(\frac{R_{c1}}{r_{e1} + [R_1//\{R_2 + R_{E2}//(r_{e2} + R_{c1}/\beta_2)\}]/\beta_1}\right) \tag{5.3.3}$$

이 된다. 여기에서 이 식과 식 (5.3.2)로 주어진 예5.2의 루프 이득의 표현식을 비교하면 차이가 있음을 알 수 있다. 즉 식 (5.3.2)는 근사화한 등가 절단회로를 사용하여 구한 것이며 여기에서 구한 식 (5.3.3)은 근사화가 포함되어 않은 정확한 관계식이다.

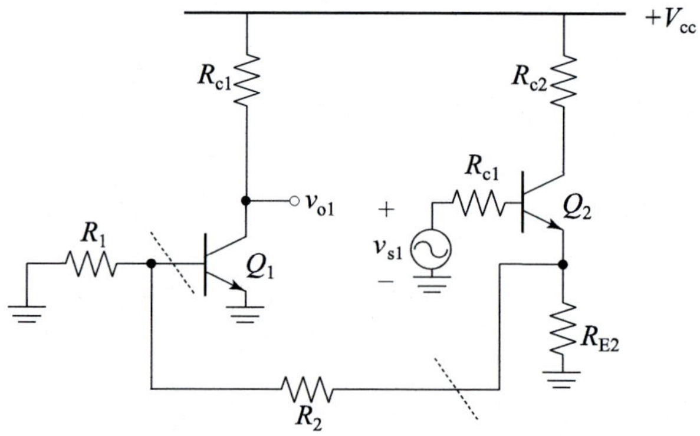

그림 5.3.8 루프 이득을 구하기 위한 내부 등가 절단 회로

5.4 귀환 인자에 대한 고찰

기존의 방법은 그림 5.1.5에 보이는 바와 같이 귀환 인자에 대한 정의가

$$F_{\mathrm{v}},\ F_{\mathrm{R}},\ F_{\mathrm{G}},\ F_{\mathrm{I}} \tag{5.4.1}$$

의 네 가지로 정의되었고, 이와 관련된 루프 이득도

$$A_{\mathrm{v}},\ A_{\mathrm{R}},\ A_{\mathrm{G}},\ A_{\mathrm{I}} \tag{5.4.2}$$

의 네 가지가 있다. 전절에서는 루프 이득 T를 구함에 있어서 이와 같은 구분이 필요 없음을 증명하였다. 그러나 루프 이득을 구한 다음에 귀환 이득 A_{f}는

$$A_{\mathrm{f}} = \frac{A}{D} = \left(\frac{1}{F}\right)\cdot\left(\frac{T}{1+T}\right) \tag{5.4.3}$$

와 같이 주어지므로 결국 F를 알아야 할 필요가 있다. 그러자면 다시 (5.4.1)로 주어지는 네 가지의 구분이 필요한 것인가? 이렇게 되면 결국 다시 복잡함 속에 빠져들 우려가 있다. 따라서 여기에서는 이와 같은 네 가지로 구분되는 귀환 인자의 개념을 버리고 통일적인 개념의 귀환 인자를 다시 정의하여 혼란을 피하고 단순화하고자 한다.

귀환의 네 가지 형태 중에서 출력측은 전압 혹은 전류 중의 하나를 귀환시키고 있으며 우리는 전류 귀환일 경우 출력을 취한 지점을 가상 출력으로 고려한다면 전압 귀환으로 볼 수 있다고 앞에서 언급하였다. 즉, 출력측은 모두 전압 귀환으로 통일하는 것이 가능하다. 단, 이것은 어디까지나 전압을 취한 지점까지의 출력을 기준으로 이야기하는 것이다. 한편 입력측은 직렬 혹은 병렬 귀환의 형태이며, 입력 신호원의 형태는 병렬 귀환일 경우 전류원으로 표시하였다. 그러나 전류원의 경우에도 그림 5.4.1과 같이 전압원으로 바꾸어 표시할 수 있다.

이와 같이 입력과 출력의 관계를 모두 전압의 형태로 정의할 때 우리는 새로운 귀환 인자 F^*를 식 (5.4.3)으로부터 다음과 같이 정의할 수 있다.

$$F^* \equiv \left.\frac{1}{A_{\mathrm{vf}}}\right|_{T\to\infty} \equiv \frac{1}{A_{\mathrm{vf}}^{\infty}} \tag{5.4.4}$$

따라서 T가 충분히 크지 않을 경우에 A_{vf}는

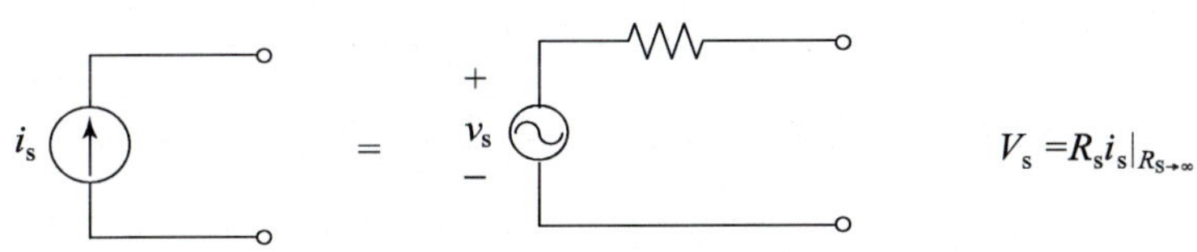

그림 5.4.1 전류원을 $R_s \to \infty$의 전압원으로 변환한 회로

$$A_{\text{vf}} = \frac{1}{F^*} \cdot \alpha = A_{\text{vf}}^{\infty} \cdot \alpha \tag{5.4.5}$$

여기에서

$$\alpha \equiv \frac{T}{1+T} \tag{5.4.6}$$

로 정의하면 α는 루프 이득과 연관된 오차 보정 인자(error compensation factor)라고 말할 수 있을 것이며 루프 이득 T의 크기에 따라 $0 \le \alpha \le 1$ 사이의 값을 가진다. 즉 귀환 회로를 설계하는 입장에서 $A_{\text{vf}} \approx 1/F^*$즉 A_{vf}^{∞}값이 얻어지길 바라지만 루프 이득의 크기에 따라 α만큼 작은 값을 얻게 되는 것이다.

위와 같이 정의된 관계식들은 네 가지 귀환 형태에 관계없이 일률적으로 적용이 가능하다. 여기에서 다시 한 번 지적하고자 하는 것은 (5.4.1)과 (5.4.2)와 같이 귀환 형태에 따라 다른 모양의 변수를 사용하지 않고 (5.4.4) 및 (5.4.5)와 같이 모두 전압 이득의 관계로만 표시하였다는 점이다. 또한 식 (5.4.4)에 보이는 것은 일견 모순이 있는 정의처럼 보인다. 왜냐하면 F^*를 구하는 목적이 A_{vf}를 구하기 위함인데, A_{vf}를 짐작할 수 있어야 F^*를 알 수 있는 형태이기 때문이다. 따라서 이런 방법으로 회로를 해석하기 위해서는 회로에 대하여 무조건 수식만을 대입하여 해답을 구하려 하지 말고 회로의 동작을 전체적으로 파악하는 안목이 필요하게 된다. 이와 같은 안목을 기르는 것은 크게 어려운 일이 아니며 이에 관해서 좀 더 자세히 논하여 보자.

A_{vf}^{∞}에 대하여

귀환 회로에 있어서 A_{vf}^{∞}를 파악하는 것은 회로의 핵심을 파악하는 것이다. 그러나 약간의 훈련에 의해서 이것은 쉽게 파악이 가능하다. 더구나 네 가지 귀환 회로의 형태를 고려할 필요 없이 파악하는 것은 더욱 쉽다. 한가지 예를 들어서 설명하여 보기로 하자. 먼저 그림 5.4.2와 같이 전압 직렬 귀환 회로에 대해서 생각하여 보자. 이 회로는 출력 전압을 R_2로 연결하여 R_1 양단에 전압 신호를 귀환시킨다. 이 회로에서 트랜지스터의 증폭 과정을 구체적으로 살펴보면 V_s와 V_f의 차이인 V_i 신호에 의하여 Q_1의 에미터에 작은 전류 신호 i_e가 나타난다. 이 전류가 콜렉터로 전달되어 증폭된 후 Q_2의 출력에서 V_o로 나타나게 된다.

이 과정에서 만일 $T \to \infty$이면 문제가 매우 단순화 된다. 실제로는 Q_1과 Q_2에 의한 증폭 이득이 그렇게 크지 않으며 한계가 있지만, 이 증폭이득이 무한대라고 가정한다면 문제를 간단하게 단순화 할 수 있다.

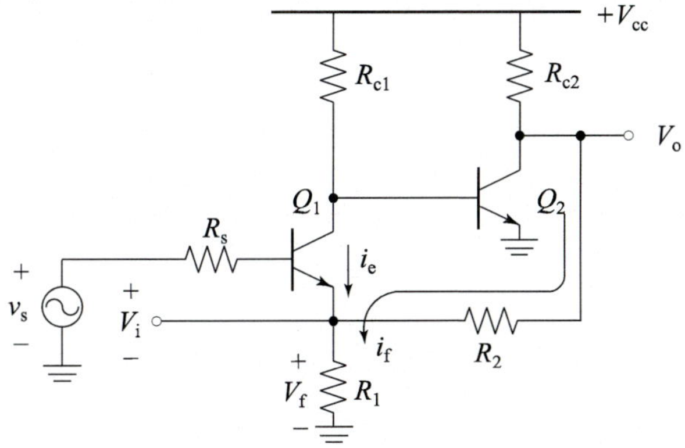

그림 5.4.2 전압 직렬 귀환 회로

무한대의 이득을 가정하면 매우 작은 Q_1의 전류 i_e에 의해서도 V_o는 무한대가 된다. 그러나 이러한 상태는 존재할 수 없으며 가능한 상태는 i_e가 무한소로 작아질 수 밖에 없다. 다시 정리하면

"$T \cong \infty$의 가정은 $i_e \cong 0$을 의미한다"

라고 말할 수 있다. 이것은 또 에러신호 $V_i \cong 0$과 등가이다. 따라서 귀환 신호 V_f는 V_s와 동일한 크기가 된다고 말할 수 있다. 그렇다면 이 V_f는 어떻게 해서 나타나게 되었는지를 생각해 보자. 귀환신호 V_f는 R_1 양단에 나타나는 전압인데 $i_e \cong 0$이므로 귀환전류 i_f에 의해서 발생한 전압임을 알 수 있다. 즉

$$V_f\big|_{T\to\infty} = R_1 i_f = V_s \tag{5.4.7}$$

의 관계가 성립하는 것이다. 또한 $T \cong \infty$의 가정 하에서는 R_2에 흐르는 전류도 역시 R_1에 흐르는 전류와 동일하므로

$$V_o\big|_{T\to\infty} = (R_1 + R_2) i_f \tag{5.4.8}$$

가 된다. 이 식에 식 (5.4.7)의 I_f를 대입하면

$$A_{vf}^{\infty} = \frac{V_o}{V_s}\bigg|_{T\to\infty} = 1 + \frac{R_2}{R_1} \tag{5.4.9}$$

와 같이 얻어짐을 알 수 있다.

위의 과정에서 $T \to \infty$의 가정은 문제를 매우 단순화시킴을 보이고 있다. 어떠한 형태의 회로에 대해서도 오차 신호(이 회로에서는 V_i 혹은 i_e)를 0으로 무시함으로써 귀환 신호(V_f)는 전적으로 출력 측에서 흘러오는 귀환 전류(i_f)에 의해서 나타나는 것이라고 가정할 수 있기 때문에 귀환 회로망만을 추적하면 바로 A_{vf}^{∞}를 알 수 있게 된다.

그러나 실제에 있어서는 $T \to \infty$가 아니다. 이 때에는 어떤 문제가 발생하겠는지를 되돌아보자. 이 상황에서는 그림 5.4.2로 돌아가서 에러전류 i_e를 무시할 수 없게 된다. 따라서 R_1과 R_2에 흐르는 전류를 각각 i_{R1}, i_{R2}라 하면

$$i_{R1} = i_e + i_f \tag{5.4.10}$$

$$i_{R2} = i_f \tag{5.4.11}$$

이 되므로 출력 전압 V_o는

$$V_o = R_1 i_e + (R_1 + R_2) i_f \tag{5.4.12}$$

와 같이 표시된다.이 식과 식 (5.4.8)과 비교하면 i_e가 커질수록 오차가 커짐을 알 수 있다. 에러전류 i_e가 커짐은 루프이득 T가 작아짐을 의미한다. 이런 경우에는 에러전류에 의한 오차를 감안하여야 한다. 따라서 실제 측정되는 전압 이득 A_{vf}는

$$A_{vf} = A_{vf}^{\infty} \cdot \alpha$$

와 같이 표시할 수 있게 되는데 이것은 이미 식 (5.4.5)에 제시한 바와 같다. 즉 여기에서 사용되는 α는 오차를 보정하는 인자이며 식 (5.4.6)과 같이 T의 함수로 주어지는 값이 된다.

많은 사람들이 귀환 회로를 대할 때 어려움을 느끼는 주 원인은 대부분 복잡하게 연결된 회로에 미혹되어 귀환 인자를 신속하게 간파하지 못하는 데 있다. 이것은 $T \to \infty$ ($A_{vo} \to \infty$와 등가)로 가정하여 모든 증폭단을 무시하면 간단하게 알 수 있는데 이것을 알지 못하는 데 원인이 있는 것이다.

완충(Buffering)에 대하여

회로의 형태는 다양하게 주어진다. 이런 다양성 속에서 핵심을 쉽게 파악하는 것이 무엇보다 중요함을 언급하였다. 여기에서는 이를 위해서 좀 더 부연하여 다른 관점에서 설명하여 보기로 한다. 앞에서와 동일한 그림 5.4.3의 전압 직렬 귀환 회로에 대해서 다시 한 번 살펴 보기로 하자.

여기에서 귀환 회로는 R_1과 R_2로 구성되어 있다. 여기에서 귀환 회로의 저항을 선택하는 기준은 다음의 두 가지 관점이 있다. 즉

(1) 출력 단자 ②에서 볼 때는 귀환 회로의 부하 효과는 가급적 작게, 즉 R_1과 R_2는 가급적 크게 선택하여야 한다.

(2) 입력 단자 ①에서 볼 때는 귀환 저항이 가급적 작을수록 좋다. 왜냐하면 Q_1의 전압 이득을 크게 하여 루프 이득을 증가시킬 수 있기 때문이다.

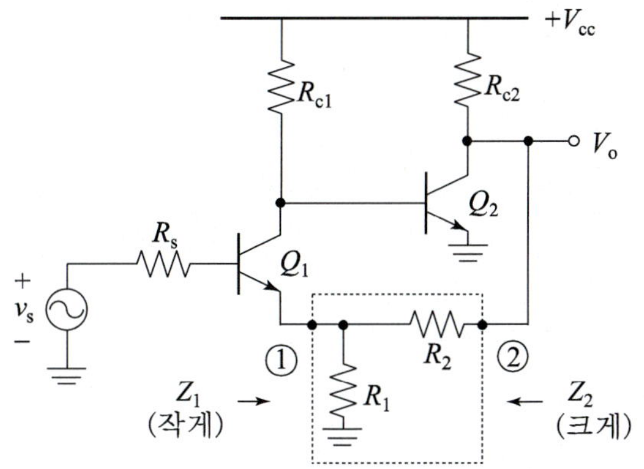

그림 5.4.3 전압 직렬 귀환 회로

여기에서 두 저항의 비는 귀환 이득 A_{vf}와 관련되어 설계 조건에 의해서 정해지게 되지만 두 저항의 실제 값은 위에 언급한 두 가지 조건을 고려하여 선택하여야 한다. 그러나 이 두 조건은 서로 상반되는 특징이 있다. 한 쪽에서는 작을수록 다른 쪽에서는 클수록 바람직하기 때문이다. 만일 여기에서 트랜지스터를 추가하여 임의로 설계할 수 있다면이 두 조건을 모두 만족시킬 수 있는 설계가 가능하게 된다. 예를 들어 아래 그림 5.4.4와 같이 설계할 수 있다.

이 두 회로 에 대해서 다시 정리하면

(1) 출력 측에서 귀환 회로의 부하 효과를 경감시키기 위하여 에미터 폴로워(Q_3)를 출력측에 추가한다 → 그림 5.4.4 (a).

(2) 입력 측에서 귀환 회로에 의한 등가 임피던스를 줄이기 위하여 에미터 폴로워(Q_4)를 입력측에 추가한다 → 그림 5.4.4 (b).

다른 말로 표현하면 이 회로들은 귀환 저항 R_1, R_2에 대하여 트랜지스터 출력 및 입력 측에서 각각 Q_3 및 Q_4를 통하여 완충시킨 예를 각각 보이고 있다. 따라서 그림 5.4.4 (a)

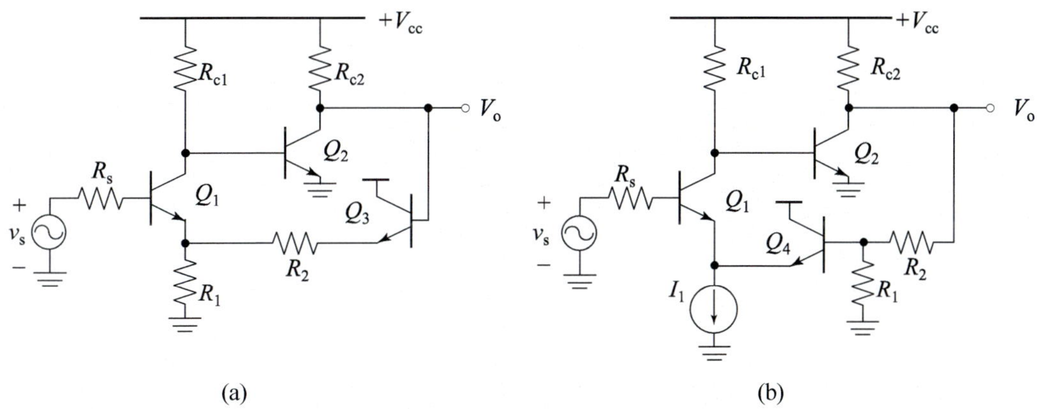

그림 5.4.4 귀환 회로에 대한 완충 회로 설계 예

에서는 R_1, R_2를 작은 값으로 선택하더라도 Q_2의 콜렉터인 출력측에서는 부하효과를 염려할 필요가 없으며 그림 5.4.4(b)에서는 R_1, R_2를 큰 값으로 선택하더라도 Q_1의 에미터인 입력측에서는 두 저항에 의한 루프 이득저하의 영향이 크게 경감된다.

만일 그림 5.4.4(a), (b)의 둘을 모두 결합시켜 놓으면 더욱 바람직 할 것임은 두말할 필요가 없을 것이다. 그림 5.4.5에 이와 같이 양 쪽에서 모두 에미터 폴로워로 완충시킨 회로를 보여주었다. 이 회로는 근본적으로 그림 5.4.3에 보여준 Q_1, Q_2만 사용한 기본회로와 동일한 것이다.

이번에는 이 회로를 약간 다른 관점에서 기본회로와 비교하여 보기로 하자. 위의 그림 5.4.5 회로는 귀환회로를 완충하여 임피던스를 증가시키거나 감소시킨 효과와 함께 부수적인 이득이 좀 더 있게 된다. 이 회로를 살펴보면 두 가지 특징이 더 있음을 알 수 있다. 하나는 출력측에서 Q_3 에미터 폴로워의 역할에 의해서 다른 추가적인 부하의 연결에 대해서도 좀 더 자유롭다는 점이고, 다른 하나는 입력측에 Q_4를 추가함으로써 Q_4의 베이스를 다른 하나의 동등한 입력으로 생각할 수 있다는 점이다. 출력측 신호의 위상을 기준으로 할 때 Q_1의 베이스가 (+) 위상이라면 Q_4의 베이스는 (−) 위상이 된다. 그리고 두 입력측에서의 임피던스도 거의 동일하고, 직류 전위도 거의 동일하며 바이어스 전류도 역시 거의 동일하므로 두 입력이 잘 균형(balance) 잡혀 있다고 말할 수 있다.

그렇다면 이와 비교하여 그림 5.4.3의 기본회로의 경우는 입력이 Q_1의 베이스 한 개뿐인가 하면 그렇지 않다. Q_1의 에미터가 다른 하나의 입력이 된다. 즉 Q_1의 베이스가 (+) 입력이라면 에미터가 (−) 입력이 된다. 이 경우 두 입력은 각각 임피던스도 다르고, 직류 전위도 다르며, 바이어스 전류의 크기도 다르므로 불균형(unbalanced)된 입력이라고 말할 수 있다. 그러나 그림 5.4.5와 같이 균형이 잘 이루어진 차동입력이라 하더라도 두 트랜지스터의 증폭률에 차이가 없을 수 없으므로 엄밀하게 말한다면 약간의 불균형은 피할 수 없는 것이다. 일반화해서 말한다면 모든 증폭기의 두 입력은 불균형되어 있는 셈이다. 단지 그 정도의 차이가 있을 뿐인 것이다. 따라서 그림 5.4.3의

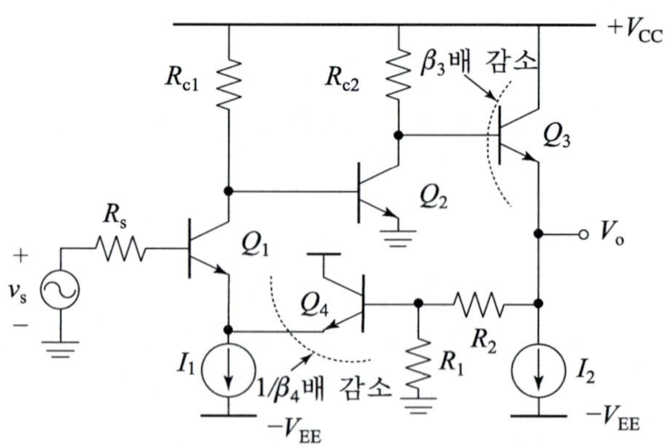

그림 5.4.5 트랜지스터 Q_3, Q_4를 추가하여 출력과 입력측을 각각 완충시킨 전압 직렬 귀환 회로

회로도 역시 (+), (−)의 차동입력을 가진 증폭기임이 분명하다.

이상의 논의로부터 그림 5.4.3과 같이 입력단이 불균형된 회로에 대해서도 Op-amp와 같은 모양으로 즉 (+), (−) 입력을 가진 삼각형 형태로 표시하기로 하겠다. 이런 경우는 (+) 입력과 (−) 입력의 임피던스가 약 100배(β_1배) 차이가 나며, 두 입력의 직류바이어스도 V_{BE} 만큼 다르고, 출력 임피던스도 어느 정도 큰 값을 가지는 Op-amp의 일종인 셈이다.

다음의 예를 보기로 하자.

예 5.4 다음 회로에 대해서 A_{vf}^{∞}와 루프 이득 T를 구하라.

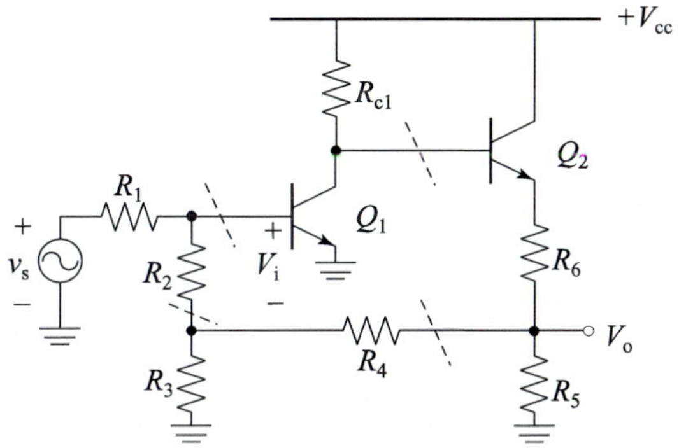

그림 5.4.6 전압 병렬 귀환 회로

풀 이 이 회로는 전압 병렬 귀환이므로 기존의 해석법을 사용하여 구하려 한다면 F_G, A_R, A_f 등의 개념으로 계산해야 옳을 것이다. 그러나 우리는 모두 전압의 개념으로 통일하기로 하였으므로 새로운 관점에서 A_{vf}^{∞}를 구하여 보자.

이 회로를 보면 Q_1의 베이스 전위 V_i가 증폭되어 출력으로 나타남을 알 수 있다. $T \to \infty$ (즉 $A_{vo} \to \infty$)라고 가정하면 $V_i \cong 0$일 수 밖에 없고 이 때 무한대의 이득을 가진 Op-amp로 대치하여 그림 5.4.6을 다시 그리면 그림 5.4.7과 같다.

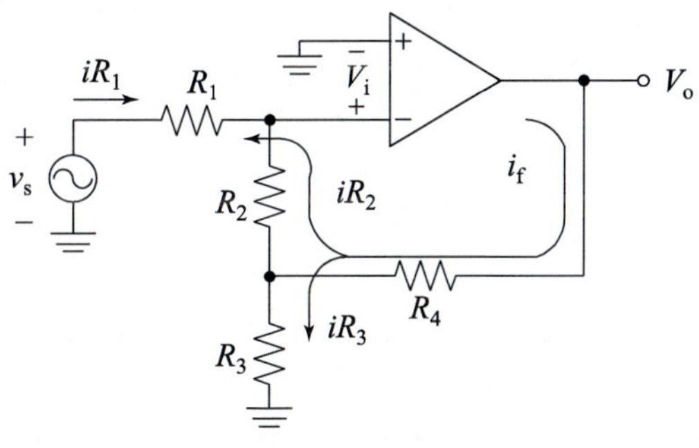

그림 5.4.7 A_{vf}^{∞}를 구하기 위한 등가 회로

이 등가 회로를 검토하여 보면 원래 회로에서 Q_1, Q_2 및 R_5, R_6까지 모두 $A_{vo} \cong \infty$인 Op-amp로 대치하였다. 즉, 입력에서 귀환 회로를 통하여 출력 단자까지만 그대로 두고 나머지는 무시하여 무한대 이득의 증폭기로 대치시켜 놓은 후 구하는 것이 A_{vf}^{∞}를 구하는 방법인 것이다.이 등가 회로로부터 $V_i \cong 0$이므로

$$i_{R1} = \frac{v_s}{R_1} \cong -i_{R2} \tag{5.4.13}$$

$$i_{R2} \cong \left(\frac{R_3}{R_3 + R_4}\right)\left(\frac{1}{R_2 + R_3 // R_4}\right) v_o \tag{5.4.14}$$

이 두 식으로부터

$$A_{vf}^{\infty} = \left.\frac{v_o}{v_s}\right|_{T \to \infty} = -\frac{R_3 + R_4}{R_1 R_3}(R_2 + R_3 // R_4) \tag{5.4.15}$$

이 된다.

실제 귀환 이득은 T가 무한대가 아니므로

$$A_{vf} = A_{vf}^{\infty} \cdot \alpha = A_{vf}^{\infty} \cdot \left(\frac{T}{1+T}\right) \tag{5.4.16}$$

으로 구하면 된다. 한편, 루프이득 T를 구하기 위하여 루프의 분리지점으로 Q_1의 콜렉터와 Q_2의 베이스 연결 점을 선정하여 등가 절단법으로 분리하였다고 가상하고 각 항을 점선으로 그은 부분까지 나누어 표시하면

$$\begin{aligned} T = &\left(\frac{R_5}{R_5 + R_6 + r_{e2} + R_{c1} / \beta_2}\right) \times \\ &\left(\frac{R_3}{R_3 + R_4 + R_5 //(R_6 + r_{e2} + R_{c1} / \beta_2)}\right) \times \\ &\left(\frac{R_1}{R_1 + R_2 + R_3 //\{R_4 + R_5 //(R_6 + r_{e2} + R_{c1} / \beta_2)\}}\right) \times \\ &\left(\frac{R_{c1}}{r_{e1} + [R_1 + R_2 + R_3 //\{R_4 + R_5 //(R_6 + r_{e2} + R_{c1} / \beta_2)\}] / \beta_1}\right) \end{aligned} \tag{5.4.17}$$

와 같이 된다.

지금까지의 내용을 정리하여 표현해 보면 다음과 같다. 즉, 귀환회로를 파악하는 방법에 있어서 첫째로 가장 중요한 것은 일단 세 지점의 위치를 파악하는 것이다. 그

세 지점이란 바로 입력과 출력 그리고 회로에 따라서는 귀환 신호를 취하는 지점인 가상출력의 세 곳을 의미한다. 단, 여기에서 가상출력이라 함은 다음 단에 연결되는 지점의 출력이 아니고 귀환 루프를 형성하면서 귀환 회로가 연결되는 지점의 출력을 말한다. 이 세 곳의 위치가 파악이 되었다면 그 다음의 순서는 다음과 같다.

(1) 출력(가상출력)에서 입력까지 귀환 회로망만을 남겨두고 나머지 모두 전압 이득이 무한대인 증폭기로 대치한다.

(2) $T \to \infty$를 가정하는 것은 귀환이 비교되는 지점의 오차신호를 각각 $V_i = 0$ 및 $i_i = 0$로 가정하는 것을 의미한다.

(3) 이것은 또 귀환 회로망에 의하여 어떤 소자 양단에 나타나는 전압이나 전류도 출력(가상출력)으로부터 흘러오는 전류에 의하여 발생하는 것임을 뜻한다.

(4) 이런 가정 하에서 v_o / v_s를 구하면 이것이 바로 A_{vf}^{∞}이다.

(5) 실제 귀환 이득은 루프 이득이 무한대가 아니므로 α만큼 작아진다.

(6) 정확한 루프 이득을 구하는 것은 입력 신호원을 제거하고 루프내의 임의의 점을 등가 절단하여 계산하면 된다.

F와 F^*의 개념 차이

여기에서 우리가 새롭게 정의하여 사용하는 개념이 F^*이며 이것은 $1/A_{vf}^{\infty}$로 주어지는 값을 의미한다. 그러나 F는 기존에 정의된 귀환 인자로서 네 가지가 있었다. 그 네 가지 중에서 전압 직렬 귀환의 경우에 한해서

$$F_v = F^* \tag{5.4.18}$$

와 같게 되며 나머지 F_R, F_G, F_I와는 전혀 다른 것이다. 그 이유는 F^*는 입력과 출력이 모두 전압의 형태로 주어진 경우에 대한 것이며 전류 귀환 회로일 때는 귀환 신호를 연결해간 출력측의 한 점을 가상 출력 전압 v_o^*로 가정하여 정의되는 값이기 때문이다.

그런데 여기에서 왜 F나F^*의 개념을 도입하고 있는가? 그것은 기존 방법에서는 꼭 필요하지만 여기에 제시한 새로운 방법에서는 A_{vf}^{∞}를 구하기 위함이다. 그러나 A_{vf}^{∞}는 앞에서 설명한 바와 같이 구하면 되는 것이므로 루프 이득을 구하려는 입장에서는 F와 F^*의 개념은 불필요하다. 그렇지만 루프 이득을 구한 다음에는 네 가지로 구분되는 F의 의미를 다시 생각해 보아야 한다. 여기에 관해서는 뒤에서 좀 더 자세하게 이해하게 될 것이다. (부록5A 참조)

전류 귀환에 대한 고려사항

통일적 개념에서 우리는 귀환 회로에 대한 표현을 전압의 관점에서만 다루었으며 전류 귀환인 경우는 귀환 신호를 연결해 간 출력측의 한 지점에 대해서 가상 출력 전압

v_o^*로 간주하고 그 지점까지 A_{vf}^{∞}를 계산하는 방법을 보였다. 그러나 전류 귀환일 때 실제 출력 전압은 귀환 루프 밖에 존재한다. 즉, 귀환 루프 내에서는 출력 전류가 정의되는 셈이며이 전류가 귀환 루프 밖으로 전달되어 거기에 연결된 부하 양단에 전압으로 나타난다. 따라서 전류 귀환에 대해서는 가상 출력 v_o^*까지 A_{vf}^*를 계산한 후 마지막으로 최종 단에서 전류에서 전압으로 변해가는 양상을 고려해야 한다. 다음의 두 가지 형태에 대해 살펴보자.

1) 전류 직렬 귀환 회로

그림 5.4.8과 같은 직렬 전류 귀환 회로에 대해서 살펴보자. 여기에서 가상출력까지의 이득을 보면

$$A_{vf}^{*\infty} = \frac{v_o^*}{v_s} = 1 + \frac{R_2}{R_1} \tag{5.4.19}$$

이고 루프 이득 T는

$$T \cong \frac{R_1}{R_1 + R_2} \cdot A_v \tag{5.4.20}$$

와 같이 주어짐을 알 수 있다. 한편 트랜지스터 전류 i_o는 그림에서와 같이

$$i_o = i_f + i_e \cong \frac{v_o^*}{R_E // (R_1 + R_2)} \tag{5.4.21}$$

가 되는데 이 전류가 루프 밖으로 흘러나가 R_L 양단에 전압으로 나타나므로

$$v_o = i_o R_L \cong -\frac{R_L}{R_E // (R_1 + R_2)} v_o^* \tag{5.4.22}$$

와 같이 주어진다. 따라서 A_{vf}는

$$A_{vf} = \frac{v_o}{v_s} = \frac{v_o^*}{v_s} \cdot \frac{v_o}{v_o^*} = A_{vf}^* \cdot \frac{v_o}{v_o^*} \tag{5.4.23}$$

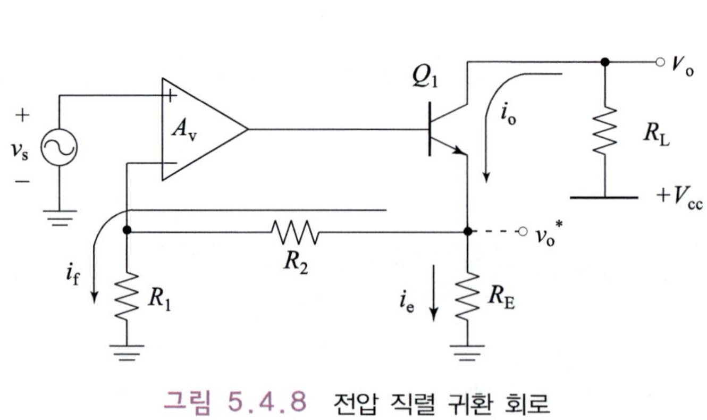

그림 5.4.8 전압 직렬 귀환 회로

이므로 식 (5.4.19), (5.4.22)및 α를 도입하면

$$A_{\mathrm{vf}} = A_{\mathrm{vf}}^{*\infty} \cdot \alpha \cdot \frac{v_{\mathrm{o}}}{v_{\mathrm{o}}^{*}} = -(1+\frac{R_2}{R_1})(\frac{T}{1+T})(\frac{R_{\mathrm{L}}}{R_{\mathrm{E}} // (R_1 + R_2)}) \quad (5.4.24)$$

이 된다. 이와 같이 최종 단의 트랜지스터(Q_1)에서의 전류 흐름을 고려한 이득만을 추가해 주면 됨을 알 수 있다. 만일 $i_{\mathrm{o}}/v_{\mathrm{s}}$의 값을 원한다면

$$A_{\mathrm{Gf}} = \frac{i_{\mathrm{o}}}{v_{\mathrm{s}}} = \frac{v_{\mathrm{o}}}{v_{\mathrm{s}}} \cdot \frac{1}{R_{\mathrm{L}}} = A_{\mathrm{vf}} / R_{\mathrm{L}} \quad (5.4.25)$$

와 같이 구하면 된다.

2) 전류 병렬 귀환 회로

그림 5.4.9와 같은 전류 병렬 귀환 회로에 대해서 검토하여 보자. 이 회로에서 $i_{\mathrm{o}}/i_{\mathrm{s}}$를 구하는 것이 문제라고 한다면 다음과 같이 쉽게 생각할 수 있다. $A_{\mathrm{v}} \to \infty$를 가정하면

$$v_{\mathrm{i}} = 0, \qquad i_{\mathrm{s}} = i_{\mathrm{f}}, \qquad i_{\mathrm{o}} = i_{\mathrm{f}} + i_{\mathrm{E}} \quad (5.4.26)$$

이 된다. 또한 $v_{\mathrm{o}}^{*} = R_2 i_{\mathrm{f}}$이므로

$$i_{\mathrm{E}} = \frac{v_{\mathrm{o}}^{*}}{R_{\mathrm{E}}} = \frac{R_2}{R_{\mathrm{E}}} i_{\mathrm{f}} \quad (5.4.27)$$

따라서 이 두 식으로부터

$$A_{\mathrm{If}}^{\infty} = \left.\frac{i_{\mathrm{o}}}{i_{\mathrm{s}}}\right|_{T\to\infty} = 1 + \frac{R_2}{R_{\mathrm{E}}} \quad (5.4.28)$$

이 얻어진다. 또한 이 회로에서 T는 대략

$$T \cong A_{\mathrm{v}} \quad (5.4.29)$$

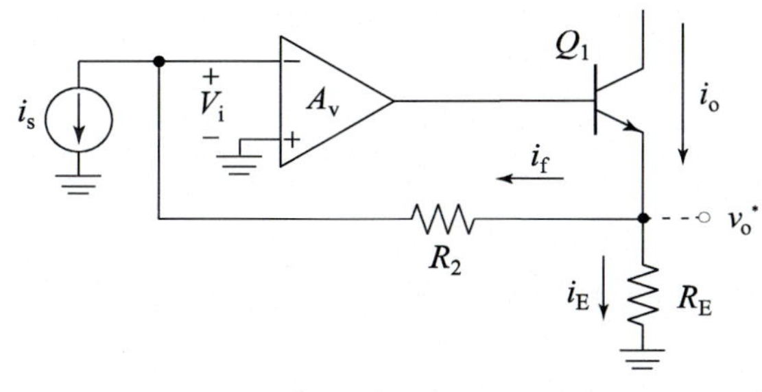

그림 5.4.9 전류 병렬 귀환 회로

이므로

$$A_{\rm If} = A_{\rm If}^{\infty} \cdot \alpha \tag{5.4.30}$$

와 같은 방법으로 계산할 수 있다.

그러나 다른 방법으로 앞에서 설명한 바와 같이 전압원의 관계로 모두 바꾸어 놓고 구해도 마찬가지가 된다. 그림 5.4.9를 다음에 보이는 그림 5.4.10의 회로로 바꾸어 생각해 보자. 여기에서

$$v_s = R_s i_s, \qquad R_s = \infty, \qquad R_L = \infty \tag{5.4.31}$$

로 가정하면 이 회로는 그림 5.4.9와 등가이다.

여기에서

$$A_{\rm vf}^{*\infty} = \frac{R_2}{R_s}, \qquad T \cong A_v \tag{5.4.32}$$

이므로 식 (5.4.24)와 유사하게

$$\begin{aligned} A_{\rm vf} &= A_{\rm vf}^{*} \cdot \alpha \cdot \frac{v_o}{v_o^{*}} \\ &= (\frac{R_2}{R_s})(\frac{T}{1+T})(\frac{R_L}{R_E // R_2}) \end{aligned} \tag{5.4.33}$$

와 같이 쓸 수 있으며

$$A_{\rm If} = \frac{i_o}{i_s} = \frac{R_s}{R_L} \cdot \frac{v_o}{v_s} = \frac{R_s}{R_L} A_{\rm vf} \tag{5.4.34}$$

이므로 식 (5.4.33)을 대입하여 정리하면 식 (5.4.30)과 동일한 형태가 얻어짐을 알 수 있다.

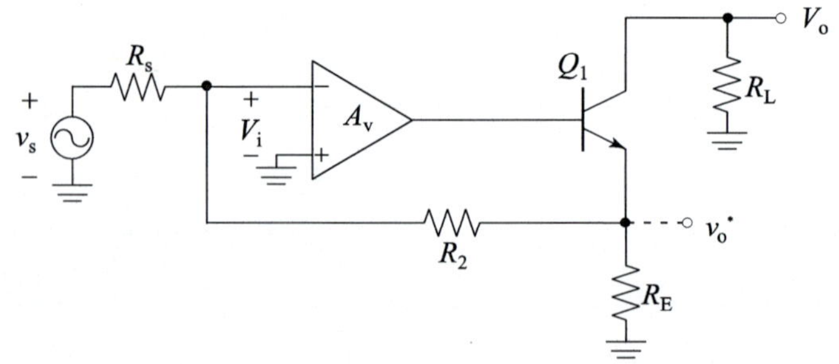

그림 5.4.10 전압원의 관계로 바꾸어 그린 회로

3) 전류 귀환 회로에 대한 고찰

앞에서 보인 전류 병렬 귀환 회로와 전류 직렬 귀환 회로의 이득을 각각 구하는 과정에서 한가지 지적할 사항이 있다. 즉, 식 (5.4.33)의 분모에 $R_E // R_2$와 식 (5.4.24)의 $R_E //(R_1 + R_2)$의 표현이 다르게 된다는 점이다. 하나는 병렬 귀환 회로이고 다른 하나는 직렬 귀환 회로이기 때문에 나타나는 차이이지만 전류의 흐름을 잘 파악한다면 어렵지 않게 그 차이를 구분할 수 있다. 그리고, 엄밀한 의미에서 여기에도 일부 근사화가 포함되어 있다. 여기에서 근사화를 교정하여 정확한 식을 보이면 전류 직렬 귀환 회로의 경우 식 (5.4.24)는 다음과 같은 형태로 교정이 가능하다. 즉,

$$A_{vf} = -\left(1+\frac{R_2}{R_1}\right)\left(\frac{T}{1+T}\right)\left(\frac{R_L}{R_E //\{R_1 //(-TR_{in})+R_2\}}\right)\left(\frac{\beta}{1+\beta}\right) \tag{5.4.35}$$

이 된다. 위 식에서 R_{in}은 증폭기의 입력저항이며 $-TR_{in}$은 전류 직렬 귀환 회로의 그림 5.4.8로부터 귀환단자에서 증폭기의 입력저항에 역방향으로 밀러효과를 적용하여 얻은 등가저항을 의미한다. 즉,

$$R_{eq} = \frac{R_{in}}{1-1/A} = -TR_{in} \tag{5.4.36}$$

이다. 여기에서 A는 바로 다음 5.5절의 식 (5.5.6)에 주어지는 이득과 동일한 값이다. 또한 위의 $-TR_{in}$에서 음의 부호는이 저항을 통하여 흐르는 전류가 정상적인 저항이 경우와 비교하여 반대위상임을 의미한다.

그림 5.4.10의 전류 병렬 전류 귀환의 경우에는 식 (5.4.33)을 다음과 같이 표현하면 정확한 식이 된다. 즉,

$$A_{vf} = \left(\frac{R_2}{R_s}\right)\left(\frac{T}{1+T}\right)\left(\frac{R_L}{R_E //\{R_2/(1+1/A_v)\}}\right)\left(\frac{\beta}{1+\beta}\right) \tag{5.4.37}$$

이다. 세 번째 괄호의 분모는 증폭기의 위상을 고려하여 다음과 같이

$$i_o = \frac{v_o^* - v_i}{R_2} + \frac{v_o^*}{R_E} = \left(\frac{1+1/A_v}{R_2} + \frac{1}{R_E}\right)v_o^* \tag{5.4.38}$$

의 관계로부터 얻어진 것이다.

5.5 입력 및 출력 임피던스

입력 및 출력 임피던스는 귀환에 의하여 달라진다. 귀환을 연결하기 전의 임피던스와 연결 후의 임피던스는 D배 만큼 커지거나 아니면 작아지는데 이것은 회로의 구조에 따라 달라지게 된다. 이와 같은 임피던스의 변화는 단순히 계산을 통하여 보일 수는 있으나 그와 같은 단순한 계산보다는 좀 더 근본적인 원리를 밝혀 보는 것이 귀환 회로에 대한 이해를 더욱 확고히 하는 데 도움이 된다. 여기에서는 임피던스가 변화하는 각각의 원리에 대하여 기존의 해석과는 다른 관점에서 새롭게 접근해 보기로 한다.

입력 임피던스의 증가-직렬 귀환

귀환 신호가 입력 측에 직렬로 연결될 때 임피던스가 증가하게 되며 그 크기는 D배가 된다. 그 원인을 파악하기 위하여 그림 5.5.1과 같은 전압 직렬 귀환 회로를 예를 들어 살펴 보기로 하자.

트랜지스터 Q_1의 에미터에서 귀환 저항 R_1, R_2를 통하여 출력측을 바라보는 부분을 *Thevenin* 등가 회로로 도시하면 그림 5.5.2와 같이 표시할 수 있다.

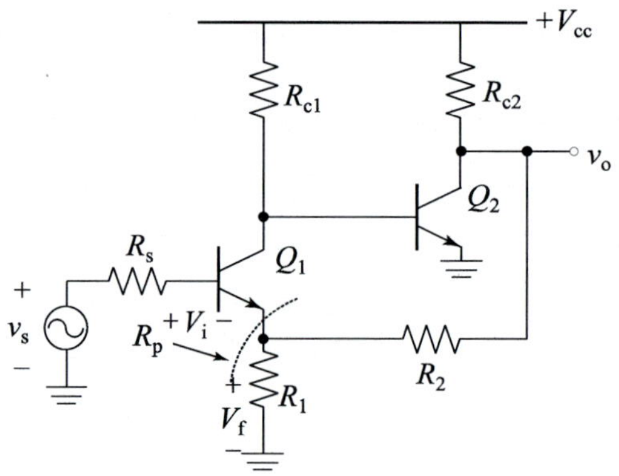

그림 5.5.1 입력측 직렬 귀환 회로

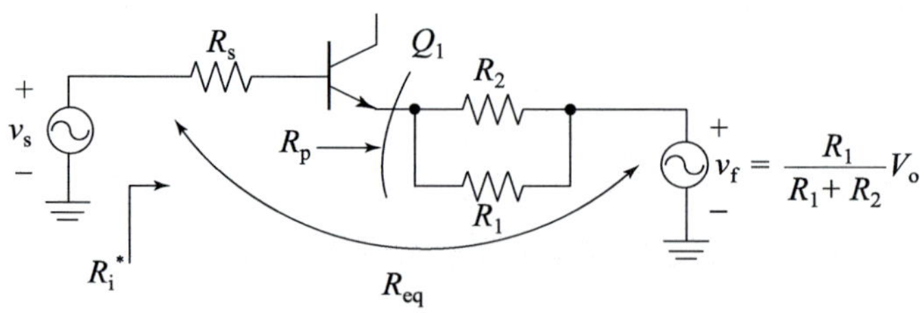

그림 5.5.2 귀환 회로망의 Thevenin 등가 회로

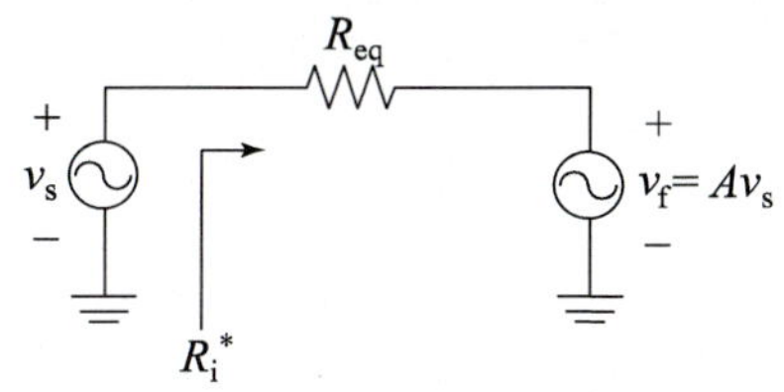

그림 5.5.3 축약된 입력 등가 회로

여기에서 $R_2 >> R_{C2}$로 근사화 하였다. 또한 여기에서

$$v_f = Fv_o \tag{5.5.1}$$

와 같이 기존의 개념을 사용하여 표시해 보기로 하자. 이 때 v_S와 v_f 사이에 보이는 등가 저항 R_{eq}는

$$R_{eq} = R_S + r_{\pi 1} + (1+\beta)R_1 // R_2 \tag{5.5.2}$$

와 같이 되므로 입력 신호원 v_S측에서 본 R_i^*를 구하기 위해서 이 회로를 그림 5.5.3과 같이 등가 회로로 나타내 보기로 하자.

이 회로에서 만일 v_f가 v_S와 관계가 없는 독립전압원이라면 즉, 주파수와 위상과 크기가 모두 독립적이라고 한다면 입력에서 들여다 본 임피던스는 바로 R_{eq}가 된다. 그러나 v_f가 v_S와 관련이 있는 종속전압원이라면 입력에서 들여다 본 임피던스가 v_f에 의해서 영향을 받게 된다. 이 회로로부터 v_f가 v_S보다 A배 만큼 이득을 가지고 있는 종속전압원이라고 한다면 밀러효과가 적용되며

$$R_i^* = \frac{R_{eq}}{1-A} \tag{5.5.3}$$

와 같이 쓸 수 있음은 잘 알려져 있다. 그러면 여기에서 A를 구하여 보기로 하자. 그림 5.5.1의 회로에서 귀환 회로를 등가 분리한 개루프 이득을 A_V라 할 때 출력 전압 v_O는

$$v_O = A_V v_i = A_V(v_S - v_f) \tag{5.5.4}$$

와 같이 표시될 수 있으므로 식 (5.5.1)로부터

$$v_f / F = A_V(v_S - v_f) \tag{5.5.5}$$

가 되며 따라서

$$A = \frac{v_f}{v_S} = \frac{FA_V}{1+FA_V} = \frac{T}{1+T} \tag{5.5.6}$$

가 얻어진다, 이 식을 식 (5.5.3)에 대입하면

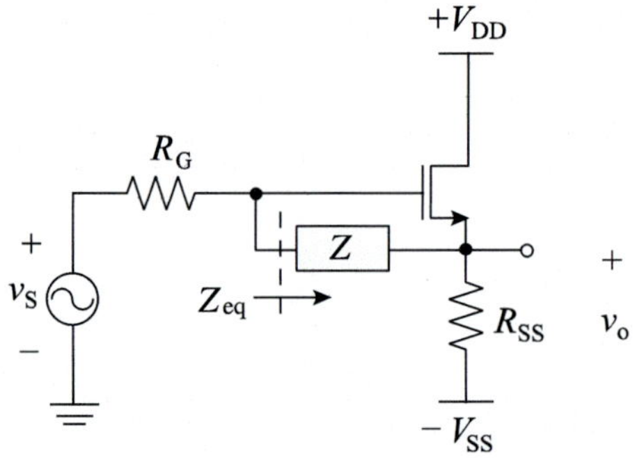

그림 5.5.4 소스 폴로워의 부트스트래핑 회로

$$R_i^* = (1+T)R_i = DR_i \tag{5.5.7}$$

가 얻어진다. 이 값이 바로 귀환 회로의 해석 결과로 얻어지는 R_{if}와 동일한 값이 됨을 알 수 있다. 이상의 결과로부터 입력측에 직렬 귀환으로 연결하는 경우 입력 임피던스가 D배 증가하는데 그 증가하는 원인은 밀러 효과에 의한 것임을 알 수 있다.

또 식 (5.5.6)에 주어진 바와 같이 A의 값은 1보다 항상 작지만 T가 무한대로 커질수록 1에 가까워지며 이런 효과에 의해서 임피던스가 증가하는 현상을 부트스트래핑(bootstrapping)이라 한다.

위와 같은 현상은 소스 폴로워에서 그림 5.5.4와 같은 구조를 사용하면 임피던스가 증가하는 것과 동일한 원리임을 알 수 있다.

즉, 이 그림 5.5.4에서 어떤 임피던스 Z가 게이트와 소스 사이에 연결되어 있을 때 게이트측 입력에서 보는 등가 Z_{eq}는 부트스트래핑에 의하여 증가한다. 그 크기는 밀러 효과를 적용하여 다음과 같이

$$Z_{eq} = \frac{Z}{1-A}$$

로 계산될 수 있다. 여기에서 A의 크기는 소스 폴로워이므로

$$A = \frac{g_m}{g_m + g_{ss}} \quad , \quad g_{ss} = 1/R_{SS}$$

와 같이 된다. 여기에서 g_m 이 g_{ss} 보다 충분히 큰 경우에는 A의 크기가 1에 가까운 값이 되어 Z_{eq}는 매우 큰 값이 된다. 위 식들을 대입하여 다시 정리하면

$$Z_{eq} = (1 + g_m R_{SS})Z$$

가 얻어진다. 여기에서 만일 MOSFET 자체를 들여다 보는 경우에는

$$Z = \frac{1}{sC_{gs}}$$

로 놓을 수 있다. 따라서 이것을 대입하여 다시 정리하면

$$Z_{eq} = \frac{1}{s} \cdot \left(\frac{1 + g_m R_{ss}}{C_{gs}} \right) = \frac{1}{sC_{in}^*}$$

와 같이 된다. 이 식으로부터 등가 입력 커패시턴스는

$$C_{in}^* = \frac{C_{gs}}{1 + g_m R_{ss}}$$

로 놓을 수 있는데, 이것은 제 4장의 식 (4.3.50-2)로 주어진 표현식과 동일한 형태임을 알 수 있다. 즉, MOS 소스 폴로워에서 등가입력 커패시턴스가 작게 보이는 것은 부트스트래핑 혹은 밀러효과에 의한 것이라고 말할 수 있다. 직렬 귀환에서 입력 임피던스가 증가하는 현상도 일종의 부스트래핑과 동일한 원리로 그렇게 되는 것이다.

입력 임피던스의 감소-병렬 귀환

병렬 귀환에서는 입력 임피던스가 감소하며, 그 감소하는 양은 D에 반비례하는 함수가 된다. 이번에는 D를 먼저 구하여 임피던스를 계산한 후 그 형태를 다른 모양으로 표시하여 보기로 하겠다. 그림 5.5.5에 보이는 전압 병렬 귀환의 형태를 예로 살펴보기로 하자.

여기에서는 출력 단자를 중심으로 귀환 저항 R_2를 등가 분리하고 $v_S = 0$으로 놓은 후 루프 이득 T를 구해보면

$$T = -\frac{R_1 // R_{ia}}{R_2 + R_1 // R_{ia}} A \tag{5.5.8}$$

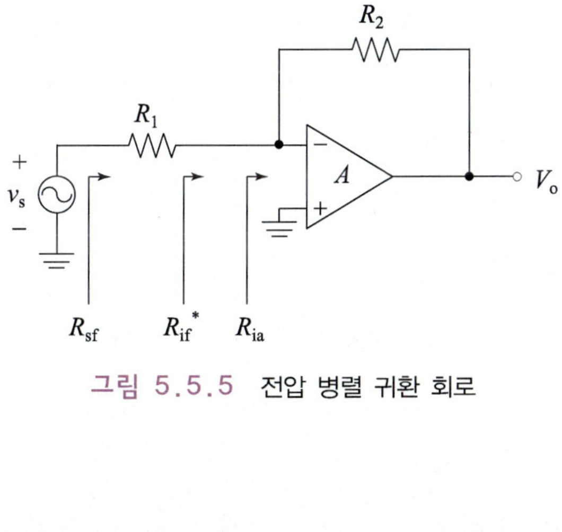

그림 5.5.5 전압 병렬 귀환 회로

와 같이 표시된다. 여기에서 음의 부호는 부귀환이기 때문이다. 즉, 부귀환이 걸린 경우에 루프 이득을 계산하면 음수가 나오므로 음의 부호를 제외한 양의 값을 T로 정의하였기 때문이다. 또 여기에서 R_{ia}는 증폭기의 입력 저항인데 계산을 단순화하기 위하여 $R_{ia} >> R_1$이라 가정하면 이 식은

$$T = -\frac{R_1}{R_2 + R_1} A \tag{5.5.9}$$

이 된다. 따라서 둔감도 D는

$$D = 1 + T = \frac{R_1(1-A) + R_2}{R_1 + R_2} \tag{5.5.10}$$

와 같이 된다. 한편, R_{if}는 그림에서와 같이 입력측에서 보는 R_{sf}와는 다른 것으로서 R_{if}를 구하기 위해서는 그림 5.5.6과 같이 *Norton* 등가회로로 바꾸어 놓은 회로로부터 정의되는 값이다. 여기에서 귀환을 등가 분리시킨 (b)의 그림으로부터 R_i를 먼저 구하고 D로 나누어주면 R_{if}가 된다.

이 그림에서 보는 바와 같이 개방 회로 입력 저항 R_i의 값은

$$R_i = R_1 // R_2 // R_{ia} \cong R_1 // R_2 \tag{5.5.11}$$

로 주어지며 R_1이 여기에 포함되고 있음에 주의해야 한다.

따라서 R_{if}는 위의 두 식으로부터

$$R_{if} = \frac{R_i}{D} = \frac{R_1 R_2}{R_1(1-A) + R_2} \tag{5.5.12}$$

가 됨을 알 수 있다.

위에서 구한 R_{if}는 부귀환에 의해서 임피던스가 작아지고 있음을 보여주고 있다. 한편이 R_{if}는 R_1과 위의 그림 (a)로부터 R_{if}^*로 정의되는 저항 즉 R_1을 제외하고 증폭기

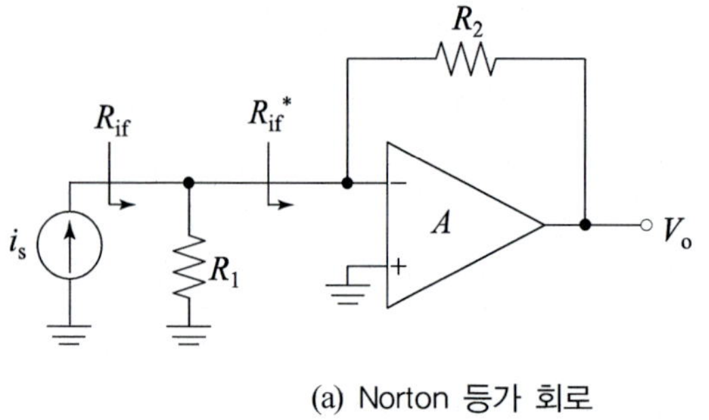

(a) Norton 등가 회로

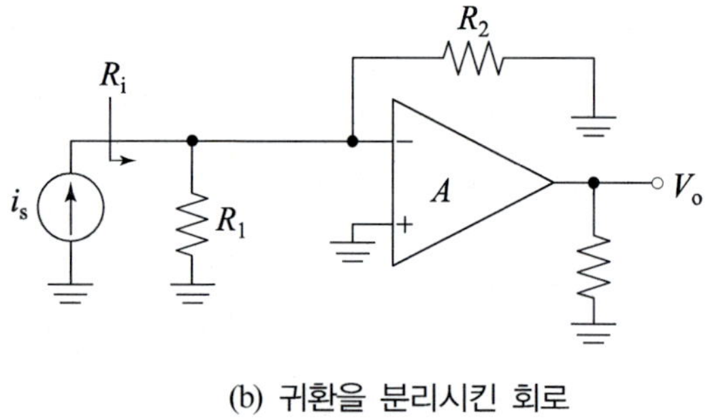

(b) 귀환을 분리시킨 회로

그림 5.5.6 전압 병렬 귀환에서 각 등가 저항의 정의

의 반전(inverting) 입력측과 R_2저항의 연결 점을 들여다본 저항이 병렬로 연결된 것임을 알 수 있다. 그런데 R_1자체가 부귀환에 의하여 달라질 수는 없으므로 부귀환의 영향에 의해서 달라지는 것은 R_{if}^*임을 알 수 있다. 따라서 R_{if}로부터 R_1을 제외하고 R_{if}^*를 구한 다음이 값이 어떻게 달라지는지를 알아보자. 이 그림들로부터 R_{if}와 R_{if}^*와의 관계는

$$R_{if} = R_{if}^* \,//\, R_1 \tag{5.5.13}$$

이 되므로, 이로부터 R_{if}^*에 대해서 다시 풀면

$$R_{if}^* = \frac{R_1 R_{if}}{R_1 - R_{if}} \tag{5.5.14}$$

이 된다. 여기에 식 (5.5.12)를 대입하여 다시 정리하면

$$\begin{aligned} R_{if}^* &= \frac{R_1 \dfrac{R_1 R_2}{R_1(1-A)+R_2}}{R_1 - \dfrac{R_1 R_2}{R_1(1-A)+R_2}} \\ &= \frac{R_2}{1-A} \end{aligned} \tag{5.5.15}$$

와 같이 주어짐을 알 수 있다. 여기에서 그림 5.5.5의 증폭기 이득의 위상을 고려하여 $A = -A_V$로 놓으면 위 식은

$$R_{if}^* = \frac{R_2}{1-(-A_V)} = \frac{R_2}{1+A_V} \tag{5.5.16}$$

와 같이 표시된다. 따라서 식 (5.5.13)으로부터

$$R_{if} = R_1 \,//\, (\frac{R_2}{1+A_V}) \approx R_{if}^* \tag{5.5.17}$$

임을 알 수 있다. 즉, 이 식이 보이는 바는 기존의 귀환 회로 해석 방법에 의한 입력 임피던스의 계산이 결국 R_2에 대한 밀러 효과의 적용 결과와 동일함을 의미한다. 다시 말해서 직렬 귀환에서 입력 임피던스가 증가하는 이유가 밀러 효과에 의하였던 것과 동일한 이유로 병렬 귀환에서 입력 임피던스가 감소하는 현상도 역시 밀러 효과에 의한 것임을 의미하는 것이다.

그림 5.5.5로부터 신호원 v_S에서 본 입력 임피던스 R_{sf}는

$$R_{sf} = R_1 + R_{if}^* \cong R_1 \tag{5.5.18}$$

이며 A_V가 충분히 큰 경우는 R_1과 거의 같은 값을 가지게 된다.

출력 임피던스의 감소-전압 귀환

이번에는 출력 임피던스의 변화에 대해서 살펴 보자. 먼저 전압 귀환일 경우는 출력 임피던스가 감소하며 그 감소하는 양은 $1/D$이 되는데 그 원인에 대해서 살펴보기로 한다. 그림 5.5.7에 전압 직렬 귀환 회로에 대하여 개념적인 형태로 표시하였다.

이 그림에서 출력측의 임피던스 R_{of}를 구하기 위해서는 $V_s = 0$으로 단락하고 출력측에 신호원을 연결한 후 전류를 측정하여 전압과 전류의 비를 구하면 된다. 따라서 이와 같은 상태를 그림으로 표시하면 그림 5.5.8과 같다.

이 그림에서 $v_f = Fv_{os}$이므로 종속 전압원을 다른 형태로 표시하면

$$-A_v v_f = -A_v F v_{os} = -T v_{os} \tag{5.5.19}$$

이 된다. 따라서 이 그림을 더 단순화하여 표시하면 그림 5.5.9와 같다.

이 그림으로부터 우리는 출력측에서 바로 밀러 효과를 적용하여 R_{of}를 구할 수 있다. 즉,

$$R_{of} = \frac{R_o}{1+T} = \frac{R_o}{D} \tag{5.5.20}$$

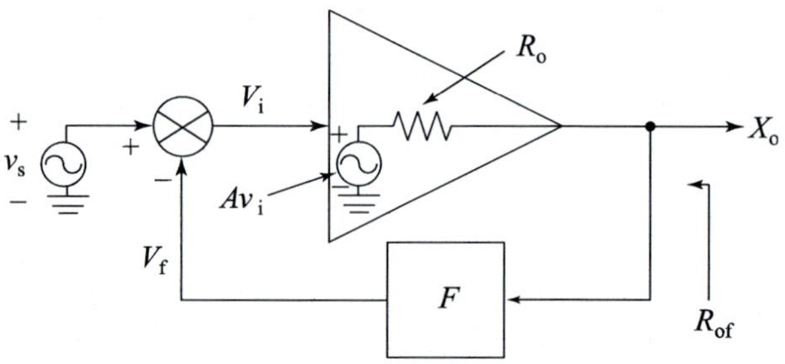

그림 5.5.7 전압 직렬 귀환 회로의 개념도

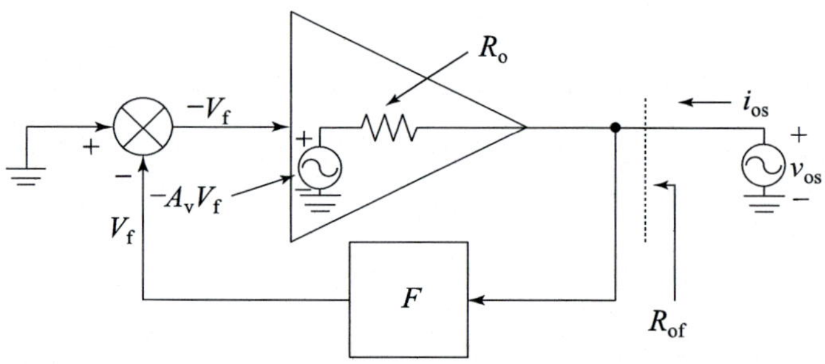

그림 5.5.8 출력 임피던스를 측정하기 위한 등가 회로

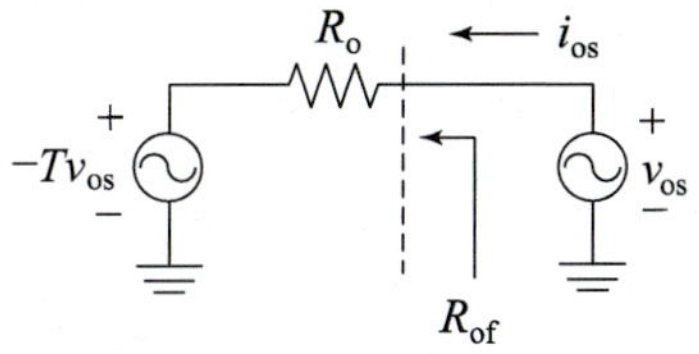

그림 5.5.9 전압 직렬 귀환 회로의 출력측에서 본 등가 회로

가 된다. 따라서 이 결과로부터 전압 귀환 회로에서 출력 임피던스가 감소하는 현상도 입력 임피던스가 변화하는 현상과 마찬가지로 밀러 효과에 기인한다고 말할 수 있다.

출력 임피던스의 증가-전류 귀환

이번에는 마지막으로 출력 전류를 귀환시키는 경우에 대해서 살펴보자. 이 때에는 출력 임피던스가 D배 만큼 증가하게 되는데 그림 5.5.10과 같이 역시 개념적으로 도시한 전류 병렬 귀환에 대해서 살펴보기로 하겠다.

여기에서 증폭기의 이득 A 및 귀환 전류 i_f는 각각

$$A = \frac{i_o}{i_i}, \qquad i_f = Fi_o \tag{5.5.21}$$

의 관계가 있다. 출력 임피던스를 측정하기 위하여 이번에는 이 블록도에서 그림 5.5.11과 같이 입력 전류원을 $i_s = 0$으로 개방하여 두고, 출력측에는 i_{os}의 전류원을 인가하여 등가 회로로 나타낼 수 있다.

여기에서 i_{os}의 방향이 i_o의 방향과 다르기 때문에 i_f의 부호가 바뀐 점을 고려한다면

$$i_i = -i_f = Fi_{os} \tag{5.5.22}$$

이므로

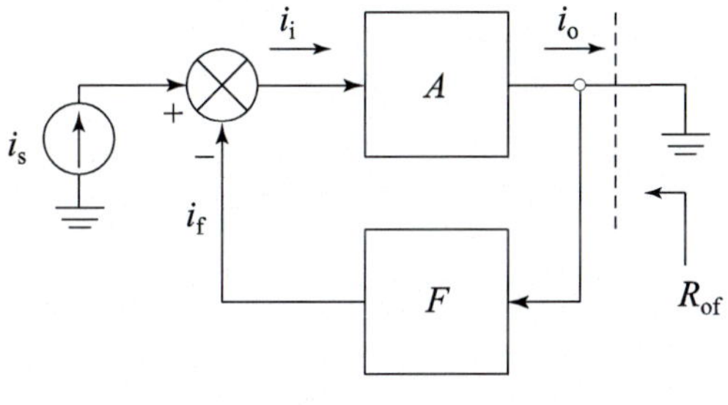

그림 5.5.10 전류 병렬 귀환 개념도

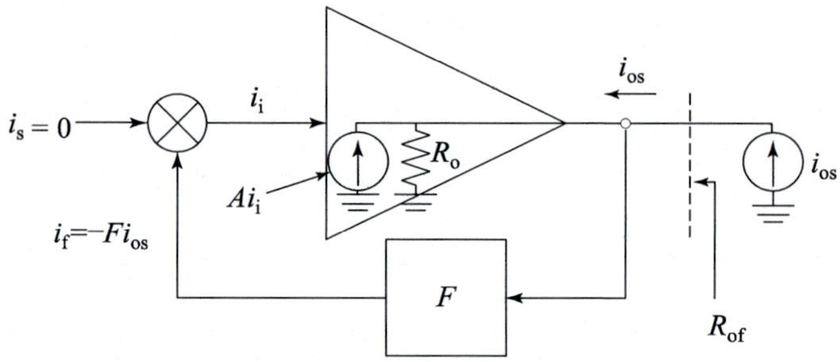

그림 5.5.11 출력 임피던스 측정을 위한 회로

$$Ai_i = AFi_{os} = Ti_{os} \tag{5.5.23}$$

와 같이 표시된다. 따라서 더욱 간략화된 등가회로로서 그림 5.5.12와 같이 도시가 가능하게 된다.

따라서 이 그림에 축약 정리(reduction theorem)을 적용하면 바로 R_{of}를 구할 수 있음을 알 수 있다. 즉,

$$R_{of} = (1+T)R_o = DR_o \tag{5.5.24}$$

가 된다.이 결과로부터 우리는 전류 귀환일 경우 출력 임피던스가 D배 만큼 증가함을 증명하였는데, 앞의 다른 세 가지가 모두 밀러 효과에 의한 변화였던 것에 반해서이 경우는 축약정리의 효과로 나타났음을 알 수 있다. 그렇다면 전류 귀환일 때 출력 임피던스의 증가는 밀러 효과와는 관계가 없는가? 다음을 보자.

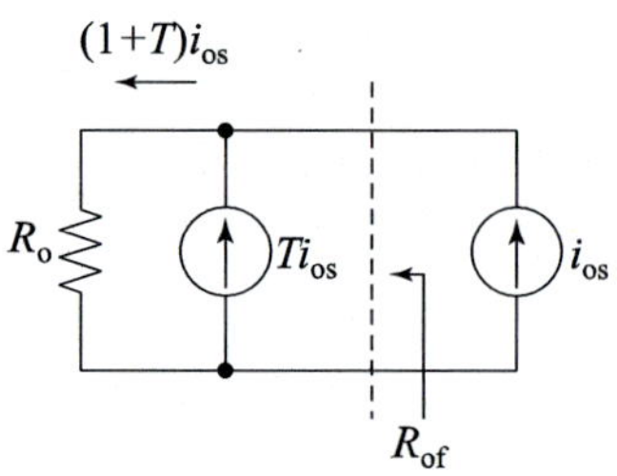

그림 5.5.12 간략화된 출력측 등가 회로

축약 정리와 밀러 효과

축약 정리는 종속 전류원이 존재할 때 임피던스가 변화하는 관계를 정리한 것으로 에미터 폴로워나 이득 공식의 기본이 되었다. 한편 밀러 효과는 종속 전압원과 임피던스의 변화를 표시하는 정리이며 회로 해석에서 자주 등장하는데 이 둘 간의 관계가 어떤지 살펴 보기로 한다.

밀러 효과를 보이는 회로와 출력측을 *Norton* 등가 회로로 바꾸어 표시한 회로를 각각 그림 5.5.13 (a), (b)에 보인다. 그림 5.5.13 (a)에서 v_i 측에서 본 등가 저항 R^*는 밀러효과에 의해서

$$R^* = \frac{R}{1-A} \tag{5.5.25}$$

로 주어질 수 있음은 잘 알려진 사실이다. 한편 그림 (b)에서 v_i 측에서 흘러나가는 전류를 i_1이라 할 때

$$i_1 = \frac{v_1}{R} - i_2 \tag{5.5.26}$$

인데 *Norton* 등가 회로 변환될 때 i_2는

$$i_2 = \frac{A}{R} v_1 \tag{5.5.27}$$

으로 주어진다. 따라서 이 두 식으로부터

$$i_1 = \frac{1-A}{R} v_1 \tag{5.5.28}$$

와 같이 주어짐을 알 수 있다. 따라서 식 (5.5.27)과 (5.5.28)로부터 i_1과 i_2의 관계를 구해보면

$$i_1 = \frac{1-A}{A} i_2 \tag{5.5.29}$$

가 된다. 여기에서 β를 다음과 같이 정의해보자. 즉,

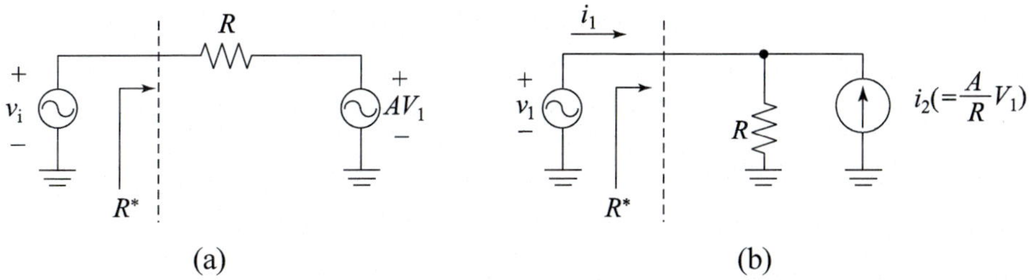

그림 5.5.13 간략화된 출력측 등가 회로

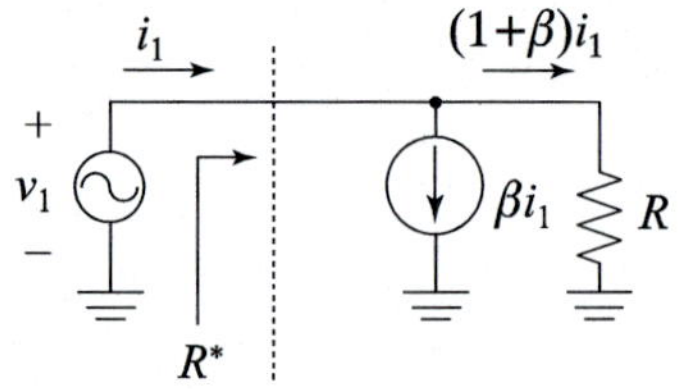

그림 5.5.14 변형된 밀러 등가 회로

$$\beta = \frac{A}{1-A} \tag{5.5.30}$$

그러면 A는

$$A = \frac{\beta}{1+\beta} \tag{5.5.31}$$

가 된다. 따라서 만일이 식에서 A를 바이폴라 트랜지스터의 α에 대응시킨다면 위의 두 식은 각각 CB 및 CE전류 증폭률과 유사한 관계임을 알 수 있다. 이번에는 식 (5.5.29) 및 (5.5.30)의 관계를 적용하여 그림 5.5.13 (b)를 다시 표현해보면 그림 5.5.14와 같이 된다.

이렇게 변형시켜 놓고 보면 이 등가 회로에서 R^*는 바로 축약 정리를 적용하여 구할 수 있음을 알 수 있다. 즉,

$$R^* = (1+\beta)R \tag{5.5.32}$$

이 됨을 알 수 있다. 여기에 다시 식 (5.5.30)을 대입하면

$$R^* = (1+\frac{A}{1-A})R = \frac{R}{1-A} \tag{5.5.33}$$

이 되며, 이 식은 바로 식 (5.5.24)로 표현된 밀러 효과를 적용하여 얻은 관계식과 동일함을 보여준다. 결론적으로 축약정리와 밀러효과는 동일한 현상의 다른 표현이며 식 (5.5.29)와 (5.5.30)으로 주어지는 종속전류원과 종속전압원이 존재하는 경우에 서로 등가 변환이 가능한 관계임을 알 수 있다. 이것은 마치 *Thevenin*과 *Norton* 등가회로가 각각 독립전압원과 독립전류원으로 표시되는 등가변환 관계에 있는 것과 유사하다. 따라서 이 결과로부터 전류 귀환 회로에 있어서 출력 임피던스가 증가하는 원인도 역시 밀러 효과에 의한 것이라고 말할 수 있다.

그러므로 결론적으로 모든 증폭기에 있어서 입력 임피던스 및 출력 임피던스의 변화를 포함하여 모든 임피던스 변화는 귀환효과에 의한 것이며 일체 모두가 밀러 효과(혹은 축약 정리)에 의한 것이라고 말할 수 있음을 알 수 있다.

5.6 입출력 임피던스 산출 시 고려 사항

먼저 기존 방법의 루프개방 기본증폭기에 관련된 사항을 한 가지 지적하고자 한다. 부귀환이 인가된 회로의 입력과 출력 임피던스를 구함에 있어서 먼저 루프를 개방하고 R_i와 R_o를 구해야 한다. 기존의 귀환 해석 방법에 있어서는 귀환 인자 F를 중심으로 루프를 개방한 기본 증폭기(basic amp)로부터이 값들을 계산하였다. 이 교재에서도 앞 절에서 입출력 임피던스가 모두 밀러 효과에 의하여 변화함을 증명하면서이 과정에서도 루프개방 임피던스 R_i와 R_o를 구하는 방법에 대해서는 정확한 계산 방법을 제시한 것은 아니다. 편의상 기존 방법의 개념을 그대로 사용하였다. 그러나 이와 같이 기존 방법을 사용한 루프개방 R_i 및 R_o를 구하는 방법은 $F=1$에 가깝게 즉 귀환량이 크게 걸리는 경우는 오차가 많이 발생하거나 때에 따라서는 전혀 틀린 답을 산출할 수도 있다. 따라서 이 절에서는 기존 방법의 모순점을 살펴보고 귀환량의 크기에 관계없이 오차가 매우 적은 한 가지 방법을 제시하고자 한다.

R_i 및 R_o의 산출-기존 방법

그림 5.6.1과 같은 전압 병렬 귀환 회로에 대해서 살펴보기로 하자. 여기에서 그림 (b)가 기존 개념을 사용하여 귀환 저항 R_2를 중심으로 부귀환을 분리한 기본 증폭기가 된다. 그러나 이 경우 만일 $R_2=0$이면 어찌 되는가? 두 말할 필요 없이 이와 같은 분리 방법은 모순임을 알 수 있다. 그러나 그림 (a)에 있어서는 $R_2=0$일 때 귀환이 가장 많이 걸리며 ($F=1$에 해당) 하나의 회로로서 전혀 손색이 없다. 그러므로 그림 5.6.1(b)와 같이 기존 기본 증폭기 개념의 분리 방법은 입력에서도 그리고 출력에서도 모두 정확한 등가가 아니며 근사화한 분리 방법임을 알 수 있다. 이러한 분리 방법은 R_2가 충분히 큰 값이라면 오차가 적으나 R_2가 작아지면 오차가 너무 커서 사용할 수 없는 분리 방법이다. 즉, 기존의 분리방법은 주위저항에 비하여 R_2가 충분히 크다는 가정을 전제로 하고 있는 것이며 이러한 전제가 무너지면 모두 무너져 버린다.

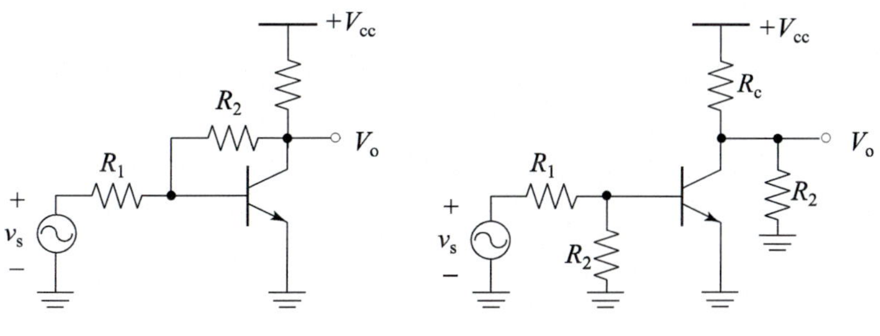

그림 5.6.1 전압 병렬 귀환 회로 및 기존 개념의 기본 증폭기 회로

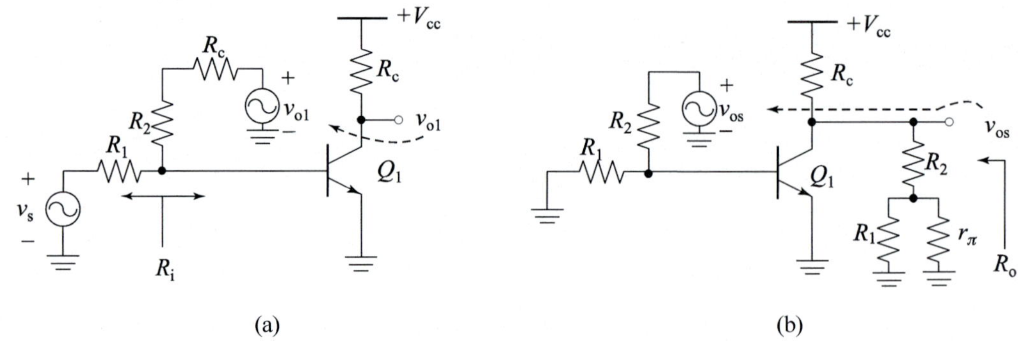

그림 5.6.2 두 가지 방법의 등가 분리 회로

이번에는 귀환저항 R_2의 크기에 관계없이 이런 모순을 항상 제거할 수 있도록 위의 그림 5.6.1(a)의 회로를 다른 방법으로 등가 분리하여 보자. 이렇게 오차 없이 정확하게 부귀환을 등가 분리하는 방법에는 다음 그림 5.6.2와 같이 두 가지를 생각할 수 있다.

여기에서 그림 5.6.2(a)는 제2장에서 이득 공식을 소개하면서 새로운 방법을 적용하여 다단증폭기를 분리하였던 것과 동일한 개념으로 분리한 것이다. 한편 그림 5.6.2(b)는 기존 이득공식에서 각 단을 분리 계산할 때 적용하던 것과 같은 개념으로 분리한 것이다. 이 두 그림이 모두 정확한 루프 분리 방법이라고 말할 수 있다. 따라서이 두 그림 중 하나를 사용하여 $V_s = 0$으로 두고 종속 전압원을 신호원으로 바꾸어 놓은 후 각각 이득을 계산하면 루프 이득 T가 된다. 이 두 가지 분리 방법에서는 $R_2 = 0$인 경우라 하더라도 모순이 발생하지 않음을 알 수 있다.

그러나 여기에서 한가지 주의하여야 할 점이 있다. 즉, 루프 이득을 구하기 위한 관점에서는 루프의 분리방법에 위에서 언급한 두 가지가 모두 등가 분리이며 어느 것을 사용해도 무방하다. 그러나 입출력 임피던스의 관점에서는 이야기가 달라진다. 좀 더 구체적으로 말하면 그림 5.6.2(a)는 입력측에서만 등가이다. 따라서 이 등가분리는 R_i를 구하는 데에는 정확한 방법이고 오차가 없다. 그러나 이 분리 방법은 출력측에서는 정확한 등가가 아니며 이 방법을 사용하여 R_o를 구한다면 오차가 발생한다.

한편 그림 5.6.2(b)는 위의 경우와는 반대로 입력측에서는 정확한 등가가 아니다. 그러므로 이 등가회로를 사용하여 R_i를 구한다면 오차가 발생한다. 그러나 이 회로는 출력측에서는 정확하게 등가가 된다. 따라서 출력개방 R_o는 이 분리방법을 사용하여 구해야 올바른 값을 얻을 수 있다.

그러므로 이상에서 보는 바와 같이 루프개방 임피던스를 구함에 있어서 입력 임피던스와 출력 임피던스는 각각 서로 다른 분리방법을 사용하여 구해야 함을 알 수 있다. 다음의 예를 보자.

예 5.5 다음에 보이는 전압 병렬 귀환 회로에 대하여 루프 이득을 구해서 계산한 결과와 등가 회로를 이용하여 구한 R_{if}가 서로 어떻게 다른지 비교하라.

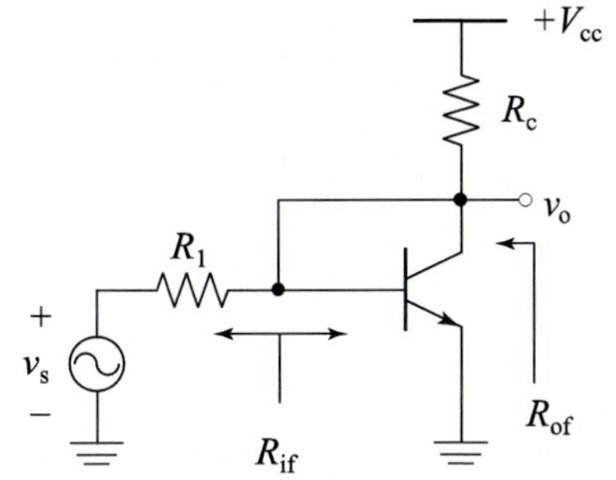

그림 5.6.3 귀환 저항을 단락시킨 전압 병렬 회로

풀 이 이 회로에서는 $R_{if} = R_{of}$ 임을 쉽게 알 수 있으며 어느 한 가지만 구하면 된다. 먼저 루프 이득의 방법으로 계산하기 위하여 그림 5.6.2와 같이 입력에서 등가인 회로를 그려보면 그림 5.6.4와 같이 된다. 여기에서 루프 이득을 구하기 위 하여 $V_s = 0$으로 단락 시키고 V_{s1}을 인가하였다. 따라서 루프 이득은 $T = |V_{o1} / V_{s1}|$ 이므로

계산하면

$$T = \frac{R_1}{R_c + R_1} \cdot \frac{R_c}{r_e + (R_c // R_1)/\beta}$$
$$= \frac{R_c // R_1 \cdot r_\pi}{r_\pi + R_c // R_1} \cdot \frac{\beta}{r_\pi}$$
$$= (R_c // R_1 // r_\pi)/r_e$$

가 된다. 따라서

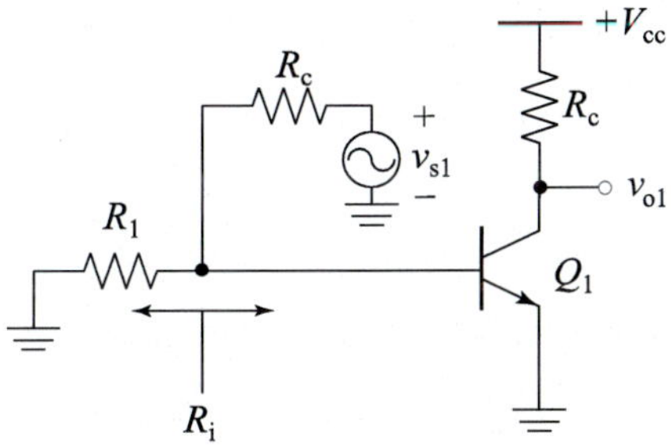

그림 5.6.4 입력에서 등가인 등가 분리 회로

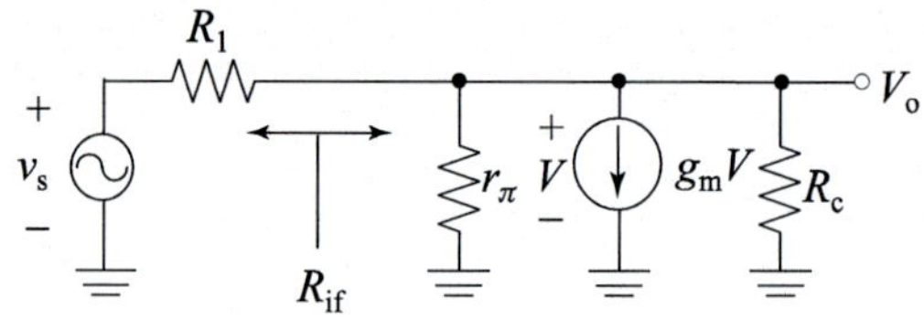

그림 5.6.5 소신호 등가 회로 (그림 5.6.3)

$$D = 1 + T = \frac{r_e + R_c \,//\, R_1 \,//\, r_\pi}{r_e}$$

이다. 한편 그림 5.6.4에서 R_i는

$$R_i = R_c \,//\, R_1 \,//\, r_\pi$$

이므로 R_{if}를 구하면

$$\begin{aligned} R_{if} &= Ri / D \\ &= \frac{r_e \cdot R_1 \,//\, R_F \,//\, r_\pi}{r_F + R_c \,//\, R_1 \,//\, r_\pi} \\ &= r_e \,//\, R_c \,//\, R_1 \,//\, r_\pi \\ &\approx r_e \end{aligned}$$

와 같이 주어짐을 알 수 있다.

한편 그림 5.6.3을 등가 회로로 나타내면 그림 5.6.5와 같이 되므로 이 등가회로로부터 R_{if}는

$$R_{if} = r_e \,//\, R_c \,//\, R_1 \,//\, r_\pi \approx r_e$$

와 같이 바로 구해질 수 있으며 동일한 결과가 얻어짐을 알 수 있다.

따라서 이상의 결과로부터 입력측 등가 분리 방법으로 루프 이득을 구하여 계산한 결과와 등가 회로로부터 구한 결과가 일치함을 알 수 있다. 출력저항 R_{of}에 대해서도 동일한 결과가 얻어진다.

R_i 및 R_o 산출의 일반화

위에서 언급한 바와 같이 R_i및 R_o를 정확히 산출하는 것이 생각을 요하는 문제임을 알았다. 그러나 입력측과 출력측의 등가 회로를 구분하여 서로 다른 방법으로 생각해야 한다는 점이 문제를 복잡하게 한다. 그러므로 좀 더 간단한 방법으로 정확하게 R_i와 R_o 산출하는 방법에 대해서 살펴보고자 한다. 이를 위해 그림 5.6.6과 같이 전압 직렬 귀환 회로를 다시 고찰하여 보자. 이 회로에서 R_{if}는 증가하고, R_{of}는 감소하며 각각

$$R_{if} = DR_i, \quad R_{of} = R_o / D$$

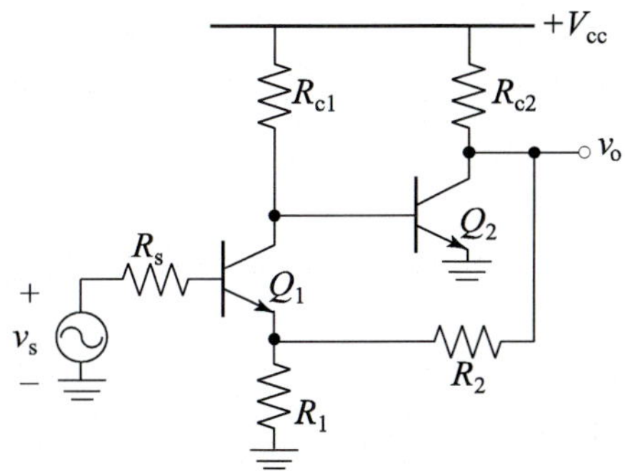

그림 5.6.6 전압 직렬 귀환 회로

로 주어짐은 바로 알 수 있다. 여기에서 또한 T는 쉽게 구할 수 있으므로 D도 바로 주어진다.

한편, 루프개방 상태의 R_i에 관해서는 식 (5.5.2)와 같이 R_{eq}로 보는 것이 기존의 방법이며 이것은 근사적인 방법이기 때문에 R_2 값이 작은 경우에는 심각한 오차를 발생시킬 수 있다. 이와 같이 기존 방법에 있어서의 근사화가 내포하고 있는 문제를 해결하기 위해서 앞에서 새로운 방법을 제시하였는데, 이 방법은 입력과 출력에서 서로 다른 등가 회로를 필요로 하였다. 새로운 방법에서는 정확성은 보장되나, 두 가지 서로 다른 등가회로를 필요로 함으로써 번거롭게 된 것이 단점이라 하겠다.

이렇게 된 근본 원인은 귀환 회로의 분리를 귀환 인자를 중심으로 분리하려는 것에서 기인한다. 만일 귀환 인자를 중심으로 분리하지 않고 다른 곳에서 분리한다면 이런 문제를 피할 수 있다. 예를 들어 귀환 회로의 등가 절단법에 관해서 언급한 5.3절의 내용 중에서 증폭기 내부를 등가 절단하는 방법을 여기에 다시 도입하여 보자. 예를 들어 이와 같은 내부절단 방법으로 Q_1의 콜렉터에서 등가 분리한 모양을 그림 5.6.7에 도시하였다.

이 등가분리 회로에서 Q_2의 베이스에 인가된 신호원 V_{o1}은 Q_1의 콜렉터 전압을 추종하는 종속전압원에 해당한다. 이들간의 주종관계만을 단절하면 등가분리 회로가 된다. 이렇게 등가분리 된 상태에서이 회로의 모든 신호원을 제거하고, 입력과 출력측에서

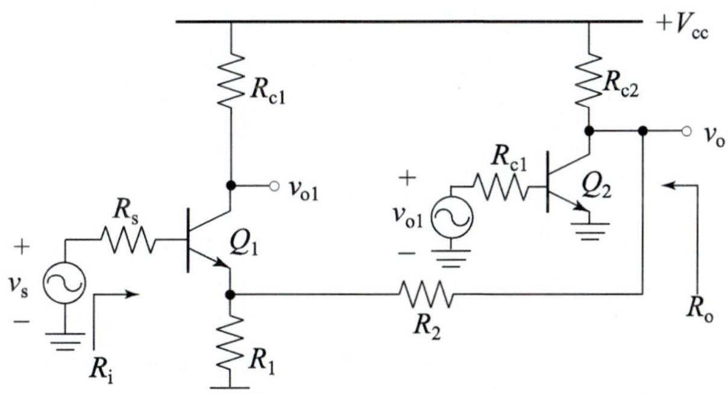

그림 5.6.7 증폭기 내부에서 등가 분리한 회로

각각 들여다본 임피던스를 구하면 바로 우리가 구하고자 하는 개루프 임피던스가 된다. 따라서이 회로로부터 R_i및 R_o를 각각 구하면

$$R_i = R_s + r_{\pi 1} + (1+\beta_1)R_1 // (R_2 + R_{c2}) \tag{5.6.1}$$

$$R_o = R_{c2} // \{R_2 + R_1 // (r_{e1} + R_s / \beta_1)\} \tag{5.6.2}$$

와 같이 주어지게 되며, 이것이 개루프 임피던스의 정확한 표현식이 된다.

따라서 이상의 논의로부터 입력과 출력측의 개루프 임피던스 R_i, R_o를 구하고자 할 때는 주어진 회로를 귀환 회로망을 중심으로 분리하려 하지 말고, 증폭기의 중간에서 분리함으로써 문제를 쉽게 해결할 수 있음을 알았다. 그러나 한 걸음 더 나아가 잘 생각해 보면 실제로 해를 구하는 관점에 있어서는 이와 같은 노력도 또한 절감할 수 있다. 즉, 애써 분리하려고 노력할 필요도 없음을 알 수 있다. 쉽게 말해서 단지 중간에서 분리한 것으로 가정만하고 회로를 있는 그대로 둔 상태에서 곧바로 구하면 된다. 이것은 매우 실용적이며 간편한 방법이라고 할 수 있다.

아래와 같은 예를 다시 돌이켜 보기로 하자.

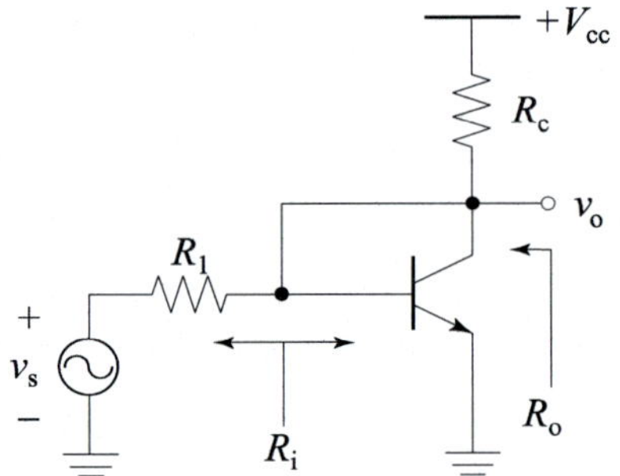

이 회로는 그림 5.6.3에 보였던 것과 동일한 회로이다. 이런 형태는 너무 간단하기 때문이 오히려 중간에서 분리하기도 쉽지 않은 회로이다. 그럼에도 불구하고 이와 같은 회로에서 정확한 R_i, R_o를 구하고자 할 때, 앞에서 언급한 바와 같이 귀환 효과를 고려하지 않고 있는 그대로 놓아 둔 상태에서 R_i 와 R_o를 구하면 된다. 즉, $R_i = R_1 // r_\pi // R_C$, $R_o = R_C // r_\pi // R_1$이 되며, $R_i = R_o$이다. 귀환효과를 고려하면 $R_{if} = R_{of}$가 된다.

한편 위에서 귀환효과를 고려하지 않는다 함은 베이스 전류와 콜렉터 전류간의 주종관계를 가상적으로 단절하는 것을 의미한다. 이것에 관해서는 다음 5.7절에서 좀 더 자세히 논의해 보기로 하겠다.

전류 귀환 회로의 출력 저항 산출

전류 귀환이 걸린 회로에서는 출력 임피던스가 매우 크게 증가한다. 전류귀환의 경우에는 주로 트랜지스터의 콜렉터 측에서 임피던스를 계산하게 되며 콜렉터와 에미터간

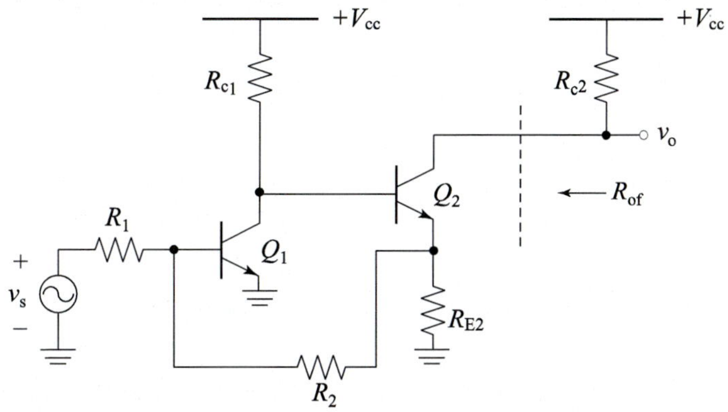

그림 5.6.8 전류 병렬 귀환 회로

동저항 r_o를 고려하여 출력측의 귀환 임피던스 R_{of}를 계산하게 된다. 예를 들어 그림 5.6.8과 같은 트랜지스터의 전류병렬 귀환에 대해서 생각해보자.

이 회로에서 보이는 바와 같이 출력측의 R_{of}라 함은 R_{c2}를 배제하고 Q_2의 콜렉터 측만을 순수하게 들여다본 저항을 의미한다. 이 R_{of}를 구하기 위해서는 루프를 분리한 회로로부터 R_o를 구하고, 루프 이득 T를 계산하여 D를 산출한 다음 곱하면 된다. 루프를 분리하는 방법은 역시 증폭기의 내부 분리 방법이 여기에 적용될 수 있다. 트랜지스터 Q_1의 콜렉터 측을 분리하여 루프개방 R_o를 구하기 위한 회로를 그림 5.6.9에 보인다.

이 등가분리 회로로부터 루프개방 출력저항 R_o를 구하기 위해서는 한가지 사실을 더 고려해야 한다. 즉, Q_2 에미터 저항에 의한 또 하나의 서브귀환을 고려하여 계산하여야 한다. 편의상 위 그림을 정리하여 다시 도시하면 그림 5.6.10과 같다. 여기에서 Q_2의 에미터 등가저항 R_{E2}*는

$$R_{E2}^* = R_E // (R_2 + R_1 // r_\pi) \tag{5.6.3}$$

로 주어지는 값이다.

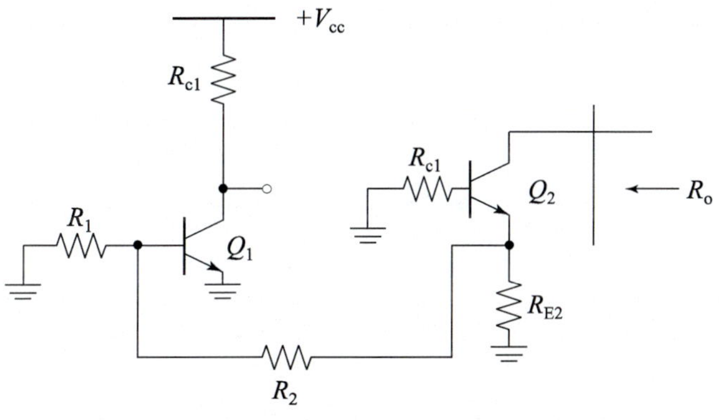

그림 5.6.9 증폭기 내부의 등가 분리 회로

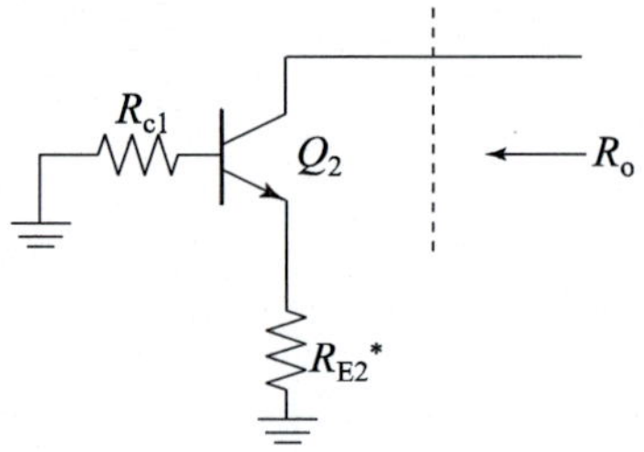

그림 5.6.10 Q_2의 에미터 저항을 정리한 등가 회로

이런 형태의 회로에 있어서 귀환양을 구하는 방법은 제4.4절에 제시하였던 바와 같은 비교 이득의 방법으로 쉽게 계산이 가능하다. 즉, 이 회로에서 귀환양은 에미터 베이스 루프 저항의 비로 주어지므로 이 값을 D^*라 하면

$$D^* \cong \frac{R_{E2}^* + r_{e2} + R_{c1}/\beta_2}{r_{e2} + R_{c1}/\beta_2} \tag{5.6.4}$$

와 같이 표시된다. 따라서 R_o는

$$R_o = D^* r_o \tag{5.6.5}$$

로 주어지게 된다. 여기에서 r_o는 CE 증폭기에 있어서 Early 전압과 콜렉터 전류의 비로 주어지는 값이다. 따라서 주 귀환루프 인가상태의 최종 출력저항 R_{of}는

$$R_{of} = DR_o = DD^* r_o \tag{5.6.6}$$

와 같이 표시될 수 있다. 다음의 예를 보자.

예 5.6 그림 5.6.10에 대해서 등가 회로를 그려서 R_o를 계산하고 식 5.6.5와 비교하라.

풀 이 소신호 등가 회로를 그리면 아래와 같다.

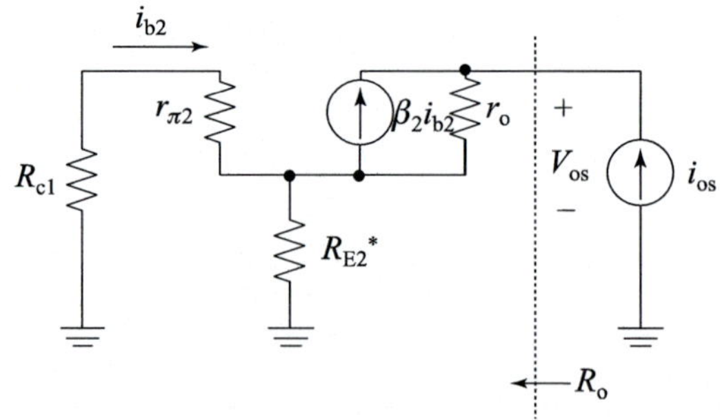

그림 5.6.11 R_o를 계산하기 위한 등가 회로

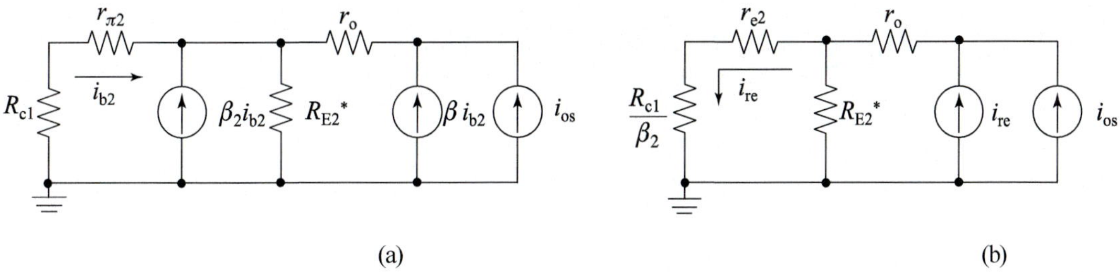

그림 5.6.12 소신호 등가 회로의 변형 과정

이 그림은 R_o를 측정하기 위하여 출력측에 i_{os}를 연결하였으며 V_{os}를 계산하면 이 둘의 비로 주어진다. 등가 회로를 변형하면 그림 5.6.12와 같다.

그림 (b)에서 i_{os} 양단에 나타나는 v_{os}는

$$v_{os} = (i_{os} + i_{re})(r_o + R_{E2}^* // R) \tag{5.6.7}$$

여기에서 $R = r_{e2} + R_{c1} / \beta_2$이다. 한편 i_{re}는

$$i_{re} = \frac{R_{E2}^*}{R + R_{E2}^*}(i_{os} + i_{re}) \tag{5.6.8}$$

이므로 $\eta = R_{E2}^* /(R + R_{E2}^*)$라 하면

$$i_{re} = \frac{\eta}{1-\eta} i_{os} \tag{5.6.9}$$

따라서 식 (5.6.7) 및 (5.6.9)로부터

$$v_{os} = i_{os}(1 + \frac{\eta}{1-\eta})(r_o + R_{E2}^* // R) \tag{5.6.10}$$

이므로

$$R_o = \frac{v_{os}}{i_{os}} = \frac{1}{1-\eta}(r_o + R_{E2}^* // R) \tag{5.6.11}$$

그런데

$$\frac{1}{1-\eta} = \frac{R + R_{E2}^*}{R} = D^* \tag{5.6.12}$$

와 같음을 알 수 있다. 따라서 R_o는

$$R_o = D^* \{(r_o + R_{E2}^* //(r_{e2} + R_{c1} / \beta_2)\} \tag{5.6.13}$$

와 같이 계산된다. 여기에서 괄호 안의 두 번째 항은 대부분의 경우 r_o에 비하여 충분히 작다. 따라서 무시가 가능하므로 위 값은 대략 $D^* r_o$와 비슷한 값이 되며, 식 (5.6.5)와 거의 일치한다고 말할 수 있다.

5.7 전류원 중심의 귀환루프 등가분리 방법

귀환루프의 등가 절단법에 대해서는 5.3절에서 이미 설명한 바 있다. 그러나 앞절의 설명에서는 분리 하고자 하는 노드에서 분리 전과 후가 등가가 되도록 하기 위하여 별도로 등가인 종속 전압원을 도입하여 등가 분리하는 방법을 사용하였다. 그러나 이와 같은 방법이 잘 적용되지 않는 경우가 있다. 예를 들어 에미터 저항을 가진 CE 증폭기가 여기에 해당한다. 트랜지스터의 에미터에 저항을 삽입하면 전류직렬 귀환을 인가하는 셈인데 이와 같이 단순한 형태가 오히려 부귀환을 분리시켜 파악하기가 쉽지 않다. 따라서 지금까지 에미터 저항을 가진 회로의 D는 비교이득을 통하여 간단히 구하는 방법을 사용하였다. 그러나 이런 형태의 회로에서도 부귀환을 분리하여 정확한 방법으로 루프 이득을 구해볼 필요가 있으며 그렇게 하기 위해서는 이제까지 보인 것과는 다른 특별한 방법이 필요하게 된다.

여기에서는 이러한 문제를 해결하기 위하여 종속 전압원을 도입하는 대신에 종속 전류원을 도입하여 분리하는 방법을 설명하고자 한다. 예를 들어 그림 5.7.1에 보여주는 바와 같이 트랜지스터 하나로 구성되는 가장 단순한 CE 증폭기를 생각하여 보자. 우리는 지금까지 이와 같은 회로는 부귀환이 걸려있지 않은 회로로 간주하여 왔다. 그러나 엄밀하게 말하면 이와 같이 단순한 CE 앰프도 부귀환이 이미 걸려 있는 회로인 것이다. 이 회로가 부귀환이 걸려있지 않다면 베이스측과 에미터측에서 보는 임피던스가 동일해야 하며 각각 서로 다를 수가 없는 것이다. 따라서 여기에서는 이와 같은 CE 증폭기를 부귀환의 이론을 이용하여 새로운 방법으로 해석하여 보기로 하자.

부귀환을 이용한 CE-Amp의 정확한 해석

단순한 CE 증폭기를 하나의 가상적인 트랜지스터를 도입하여 도시한다면 그림 5.7.1(b)와 같다. 여기에서 가상적인 트랜지스터를 원을 그려서 표시하였으며, 그 특징은 에미터측

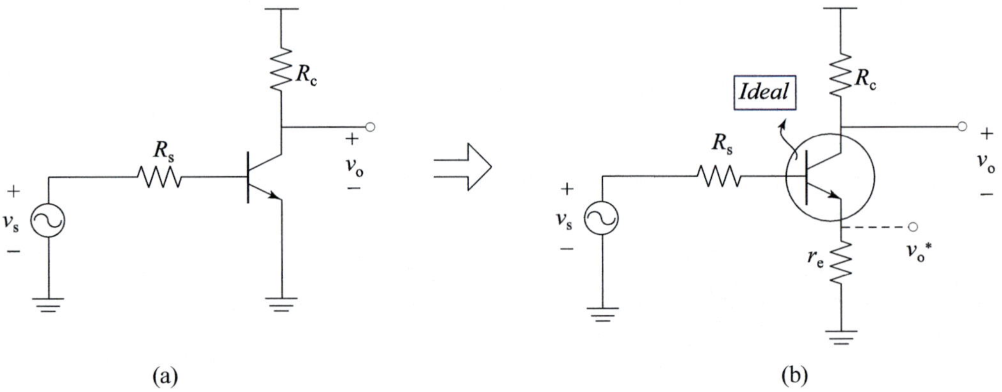

그림 5.7.1 간단한 CE 증폭기(a)와 가상적인 트랜지스터를 가정한 모델회로(b)

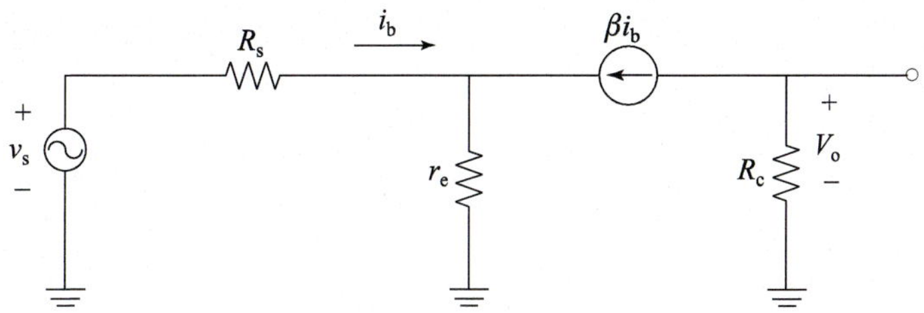

그림 5.7.2 CE 증폭기 모델회로의 소신호 등가회로

동저항만 영이고 나머지 특성은 기존의 트랜지스터와 동일하다고 가정한다. 이 그림에서 보는 바와 같이 CE 증폭기의 에미터 동저항 r_e를 밖으로 이끌어 내고 본다면 바로 동저항 r_e에 의하여 부귀환이 걸리고 있음을 알 수 있다. 즉, 에미터를 곧바로 접지한 CE 증폭기도 에미터 저항을 가진 CE 증폭기와 동일하게 부귀환이 걸려있는 것이며 전혀 다르지 않음을 보여주는 것이다. 이제 모델회로를 중심으로 소신호 등가회로를 도시하면 그림 5.7.2에 보이는 바와 같다.

그림 5.7.1의 등가회로에서 종속 전류원을 다시 다음 그림 5.7.3과 같이 두 개로 나누어 도시할 수 있으며, 제 2장에서 다룬 바와 같이 이렇게 하여도 그 특성이 전혀 훼손되지 않는다. 사실 여기에서 축약정리를 베이스 회로에 적용하여 보면이 등가회로는 기존 CE 증폭기의 소신호 모델과 동일한 것임을 알 수 있다.

한편, 여기에서 베이스측과 콜렉터측에 각각 분리되어 연결되어 있는 두 개의 종속전류원은 분리되어 있기는 하여도 사실은 동일한 것이며 서로 밀접하게 연관되어 있는 것임에 주의할 필요가 있다. 이와 같이 종속전류원을 분리시켜 놓은 등가회로에서 생각하여 볼 때 부귀환은 종속전류원의 영향에 의해서 이루어지고 있는 것이다. 만일 여기에서 트랜지스터의 전류이득이 없다면 부귀환은 걸리지 않게 된다.

이제 종속전류원이 두 개로 나눠어 있는 등가회로에서 귀환루프의 분리방법을 생각하여

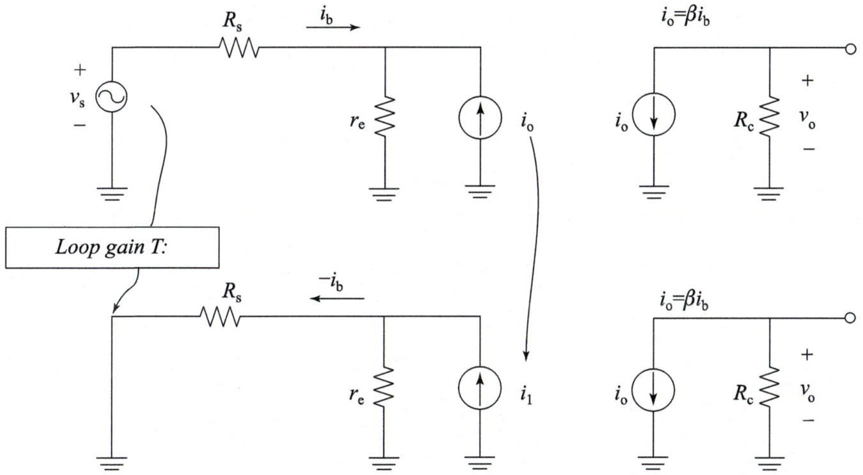

그림 5.7.3 전류원을 중심으로 귀환루프를 등가 분리한 회로

보기로 하자. 이 회로에서 귀환루프의 등가 분리방법은 두 종속 전류원 사이의 연관관계를 단절시키는 것으로 간단하게 달성된다. 따라서 루프 이득을 구하기 위해서는 그림 5.7.3에 보인 바와 같이 입력 신호원을 단락시키고 베이스측 종속전류원 대신에 독립된 전류 신호원을 인가하여 콜렉터로 돌아오는 전류의 이득을 구하면 된다. 부연 설명하면 이렇게 돌아오는 콜렉터측 전류가 베이스측으로 귀환되어 돌아 올 때 부귀환이 걸리는 것이며, 두 전류원 사이의 연관관계를 단절시키면 부귀환이 단절되므로 이로부터 바로 루프이득을 구할 수 있게 되는 것이다.

따라서 아래 등가회로로부터 루프 이득 T는 다음과 같이 두 전류의 비로 주어지게 된다. 즉,

$$T = -\frac{i_o}{i_1} \tag{5.7.1}$$

인데, 여기에서

$$i_b = -\frac{r_e}{R_S + r_e} i_1, \quad i_o = -\frac{\beta r_e}{R_S + r_e} i_1 \tag{5.7.2}$$

이다. 따라서, 위의 두 식으로부터 루프 이득을 구하면

$$T = \frac{\beta r_e}{R_S + r_e} \tag{5.7.3}$$

와 같이 주어지게 된다. 그러므로 둔감도 D는

$$D = 1 + T = \frac{R_S + r_\pi}{R_S + r_e} \tag{5.7.4}$$

와 같이 표시가 가능하다.

여기에서 입력저항 R_{if}를 구하기 위하여 부귀환이 걸리지 않은 상태의 저항 R_i를 먼저 구하면, R_i는 i_1을 개방하고 V_S측에서 본 저항과 같으므로

$$R_i = R_S + r_e \tag{5.7.5}$$

와 같이 구할 수 있다. 따라서 위의 두 식으로부터

$$R_{if} = DR_i = R_S + r_\pi \tag{5.7.6}$$

로 주어진다. 이 결과는 기존 CE 증폭기의 입력저항의 표시식과 동일한 결과가 됨을 보여주고 있다.

이번에는 전압이득의 표시식을 구하여 보기로 하자. 부귀환의 개념으로 구하는 것이므로 전압이득을 A_{Vf}라 하면

$$A_{Vf} = A^{*\infty}_{Vf} \cdot \frac{-R_C}{r_e} \cdot \left(\frac{T}{1+T}\right) \tag{5.7.7}$$

와 같이 표시 될 수 있음을 알 수 있다. 여기에서 $A^{*\infty}_{\text{Vf}}$는 r_e 양단전압을 가상출력 V_0^*라 할 때 입력신호로부터 V_0^*까지 루프 이득 $T \to \infty$일 때 얻어질 수 있는 이득을 의미한다. 따라서 이 값이 1이 되므로 A_{Vf}는

$$A_{\text{Vf}} = 1 \times \frac{-R_C}{r_e} \cdot \frac{\beta r_e / (R_S + r_e)}{(R_S + r_\pi) / (R_S + r_e)} \tag{5.7.8}$$

으로 표시될 수 있음을 알 수 있다.이 식을 다시 정리하면

$$A_{\text{Vf}} \approx -R_C / (R_S/\beta + r_e) \tag{5.7.9}$$

와 같이 주어지게 된다. 이 식 역시 기존 CE 증폭기의 전압이득의 표시식과 동일한 형태임을 보여주고 있다.

이상의 결과에서 보인 바와 같이 부귀환의 개념을 이용하여 부귀환이 걸리지 않은 것으로 생각되던 에미터 저항이 없는 CE 증폭기의 해석이 가능함을 알 수 있다. 에미터 저항을 가진 CE 증폭기도 역시 동일한 방법으로 해석할 수 있다.

5.8 전압의 안정화와 전류의 안정화

여기에서는 전압귀환과 전류귀환의 의미에 대해서 다시 한번 생각해 보기로 하겠다. 예를 들어 그림 5.8.1에 보이는 회로를 보자. 기존의 분류방법에 따르면 이 회로는 전압귀환과 전류귀환이 공존하는 회로이다. 즉, 출력을 어디에서 가져오느냐에 따라 전압귀환인지 혹은 전류귀환인지가 정해진다. V_{01}에서 출력을 가져올 경우에는 전압귀환에 해당하며, 그렇지 않고 V_{02}에서 가져오는 경우에는 전류귀환에 해당한다. (엄밀하게 말해서 전류귀환의 경우는 출력을 Q_3의 콜렉터 전류(I_{c3})로 생각해야 한다.) 하지만 어찌 되었든

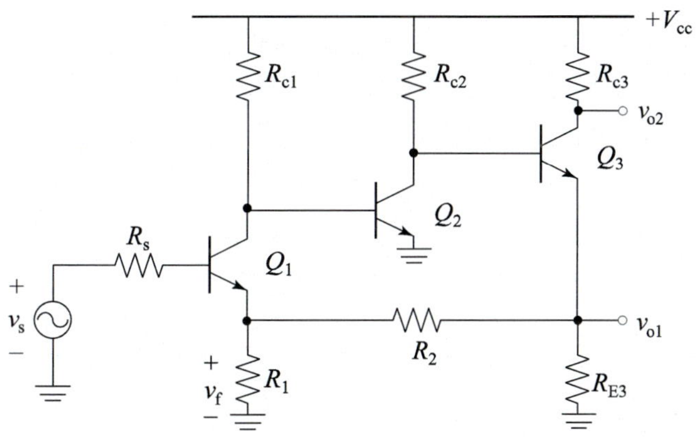

그림 5.8.1 전압귀환과 전류귀환이 공존하는 회로

이 회로에서 보는 바와 같이 부귀환의 관점에서 볼 때는이 두 방식은 사실상 차이가 없다. 즉, 두 방식 모두 동일하게 Q_3의 에미터 전압(V_{01})에서 부귀환이 이루어지고 있는 것이다.

그러나 다른 관점에서 보면 그 의미에 있어서 이 두 방식은 큰 차이가 있다. 왜냐하면 어느 곳에서 출력을 가져오느냐 하는 것의 진정한 의미는 그 곳에 어떤 임의의 크기의 부하를 연결하겠다는 것을 내포하고 있기 때문이다. 즉, 전압귀환은 출력을 가져오는 Q_3의 에미터(V_{01})에 병렬로 부하를 연결하겠다는 것을 의미하고, 전류귀환은 출력이 Q_3의 콜렉터 전류(I_{c3})이므로 Q_3의 콜렉터에 직렬로 부하를 연결하겠다는 것을 의미한다.

출력을 V_{01}에서 가져오고 여기에 부하를 연결하는 경우에는 부하의 크기가 변화하여도 출력전압(V_{01})의 크기는 거의 일정한 값을 유지한다. 왜냐하면 귀환회로의 역할에 의하여 V_{01}의 전압이 안정화되기 때문이다. 즉, 다른 말로 표현하면 V_{01}에서의 출력 임피던스가 부귀환에 의하여 매우 작아지기 때문이다 라고 말할 수 있다. 그러므로 바로 이와 같이 전압이 안정화 된다는 의미에서 전압귀환회로라고 이름하는 것이다.

한편 출력이 Q_3의 콜렉터 전류(I_{c3})이고 여기에 부하를 연결하는 경우에는 출력전류가 안정화 되어 있다고 말할 수 있다. 다른 말로 표현하면 Q_3의 콜렉터측 임피던스가 귀환에 의하여 매우 커지기 때문이다 라고 말할 수 있다. 이와 같이 Q_3의 콜렉터 전류가 안정화되는 것은 다른 관점에서 보면 V_{01}의 전압이 안정화되기 때문에 얻어지는 이차적인 효과라고 말 할 수 있다. 즉, Q_3의 콜렉터에 부하를 연결하는 경우에는 부하의 크기가 달라짐에도 불구하고 Q_3의 콜렉터 전류의 크기는 거의 달라지지 않는데 이것은 Q_3의 에미터 전압 (V_{01})이 안정화되기 때문에 얻어지는 효과인 것이다. 이런 현상에 의하여 Q_3의 콜렉터측 임피던스(즉, 출력 임피던스)가 부귀환에 의하여 매우 커진다 라고 말 할 수 있는 것이다.

임피던스의 일반화

이번에는 그림 5.8.2와 같이 일반화한 귀환루프를 다시 생각해 보기로 하자. 이 구조는 출력전압을 귀환인자를 거쳐 입력으로 귀환시켜 루프를 형성시킨 형태를 보인 것이다. 따라서 ③번 단자에서 보게 되는 출력 임피던스는 매우 작아지게 된다. 그러나 그림에서 보듯이 귀환루프 내에 존재하는 ①, ②, ④번 단자들도 ③번 단자와 유사한 노드임을 알 수 있다. 즉, ①, ②, ④번 각각의 단자에서 본 임피던스도 모두 ③번 단자와 유사하게 작아지게 된다. 이 때 각 노드의 임피던스는 각 노드를 들여다 본 관점에서 보면 (즉, 각 노드에 신호원을 연결한다고 생각하는 관점에서 보면) 각 노드의 입력 임피던스가 되고, 각 노드에 부하를 연결하는 관점에서 보면 각 노드의 출력 임피던스가 되는 것이다. 즉, 이 때 입력 임피던스와 출력 임피던스는 보는 관점에서 차이가 있을 뿐 사실상은 차이가 없는 것이다.

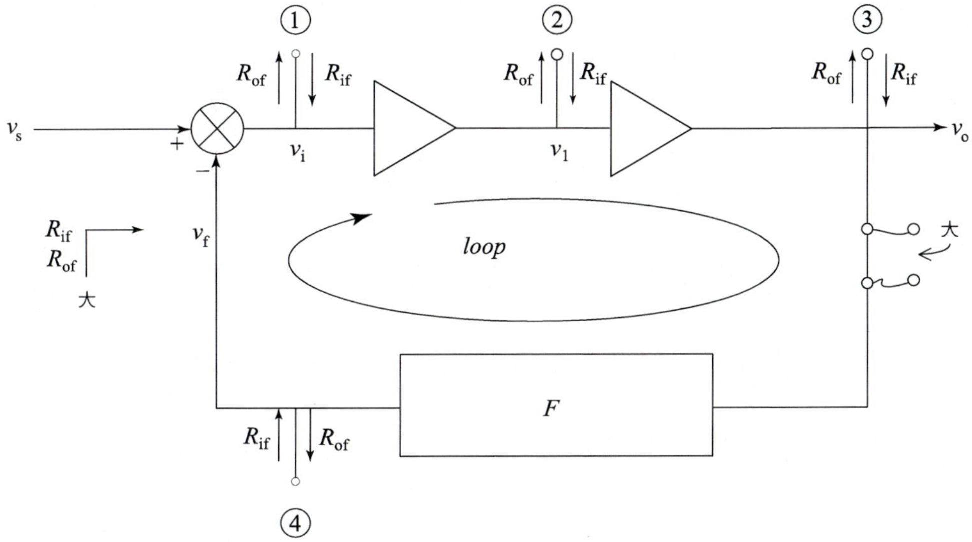

그림 5.8.2 귀환루프와 임피던스

이런 현상을 다른 관점에서 본다면 위에서 설명한 바와 같이 ①, ②, ③, ④번 단자들의 임피던스가 모두 작아지는 이유는 각 노드의 전압을 안정화시키려는 귀환루프의 특성에 의한 것이다. 즉, 루프 이득이 매우 크다면 각 노드의 전압이 외란에 의해서도 거의 변화하지 않고 안정화 되게 되며, 바로 이러한 이유로 각 노드의 임피던스가 낮아지게 되는 것이다. 이 때 낮아지는 임피던스의 크기는 루프 이득의 함수로서 이미 앞서 보인 바와 같이 정확하게 $D(=1+T)$에 반비례하게 된다. 전압귀환 회로의 출력 임피던스와 병렬귀환 회로의 입력 임피던스가 바로 이런 경우에 해당한다.

한편, 귀환회로가 형성되어 있는 상태에서 각 노드의 전압이 안정되어 있다고 하는 것은 루프의 전류가 안정되어 있다고 하는 말과 통한다. 즉, 루프내의 전압과 전류가 동시에 안정되어 있는 것이다. 이런 상태에서 위의 그림과 같이 만일 루프를 절단하고 그 양단의 임피던스를 관찰한다면 그 임피던스는 크게 보이게 된다. 그 이유는 루프전류를 안정화시키려는 현상에 의하여 그런 것이며, 루프전류를 일정하게 유지하려 한다는 것은 루프임피던스가 커진다는 말과 통한다. 참고로 여기에서 루프전류라 함은 루프 전체를 관통하는 어떤 전류를 의미하는 것은 아님에 주의해야 한다. 즉, 루프를 형성하는 각각의 개별 노드마다의 전류의 크기는 모두 다르지만 그런 상태에서 개별 노드마다의 전류가 각각 안정화되는 것을 의미한다. 이 때 이웃하는 두 노드와 노드 사이를 연결하는 임의의 중간 지점에서 루프를 절단하고 들여다 보는 경우에 루프전류를 안정시키려는 즉, 루프전류의 변화를 거부하는 특성에 의하여 루프임피던스가 증가하는 특성을 보이는 것이다.

루프를 절단하고 들여다 보는 경우 외에도 루프전류를 일정하게 유지하려는 특성에 의하여 임피던스가 증가하는 좀 더 일반적인 경우가 있다. 위의 그림 5.8.2에서 예시한 입력임피던스(R_{if})가 그런 경우로 이와 같이 루프내의 노드가 아닌 루프 밖

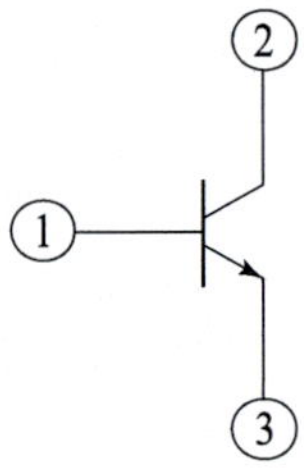

그림 5.8.3 트랜지스터의 각 노드

제3의 어떤 단자에서 루프를 들여다 보는 임피던스도 크게 증가한다. 이 증가하는 임피던스의 크기는 루프이득에 비례하는데 그 이유는 위에서와 동일한 이유로 루프를 벗어난 외부로부터 연결된 제3의 단자를 통하여 인가하는 신호에 의해서 루프전류가 교란되는 것을 허용하지 않으려는 귀환루프의 특성에 기인한다. 전류귀환 회로의 출력 임피던스와 직렬귀환 회로의 입력 임피던스가 바로 이런 경우에 해당한다.

구체적인 예를 보이기 위하여 그림 5.8.3에 트랜지스터의 세 단자를 ①, ②, ③으로 표시하였다. 귀환루프의 구성은이 세 단자 중 어느 두 단자를 통하여 형성된다. 즉,

신호가 전달되는 방법은 ①, ②를 통하거나 ①, ③을 통하거나 ②, ③을 통하여 전달되는 세 가지 방법이 있기 때문이다.

이제 그림 5.8.4를 보자. 이 두 회로에서 보듯이 귀환회로의 구성이 각 트랜지스터의 두 단자를 통하여 형성되어 있음을 알 수 있다. 이와 같이 루프를 구성하는 두 단자는 각각 귀환루프의 노드가 되는 셈이다. 따라서 귀환루프를 형성하는 트랜지스터의 두 단자에서의 임피던스는 각각 노드의 임피던스가 되므로 모두 낮은 임피던스를 보이게 된다.

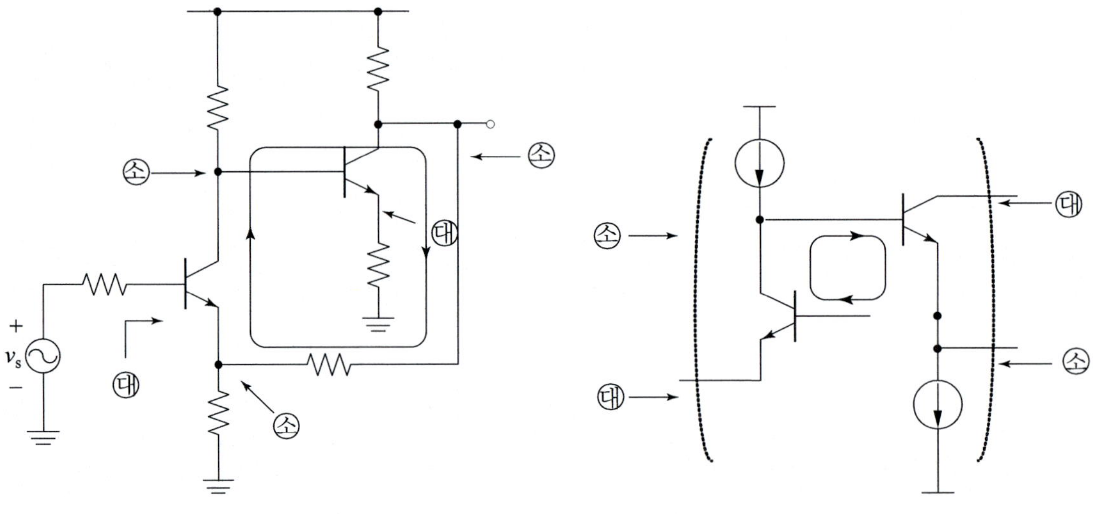

그림 5.8.4 귀환루프의 내부노드와 외부단자에서의 입·출력 임피던스

한편, 트랜지스터의 단자는 세 개 이므로 한 단자는 항상 남게 된다.이 나머지 한 단자는 귀환루프의 형성에 참여하지 않으므로 앞에서 언급한 바와 같이 다른 말로 표현하면 귀환루프의 밖에 있는 외부단자로서 제3의 단자이다. 따라서 이 단자를 통해서도 귀환루프에 신호를 인가하거나 출력을 얻을 수 있다. 이 때 이 단자에서 귀환루프를 들여다 본 임피던스는 앞에서 설명한 바와 같이 모두 증가하게 되며 그 크기는 D 만큼 커지는 특성을 보이게 된다. 이와 같이 어느 지점에서의 입력 또는 출력 임피던스가 귀환의 효과에 의하여 증가할 것인지 혹은 감소할 것인지를 판별하는 것은 매우 쉬운 일이며 회로의 형태를 보고 곧바로 알 수 있다.

이제 다른 응용회로로서 그림 5.8.5의 회로를 보자. 이 회로는 입력이 일반적으로 보는 바와 같이 정상적인 형태로 연결되어있지 않다. 그러나 이 회로에서 교류 입력신호에 대한 출력신호의 이득은 루프 이득이 충분히 큰 경우에는

$$A_v = -R_2 / R_1$$

가 됨을 쉽게 알 수 있다. 그 이유는 이미 앞에서 설명한 바와 같다. 즉, 루프를 형성하고 있는 각각의 노드 임피던스가 루프 이득이 클 경우에는 매우 작아지게 되므로 Q_2의 베이스 노드 역시 매우 작아지게 된다. 따라서 R_1을 통해서 흐르는 교류신호성분은 대략 V_s / R_1이 된다. 이 전류가 Q_2의 베이스 노드에 인가 될 때 이 노드의 전압이 안정화되는 방향으로 귀환루프가 동작하면서 Q_1의 콜렉터 전류가 신호전류의 변화분을 흡수하는 동작을 하게 된다. 이 과정에서 R_2 양단에 전압이 나타나게 되며 Q_2의 베이스 노드가 일정한 전압을 유지한다고 보면 전압이득은 바로 위와 같은 관계로 주어짐을 쉽게 알 수 있다.

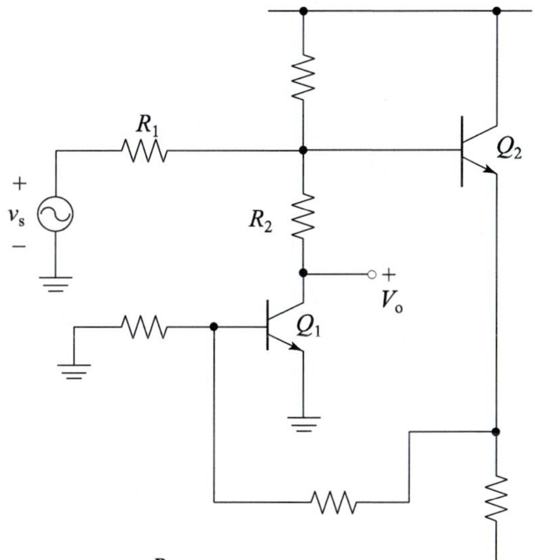

$$\frac{v_o}{v_s} = -\frac{R_2}{R_1}$$

그림 5.8.5 응용회로 예

이상에서 언급한 내용에 대해서 정리하면 다음과 같다.

1) 트랜지스터의 세 단자 중 두 단자는 귀환루프의 노드로 연결되고, 나머지 한 단자는 남게 된다.
2) 남는 단자를 직렬노드(Series node), 루프로 연결되는 단자를 병렬노드(Shunt node)라고 할 때, 직렬노드의 임피던스는 증가하며, 병렬노드의 임피던스는 감소한다.
3) 병렬노드에서는 전압이 안정화되며, 직렬노드에서는 전류가 안정화된다.

직렬노드에서의 전류 변화는 결국 병렬노드로 흘러들어 병렬노드의 전압 변화로 나타나게 된다. 병렬노드에서는 전압 변화를 허용치 않으려 하므로 결국 직렬노드에서 볼 때는 전류변화가 방해 받게 된다. 즉, 직렬노드에서는 임피던스가 증가하게 되고, 병렬노드에서는 임피던스가 감소하게 된다. 이것은 부귀환 루프의 특성이 각 노드에서는 전압을 일정하게 유지하려고 하며, 루프에서는 전류를 일정하게 유지하려고 하기 때문에 나타나는 현상인 것이다.

5.9 출력 임피던스와 출력 스윙

부귀환이 걸린 회로에서 출력 임피던스의 감소와 출력 스윙의 관계에 대하여 생각하여 보기로 하자. 구체적인 예를 들어 아래 그림 5.9.1은 전압 직렬 귀환 회로를 단순화하여 출력단을 중심으로 도시한 것이다. 이 그림에서 트랜지스터 Q_2의 바이어스 전류는 대략 2mA로 설정되어 있다.

아래의 회로에서 루프 이득을 측정한 결과가 T = 10.000이라고 가정한다면 등가 출력저항은 대략 0.24 Ω이 된다. 따라서 이런 상황에서 입력에 신호를 인가한다면

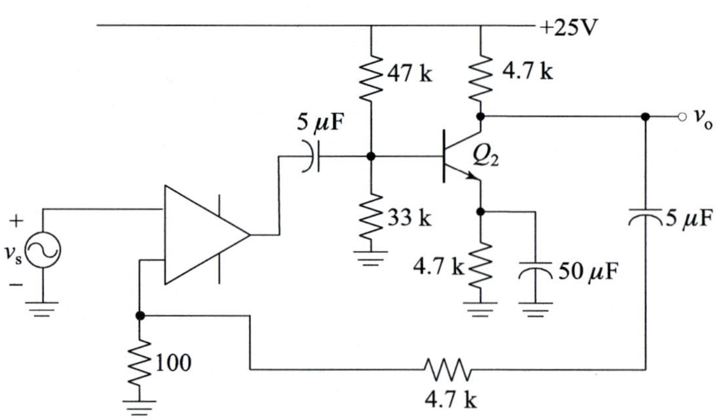

그림 5.9.1 전압 직렬 귀환 회로

출력에서 신호가 증폭되어 나타나게 될 것이다. 이 때 출력 신호의 크기가 $5V_{pp}$가 되도록 조정하였다고 가정해 보자. 이 회로의 출력에 부하저항을 연결하되 교류신호만을 통과하도록 큰 커패시터를 거쳐서 R_L = 100 Ω의 저항을 연결하였다고 한다면 출력신호의 크기는 얼마가 될 것인가?

위와 같은 경우에 만일 임피던스의 관점에서만 본다면 부하저항에 비하여 출력 임피던스가 충분히 작으므로 100 Ω의 부하가 연결된 경우에도 거의 감쇄 없이 $5V_{pp}$의 신호가 출력에서 나타나야 한다. 그러나 실제에 있어서는 전혀 그렇지 못하며 대략 최대 $300mV_{pp}$를 넘기가 어렵다. 그 이유는 이런 경우와 같이 Class A 회로의 최대 출력 스윙의 크기는 출력단의 바이어스 전류에 의하여 제한되기 때문이다. 즉, 출력 임피던스 0.24 Ω을 유지할 수 있는 출력 스윙의 크기는 $300mV_{pp}$보다 작은 신호에 한해서 성립하는 이야기기 되는 것이다.

이 예에서 보는 바와 같이 출력 임피던스가 작으면 임의의 부하저항에 대해서 출력스윙을 크게 얻을 수 있다고 생각하는 것은 오산이며 사실 전혀 별개의 이야기가 된다. 출력 스윙을 크게 얻기 위해서는 소스전류와 싱크전류의 크기를 각각 별도로 고려해 주어야 한다. 즉, 출력 스윙을 크게 얻기 위하여 소스전류를 크게 하고자 한다면 NPN 트랜지스터를 사용한 에미터폴로워를 추가하여야 하며, 싱크 전류를 크게 하기 위해서는 PNP 트랜지스터를 사용한 에미터폴로워를 추가해 주어야 한다. 따라서 이 둘을 결합시킨 형태가 바로 Class B 출력단이 되는 것이다. 출력전류의 요구조건이 클 경우에는 2중 또는 3중으로 에미터폴로워를 다단계로 연결하여 사용하기도 한다.

5.10 부귀환의 요약

부귀환이 걸린 회로를 해석함에 있어서 지금까지의 논의 내용을 요약한다면 다음과 같이 정리할 수 있다.

(1) 주어진 회로로부터 A_{vf}^{∞}를 파악한다.

(2) 루프내의 적절한 한 연결 점을 등가 분리하여 T를 구한다.

(3) 전압 귀환 회로는 $A_{vf} = A_{vf}^{\infty} \cdot \alpha$로 구하면 되고

(4) 전류 귀환 회로는 가상 출력 단까지 A_{vf}^{∞}를 구한 뒤 마지막 단의 전압 전류 변환 관계를 고려해준다.

(5) 입력 임피던스는

직렬 귀환일 때 $R_{if} = DR_i$

병렬 귀환일 때 $R_{if} = R_i / D$ 혹은

$$R_{if} \cong R_{if}^{*} = R_2 /(1 - A_v)$$

와 같이 계산한다.

(6) 출력 임피던스는
전압 귀환일 때는 $R_{of} = R_o / D$
전류 귀환일 때는 $R_{of} = DR_o$
로 구하면 된다.

5.11 부귀환의 응용

이번에는 부귀환이 걸린 회로의 해석에 대해서 아래에서 몇 개의 구체적인 응용 예를 들어서 알아보기로 한다.

예 5.7 전압 직렬 귀환 회로 : 다음 회로를 해석하라. 단 $\beta_1 = \beta_2 = 100$ 이다.

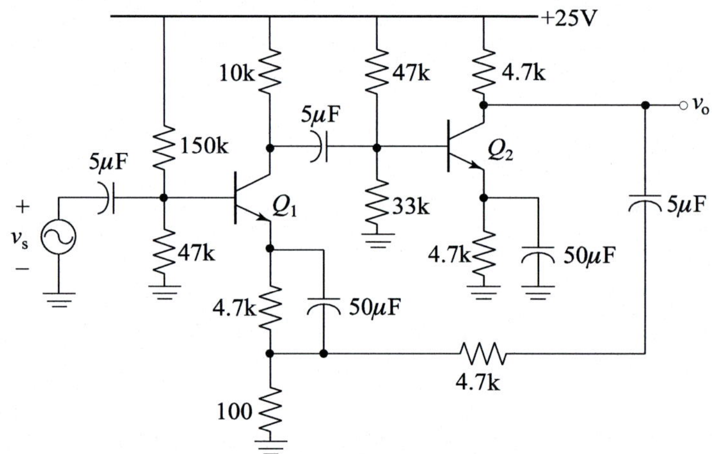

그림 5.11.1 전압 직렬 귀환 회로

풀 이 이 회로의 바이어스 전류는 대략 I_{C1}~1mA, I_{C2}~2mA로 잡혀 있음을 알 수 있다. 중간 주파수에서 모든 C를 단락하고 교류 등가회로를 그리면 그림 5.6.14(a)에 보이는 바와 같다. 여기에서 Q_1의 콜렉터에서 루프를 등가 분리한 회로가 그림 (b)와 같이 주어진다. 그림 (a)로부터 A_{vf}^{∞}는

$$A_{vf}^{\infty} = \frac{100 + 47k}{100}$$

그림 (b)로부터 루프 이득 T를 계산하면

$$T = \left(\frac{4.7k}{13+65}\right)\left(\frac{100}{4.7k+4.7k+100}\right)\left(\frac{6.5k}{26+100//(4.7k+4.7k)}\right)$$
$$\cong 60 \times 0.01 \times 52 \cong 31$$

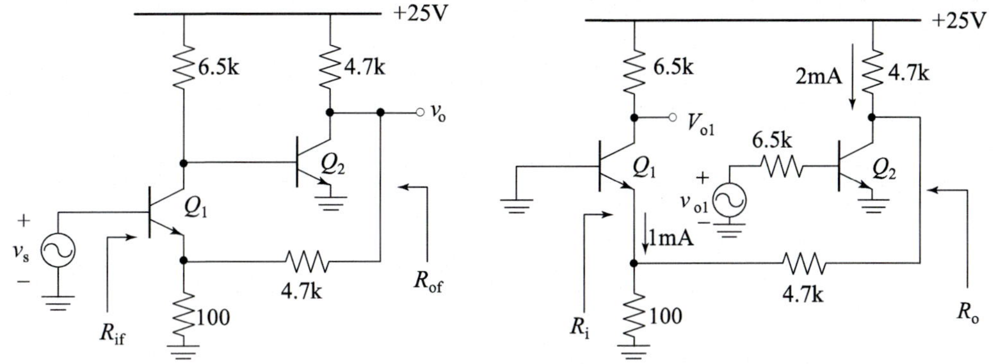

(a) (b)

그림 5.11.2 교류 등가 회로 및 등가 분리 회로

이 된다. 따라서 D=1+T=32이므로 그림 (b)로부터 R_i및 R_o를 구하면

$$R_i = r_{\pi 1} + (1+\beta)\{100 // (4.7k + 4.7k)\} \cong 2.6k + 100 \times 100 \cong 12.6k$$
$$R_o = 4.7k // (4.7k + 100 // 26) \cong 2.4k$$

이 되며, 따라서 A_{vf}, R_{if} 및 R_{of}는 각각 다음과 같이 계산된다.

$$A_{vf} = A_{vf}^{\infty}(\frac{T}{1+T}) = 48 \times \frac{31}{32} = 46.5$$
$$R_{if} = DR_i = 32 \times 12.6k = 4M\Omega$$
$$R_{of} = R_o / D = 2.4k / 32 = 75\Omega$$

이번에는 다른 예를 보기로 하자.

예 5.8 전류 병렬 귀환 회로 : 다음 회로를 해석하라. 단 $\beta_1 = \beta_2 = 100, V_A = 100\text{V}$이다.

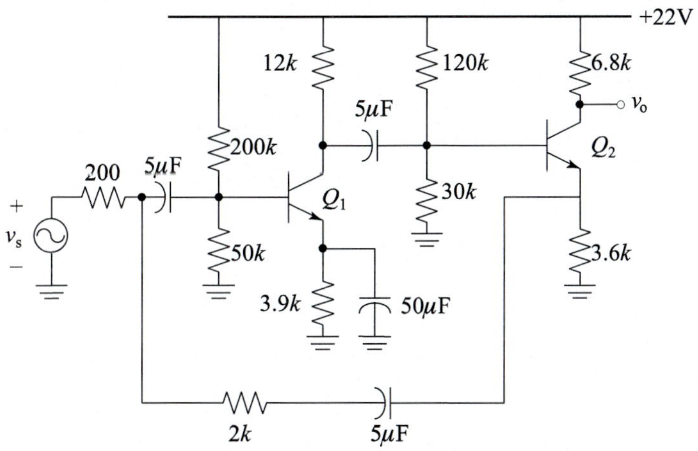

그림 5.11.3 전류 병렬 귀환 회로

풀 이 각 트랜지스터의 바이어스 전류를 구하면 I_{C1}~I_{C2}~1mA임을 알 수 있다. 중간 주파수에서 C가 충분히 크다고 가정하여 단락시킨 후 교류 신호에 대한 등가회로를 그리면 그림 5.5.16(a)와 같으며, 루프 이득 및 R_i, R_o를 구하기 위하여 Q_1의 콜렉터에서 등가 분리한 회로는 그림 (b)와 같다. 여기에서 Q_1의 베이스 바이어스 저항은 무시하였다.

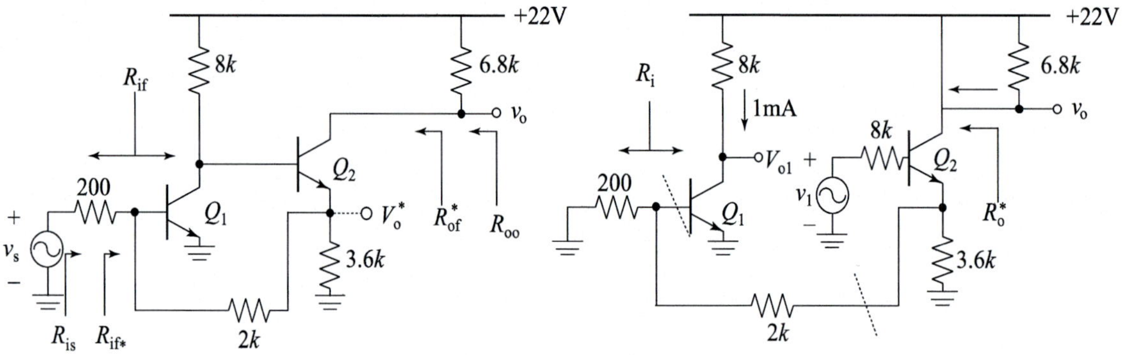

(a) (b)

그림 5.11.4 교류 등가 회로 및 등가 분리 회로

그림(a)에서 A_{vf}^{∞}는

$$A_{vf}^{\infty} = \frac{v_o}{v_s}\bigg|_{T\to\infty} = \frac{v_o^*}{v_s}\cdot\frac{v_o}{v_o^*}\bigg|_{T\to\infty} = A_{vf}^{*\infty}\cdot\frac{v_o}{v_o^*}\bigg|_{T\to\infty} = \left(\frac{2k}{200}\right)\left(\frac{6.8k}{2k\,//\,3.6k}\right) \cong 53$$

이 된다. 한편 그림 (b)에서 루프 이득 T는 그림의 점선과 가상 절단을 가정할 때 다음과 같이 쓸 수 있다.

$$T = \left(\frac{3.6k}{80+26+3.6k}\right)\left(\frac{200}{200+2k+3.6k\,//(26+80)}\right)\left(\frac{8k}{26+\{200//\{2k+3.6k\,//(26+80)\}\}/100}\right)$$
$$\cong 1\times 0.087\times 288 \cong 25$$

그림(b)에서 R_i는

$$R_i = 200\,//\,2.6k\,//\,\{2k+(26+80)\,//\,3.6k\} \cong 170$$
$$R_0^* = D^* R_0$$

이 되므로, 따라서 A_{vf} 및 R_{if}, R_{oo}는

$$A_{vf} = A_{vf}^{\infty}\cdot\alpha = 53\times\frac{25}{26} \cong 51$$
$$R_{if} = R_i / D = 170/26 \cong 6.5\Omega$$
$$R_{oo} = R_{of}^*\,//\,6.8k = DR_o^*\,//\,6.8k \cong 6.8k$$

와 같이 계산된다. 여기에서 R_{of}^*를 구하려면 식 (5.6.6)을 적용하여 구하면 된다. 한편

R_{if}^*를 구해보면

$$R_{if}^* = \frac{R_1 R_{if}}{R_1 - R_{if}} = \frac{200 \times 6.5}{200 - 6.5} = 6.7\Omega$$

이므로, 따라서 R_{is}는

$$R_{is} = R_1 + R_{if}^* = 200 + 6.7 \cong 207\Omega$$

이 된다. 밀러 효과를 이용하여 R_{if}^*를 구한 후 비교하여 보기로 하자. 이 때 이득 A_v는 Q_1의 베이스에서 Q_2의 에미터까지의 전압 이득으로 계산하여야 하며 다음과 같이 주어진다.

$$A_v \cong -\left(\frac{8k}{26}\right) \cong -307$$

따라서

$$R_{if}^* \cong \frac{R_2}{1 - A_v} = \frac{2k}{308} \cong 6.5\Omega$$

으로 계산되며 근사 계산임을 감안하면 거의 동일한 결과가 얻어짐을 알 수 있다.

이번에는 오디오 파워앰프의 설계 예를 한 가지 보기로 하겠다.

예 5.9 Audio Amplifier 설계

아래와 같은 구조의 오디오 파워 앰프를 다음 조건을 만족하도록 설계하라. 단 트랜지스터의 $\beta_1 = \beta_2 = 100$이고 $\beta_3 = \beta_4 = 50$(I_c=1A조건)이다.

조건: $A_V = 30\text{dB}$, $R_i \geq 5k\Omega$, $P_o \geq 4\text{W}(8\Omega$ 부하)

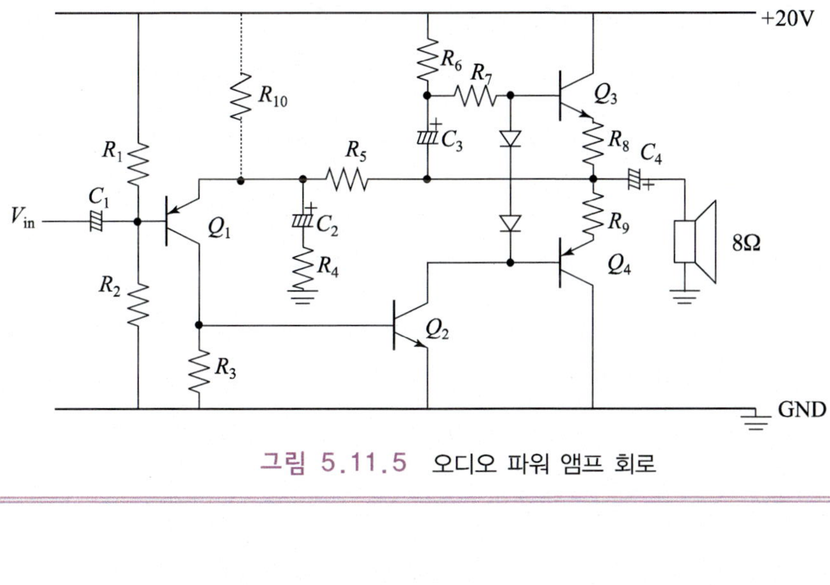

그림 5.11.5 오디오 파워 앰프 회로

Bias 설계

바이어스의 설계방법은 먼저 회로에서 각 중요부분의 직류전위를 설정하고, 그 다음으로 각 소자의 바이어스 전류를 정하고, 마지막으로 각각의 저항값을 결정해가면 된다.이 때 바이어스 전류의 설정은 대개의 경우 출력단부터 시작하여 입력단 방향으로 정해 가는 것이 순서이다. 따라서 이런 점을 고려하여 위 회로에 대한 바이어스를 설계하여 보면 다음에 보이는 바와 같다.

(1) 출력 스윙을 최대로 하기 위하여 R_8, R_9 연결점의 DC 전위를 +10V로 한다.

(2) Q_1의 베이스 전위(V_{B1})는 임의로 정할 수 있으며 여기에서는 +5V로 하자.

(3) 부하가 8Ω이므로 스피커 출력(V_o)의 스윙이 ±8V일 때 $P_o \geq 4\text{W}$ 조건이 만족된다. 이 때 Q_3, Q_4의 최대 전류는 1A가 되며 베이스 전류는 $I_{B3} = I_{C3}/\beta_3 = 1\text{A}/50 = 20\text{mA}$이고 $I_{B4} = -20\text{mA}$가 된다. 따라서 Q_2의 바이어스 전류를 $I_{C4} = 40\text{mA}$로 선택하면

$$P_{C2} = I_{C2} \cdot V_{CE2} = 40\text{mA} \times 9.4\text{V} = 376\text{mW}$$

가 된다.

(4) Q_2의 콜렉터 저항값은 위 (1)항의 직류전위조건과 (3)항을 동시에 고려하면 다음과 같이 된다. 즉, $R_6 + R_7 = 9.4\text{V}/40\text{mA} = 240\Omega$이므로 $R_6 = R_7 = 120\Omega$으로 선택하자.

(5) R_8과 R_9은 Q_3, Q_4의 아이들링(idling) 전류를 안정화시키기 위함이며 여기에서는 $R_8 = R_9 = 0.5\Omega$으로 선택하자.

(6) Q_1의 바이어스 전류는 Q_2의 10%정도로 선택하여 $I_{C_1} = 4\text{mA}$로 한다.

(7) R_3는 V_{BE2}가 대략 0.6 ~ 0.7V인 점을 감안하고 $I_{B2} = I_{C2}/\beta_2 = 0.4mA$이므로 $I_{R3} = 3.6\text{mA}$이다. 따라서 R_3=180Ω으로 선택하자.

(8) $I_{C_1} = 4\text{mA}$이므로 R_1, R_2를 흐르는 바이어스 400uA로 선택할 때 $R_1 + R_2 = 50\text{k}\Omega$이 된다. $V_{B1} = 5\text{V}$이고 I_{B1}을 무시한다면 $R_1 = 12\text{k}$, $R_2 = 38\text{k}$로 선택할 수 있으며이 때 Q_1의 R_{if}는 충분히 클 것이므로 R_i > 5kΩ의 조건이 만족될 수 있음을 쉽게 알 수 있다.

(9) Q_1의 바이어스가 잘 잡혀있다고 가정하면이 회로의 A_{vf}^{∞}는

$$A_{vf}^{\infty} = 1 + R_5/R_4$$

로 주어지므로 $A_{vf}^{\infty} \cong 30\text{dB}$의 조건을 만족시키기 위해서는 대략 $R_5 \cong 30R_4$이면 된다. 따라서

$$R_4 = 100\Omega, \qquad R_5 = 3.3k\Omega$$

으로 선택하자.

이런 상태에서 R_5에 흐르는 전류는

$$I_{R5} = (V_{odc} - V_{E1}) / R_5 = 4.4\text{V} / 3.3\text{k} = 1.3\text{mA}$$

이므로 $I_{C_1} = 4\text{mA}$를 만족시키기 위해서는 그림과 같이 R_{10}을 추가로 연결하여 2.7mA가 더 Q_1의 에미터에 공급되도록 하여야 한다. 이때 필요한 저항값은

$$R_{10} = (V_{supply} - V_{E1}) / 2.7\text{mA} = 14.4\text{V} / 2.7\text{mA} \cong 5.3\text{k}\Omega$$

이 된다.

귀환 해석

바이어스 설계가 완료되었으므로 이번에는 커패시터들의 용량이 충분히 크다고 가정하고 Q_2의 베이스 측을 등가 절단하여 루프 이득을 계산해 보면

$$T \cong \left(\frac{R^*_{C2}}{r_{e2} + 1.8}\right)\left(\frac{8}{0.5+8}\right)\left(\frac{100}{3.3k + 100}\right)\left(\frac{180}{100 + r_{e1}}\right)$$

와 같이 된다. 여기에서 저항값들을

$$r_{e2} = v_T / I_{c2} = 0.65\Omega$$
$$r_{e1} = v_T / I_{c1} = 6.5\Omega$$
$$R^*_{c2} = (1+\beta_3)(0.5+8) // R_7 / (1 - \frac{8}{8+0.5}) \cong 350\Omega$$

을 적용하여 계산하면

$$T = \underbrace{144}_{Q_2} \times \underbrace{0.94}_{Q_3(Q_4)} \times \underbrace{1.7}_{Q_1} \times \frac{1}{34} \cong 6.8$$

이 얻어진다. 따라서 A_{vf}는

$$A_{vf} = A^{\infty}_{vf} \cdot \alpha = 34 \times \frac{T}{D} = 34 \times \frac{6.8}{7.8} \cong 30$$

이 되는데, 이것은 약 30dB의 전압 이득 조건을 만족한다.

왜율

이번에는 이 회로의 왜율에 대해서 알아보기로 한다. 일반적으로 THD(Total Harmonic Distortion)가 몇 %인가로 이야기하지만 이런 형태의 앰프에서는 2차 고조파 성분이 대부분은 차지할 것이므로 HD_2에 대해서만 계산하여 보자.

$V_{opp} = \pm 8\text{V}$로 스윙하는 조건에서 계산해 본다면 다음과 같다.

Q_3, Q_4 : 클래스 B로 동작하므로 홀수 고조파를 발생시키며 짝수 고조파는 발생시키지 않는다.

Q_2 : 콜렉터 전류 변화가 클수록 왜율이 증가하며 $20\text{mA} \le I_{c2} \le 60\text{mA}$ 범위에서 변화하므로 만일 Q_2의 베이스저항 R_3가 0이라고 가정하면 Q_2에 의한 왜율은 $\frac{1}{4} \cdot \frac{\Delta I_c}{I_c} = \frac{1}{4} \cdot \frac{20\text{mA}}{40\text{mA}} = 12.5\%$가 된다. 그러나 베이스저항 R_3에 의한 부귀환 효과를 고려하면 $D^* = 1 + 1.8/0.65 \cong 4$로 주어지므로 베이스저항 R_3의 효과에 의하여 $HD_2|_{Q_2} = 12.5\% / 4^2 \cong 0.8\%$로 줄어들게 된다.

Q_1 : 콜렉터 전류의 변화가 Q_2의 베이스 전류 변화와 동일하므로 $3.8\text{mA} \le I_{c1} \le 4.2\text{mA}$ 이다. 따라서 주변의 저항을 무시하면 $\frac{1}{4} \cdot \frac{0.2\text{mA}}{4\text{mA}} = 1.25\%$ 가 된다. 그러나 에미터 저항 R_4의 효과를 고려하면 거의 무시할 수 있게 된다.

이상의 계산으로부터 전체의 개루프 상태에서의 HD_2는

$$HD_2|_{\text{open}} \cong HD_2|_{Q_2} \cong 0.8\%$$

가 된다. 그러나 R_5와 R_4에 의하여 전체회로에 부귀환이 걸린 상태에서는 다시 한번 D^2으로 나누어 주어야 한다. 따라서

$$HD_2|_{\text{feedback}} = HD_2|_{\text{open}} / D \cong 0.8\% / 7.8^2 \cong 0.013\%$$

가 된다.

그러나 위의 계산에서는 Q_3와 Q_4의 전류이득이 차이로 인하여 발생할 수 있는 왜율과, 커패시터 C_3의 효과에 의한 왜율등이 고려되지 않았으며, 이러한 사항들을 감안한다면 왜율은 위의 계산결과보다 좀 더 커지게 될 수 있다. 또한 제6장에서 언급이 되겠지만 주파수가 높아지면서 대부분 루프이득이 감소하게 된다. 이런 효과에 의하여 왜율은 주파수가 상승함에 따라 일반적으로 훨씬 더 빠른 속도로 상승하게 된다. 그러므로 광대역에 걸쳐서 왜율을 매우 낮게 유지하도록 설계하는 일은 쉽지 않은 일이라고 할 수 있다.

검토 및 보완

만일 더 좋은 성능을 원한다면 회로 구조 자체를 바꿈으로써 가능하게 된다. 그러나 이와 같은 구조에서 회로를 크게 변형시키지 않고도 간단한 방법으로 루프 이득을 증가시킬 수 있다면 어느 정도의 성능 개선이 가능하게 된다.

루프 이득의 계산식으로 되돌아가서 보면 Q_1에서의 이득이 너무 작게 얻어지고 있음을 알 수 있다. 여기에서의 이득을 약 4배 정도 증가시킬 수 있다면 왜율은 약 1/16배 줄어들게 될 것이다. 이것은 R_4를 1/4로 줄이면 가능하며 전체 이득을 동일하게 유

지하기 위해서는 R_5의 값도 동일한 비율로 줄여주면 된다. 따라서 한 가지 조합으로

$$R_1 = 22\Omega, \qquad R_2 = 680\Omega$$

으로 선택한다면 $D \cong 28$로 증가하며 2차 고조파 왜율은 매우 작은 값으로 줄어들게 된다. 이와 같이 귀환 회로의 해석을 통하여 루프 이득을 적절히 설계할 수 있으며, 이런 방법이 증폭기의 성능 개선을 위하여 매우 중요한 수단이 됨을 알 수 있다.

직류 바이어스 귀환

우리는 지금까지 교류 신호에 대한 루프 이득을 구하는 데 익숙해져 있었다. 그러나 직류에 대한 루프 이득도 매우 중요하다. 왜냐하면이 직류 루프 이득이 바이어스의 안정성을 좌우하기 때문이다. 커패시터를 사용하지 않고 직결된 증폭기에 있어서는 직류 루프 이득과 교류 루프 이득이 다르지 않다. 그러나 여기에서 제시된 바와 같은 형태의 증폭기에서는 두 가지 루프 이득이 서로 다르며 직류 루프 이득은 커패시터들을 개방시킨 등가 회로로부터 계산될 수 있다. 주어진 파워 앰프로부터 직류 등가 회로를 간략화 하여 그려보면 그림과 같다. 그림 5.11.5의 기본회로에서 Q_4는 Q_3와 동일한 역할을 하므로 생략하였고 R_8, R_9는 R_5에 비하여 충분히 작으므로 무시하였다. R_{10}도 또한 Q_1의 에미터측 저항보다 충분히 크므로 생략하였다.

이 회로로부터 Q_2의 베이스(1) 측과 Q_3의 에미터(2) 측을 등가 절단하여 근사적으로 루프 이득(T_{DC})을 구해보면

$$\begin{aligned} T_{DC} &\cong \left(\frac{R_6 + R_7}{r_{e2} + R_3/\beta_2}\right)\left(\frac{R_3}{R_5 + r_{e1} + (R_1 // R_2)/\beta_1}\right) \\ &= \left(\frac{240}{0.65 + 1.8}\right)\left(\frac{180}{3.3k + 6.5 + 9k/100}\right) \\ &= 5.2 \end{aligned}$$

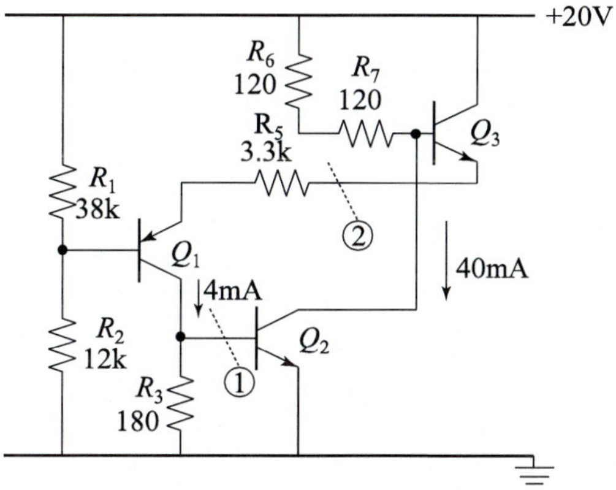

그림 5.11.6 간략화한 직류 등가 회로

같이 계산된다. 한편 이렇게 얻어진 $T_{DC}=5.2$라는 값이 충분한지 혹은 불충분한지 판단해볼 필요가 있다. DC 바이어스의안정성 문제는 주로 온도 변화에 대한 바이어스 안정성과 트랜지스터의 증폭률의 변화등과 같이 소자 값의 편차에 따른 변화를 생각할 수 있다. 여기에서는 온도 변화에 따른 문제를 고려해 볼 때 가장 많은 영향을 주는 부분이 Q_2의 V_{BE} 변화임을 알 수 있다. 왜냐하면 Q_2에서 376mW의 정력을 소모하고 있고 또한 전압 이득을 가장 크게 얻고 있는 증폭단이기 때문이다. V_{BE2}가 온도의 함수로 변화할 때 가장 크게 문제가 되는 바이어스의 변화는 출력 전압 V_o (= R_8, R_9 연결점의 전위)의 DC 전위 변화이다. 왜냐하면 V_o의 DC 전위 중간(+10V)에서 벗어나면 V_{CE3}와 V_{CE4}의 바이어스 전압이 달라지게 되며, 따라서 교류 신호에 대한 출력 스윙의 최대 진폭이 작아지게 되며 또한 Q_3와 Q_4의 전력 소모가 차이 나기 때문이다.

만일 Q_2의 V_{BE}가 전력소모로 인한 가열로 온도가 상승함에 따라 감소하여 $\Delta V_{BE2}=-0.18V$ 만큼 변화하였다고 가정해 보자. 이것은 대략 $\Delta T=+90^{\circ}C$ 정도의 온도 변화에 따른 V_{BE}의 감소에 해당하는데 이것은 주변온도 조건의 상승과 트랜지스터의 자체가열에 의한 추가상승을 고려하면 충분히 가능한 이야기 이다. 이렇게 되면 V_o의 DC 전위가 중간에서 벗어나게 되는데 그 변화분은 대략 −3.3V 정도가 된다. 그 이유는 $\Delta V_{BE2}=-0.18\text{V}$ 변화는 1mA 정도의 트랜지스터 Q_1 콜렉터 전류의 감소를 가져오게 되는데 이것은 R_5에 흐르는 전류의 변화가 1mA가 되도록 V_o의 DC 전위가 감소하는 것으로 나타나기 때문이다.이 결과로 출력트랜지스터의 전압배분이 각각 (V_{CE4}, V_{CE3}) = (6.7V, 13.3V)로 변화하게 되는데 이것은 수용하기 어려운 변화임을 알 수 있다.

따라서 위와 같은 문제를 해결하기 위한 방안으로는 직류 루프 이득을 증가시켜야 한다. 만일 위에서 제시한 경우와 같이 루프이득을 증가시키기 위한 조합으로 $R_1=22\Omega$, $R_2=680\Omega$을 사용하는 경우에는 Q_1 콜렉터 전류 1mA감소에 해당하는 출력 V_o의 DC 전위 감소는 0.68V 변화할 뿐임을 알 수 있다. 즉, 이 경우에는 각각 (V_{CE4}, V_{CE3}) = (9.3V, 10.7V)로 바뀌게 된다. 이상의 예에서 보는 바와 같이 귀환저항의 선택에 따라 루프이득이 달라지며 루프이득의 크기에 따라 성능에 많은 차이가 나타날 수 있음을 알 수 있다.

부록 5A

부귀환의 통일적 해석방법에 대한 부연 설명

◎ Feedback 회로 해석방법을 여기에 다시 요약하면 다음과 같다.

1)* 회로를 보고 feedback network을 파악한다.
이로부터 $A_{Vf}|_{T\to\infty}$를 알 수 있다.
여기에서 A_{Vf}의 의미는 이미 본문에 언급한 바와 같이 귀환회로의 종류에 관계없이 모든 귀환회로를 전압귀환 회로 한 가지로 통일하여 해석하겠다는 것이다.

2) Loop gain이 얼마인지 알기 위하여 T를 계산한다.
이 때 보정인자는 $\left(\dfrac{T}{1+T}\right)$가 되며, 실제 A_{Vf}는

$$A_{Vf} = A_{Vf}|_{T\to\infty} \times \left(\frac{T}{1+T}\right)$$

로 주어지고, $T \geq 10$ 인 경우 10% 이내의 오차로

$$A_{Vf} \approx \frac{1}{F^*}$$

라고 말할 수 있다. 그러나 $A_{Vf}|_{T\to\infty} = \dfrac{1}{F^*}$ 이므로 T가 ∞가 아닌 경우의 A_{Vf}는

$$A_{Vf} = \frac{1}{F^*} \times \left(\frac{T}{1+T}\right)$$

가 되는 것이다. 여기에서 F^*의 정의가 기존 방법에서와는 다른 것이다. 즉, 통일적 해석방법에서는 귀환회로의 종류나 형태에 관계없이 단순히 루프이득이 무한대일 때 얻어지는 전압이득의 역수로 정의한다. 다음의 예를 보자.

예 통일적 방법에서 $A_{Vf} \approx \dfrac{1}{F^*}$이라고 할 때 예를 들어 voltage-series와 voltage-shunt의 경우를 보면 각각 $\dfrac{1}{F^*}$이 기존 방법으로 정의되는 개념과는 다른데, 그럼에도 불구하고 위와 같이 해석이 가능한가?

풀 이 가능하다. 아래 두 가지 경우를 보자.

(voltage-shunt)

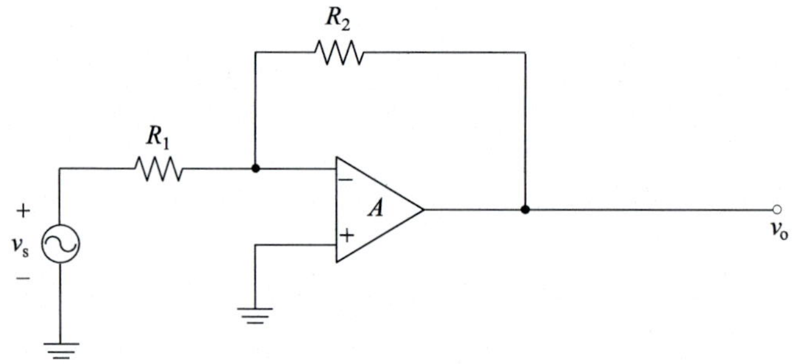

$$|A_{vf}|=\frac{R_2}{R_1}\cdot\left(\frac{T}{1+T}\right)$$

(voltage-series)

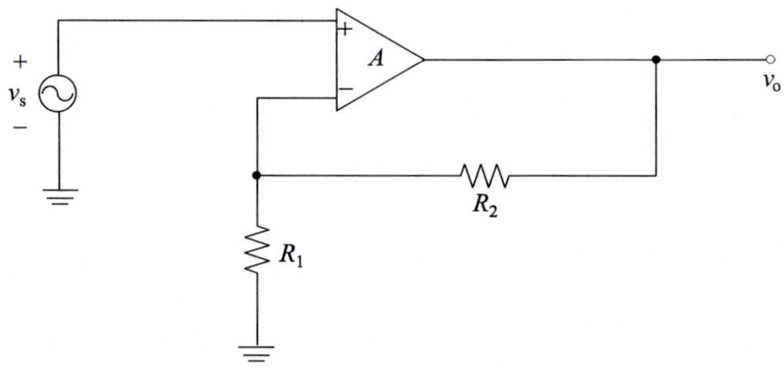

$$|A_{vf}|=\frac{R_1+R_2}{R_1}\cdot\left(\frac{T}{1+T}\right)$$

그림 5A.1 두 가지 귀환회로 비교

이 두 회로에서 $\frac{1}{F^*}$이 하나는 $\frac{R_2}{R_1}$이고, 다른 하나는 $\frac{R_1+R_2}{R_1}$이다. 그런데도 불구하고 위에서 언급한 해석방법은 타당하다. 예를 들어 $|a|$가 충분히 크지 않을 때 Voltage-series의 경우를 보자.

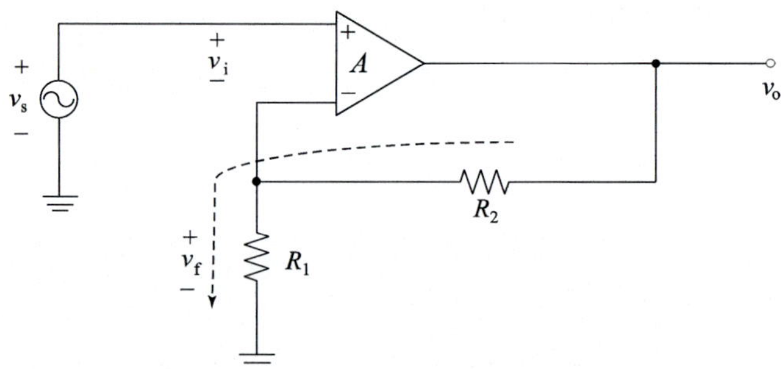

그림 5A.2 전압 직렬 귀환 회로

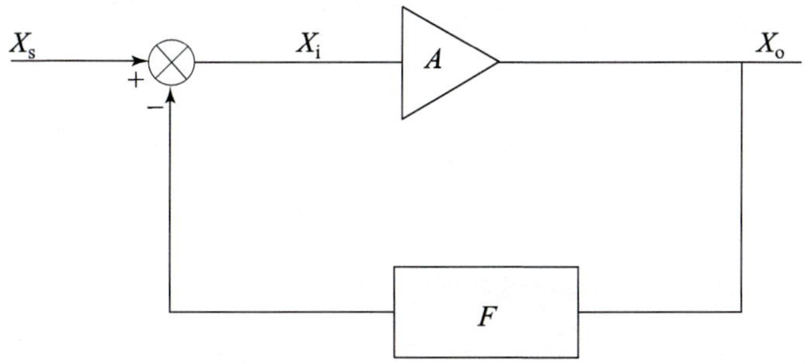

그림 5A.3 feedback block diagram

이 회로에서 루프이득 T는 $T = \frac{R_1}{R_1 + R_2} a$ 로 주어지며 Voltage-shunt의 경우에도 T의 표시식은 동일하다. 이때 오차신호는 $V_i = \frac{1}{1+T} V_s$로 주어짐을 알 수 있다. 여기에서 오차신호 Vi는 아래와 같이 기존의 feedback block diagram에서

$\frac{X_i}{X_s} = \frac{1}{1+T}$ or $X_i = \frac{1}{1+T} X_s$로 주어지는 Xi에 해당하는 값이다.

한편, T가 작은 경우에는 입력신호의 크기에 비하여 error voltage v_i를 무시할 수 없게 되고,이 경우 R_1 양단의 전압 v_f는

$$v_f = v_s - v_i = v_s - \frac{1}{1+T} v_s = \frac{T}{1+T} v_s$$

가 됨을 알 수 있다.

이 때, Op-앰프의 입력 임피던스가 충분히 커서 입력전류를 무시할 수 있다고 하면 R_1과 R_2를 흐르는 전류가 동일하게 되므로 R_2양단의 전압강하 V_{R_2}는

$$v_{R2} = \frac{v_f}{R_1} \cdot R_2 = \frac{R_2}{R_1} \cdot \left(\frac{T}{1+T} \right) v_s$$

가 된다. 여기에서 $v_o = v_f + v_{R2}$ 이므로

$$\frac{v_0}{v_s} = \left(1 + \frac{R_2}{R_1} \right) \left(\frac{T}{1+T} \right) = \frac{1}{F} \frac{T}{1+T}$$

로 주어지게 되는데 이것은 기존의 방법으로 구한 결과와 동일하게 됨을 알 수 있다.

마찬가지 방법으로, Shunt feedback의 경우에도 위와 동일한 개념을 적용할 수 있다. 따라서 출력전압을 구해보면

$$v_o = -\frac{R_2}{R_1} \cdot \left(\frac{T}{1+T} \right) v_s + \frac{1}{1+T} v_s = -\frac{R_2}{R_1} \cdot \left(\frac{T}{1+T} \right) v_s + v_i$$

가 된다. 여기에서 입력측의 오차신호 v_i는 출력신호 크기에 비하여 충분히 작으므로 무시해도 무방하다. 따라서

$$|v_o| | \cdot \frac{1}{F^*} \cdot \frac{T}{1+T}, \quad \text{여기에서 } F^* = \frac{R_1}{R_2}$$

로 표시될 수 있음을 알 수 있다.

즉, 두 경우 모두 T의 표시식은 동일하며, F는 다르게 표시될지라도 역시 일반적인 해석 방법의 범주에서 벗어나지 않음을 알 수 있다. 즉, 기존의 feedback 정의에 의하면 Voltage shunt의 경우에는 $F = I_f / v_o$로 정의되지만, 본 해석에서는 귀환회로의 종류에 관계없이 모두 전압귀환으로 통일하여 $F^* = 1/ A_{vf}|_{T \to \infty}$로 보는 것이 차이점인 것이다.

EXERCISE

05 연습문제

5.1 다음 그림 P5.1의 회로에 대해서 물음에 답하라.

1) 이 회로에서 R_{if}, R_a, R_{of}를 각각 구하라.

2) 전압이득 A_{vf}^{∞}와 A_{vf} $(=V_o/V_s)$의 표현식을 각각 구하라.

3) 이 회로를 차동증폭회로 구조를 변형하여 보이고 중간주파수에서 오차 1% 이내로 $A_{vf}=20$이 되도록 모든 저항값을 설정하라. 단, 전원전압은 각각 $V_{CC}=+10$ V, $V_{EE}=-10$ V를 사용하고, 트랜지스터의 바이어스 전류는 각각 $I_{C1}=1$mA, $I_{C2}=2$mA로 설정할 것.

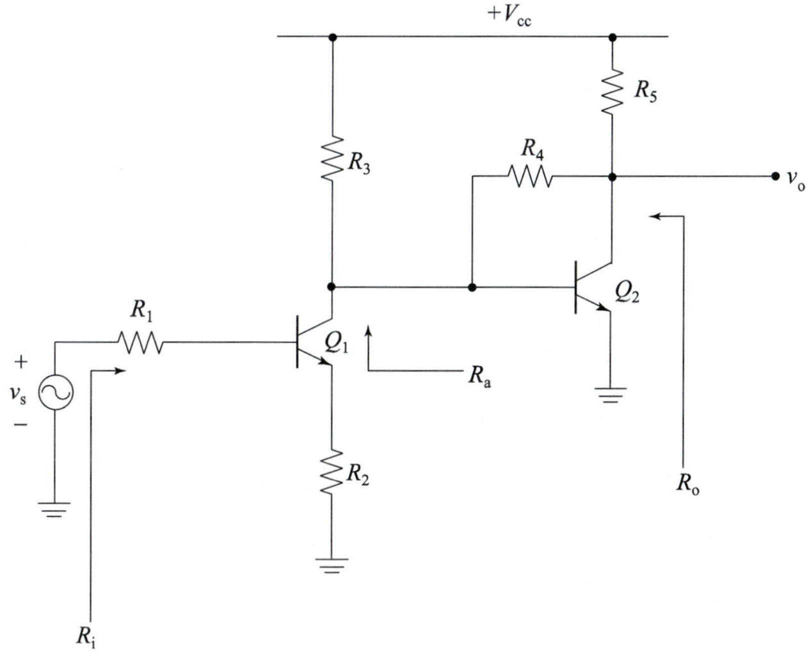

그림 P5.1

5.2

다음 그림P5.2의 회로에 대해서 물음에 답하라.

단, 트랜지스터 파라미터는 $\beta = 100$, $V_{BE} = 0.6V$, $V_A = \infty$ 이다.

1) 각각의 저항 값 R_{C1}, R_{E2}, R_{C3}, R_{E3}을 정하되 트랜지스터 바이어스 전류를 $I_{C1} = I_{C2} = I_{C3} = 1mA$로 하고 Q_2의 에미터 전위를 $V_{E2} = 3V$가 되게 설정하라.

2) 전압이득 A_{vf}^{∞}와 A_{vf} $(=V_o/V_s)$를 각각 구하고 비교하라.

3) 각 단자에서 들여다 본 등가저항 R_i, R_a, R_b, R_o를 각각 구하라.

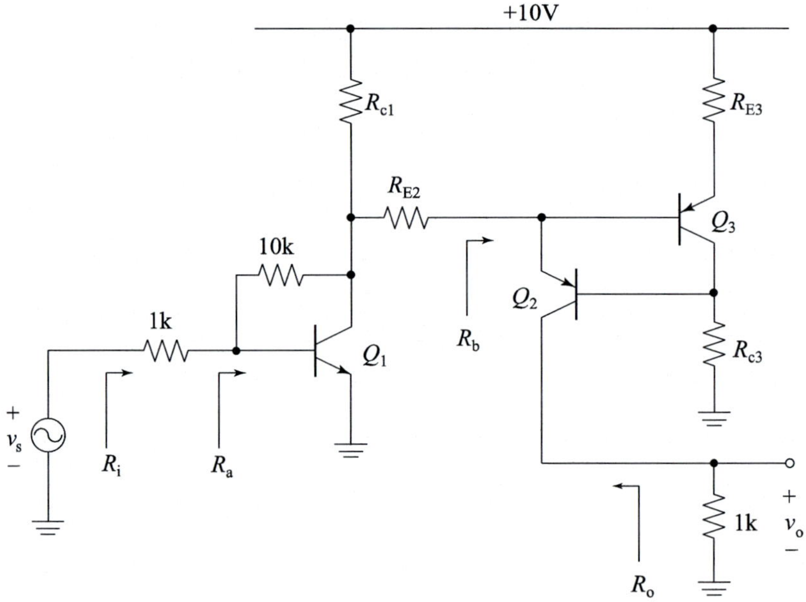

그림 P5.2

5.3

다음 그림 P5.3의 회로에 대해서 물음에 답하라.

단, 트랜지스터의 $V_{BE} = 0.6\text{V}$, $\beta p = \beta n = 100$, $V_{AP} = V_{AN} = 100\text{V}$이다.

(1) $I_{C_1} = I_{C_2} = I_{C_3} = 1\text{mA}$의 조건을 만족하는 R_{B1}은 얼마인가?

(2) Q_1과 Q_2로 형성되는 루프이득 T를 구하라.

(3) node ①, ②, ③에서의 impedance는 각각 얼마인가?

(4) node ④에서 Q_3의 collector측을 들여다본 R_{of}를 구하라.

(5) $A_{vf1}^{\infty}(= v_{o1}/v_s|_{T\to\infty})$는 얼마인가?

(6) $A_{vf2}(= v_{o2}/v_s)$를 구하라.

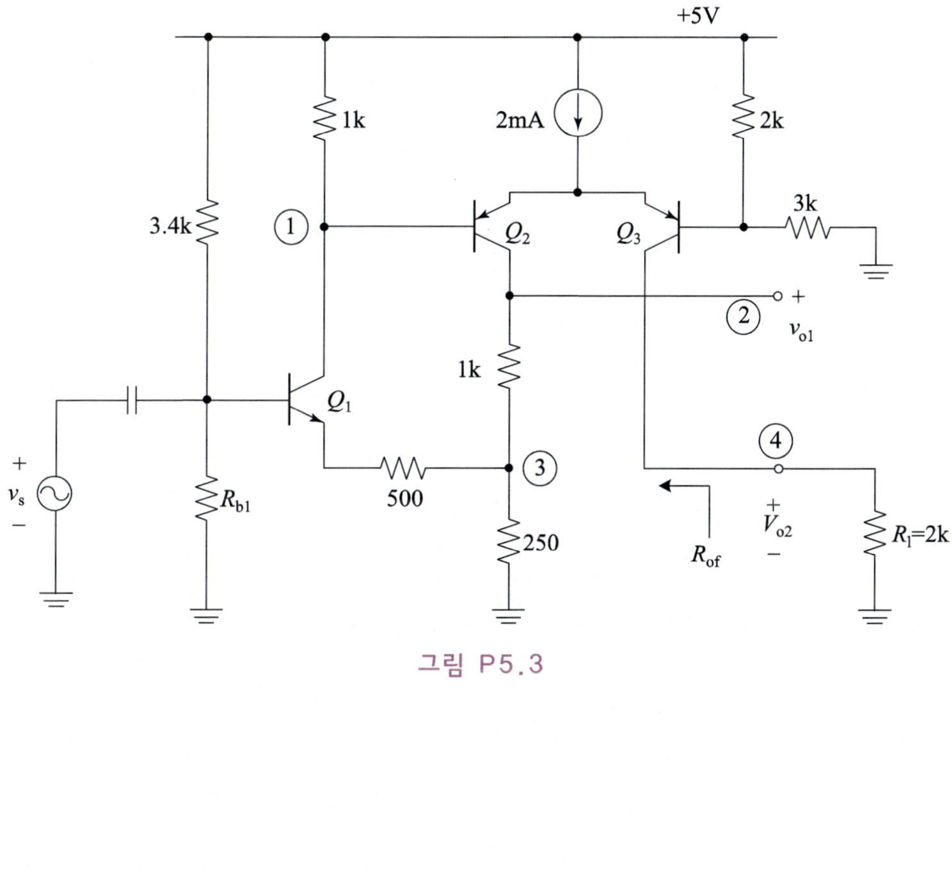

그림 P5.3

5.4 다음 그림 P5.4의 회로에 대해서 물음에 답하라. 단, 소자의 파라미터들은 다음과 같다.

$$\text{BJT} : \beta = 100,\ V_A = 100V$$

$$\text{MOS} : W = 20\mu\text{m},\ L = 2\mu\text{m},\ V_A = 10\text{V}/\mu\text{m},\ K_n = 80\ \mu\text{A}/\text{V}^2,\ V_t = 0.7\ \text{V}$$

(1) 루프이득 T를 구하라.

(2) 입력임피던스 R_{if}를 구하라.

(3) 출력임피던스 R_{of}를 구하라.

(4) Q_1 콜렉터에서의 전류이득 $\frac{i_{o1}}{i_i}$을 구하라.

(5) Q_2 드레인에서의 전류이득 $\frac{i_{D2}}{i_i}$을 구하라.

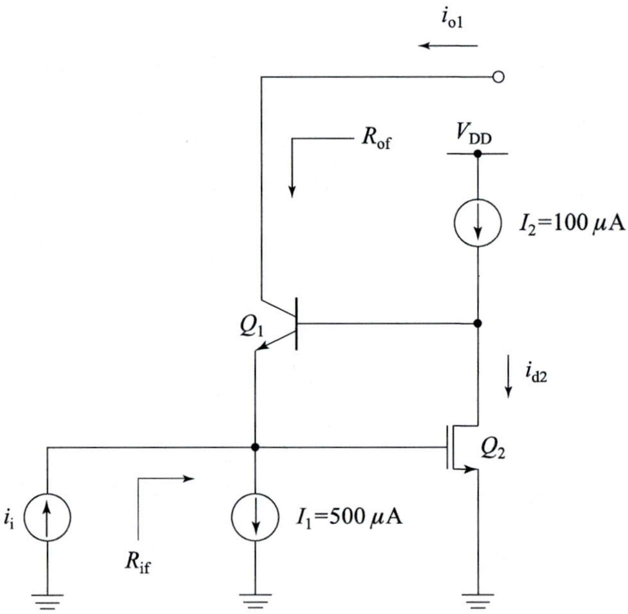

그림 P5.4

06 부귀환 증폭기에서의 주파수 응답 및 안정도

서 론

전자회로의 설계에 있어서 부귀환은 매우 중요하면서도 편리한 개념이다. 부귀환을 인가할 때 가장 먼저 고려해야 할 사항은 루프이득을 얼마로 설계할 것인가 하는 것이다. 루프이득을 크게 할 수 있다면 왜율이라든가 임피던스 및 이득의 관점에서 원하는 설계를 쉽게 할 수 있을 것이다. 그러나 그렇게 할 수 없는 것은 안정도가 문제가 되기 때문이다. 따라서 안정성에 대한 개념이 없이는 귀환회로를 설계할 수 없으며 반드시 알아야 할 매우 중요한 개념인 것이다.이 장에서는 바로 이러한 문제를 다룬다.

귀환회로의 설계는 안정성을 유지하면서 루프이득과 대역폭을 원하는 수준으로 얻을 수 있도록 하는 것이 중요하다. 그렇게 하기 위해서는 영점과 극점의 위치와 부귀환의 양에 따른 안정도를 파악하고, 안정성을 향상시키기 위한 방안을 마련해야 한다. 귀환회로에서의 안정도를 파악하는 방법은 여러 가지가 있지만 그 중에서도이 장에서는 근궤적법, 나이키스트선도 및 보드선도에 관한 내용을 기술하고, 안정성을 개선하기 위한 보상회로에 대해서 알아본다. 또한 수동보상과 능동보상에 대해서 언급하고, 보드선도를 사용한 보상회로설계 방법에 대해서 상세히 설명한다. 마지막으로 광대역 보상방법과 연산증폭기의 보상방법 및 슬루율에 대해서 기술한다.

6.1 부귀환 회로의 안정도

부귀환 증폭기를 설계함에 있어서는 일반적으로 다음의 세 가지 조건을 고려하여야 할 필요가 있다.

1) 어떻게 안정성을 보장할 것인가.
2) 어떻게 하면 주어진 대역폭을 만족시키면서 평탄한 주파수 특성을 얻을 수 있겠는가.
3) 어떻게 스텝 응답을 오버슈트(overshoot) 없이 빠르게 할 것인가.

이상의 세 가지가 서로 연관되어 있으며 별개의 문제라고는 할 수 없다. 이 장에서는 주로 안정성과 주파수 특성의 관점에서 부귀환의 설계에 대해서 살펴 보기로 하겠다.

부귀환과 정귀환

그림 6.1.1은 부귀환의 기본구성에 대해서 다시 보인 것이다. 여기에서 A와 F가 주파수와 무관하게 일정한 값을 가지고 있다면 루프이득 T는

$$T = FA > 0 \tag{6.1.1}$$

이고 입력측 비교기에서 음(−)의 부호로 더해지고 있으므로 항상 부귀환의 조건을 만족하고 있다. 그러나 이 경우 만일 $T < 0$이라면 이것은 정귀환(positive feedback)에 해당하며 일반적으로 정귀환이 걸리면 불안정한 것으로 알려져 있다. 하지만 정귀환이 걸려 있다고 항상 불안정한 것은 아니며 이 때는 루프이득의 크기가 문제가 된다. 실제로 증폭기에 부귀환을 인가하였다 하더라도 모든 주파수에서 항상 부귀환이 보장되는 것은 아니다. 즉, 루프 내에 존재하는 몇 개의 극점에 의한 위상 지연 때문에 어떤 주파수(w_1)에서는 정귀환이 걸릴 수 있고 그렇더라도이 주파수에서 루프이득 T의 크기가 의 조건을 만족하기만 하면 안정될 수 있다. 그러나 이런 경우에는 얼마나

$$|T(j\omega_1)| < 1 \tag{6.1.2}$$

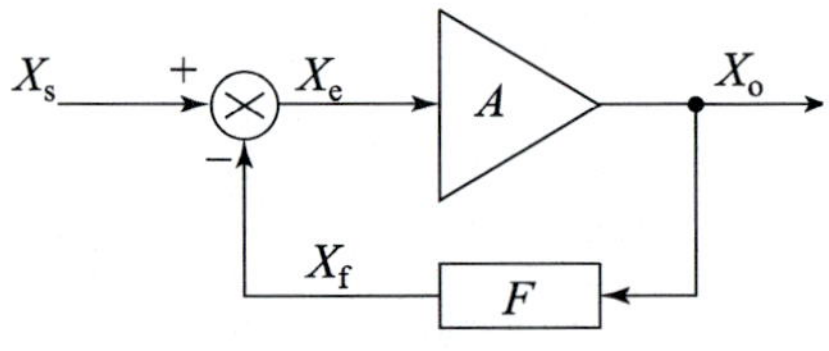

그림 6.1.1 부귀환의 기본 구성

안정성이 좋은지를 표시하는 지표로서 위상 여유(phase margin)와 이득 여유(gain margin)를 이야기하게 된다.

모든 주파수에서 항상 $T < 0$, 즉 T가 복소수가 아닌 실수이며 정귀환인 회로는 그림 6.1.2와 같은 회로이다.이 경우에는 T의 크기에 따라서 다음과 같이 정리될 수 있다. 즉,

$-1 < T < 0$	선형 증폭기
$T < -1$	슈미트 트리거

가 된다. 여기에서 $-1 < T < 0$ 경우는 폐루프 이득이 개루프 이득보다 더 큰 선형 증폭기로 동작하며, $T < -1$인 경우는 히스테리시스(hysterisis)를 가진 슈미트 트리거(Schimidt trigger) 회로로 동작한다. 만일 T를 복소수 형태로 만들면 발진회로(oscillator)가 된다. 예를 들어 Wien Bridge Oscillator가 여기에 해당한다.

한편 그림 6.1.1의 기본 구성에서 폐루프 이득을 A_f라 하면

$$A_f = \frac{A}{1+T} \tag{6.1.3}$$

와 같이 표시된다. 여기에서 $T > 0$ 인 경우에는 $A_f < A$ 이며 안정된 이득을 가짐을 알 수 있다. 그러나 $T < 0$의 구간을 살펴보면 $T = -1$ 인 점에서는 $A_f = \infty$ 이므로 불안정함을 의미한다. 그러나 여기에서 만일 $T < -1$ 이면 어떻게 되는가? 그렇게 되면 이 식은 $A_f < 0$이 되며 안정한 값을 가지는 것으로 나타난다. 그렇다면 $T = -1$ 인 점을 제외하고 $T < -1$ 인 경우에도 안정하다고 말해야 옳지 않겠는가 하는 의문이 있을 수 있다. 그러나 이것은 옳지 않은데 그 이유는 식 (6.1.3)이 성립하기 위해서는

$$X_e = X_s - TX_e \tag{6.1.4}$$

의 관계가 만족되는 정상상태가 존재하여야 한다. 그러나 $T < -1$ 인 경우에는 이런 조건이 만족되는 정상상태가 존재하지 않으며 따라서 식 (6.1.4)가 성립하지 않게 되므로 식 (6.1.3)은 옳은 관계식이 아니기 때문이다.

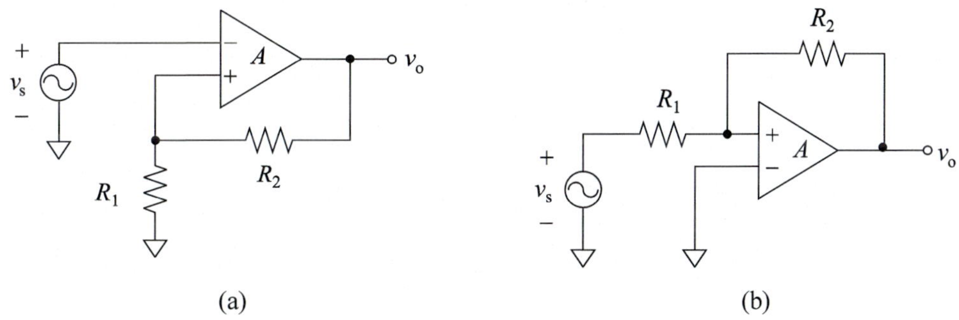

그림 6.1.2 정귀환이 걸린 두 가지 회로 예

6.2 부귀환과 극점의 변화

부귀환이 걸리면 극점의 위치가 변화하며 대역폭이 달라지게 된다. 따라서 스텝 응답도 달라지게 되며 어떤 경우에는 불안정한 영역으로 넘어갈 수도 있다. 다음에 극점의 수에 따라 달라지는 몇 가지 예를 살펴보기로 하겠다.

단극점 응답

개루프 이득 특성이 다음과 같이 극점이 한 개인 경우를 생각해 보자. 즉,

$$a(s)=\frac{a_0}{1+s/\omega_1} \tag{6.2.1}$$

와 같이 주어진다면이 때 폐루프 응답 특성은 다음과 같이 주어진다.

$$\begin{aligned}A_f(s)&=\frac{a(s)}{1+Fa(s)}\\&=\left(\frac{a_0}{1+Fa_0}\right)\left(\frac{1}{1+s/\omega_1(1+Fa_0)}\right)\end{aligned} \tag{6.2.2}$$

따라서이 식으로부터 대역폭은 $(1+Fa_0)$배 만큼 증가하며, 중간 주파수의 이득은 $(1+Fa_0)$배 만큼 줄고, 이득과 대역폭의 곱은 변화하지 않음을 알 수 있다. 또 식 (6.2.2)로부터 주파수가 매우 높은 영역 즉 $\omega >> \omega_1\ (1+Fa_0)$인 범위에서는

$$A_f(s)\cong a(s) \tag{6.2.3}$$

의 관계가 있으며 부귀환의 영향력이 없어지는데 이것은 고주파 영역에서 $|Fa(s)| << 1$이 되어 부귀환의 효과가 없어지기 때문이다. 이와 같은 관계를 그림 6.2.1에 보여주고 있다. 이 그림에서 보이는 바와 같이 극점이 한 개인 증폭기는 부귀환의 양에 관계없이 항상 안정하게 된다.

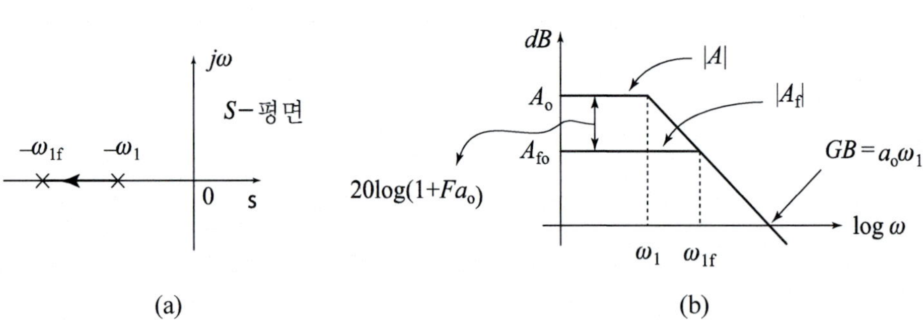

그림 6.2.1 부귀환이 걸린 경우 단극점 응답 특성

증폭기의 이극점 응답

개루프 이득이 두 개의 극점을 가진 경우를 생각해 보자. 즉,

$$a(s) = \frac{a_0}{(1+s/\omega_1)(1+s/\omega_2)} \tag{6.2.4}$$

부귀환이 걸린 경우의 표시식은

$$A_f(s) = \frac{a_0}{(1+Fa_0)+a_1 s+a_2 s^2} \tag{6.2.5}$$

와 같은 형태가 되며, 이것을 ω_o와 Q의 관계로 나타내면

$$A_f(s) = \frac{A_{fo}}{1+\frac{1}{Q}\left(\frac{s}{\omega_o}\right)+\left(\frac{s}{\omega_o}\right)^2} \tag{6.2.6}$$

와 같은 형태가 되는데, 여기에서 ω_o와 Q는 각각

$$\omega_o^2 = (1+Fa_0)/a_2 \tag{6.2.7}$$

$$Q^2 = a_2(1+Fa_0)/a_1^2 \tag{6.2.8}$$

으로 주어지게 된다. $A_f(s)$의 극점의 변화를 S-평면상에서 도시하면 그림 6.2.2와 같이 주어진다. 식 (6.2.6)에서 분모 $= s^2+2\alpha s+\omega_o^2$으로 나타낼 때 $Q=\omega_o/2\alpha$로 주어지며 근 궤적도(root locus diagram) 상에서 실축과 원점에서 극점을 연결하는 선분이 이루는 각을 θ라 할 때 Q는

$$Q = \frac{1}{2\cos\theta} \tag{6.2.9}$$

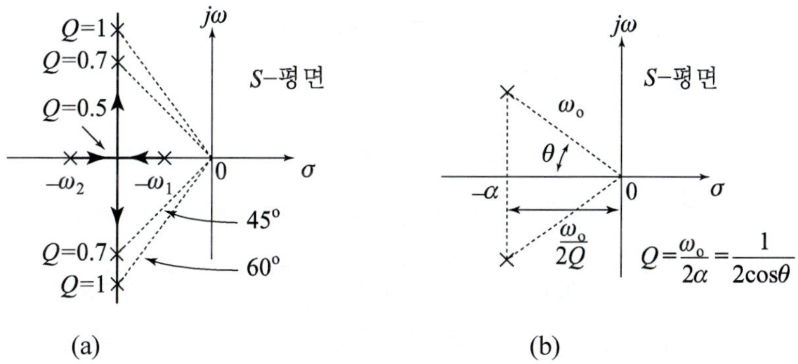

그림 6.2.2 극점이 두 개인 부귀환 증폭기의 근 궤적도

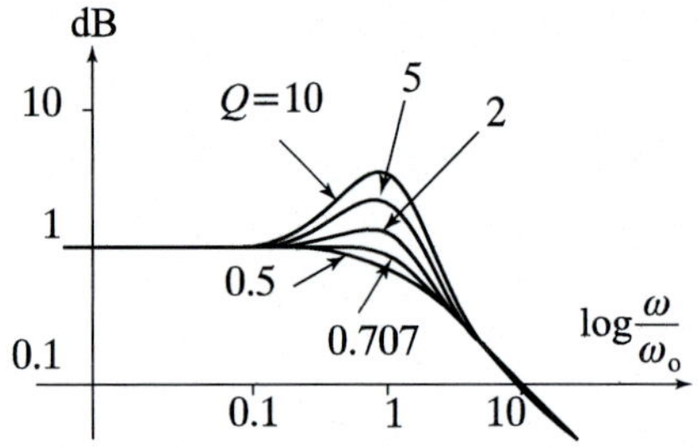

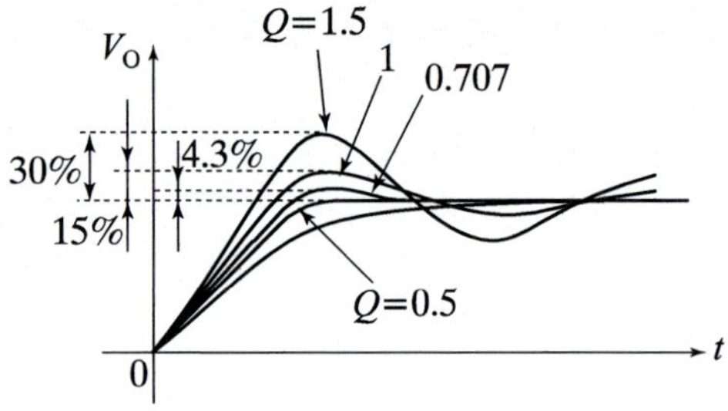

그림 6.2.3 두 극점 증폭기의 Q와 보드선도(a) 및 스텝응답(b)

와 같이 표시될 수 있다. 이 식으로부터 θ가 영에 가까워질수록 근은 실축에 가까운 위치에 오게 되고 Q는 낮은 값을 가지게 된다. 근이 실축상에 존재할 때는 $Q = 0.5$이며, Q가 0.5 보다 큰 값을 가지는 것은 근이 복소쌍극을 이루는 경우이다. 그림에서 θ가 $\pi/2$에 가까워질수록 두 근의 위치는 허축에 가까워지고 Q는 큰 값을 가지게 됨을 알 수 있다. 또한 θ가 $\pi/4$ 일 때는 Q가 $1/\sqrt{2}$의 값을 가지며 스텝응답에서 피킹이 발생하지 않는 임계댐핑의 조건이 된다.

한편, 식 (6.2.7) 및 (6.2.8)로부터 루프이득이 증가할수록 쌍극점이 형성되어 실축에서 멀어지게 되고 Q값이 증가하게 된다. 또한 Q값이 증가함에 따라 보드선도와 스텝응답은 피킹이 발생하게 되며 그림 6.2.3에 보여주는 바와 같다. 이와 같이 극점이 두 개인 경우는 루프 이득을 증가시키면 피킹이 발생하지만 극점이 s-평면상에서 항상 좌반면에 존재하게 되므로 불안정하게 되지는 않는다.

증폭기의 삼극점 응답

증폭기가 다음과 같이 세 개의 극점을 가진 경우를 보자. 즉,

$$a(s) = \frac{a_0}{(1+s/\omega_1)(1+s/\omega_2)(1+s/\omega_3)} \tag{6.2.10}$$

로 주어진다고 할 때 부귀환이 걸리는 경우는

$$A_f(s) = \frac{a_0}{(1+Fa_0)+a_1 s+a_2 s^2+a_3 s^3} \tag{6.2.11}$$

와 같이 표시되며 그림 6.2.4에 보이는 바와 같이 루프이득이 증가함에 따라 극점이 우반면으로 넘어갈 수 있게 되어 불안정하게 될 수 있다. 적절한 루프이득을 가지게 하면 복소 쌍극(complex pole pair)이 형성되는데 이런 경우의 주파수 응답 및 스텝 응답은 복소 쌍극의 위치에 따른 Q 값으로부터 어느 정도 유추할 수 있다. 이 때 실수축에 존재하는 극점의 효과에 의해서 복소 쌍극만 존재하는 경우에 비하여 주파수 특성과

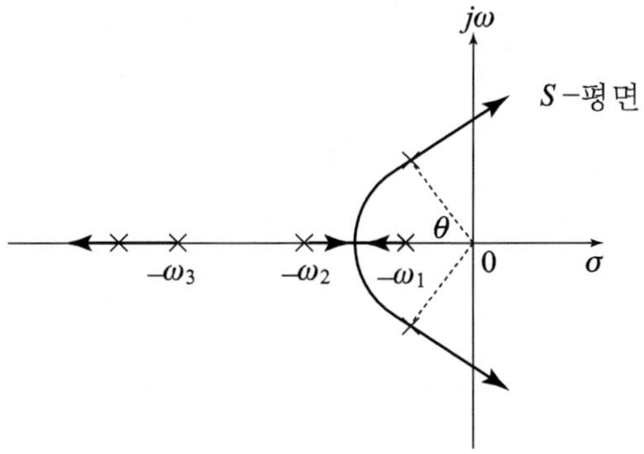

그림 6.2.4 삼극점 증폭기의 부귀환시 근 궤적도

스텝 응답의 피킹이 다소 줄어들게 된다.

일반적으로 부귀환 증폭기를 설계하는 관점은 주파수 응답과 과도응답 특성의 허용 가능한 피킹의 범위 안에서 루프이득이 최대한 크게 되도록 기본 증폭기와 귀환 인자를 결정하는 것이나. 다음은 증폭기에서 극점과 영점이 여러 개 존재하는 경우에 부귀환에 의해서 이들의 위치가 S 평면상에서 어떻게 변화해 가는지를 알아보기 위하여 근의 궤적을 부귀환의 양에 따라 도시하는 방법에 대해서 살펴보기로 하자.

6.3 근 궤적도를 그리는 법

근 궤적도(root locus plot)는 부귀환 시스템에 있어서 중간 주파수 대역의 루프 이득을 변화시킬 때 극점의 위치가 변화해가는 모습을 도시한 것이다. 근 궤적도를 그리는 방법을 이해하는 것만으로도 부귀환 시스템의 안정도가 어떨 것인지 이해하는 데 상당한 도움을 준다. 다음에 근 궤적도법에 관해서 개략적으로 설명하고자 한다.

근 궤적의 출발점과 종점

중간주파수 대역에서 귀환량을 증가시킴에 따라서 $A_f(s)$의 극점의 궤적은 루프이득 $T(=aF)$의 극점에서 출발하여 T의 영점에서 끝나게 된다.

증명

루프이득 T를 다음과 같이 표시해 보자. 즉,

$$T = Fa = F_0 a_0 g(s) \tag{6.3.1}$$

따라서 $A_f(s)$는

$$A_f(s) = \frac{a(s)}{1 + F_0 a_0 g(s)} \tag{6.3.2}$$

이 되는데, 이 식으로부터 $A_f(s)$의 극점의 위치는

$$F_0 a_0 g(s) = -1 \tag{6.3.3}$$

의 조건을 만족하는 s의 값이 된다. 여기에서 만일 a_0F_0값이 작을 경우, 즉 귀환량이 작을 경우에는 식 (6.3.3)을 만족하기 위한 s의 값은 $g(s)$가 매우 큰 값을 가지는 s의 값 근처에 존재하게 될 것이며 이것은 곧 $T(s)$의 극점의 위치에 가까이 존재함을 의미한다. 즉, a_0F_0의 값이 작은 데서부터 증가함에 따라 $A_f(s)$의 극점의 위치는 $T(s)$의 극점으로부터 출발하여 움직여 가기 시작함을 의미한다. 한편 a_0F_0 값이 매우 크게 되면 식 (6.3.3)을 만족시키기 위한 $g(s)$값은 매우 작아져야 하므로 루프 이득 증가에 따른 $A_f(s)$ 극점의 종점은 $T(s)$의 영점에 접근하게 됨을 의미한다.

실축 상에서의 근 궤적

좌반면의 실축상에 존재하는 $A_f(s)$의 근 궤적은 원점으로부터 좌측으로 실축상에 있는 루프이득 $T(s)$의 극점과 영점의 수를 세어서 기수번째 나타나는 극점 또는 영점의 좌측 부분 위에 존재한다.

증 명

식 (6.3.3)에서와 같이 $T(s) = -1$의 조건을 만족하기 위해서는 $T(s)$의 극점과 영점이 좌반면 실축상에 여러 개 존재할 경우 원점으로부터 수를 세어서 기수번째와 우수번째 사이의 주파수 대역에서만 $T(s)$가 음의 값을 가질 수 있으므로 근 궤적이 존재 가능한 영역임을 알 수 있다.

복소 쌍극의 형성

실축상에 존재하는 근 궤적 중에서 극점과 극점 사이(또는 영점과 영점 사이)에 존재하는 근 궤적은 그 중간의 한 점에서 복소평면상으로 직각으로 분할되며 복소 쌍극 궤적을 형성하게 된다.

허축으로부터의 평균 거리

다수의 극점을 가진 증폭기 주위에 부귀환의 연결망이 주파수의 함수가 아닌 저항만으로 이루어진 경우에는 $A_f(s)$의 극점들의 $j\omega$축으로부터의 평균 거리는 루프이득이 증가함에도 불구하고 일정하게 유지된다.

증 명

극점들의 평균 거리 = $\frac{1}{n}\sum_{j=1}^{n} s_j = \frac{1}{n}\sum_{j=1}^{n}\mathrm{Re}[s_j]$가 되며

$A_f(s)$의 분모 = $a_0 + a_1 s + a_2 s^2 + \cdots + a_{n-1}s^{n-1} + a_n s^n$이라 할 때

$\frac{1}{n}\sum_{j=1}^{n}\mathrm{Re}[s_j] = \frac{1}{n}\frac{a_{n-1}}{a_n}$의 관계가 성립하며 분모에 있어서 가장 차수가 높은 항의 계수 a_n-1, a_n은 중간 주파수에서의 루프 이득 a_0F_0의 함수가 아니기 때문이다. 또한이 사실로부터 분모가 3차일 때에는 $F(s)$가 주파수의 함수이며 영점을 한 개 가지고 있더라도이 규칙이 성립함을 알 수 있으며, 일반화하여 말하면 분모가 n차일 때 $F(s)$가 $(n-2)$개까지의 영점을 가지더라도이 규칙은 성립한다.

고역 극점들의 위치 불변

개루프이득 $a(s)$의 극점들이 고역측과 저역측으로 멀리 분리 되어 있을 경우에는, 루프이득이 증가함에 따라 저역측의 극점들은 많이 움직이지만 고역측의 극점들은 거의 움직이지 않는다.

증 명

주파수가 높아감에 따라 $A_f(s)$는 $a(s)$에 수렴해간다. 즉,

$$A_f(s) = \left.\frac{a(s)}{1+Fa(s)}\right|_{s\to\infty} \approx a(s)$$

그 이유는 $Fa(s)|_{s\to\infty} << 1$의 관계가 성립하기 때문이다.

예 6.1 다음과 같이 3단 증폭회로에 전압 병렬 귀환이 걸린 회로가 있다. 귀환 저항 R_f를 변화시킬 때 근 궤적도는 어떤 형태를 보이겠는가?

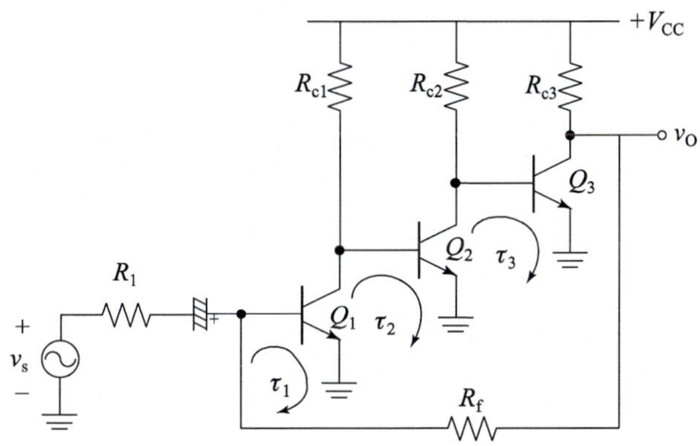

그림 6.3.1 전압 병렬 귀환 회로

풀 이 각 트랜지스터마다 C_π와 C_μ의 대략 두 개씩 커패시터가 존재하므로 극점의 총 수는 6 개가 될 것이다. 이 때 극점들의 위치는 베이스-에미터 루프마다 형성되는 저역측의 극점이 세 개, 고역측의 극점 또한 3 개, 그리고, 우반면에 고역측의 영점이 3개 나타나게 될 것이다. 여기서 ω_1, ω_2, $\omega_3 \ll \omega_4$, ω_5, ω_6, ω_{z1}, ω_{z2}, ω_{z3}의 관계가 성립할 것이므로 부귀환에 의하여 움직이는 궤적은 고역측의 극점과 영점들의 위치는 거의 불변으로 근사할 수 있다. 따라서 저역측의 극점 3 개 즉 ω_1, ω_2, ω_3만 고려하면 귀환양에 따라 변화하는 근 궤적도는 아래와 같은 형태가 된다.

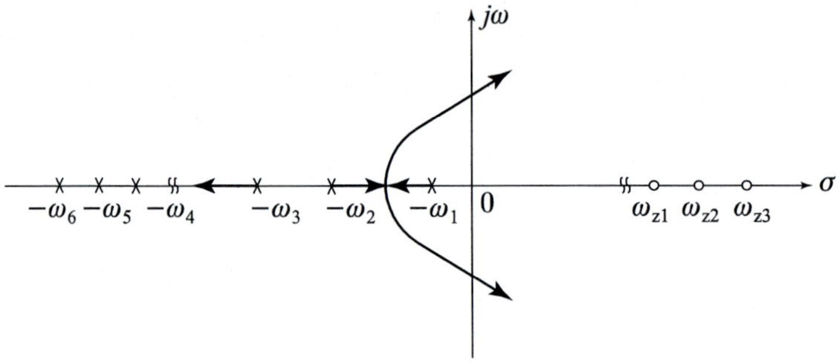

그림 6.3.2 3단 부귀환 증폭기의 근 궤적도

예 6.2 위의 예제에서 R_f 양단에 작은 커패시터 C_f를 다음 그림과 같이 병렬로 연결한다면 C_f 값의 변화에 따라 근 궤적도의 형태가 어떻게 달라지겠는가?

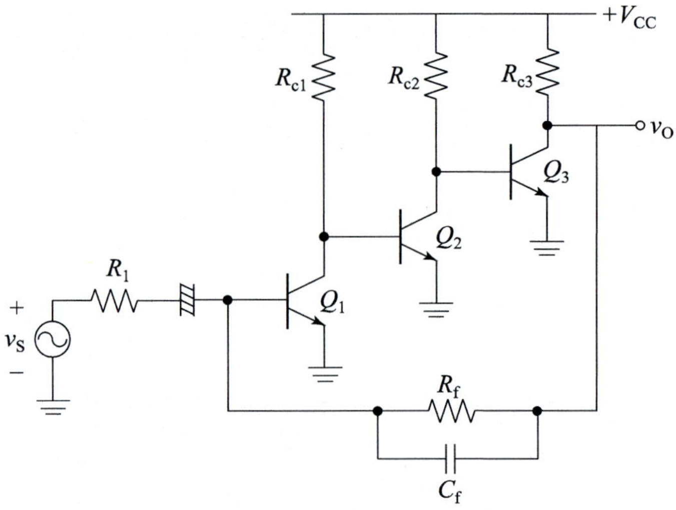

그림 6.3.3 루프이득에 영점이 첨가된 회로

풀 이 귀환 회로에 C_f가 첨가되면 루프 이득 T는 다음과 같이 표시된다. 즉,

$$T(s) = a(s)\frac{R_1}{Z_f + R_1}$$

여기에서 $Z_f = R_f // \frac{1}{sC_f}$를 의미한다. 따라서 정리하면

$$T(s) = F_0 a(s)\frac{1 + s/\omega_z}{1 + s/\omega_p}$$

여기에서

$$\omega_p = (1 + \frac{R_f}{R_1})\omega_z\ , \quad \omega_z = \frac{1}{R_f C_f}\ , \quad F_0 = \frac{R_1}{R_f + R_1}$$

의 관계를 얻을 수 있다. 만일 $R_f >> R_1$이라면 $\omega_p \gg \omega_z$이므로 ω_p는 고역 극점이 되어 루프 이득이 달라져도 큰 영향을 받지 않게 된다. 즉, 여기에서 $A_{vf} = -\frac{R_f}{R_1}$이므로 $|A_{vf}| > 10$이면 이런 조건을 적용할 수 있다. 이런 경우에 $T(s)$는

$$T(s) \approx F_0 a(s)(1 + s/\omega_z)$$

와 같이 근사적으로 표현될 수 있다. 여기에서 루프이득을 증가시킴에 따른 저역 극점들의 움직임을 ω_z의 위치에 따라 근 궤적도를 도시하면 그림 6.3.4와 같이 나타난다.이 그림들은 고역측의 극점들과 영점들을 제외하고 그린 것이다. 여기에서 근 궤적이 우반면으로 넘어가지 않은 이유는 근 궤적의 허축으로부터의 평균거리 불변의 규칙을 적용해 보면 쉽게 알 수 있다.

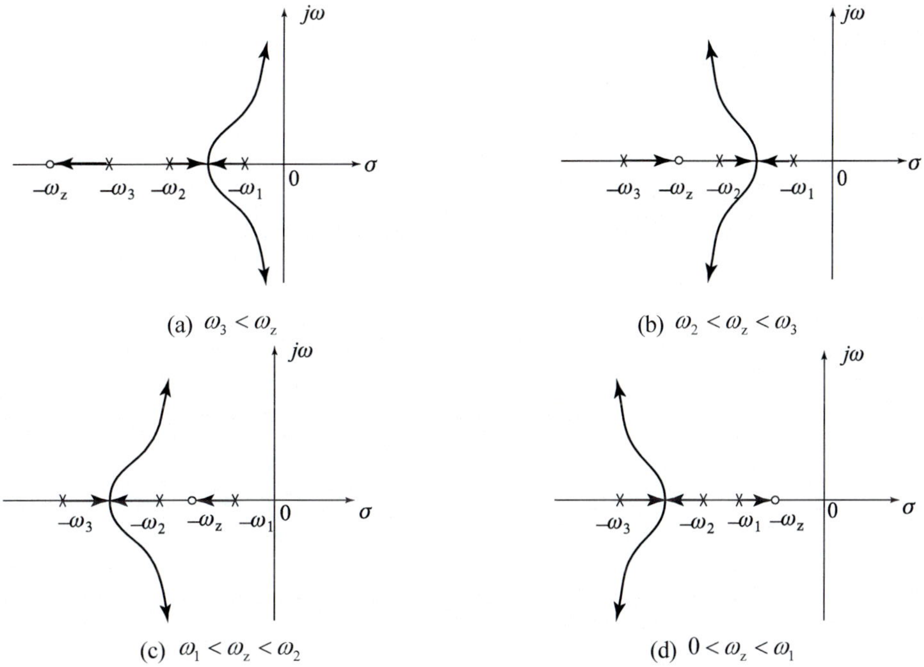

(a) $\omega_3 < \omega_z$ (b) $\omega_2 < \omega_z < \omega_3$

(c) $\omega_1 < \omega_z < \omega_2$ (d) $0 < \omega_z < \omega_1$

그림 6.3.4 영점의 위치에 따른 근 궤적의 변화

예 6.3 위의 예에서 최대로 평탄한 대역폭을 얻기 위한 영점의 위치는 어디에 두면 되겠는가?

풀 이 최대로 평탄한 대역폭은 그림 6.3.4 (b)의 형태에서 나타나게 된다. 아래 그림에 다시 보이는 바와 같이 좌반면의 원주상에 세 개의 극점이 배치되도록 하는 경우가 여기에 해당한다. 이것은 Buttertworth 필터에서와 유사한 극점 배치가 되며 최대로 평탄한 특성을 얻을 수 있게 된다.

여기서 새로운 세 극점의 위치를 각각 $\omega_a, \omega_b, \omega_b^*$ 라 하면이 값들을

$$-\omega_a = -2\alpha$$
$$-\omega_b = -\alpha + j\sqrt{3}\alpha$$
$$-\omega_b^* = -\alpha - j\sqrt{3}\alpha$$

의 위치에 오게 할 때 최대로 평탄 특성을 얻을 수 있게 된다. 한편 세 개의 저역측 극점만을 고려하는 경우에 개루프 이득 $a(s)$는

$$a(s) = \frac{a_0}{(1+s/\omega_1)(1+s/\omega_2)(1+s/\omega_3)}$$

로 놓을 수 있으며 $A_f(s)$는

$$A_f(s) = \frac{a(s)}{1+T(s)}$$

이다. 그런데 앞의 예에서 $T(s) = F_0 a(s)(1+s/\omega_z)$이므로 이것을 대입하여 다시 정리하면

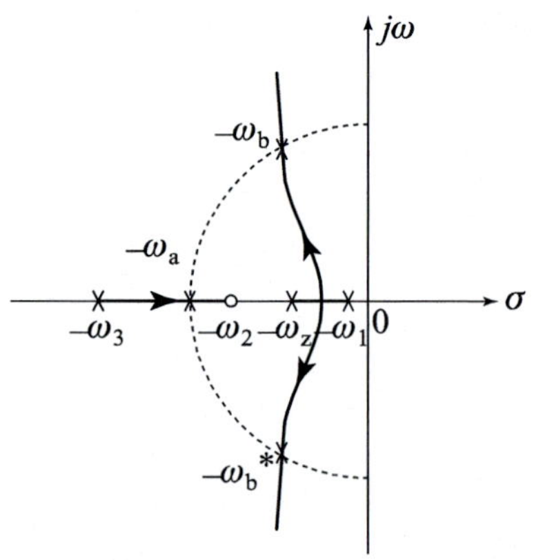

그림 6.3.5 최대 평탄 특성을 얻기 위한 극점의 배치도

$$A_f(s) = \frac{a_0}{F_0 a_0(1+s/\omega_z)+(1+s/\omega_1)(1+s/\omega_2)(1+s/\omega_3)}$$

이 된다. 여기에서 최대평탄특성을 얻기 위해서는이 관계식이

$$A_f(s) = \frac{A_{f0}}{(1+s/\omega_a)(1+s/\omega_b)(1+s/\omega_b^*)}, \qquad A_{f0} = \frac{a_0}{1+F_0 a_0}$$

와 일치하여야 하므로이 두 식에서 분모의 계수 비교법에 의하여 연립 방정식을 세우면 α와 R_f 및 C_f 값을 계산에 의하여 구할 수 있다.

6.4 안정도 분석을 위한 방법들

이상에서 보여준 바와 같이 근 궤적 방법은 부귀환량에 따른 극점의 위치 변화를 판별함으로써 안정도를 평가하기 위한 수단이다. 그러나 이와 같은 방법은 정확한 계산을 필요로 한다. 또한 증폭기의 이득에 관한 정보는 나타나지 않으므로 귀환 증폭기를 설계함에 있어서 근 궤적 방법은 크게 선호할 만한 방법이라고는 볼 수 없다. 그렇다면 다른 방법들로는 나이키스트(Nyquist) 방법과 보데(Bode) 방법을 들 수 있으며 이런 방법을 사용하여 설계하는 방법을 살펴보기로 하겠다. 이 외에도 이득 위상(Gain phase) 궤적법 등이 있으나 여기에서는 다루지 않는다.

나이키스트 선도

귀환 회로의 안정도는 전적으로 루프 이득(T)의 특성에 의해서 정해진다. 즉, 폐루프 이득의 표시식을 다시 보이면

$$A_f = \frac{A}{1+T} \tag{6.4.1}$$

가 되므로 앞에서 언급한 바와 같이 $T = -1$ 이면 A_f가 무한대로 발산하게 되어 불안정해진다. 일반적으로 T는 주파수의 함수가 되며

$$T = |T|e^{j\angle T} \tag{6.4.2}$$

와 같이 복소수 형태로 표기할 수 있다. 따라서 $T = -1$이 되는 조건은

$$|T| = 1 \quad , \quad \angle T = -180° \tag{6.4.3}$$

으로 주어지게 되므로 안정성을 보장하기 위해서는 이런 조건에 근접하지 않도록 설

계하는 것이 중요하게 된다. 따라서 이런 조건을 회피하기 위하여 얼마만큼 여유를 두고 설계할 것인가 하는 문제는 다음의 두 가지 관점에서 생각할 수 있음을 알 수 있다.

1) $|T|=1$의 조건이 만족되는 주파수에서 T의 위상이 $-180°$와 얼마만큼 떨어져 있는가 하는 것을 기준으로 귀환 루프를 설계하는 것이며

$$\phi_M = 180° + \angle T \tag{6.4.4}$$

이라 할 때 이 값을 위상 여유(phase margin)라 한다.

2) $\angle T = -180°$일 때 $|T|$의 크기가 1보다 작아야 하며 얼마만큼 작은지를 표시하는 값으로

$$G_M = -20\log|T| \tag{6.4.5}$$

이라 할 때 이 값을 이득 여유(gain margin)라 한다.

위의 두 가지 중에 어느 한 가지만 가지고 이야기하는 경우가 많은데 일반적으로 주로 위상 여유를 안정도의 지표로 사용한다.

위에서 언급한 바와 같이 루프 이득 T가 안정성의 모든 것을 좌우하고 있으므로 T의 크기와 위상을 그림으로 나타낸 것이 나이키스트선도(Nyquist plot)이다. 즉, 식 (6.4.2)로 주어지는 형태를 가로축을 T의 실수값으로 하고 세로축을 T의 허수값으로 하여 도시한 것이 나이키스트 선도인 것이다.

다음 그림에서 보이는 바와 같이 $\omega = 0$를 포함한 저주파에서는 T가 실수값을 가지게 되어 실축상의 한 점에 있다가 주파수가 상승하면 위상이 지연되면서 크기가 줄어들어 마침내는 $\omega = \infty$ 주파수에서는 원점에 머물게 된다.이 그림에서 위상 여유(ϕ_M)와 이득 여유(GM)를 함께 보여주고 있으며, 실축 좌표 $(-1, 0)$를 그래프가 내포(encircle)하게 되면 불안정한 것을 의미하고 그림과 같이 포함하지 않으면 안정함을 나타낸다.

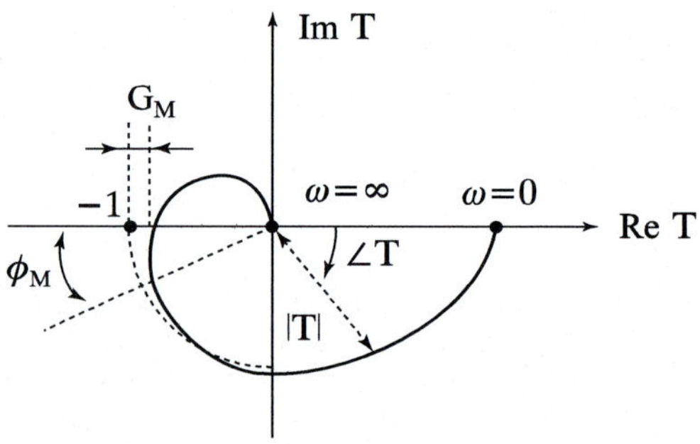

그림 6.4.1 나이키스트 선도의 예시도

보드 선도

루프 이득 T이 크기와 위상을 주파수의 함수로 표시하되 가로축과 세로축을 모두 로그 척도로 도시한 것이 보드 선도이다. 이 보드 선도에는 개루프 이득의 크기와 위상 및 폐루프 이득의 크기까지도 함께 나타나게 된다. 따라서 안정도를 고려하여 귀환 증폭기를 설계함에 있어서 나이키스트 방법이나 근 궤적법에 비하여 더 유용한 점이 있다고 할 수 있다. 그러므로 여기에서는 보드 선도를 사용한 설계법에 대하여 좀 더 자세히 고찰하여 보기로 하겠다.

증폭기의 개루프 이득 특성이 다음과 같이 세 개의 극점을 가지고 있는 경우를 생각하여 보기로 하자. 즉,

$$A(s) = \frac{A_0}{(1+s/\omega_1)(1+s/\omega_2)(1+s/\omega_3)} \tag{6.4.6}$$

라고 할 때 개루프 이득 A의 보드 선도를 보인 것이 아래 그림 6.4.2이다.

여기에서 귀환 인자 F가 주파수의 함수가 아닌 경우를 생각하여 보기로 하자. 즉, 대부분의 부귀환은 저항을 통하여 이루어지므로 F는 대개 단순히 저항의 비로 주어지며 주파수의 함수가 아니다. 한편 루프 이득 T는

$$T = FA \tag{6.4.7}$$

로 주어지므로 이것은 그림 6.4.2에서 $20\log|1/F|$에 해당하는 가로선을 그었을 때이 가로선을 T의 0 dB 라인으로 간주할 수 있다. 환언하면,

$$20\log|A| - 20\log|1/F| = 20\log|T|$$

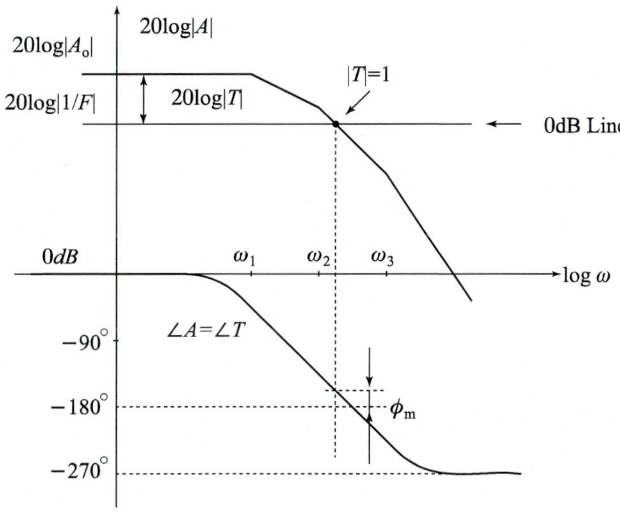

그림 6.4.2 보드 선도의 예시도

의 관계가 있으므로 $|T|$의 보드선도와 $|A|$의 보드선도를 일치하게 두었을 때 단지 0 dB 라인만 $|1/F|$의 라인으로 바꾸어 놓으면 $|A|$의 보드선도가 그대로 $|T|$의 보드선도가 됨을 알 수 있다. 이 경우 F가 주파수의 함수가 아니라면 식 (6.4.7)로부터 T의 위상 역시 A의 위상과 동일하게 되므로 귀환회로에서 T의 위상여유는 A의 위상으로부터 바로 구할 수 있다. 다시 말해서 위상여유는 식 (6.4.4)에서 주어진 바와 같이 $|T| = 1$ 인 조건에서 T의 위상을 알면 구할 수 있는데 $|T| = 1$의 조건은 그림 6.4.2에서 $|A|$의 보드선도가 $|1/F|$의 보드 선도와 만나는 점이 되며 T의 위상은 A의 위상과 동일하기 때문이다. 단, 이것은 앞서 언급한 바와 같이 $|F|$가 주파수의 함수가 아니며 따라서 보드선도 상에서 $|1/F|$의 그림은 ω축과 평행하게 나타나는 경우에 대하여 성립하는 것이며 그렇지 않을 경우에는 F의 위상변화도 함께 고려해 주어야 한다.

나이키스트 선도와 보드 선도

여기에서는 위에서 언급한 나이키스트 선도와 보드 선도의 상관관계에 대하여 잠시 살펴 보기로 하겠다. 다음 그림 6.4.3에 보이는 것은 귀환인자가 서로 다른 두 가지 경우에 대하여 비교한 것이다. 즉, F_1은 부귀환을 작게 인가한 경우이며 F_2는 크게 인가한 경우로서 F_2가 F_1 보다는 크지만 모두 1보다는 작은 경우이다.

이 그림으로부터 귀환양이 많을수록 루프이득 T의 단위이득 주파수(unity gain frequency)는 증가하지만 위상여유는 나빠지며 보드 선도의 간격은 넓어지고 나이키스트 선도의 크기는 커짐을 알 수 있다.이 두 그림에서 F_1의 부귀환을 인가한 경우에는 위상여유가 양의 값을 가지지만, F_2의 부귀환을 인가한 경우는 위상여유가 음의 값을 가짐을 보이고 있다. 즉, 이런 경우 F_2 만큼의 부귀환을 인가하는 것은 회로가 불안정 영역으로 들어가므로 일반적인 선형증폭기로서 동작시키는 것은 가능하지 않게 된다. 그러나 만일 의도적으로이 회로를 발진기로 동작시키고자 한다면 귀환양을 일부러 크게 설계하는 것이 하나의 방법이 될 수 있을 것이다.

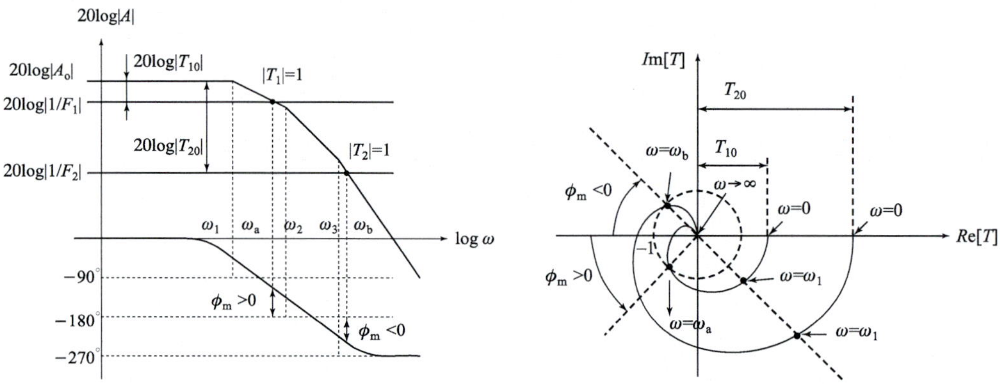

(a) 보드 선도 (b) 나이키스트 선도

그림 6.4.3 보드 선도와 나이키스트 선도의 비교

6.5 위상여유와 오버슈트

귀환회로에서 위상여유가 작으면 오버슈트(overshoot)가 발생한다. 오버슈트가 없이 평탄한 특성을 얻기 위해서는 약 70° 이상의 위상여유가 필요하다. 선형증폭기에서는 일반적으로 60° 정도의 위상여유가 보장되면 사용 가능한 회로라고 말할 수 있으며, 최소한의 한계는 45° 정도라고 말할 수 있다. 여기에서 위상여유에 따라 오버슈트의 크기가 어떤 관계가 있는지 살펴 보기로 하자.

위상여유가 45°인 회로의 귀환인자를 F라 하고 F는 주파수의 함수가 아니라고 하자. 이 때 루프이득의 위상각 $\angle T$는 다음과 같이 주어진다. 즉,

$$\angle T(j\omega_o)| = -135° \tag{6.5.1}$$

여기에서 ω_o는 루프이득의 단위이득 주파수를 의미하며

$$|T(j\omega_o)| = 1 \tag{6.5.2}$$

의 조건을 만족하는 주파수이다. 그런데 폐루프 귀환이득은

$$A_f(j\omega) = \frac{A(j\omega)}{1+T(j\omega)} \tag{6.5.3}$$

로 주어지는데 여기에서 개루프이득

$$A(j\omega) = \frac{1}{F}T(j\omega) \tag{6.5.4}$$

의 관계가 있으므로 식 (6.5.3)은 다시

$$A_f(j\omega) = \frac{1}{F}\frac{T(j\omega)}{1+T(j\omega)} \tag{6.5.5}$$

와 같이 둘 수 있음을 알 수 있다. 따라서 식 (6.5.2)로부터 ω_o 주파수에서의 귀환이득의 크기는

$$|A_f(j\omega_o)| = \frac{1}{F}\left|\frac{1}{1+T(j\omega_o)}\right| \tag{6.5.6}$$

이 된다. 따라서 이 식의 뒷 부분이 주파수 ω_o에서의 폐루프 귀환이득을 표시하며 오버슈트의 대략적인 크기를 표시하는 항이 됨을 알 수 있다. 위에서 언급한 바와 같이 위상여유가 45°일 때는 식 (6.5.1)로부터

$$|A_f(j\omega_o)| = \frac{1}{F}\left|\frac{1}{1+e^{-j135°}}\right| = \frac{1}{F}\left|\frac{1}{1-0.7-j0.7}\right| = \frac{1}{F}\left|\frac{1}{0.3-j0.7}\right| = \frac{1}{F}\frac{1}{0.76}$$

와 같이 주어지므로

$$|A_f(j\omega_o)| = \frac{1.3}{F} \tag{6.5.7}$$

이 되며, 약 30% 정도의 오버슈트가 발생함을 알 수 있다. 위와 동일한 방법으로 위상여유가 60°인 경우에 대해서 구해보면

$$|A_f(j\omega_o)| = \frac{1}{F} \tag{6.5.8}$$

과 같이 주어지며, 이 경우에는 오버슈트가 발생하지 않는 것처럼 보인다. 그러나 실제에 있어서 오버슈트의 첨두값은 ω_o 보다 약간 더 낮은 주파수에서 발생하므로이 경우에도 약간의 오버슈트가 발생하게 된다. 위상여유가 90°인 경우에는

$$|A_f(j\omega_o)| = \frac{0.7}{F} \tag{6.5.9}$$

이 된다. 따라서 부귀환 회로에서 위상여유가 90° 인 경우에는 $|T(j\omega_o)|=1$을 만족하는 주파수 ω_o에서 $|A_f\ (j\omega_o)|$는 −3dB 떨어지는 값을 가짐을 보여주고 있다.

그림 6.5.1에 귀환회로에서의 위상여유와 오버슈트의 관계를 보였다. 이 그림은 개루프이득(A)이 두 개의 극점(ω_1, ω_2)을 가지고있는 경우를 도시하여 본 것이다. 이 증폭기에 부귀환을 인가한다고 할 때 위상여유가 각각 90°, 60°, 45°, 30°가 되도록 하는 귀환인자 F_1, F_2, F_3, F_4가 존재하게 된다. 이 때 각각 네 가지 다른 경우에 대해서 귀환이득(A_f)의 진폭특성은 위상여유가 작을수록 오버슈트가 크게 나타나게 됨을 보인다.

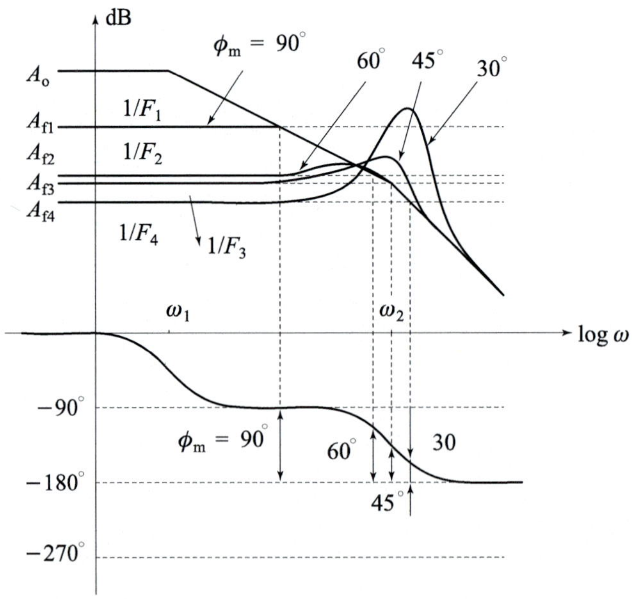

그림 6.5.1 위상여유와 오버슈트 관계 비교

이 그림에서 낮은 주파수 영역에서는 $|A_f|$가 대략 $1/F$를 따라감을 보여주고 있는데 이것은 $|T|$가 충분히 클 경우 식 (6.5.5)로부터 뒤 부분의 절대값이 1에 수렴하기 때문이다. $|T| = 1$ 인 주파수 ω_o에서는 위상여유에 따라 오버슈트가 달라지며 폐루프 이득의 최대 피킹(peaking)이 발생하는 주파수보다 약간 높은 쪽에 위치하는 주파수가 된다. 위상여유가 60°보다 작으면서 귀환인자가 주파수의 함수가 아닐 때에는 ω_o 보다 더 높은 주파수 영역에서 $|A_f|$의 이득 곡선이 주파수가 더욱 상승해가면서 일반적으로 −20dB/dec 보다 더 빠른 속도로 감소하게 된다.

6.6 안정도 보상

어떤 주어진 시스템에 대하여 특정블록에 해당하는 증폭회로를 설계할 필요가 있을 때 먼저 설정되는 값은 일반적으로 증폭이득과 대역폭이다. 이런 경우에 증폭회로에서의 이득이라 함은 부귀환 회로의 폐루프 귀환이득을 의미하며 이 값은 대략 귀환인자에 의해서 정해진다. 즉 이것은 개루프 증폭 회로의 이득과 대역폭이 주어지면 귀환양이 정해짐을 의미한다. 부귀환을 인가할 때 귀환양은 개루프 이득의 위상지연 특성에 따라 어느 한계가 있으며, 한계를 넘어서 귀환양을 보다 더 크게 할 경우에는 과도특성이 나빠지거나 심할 경우 불안정해지게 된다. 따라서 보상(compensation)이라 함은 부귀환 회로에 있어서 임의의 귀환양에 대하여 위상여유가 충분치 않거나 심지어 불안정한 경우에 대해서도 안정성을 보장할 뿐 아니라 필요하면 과도특성까지도 개선할 수 있도록 보완하는 작업을 말한다.

부귀환 회로의 안정성을 평가하는 것은 앞에서 언급한 바와 같이 루프이득 T의 크기와 위상을 가지고 하는 것이다. 그런데,

$$T = FA \tag{6.6.1}$$

로 주어지므로 T에 문제가 있어서 보완이 필요하다면 이것을 구성하고있는 F 또는 A를 변화시킴으로써 안정도를 개선할 수 있다. 여기에서 A를 변화시키는 방법으로는 주극점 보상(dominant pole compensation) 방법 또는 보상회로망(compensation network)을 이용한 방법을 생각할 수 있으며, F를 변화시키는 방법으로는 보상회로망의 개념을 이용한 방법이 있다. 보상회로망 방법에 대하여 먼저 고찰해 보고 다음에 주극점 보상에 대하여 알아 보기로 하겠다.

보상회로망의 종류

보상회로망을 이용한 보상방법은 귀환회로 설계에 있어서 안정도 개선을 위하여 자주 적용되는 매우 중요한 개념이다. 이러한 보상 개념을 이해 하게 되면 귀환 증폭기의

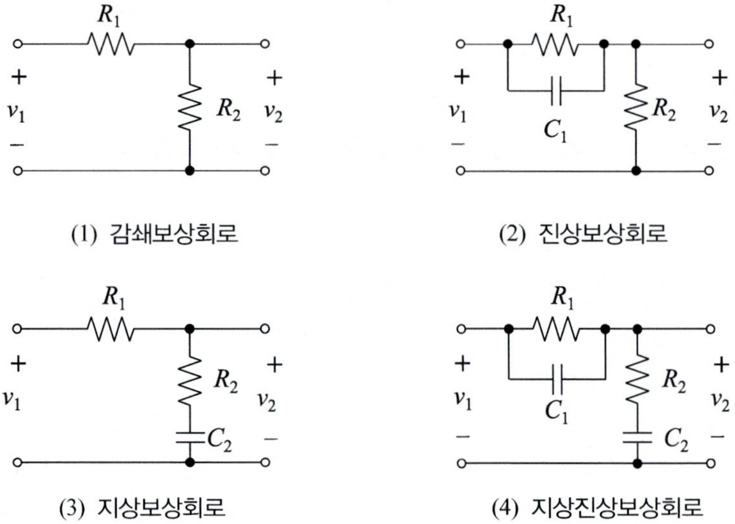

그림 6.6.1 네 가지 종류의 수동보상회로

안정도 보상은 물론이고, 여타의 다른 종류의 귀환시스템에 대해서도 쉽게 접근이 가능한데, 그 이유는 대부분의 귀환시스템에 동일한 개념이 적용되고 있기 때문이다.

보상회로망의 종류는 그림 6.6.1에 보여주는 바와 같이 네 가지 형태가 기본이 된다.이 네 가지 형태의 의미를 잘 이해하는 것은 매우 중요하며 실제로 많이 응용되고 있으므로 각각에 대해서 자세히 살펴보고 넘어가기로 하겠다.

1) 감쇄 보상회로 (Attenuation Compensator Network)

감쇄보상 방법은 가장 단순한 방법이며 귀환루프내에 두 개의 저항 R_1과 R_2로 형성되는 감쇄기를 단순히 삽입하여 루프이득 즉 귀환양을 감소시키는 것이다. 이와 같은 감쇄보상방법은 쉽게 구현할 수 있으므로 이 감쇄보상에 대해서 잘 이해하는 것이 중요한데 그 이유는 다른 형태의 보상은 감쇄보상을 기본으로 하고 있기 때문이다. 이 감쇄보상회로에서 감쇄량을 α라 한다면

$$\alpha \equiv \frac{R_2}{R_1 + R_2} \approx \frac{R_2}{R_1} \quad , \ R_1 >> R_2 \qquad (6.6.2)$$

로 주어지게 되며, 그림 6.6.2에 감쇄기를 이용한 보상방법을 예시 하였다. 이 그림은 개루프 이득이 3개의 극점을 가지고 있음에도 불구하고 여기에 귀환이득(A_f)을 대략 $1/F$로 설정하고자 할 때, 즉 귀환인자가 F가 되도록 부귀환을 인가하였을 때 위상여유가 마이너스로 나타나서 불안정하게 된 경우이다. 이 그림에서 귀환인자 F가 주파수의 함수가 아니기 때문에 A의 위상과 T의 위상이 동일하게 됨은 앞에서 언급한 바와 같다. 이런 경우에도 감쇄보상회로를 이용하면 안정성을 보장할 수 있음을 보여주고 있다.

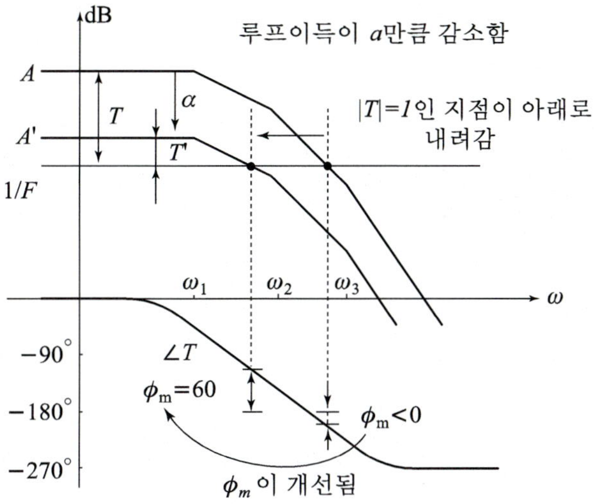

그림 6.6.2 이득감쇄 보상회로를 이용한 보상 예

여기에서 감쇄보상회로를 설계하는 과정은 다음과 같이 정리할 수 있다.

i) 개루프이득(A)의 보드선도상에 $1/F$ 라인을 긋는다.

ii) A 곡선과 $1/F$ 라인의 교점($|T|=1$ 지점)에서 위상여유를 구한다.

iii) 위상여유가 불충분할 경우 원하는 위상여유(이 경우는 60°)를 설정한다.

iv) 다시 위상곡선으로부터 원하는 위상여유에 해당하는 지점을 찾고,이 지점에서 수직으로 선을 그어 $1/F$ 라인과 만나는 교점을 새로이 찾는다.

v) 위의 교점이 새로운 루프이득의 단위이득 주파수가 되도록 α 값을 정한다. 이때 A 곡선은 α 만큼 내려와 A'곡선과 일치하게 된다.

이상과 같이 감쇄보상회로만을 사용해서도 임의의 위상여유를 가지도록 설계할 수 있다. 그러나 그림에서 보는 바와 같이 안정성의 대가로 루프이득이 감소함과 동시에 대역폭이 줄어들게 됨을 알 수 있다. 따라서 이런 방법으로 만족할 수 없을 때는 다른 보완 방법이 더 필요하게 된다.

2) 진상 보상회로 (Lead Compensator Network)

부귀환 시스템이 위상지연의 문제로 안정성이 나빠지는 것을 개선하기위한 방안으로 페루프내에 위상진상회로를 첨가하는 방법을 진상보상(lead compensation)이라 하며 반드시 감쇄보상회로와 결합하여 사용된다.

그림 6.6.3에 가장 간단한 진상보상회로를 진폭 및 위상의 주파수 특성과 함께 다시 보인다. 이 회로는 두개의 저항 R_1과 R_2로 형성되는 감쇄보상회로에서 R_1 양단에 커패시터 C_1 하나를 병렬로 추가 연결하여 형성된 것이다. 즉, 이 커패시터의 역할은 영점(zero)을 하나 더 추가로 형성시키는 것이다. 이렇게 함으로써 영점의 위치에서 위상을 45° 진상(leading)시키고, 더 높은 주파수에서는 최대 90°까지 진상이 이루어지는 것이다.

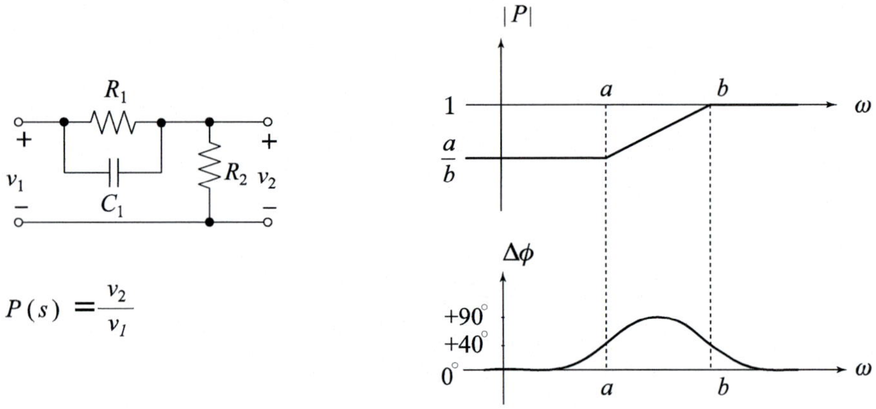

그림 6.6.3 진상보상회로의 진폭 및 위상 특성

그러나 실제에 있어서는 영점에 이어서 다른 하나의 극점(pole)이 반드시 뒤따라 나타나게 되어있어서 영점과 극점간의 거리가 충분히 멀면 영점보다 높은 주파수영역에서 최대 90° 가까운 진상을 기대할 수 있지만, 가까울 경우에는 진상의 효과가 작게 된다. 여기에서 또 한가지 기억해야 할 것은 영점을 지나서 극점이 다시 나타나기 전까지는 위상의 진상과 아울러 진폭(magnitude)도 증가한다는 사실이다.

이와 같은 진상보상회로에서 영점과 극점은 계산을 통하여 정확하게 구할 수 있다. 그러나 이러한 보상회로에 있어서 대부분의 경우는 $R_1 >> R_2$의 조건이 성립하는 경우가 일반적으로 많이 있으며 이런 경우에는 근사적인 방법으로 쉽게 영점과 극점의 위치를 구할 수 있다.

근사적인 방법이란 물리적인 의미를 통하여 도출하는 방법이며 비록 $R_1 >> R_2$의 조건이 성립하지 않는다 하더라도 이러한 근사법은 실제에 있어서 매우 유용하다. 그림 6.4.7에 보이는 진상보상회로에 대해서 물리적인 근사로 영점과 극점의 위치를 구하는 방법은 다음과 같다.

가) 영점의 위치

진상보상회로에서 커패시터 C_1이 없다면, 즉 낮은 주파수영역에서는 C_1의 임피던스가 R_1보다 충분히 커서 C_1의 역할을 무시할 수 있으므로, 이 때 입력신호(V_1)는 R_1과 R_2로 나뉘어 출력(V_2)에 나타나게 된다. 그러나 주파수가 증가함에 따라 R_1과 병렬로 연결된 C_1의 역할이 R_1보다 더 중요하게 된다면, 즉 C_1의 임피던스가 R_1보다 충분히 더 작아지게 된다면, 이번에는 동일한 논리로 R_1을 무시할 수 있으며 결과적으로 C_1과 R_2로 형성되는 회로로 근사화 될 수 있음을 의미한다. 따라서 진상보상회로는 저주파 영역에서는 R_1과 R_2로 형성되는 단순한 감쇄회로로 작용하지만 고주파 영역에서는 C_1과 R_2로 형성되는 고역통과 필터로 작용함을 알 수 있다. 따라서 이 둘의 경계를 서로 분리시키는 경계점의 주파수가 바로 영점에 해당함을 알 수 있으며 이 주파수를 ω_z라 할 때이 영점에서는 저항 R_1과 C_1의 임피던스(impedance)가 동일한 값을

가지게 된다. 즉,

$$R_1 = |Z_{C1}| = |1/j\omega_z C_1|$$

따라서

$$\omega_z = 1/R_1C_1 = g_1/C_1 \tag{6.6.3}$$

으로 주어지게 된다. 이 영점 주파수에서 출력 진폭의 크기는 +3dB 증가하며 보드선도에서 코너 주파수에 해당한다.

나) 극점의 위치

이번에는 진상보상회로에서 영점에 뒤이어 나타나는 극점의 위치를 근사적으로 구해보자. 이런 회로에서 극점의 위치는 영점보다 높은 주파수 영역에 위치하며 따라서 위에서 언급한 바와 같이 C_1과 R_2로 형성되는 회로에서 극점이 나타난다. 주파수가 영점의 위치에서부터 점점 증가해감에 따라 C_1의 임피던스는 점점 감소해 가므로 R_2 양단의 전압(V_2)은 점점 증가해 간다. 그러나 주파수가 더욱 높아져서 C_1의 임피던스가 R_2보다도 더 작아진다면 그 이하로 아무리 더 작아진다고 하여도 V_2가 계속하여 증가해 갈 수는 없다. 즉, V_2의 최대값은 입력신호(V_1)로 제한될 수 밖에 없음을 알 수 있으며 따라서 그 중간 어딘가에 극점이 존재해야 한다. 이런 경우 경계점은 바로 C_1과 R_2의 임피던스가 동일하게 되는 지점이 된다. 이 주파수를 ω_p라 하면

$$R_2 = |Z_{C2}| = |1/j\omega_p C_1|$$

즉,

$$\omega_p = 1/R_2C_1 = g_2/C_1 \tag{6.6.4}$$

으로 주어진다.

그러나 여기에서 한가지 고려해야 할 사항은 위에서 구한 극점이 근사적인 값이라는 점이다. 왜냐하면 이 극점은 높은 주파수 영역에서의 근사등가회로로부터 구한 값이기 때문이다. 근사화 하지않은 회로에서의 정확한 극점의 위치는 $\omega_p = (g_1 + g_2)/C_1$으로 주어지지만 대부분의 실제 응용에서는 R_2 보다 R_1 값이 충분히 크므로 일반적으로 g_2에 비하여 g_1을 무시할 수 있다. 그러나 R_1의 크기가 R_2와 비슷한 값이라 하더라도 뒤에서 밝혀지겠지만 식 (6.6.4)가 실용적인 관점에서 훨씬 기억하기 쉬우며 유용하므로 권유하고자 한다. 이것은 마치 예를 들어 보드선도가 많은 근사화를 내포하고 있음에도 불구하고 실용적인 관점에서 매우 유용한 것과 마찬가지로 생각될 수 있다.

이제 다시 그림 6.6.3로 돌아가 진상보상회로를 보면 ω 축상에서 a와 b로 표시된 값은 각각 근사적으로

$$a = g_1 / C_1 , \quad b = g_2 / C_1 \qquad (6.6.5)$$

으로 주어지는 값임을 알 수 있다. 보드선도는 두 주파수 a와 b 사이에서 위상의 진상과 함께 진폭도 증가함을 보이고 있다. 이 중에서 진상보상회로는 진폭의 변화보다는 위상의 진상특성을 이용하는 데 있다. 여기에서 위상의 변화량을 $\Delta\phi(\omega)$라 하면

$$\Delta\phi(\omega) = \tan^{-1}\omega/a - \tan^{-1}\omega/b \qquad (6.6.6)$$

로 주어진다. 따라서 $\Delta\phi$의 값은 ω가 a와 b의 중간위치에서 최대값을 가지며, ω가 a점 즉 영점과 일치하는 주파수에서는 극점인 b점의 위치에 영향을 받으므로 b점의 위치가 멀리 떨어져있을 경우에는 45°에 가까운 값을 가질 수 있지만 b점의 위치가 가까울 경우에는 이보다 작은 값을 가지게 된다.

이제 귀환회로에서 진상보상회로를 이용하여 보상하는 구체적인 예를 들어 살펴보기로 하자. 그림 6.6.4은 개루프 이득이 A인 증폭기가 세 개의 극점(ω_1, ω_2, ω_3)을 가지고 있을 때, 이 증폭기 주위로 귀환인자가 F인 부귀환을 인가한다면 위상여유가 마이너스로 나타나는 시스템을 진상보상회로를 이용하여 보상한 예를 보인 것이다. 여기에서 진상보상회로 전단에 전압이득이 1인 단위이득 비교기 버퍼가 이해의 편의상 첨가 되었으며, 이 버퍼의 특성은 이상적이고 무한대의 대역폭을 가지고 있다고 가정한다. 보드선도를 이용하여 보상특성을 보이면 그림 6.6.5에 도시한 바와 같다.

여기에 예시한 보드선도는 만일 진상보상회로가 없다면(즉, R_1과 C_1은 단락, R_2는 개방으로 가정) A와 $1/F$ 라인이 만나는 점($|T(jw_o)|=1$)에서의 위상여유가 마이너스($\phi_M < 0$)로 나타나고 있음을 보여주고 있다. 이런 상태에서 보상회로가 첨가되었다고 할 때 루프이득의 크기와 위상이 주파수의 함수로 달라지게 된다. 그러나 여기에서 우리는 문제를 단순화하기 위하여 먼저 C_1을 제거시키고 생각하여 보자. 그렇게 되면 보상회로는 R_1과 R_2만 남게 되므로, 앞 절에서 다룬 것과 동일하게 감쇄보상회로가 첨가되어있는 것과 같게 되며 따라서 보드선도로부터 위상여유는 A' 곡선과 $1/F$ 라인이 만나는 점($|T'(jw'_o)|=1$)에서 새롭게 결정된다.

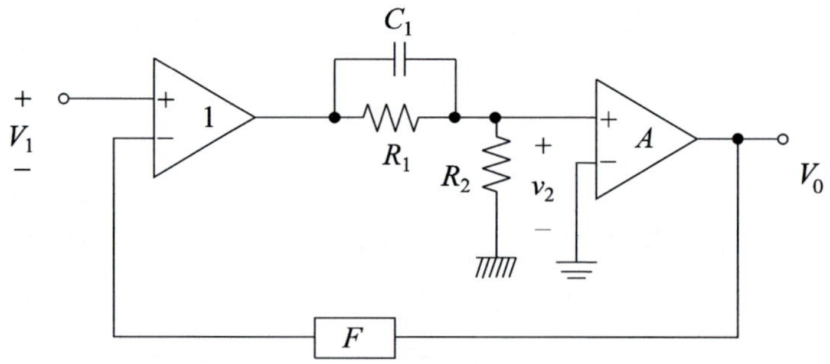

그림 6.6.4 진상보상회로를 사용한 귀환 회로의 구성

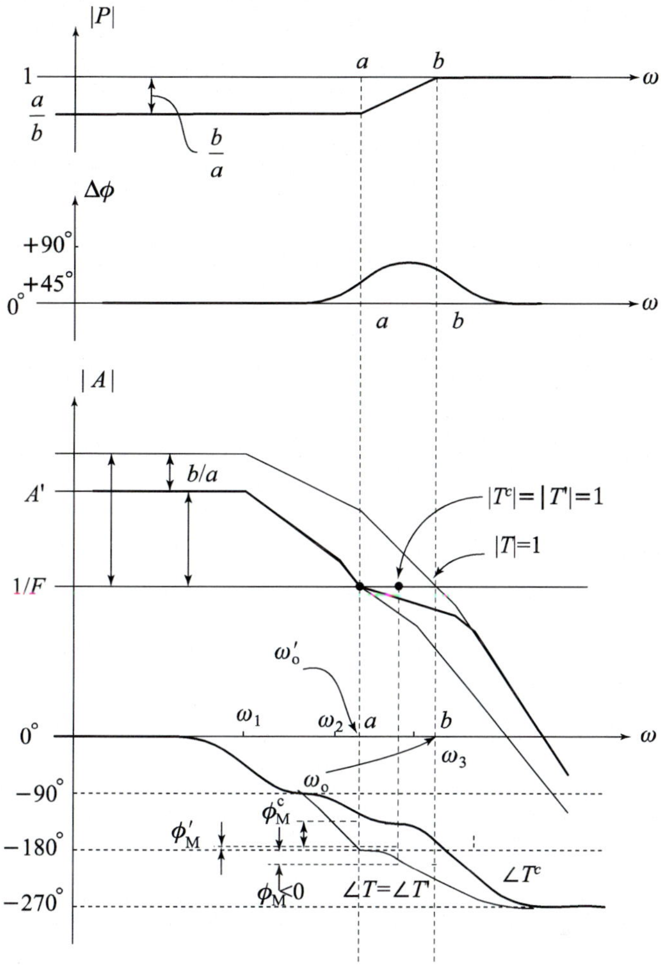

그림 6.6.5 진상보상 특성($a = \omega_o$)을 예시한 귀환 회로의 보드선도

감쇄보상회로만이 첨가된 상태의 T'의 위상은 T의 위상과 동일하다. 이 그림에서는 새롭게 결정된 위상여유 ϕ'_M이 0보다 크긴 해도 충분한 값을 가지고 있지는 못하게 보상이 이루어진 상황을 예시하고 있다.

이렇게 감쇄보상회로가 첨가된 상황에서 다시 R_1 양단에 C_1을 연결하고 본다면 진상보상회로의 특성은 앞에서 언급한 바와 같이 그림의 ω축 상에서 a와 b로 표시된 영점과 극점의 위치가 각각 쌍을 이루어 발생하게 된다. 그러나 여기에서 한가지 중요한 사실은 영점(a)과 극점(b)의 위치는 서로 독립적일 수가 없으며 어느 하나가 정해지면 다른 하나는 종속적으로 정해진다는 사실이다. 즉 독립변수가 하나이다. 그런데 진상보상회로에서 중요한 것은 영점의 위치이기 때문에 영점의 위치에 따른 보상효과에 대하여 상세히 살펴보기로 하겠다.

다시 보드선도를 보면 진상보상회로가 추가 되었을 때 보상된 루프이득 T^C의 보드선도는 a 점보다 낮은 주파수영역에서는 A'의 곡선을 추종하고, b점보다 높은 주파수

영역에서는 A의 곡선을 추종하며, 그 중간 영역에서는 보상회로의 특성에 의하여 연결되어 있음을 알 수 있다. 즉 영점과 극점의 사이에서 위상은 +90°보다 작은 범위에서 주파수의 함수로 보상되며 이것은 우리가 바라는 바이다. 그러나 진폭이 +20dB/dec의 기울기로 동시에 증가되는 것은 바라는 바가 아니지만 피할 수 없다.그림 6.6.5의 보드선도는 영점인 a점의 위치를 T'의 단위이득 주파수인 ω'_o과 일치시킴으로서 충분치 않았던 위상여유 ϕ'_M을 보상하여 ϕ^c_M으로 개선시킨 모습을 보여주고 있다.

그러나 여기에서 하나의 사항을 언급하자면, 이와 같이 $a = \omega'_o$으로 보상회로의 영점의 위치를 설정하는 경우에 실제에 있어서 위상여유 ϕ^c_M는 $\omega^C_o = \sqrt{2}\,\omega'_o$의 위치에서 구해야 정확하다. 그 이유는 진상보상회로의 진폭특성이 영점에서 +3dB 증가함에도 불구하고 보드선도는 이것을 근사화로 무시하고 있기 때문이다.

이와 같은 진상보상회로는 동일한 위상여유의 조건에서 감쇄보상회로와 비교하면 대역폭을 좀 더 넓게 그리고 귀환양은 좀 더 크게 설계할 수 있는 장점이 있다. 이제 여기에서 진상보상회로를 설계하는 과정을 정리하여보면 다음과 같다.

i) 개루프이득(A)의 보드선도상에 $1/F$ 라인을 긋는다.

ii) A 곡선과 $1/F$ 라인의 교점에서 위상여유를 구한다.

iii) 위상여유가 불충분할경우 T의 위상곡선으로부터 예를 들어 $\phi_M = 15°$ 지점을 찾고 여기에서 수직선을 그어 $1/F$ 라인과 만나는 교점을 구한다.

iv) C_1을 제거한 상태에서 위의 교점이 감쇄보상회로를 포함하는 루프이득의 단위이득 주파수(ω'_o)가 되도록 $\alpha(=R_2/R_1)$ 값을 정한다.

v) 영점의 위치가 ω'_o과 일치하도록 C_1 값을 정한다.

vi) 최종위상여유 ϕ^c_M를 확인하여 만일 과하거나 부족하면 ϕ_M 혹은 영점의 위치를 약간씩 다시 조정하여 설계한다.

이상에서 보인 설계방법은 진상보상회로의 영점의 위치를 R_1과 R_2만을 포함하는 감쇄보상루프의 단위이득 주파수 부근에 위치시키도록 하고 있다. 그 이유는 이렇게 하는 것이 일반적으로 실용적인 설계 방법이라고 말할 수 있으며 대부분의 경우에는 최적에 가까운 해답에 근접한다고 할 수 있기 때문이다.

이 설계과정에서 극점의 위치는 언급하지 않고 있으나 그 영향은 vi)항에서 최종위상여유를 확인하는 과정에서 식 (6.6.6)으로부터 고려되고 있다고 말할 수 있다. 이런 진상보상회로의 설계시에는 극점의 위치는 영점의 위치로부터 가급적 멀리 떨어져 있는 것이 일반적으로 위상여유의 관점에서 유리하다.

이번에는 영점의 위치를 변화시킬 경우 어떤 일이 발생하는지를 살펴보기로 하자. 그림 6.6.6에 세 가지 경우에 대하여 진상보상기의 영점위치에 따른 위상여유의 변화를 예시하였다. 영점(a점)의 위치를 변화시키면 극점(b점)의 위치도 종속적으로 따라서 변화하므로 a점의 위치를 증폭기(A)의 세 극점 사이에서 변화시킬 때 루프의 단위 이득 주파수 ω^{C}_{o}와 최종위상여유 ϕ^{c}_{M}의 변화를 보인 것 이다.

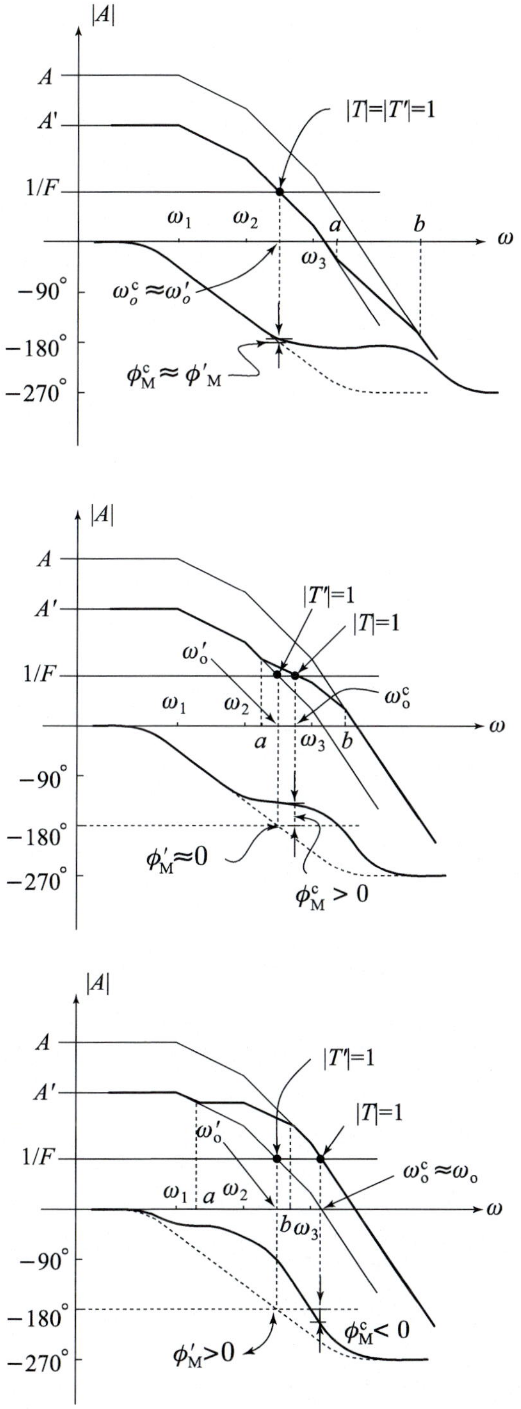

(a) $\omega_3 < a$, $\phi^{c}_{M} \approx \phi'_{M}$

(b) $\omega_2 < a < \omega'_o$, $\phi'_{M} \approx 0$, $\phi^{c}_{M} > 0$

(c) $\omega_1 < a < \omega_2$, $\phi'_{M} > 0$, $\phi^{c}_{M} < 0$

그림 6.6.6 진상보상기의 영점위치에 따른 위상여유의 변화 예시도

(a) $\omega_3 < a$일 경우
이 경우는 감쇄루프의 단위이득주파수 ω'_o보다 a의 위치가 상당히 멀리 떨어지게 되므로 위상보상효과가 미흡하게 되며 ω^C_o는 ω'_o와 거의 일치하는 위치에 머물게 된다.

(b) $\omega_2 < a < \omega'_o$일 경우
이 때는 ω'_o가 a의 위치보다는 낮은 곳에 있지만 비교적 멀지않은 곳에 위치하는 경우에 해당한다. 그림에서 보는 바와 같이 이런 상황에서는 ω^C_o의 위치가 ω'_o보다 더 높아지게 된다. 이렇게 되면 귀환이득의 대역폭은 더욱 넓어지게 되지만 위상여유는 오히려 작아지게 된다. 만일 b의 위치가 가까이 있을 경우에는 더욱 문제가 된다.

(c) $\omega_1 < a < \omega_2$일 경우
이렇게 되면 ω^C_o는 최대 ω_o의 위치에까지 올라가게 되며 위상여유는 마이너스로 바뀌어 불안정해지게 된다.

이상에서 보인 바와 같이 진상보상회로는 영점의 위치가 중요하며 최적조건은 '대략 영점을 ω'_o의 위치 근처에 오도록 설계하는 것이다'라고 기억한다면 큰 무리가 없을 것이다.

일반적으로 많이 나타나는 진상보상의 다른 또 하나의 예는 그림 6.6.7에 보이는 바와 같다. 이 회로는 귀환인자에 진상보상회로를 결합시킨 것이며 영점의 주파수는 역시 g_1/C_1으로 주어진다. 영점을 위치시키는 방법은 위에서 설명한 방법과 동일하며 $C1$이 없을 때의 루프이득의 단위이득 주파수에 둔다. 그렇지만 이런 회로에서는 보상가능한 귀환량의 크기에 한계가 있다. 즉, R_1과 R_2의 값을 임의로 설계하고자 할 때 많은 양의 부귀환이 인가되는 경우에는 A의 위상지연을 충분히 보상하지 못하게 되는 수가 있다.

진상보상회로가 위상여유를 개선하며 대역폭을 넓게 하는데 효과적인 반면에 저주파영역에서는 감쇄보상회로와 차이가 없으며 동일한 동작을 한다. 즉 두 방식이 모두 저주파영역에서의 루프이득을 감소시키고 있는 것이다. 그러나 일반적으로 부귀환이

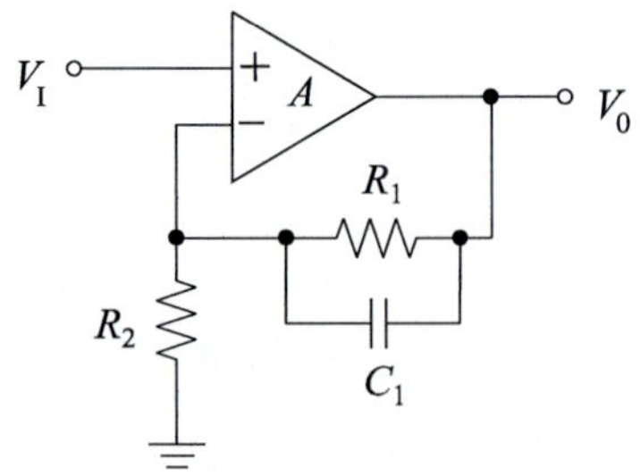

그림 6.6.7 귀환인자에 결합시킨 진상보상의 예

걸려있는 시스템에서 저주파 영역의 루프이득이 감소하면 정상상태에서 기준신호에 대한 귀환신호의 오차가 커지게 된다. 즉, 정상상태에서 원하는 제어가 정확하게 이루어지지 않게 된다는 것이다. 따라서 이러한 단점을 보완하기 위한 방안으로 지상보상회로를 사용하게 된다.

3) 지상 보상회로 (Lag Compensator Network)

지상보상회로 역시 감쇄 또는 진상보상회로와 결합하여 사용되며, 저주파 영역에서의 루프이득을 감소시키지 않고 위상여유를 보장하고자 할 때 채택할 수 있는 방법이다.

그림 6.6.8에 간단한 지상보상회로와 이 회로의 주파수 변화에 대한 진폭 및 위상의 특성곡선을 함께 도시 하였다.이 회로는 일정 범위의 주파수 영역에서 커패시터 C_2의 효과를 무시하고 보면 R_1과 R_2로 형성되는 감쇄보상회로를 기본으로 하고 있음을 알 수 있다.

어느 주파수영역에서 커패시터의 효과를 무시하는 방법에는 두 가지가 있다. 하나는 개방시키는 것이고 다른 하나는 단락시키는 것이다. 진상보상에 있어 초기 가정에서 무시하였던 방법은 개방시키는 것 이었지만, 지상보상에서 위에서 언급한 무시하는 방법은 단락시키는 것이다. 즉, 어느 주파수영역에서 커패시터와 연결되어있는 주변의 임피던스에 비해서 커패시터의 임피던스가 충분히 클 경우에는 개방시키고 충분히 작을 경우에는 단락시키는 것을 의미한다.

이처럼 무시한다는 것은 상대적인 개념이며, 어떤 것을 무시하는 경우에는 항상 주변의 주어진 조건을 잘 고려해야 한다. 어느 주파수 영역에서 커패시터를 무시할 수 있다고 하는 것은 반대로 다른 주파수 영역에서는 커패시터와 연결되어 있는 주변의 상대 임피던스를 무시 할 수 있다는 말과 통한다. 이것이 바로 보드선도의 개념이다. 무시한다는 말은 바꾸어 말하면 근사화 한다는 말을 의미하고 각각의 경계점이 영점 혹은 극점이 되는 것이다.

그림 6.6.8에서도 영점과 극점이 쌍으로 나타나고 있음을 보여주고 있다. 이 회로가 진상보상회로와 다른 점은 주파수 축상에서 극점(a점)이 먼저 나타나고 영점(b점)이 뒤에 나타난다는 점이다.

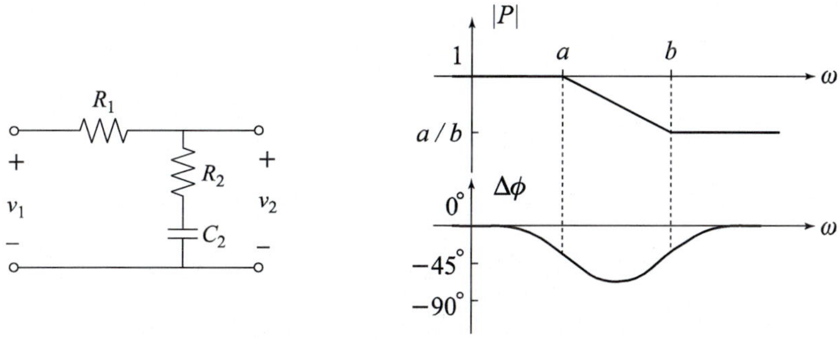

그림 6.6.8 지상보상회로의 진폭 및 위상특성

앞서 언급한 바와 같이 이와 같은 지상보상회로를 귀환회로에 적용하는 목적이 저주파영역에서 루프이득을 증가시키기 위한 것임을 상기한다면 위상여유를 결정하는 루프의 단위이득주파수는 b점보다 높은 주파수 영역에 위치하고 있어야 함을 짐작할 수 있다. 그런데 지상보상회로의 위상특성은 a점과 b점 주변에서 항상 지연되고 있음을 볼 때 위상특성은 도움이 안될뿐더러 오히려 해로울 수 있음을 알 수 있다. 즉, 진상보상회로에서는 위상특성이 도움이 되고 진폭특성은 역기능으로 작용하는 반면에 지상보상회로에서는 진폭특성이 도움이 되는 대신 위상특성은 역기능으로 작용하는 셈이다. 따라서 지상보상은 위상특성을 활용하는 것이 아니기 때문에 지상보상이라는 말 자체는 적절한 표현은 아니다.

이제 다시 그림에서 보여준 지상보상회로에 대해서 극점과 영점의 위치를 물리적인 의미를 통하여 근사적으로 구해보자.

극점과 영점의 위치

보상회로를 삽입하여 위상여유를 개선하고자 할 때 우선 관심의 대상은 루프의 단위이득 지점이 존재하는 주파수 영역 이다. 이 지점을 중심으로 이보다 높은 주파수영역에서 보상이 이루어지는 것이 진상보상이며, 반대로 이보다 낮은 주파수영역에서 보상이 이루어지는 것이 지상보상이다. 즉, 앞서 언급한 바와 같이 지상보상에서는 단위루프이득 주파수에서부터 낮은 주파수 대역으로 내려가면서 영점이 먼저 나타나고 그보다 더 낮은 쪽에 극점이 존재하게 된다.

보드선도의 진폭특성에서 보이는 바와 같이 커패시터 C_2의 역할은 극점(a)과 영점(b) 사이에서 나타나며 a점보다 낮은 주파수영역이나 b점보다 높은 주파수 영역에서는 C_2의 역할이 무시되고 있음을 알 수 있다. 그러나 C_2의 역할이 무시된다고 하여도 그 무시되는 형태는 동일하지 않다. 즉, 극점보다 낮은 영역에서는 개방으로, 영점보다 높은 영역에서는 단락으로 간주되고 있는 것이다. 개방 또는 단락으로 근사화 하는 것은 앞에서 언급한 바와 같이 상대적인 개념이므로 항상 비교의 대상이 있어야 한다. 즉, 이 지상회로는 R_1과 R_2 및 C_2로 형성되는 감쇄회로이기 때문에 C_2의 임피던스가 극점보다 낮은 주파수에서는 R_1보다 커지게 되므로 개방으로 무시된 것이며 영점보다 높은 주파수에서는 R_2보다 작아지게 되므로 단락으로 무시된 것이다.

따라서 무시되고 나타나고 또 무시되는 사이 사이에 각각의 극점과 영점이 존재하는 것이며 다음과 같이 주어짐을 쉽게 알 수 있다. 즉,

$$a = g_1 / C_2, \qquad b = g_2 / C_2 \tag{6.6.7}$$

와 같이 된다. 한편, 이 식에서 극점(a)의 위치는 약간의 근사화가 내포되어 있으며 정확한 값은 g_1 대신 $1/(R_1+R_2)$로 치환하면 된다. 그러나 대부분의 지상보상에서 일반적으로 $R_2 \ll R_1$의 조건이 만족되므로 안심해도 무방하다 하겠다.

지상보상에서 주파수의 함수로 주어지는 위상의 변화량을 역시 $\Delta\phi(\omega)$라 하면

$$\Delta\phi\,(\omega) = -\tan^{-1}\omega/a + \tan^{-1}\omega/b \tag{6.6.8}$$

이 된다. 여기에서 항상 $a < b$의 조건이 성립하므로 $\Delta\phi(\omega)$는 언제나 음의 값을 가지며 지연되고 있음을 알 수 있다.

이제 여기에서 부귀환 회로의 예를 들어 지상보상회로를 이용하여 안정도를 개선하는 방법에 대해서 살펴보기로 하자. 그림 6.6.9는 진상보상의 경우와 마찬가지로 개루프 이득이 A인 증폭기가 세 개의 극점(ω_1, ω_2, ω_3)을 가지고 있을 때, 이 증폭기 주위로 귀환인자가 F인 부귀환을 인가한다면 위상여유가 마이너스로 나타나는 시스템을 지상보상회로를 이용하여 보상한 예를 보인 것이다. 여기에서도 전단에 이상적이고 무한대의 대역폭을 가진 단위이득 비교기 버퍼가 첨가되었다. 보드선도를 이용하여 보상특성을 보이면 그림 6.6.10에 도시한 바와 같다.

예시한 보드선도는 먼저 지상보상회로가 없다고 가정한다면(즉, R_1은 단락, R_2 및 C_2는 개방으로 가정) A와 $1/F$ 라인이 만나는 점($|T(jw_o)| = 1$)에서의 위상여유가 마이너스($\phi_M < 0$)로 나타나고 있음을 보여주고 있다. 이런 상태에서 다시 보상회로가 첨가된다고 할 때 루프이득의 크기와 위상이 역시 주파수의 함수로 달라지게 된다.

그러나 여기에서도 먼저 보상회로에서 C_2를 제거함으로써 문제를 단순화하기 위하여 C_2를 단락 시키고 생각하여 보자. 그 이유는 지상보상에서는 보상회로의 영점(b)이 루프의 단위이득 주파수 보다 항상 낮은 쪽에 위치하기 때문에 위상여유를 결정하는 주파수영역에서는 단락으로 근사화 하는 것이 타당하기 때문이다. 그렇게 되면 보상회로는 R_1과 R_2로만 연결되므로, 앞 절에서 다룬 것과 동일하게 감쇄보상회로가 첨가되어있는 것과 같게 되며 따라서 보드선도로부터 위상여유는 A' 곡선과 $1/F$ 라인이 만나는 점($|T'(jw'_o)| = 1$)에서 새롭게 결정된다.

이 그림에서도 F는 주파수의 함수가 아닌 상수이므로 T'의 위상은 T의 위상과 동일하며 새로운 위상여유 ϕ'_M은 a/b의 값을 조정함으로써 임의의 값으로 충분히 여유를 두어 설정하는 것이 가능하다.

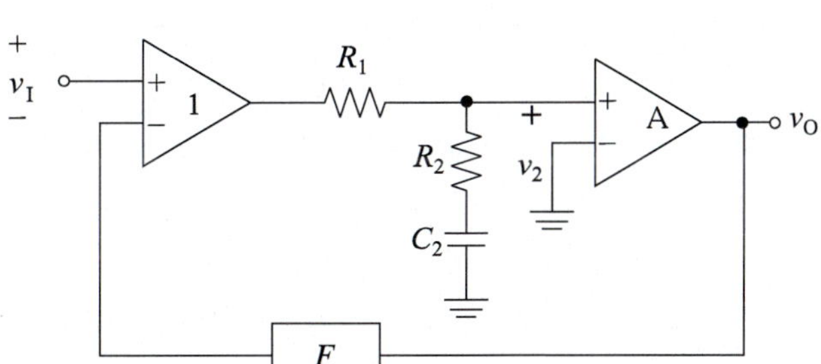

그림 6.6.9 지상보상회로를 사용한 귀환회로의 구성

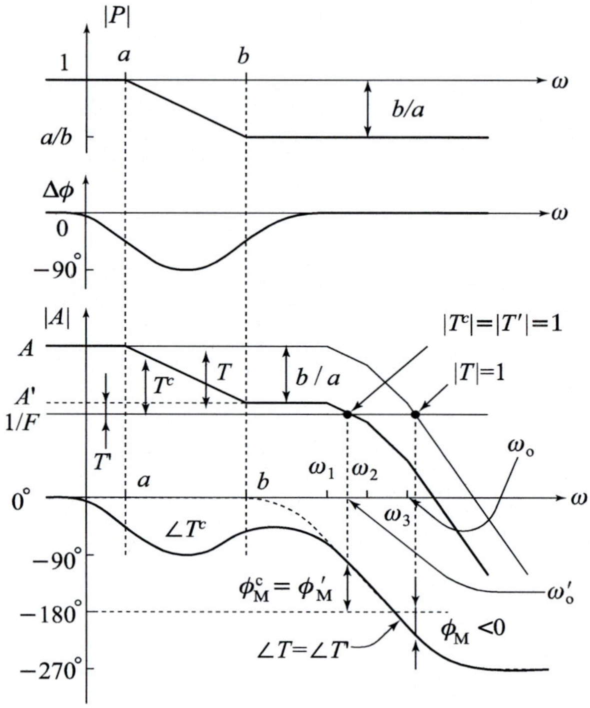

그림 6.6.10 지상보상특성을 예시한 보드선도

이제 여기에서 다시 R_2와 직렬로 C_2를 삽입하고 생각한다면 지상보상회로의 특성은 앞에서 언급한 바와 같이 그림의 ω축 상에서 a와 b로 표시된 극점과 영점의 위치가 각각 쌍을 이루어 발생하게 된다. 그러나 여기에서도 중요한 사실은 극점(a)과 영점(b)의 위치는 서로 독립적일 수가 없으며 어느 하나가 정해지면 다른 하나도 역시 진상보상의 경우와 마찬가지로 종속적으로 결정된다는 사실이다.

다시 보드선도를 보면 지상보상회로가 추가 되었을 때 보상된 루프이득 T^C의 보드선도는 a점보다 낮은 주파수영역에서는 A의 곡선을 추종하고, b점보다 높은 주파수영역에서는 A'의 곡선을 추종하며, 그 중간 영역에서는 보상회로의 특성에 의하여 연결되어 있음을 알 수 있다. 즉, 극점과 영점의 사이에서 진폭은 −20dB/dec로 위상은 −90°이내의 범위에서 주파수의 함수로 변화한다. 한편 위상여유는 영점보다 높은 주파수 영역의 A' 곡선상에서 결정되며 임의의 안정된 값으로 조정 가능하므로 결과적으로 볼 때 극점보다 낮은 저주파영역에서는 루프이득이 감소되지 않도록 하면서 동시에 영점보다 높은 주파수 영역에서는 안정도 보상이 함께 이루어 졌음을 의미한다.

이제 극점과 영점을 위치시키는 방법에 대해서 생각해 보기로 하자. 앞서 언급한 바와 같이 지상보상회로에서도 두 점이 쌍으로 움직이므로 독립변수가 하나인데 여기에서도 두 점 중에서 더 중요한 것은 영점의 위치이다. 즉 영점의 위치를 정해주면 극점의 위치는 그보다 낮은 주파수 영역에서 자동적으로 결정되므로 영점의 위치에 따른 영향을 고려해보면 된다.

보상회로의 일차 목적이 위상여유의 확보에 있으므로 위상여유의 관점에서 지상보상회로가 기여할 수 있는 점이 있느냐를 살펴본다면 전혀 그렇지 않음을 알 수 있다. 오히려 그 반대로 작용하고 있으므로 지상보상회로의 영점의 위치를 가능한 한 단위루프이득 주파수인 ω'_o보다 낮은 쪽으로 멀리 보냄으로써 지상회로의 위상지연특성이 위상여유에 대하여 좋지않은 영향을 주지 않도록 하는 것이 바람직함을 알 수 있다. 그러나 너무 멀리 보내게 되면 지상보상회로의 극점과 영점이 너무 낮은 주파수 영역에 위치하게 되며, 그렇게 되면 과도상태에서의 응답특성이 느려지게 되는 단점이 존재한다. 따라서 멀리 보내되 너무 멀지 않게 하는 적절한 타협이 요구된다. 만일 좀더 가까이 즉 최대한으로 높은 주파수 영역에 위치시킬 필요가 있을 경우에는 지상회로의 지연효과를 미리 예측하여 처음부터 위상여유를 좀더 여유롭게 잡아두는 것이 긴요한 방법이다. 즉 이런 경우에 얻을 수 있는 최종 위상여유는

$$\phi_M^c = \phi'_M + \Delta\phi(\omega'_o) \qquad (6.6.9)$$

와 같이 계산이 가능하다.

이제 여기에서 지상보상회로를 설계하는 과정을 정리하여보면 다음과 같다.

i) 개루프이득(A)의 보드선도상에 $1/F$ 라인을 긋는다.

ii) A곡선과 $1/F$ 라인의 교점에서 위상여유를 구한다.

iii) 위상여유가 불충분할경우 원하는 위상여유(예: $\phi_M = 75^\circ$)를 설정하고 T의 위상곡선으로부터 설정한 값에 해당하는 지점을 찾은 다음 여기에서 수직선을 그어 $1/F$ 라인과 만나는 교점을 구한다.

iv) C_2를 단락한 상태에서 위의 교점이 감쇄회로특성을 고려한 루프이득의 단위이득 주파수(ω'_o)가 되도록 $\alpha(=R_2/R_1)$ 값을 정한다.

v) 영점의 위치가 ω'_o 보다 충분히 낮은(예: $0.3\,\omega'_o$ 이하) 위치에 오도록 C_2 값을 정한다.

vi) 최종위상여유 ϕ_M^c를 확인하여 만일 과하거나 부족하면 ϕ_M 혹은 영점의 위치를 약간씩 다시 조정하여 설계한다.

이 설계과정에서 극점의 위치는 언급하지 않고 있으나 그 영향은 vi)항의 최종 위상여유를 확인하는 과정에서 식 (6.6.9)으로부터 고려되고 있다고 말할 수 있다. 이런 지상보상회로에서 극점의 위치는 영점의 위치로부터 a/b배 떨어진 위치에 있다.

4) 지상진상 보상회로(Lag-lead Compensator Network)

지상보상과 진상보상의 장점을 결합한다면 좀더 효과적인 보상을 구현할 수 있을 것임을 쉽게 짐작할 수 있다. 지상진상보상회로는 바로 이러한 목적을 지니고 있는 회로로서 저주파 영역에서는 루프이득을 크게 유지하면서 대역폭을 최대한 넓게 그러면서도 위상여유는 안정된 값을 확보할 수 있도록 하고자 할 때 사용하는 보상방법이다.

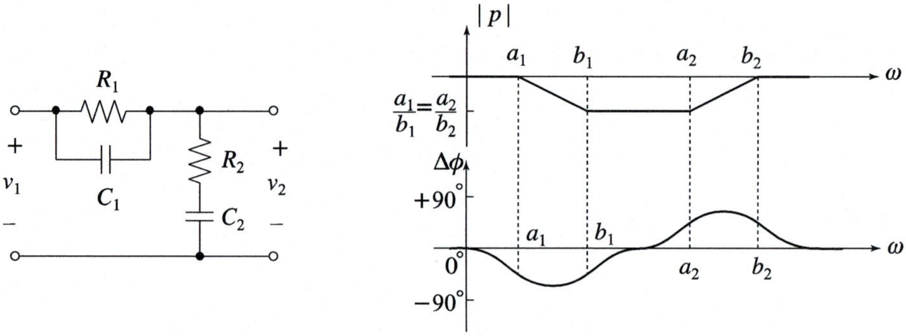

그림 6.6.11 지상진상보상회로의 진폭 및 위상 특성

그림 6.6.11에 이 회로의 주파수 변화에 따른 진폭 및 위상의 특성곡선을 간단한 지상진상보상회로와 함께 도시하였다. 전술한 두 방법에서와 마찬가지로 이 회로에서도 핵심을 쉽게 파악하는 방법은 두 개의 커패시터 C_1 및 C_2의 효과를 무시하고 보는 것 이다. 그러나 두 커패시터를 무시하는 방법은 C_1은 개방으로 C_2는 단락으로 대치하는 것이며 이것은 중간 범위의 주파수 영역에서 가능한 근사화 방법이다. 여기에서 중간범위의 주파수 영역이라 함은 그림의 주파수축 상에서 b_1과 a_2 사이의 영역을 의미하며 이 주파수 영역이 안정도 보상을 생각할 때 우선적으로 고려하여야 하는 가장 중요한 영역이기 때문이다.

이제 중간 주파수 영역에서 두 커패시터를 제거하고 보면 지상진상보상회로 역시 R_1과 R_2로 형성되는 감쇄보상회로를 기본으로 하고 있음을 알 수 있다. 여기에서 물리적이 의미를 생각하며 영점과 극점의 위치를 구하여 보기로 하자.

영점과 극점의 위치

그림에서 보이는 바와 같이 지상진상보상회로는 두 쌍의 영점과 극점을 가지고 있다. 보상회로에서 이 두 쌍은 서로 멀리 분리되어 있으며 따라서 저주파 영역과 고주파 영역의 각 쌍을 서로 분리시켜서 생각한다면 각각의 영점과 극점을 쉽게 구할 수 있다.

보상회로의 진폭특성을 살펴보면 주파수 영역 a_1과 b_1 사이에서 먼저 감소하고 a_2와 b_2 사이에서 증가하는 모습을 보이므로 이것은 C_2의 효과가 먼저 나타나고 C_1의 효과가 나중에 나타남을 의미한다. 즉, 지상진상보상에서는 $C_2 >> C_1$의 조건이 전제되고 있음을 기억해야 한다.

이제 저주파 영역을 생각해 보면 이 영역은 그림에서 C_1을 무시하고 C_2의 효과만을 고려할 때 발생하는, 즉, R_1, R_2, C_2로 형성되는 회로로부터 극점과 영점이 생성되고 있음을 알 수 있다. 이것은 바로 앞에서 다룬 지상보상회로와 동일한 회로임을 의미하므로 극점과 영점의 위치는 각각 다음과 같이 주어진다.

$$a_1 = g_1 / C_2 , \quad b_1 = g_2 / C_2 \tag{6.6.10}$$

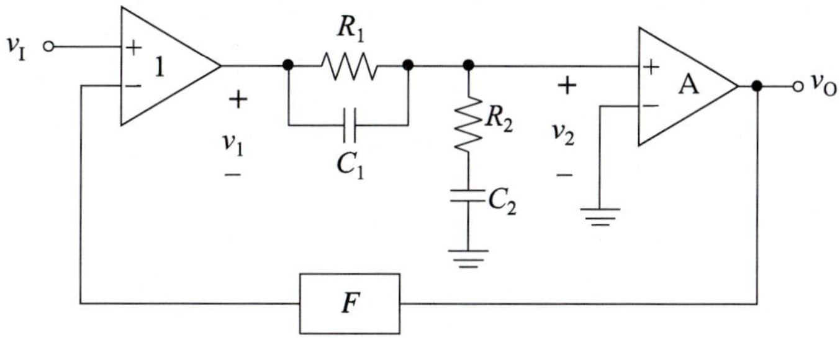

그림 6.6.12 지상진상회로를 사용한 귀환회로의 구성

한편 고주파영역에서는 보상회로에서 C_2를 단락하고 C_1의 효과만을 고려할 때 발생하는, 즉, R_1, C_1, R_2로 형성되는 회로로부터 영점과 극점이 생성되고 있음을 알 수 있다. 이것은 앞에서 다룬 진상보상회로와 동일한 회로임을 의미하므로 극점과 영점의 위치는 각각 다음과 같이 주어진다.

$$a_2 = g_1 / C_1 \, , \;\; b_2 = g_2 / C_1 \tag{6.6.11}$$

위의 두 식에서도 약간의 근사화가 내포되어 있으나 일반적으로 별반 중요하지 않으며 무시하여도 무방하다. 영점과 극점들의 위치를 계산을 통해서 구할 수도 있지만 이런 방법을 제시하는 이유는 보상회로에 대한 의미를 파악하기 용이할 뿐 아니라 실제 적용에 있어서도 매우 쉽고 빠르기 때문이다.

지상진상보상에서도 주파수의 함수로 주어지는 위상의 변화량을 $\Delta\phi(\omega)$라 하면

$$\Delta\phi\,(\omega) = -\tan^{-1}\omega/a_1 + \tan^{-1}\omega/b_1 + \tan^{-1}\omega/a_2 - \tan^{-1}\omega/b_2 \tag{6.6.12}$$

와 같이 표시 될 수 있다

이제 여기에서도 부귀환 회로의 예를 들어 지상진상보상회로를 이용하여 안정도를 개선하는 방법에 대해서 살펴보기로 하자. 그림 6.6.12는 앞의 예에서와 마찬가지로 개루프 이득이 A인 증폭기가 세 개의 극점(ω_1, ω_2, ω_3)을 가지고 있을 때, 이 증폭기 주위로 귀환인자가 F인 부귀환을 인가한다면 위상여유가 마이너스로 나타나는 시스템을 지상진상보상회로를 이용하여 보상한 예를 보인 것이다. 여기에서도 전단에 단위이득 비교기 버퍼가 첨가되었다. 보드선도를 이용하여 보상특성을 보이면 그림 6.6.13에 도시한 바와 같다.

예시한 보드선도는 먼저 지상진상보상회로가 없다고 가정하면(즉, C_1은 단락, C_2는 개방으로 가정) A와 $1/F$ 라인이 만나는 점($|T(j\omega_o)| = 1$)에서의 위상여유가 마이너스($\phi_M < 0$)로 나타나고 있음을 보여준다. 이런 상태에서 다시 보상회로가 첨가된다고 할 때 루프이득의 크기와 위상이 역시 주파수의 함수로 달라지게 된다. 그러나 여기에서도 먼저 보상회로에서 두 커패시터의 효과를 제거함으로써 문제를 단순화하기 위하여 C_1은 개방, C_2는 단락시키고 생각하여 보자. 그 이유는 앞에서 지상 및 진상의 경우에 설명한 것과 동일하다. 그렇게 되면 보상회로는 역시 이 경우에도 R_1과 R_2로만 연결되므로,

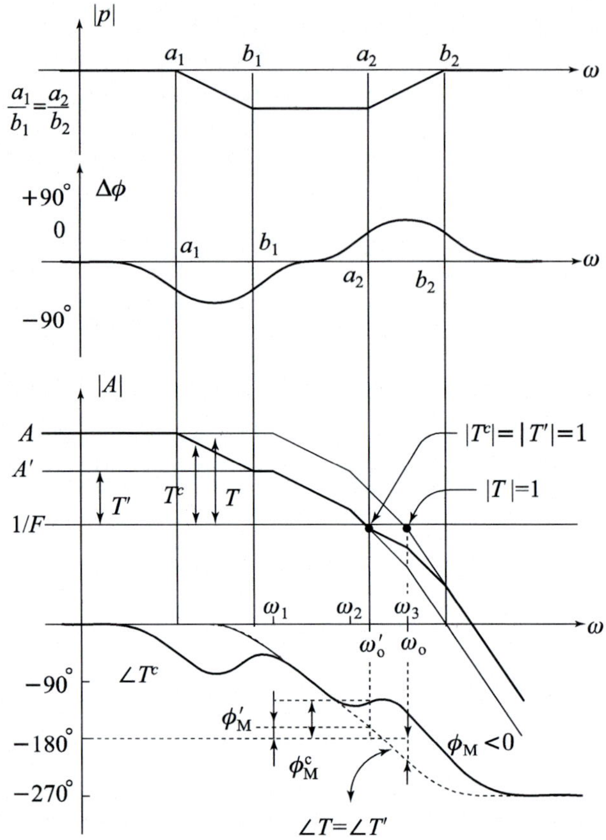

그림 6.6.13 지상진상보상 특성을 예시한 보드선도

앞에서 다룬 것과 동일하게 감쇄보상회로가 첨가 되어있는 것과 같게 되며 따라서 보드선도로부터 위상여유는 A' 곡선과 $1/F$ 라인이 만나는 점($|T'(j\omega'_o)|=1$)에서 새롭게 결정된다. 이 그림에서도 F는 주파수의 함수가 아닌 상수이므로 T'의 위상은 T의 위상과 동일하며 새로운 위상여유 ϕ'_M은 a/b의 값을 조정함으로써 임의의 값으로 설정하는 것이 가능하지만 대역폭을 최대한 넓히기 위해서는 진상보상의 효과를 미리 감안하여 상당히 낮은 값(예: 15°)으로 설정할 수 있다.

이제 C_1은 여전히 개방상태로 두고 C_2만을 연결시킨다면 이회로는 지상보상회로의 경우와 동일하게 되므로 지상보상회로의 설계과정을 그대로 뒤따라서 영점(b_1)의 위치를 정해주면 극점(a_1)의 위치는 자동적으로 정해지므로 이로부터 R_1, R_2, C_2 값이 정해진다.

다음에는 C_2를 단락시킨 상태로 두고 C_1을 연결시킨다면 이 회로는 진상보상회로의 경우와 동일하게 되므로 진상보상회로의 설계과정을 그대로 뒤따라서 영점(a_2)의 위치를 정해주면 극점(b_2)의 위치는 자동적으로 정해지므로 이로부터 C_1 값이 결정된다.

위에서 어느 한쪽을 설계할 때 다른 쪽의 커패시터를 개방 혹은 단락 시키는 것은 고려하는 주파수 영역이 서로 멀리 떨어져 있기 때문이다. 마지막으로 최종위상여유를 확인하고 재조정 여부를 결정한다.

지금까지 설명한 네 가지 수동보상회로를 그림 6.6.14에 정리하여 보여주었다. 여기에서 마지막으로 강조하고자 하는 것은 네 가지 보상회로의 기본이 되는 것은 감쇄 보상회로이며, 지상 또는 진상보상에 있어서 중요한 설계의 포인트는 모두 영점의 위치이고 극점은 자동적으로 정해진다는 사실이다.

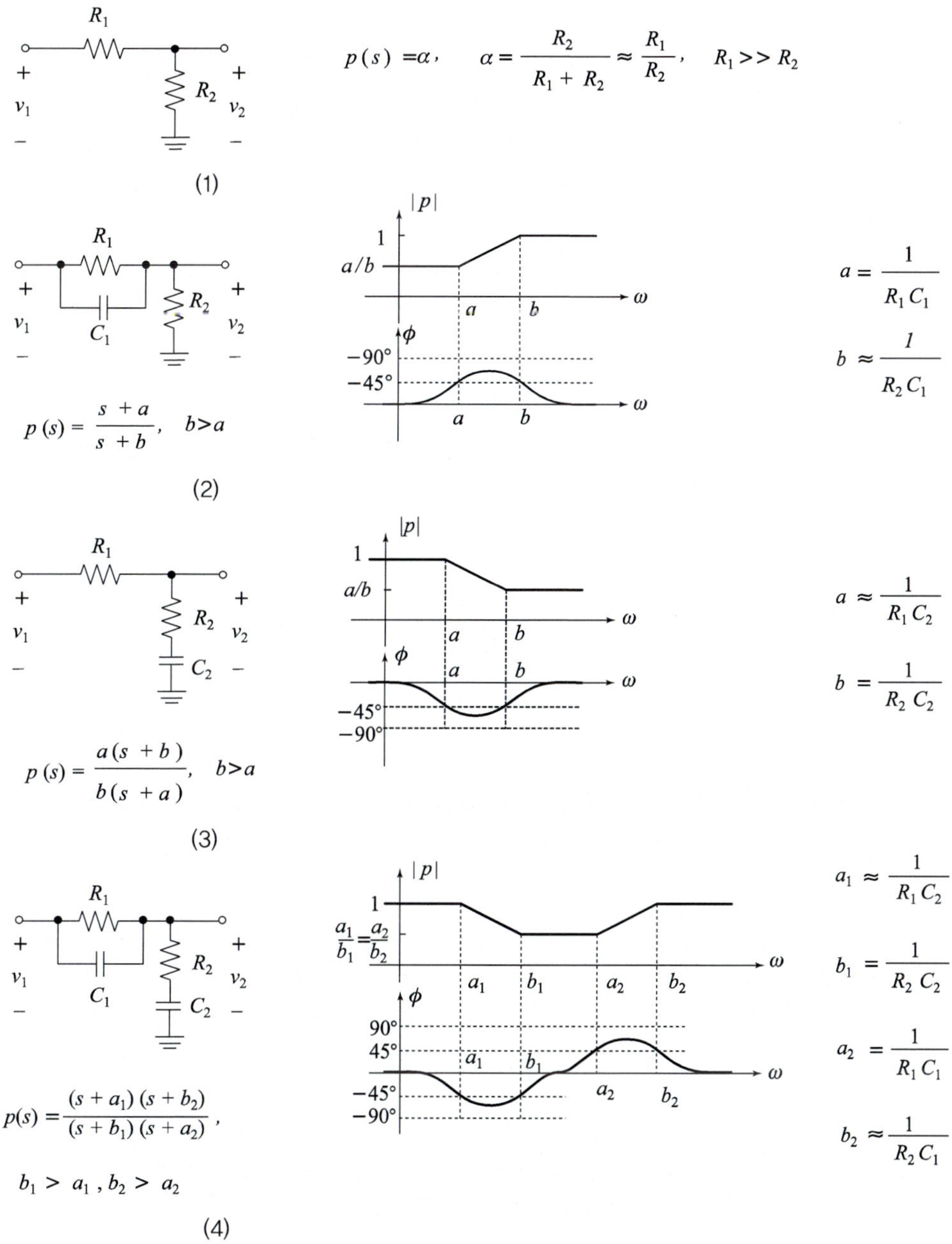

그림 6.6.14 네 가지 수동보상회로의 정리

능동 보상회로

앞에서는 보상회로 자체로는 이득이 없고 감쇄특성만을 가지는 수동보상회로에 대해서 다루었다. 이번에는 보상회로가 이득을 가지고 있는 능동보상회로에 대해서 개략적으로 살펴보기로 하겠다.

능동보상회로는 다양하고 광범위하게 대부분의 시스템 제어에 널리 사용되고 있으며 주로 연산증폭기와 수동보상회로를 결합하여 이루어진다. 일반적으로 많이 알려져 있는 제어기의 종류를 수동보상회로와 대응시켜 본다면 다음과 같이 비교하여 볼 수 있다.

수동보상	능동보상
감쇄보상 진상보상 지상보상 지상진상보상	P 제어기 PD 제어기 PI 제어기 PID 제어기

위의 각각에 대해서 연산증폭기를 사용하여 구성한 예를 들어 아래에서 간략하게 살펴 보고자 한다. 단 여기에서 사용하는 연산증폭기의 특성은 전압이득과 대역폭이 매우 크고 넓어서 이상적인 특성을 가지고 있다고 가정한다.

P 제어기

여기에서 P의 의미는 Proportional을 뜻하는 것으로 비례 제어기라는 의미를 내포하고 있다. 구체적인 회로는 그림 6.6.16에 보여주는 바와 같으며 이것은 연산증폭기를 사용하여 일정한 이득을 가지도록 구성한 단순한 증폭기에 불과하다. 즉, 감쇄보상회로의 경우와 유사하게 제어기의 이득을 조정하여 루프이득이 0 dB 되는 지점에서 위상여유가 원하는 값이 되도록 저항값을 설계하는 것이다.

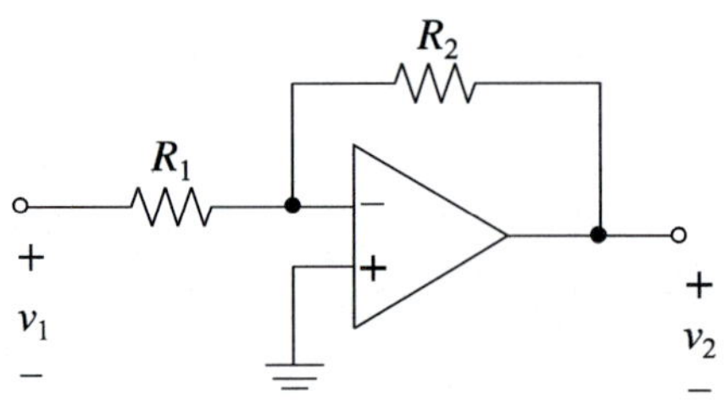

그림 6.6.16 P 제어기 회로

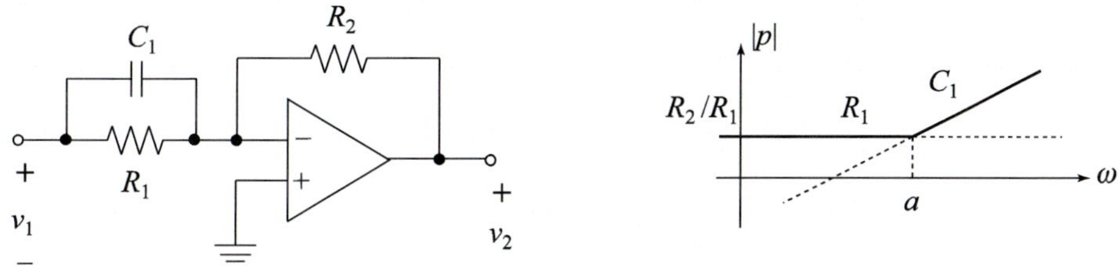

그림 6.6.17 PD 제어기 및 보드선도

PD 제어기

여기에서 PD의 의미는 Proportional and Differential을 뜻하는 것으로 비례 및 미분 제어기라는 의미를 가지고 있다. 구체적인 회로는 그림 6.6.17에 보여주는 바와 같으며, 이것은 연산증폭기를 사용하여 미분기능과 비례증폭기능을 모두 가지도록 구성한 것이다.이 회로는 진상보상의 경우와 유사하게 제어기의 위상을 진상시켜 루프이득이 0 dB가 되는 지점에서 위상여유를 크게 할 수 있도록 영점의 위치를 설정하여 주는 것이다. 그림에서 영점의 위치는 R_1과 C_1의 임피던스가 동일하게 되는 지점에서 발생한다. 즉 영점의 위치를 a 라 하면

$$a = g_1 / C_1 \tag{6.6.13}$$

로 주어진다. 그 이유는 낮은 주파수에서는 C_1의 임피던스가 크므로 R_1과 R_2에 의해서 이득이 정해지다가 주파수가 증가함에 따라 C_1의 임피던스가 감소하면서 이득은 증가하게 되나 R_1과 C_1의 임피던스가 비교되는 지점에서 차이가 구분되므로 바로이 지점이 영점이 되는 것이다.

영점을 위치시키는 방법은 진상보상의 경우와 동일하며 먼저 C_1을 개방하고 P 제어기만으로 단위루프이득 주파수(ω'_o)에서 약간의 위상여유(예: 15°)를 가지도록 이득을 조정한 다음 ω'_o 근처에 위치시키면 된다.

극점의 위치는 그림에는 나타나 있지 않으나 무한대 지점에 존재한다. 따라서 위상은 영점에서 +45° 진상되고 더 높은 주파수에서 최고 +90°까지 보상에 이용될 수 있다. 그러나 실제에 있어서는 연산증폭기의 대역폭이 제한되기 때문에 극점의 위치가 제한되게 되며 따라서 위상의 최대진상각도 그에 따라 제한을 받게 된다.

PI 제어기

여기에서 PI의 의미는 Proportional and Integral을 뜻하는 것으로 비례 및 적분 제어기라는 의미를 가지고 있다. 구체적인 회로는 그림 6.6.18에 보여주는 바와 같으며, 이것은 연산증폭기를 사용하여 적분기능과 비례증폭기능을 모두 가지도록 구성한 것이다. 이회로는 지상보상의 경우와 유사하게 저주파대역에서 루프이득을 크게 하면서 동시에 루프의 안정성을 보장할 수 있도록 하기위한 목적으로 널리 사용된다.

그림에서 영점의 위치는 R_2와 C_2의 임피던스가 동일하게 되는 지점에서 발생한다.

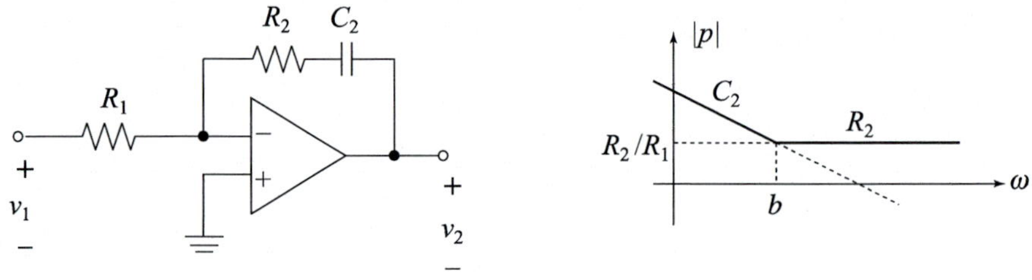

그림 6.6.18 PI 제어기 및 보드선도

즉 영점의 위치를 b라 하면

$$b = g_2 / C_2 \tag{6.6.14}$$

로 주어진다. 그 이유는 낮은 주파수에서는 C_2의 임피던스가 크므로 R_1과 C_2에 의해서 이득이 지배되어 주파수가 증가함에 따라 C_2의 임피던스가 감소하면서 이득이 감소하게 되나 R_2와 C_2의 임피던스가 비교되는 지점에서 이득감소는 중지되며 바로 이 지점이 영점이 된다.

영점을 위치시키는 방법은 지상보상의 경우와 동일하며 먼저 C_2를 단락하고 P 제어기만으로 원하는 만큼의 충분한 위상여유(예: 70°)를 가지도록 R_1과 R_2의 비율로 이득을 조정하여 단위루프이득 주파수(ω'_o)를 설정한 다음, ω'_o보다 충분히 낮은 쪽에 위치하도록 C_2를 정하면 된다. 그러나 영점의 위치가 멀지 않을 경우에는 영점에서 대략 -45° 정도의 위상지연이 존재함을 생각할 때 근거리에 위치할수록 위상여유가 작아지는 영향을 고려에 넣을 필요가 있다.

여기에서도 극점의 위치는 그림에는 나타나 있지 않으나 원점에 존재한다. 그러나 실제에 있어서는 연산증폭기의 전압이득이 무한대가 아니기 때문에 극점의 위치가 원점에서 벗어나 저주파영역에 제한되게 되며 저주파에서 최대루프이득의 크기도 한계를 보이게 된다.

PID 제어기

여기에서 PID의 의미는 Proportional, Integral and Differential을 뜻하는 것으로 비례 적분 및 미분 제어기라는 의미를 가지고 있다. 구체적인 회로는 그림 6.6.19에 보여주는 바와 같으며, 이것은 연산증폭기를 사용하여 적분기능과 미분기능 및 비례증폭기능을 모두 가지도록 구성한 것이다. 이 회로는 지상진상보상의 경우와 유사하게 저주파대역에서 루프이득을 크게 하면서 대역폭은 최대한 넓게 그리고 위상여유는 충분하게 보장하기위한 목적으로 사용된다.

그림에서 영점의 위치는 두 곳에 존재하며 저역측의 영점(b_1)은 C_1을 개방시키고 본 PI 제어기의 영점과 동일하며 R_2와 C_2의 임피던스가 동일하게 되는 지점에서 발생한다. 또한 고역측의 영점(a_2)은 C_2를 단락 시키고 본 PD 제어기의 영점의 위치와 동일하며 R_1과 C_1의 임피던스가 동일하게 되는 지점에서 발생한다. 따라서

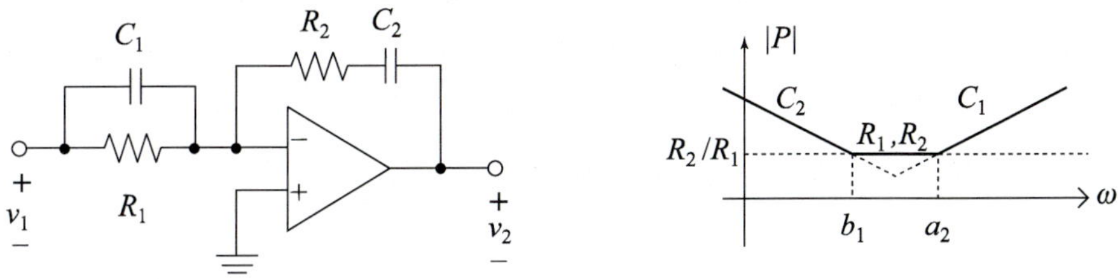

그림 6.6.19 PID 제어기 및 보드선도

$$b_1 = g_2 / C_2, \quad a_2 = g_1 / C_1 \tag{6.6.15}$$

으로 주어진다. 그 이유는 PI 및 PD 제어기에서 설명한 바와 같다.

영점을 위치시키는 방법은 지상진상보상의 경우와 유사하며 먼저 C_1은 개방하고 C_2는 단락한 상태에서 P 제어기만으로 어느 정도 작은 위상여유(예: 20°)를 목표로 하고 R_1과 R_2의 비율로 이득을 조정하여 단위루프이득 주파수(ω'_o)를 설정한 다음, ω'_o보다 충분히 낮은 쪽에 저역측 영점이 위치하도록 C_2를 정하고 ω'_o 부근에 고역측 영점이 위치하도록 설정하면 된다. 그러나 이 경우에도 최종단계에서 영점의 위치에 따라 약간씩 달라지는 위상여유의 변화를 점검할 필요가 있다.

여기에서도 극점의 위치는 연산증폭기가 이상적이라고 가정하면 PI 및 PD 제어기의 극점들을 합해놓은 것과 같이 원점에 하나 그리고 무한대에 또 하나가 존재한다. 그러나 실제에 있어서는 연산증폭기의 전압이득 및 대역폭이 무한대가 아니기 때문에 극점의 위치가 원점과 무한대에서 벗어나 한계를 보이게 된다.

PID 제어기의 극점 조정

위에서 보여준 PID 제어기의 극점이 원점과 무한대의 위치에 각각 존재한다면 두 가지 문제가 발생한다. 여기에서 극점이 원점에 있는 경우와 반대로 무한대에 있는 경우에 각각 어떤 문제가 발생하는지에 대하여 먼저 살펴보기로 하자.

극점이 원점에 있는 경우에는 저주파에서 루프이득은 매우 커서 정상상태에서의 오차는 무시할 수 있게 된다. 하지만 실제에 있어서 연산증폭기의 이득이 제한되므로 인하여 저주파 영역의 극점은 원점에서 약간 벗어난 위치에 존재하게 된다. 또한 응용목적에 따라 저주파 영역의 루프이득이 지나치게 큰 것이 바람직하지 않을 수가 있다. 이런 경우에는 저주파 이득을 적절한 크기로 제한할 필요가 있으며 의도적으로 극점의 위치를 저주파 영역의 일정 위치에 오도록 설계할 수 있다.

한편 극점의 위치가 무한대에 있는 경우에는 제어기의 고주파 이득이 매우 크게 증가함을 의미하므로 시스템의 고주파 잡음성분이 증폭되어 제어가 어렵게 되는 문제가 발생할 수 있다. 이런 문제를 경감시키기 위해서는 극점의 위치를 너무 높지 않은 곳 즉 고역측 영점에 가까운 곳에 위치시켜야 한다. 그러나 너무 가까우면 위상진상의 효과를 기대하기 어렵게 되므로 여기에서도 역시 적절한 타협이 필요하게 된다.

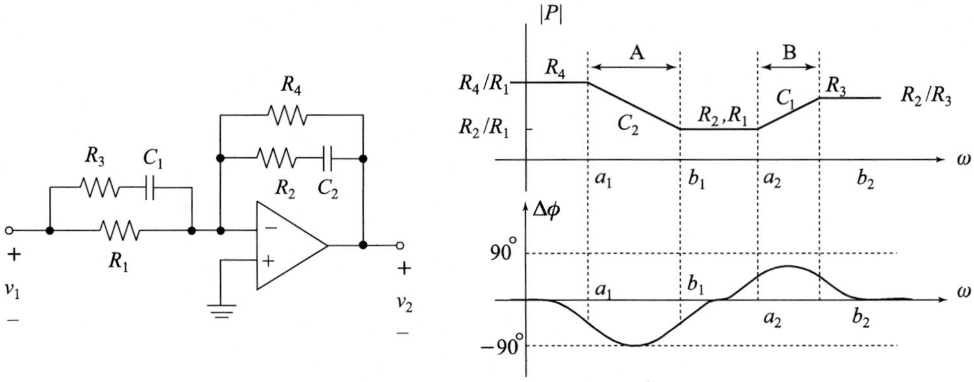

그림 6.6.20 극점이 조정된 PID 제어기 및 보드선도

극점의 위치를 조정할 수 있는 PID 제어기의 구조 및 보드선도를 그림 6.6.20에 보여주고 있다. 이 보드선도는 지상진상보상회로의 보드선도와 동일한 모양을 가지고 있음을 알 수 있다. 그러나 한가지 큰 차이점은 지상진상회로에서는 이득이 항상 1보다 작은 범위 즉 감쇄보상회로로써 작용한 반면에 PID에서는 1보다 큰 이득의 범위에서 루프이득의 크기를 제어함과 동시에 보상이 가능하다는 점이다.

그림에서 나타나는 네 곳의 코너주파수를 쉽게 예측하는 방법은 먼저 임피던스가 변화하는 구간에서 어떤 소자가 주된 역할을 하는지를 판단하는 것인데 이 경우에는 두 구간에서 변화하고 있음을 알 수 있다. 즉 구간 A (a_1과 b_1 사이)와 구간 B (a_2와 b_2 사이)인데 구간 A에서는 C_2가 주된 역할을 하고 있으며 구간 B에서는 C_1이 주된 작용을 하고 있음을 알 수 있다. 구간 A보다 낮은 주파수 영역은 C_2의 임피던스가 R_4보다 더 커지기 때문에 C_2가 무시되고 R_4가 나타나는 구간이며, 구간 A 보다 높은 주파수 영역은 C_2의 임피던스가 R_2보다 더 작아지기 때문에 C_2가 무시되고 R_2가 나타나는 영역이다. 마찬가지로 구간 B보다 낮은 주파수 영역은 C_1의 임피던스가 R_1보다 더 커지기 때문에 C_1이 무시되고 R_1이 나타나는 구간이며, 구간 B보다 높은 주파수 영역은 C_1의 임피던스가 R_3보다 더 작아지기 때문에 C_1이 무시되고 R_3가 나타나는 영역이다. 구간 A, B를 제외한 다른 구간에서 두 커패시터와 비교하여 상대적으로 더 중요하게 나타나는 각각의 저항을 보드선도에 표시하였다. 여기에서 구간 A와 B 사이는 두 저항 R_1과 R_2가 동시에 표기되어 있는데 그 이유는 비교되는 커패시터가 제각기 다르기 때문이다.

이상과 같은 고찰의 결과로부터 우리는 네 곳의 코너주파수를 다음과 같이 쉽게 예측할 수 있다. 즉,

$$a_1 = g_4 / C_2\,,\quad b_1 = g_2 / C_2$$

$$a_2 = g_1 / C_1,\quad b_2 = g_3 / C_1 \tag{6.6.16}$$

이 된다. 위의 관계식은 약간의 근사화가 내포되어 있다. 그러나 실제 응용의 관점

에서 그 오차는 거의 무시하여도 무방하다 하겠다. 마지막으로 이와 같은 회로에서는 $R_1 >> R_3$, $R_4 >> R_2$의 관계가 대부분의 경우에 성립하고 있음을 기억할 필요가 있으며 이것은 구간 A와 B의 길이가 각각

$$b_1 / a_1 = R_4 / R_2, \quad b_2 / a_2 = R_1 / R_3 \tag{6.6.17}$$

으로 주어짐을 생각한다면 쉽게 이해할 수 있다. 따라서 위에서 커패시터와 임피던스를 각각 비교하고 무시하고 하는 과정에서 바로 이와 같은 가정이 내포되어 있었던 것이며 어떤 회로의 동작을 예측함에 있어서는 각각의 소자 정수치에 대한 개념이 매우 중요한 것이다.

PID에서의 고주파 잡음 저감

실제에서 가장 많이 나타나는 PID 제어기의 형태는 그림 6.6.21에 보이는 바와 같은 구조이다. 보드선도에 보이는 바와 같이 고주파 영역에 또 하나의 극점이 추가되어 있음을 보여준다. 이 극점의 위치는

$$a_3 = g_2 / C_3 \tag{6.6.18}$$

과 같이 근사적으로 주어지는데 그 이유는 구간 D의 고주파 영역에서는 C_2는 단락으로 근사화 할 수 있으며 그렇게 되면 R_2와 R_4가 병렬로 나타나게 되는데 $R_4 >> R_2$이므로 R_4를 무시할 수 있기 때문이다. 즉, 구간 D에서는 C_3의 임피던스가 R_2보다 더욱 작아져서 −20dB/dec로 감소하게 되므로 고주파 영역의 잡음을 감소시키는데 있어서 매우 효과적이라고 말할 수 있다.

한편 a_3의 위치를 b_2에 비해서 얼마나 먼 거리에 두는 것이 좋으냐 하는 문제를 생각해 봐야 한다. 극점 a_3의 위치를 b_2에 가까이 위치시킬 수록 잡음 저감의 관점에서 바람직 하나 그렇게 되면 그 영향으로 위상여유가 나빠질 수 있으므로 바로 이런 문제를 고려하여 고주파측 영점인 a_2의 위치로부터 두 개의 극점 b_2 및 a_3의 위치를 동시에 함께 고려하여 설정하는 것이 좋은 방법이라고 말할 수 있다.

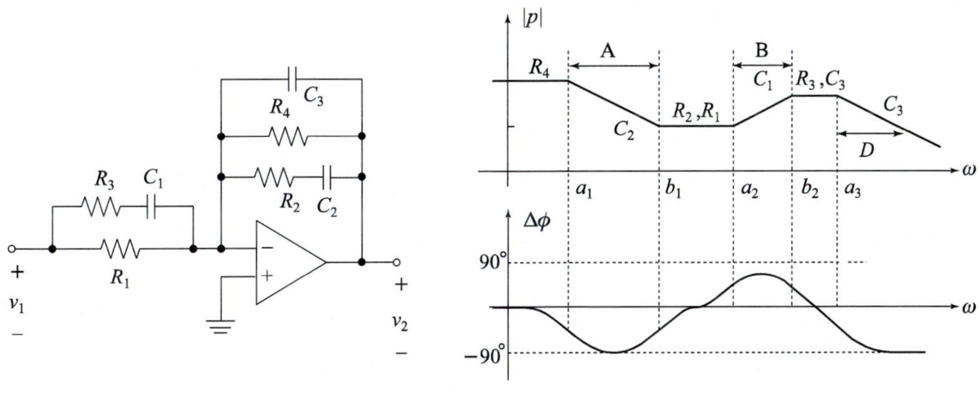

그림 6.6.21 고주파 이득을 저감시킨 PID 제어기 및 보드선도

6.7 보상위치와 측정방법

여기에서는 시스템을 설계하고 실제로 검증함에 있어서 알아야 할 보상기의 위치선정과 루프이득의 측정방법에 대하여 살펴보기로 한다.

보상기의 위치선정

보상기의 위치는 단지 시스템의 안정성을 개선하고자 하는 목적이라면 귀환루프내의 임의 위치에 둘 수 있다. 예를 들어 그림 6.7.1에 보이는 블록도는 귀환루프내에 보상기를 위치시킬 수 있는 세 곳을 예시하고 있다. 그러나 #2 혹은 #3의 위치에 보상기를 두는 경우에는 폐루프 이득 X_o/X_s가 보상기로 인한 주파수 특성의 함수로 나타나게 된다는 점이다. 즉, X_o/X_s가 대략 $1/F$로 일정하게 나타나기를 원한다면 보상기의 위치는 #2와 #3의 위치는 생략하고 #1의 위치에만 두는 것이 가장 적절함을 알 수 있다.

그림에서 #3의 위치는 좀 특별하며 실제로 진상보상의 목적으로 많이 이용하는 곳이다. 즉, 귀환인자 F가 단지 저항분할회로로 되어있을 때 병렬로 작은 커패시터를 연결하여 영점을 추가함으로써 진상보상이 가능하게 되는 것이다. 이 때 영점의 위치는 앞에서 설명한 바와 같이 단위루프이득 주파수 부근에 위치시키는 것이 원칙이며 이런 경우에는 X_o/X_s가 주파수의 함수가 아니고 대략 $1/F$로 일정하다고 보아서 무방하다. 왜냐하면 단위루프이득 주파수가 폐루프이득의 −3dB 주파수이며, 이보다 높은 주파수 영역에서는 개루프이득 자체가 감소하므로 #3 위치에 연결된 커패시터의 영향이 폐루프이득의 관점에서 관찰할 때 잘 나타나지 않기 때문이다. 그러나 커패시터 값이 너무 커져서 영점이 단위루프이득 주파수보다 낮은 대역으로 내려오게 되면 폐루프이득이 주파수의 함수로 변화하게 되며 단위루프이득 주파수는 더욱 높은 위치로 이동하게 되어 위상여유가 나빠지면서 피킹이 크게 나타나거나 심하면 고주파 영역에서 발진을 일으키기도 한다.

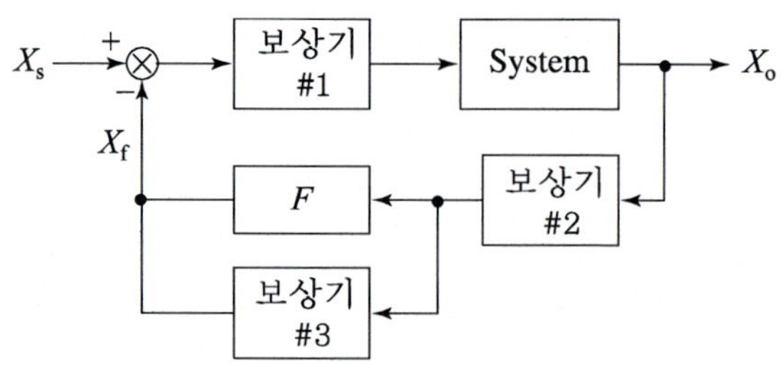

그림 6.7.1 귀환시스템과 보상기의 위치

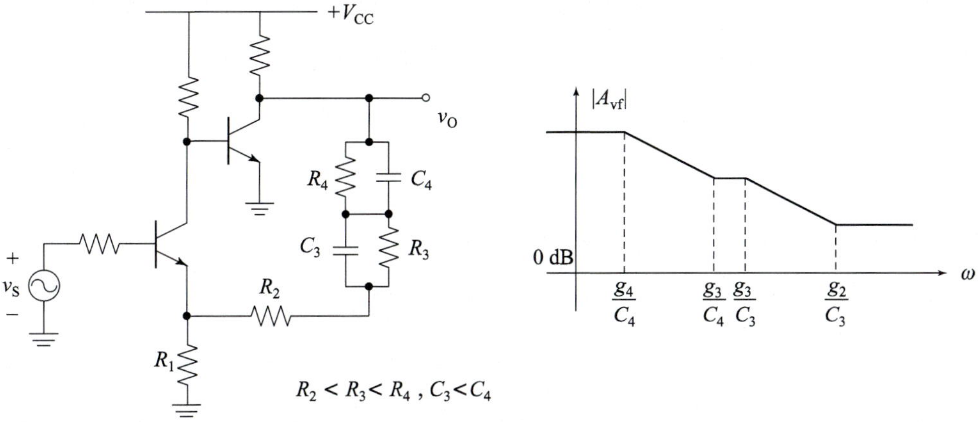

그림 6.7.2 출력전압이 주파수의 함수로 변화하는 예

한편 #2의 위치에 의도적으로 어떤 형태의 회로망을 연결하여 폐루프이득 특성이 일부러 주파수의 함수로 변화하도록 설계하는 방법도 있다. 그림 6.7.2에 보이는 회로가 그 한 예이며 이 회로는 $\frac{V_o}{V_s}$의 특성이 저주파 영역에서는 크고 고주파 영역에서는 작은 값이 얻어지도록 동작한다. 이런 회로는 고주파 영역의 잡음을 저감 시키고자 하는 경우에 이와 반대의 특성으로 변형시켜 보낸 신호를 원래로 복원하기 위한 목적으로 많이 쓰인다.

루프이득의 측정

지금까지는 어떤 시스템의 개루프 특성을 안다고 할 때 부귀환을 인가하여 폐루프를 구성할 경우 전체 시스템의 안정성을 보장하도록 설계하는 방법에 대해서 살펴 보았다. 그러나 실재로 어떤 미지의 시스템이 주어져서 이 시스템의 안정한 귀환루프를 구현하라고 한다면 어떻게 접근할 수 있을 것인가? 실재하는 다양한 시스템들은 대개가 단순하지 않고 복잡하며 비선형적인 요소들도 많아서 이론적으로 정확한 모델링을 통하여 접근하기가 쉽지 않은 예들이 허다하다. 이런 경우에도 실험적인 방법을 통하여 루프이득의 주파수 특성을 실제로 측정함으로써 시스템의 안정성을 구현할 수 있다.

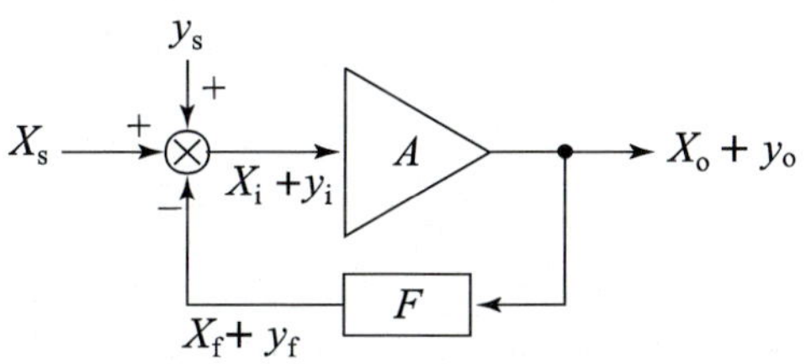

그림 6.7.3 귀환 루프의 이득 측정을 위한 신호 인가 방법

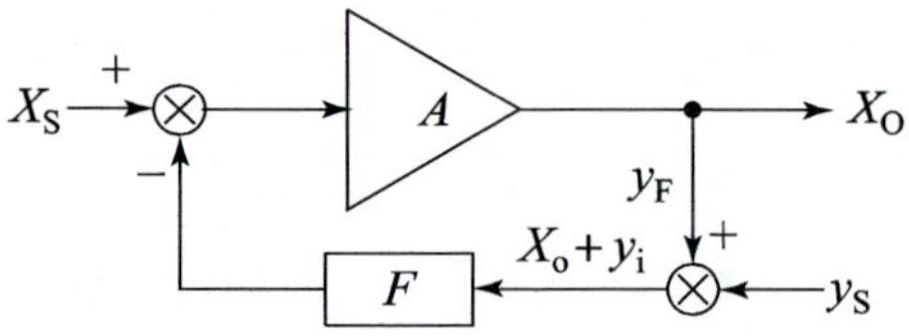

(a) 출력측에서의 루프이득 측정 방법

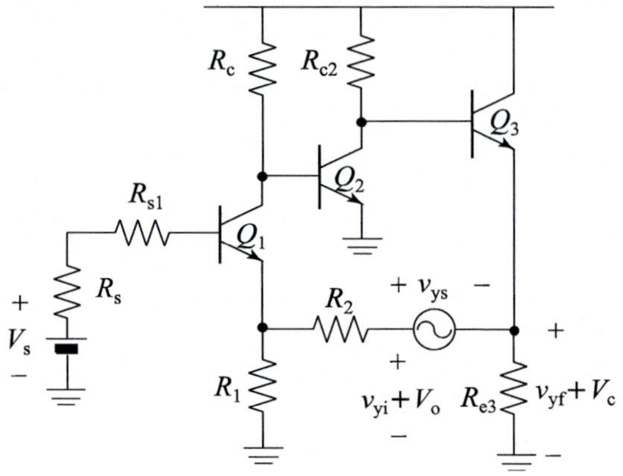

(b) 회로 구성의 예

그림 6.7.4 출력측에서 귀환 루프 이득의 측정 방법 및 예시 회로

실험을 통하여 루프이득을 측정하는 한 가지 방법을 그림 6.7.3에 보여준다. 여기에서 X로 표기된 값들은 귀환 시스템의 어떤 동작점을 의미한다고 볼 수 있다. 여기에 y_s로 표기된 소신호원을 인가하면 루프이득 $T(j\omega)$는 다음과 같이 주어진다. 즉,

$$T(j\omega) = y_f(j\omega) \,/\, y_i(j\omega) \tag{6.7.1}$$

으로 표시가 가능하다. 이 식에서 보는 바와 같이 주파수 ω를 변화시키면서 에러신호와 귀환신호를 측정하면 루프이득의 크기와 위상을 바로 알아내는 것이 가능하게 된다.

그러나 실제문제에서 어느 지점에 신호원 y_s를 인가하느냐 하는 것이 쉽지 않다. 따라서 그림 6.7.4(a)에는 실측을 위한 구체적인 방법으로 출력측에서 신호원을 인가하여 루프이득을 측정하는 다른 한가지 예를 보여 주고있으며 (b)에 보여준 것은 구체적인 하나의 회로구조를 예시한 것이다. 이런 구조에서 주어지는 루프이득은

$$T(j\omega) = -\, y_f(j\omega) \,/\, y_i(j\omega) \tag{6.7.2}$$

와 같으며 앞의 식과 비교하여 마이너스 부호가 붙어있는 점이 약간 다르게 보이는데 그 이유는 출력측 비교기에서는 입력측 비교기와는 달리 y_f로부터 y_s와 비교되어 y_i로 나타나는 신호의 위상이 반전되지 않기 때문이다.

실제 회로에서 보여준 예에서는 신호원 v_{ys}가 출력단자측에서 R_2와 직렬로 삽입되

어 있으며 여기에서의 루프이득은 역시 위에서와 같이

$$T(j\omega) = -v_{yf}(j\omega) / v_{yi}(j\omega) \tag{6.7.3}$$

로 주어진다. 여기에서 인가되는 신호원은 어느 단자도 접지되지 않은 부유(floating) 신호원을 사용하여야 하며 만일 부유 신호원이 없는 경우에는 변압기를 사용하여 구현하는 것도 가능하다.

이런 방법외에 간단히 근사적으로 귀환루프의 안정도를 판별하는 또 하나의 방법은 구형파 응답을 관찰하는 것이다. 즉, 구형파 응답에서 오버슈트가 발생하지 않으면 위상여유가 대략 70° 보다 큰 경우에 해당한다. 그러나 구형파를 인가하는 위치는 반드시 입력이 될 필요는 없다. 귀환루프내의 임의의 노드에 큰 저항을 연결하여 소신호 구형파 전류신호를 인가하고 그 노드에서의 전압파형을 관찰하면 된다. 이 때 이 노드에서 나타나는 전압파형은 미분파형의 형태를 보이게 된다. 이렇게 미분파형이 나타나는 이유는 귀환루프 각각의 노드에서는 제5장에서 설명한 바와 같이 전압을 안정화하려는 특성이 있는데 다른 한편으로 귀환루프의 대역폭에 제한이 있기 때문이다. 따라서 이 경우 미분파형의 시정수는 귀환루프의 단위이득 주파수와 관련이 있게 된다. 이 미분파형의 형태에서 오버슈트가 없으면 위상여유가 큰 경우에 해당한다고 할 수 있다. 이와 같은 방법은 단지 증폭기 회로뿐만 아니라 일반적인 제어시스템의 안정도를 판별하는데도 유용하다. 입력과 출력이 어느 곳인지 모르는 시스템의 경우에도 귀환루프내의 임의의 노드에 소신호 구형파 전류신호를 인가하고 그 노드에서의 전압파형을 관찰함으로써 실험적으로 간단히 안정도 판별이 가능하며 제어기의 조정을 통하여 개선이 가능하게 된다.

끝으로, 귀환회로의 안정성을 보장하기위해서 중요한 것은 단위루프이득 근처에서의 특성이므로 y_f와 y_i의 크기가 같게 되는 주파수와 이때의 위상을 중심으로 위 아래로 주파수를 변화시키면서 그 주변의 특성만을 확실하게 파악하면 된다. 따라서 측정의 문제는 별로 어렵지 않다. 그러나 한 가지 주의할 점은 처음부터 귀환루프가 불안정하다면 측정이 불가능하게 된다는 점이다. 즉, 어느 정도는 안정된 상태를 유지하도록 대략 조정이 이루어진 상태에서 측정을 통하여 정확한 설계가 가능하게 되는 것이다.

6.8 증폭기의 보상

앞에서 논의한 보상회로망을 이용한 방법은 일반적으로 귀환시스템의 안정성을 개선하고자 할 때 많이 사용하는 방법이다. 증폭기에서의 보상은 일반시스템에서의 보상에 비하여 비교적 간단하다고 말할 수 있다. 왜냐하면 증폭기는 비선형적인 요소가 적을 뿐 아니라 내부회로자체를 어느 정도 변경시키면서 설계가 가능하기 때문이다.

증폭기에서의 안정성을 개선하고자 하는 경우에는 증폭단의 개루프이득 특성을 분석하여 대역폭을 감소시키는 방향으로 변화를 줌으로써 보상하는 방법을 주로 사용하며 이것을 이름하여 주극점 보상법(dominant pole compensation)이라 한다.이 방법은 증폭기의 주파수 특성을 희생시키는 단점이 있지만 이것을 감수하면서도 간편하기 때문에 많이 사용한다. 여기에서는 이 보상법에 대해서 좀 더 자세히 살펴보기로 하겠다.

주극점 보상

단순히 귀환증폭기의 안정성만을 개선하고자 하는 경우에는 기존 극점들 보다도 아주 낮은 주파수 지점에 주극점 하나를 더 추가 함으로써 간단하게 위상여유를 확보하는 것이 가능하다. 이해를 쉽게 하기 위해서 예를 들어 살펴보기로 하자.

개루프 이득이 A인 증폭기가 세 개의 극점(ω_1, ω_2, ω_3)을 가지고 있는 경우에 대해서 다시 생각하여 보자. 그림 6.8.1에는 이와 같은 증폭기 주위로 귀환인자가 F_1인 부귀환을 인가한다면 $|T| = 1$인 점에서 위상여유가 마이너스로 나타나지만, 여기에 주극점을 추가하여 $|T^C| = 1$인 점에서 위상여유가 플러스로 바뀌어 안정성을 확보한 모습을 보였다.

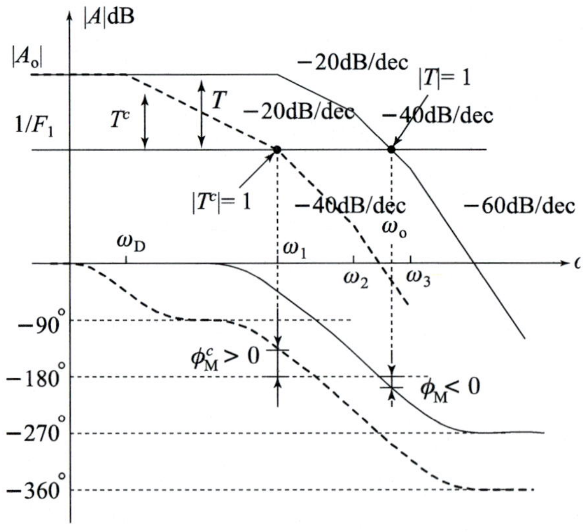

그림 6.8.1 주극점 보상을 예시한 보드선도

주극점 보상방법에 있어서 주극점을 위치시키는 방법은 지상보상의 방법과 비교하면 영점은 없고 극점만 하나 더 추가하는 경우에 해당한다. 따라서 위상특성은 주파수가 증가해 감에 따라 계속해서 지연되기만 하므로 동일한 루프이득의 조건에서 비교할 때 지상보상에 비해서 보상후의 대역폭은 더욱 줄어들게 된다.

다시 그림 6.8.1을 보면 귀환인자가 F_1인 부귀환이 인가되었을 때 약 45°의 위상여유를 확보하도록 보상한 예를 보인 것임을 알 수 있다. 다시 말하면 주극점을 삽입하여 보상한다고 할 때 보상후의 T^C 곡선이 루프이득의 0dB 라인(= 1/ F_1 라인)과 만나는 주파수가 ω_1이 되도록 주극점 ω_D의 위치를 설정하여 주면 된다. 즉, $|T^C|$ = 1의 위치(이 경우는 ω_1)에서 보면 ω_D에 의해서 -90° 지연되고 ω_1에 의해서 추가로 -45° 지연되므로 위상여유는 45°가 되는 셈이다.

따라서이 경우 ω_D의 위치는

$$\omega_D = \omega_1 / |A_o F_1| \tag{6.8.1}$$

과 같이 주어 진다. 만일 위상여유를 더 크게 하고자 한다면 ω_D의 위치를 더 낮은 곳으로 내리면 된다. 그러나 이런 경우에는 대역폭도 동시에 더욱 낮아짐을 고려 하여야 한다.

단위이득 귀환

이번에는 부귀환이 아주 크게 걸리는 경우에 주극점을 추가하여 보상하는 방법을 생각하여 보기로 하자. 귀환회로가 수동소자로만 구성되어 있는 경우에는 F = 1일 때 가장 큰 부귀환이 걸리게 되며 이것을 단위이득 귀환(unity gain feedback)이라 한다. 그림 6.8.2에 주극점을 추가하여 45°의 위상여유를 가지도록 단위이득 귀환 보상을 예시한 보드선도를 보여주고 있다. $F = 1$인 경우에는 $|T| = |A|$이므로 루프이득 $|T|$의 0dB 라인은 개루프이득 $|A|$의 0dB 라인과 일치한다. 따라서 보상후의 루프이득 $|T^C|$가 극점 ω_1에서 그 크기가 1이 되도록 해준다면 45°의 위상여유를 가지게 되므로 이런 조건을 만족하기위한 주극점의 위치는

$$\omega_D = \omega_1 / |A_o| \tag{6.8.2}$$

와 같은 값으로 주어지면 된다. 이렇게 주어지는 주극점의 위치는 식 (6.8.1)로 주어지는 주극점의 위치에 비하여 훨씬 더 낮은 주파수에 위치하게 된다.

따라서 실제 응용에서는 귀환량이 상황에 따라 정해지게 되며 얼마가 될지 모르므로 일반적인 경우에 대해서 $F < 1$인 모든 응용에 대하여 항상 안정되도록 하려고 한다면 단위이득 귀환시에도 위상여유가 보장되도록 해 주면 되며 이런 조건이 만족되도록 주극점의 위치를 정해주는 것이다. 그러나 그림 6.8.2에서 예시한 것처럼 단위이득 귀환 보상을 해준 증폭기를 이용하여 귀환인자가 1보다 작은 F_1을 인가하여 사용하는 경우에는 폐루프 이득의 −3dB 주파수가 ω_a가 되므로 동일한 귀환인자에 대해서 그림 6.8.1과 같이 보상하는 것에 비하여 대역폭에 있어서 많은 손해를 보게 됨을 알 수 있다.

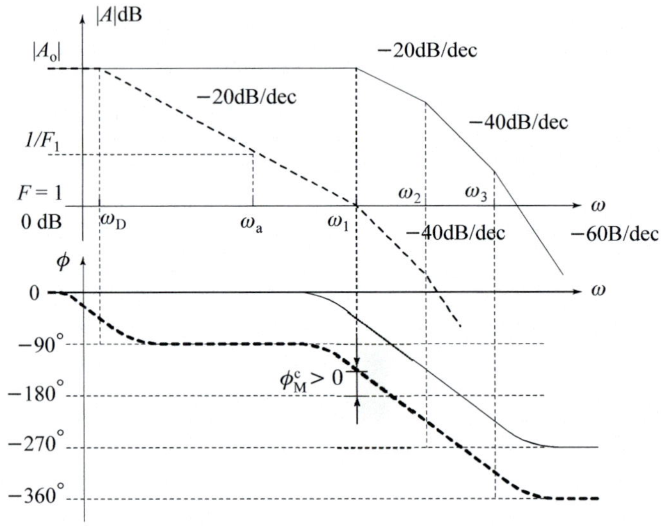

그림 6.8.2 주극점을 추가하여 단위 이득 귀환 보상을 예시한 보드선도

지금까지는 주극점 하나를 별도로 추가하여 위상여유를 확보하는 방법에 대하여 살펴 보았다. 그러나 이와 같은 방법이 대역폭이 많이 줄어드는 단점이 있으므로 좀 더 개선된 방법이 필요하다. 즉, 주극점 보상방법을 사용하되 대역폭에서 손실을 줄이는 더 좋은 방법은 별도의 주극점을 추가로 삽입시키는 대신 증폭기 자체의 극점 중에서 가장 낮은 극점을 더 아래로 내려 보내는 것이다. 이런 경우에 예로서 45°의 위상여유를 가지도록 하려면 아래에서 두 번째 극점이 단위루프이득 주파수가 되도록 설계하면 된다. 그림 6.8.3에 ω_1을 낮추어 45°의 위상여유를 가지도록 단위이득 귀환 보상을 해준 예를 도시 하였다. 이 그림에서와 같이 두 번째 극점인 ω_2에서 루프이득의 크기가 1이 되도록 설정하고자 한다면 ω_1이 ω'_1의 위치로 내려가야 하며, 이 때

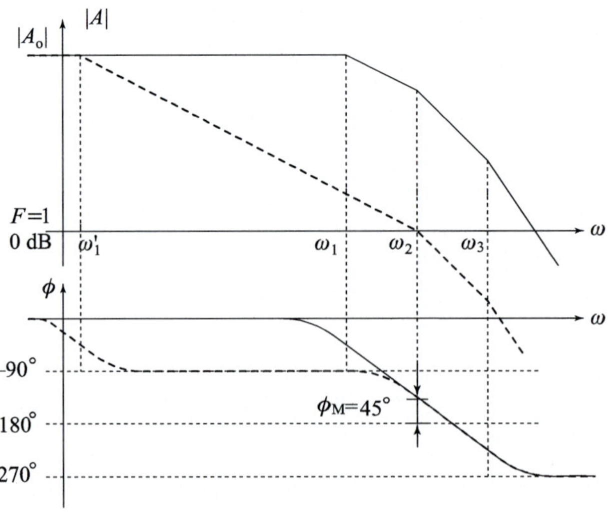

그림 6.8.3 ω_1을 ω'_1의 위치로 낮추어 단위 이득 귀환 보상을 실현한 보드선도

$$\omega'_1 = \omega_2 / |Ao| \tag{6.8.3}$$

와 같이 주어짐을 알 수 있다. 따라서 이 결과는 앞의 경우와 비교하여 대역폭의 관점에서 상당한 개선이 이루어 졌음을 보이고 있다.

광대역 보상 방법

위에서 보인 단위이득귀환 보상방법은 귀환량이 고정된 것이 아니어서 상황에 따라 가변 가능한 일반적인 목적으로 널리 응용되는 경우에 대해서 항상 안정성을 보장하도록 하고자 할 때 사용된다. 연산증폭기가 바로 그런 것으로 필요에 따라 증폭기 주위에 부귀환을 걸어서 사용하며, 임의의 저항을 연결하여 구성한 어떤 부귀환에도 항상 안정하도록 단위이득귀환 보상방법을 적용하고 있다.

그러나 일정한 이득을 가지도록 귀환량이 정해진 경우에는 대역폭을 최대한 넓게 설계하는 광대역보상이 가능하게 된다. 그림 6.8.4에 부귀환을 이용하여 구성할 수 있는 광대역 증폭기의 한 가지 회로와 보드선도를 예시하였다.

이 회로는 주극점 보상방법과 진상보상을 결합하여 주어진 귀환량에 대해서 최대한 광대역이 가능하도록 보상하는 방법을 보이고 있다.

여기에서 광대역보상을 설계하기 위해서는 두 가지 포인트만 기억하면 되는데, 하나는 주극점을 어디에 위치시킬 것인가 하는 것이며 다른 하나는 진상보상의 영점의 위치이다. 가장 무난한 설계방법은 진상보상을 배제한 상태에서 주어진 귀환인자의

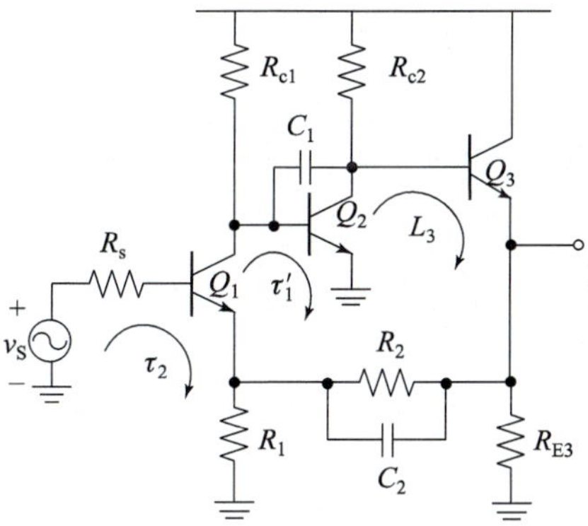

(a) 광대역 보상 회로의 예

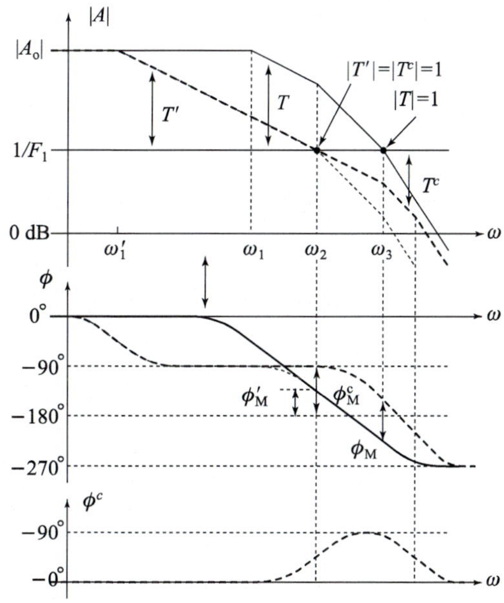

(b) 보드선도

그림 6.8.4 광대역 보상회로 및 보드선도

조건에서 주극점의 위치만을 변화시키되 낮은 주파수로 내려보내며 약 45°의 위상여유를 가지도록 조정한다. 이렇게 하는 경우에는 두 번째 극점의 위치에서 단위루프이득을 가지도록 주극점의 위치를 조정하는 셈이다. 그 다음으로 진상보상의 영점을 단위 루프이득 주파수, 즉, 두 번째 극점의 위치에 근접하도록 설정해 주면 된다. 이상과 같은 보상방법은 앞 절에서 설명한 지상진상 보상방법과 유사함을 알 수 있다.

그림의 회로도에서 주극점의 위치는 트랜지스터 Q_2의 콜렉터와 베이스 사이에 연결한 커패시터 C_1에 의해서 조정될 수 있다. 단, C_2를 제거한 상태에서 R_1과 R_2로 이루어진 귀환인자에 대해서 루프이득이 1이 되는 주파수를 찾아서 약 45°의 위상여유를 가지도록 C_1 값을 조정한다. 이렇게 조정하는 방법은 직접 실험을 통해서 할 수도 있고, 혹은 컴퓨터를 사용하여 모사하는 방법으로도 가능하다.

그 다음에 영점의 위치는 g_2/C_2로 주어지므로이 주파수를 단위루프이득 주파수의 위치에 대략 일치시키면 된다. 물론 또 하나의 극점이 뒤따라 나타나기는 하지만 특별히 가까운 곳에 위치하지 않는 한 이런 방법을 통하여 상당히 큰 위상여유를 확보하는 것이 가능하게 된다. 이런 과정에서 C_2의 값이 너무 크면 위상여유가 오히려 더 나빠지면서 폐루프이득의 −3dB 주파수도 더 낮아지게 되며, 반대로 C_2의 값이 너무 작으면 위상의 보상이 충분히 이루어 지지 않게 되므로 적정한 값을 선정하는 것이 매우 중요하다. 또한 적절한 C_2를 삽입하는 경우에는 단위루프이득 주파수가 약간 상승하게 된다는 사실을 고려 할 필요가 있다. 이것은 앞 절의 영점보상에 관한 설명에서 언급한 바와 동일한 이유이다.

극점 분리 보상

주극점 보상에서 극점을 아주 낮은 위치로 보내기 위해서는 큰 값의 커패시터가 필요하게 된다. 그러나 집적회로로 구현하는 증폭기 내부에 큰 값의 커패시터를 내장하는 것은 매우 어려운 일이다. 그렇다고 외부에 커패시터를 별도로 연결하는 것은 실용상 불편을 초래하므로 바람직한 일은 아니다. 연산증폭기에서는 10Hz이하의 매우 낮은 주파수에 주극점을 두어 보상하는 일이 많으며, 이런 경우에도 작은 커패시터를 사용하여 집적회로 안에 내장 시키면서 가능한 방법이 있으니 바로 밀러효과를 이용하는 것이다.

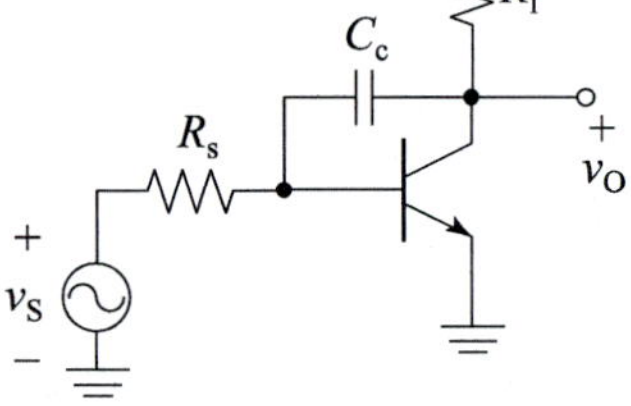

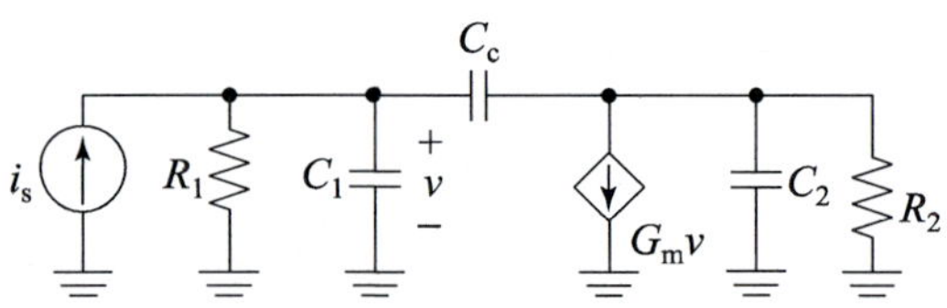

그림 6.8.5 극점분리보상 및 등가회로

앞의 광대역보상에서도 그 예를 볼 수 있지만, 그림 6.8.5에 도시한 바와 같이 트랜지스터의 베이스와 콜렉터 사이에 커패시터를 넣어주면 베이스측에 주극점이 발생하며,이 주극점은 밀러효과에 의하여 비교적 어렵지 않게 낮은 위치로 내려 보낼 수 있다. 그런데 이런 방법을 사용하면서 얻을 수 있는 또 하나의 부수적인 효과가 있다. 즉, 베이스측 극점이 내려오면서 콜렉터측에 형성되는 극점은 더욱 높은 쪽으로 올라가게 되는데 이런 현상을 극점분리(pole splitting)라 칭한다.

그림 6.8.5의 등가회로로부터 베이스와 콜렉터측의 극점의 변화를 살펴보기로 하자. 먼저 C_C를 제거한 상태에서는 베이스측과 콜렉터측에는 각각 독립된 극점이 존재하고 있으며이 극점들을 ω_1 및 ω_2라 하면

$$\omega_1 \sim g_1 / C_1, \quad \omega_2 \sim g_2 / C_2 \tag{6.8.4}$$

의 위치에 있게 된다. 여기에서 C_C가 연결되면 두 극점의 위치가 이동하여 ω_1은 아래로 ω_2는 위로 올라가게 된다. 한편 이동거리에 있어서는 C_C가 증가함에 따라 ω_1은 제한 없이 계속해서 내려갈 수 있지만 ω_2는 계속해서 올라갈 수 없으며 어느 한계가 있게 된다. 예를 들어 C_C가 충분히 크다고 가정한다면 두 극점의 위치는 다음과 같이 근사적으로 주어짐을 알 수 있다. 즉,

$$\omega_1 \sim g_1 / G_m R_2 C_C, \quad \omega_2 \sim G_m / (C_1 + C_2) \tag{6.8.5}$$

와 같이 된다. 여기에서 ω_1이 낮아지는 것은 밀러효과에 의한 것이며 ω_2가 제한되는 것은 C_C를 무한대라고 가정하여 단락시키고 계산하면 쉽게 구할 수 있다.

그림 6.8.6에 C_C의 함수로 극점이 변화하는 모습을 도시 하였다.이 그림으로부터 주극점의 위치를 ω'_1에 두기 위해서는 필요한 C_C 값이 정해지며 ω'_2의 위치도 주어짐을 알 수 있다. 이와 같이 극점분리 현상을 활용한 주극점 보상방법으로 단위이득 귀환보상을 실현한 보드선도를 그림 6.8.7에 보인다. 여기에서 보는 바와 같이 만일 ω_2의 위치가 고정되어 있다고 가정한다면 위상여유를 45°정도로 보상하기 위해서는 주극점의 위치가 훨씬 더 아래로 내려가야 할 터인데 이와 같이 극점분리 보상방법을 사용함으로써 단위이득 보상이 가능하면서도 대역폭이 크게 개선되는 효과를 얻을 수 있음을 알 수 있다.

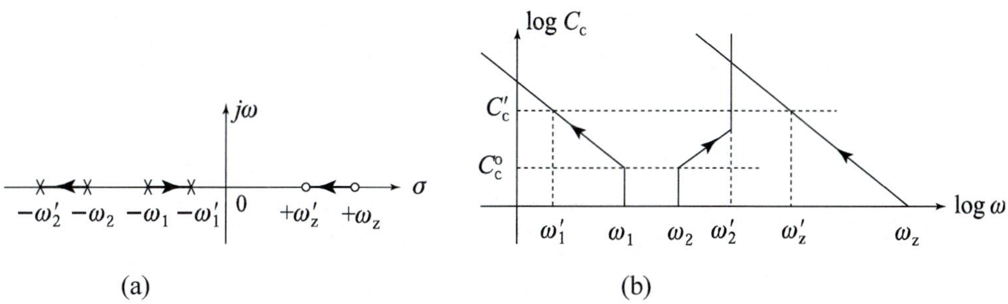

그림 6.8.6 C_C 값에 따른 극점과 영점의 위치 이동을 도시한 그림

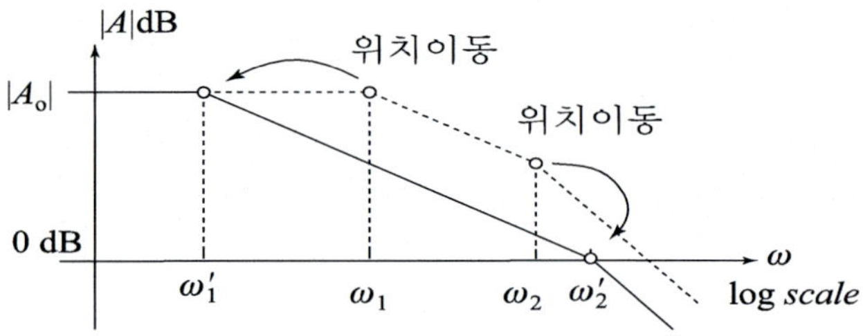

그림 6.8.7 극점분리보상을 예시한 보드선도

그림 6.8.6에서 한 가지 언급하지 않은 사실은 영점(ω_z)의 위치이다. 즉, 이 영점의 위치는

$$|\omega_z| = G_m / C_C \tag{6.8.6}$$

으로 주어지는 값이며 s-평면상에서 우반면에 존재하는 정영점이다. 이 정영점의 위치는 C_C 값이 증가함에 따라 점차 아래로 내려오고 있음을 알 수 있으며 만일 ω'_2의 위치에 근접하여 오는 경우에는 위상여유에 대해서 심각하게 좋지 않은 영향을 주게 된다. 하지만 바이폴라 트랜지스터에서는 이와 같은 정영점이 대부분 충분히 멀리 떨어져 있기 때문에 많은 경우 무시할 수 있다. 그러나 MOS 트랜지스터에서는 상황이 달라져서 상당히 낮은 쪽으로 내려오게 되어 정영점을 제거하거나 위치를 이동시키는 보상 방법을 주로 사용하여 해결하고 있다.

극점의 위치를 아주 낮추어 주기 위한 주극점 보상방법에는 밀러효과를 이용하지 않고 보상지점의 임피던스를 최대한 크게 만들어 주어 그 지점에 커패시터를 연결하는 방식으로 구현하는 경우도 있다. 이런 방식에서는 밀러효과를 이용하지 않으므로 극점분리 현상도 발생하지 않지만 나름대로의 장점이 있어서 널리 활용되는 방식 중의 하나이다. 자세한 설명은 뒤에서 다른 예를 통하여 보이고자 한다.

6.9 OP-앰프 보상

OP-앰프 또는 연산증폭기는 대부분 복잡한 회로로 구성되어 있지만 집적회로가 발달하면서 하나의 소자처럼 다방면에 광범위하게 사용되고 있다. 그렇지만 초기에는 OP-앰프가 별로 인기가 없었는데 그 이유는 보상회로가 내장되어있지 않아서 사용자가 외부에 별도로 부착하여 동작시키도록 되어 있었기 때문이었다. 예를 들면 uA709로 알려진 OP-앰프가 하나의 예인데 이 소자를 동작시키기 위해서는 얻고자 하는 이득이 얼마인가에 따라 보상 커패시턴스 값이 적절하게 선정되어야만 하였으므로 보상에 대한 개념이 별로 없었던 일반 사용자들에게는 많은 부담이 되었던 것이다. 그 후에 uA741로 알려진 OP-앰프가 내부에 보상회로를 내장시켜 출시하면서부터 사용상의 편리성으로 인하여 폭발적인 인기를 끌어 왔으며 현재에는 수많은 종류의 OP-앰프들이 다양한 요구에 맞추어 상품화 되어 있어서 사용목적에 따라 적절한 것을 임의로 선택하여 사용할 수 있게 되었다.

이러한 대부분의 OP-앰프들에서 보편적으로 채택하고 있는 보상방법은 단위이득 귀환조건에서도 안정성을 보장할 수 있도록 하기 위한 주극점 보상방법 이다. 여기에서는 밀러효과를 이용한 보상방법과 노드 임피던스를 크게 하여 보상하는 두 가지 주극점 보상방법에 대해서 알아보기로 하겠다.

극점분리를 이용한 OP-앰프의 보상

일반적으로 많이 사용되는 OP-앰프들이 밀러효과를 이용한 극점분리보상 방법을 채택하고 있다. 이러한 OP-앰프 중에서 간단한 한가지 구조를 그림 6.9.1에 예시 하였다. 이 그림은 주변의 바이어스는 생략하고 신호의 흐름과 보상의 개념만을 보여주기 위한 기본형태이다.

이 회로에 대해서 먼저 개루프이득의 특성을 살펴보기로 하자. 입력에 소신호가 인가 될 때 주파수가 아주 낮은 영역에서는 일정한 이득 A_o를 가지고 증폭 될 것이지만 주파수가 상승함에 따라서 보상 커패시터 C_C의 효과가 나타나기 시작하면서 −20dB/dec로 감소하는 특성을 보이게 된다. 여기에서 보상 커패시터 C_C는 트랜지스터 Q_5와 Q_6로 이루어진 다링톤 연결의 베이스와 콜렉터 사이에 접속되어 극점분리 보상을 하게 되며, 그림 6.9.2에는 C_C 값이 변화함에 따른 개루프이득 특성의 변화를 도시하였다. 트랜지스터 Q_5의 베이스측은 임피던스가 매우 높은 지점이므로 C_C의 밀러효과에 의하여 낮은 주파수영역에서 주극점이 형성되는 지점이며 C_C의 값이 증가할수록 극점주파수는 비례하여 더욱 낮아지지만, 콜렉터측에서 형성되는 2차극점주파수는 분리 현상에 의하여 C_C가 증가함에 따라서 초기에는 상승하다가 어느 한계주파수에서 머물게 된다. 그 한계주파수는 식 (6.8.5)에 의하여 트랜지스터 Q_5를 중심으로 볼 때 베이스측과 콜렉터측에서의 총 기생(stray) 커패시턴스의 합과 Q_5와 Q_6로 형성된 다링톤 구조의 트랜스콘덕턴스 비로 대략 추정할 수 있겠다.

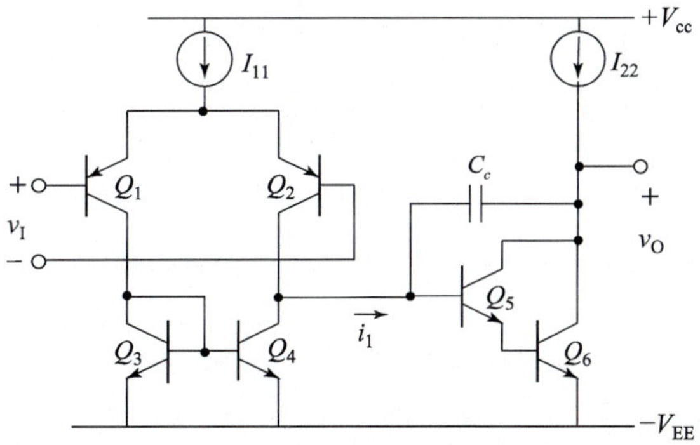

그림 6.9.1 밀러 효과를 이용한 op-앰프 보상의 예

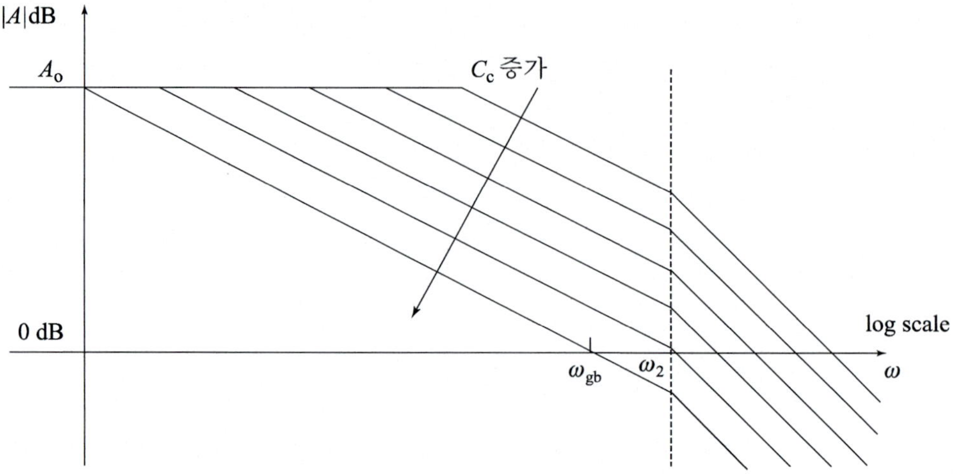

그림 6.9.2 C_C의 변화에 따른 OP-앰프 대역폭의 변화를 보인 보드선도

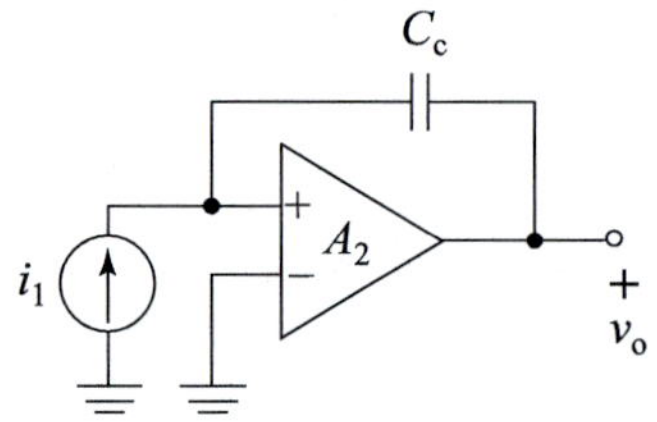

그림 6.9.3 고주파 영역에서의 등가회로

한편 그림 6.9.2에 보이는 바와 같이 보상 커패시턴스의 크기에 따라서 개루프 이득의 대역폭이 달라지므로 보상 커패시턴스의 크기를 얼마로 설정할 것인가 하는 문제가 남게 되는데 이것은 OP-앰프가 가져야 할 대역폭의 특성을 어떻게 설정하느냐에 따라 달라진다. 일반적인 경우의 한 예로서 단위이득귀환시에 45°의 위상여유를 보장하고자 한다면 2차극점주파수에서 개루프이득이 0dB가 되도록 C_C의 값을 설정하여 주는 것이다. 즉, 이것은 낮은 주파수에서 개루프이득의 크기와 주극점 주파수(또는 -3dB 주파수)와의 곱을 이득 대역폭의 곱 또는 GB(gain bandωidth)의 곱이라 하는데 2차극점주파수를 GB의 곱에 일치시키는 것을 의미한다.

언급한 바와 같이 보상 커패시턴스의 크기를 적절히 선택하기 위에서 −20dB/dec로 감소해가는 구간을 잘 살펴볼 필요가 있으며,이 구간에서 등가회로를 보인 것이 그림 6.9.3이다.이 등가회로에서 A_2 앰프는 트랜지스터 Q_5, Q_6로 이루어진 반전증폭 부분을 나타낸 것이며, 소신호 전류원 i_1은 트랜지스터 Q_1-Q_4로 구성된 초단 부분을 대치한 것이다. 여기에서 i_1은 v_i의 관계로 주어질 수 있는데, 그 과정을 자세히 보이면 다음과 같다. 즉, Q_1과 Q_2의 콜렉터 전류는 그 크기가 같고 위상이 서로 반대이다. 또한 Q_1의 콜렉터 전류는 전류미러(Q_3, Q_4)에 의해서 다시 위상이 반전되어 Q_4의 콜렉터로 나타나며, 소신호 전류원 i_1은 Q_2와 Q_4의 콜렉터 전류를 더한 값으로 주어지므로 그 크기는 Q_1(또는 Q_2)의 콜렉터 전류의 두 배가 된다. 한편 트랜지스터에서 콜렉터와 에미터 전류는 그 크기가 거의 같으므로 콜렉터 전류 대신 에미터 전류를 구해서 두 배 해주면 소신호 전류원 i_1을 구할 수 있다. 여기에서 Q_1과 Q_2의 소신호 에미터 전류를 각각 i_{e1}, i_{e2}라 하고 각 트랜지스터의 트랜스콘덕턴스가 동일하여 $g_{m1} = g_{m2} = g_m$이라고 하면

$$i_{e2} = -i_{e1} = V_i / 2r_e = ½\, g_m v_i \tag{6.9.1}$$

와 같이 주어지므로 소신호 전류원 i_1은

$$i_1 = 2\, i_{e2} = g_m\, v_i \tag{6.9.2}$$

와 같이 표시될 수 있다. 위에서 r_e는 소신호에 대한 Q_1과 Q_2의 에미터측 동저항을 의미한다.

한편, 적분기의 특성에 의하여 출력전압 v_o는 주파수의 함수로 나타나며 다음과 같이 주어진다. 즉,

$$v_o(j\omega) = i_1(j\omega) / j\omega C_C \tag{6.9.3}$$

이 된다. 따라서 여기에 식 (6.9.2)를 적용하면

$$v_o(jw) = v_i(j\omega)\, g_m / j\omega C_C \tag{6.9.4}$$

와 같이 된다. 그런데 개루프 전압이득이 0dB가 되는 주파수는

$$|v_o(j\omega) / v_i(j\omega)| = 1 \tag{6.9.5}$$

의 조건을 만족하는 주파수가 되며, 이 주파수를 ω_{GB}라 하면 위의 두 식으로부터

$$\omega_{GB} = g_m / C_C \tag{6.9.6}$$

로 주어짐을 알 수 있다. 따라서 위에서 언급한 바와 같이 만일 단위이득귀환시에 45°의 위상여유를 보장하고자 한다면 ω_{GB}를 2차극점주파수와 일치하도록 C_C 값을 설정하면 된다. 즉,

$$C_C = g_m / \omega_2 \tag{6.9.7}$$

와 같이 구할 수 있다. 단,이 경우 정영점의 위치가 2차극점주파수보다 충분히 높은 위치에 있음을 확인하여야 한다. 만일 그렇지 않은 경우는 보상커패시터 C_C와 직렬로 적절한 저항을 삽입함으로써 정영점을 무한대의 위치로 보낼 수 있다. 또한 $g_m = I_C / V_T$로 주어지는데 그림 6.9.1에서 $Ic_1 = Ic_2 = I_{11} / 2$의 관계를 고려하면 위 식은

$$C_C = I_{11} / (2\omega_2\, V_T) \tag{6.9.8}$$

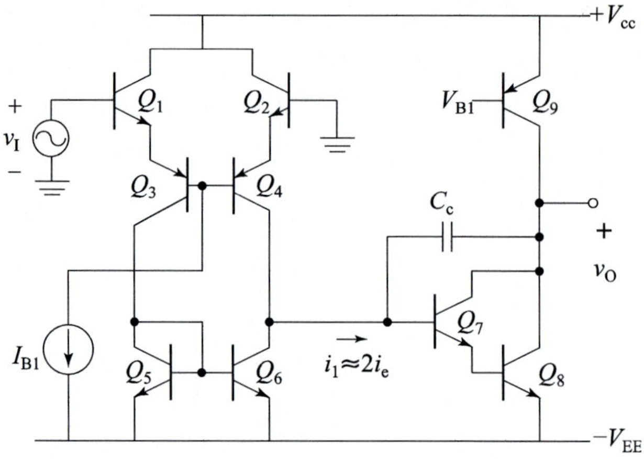

그림 6.9.4 741 OP-앰프의 기본 구조

와 같이 표시 될 수 있다. 한 예로 I_{11} = 20μA이고 ω_2 = 2π × 1MHz 라고 한다면 위 식으로부터 C_C 값은 대략 60pF로 계산될 수 있음을 알 수 있다.

이번에는 최초로 성공적인 OP-앰프로서 잘 알려져 있는 uA741에 대해서 살펴보기로 하자. 회로의 기본구조는 그림 6.9.4에 보여주는 바와 같다.이 회로는 그림 6.9.1의 회로와 비교하여 볼 때 입력단의 구조만 차이가 있을 뿐 나머지는 동일함을 알 수 있다. 즉 트랜지스터 Q_1-Q_4로 이루어진 부분의 구조에 의해서 소신호 입력 v_i에 대한 소신호 에미터 전류성분이 절반으로 줄어든다. 즉,

$$i_{e2} = -\,i_{e1} = v_i\,/\,4r_e = ¼\,g_m\,v_i \tag{6.9.9}$$

이 된다. 따라서 식 (6.9.2)로부터

$$i_1 = 2\,i_{e2} = ½\,g_m\,v_i \tag{6.9.10}$$

이 되므로 식 (6.9.6) ~ (6.9.8)은 각각

$$\omega_{GB} = ½\,g_m\,/\,C_C \tag{6.9.11}$$

$$C_C = ½\,g_m\,/\,\omega_2 \tag{6.9.12}$$

$$C_C = I_{B1}\,/\,(4\omega_2\,V_T\,) \tag{6.9.13}$$

와 같이 주어짐을 알 수 있다. 따라서 입력단 트랜지스터들의 바이어스 전류를 앞의 예에서와 동일하게 10uA로 잡아주고 ω_2 = 2π × 1MHz로 설계한다면 C_C 값은 대략 30pF로 계산된다. 이런 정도의 커패시턴스 값이라면 집적회로 내부에 삽입시킨다 하여도 큰 부담이 되지 아니하므로 주극점 보상을 내장 시킨 OP-앰프의 출현이 가능하게 되었다.

1 단 OP-앰프의 보상

이번에는 좀 다른 구조로서 특히 대역폭이 매우 넓은 광대역을 필요로 할 때 많이 사용되는 OP-앰프에 대한 보상방법을 살펴보기로 하자. 그림 6.9.5에 보이는 회로가 바로 널리 사용되는 형태이며 높은 전압이득이 한 곳, 즉, 출력에서만 얻어지므로 1단 OP-앰프라고 한다.

이 앰프의 특징은 출력노드 한 곳만이 임피던스가 높을 뿐 다른 노드들은 모두 낮은 임피던스를 가지고 있다는 점이다. 다시 말해서, 출력노드에서만 낮은 주파수 지점에 극점이 발생하며 나머지 노드들에서의 극점들은 모두 매우 높은 주파수 영역에 존재하게 됨을 의미한다. 따라서 임피던스가 가장 높은 출력노드에 추가로 커패시터를 더 연결하면 출력노드의 극점은 더욱 낮은 주파수 지점으로 내려가게 되어 주극점을 형성하게 된다. 이 때 이 주극점을 어느 위치에 설정하느냐, 즉, 커패시터 C_1 값을 얼마로 설정하느냐 하는 것이 보상에 있어서의 핵심이 된다.

이와 같은 구조에서도 역시 OP-앰프로 동작시키기 위해서는 단위이득귀환 상태에서 위상여유를 적절히 확보하면서도 대역폭을 최대로 할 수 있는 보상조건을 찾아야 하는 것인데, 이것은 단위루프이득 주파수가 2차 극점 부근 또는 좀 더 낮은 곳에 위치하도록 설정하는 것을 의미한다.

따라서 이 회로에 대해서 먼저 2차 극점의 위치를 대략 추정하여 보기로 하자. 트랜지스터 Q_1, Q_2의 콜렉터와 Q_5, Q_6의 에미터가 만나는 지점을 각각 노드 1, 2라 하고, Q_8의 베이스 및 콜렉터 노드를 각각 노드 3, 4라 할 때이 네 곳의 노드에 각각의 극점이 존재하며,이 중에서 2차 극점을 찾아야 한다. 먼저 노드 1의 극점을 ω_{n1}이라 할 때

$$\omega_{n1} = g_{m5} / C_{n1} \qquad (6.9.14)$$

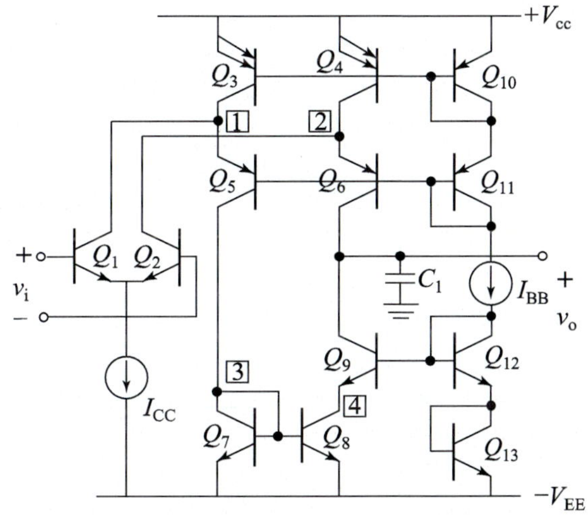

그림 6.9.5 1단 OP-앰프의 기본 구조와 주극점 보상

로 주어지는데, 여기에서 g_{m5}는 트랜지스터 Q_5의 트랜스콘덕턴스를 의미하며, C_{n1}는 노드1에서의 기생용량(stray capacitance)을 의미한다. 그런데 트랜지스터 Q_5 ~ Q_9의 콜렉터 전류가 모두 동일하므로 이 트랜지스터들의 g_m 값도 모두 동일하며, 노드1 ~ 4에서의 기생용량도 대략 비슷하므로 각 노드에서의 극점의 위치는

$$\omega_{n1} \cong \omega_{n2} \cong \omega_{n3} \cong \omega_{n4} \tag{6.9.15}$$

와 같이 모두 거의 비슷한 위치에 있다고 말할 수 있다. 이러한 노드들은 신호가 흐르는 경로에 위치하고 있으며 따라서 신호가 이러한 지점을 지나갈 때마다 해당노드의 극점에 상응하는 지연이 발생하게 된다.

그러면 이번에는 전류가 흐르는 경로를 따라가며 생각하여 보자. 입력신호 v_i가 인가될 때 트랜지스터 Q_1, Q_2의 콜렉터에는 소신호 전류변화로 나타나며, 이 전류가 출력측으로 전달되어 전압으로 변환되는 것이다. 전류가 전달되는 과정을 좀 더 자세히 살펴보면 두 가지 경로가 존재한다. 즉, 경로ㄱ은 트랜지스터 Q_2의 콜렉터 전류가 노드2에서 Q_6의 에미터로 들어가 콜렉터로 전달되어 출력으로 바로 나타나는 것이며, 경로ㄴ은 Q_1의 콜렉터 전류가 노드1에서 Q_5의 에미터를 통하여 콜렉터로 전달되어 다시 Q_8의 베이스와 콜렉터, 즉, 노드 3, 4를 거쳐서 Q_9의 콜렉터로 전달되면서 출력전압으로 나타나는 것이다.

다시 정리하면 경로ㄱ은 하나의 극점만을 통과하여 출력으로 전달되는 반면에 경로ㄴ은 세 개의 극점을 차례로 거쳐서 출력으로 나타나게 되는데 최종 출력은 이 둘을 더한 것 이므로 2차극점의 위치를 정확하게 말하기가 좀 어려움을 알 수 있다. 그렇다면 이런 상황을 보드선도로 그려서 생각하여 보기로 하자.

그림 6.9.6은 개루프이득 특성을 보드선도로 나타낸 것이다. 여기에서 주극점 ω_1은 출력노드에 형성된 주극점을 의미한다. 이 주극점을 제외한 나머지 극점들은 높은 주파수 영역에 나타나는데, 이 나머지 극점들에 관해서 좀 더 고찰하여 보기로 하자.

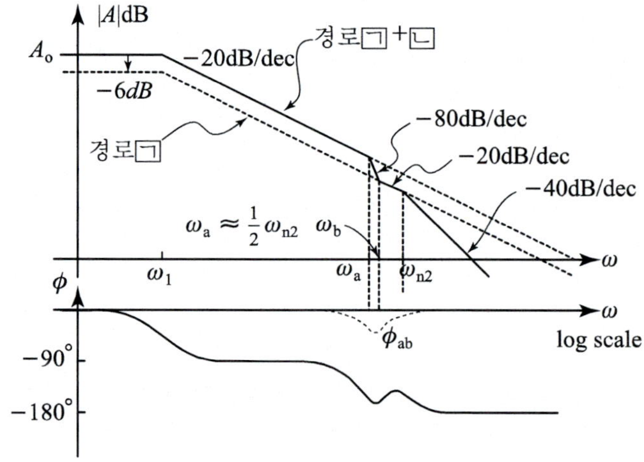

그림 6.9.6 1단 OP-앰프의 개루프 이득에 대한 보드선도

그림에서 보이는 바와 같이 주파수가 낮은 영역에서는 경로㉠만을 통하여 나타나는 이득이 전체이득의 절반이 된다. 왜냐하면 경로㉠과 ㉡을 통하여 흐르는 전류가 출력에서 더해지는데 이 둘의 크기가 동일하기 때문이다. 즉, 점선으로 그려진 것과 같이 전체이득보다 −6dB 내려간 형태로 그려질 수 있으며 2차극점 주파수는 노드2 지점에 형성된 ω_{n2}가 된다.

여기에서 경로㉡을 통하여 전달되는 신호의 주파수 특성에 대하여 좀 더 살펴보자.이 경로에는 ω_{n2}와 거의 동일한 위치에 세 개의 극점이 존재하는 셈이므로이 세 극점의 중복으로 인한 −3dB 주파수를 ω_a라 하면 ω_a는 대략

$$\omega_a \cong ½\, \omega_{n2} \tag{6.9.16}$$

의 위치에 존재하게 된다.

한편, 주파수가 ω_a를 지나서 더 상승하면 세 극점의 영향을 받아 신호가 급격하게 감소해 가므로, 출력측에서 볼 때 ω_a보다 상당히 높은 주파수 영역에서는 경로㉡을 통하여 전달되는 신호는 경로㉠을 통하여 전달되는 신호에 비하여 무시할 수 있게 된다. 결과적으로 개루프 이득은 ω_a보다 낮은 주파수영역에서는 경로㉠과 ㉡의 합한 특성을 가지다가 높은 주파수 영역에서는 경로㉠만의 특성곡선을 추종하게 된다. 따라서 개루프이득이 ω_a를 지나서 급격하게 감소해 가다가 경로㉠의 보드선도와 만나는 지점을 ω_b라 하면이 지점은 영점이 되는 셈이다. 또한, 위상의 특성을 관찰하여 보면 ω_a와 ω_b 사이에서 추가로 지연되는 특성을 보이게 된다.

여기에서 다시 앞으로 돌아가서 출력측에 보상 커패시터를 추가하여 단위이득귀환시에도 안정성이 보장되도록 주극점 보상을 하고자 할 때 ω_{GB}를 어느 지점에 위치시킬 것인지 하는 것과, 이 때 필요한 C_1 값을 얼마로 선택하는 것이 좋은지 하는 문제를 생각해 보자. 위에서 고찰한 바와 같이 단위이득귀환시에 위상여유를 충분히 보장하기 위해서는 ω_{GB}를 ω_a보다 낮은 위치에 두는 것이 바람직함을 알 수 있다. 예를 들어,

$$\omega_{GB} \cong ¼\, \omega_{n2} \tag{6.9.17}$$

정도로 선택한다면 60° 이상의 위상여유를 보장할 수 있을 것이다. 그런데, 이와 같은 1단 OP-앰프에서도 앞의 경우와 마찬가지로 차동증폭단 트랜지스터 Q_1, Q_2의 트랜스콘덕턴스 값이 같아서 $g_{m1} = g_{m2} = g_m$이라고 하면

$$\omega_{GB} = g_m / C_1 \tag{6.9.18}$$

의 관계로 주어지므로, 이 관계로부터 필요한 C_1 값을 쉽게 구할 수 있다.

6.10 슬루율

모든 선형증폭기에서 이득과 대역폭을 논하는 것은 내부의 능동소자들이 모두 선형영역에서 동작하는 조건이 전제가 되어 있는 것이다. 즉, 소신호 입력이 인가될 때를 전제로 하여 증폭기의 특성을 이야기 하는 것이다. 그러나 단위계단파형과 같이 갑자기 큰 신호가 증폭기의 입력측에 인가되면 내부의 능동소자들이 비선형 영역으로 들어가거나 심지어는 순간적으로 오프상태에 빠지게 된다. 이렇게 되는 이유는 회로의 곳곳에 존재하는 커패시턴스 성분에 의한 지연요소 때문이다. 이와 같은 지연요소에는 필연적인 것과 인위적인 것이 있다. 소자 자체의 주파수 특성과 연결경로에 존재하는 기생소자에 의한 것이 필연적인 것이라면, 주극점 보상과 같이 인위적으로 큰 값의 커패시터를 연결함으로써 발생하는 것을 인위적인 것이라고 말할 수 있겠다.

따라서, 소자의 동작속도보다 더 빠르게 변화하는 큰 폭의 스텝입력신호가 갑자기 입력단에 인가되는 경우에는 내부의 소자들이 비선형 영역에 들어가면서 출력신호의 변화율이 일정한 값으로 고정 된다. 이 때 출력신호의 최대 변화율을 슬루율(slew Rate)이라 하는데 증폭기에 따라 상승슬루율과 하강슬루율이 일반적으로 동일하지가 않다. 실제응용에서는 둘 중에서 어느 한 쪽만이 중요한 경우와 양쪽 모두 중요한 경우가 있는데 어느 쪽이 중요한가에 따라 회로설계가 달라지게 된다.

비교기(comparator)와 같이 보상 커패시터가 필요치 않은 경우에는 신호가 통과하는 경로에 필연적인 요소만이 존재하므로 입력신호의 변화에 따른 출력신호의 슬루율이 매우 크다. 따라서 빠른 속도로 동작할 수 있으므로 고속 비교기들이 디지털 회로와의 연결을 위하여 여러 가지 형태로 개발되어 있다.

그러나 OP-앰프와 같이 주극점 보상을 위한 커패시터가 내부에 실장되어 있는 경우에는 슬루율이 보상 커패시턴스의 크기와 바이어스 전류에 따라 정해진다. 그러나 상승슬루율과 하강슬루율은 OP-앰프에서는 대략 동일하게 설계되는 경우가 많다. 일반적으로 대역폭이 넓은 OP-앰프가 큰 값의 슬루율을 가지지만 그렇지 않고 개루프 이득을 일부러 작게 조정하거나 입력단의 구조를 달리하여 슬루율을 크게 설계하는 방법도 있다.

실제 회로에 있어서 슬루율을 보여주기 위한 간략화된 동작 형태를 그림 6.10.1과 6.10.2에 예시하고 있다. 이 그림은 앞서 그림 6.9.1로부터 트랜지스터 Q_5 및 Q_6로 구성된 반전증폭 부분을 단순화해서 나타내기 위하여 OTA(Operational Trans-conductance Amplifier) 모델로 대치하여 보여준 것이며, 여기에 큰 폭의 스텝입력신호가 정 혹은 부의 방향으로 각각 인가되는 경우를 입력측에서 직류전원(Vs)과 스위치를 사용하여 개방 상태로부터 단락시키는 형태로 나타내었다.

그림 6.10.1은 하강슬루율을 예시한 것으로 스위치 온시 입력 트랜지스터 Q_1이 오프 되면서 Q_3, Q_4가 동시에 오프되고 Q_2만이 온된 상태를 유지한다. 따라서 트랜지스

터 Q_2를 통하여 I_{11}의 전류가 모두 흘러서 OTA에 귀환되어 적분기를 구성하고 있는 주극점 보상용 커패시터 C_C를 통하여 그림과 같은 방향으로 흐르게 되므로 출력전압은 최대 속도로 하강하게 된다. 여기에서이 하강슬루율을 SR^-라 하면

$$SR^- = dV_o / dt = I_{11} / C_C \qquad (6.10.1)$$

와 같이 주어진다. 또 식 (6.9.6)을 대입하면 위 식은

$$SR^- = 2\, V_T\, \omega_{GB} \qquad (6.10.2)$$

로 표시할 수 있다.

상승슬루율에 대해서도 동일한 이야기를 할 수 있으며 그림 6.10.2에 예시하였다. 이 경우에는 트랜지스터 Q_1이 온되고 Q_2가 오프 되면서 전류원 I_{11}이 Q_3 및 Q_4의 전류미러를 통하여 흐르며 이 때 출력전압이 최대의 기울기로 상승하게 된다. 이와 같은 구조에서는 하강 시와 마찬가지로 C_C를 흐르는 최대전류가 동일하므로 상승슬루율 SR^+도 하강슬루율 SR^-와 동일한 값을 가지게 된다.

회로의 구조가 uA741과 같은 형태라면 식 (6.10.2)는

$$SR^- = 4\, V_T\ \omega_{GB} \qquad (6.10.3)$$

로 표시되는데 위의 두식에서 계수의 차이는 입력단의 구조가 다른데서 기인한다. 이에 관한 자세한 설명은 잠시 뒤로 미루고 먼저 uA741 OP-앰프에서 식 (6.10.3)을 이용하여 슬루율을 계산하여 보기로 하자. 즉,

$$SR^- \,|_{uA741} = 4 \cdot 26\ \text{mV} \cdot 2 \cdot \pi \cdot 1\ \text{MHz} = 0.6\ \text{V/}\mu\text{s}$$

와 같이 계산될 수 있음을 알 수 있다.

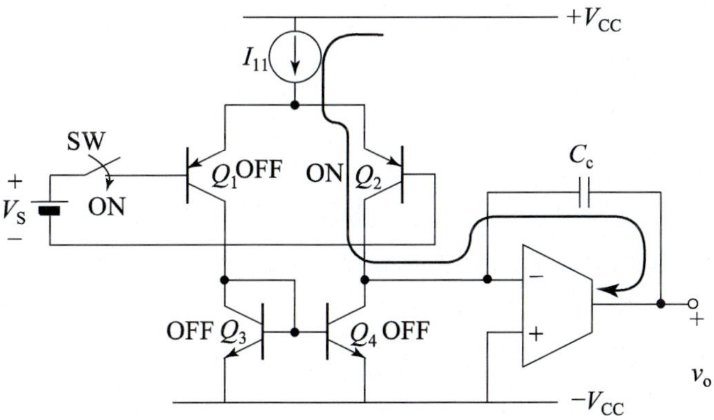

그림 6.10.1 하강슬루율을 보인 예

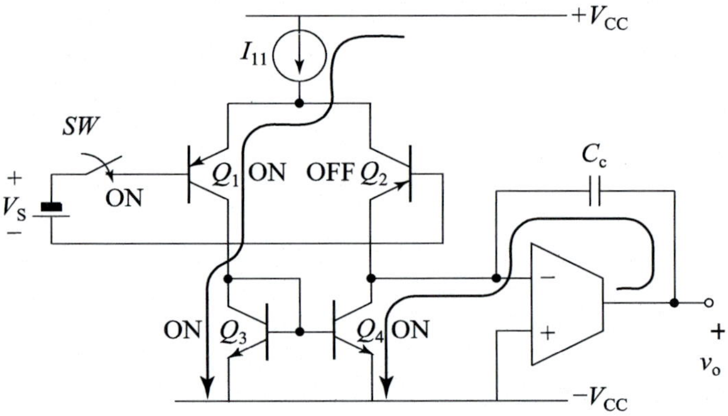

그림 6.10.2 상승슬루율을 보인 예

위의 계산은 uA741 OP-앰프의 출력이 +15V로부터 -15V로 스윙하는데 걸리는 시간이 50μsec만큼 걸린다는 것을 의미하며 반대로도 그만큼 걸린다고 할 때 한 주기가 100μsec인 교류신호에 대해서 최대 스윙이 가능하다는 것을 뜻한다. 즉, uA741은 최대 스윙 가능한 대역폭이 10kHz가 되는 셈이다.

위의 식 (6.10.2-3)에서 보여주는 것은 대역폭이 넓은 OP-앰프가 슬루율이 높음을 알 수 있다. 그러나 대역폭이 넓지 않다고 하여도 슬루율을 크게 하는 것이 가능하다. 즉, 식 (6.9.6)을 다시 살펴보면 우리는 주어진 대역폭 ω_{GB}에 대해서 g_m과 C_C의 무수한 조합이 존재할 수 있음을 알 수 있다. 예를 들어 g_m과 C_C가 모두 큰 값을 가지는 경우와 모두 작은 값을 가지는 두 가지 경우를 생각하여 보자. 이 둘의 비가 동일하면 대역폭 ω_{GB}는 동일한 값을 가질 수가 있다. 그러나 식 (6.10.1)을 본다면 이 둘 중에서 C_C의 값이 작은 쪽이 전류원 I_{11}의 크기가 일정한 경우에 큰 슬루율을 가지게 됨을 알 수 있다.

다시 말하면 동일한 대역폭을 가진 OP-앰프들의 슬루율을 비교할 때 입력단의 g_m이 작게 설계된 OP-앰프가 큰 슬루율을 가진다는 사실이다. 한편, 이런 조건으로 설계된 OP-앰프의 단점은 개루프이득이 작아지게 되는 것이다. 이것은 g_m 값이 작아지기 때문에 발생하는 현상이다. 다른 말로 표현한다면 개루프이득을 희생하는 대가로 높은 슬루율을 얻는 셈이다.

전류대비 g_m 값이 바이폴라에 비해서 작은 MOS 트랜지스터를 입력단에 사용하면 일반적으로 큰 슬루율을 얻을 수 있다. 그러나 바이폴라를 사용한 구조인 그림 6.10.2와 같은 형태에서도 입력측 차동증폭단의 트랜지스터 Q_1과 Q_2의 에미터에 각각 적절한 값의 저항을 삽입하는 방법으로 g_m을 줄여도 동일한 효과를 얻을 수 있다. 여기에서 주의할 점은 C_C의 값도 동일한 비율로 줄여 주어야 한다는 점이다. 왜냐하면 슬루율을 높이기 위하여 C_C를 줄이는 것이 먼저이고, 뒤이어 동일한 대역폭을 유지하기 위하여 g_m을 줄이는 것이 나중이며, 그 결과로 개루프 이득이 줄어든 것으로 보는 것이 타당하기 때문이다.

다른 방법으로, 아주 큰 슬루율이 요구되는 경우에는 입력단의 구조를 클래스 B 형태로 설계하는 방법이 있다. 즉, 신호의 크기가 클 경우에는 신호의 크기에 상응하는 큰 전류가 흐를 수 있도록 입력단을 설계함으로써 매우 큰 슬루율을 가지도록 하는 것이 가능하다.

6.11 Pole과 Zero

극점과 영점의 작용은 두 가지 면에서 서로 대비된다. 즉, 극점과 영점을 넘어 주파수가 더욱 증가해 가면 극점은 위상을 지연시키고 진폭을 감쇄시키는 반면, 영점은 위상을 진상시키고 진폭을 증가시키는 특징이 있다. 그러나 이와 같이 서로 상반된 특징이 있는 이 두 가지가 마치 동전의 양면과 같아서 한 가지이면서 서로 다른 모습을 보이는 특징이 있는데 여기에서는 극점과 영점의 이런 모습에 대해서 마지막으로 다시 살펴보기로 하겠다.

그림 6.11.1에 보이는 회로는 귀환저항에 영점을 추가한 회로이다. 예제 6.3.2에서는 영점의 위치에 따른 귀환이득의 근궤적도가 S 평면상에서의 어떻게 변화해 가는지를 보여주었었다. 즉, 이 예제는 영점을 추가함으로써 영점의 특징을 이용하여 안정도를 개선시키는 방법을 보여준 것이다. 이미 언급한 바와 같이 이 회로에서 영점의 위치는 바로

$$\omega_Z = -\frac{1}{R_f C_f} \tag{6.11.1}$$

이었다.

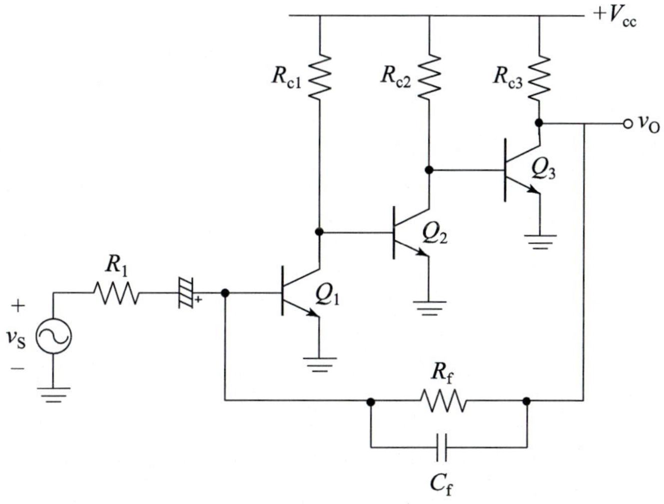

그림 6.11.1 귀환회로에 영점을 추가한 회로

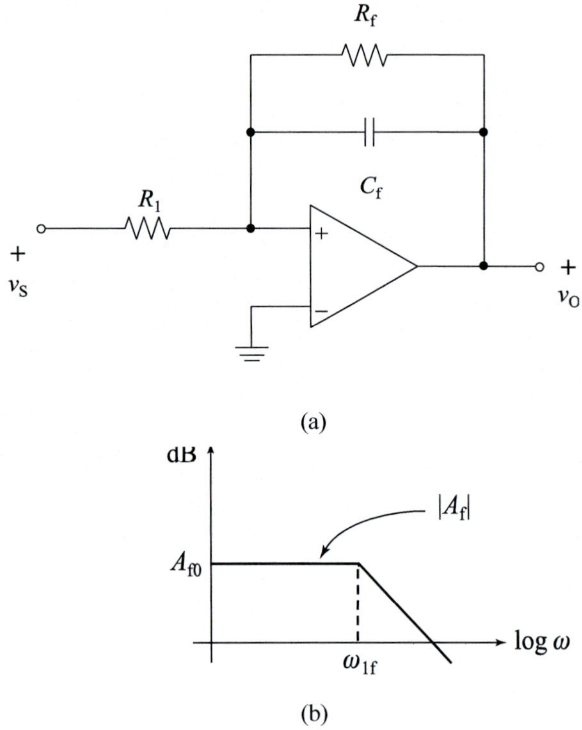

그림 6.11.2 위 회로의 등가회로(a) 및 보드 선도(b)

한편 그림 6.11.1에서 트랜지스터로 구성된 증폭기 부분을 중간주파수에서 Op-앰프로 대치하여 등가회로로 표시하면 그림 6.11.2(a)와 같은 형태가 된다. 여기에서 극점의 위치는

$$\omega_P = -\frac{1}{R_f C_f} \tag{6.11.2}$$

이고, 입력과 출력간의 전달함수 즉, 귀환이득을 보드선도로 도시하면 그림 6.11.2(b)와 같은 모양이 된다. 이 보드 선도에서 ω_{1f}는 -3dB 주파수이며 극점의 절대치에 해당하는 양의 주파수로서

$$\omega_{1f} = \frac{1}{R_f C_f} \tag{6.11.3}$$

이다.

이상의 논의로부터 우리는 한 가지 모순점을 발견할 수 있다. 즉, 그림 6.11.2(a)는 그림 6.11.1에서 트랜지스터 회로부분을 Op-앰프로 대치한 등가회로이므로 그림 6.11.1과 그림 6.11.2(a)는 동일한 회로를 단순히 다른 형태로 도시한 것이다. 그런데, 식 (6.11.1)과 식 (6.11.2)의 두 식은 서로 모순으로 보이는 것이다. 식 (6.11.1)은 영점을 표시하고 있고, 식 (6.11.2)는 극점을 표시하고 있으니 회로는 동일한데 무엇이 모

순이란 말인가? 모순이라고 하면 두 식 중에서 하나가 잘못이어야 할 텐데 그렇지도 않다. 두 식이 모두 정확한 표현식인 것이다.

이 두 식 사이에서 혼동을 일으키게 된 원인은 바로 회로를 보는 관점의 문제인 것이다. 즉, 각각의 경우 보는 관점이 달라야 함에도 불구하고 동일한 관점에서 보았기 때문에 발생한 문제인 것이다. 식 (6.11.1)과 같이 영점의 역할을 하는 것은 증폭기와 귀환인자로 구성되는 귀환루프 내부의 관점에서 그와 같은 것이고, 식 (6.11.2)와 같이 극점의 역할을 하는 것은 증폭기와 귀환인자를 포함하는 귀환루프 전체를 외부에서 보았을 때 나타나는 현상인 것이다. 환언하면 C_f를 추가하는 경우 귀환루프의 내부에서는 위상을 진상시켜 위상여유를 개선하는 데 도움이 되는 역할을 하며 영점을 추가하는 것으로 작용하지만, 귀환루프를 벗어난 외부에서 귀환루프 전체를 바라 볼 때는 위상을 지연시키는 역할을 하며 극점을 추가하는 것으로 작용한다는 점이다. 따라서 보는 관점에 따라 영점으로 보일 수도 있고, 극점으로 보일 수도 있으므로 마치 동전의 양면과도 같은 셈이다.

그러므로 이런 회로를 더 큰 루프를 형성하는 회로의 일부로서 사용하고자 한다면 C_f를 추가하여 설계하는 것이 좋은지 아니면 C_f를 배제하고 설계하는 것이 더 좋은지 내부 루프와 외부 루프의 관점에서 각각 비교하여 장단점의 판단이 필요하게 되는 경우도 있다.

EXERCISE

06 연습문제

6.1 아래에 보이는 그림 P6.1에 대하여 물음에 답하라.

단, $\beta_P = \beta_N = 100$, $V_{AP} = V_{AN} = 100$ V, $V_{BE} = 0.6$ V이다.

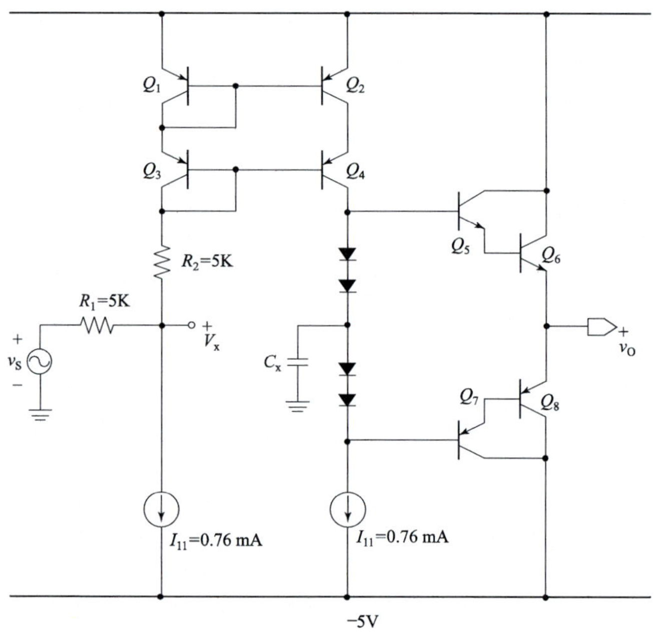

그림 P6.1

(1.1) 전압이득 A_{vo} $(= {}^{v_o}\!/_{v_s})$를 구하라.

(1.2) 단위이득 대역폭이 $\omega_{GB} = 2\pi \times 10$ MHz가 되도록 C_X를 정하라.

(1.3) 만일 출력 V_O와 V_X노드 사이에 저항 $R_3 = 5$ KΩ을 연결한다면 폐루프 이득 A_{vf}는 얼마인가?

(1.4) 만일 트랜지스터 Q_2의 베이스측에 형성되는 극점의 주파수가 ω_{GB}와 동일하다면 $R_3 = 5$ KΩ이 연결된 상태에서 위상여유를 구하라.

6.2 그림 P6.2는 PI 제어기를 이용하여 보상한 회로와 루프이득의 보드선도를 보인 것이다. 물음에 답하라.

(1) $R_2 = 100\Omega$일 때 루프 이득의 주파수 특성을 만족하기 위한 R_3, R_4는 각각 얼마인가?

(2) 이 때 C_1, C_2를 각각 구하라.

(3) 위상 여유 Φ_m은 대략 얼마인가?

(4) 이 회로에서 A_{vf}^{∞}는 얼마인가? $R_1 = 50\Omega$일 때, $1 < \omega < 10k$ 영역에서 $\left|\frac{\chi_o}{\chi_i}\right|$의 Bode plot을 보여라.

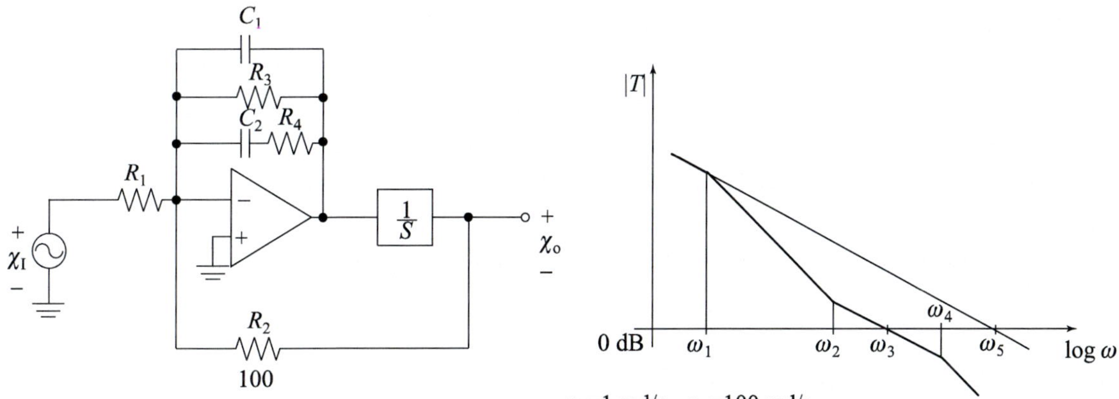

ω_1=1 rad/s, ω_2=100 rad/s

ω_3=1k rad/s, ω_4=10 krad/s, ω_5=100k rad/s

그림 P6.2

6.3

다음 그림P6.3의 회로에 대해서 물음에 답하라.

단, $A_1(s) = \dfrac{500}{1 + s/10^5}$, $A_2(s) = \dfrac{20}{1 + s/10^6}$이다.

(1) $R_2 = \infty$, $C_2 = 0$이고, $P(s) = 1$일 때, Av (= v_o / v_s)의 Bode plot을 대략 그려라.

(2) A_{vf} = -10으로 설계하고자 한다. C_2 = 0일 때, 위상여유가 45°가 되도록 P(s)를 저항만을 사용하여 설계하라. 단, 두 저항의 합이 대략 10kΩ이 되도록 할 것.

(3) 위의 (2.2)를 Lag compensator로 변경시켜 저주파 루프이득을 증가시키고자 한다. Capacitor를 추가하여 ϕ_M = 30°를 유지하도록 설계하라.

(4) R_2와 병렬로 C_2를 추가하여 위상여유를 개선하고자 한다. 대략 얼마의 C_2를 연결하면, 최대로 편평한 주파수 특성을 얻을 수 있겠는가?

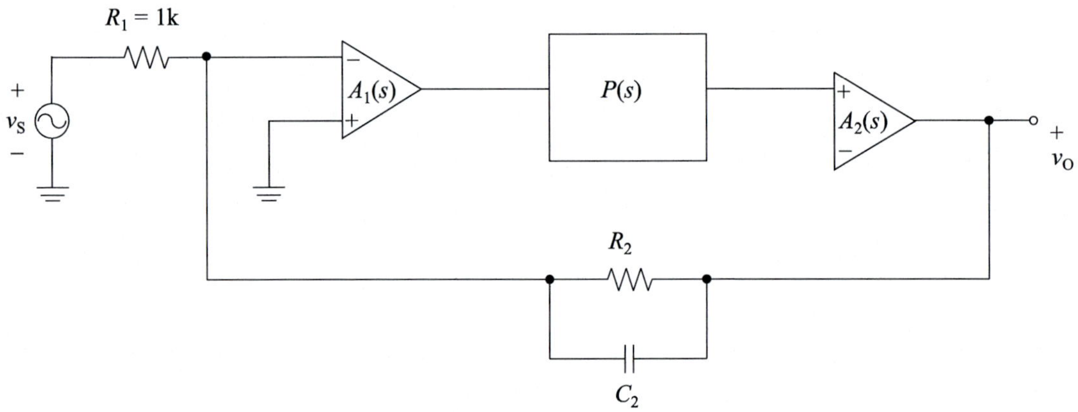

그림 P6.3

07 전류원과 응용

서론

전류원은 전압원의 상대적인 것으로 집적회로 설계에서 매우 유용하고 널리 쓰이는 개념이다. 전류원이라 함은 내부 임피던스가 무한대이면서 일정 전류를 공급하는 전원을 의미하며 여기에는 직류 전류원과 교류 전류원의 두 가지가 있다. 일반적으로는 주로 직류 전류원을 의미하는 경우가 많으나 집적회로에서 증폭기의 전압이득은 대부분 교류 전류원과 직류 전류원의 결합을 통해서 얻어진다.

집적회로에서 전류원은 능동소자를 이용하여 만들어지며 이렇게 만들어진 전류원은 내부 임피던스가 일반적으로 매우 크지만 무한대는 아니다. 내부 임피던스가 얼마나 큰가에 따라 전류원의 질을 구분하기도 한다. 좀 더 양질의 전류원을 얻기 위해서는 회로의 구조를 변화시키는 방법을 많이 사용한다.

바이어싱을 위하여 능동소자를 사용하여 전류원을 구성하는 경우에는 저항을 사용하는 것에 비하여 면적대비 저항의 크기면에서 매우 효과적이며, 전원전압의 변화나 온도등의 변화에 대해서 훨씬 좋은 특성을 얻을 수 있다. 특별히 바이어스 전류가 매우 작은 경우에는 더더욱 능동소자를 이용한 전류원의 장점이 잘 부각 된다.

이 장에서는 집적회로에서 많이 사용되는 전류원의 기본구조와 특징에 대해서 살펴보고, 전류원을 능동부하로 사용하는 경우에 대하여 고찰한 다음 전원전압의 변화나 온도의 변화에 대하여 둔감한 회로의 설계방법들에 대해서 알아본다. 먼저 바이폴라 트랜지스터의 경우에 대해서 살펴보고 뒤에 MOS 트랜지스터에 대해서 알아 보기로 하겠다.

7.1 기본적인 전류원

간단한 형태의 전류원

집적회로에서 능동소자를 사용하여 전류원을 구현하는 방법으로는 전류미러(current mirror)를 이용하는 기법이 가장 많이 쓰인다. 그림 7.1.1에는 바이폴라 소자를 사용하여 구성한 간단한 형태의 전류미러를 두 가지 보여주고 있다. 즉 유입전류(sink current) 형태와 유출전류(source current) 형태가 그것으로 전류가 들어가고 나가는 방향에 따라서 회로의 구조가 달라지지만 이 두 가지 형태를 모두 한 가지로 지칭하여 전류원이라고 부른다.

한편 이와 같은 전류원의 성능을 평가하는 기준은 몇 가지를 들 수 있지만 가장 중요한 것은 출력측에서 들여다본 내부저항의 크기이다. 내부저항의 크기가 클수록 전류원으로서의 성능이 좋다고 말할 수 있으며 그림 7.1.1의 경우에 대해서 등가회로로 표시하면 그림 7.1.2에 보이는 바와 같이 내부저항이 R_o인 노르톤(Norton) 또는 테브닌(Thevenin) 등가회로로 나타낼 수 있다. 이와 같이 간단한 형태에서는 R_o가

$$R_o = V_A / I_o \tag{7.1.1}$$

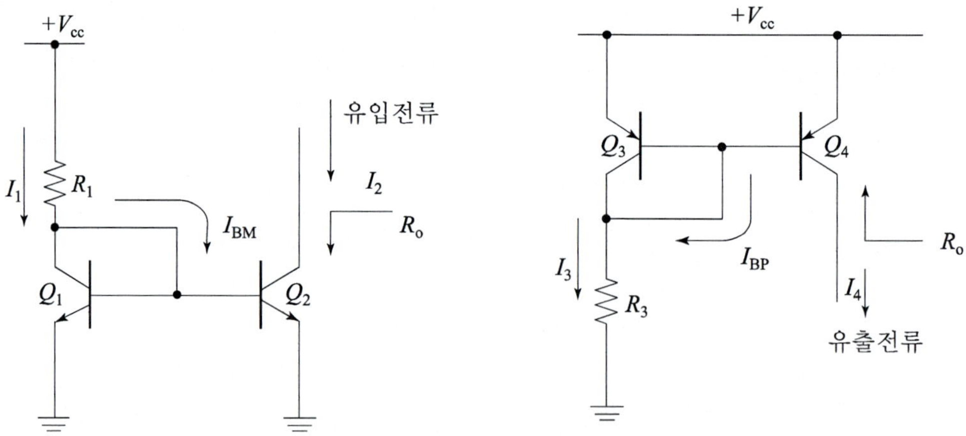

(a) (b)

그림 7.1.1 전류원의 두가지 형태

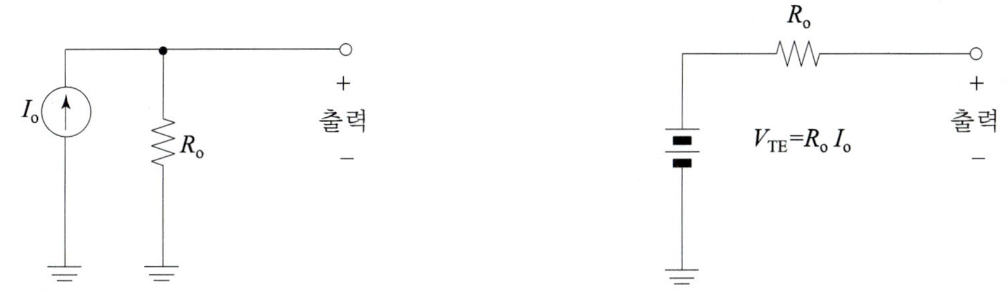

(a) 노르톤 등가회로 (b) 테브닌 등가회로

그림 7.1.2 전류원의 두가지 등가회로

로 주어지며 트랜지스터의 소신호 출력저항 r_o와 같게 된다. 여기에서 V_A는 얼리전압(Early Voltage)을 의미하며 얼리전압은 대략 집적회로 공정에 따라 소자마다 대략 일정한 값으로 주어지는 상수이다.

전류원의 성능을 비교함에 있어서 내부저항을 가지고 비교하는 것은 약간의 문제가 있을 수 있다. 왜냐하면 위의 식에서 보는 바와 같이 내부저항의 크기가 전류의 함수로 달라지기 때문이다. 동일한 개념이지만 좀 더 편리한 것이 테브닌 등가회로로 표시하는 방법이다. 테브닌 등가회로에서 내부 전원전압의 크기를 V_{TE}라 하면

$$V_{TE} = R_o I_o \tag{7.1.2}$$

로 주어지며 위에서 보인 회로에서는 V_A와 같은 값을 가지게 된다. 즉, V_{TE}는 전류의 크기와 관계없이 주어지는 값이며 V_{TE}의 크기가 클수록 주어진 전류에 대하여 내부저항이 큰 것을 의미하므로 전류의 크기와 관계없이 전류원의 성능을 평가하는 지표로 삼을 수 있다. 여기에서 한 가지 주의할 점은 각 트랜지스터들이 능동영역에서 동작하는 경우에 이런 이야기가 가능한 것이며 만일 출력측의 전압스윙이 커져서 출력 트랜지스터가 포화영역에 들어간다든지 하는 경우에는 전혀 이야기가 달라진다. 즉, 트랜지스터들이 모두 능동영역에서 동작하고 있다는 가정이 전제되고 있음에 주의 해야 한다.

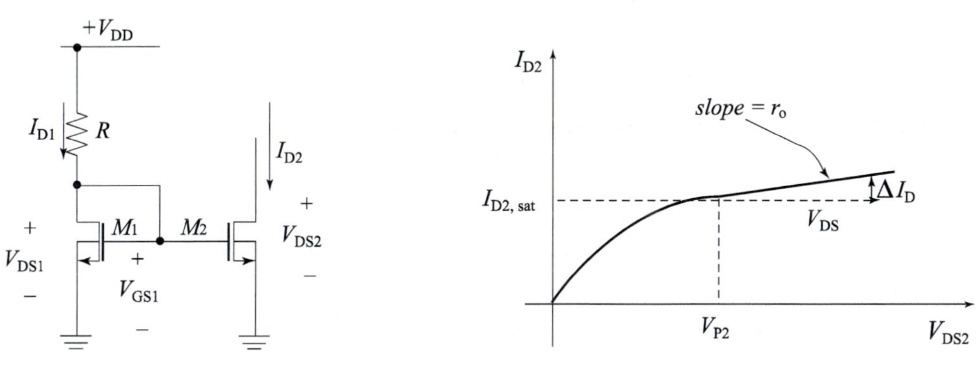

(a) (b)

그림 7.1.3 MOS 전류 미러

여기에서 다음 논의를 진행하기 전에 이번에는 MOS 트랜지스터의 경우에 대 해서 간단히 살펴보고 넘어가기로 하자. 그림 7.1.3은 MOS 트랜지스터를 사용하여 구성한 간단한 전류미러이다. MOS 트랜지스터에 있어서는 채널의 길이와 폭을 동시에 조절할 수 있으며 출력전류는 이 둘의 함수로 나타나게 된다.

그림으로부터 I_{D1}과 I_{D2}의 관계는

$$I_{D2} = I_{D1} \cdot \left(\frac{W_2 / L_2}{W_1 / L_1} \right) \tag{7.1.3}$$

로 주어지게 되며, 얼리전압은 채널의 길이가 길수록 커져서 L의 함수로 주어지므로

$$V_{A2} = V_{A1} \cdot \left(\frac{L_2}{L_1} \right) \tag{7.1.4}$$

와 같이 표시가 가능하게 된다. 따라서 출력저항은 식 (7.1.1)에서와 같이 위의 두식으로 주어지는 얼리전압과 드레인전류의 비를 구하면 된다.

그러나 위와 같이 계산되는 출력저항은 MOS 트랜지스터가 포화영역에서 동작할 때 가능한 이야기이며 비포화 영역에서 동작하는 경우에는 작아지게 된다. 따라서 MOS 트랜지스터가 포화영역에서 동작하기위한 드레인과 소스간의 최소전압을 V_P라 한다면

$$V_P = V_{GS} - V_t \tag{7.1.5}$$

로 주어지는 값이다.

이번에는 전류미러 방식으로 전류원을 구현하는 경우에 있어서 오차요인이 무엇인지를 살펴보기로 하자. 전류미러에서의 가장 중요한 목적중의 하나는 기준전류에 대하여 전류원의 형태로 주어지는 종속전류가 오차 없이 동일한 값을 가지도록 하자는 것이다. 그림 7.1.1의 형태로 주어진 전류미러는 기본적으로 다음의 네가지 오차 요인이 있다.

1) 베이스 전류에 의한 오차
2) 전류증폭률의 차이에 기인하는 오차
3) 트랜지스터의 크기의 차이에 의한 오차
4) 콜렉터와 에미터 간 전압의 차이로 인한 오차

먼저 베이스 전류에 의한 오차를 극복하는 가장 손쉬운 방법중의 하나는 그림 7.1.4의 (a)에 보이는 바와 같이 베이스 전류를 공급하기 위한 목적으로 또 하나의 트랜지스터(Q_2)를 추가하여 주는 것이다. 이렇게 함으로써 추가된 트랜지스터의 증폭률이 큰 만큼 오차는 반비례하여 줄어들게 된다. 더 나아가서 (b)에 보이는 바와 같이 많은 수의 트랜지스터를 한꺼번에 구동 할 수도 있으며 그럼에도 불구하고 오차는

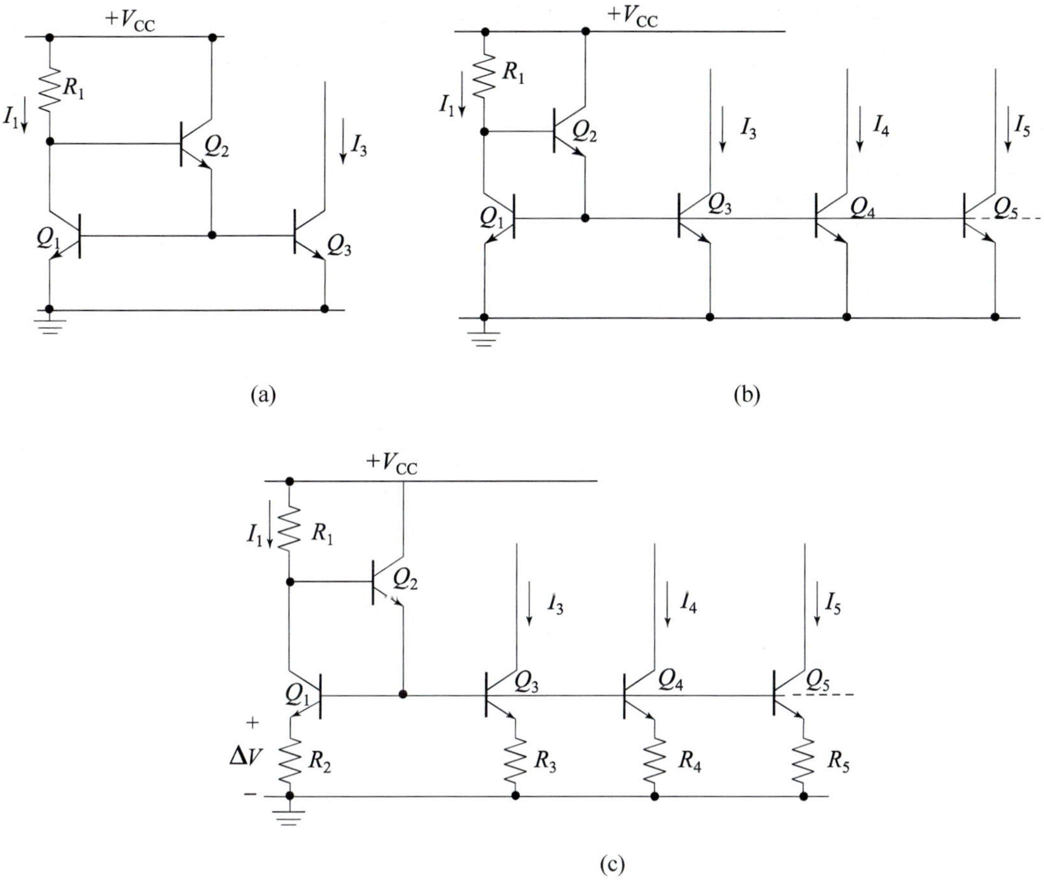

그림 7.1.4 전류오차를 줄이기 위한 예시도

여전히 적게 유지하는 것이 가능하게 된다. 전류증폭률의 차이에 기인하는 오차나 트랜지스터의 크기의 차이에 의한 오차는 유사성이 있으며, 이런 오차는 위에서와 같이 별도의 트랜지스터가 추가된다 하여도 해결되지 않는다. 이와 같은 오차를 줄이기 위한 방법으로는 그림 7.1.4의 (c)에 보이는 회로와 같이 각각의 에미터에 저항을 하나씩 삽입하는 것이다.

저항의 오차는 트랜지스터의 증폭률이나 면적의 차이에 의한 오차보다 훨씬 작으므로 전류미러의 오차를 작게 유지하는데 도움이 된다. 이 때 저항의 크기는 클수록 오차를 줄이는데는 효과적이지만 큰 값의 저항을 사용하는 경우에 저항 양단에 걸리는 전압의 크기가 지나치게 커진다면 출력 트랜지스터들이 능동영역에서 동작할 수 있는 전압의 가용범위가 줄어들게 되는 단점이 있다. 만일 전원전압이 낮게 주어지는 경우에는 특히 이런 문제가 민감하게 될 수 밖에 없다.

위에서와 같이 여러 트랜지스터를 베이스를 연결하여 구동하고자 하는 경우에는 전류증폭률이나 크기의 차이에 기인하는 트랜지스터간의 전류의 오차를 각 트랜지스터의 오프셋 전압으로 바꾸어 생각할 수 있다. 한 예를 들면 일반적으로 여러 개의 트랜지스터를 연결할 때 발생하는 오프셋 전압의 대표적인 값은 2mV 정도로 알려져 있다. 물론 이것은 공정에 따라 차이가 있겠지만 이렇게 주어진 경우에 하나의 설계 예로써 각 트랜지스터에 흐르는 전류의 오차가 1% 이내에 들어오기를 원한다면 에미터에 연결된 각각의 저항양단에 걸리는 전압이 200mV 정도가 되도록 설계하면 될 것이다.

그러나 아무리 정확하게 설계하고자 하여도 콜렉터와 에미터간의 전압의 차이에 기인하는 오차가 무시할 수 없다면 어렵게 된다. 예를 들어 그림 7.1.4 (a)의 회로에서 각 트랜지스터의 얼리전압이 100V라 할 때 트랜지스터 Q_1과 Q_3의 콜렉터와 에미터간의 전압차이가 30V라고 한다면 두 트랜지스터간의 콜렉터 전류의 차이는 30%가 된다. 따라서 이런 문제를 경감시키는 방법은 두가지가 있다. 하나는 콜렉터와 에미터간의 전압이 가급적 동일한 값을 가지도록 회로를 설계하는 것이고, 다른 하나는 전류원의 등가 테브닌 전압이 매우 높게 즉, 전류원의 내부저항이 매우 크게 회로 구조를 바꾸어 설계하는 것이다.

에미터 저항을 가진 전류원

전류원의 내부저항을 매우 크게 설계하고자 하는 것은 트랜지스터의 콜렉터와 에미터간의 전압차이에 기인하는 오차를 줄이고자 하는 목적 외에도 여러 가지 관점에서 매우 바람직한 일이다. 내부저항이 큰 전류원을 얻기 위해서는 얼리전압이 큰 트랜지스터를 사용하는 것이 유리하다. 그러나 얼리전압은 공정에 따라 정해지는 값이므로 임으로 변경할 수 없는 일이며 다른 방법으로 내부저항을 증가 시켜야 한다. 여기에서 다른 방법이란 부귀환을 이용하는 것이다. 전류원을 형성하는 트랜지스터에 대해서 가장 간단히 부귀환을 인가하는 방법은 에미터에 저항을 삽입하는 것이다. 이와 같은 방법은 전류직렬귀환에 해당하며 그림 7.1.5에 도시하였다.이 회로에서 만일 에미터 저항 R_E가 트랜지스터의 r_o에 비해서 충분히 작다면 앞장에서 다룬 귀환이론에 의하여 출력저항 R_o는 대략 다음과 같이 주어질 수 있다. 즉,

$$R_o \cong (1 + g_{m1} R_E)\, r_o \tag{7.1.6}$$

이 된다. 바이어스회로를 포함한 구체적인 회로 예는 그림 7.1.6에 보이는 바와 같다. 이런 형태에서 귀환회로의 둔감도 D는

$$D \cong \frac{R_E + r_{e2} + (r_{e1} + R_2)/\beta_2}{r_{e2} + (r_{e1} + R_2)/\beta_2} \tag{7.1.7}$$

와 같이 표시될 수 있는데, 회로에서 R_1은 R_2에 비하여 충분히 크다고 가정하여 무시하였다.

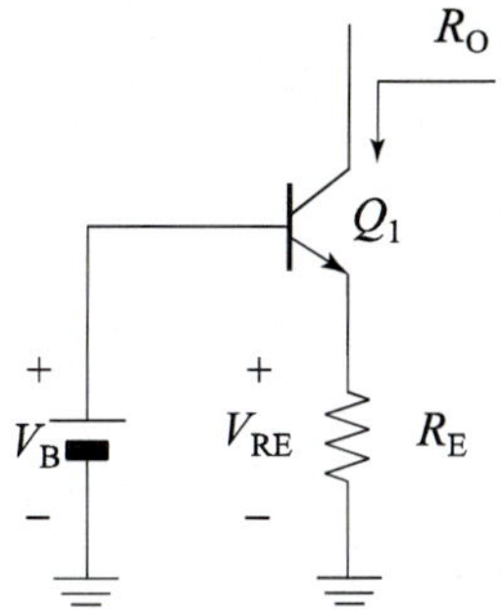

그림 7.1.5 출력저항을 증가시키기 위한 간단한 부귀환 회로

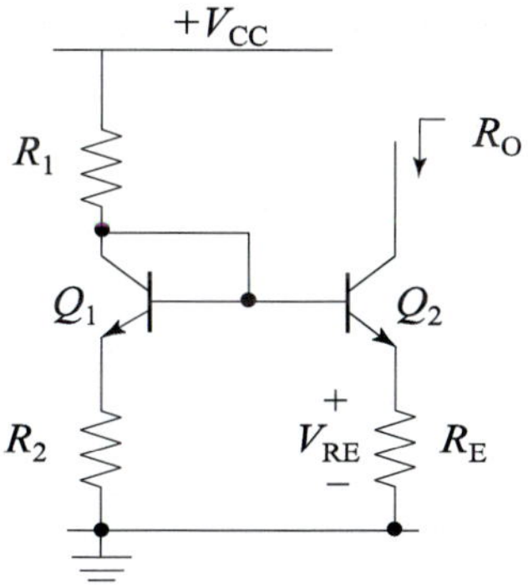

그림 7.1.6 에미터 저항을 가진 전류원의 구체적인 회로 예

이 식으로부터 만일 저항 R_2의 값이 그다지 크지 않아서 $(r_{e1}+R_2)/\beta_2 << r_{e2}$의 조건이 성립한다면 $D \cong (1+g_{m2}\ R_E)$가 되므로 출력저항 R_o는 식 (7.1.6)과 같은 형태가 됨을 알 수 있다. 즉, 그림 7.1.5와 같이 베이스에 저항이 없는 회로로 근사화 할 수 있게 되는 셈이다. 그림 7.1.4 (c)와 같은 회로에서도 전류오차를 줄이기 위하여 에미터에 삽입한 저항들이 전류원의 출력저항을 증가시키는 역할을 겸하고 있음을 알 수 있다.

한편, 식 (7.1.6)으로부터 콜렉터전류를 각각 곱하고 나누고 하는 간단한 과정을 통하여

$$D = 1 + g_{m1}\ R_E = 1 + V_{RE}\ /\ V_T \tag{7.1.8}$$

로 놓을 수 있으며,이 식이 의미하는 바는 출력저항을 크게 하기 위해서는 D의 값이 커야 하는데 그러기 위해서는 R_E 양단의 직류 바이어스 전압 V_{RE}를 크게 설계하여야 함을 의미한다. 예를 들어 V_{RE} = 1 volt로 설정한다면 D의 값은 약 41이 되며 이만큼 출력저항이 증가하는 셈이다.

위의 계산으로부터 우리는 한 가지 문제가 있음을 알 수 있다. 즉, 출력저항을 크게 하기 위해서는 R_E 양단의 전압 V_{RE}를 크게 해야 하는데 이것은 출력측에서의 전압

가용율을 떨어뜨리는 결과를 가져오게 된다는 점이다. 따라서 이러한 문제를 해결하면서 출력저항을 매우 크게 하기 위한 방법의 하나가 캐스코드(cascode) 전류원이다.

캐스코드 전류원

위에서 언급한 바와 같이 출력측에서의 전압가용율을 크게 유지하면서도 동시에 큰 출력저항을 얻기 위한 방법으로 캐스코드 전류원이 많이 선호되고 있다. 그림 7.1.7에 캐스코드 간단한 형태와 등가회로를 도시하였다. 이 그림의 경우는 트랜지스터 Q_1의 콜렉터와 에미터 사이의 전압 V_{CE1}이 Q_3의 그것과 동일하며 또한 $V_{CE3}=V_{BE3}$이므로 V_{CE1}은 약 0.6 volt 정도가 걸려있는 셈이 된다. 그러나 에미터에 들어가 있는 등가 저항의 크기는 등가회로에 보이는 바와 같이 트랜지스터 Q_1의 콜렉터측 동저항 R_{o1}과 동일한 값으로 놓을 수 있다. 따라서 이런 경우의 D의 크기는 식 (7.1.5)를 적용하여

$$D = 1 + g_{m2} r_{01} = 1 + \frac{V_A}{V_T} \tag{7.1.9}$$

와 같이 놓을 수 있으며,이 식으로부터 전형적인 얼리전압 V_A 값이 100 volt 라고 할 때 D의 값은 약 4,000이 되므로 무척 큰 출력저항을 얻을 수 있는 것처럼 보인다.

그러나 캐스코드의 등가회로에서와 같이 에미터에 매우 큰 저항이 들어있는 경우에는 식 (7.1.8)로 주어지는 식은 오차가 너무 커서 정확하지 않은 결과를 가져오게 된다. 따라서 위의 계산에서 보이는 바와 같은 큰 출력저항을 얻을 수 없으며 이런 경우에 대한 정확한 D의 표현식을 사용하여 계산하여야 한다.

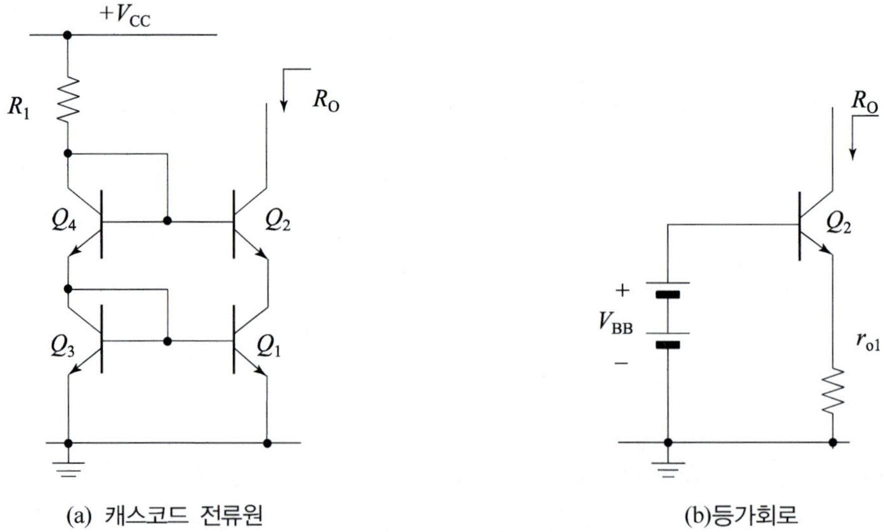

그림 7.1.7 캐스코드 전류원과 간단한 등가회로

다음은 캐스코드 전류원의 출력저항을 정확하게 산출하기 위한 세가지 다른 방법을 순차적으로 보이고자 한다.

(1) 정확한 D의 계산에 의한 출력저항의 산출 방법

이와 유사한 형태에 대하여 정확한 D를 구하는 방법을 제5장에서 설명한 바 있다. 그러나 여기에서는 다시 좀 더 자세히 살펴보고 나가기로 한다. 물론 이와 같은 회로에 대해서 등가회로를 그려 방정식을 세운 후 계산을 통하여 답을 얻을 수도 있으나 이러한 단순한 방법으로 결과를 얻는 것보다는 다양한 각도에서 깊이 있게 고찰하여 원리를 파악하고 이해하는 것이 더욱 중요하다.

그림 7.1.8 (a)에 에미터와 베이스에 각각 저항을 가진 간단한 회로를 다시 보였다. 여기에서 트랜지스터의 콜렉터측을 들여다본 등가저항 R_o를 구하고자 할 때 에미터저항 R_E의 값이 크지 않을 경우에는 위에서 언급한 바와 같이 간단한 근사식을 사용하면 된다. 그러나 저항의 크기가 큰 경우에는 많은 오차가 발생하므로 정확하게 구해야 한다.

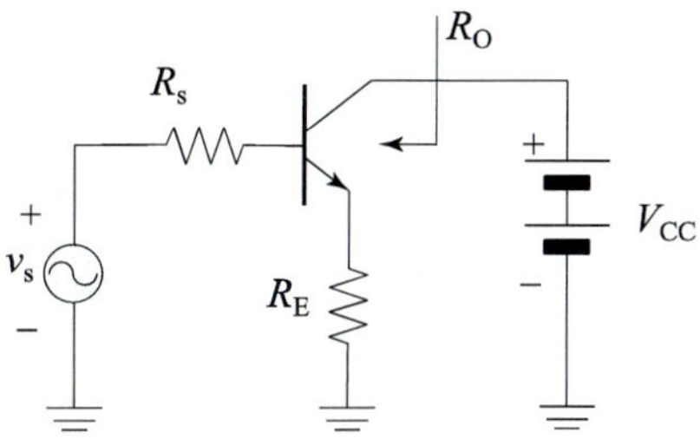

(a)

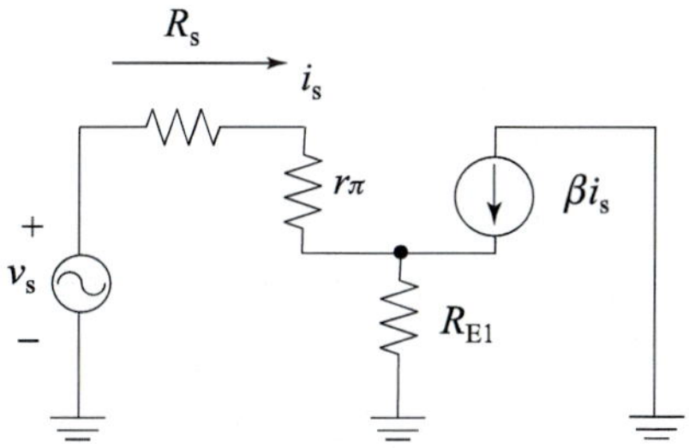

(b)

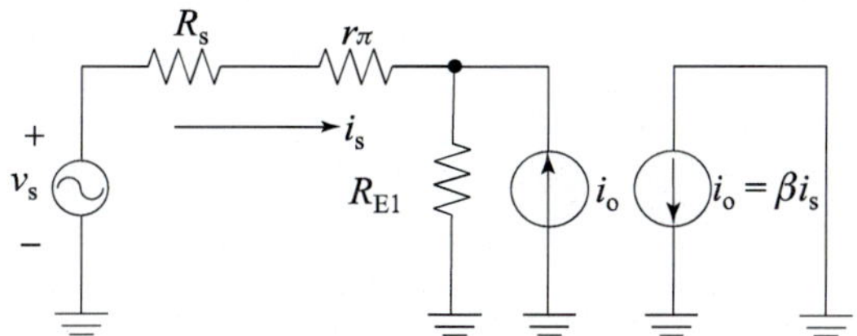

(c)

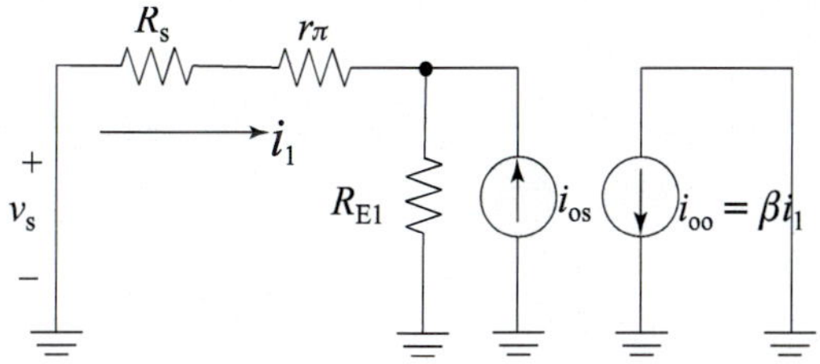

(d)

그림 7.1.8 정확한 D의 계산을 위한 귀환루프의 분리방법

여기에서 다시 루프이득의 계산을 위해서 저주파 영역에서 등가회로를 이용하여 부귀환 루프를 등가분리하면 그림 7.1.8의 (b)에 보이는 바와 같다. 여기에서 트랜지스터의 r_o는 등가회로 상에서 에미터 저항 R_E와 병렬로 나타나므로 편의상이 두 병렬 값을 하나의 저항 R_{E1}로 표시하였다. 다음 단계에서는 (b)와 (c)의 등가회로에서 보인 바와 같이 종속 전류원 βi_s를 둘로 나누어 각각 I_o의 기호로 나타내었다.

여기에서 (c)의 등가회로로부터 다시 생각해보자. 만일 입력신호가 인가되지 않아서 $v_s = 0$이라면 출력전류 역시 $I_o = 0$이 된다. 그러나 루프이득을 구하는 관점에서는 입력신호가 인가될 필요가 없다. 따라서 $V_s = 0$으로 둔 상태에서 분리된 두개의 종속 전류원 중에서 R_{E1} 측에 연결되어있는 종속전류원만을 종속성을 단절하고 독립된 신호전류원으로 간주하면 루프를 분리한 것과 등가가 된다. 즉, R_{E1} 측에 연결되어있는 전류원을 독립된 신호전류원 I_{os}로 바꾸어 놓으면 이번에는 출력측 종속전류원에는 $i_{oo} = \beta i_1$이라는 전류가 흐르게 된다. 여기에서 I_1은 I_{os}에 의하여 r_π 또는 R_s를 통하여 흐르게 된 전류를 의미한다. 따라서 제5장에서와 마찬가지 방법으로 (d)의 등가회로로부터 $|i_{oo}/i_{os}|$를 구하면 이것이 바로 이러한 형태의 회로에서의 루프이득이 된다.

위에 보인 과정에서 등가회로 (c)에서 (d)로 옮겨간 단계가 회로의 동작에 영향을 주지 않으면서 루프를 등가 분리하는 과정을 의미하는데, 이해를 돕기 위하여 좀 더 부연 설명하면 그 의미는 다음과 같다. 즉, 이와 같은 회로에서는 $\beta = 0$이면 부귀환이 걸리지 않는다. 즉, 종속관계로 연결된 전류원의 전류이득에 의하여 되돌아오는 신호가 부귀환의 원인이 되는 셈이다. 따라서이 두 전류원간의 연결관계를 단절하고 한쪽에 신호원을 인가할 때 다른 하나로 되돌아 오는 크기의 비를 구하면 바로 루프이득이 되는 것이다.

등가회로 (d)로부터 계산을 하여 보면 다음과 같다. 외부에서 인가된 독립된 신호원 i_{os}에 의하여 베이스측 저항 R_s에 흐르는 전류 i_1은

$$i_1 = -\frac{R_{E1}}{R_s + r_\pi + R_{E1}} i_{os} \tag{7.1.10}$$

으로 나타낼 수 있는데 여기에서 − 부호는 전류의 방향을 그림과 같이 정의했기 때문이다. 따라서 되돌아오는 출력측 신호전류 I_{oo}는

$$i_{oo} = \beta\, i_1 = -\frac{R_{E1}}{R_s + r_\pi + R_{E1}} \beta\, i_{os} \tag{7.1.11}$$

가 된다. 따라서이 식으로부터 루프이득 T는

$$T = \frac{R_{E1}}{R_s + r_\pi + R_{E1}} \beta \tag{7.1.12}$$

와 같이 얻어질 수 있다.

정확한 루프이득을 구하였으니 이번에는 다시 원점으로 돌아와서 식 (7.1.12)을 고

찰하여 보자.이 식에서 만일 $R_s = 0$이고 $R_{E1} << r_\pi$인 경우를 생각한다면 $T \cong g_m R_E$의 관계가 있음을 의미하며, 이것은 $D = 1 + T$의 관계를 감안할 때 $R_o \cong (1 + g_m R_E) r_o$가 되어 식 (7.1.6)과 동일한 식이 된다.

그러나 식 (7.1.12)에서 이번에는 R_{E1}가 매우 커서 $R_{E1} >> (R_s + r_\pi)$의 관계가 있다면 상황이 매우 달라짐을 알 수 있다. 즉, 이번에는 루프이득 T가

$$T \cong \beta \tag{7.1.13}$$

로 근사화 될 수 있다.

캐스코드 전류원의 경우가 이에 해당하는 것으로 그림 7.1.7에서와 같이 트랜지스터 Q_2의 에미터에 매우 큰 Q_1의 콜렉터측 동저항 r_{o1}이 삽입되어 있기 때문이다. 이런 경우에는 D가 식 (7.1.8)과 같이 표시 될 수 없으며 식 (7.1.12)의 관계를 적용하여

$$D = 1 + \beta_2 \tag{7.1.14}$$

와 같이 근사화 하는 것이 가능하다. 따라서 Q_2의 콜렉터측에서 본 캐스코드 전류원의 출력저항 R_o는

$$R_o = D\, r_{o2} \cong (1 + \beta_2)\, r_{o2} \tag{7.1.15}$$

로 주어지게 된다.이 관계식은 트랜지스터 Q_2의 콜렉터에서 본 캐스코드 전류원의 출력저항은 Q_2의 전류이득과 Q_2의 콜렉터측 동저항의 관계만으로 주어지게 되며, 무한정 증가 할 수 있는 것은 아님을 보여주고 있다. 예를 들어 $\beta_2 \cong 100$이라고 한다면 출력저항은 약 100배 정도 증가할 수 있는 것이며 식 (7.1.9)에서와 같은 관계를 적용하여 4,000배쯤 될 수 있는 것은 아닌 것이다.

2) 전류이득의 영향과 출력저항

캐스코드의 출력저항이 전류이득의 관계로 주어진다는 사실은 흥미롭다. 이번에는 트랜지스터와 같이 전류이득이 일정 범위로 제한되어있는 소자에 있어서 위에서 언급한 바와 같은 현상이 발생하는 원인을 관점을 달리하여 다시 다른 각도에서 바라 보기로 하자. 전류의 흐름을 고려하여 출력저항을 계산하여 본다면 에미터에 저항이 들어있는 트랜지스터를 콜렉터측에서 들여다볼 때 상술한 바와 같은 결과가 나타나게 되는 이유를 알 수 있다.

그림 7.1.9에 보이는 것은 일반적인 트랜지스터에 대해서 콜렉터와 에미터간의 동저항 r_o를 분리하여 등가로 나타낸 그림이다. 여기에서 원 안에 그려진 트랜지스터는 콜렉터와 에미터간의 동저항만을 무한대인 이상적인 특징을 지녔다고 가정하며, 나머지는 보통의 트랜지스터와 동일한 특성을 지닌 트랜지스터이다.

이렇게 트랜지스터를 바꾸어서 에미터에 저항이 들어있는 회로를 도시하면 그림 7.1.10에 보이는 바와 같다.이 회로에서 에미터 저항 R_E가 콜렉터와 에미터간의 동저항 r_o와 비슷한 값이라고 하면 캐스코드의 경우와 동일하게 된다.

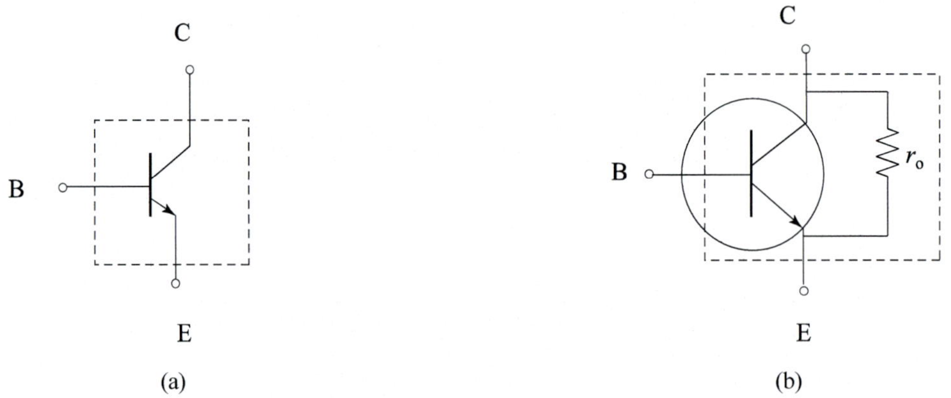

그림 7.1.9 콜렉터와 에미터 사이의 동저항을 분리하여 등가회로로 나타낸 모습

소자의 임피던스를 측정하고자 할 때 일반적으로 사용하는 방법은 두 가지가 있다. 즉, 소자 양단에 전압원을 인가하고 소자에 흐르는 전류를 측정하거나 아니면 전류원을 인가하고 소자양단의 전압을 측정하는 방법이 그것이다. 측정하는 대신에 등가회로를 이용하여 계산하는 것도 마찬가지이다. 이렇게 하여 얻어진 전류와 전압 간의 비를 구하면 된다. 그림 7.1.10에서는 트랜지스터의 콜렉터측을 들여다본 출력저항을 알아내기 위해서 전류원 i_1을 인가할 때 콜렉터와 접지 사이에 나타나는 전압 v_1을 구하여 계산하는 방법을 사용하여 보기로 한다.

위의 그림에서 보이는 바와 같이 전류원이 콜렉터측에 인가되면 이 전류는 일단 저항 r_o를 통하여 흐를 수 밖에 없다. 이렇게 흐르는 전류가 에미터에 도달하면 저항 R_E 를 통하여 접지로 흘러나가는 성분도 있지만 에미터를 통해서 콜렉터로 다시 돌아오는 전류성분이 존재하게 된다. 물론이 과정에서 일부는 베이스를 통하여 빠져나가는 성분도 있게 된다. 따라서 이렇게 돌아오는 전류성분은 다시 r_o를 통하여 흐르면서 에미터에서 콜렉터 그리고 r_o를 연결하는 순환루프가 형성된다. 이렇게 순환하는 전류는 매우 큰 값을 가지게 되는데 그 크기는 트랜지스터의 전류증폭률과 상관 관계가 있다. 이제 여기에서 계산을 통하여 이들의 상관 관계를 밝혀 보기로 하자.

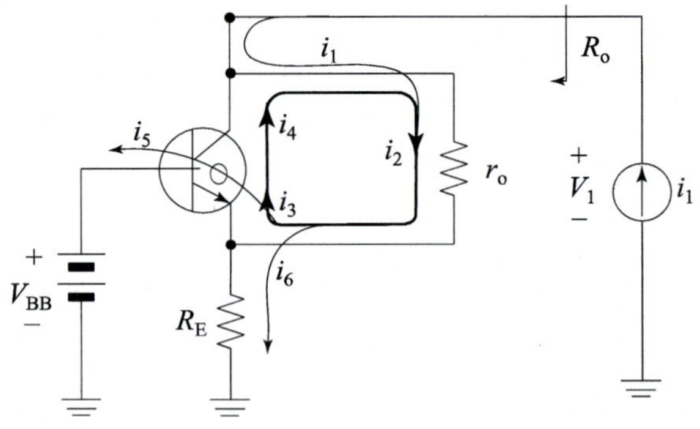

그림 7.1.10 콜렉터에 전류원을 인가할 때 에미터 저항을 가진 트랜지스터에서의 전류의 흐름

앞의 내용을 참작하여 그림으로 다시 돌아가서 전류 $i_1 \sim i_4$ 사이의 관계식을 세워 보면 다음과 같이 주어짐을 쉽게 알 수 있다. 즉,

$$i_2 = i_1 + i_4 \tag{1}$$

$$i_4 = \alpha\, i_3 \tag{2}$$

$$i_3 = k\, i_2 \tag{3}$$

여기에서 α는 베이스 접지 상태에서 트랜지스터의 전류증폭률이며 k는

$$k = \frac{R_E}{R_E + r_e} \tag{4}$$

로 주어지는 값이다. 따라서, 식 (1) − (3)으로부터

$$i_2 - \frac{1}{1 - \alpha k}\, i_1 \tag{5}$$

의 관계가 있음을 알 수 있다. 이번에는 콜렉터에 나타나는 전압을 전류의 관계식으로 기술하면

$$v_1 = r_0\, i_2 + (r_e \,//\, R_E)\, i_2 \;\;\cong\; r_0 i_2 \tag{6}$$

이 된다. 따라서 식 (5), (6)으로부터

$$v_1 \cong \frac{r_0}{1 - \alpha k}\, i_1 \tag{7}$$

과 같이 표시가 가능하다. 그러므로 식 (7)로부터 출력저항 R_0는

$$R_0 = \frac{v_1}{i_1} = \frac{r_0}{1 - \alpha k} \tag{8}$$

로 주어지게 되며 여기에 식 (4)를 대입하여 정리하면 최종 R_0는

$$R_0 = \frac{R_E + r_e}{(1-\alpha) R_E + r_e} \cdot r_0 \tag{9}$$

의 관계로 표시됨을 알 수 있다. 식 (9)와 같은 형태로 주어진 R_0에 대해서 다음의 두 가지 특별한 경우를 살펴보자. 즉,

ⅰ) $(1-\alpha) R_E \ll r_e$ 혹은 $R_E \ll r_\pi$:

$$R_0 \cong (1 + g_m R_E)\, r_0 \tag{10}$$

ii) $(1-\alpha)R_E >> r_e$ 혹은 $R_E >> r_\pi$:

$$R_0 \cong \frac{1}{1-\alpha} \cdot r_0 = \beta r_0 \tag{11}$$

와 같이 나타나게 되며이 식들은 위에서 조건에 따라 각각 구한 식 (7.1.6) 및 식 (7.1.15)의 결과와 각각 동일함을 알 수 있다. 위의 식 (11)은 왜 캐스코드 전류원의 출력저항이 트랜지스터의 전류증폭률의 함수가 되는지 하는 사실을 잘 입증하고 있다. 즉, r_0 값은 고정되어 있음에도 불구하고 출력저항이 크게 증가하는 원인은 그림에 보이는 바와 같이 전류증폭률에 해당하는 만큼 루프전류가 크게 증폭되어 존재하는 것으로 볼 수 있기 때문임을 알 수 있으며 이것은 매우 흥미 있는 현상이다.

지금까지 논의로부터 캐스코드 전류원에 있어서 출력저항의 크기는 대략 $R_0 \cong \beta r_0$가 됨을 알았다. 그러나 한가지 더 고려할 사항은 이렇게 주어지는 값은 회로구조에 따라서 베이스 전류 귀환효과의 영향을 받아 어느 정도 달라질 수 있다는 점이다. 대부분의 캐스코드 전류원의 기본구조는 그림 7.1.11의 (c)에 보여주는 바와 같은 형태를 취하고 있는데, 이런 구조에서는 출력저항이 위에서 계산한 값의 대략 1/2로 줄어들게 된다. 이것도 재미있는 현상이며, 그 이유를 여기에서 아울러 고찰하여 보기로 하겠다.

3) 베이스 전류 변화와 출력저항

그림 7.1.11의 (a)는 캐스코드 전류원을 근사적으로 보인 것이며 여기에서의 출력저항은 앞에서 계산한 바와 같다. 그러나 그림(b)에서 보이는 바와 같이 트랜지스터의 출력전압이 변동이 있으면, 즉, V_{CE}가 $+\Delta V_{CE}$만큼 변화하면, 콜렉터 전류가 일정하게 유지된다고 하더라도 베이스 전류는 대략 $-\Delta I_B$ 만큼 변화하게 된다. 그 이유를 설명하면 다음과 같다.

에미터가 접지된 CE 접지에서는 베이스 전류를 고정시키고 V_{CE}를 $+\Delta V_{CE}$만큼 변화시킬 때 콜렉터 전류가 $+\Delta I_C$ 만큼 증가하는데, 이것은 얼리효과로 알려진 베이스폭 변조에 따른 β의 증가에 기인하는 것이며 이때 출력저항이 바로 앞에서 언급한 바와 같이 $r_0 = \Delta V_{CE}/\Delta I_C$로 주어진다. 한편, (b)의 그림에서와 같이 에미터에 전류원이 연결되어있는 경우에는 V_{CE}가 $+\Delta V_{CE}$만큼 변화할 때에도 에미터 전류는 일정하게 유지될 수 밖에 없지만 $+\Delta V_{CE}$의 변화에 따른 β의 증가는 막을 수 없으므로 베이스 전류가 $-\Delta I_B$ 만큼 감소하는 효과로 나타날수 밖에 없게 된다.

이와 같은 현상을 기억하고 그림(c)의 경우에 대하여 살펴보기로 하자. 여기에서도 트랜지스터 Q_2의 콜렉터 전류가 콜렉터 에미터간의 전압 변화에 따라서 베이스 전류의 변화로 나타나게 되는데 이것이 다시 어떻게 하여 콜렉터 전류에 영향을 주는지 하는 것에 대하여 알아 보고자 하는 것이다. 좀 더 쉽게 표현하기 위해서 그림(d)에 전압과 전류의 변화량에 해당하는 성분만을 간략하게 나타내었다.

먼저 출력전류원의 전압변화는 트랜지스터 Q_2의 콜렉터와 에미터간의 전압변화 ΔV_{CE}로 나타나므로 여기에서부터 시작한다. 위에서 언급한 바와 같이 Q_2의 에미터는 Q_1으로 이루어진 전류원이 연결되어 있는 셈이므로, Q_2의 ΔV_{CE} 변화는 Q_2의 베이스 전류를 $-\Delta I_B$ 만큼 변화하게 한다. 이것은 저항 R_1을 흐르는 전류가 일정함을 고려할 때 Q_3의 콜렉터 전류를 $+\Delta I_B$ 만큼 증가시키게 되고, 이것은 다시 Q_1의 콜렉터 전류와 Q_2의 콜렉터 전류를 각각 $+\Delta I_B$ 만큼 증가시키는 역할을 한다.

단, 여기에서 전류증폭률을 고려할 때 베이스 전류에 기인하는 ΔI_B의 2차적인 오차는 근사화 개념을 적용하여 무시하였다.

따라서 이와 같이 베이스 전류가 귀환하는 효과에 의하여 출력저항에 영향을 주는 성분을 R^*_0라 하면

$$R^*_0 = \frac{\Delta V_{CE}}{2\Delta I_B} = \beta \cdot \frac{\Delta V_{CE}}{2\Delta I_C} = \frac{\beta}{2} \cdot r_0 \quad (7.1.16)$$

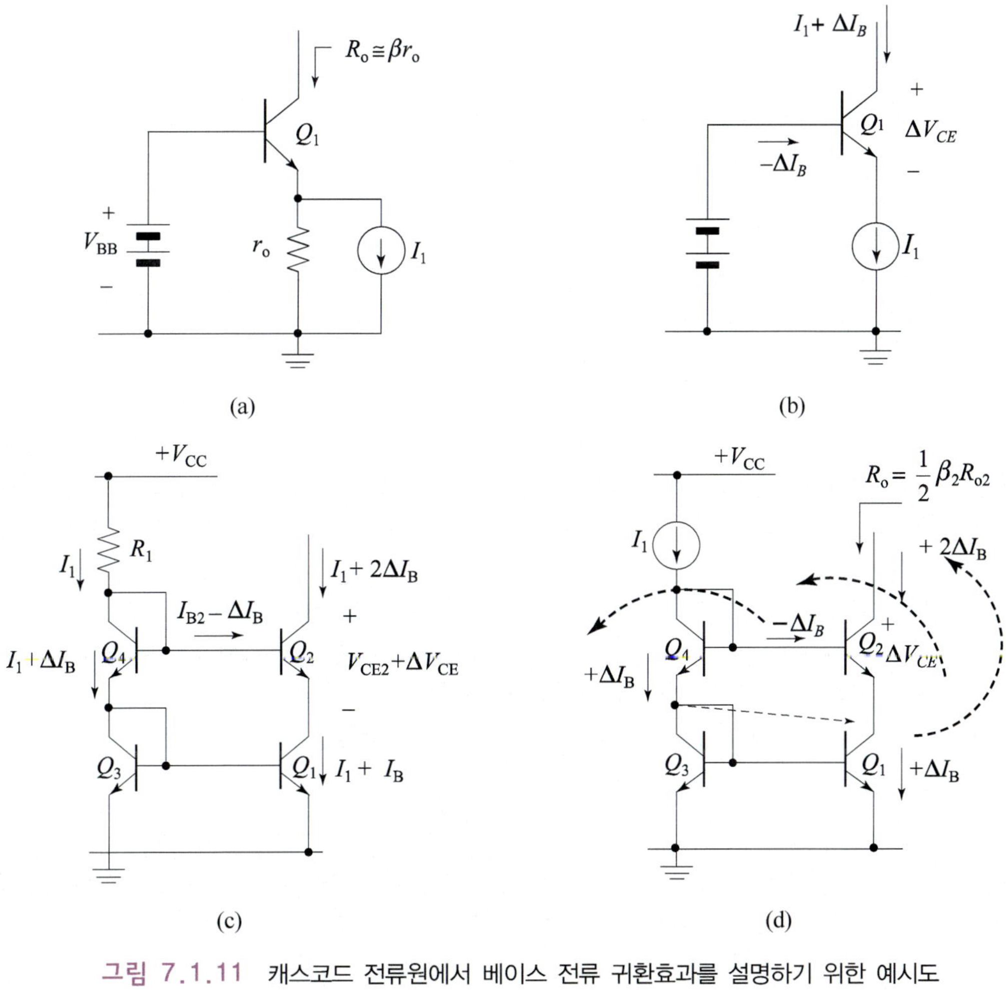

그림 7.1.11 캐스코드 전류원에서 베이스 전류 귀환효과를 설명하기 위한 예시도

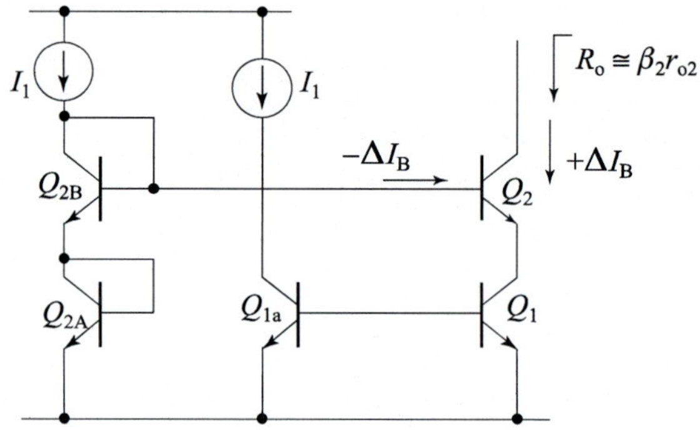

그림 7.1.11-1 베이스 전류 귀환효과를 제거한 회로

로 주어지게 되며, 이 값은 식 (7.1.15)에 주어진 바와 같이 에미터에 매우 큰 저항이 연결되어 있는 경우의 출력저항과 비교하여 대략 절반에 해당하는 큰 값이 됨을 알 수 있다. 따라서 이 결과는 부귀환의 효과와 베이스전류 효과가 동시에 영향을 주어 나타나는 현상으로 볼 수 있다.

만일 위와 같은 베이스전류 귀환효과를 제거하고자 한다면 그림 7.1.11-1에 보이는 바와 같은 구조를 한 가지 생각할 수 있다.이 회로에서는 Q_1과 Q_2의 베이스 바이어스를 독립적으로 잡아 줌으로써 V_{CE}의 변화에 따른 베이스전류의 귀환효과를 차단하였으므로 따라서 이런 구조에서는 앞의 계수 1/2이 삭제되어 $R_o = \beta_2 r_{o2}$로 주어지게 될 것임을 알 수 있다.

MOS 캐스코드 전류원

이번에는 MOS 트랜지스터를 이용하여 캐스코드 전류원을 구성하는 경우에 어떤 차이점이 있는지를 살펴보기로 하겠다. MOS 트랜지스터에 있어서 하나의 특징은 저주파에서의 전류이득에 관한한 제한이 없다는 것이다. 즉, MOS 트랜지스터는 전류이득이 저주파 영역에서는 무한대라고 말할 수 있다. 단, 이것은 고주파 영역에서는 커패시턴스의 영향으로 인하여 성립되지 않는다. 따라서, 바이폴라 트랜지스터가 전류이득의 제한적인 특성 때문에 캐스코드로 구현할 시에 출력저항의 크기가 제한되는 특성이 있음에 반해서 MOS 트랜지스터에서는 적어도 저주파 영역에서는 그런 제한을 받지않게 된다.

그림 7.1.12에 MOS 트랜지스터를 사용한 기본적인 캐스코드 회로를 보였다. 이 회로에서 몸체효과를 일단 무시하고 출력저항을 구하여 보면

$$R_0 = r_{02} \cdot (1 + g_{m2}\, r_{01}) \qquad (7.1.18)$$

와 같은 형태로 주어지게 되는데, 이것은 단지 트랜지스터 M_2의 소스에 저항 r_{01}이 연결되어 이로 인한 부귀환의 효과에 의해서 출력저항이 증가한 것임을 표시하고 있다. 전류증폭률은 무한대 이므로 그 영향이 여기에서는 나타나지 않는다.

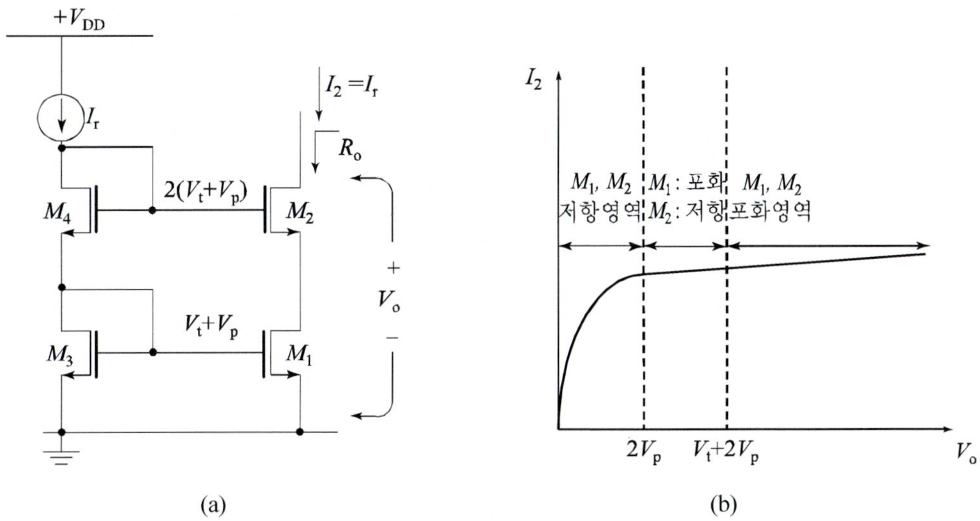

그림 7.1.12 기본적인 MOS 캐스코드 전류원

위의 결과로부터 MOS트랜지스터를 캐스코드로 구성하는 것이 바이폴라 캐스코드에 비하여 전류이득의 영향을 받지 않으므로 매우 유리한 것처럼 보인다. 그러나 MOS트랜지스터는 g_m의 크기가 동일한 전류조건에서 바이폴라에 비하여 매우 작고 Ro의 크기도 MOS의 채널길이가 작아질수록 작아지기 때문에 단순히 MOS 캐스코드에 있어서의 출력저항의 크기가 바이폴라의 그것보다 크다고 말할 수는 없다.

한편, 캐스코드 전류원이 연결되어 그 역할을 담당 할 시에는 큰 출력저항을 보장하기 위한 최소 출력전압이 얼마나 낮아질 수 있는지 하는 것이 다른 하나의 중요한 요소이다. 출력전압에 관한 내용을 그림으로 보여준 것이 그림 7.1.12(b)이다. 이 그림으로부터 트랜지스터 M_2가 전류원의 역할을 수행하기 위하여 필요한 최소 출력전압은 V_t+2V_P 임을 알 수 있다. 하나의 MOS 트랜지스터가 포화영역에서 동작하기 위한 최소 전압이 V_P이므로, M_1과 M_2가 직렬로 연결되어 두 개의 트랜지스터가 모두 포화영역에서 동작하기 위한 최소 출력 전압이 $2V_P$이면 되는 데 V_t+2V_P가 필요하다는 것은 V_t 만큼 손해를 보고 있다는 것을 의미한다.

캐스코드 전류원의 출력전압을 최소로 하기위한 하나의 구조가 그림 7.1.13에 보여주는 바와 같다. 여기에서 트랜지스터 M_6의 W/L 값이 다른 트랜지스터에 비하여 1/4이 되도록 하여 주어야 한다는 점이 중요한 포인트이다. 이렇게 함으로써 M_6를 제외한 모든 트랜지스터의 V_{GS}는 $V_t + V_P$인데 비하여 M_6만 V_t+2V_P가 되며, 따라서 M_2가 포화영역에서 동작할 때 M_1의 드레인과 소스간의 전압은 V_P가 되므로 M_1과 M_2가 모두 포화영역에서 동작하기위한 최소 출력전압은 $2V_P$가 된다.

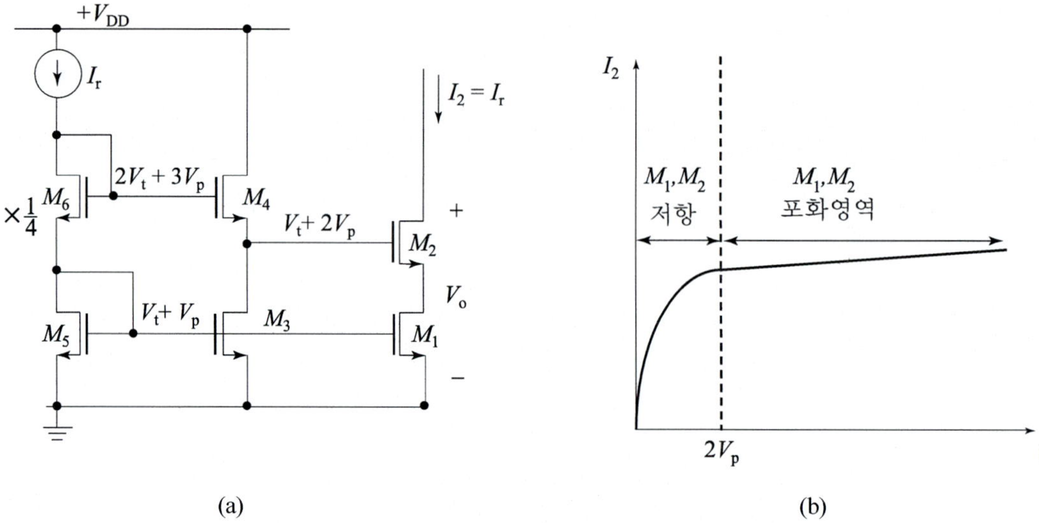

그림 7.1.13 출력동작 전압을 최소로 하기 위한 하나의 회로 구조

MOS 전류원의 출력저항을 더욱 크게 하고자 한다면 세개의 트랜지스터를 직렬로 쌓아 연결하는 트리플 캐스코드의 구성을 생각할 수 있다. 바이폴라 트랜지스터에 있어서는 이와 같은 구조가 의미가 없는데, 왜냐하면 전류증폭률의 영향으로 제한 받기 때문이다. 그림 7.1.14에 MOS의 트리플 캐스코드 구조를 보여주고 있다. 이런 형태에서의 출력저항은

$$R_0 = r_{03} \cdot \left\{ 1 + g_{m3} r_{02} \cdot \left(1 + g_{m2} r_{01} \right) \right\} \tag{7.1.19}$$

로 주어지게 되며 매우 큰 값을 가지게 됨을 알 수 있다. 이 결과로부터 만일 더 많은 수의 MOS 트랜지스터를 직렬로 쌓아 연결하게 되면 더욱 큰 출력저항을 가지도록 하는 것도 가능함을 알 수 있다. 그러나 일반적으로 실제 설계에서는 세개 이상의 트랜지스터를 직렬로 쌓아 연결하는 일은 거의 없다고 하여도 과언이 아닌데 그 이유는 다음과 같다. 첫째, 전류원으로서 역할을 제대로 하기위한 최소 출력전압이 높아진다는 사실이다. 이것은 낮은 전원전압의 조건에서 회로를 설계하는 경우에는 특히 한계로 작용하는 요소이다. 둘째, 출력저항이 매우 커지게 되면 이번에는 또 다른 제한 요인이 나타나게 된다는 것이다. 즉, 출력 트랜지스터의 드레인과 몸체사이는 역 바이어스가 걸려있는 pn 접합으로 되어 있어서, 이 pn 접합의 역 바이어스 누설전류의 영향이 나타나게 되므로 임피던스가 제한되게 되며, 그 영향은 온도가 증가할수록 더욱 크게 영향을 주게 된다는 점이다.

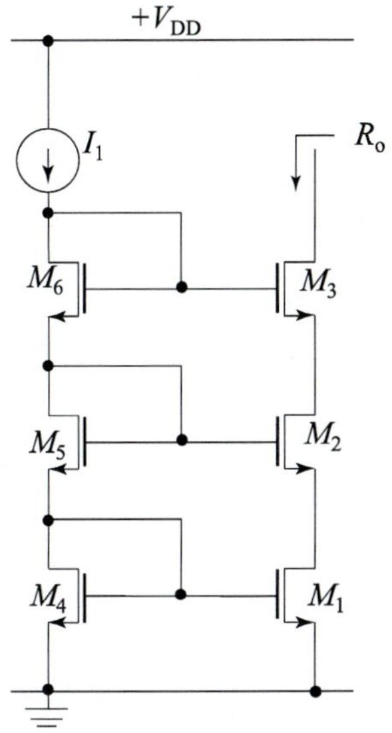

그림 7.1.14 출력저항을 더욱 크게 하기 위한 트리플 캐스코드 회로

몸체 효과

위에서 구한 관계식들은 MOS 트랜지스터들의 몸체효과를 무시하고 구한 것들이다. 몸체효과를 고려한다면 캐스코드 전류원의 회로를 그림 7.1.15(a)에 보여준 바와 같은 형태로 그릴 수 있다. 여기에서 트랜지스터 M_2와 M_4가 몸체효과의 영향을 받음을 알 수 있는데 그 이유는 채널의 전위가 접지 전위보다 높이 위치하고 있기 때문이다.

몸체효과란 채널과 몸체사이의 전위의 변화에 대하여 채널의 문턱전압과 콘덕턴스가 영향을 받는 현상으로 볼 수 있는데, 몸체효과가 채널에 주는 영향만을 분리하여 등가회로로 나타내보면 그림 7.1.15 (b)에 보여주는 바와 같이 도시하는 것이 가능하게 된다. 여기에서 MOS 트랜지스터와 병렬로 연결된 JFET가 바로 몸체효과를 등가회로로 나타낸 것이며, 채널과 몸체사이는 JFET와 유사한 구조로 볼 수 있기 때문이다. 따라서 이와 같은 JFET의 트랜스컨덕턴스를 g_{mb} 라고 표기한다면 이 회로의 출력저항은 다음과 같이 표시가 가능하게 된다. 즉,

$$R_0 = r_{02} \cdot \{1 + (g_{m2} + g_{mb2}) r_{01}\} \tag{7.1.20}$$

와 같으며 여기에서 g_{mb2}는 몸체효과상수를 χ라고 할 때 $g_{mb2} = \chi\, g_{m2}$로 표시되는 값이다. 이 식과 식 (7.1.18)과 비교한다면 몸체효과가 있는 편이 오히려 없는 경우에 비하여 좀 더 큰 출력저항을 얻을 수 있는 것처럼 보이는데, 문턱전압의 효과를 동시에 고려한다면 그렇게 말할 수 없다. 왜냐하면 두 식에서 나타나고 있는 g_{m2}의 값이 다르기 때문인데, 그 이유는 몸체효과가 있는 경우는 문턱전압이 높아지게 되며 이것은 트랜스컨덕턴스의 크기를 줄여주는 역할을 하기 때문이다.

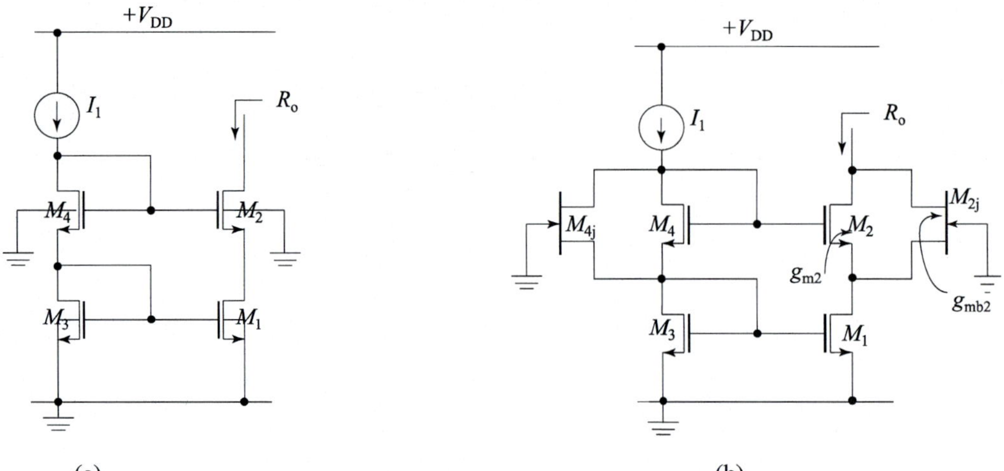

그림 7.1.15 캐스코드 전류원에서의 몸체효과

7.2 Widlar 전류원

집적회로를 설계하다 보면 매우 작은 전류를 효과적으로 조정할 수 있는 전류원이 필요한 경우가 많다. 예를 들어 수 μA의 전류원이 필요하다고 할 때 앞에서 보인 간단한 전류미러 형태의 구성으로 얻고자 한다면 저항의 크기가 무척 커지게 되어 문제가 발생한다. 칩 면적의 대부분을 저항이 차지하게 된다면 효율성이 매우 낮은 설계가 되며 경쟁력을 상실할 우려가 있기 때문이다.

그림 7.2.1은 이와 같은 문제를 해결하기 위하여 제시된 회로로서 최초의 제안자 이름을 붙여서 Widlar 전류원이라 한다. 이 회로를 관찰하여 보면 트랜지스터 Q_2의 에미터에 저항 R_2만 없다면 보통의 전류미러와 동일하게 된다.

여기에서 Q_2에 흐르는 전류를 I_2로 설정하고자 한다면, Q_1에 흐르는 전류를 I_1이라 할 때 필요한 저항 R_2의 크기는 다음과 같이 구할 수 있다. 즉 R_2 양단의 전압을 ΔV_{BE}라 할 때

$$V_{BE1} = V_{BE2} + \Delta V_{BE} \tag{7.2.1}$$

의 관계가 성립하므로

$$\Delta V_{BE} = V_{BE1} - V_{BE2} = V_T \cdot \ln\left(\frac{I_{n1}}{I_{n2}}\right) \tag{7.2.2}$$

와 같이 쓸 수 있다. 여기에서 I_{n1}과 I_{n2}는 각각 트랜지스터 Q_1과 Q_2의 전류밀도를 나타내는 값으로서 각 트랜지스터의 면적을 S_1 ,S_2라 할 때

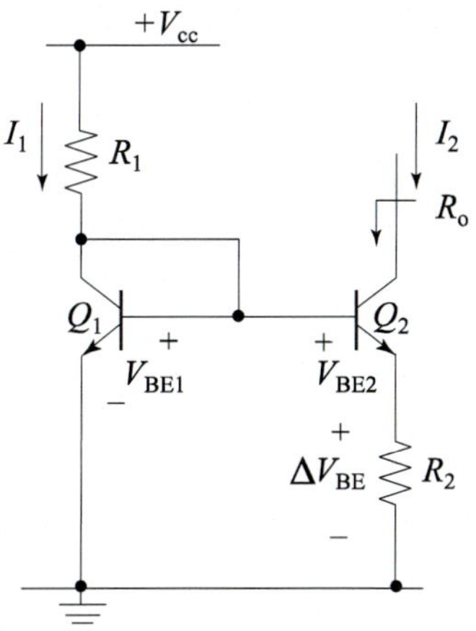

그림 7.2.1 Widlar 전류원의 기본구조

$$I_{n1} = I_1 / S_1,\ I_{n2} = I_2 / S_2 \tag{7.2.3}$$

로 주어지는 값이며, $I_n = I_s e^{V_{BE}/V_T}$를 사용하였다. 따라서 저항 R_2의 크기는

$$R_2 = \frac{\Delta V_{BE}}{I_2} = \frac{V_T}{I_2} \cdot \ln\left(\frac{I_{n1}}{I_{n2}}\right) \tag{7.2.4}$$

와 같이 구할 수 있다. 따라서 이와 같이 큰 전류로부터 작은 전류원을 얻고자 하는 경우에는 트랜지스터에 흐르는 전류의 차이에 따른 V_{BE}의 차이를 이용하는 것이 매우 효과적임을 알 수 있다. 한가지 예를 들어 보기로 하자.

예 7.1

그림 7.2.1에서 $V_{CC} = +15V$이고, 두 트랜지스터 Q_1과 Q_2의 크기는 동일하며 $I_2 = 10\,\mu A$의 전류원을 얻고자 한다. $R_2 = 0$으로 할 때 전류미러의 기능만으로 $I_1 = I_2 = 10\,\mu A$로 하기 위한 R_1의 크기를 구하고, $I_1 = 1mA$로 할 때 $I_2 = 10\,\mu A$로 하기 위한 R_1과 R_2의 크기를 각각 구하여 저항이 차지하는 면적을 서로 비교하라.

풀 이

$R_2 = 0$일 때는 $R_1 = (V_{CC} - V_{BE}) / I_1 \cong (15V - 0.6V)/10uA = 1.44M\Omega$으로 계산 된다. 한편, 이것과 비교하여 $R_2 \neq 0$일 때를 살펴보기로 하자. 즉, $I_1 = 1\,mA$로 설계한다면 필요한 R_1 값은 $R_1 = (15 - 0.6)/1mA = 14.4\,k\Omega$이 된다. 한편 $\Delta V_{BE} = V_T \cdot \ln\left(\frac{1mA}{10\mu A}\right) \cong 60\,MV$로 R_2의 크기는 $R_2 = 60mV/10\mu A = 6k\Omega$이 된다. 따라서, 이 때 총 저항의 크기는 $R_1 + R_2 \cong 20\,k\Omega$이므로 이 경우가 훨씬 작은 면적을 차지하게 된다.

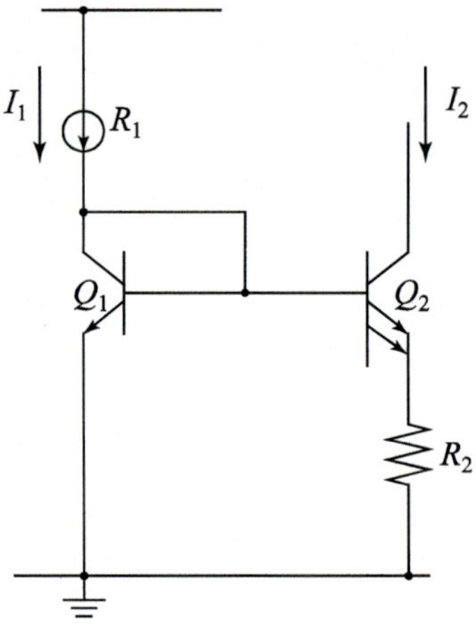

그림 7.2.2 트랜지스터 크기의 차이를 이용한 Widlar 전류원

이 예에서 보는 바와 같이 두 트랜지스터의 전류의 차이가 크다 하더라도 ΔV_{BE}의 크기는 크지 않으므로 이 방식을 사용하면 작은 전류원을 얻으면서 저항의 면적을 줄이는데 효과적이다. 전류밀도의 차이를 이용하여 ΔV_{BE}의 크기를 조정하는 방법으로 트랜지스터의 크기를 다르게 하는 방법도 많이 사용된다. 그림 7.2.2가 여기에 해당하는 것으로, 이 그림은 Q_1과 Q_2의 크기의 비가 2인 경우를 예시하고 있으며 I_1=I_2인 조건에서 $\Delta V_{BE} \cong 18$ mV가 된다.

일반적으로 두 트랜지스터의 크기의 비를 n이라 할 때, n의 크기에 따른 ΔVBE의 값을 정리하여 놓은 것이 표 7.2.1이다. 이 값들을 기억하고 있으면 Widlar 전류원의 설계시에 매우 효과적이다. 그러나 이것들을 기억하는 한 가지 쉬운 방법은 n = 2, 3, 10의 세 가지 경우에 해당하는 값들을 기억하는 것이다. 이 세 값만 기억하고 있으면 충분하며 나머지는 이 값들로부터 간단한 계산을 통하여 쉽게 알아 낼 수 있다. 즉, 예를 들면

$$V_T \ln(1.5) = V_T \ln(3) - V_T \ln(2) = 10 \text{ mV}$$
$$V_T \ln(4) = V_T \ln(2) + V_T \ln(2) = 36 \text{ mV}$$
$$V_T \ln(5) = V_T \ln(10) - V_T \ln(2) = 42 \text{ mV}$$
$$V_T \ln(6) = V_T \ln(2) + V_T \ln(3) = 46 \text{ mV}$$

등으로 계산하면 된다.

한편 Widlar 전류원에 있어서 다른 하나의 특징은 에미터 저항의 부귀환 효과에 의해서 출력저항의 크기가 어느 정도 증가한다는 사실이다. 회로도로부터 트랜지스터 Q_2에 대해서 R_2의 효과에 의한 부귀환의 둔감도를 D_2라고 하면

$$D_2 \cong 1 + g_{m2}R_2 = 1 + \frac{\Delta V_{BE}}{V_T} \tag{7.2.5}$$

N	ΔV_{BE}[mV]
2	18
3	28
4	36
5	42
6	46
7	50
8	54
9	57
10	60
100	120

표 7.2.1 전류밀도의 비에 따른 ΔV_{BE}의 크기

로 주어지게 되고, 결과적으로 출력저항은 D_2배 만큼 증가하게 된다. 여기에서는 R_2의 값이 지나치게 크게 되는 것을 걱정할 필요는 없으므로 캐스코드의 경우와는 달리 D의 오차가 크지 않다. 예를 들어, 두 트랜지스터간의 전류의 차이가 커서 100배가 된다 하더라도 ΔV_{BE}의 값이 약 120 mV이므로 윗식에서 D_2의 값은 대략 6 정도에 불과하다.

Widlar 전류원에서 출력저항의 크기를 더욱 증가시키고자 한다면 그림 7.2.3에 보이는 바와 같이 캐스코드 Widlar 형태로 구성하는 것을 생각할 수 있다.

이런 구조에서도 Q_3와 Q_4가 직렬로 연결되어 있으므로 역시 베이스 전류의 변조효과에 의해서 출력저항이 작아지는 영향을 받게 되지만, 에미터 저항 R_2의 효과에 의하여 그 영향이 줄어들게 되며, ΔV_{BE}의 값이 V_T에 비해서 수 배 정도로 크다면 무시하여도 큰 지장이 없다고 할 수 있으며 이때의 출력저항은 대략 $R_0 \cong \beta_2 r_{02}$로 주어지게 된다.

한편 크기가 더욱 작은 전류원을 얻고자 하는 경우에는 Widlar 방식의 전류원도 적합하지 않게 된다. 예를 들어 [예제 1]에서 I_2 = 100nA로 설계하고자 할 때 Widlar 방식의 전류원으로 구성하고자 한다면 필요한 저항 R_2의 크기를 계산하여 보자. 전류의 비가 $I_1 / I_2 = 1\text{mA} / 100\text{nA} = 10{,}000$이므로 ΔV_{BE}의 크기는 대략 240mV이며 따라서 R_2의 값은

$$R_2 = 240\text{mV} / 100\text{nA} = 2.4\text{M}\Omega$$

이 되어 문제가 있음을 알 수 있다.

이런 문제를 극복하기 위해서는 그림 7.2.4에 보이는 바와 같은 회로가 작은 크기이면서 경제적으로 구성할 수 있는 좋은 방법이 된다. 이 회로에서 트랜지스터 Q_1의

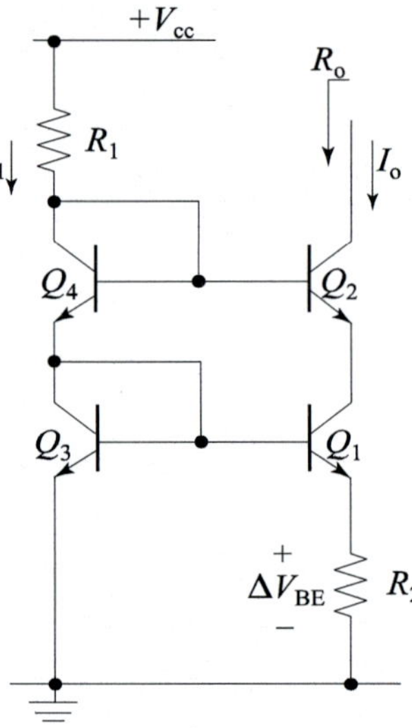

그림 7.2.3 출력저항을 크게 증가시키기 위한 Cascode widlar 전류원

베이스 전류를 대략 무시하고 본다면 저항 R_2 양단에 걸리는 전압이 ΔV_{BE}에 해당하며 이것은 콜렉터 전류 I_1에 의해서 나타나는 것으로 볼 수 있다.

여기에서도 I_2 = 100nA로 하기위한 ΔV_{BE}의 크기는 역시 240mV이면 되므로, 이런 조건 하에서 R_2의 값을 계산해 보면

$$R_2 = 240\text{mV} / 1\text{mA} = 240\,\Omega$$

으로 주어짐을 알 수 있다. 이 결과는 비교할 수 없이 작은 저항으로 미소 크기의 전류원을 어렵지 않게 구현할 수 있음을 보인다.

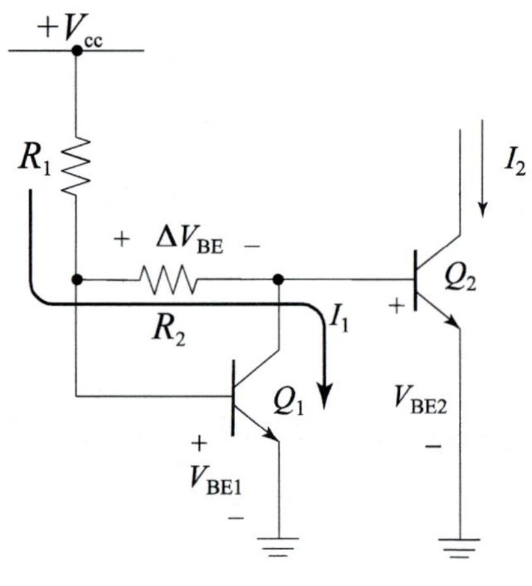

그림 7.2.4 매우 작은 전류원을 얻기 위한 회로

MOS Widlar 전류원

이번에는 MOS 트랜지스터를 사용하여 Widlar 방식의 전류원을 구현하는 방법에 대해서 살펴보기로 하겠다. 회로의 구조는 그림 7.2.5에 보이는 바와 같다. 여기에서도 저항 R_2 양단에 걸리는 전압을 ΔV_P라 할 때 다음과 같은 관계식이 성립한다. 즉,

$$\Delta V_P = V_{GS1} - V_{GS2} \tag{7.2.6}$$

로 주어진다. 그런데 여기에서 $V_{GS} = V_P + V_t$의 관계로부터 윗식은

$$\Delta V_P = V_{P1} - V_{P2} \tag{7.2.7}$$

와 같이 쓸 수 있다. 따라서 MOS 트랜지스터 M_2에 흐르는 전류를 I_2로 하고자 한다면 필요한 저항 R_2의 값은

$$R_2 = \frac{\Delta V_P}{I_2} \tag{7.2.8}$$

로부터 구하면 된다. 그러면 이번에는 설계 예를 통하여 좀 더 고찰하여 보기로 하자.

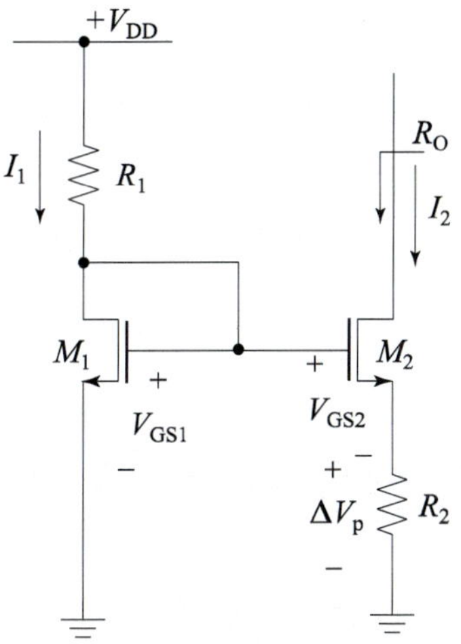

그림 7.2.5 MOS Widlar 전류원

예 3.2 그림 7.2.5에서 V_{DD} = 5V일 때 각 트랜지스터에 흐르는 전류를 각각 $I_1 = 100\mu A$, $I_2 = 10\mu A$로 하고자 하는 경우 필요한 저항 R_1과 R_2의 값은 각각 얼마인가? 단, MOS 트랜지스터의 정수치는 $\frac{W_1}{L_1} = \frac{W_2}{L_2} = \frac{2\mu}{2\mu}$, $K_n = 50\mu A/V^2$, $V_t = 1$ V이다.

풀 이 여기에서 V_{P1}과 V_{P2}의 값을 먼저 구해보면, $V_P = \sqrt{2I_D/\beta}$ 인데 $\beta = K\ W/L$의 관계가 있으므로 대입하면

$$V_{P1} = \sqrt{2 \cdot 100\mu A / (50\mu A/V^2 \cdot 2\mu/2\mu)} = 2V$$

$$V_{P2} = \sqrt{2 \cdot 10\mu A / (50\mu A/V^2 \cdot 2\mu/2\mu)} = 0.63V$$

가 된다. 따라서 ΔV_P의 값은 V_{P1}-V_{P2}= 1.37 V가 되므로 두 저항의 크기는 각각

$$R_1 = (5V - 3V)/100\mu A = 20\ k\Omega$$

$$R_2 = 1.37V/10\mu A = 137\ k\Omega$$

으로 계산된다.

이 예에서 보이는 바와 같이 MOS 회로에서는 Widlar 방식으로 작은 전류원을 구현하는 것이 별로 효과적이지 않다. 그 이유는 바이폴라 트랜지스터와는 달리 ΔV_P의 값이 커서 R_2의 값이 원하는 만큼 작아지지 않기 때문이다. 따라서 MOS 회로에 있어서 작은 전류원을 얻고자 할 때 점유 면적을 고려한 효과적인 방법은 평범한 전류미러를 사용하되 W/L의 비율에 따라 출력전류의 크기가 비례하는 특성을 이용하여 구현하는 것이 좋으며, 간편하기 때문에 널리 쓰이는 방법이다.

7.3 Wilson 전류원

전류미러를 구현함에 있어서 또 다른 한 가지 구조는 윌슨전류원이 있다. 이 윌슨전류원의 특징은 간단하면서도 큰 출력저항을 가지는 점에서는 캐스코드 전류원과 유사하나, 전류미러를 구현할 시에는 캐스코드 미러에 비해서 훨씬 정밀하다는 특징이 있다. 또한 비교적 간단하면서도 캐스코드 전류미러와 견줄 수 있을 만큼 높은 출력 임피던스를 보이기 때문에 응용목적에 따라서는 매우 유용하게 활용될 수 있다.

윌슨미러의 기본적인 구조는 그림 7.3.1에 보이는 바와 같다. 먼저이 회로가 정밀한 전류미러로 동작하는 원리를 살펴보기 위하여 그림 7.3.2에 보이는 바와 같이 윌슨미러와 캐스코드 미러의 두 가지를 비교하였다. 이 두 회로는 각각 적절한 크기의 직류전원 $+V_{CC}$가 인가된다면 트랜지스터들이 모두 어떤 동작점에서 안정되어 있게 된다.

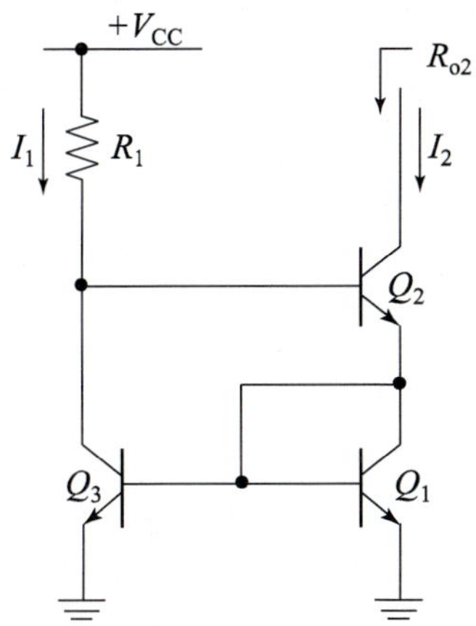

그림 7.3.1 Wilson 전류미러의 기본 구조

이 때 트랜지스터들은 모두 능동영역에서 동작하고 있으며, 전류증폭률이 모두 동일하여 β=100 이라고 가정하자. 이런 가정하에서 그림 7.3.2에 보이는 회로들에는 트랜지스터에 흐르는 전류의 크기를 정규화한 값으로 콜렉터 및 베이스에 각각 숫자로 표시되어 있다. 이 숫자들은 상대적인 전류의 크기를 표시하는 값들로서 트랜지스터 Q_1 또는 Q_3의 베이스에 흐르는 전류의 크기로 각각의 콜렉터 또는 베이스로 흐르는 전류를 나누어 숫자로 표시한 것이다.

여기에서 보는 바와 같이 윌슨미러의 경우에는 기준전류(I_1)와 출력전류(I_2)간의 오차가 0.04%에 불과한데 비해서 캐스코드미러의 경우에는 대략 4%의 오차를 보임을 알 수 있다. 따라서 윌슨전류원의 구조는 매우 정밀한 전류미러를 얻고자 하는 경우에 선택할 수 있는 하나의 대안임을 알 수 있다.

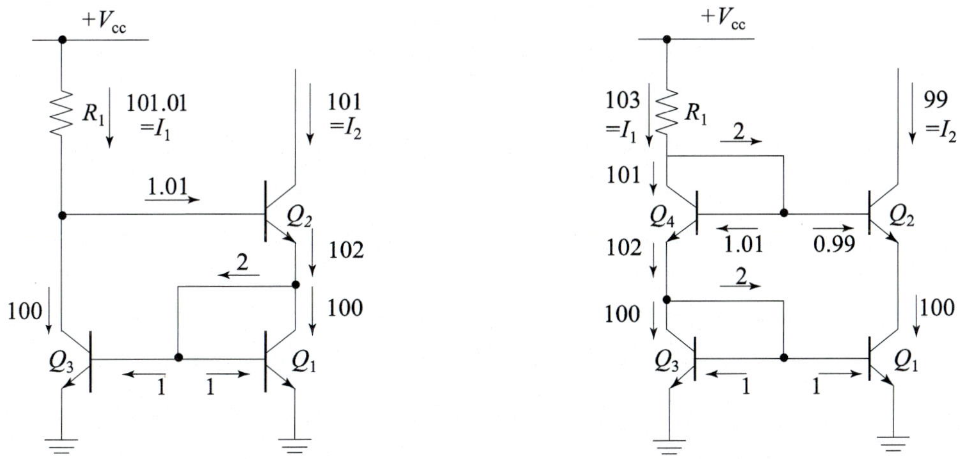

(a) 윌슨전류원 (b) 캐스코드 전류원

그림 7.3.2 Wilson과 캐스코드 미러의 정밀도 비교

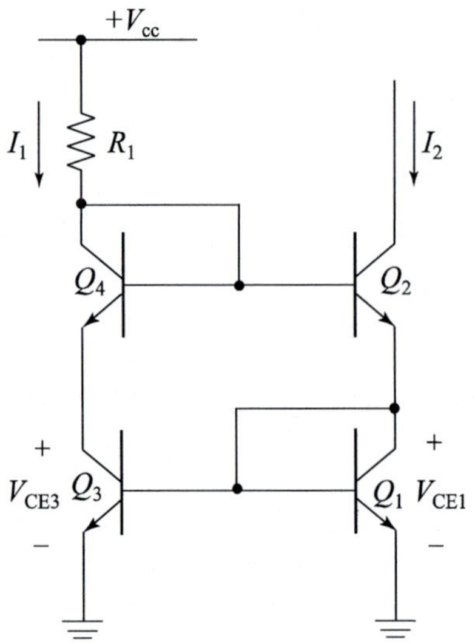

그림 7.3.3 Wilson 미러의 정밀도 향상을 위하여 V_{CE1}과 V_{CE3}를 동일하게 하여준 회로

그러나 실제에 있어서는 위에서 주어지는 바와 같이 정밀한 윌슨미러를 얻기가 어렵다. 그 하나의 이유는 그림 7.3.2 (a)에서 트랜지스터 $Q1$과 Q_3의 콜렉터와 에미터간의 전위차가 동일하지 않은 것에 기인한다. 즉 두 전위의 차이는 하나의 V_{BE} 만큼 차이가 있는데 만일 얼리전압이 100 볼트라고 가정한다면 이만한 전위의 차이는 약 0.6%의 오차를 가져오는 원인이 된다. 따라서 이와 같은 오차를 줄이는 하나의 방법은 그림 7.3.3에 보이는 바와 같이 Q_3의 콜렉터에 하나의 다이오드 연결구조(Q_4)를 추가로 삽입하여 주는 것이다.

이제 그림 7.3.3의 윌슨미러 형태와 그림 7.3.2(b)의 캐스코드미러를 비교하여 본다면이 두 회로는 매우 비슷하며 한 가지만 차이가 있음을 알 수 있다. 즉 트랜지스터 Q_1을 다이오드 형태로 연결하느냐 아니면 Q_3를 다이오드 형태로 연결하여 구성하느냐 하는 차이인 것이다. 다시 말해서 Q_1을 다이오드로 연결하면 윌슨미러이며, Q_3를 다이오드로 연결하면 캐스코드미러가 됨을 알 수 있다.

이와 같은 전류미러에서 Q_1과 Q_3의 특성을 동일하도록 매칭시키는 것은 매우 중요하며 만일이 두 트랜지스터의 증폭률의 차이가 크다면 정확한 미러를 만들 수 없음은 자명한 일이다. 두 트랜지스터의 전류증폭률의 차이가 10% 정도는 일반적으로 나타날 수 있으며, 이런 경우에는 두 트랜지스터의 에미터에 각각 동일한 값의 저항을 삽입하여 오차를 줄일 수 있다. 즉 저항의 오차를 1% 이내로 매칭시키는 일은 어렵지 않은 일이므로 적절한 저항의 삽입은 오차를 줄이는 좋은 방법이 된다.

두 트랜지스터가 직렬로 연결되어 구성된 전류원의 또 하나의 단점은 출력노드에서의 전압스윙의 폭이 작아진다는 점이다. 즉 위의 두가지 구조에서는 아랫쪽으로 스윙할 수 있는 전압의 범위가 하나의 V_{BE} 전압만큼 줄어들게 되며 따라서 전원전압이 매우 낮은 환경에서 동작하는 회로등에서는 선택하기 어려운 단점이 있다. 그러나 캐스코드 구조에서는 그림 7.1.11에 보여준 바와 같이 Q_1과 Q_2의 바이어스를 분리시켜 구성하는 것이 가능하며, 이렇게 하는 경우에는 Q_1의 콜렉터와 에미터간 전압이 능동 영역에서 동작할 수 있는 최소값이 되도록 Q_2의 베이스 전위를 조정하여 줌으로써 스윙폭의 손실을 최소화 할 수 있다.

이제 윌슨미러에 있어서 출력저항이 증가하는 원인과 그 크기에 대하여 생각하여 보기로 하자. 능동회로에서 임피던스가 증가하거나 감소하는 원인은 부귀환에 있다. 즉, 캐스코드미러에서는 출력트랜지스터(Q_2)의 에미터에 큰 저항이 삽입되는 효과에 의하여 부귀환이 걸려서 큰 출력저항이 얻어지는 반면에, 윌슨미러에서는 트랜지스터 Q_3의 증폭작용에 의하여 부귀환이 걸려서 출력저항이 증가하게 되며, 그 증폭 이득이 바로 루프 이득과 연관된다. 따라서 Q_3의 증폭에 의한 루프이득만 구하면 출력저항의 크기를 쉽게 계산할 수 있다.

따라서 그림 7.3.4에서는 윌슨미러에 대하여 Q_3를 중심으로 부귀환을 분리한 기본 증폭회로를 보인 것이며 여기에서 루프이득을 바로 구할 수 있다.이 그림에서 루프이득 T는

$$T = \frac{v_{01}}{v_1} = \frac{r_{e1}}{r_{e1} + r_{e2} + R_1/\beta_2} \cdot \frac{R_1}{r_{e3}} \tag{7.3.1}$$

여기에서 Q_1과 Q_2, Q_3의 바이어스 전류가 모두 동일하다면 $r_{e1} = r_{e2} = r_{e3}$의 조건이 성립함을 의미하므로 윗식은

$$T \cong \frac{R_1}{2r_{e1} + R_1/\beta_2} \tag{7.3.2}$$

와 같이 주어지게 된다. 따라서 출력저항 R_0는

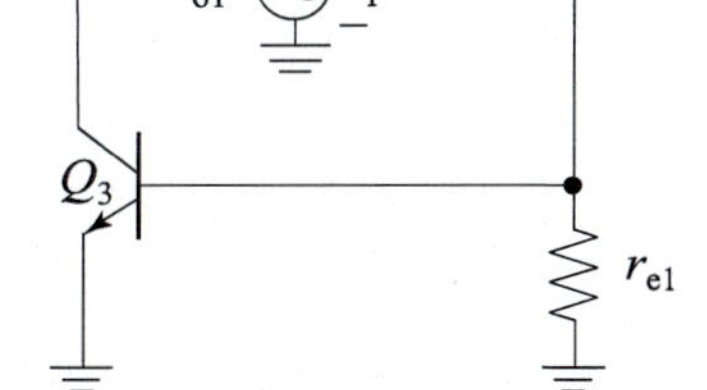

그림 7.3.4 Wilson 미러의 루프이득 계산을 위한 개루프 등가회로

$$R_0 = Dr_{02} \quad = (1+T)\cdot r_{02} \tag{7.3.3}$$

가 된다. 이렇게 주어지는 출력저항의 크기는 바이어스 전류와 저항값이 주어진다면 계산이 되겠지만 그렇지 않은 상황에서도 대략 판단이 가능하다.

먼저 식 (7.3.2)의 분모를 보면 두 개의 항이 있는데 이 두 항의 상대적인 크기를 비교하여 보는 것이 흥미롭다. 각각의 항에 저항 R_1을 통하여 Q_3로 흐르는 전류 I_1을 각각 곱하여 보기로 하자. 즉,

$$\left(2r_{e1} + R_1/\beta_2\right)\cdot I_1 = \left(2\beta_2 r_{e1} I_1 + R_1 I_1\right)/\beta_2 = \left(2\beta_2 V_T + R_1 I_1\right)/\beta_2$$

와 같이 쓸 수 있다. 여기에서 $\beta_2 = 100$이라고 한다면 상온에서 V_T= 26 mV이므로 윗 식에서 괄호안의 각각의 항은 윌슨미러 회로를 참고하면

$$2\beta_2 V_T = 2\times 100\times 26\text{mV} = 5.2\ \text{V}$$

$$R_1 I_1 = V_{CC} - 2V_{BE}$$

와 같이 표시될 수 있음을 알 수 있다. 따라서 이 결과로부터 만일 V_{BE} = 0.6V라고 하면 V_{CC}의 크기가

$$V_{CC} = 6.4\ \text{V}$$

일 때 위의 두 항은 동일한 값을 가지게 되므로, 식 (7.3.2)는

$$T = \frac{1}{2}\beta_2$$

와 같이 표시될 수 있음을 알 수 있다. 즉 식 (7.3.3)으로 주어지는 출력저항 R_0는

$$R_0 \cong \frac{1}{2}\beta_2\, r_{02}$$

가 되는 셈이다. 이 결과는 $\beta_2 = 100$, V_{CC} = 6.4V인 조건에서 얻어졌으므로 β_2와 V_{CC}의 값이 변화하면 달라지는 값이다. 그러나 이러한 계산을 통하여 윌슨미러에서의 출력저항이 대략 어느 범위에 존재하는지에 대한 개념을 가질 수 있게 되며 이러한 개념이 실제 설계에서는 매우 중요한 지표가 된다.

여기에서 한 가지를 더 언급하자면 베이스 전류의 변조효과에 의하여 캐스코드미러에서 출력저항이 감소하였듯이 여기에서도 베이스 전류의 변조효과가 나타나게 되며, 그 변조원리는 캐스코드미러의 경우와 동일하게 된다. 따라서 이 효과를 고려한다면 출력저항의 크기는 좀 더 작아지게 된다고 말 할 수 있다.

이상의 논의로부터 윌슨미러에서의 출력저항은 캐스코드미러에 비하면 약간 작아지기는 하지만 그래도 매우 크게 증가함을 알 수 있다.

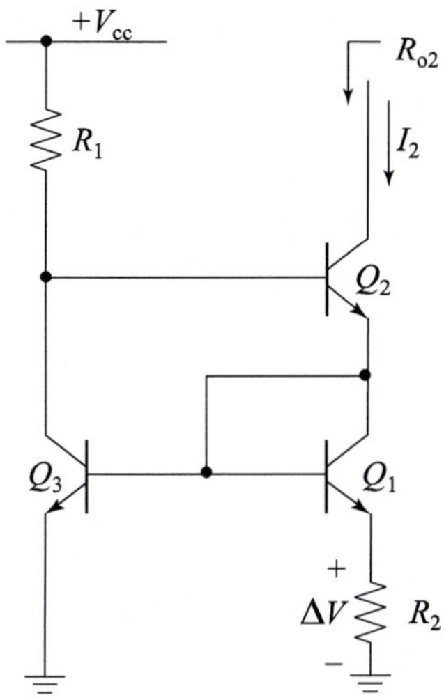

그림 7.3.5 Wilson과 Widlar의 결합 회로 예

윌슨미러의 장점은 출력전류가 기준전류를 매우 적은 오차로 추종한다는 점이다. 만일 기준전류보다 더 적은 값의 출력전류를 원한다면 그림 7.3.5에 보이는 바와 같이 트랜지스터 Q_1의 에미터에 저항을 삽입하는 방법을 생각할 수 있다. 이것은 윌슨미러와 위들러미러를 결합시킨 형태로 볼 수 있으며, 루프이득은 더 커지면서 출력전류는 더 작아지게 되며 부가된 저항 R_2의 영향으로 인하여 베이스전류의 변조효과도 더 적어지게 되므로 출력저항은 더 크게 증가하게 된다.

그러나 이와 같은 윌슨미러형태의 단점은 출력전압의 스윙폭이 줄어들게 된다는 점이다. 즉, 그림에서 출력전압의 최소값은 Q_2의 V_{CE} 포화전압 더하기 V_{BE3} 이하로는 내려올수 없게 되며, 하나의 V_{BE}에 해당하는 전압만큼 출력스윙에서 손해를 보게 되므로, 이런 것이 문제가 되지 않을 만큼 전원전압이 충분히 높은 경우에 대하여 응용을 고려 할 수 있을 것이다.

MOSFET 윌슨 전류원

이번에는 MOSFET을 사용한 윌슨미러에 대해서 살펴보고 넘어가기로 하자. 그림 7.3.6에 MOS 윌슨미러 회로를 도시 하였다. 바이폴라 윌슨미러와 비교하여 보면 단지 바이폴라 트랜지스터를 MOS로 대치시킨 것과 동일함을 알 수 있다. 그러나이 둘 사이에 성능에 있어서는 상당한 차이가 있는데 이것은 소자의 특성차이에 기인한다.

MOS가 바이폴라와 다른 두드러진 차이를 몇 가지만 열거하면 다음과 같다. 즉,

V_{GS}가 V_{BE}보다 크다.
강반전 영역에서는 g_m이 작아서 대략 1/10 이하이다.
전류증폭률을 저주파에서는 무한대로 볼 수 있다.

입력임피던스가 저주파에서는 무한대이다.
얼리전압이 채널길이에 비례한다.

등이다. 따라서 이와 같은 특징들을 기억하며 MOS 윌슨 회로를 살펴보자.

여기에서 먼저 출력전류 I_2가 기준전류 I_1과 차이가 나는 것은 M_1과 M_3의 드레인과 소스간의 전압이 다르기 때문에 발생한다. 얼리 전압이 충분히 높지 않다면 이로 인한 차이가 상당하기 때문에 두 전류의 차이를 줄이고자 한다면 그림 7.3.7(a)에 보이는 바와 같이 M_4를 추가하여 주는 것이 좋은 방법이며 이것은 바이폴라에서의 예와 동일하다.

이번에는 출력저항의 관점에서 생각하여 보기로 하자. MOS 윌슨회로의 출력저항은 M_3의 증폭이득에 의존한다. 그러나 위에서 언급한대로 동일한 전류조건에서 MOS의 g_m이 바이폴라의 경우보다 작으므로 M_3의 증폭이득에 의존하는 루프이득이 작아지게 되어 바이폴라의 경우에 비하여 출력저항이 증가하는 정도가 크지 않게 된다.

또한 그림 7.3.7의 (a), (b)에 보이는 바와 같이 이런 형태의 회로에서 출력저항의 크기를 캐스코드미러와 비교하여 본다면 트랜지스터 M_1의 얼리전압 V_{A1}이 V_{DD}보다 충분히 크다면, M_1의 드레인 동저항 r_{o1}이 R_1 보다 충분히 크게 되며, 따라서 캐스코드미러의 부귀환량 D가 윌슨미러의 부귀환량보다 충분히 크게 되므로 캐스코드미러의 출력저항이 윌슨미러의 출력저항보다 훨씬 크다라고 말 할 수 있다. 그러나 만일이 두 회로에서 저항 R_1이 전류원으로 치환 된다면 윌슨미러에서도 루프이득이 크게 증가하게 되므로 캐스코드미러와 비견 할 수 있을 만큼 출력저항이 증가하게 된다.

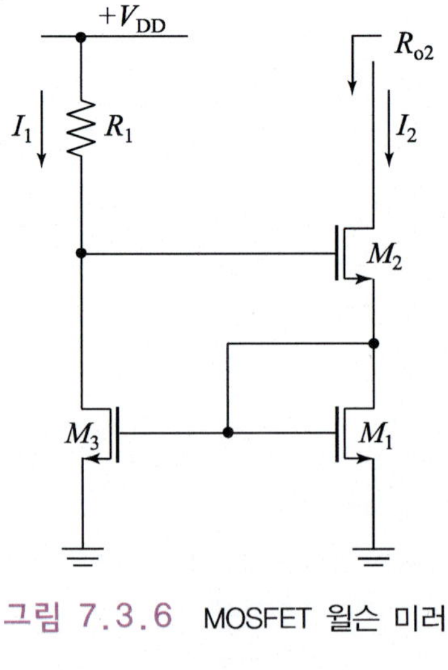

그림 7.3.6 MOSFET 윌슨 미러

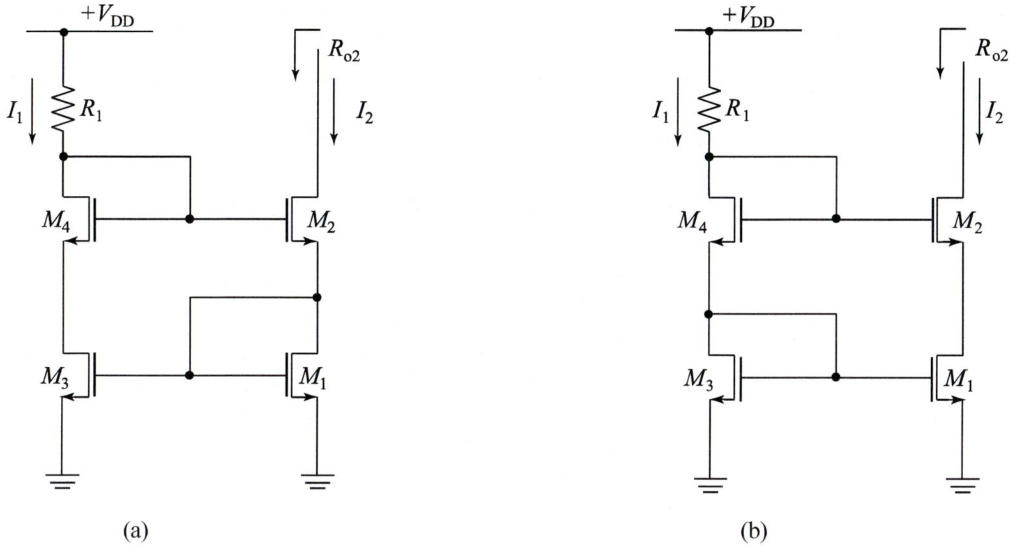

그림 7.3.7 MOSFET 윌슨미러와 캐스코드 미러의 비교

다시 그림 7.3.7의 (a), (b)의 회로에서 전류의 정확도를 비교하여 보기로 하자. 바이폴라 트랜지스터에 있어서는 전류증폭률의 유한함 때문에 윌슨미러의 출력전류가 캐스코드미러에 비하여 훨씬 정확하게 기준전류와 가까운 값으로 매칭 될 수 있었다. 그러나 MOS에서는 적어도 저주파영역에서는 전류증폭률이 무한대이므로 둘 사이가 차이가 없게 된다. 즉, 캐스코드미러에서도 전류매칭이 잘 이루어진다고 말할 수 있다.

따라서 결론적으로 MOS 회로에서는 캐스코드미러가 모든 면에서 윌슨미러에 비하여 우수하므로 회로를 설계 할 때 굳이 윌슨미러를 사용하여 설계할 필요는 별로 없을 것이며, 캐스코드미러를 선택하여 사용하는 것이 더 좋다라고 말 할 수 있겠다.

7.4 전류원 부하

전류원은 임피던스가 매우 크므로 이것을 증폭기의 부하로 연결하면 매우 큰 전압이득을 쉽게 얻을 수 있다. 그림 7.4.1에 저항부하와 전류원 부하를 각각 연결한 *CE* 증폭기를 비교하여 보여주고 있다. 먼저 (a)의 회로는 이미 수없이 언급한 바 있지만 집적회로에는 이와 같은 구조를 잘 사용하지 않는다. 그 이유는 저항이 차지하는 면적이 상대적으로 크며, 전압이득도 크게 얻어지지 않을 뿐 아니라, 출력스윙이 커지면 상대적으로 왜율이 커지며, 최대스윙의 폭이 작아지기 때문이다. 그러나 특별한 경우에는 일부러 저항 부하를 사용하여 설계하기도 하는데, 예를 들어 주파수가 매우 높은 영역에서의 설계에서 많이 나타난다.

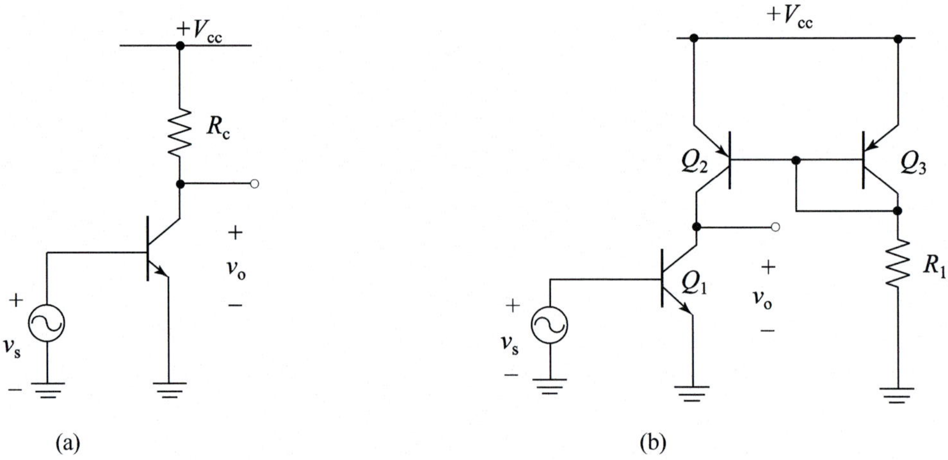

그림 7.4.1 저항부하와 전류원 부하 증폭기

전압이득을 크게 얻고자 하는 경우에는 (b)의 그림에서 보이는 바와 같이 전류원을 사용하여 증폭회로를 구현하는 것이 좋은 방법이다. 회로(a)에서는 최대전압이득이 V_{CC}/V_T 보다 클 수가 없는데 비하여 회로(b)에서의 전압이득은 전원전압과 무관하며 아래와 같이 주어진다. 즉, PNP와 NPN 트랜지스터의 얼리전압을 각각 V_{AP}, V_{AN}이라 할 때

$$|A_v| = \frac{r_{OP}//r_{ON}}{r_e} = \frac{V_{AP}//V_{AN}}{V_T} \tag{7.4.1}$$

와 같이 쓸 수 있으며, 이것은 분모와 분자에 각각 콜렉터전류를 곱하거나 나누어 줌으로써 두 식이 등가임을 쉽게 보일 수 있다. 이 식에서 보는 바와 같이 전류원부하를 사용하는 경우에는 전압이득을 저항의 관계로 구하는 것보다 얼리전압의 병렬 값으로 계산하는 것이 훨씬 간편한 방법임을 알 수 있다.

전압이득을 저항의 관계식으로 표시하는 대신에 전압으로 표시하는 것이 편리한 다른 예를 살펴보기로 하자. 그림 7.4.2에 에미터와 베이스에 각각 저항이 들어간 두 가지 예를 보였다. 여기에서 (a), (b)의 경우에 전압이득은 각각 다음과 같이 주어진다. 즉,

$$\textbf{(a)}: |A_{v1}| = \frac{D_2V_{AP}//D_1V_{AN}}{V_T + V_{RE1}} \tag{7.4.2}$$

$$\textbf{(b)}: |A_{v2}| = \frac{V_{AP}//D_3V_{AN}}{V_T + V_{RE1} + V_{RB}} \tag{7.4.3}$$

와 같이 주어지게 됨을 알 수 있다. 여기에서 D_1, D_2, D_3는 각각 부귀환의 둔감도를 나타내는 값이며

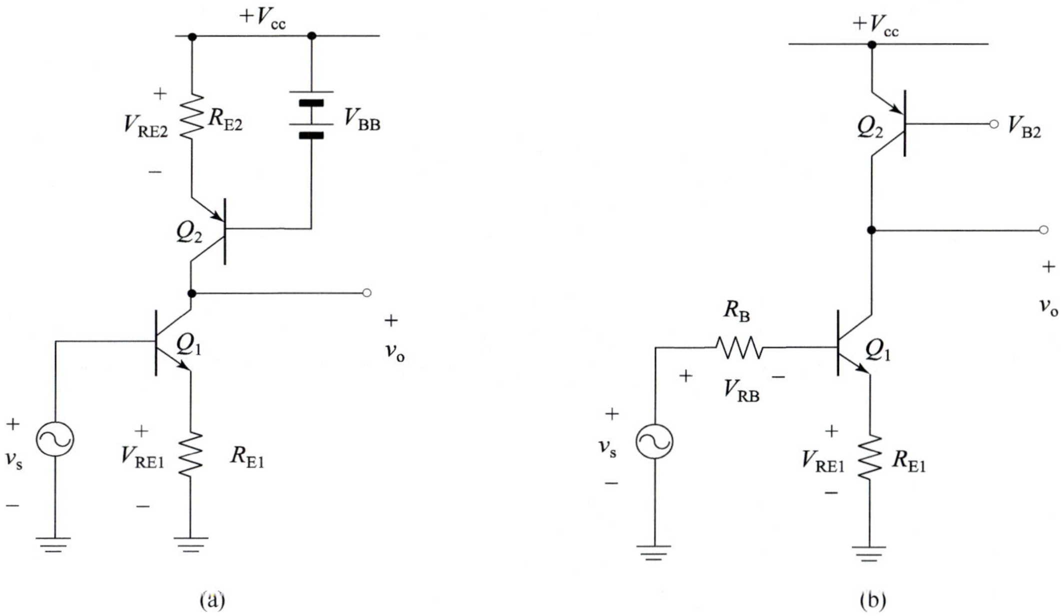

그림 7.4.2 에미터와 베이스에 각각 저항이 들어간 증폭기

$$D_1 = 1 + V_{RE1} / V_T \tag{7.4.4}$$

$$D_2 = 1 + V_{RE2} / V_T \tag{7.4.5}$$

$$D_3 = 1 + V_{RE1} / (V_T + V_{RB}) \tag{7.4.6}$$

와 같이 표시할 수 있다.이 식들에서 나타나는 V_{RE1}, V_{RE2}, V_{RB} 등은 각각의 저항에 걸리는 직류바이어스 전압을 의미한다. 즉, 콜렉터 전류를 분모와 분자의 각 항에 곱하여 얻어진 결과들인 셈이다.이 식들에서 한가지 고려사항은 트랜지스터의 전류증폭률이 직류와 교류신호에 대하여 다르지 않다고 근사화한 가정을 배경으로 하고 있다는 점이다. 이상과 같이 직류바이어스 전압을 이용하여 전압이득을 표현하는 방법이 각각의 등가저항으로 환산하는 과정을 생략하고 있으므로 특히 전류원을 부하로 사용하는 회로에 대해서는 더욱 편리한 경우가 많다.

차동증폭기와 전류원부하

여기에서는 차동증폭기에 전류원부하를 연결한 경우에 대하여 고찰하여 보기로 하자. 그림 7.4.3에 차동입력과 차동출력을 가진 하나의 예를 보이고 있다. 이와 같이 차동입출력을 가진 평형구조에서는 출력전압의 직류 바이어스 전위가 적절한 위치에 잘 잡히도록 해 줌으로써 어느 한 트랜지스터도 포화상태에 빠지지 않고 모두 능동영역에서 동작하도록 해 주는 것이 매우 중요하며, 이를 위하여 일반적으로 동상성분에 대한 부귀환 회로가 별도로 필요하게 된다. 그러나, 동상 부귀환에 대하여서는 뒤에 나오는 다른 장에서 설명하기로 하고 여기에서는 직류 바이어스는 잘 잡혀 있다고 가정하고 차동신호 성분에 대해서만 살펴보기로 하겠다. 그림 7.4.3과 같은 회로에서 v_{01}과 v_{02}로 표시된 각각의 출력에 대한 전압이득은

$$|A_{v1}| = \frac{r_{op}//r_{on}}{2r_e} = \frac{1}{2}g_m\left(r_{op}//r_{on}\right) = \frac{1}{2}\cdot\frac{g_m}{g_{op}+g_{on}} \tag{7.4.7}$$

혹은

$$|A_{v1}| = \frac{1}{2}\cdot\frac{V_{AP}//V_{AN}}{V_T} \tag{7.4.8}$$

와 같이 주어지는데 여기에서 g_m은 트랜지스터 Q_1 또는 Q_2의 트랜스콘덕턴스이며 각각의 트랜스콘덕턴스의 크기는 동일하다고 가정하였다. 차동출력 v_0 $(= v_{01} - v_{02})$에 대한 전압이득은 이 식으로 표시된 값의 두 배가 된다. 이와 같은 평형구조는 필터나 A/D 컨버터등과 같이 아날로그회로로 구현되는 신호처리회로에서 많이 사용된다.

그러나 일반적으로 많이 쓰이고 있는 OP- 앰프와 같은 구조에서는 출력이 하나인 경우가 대부분이다. 이와 같이 차동입력 단일출력인 경우에는 하나의 위상을 반전시켜 다른 하나에 더해지도록 해주는 방법을 많이 사용하며, 바이어스를 위한 별도의 회로는 필요하지 않게 된다. 그림 7.4.4에 보여주는 회로가 이와 같은 구조를 한가지 예시하는 것이며, 트랜지스터 Q_3와 Q_4가 전류미러로 동작하면서 Q_1의 콜렉터 전류를 위상반전 시켜 Q_2의 콜렉터전류에 더해지도록 함으로써 단일 출력이 얻어지도록 해주는 역할을 한다. 이 회로의 전압이득도 역시 유사한 형태로 주어지며 다음과 같이 표시할 수 있다.

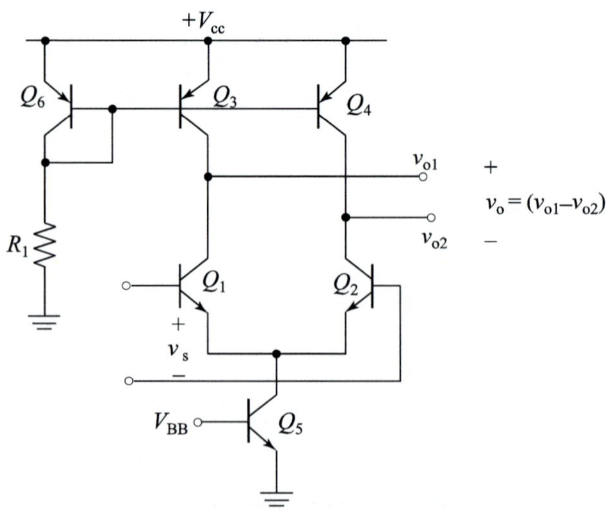

그림 7.4.3 전류원 부하를 가진 차동증폭기

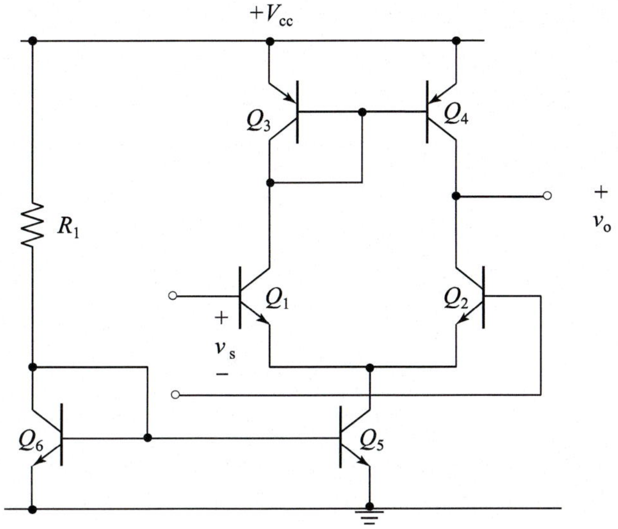

그림 7.4.4 하나의 출력을 가진 차동 증폭기

즉,

$$|A_v| = g_m(r_{op}//r_{on}) = \frac{g_m}{g_{op}+g_{on}} \tag{7.4.9}$$

혹은

$$|A_v| = \frac{V_{AP}//V_{AN}}{V_T} \tag{7.4.10}$$

와 같이 된다. 이 식은 위에서 주어진 식과 비교하여 두 배의 차이가 있으며 이것은 위상반전으로 더해져 나타난 효과임을 알 수 있다. 트랜지스터의 얼리전압은 공정에 따라 달라진다. 그러나 일반적으로 50V에서 200V 사이에 있으며 대략 중간 값을 100 V로 볼 때 윗식으로 주어지는 전압이득은 대략 2,000 정도가 됨을 알 수 있다. 즉, 바이폴라 트랜지스터를 사용한 증폭기에서 전류원을 부하로 사용하여 증폭단 하나에서 얻을 수 있는 이득이 대략 60 dB 정도라고 생각한다면 훌륭한 하나의 설계기준을 가지고 있는 셈이다.

이와 같이 단일출력을 가지는 구조에서 위상반전으로 더해준 효과는 전압이득에 있어서 두 배의 차이가 있는 것 외에도 다른 하나의 장점이 있는데 그것은 바로 동상제거 특성이 크게 향상되는 특징이 있다는 점이다. 이것에 관해서는 제3장 차동증폭기의 동상제거 특성에서 이미 언급한 바 있으므로 그곳을 참조하기 바란다.

위상반전 전류미러의 역할에 의하여 단지 전압이득이 증가하는 효과를 얻고자 하는 것이 주목적이라고 한다면 전류미러의 매칭이 좋지 않다고 하여도 약간의 전압이득의 차이만을 가져올 뿐 이므로 크게 문제가 되지 않는다. 그러나 동상제거 특성은 크게 영향을 받게 된다. 여기에 더하여 또 하나 영향을 받는 것이 입력측의 오프셋 문제이다. 즉, 전류원 미러의 매칭이 좋을수록 동상제거 특성은 더욱 좋아지고 입력측의 오프셋은 더욱 작아지게 된다. 그러나 일반적인 바이폴라 공정에서는 NPN 트랜지스터는 수직구조를 사용하며 성능이 우수한데 비하여, PNP 트랜지스터는 수평구조를 사용하여 성능이 좋지 않으며 따라서 매칭에 있어서도 더 문제가 된다.

PNP 트랜지스터로 구성된 전류원 미러를 더욱 잘 매칭시키기 위한 구조들을 그림 7.4.5에 예시 하였다. 이 그림들에서 출력전류 I_2가 기준전류 $I1$을 얼마만큼 잘 추종하느냐 하는 것이 관건이 된다. 먼저 (a)의 그림은 Q_3, Q_4의 에미터에 각각 저항을 삽입하여 매칭을 개선한 구조이다. 여기에서 두 저항을 인접하게 위치시키고 동일한 크기로 해 줄 경우에는 PNP 트랜지스터의 전류증폭률의 오차가 바로 출력전류의 오차로 나타나는 것을 방지하여 매칭을 좋게 하여주는 효과가 있다.

한편, 매칭을 더욱 개선하기 위해서는 (a)의 회로에서 Q_3 , Q_4의 베이스전류에 의한 오차를 더 줄여줄 필요가 있다. 그림 (b) 및 (c)의 회로가 바로 이런 목적의 회로이며, 먼저 (b)의 회로는 Q_7을 추가하여 Q_3, Q_4의 베이스 전류의 통로를 형성시켜준 형태이고, (c)의 회로는 윌슨미러를 채택하여 베이스 전류에 의한 오차를 줄이고자 한 구조이다. 이런 구조를 사용하면 베이스 전류에 의한 오차는 대략 $2/\beta^2$로 줄어들게 되므로 전류미러의 오차는 주로 저항의 오차에 의하여 정해진다고 말할 수 있다. 그림 7.4.6은 바로 전 그림에서 중간에 보여준 (b)의 구조를 부하측에 채택하여 단일 출력을 얻는 회로를 예시하였다. 여기에서는 Q_7의 바이어스 전류를 공급하기 위하여 저항 R_7을 추가한 점이 약간 차이가 있고 나머지 기능은 동일한데, 이것은 다음 단의 트랜지스터 Q_8의 바이어스 전류 설정에 의한 베이스전류의 오차를 보상하기 위한 것이다.

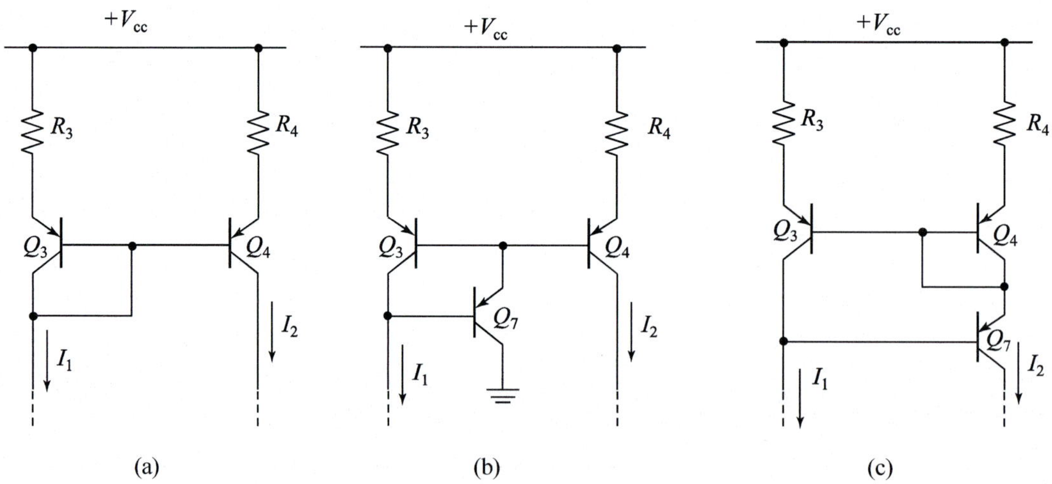

그림 7.4.5 전류원의 매칭을 좋게 하기 위한 세 가지 방법

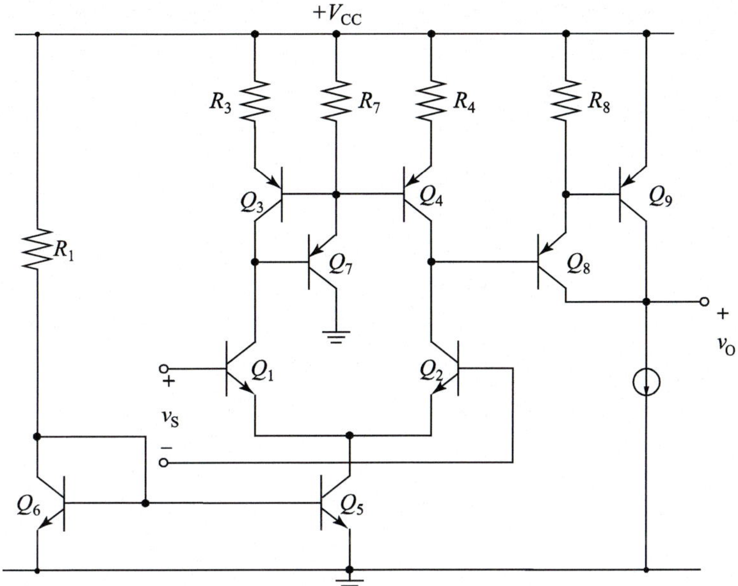

그림 7.4.6 전류원 미러를 매칭시킨 단일 출력 차동 증폭기

참고로, 이 회로는 전압증폭이 2단에 걸쳐서 이루어지고 있으므로 앞에서 설명한 바와 같이 하나의 증폭단에서 약 60dB 씩 얻어진다고 할 때, 이런 회로를 선택한다면 정확한 계산을 하지 않더라도 총 약 120dB 정도의 전압이득을 기대할 수 있음을 알 수 있다.

7.5 MOS 증폭기와 전류원 부하

여기에서는 간단한 MOS 증폭기들에 대해서 살펴보고 넘어가도록 하겠다. 요즈음은 바이폴라 공정에 비하여 MOS 특히 CMOS 공정이 대부분을 차지하며, 쉽게 제공되기 때문에 CMOS를 사용한 아날로그 IC의 설계가 보편화 되어있다. 제2장에서도 일부 언급한 바와 같이 MOS 회로는 바이폴라 회로와 유사성도 많지만 다른 점들도 있다. 여기에서 다시 간단한 MOS 증폭기들을 통하여 특징들을 좀 더 살펴보기로 하겠다.

MOS 회로에서는 부하측에 저항을 사용해서는 작은 이득 밖에 얻어지지 않는다. 그 이유는 바이폴라에 비하여 트랜스콘덕턴스가 매우 작기 때문인데 그럼에도 불구하고 주파수가 GHz에 이르는 매우 높은 영역에서는 이득보다 고주파특성이 더 중요하기 때문에 NMOS 만을 사용하여 저항부하를 연결한 회로가 많이 나타난다. 그러나 큰 이득이 요구되는 경우가 많은 일반적인 아날로그 회로에서는 NMOS와 PMOS를 모두 활용한 CMOS 회로를 널리 사용하며, 부하측을 전류원미러로 구성하여 간편하면서도 큰 이득을 가지도록 구현한다.

그림 7.5.1에는 가장 간단한 형태의 CMOS 증폭기와 입출력간의 특성곡선을 보여 주었다. 트랜지스터 M_1의 게이트 입력신호가 문턱전압보다 낮은 영역은 약반전(weak inversion) 영역이라 부르며 트랜지스터의 크기에 따라 다르기는 하지만 대략 드레인 전류가 1μA 이하의 nA 범위에서 동작하는 영역을 의미한다.이 영역에서 MOS의 동작은 바이폴라 트랜지스터와 유사한 특성을 보이며 매우 작은 전력을 소모하기 때문에 저전력을 필요로 하면서 주파수 특성은 높지 않은 응용분야에 주로 사용된다.

게이트 신호의 크기가 문턱전압을 넘어서면 채널의 전하량이 증가하면서 강반전(strong inversion) 영역에서 동작하게 되는데, 일반적인 CMOS 회로의 설계는 주로이 영역을 대상으로 이루어진다. 이 영역에서의 전압이득은

$$|A_v| = \frac{g_{m1}}{g_{op} + g_{on}} \tag{7.5.1}$$

혹은

$$|A_v| = \frac{V_{AP} // V_{AN}}{V_{P1}/2} \tag{7.5.2}$$

와 같이 표시된다. 여기에서 V_{P1}은

$$V_{P1} = \sqrt{2I_{D1}/\beta_1} \tag{7.5.3}$$

$$\beta_1 = K_n W_1 / L_1 \tag{7.5.4}$$

로 주어지는 값이므로 V_{P1}이 바이폴라의 경우와는 달리 전류의 함수로 변화함을 알 수 있다. 또한 얼리전압도 물론 공정의 함수로 달라지는 것 외에 채널의 길이에 따라서도 달라진다. 따라서 전류원 부하를 가진 바이폴라 트랜지스터 증폭기가 바이어스 전류의

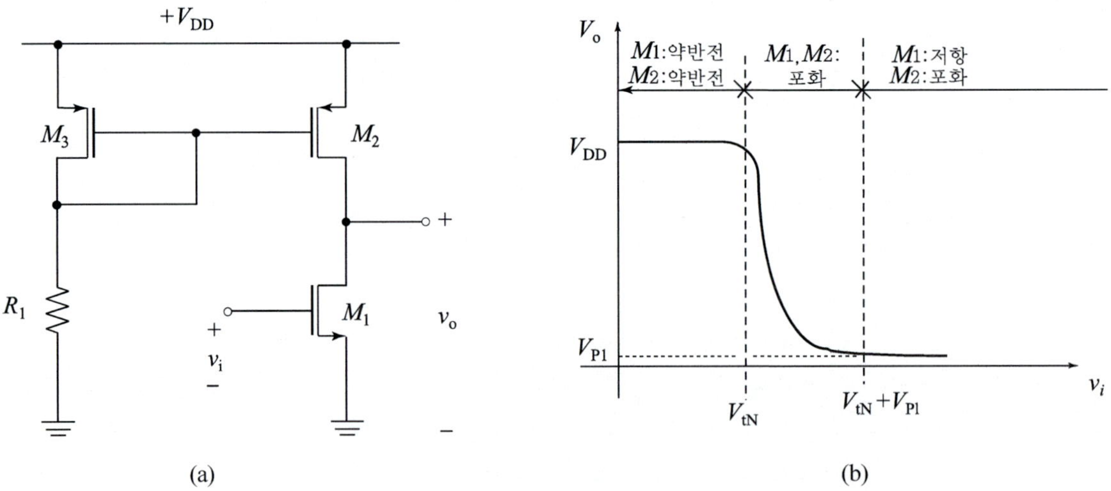

그림 7.5.1 전류원 부하를 가진 CMOS 증폭기 및 동작영역

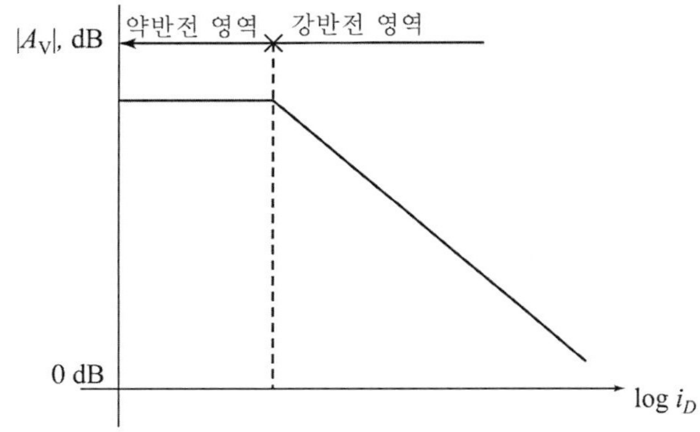

그림 7.5.2 CMOS 증폭기의 바이어스 전류에 따른 전압 이득의 변화

크기에 관계없이 1단 증폭 이득이 대략 60dB로 주어지는 반면에 CMOS 증폭기에서는 그렇게 말할 수 없다. 얼리 전압이 주어진 경우에 드레인 전류의 제곱근에 반비례하는 함수로 전압이득이 감소하는 모습을 그림 7.5.2에 보여 주었다

NMOS 증폭기 : 이번에는 NMOS 만으로 된 회로를 살펴보기로 하자. 그림 7.5.3에 간단한 증폭기와 동작영역을 보였다. 이런 구조의 회로에 대한 전압이득은 대략 다음과 같이 주어진다. 즉,

$$|A_v| \cong \frac{g_{m1}}{g_{m2}} = \sqrt{\frac{(W/L)_1}{(W/L)_2}} \tag{7.5.5}$$

와 같이 쓸 수 있다. 이 식은 M_2의 몸체효과를 무시하고 나타낸 결과이지만 이득 자체가 작기 때문에 이와 같이 근사화 하더라도 별 문제는 없다고 할 수 있다. 이 식의 결과를 놓고 다시 생각하여 본다면 우선 전압이득이 바이어스 전류의 크기와는 관계가 없고 오직 두 MOS의 크기의 비로만 주어진다는 사실이다. 따라서 선형성이 매우 좋은

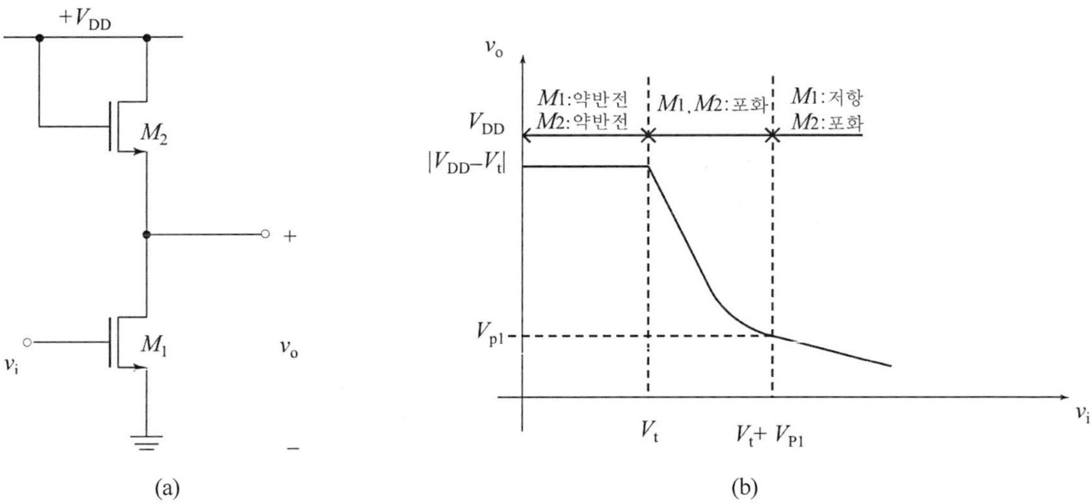

그림 7.5.3 NMOS 증폭기 및 동작영역

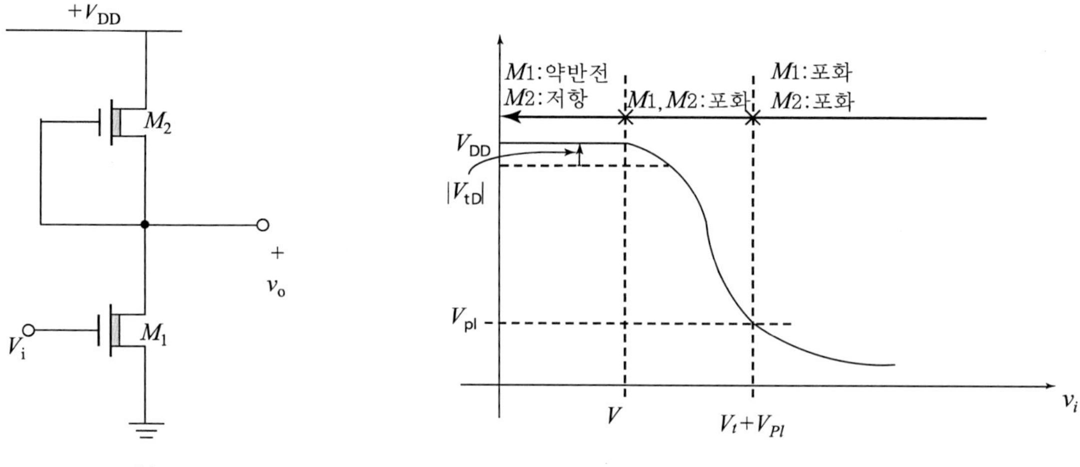

그림 7.5.4 공핍형 NMOS 부하를 가진 증폭기 및 동작영역

특성이 있으며, 주파수 응답에 있어서 광대역까지 증폭이 가능한 점이 특징이라고 하겠다. 반면에 단점은 큰 이득을 얻기 어렵고, 출력의 직류전위와 스윙이 어느 범위로 제한된다는 점을 들 수 있다.

공핍형 MOS 부하 : 위에서 보인 NMOS 증폭기가 이득이 적은 것이 단점이라고 한다면 부하를 공핍형(depletion type) NMOS로 대체함으로써 큰 이득을 얻을 수 있는 방법이 있다. 그림 7.5.4에 바로 부하측을 공핍형 NMOS로 대치한 회로구조를 예시하고 있으며 동작영역을 함께 보여주고 있다. 여기에서 공핍형 NMOS는 게이트와 소스를 바로 단락하여 연결시킨 형태라는 점이 특기할 사항이다. 즉, 공핍형 NMOS는 문턱전압이 마이너스 값을 가지며, 게이트와 소스사이에 전압을 인가하지 않더라도 이미 도통상태에 있기 때문에 그림 7.5.5에 보여주는 바와 같은 특성을 보인다. 이런 구조에서 만일 몸체효과를 무시하고 전압이득을 구한다면 다음과 같이 주어진다. 즉,

$$|A_v| = \frac{g_{m1}}{g_{o1} + g_{o2}} \tag{7.5.6}$$

와 같이 주어진다. 이 식은 CMOS 회로의 경우와 유사하게 매우 큰 이득이 얻어짐을 보이고 있다. 그러나 이 경우에는 이득이 매우 크기 때문에 공핍형 NMOS의 몸체효과를 무시할 수 없으며, 이것을 고려한 등가회로를 그려보면 그림 7.5.6에 보여주는 바와 같다. 따라서 이 등가회로로부터 다시 전압이득을 구해보면

$$|A_v| = \frac{g_{m1}}{g_{o1} + g_{o2} + g_{mb2}} \tag{7.5.7}$$

로 쓸 수 있다.이 식을 다시 검토하여 보면 몸체효과에 의한 트랜스콘덕턴스 g_{mb2}가 g_{01}, g_{02}보다 일반적으로 훨씬 큰 값을 가진다. 따라서 이 점을 고려하여 윗식을 다시

쓰면

$$|A_v| \cong \frac{g_{m1}}{g_{mb2}} = \sqrt{\frac{(W/L)_1}{(W/L)_2}} \cdot \frac{1}{\chi} \tag{7.5.8}$$

과 같이 근사적인 표현이 가능하다. 여기에서 χ는 몸체효과를 나타내는 상수로서 일반적인 경우는 대략 0.2 정도의 값을 가진다. 그러나 χ의 값은 공정에 따라 달라지므로 공정상에서 이 값을 특별히 더욱 작은 값을 가지도록 조절한다면 상당히 큰 값의 전압이득을 얻는 것도 그다지 어려운 일이 아님을 알 수 있다.

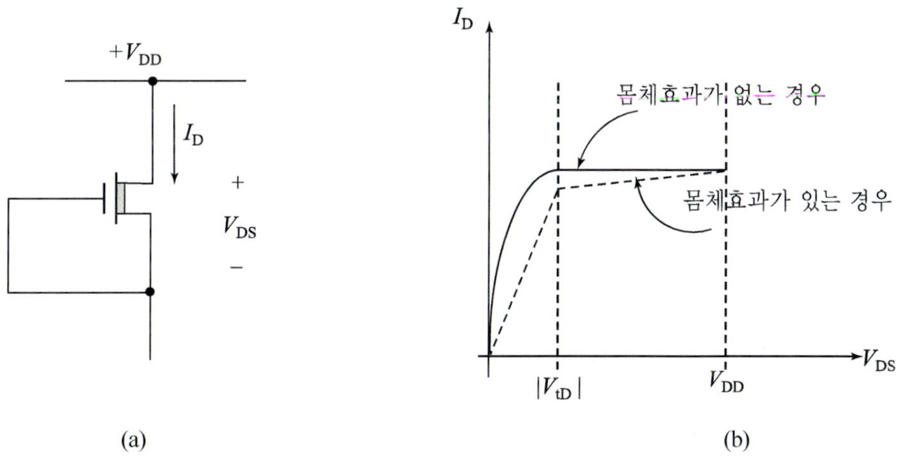

그림 7.5.5 공핍형 NMOS의 특성

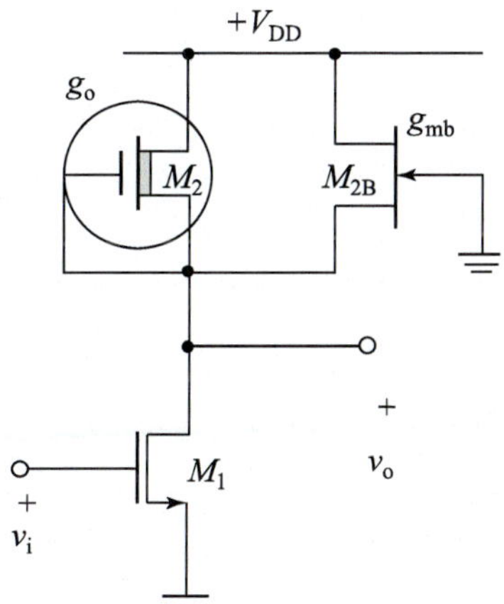

그림 7.5.6 몸체효과를 고려한 NMOS 증폭기의 등가회로

7.6 다중 전류원

회로를 설계하다 보면 여러 개의 전류원이 필요한 경우가 많다. 그럴 경우 전류원마다 각각 별도로 저항을 사용하여 바이어스를 잡아 줄 수는 없다. 왜냐하면 차지하는 면적이 너무 넓어서 비효율적이 되기 때문이다. 따라서 하나의 저항을 사용한 바이어스를 공동으로 활용하여 여러 개의 전류원을 다중으로 접속하여 사용하는 일이 자주 나타난다. 이럴 경우 매우 간편하고 경제적인 장점이 있지만 다른 문제점도 있는데 이런 부분에 대해서 생각하여 보기로 하겠다.

그림 7.6.1의 회로는 다중연결로 구성한 두 가지 형태를 보였다. 먼저 (a)의 회로에 대하여 생각하여 보기로 하자. 이 회로는 $Q_2 \sim Q_N$은 Q_1에 대한 다중 미러 형태로 연결되어 있다.

이 회로는 가장 단순하고 간단하다는 장점이 있는 반면에 문제점은 첫째 저항 R_1을 통하여 흐르는 전류(I_1)의 상당부분이 $Q_1 \sim Q_N$의 베이스 전류를 포함하고 있으므로 I_1이 $I_2 \sim I_N$과 상당히 차이가 난다는 점이다. 그러나 정확한 미러를 필요로 하지는 않는 일반적인 경우에는 사용에 별 문제가 없다고 말할 수 있다. 두 번째의 문제는 다중연결된 미러($Q_2 \sim Q_N$)중에서 어느 하나라도 동작과정에서 포화(saturation) 상태에 빠지는 일이 발생하면 포화된 트랜지스터의 베이스 전류가 크게 증가하게 되며,이 베이스 전류는 I_1으로부터 흘러나가게 되므로 따라서 포화상태에 빠지지 않은 다른 트랜지스터들의 콜렉터 전류들이 크게 감소하게 되는 영향을 받는다는 점이다. 이런 현상은 어느 미러 트랜지스터의 콜렉터측 전압스윙이 과도하게 커지거나, 혹은 어느 미러 트랜지스터의 콜렉터가 스위칭 동작을 하는 회로에 연결되는 경우에 발생 될 수 있다.

그림 7.6.1(b)의 회로는 또 하나의 트랜지스터 Q_{1a}를 추가로 삽입하여 (a)의 회로에서의 단점을 보완 하여 준 경우이다. 즉 여러 개의 트랜지스터가 연결되어 베이스

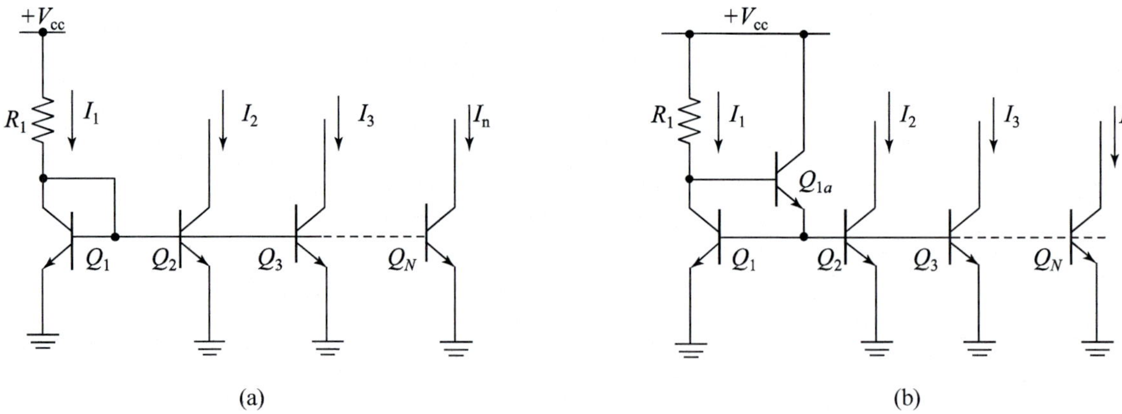

그림 7.6.1 전류원의 다중 연결을 보인 두가지 회로

전류가 많이 흐르거나 어느 한 트랜지스터가 포화상태에 빠진다고 하여도 Q_{1a}를 통하여 공급될 수 있으며 I_1의 전류에서 Q_{1a}의 베이스 전류 변화분 만큼만 영향을 받으므로 대부분의 일반적인 응용에서는 무리 없이 사용 가능하다고 말할 수 있겠다.

그러나 이와 같이 다중 연결한 회로에서의 또 하나의 문제점은 여러 개의 트랜지스터를 한 점에 연결하다 보면 어느 한 트랜지스터는 신호의 크기가 작은 입력에 가까운 노드에 연결되고, 또 다른 트랜지스터는 신호의 크기가 매우 큰 출력노드에 연결되는 일이 자주 발생하게 된다. 그렇게 되면 그림 7.6.2(a)에 보여주는 바와 같이 각각의 트랜지스터에 필연적으로 존재하는 기생용량 C_μ의 영향으로 스윙이 큰 출력측에서 신호가 작은 입력측에 영향을 주게 되는 문제점이 있다. 이런 문제는 회로의 성능을 저하 시킬 뿐 아니라 경우에 따라서는 고주파 발진을 일으키게 되어 회로의 동작 자체가 불가능하게 되는 일이 발생할 수 있게 된다.

위와 같은 문제의 첫번째 해결 방안으로 그림 7.6.2(b)에 보여주는 바와 같이 Q_{1a}의 에미터에 R_{1a}를 삽입함으로 바이어스 전류를 증가시켜 에미터 측에서 본 임피던스를 줄여주는 방법이고 두번째 방법은 출력단에 해당하는 트랜지스터의 베이스 측은 R_2와 C_1으로 구성된 저역필터를 삽입시켜 주는 것이다. 물론 이렇게 하는 경우에는 전류 I_N은 R_2의 영향으로 다른 전류에 비하여 약간 작아지게 되는데 이것은 동일한 크기의 트랜지스터를 가정하였을 때의 이야기이고, 트랜지스터의 크기를 조정하여 전류의 크기를 임으로 조절할 수 있다.

이런 방법의 단점은 R_2와 C_1이 차지하는 면적이 일반적으로 작지 않다는 점이다. 경우에 따라서는 처음부터 출력측의 전류원은 전체를 한 점에 연결시키려 하지말고 별도로 분리시켜 잡아주는 것이 깨끗하고 편리한 방법일 수 있다. 즉, 작은 신호로부터 큰 신호로 증폭이 이루어지는 회로에서의 바이어스는 신호의 크기를 고려하여 적절한 숫자로 분리시켜 일정 수의 전류원을 다중 연결하고, 각각의 다중연결 그룹을 모아서 다시 다중 연결하되 필요한 경우에는 요소 요소에 필터들을 삽입하거나 캐스코드 구조 등을 활용하여 고주파성분의 간섭을 차단하는 것이 한 방법이다.

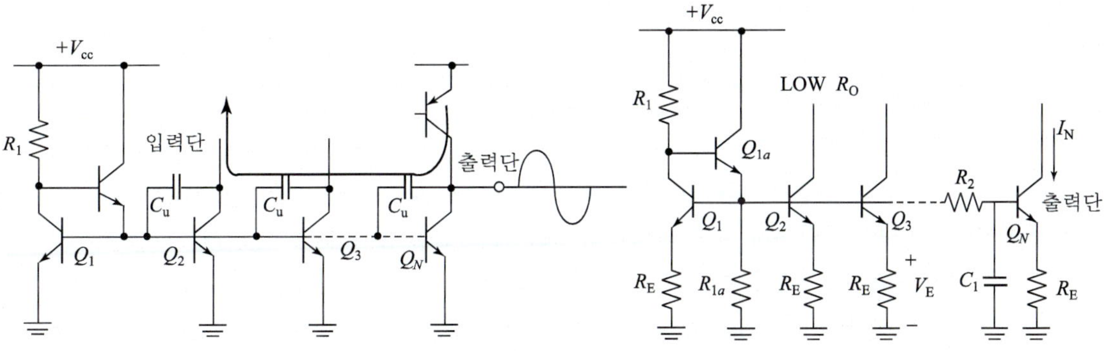

(a) (b)

그림 7.6.2 다중 전류원의 간섭문제와 매칭을 위한 구조

다중 연결된 전류원의 매칭이 문제가 되는 경우에는 그림 7.6.2(b)에 보여주는 바와 같이 각각의 트랜지스터의 에미터에 저항을 삽입하는 방법이 효과적이다. 예를 들어 (a)의 회로와 같이 에미터에 저항이 들어있지 않은 회로에서 트랜지스터들의 V_{BE} 오차가 통상 약 2mV 정도 날 수 있으며 이 때 발생할 수 있는 전류의 오차는

$$\frac{I_j}{I_1} = e^{\Delta V/V_T} \cong 1 + \frac{\Delta V}{V_T} = e^{2mV/26mV} \cong 1 + \frac{2}{26} = 1.08 \tag{7.6.1}$$

이므로 약 8% 정도의 오차가 나타날 수 있다. 한편 (b)의 회로에서와 같이 각각의 트랜지스터 에미터에 동일한 저항 R_E를 각각 삽입하였을 때 저항양단의 전압을 V_E라 한다면 이때 발생하는 전류의 오차는

$$\frac{\Delta I}{I_1} = \frac{\Delta V}{V_E + V_T} \tag{7.6.2}$$

와 같이 쓸 수 있음을 쉽게 알 수 있다. 따라서 이와 같은 방법으로 전류의 오차를 1% 이내로 하기 위해서는이 식으로부터 V_E의 값을 대략 200mV 정도의 값으로 설정하여 주면 됨을 알 수 있다. 그러나 이와 같이 저항을 사용하여 매칭시키는 경우에 한가지 고려사항은 저항의 오차범위보다 작은 범위로는 할 수 없다는 점인데, 참고로 보통의 집적회로 공정에서 저항의 오차를 0.1% 이내로 하기에는 상당히 어렵고 0.5% 이내로 하는 것은 쉬운 것으로 알려져 있다.

매칭을 정확하게 하기위한 다른 하나의 방법은 트랜지스터들을 가까운 위치에 집중하여 배치하는 방법이다. 즉, 그림에 주어진 것과 같은 다중 전류원을 구현하고자 하는 경우 베이스 연결선을 길게 끌어 저마다 필요한 위치에 산발적으로 트랜지스터들을 배치하는 것보다는 전류원을 구성하는 트랜지스터들을 한 곳에 모아 서로 가까이 배치시켜 회로를 구성한 후 콜렉터 연결선을 각각 끌어가서 필요한 곳에 접속시키는 방법이 집적회로 공정상의 불균일로 말미암은 트랜지스터간의 오차를 최소화 할 수 있으며 따라서 매칭을 좋게 하는 방법이라고 말할 수 있다.

MOS 다중 전류원: 이번에는 MOS 트랜지스터를 사용한 다중전류원 회로에 대해서 특징을 살펴보기로 하겠다. 바이폴라와 다른 MOS 트랜지스터의 특징 중의 하나는 게이트 임피던스가 저주파에서 무한대에 가깝다는 사실이다. 따라서 다중전류원에 있어서도 바이폴라 트랜지스터의 경우와는 달리 여러 개 중에서 어느 하나 또는 다수가 능동영역에서 벗어나 있다 하더라도 그렇지 않은 다른 전류원들의 전류의 크기는 영향을 받지 않는다. 즉, 바이폴라 트랜지스터의 경우에 포화영역이 MOS에 있어서는 저항(triode)영역에 해당하는데 어느 하나 또는 여러 개가 저항영역에 들어가 있다고 하여도 공통으로 연결된 다른 MOS의 전류는 이전과 동일한 크기를 유지한다는 사실이다. 또한 게이트 임피던스가 무한대라는 특징은 스위칭 동작을 하는 회로의 설계를 매우 용이하게 하여 주며 이것이 CMOS 회로가 디지털회로의 구현에 적합한 이유중

의 하나이다. 그러나 다중으로 연결된 MOS 중 어느 하나에서 스위칭동작이 이루어질 경우에는 바이폴라의 경우에서와 마찬가지로 기생용량을 통하여 드레인으로부터 게이트로 전달되는 노이즈 성분에 의하여 다른 MOS에 영향을 주게 되므로 설계시 주의를 요한다.

이제 다중전류원에서 각각의 전류미러가 기준전류로부터 얼마나 큰 오차를 가지겠는지에 대해서 생각하여 보기로 하자. 다중전류원을 MOS로 구현한 기본구조는 그림 7.6.3에 예시한 바와 같다.

즉, 여러 개의 전류원을 구성하는 MOS 트랜지스터들의 각각의 게이트가 하나의 공통 바이어스에 연결되어 있다. 한편 MOS에 있어서 전류와 전압과의 관계는

$$I_D = \frac{1}{2}K\left(\frac{W}{L}\right)(V_{GS} - V_t)^2 \quad = \frac{1}{2}\beta V_P^{\,2} \tag{7.6.3}$$

와 같으므로,이 식으로부터 전류의 오차는

$$\frac{\Delta I_D}{I_D} = \frac{\Delta(W/L)}{W/L} - 2\frac{\Delta V_t}{V_P} \tag{7.6.4}$$

와 같이 표시가 가능함을 알 수 있다. 여기에서 주로 문제가 되는 것은 ΔV_t에 의한 오차이며, 따라서 전류미러의 오차를 줄이기 위해서는 위의 식에서 두 번째 항을 작게 하는 것이 중요하다. 그러나 ΔV_t는 공정의 불균일로 인하여 주어지는 값이므로 배선시 매칭이 필요한 트랜지스터들을 가급적 가까운 위치에 배치하는 것이 중요하다. 여기에 더하여 주어진 크기의 전류에 대해서 설계시 V_P를 어느 정도 크게 설정하는 것이 전류원의 오차를 줄이는 좋은 방법이 된다. 또한 윗 식에서 첫째항도 줄여야 하므로 W와 L 자체의 값은 각각 크게 하되, W/L로 주어지는 비율은 작게 설계하는 것이 V_P 를 크게 하므로 전체적으로 전류오차를 작게 할 수 있다는 것을 뜻한다. 그러나 V_P가 큰 경우는 출력스윙의 범위가 그만큼 작아지게 되는 단점도 있으므로 이런 점을 고려하여 적절한 타협점을 찾을 필요가 있다.

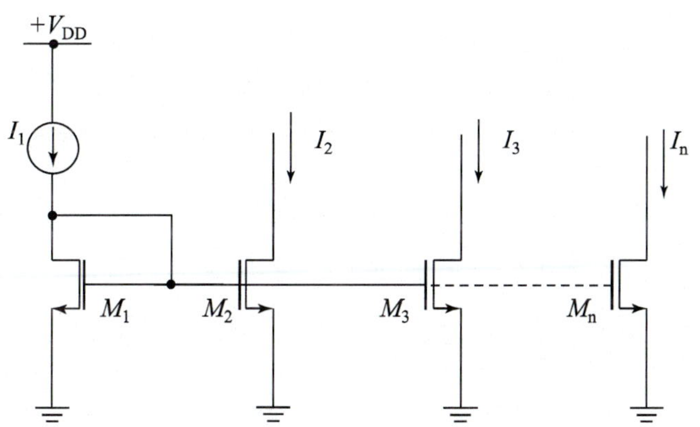

그림 7.6.3 MOS 다중 전류원

7.7 전원변동과 무관한 바이어싱

집적회로에 인가되는 전원전압은 여러 가지 요인에 의하여 변동되는 경우가 많다. 그럴 경우에 바이어스 전류가 그대로 영향을 받게 된다면 회로의 성능이 달라지거나 혹은 출력에 그로 인한 영향이 나타나게 되어 바람직하지 않게 될 수 있다. 따라서 전원전압의 변동에도 불구하고 영향을 받지 않는 전류원 또는 전압원을 구현하는 것은 회로 설계의 기본에 해당하는 일 이며 매우 중요하다고 할 수 있다. 여기에서는 전원 전압의 변동으로부터 영향을 전혀 받지 않는 것은 아니지만 매우 적게 받는 전류원에 대하여 먼저 생각하여 보고 뒤에서는 전압원에 대해서 다루기로 하겠다.

먼저 기본적인 전류원들이 전원의 변동에 대하여 어떻게 영향을 받는지 살펴보기로 하자. 그림 7.7.1에 세가지 형태의 전류원을 도시하였으며 각각의 특성을 그림 7.7.2에 비교하여 보여 주었다. 이 그래프에서 가로축 전류 I_1은 전원전압과 직접적으로 비례하여 증가 또는 감소하는 관계에 있음을 고려하고 I_2의 변화를 보자.

먼저 가장 간단한 (a)의 회로는 I_2가 I_1을 그대로 따라 변화 하는 미러 관계에 있으므로이 구조에서는 전원전압의 변화가 출력전류의 변동으로 그대로 나타나게 됨을 의미한다. 따라서 그래프 상에서 I_2는 I_1과 직선적인 비례관계에 있게 됨을 알 수 있다.

한편 그림 (b)는 Widler 미러이며 Q_2의 에미터에 연결되어 있는 저항 R_2 때문에 I_1의 변화에 대한 I_2의 변화율이 작아지게 된다. 그러나 어느정도 변화는 존재하기 때문에 매우 작은 변화율을 필요로 하는 응용에는 적합하지 않으며 보완이 필요하다.

또한 그림 (c)의 경우는 Widler 전류원 보다도 더 작은 범위의 전류원을 구현하는데 적합한 회로이며 특성은 그림에 보이는 바와 같다. 즉, 초기의 I_1이 작은 영역에서

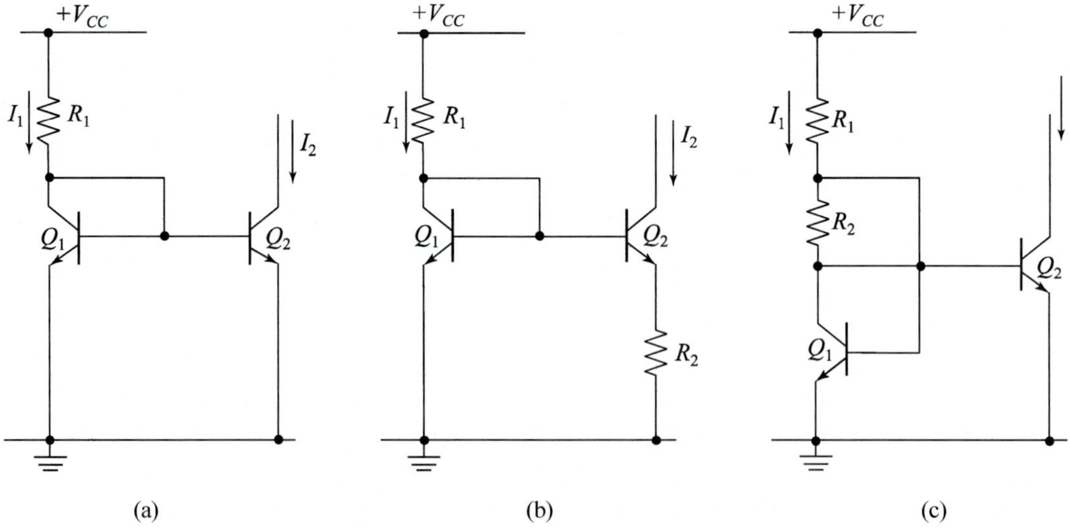

그림 7.7.1 세 가지 형태의 전류원

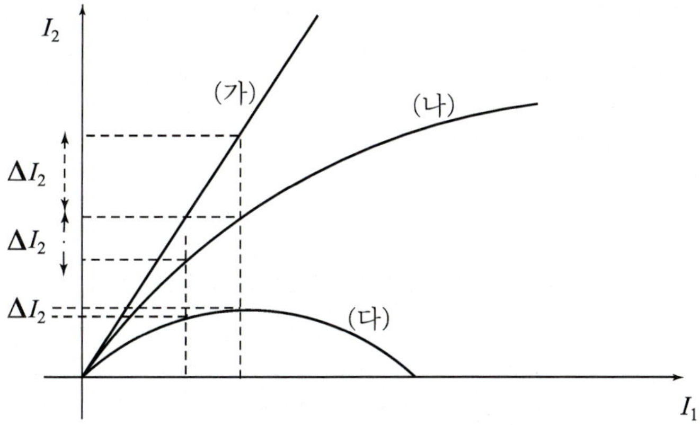

그림 7.7.2 세 가지 전류원의 특성 비교

변화하는 것에 대하여는 I_2가 Widler 전류원과 유사한 모양으로 증가하는 특성을 보이다가 I_1이 점점 더 증가하면 I_2의 변화가 줄어 들면서 중간영역에서는 거의 변동이 없는 특성을 보인다. 더욱 큰 영역의 전류 I_1에 대해서는 I_2가 반대로 감소하며 결국에는 Q_1이 포화상태로 빠지게 되면서 Q_2는 차단되어 전류가 거의 흐르지 않는 상태가 된다.

V_{BE} 기준전류원

위에서 보여준 회로들의 경우보다 전원전압의 변동에 대하여 더 적은 전류의 변동을 보이는 회로가 트랜지스터의 V_{BE}를 기준으로 하는 전류원이다. 그림 7.7.3에 하나의 회로를 보여 주었다. 이 회로는 윌슨 전류원과 닮은 모습이 있는데 즉이 회로에서 저항 R_2 대신에 다이오드 (콜렉터 베이스간을 단락시킨 트랜지스터)로 대치하면 윌슨 미러가 됨을

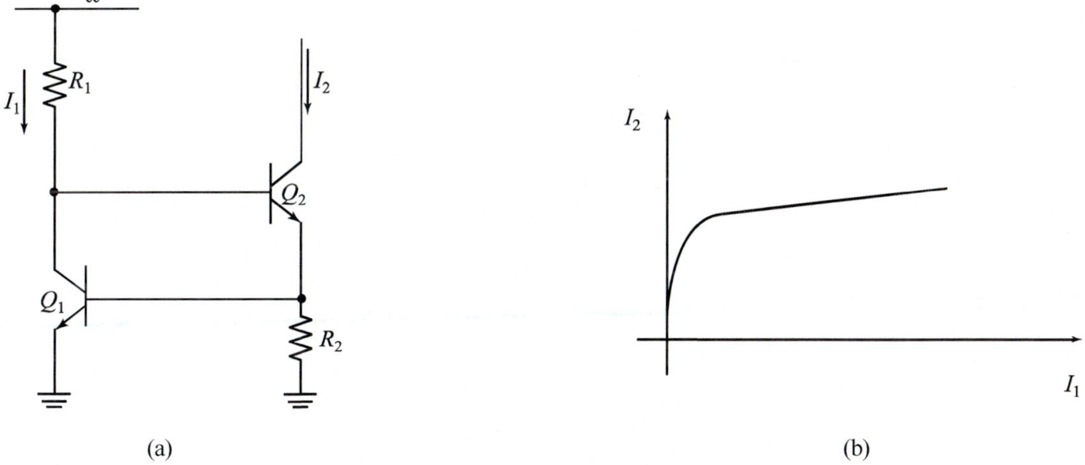

그림 7.7.3 VBE 기준 전류원 및 특성

알 수 있다.이 회로의 동작원리는 Q_1의 베이스전류와 Q_2의 베이스 전류가 동일하므로 저항 R_2에 흐르는 전류가 바로 Q_2의 콜렉터전류 I_2와 동일하게 된다. 그런데 R_2 양단의 전압은 V_{BE1}과 같으므로

$$I_2 = \frac{V_{BE1}}{R_2} \tag{7.7.1}$$

와 같이 주어지게 됨을 알 수 있으며 따라서이 회로를 V_{BE} 기준전류원이라고 부른다.

그러나 그림 (a)의 특성곡선에서 보이는 바와 같이 전류 I_1이 매우 작은 영역에서는 Q_1이 차단상태에 있게 되며 이 때 I_1은 모두 Q_2의 베이스 전류로 공급된다. 따라서 그래프의 초기 짧은 구간에서는 두 전류간의 관계가 $I_2 = \beta_2 I_1$ 으로 주어지게 되므로 매우 급한 기울기를 가지고 증가해 가는 이유가 된다. 그러다가 Q_1이 도통 되면서 대부분의 전류 I_1은 Q_1을 통하여 흐르게 되며,이 때 V_{BE1}은

$$V_{BE1} = V_T \ln\left(\frac{I_1}{I_S}\right) \tag{7.7.2}$$

와 같이 증가하여 가므로 그림과 같은 특성곡선을 보이게 된다.

이제 여기에서 다른 형태의 V_{BE} 기준전류원들을 보이고 이들과 비교하여 위와 같은 구조가 가장 발전된 형태의 회로인 이유를 살펴보기로 하자. 그림 7.7.4에 네 가지 구조를 보였다. 먼저 (a)와 (b)의 회로를 생각하여 보자. (b)의 회로는 (a)의 회로에서 다이오드 대신 콜렉터-베이스가 접속된 트랜지스터로 대치시킨 것이므로 동일한 것이라고 말 할 수 있으며,이 두 회로에서 Q_2의 에미터저항 R_2 양단에 하나의 다이오드에 해당하는 전압이 걸려 있게 되므로 역시 V_{BE} 기준전류원과 같은 것이라고 말 할 수 있다. 그러나이 구조는 우선 I_2 전류가 I_1 전류보다 $2I_B$ 만큼 작아지는 차이가 있으며, 그 외에도 출력측에서의 등가저항의 크기가 R_2에 의한 효과만큼만 증가하게 된다는 사실이다.

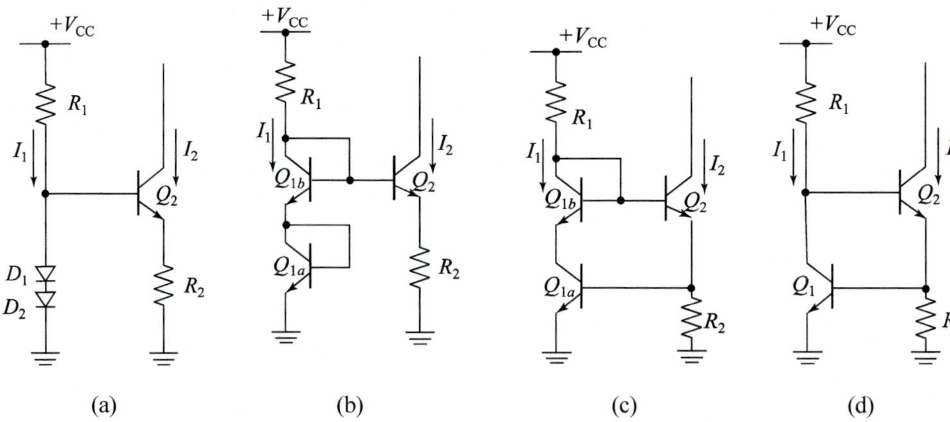

그림 7.7.4 V_{BE} 기준 전류원의 진화과정

한편 (c)의 회로는 (b)의 회로와 소자수는 동일하지만 단지 트랜지스터 Q_{1a}의 베이스를 Q_2의 에미터로 이동시키는 것만으로 위에서 언급한 단점들을 극복하고 있다는 사실을 알 수 있다. 즉, I_2 전류가 I_1 전류와 거의 같은 값을 가지며 출력임피던스도 Q_{1a}의 부귀환 효과에 의하여 더욱 증가한다는 사실이다.

따라서 (b)보다는 (c)가 더 발전된 형태인데 (c)를 잘 살펴보면 Q_{1b}는 불필요하게 연결되어 있음을 알 수 있으며, 이것을 제거하고 보면 (d)와 같은 회로가 되는 것이다. (d)의 회로는 (c)에 비하여 트랜지스터 하나가 줄어들었으며 그 대가로 Q_1의 V_{CE}가 V_{BE}에서 $2V_{BE}$로 바뀐 점이 다르고 나머지 특성은 모두 동일하다.

위와 같이 V_{BE} 기준전류원들은 전원전압의 변동에 상당히 둔감한 특성을 가지고 있으나 그럼에도 불구하고 좀 더 안정되고 정밀한 전류원을 필요로 하는 응용분야에는 사용하기 어렵다. 이런 회로들이 가지고 있는 근본적인 한계는 기준전류 I_1이 전원측에 연결된 저항 R_1을 통하여 잡혀있다는 점이다. 만일 저항대신 능동소자를 사용하여 회로를 구성한다면 전원전압의 변동에 대하여 훨씬 둔감한 전류원을 구현하는 것이 가능하게 된다. 그림 7.7.5에 하나의 예를 도시 하였다.

이 회로를 살펴보면 중간 점선부분을 중심으로 위와 아래를 각각 분리하여 볼 때, 아랫 부분은 위에서 보 여준 V_{BE} 기준전류원 회로와 동일한 형태이며, 이것을 기반으로 하여 윗부분에는 PNP 트랜지스터로 구성된 전류미러가 연결되어 있음을 알 수 있다. 즉, V_{BE} 기준전류원의 특성이 그림 7.7.3에 보였듯이 I_1의 전류변화에 대하여 I_2의 전류가 적게 변화하는 특성이 있으므로, I_2 전류를 Q_3, Q_4의 전류미러를 통하여 다시 I_1에 공급하도록 하여 준다면 I_2가 안정이 되어 있는 만큼 I_1이 안정될 것이므로 이것은 다시 I_2 를 더욱 안정시키는 역할을 하게 될 것이다.

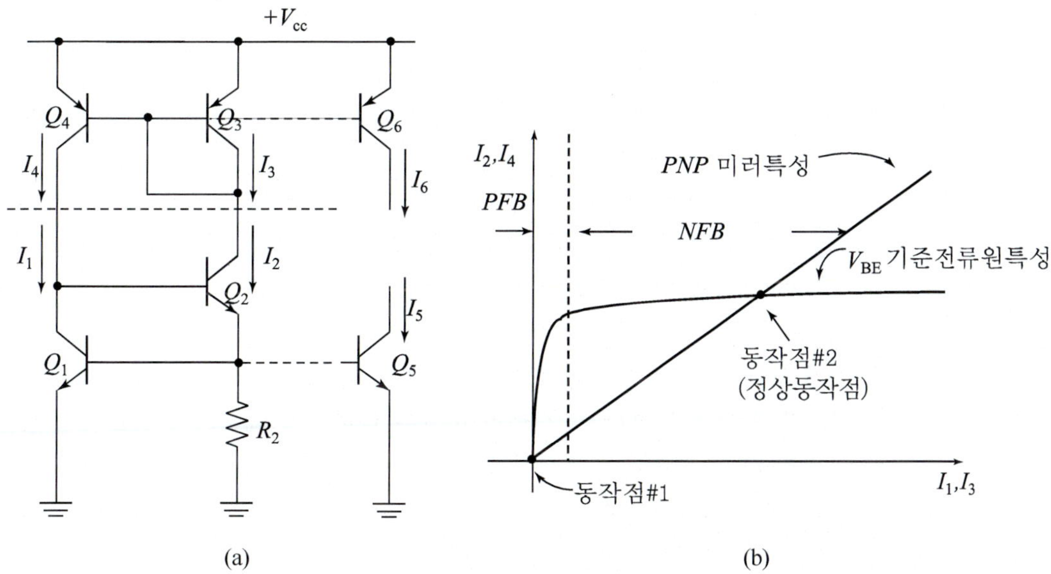

그림 7.7.5 V_{BE} 기준 전류원의 자체 바이어싱과 동작점

따라서 만일 PNP 전류미러의 출력저항이 무한대라면 전원전압의 변동에 무관한 전류원이 얻어지겠지만 실제에서는 그렇지 않으므로 기존구조의 저항 R_1 대신 Q_4의 콜렉터 동저항 r_{04}로 대체시킨 것 만큼 효과가 있게 된다. 환언하면, 두 경우 모두 전류는 I_1이 흐르므로이 전류를 각각 곱해서 그 비를 구하여 보면 두 저항의 비는 곧 Q_4의 얼리전압 V_{Ap}와 V_{CC}-V_{BE}의 비와 동일한 값을 가지게 되며 결국이 비율만큼 둔감하게 되는 효과가 있다고 말할 수 있다. 여기에서 단순한 구조의 미러 대신에 캐스코드 미러를 사용한다면 더욱 개선된 특성을 얻는 것이 가능하며 이런 방법은 실제 회로에서도 많이 나타나고 있다.

시동회로: 그러나이 구조의 한가지 단점은 동작점이 두 곳에서 나타난다는 점이다. 즉, 그림 7.7.5의 (b)에 보여주는 바와 같이 아랫부분 V_{BE} 기준전류원의 특성곡선과 윗부분 PNP미러의 직선을 좌표를 일치시켜 동일 평면상에 그렸을 때 서로 만나는 점이 회로의 동작점인데 그림에 보이는 바와 같이 이 경우는 두 곳에서 만나고 있음을 알 수 있다. 두 곳 중에서 원점이 바로 문제이며 이곳은 전류가 전혀 흐르지 않는 점이므로 회로가 이 점에 머물러 있게 된다면 곤란한 문제가 발생하게 된다. 따라서 전원이 인가됨과 동시에 바로 이 점에서 벗어나게 해줄 필요가 있으며 일단 벗어나기만 하면 다음의 정상동작점으로 자동적으로 이동하게 되는데 이런 회로를 시동(start-up) 회로라고 한다.

시동회로의 예로서 세가지 다른 형태를 그림 7.7.6에 예시하였다. 먼저 그림 (a)를 살펴보면 전원이 인가되면서 D_4가 도통되어 바로 Q_2의 베이스에 전류가 인가되면서 정상동작점으로 보내주는 역할을 하며, 일단 정상동작점에 도달하면 저항 R_4에 걸리는 전압에 의하여 D_4가 차단되면서 시동회로는 기준전류원에 아무런 영향을 주지않게 된다. 그림 (b)의 회로도 전원인가와 동시에 D_7을 통하여 Q_4를 도통시키고 난 다음에 정상동작점에서는 R_5 양단의 전압에 의하여 D_7이 차단되도록 동작한다.

이상의 두 가지 시동회로는 전원측 또는 접지측에 연결된 저항(R_3, R_4)을 사용하고 있는데 전력소모를 줄이기 위하여 상당히 큰 값의 저항을 사용한다면 이것은 칩의 면적을 어느 정도 증가시키는 역할을 한다.

매우 적은 저전력에서 동작하는 칩에서는 이런 저항을 사용하는 것이 상당량의 전력소모를 불가피하게 하므로 이와 같이 전원이 인가되는 초기에만 잠깐 동작하고 난 후에는 불필요하게 되는 시동회로를 위하여 투자되는 노력이 너무 지나치다면 불만스럽지 않을 수 없다. 따라서 저항에 비하여 훨씬 적은 면적을 차지하면서도 동시에 전력소모를 무시할 수 있을 만큼 작게 소모하도록 설계한 시동회로의 한 예를 그림 7.7.6의 (c)에 보여주었다. 이 회로의 동작은 베이스가 에미터에 연결되어 있는 Q_6의 누설전류를 Q_7을 통하여 증폭시킨 후 Q_2의 베이스에 공급되도록 하므로써 시동이 이루어지게 하고, 정상동작점에서는 두 저항(R_{2a}, R_{2b})을 통해서 Q_5가 매우 작은 전류로 도통 되도록 하여 Q_7을 차단하도록 설계되어 있다.

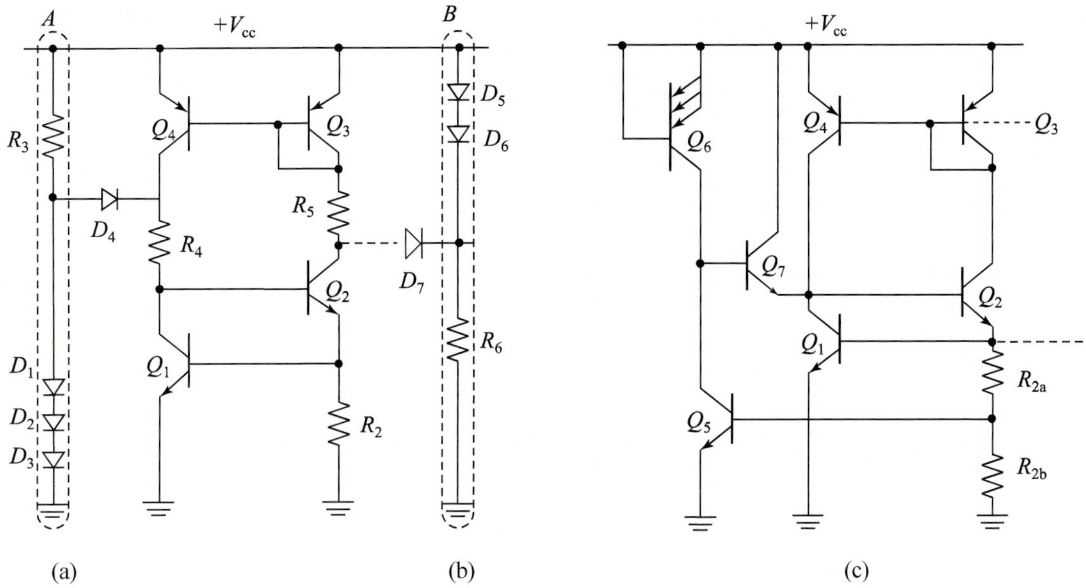

그림 7.7.6 초기 시동회로의 세 가지 예

정귀환과 부귀환 : 위에서 시동회로의 구조에 대하여 살펴 보았다. 그러나 다시 그림 7.7.5로 돌아가서 좀 더 생각하여 보기로 하자. 앞의 설명에서이 회로가 시동회로에 의하여 원점에서 벗어나면 바로 정상동작점으로 이동한다고 하였는데 왜 그러는지 하는 이유에 대하여 좀 더 고찰이 필요하다. 이 회로를 다시 잘 검토하여 보면 정귀환과 부귀환이 혼재되어 있는 상태로 되어 있음을 알 수 있다. 즉, 트랜지스터 Q_2를 중심으로 하여 위와 아래를 보면 PNP 미러인 Q_3, Q_4는 정귀환을 형성하며, Q_1은 부귀환을 형성하고 있다. 그래프를 중심으로 말하면 그림7.7.5(b)에 보여준 동작특성곡선 중에서 전류가 작은 영역, 즉 V_{BE} 기준 전류원의 특성이 급격하게 증가하는 영역이 바로 정귀환(PFB)의 세력이 더 큰 영역이며 이보다 전류가 더 큰 대부분의 영역이 부귀환(NFB)의 세력이 더 강한 영역이 된다. 따라서 V_{BE} 기준전류원의 특성은 시동회로에 의하여 원점에서 벗어나면 바로 정귀환의 영향으로 전류가 급격히 증가하다가 Q_1이 도통 되면서 부귀환이 강해져서 안정을 찾게 되지만 전류는 더 증가하여 PNP미러의 특성과 균형을 이루는 점에서 머물게 되며, 바로 이 점이 정상동작점이 되는 셈이다.

그렇다면 이제 다시 회로로 돌아가서 부귀환과 정귀환의 루프이득을 각각 구하여 보기로 하자. 각각의 루프이득을 NLG 및 PLG 라 할 때 회로로부터 Q_2를 중심으로 생각하여보면 다음과 같이 주어짐을 어렵지 않게 알 수 있다. 즉,

$$NLG = \frac{R_2}{r_{00}/\beta_2 + r_{e2} + R_2} \cdot \frac{r_{00}}{R_P/\beta_1 + r_{e1}} \tag{7.7.3}$$

$$PLG = \frac{r_{e3}}{r_{00}/\beta_2 + r_{e2} + R_2} \cdot \frac{r_{00}}{r_{e3}/\beta_4 + r_{e4}} \tag{7.7.4}$$

와 같이 쓸 수 있다. 여기에서 r_{oo}는 r_{o1}과 R_{o4}의 병렬 값을 의미하며, R_p는 R_2와 r_{e2} + r_{oo}/b_2의 병렬 값을 의미한다. 여기에서 NLG와 PLG의 비를 구해본다면 대략 다음과 같이 주어짐을 알 수 있다. 즉,

$$\frac{PLG}{NLG} \cong \frac{r_{e3}}{R_2} \tag{7.7.5}$$

와 같이 된다. 이 결과는 위와 같은 계산을 거치지 않고 직접 회로로부터도 쉽게 알 수 있는 사실이다. 즉, Q_2의 에미터 전류와 콜렉터 전류의 크기는 거의 같은데 Q_1과 Q_2에 의한 증폭작용이 거의 비슷하므로 Q_2의 에미터 저항과 콜렉터 저항의 크기의 비가 대략 부귀환과 정귀환을 지배하는 루프이득의 비가 될 것임을 어렵지않게 예측할 수 있다. 또한, 식 (7.7.5)로부터

$$\frac{r_{e3}}{R_2} = \frac{V_T}{V_{BE}} \tag{7.7.5-1}$$

의 관계가 있으므로이 값은 1 보다 충분히 작아서 부귀환이 크게 우세하므로 안정상태를 잘 유지할 수 있음을 알 수 있다.

온도계수 : 전류원이 가져야 할 특성중에서 중요한 것이 또 하나 있는데 바로 온도의 함수로 얼마나 둔감하게 변화하느냐 하는 것이다. 즉, 온도 계수가 낮을수록 바람직한데 여기에서 언급하고 있는 V_{BE} 기준전류원은 얼마만큼의 온도계수를 가지고 있는지 한번 생각하여 보기로 하자. 다시 그림 7.7.5로 되돌아가서 출력전류 I_2가 온도에 대하여 변화하는 양을 나타내는 온도계수를 TF_I라 한다면

$$TF_I = \frac{1}{I_2}\cdot\frac{\partial I_2}{\partial T} \tag{7.7.6}$$

와 같이 주어지게 된다. 그런데 여기에서 I_2는

$$I_2 = \frac{V_{BE1}}{R_2} \tag{7.7.7}$$

로 주어지는 값이므로 이로부터 I_2의 미분값을 구하면

$$\frac{\partial I_2}{\partial T} = \frac{1}{R_2}\cdot\frac{\partial V_{BE1}}{\partial T} - \frac{V_{BE1}}{R_2^2}\cdot\frac{\partial R_2}{\partial T} \tag{7.7.8}$$

와 같이 나타낼 수 있다. 따라서 TF_I를 다시 정리하여 보면

$$TF_I = \frac{1}{V_{BE1}}\cdot\frac{\partial V_{BE1}}{\partial T} - \frac{1}{R_2}\cdot\frac{\partial R_2}{\partial T} \tag{7.7.9}$$

와 같이 표시할 수 있음을 알 수 있다. 이 식이 의미하는 바는 출력전류의 온도계수는 V_{BE}의 온도계수와 저항의 온도계수와의 차이로 주어지게 된다는 사실을 보이고 있다. 여기에서 이렇게 주어지는 온도계수의 값이 대략 얼마나 되는지 간단히 계산하여 보기로 하자. 상온에서 V_{BE}의 크기는 트랜지스터의 크기와 바이어스 전류 등의 함수로 달라지지만 일반적으로 대략 0.6V로 주어지는 값이다. 또 V_{BE}의 온도변화는 온도가 증가하면서 감소하는 특성을 보이며 대략 −2MV/°C로 주어진다. 따라서 V_{BE}만의 온도계수를 분리하여 TF_V라고 한다면

$$TF_V = \frac{-2\,\text{mV}/°\text{C}}{600\,\text{mV}} \quad = -\frac{1}{300}/°\text{C} \quad \cong -3300\,\text{ppm}/°\text{C}$$

와 같이 주어지는 값임을 알 수 있다. 여기에서 ppm(parts per million)의 단위는 100만분의 1을 곱해주면 실제 값이 됨을 뜻하는 표시이다. 또한 저항의 온도계수를 TF_R이라 할 때이 값은 온도가 증가함에 따라 증가하는 특성을 가지고 있으며 역시 반도체 공정에 따라 달라지지만 대략 다음과 같은 범위에 있게 된다.

$$TF_R \;\cong\; +1500\,\text{ppm}/°\text{C} \;\sim\; +2000\,\text{ppm}/°\text{C}$$

이다. 따라서 식 (7.7.9)로 주어지는 출력전류의 온도계수는 대략

$$TF_I \;\cong\; -5000\,\text{ppm}/°\text{C}$$

으로 주어진다. 즉, 여기에서 주어지는 바와 같은 V_{BE} 기준 전류원은 온도가 증가함에 따라 상당히 큰 폭의 변화율로 감소하는 특성이 있음을 알 수 있다.

MOS V_{BE} 및 V_t 기준 전류원 : MOS 회로에서도 V_{BE} 기준전류원을 구현할 수 있는데 한가지 형태는 그림 7.7.7(a)에 보여주는 바와 같다. 여기에서 트랜지스터 Q_1은 콜렉터가 모체(substrate)에 접속되어 있는 구조로서 P형 웨이퍼를 사용하여 칩을 제작할 시는 PNP 구조를 쉽게 얻을 수 있으므로 이것을 이용하여 구현한 것이다. 만일 N 형 웨이퍼를 사용할 시는 콜렉터가 모체에 접속된 NPN 구조를 얻을 수 있으므로이 회로와 대칭되는 구조로 PMOS와 연계하여 V_{BE} 기준 전류원을 구현하는 것이 가능하다.

MOS에서 쉽게 구현할 수 있는 또 하나의 구조가 V_t 기준전류원이며 그림 7.7.7(b)에 예시한 바와 같다. 즉, 바이폴라의 V_{BE} 기준전류원에서 바이폴라 대신 MOS로 대치하면 바로이 회로가 된다. 여기에서 R_2 양단에는 V_{GS1} 만큼의 전압이 걸려있는데 이것은 또

$$V_{GS1} = V_t + \sqrt{2I_{D1}/K_n(W/L)_1} \tag{7.7.10}$$

으로 주어지는 값이므로, 여기에서 만일 I_{D1}을 충분히 작게 설정하고 $(W/L)_1$을 충분히

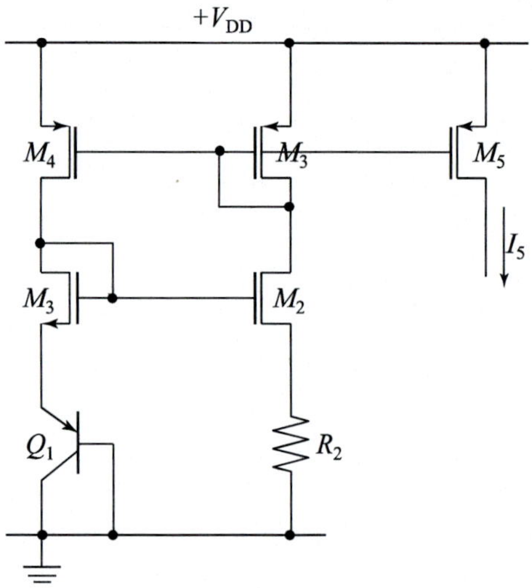

(a) V_{BE} 기준 전류원

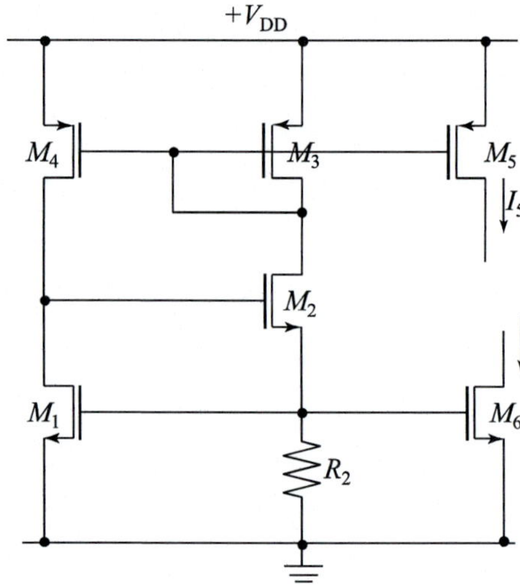

(b) V_t 기준 전류원

그림 7.7.7 MOS 기준 전류원의 두가지 형태

크게 설계한다면 윗식에서 두 번째 항의 크기를 무시할 수 있게 되어 대략 V_t 기준전류원으로 볼 수 있다는 것이이 회로의 의미이다.

V_T 기준 전류원

바이어스 전류의 크기를 상당히 작게 설정하고자 하는 경우에는 위에서 언급한 V_{BE} 또는 V_t 기준 바이어스 전류원을 사용하는 것이 적절하지 않게 된다. 그 이유는 회로에서 R_2로 표시된 저항값이 커져서 크기 또한 작지 않게 된다는 점이다. 게다가 온도에 따른 바이어스 전류의 변화 또한 작지 않은 것도 응용분야에 따라 서는 이런 방식의 회로를 사용하기 어렵게 만드는 다른 하나의 요인이 된다. 여기에서는 위의 방식과는 좀 다른 특징을 지닌 V_T 기준 전류원에 대해서 고찰하여 보기로 하겠다.

바이폴라 트랜지스터를 사용하여 V_T 기준 전류원을 구현한 예를 그림 7.7.8(a)에 보였으며 그 동작특성은 (b)에 보이는 바와 같다. 이 회로에 있어서 Q_1과 Q_2와의 관계를 설정하는 동작전류는 다음과 같은 관계식으로 주어진다. 즉,

$$V_T \ln\left(\frac{S_2}{S_1}\frac{I_1}{I_2}\right) = R_2 I_2 \tag{7.7.11}$$

이다. 여기에서 S_1과 S_2는 각각 Q_1과 Q_2의 크기, 즉 면적을 의미하며 따라서이 식에서 괄호 안의 내용은 단위 면적당 전류밀도의 비를 의미하는 것으로 볼 수 있다. 한편 Q_3와 Q_4의 관계는

$$I_3 = I_4 \tag{7.7.12}$$

의 관계를 가진 전류미러라고 할 때 $I_2=I_3$, $I_1=I_4$의 관계를 고려하면이 전류미러의 역할에 의하여 $I_1=I_2$의 관계가 성립하므로 위의 식 (7.7.11)에 이 관계를 적용하여 다시 쓰면

$$I_2 = \frac{V_T}{R_2}\ln\left(\frac{S_2}{S_1}\right) \tag{7.7.13}$$

와 같이 된다.

따라서 R_2의 크기와 S_1과 S_2의 비를 얼마로 하느냐에 따라 바이어스 전류의 크기가 바로 이 식으로부터 쉽게 계산될 수 있음을 알 수 있다. 이와 같은 관계를 그림 7.7.8(b)에 보여 주었으며, 여기에서 직선과 곡선이 만나는 교점이 바로 동작점이 된다.

루프이득의 관계 : 이와 같은 방식의 V_T 기준전류원도 전원전압의 변동에 둔감하도록 설계된 구조이며 따라서 앞에서 설명한 바와 같은 V_{BE} 기준전류원 회로에서와 마찬가지로 시동회로가 필요하다. 그러나 시동회로는 위에서 언급한 형태와 유사한 구조로 구현이 가능하기 때문에 여기에서는 생략하기로 하겠다. 한편, 또 다른 관점에서 볼 때 시동회로가 필요하다는 말은 다른 말로 표현한다면 어떤 형태로든 정귀환이 걸려 있는 회로라는 말과 통한다. 즉, 그림 7.7.8에 주어지는 회로도 앞의 V_{BE} 기준전류원 회로에서와 같이 정귀환이 걸려 있는 형태이다. 그러나 차이점이 있다면 이 구조는 오직 정귀환만 걸려 있으며 여기에 부귀환은 존재하지 않는다는 점이다. 그 렇다면 어찌해서 정상상태가 존재하는지 하는 이유를 설명하기 위하여 먼저 루프이득을 계산하여 보기로 하자. 즉,

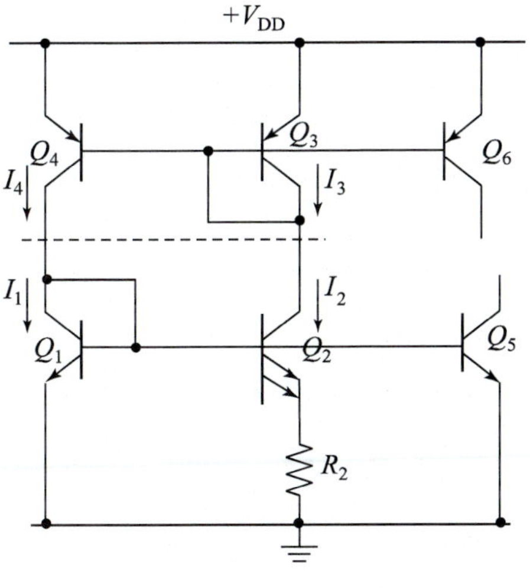

(a)

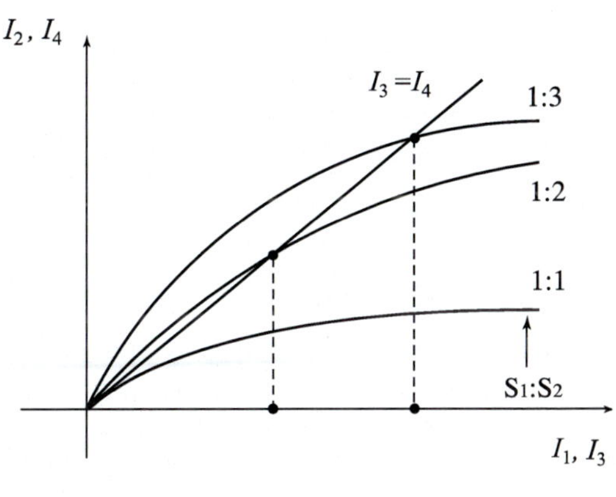

(b)

그림 7.7.8 V_T 기준 전류원과 동작 특성

$$PLG = \frac{r_{e3}}{R_2 + r_{e2}} \tag{7.7.14}$$

와 같이 된다. 이 관계식을 구함에 있어서 $r_{e1} = r_{e4}$의 관계를 적용하였다.이 식에서 또한 $r_{e2} = r_{e3}$이고 Q_1, Q_2의 크기의 비가 1 : N이라 할 때 다음의 관계를 만족함을 알 수 있다. 즉,

$$PLG = \frac{1}{1 + ln\mathrm{N}} < 1 \tag{7.7.15}$$

이 성립한다. 따라서 비록 정귀환만이 존재하는 회로이지만 안정된 동작점이 존재하는 것이 가능함을 알 수 있다.

온도계수 : 이번에는 V_T 기준 전류원에 있어서 온도 변화에 따른 변화율에 대하여 알아보기로 하겠다. 앞의 V_{BE} 가준 전류원의 경우와 마찬가지로 식 (7.7.6)과 식 (7.7.13)으로부터 다음과 같은 결과를 얻을 수 있다. 즉,

$$TF_I = \frac{1}{I_2}\frac{\partial I_2}{\partial T}$$

$$= \frac{1}{V_T}\frac{\partial V_T}{\partial T} - \frac{1}{R_2}\frac{\partial R_2}{\partial T} \tag{7.7.16}$$

이 된다. 그런데 $V_T = kT/q$로 주어지는 값이므로 이 식의 첫째항에 대입하여 보면

$$\frac{1}{V_T}\frac{\partial V_T}{\partial T} = \frac{1}{T} \tag{7.7.17}$$

로 주어지는 값이며이 값은 상온 즉 T = 300°K에서 약 3300ppm/°C 정도의 값을 가짐을 알 수 있다. 그런데 앞에서 언급한 바와 같이 저항의 온도계수가 대략 +1500 ~ +2000ppm/°C임을 감안하면 식 (7.7.16)으로 주어지는 V_T 가준 전류원의 온도계수는이 둘의 차이로 주어지므로

$$\mathrm{TF_I} \cong +\ 1500\ \mathrm{ppm/°C}$$

을 중심으로 어느 정도의 편차를 가지고 변화함을 알 수 있다. 따라서 앞에서 보인 V_{BE} 기준 전류원이 온도가 증가함에 따라 대략 -5000ppm/°C 정도로 감소하는 특성이 있는 반면에 V_T 가준 전류원은 반대로 증가하는 특성이 있음을 보인다. 그러나 그 변화율은 V_T 가준 전류원이 V_{BE} 기준 전류원에 비하여 약 1/3 정도로 작음을 알 수 있다.

MOS의 V_T 기준 전류원 : MOS 회로에서도 V_T 기준 전류원이 가능하며 그림 7.7.9에 구현 방법을 예시 하였다. 먼저 (a)의 회로를 보면 P형 웨이퍼를 사용하 여 칩을 제작할 때 콜렉터가 모체에 접속된 PNP 바이폴라 트랜지스터를 쉽게 얻을 수 있으므로 이것을 사용하여 V_T 기준 전류원을 구현한 예를 보여주고 있다. 즉 V_{GS1}과 V_{GS2}가 동일하다고 할 때 Q_1과 Q_2의 크기의 비에 해당하는 V_{BE} 전압의 차이만큼 R_2 양단에 나타나게 되므로 V_T 기준전류원이 되는 셈이다. 그런데 이 때 주의 하여야 할 점은 R_2 양단의 전압이 수십 mV에 불과하다는 점을 고려하여야 한다. 특히 MOS의 경우는 바이폴라에 비하여 V_{GS}의 매칭이 어려운 면이 있으므로 M_1과 M_2의 면적을 크게 설계하고 가까이 배치하는 등의 고려가 필요하다.

그럼에도 불구하고 MOS의 얼리전압이 한계가 있고 특히 채널의 길이가 짧은경우에는 더욱 얼리전압이 높지 않기 때문에 V_{DS1}과 V_{DS2}의 차이로 인한 전류의 차이가 상당히 커서 (a)와 같은 간단한 구조로는 제대로 된 동작을 기대하기 어렵다. 따라서 한가지 해결방안은 M_1~M_4를 모두 캐스코드 형태로 바꾸어 주는 방법이다. 이렇게 함으로써 전류의 매칭이 필요한 MOS들 간의 V_{DS}의 차이를 수 직게 줄일 수 있으며 실제적으로 동작이 가능한 회로가 된다고 할 수 있다. 그러나 이런 캐스코드 방식에 있어서 한가지 단점은 전원전압이 낮은 경우에는 사용하기 어렵다는 점이다. 따라서 이러한 전원전압의 문제를 극복하고 낮은 전원에서도 동작이 가능한 한 가지 구조를 (b)에 예시 하였다.이 회로는 중앙에 삽입되어 있는 차동증폭기의 동작에 의하여 M_1과 M_2의 드레인 전압이 동일한 값을 가지도록 $M_{3와}$ M_4의 게이트 전압이 제어되도록 하는 구조로 설계되어 있다.

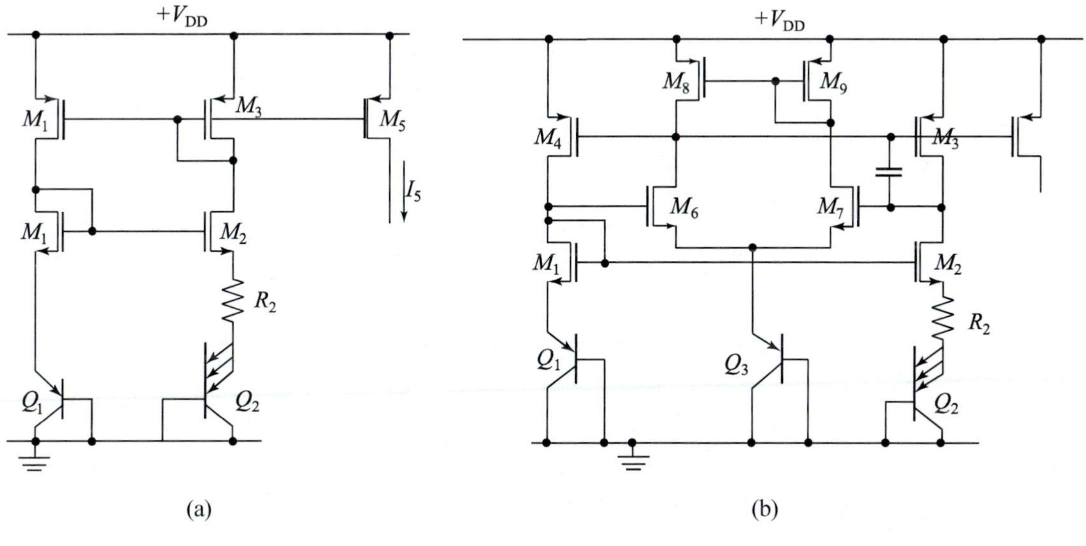

그림 7.7.9 MOS를 사용하여 구성한 V_T 기준 전류원과 정밀성을 개선한 회로의 예

7.8 Band-Gap 기준전원

위에서 살펴본 바와 같이 기준전원은 전원전압의 변동에 영향을 가급적 받지 않도록 설계하는 것이 중요하지만 또 하나 중요한 것이 온도의 변화에 대한 영향을 최소화하는 것이다. 물론 응용목적에 따라 어느 정도 변화 하더라도 별로 무리가 없는 경우도 많이 있지만 엄밀하게 일정한 값을 유지하도록 설계하는 것이 꼭 필요할 때도 자주 나타난다. 여기에서는 온도변화에 대하여 매우 안정된 것으로 알려져 있는 밴드갭 기준전원에 대하여 알아보기로 하겠다.

앞에서 우리는 V_T 기준전류원과 V_{BE} 기준전류원에 대해서 각각 살펴보았었다. 그 각각의 온도계수를 여기에서 다시 정리하여 보면

$$TF_{V_T} = \frac{1}{V_T}\frac{\partial V_T}{\partial T} \cong +3300\ \text{ppm}/°\text{C}$$

$$TF_{V_{BE}} = \frac{1}{V_{BE}}\frac{\partial V_{BE}}{\partial T} \cong -3300\ \text{ppm}/°\text{C}$$

와 같이 주어짐을 보였다. 이 결과로부터 우리는

$$TF_{V_T} + TF_{V_{BE}} \cong 0 \tag{7.8.1}$$

의 관계가 성립됨을 알 수 있다. 즉 V_T 기준전류원과 V_{BE} 기준전류원을 잘 조합하여 회로를 설계한다면 온도에 변화에 매우 둔감한 기준전원을 얻을 수 있음을 짐작케 한다. 그렇다면 여기에서 그 설계조건을 찾아보기로 하자. 윗 식을 다시 쓰고 정리하여 본다면

$$\frac{1}{V_T}\frac{\partial V_T}{\partial T} + \frac{1}{V_{BE}}\frac{\partial V_{BE}}{\partial T} \cong 0 \tag{7.8.2}$$

혹은

$$\frac{V_{BE}}{V_T}\frac{\partial V_T}{\partial T} + \frac{\partial V_{BE}}{\partial T} \cong 0 \tag{7.8.3}$$

와 같음을 의미한다. 식 (7.8.3)에서 첫째항의 계수를 A라고 하고

$$A = \frac{V_{BE}}{V_T} \tag{7.8.4}$$

와 같이 놓기로 하자. 이 때 여기에서 하나의 기준전압 V_R을 다음과 같이 설정한다면, 즉

$$V_R = V_{BE} + AV_T \tag{7.8.5}$$

로 선택할 때 V_R의 온도계수는

$$\frac{\partial V_R}{\partial T} = \frac{\partial V_{BE}}{\partial T} + A\frac{\partial V_T}{\partial T} \cong 0 \tag{7.8.6}$$

와 같이 주어짐을 알 수 있다. 따라서 온도의 변화에 매우 둔감한 기준전원을 얻기 위해서는 위의 식 (7.8.5)의 조건을 만족하는 회로를 설계하면 됨을 알 수 있다. 한편이 식에서 A는 식 (7.8.4)로 주어지므로이 두 식으로부터 V_R은

$$V_R = 2V_{BE} \tag{7.8.7}$$

의 크기로 주어지는 값임을 알 수 있다. 여기에서 V_{BE}는 트랜지스터의 바이어스 조건에 따라 어느 정도 범위에서 차이가 있으므로 정확하게 그 크기를 단정하여 말 할 수는 없지만 대략 0.6V 정도로 볼 수 있으므로 따라서 V_R은 대략 1.2V 정도의 값을 가진다고 힐 수 있다. 정확한 결과에 따르면 V_R이 상온에서 1.25V 정도로 유지 될 때 상온을 중심으로 ±50˚C 정도의 넓은 온도 범위에서 변화율이 매우 적게 유지됨을 보이고 있다. 이것은 불순물이 첨가된 P형과 N형 실리콘의 밴드갭 전압에 해당하며 따라서 밴드갭 전원이라는 명칭이 붙게 되었다.

이제 식 (7.8.5)로 주어지는 V_R을 실제로 구현하기위한 구체적인 회로의 구성방법에 대해서 생각하여 보기로 하자. 그림 7.8.1 (a) ~ (e)에 하나의 밴드갭 기준전원을 실현하기 위한 회로설계 과정을 예시 하였다. 먼저 (a)의 그림은 Widlar 전류원 방식을 이용하여 AV_T에 해당하는 전압을 얻기 위한 회로를 보인 것으로 R_2 양단에 나타나는 전압이 바로 여기에 해당 된다.이 회로에서 $Q_{1과}$ Q_2의 크기를 나타내는 에미터의 면적을 각각 S_1, S_2라고 할 때 A는

$$A \cong \frac{R_2}{R_1}\ln\left(\frac{S_2}{S_1}\right) \tag{7.8.8}$$

로 주어지는 값이 된다. 여기에서 A의 크기는 또 식 (7.8.4)에 의하여 상온에서 대략 24 근처의 값을 가지도록 조정하면 됨을 알 수 있다.

이제 V_T에 비례하는 전압을 얻었으니 여기에 V_{BE}에 해당하는 전압을 더하면 된다. 이렇게 더하기 위한 한 가지 구조가 그림 (b)에 보이는 회로이다. 즉, 이 회로는 Q_2에 흐르는 전류를 Q_3, Q_4의 미러를 사용하여 방향을 바꾸고 여기에 저항 R_2와 V_{BE}를 직렬로 연결하면 V_R에 해당하는 전압을 얻을 수 있음을 보여준다.

그림 (나)의 구조 보다 좀더 발전된 형태가 그림 (c)에 보이는 회로이다. 이 회로는 Q_3와 R_2로 형성된 병렬귀환 회로에 Q_1과 Q_2로 이루어진 Widlar 전류미러를 결합시킨 형태임을 알 수 있다. 여기에서 한가지 근사화 하고 있는 사항은 Q_3의 베이스 전류가 충분히 작다고 가정하고 있다는 점이다. 즉, Q_3의 베이스 전류는 Q_2의 콜렉터 전류보

다 충분히 작아서 R_2 양단의 전압강하는 Q_2의 콜렉터 전류성분에 의해서 거의 전적으로 지배된다는 전제를 바탕을 하고 있다. 만일 베이스 전류에 의한 오차가 걱정이 된다면 Q_3를 다링톤구조로 대치하고 R_2를 두 배로 크게 하여 처음부터 $2V_R$을 얻는 것을 목표로 설계하는 것도 하나의 방법이다. 물론 다링톤 구조를 사용할 경우에도 앞 단 트랜지스터에 대해서 약간의 바이어스 전류를 잡아주는 것을 잊지 말아야 한다.

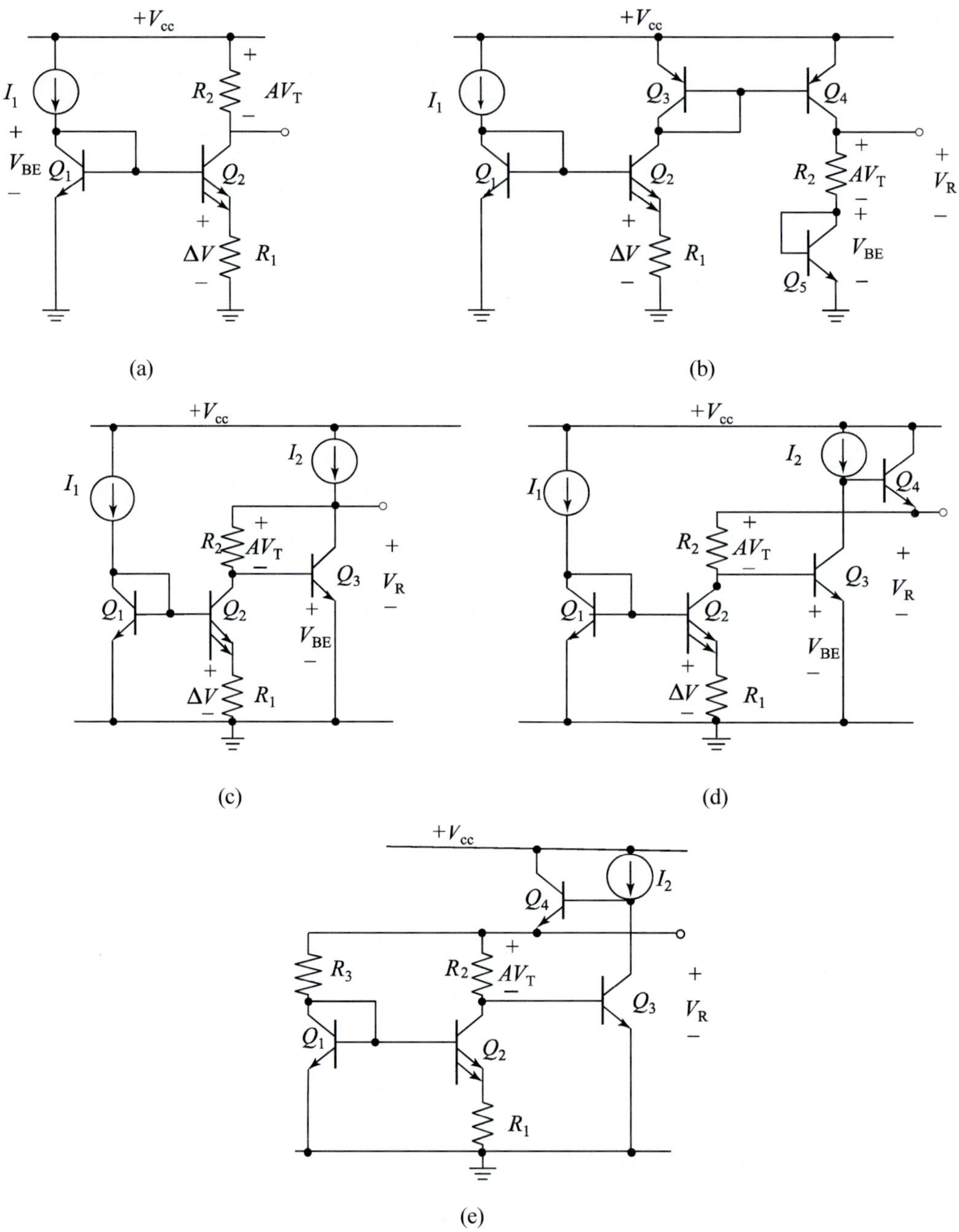

그림 7.8.1 밴드갭 전원을 구현하기 위한 하나의 회로설계 과정을 보인 예

그림 (c) 보다 한 단계 더 발전된 형태가 그림 (d)이다. 여기에서는 출력측에 Q_4의 버퍼를 사용하여 구성하였으며 이렇게 함으로써 얻어지는 이득은 첫째 출력전류의 공급능력이 향상되며, 둘째 Q_3로 얻어지는 부귀환의 루프이득이 증가하여 좀 더 정교한 성능을 기대할 수 있을 뿐 아니라, Q_3의 바이어스 전류를 감소시켜도 되므로 베이스 전류로 인한 오차를 더욱 줄일 수 있게 된다는 점 등이다.

마지막으로 그림 (e)에 보이는 형태는 Q_1의 바이어스 전류 I_1을 자체적으로 해결한 방식을 보인 것이다. 만일 I_1을 외부에서 발생시키려고 한다면 이 전류 또한 정교하여야 하므로 단순하게 구성할 수 없다. 그런 반면에 기준전압이 이미 만들어져 있다면 바로 저항하나만 더 연결하면 되므로 간단하게 Q_1의 바이어스 문제가 해결되는 것이다.

이런 과정을 거쳐서 그림 (e)에 보이는 바와 같은 하나의 최종회로가 완성 되었는데 이 구조는 바로 앞에 언급한 바와 같이 Q_1의 바이어스를 간단하게 해결하였기 때문에 바로 이로부터 다른 하나의 문제가 발생하게 된다. 즉 그림 7.8.2 (a)는 위의 그림 7.8.1 (e)에서 Q_1, Q_2와 저항으로 된 부분만을 따로 보인 것이며 여기에서 그림 (b)는 V_1 전압에 대한 V_2의 동작 특성곡선을 분리하여 보인 것이다.

이 동작특성에서 보는 바와 같이 V_2의 전압이 V_{BE}와 같게 되는 점에서 원하는 기준전압이 출력측으로부터 얻어져야 하는데 이와 같은 조건을 만족하는 점이 B_1과 B_2 두 군데서 발생한다. 여기에서 B_1은 잘못된 동작점 이므로 항상 B_2에서 정상동작이 이루어지도록 하기 위해서는 B_1에서 머물지 못하도록 하기위한 별도의 시동회로가 추가로 필요하게 된다. 이런 시동회로는 앞서 전류원에서 보인 바와 같이 유사한 형태로 설계할 수 있으므로 여기에서는 생략하기로 하겠다.

밴드갭 기준전원의 또 다른 예로서 그림 7.8.3에 보이는 바와 같이 OP-앰프를 이용하여 구현하는 방법이 있다. OP-앰프의 전압이득이 충분히 크다고 하면 정상동작 상태에서 두 입력 단자간의 전위차는 무시할 수 있다고 할 때 R_1~Q_2의 직렬 전압이 Q_1의 전압과 동일하게 되므로 R_1 양단에는 Q_1과 Q_2 간의 V_{BE} 차이가 나타나게 된다. 또한 OP-앰프의 바이어스 입력 전류를 무시할 때 R_1을 흐르는 전류는 R_2에 그대로 흐르게 된다.

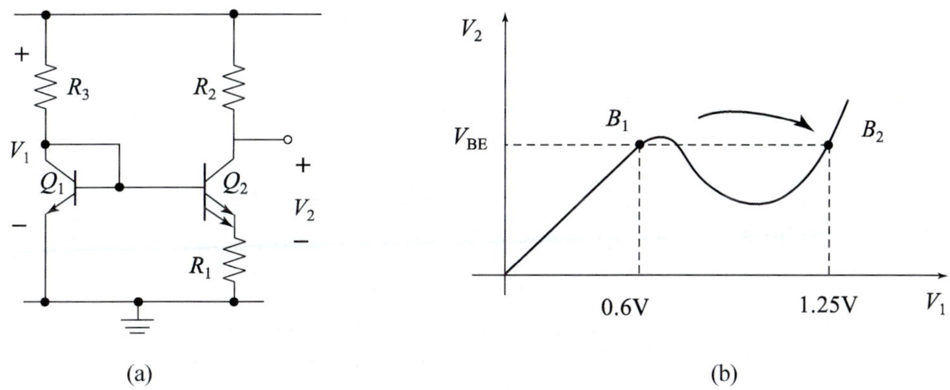

그림 7.8.2 그림 7.8.1의 그림 (e)에서 일부분 회로에 대한 동작 특성

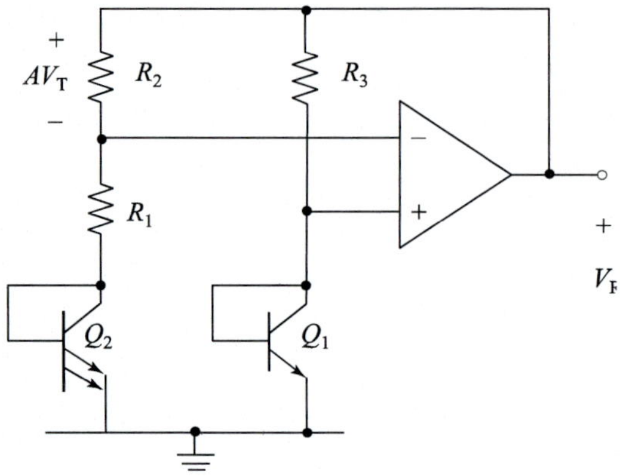

그림 7.8.3 OP-앰프를 이용한 밴드갭 기준전원

따라서 R_2 양단에 AV_T에 해당하는 전압이 나타나도록 설계할 수 있으며, 또한 R_2 양단의 전압과 R_3 양단의 전압은 동일하므로 결국 출력전압은 Q_1과 R_3 전압을 각각 더한 결과로 밴드갭 전압이 나타나게 됨을 알 수 있다. 여기에서 주의할 점은 이 회로의 구성이 OP-앰프 주위로 정귀환과 부귀환이 동시에 걸려있는 형태이므로 정귀환보다 부귀환의 세력이 더 강하도록, 즉 부귀환의 루프이득이 정귀환의 루프이득보다 더 크게 걸리도록 연결하는 것이 중요하다. 따라서 OP-앰프의 마이너스 입력단자는 R_1과 R_2의 연결점에 연결하되 항상

$$r_{e1} < R_1 + r_{e2} \tag{7.8.9}$$

의 조건이 성립함을 확인 할 필요가 있다.

여기에 더하여 또 한가지 주의할 점은 이 회로는 OP-앰프의 입력 오프셋에 의한 오차가 문제가 될 수 있으므로 오프셋 전압이 R_1 양단의 전위차보다 충분히 작은 값을 가지도록 초기부터 고려하여 설계하여야 한다. 한편이 회로의 하나의 장점은 별도의 시동회로가 필요 없이 전원이 인가됨과 동시에 바로 정상동작이 가능하다는 점이다.

MOS 회로로 구현한 밴드갭 기준전원의 한 예를 그림 7.8.4에 보인다. 이 회로는 그림 7.7.7(a)를 이용하여 구현한 구조이며 콜렉터가 몸체에 접속된 PNP 트랜지스터를 사용하여 구성하였다.

이 회로동작 원리는 앞의 예제들로부터 자명하므로 설명은 생략한다. 그러나 여기에서 한 가지 주의할 점은 M_1과 M_2의 V_{GS} 차이에서 오는 오차를 적게 하는 것이 과제이며 따라서 실제에 있어서는 MOS 트랜지스터들의 매칭을 잘 시키는 방법, 모든 MOS를 캐스코드로 구성하는 방법, 그림 7.7.7(b)와 같은 회로를 사용하는 방법등의 보완된 형태로 구현하는 것이 또한 중요하다.

이번에는 그림7.7.8에 보여준 V_T 기준 전류원으로부터 밴드갭 기준전원을 설계하는 예를 들어 보기로 하자. 그림 7.8.5(a)는 V_T 기준 전류원을 다시 보인 것이다. 여기에서 트랜지스터 Q_1, Q_2에 흐르는 전류는 동일하며 모두 V_T에 비례하는 전류가 된다.

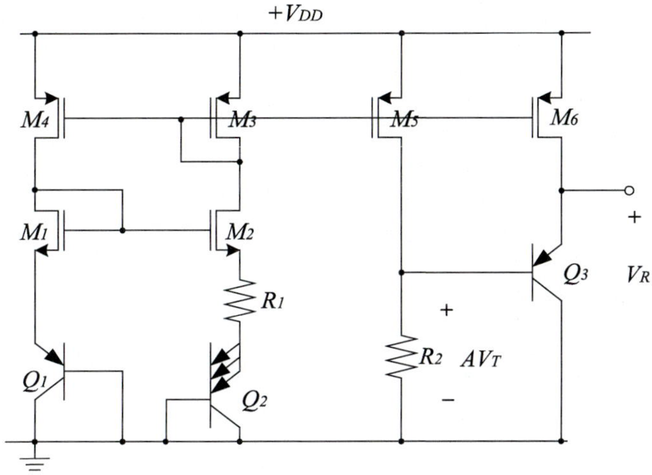

그림 7.8.4 MOS회로로 구현한 밴드갭 기준전원

따라서 이 두 전류를 더하여 하나의 저항에 흐르도록 해 주면 저항 양단에는 양의 온도계수를 가지는 전압이 나타나게 된다. 그러므로 두 트랜지스터 전류가 에미터측에서 더해져서 저항 R_2의 전압으로 나타나도록 설계한 회로가 그림 7.8.5(b)이다. 이 회로로부터 트랜지스터 Q_1의 베이스에서 접지 사이의 전압을 취하면 바로 밴드갭 전압을 얻을 수 있음을 알 수 있다.

그러나 위 회로에서 하나의 단점은 내부임피던스가 높기 때문에 전압원으로 사용하기에는 부적절하다는 점이다. 따라서 내부임피던스가 낮은 밴드갭 전원을 얻기 위해서는 그림 7.8.5(c)와 같은 형태로 설계하면 된다. 이 회로에서는 트랜지스터 Q_5를 추가함으로써 루프이득을 증가시키고 출력임피던스를 감소시켜 주면서 전류공급능력을 크게 해주는 효과를 얻은 것이다.

내부 임피던스를 더욱 줄여주기 위해서는 에미터 폴로워를 하나 더 연결하여 다링톤 형태로 설계하는 방법을 사용할 수 있다. 또한 밴드갭 전원 전압은 대략 상온에서 1.25볼트 정도에 해당하므로 만일 더 높은 전압을 출력하는 기준전압원을 얻고자 하는 경우에는 그림 7.8.5(d)에 보이는 바와 같은 회로로 설계하면 된다. 여기에서는 R_1, R_2의 저항분할회로를 추가함으로써 두 저항의 비로 출력전압을 밴드갭 전원 전압보다 더 높게 조정하는 것이 가능하게 된다.

그림 7.8.5(라)의 회로가 실제로 동작하는 모습을 다른 형태로 설명하면 다음과 같다. 즉, 이 회로는 정상상태에서 Q_1과 Q_2의 전류의 크기가 동일한 조건에서 동작할 수밖에 없다. 왜냐하면 Q_3와 Q_4로 형성된 전류미러를 통하여 Q_4의 콜렉터 전류는 Q_2의 콜렉터 전류와 크기가 동일한데 Q_1과 Q_4의 전류도 역시 동일한 조건에서 동작할 수밖에 없기 때문이다. 즉, 어느 한 쪽이 약간만 차이가 나도 둘 중의 하나는 포화영역으로 들어가 버리게 되며, 그런 상태에서는 Q_6의 출력이 정상적인 전위를 유지 할 수 없게 되므로 결국 정상동작 상태에서는 부귀환에 의하여 Q_1과 Q_4의 전류가 균형을

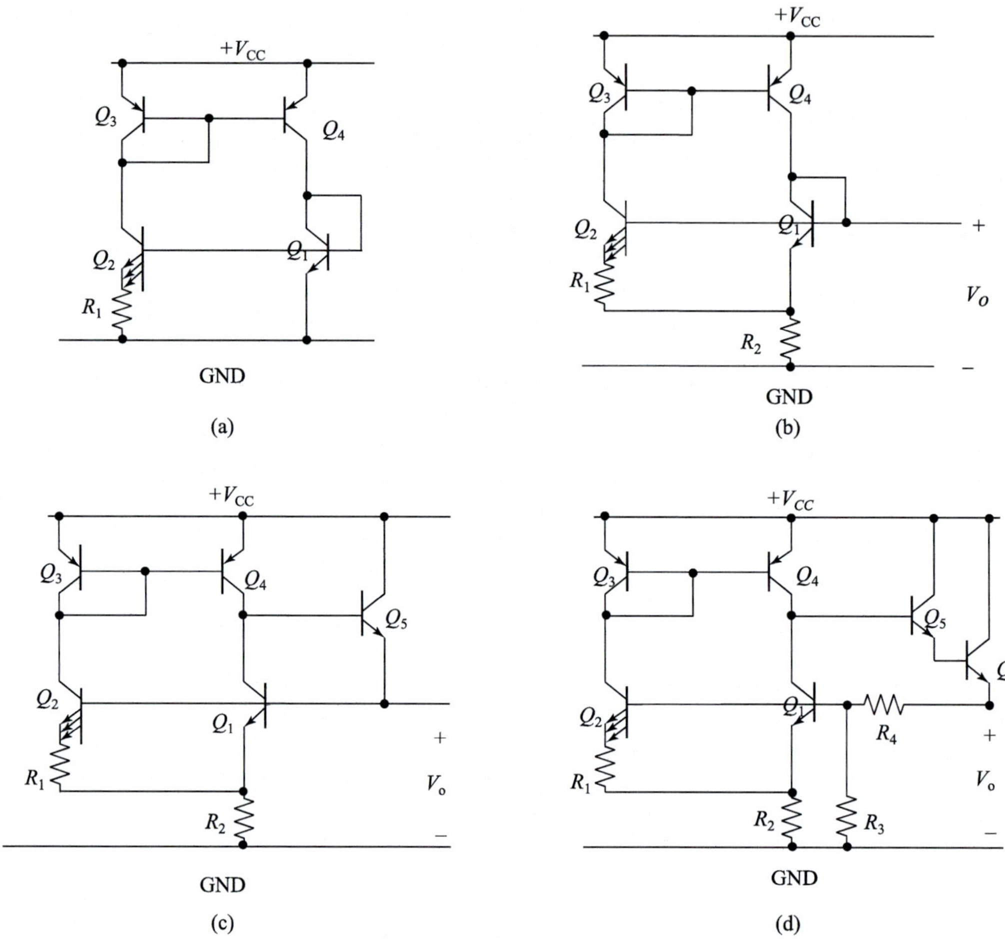

그림 7.8.5 VT 기준 전류원으로부터 밴드갭 기준전원의 설계 예

이루게 된다. 그러므로 결과적으로 Q_2의 전류를 Q_1이 따라가게 되어 두 전류의 크기가 동일하게 되는 것이다. 따라서 R_2에 흐르는 전류는 R_1에 흐르는 전류의 2배가 되며 Q_2가 Q_1보다 크기가 크다고 할 때 R_1 양단에 나타나는 전압은 V_T에 비례하는 전압이 나타나게 된다. 따라서 R_2 양단에도 역시 V_T에 비례하는 전압이 나타나게 되므로이 크기를 AV_T가 되도록 설정하여 주면 Q_1의 베이스에서는 밴드갭 기준전원이 얻어지게 되는 것이다. 이 때 출력전압은 R_3와 R_4의 비율만큼 더 큰 기준전압이 얻어지게 된다.

예 제 그림 7.8.5(d)에 보이는 바와 같은 회로를 이용하여 5V 기준전원을 설계하여 보아라.

풀 이 여기에서 Q_1의 베이스 전압을 밴드갭 전압인 1.25V로 설정하고 R_3 = 1 kΩ, $R4$ = 3kΩ으로 할 때 출력은 약 5 V의 직류전압이 얻어지게 된다. 저항 R_1과 R_2 값의 결정은 Q_2의 크기가 Q_1 크기의 3배로 설정할 때 R_1 양단의 전압은 약 28mV가 나타나며 R_2 양단의 전압은 밴드갭 전압의 절반인 0.63V로 놓기로 한다.이 때 각 트랜지스터의 전류를 50μA로 설정한다면

$$R_1 \cong \frac{28\,\text{mV}}{50\,\mu\text{A}} \cong 560\,\Omega, \qquad R_2 \cong \frac{0.63\,\text{V}}{100\,\mu\text{A}} \cong 6.3\,k\Omega$$

와 같이 계산 될 수 있다. 위에서 트랜지스터의 크기의 비와 동작전류와 같이 설정하는 값의 크기는 주어진 설계조건과 설계자의 취향에 따라 어느 정도의 차이를 보일 수 있으며 서로 다르다 하여도 지나치지 않으면 문제가 되지 않는다. 즉, 설계시에는 한가지의 답만이 존재하는 것이 아니며 무수히 많은 해가 존재 할 수 있기 때문이다. 이렇게 얻은 결과를 바탕으로 원하는 범위에서 최적의 조건, 예를 들어 온도 변화율을 최소로 하고 싶다든지 하는 특성을 얻고자 하는 경우에는 컴퓨터를 이용한 모사를 통하여 정수치의 미세조정이 필요하게 된다.

이제 이렇게 설계된 회로의 루프이득을 계산하여 보기로 하자.이 회로에서 Q_1의 베이스 측을 등가 절단하여 루프이득을 계산하려고 한다면 Q_1의 콜렉터에서 나타나는 전압이득이 얼마인지가 중요하게 된다. 그런데 Q_1의 콜렉터에 나타나는 전류는 Q_1을 통하여 흐르는 전류와 Q_2를 통하여 Q_4로 돌아서 나타나는 전류가 더해진 결과인데, Q_1의 전류와 Q_2의 전류는 서로 위상이 반대 이므로 결국이 둘의 차이가 콜렉터에 나타나게 된다. 즉, Q_1과 Q_2의 베이스에 동시에 신호가 인가 될 때 귀환루프의 위상을 비교하여 본다면 Q_1을 흐르는 전류는 부귀환을 형성하고, Q_2를 흐르는 전류는 정귀환을 형성하므로 Q_1의 전류의 세력이 Q_2의 그것보다 더 커야 이 회로는 안정된 동작을 할 수 있게 됨을 알 수 있다. 그런데 이 회로는 Q_1과 Q_2의 전류의 크기가 동일하게 설정되어 있으므로 에미터의 동저항은 동일한데 Q_2의 에미터에는 추가로 저항 R_1이 삽입되어 있으므로 Q_1의 전류성분이 Q_2의 전류성분보다 더 크게 나타나서 루프의 안정성은 보장되고 있는 셈이다.

이제 여기에서 실제적인 값을 대입하여 루프이득을 계산하기 위해서 Q_1과 Q_2의 에미터 동저항 r_e를 먼저 계산하여 보면

$$r_e = \frac{26\,\text{mV}}{50\,\mu\text{A}} = 520\Omega$$

와 같은 값이 얻어지게 된다. 한편, Q_1의 에미터는 R_1을 거쳐서 Q_2의 에미터와 연결되어 있으므로 두 트랜지스터를 각각 소신호 등가모델로 바꾸어 생각하여 본다면 Q_1 측은 520Ω, Q_2 측은 R_1을 더하여 약 1kΩ의 저항이 병렬로 연결되어 있는 셈이 된다. 따라서 Q_1과 Q_2의 베이스에 동시에 신호가 인가 될 때 R_2에는 전류의 흐름이 나타나는데이 전류가 Q_1과 Q_2로 각각 나누어지 흐르는 전류의 비는 대략 2 : 1이 됨을 알 수 있다. 즉, R_2를 흐르는 전류의 2/3는 Q_1을 통하여 흐르며 1/3은 Q_2를 통하여 흐르게 되어이 둘이 Q_1의 콜렉터에서 만나 서로 상쇄되므로 결국 R_2 전류의 1/3 만이 Q_1의 콜렉터에 나타나는

셈이다. 따라서 루프이득 T는 대략 다음과 같은 식으로 계산이 가능하게 된다. 즉,

$$T \cong \frac{1}{3}\cdot\left(\frac{r_{0p}//Dr_{0n}}{R_2+(R_1+r_{e2})//r_{e1}}\right)\cdot\frac{1k}{3k+1k}$$

$$\cong \frac{1}{3}\cdot\left(\frac{r_{0p}}{R_2}\right)\cdot\frac{1k}{3k+1k}$$

$$\cong \frac{1}{3}\cdot\left(\frac{2V_{AP}}{0.63}\right)\cdot\frac{1k}{3k+1k}$$

와 같이 표시가 가능하다. 여기에서 PNP 트랜지스터 Q_4의 얼리전압을 대략 $V_{AP} \cong$ 50V라고 할 때이 값을 위의 식에 대입하면 루프이득 T는 대략 13으로 계산이 됨을 알 수 있다.

위의 예에서 보인 회로의 문제점은 루프이득이 너무 작다는 것이다. 그렇다면 루프이득이 얼마정도이면 만족할 수 있겠는가 하는 점을 생각해 볼 필요가 있다. 이런 회로가 사용되는 상황에서의 경계조건이 주어진다면 여기에 대한 확실한 답을 줄 수 있다. 그러나 일반적인 경우에는 안정성만 보장이 된다면 루프이득은 클수록 좋다고 할 수 있다. 왜냐하면 루프이득이 클수록 내부 임피던스가 작아져서 부하의 변화와 같은 주변 조건의 변화에 대한 둔감도가 향상되어 영향을 적게 받기 때문이다.

위의 회로에 대한 문제점을 보완하여 루프이득을 증가시킴으로써 성능을 개선시킨 한가지 구조가 그림 7.8.6에 보이는 바와 같은 회로이다.이 회로가 이전회로와 비교하여 다른점은 Q_1, Q_2를 캐스코드로 형태로 바꾸어 주기 위하여 Q_3, Q_4가 추가되었고, PNP 미러를 윌슨미러 형태로 바꾸었다는 점, 밴드갭 기준전압을 약 2.5V를 얻기 위해($V_{R2}=2*0.63$V) Q_{10}, Q_{11}로 구성된 하나의 버퍼가 더 추가되었다는 점이다. 그러나 윌슨미러 대신에 캐스코드 미러를 사용한다 하여도 성능은 크게 달라지지 않는다. 이렇게 함으로써 얻어지는 두 가지 장점이 있다. 하나는 이전회로에서는 트랜지스터의 r_o를 통하여 R_1, R_2로 형성되는 밴드갭 기준회로가 전원전압의 변동에 대하여 영향을 받는 반면에 개선된 회로에서는 캐스코드를 형성하고 있는 Q_3, Q_4에 의해서 Q_1, Q_2의 콜렉터 전압이 안정되어 있으므로 거의 영향 받지 않게 된다는 점이다. 다른 하나는 루프이득의 증가이다. 즉, 캐스코드와 윌슨미러에서의 출력임피던스는 대략 $\beta/2$만큼 증가하므로 바로 이에 해당하는 크기의 루프이득이 증가하게 된다. 따라서 이 회로에서의 루프이득은 대략 500 정도의 값을 중심으로 공정에 따라서 어느 정도의 오차를 가지고 변화하게 될 것이다.

루프이득을 더욱 크게 하여 둔감도를 더욱 증가시키고자 하는 경우에는 그림 7.8.7에 보이는 것과 같은 회로구조로 설계하는 것을 생각 할 수 있다. 이 회로에서는 Q_5, Q_6로 형성되는 별도의 증폭단을 하나 더 추가하여 구성하였다는 점이 특징이다.

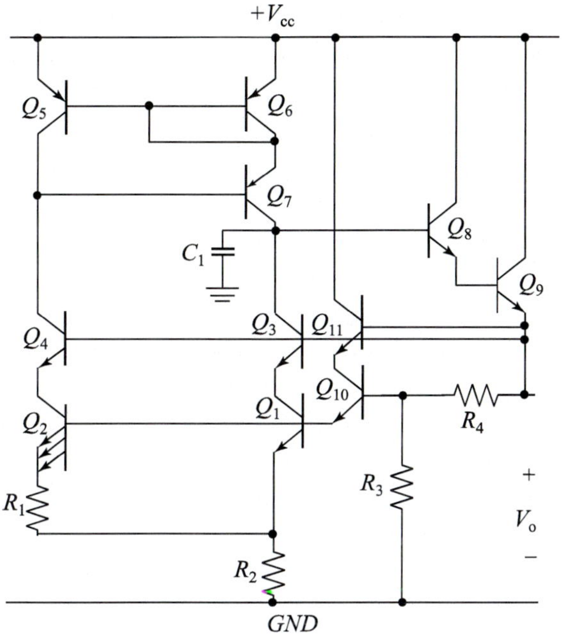

그림 7.8.6 밴드갭 기준 전원의 개선된 회로

그러나 이와 같이 추가된 증폭단이 위상을 반전시키는 역할을 하므로 전체루프가 부귀환의 특성을 계속해서 유지하도록 하기 위해서는 그림 7.8.5와 비교하여 볼 때 모양으로 PNP미러의 연결형태를 바꾸어 주어야 한다. 이와 같은 회로에서는 Q_5, Q_6의 증폭단 이득만큼 루프이득이 증가하게 되며 이 증폭단의 이득을 계산한다면 대략 V_{AP}/V_T가 되므로 전류원을 형성하고 있는 PNP 트랜지스터의 얼리전압을 대략 50V로 잡을 때 약 2,000배 정도의 이득을 기대할 수 있게 된다. 따라서 루프이득은 대략 20,000배 정도로 증가하게 될 것임을 짐작 할 수 있다.

Q_3, Q_4와 같은 계산을 통하여 유추하여 본 바와 같이 증폭단을 하나 더 추가함으로써 루프이득이 크게 증가함을 알 수 있으며 이 정도로 큰 루프이득을 가진 회로는 안정성을 충분히 고려하지 않으면 안 된다. 따라서 회로에서 보이는 바와 같이 주극점 보상을 위하여 커패시터 C_1이 하나 더 추가로 필요하게 된다.

다음으로 μA7800 계열로 알려져 있는 3단자 전압 레귤레이터 회로에 대해서 살펴보기로 하자. 그림 7.8.8에 구체적인 회로 구조를 보여주고 있다. 이 회로에서 사용하고 있는 밴드갭 기준전원의 핵심부는 그림 7.8.1(e)에 보여준 바와 같은 형태임을 알 수 있다. 그러나 한가지 차이점은 R_2 양단에 걸리는 전압이 $Q_a \sim Q_b$의 $4V_{BE}$에 해당하는 전압과 R_2 양단 전압이 서로 직렬로 연결되어 더해진 값이라는 점이다. 즉, 이 직렬전압이 온도의 변화에 대하여 둔감하도록 설정하기 위해서 R_2 양단에 $4AV_T$에 해당하는 전압이 걸려서 R_{19} 양단의 전압이 $4(V_{BE} + AV_T) \cong$ 5V가 되도록 설계하였다는 점이다. 따라서 이와 같은 조건을 만족하기 위해서 Q_2의 크기는 Q_1에 비하여 대략 5배정도가 되어야 하며, 이 때 R_3 양단에는 약 120mV 정도가 나타나게 된다.

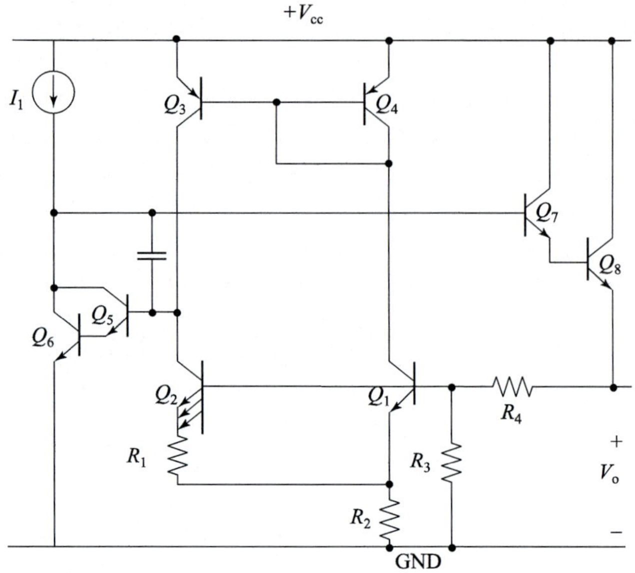

그림 7.8.7 밴드갭 기준 전원의 루프이득을 크게 증가시킨 회로의 예

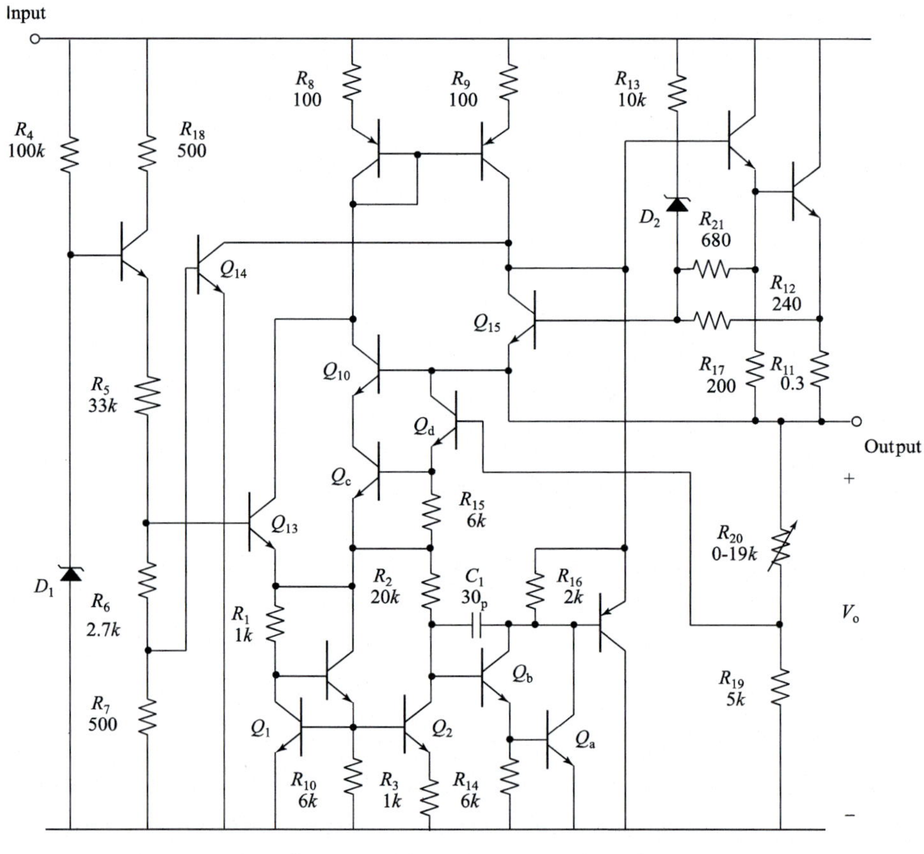

그림 7.8.8 μA7800 series Voltage Regulator

이 회로의 시동은 Q_{13}에 의해서 이루어지고, Q_{14}는 칩 전체를 과열로부터 보호하는 역할을 담당하며, Q_{15}는 출력단자의 과전류보호 및 Q_{15}을 과전압 또는 과전력소모로부터 보호하는 역할을 수행한다. 또한 귀환회로의 안정성을 보장하기 위하여 C_1을 사용한 밀러 보상 방법으로 주극점 보상을 하여 주고 있다. 이 회로의 최소 출력전압은 5V이며 R_{20}의 값을 증가시키면 더 높은 출력전압을 임의로 얻을 수 있도록 설계되어 있다.

그 외에도 아래에 보이는 그림 7.8.9에서와 같은 구조의 레귤레이터도 앞에서 언급한 구조와 유사하지만 설계의 다른 예를 보인 것이다.

지금까지 언급한 내용들은 전원전압이 최소한 2볼트 이상은 되는 경우에 동작하는 회로들에 관한 것이다. 그러나 반도체 공정들이 수십 나노미터에 이르게 되면서 1V 이하의 전원전압에서도 동작하는 회로가 필요하게 되었다. 아래 그림 7.8.10은 이러한 상황에서 동작하는 밴드갭 기준전원의 한 예를 보인다.

이 회로의 동작원리를 살펴보면 다음과 같다. 먼저 Op-앰프는 오프셋이 없고 전압이득이 충분히 크다고 가정하자. 그러면 Op-앰프의 작용에 의하여 M_1, M_2의 드레인 전압은 각각 V_{BE}로 동일하게 유지된다. 따라서 M_1의 드레인에 연결된 두 저항에 흐르는 전류는 각각 다음과 같이

$$I_{R1} = \Delta V / R_1 \tag{7.8.10}$$

$$I_{R3} = V_{BE} / \left(R_2 + R_3\right) \tag{7.8.11}$$

로 나뉘어 흐르게 된다. 한편 MOS M_1, M_2, M_3의 크기가 동일할 경우 전류가 모두 동일하여 다음과 같은 관계식을 쓸 수 있다.

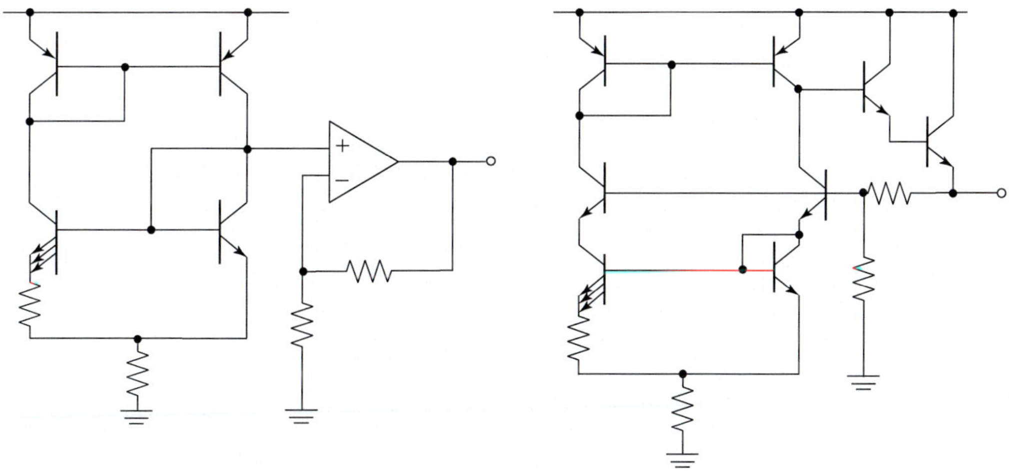

(a) (b)

그림 7.8.9 전압 레귤레이터의 다른 예

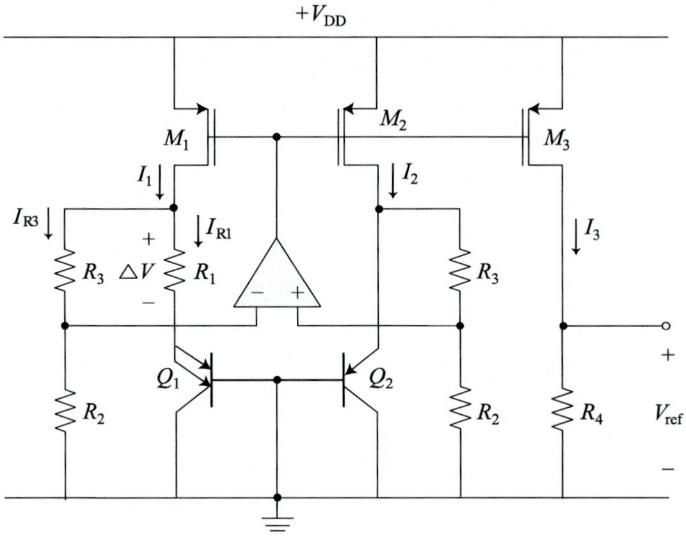

그림 7.8.10 낮은 전압에서 동작하는 밴드갭 기준전원 회로 예

$$I_1 = I_2 = I_3 = I_{R1} + I_{R3} \tag{7.8.12}$$

트랜지스터 Q_1, Q_2의 크기의 비를 N이라 할 때

$$\Delta V = V_T \ln N \tag{7.8.13}$$

이므로, 위식들로부터 M_3의 드레인에서 R_4 양단에 나타나는 전압은

$$V_{ref} = \frac{R_4}{R_1} V_T \ln N + \frac{R_4}{R_2 + R_3} V_{BE} \tag{7.8.14}$$

와 같이 된다. 이 식에서 각 항의 계수는 저항의 비로 주어지므로 모두 저항의 온도변화에 대해서는 무관한 값이 된다. 또, 두 항의 상대적인 크기는 R_1과 R_2+R_3의 크기로 주어지므로 이것을 조정하여 온도변화에 둔감하게 설정할 수 있다. 한편 R_4를 조정하면 전체전압의 크기를 조정할 수 있으므로 기준전압을 1볼트 이하의 임의의 값으로 설정하는 것도 가능함을 알 수 있다. 단, 이 회로에서 전원전압이 1V 이하일 경우에는 Op-앰프 자체도 1V 이하의 전원전압에서 동작할 수 있도록 설계되어야 한다.

이번에는 그림 7.8.11에 보이는 바와 같은 CMOS 기준전원 회로의 예를 보이고자 한다. 이 회로에서 기준전압은 다음과 같이 표시된다.

$$V_{ref} = \left(1 + \frac{R_2}{R_1}\right) V_{GS1} - V_{GS2} \tag{7.8.15}$$

여기에서 V_{GS1}과 V_{GS2} 모두 온도가 증가함에 따라 감소하는 특성이 있다. 단, V_{GS1}의

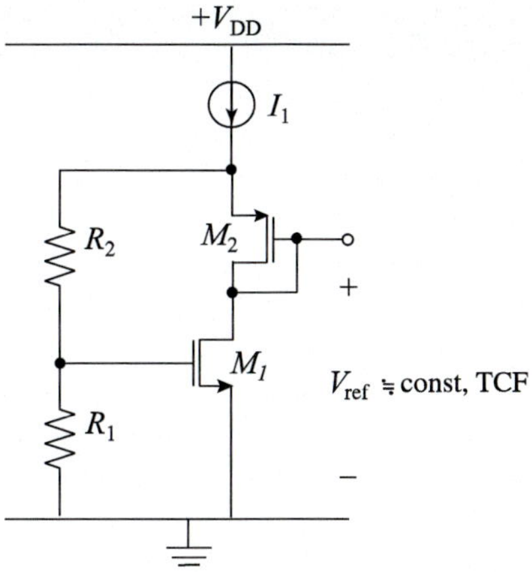

그림 7.8.11 CMOS 기준전원 회로의 예

감소계수보다 V_{GS2}의 감소계수가 더 큰 경우 V_{GS1}을 증폭한 값이 V_{GS2}와 동일한 감소량을 가지도록 이득을 조정해주면 그 차이 값은 온도에 둔감하게 된다. 위 식에서 R_2의 크기를 조정해 주면 바로 이와 같은 특성이 나타나도록 할 수 있다. 단, 이 회로는 공정에 따라 기준전압의 변화가 크다는 것이 단점이다.

이상에서 보인 바와 같이 회로설계의 방법에는 수많은 다양한 형태가 존재함을 알 수 있으며, 상황에 따라서 적절한 형태를 선택하여 설계할 수 있는 안목을 기르는 것이 중요하다고 할 수 있다.

EXERCISE

07 연습문제

7.1 그림 P7.1의 회로에 대해서 물음에 답하라.

단, 트랜지스터의 파라미터는 $\beta_P = \beta_N = 100$, $V_{AP} = V_{AN} = 100\text{ V}$, $V_{BE} = 0.6\text{ V}$이다.

(1) Q_2의 크기가 다른 트랜지스터의 2배일 때 Q_1의 바이어스 전류(I_{C1})와 출력(V_o)의 직류 전위를 구하라.

(2) 중간 주파수에서이 회로의 루프이득(T)과 전압이득(V_o / V_s)은 각각 얼마인가?

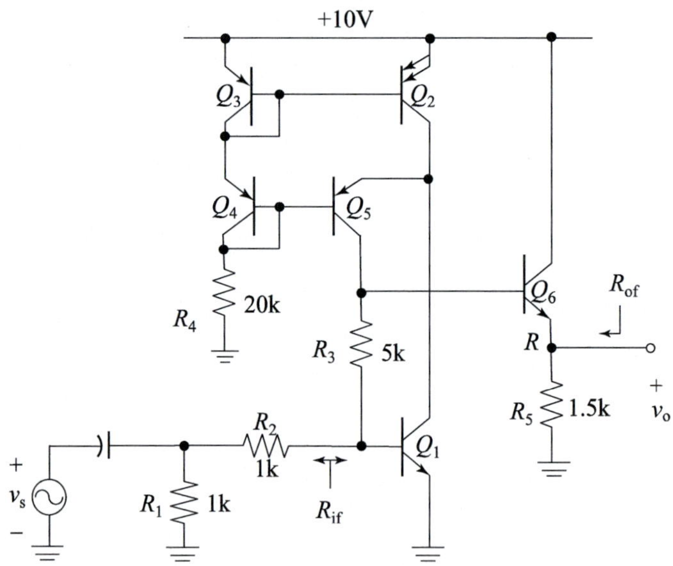

그림 P 7. 1

7.2 다음에 보이는 그림 P7.2의 current generator 회로에 대해서 물음에 답하라.

단, 모든 MOS의 size는 동일하고, parameter는 다음과 같다.

$Kn = 2Kp = 50\ \mu A/V^2$, $L = 1\ \mu m$, $W = 4\ \mu m$

$V_{AP} = V_{AN} = 5\ V/\mu m$, $V_{tn} = V_{tp} = 0.5V$, $V_{DD} = 5V$

(1) 각 MOS의 bias 전류가 대략 10 μA가 되도록 R_1 값을 정하라.

(2) $M_1 \sim M_4$로 이루어진 회로가 안정한 이유를 설명하라.

(3) M_3와 M_4의 전류는 실제에 있어서 상당한 차이가 날 수 있다. 어느 소자에 더 많은 전류가 흐르는가?

(4) 위의 (3)에서 두 소자간의 전류 차이를 줄이기 위한 방안을 제시하라.

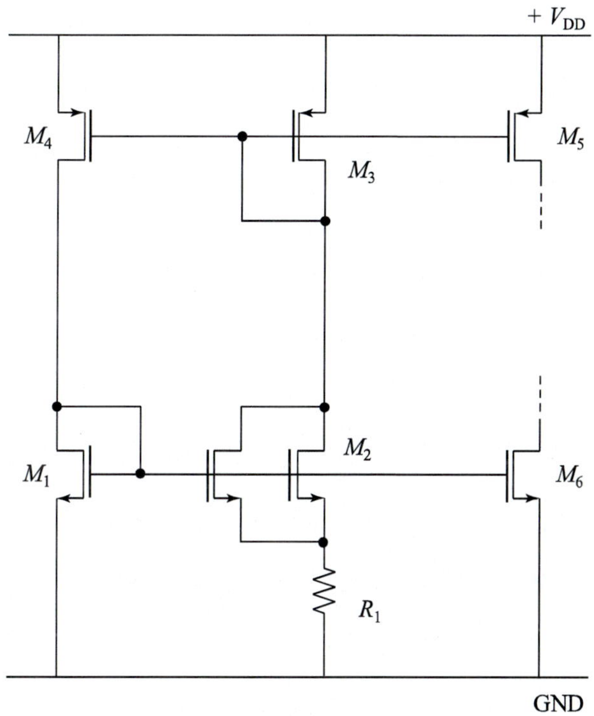

그림 P 7. 2

7.3 그림 P7.3에 보이는 회로에 대해서 물음에 답하라. 단, 단, 트랜지스터의 파라미터는 $\beta_P = \beta_N = 100$, $V_{AP} = V_{AN} = 100$ V, $V_{BE} = 0.6$ V이다.

(1) 이 회로에서 $V_o = 2.5$V가 되도록 R_1, R_2를 정하라. 단, $I_{C2} = 100\ \mu$A로 설계할 것.

(2) 루프 이득이 1인 주파수를 1MHz로 설계하고자 한다면 C_1값은 얼마인가?

(3) Start-up 회로를 한가지 보여라.

(4) V_{CC}의 변화에 둔감하도록 Q_6, Q_7으로 구성된 단순 전류미러를 개선한 구조를 한가지 보여라.

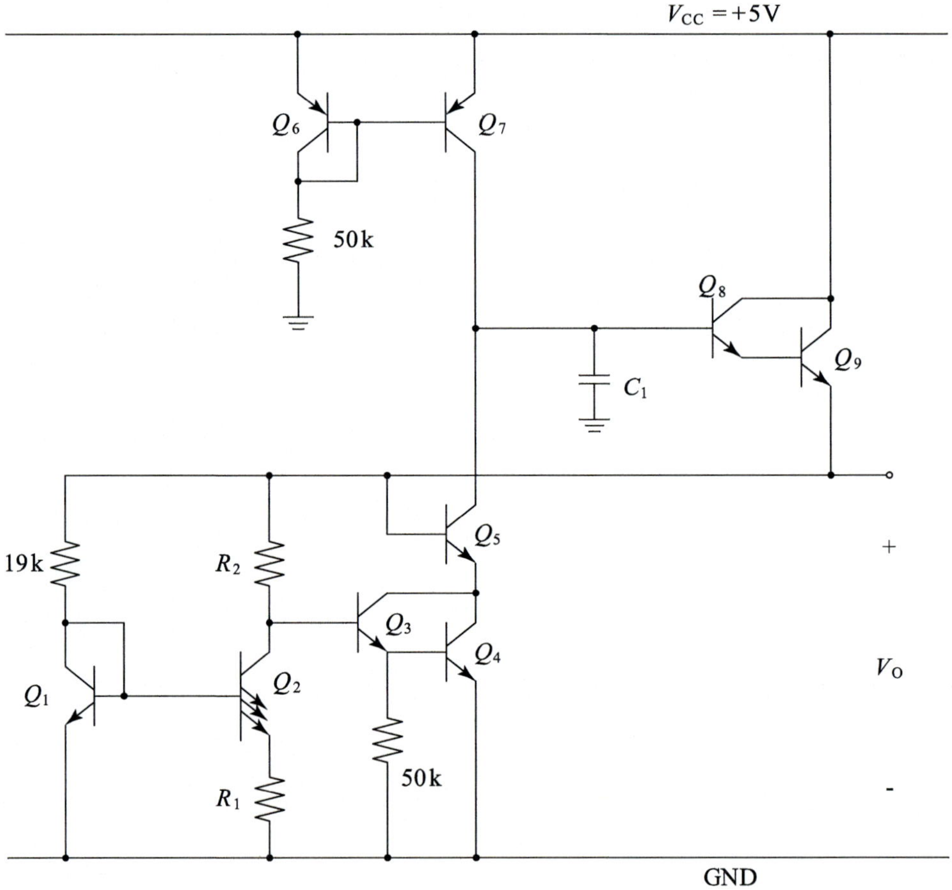

그림 P 7.3

7.4 다음 두 회로가 Bandgap Reference 회로로 동작할 때 물음에 답하라.

단, 트랜지스터의 $\beta = 100$이고, Op-amp의 입력저항은 ∞ 이다.

(1) (a)의 회로에 대해서 정귀환과 부귀환 루프이득을 각각 구하라.

(2) (b)의 회로에 대해서 정귀환과 부귀환 루프이득을 각각 구하라.

(3) 위의 두 결과로부터 정귀환과 부귀환의 루프이득의 비를 각각 구하고, 각각의 경우 안정하게 동작될 수 있는지 여부를 논하라

(4) 두 회로가 각각 start-up 회로가 필요한지 여부를 설명하라.

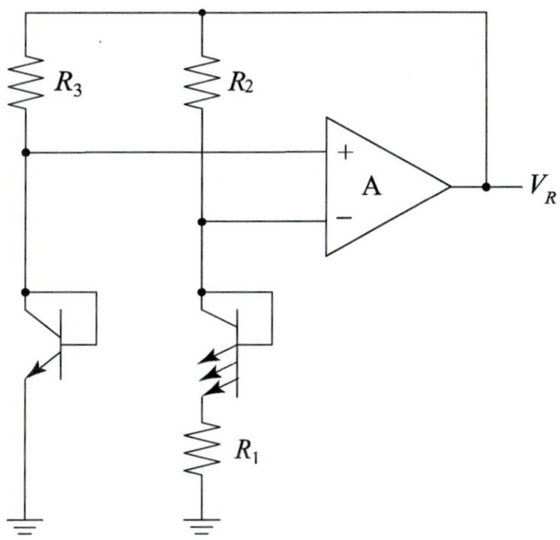

(a)

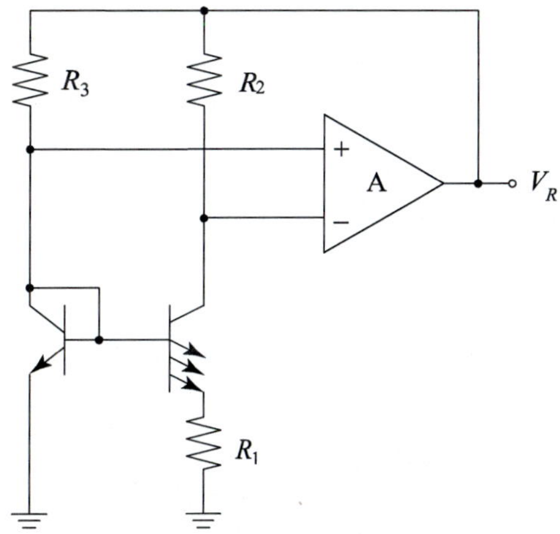

(b)

그림 P 7.4

7.5 본문의 그림 7.8.8에 주어진 바와 같은 uA7800 series voltage regulator 회로에 대해서 다음 물음에 답하라. 단, 트랜지스터 parameter는 다음과 같다.

$$V_{AN} = 120\text{V},\ V_{AP} = 50\text{V},\ \beta_N = 200,\ \beta_P = 50$$

(1) $R_{20} = 0$일 때, $V_o = 5\text{V}$가 되도록 하기 위해서는 Q_1과 Q_2의 size ratio는 얼마이겠는가?

(2) 이 때, Loop gain T의 Bode plot을 그리고 unity gain bandwidth를 구하라.

(3) Q_{13}, Q_{14}의 역할은 각각 무엇인가?

(4) Q_{10}은 왜 필요하겠는가?

(5) R_{13}과 D_2의 역할에 대해서 설명하라. (단, $V_Z = 7\text{V}$로 가정할 것)

08 연산증폭기

서론

서 론

연산증폭기의 연구는 아마도 반도체 소자가 발명되고 나서부터 시작되었다고 할 수 있을 것이다. 현재까지 수많은 회로들이 개발되었고 아주 널리 다양하게 사용되고 있으며 종류 또한 다양하다. 또한 아직까지도 계속 발전하고 있을 뿐만 아니라 앞으로도 더욱 진화해 나갈 것이다. 그렇다면 왜 이렇게 다양한 종류의 연산증폭기가 필요한 것이며 존재하는 것인가 하는 의문이 있을 것이다. 그 이유는 모든 성능을 완벽하게 만족시키는 연산증폭기란 존재할 수 없기 때문이다. 즉, 사용목적에 따라 주어진 조건을 만족시키면서 최적의 성능을 얻기 위한 구조와 형태가 모두 다르게 설계되는 것이다. 뿐만 아니라 동일한 조건에서도 설계자의 취향에 따라서도 얼마든지 다른 형태가 나타날 수 있으며, 소자의 종류에 따라 전원전압이나 전력소모, 대역폭, 집적 공정 등의 조건이 달라지면 설계방식 또한 달라져야 한다.

이상적인 연산증폭기가 갖추어야 할 조건은 여러 가지가 있다. 예를 들어, 일반적으로 가급적 크면 클수록 바람직한 것으로는 입.출력임피던스, 전압.전류이득, 대역폭, 동상제거특성, 동상신호영역, 슬루율, 출력스윙의 폭, 전원잡음제거특성 등을 들 수 있고, 그 반대로 작으면 작을수록 바람직한 것으로는 입출력임피던스, 오프셋, 입력잡음, 전력소모 등을 들 수 있다. 여기에서 입.출력 임피던스와 같은 것은 사용목적에 따라 작은 것 혹은 큰 것이 바람직할 수 있으며, 설계방법도 목적에 따라 달라질 수 있다.

실제문제에서 설계에 들어가면 맨 처음으로 설계조건이 주어지게 된다. 예를 들어 전력소모, 대역폭, 전압이득, 잡음, 슬루율, 출력스윙의 크기, 전원전압 등이 주어진다. 이러한 조건을 만족시키기 위해서는 우선 설계환경을 잘 알아야 한다. 바이폴라를 사용하여 설계할 것인지 아니면 CMOS를 이용하여 설계할 것인지에 따라 주어지는 소자의 특성을 먼저 파악하는 것이 중요하다. 저항이나 커패시터와 같은 수동소자들은 어떤 것들이 사용가능한지, 온도계수나 매칭특성은 어떤지, 기생용량은 얼마나 존재하는지, 성능이 우수한 다이오드들은 사용가능한지, 항복전압은 얼마나 되는지 등등을 모두 알아야 할 필요가 있다. 이와 같이 사용 가능한 소자성능이 주어지면 그 한계 내에서 주어진 조건을 만족하는 회로구조를 설계하는 것이 다음 단계가 된다.

또한 회로를 1단으로 설계할 것인지, 2단 구조로 설계할 것인지, 아니면 3단 구조로 설계해야 하는지 등을 결정해야 하는데, 각각의 형태에 따른 장단점을 파악하고, 사용목적에 따라 적절한 방식을 정하여야 한다. 하지만, 많은 경우는 부귀환을 인가하는 상황을 감안하여 안정도를 보장하기 위한 보상회로와 이에 따른 슬루율 등을 고려하여 설정하게 된다. 그 다음으로는 각 단의 허용 가능한 전류의 크기와 스윙의 크기 및 제2, 제3의 극점이 형성되는 위치 등을 고려하여 소자를 선택하고 회로의 구성방법을 하나씩 설정해 나가게 된다. 그리하여 최종적으로는 각 소자에 흐르는 전류의 크기를 안정적으로 잡아주기 위한 바이어스 회로를 설계하게 된다. 이러한 과정에서 앞서 여러 장에서 다루었던 모든 지식을 망라하여 응용하게 되며 모든 소자가 얼마나 조화롭게 잘 배치되었느냐에 따라 동일한 트랜지스터의 수를 사용해서도 최종회로의 성능에는 큰 차이가 나타날 수 있다.

8.1 입력단의 구조

먼저 여기에서는 바이폴라 트랜지스터를 사용하여 구성한 연산증폭기의 기본 설계과정을 살펴보기로 한다. 여기에서도 대표적인 연산증폭기이며 오랫동안 많은 사람들에 의하여 널리 사용되어왔던 μA741 Op-앰프 회로에 대해서 분석해 보기로 한다.이 741 Op-앰프 회로에 대해서는 여러 교재에서 많이 다루어졌던 내용이지만 여기에서는 기존의 단순한 분석 차원을 넘어서 설계자의 관점에서 회로를 바라보기로 한다. 즉, 설계자의 의도가 무엇이었는지를 파악해 보는 방향으로 회로를 검토하여 보기로 하겠다. 이것은 매우 흥미 있는 일이며 기존의 분석들과는 다른 시각에서 들여다봄으로써 이런 과정을 통하여 새로운 설계를 위한 다양한 방향에서의 접근이 가능하게 된다.

입력단의 설계방법

아래 그림 8.1.1은 차동증폭회로로 구현하기 위한 두 가지 형태의 입력단 구조를 보여주고 있다.이 두 회로는 각각 교류신호의 관점에서 소신호 모델로 바꾸어 놓고 보면 차이가 없이 동일한 형태라고 말할 수 있다. 그러나 실제에 있어서 두 회로는 성능에서 크게 차이가 날 수 있는데 그 이유는 NPN 트랜지스터와 PNP 트랜지스터가 특성면에서 서로 상당한 차이가 있기 때문이다. 먼저 (a)의 회로는 입력단의 차동증폭회로가 NPN 트랜지스터로 되어있는 반면에 (b)의 회로는 PNP 트랜지스터로 구성되어 있다. 일반적으로 제공되는 공정에서는 NPN 트랜지스터의 성능이 PNP 트랜지스터에 비해서 월등하다. 즉, 보통의 공정에서는 NPN 트랜지스터는 수직구조(vertical NPN)로 제공되고, PNP 트랜지스터는 수평구조(lateral PNP)로 제공되는데, 이런 경우에는 대략 전류이득 면에서는 NPN 트랜지스터가 200 정도라면 PNP 트랜지스터는 50 정도에 머물고, 얼리전압은 NPN 트랜지스터가 100V 라면 PNP 트랜지스터는 50V 정도에 머물며, f_T의 관점에서는 NPN 트랜지스터가 수백MHz에서 수GHz에 이르는 반면 PNP 트랜지스터는 수MHz 정도이므로 매우 큰 차이가 난다. 물론 예외적으로 좋은 성능을 지니는 PNP 트랜지스터를 제공하는 경우도 있으나, 그것은 특별한 경우라고 할 수 있다.

따라서 일반적으로 제공되는 공정을 사용하여 설계하는 경우에는 NPN 트랜지스터만을 위주로 구성하여 신호를 증폭할 수 있다면 가장 좋은 성능을 얻을 수 있을 것이며 바람직할 것이다. 그러나 실제 설계에 있어서 이것은 가능하지 않은데 그 이유는 트랜지스터의 바이어스 전위 때문이다. 즉, 입력신호와 출력신호의 직류전위를 서로 맞추어 주기 위해서는 증폭과정에서 한쪽 방향으로 계속 상승해가는 직류전위를 접어내리는 방법이 필요하게 된다. 이 과정에서 불가피하게 PNP 트랜지스터를 사용하지 않을 수 없는 경우가 많기 때문이다. 따라서 직류전위 문제를 해결하면서도 성능을 저하시키지 않도록 설계하는 방법을 찾는 것이 매우 긴요한 일이 된다.

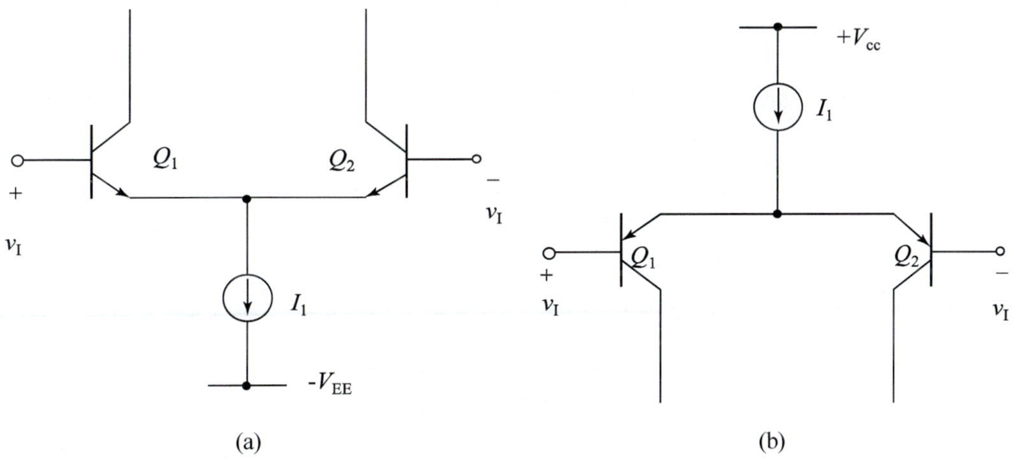

그림 8.1.1 입력단 차동증폭기의 두 가지 형태

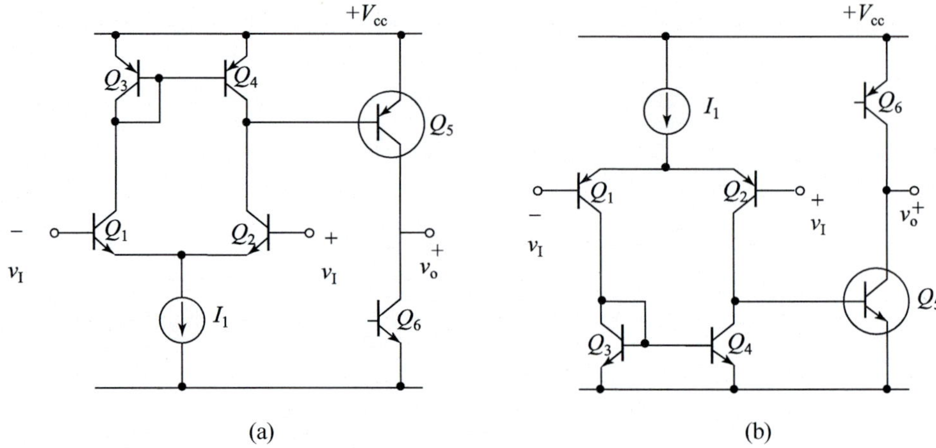

그림 8.1.2 둘째 단을 결합시킨 두 가지 구조

다시 그림 8.1.1로 돌아가서 볼 때 트랜지스터의 특성차이를 제외하고도 또 다른 차이가 있다. 즉, 이 두 차동증폭 회로는 바로 콜렉터측의 직류전위가 서로 다르다는 점이다. 즉, (a)의 회로는 신호가 플러스 전원측으로 증폭되어 전달되는 반면 (b)의 회로를 마이너스 전원측으로 증폭되어 전달되어 간다. 따라서 둘 중 어느 형태를 입력으로 선택하는지에 따라서 다음 단의 설계에서 필요로 하는 소자의 종류가 달라지게 된다.

그림 8.1.2는 위에서 보여준 차동증폭회로를 입력단으로 채택할 때 나타날 수 있는 일반적인 2단 증폭 Op-앰프의 두 가지 구성형태를 보여주고 있다. 여기에서 (a)의 회로는 입력단 차동증폭 회로(Q_1, Q_2)를 NPN으로 구성하였기 때문에 콜렉터측의 전류미러(Q_3, Q_4)와 다음 증폭을 위한 트랜지스터(Q_5)를 모두 PNP로 구성한 구조이다. 한편, (b)의 회로는 NPN과 PNP가 서로 모두 뒤바뀐 형태이다. 모두 NPN 트랜지스터를 사용하여 증폭할 수 있다면 가장 바람직할 것인데 그렇게 하는 것은 트랜지스터의 바이어싱과 관련하여 직류전위의 문제가 발생하므로 따라서 그림 8.1.2는 첫 번째 증폭단과 두 번째 증폭단에서 각각 NPN과 PNP를 교번하여 연결시킨 구조로 설계한 모습을 보인 것이다. 따라서 이와 같은 구조는 입력단이 만족스러우면 구동단이 불만족스럽거나, 혹은 구동단이 만족스러우면 입력단이 불만족스러운 문제점이 있음을 알 수 있다.

그림 8.1.3은 위에서 언급한 문제를 보완하기 위한 한 가지 방안을 보여주고 있다. 즉, 그림 8.1.2(나)의 회로에서 차동 PNP 입력단에 추가로 각각 NPN 트랜지스터를 넣어준 것이다. 이렇게 함으로서 입력 임피던스를 증가 시키고, PNP 입력단의 낮은 -3dB 주파수를 어느 정도 보완할 수 있다. 이런 구조로 인하여 입력의 DC 오프셋 전압과, 입력 잡음전압이 증가한다는 단점이 있으나, 이런 단점이 별 문제가 아닌 응용에서는 하나의 선택이 될 수 있다.

그림 8.1.4의 회로 역시 앞에서 언급한 문제를 보완하기 위한 다른 예이다. 이 회로는 입력단을 NPN 트랜지스터로 하였고, 콜렉터측에서 구동 트랜지스터(Q_5)를 베이스 접지 형태로 연결하여 출력을 얻었다는 점이 특징이다. 이런 구조를 폴디드캐스코드

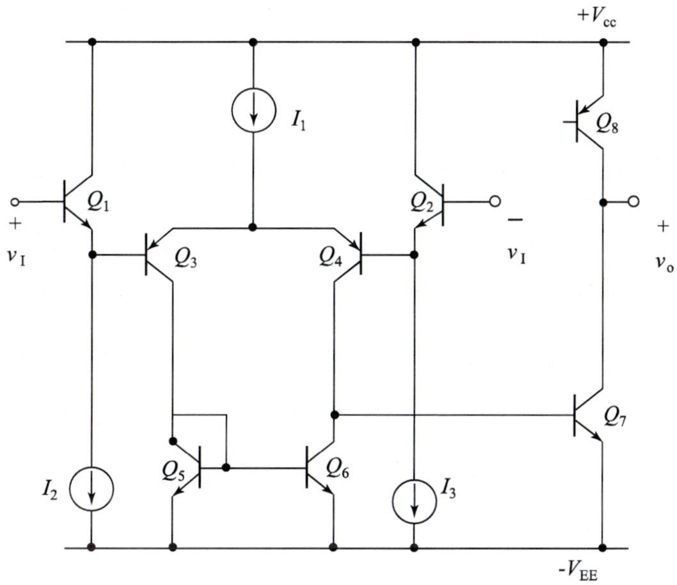

그림 8.1.3 입력단 앞에 에미터 폴로워 버퍼를 추가한 회로

(folded cascode)라고 부른다. 이렇게 함으로써 PNP 구동 트랜지스터가 가지는 주파수 특성을 최대한 활용할 수 있다. 즉, 베이스 접지방식의 특징은 전류이득의 -3dB 주파수 특성이 에미터 접지방식에 비하여 매우 (대략 전류이득에 해당하는 크기만큼) 넓은 특성이 있으므로 증폭기의 전체적인 주파수 특성을 상당히 광대역으로 설계할 수 있는 장점이 있다. 그러나 그림 8.1.3의 회로가 2단 증폭회로로서 전압이득을 크게 얻을 수 있는 반면에이 회로는 1단 증폭 회로에 해당하므로 전압이득이 상대적으로 작게 얻어진다는 점이 한 가지 단점이다.

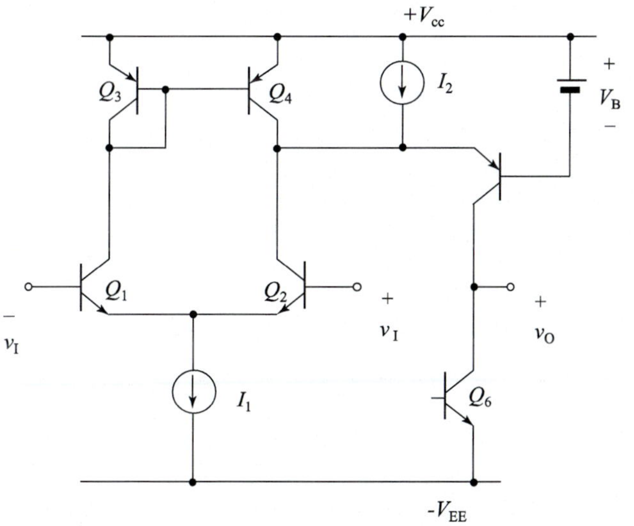

그림 8.1.4 PNP 베이스 접지를 이용하여 구성한 회로

여기에서 잠시 방향을 바꾸어 회로의 구조가 몇 단 증폭인가를 판단하는 방법에 대해서 언급하고자 한다. 가장 간단한 형태로는 하나의 트랜지스터로 1단 증폭회로를 구성하는 것이다. 한편, 연산증폭기는 많은 수의 트랜지스터를 사용하여 설계된다. 그렇다고 해서 이런 경우에 트랜지스터의 수만큼 단수가 있는 것은 아니다. 간단히 말해서 증폭단의 수는 신호가 입력에서 출발하여 출력까지 이르는 과정에 임피던스가 높은 지점을 몇 군데 통과하는가를 세는 것이다. 즉, 신호가 전달되는 과정에서 전류신호가 전압신호로 변환되고, 전압신호는 다시 전류신호로 변환되는 과정을 반복하면서 증폭되어 간다. 이러한 과정에서 전류로 변환된 신호가 큰 전압신호로 변환되는 것은 반드시 임피던스가 높은 노드에서 발생하는 현상이다. 따라서 몇 단 증폭회로인지 하는 것은 트랜지스터의 수가 몇 개인지가 중요한 것이 아니라 트랜지스터의 숫자와는 관계없이 임피던스가 높은 노드가 몇 군데 존재하는지 하는 것으로 판단하는 것이다. 따라서 그림 8.1.3은 Q_4,와 Q_7의 콜렉터에서 각각 높은 임피던스가 나타나므로 2단 증폭회로인 반면 그림 8.1.4는 Q_5의 콜렉터에서만 높은 임피던스가 나타나므로 1단 증폭회로가 된다.

그림 8.1.5의 회로는 그림 8.1.4의 회로를 변형시킨 구조이다. 여기에서 (b)의 회로는 NPN 트랜지스터를 사용하여 구성한 차동증폭 캐스코드 회로이다. 이것과 비교하여 볼 때 (a)의 회로는 PNP 트랜지스터를 사용한 차동증폭 캐스코드 이다. 이 회로 역시 앞에서 언급한 바와 같이 PNP 트랜지스터의 단점을 보완하고 장점을 이용하기 위하여 구성한 다른 예이다. 즉, 이 PNP 폴디드캐스코드(Folded Cascode)는 출력의 직류바이어스를 접어 내리는 역할을 하므로 입력단을 NPN 트랜지스터로 하면서 콜렉터에서 구동 트랜지스터(Q_4)를 베이스접지 형태로 연결하여 출력을 얻는다. 트랜지스터

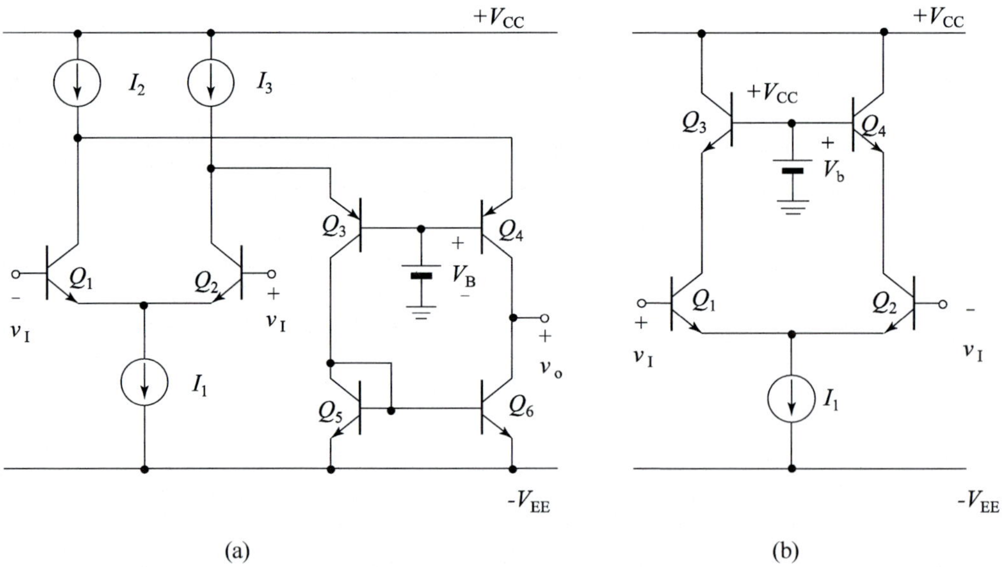

그림 8.1.5 PNP 폴디드 캐스코드를 연결하여 구성한 회로

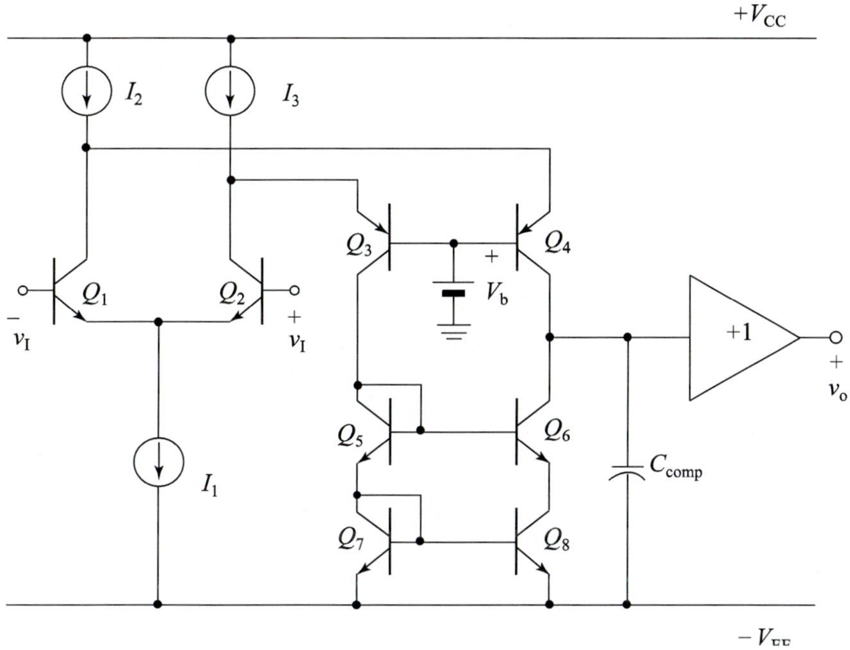

그림 8.1.6 광대역 1단 증폭 Op-앰프 회로

Q_5, Q_6는 Q_3의 콜렉터 전류를 반전시켜 출력에서 더해지도록 한다. 그러나 이 회로 역시 1단 증폭 회로에 해당하며 전압이득이 작게 얻어진다.

위 회로의 전압이득이 작은 단점을 개선하기 위한 하나의 방법은 그림 8.1.6과 같은 형태로 구성하는 것이다. 트랜지스터 Q_6를 캐스코드로 바꾸어 주면 출력노드의 임피던스가 대략 전류이득만큼 증가하는데 여기에서는 PNP 트랜지스터인 Q_4가 NPN 트랜지스터 Q_6에 비하여 작으므로 대략 Q_4의 전류이득만큼 전압이득이 증가하게 된다. 따라서 이 회로는 위 회로와 동일하게 1단 증폭회로의 장점인 광대역 특성을 보유하면서도 전압이득을 상당히 크게 얻을 수 있다는 장점 때문에 실제로 널리 사용되고 있는 하나의 방식이다.

캐스코드 구조란 베이스접지 회로를 이용하여 주 트랜지스터의 콜렉터 전류를 거의 그대로 전달시키면서 임피던스를 변환하는 역할을 한다. 이와 같은 베이스접지 회로를 에미터에 연결시킨다고 하여도 비슷한 결과를 얻을 수 있다. 그림 8.1.7의 회로가 바로 그와 같은 형태이다. 여기에서 PNP 트랜지스터 Q_3, Q_4의 역할은 NPN 트랜지스터 Q_1, Q_2의 에미터 전류를 거의 그대로 전달시키면서 임피던스를 변환해 주는 역할을 한다.이 구조는 폴디드캐스코드와 유사하게 콜렉터 측의 직류전위를 낮은 쪽으로 내려 보내는 것이 가능하게 된다. 따라서 PNP Q_3, Q_4의 콜렉터 전류를 NPN Q_5, Q_6의 미러구조를 이용하여 Q_4, Q_6의 콜렉터에서 신호가 더해지면서 전압신호로 증폭되도록 하고, 이어서 Q_7으로 다시한번 증폭하면 2단 증폭회로로 쉽게 구현할 수 있는 특징이 있다.

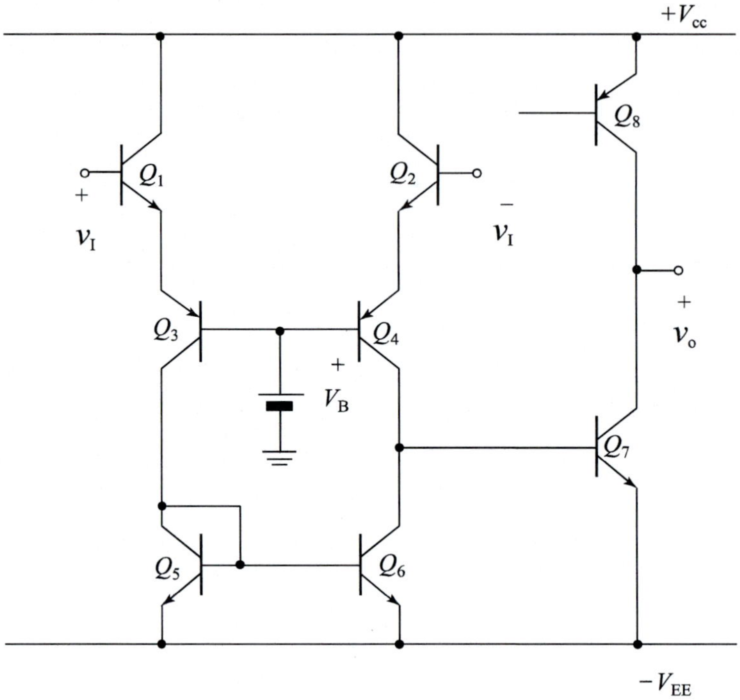

그림 8.1.7 입력단의 에미터에 캐스코드 구조를 연결하여 구성한 회로

그러나 한편 그림 8.1.7의 회로는 한 가지 문제점을 가지고 있다. 그것은 Q_3, Q_4의 베이스를 연결하여 전압원 바이어스를 인가한 형태에 있다. 이런 형태는 동상입력신호의 변화영역이 매우 좁아지는 문제점이 있다. 그 이유는 Q_1, Q_2의 베이스를 묶어 동상 직류신호를 인가하고 변화시켰을 때 콜렉터 전류가 크게 변화하기 때문이다. 이것은 그림 8.1.5에서와 같이 기존의 캐스코드 구조에서 사용하는 바이어스 방법을 그대로 가져온 데서 기인한다. 이런 문제를 해결하는 한 가지 방법은 그림 8.1.8과 같이 Q_3, Q_4의 베이스의 연결점에 전류원(I_{BB}) 바이어스를 인가하는 것이다. 이렇게 해 주면 동상입력신호가 변화하더라도 콜렉터 전류가 거의 변화하지 않게 된다. 즉, 동상입력신호에 대하여 넓은 변화범위를 허용할 수 있는 것이다. 한편 이상신호에 대해서는 두 가지가 모두 유사한 특성을 가지고 있다.

그림 8.1.8의 회로는 넓은 동상입력신호 범위를 가지고 있지만 베이스 전류원으로 바이어스를 잡는 방법을 사용하고 있기 때문에 공정에 따라 트랜지스터의 전류이득이 달라지는 상황을 고려하면 칩에 따라 콜렉터 바이어스 전류의 변화폭이 크게 되는 문제점을 가지고 있다. 이런 문제를 극복하기 위하여 그림 8.1.9에 보이는 구조가 출현하게 되었다. 이 구조는 동상신호 귀환 방법을 사용하여 입력단 트랜지스터($Q_1 \sim Q_4$) 들의 콜렉터 바이어스 전류의 합을 원하는 어떤 값(I_B)으로 일정하게 설정하는 것을 가능하게 한다. 이 구조가 바로 μA741 Op-앰프에 사용되는 입력단 바이어스 구조에 해당한다.

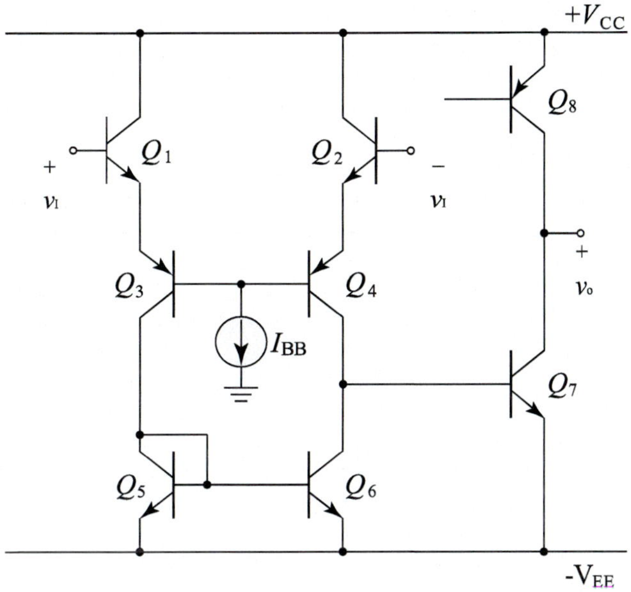

그림 8.1.8 입력단 에미터 캐스코드의 베이스 바이어스를 전류원으로 대치한 회로

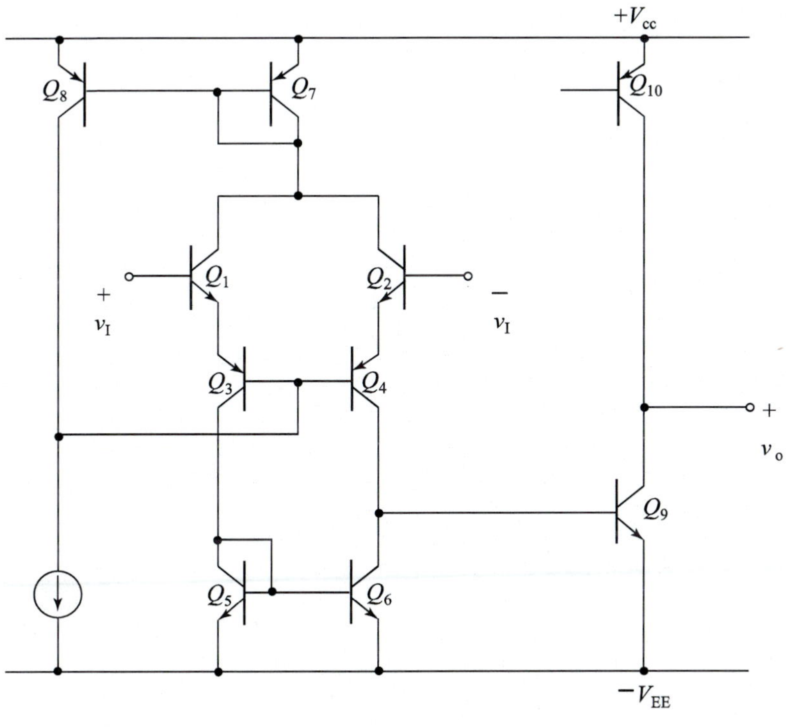

그림 8.1.9 μA741 Op-앰프의 입력단 구조

한편, 앞의 그림 8.1.9의 바이어스 구조는 윌슨미러를 변형시킨 구조로 볼 수 있다. 환언하면 윌슨미러 구조의 바이어스 회로로부터 위의 구조를 유도할 수 있는데 그 과정을 다음에 보이기로 한다. 그림 8.1.10(a)의 회로는 기본적인 윌슨미러 구조를 보인 것이다. 이 회로를 약간 변형시킨 것이 (b)의 회로이다. 즉, (b)의 회로에서는 트랜지스터 Q_2와 Q_3 사이에 직류 바이어스 전압원(V_1)을 연결하였는데 V_1의 크기를 변화시켜도이 회로의 바이어스 전류는 거의 변화하지 않는다. 즉, Q_3의 콜렉터 전류는 기준전류(I_r)를 충실히 추종한다. 왜냐하면 V_1의 변화는 Q_1과 Q_3의 V_{CE} 전압의 변화를 가져오게 되는데 트랜지스터의 얼리전압이 크므로 콜렉터 전류의 변화가 크지 않은 점과 윌슨미러의 특징인 부귀환의 효과가 변화를 줄여주는 방향으로 함께 나타나기 때문이다.

이와 유사하게 V_{CE} 전압이 변화하는 다른 형태의 구조를 그림8.11에 보인다. 이 그림에서 (a)의 구조는 PNP 트랜지스터 Q_4를 Q_2와 Q_3 사이에 삽입하였으므로 Q_4의 베이스 바이어스 V_2를 조정하면 Q_4의 V_{CE} 전압이 변화하면서 Q_1과 Q_3의 V_{CE} 전압의 변화를 가져오게 한다. 이 때 Q_3의 에미터 전류는 Q_4를 통과하여 Q_2로 그대로 전달되므로 위의 경우와 동일한 동작이 이루어짐을 알 수 있다. 여기에서 트랜지스터 Q_4를 둘로 분리하여 병렬로 연결시키면 그림 8.11(b)의 회로가 된다.

위의 그림 8.11(b)의 변형된 NPN 윌슨미러의 구조를 상보형으로 바꾸어 변형된 PNP 윌슨미러로 변화시키면 그림 8.12(a)의 회로가 된다. 즉, 전류싱크 형태를 전류소스 형태로 바꾸어 준 회로인 셈이다. 그림 8.12(b)의 회로는 (a)의 회로에서 PNP 트랜지스터 Q_3를 둘로 나누어서 연결한 형태이다. 이와 같이 변형된 회로에서는 Q_{41}, Q_{31}의 에미터의 연결점과 Q_{42}, Q_{32}의 에미터 연결점의 전위가 동일함을 알 수 있다.

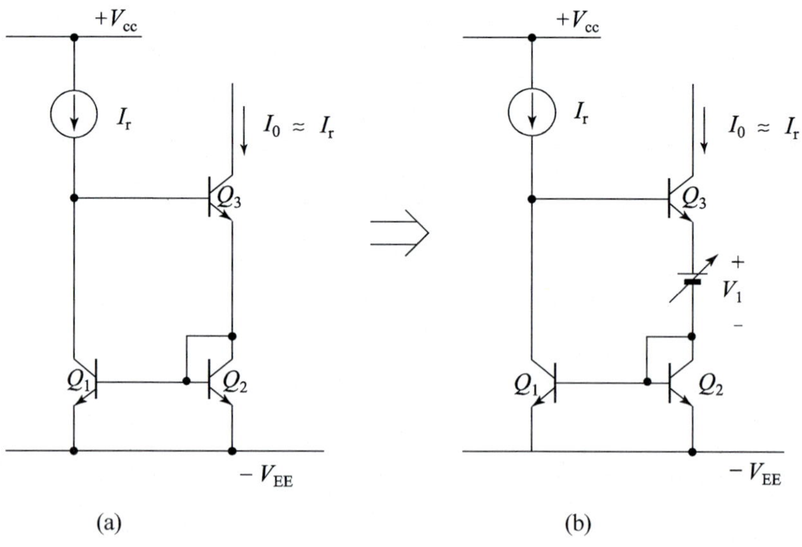

그림 8.1.10 NPN 트랜지스터 윌슨미러(a)와 변형된 윌슨미러(b)

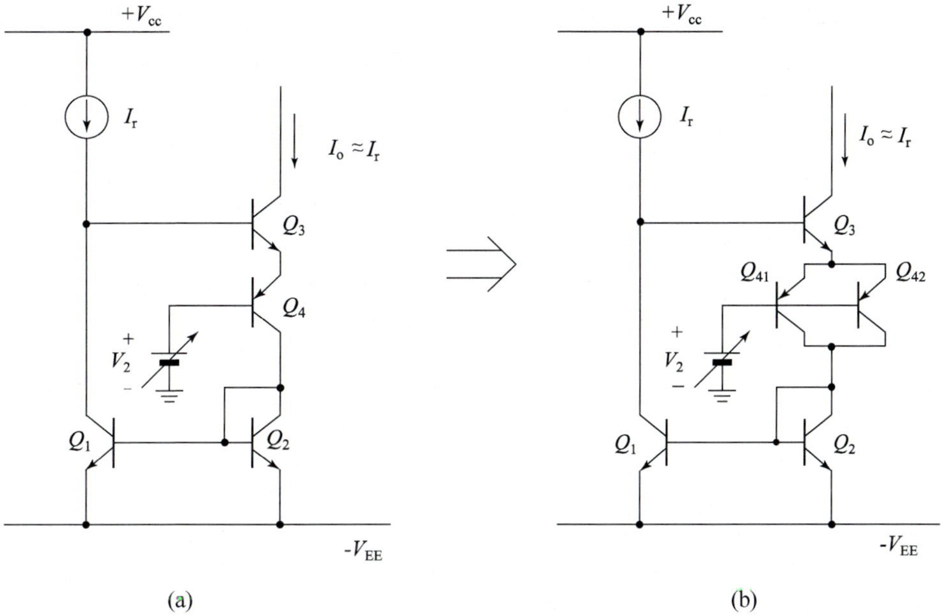

그림 8.1.11 트랜지스터를 추가하여 구성한 변형된 윌슨미러

따라서 이 그림에서는 두 에미터들간의 연결점 사이를 점선으로 이어서 표시하였으나, 서로 연결하지 않고 분리하여 두어도 회로의 동작에는 전혀 영향을 주지 않는다. 따라서 분리한 상태로 놓고 본다면, (b)의 회로에서 Q_{31}과 Q_{32}의 콜렉터에 각각 흐르는 전류는 (a)의 Q_3 콜렉터 전류와 비교하여 볼 때 각각 절반이 됨을 쉽게 알 수 있다. 또한 (a)의 회로에서도 Q_3의 콜렉터 전류는 기준전류(I_r)를 충실히 추종하므로, (b)의 회로에서 Q_{31}과 Q_{32}의 콜렉터에 흐르는 전류는 기준 전류의 각각 절반이 된다.

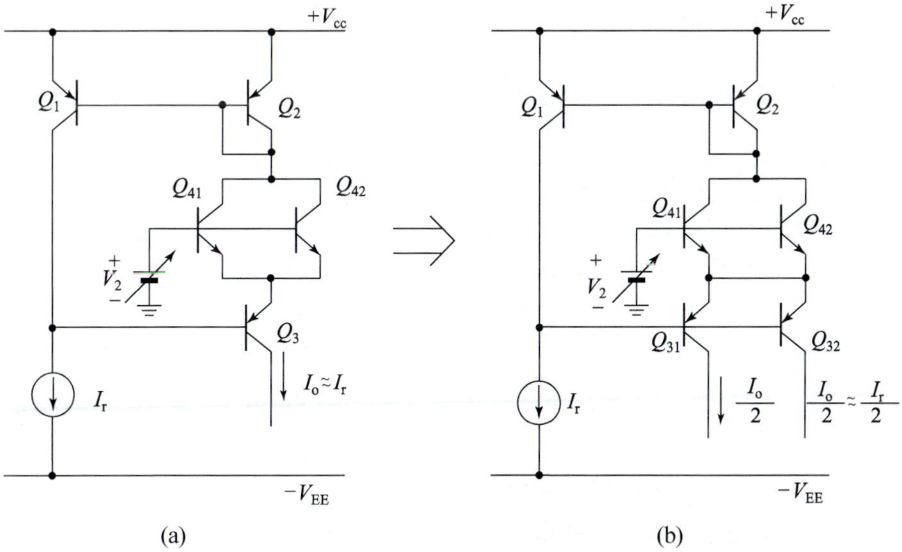

그림 8.1.12 PNP 윌슨미러를 변화시켜 구성한 변형된 윌슨미러

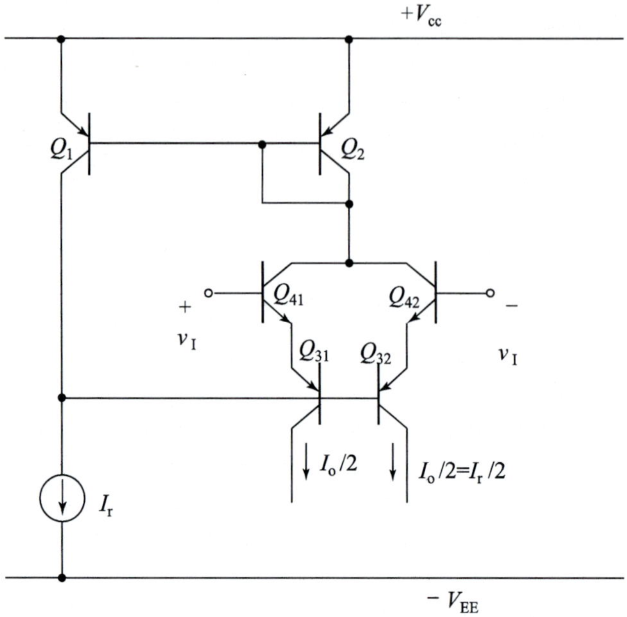

그림 8.1.13 변형 윌슨미러로부터 도출된 uA741 Op-앰프의 입력단 회로

이제 앞의 그림 8.1.12(b)에서 두 NPN 트랜지스터 Q_{41}, Q_{42}의 베이스를 분리하여 입력단자로 삼으면 아래와 같은 그림 8.1.13이 된다. 이것이 바로 윌슨미러로부터 유도한 회로로서 μA741 Op-앰프의 입력단 회로와 동일한 구조가 됨을 알 수 있다. 따라서 이 구조에서 입력단 트랜지스터 Q_{41}, Q_{42}의 콜렉터 전류는 앞에서 설명한 바와 같이 기준전류(I_r)의 절반으로 바이어스 전류가 각각 설정된다.

8.2 입력단의 동상제거 특성

이번에는 이와 같은 구조의 입력단에 대해서 동상제거특성이 어떻게 되는지 알아보기로 하자. 먼저 그림 8.2.1(a)는 통상의 차동증폭기를 보인 것이다. 여기에서 동상제거특성은 이미 제3장에서 언급한 바와 같이 Q_1, Q_2 에미터 연결점의 동상임피던스와 차동임피던스의 비율로 정해진다. 이 경우 동상임피던스는 Q_3 콜렉터를 들여다 보는 임피던스이며 이 값이 클수록 동상제거특성이 좋아진다.

한편 그림 8.2.1(b)는 (a)의 회로와 비교하여 볼 때 Q_3 콜렉터에 에미터폴로워 Q_5가 추가 되었다. 그러나 이런 구조에서는 에미터폴로워 Q_5에 의하여 동상임피던스가 더 작아진다고 할 수는 없다. 왜냐하면 이 경우 Q_3의 콜렉터 전류가 Q_5의 베이스전류와 동일하게 되므로 Q_3의 콜렉터 임피던스가 매우 커져서 에미터폴로워 Q_5에 의하여 감소되는 양을 보상하기 때문이다.

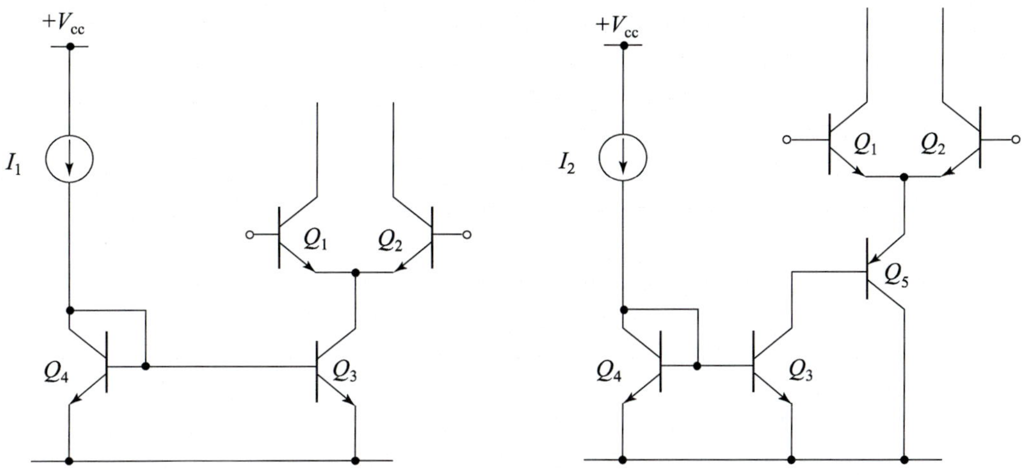

(a) (b)

그림 8.2.1

그림 8.2.2(a)는 그림 8.2.2(b)에서 Q_5를 Q_{51}과 Q_{52} 둘로 나누어 도시한 회로이다. 이렇게 함으로써 Q_1, Q_2의 에미터 전류가 각각 나뉘어 흐르도록 경로를 분리할 수 있다.이 경우에도 Q_1, Q_2의 에미터에서 보는 동상임피던스의 크기는 분리하기 전과 거의 동일하게 생각할 수 있다. 따라서 이러한 방법으로 Op-앰프의 입력단을 설계하는 것도 동상제거특성을 크게 할 수 있으므로 하나의 좋은 방법이 될 수 있다. 그러나 이 방법의 단점은 Q_{51}과 Q_{52}의 전류이득이 공정에 따라 변화하는 만큼 Q_1, Q_2의 콜렉터 바이어스 전류가 상당히 큰 범위에서 편차가 있을 수 있다는 점이다.

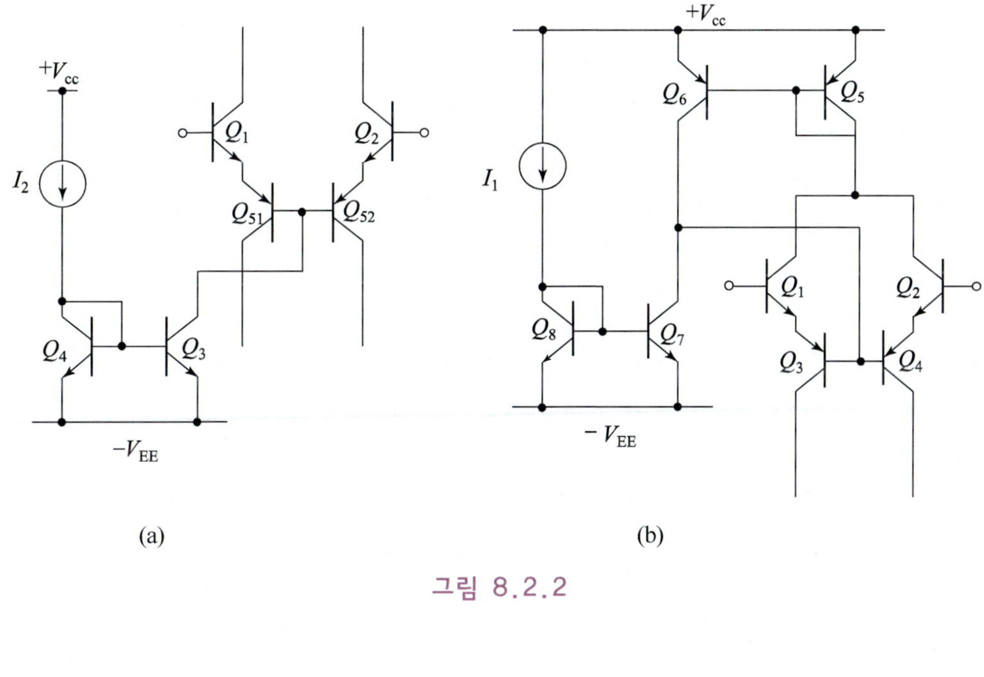

(a) (b)

그림 8.2.2

그림 8.2.2(b)는 그림 8.2.2(a)의 단점을 보완하는 회로가 된다고 할 수 있다. 즉, $Q_3 \sim Q_7$로 형성되는 구조가 바로 전 절에서 언급한 바와 같이 윌슨미러 구조이므로 공정의 편차에 관계없이 항상 Q_1, Q_2의 콜렉터 전류는 Q_7에 흐르는 전류의 절반이 되는 것이며 μA741 Op-앰프의 입력단 구조가 되는 셈이다. 그렇다면 이번에는 이런 형태에서는 동상임피던스가 어떻게 되는지 알아보기로 하겠다.

이와 같은 형태는 동상신호에 대하여 부귀환이 걸려있는 형태이므로 동상임피던스를 계산하기 위해서는 먼저 루프이득의 크기를 알아야 한다. 따라서 먼저 그림 8.2.3(a)의 회로 구조를 살펴보자. 이것은 PNP를 사용한 윌슨미러 구조로서 부귀환이 걸려있는 회로이다. 따라서이 회로에서 Q_3의 콜렉터측을 들여다 본 출력임피던스 R_{03}는 Q_3 자체의 출력임피던스가 대략 루프이득만큼 커진 결과로 나타난다. 따라서 표시해 보면

$$R_{03} = (1 + T)r_{03} \approx T \cdot r_{03} \tag{8.2.1}$$

가 되는데, 여기에서 루프이득 T는 제7장에서도 언급한 바와 같이

$$T = g_{m1}\ (r_{01} \mathbin{//} r_{04})\ G_{m3}\ r_{e2} \tag{8.2.2}$$

이며, 여기에서

$$G_{m3} = 1/(r_{e2} + r_{e3} + (r_{01} \mathbin{//} r_{04})/\beta_3\ ) \tag{8.2.3}$$

이다. 만일 여기에서

$$g_{m1}\ r_{e2} \approx 1 \tag{8.2.4}$$

$$(r_{01} \mathbin{//} r_{04})/\beta_3 >> (r_{e2} + r_{e3}) \tag{8.2.5}$$

라고 근사화하면 루프이득은

$$\mathrm{T} \approx \beta_3 \tag{8.2.6}$$

가 되므로, 따라서 R_{03}는

$$R_{03} \approx \beta_3\ r_{03} \tag{8.2.7}$$

와 같이 근사적으로 표현할 수 있다.

그러므로 이번에는 그림 8.2.3(b)의 회로에 대해서 임피던스를 생각해 보자. 여기에서는 Q_2와 Q_3의 연결을 절단하고 그 사이를 들여다 본 임피던스를 구하는 문제이다.이 임피던스 역시 부귀환에 의하여 증가한다. 그리고, 그 증가하는 양은 루프개방 임피던스 크기의 $(1 + T)$ 배가 되는데 여기에서 루프이득 T는 위에서 구한 값을 적용할 수 있다.

한편 루프개방 임피던스의 크기 R_{oa}는

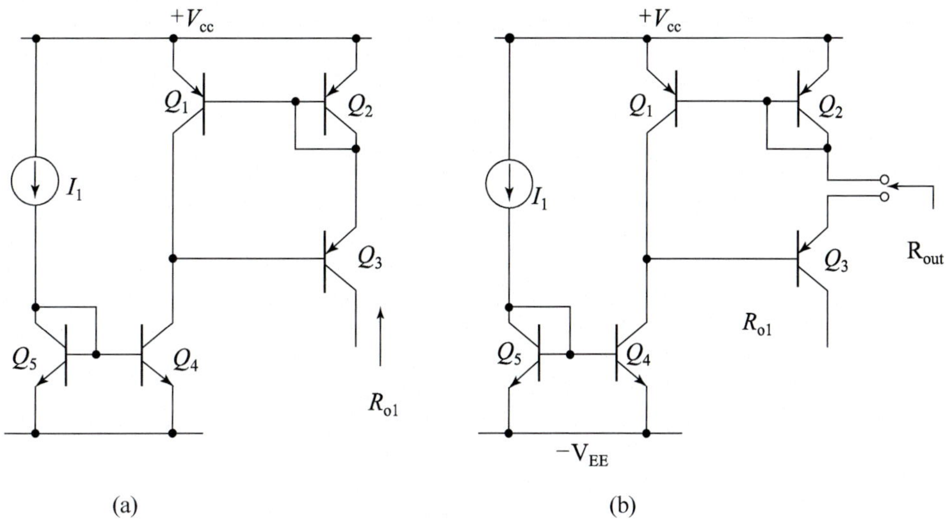

그림 8.2.3

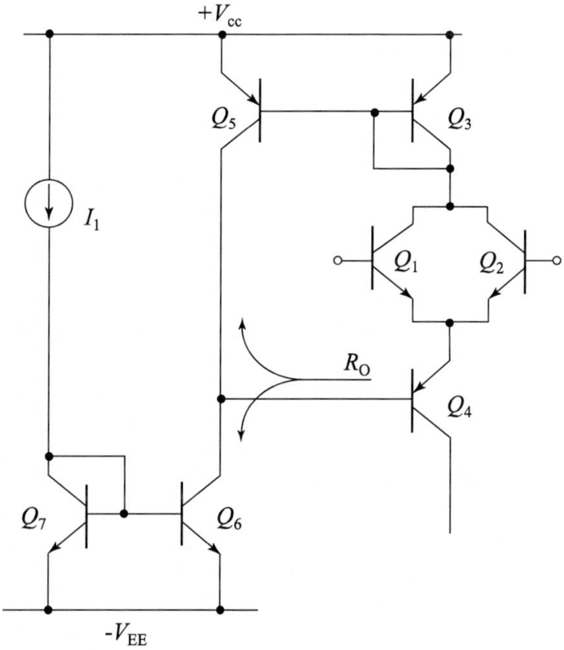

그림 8.2.4

$$R_{oa} = r_{e2} + (r_{01} \,//\, r_{04})/\beta_3 \approx (r_{01}//r_{04})/\beta_3 \tag{8.2.7}$$

가 되므로 따라서 부귀환의 효과를 고려하면 식 (8.2.6)에 의하여

$$R_{out} \approx r_{01} \,//r_{04} \tag{8.2.8}$$

가 된다.

이번에는 그림 8.2.4와 같은 회로를 생각해 보기로 하자.이 회로는 그림 8.2.3(b)의 회로의 절단된 단자 양단에 두 개의 트랜지스터를 병열로 연결하여 삽입한 것이다.이 회로에서 Q_4의 에미터쪽을 들여다 본 임피던스를 생각하여 본다면 이것은 바로 위에서 구한 식 (8.2.8)의 R_{out}과 동일한 값이 된다.

그림 8.2.5(b)에 보이는 회로는 그림 8.2.4의 회로를 약간 변형시킨 결과이다. 이것은 바로 그림 8.2.2(b)에 보이는 회로와 동일한 회로이며, μA741 Op-앰프의 입력단 구조와 동일한 형태이다. 그림 8.2.5(a)의 회로에서 R_{EE}에 해당하는 임피던스가 바로 그림 8.2.5(b)의 회로에서 Q_3, Q_4의 에미터측에서 들여다 보는 임피던스와 동일한 값이 된다. 그리고 그 임피던스는 위에서 구한 식 (8.2.8)의 R_{out}과 동일한 값이 된다. 따라서 Q_3, Q_4의 각각의 콜렉터에 흐르는 전류성분의 동상제거특성은 동상임피던스와 차동임피던스의 비로 주어지므로

$$CMRR = 1/2 + R_{out}/2r_e \tag{8.2.9}$$

와 같이 주어지게 된다.

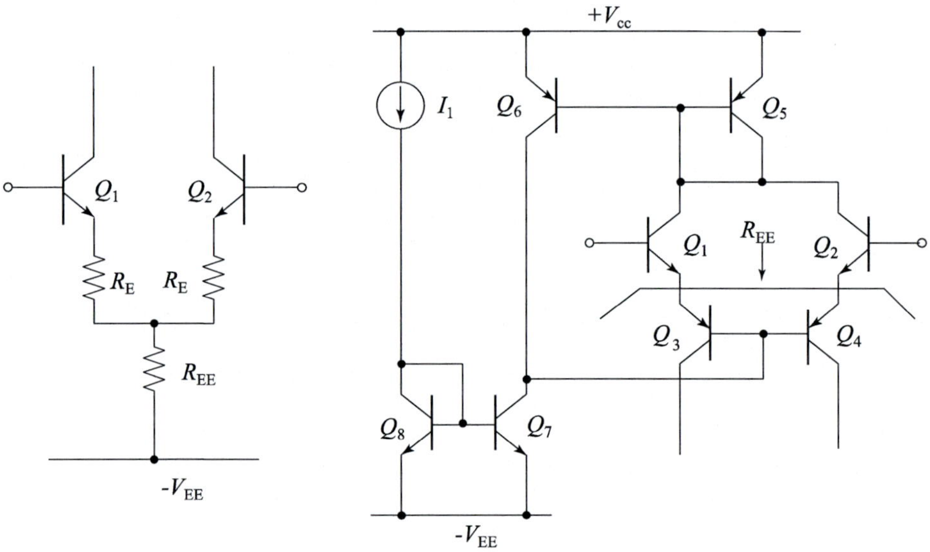

(a) (b)

그림 8.2.5

8.3 μA741 연산증폭기 회로

바이어스 전류

이제 μA741 Op-앰프의 회로를 살펴보기로 하자. 전체 회로의 구성은 그림 8.3.1에 보이는 바와 같다. 이 회로에서 먼저 각 트랜지스터의 바이어스 상태를 살펴보면, 바이어스 전류의 형성은 그림 8.3.2에 보이는 바와 같이 트랜지스터 Q_{10} ~ Q_{12}와 두 개의 저항 R_4, R_5로 잡혀 있음을 알 수 있다. 여기에서 Q_{11}에 흐르는 전류를 I_{11}이라 하면 이것은 R_5에 흐르는 전류와 동일하므로

$$I_{11} = \frac{V_{CC} - V_{EE} - 2V_{BE}}{R_5} \tag{8.3.1}$$

이 된다. 따라서 계산해 보면 I_{11} = (30V− 2×0.6V)/39k = 0.74mA가 된다. 또한 Q_{10}에 흐르는 선류를 I_{10}이라 할 때 이 전류는

$$V_T \ln\left(\frac{I_{11}}{I_{10}}\right) = R_4 I_{10} \tag{8.3.2}$$

의 관계식을 만족하게 된다. 한편, 여기에서 I_{10}를 얼마로 설정할 것인지 하는 것은 설계자의 선택에 따라 달라진다. 그런데 이 회로와 같이 바이폴라의 경우에는 I_{10}의 크기가 차동입력 임피던스와 관련이 있다. Op-앰프의 차동입력 임피던스는 이상적인 경우 무한대로 클수록 바람직하지만 바이폴라의 경우에는 한계가 있으므로 대략 1MΩ 정도로 설정하면 무난하다고 하겠다. 이런 형태의 회로에서는 차동입력 임피던스가

$$R_{id} = 4\, r_\pi$$

와 같이 주어지므로 한 트랜지스터의 r_π가 대략 250kΩ이 되도록 해 주면 된다. 이것은 입력단 트랜지스터들의 바이어스 전류를 10μA로 설정하면 됨을 의미한다. 그렇게 하기 위해서는 Q_{10}에 흐르는 전류를 I_{10}를 대략

$$I_{10} \approx 20\ \mu A$$

로 설정하면 된다. 즉, Q_8, Q_9에 흐르는 전류는 Q_{10}에 흐르는 전류와 동일하고, Q_1 ~ Q4를 흐르는 전류는 Q_8에 흐르는 전류의 절반이 되므로 I_{10}의 절반이 되는 셈이어서 각각 10μA 씩 흐르게 된다. 이런 조건을 만족하도록 하기 위해서는 식 (8.3.2)에서

$$V_T \ln\left(\frac{I_{11}}{I_{10}}\right) = V_T \ln\left(\frac{0.74\text{mA}}{20\text{uA}}\right) \approx 100\text{mV}$$

이므로 R_4 = 5k일 때 $I_{10} \approx 20\mu A$가 된다.

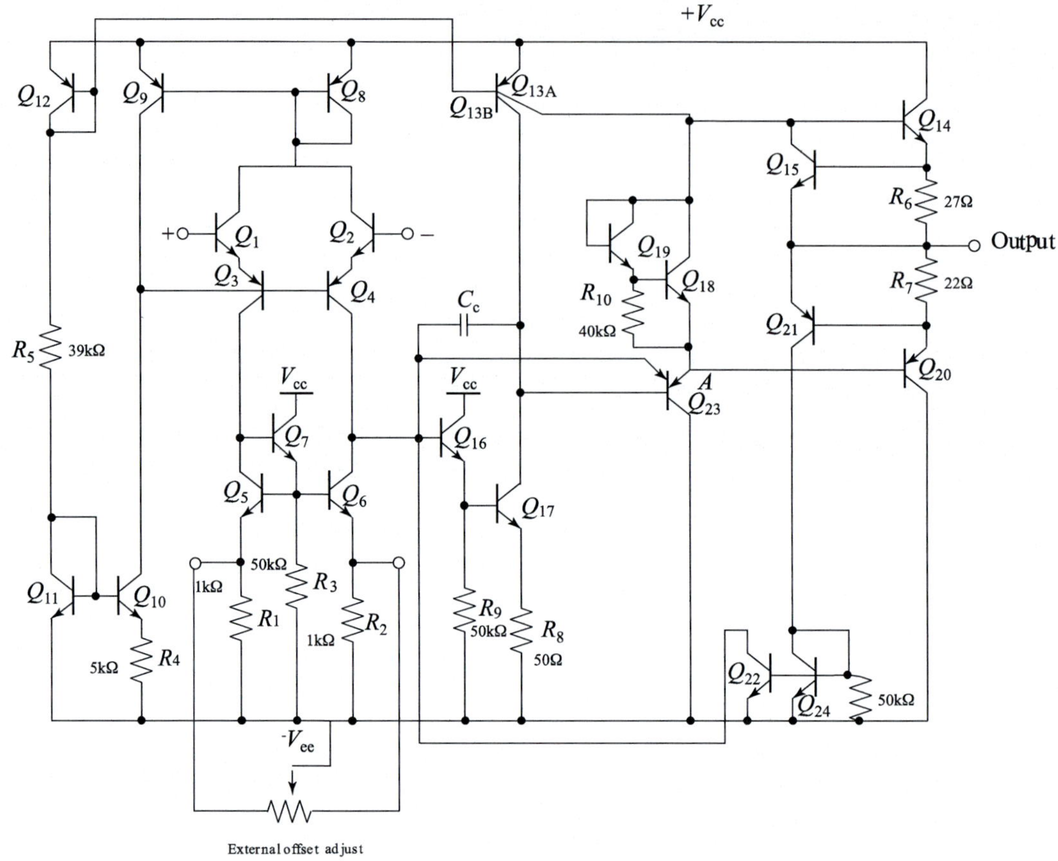

(a)

그림 8.3.1 μA741 operational amplifier Circuit

한편 Q_{13}에 흐르는 전류는 콜렉터가 A, B의 둘로 나뉘어 있으므로 각각의 면적에 비례하여 전류가 정해지게 된다. 이 경우 A, B의 면적은 각각 3 : 1로 설계되어 있으며 그 비례로 나뉘어

$$I_{13A} \approx 180\mu A, \qquad I_{13B} \approx 540\mu A$$

로 설정되어 있다.

따라서 Q_{17}에 흐르는 전류는 I_{13B}와 동일하게 되어 $I_{17} \approx 540\mu A$가 흐르게 되고, Q_{16}에 흐르는 전류는

$$I_{16} \approx (V_{BE17} + I_{17}R_8) / R_9 + I_{B17} \approx 700\text{mV}/50\text{k}\Omega + 5\mu A \approx 20\mu A$$

가 된다.

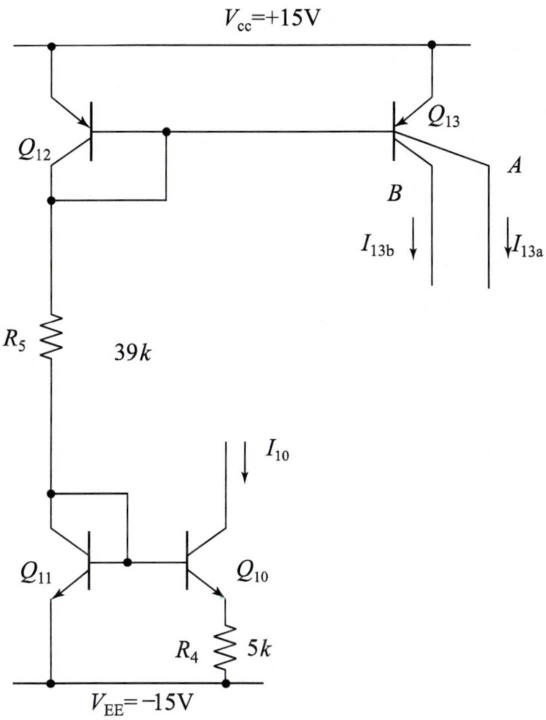

그림 8.3.2 바이어스 회로

이번에는 아이들링 상태에서 출력단 트랜지스터 Q_{14}와 Q_{20}에 흐르는 바이어스 전류를 계산해 보자. 그림 8.3.3에 보이는 바와 같이 Q_{18}, Q_{19}, Q_{14}, Q_{20}으로 형성되어 있는 B-E 루프에서

$$V_T \ln\left(\frac{I_{19}}{I_{S19}}\right) + V_T \ln\left(\frac{I_{18}}{I_{S18}}\right) = V_T \ln\left(\frac{I_{14}}{I_{S14}}\right) + V_T \ln\left(\frac{I_{20}}{I_{S20}}\right) \tag{8.3.3}$$

의 관계가 성립하므로

$$I_{14} = I_{20} = \sqrt{\frac{I_{S14}I_{S20}}{I_{S18}I_{S19}}}\sqrt{I_{18}I_{19}} \tag{8.3.4}$$

이 된다. 그런데 트랜지스터의 포화전류 I_S는 크기에 비례하며 이 회로에서는 $I_{S14} = 3\ I_{S19}$으로 설계되어 있다. 또한

$$I_{19}\,(= \mathrm{I_{R10}}) \approx 15\mu\mathrm{A}, \qquad I_{18}\,(= 180\mu\mathrm{A} - 15\mu\mathrm{A}) \approx 165\mu\mathrm{A}$$

로 설정되어 있으므로 식 (8.3.4)로부터 출력트랜지스터의 바이어스 전류는

$$I_{14} = I_{20} \approx 450\mu\mathrm{A}$$

와 같이 설정되어 있음을 알 수 있다.

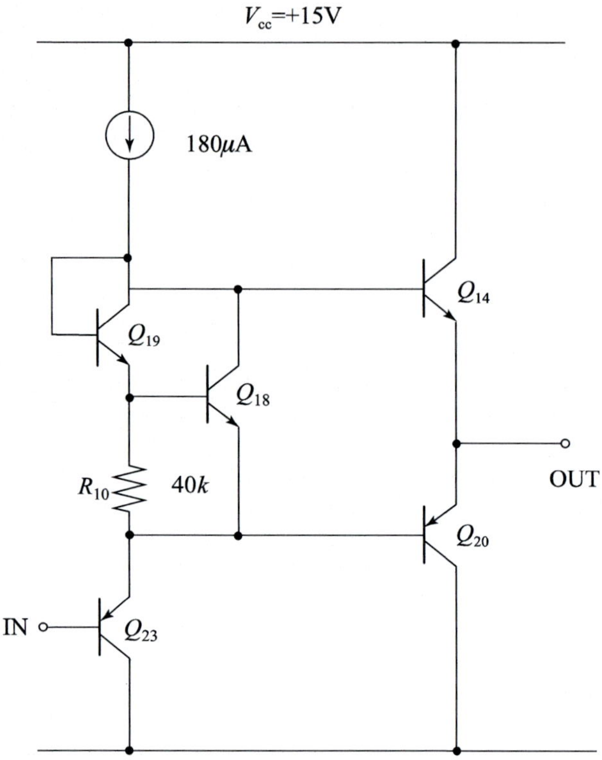

그림 8.3.3 근사화한 출력단 회로

소신호 전압이득

이번에는 소신호 전압이득에 대해서 알아보기로 하자. 전압이득을 구하기 위해서 먼저 소신호 전류의 흐름에 대해서 살펴보면 그림 8.3.4에 보이는 바와 같다. 그림 8.3.4(a)의 회로로부터 입력단 트랜지스터 Q_1, Q_2의 베이스 양단에 차동신호 v_s가 인가되면 이로 인하여 에미터 측에서는 소신호 전류 i_e가 그림과 같은 방향으로 흐르는 것으로 생각할 수 있으며,이 전류의 크기는

$$i_e = \frac{v_s}{4r_{e1}} = \frac{1}{4}g_{m1}v_s \tag{8.3.5}$$

와 같이 주어짐을 알 수 있다. 실제에 있어서 Q_1, Q_2의 에미터 측 소신호 전류의 흐름은 그림 8.3.4(b)에 도시한 바와 같은 형태로 존재하게 된다. 따라서 이 그림으로부터 Q_4, Q_6 콜렉터 연결지점에서의 전류 변화는 $2i_e$가 됨을 알 수 있다. 그러므로 이 연결지점에서의 전압신호 v_{01}은 이 지점의 출력임피던스 R_{01}을 알면 구할 수 있다. 즉,

$$v_{01} = 2i_e R_{01} \tag{8.3.6}$$

와 같이 주어진다.

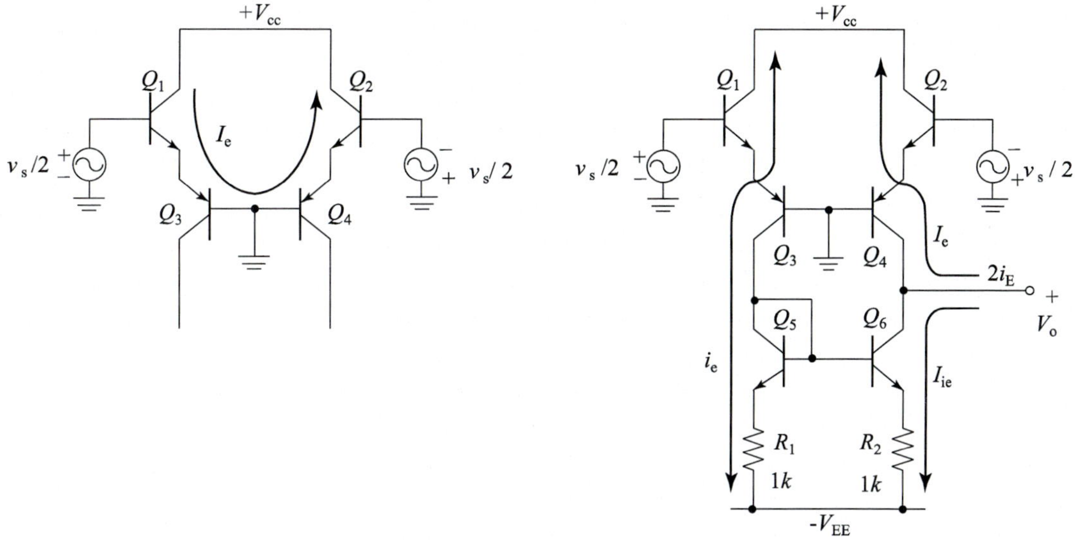

(a) (b)

그림 8.3.4 입력단 차동신호에 따른 소신호 전류의 흐름

한편, 그림 8,3,5는 Q_4, Q_6 콜렉터 연결지점에서의 출력임피던스를 구하기 위한 근사등가회로이다. 이 회로로부터 R_{01}은

$$R_{01} \approx r_{04}\,(1 + g_{m4}/g_{m2}) \,//\, r_{06}\,(1+g_{m6}R_2) \tag{8.3.7}$$

와 같이 계산이 가능하다.

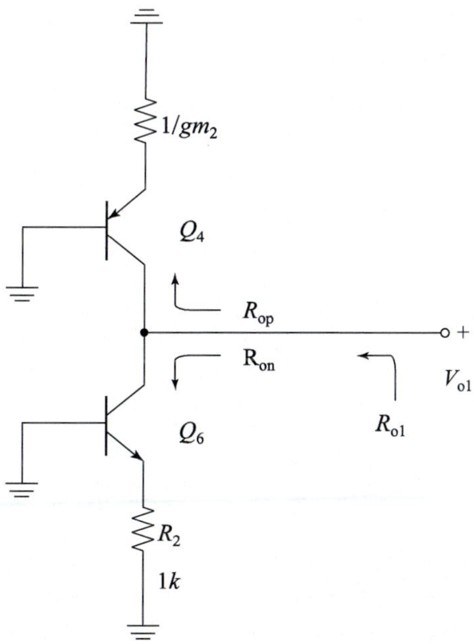

그림 8.3.5 입력단의 출력저항

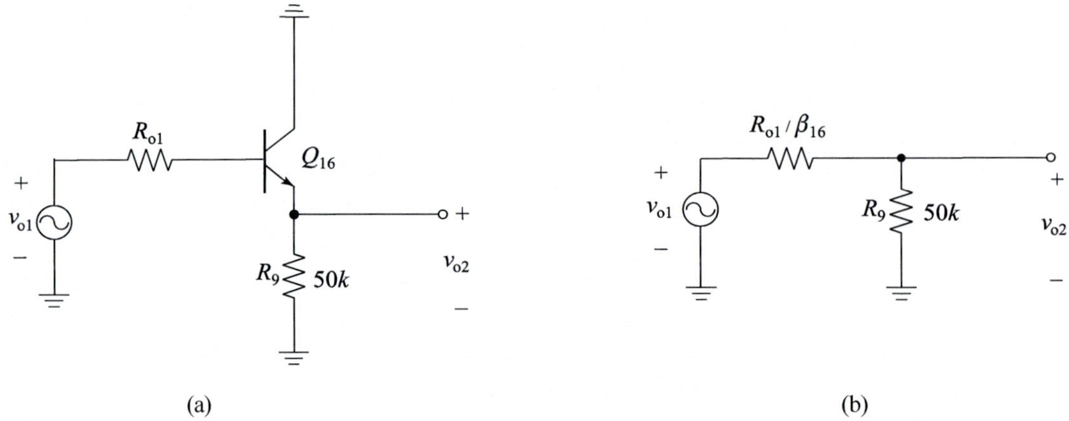

그림 8.3.6 에미터 폴로워단의 등가회로

이 지점에 연결된 에미터폴로워 Q_{16} 주변의 등가회로는 Q_{17}의 베이스측 연결을 절단하고 그리면 그림 8.3.6에 보이는 바와 같다. 그림 8.3.6(b)에서

$$v_{02} = \frac{R_9}{R_9 + R_{01}/\beta_{16}} v_{01} \tag{8.3.8}$$

이 얻어진다.

이번에는 Q_{16}의 에미터를 다시 연결한 상태에서 Q_{17} 주변의 등가회로를 그리면 그림 8.3.7에 보이는 바와 같다. 여기에서 Q_{17} 콜렉터에서의 전압이득을 구하면

$$v_{03} \approx \frac{R_{02}}{R_8 + r_{e17} + \left(R_9 // R_{01}/\beta_{16}\right)/\beta_{17}} v_{02} \tag{8.3.9}$$

이 되는데 여기에서

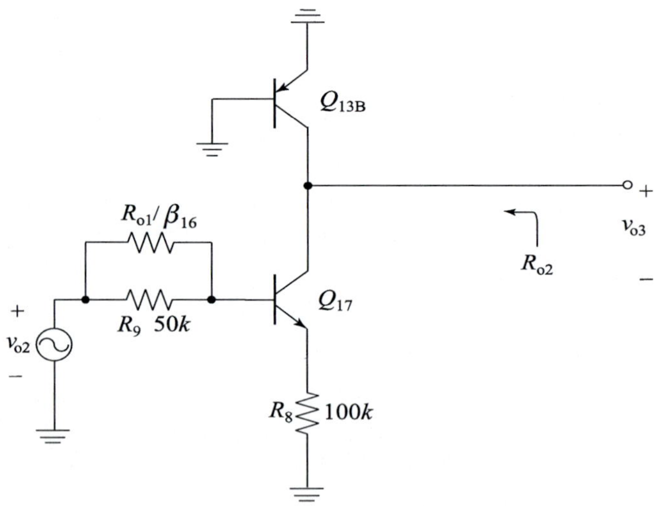

그림 8.3.7 둘째 단의 등가회로

$$R_{02} = r_{013B} \,/\!/\, R_{017} \tag{8.3.9-1}$$

을 의미한다.

또한 Q_{17}의 콜렉터측 임피던스 R_{017}은

$$R_{017} = r_{017}(1 + G_{m17}R_8) \tag{8.3.10}$$

이고

$$G_{m17} = 1/\left[r_{e17} + \left(R_9 \,/\!/\, R_{01}/\beta_{16}\right)/\beta_{17}\right] \tag{8.3.11}$$

으로 주어지는 값이다.

그런데 최종 출력전압 v_0는 그림 8.3.8에 보이는 바와 같이 v_{03}가 Q_{23}, Q_{14} (Q_{20})의 에미터 폴로워를 각각 통과하여 나타나게 되며 그 크기는 거의 1과 동일하다고 할 수 있으므로 무시하면 위의 식들로부터 총 전압이득은 다음과 같이 쓸 수 있다. 즉,

$$|A_v| \approx \left(\frac{1}{4}g_{m1}\right)(2R_{01})\left(\frac{R_9}{R_9 + R_{01}/\beta_{16}}\right)\left(\frac{R_{02}}{R_8 + r_{e17} + \left(R_9 \,/\!/\, R_{01}/\beta_{16}\right)/\beta_{17}}\right) \tag{8.3.12}$$

와 같이 된다.

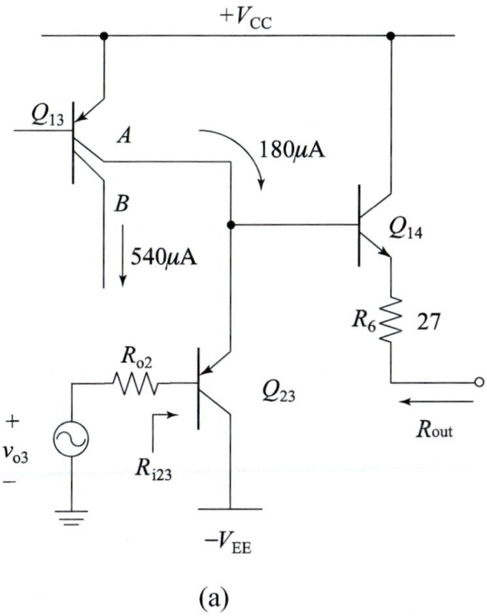

그림 8.3.8 출력 저항의 두 가지 형태

예 8.1 uA741 Op-amp의 소신호 전압이득을 구하라. 단, 트랜지스터 파라미터는 아래와 같다.

$$\text{NPN : } V_{AN} = 120\text{V} , \qquad \beta_N = 200$$

$$\text{PNP : } V_{AP} = 50\text{V} , \qquad \beta_P = 50$$

풀 이 식 (8.3.12)에 주어진 각 항을 계산하면 다음과 같다.

$$g_{m1} = 10\mu\text{A}/26\text{mV} = 0.38\text{mS}$$

$$R_{01} \approx 5\text{M}\ (1+1)\ //\ 12\text{M}\ (1+0.38) = 10\text{M}//16.5\text{M} = 6.2\text{M}\Omega$$

$$r_{04} = 50\text{V}/10\mu\text{A} = 5\ \text{M}\Omega$$

$$r_{06} = 120\text{V}/10\mu\text{A} = 12\ \text{M}\Omega$$

$$g_{m2} = g_{m4} = g_{m6} = g_{m1} = 38\text{mS}$$

$$R_{02} = 92\text{k}//312\text{k} = 71\text{k}$$

$$r_{013B} = 50\text{V}/540\mu\text{A} = 92\text{k}\Omega$$

$$r_{017} = 100\text{V}/540\mu\text{A} = 185\text{k}\Omega$$

$$r_{e17} = 26\text{mV}/540\mu\text{A} = 48\Omega$$

$$G_{m17} = 1/[48 + (50\text{k}//31\text{k})/200] = 1/(48+96) = 6.94\text{mS}$$

$$R_{017} = 185\text{k}(1+6.94\text{m}\times100) = 312\text{k}$$

따라서 식 (8.3.12)에 대입하면

$$|A_v| \approx (0.38m/4)(2\times6.2\text{M})\left(\frac{50k}{50k+250}\right)\left(\frac{71k}{100+48+(50k//250)/200}\right)$$

$$\approx (95\mu)(12.4\text{M})(1)(474)$$

$$\approx 558{,}000$$

$$\approx 115\text{dB}$$

와 같이 얻어진다.

보호 회로 및 검토 사항

1) 출력 구동회로 바이어싱

여기에서는 회로구성의 특징적인 모습과 보호회로에 대해서 살펴보기로 하겠다. 먼저 출력 구동부 회로에 대해서 특징적인 점을 한 가지 생각해 보자. 일반적으로 증폭회로의 바이어싱은 입력에 가까운 쪽에서는 작은 전류로 그리고 출력으로 갈수록 점점 증가하는 방향으로 설정하는 것이 보통이다. 그 이유는 신호의 크기가 증폭되어감에 따라 신호전류 변화의 폭도 커지므로 더 큰 바이어싱 전류를 필요로 하기 때문이다. 그러나 μA741 회로의 출력단에서는 그렇지 않은 모습을 볼 수 있다. 즉, 그림 8.3.8에 보인 바와 같이 소스폴로워 Q_{23}의 바이어싱을 보면 베이스측 바이어싱 전류는 Q_{13B}에 흐르는 전류(540μA)로 설정되어 있고 에미터측 전류는이 보다 더 작게 Q_{13A}에 흐르는 전류(180μA)로 설정되어 있음을 알 수 있다.이 부분만을 보면 일반적인 바이어싱 방법과는 달리 역행하고 있는 것이다. 그러면 왜 이와 같은 방법으로 바이어싱을 하였을까 하는 점을 생각해 보기로 하자.

최종 출력단은 클래스 B로 되어있으며 각각 트랜지스터 Q_{14}와 Q_{20}이 플러스출력과 마이너스 출력을 각각 담당하고 있다. 그런데 하나는 NPN 다른 하나는 PNP 트랜지스터 이므로 그 전류이득이 상당한 차이가 날 수 있다. 즉, 최종 출력에서 보았을 때 플러스 스윙과 마이너스 스윙시의 출력 임피던스에 상당한 차이가 날 수 있다. 예를 들어 $\beta_N = 250$ $\beta_p = 50$ 정도라고 할 때 전류 이득이 5배 정도 다른 셈이며 큰 전류가 흐르는 경우는 측면(lateral) PNP의 경우에는 β_p가 10 이하의 작은 값으로 쉽게 작아질 수 있는데 이와 같이 전류이득의 차이가 큰 경우에도 출력임피던스의 차이가 크지 않도록 설계할 필요가 있다. 플러스 스윙과 마이너스 스윙시의 출력 임피던스를 각각 계산해 보면

$$R^{+}_{out} \approx R_6 + r_{e14} + r_{e23} / \beta_{14} + R_{02} / (\beta_{23}\beta_{14}) \quad (8.3.13)$$

$$R^{-}_{out} \approx R_7 + r_{e20} + r_{e23} / \beta_{20} + R_{02} / (\beta_{23}\beta_{20}) \quad (8.3.14)$$

와 같이 된다. 이상적인 경우는이 두 값이 동일하게 되는 것인데이 두 식을 비교해 보면 R_6와 R_7 그리고 R_{e14}와 R_{e20}은 각각 서로 비슷한 값인데 비해서 $R_{02}/(\beta_{23}\beta_{14})$은 $R_{02}/(\beta_{23}\beta_{20})$ 비슷한 값이 아님을 알 수 있다. 따라서 이런 상황에도 불구하고 플러스 스윙과 마이너스 스윙시의 출력 임피던스가 서로 비슷하도록 하는 하나의 방법은 R_{02}가 출력 임피던스에 미치는 영향을 최소로 줄이는 것이다. 즉, $R_{02}/(\beta_{23}\beta_{14})$와 $R_{02}/(\beta_{23}\beta_{20})$의 두 값은 서로 큰 차이가 있지만 이 값들이 다른 항에 비해서 상대적으로 작게 하는 것이다. 이렇게 하기 위해서는 R_{02} 값 자체를 너무 크지 않도록 설계할 필요가 있는데 이것은 바이어스 전류를 크게 설정함으로써 가능하게 된다. 이것이 바로 Q_{13B}에 흐르는 전류가 540μA로서 상당히 큰 값으로 설정한 하나의 이유이다.

예 8.2 무 부하 상태에서 μA741 Op-amp의 출력단에서 식 (8.3.13)과 식 (8.3.14)로 주어지는 두 식의 각 항을 계산하고 비교하라. 단, 트랜지스터 파라미터는 예제 8.1에서 주어진 바와 동일하다.

풀 이 부하가 연결되어 있지 않은 상태에 대하여 계산하여 보면 Q_{14}와 Q_{20}을 통하여 흐르는 전류가 대략 450μA이므로

$$r_{e14} = r_{e20} = 26\text{mV}/450\mu\text{A} = 58\Omega$$

또

$$r_{e23} = 26\text{mV}/180\mu\text{A} = 144\Omega$$

따라서

$$R_{out}^{+} \approx (27 + 58 + 144/200) + 71k/(50 \times 200) \approx 86 + 7.1 = 93\Omega$$

$$R_{out}^{-} \approx (22 + 58 + 144/50) + 71k/(50 \times 50) \approx 83 + 28 = 111\Omega$$

와 같이 계산된다. 이 예에서 보는 바와 같이 출력단 트랜지스터의 전류이득 차이가 큼에도 불구하고 플러스 스윙과 마이너스 스윙시의 출력임피던스는 큰 차이가 나지 않으며 유사한 값을 유지하고 있는 것이다.

바이어싱과 관련하여 위에서 설명한 이유 외에 Q_{13B}의 바이어스 전류를 크게 설정한 이유를 또 하나의 다른 관점에서 고찰해 보기로 하자. 소신호 전압이득에 관한 식 (8.3.12)에서 $R_{02로}$ 표시한 값은 Q_{13B}와 Q_{17}이 연결된 노드에서이 두 트랜지스터의 콜렉터측을 들여다 본 임피던스를 의미한다. 그러나 만일 출력측에 부하가 걸려있다면 전압이득에 관한 식 (8.3.12)에서 R_{02}를 Q_{23}의 베이스측에서 들여다 본 부하 임피던스와 병렬로 계산한 값으로 대치해 주어야 한다. 그러므로 만일 부하저항이 작다면 전압이득에 미치는 영향이 어떨지 생각해 볼 필요가 있다. 에미터 폴로워 Q_{23} (정확하게 표현하면 Q_{23A}를 의미함)의 베이스를 들여다 보면 플러스 스윙과 마이너스 스윙시의 입력 임피던스가 각각 다르게 보일 것이므로 Q_{13B}와 Q_{17}이 연결된 노드에서의 Q_{23}의 베이스를 들여다 본 임피던스를 각각 계산해 보면

$$R_{i23}^{+} \approx \beta_{23}\beta_{14}R_L \tag{8.3.15}$$

$$R_{i23}^{-} \approx \beta_{23}\beta_{20}R_L \tag{8.3.16}$$

와 같이 된다. 이 두 식으로 주어지는 임피던스가 서로 다르면 플러스 스윙과 마이너스 스윙시의 소신호 전압이득이 달라지게 된다. 이런 현상은 구동 가능한 최소 부하저항이 연결된 상태에서 가장 민감하게 나타나게 된다. 즉, 전압이득이 부하저항의 함수이고 플러스 스윙과 마이너스 스윙시의 값이 각각 다르게 된다면 왜율도 커지고 주파수 보상 설계도 어렵게 된다. 여기에서도 위 두 식에서 임피던스의 차이는 트랜지스터 Q_{14}와 Q_{20}의 전류이득의 차이에서 비롯된다.

이런 경우에도 Q_{23}의 베이스 노드에서의 임피던스 차이를 줄이는 방법은 R_{02}를 상대적으로 작게 설계하는 것이다. 즉, Q_{23}의 베이스 노드에서의 임피던스는 위 두 식으로 주어지는 값과 R_{02}의 병렬 값으로 주어지며, R_{02}는 또 식 (8.3.9-1)에서와 같이 r_{013B}와 R_{017}의 병렬 값으로 주어지는데 $R_{017} >> r_{013B}$이므로 결국 R_{013B}를 줄여서 설계하면 된다. 그런데 r_{013B} 줄여주기 위해서는 Q_{13B}에 흐르는 바이어스 전류를 증가시키는 것이 간편한 방법이다. 이것이 I_{13B}를 의도적으로 크게 설계한 또 다른 이유인 것이다.

예 8.3 이 μA741 회로의 경우는 최대 출력전류가 대략 20mA 이내로 설정되어 있으며, 따라서 부하저항의 최소 허용치는 최대출력스윙을 고려할 때 대략 1kΩ 정도가 된다. 부하저항 1kΩ이 연결된 상태에서 Q_{23}의 베이스를 들여다 볼 때 플러스 스윙과 마이너스 스윙시의 입력 임피던스를 각각 구하고 비교하라. 또 Q_{13B}가 연결된 경우 각각의 임피던스는 어떻게 달라지는가?

풀 이 부하저항 1kΩ이 연결된 상태에서 Q_{23}의 베이스를 들여다 본 저항은

$$R_{i23}^{+} \approx 50 \times 200 \times 1k \approx 10\text{M}\Omega$$

$$R_{i23}^{-} \approx 50 \times 50 \times 1k \approx 2.5\text{M}\Omega$$

와 같이 많은 차이가 난다. 여기에 Q_{13B}가 연결된 경우에 Q_{23} 베이스 노드에서의 임피던스는 각각

$$R_{i23}^{+} // r_{013B} \approx 50 \times 200 \times 1k // 92k \approx 10\text{M} // 92k \approx 91k$$

$$R_{i23}^{-} // r_{013B} \approx 50 \times 50 \times 1k // 92k \approx 2.5\text{M} // 92k \approx 89k$$

와 같은 값을 가지게 되므로 그 차이가 매우 작아지게 되어 플러스 스윙과 마이너스 스윙시의 소신호 전압이득이 거의 달라지지 않게 됨을 알 수 있다.

무부하 상태에서는 Q_{23} 베이스를 들여다 본 플러스 스윙과 마이너스 스윙시의 입력 임피던스가 각각 무한대가 된다. 이런 경우에도 Q_{13B}가 연결된 상태에서 Q_{23} 베이스 노드에서의 임피던스는 r_{013B}의 임피던스와 동일한 값이 되므로 각각 92kΩ이 된다. 따라서 μA741 회로의 소신호 전압이득은 부하의 크기에 의하여 영향을 받지 않으며 일정한 값을 가지게 되므로 보상회로의 설계도 부하와 무관하게 이루어질 수 있음을 알 수 있다.

2) 과전류 보호회로

이번에는 출력측의 과전류 보호회로에 대해서 살펴보기로 하겠다. 과전류 보호는 전류가 부하측으로 공급될 때와 부하측으로부터 흡인될 때를 분리하여 각각의 경우에 알맞은 형태로 설계해 주어야 한다.

그림 8.3.9는 공급전류를 제한하는 모습을 보여주기 위하여 출력을 접지시키고 도시한 그림으로 출력단 NPN 트랜지스터 Q_{14}의 과전류를 제한하는 모양을 나타내고 있다. 이 그림에서 보이는 바와 같이 Q_{14}의 에미터에 연결된 저항 R_6 양단에 걸리는 전압이 Q_{15}의 베이스 에미터간 전압이 되며 공급전류가 증가하면 Q_{15}에 흐르는 전류가 증가하여 I_{13A}의 전류를 바이패스 시킴으로써 Q_{14}의 베이스에 공급되는 전류를 제한하게 된다.

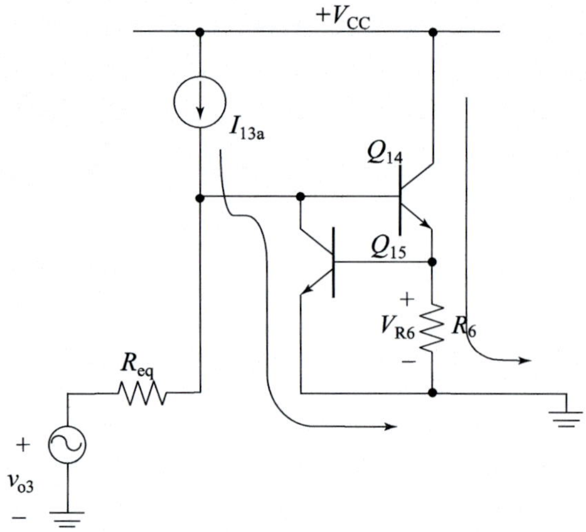

그림 8.3.9 출력 단 NPN(Q_{14})의 과전류 보호

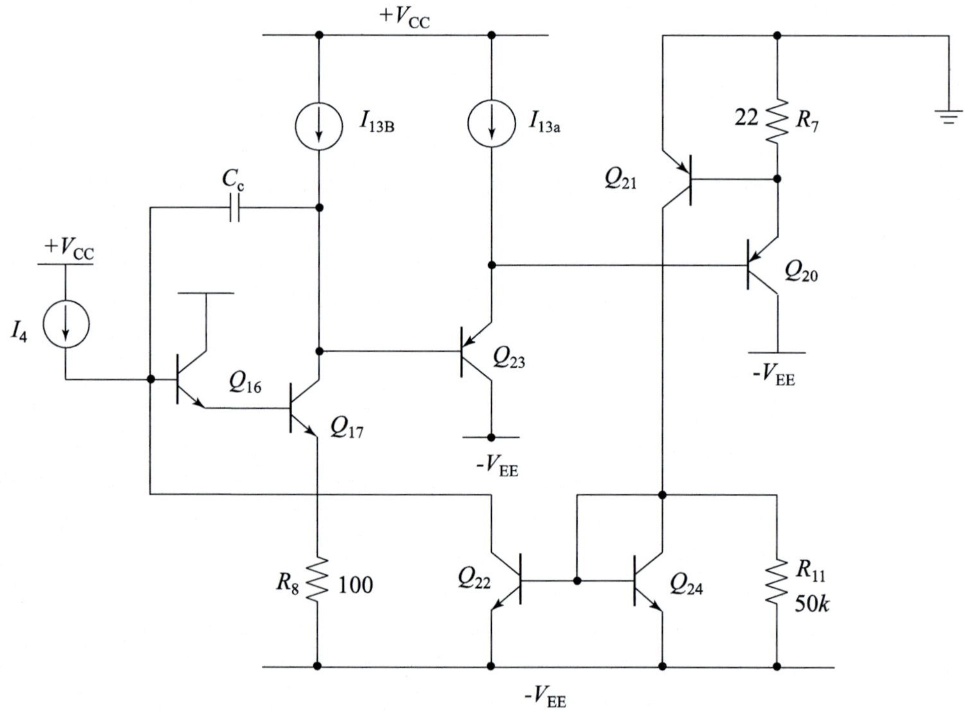

그림 8.3.10 출력단 PNP(Q_{20})의 과전류 보호

이 회로에서는 R_6를 27Ω으로 설정하여 출력전류가 대략 20mA가 흐를 때 R_6 양단 전압이 대략 0.54V가 걸리면서 Q_{15}가 도통하여 출력전류를 제한하도록 되어있다.

한편 방향이 바뀌어 부하측으로부터 전류가 흡인되는 경우에 과전류를 제한하기 위한 구조는 그림 8.3.10에 보이는 바와 같다. 여기에서는 Q_{20}에 흐르는 전류를 제한하기 위하여 R_7 양단의 전압을 Q_{21}을 통하여 검출한 다음 복잡한 루프를 거쳐서 Q_{20}의 베이스 전류가 제한되도록 설계되어 있다. 왜냐하면 이 경우 Q_{21}의 콜렉터를 Q_{20}의 베이스에 바로 연결하는 것은 Q_{23}의 흡인능력이 너무 커서 효과적인 전류제한을 기대할 수 없기 때문이다. 그러나 전류제한 루프가 복잡해지게 되면 루프의 안정성이 확보되지 않으면 안 된다. 따라서 루프이득을 줄이기 위한 방법으로 Q_{24}의 다이오드 연결이 도입되었으며 안정도 보상은 C_C의 역할에 의존하여 달성하고 있다. 즉, C_C는 전체적인 보상의 역할과 동시에 과전류 제한 루프의 안정도 보상을 겸하고 있는 셈이다. 이 회로에서 Q_{22}의 베이스-에미터 양단에 R_{11}이 필요한 이유는 과전류보다 작은 전류에서 Q_{21}의 누설전류에 의한 오동작을 막아주면서 과전류의 크기를 확실하게 설정하기 위함이다. 즉, $R_{11}=50\text{k}$를 사용하게 되면 대략 10μA의 전류가 Q_{21}에 흐를 때 전류제한이 이루어진다. 이 전류의 크기가 그림 8.3.9의 I_{13A} 전류보다 작기 때문에 흡인전류를 공급전류와 동일한 크기로 하기 위해서 R_7을 22Ω으로 설계하여 R_6의 27Ω 보다 조금 작게 설정되어있는 것이다.

3) 포화방지 회로

여기에서는 마지막으로 포화방지회로에 대해서 살펴보겠다. 그림 8.3.11에 보이는 바와 같이 트랜지스터 Q_{16}의 베이스에 연결된 Q_{23B} 에미터 단자가 바로 포화방지 회로이다. 이 회로의 역할은 출력단자의 스윙이 부의 방향으로 커져서 $-V_{EE}$에 가까워지면 Q_{17}의 V_{CE}가 감소하게 되면서 포화상태에 들어가게 되는 것을 막아주는 기능을 한다. 즉, 이 회로에 의해서 Q_{16}의 베이스 전류가 제한되어 Q_{17}의 V_{CE}는 $1V_{BE}$ 보다 작아질 수 없다.

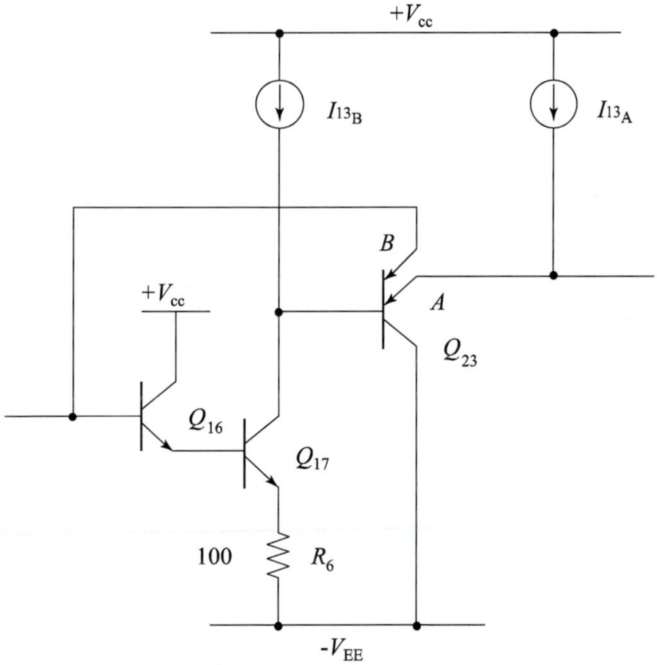

그림 8.3.11 둘째 단 Q_{17}의 포화 방지 회로

이와 같은 포화방지회로의 역할에 의해서 매우 큰 스윙의 조건에서 전원전압의 한계 때문에 출력파형이 전원전압보다 더 커지지 못하고 제한되는 상황에서도 트랜지스터가 포화되지 않고 능동영역에 머물러 있도록 하여 줌으로써 지연시간이 작아져 빠르게 회복될 수 있도록 하여주는 역할을 한다.

8.4 CMOS 연산증폭기 회로

여기에서는 CMOS 연산증폭기에 대해서 알아보고자 한다. CMOS 공정이 디지털 회로에 적합하고 널리 사용됨에 따라 아날로그와 디지털이 혼합된 회로설계가 대중화되었으며, CMOS 연산증폭기 역시 매우 널리 사용되고 있다. 혼합설계의 응용분야에서 CMOS 연산증폭기의 성능이 전체 회로의 성능을 결정하는 일이 많으므로 CMOS 연산증폭기를 설계하는 방법에 대해서 문제의 핵심을 정확하게 파악하는 것이 중요하다. 응용분야에 따라 적절한 형태의 구조를 선정하는 일이 중요한데 예를 들어 대역폭, 전력소모, 오프셋, 입출력 스윙의 범위, 등가잡음 등등 고려해야 할 사항이 매우 많으므로 다양한 각도에서 회로의 동작을 파악하고 이해하는 것이 중요하다. 이 절에서는 CMOS 연산증폭기를 설계함에 있어서 핵심적인 내용을 간추려 다루고자 한다.

CMOS 소자

CMOS 연산증폭기에 대해서 언급하기 전에 먼저 CMOS 소자에 대해서 다시 한 번 간단히 요약하여 다루고자 한다. CMOS 소자와 관련하여 가장 먼저 나타나는 것이 이동도(mobility) 이다. NMOS에서는 μ_n, PMOS에서는 μ_p로 표기하고, μ_n이 μ_p에 비하여 대략 3배 정도 크다. 다음으로 나타나는 것이 산화막인데 채널산화막은 게이트 아래 부분에 만들어지고 채널을 쉽게 형성시키기 위하여 얇게 만들며, 필드산화막은 아래 부분은 채널이 형성되지 말아야 하므로 대략 채널산화막의 10배 정도로 두껍게 만들게 된다. 채널산화막은 10 μm 공정에서 대략 100 nm 정도의 두께를 가지고, 1 μm 공정이 되면 대략 40 nm 이하가 된다. 채널산화막과 관련된 파라미터가 채널커패시턴스 C_{ox}인데 이것은 채널산화막의 두께에 반비례하며 채널산화막이 얇을수록 큰 값을 가진다.

이동도와 채널커패시턴스를 곱한 값을 일반적으로 K로 표기하며 NMOS와 PMOS의 경우에 각각

$$K_n = \mu_n C_{ox} \qquad K_p = \mu_p C_{ox} \tag{8.4.1}$$

라 할 때 10 μm 공정에서 K_n은 대략 40 μA/V^{2}의 값을 가지며, 1 μm 공정이 되면 대략 100 μA/V^2 정도의 값을 가지고 있다. 또한 K_n과 K_p의 관계는 이동도의 차이에 의

해서 달라지게 되며 대략

$$K_n \approx 3\,K_p \tag{8.4.2}$$

가 된다.

소자의 특성을 나타냄에 있어서 또 하나의 중요한 파라미터가 얼리(Early) 전압 이다. 바이폴라 트랜지스터에 있어서는 얼리전압 이 공정에 따라서 고정된 값으로 주어진다. 이것은 트랜지스터가 수직형으로 제조되고이 경우 베이스 폭(W_B)이 고정되기 때문인데 베이스 폭을 변경시킬 수 있다고 하여도 전류이득이 크게 달라지기 때문에 사실상 어렵다. 그러나 MOS에서는 바이폴라의 베이스 폭에 해당하는 부분이 채널길이(L)인데 설계자가 이 값을 마음대로 변화시킬 수 있다는 점이다. 한편, MOS에서는 얼리전압이 채널길이의 함수가 되므로 소자에 따라 이 값을 다르게 설계할 수 있다는 점이 바이폴라와 다른 점이다. 따라서 MOS는 얼리전압을 채널의 단위길이당으로 평가하여 얼마라고 말하는 것이 합리적이라 할 수 있다. 그러므로 단위길이당 얼리전압을 V_E라 한다면 이 값은 공정에 따라 주어지지만 대략

$$V_E \approx 5\text{V}/\mu\text{m} \sim 30\text{V}/\mu\text{m} \tag{8.4.3}$$

의 범위에 있다. 여기에서 채널을 형성하는 몸체(body)의 도핑농도가 높을수록 V_E가 큰 값을 가지게 되는데 그 이유는 도핑농도가 높으면 드레인 전압의 변화에 따른 채널길이의 변화가 줄어들기 때문이다. 또한 일반적으로 공정의 길이가 짧아져서 1μm 이하로 내려갈수록 V_E가 높아지는 경향이 있다. 따라서 채널길이가 정해지면 얼리전압 V_A는 대략

$$V_A \approx L\,V_E \tag{8.4.4}$$

로 놓을 수 있다.

이번에는 MOS의 전류 전압 관계식을 다시 한 번 살펴보자. 포화영역에서는

$$I_D = \frac{1}{2}K\left(\frac{W}{L}\right)(V_{GS} - V_t)^2 \tag{8.4.5}$$

와 같이 주어진다. 제2장에서도 언급하였지만 다음과 같이

$$\beta = K\left(\frac{W}{L}\right) \tag{8.4.6}$$

$$V_P = V_{GS} - V_t \tag{8.4.7}$$

놓으면 식 (8.4.5)는

$$I_D = \frac{1}{2}\beta V_P^2 \tag{8.4.8}$$

와 같이 놓을 수 있다. 한편

$$g_m = \frac{\partial I_D}{\partial V_{GS}} = \beta V_P \tag{8.4.9}$$

가 된다.

CMOS 연산증폭기

여기에서 그림 8.4.1에 주어진 바와 같은 전형적인 2단 증폭 OTA 회로에 대해서 생각해 보자. 먼저이 회로에서 전압이득을 구하는 방법을 생각해 보면 다음과 같다. 하나의 소자에서 얻을 수 있는 전압이득은 MOS와 BJT의 경우에 각각 아래와 같이 표시된다.

$$\textbf{MOS :} |A_V| = g_m r_0 = \frac{2I_D}{V_P} \cdot \frac{V_A}{I_D} = \frac{V_A}{V_P/2} \tag{8.4.10}$$

$$\textbf{BJT :} |A_V| = g_m r_0 = \frac{I_C}{V_T} \cdot \frac{V_A}{I_C} = \frac{V_A}{V_T} \tag{8.4.11}$$

그러므로 위의 두 식을 비교하여 s보면 바이폴라와 MOS 소자 간에는

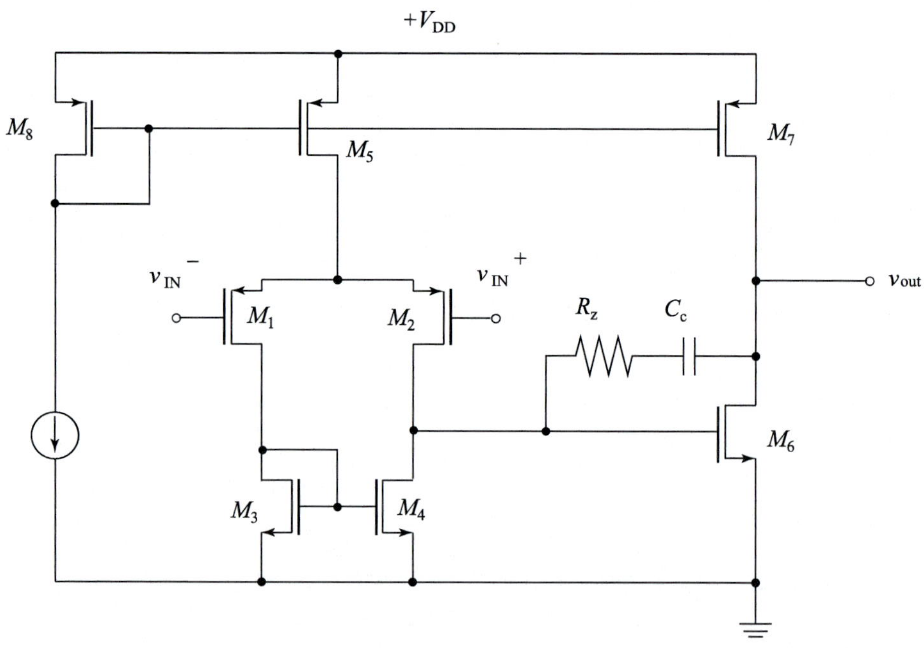

그림 8.4.1 2단 증폭 CMOS OTA

BJT		MOS
V_T	$\leftrightarrow$	$V_P/2$

의 관계가 있으며 이 사실은 이미 앞장에서도 언급한 바 있다. 따라서 그림 8.4.1의 회로는 모두 MOS로 설계된 회로이므로 여기에서 전압이득을 구해보면 식 (8.4.12)와 같이 주어지게 된다.

즉,

$$\begin{aligned} A_V &= A_{V1}A_{V2} \\ &= g_{m1}(r_{02} // r_{04}) \cdot g_{m6}(r_{06} // r_{07}) \\ &= \frac{V_{A2//4}}{V_{P1}/2} \cdot \frac{V_{A6//7}}{V_{P6}/2} \end{aligned} \tag{8.4.12}$$

이 식으로부터 우리는 CMOS로 OTA를 설계함에 있어서 얼리전압과 V_P를 이용하면 매우 쉽게 설계가 가능함을 알 수 있다. 다음의 예를 보자.

예 8.4

그림 8.4.1의 회로에서 각 MOS의 드레인 전류를 $I_D = 50\,\mu A$로 설정하는 경우에 전압이득 $|A_V| \approx 2{,}500$이 되도록 W/L을 설계하라. 단, 각 MOS의 채널길이는 $L = 1.6\,\mu m$이고 $V_E = 5V/\mu m$이다.

풀 이

이 회로에서 첫 단(M_1~M_4)의 전압이득을 A_{V1}이라 하고, 둘째 단(M_6, M_7)의 이득을 A_{V2}라 할 때 $|A_V| \approx 2{,}500$이 되도록 하기 위하여

$$|A_{V1}| = |A_{V2}| = 50$$

로 설정해 보자. 이 때 각 MOS의 얼리전압은

$$V_{AP} \cong V_{AN} = 5V/\mu m \times 1.6\mu m = 8V$$

이고, 각 단의 전압이득은 식 (8.4.10)으로 주어진다.

한편, 첫 단의 출력 저항은 M_2와 M_4의 병렬로 이루어져 있고, 둘째 단은 M_6와 M_7의 병렬이므로, 식 (8.4.11)로부터 각 단의 등가 얼리전압은

$$V_{Aeq} = 8V//8V = 4V$$

이 된다. 그런데 식 (8.4.10)으로부터

$$V_P = \frac{V_{Aeq}}{A_V/2}$$

이므로 각 단에 적용하면 M_1과 M_6의 경우에 대하여

$$V_{P1} \cong V_{P6} = \frac{8\text{V}\,//\,8\text{V}}{50/2} = \frac{8\text{V}}{50} = 0.16\text{V}$$

가 얻어진다. 한편,

$$V_P = \sqrt{2I_D/\beta} \quad \rightarrow \quad \beta = 2I_D/V_P^2$$

이므로 W/L에 대해서 풀면

$$\frac{W}{L} = \frac{2I_D}{KV_P^2}$$

이 된다. 그러므로 $I_D = 50\,\mu\text{A}$일 경우 대입하면 M_1과 M_6 트랜지스터의 W/L은 각각

$$\frac{W}{L} = \frac{2 \times 50\mu}{30\mu A/V^2 \times (0.16)^2} \quad \cong 130$$

와 같이 계산될 수 있음을 알 수 있다. 나머지 트랜지스터들의 경우에도 V_P와 I_D가 설정되면 W/L을 모두 구할 수 있다.
이 예에서는 이득에 관계되는 모든 MOS를 동일하게 보고 계산하였으나, 각 트랜지스터의 전류와 채널길이가 달라지면 달라지는 요인을 추후에 감안하면 된다. 예를 들어 첫 단($M_1 \sim M_4$)의 전류를 1/4로 줄이면 V_{P1}이 절반으로 줄면서 전압이득은 2배로 증가하게 되어 전체이득이 5,000이 된다. 이 상태에서 만일 M_6의 W/L을 다시 1/4로 줄이면 V_{P2}는 두 배로 증가하면서 다시 전체 전압이득은 원래대로 2,500이 된다. 이상과 같이 각 트랜지스터의 전류와 크기를 조정하면서 원하는 설계를 쉽게 마무리 할 수 있다.

위의 예에서 보는 바와 같이 MOS 회로를 설계함에 있어서는 g_m, V_P, β, I_D의 네 가지 변수가 있음을 알 수 있다.이 들 간의 상관관계를 잘 숙지하는 것이 매우 중요하며 회로설계를 잘 할 수 있는 밑거름이 된다. 이 네 가지 변수들 간의 상관관계를 표시해 보면 모두 12개의 관계식이 얻어지는데 이것들을 모두 정리하면 다음과 같다. 즉,

[MOS 관계식 정리]

$$2I_D = \beta V_P^2 \qquad g_m = \beta V_P \qquad V_P = \sqrt{2I_D/\beta} \qquad \beta = 2I_D/V_P^2$$

$$2I_D = g_m V_P \qquad g_m = \sqrt{2\beta I_D} \qquad V_P = 2I_D/g_m \qquad \beta = g_m^2/2I_D$$

$$2I_D = g_m^2/\beta \qquad g_m = 2I_D/V_P \qquad V_P = g_m/\beta \qquad \beta = g_m/V_P \qquad (8.4.13)$$

앞에서 보이는 바와 같이 MOS의 경우는 모두 12개의 관계식이 얻어지는데 비해서 상대적으로 BJT의 경우는 $I_C = g_m V_T$의 관계식만 알고 있으면 되므로 단순하다. 따라서 회로설계의 관점에서 보면 어느 면에서는 BJT에 비해서 MOS가 오히려 난해한 점이 있다.

한편, 위에서 주어지는 12가지 관계식을 잘 살펴보면 독립변수가 두 개 밖에 없음을 알 수 있다. 즉 g_m, V_P, β, I_D의 네 변수 중에서 어느 두 개만 정해지면 나머지 두 개는 자동적으로 정해지게 된다. 다시 말해서 MOS 회로는 두 개의 변수 만으로 설계가 가능하게 된다. 위의 설계 예에서는 V_P를 가지고 설계하는 방법을 보였으며, 예를 들어 추가로 I_D가 주어지면 나머지 변수가 모두 정해지므로 모든 MOS의 W/L을 구할 수 있는 것이다.

다시 강조하지만 MOS 회로를 설계하려면 위에서 주어지는 12가지 관계식을 잘 숙지해야 할 필요가 있다. 그러나 이것을 암기하고 있기에는 너무 복잡하므로 다이아그램을 그려서 숙지하는 방법을 한 가지 소개하고자 한다. 그림 8.4.2에 보이는 다이아그램이 바로 그것이다. 이 그림이 하트형태를 띠고 있으므로 편의상 하트-다이아그램 이라고 명명하기로 하자. 이 그림과 같이 네 변수를 각각 위 아래와 좌 우에 배치하고 화살표 방향으로 읽으면 각각의 관계식이 표현되고 있음을 알 수 있다. 따라서 이 그림만 기억하고 있으면 언제든지 원하는 변수간의 관계식을 쉽게 떠 올리는 일이 어렵지 않게 된다. 이 그림을 잘 검토해 보고 기억해 두면 그 편리성을 인식하게 될 것이다.

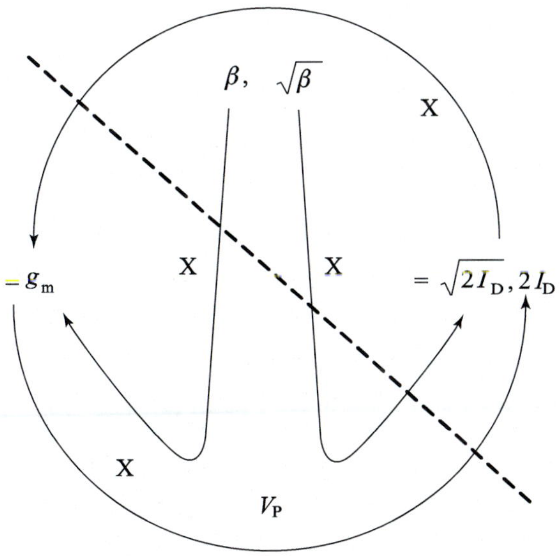

그림 8.4.2 CMOS의 네 변수간의 관계를 보이는 하트-다이아그램

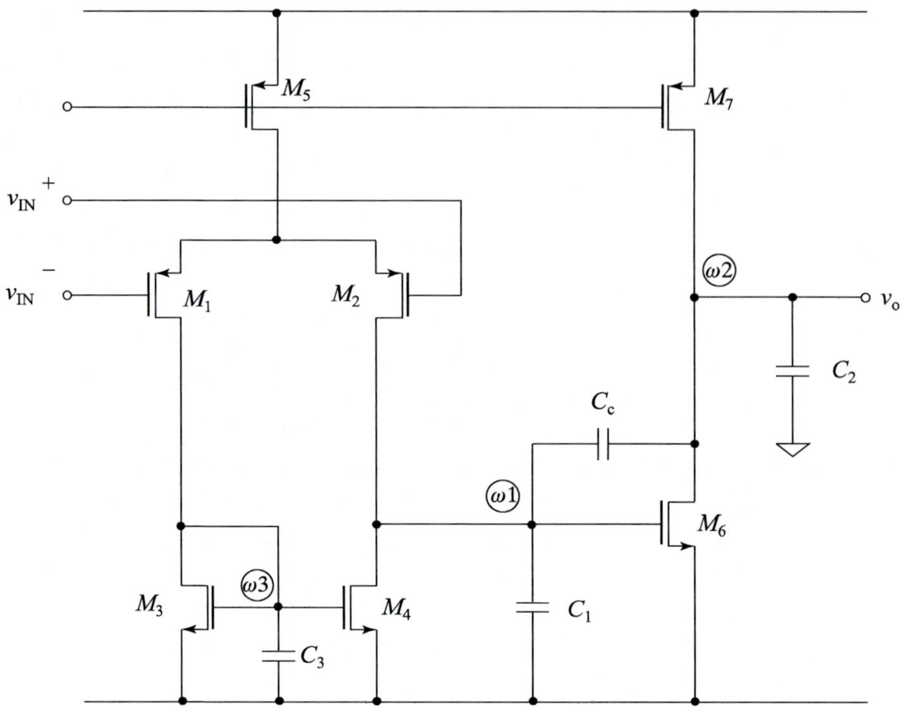

그림 8.4.3 Op-앰프 회로

보상회로 설계

여기에서는 보상회로 설계에 대해서 고찰해 보기로 하겠다. 그림 8.4.3은 2단 증폭 Op-앰프에서 밀러보상을 한 회로를 보이고 있다.이 회로에서 위상여유를 원하는 만큼 확보하기 위해서 보상회로를 어떻게 설계해야 하는지 하는 방법에 대해서 고찰해 보기로 한다. 그림에서 $\omega_{1,}$ ω_2, ω_3의 위치가 표시되어 있다.이 극점들은 주파수 영역에서 보상커패시터 C_C의 크기에 따라 변화하게 된다. 따라서이 극점들이 C_C의 크기가 세로축으로 지수함수적으로 증가해 갈 때 어떤 형태로 달라지는지를 보인 것이 그림 8.4.4이다. 이 그림에서 a~e는 출력측에 연결된 커패시터 C_2의 크기가 각각 달라짐에 따라 ω_2의 위치가 다르게 변화하는 모습을 나타낸 것이다. 즉, 그림 a는 상당히 큰 커패시터가 부하측에 연결된 상황에서 C_C에 따라 ω_2의 위치가 변화하는 경우이며, 그림 e는 부하측에 아무것도 연결되지 않은 상황에서 출력측에 기생커패시터만 존재할 때 ω_2의 위치가 변화해 가는 형태를 보인 것이다.

그림 8.4.4에서 보듯이 극점 ω_1은 C_C의 증가에 따라 감소해가게 되며, ω_2는 반대로 증가해 가다가 어떤 값으로 고정되게 된다. 이것은 제6장 6.8.3절의 극점분리보상에서 설명한 바와 동일한 원리이다. 한편, ω_3는 C_C의 영향을 받지 않으며 상당히 높은 주파수 영역에 머무르고 있으므로 큰 영향이 없어서 대개 무시하고 설계하는 경우가 많다. 반면에이 외에 존재하는 다른 하나는 영점으로 ω_z로 표시되어있으며 높은 주파

수에서 시작하여 C_C의 증가에 따라 감소해가는 특징이 있다. 여기에서 영점 ω_z는 s-평면의 우반면에 존재하는 정영점을 의미한다. 따라서 ω_z 자체가 음수이므로 그림에서는 양의 값으로 만들어 주기 위해서 절대치로 혹은 음의 부호를 앞에 붙여서 표기해야 한다. 이 그림에서 보듯이 MOS 회로의 경우에는 정영점의 위치가 C_C의 증가에 따라 상당히 낮은 곳으로 내려오기 때문에 보상회로의 설계 시 유의하지 않으면 안 된다.

그림 8.4.3에서 이 회로가 단위이득귀환 조건에서 안정된 동작을 하도록 보상하는 경우를 생각해 보기로 하자. 이런 상황에서 보상 커패시터 C_C는 상당히 큰 값을 가지게 된다. 그러므로 그림 8.4.4에서 보상커패시터가 C_{C1}에 해당하는 값을 가진다고 생각해 보자.이 때 그림에서 C_{C1}의 점선을 따라가 보면 ω_1, $\omega_{2,}$ $-\omega_z$의 위치가 이동하여 각각 ω_1^*, ω_2^*, $-\omega_z^*$로 표시되는 위치에 머무르게 된다. 위상여유를 고려하여 보상회로를 설계하고자 할 때 ω_1^*는 $\omega_{GB}/|A_0|$로 주어지고 충분히 낮은 곳에 위치하므로 적절히 간주하면 되며 그 정확한 위치가 중요한 것은 아니다. 또한 ω_3는 움직이지 않으며 충분히 높은 곳에 위치하므로 무시가 가능하다. 한편, 나머지 ω_2^*, $-\omega_z^*$의 위치는 대역폭과 위상여유를 결정하는데 있어서 매우 중요한 역할을 히게 된다.

여기에서 C_{C1}이 충분히 큰 경우 ω_2^*, w_z^*의 위치는 대략 다음과 같은 위치로 이동하게 된다.

$$\omega_2^* \approx \frac{g_{m6}}{C_1 + C_2} \tag{8.4.14}$$

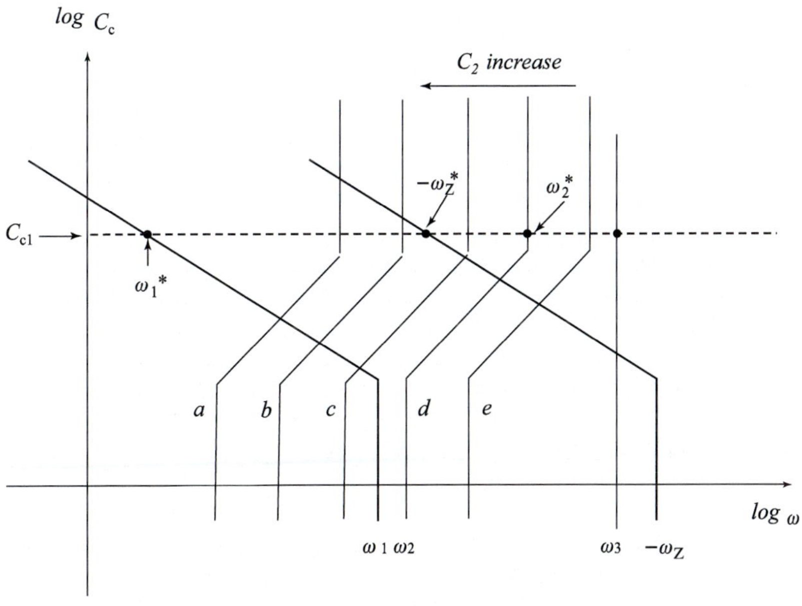

그림 8.4.4 커패시터 변화에 따른 극점과 영점의 변화

$$\omega_z^* = -\frac{g_{m6}}{C_C} \tag{8.4.15}$$

참고로 ω_3의 위치는

$$\omega_3 = \frac{g_{m3}}{C_3} \tag{8.4.16}$$

와 같으며, 여기에서 C_3는 별도로 외부에서 연결한 커패시터가 아니라 MOS 자체의 기생커패시터에 의해서 형성되는 커패시터이므로 작기 때문에 ω_3가 높은 주파수에 위치하게 되는 것이다. 그러나 만일이 주파수가 충분히 높지 않으면 이 극점의 주파수도 위상여유에 영향을 주게 된다.

하나의 예로서 그림 8.4.4의 그림 a와 같은 상황 즉, 상당히 큰 커패시터가 부하측에 연결된 경우에 어떻게 보상할 것인지 생각해 보기로 하자. 이런 경우에는 영점과 극점의 배치가

$$\omega_1^* \ll \omega_2^* < |\omega_z^*| \ll \omega_3$$

와 같은 형태가 되며, 보드선도로 도시하면 그림 8.4.5에 보이는 바와 같다. 따라서 단위이득귀환의 경우 위상여유를 45°보다 크게 확보하기 위해서는 단위이득 주파수 ω_{GB}를 ω_2^*보다 더 낮은 쪽에 위치하도록 설계하지 않으면 안 된다.

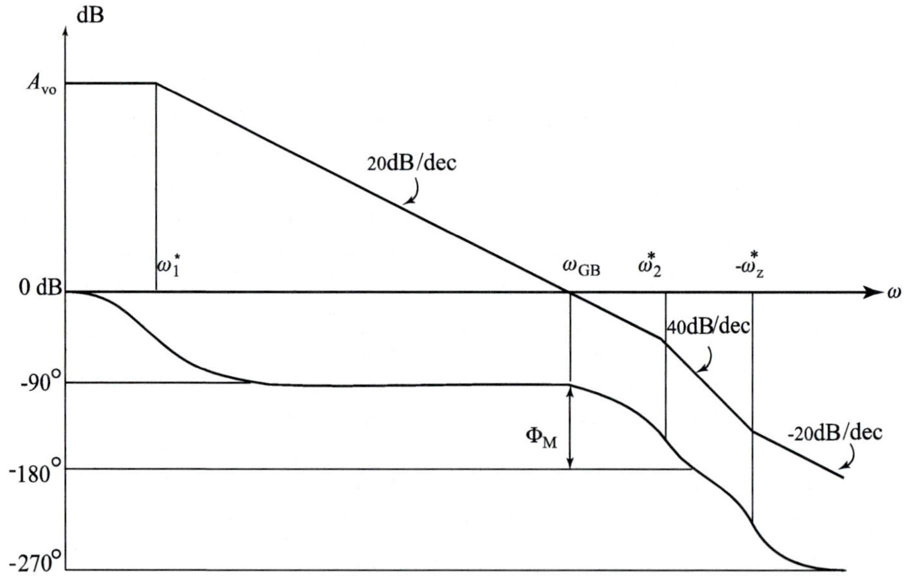

그림 8.4.5 보드 선도

하나의 예로 위상여유를

$$\Phi_M \geq 60^\circ$$

가 되도록 설계하는 경우를 생각해보자. 이런 경우에는 극점과 영점을 각각 다음과 같이

$$\omega_2^* \geq 3\omega_{GB}$$

$$|\omega_z^*| \geq 10\omega_{GB}$$

의 위치에 두는 것이 하나의 방법이다. 한편 단위이득 주파수 ω_{GB}는

$$\omega_{GB} = \frac{g_{m1}}{C_C} \quad (8.4.17)$$

와 같이 주어지므로, $\omega_2^* \geq 3\omega_{GB}$의 조건과 식 (8.4.14)로부터

$$\frac{g_{m6}}{C_1 + C_2} \approx \frac{g_{m6}}{C_2} \geq \frac{g_{m1}}{C_C} \quad (8.4.18)$$

의 조건이 얻어진다. 단, 위 식은 $C_2 >> C_1$의 조건을 적용하여 근사화 하였다.

한편, $|\omega_z^*| \geq 10\omega_{GB}$의 조건과 식 (8.4.15)로부터

$$g_{m6} \geq 10 g_{m1} \quad (8.4.19)$$

이 얻어지므로 위의 두 식 (8.4.18)과 (8.4.19)로부터

$$C_C \geq 0.3 C_2 \quad (8.4.20)$$

의 조건을 만족하도록 설계하면 된다.

예 8.5 그림 8.4.3의 회로에서 다음 조건을 만족하도록 회로를 설계하라.

$$A_v \geq 5{,}000,\ C_2 = 10\text{pF},\ \omega_{GB} = 2\pi \times 5\text{MHz},\ P_{max} \leq 2\text{mW}$$

$$SR \geq 5\text{V}/\mu s,\ V_{DD} = +5\text{V},\ V_{opp} \geq 4\text{V},\ \Phi_M \geq 60^\circ$$

여기에서 소자의 파라미터는 다음과 같이 주어졌다고 가정하라.

$$L = 5\mu m,\ V_A/L = 10V/\mu m,\ K_n = 40\mu A/V^2,\ K_p = 20\mu A/V^2,\ V_{tn} = -V_{tp} = 1V$$

풀 이

[Av]

그림 8.4.3의 회로에서 전압이득은 식 (8.4.12)에 의하여

$$A_v = \frac{V_{A2//4}}{V_{P1}/2} \cdot \frac{V_{A6//7}}{V_{P6}/2}$$

로 주어진다. 여기에서 모든 MOS의 채널길이를 L = 5μm로 선택하기로 하자.이렇게 하는 경우에는 얼리전압이 모두 동일하며

$$V_A = 10\text{V}/\mu\text{m} \times 5\mu\text{m} = 50\text{V}$$

로 주어지므로 위 식에 대입하면

$$A_v = \frac{25}{V_{P1}/2} \cdot \frac{25}{V_{P6}/2} = \frac{2500}{V_{P1}V_{P6}}$$

이 되므로, $A_v \geq$ 5,000의 조건을 위 식에 대입하면

$$V_{P1}V_{P6} \leq 1/2$$

이 되도록 설계하면 된다.

[Φ_M]

$\Phi_M \geq 60$의 조건을 만족하기 위하여 $|\omega_z^*| = 10\omega_{GB}$, $\omega_2^* = 3\omega_{GB}$로 두자.
이렇게 하는 경우에 식 (8.4.19), (8.4.20)으로부터

$$C_C = 0.3C_2, \quad g_{m6} = 10g_{m1}$$

의 조건을 만족하도록 설계하기로 한다.

[I_{D6}, I_{D7}]

슬루율의 조건을 고려하면

$$C_C\text{에 의한 슬루율} = I_{D5}/C_C$$

$$C_2\text{에 의한 슬루율} = I_{D7}/C_2$$

의 두 가지 중에서 $C_C < C_2$이므로 C_2에 의한 슬루율을 먼저 고려하면

$$SR = I_{D7}/C_2 \geq 5\text{V}/\mu s$$

로부터 C_2 = 10pF를 대입하면

$$I_{D7} \geq 50\mu A$$

가 얻어진다. 한편, 총 전력소모는 $P_{max} \leq$ 2mw의 조건을 만족하면 되는데

$$\Sigma I_D < P_{max} / V_{DD} \ (= 2mW/5V = 400\mu A)$$

이므로 좀 여유롭게 설계하기 위하여

$$I_{D7} = I_{D6} = 100\mu A$$

로 선택하기로 하자.

[V_{opp}]
출력의 최대스윙 조건 $V_{opp} \geq$ 4V을 만족하기 위해서는

$$V_{P6} \ (= V_{P7}) \leq 0.5V$$

그러므로 V_{P6} = 0.5V로 선택하면

$$V_{P1} = 1V$$

로 선택하면, 전압이득 조건 $V_{P1}V_{P6} \leq 1/2$을 만족한다.

[g_{m1}, g_{m6}, I_{D1}]
위의 결과들로부터

$$g_{m6} = 2I_{D6}/V_{P6} = 2\times 100\mu A \ / \ 0.5V = 400\mu S$$

가 얻어진다. 따라서 $g_{m6} = 10g_{m1}$의 조건으로부터

$$g_{m1} = 40\mu S$$

가 된다. 그러므로 M_1에 흐르는 전류는

$$I_{D1} = g_{m1} \ V_{P1} / 2 = 20\mu A$$

로 주어지게 된다.

[C_C]
단일 이득 주파수 ω_{GB}는

$$\omega_{GB} = 2\pi \times 5\text{MHz} = g_{m1}/C_C$$

로 주어지므로, 이로부터 C_C를 계산해 보면

$$C_C = 40\mu\text{S} / 2\pi \times 5\text{MHz} \approx 1.3\ \text{pF}$$

[Check!]

위에서 계산한 $C_C \approx 1.3$ pF는

$$C_C \geq 0.3C_2 = 3\ \text{pF}$$

의 조건을 만족하지 못한다. 따라서 우리는

$$C_C = 3\ \text{pF}$$

로 선택하기로 한다.

[g_{m1}, g_{m6} 변경]

$C_C = 3$ pF로 선택하는 경우에 동일한 대역폭을 유지하기 위해서는

$$g_{m1} = 40\mu\text{S} \times 3\ \text{pF} / 1.3\ \text{pF} = 92\mu\text{S}$$

이면 된다. 이렇게 하는 경우에는

$$g_{m6} = 10\ g_{m1} = 920\mu\text{S}$$

로 바꾸어 주어야 한다.

[V_{P6} 변경]

전류를 $I_{D7} = I_{D6} = 100\mu$A로 동일하게 유지한다면

$$V_{P6} = 2I_{D6} / g_{m6} = 2 \times 100\mu\text{A} / 920\mu\text{S} = 0.22\text{V}$$

인데 이것은 V_{P6} (= V_{P7}) ≤ 0.5V의 조건을 만족하므로 그대로 두면 된다.

[Av Check!]

바이어스 전류는 위의 값들과 동일하게 할 때

$$V_{P1} = 2I_{D1} / g_{m1} = 2 \times 20\mu\text{A} / 92\mu\text{S} = 0.43\text{V}$$

이므로 전압이득을 다시 계산해 보면

$$A_v = \frac{25}{V_{P1}/2} \cdot \frac{25}{V_{P6}/2} = \frac{25}{0.43/2} \cdot \frac{25}{0.22/2} \approx 26,400$$

이 얻어지는데 $A_v \geq 5,000$의 조건을 만족하므로 그대로 두어도 무방하겠다.

[SR Check!]

슬루율을 다시 계산해 보면

C_C에 의한 슬루율 $= I_{D5} / C_C = 2\,I_D / C_C = 2 \times 20\mu A / 3pF \approx 13V/\mu s$

C_2에 의한 슬루율 $= I_{D7} / C_2 = 100\mu A / 10pF = 10V/\mu s$

이므로 모두 $SR \geq 5V/\mu s$의 조건을 만족한다.

[소자 전류 전압 Summary]

지금까지의 결과를 정리하면 다음과 같다.

$I_{D1} = I_{D2} = I_{D3} = I_{D4} = 20\mu A$ $\quad V_{P1} = V_{P2} = 0.43V$

$I_{D5} = 40\mu A$ $\quad V_{P3} = V_{P4} = V_{P6} = 0.22V$

$I_{D6} = I_{D7} = 100\mu A$ $\quad V_{P5} = V_{P7} = 0.5V$

여기에서 V_{P7}은 $V_{P7} \leq 0.5V$의 조건을 만족하면 되므로 위와 같이 설정하였으며 V_{P5}도 특별한 조건이 없으므로 V_{P7}과 동일하게 설정하였다. 그 이유는 V_P를 크게 설정할수록 동일한 전류에서 MOS의 크기가 작아지기 때문이다.

[W/L 계산]

위와 같이 I_D와 V_P가 주어지면

$$\beta = 2\,I_D / V_{P}^{2}$$

이므로 트랜지스터 크기는

$$W/L = \beta / K = 2\,I_D / KV_P^2$$

로 주어진다. 따라서 위의 전류 전압관계를 대입하면

$(W/L)_1 = (W/L)_2 = 2 \times 20\mu A / (20\mu A/V^2 \times (0.43V)^2) \approx 11$

$(W/L)_3 = (W/L)_4 = 2 \times 20\mu A / (40\mu A/V^2 \times (0.22V)^2) \approx 21$

$(W/L)_6 = 2\times100\mu A / (40\mu A / V^2 \times (0.22V)^2) \approx 103$

$(W/L)_5 = 2\times40\mu A / (20\mu A / V^2 \times (0.5V)^2) \approx 16$

$(W/L)_7 = 2\times100\mu A / (20\mu A / V^2 \times (0.5V)^2) \approx 40$

와 같이 계산된다.

정영점의 제거

그림 8.4.3의 회로에서 출력측에 연결된 커패시터 C_2의 크기가 작은 경우에는 극점과 영점의 배치가 달라지게 된다. 예를 들어 그림 8.4.6에 C_2가 C_C에 비하여 충분히 작은 경우에 극점과 영점의 배치를 보였다. 여기에서 보는 바와 같이 제2극점의 위치가 영점의 위치보다 더 높은 쪽으로 올라가게 되면서 다음과 같은 순서로 배열되어 있음을 알 수 있다. 즉,

$$\omega_1^* << |\omega_z^*| < \omega_2^* << w_3$$

이다.

따라서 이런 상황에서 개루프 이득의 보드선도를 그려보면 그림 8.4.7에 보이는 바와 같다. 여기에서 영점은 정영점이기 때문에 진폭특성은 부영점을 닮고 위상특성은 부극점을 닮아있음을 알 수 있다.

정영점의 이러한 특성으로 인하여 정영점이 낮은 주파수 영역에 존재하는 증폭기에는 부귀환을 인가하는 경우에 위상여유를 확보하기가 매우 어렵게 된다. 따라서 이와 같은 형태의 밀러보상을 하는 증폭기에 있어서는 정영점을 제거하는 것이 필수적이라고 할 수 있다. 그러므로 여기에서 정영점이 발생하는 원인과 제거하는 방법에 대해서 고찰해 보기로 하자.

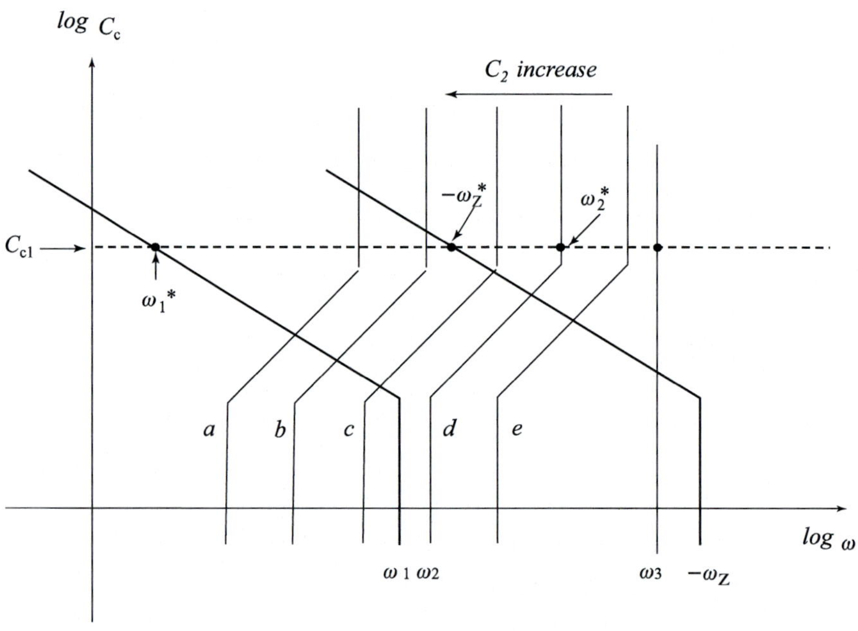

그림 8.4.6 출력 커패시턴스가 작아질 때 극점과 영점의 위치변화

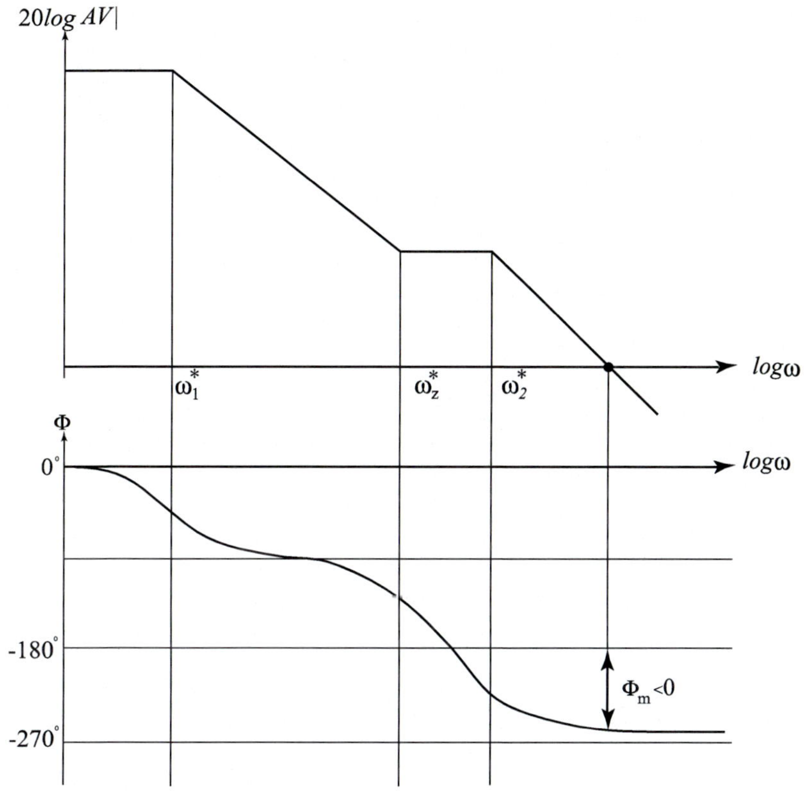

그림 8.4.7 보드 선도

그림 8.4.8에 간단한 소스접지 증폭기에 대해서 밀러보상을 한 두 가지 예를 보였다. 그림 8.4.8(a)의 회로에서 전압이득($A_v(s) = V_2/v_1$)의 영점의 위치는 입력신호 V_1의 주파수가 변화해감에 따라 출력신호 V_2가 영이 되는 주파수에 해당한다. 바꾸어 말하면 등가회로에서 출력을 영으로 놓을 때, 즉 $V_2 = 0$ 일 때, 보상 커패시터를 통해서 흐르는 전류의 크기와 출력측 트랜스컨덕터 전류의 크기가 동일하게 되는 주파수를 찾으면 이것이 바로 영점이 된다. 이 상황에서 보상커패시터 양단에는 입력신호 V_1 전압이 그대로 걸리므로 전류의 관계식으로 표현하면

$$sC_c v_1 = g_m v_1 \tag{8.4.21}$$

이 된다. 그러나 이 관계식 자체는 제6장의 그림 6.6.3에서 보여주는 바와 같은 RC 병렬회로에서 부영점을 구할 때 사용하는 식과 동일하다. 그러나 이런 형태의 영점은 s 평면상에서 우반면에 존재하는 정영점에 해당하며 좌반면에 존재하는 부영점과 구별된다. 따라서 이 식으로부터 영점의 위치는 그 크기만을 고려할 때

$$|\omega_z| = g_m / C_c \tag{8.4.22}$$

와 같이 구할 수 있다.

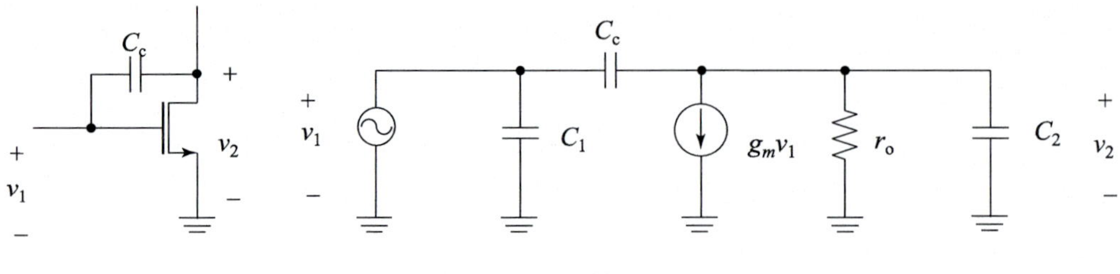

(a)

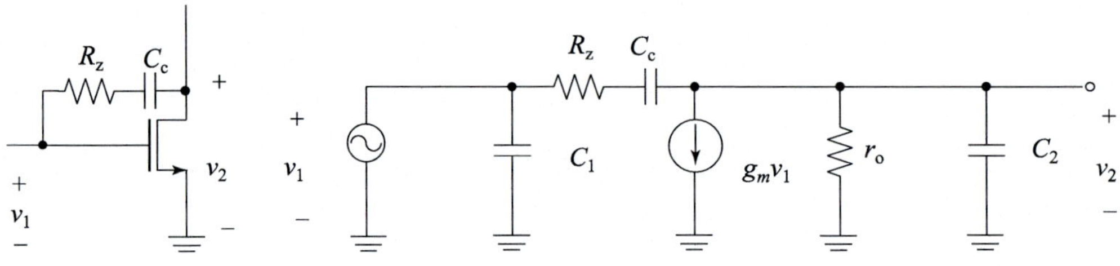

(b)

그림 8.4.8 밀러 보상회로

이번에는 정영점을 제거하거나 위치를 변화시킬 수 있는 방법을 생각해 보자. 그림 8.4.8(b)의 회로가 한 가지 방법이 된다. 즉, 보상커패시터 C_C와 직렬로 하나의 저항 R_Z를 삽입하는 것이다. 이렇게 하는 경우에 영점의 위치를 찾는 것은 위와 동일한 방법으로 등가회로에서 출력전압을 영으로 놓을 때, 보상 커패시터와 저항 R_Z의 직렬 연결을 통해서 흐르는 전류의 크기와 출력측 트랜스컨덕터 전류의 크기가 동일하게 되는 주파수를 찾으면 된다. 이것을 수식으로 표현하면

$$\frac{1}{R_z + 1/SC_c} v_1 = g_m v_1 \tag{8.4.23}$$

와 같이 된다.이 식으로부터는 위에서와 같이 영점의 위치에 해당하는 절대치가 얻어진다. 따라서 위상까지 고려하여 표현하면

$$\omega_z = \frac{1}{C_c\left(R_z - 1/g_m\right)} \tag{8.4.24}$$

와 같이 표시가 가능하다. 이 식으로부터 우리는 저항 R_Z의 크기를 변화시킴으로써 영점의 위치를 변화시킬 수 있음을 알 수 있다. 심지어 저항 R_Z의 크기를 $1/g_m$ 보다 크게 하는 경우에는 정영점의 위상을 반전시켜 부영점으로 변화시키는 것도 가능하게 된다. 즉, 영점의 위치를 S-평면의 우반면에서 좌반면으로 이동시킬 수도 있음을 의미한다. 저항 R_Z의 크기에 따른 영점의 위치변화를 s 평면상에서 표시해 보면 그림 8.4.8-1에 보여주는 바와 같다.

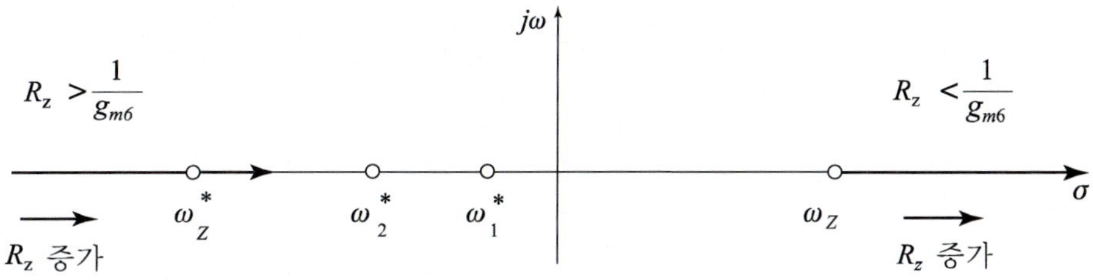

그림 8.4.8-1 영점의 위치변화

따라서 실제 설계에서 사용할 수 있는 R_Z의 선택방법을 3가지만 열거하면 다음과 같다.

i) 정영점을 제거, 즉 무한대로 보내고자 할 때:

$$R_z = 1/g_m \tag{8.4.25}$$

ii) 정영점을 부영점으로 바꾸어 ω_2^*와 일치시키고자 할 때:

$$R_z = \frac{1}{g_m}\left(1+\frac{C_1+C_2}{C_c}\right) \tag{8.4.26}$$

iii) 역시 부영점으로 단위이득 주파수보다 약간 높게($\omega_z = 1.2\omega_{GB}$) 할 때:

$$R_z = \frac{1}{1.2g_m} \tag{8.4.27}$$

보상커패시터와 직렬로 저항을 삽입한 회로는 앞의 그림 8.4.1에 예시하였다. 한편 집적회로에서의 저항값은 공정에 따라 온도에 따라 크게 달라진다. 그러므로 이런 상황에서 저항값을 어떻게 MOS 트랜스컨덕턴스의 역수에 해당하는 값으로 항상 일치시키느냐 하는 것이 문제이다. 이와 같은 문제에 대한 해결방안으로 그림 8.4.9와 같이 MOS 저항을 이용하는 방법이 있다. 이 회로로부터 우리는 다음과 같은 관계식을 얻을 수 있다. 즉,

$$R_z = r_{ds12} = \frac{1}{\beta_{12}V_{p12}} \tag{8.4.28}$$

그런데 $g_{m6} = \beta_6 V_{p6}$이므로

$$R_z g_{m6} = \frac{\beta_6 V_{p6}}{\beta_{12}V_{p12}} \tag{8.4.29}$$

여기에서 우리가 M_6와 M_{11}의 V_p를 동일하게 즉,

$$V_{p6} = V_{p11} \tag{8.4.30}$$

으로 설계한다면 회로에서 $V_{p12} = V_{p10}$의 관계가 성립하므로 위의 식 (8.4.29)는 또

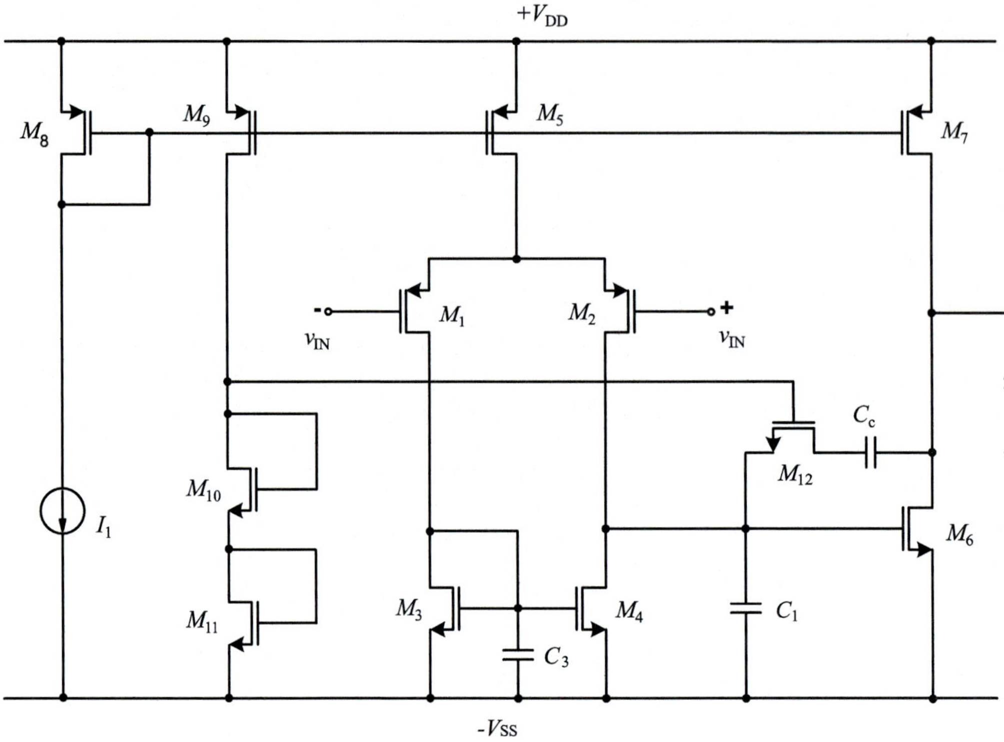

그림 8.4.9 정영점의 위치를 변화시키기 위한 밀러 보상회로

$$R_z g_{m6} = \frac{\beta_6 V_{p11}}{\beta_{12} V_{p10}} \tag{8.4.31}$$

와 같이 놓을 수 있다. M_{10}과 M_{11}을 통하여 흐르는 전류가 동일하므로이 식을 W/L의 관계로 다시 쓰면

$$R_z g_{m6} = \frac{(W/L)_6}{(W/L)_{12}} \sqrt{\frac{(W/L)_{10}}{(W/L)_{11}}} \tag{8.4.32}$$

이 얻어진다. 이 식에서 보는 바와 같이 저항 R_z를 MOS 트랜스컨덕터를 이용하여 설계하면 영점의 위치를 공정과 온도의 변화에 관계없이 단지 W/L의 관계로 주어지도록 설계할 수 있음을 알 수 있다.

이 외에도 정영점을 제거하기 위한 방법들이 더 있다. 그림 8.4.10과 그림 8.4.11에 각각 다른 두 가지 방법을 예시하였다. 그림 8.4.10은 M_{10}과 같이 게이트접지 트랜지스터를 별도로 추가하여 드레인은 M_6의 게이트에 연결시키고 보상커패시터는 출력과 M_{10}의 소스 사이에 연결해 준 것이다. 이렇게 함으로써 출력측의 전압변화는 보상커패시터를 통과하면서 전류로 변환되어 M_6의 게이트에 전달될 수 있게 된다. 따라서 기존의 밀러보상 방법과 동일한 효과를 얻을 수 있게 되며 M_6의 게이트에서 극점의

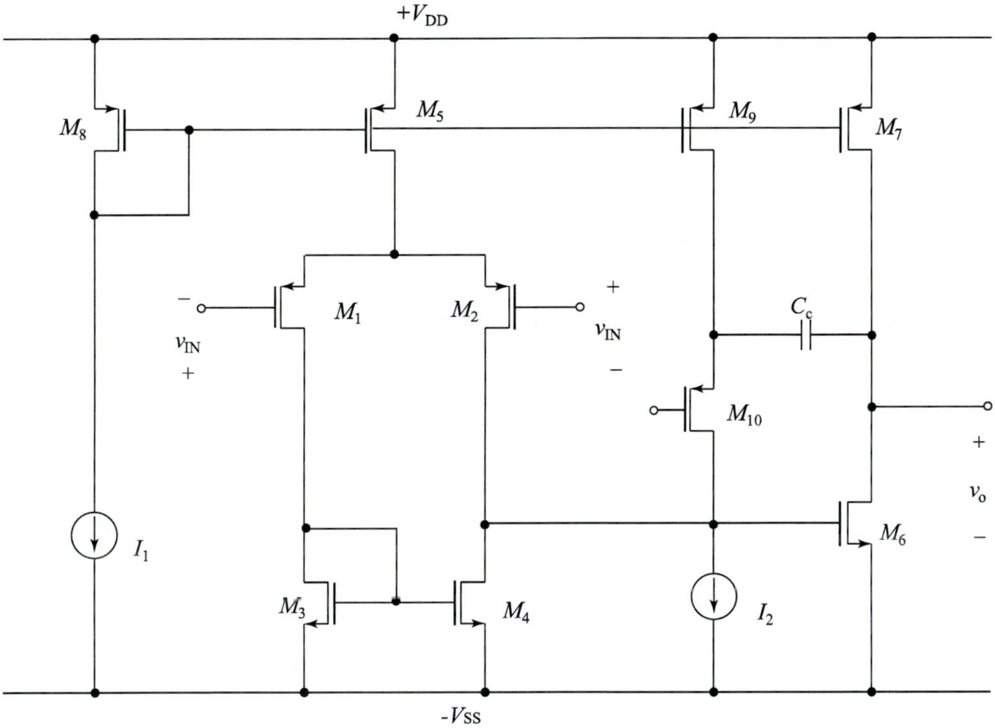

그림 8.4.10 게이트 접지를 추가하여 정영점을 제거한 회로

주파수를 충분히 낮게 할 수 있다. 여기에서 전류원 I_2는 다른 트랜지스터들의 바이어스에 영향을 주지 않도록 하기 위하여 M_9의 전류와 동일한 크기로 설정한다. 한편, 기존의 밀러보상에서 정영점을 발생시킨 원인이 주파수가 높아짐에 따라 보상커패시터를 통하여 M_6의 게이트로부터 드레인측으로 직접 전달되는 성분이 문제였는데, 이 회로에서는 그것이 가능하지 않게 된다. 왜냐하면 M_{10}에 의하여 그런 경로가 차단되기 때문인데, M_6의 게이트로부터 M_{10}의 드레인 소스를 거쳐 보상커패시터를 통과하여 출력에 영향을 주는 것은 매우 어렵기 때문이다. 따라서 이런 방법에 의하여 주극점의 위치는 기존의 밀러보상 방법과 동일한 위치에 오도록 하면서도 정영점은 사실상 제거하는 효과를 얻을 수 있다.

참고로 이와 같은 회로의 또 다른 하나의 특징으로 PSRR(Power Supply *R*ejection *R*atio)를 좋게 해 주는 장점이 있다. PSRR이란 전원측의 잡음이 출력에서 감쇄되어 제거되는 비율을 의미하는데 그림8.4.9와 같은 회로는 $+V_{DD}$ 전원 보다는 $-V_{SS}$ 전원에 존재하는 잡음이 출력에 전달되는 영향이 주로 문제가 된다. 그 이유는 $-V_{SS}$의 잡음이 M_6소스 → M_6게이트 → M_{12}(저항) → C_C → V_0의 경로를 거쳐 출력에 쉽게 전달될 수 있기 때문이다. 한편 그림8.4.10의 회로에서는 위 경로에서 M_{12}(저항) 대신 M_{10} 드레인 → M_{10}소스로 대치되게 되어 트랜지스터 M_{10}이 선형영역이 아닌 능동영역에서 동작하므로 잡음을 차단하는 작용을 한다. 그러므로 $-V_{SS}$에 존재하는 잡음이 출력으로 전달되기가 훨씬 어렵게 된다.

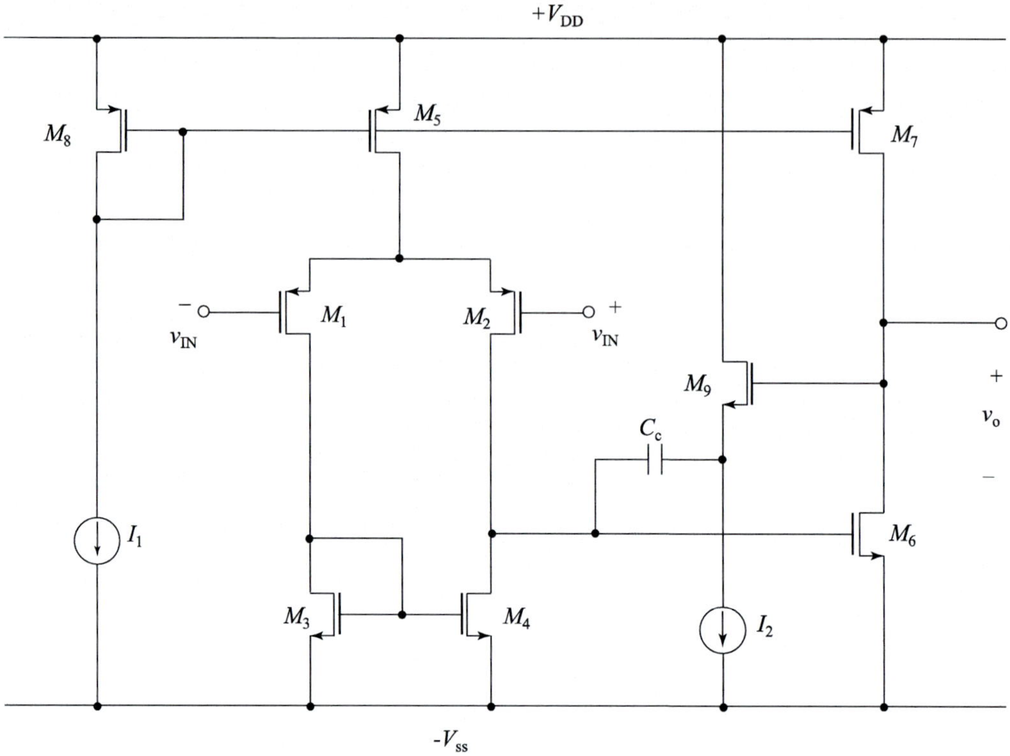

그림 8.4.11 소스폴로워를 추가하여 정영점을 제거한 회로

유사한 원리로 정영점을 제거하도록 동작하는 또 다른 하나의 회로를 그림 8.4.11에 보인다. 이 회로에서는 M_9과 같은 소스폴로워를 출력측에 추가하여 보상커패시터를 M_6의 게이트와 M_9의 소스 사이에 연결해 준 것이다.

이 방법도 역시 출력측의 전압변화는 보상커패시터를 통과하면서 전류로 변환되어 M_6의 게이트에 전달될 수 있게 된다. 따라서 기존의 밀러보상 방법과 동일한 효과를 얻을 수 있게 되므로 M_6의 게이트에서 극점의 주파수를 충분히 낮게 할 수 있다. 한편, 여기에서도 주파수가 높아짐에 따라 보상커패시터를 통하여 M_6의 게이트로부터 드레인측으로 직접 전달되는 것은 쉽지 않게 된다. 왜냐하면 M_9에 의하여 그런 경로가 차단되기 때문이다. 따라서 이 방법에 의해서도 주극점의 위치는 기존의 밀러보상 방법과 동일하지만 정영점을 제거하는 효과를 얻을 수 있다. 또한 이 회로 역시 $-V_{SS}$ 전원으로부터의 PSRR이 개선되게 된다.

입력 오프셋 전압

입력의 오프셋 전압에는 두 가지 형태가 있다. 하나는 랜덤(random) 오프셋이고 다른 하나는 구조적(systematic) 오프셋이다. 구조적 오프셋은 회로설계 단계에서 제거할 수 있다. 앞에서 보인 그림 8.4.3과 같은 2단 증폭회로에서 회로구조로부터 발생되는 구조적 오프셋 전압을 최소로 하기 위해서는 정상상태의 바이어스, 즉 두 입력이 모두 중간전압에 연결되었을 때 출력 역시 중간전압을 유지하는 바이어스 상황에서 다음과 같이 트랜지스터 M_3, M_4, M_6가

$$V_{p3} = V_{p4} = V_{p6} \tag{8.4.33}$$

의 조건을 만족하도록 설계할 필요가 있다. 이것은 다시 말해서

$$V_{GS3} = V_{GS4} = V_{GS6} \tag{8.4.34}$$

의 조건을 만족함을 의미하는데, 이런 상황에서는 입력 단의 M_1, M_2가 정상상태의 바이어스 상태에서 다음과 같이

$$V_{DS1} = V_{DS2} \tag{8.4.35}$$

의 조건을 만족함을 의미한다. 다시 말해서 출력이 중간전압을 유지하고 있을 때 $V_{DS1} = V_{DS2}$의 조건이 만족되고 있다면 입력오프셋이 존재하지 않게 됨을 의미한다. 또,이 때 출력이 중간전압을 유지하고 있기 위해서는 부하 개방상태에서 출력단의 전류가 평형을 이루고 있어야 하므로

$$I_{D6} = I_{D7} \tag{8.4.36}$$

의 조건을 만족해야 한다. 그런데 M_5의 전류가 M_1, M_2에 의하여 절반씩 나뉘어서 M_3, M_4로 흐르게 되므로 위 식은 다음과 같이

$$I_{D6} = I_{D7} = \frac{\beta_7}{\beta_5} I_{D5} = 2\frac{\beta_7}{\beta_5} I_{D3} \tag{8.4.37}$$

로 놓을 수 있다. 그러므로 이 식으로부터 우리는 다시

$$\frac{I_{D6}}{I_{D3}} = 2\frac{\beta_7}{\beta_5} \tag{8.4.38}$$

와 같이 놓을 수 있으며, 이것은 또 MOS의 크기의 관점에서

$$\frac{(W/L)_6}{(W/L)_3} = 2\frac{(W/L)_7}{(W/L)_5} \tag{8.4.39}$$

와 같은1 조건을 만족해야 함을 의미한다. 여기에서 물론 M_1, M_2의 크기와 M_3, M_4의 크기는 각각 동일해야 한다. 이것이 바로 앞에서 보인 2단 증폭회로들에서 구조적 오프셋을 제거하기 위한 조건이 된다.

바이어스 회로 설계

그림 8.4.9의 회로에 대해서 바이어스 회로설계의 한 가지 예를 보이고자 한다.이 회로의 극점과 영점의 위치는 식 (8.4.14), (8.4.17), (8.4.24)와 같은 형태로 주어지며 여기에 다시 정리하면

$$\omega_{\rm GB}=\frac{g_{\rm m1}}{C_{\rm C}},\qquad \omega_2^*\approx\frac{g_{\rm m6}}{C_1+C_2},\qquad \omega_{\rm z}^*=\frac{1}{C_{\rm c}\left(R_{\rm z}-1/g_{\rm m}\right)}$$

와 같다. 여기에서 영점의 위치는 또 식 (8.4.32)에 의하여

$$R_{\rm z}g_{\rm m6}=\frac{(W/L)_6}{(W/L)_{12}}\sqrt{\frac{(W/L)_{10}}{(W/L)_{11}}}$$

의 관계가 있음을 보였다. 이 식들에서 보는 바와 같이 영점과 극점의 위치들이 모두 트랜스컨덕터 $g_{\rm m}$의 함수로 주어짐을 알 수 있다. 따라서 우리가 원하는 위치에 극점과 영점을 위치시키고자 한다면 $g_{\rm m}$을 일정한 값으로 조절하면 된다. 그러므로 여기에 $g_{\rm m}$을 조절할 수 있는 바이어스 회로의 한 가지 예를 보이고자 한다.

그림 8.4.12는 $g_{\rm m}$을 저항 R_1의 함수로 조절하기 위한 바이어스 회로를 보인 것이다. 이 회로에서 M_{14}를 제외한 다른 트랜지스터들의 크기의 비를 동일하게 하면 정상상태에서는 각 트랜지스터에 흐르는 전류가 모두 동일한 상태로 동작한다. 그러나 루프이득이 1보다 작은 정귀환이 걸려있으므로 초기 시동회로는 필요하다. 정상 동작상태에서 이 회로에서 저항 R_1 양단에 걸리는 전압은

$$V_{\rm R1}=\Delta V_{\rm p}=V_{\rm p13}-V_{\rm p14}=\sqrt{\frac{2I_{\rm D}}{\beta_{13}}}-\sqrt{\frac{2I_{\rm D}}{\beta_{14}}} \tag{8.4.40}$$

와 같이 주어진다. 따라서 저항 R_1의 관계식으로 표시해 보면

$$R_1=\frac{\Delta V_{\rm p}}{I_{\rm D}}=\frac{2}{\sqrt{2I_{\rm D}\beta_{13}}}\left(1-\sqrt{\frac{\beta_{13}}{\beta_{14}}}\right) \tag{8.4.41}$$

의 관계식이 얻어진다. 따라서 이 식을 다시 정리하면

$$g_{\rm m13}=\frac{2}{R_1}\left(1-\sqrt{\frac{(W/L)_{13}}{(W/L)_{14}}}\right) \tag{8.4.42}$$

와 같이 표시될 수 있음을 알 수 있다. 그러므로 만일 M_{13}과 M_{14}의 크기의 비를

$$(W/L)_{14}=4(W/L)_{13} \tag{8.4.43}$$

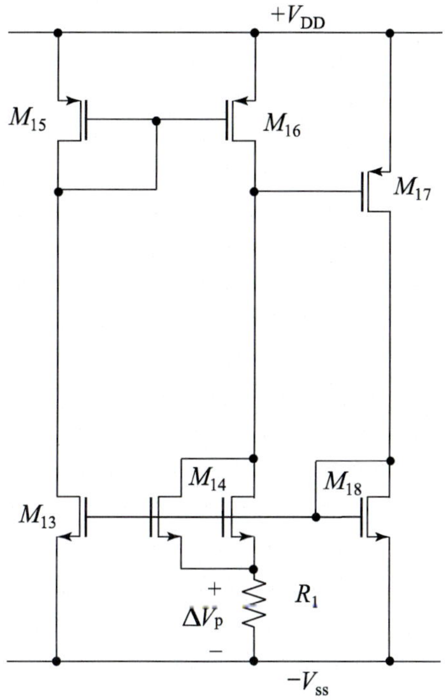

그림 8.4.12 바이오스 회로

로 설계한다면 위 식 (8.4.42)로부터

$$g_{m13} = \frac{1}{R_1} \tag{8.4.44}$$

로 간단하게 주어질 수 있음을 알 수 있다. 따라서 이 식으로부터 저항 R_1 값을 어떤 원하는 값으로 일정하게 조정한다면 M_{13}의 트랜스컨덕턴스 크기는 공정의 파라미터 변화에 무관하게 R_1의 함수로 일정하게 조정할 수 있음을 의미한다.

그러나 여기에서 마지막으로 한 가지 지적하고자 하는 사항은 실제 응용에 있어서 이와 같은 바이어스 회로는 모두 캐스코드로 설계될 필요가 있다. 그렇지 않으면 전원전압 변동에 따른 전류변화가 어느 정도 존재하게 된다.

그림 8.4.9의 회로에 대해서 위의 바이어스 회로를 도입하여 완성된 회로를 도시하면 그림 8.4.13에 보여주는 바와 같다. 이 회로에서 i번째 MOS에 흐르는 전류를 I_{Di} 라 할 때

$$I_{Di} = \frac{k(W/L)_i}{(W/L)_{13}} \times I_{D13} \tag{8.4.45}$$

와 같이 설계한다면, 각 트랜지스터의 트랜스컨덕턴스는 다음과 같은 식으로 주어지게 된다. 여기에서 k는 M_8 혹은 M_{19}의 크기에 의해 조정되는 상수이다.

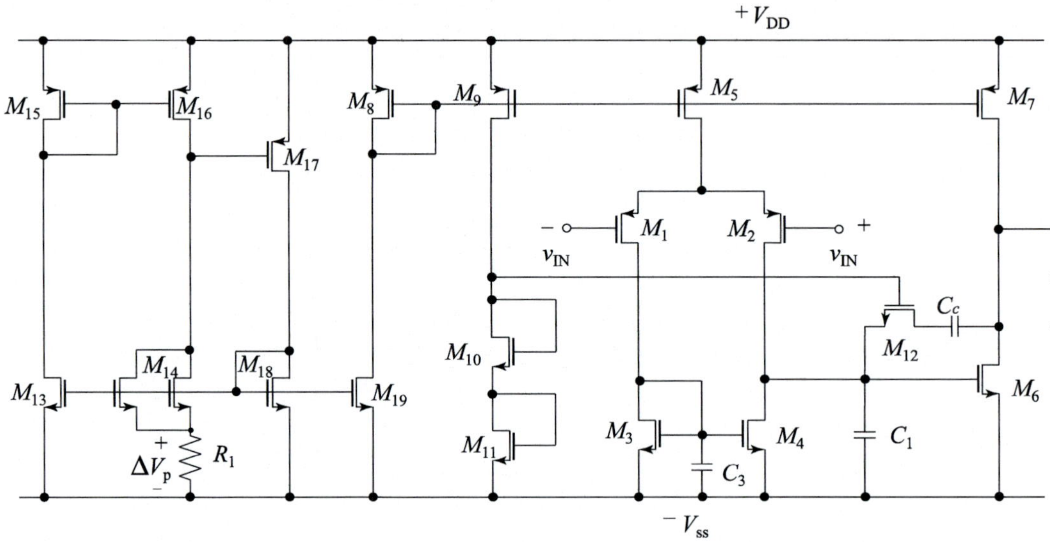

그림 8.4.13 CMOS Op-앰프 회로

$$g_{mi} = g_{m13}\sqrt{\frac{\beta_i}{\beta_{13}}}\sqrt{\frac{k(W/L)_i}{(W/L)_{13}}} \tag{8.4.45}$$

따라서 이 식으로부터 모든 트랜지스터의 트랜스컨덕턴스를 g_{m13}의 함수 즉, 저항 R_1의 함수로 조정이 가능하게 됨을 알 수 있다.

결론

이 장에서는 기본적인 Op-앰프의 설계 방법에 대해서 알아보았다. 바이폴라 트랜지스터를 사용하여 설계하는 방법과 CMOS를 사용하여 설계하는 방법에 대해서 각각 예를 들어 설명하였다. 이 외에도 Op-앰프에는 수 많은 형태가 있으며, 외단 출력뿐만 아니라 양단출력을 가지는 Op-앰프도 많이 사용된다. 이런 방법들에 대해서는 다른 교재들을 참고하기 바란다.

EXERCISE

08 연습문제

8.1 아래에 보이는 그림 P8.1에 대하여 물음에 답하라. 단, 트랜지스터 파라미터는 다음과 같다:

$$\beta = 100, V_A = 100\text{V}, V_{BE} = 0.6\text{V}.$$

(1.1) $I_{C1} = I_{C2} = 10\mu\text{A}$, $I_{C8} = 0.5\text{mA}$를 만족하는 R_1, R_2를 구하라.

(1.2) 두 번째 극점 ω_2가 $2\pi * 3\text{MHz}$에서 나타난다. 단위 이득 귀환시($F = 1$), $\phi_M \approx 45°$을 만족하기 위한 C_1을 정하라.

(1.3) C_1=10pF일 때, 상승과 하강 중 어느 경우가 슬루율이 더 낮은가? 낮은 경우의 슬루율을 대략 계산해서 보여라.

(1.4) Q_{10}, Q_{11}, R_1은 바이어스 전류를 만들며, 이 바이어스 회로는 전원 전압의 변화에 따라 바이어스 전류가 선형적으로 변하게 되어 있다. 이 회로를 전원 전압의 변화에 둔감하도록 수정하라.

(1.5) 적당한 V_B값은 얼마인가? 이러한 바이어스 조건에서 가능한 최대 출력 스윙 전압은 대략 얼마인가?

(1.6) $V_B = 4\text{V}$인 조건에서 동작하도록 회로를 수정하라.이 때 수정된 회로의 이점은 무엇인가?

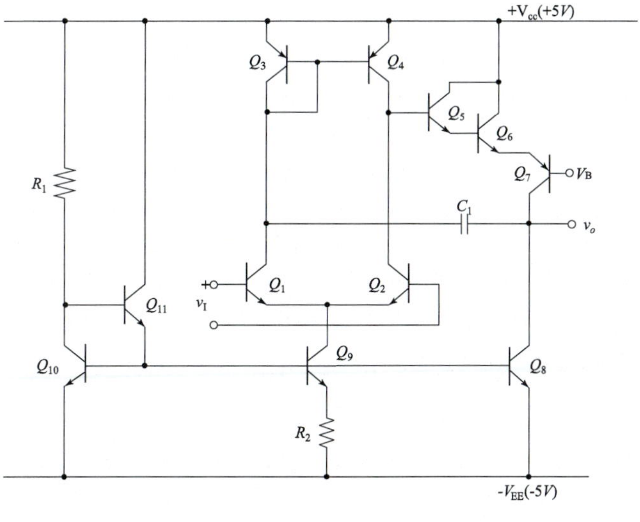

그림 P8.1

8.2

아래에 보이는 그림P8.2의 OP-amp에 대하여 물음에 답하라.

MOS : $V_{tp} = -1V$, $K = 20\mu A / V^2$, $W = 45\mu m$, $L = 5\mu m$, $V_A = 50V$

BJT : $\beta_p = \beta_N = 100$, $V_{AP} = 50V$, $V_{AN} = 100V$

(2.1) Bias 회로의 오류를 바로잡고, 정상 동작시에 Q_1과 Q_2의 전류가 각각 $10\mu A$가 되도록 R_1 값을 정하라.

(2.2) 단위이득 대역폭을 $\omega_2 = 2\pi \times 1MHz$로 하기 위한 C_1값은 얼마인가?

(2.3) 이 회로의 개루프 이득 A_{VO}는 대략 몇 dB인가?

(2.4) 트랜지스터 Q_{11}의 전류가 최대 5mA를 초과하지 않도록 전류 제한 회로를 두 가지의 각각 다른 형태로 설계하여 보여라.

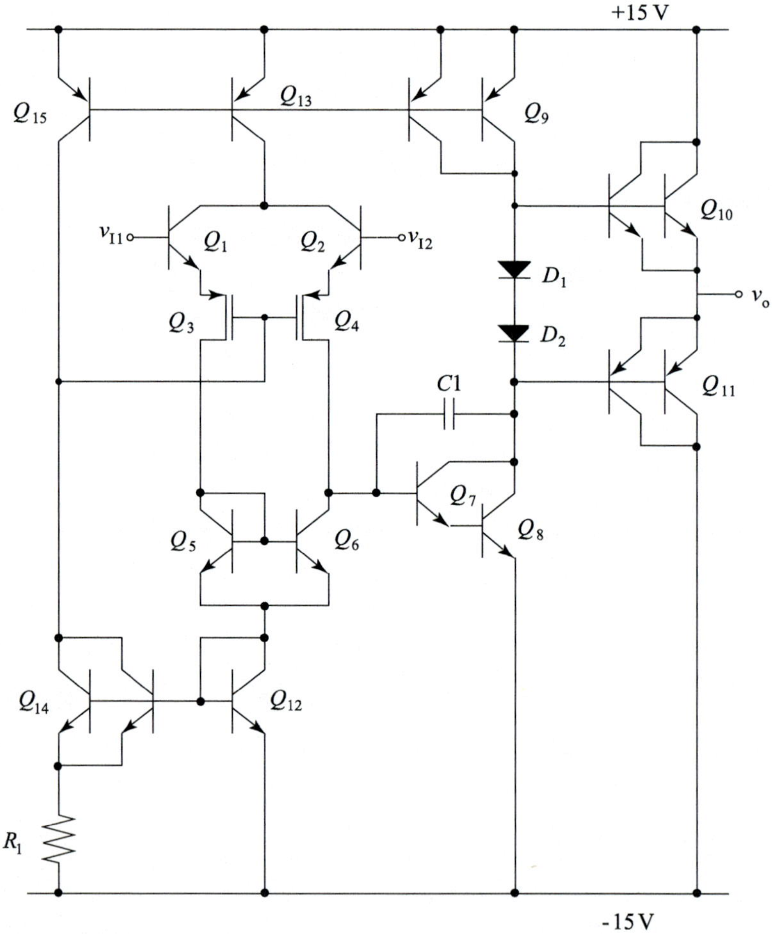

그림 P8.2

8.3

아래에 보이는 그림 P8.3의 OP-amp에 대하여 물음에 답하라.

단, $C_C = 10pF, L = 5\mu m, V_A = 10V/\mu m, K_P = 20\mu A/V^2$이고,
$V_{Diode} = V_F = 0.6V, \beta = 100, |V_{tp}| = 1V$ (여기에서 Body Effect 무시할 것)
$\left(\frac{W}{L}\right)_{10} = \left(\frac{W}{L}\right)_{11} = \frac{1}{10}\left(\frac{W}{L}\right)_9 = 3\left(\frac{W}{L}\right)_8 = 3\left(\frac{W}{L}\right)_7$ 이다.

(3.1) $I_{D1} = I_{D2} = 10\mu A$로 설정하기 위한 R_1의 값은 얼마인가? 이때 Q_5, Q_6의 바이어스 전류를 구하라.

(3.2) 단위이득 대역폭을 $\omega_{GB} = 2\pi \times 10MHz$로 하기 위한 $\left(\frac{W}{L}\right)_{1,2}$를 구하라.

(3.3) $V_{CE4} = V_{CE3}$의 조건으로 동작시키기 위한 Q_5의 $\left(\frac{W}{L}\right)_5$를 구하라.

(3.4) 저주파에서 개루프 전압 이득 A_{VO}를 구하라.

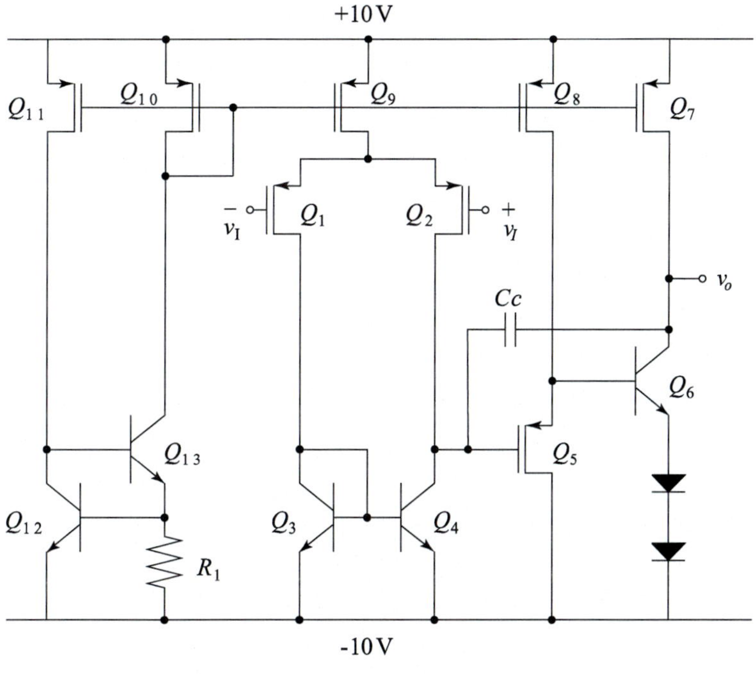

그림 P8.3

09 위상동기루프(PLL) 설계

서론

위상동기 루프는 현대의 유선 또는 무선 통신기술 발달에서 매우 중요한 역할을 하고 있는 요소 기술이다. 모든 데이터 통신에 꼭 필요 할뿐만 아니라 정밀제어분야 등에서도 널리 사용되고 있어서 반드시 알아두어야 할 필요가 있다. 먼저 위상동기루프의 설계를 위한 위상검출기와 전압제어 발진기의 구성에 대해서 알아보고, 뒤에 루프의 안정성과 위상여유를 보장하기 위한 필터의 설계방법에 대해서 생각해 본다. 마지막으로 전체적인 위상동기 루프를 반도체 회로로 구현하는 예를 한 가지 보인다.

9.1 위상동기 루프

위상동기 루프의 기본 블록도는 그림 9.1.1에 보이는 바와 같다. 이 그림에서 보는 바와 같이 위상동기루프는 위상검출기(PD)와 저역통과필터(LPF), 증폭기(A) 그리고 전압제어발진기(VCO)로 구성되어 있다. 위상검출기에서 입력신호의 위상과 전압제어발진기의 위상을 비교하여 위상차에 비례하는 전압파형을 출력하게 되며, 이 파형을 필터링하여 고주파 성분을 저감시킨 후 증폭 또는 감쇄시켜 전압제어발진기에 인가하면 발진주파수가 변화하게 되며 발진기 출력파형의 위상이 조정되게 된다. 이 과정에서 입력신호의 위상과 전압제어발진기의 위상이 일정한 위상차를 유지하면서 머물러 있게 되면 동기가 이루어 졌다고 말한다.

입력신호의 위상과 전압제어발진기의 위상이 일정한 위상차를 유지하지 않고 변화할 경우는 동기가 이루어지지 않은 상태가 되며, 입력주파수와 발진기의 주파수가 일치하지 않고 제 각기 서로 다른 주파수로 남아있게 된다. 따라서 입력 주파수를 변화시키면서 그림 9.1.1 위상동기 루프의 출력전압을 관찰하게 되면 그림 9.1.2와 같은 형태가 된다. 즉, 입력주파수가 전압제어발진기의 자유발진주파수 근처에 머물게 될 때 동기가 이루어 지면서 발진기의 출력주파수가 입력주파수를 추종하게 되며 이 과정에서 출력전압의 변화가 나타나게 된다. 그러나 발진주파수의 변화는 전압제어발진기의 특성에 의하여 어느 범위로 한정되게 되므로 동기가 이루어지는 영역이 정해지게 된다. 이 영역을 잠금범위(Lock Range)라고 부른다.

잠금범위와 약간 다른 것으로 포착범위(Capture Range)가 있다. 포착범위란 동기가 이루어지지 않은 상태에서 입력신호의 주파수가 발진기의 주파수 부근에 접근할 때 동기가 이루어질 수 있는 영역을 의미한다. 이것은 저역통과필터의 특성과 관련이 있으며 일반적으로 잠금범위보다 좁은 영역이 된다.

포착범위(*Capture Range*)에서 위상동기 루프가 비 동기 상태에서 동기상태로 진입할 때는 비선형적인 동작특성을 보이며 이런 현상을 정확하게 해석하는 것은 매우 어렵다. 그러나 위상동기 루프가 일단 잠금범위에서 동작할 때는 루프의 동적특성은 선형적이 되며 정확한 설계가 가능하게 된다. 따라서 이 루프의 특성을 어떻게 설계할

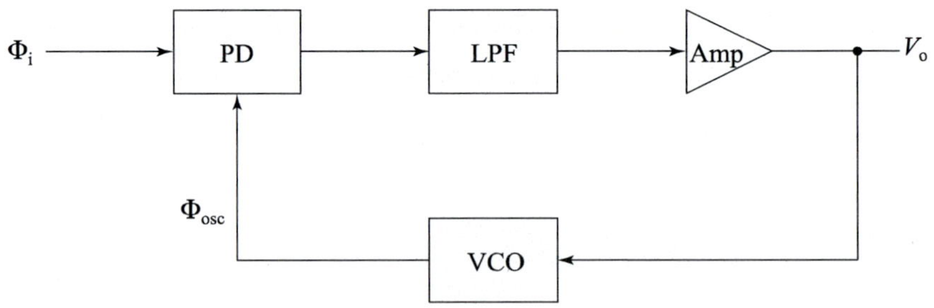

그림 9.1.1

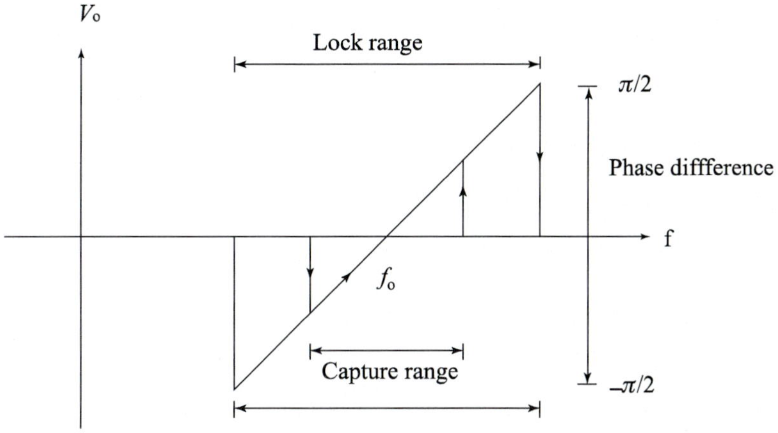

그림 9.1.2

것인지 얼마나 안정성이 있게 설계할 것인지 하는 문제가 중요하게 된다. 여기에서이 루프의 설계방법에 대해서 다루어 보고자 한다.

그림 9.1.3는 그림 9.1.1에서 각 블록의 특성을 전달함수 형태로 바꾸어 도시한 그림이다. 여기에서 위상검출기(PD)는 입력위상(Φ_i)과 출력위상(Φ_o)의 차이(Φ_ε)를 전압으로 바꾸어주는 역할을 하며 그 이득을 K_D로 표시하였고 단위는 V/rad이 된다. 저역통과필터(LPF)는 주파수의 함수가 되며 F(s)로 표시하였고, 증폭기는 이득을 A로 표시하였다. 그리고 전압제어발진기(VCO)의 특성은 K_o와 $1/s$의 직렬연결로 표시하였는데 그 이유는 출력위상(Φ_o)은 발진주파수(ω_o)를 적분한 값으로 표시되기 때문이다. 여기에서 K_o의 단위는 rad/s/V가 된다. 이 루프에서 증폭기의 이득(A)이 크면 전압제어발진기(VCO)의 입력제어전압의 범위가 주어져 있기 때문에 동기상태에서의 위상차(Φ_ε)는 줄어들게 된다. 또한 A의 크기는 루프의 대역폭을 결정하는 요인이 되므로 전체 루프의 특성에 대해서 살펴보기로 하겠다.

아래의 PLL 루프에서 루프이득을 구하면 다음과 같다.

$$T = \frac{1}{s} K_D K_O A F(s) \tag{9.1.1}$$

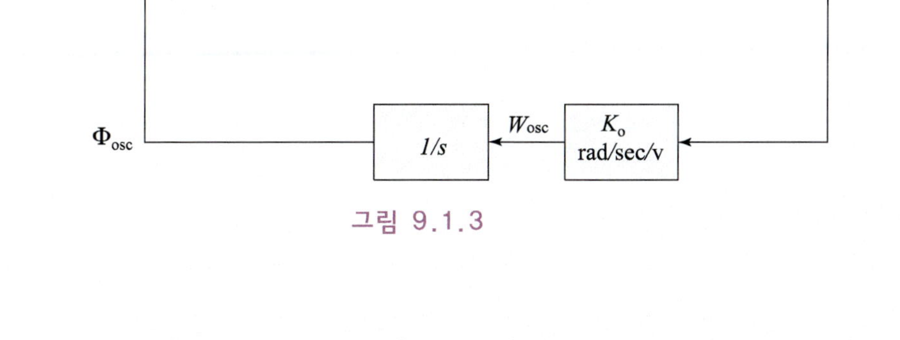

그림 9.1.3

여기에서 $F(s)$ 를 어떻게 설계하느냐 함에 따라 PLL의 차수가 결정되며 루프의 설계 방법이 달라지게 된다. 다음에 이것에 관해서 살펴보기로 하겠다.

9.2 1차 PLL

위의 루프이득에 관한 식 (9.1.1)에서

$$F(s)=1 \tag{9.2.1}$$

일 때 즉, 필터를 삽입하지 않은 경우의 루프이득은

$$T=\frac{1}{s}K_{\rm D}K_{\rm o}A \tag{9.2.2}$$

와 같이 주어지며 이 식의 분모가 1차 함수로 나타나기 때문에 이런 경우를 1차 PLL 이라 한다. 이 식에서

$$K_{\rm v}=K_{\rm D}K_{\rm o}A \tag{9.2.3}$$

로 놓으면 식 (9.2.2)는

$$T=\frac{K_{\rm v}}{s} \tag{9.2.4}$$

와 같이 표시할 수 있다. 이번에는 그림 9.1.3의 블록도에서 입력위상에 대한 출력전압의 관계를 구해보면

$$\frac{V_{\rm o}}{\phi_{\rm i}}=\frac{K_{\rm D}A}{1+T}=\frac{K_{\rm D}A}{1+K_{\rm v}/s} \tag{9.2.5}$$

이 식을 식 (9.2.4)를 이용하여 다시 정리하면

$$\frac{V_{\rm o}}{\phi_{\rm i}}=\frac{1}{K_{\rm o}}\frac{s}{1+s/K_{\rm v}} \tag{9.2.6}$$

와 같이 된다. 그런데 입력위상과 입력주파수와의 상관관계는 미적분 관계이며 다음과 같이 주어지므로

$$\phi_{\rm i}=\omega_{\rm i}/s \tag{9.2.7}$$

이 식과 식 (9.2.6)으로부터 입력주파수와 출력전압의 관계는

$$\frac{V_{\rm o}}{\omega_{\rm i}}=\frac{1}{K_{\rm o}}\frac{1}{1+s/K_{\rm v}} \tag{9.2.8}$$

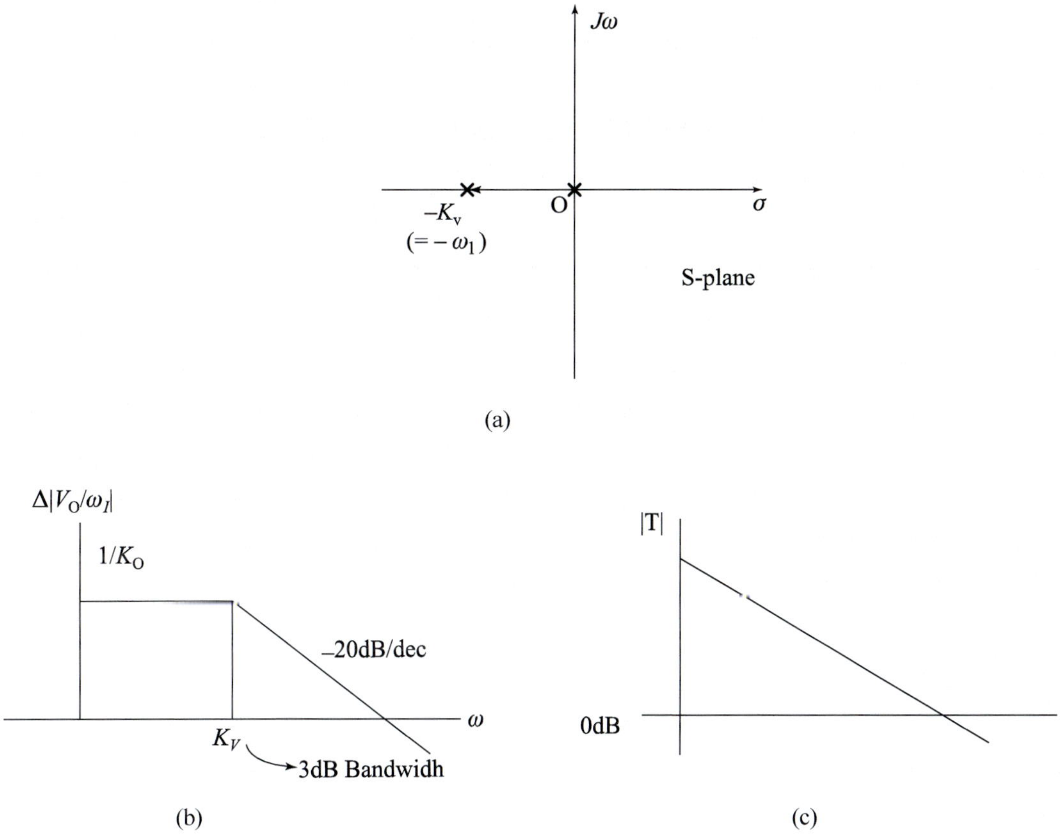

그림 9.2.1

와 같이 주어지게 된다. 따라서 1차 PLL의 특성들을 그래프로 표시하면 그림 9.2.1과 같이 도시할 수 있다. 그림 9.2.1a는 s 평면상에서 1차 PLL의 극점의 위치를 나타낸 것이며, 그림 9.2.1b는 PLL이 잠금상태에 있을 때 출력전압 대비 입력주파수의 관계가 루프주파수 변화에 따라 달라지는 특성을 보인 것이고, 그림 9.2.1C는 루프이득의 주파수 특성을 보인 것이다. 이 그림들로부터 K_v는 루프이득의 단위이득 주파수가 되면서 동시에 출력전압 대비 입력주파수 특성의 -3dB 주파수가 됨을 알 수 있다.

이번에는 1차 PLL의 기본적인 동작파형에 대해서 살펴보기로 하겠다. 그림 9.2.2는 입력신호가 구형파 형태로 들어온 경우를 도시하였다. 이 때 전압제어발진기의 출력은 정현파 또는 구형파 일 수 있다. 여기에서 PLL이 동기가 이루어진 경우에 위상검출기의 출력은 입력신호와 발진기 출력신호의 위상을 비교한 값이 되며, 전압파형의 변화하는 모습을 그린 것이 그림 9.2.2b의 형태이다. 즉, 위상검출기의 출력파형은 두 신호의 순시 비교 파형이므로 많은 고조파 노이즈를 함유하는 파형이 되는데 이 파형의 평균값이 변화하는 형태는 중간에 중첩하여 그려놓은 모양이 된다. 그리고 이 평균전압의 변화폭은 입력주파수 변화분을 K_o로 나눈 값 즉 $\Delta\omega/K_o$가 된다.

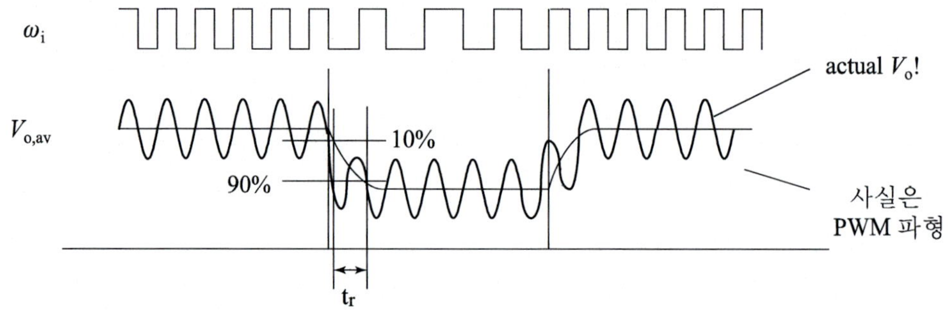

그림 9.2.2

이와 같이 평균전압이 변화하는 모양을 보면 입력주파수가 갑자기 변화하는 경우에 정상상태에 도달하는데 어느 정도 시간이 필요함을 알 수 있다. 이와 같이 평균전압이 변화하는 시정수가 PLL 대역폭의 역수가 되며 앞서 논의한 바와 같이 $1/K_v$가 된다. 따라서 평균전압파형이 변화하는 상승시간(혹은 하강시간)은

$$t_r f_h = 0.35 \tag{9.2.9}$$

의 관계를 이용하면 -3dB 주파수는

$$f_h = K_v / 2\pi \tag{9.2.10}$$

의 관계가 있으므로 상승시간은

$$t_r = 2.2 / K_v \tag{9.2.11}$$

와 같이 구할 수 있음을 알 수 있다.

한편, 위의 그림 9.2.2b에서 보는 바와 같이 1차 PLL에서 전압제어발진기의 입력에 인가되는 실제파형은 평균전압파형이 아니라 무척 많은 고조파가 함유된 파형이 된다. 따라서 이런 형태의 파형이 VCO에 인가되면 출력주파수의 평균치는 입력주파수를 추종하면서 순시치는 흔들리게 되는데 이것이 데이터 통신에서는 타이밍 에러를 가져오는 원인이 된다. 따라서 이와 같은 흔들림을 최소화 하기 위해서 필터가 필요하게 되는데 아래에서 이것에 관한 논의를 하기로 하겠다.

9.3 2차 PLL

앞에서 언급한 바와 같이 위상검출기(PD)의 출력은 많은 고조파 성분과 잡음을 함유하고 있다. 따라서 적절한 필터를 넣어서 이런 성분을 제거하는 것이 바람직한데, 어떤 형태의 필터를 넣어 줄 것인가 하는 것이 문제가 된다. 고주파 성분의 잡음을 제거하기 위해서는 저역여파기를 넣어주어야 하며, 저역여파기의 차수가 높을수록 효과는 좋겠지만 PLL 루프를 안정하게 설계하기가 더더욱 어렵게 된다. 필터가 없는 상황에서도 PLL 루프는 1차의 특성을 지니고 있으므로 루프내에 1차 저역여파기를 추가로 삽입할 때에는 2차의 루프특성을 가지게 되며, 따라서 이런 경우를 2차 PLL 이라고 부른다. 그러므로 1차 저역여파기의 전달함수를

$$F(s) = \frac{1}{1 + s/\omega_1} \tag{9.3.1}$$

라 할 때, 이것은 그림 9.3.1에서와 같이 간단히 *RC*를 사용하여 저역여파기로 구현할 수 있음을 의미한다.

따라서 이런 경우에 루프이득은 식 (9.1.1), (9.2.3), (9.3.1)으로부터

$$T = \frac{K_v}{s(1 + s/\omega_1)} \tag{9.3.2}$$

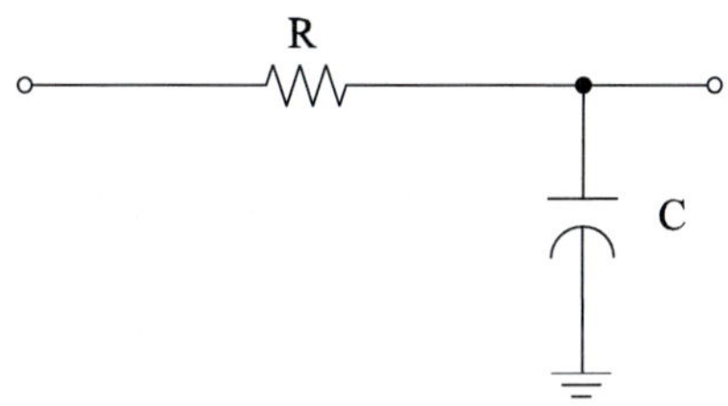

그림 9.3.1

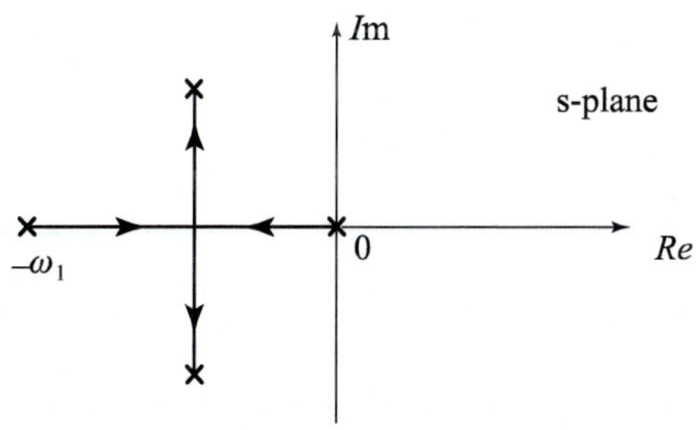

그림 9.3.2

와 같이 주어지게 됨을 알 수 있다. 그러므로 이런 상황에서 근 궤적도를 그려보면 그림 9.3.2와 같은 형태가 된다. 이 근 궤적도로부터 ω_1과 K_v의 크기에 따라 근의 위치가 달라지고 있음을 알 수 있다. 이와 같이 2차 PLL에서는 근이 s-평면의 좌반면에 위치하므로 항상 안정되어 있기는 하지만, 근의 위치가 복소평면에 존재하면서 실축에서 멀어지게 될 때는 Q가 매우 커지는 경우에 해당하며 과도특성이 나빠지므로 문제가 된다. 따라서 이런 상황에서의 설계방법에 대해서 알아보기로 하겠다.

그림 9.3.3은 루프이득 K_v가 어떤 값으로 주어져서 고정되어 있을 때 극점 ω_1의 위치를 변화시키면서 PLL의 극점이 어디에 위치하는지를 보여주는 그림이다. 즉, 그림 9.3.3(a)는 ω_1이 높은 곳에 위치할 때이며 두 극점 P_1, P_2가 모두 실축상에 존재하게 되는 경우이다. 이 때는 안정성은 매우 좋으나 노이즈 제거특성은 크지 않게 된다. 그림 9.3.3(b)는 ω_1이 좀 더 근접한 상태이며 두 극점이 복소평면상에 존재하게 되지만

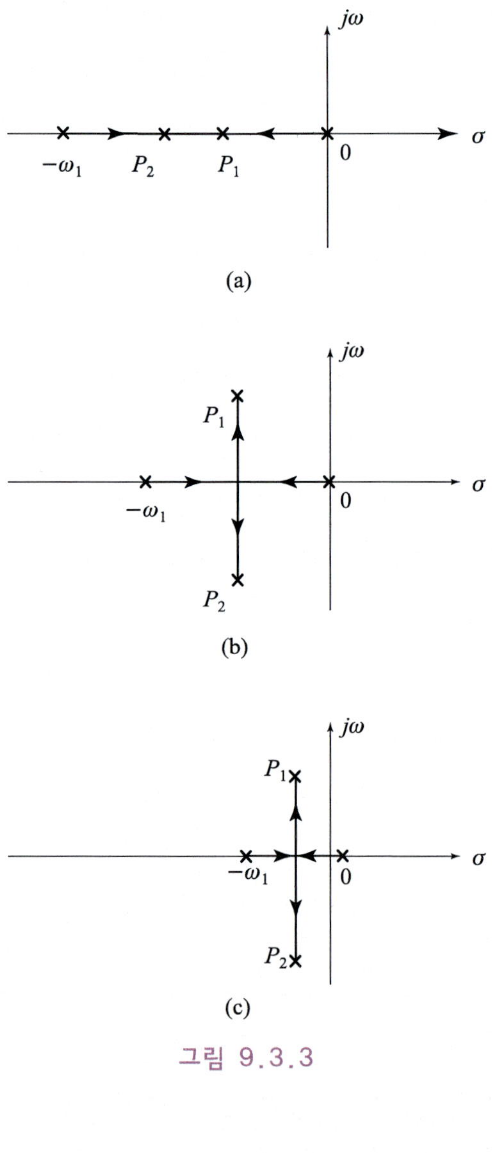

그림 9.3.3

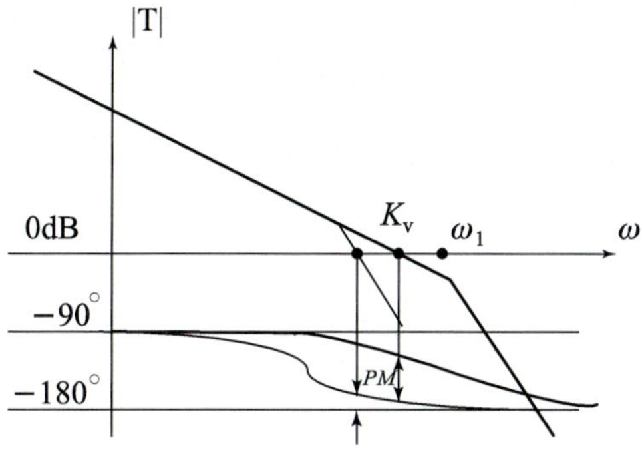

그림 9.3.4

실축에서 가까운 거리에 존재할 때의 모습이다. 이런 상태는 Q가 크지 않아서 안정성도 별 문제가 없고 스텝응답도 감쇄가 큰 모습을 보이게 된다. 그림 9.3.3(c)는 ω_1이 가까이 근접한 상태이며, 두 극점이 복소평면에 존재하면서 실축에서 멀어진 경우이다. 이 때는 Q가 큰 값을 가지게 되고 위상여유는 45° 보다 작게 되면서 스텝응답은 감쇄가 작은 모습을 보이게 된다.

앞에서 보인 근 궤적 방법보다 더 편리한 방법은 보드선도를 이용한 설계방법이다. 그림 9.3.4는 2차 PLL의 루프이득을 보드선도로 도시한 그림이다. 이 그림에서 보는 바와 같이 저역여파기의 -3dB 주파수 ω_1이 단위 루프이득($|T|=1$)인 주파수 K_v 보다 높은 영역에서는 ω_1이 K_v로부터 멀어질수록 위상여유가 증가하며, 가까이 위치할수록 위상여유가 작아지면서 $\omega_1 = K_v$인 주파수에서는 45°의 위상여유를 가지게 된다. ω_1이 K_v 보다 낮은 주파수에 위치하게 되면 위상여유는 45° 보다 작아지기 때문에 이런 경우는 일반적으로 바람직하지 않다고 할 수 있다. 오버슈트가 발생하지 않는 임계댐핑의 조건은 $\omega_1 = 2K_v$인 위치일 때 발생하며 이 때 폐루프의 -3dB 주파수는

$$\omega_{3\text{dB}} = \sqrt{K_v \omega_1} = \sqrt{2} K_v \tag{9.3.3}$$

와 같이 주어지게 된다.

위와 같이 저역여파기를 삽입하는 형태는 위상검출기에서 발생하는 고조파 노이즈를 감쇄시키는 데는 매우 효과적이지만 루프의 안정도를 보장하는 대가로 대역폭을 조정하지 못하게 되는 단점이 있다. 대역폭이 넓으면 장점도 있지만 노이즈가 들어올 확률이 높아지는 단점이 있어서 동기가 이루어진 다음에는 일부러 대역폭을 좁게 조정해 주는 것이 바람직할 때가 많다. 따라서 이와 같은 설계를 위해서는 저역여파기에 영점을 추가해 줌으로써 가능하게 된다.

저역여파기에 영점을 추가하는 방법은 그림 9.3.5에 보이는 바와 같다. 이 회로에서 입력과 출력간의 전달함수는

$$F(s) = \frac{1 + s/z_1}{1 + s/\omega_1} \tag{9.3.4}$$

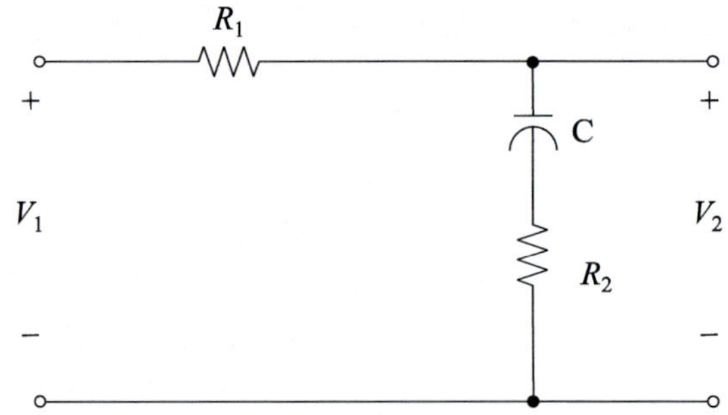

그림 9.3.5

와 같은 형태가 되는데 여기에서

$$\omega_1 = \frac{1}{C(R_1+R_2)} \approx \frac{1}{R_1 C} \tag{9.3.5}$$

$$z_1 = \frac{1}{R_2 C} \tag{9.3.6}$$

와 같이 주어지게 된다.

따라서 그림 9.3.6은 영점이 추가 된 저역여파기를 사용하는 경우에 루프이득의 보드선도와 폐루프의 근 궤적을 각각 보였다. 이 두 그림에서 보는 바와 같이 필터에 영점을 추가함으로써 PLL의 대역폭을 줄이면서도 위상여유를 확보하면서 안정성을 보장할 수 있음을 알 수 있다. 여기에서는 영점의 위치를 설정하는 일이 매우 중요한데 그림 9.3.6의 보드선도로부터 설정방법을 설명하면 다음과 같다.

PLL의 대역폭이라 함은 루프이득의 단위이득주파수를 의미하므로 필터가 삽입되지 않은 경우 1차 PLL의 대역폭은 K_v가 된다. 따라서 만일 사용자가 원하는 대역폭이 K_v* 라고 한다면 이것을 영점과 극점을 지닌 필터를 삽입하여 구현할 수 있는 것이다. 즉, 먼저 필터의 영점의 위치를 다음 조건을 만족하도록 설정한다. 즉,

$$z_1 = \beta K_v^* \tag{9.3.7}$$

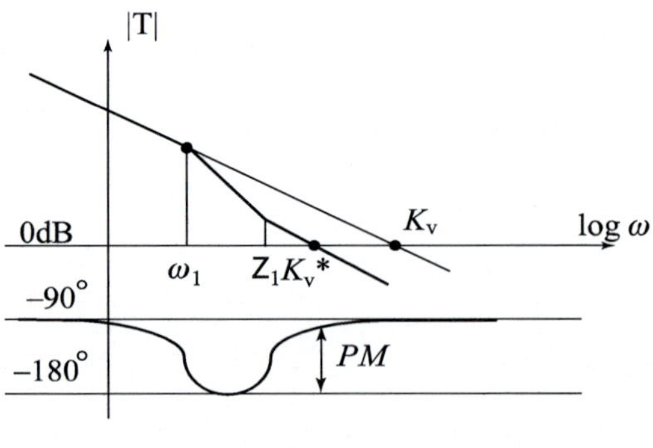

그림 9.3.6

여기에서

$$0 < \beta < 1 \tag{9.3.8}$$

의 범위에 있다. 이렇게 설정하면 위상여유는

$$\phi_M = 90° - \tan^{-1} \beta \tag{9.3.9}$$

와 같이 주어지게 된다. 예를 들어 $\beta = 1/3$로 설정한다면 70° 정도의 위상여유를 얻을 수 있는 셈이다.

다음에는 극점의 위치를 정하는 방법에 대해서 생각해 보자. 극점의 위치를 정하는 것은 저항 R_1 값을 정하는 문제라고 할 수 있다. 저항 R_1 값은 고주파 영역에서 얼마만큼 감쇄가 일어나는지를 알면 바로 구할 수 있다. 즉, 그림 9.3.5의 필터회로로부터 고주파 영역에서의 감쇄는

$$\alpha = \frac{R_2}{R_1 + R_2} \tag{9.3.10}$$

와 같게 됨을 알 수 있는데, 그림 9.3.6a의 보드선도로부터

$$\alpha = \frac{K_v^*}{K_v} \tag{9.3.11}$$

가 됨을 알 수 있다. 따라서 위의 두 식으로부터

$$R_1 = \left(\frac{K_v}{K_v^*} - 1 \right) R_2 \tag{9.3.12}$$

와 같이 주어지게 된다.

저역여파기를 위와 같이 극점을 추가하여 설계하는 경우는 위상여유를 유지하면서 대역폭을 임의로 조정할 수 있는 장점이 있으나 영점을 얻기 위하여 커패시터와 직렬로 연결한 저항 R_2의 역할에 의하여 하나의 단점이 나타나게 된다. 즉, R_2 양단에 나타나는 전압은 1차 PLL의 위상검출기에서 나타났던 고조파 노이즈 성분이 그대로 나타나게 된다. 단, 그 크기가 α만큼 줄어서 나타나기 때문에 α값이 작을 때에는 작아져서 나타나게 되므로 상대적으로 노이즈에 대한 영향이 작아지게 된다는 점이다. 그렇지만 이것도 문제가 되므로 이렇게 작은 노이즈를 더욱 줄이기 위해서 필터에 또 하나의 극점을 추가하는 방법을 사용하며 그 회로구조는 그림 9.3.7에 보이는 바와 같다.

이렇게 하는 경우 추가된 커패시터 C_2에 의하여 발생하는 극점의 위치는

$$\omega_2 = \frac{1}{(R_1 // R_2)C_2} \approx \frac{1}{R_2 C_2} \tag{9.3.13}$$

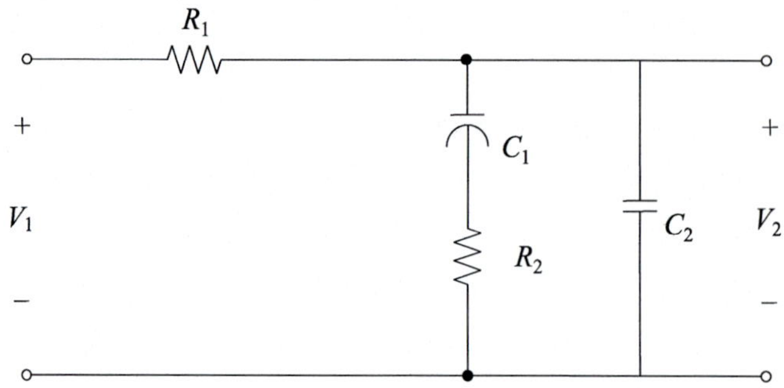

그림 9.3.7

와 같이 주어지게 된다. 따라서 이 PLL 루프는 두 개의 극점과 하나의 영점을 가지는 필터를 사용하고 있으므로 입력과 출력간의 전달함수는

$$F(s)=\frac{1+s/z_1}{(1+s/\omega_1)(1+s/\omega_2)} \tag{9.3.14}$$

와 같은 형태가 된다. 이런 경우 PLL 루프이득에 대한 보드선도를 다시 도시하면 그림 9.3.8에 보이는 바와 같다. 그러므로 여기에서

$$\omega_2=\eta K_v^* \tag{9.3.15}$$

로 설정한다면 위상여유는

$$\phi_M = 90° - \tan^{-1}\beta - \tan^{-1}(1/\eta) \tag{9.3.16}$$

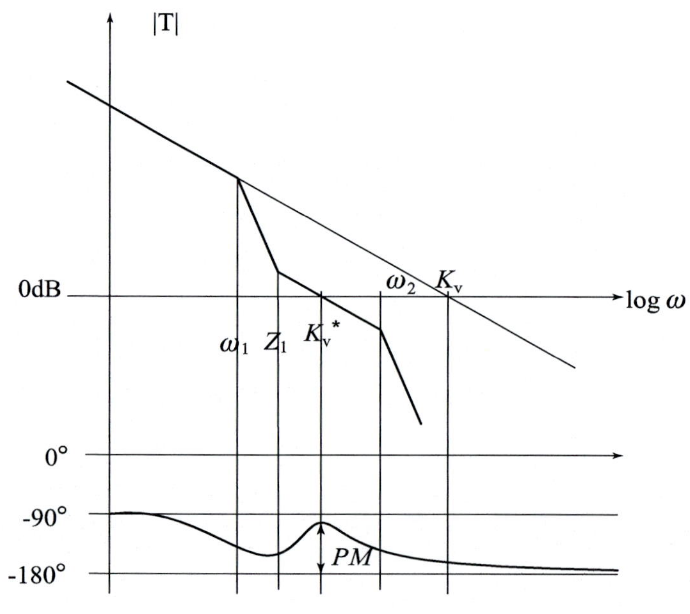

그림 9.3.8

으로 주어지게 된다. 따라서 η값을 작게 설정하는 경우 노이즈 제거에는 효과적이나 위상여유가 나빠지며 반대로 너무 크게 설정하면 위상여유는 좋아지나 노이즈 제거효과가 떨어지므로 어느 정도 크게 설정하여 이 둘 사이의 타협점을 찾는 것이 필요하게 된다.

9.4 잠금범위와 포착범위

여기에서는 그림 9.1.2에서 보인 바와 같이 잠금범위와 포착범위에 대해서 좀 더 알아보고자 한다. 동기가 이루어진 상태에서 입력과 출력의 최대 위상차이는

$$\phi_{\max} = \pm\frac{\pi}{2} \tag{9.4.1}$$

의 범위에서 변화한다. 따라서 전압제어 발진기의 최대 주파수 변화범위는

$$\Delta\omega_{\max} = \pm\frac{\pi}{2}K_{\mathrm{D}}FAK_{\mathrm{o}} \tag{9.4.2}$$

가 된다. 여기에서 PLL 루프를 형성하는 주파수가 입력주파수와 전압제어발진기 주파수의 차이가 되는데 PLL이 잠금상태에 있을 때에는 두 주파수 차이가 없게 된다. 따라서 만일 입력주파수가 고정되어 있는 경우에는 PLL 루프를 형성하는 주파수는 0이 된다. 그렇지 않고 PLL이 잠금상태를 유지하면서 입력주파수가 변화하는 경우에는 PLL 루프를 형성하는 주파수는 두 주파수의 차이에 해당하는 주파수가 된다.

그러므로 잠금범위는 입력주파수를 매우 천천히 변화시키면서 PLL이 잠금상태를 유지하는 영역을 의미하므로 이 때는 PLL 루프를 형성하는 주파수가 매우 낮은 주파수가 된다. 따라서 이런 상황에서는 저역여파기의 특성을

$$F = 1 \tag{9.4.3}$$

로 둘 수 있으므로 잠금범위를 ω_{L}이라 할 때 위의 식 (9.4.2)로부터

$$\omega_{\mathrm{L}} = \pm\frac{\pi}{2}K_{\mathrm{D}}AK_{\mathrm{o}} = \frac{\pi}{2}K_{\mathrm{v}} \tag{9.4.4}$$

와 같이 주어지게 된다.

그러나 위의 식 (9.4.4)로 주어지는 잠금범위는 매우 넓어서 실제에 있어서 현실적이지 않으며 상용 PLL 칩에서는 위와 같이 주어지지는 않는다. 대부분의 PLL 칩에서는 내부 회로구조에 의해서 잠금범위가 조정되게 설계되며 위에서 주어지는 값보다는 상당히 좁은 범위로 제한되는 것이 보통이다.

이번에는 포착범위에 대해서 고찰해 보기로 하자. PLL이 동기가 이루어지지 않은 상태에서는 입력 주파수와 전압제어발진기의 주파수가 일치하지 않으므로 위상검출기의 출력은

$$V_P = \frac{\pi}{2} K_D \cos(\omega_\delta t) \tag{9.4.5}$$

여기에서

$$\omega_\delta = \omega_i - \omega_{osc} \tag{9.4.6}$$

로 표시할 수 있다. 따라서 이번에는 저역여파기의 특성이 중요하게 되며 PLL 루프에서의 출력전압(즉, 전압제어발진기의 입력전압)은

$$V_o = \frac{\pi}{2} K_D A \,|\, F(j\omega_\delta) \,|\, \cos(\omega_\delta t + \phi) \tag{9.4.7}$$

와 같은 형태로 표시될 수 있다. 한편, ω_δ의 주파수를 전압제어발진기가 추적하기 위해서 필요한 입력전압의 크기는

$$|\, V_{osc} \,| = \frac{\omega_\delta}{K_o} \tag{9.4.8}$$

이 필요하므로 PLL에서 포착이 가능하기 위해서는 위의 두 식으로부터

$$|\, V_o \,| \geq V_{osc} \,| \tag{9.4.9}$$

인 조건이 성립해야 한다. 따라서 포착범위를 ω_C라 하면 위의 식 (9.4.7) ~ (9.4.9)로부터

$$\omega_C \leq \frac{\pi}{2} K_v \,|\, F(j\omega_C) \,| \tag{9.4.10}$$

또한, 식 (9.4.4)로부터

$$\omega_C \leq \omega_L \,|\, F(j\omega_C) \,| \tag{9.4.11}$$

와 같이 놓을 수 있다.

따라서 포착영역은 저역여파기의 특성에 의해서 많이 달라지게 됨을 알 수 있다. PLL의 대역폭 또한 저역여파기의 설계에 따라 달라지게 되며, 대역폭을 좁게 설계할수록 포착범위가 줄어들게 된다.

9.5 회로 설계

여기에서는 좀 더 구체적으로 실제적인 예를 들어서 PLL 회로를 설계하는 방법에 대해서 알아보고자 한다.

위상 검출기

위상 검출기 회로에도 여러 가지 방식이 있다. 디지털회로로 구현하는 방법과 아날로그 회로로 구현하는 방법이 있고, CMOS로 구현하는 방법과 BJT로 구현하는 방법이 있다. 여기에서는 부록 A에 보이는 바와 같은 형태의 BJT 곱셈기를 사용하여 구현하는 방법에 대해서 알아보기로 한다. 4상한 곱셈기의 형태로 구현한 위상검출기 회로를 그림 9.5.1에 다시 보인다.

이 회로의 두 입력단자에 인가되는 신호의 크기가 충분히 큰 경우에는 트랜지스터가 선형영역에서 동작하지 않고 스위칭 동작을 하게 된다. 이 때 각각의 신호를 구형파로 근사화해서 도시하면 그림 9.5.2와 같은 형태가 된다. 이 그림은 두 신호의 주파수가 동일하고 일정한 위상차가 존재하는 모습을 보인 것인데, 특징적인 모습은 출력파형의 주파수가 2배가 되어있고, 평균전압은 위상차에 따라 달라지고 있다는 점이다.

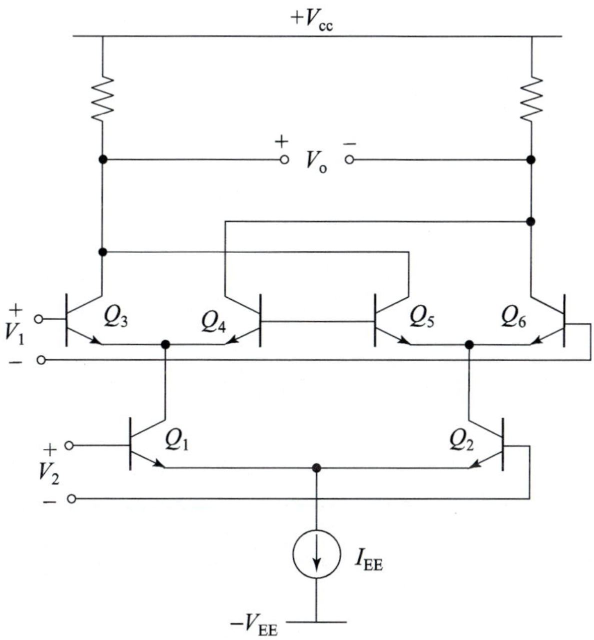

그림 9.5.1

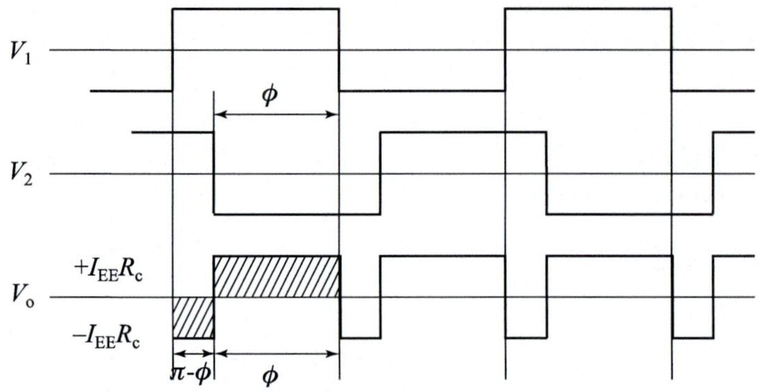

그림 9.5.2

여기에서 출력파형의 평균전압이 중요하며 고조파 성분은 저역여파기를 통과시켜 제거시키는 방향으로 설계가 이루어진다. 이 그림에서 출력파형의 평균전압을 구해 보면

$$V_{o,av} = \frac{1}{\pi}\{\phi - (\pi - \phi)\} I_{EE} R_C$$

$$= I_{EE} R_C \left(\frac{2\phi}{\pi} - 1 \right) \tag{9.5.1}$$

와 같이 주어짐을 알 수 있다.

따라서 위 식으로부터 위상검출기의 전달이득 K_D를 구해 보면

$$K_D = \frac{dV_{o,av}}{d\phi} = \frac{2}{\pi} I_{EE} R_C \tag{9.5.2}$$

이 얻어진다.

식 (9.5.1)을 그래프로 그려보면 아래 그림 9.5.3과 같은 형태가 된다. 위상차가 0과 π 범위에서 선형적인 특성을 보이며, 이 범위를 벗어나서는 정상적인 동작을 기대할 수 없게 된다.

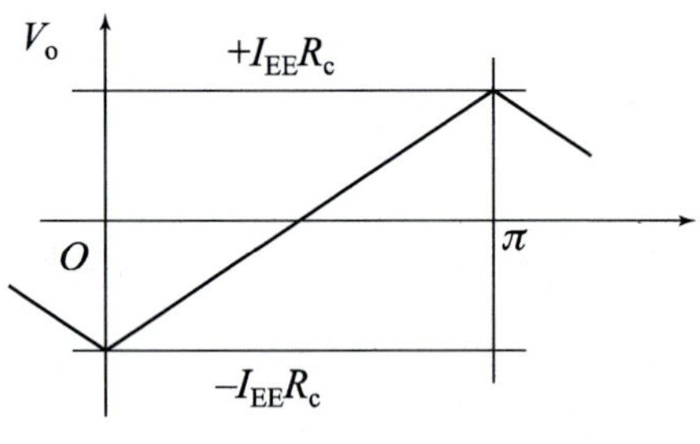

그림 9.5.3

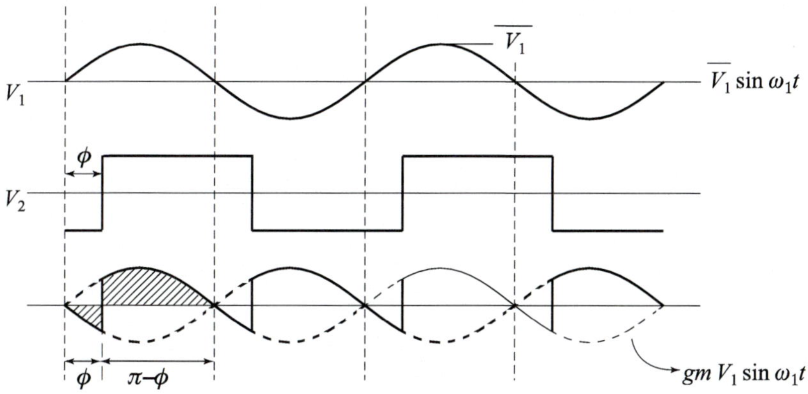

그림 9.5.4

만일 한 쪽 입력신호가 작을 경우에는 출력파형이 그림 9.5.4와 같은 형태로 나타나게 된다. 전압제어발진기로부터 나오는 신호의 크기는 항상 충분히 크지만 외부입력 신호는 임의의 크기를 가지므로 이런 형태의 신호가 나타날 수 있다.이 때 출력전압의 평균치를 구해보면

$$V_{\text{o,av}} = \frac{1}{\pi} g_{\text{m}} R_{\text{C}} v_1 \left(-\int_0^{\phi} \sin\theta\, d\theta + \int_{\phi}^{\pi} \sin\theta\, d\theta \right)$$

$$= \frac{2}{\pi} g_{\text{m}} R_{\text{C}} v_1 \cos\phi \tag{9.5.3}$$

와 같이 주어진다.

이 형태에서 보는 바와 같이 입력신호가 작은 경우에는 출력파형이 ϕ의 선형적인 함수가 아니라 비 선형적인 모습이 됨을 알 수 있다. 따라서 이 경우에는 위상검출기의 전달이득이 일정하지 않고 입력신호의 크기와 ϕ의 함수로 달라지게된다. 이렇게 되면 PLL의 대역폭도 신호의 크기가 작아짐에 따라 역시 변화하게 되므로 설계 시 고려가 요망된다 하겠다.

전압제어 발진기

전압제어발진기(VCO)는 대략 3가지로 분류된다. 그 하나는 LC 공진형 발진기이고, 다른 하나는 위상천이(phase shift) 발진기이며, 다른 하나는 시간지연(relaxation) 발진기이다. 여기에서는 시간지연 발진기에 관한 예를 하나 보이기로 한다.

그림 9.5.5에 보이는 것이 시간지연 발진기의 일종으로 에미터 결합 발진기이다. 이 회로에서 주파수를 결정하는 것은 전류 I_1과 커패시터 C 그리고 트랜지스터의 V_{BE} 전압이다. 전류원 I_2는 Q_3, Q_4의 바이어스를 잡아주는 역할을 하며 주파수와는 무관하다. 다이오드 D_1, D_2는 R_1 양단의 전압을 제한시켜 주는 역할을 하며 이 전압 역시 주파수에 영향을 주는 요인이 된다. 이 회로의 Q_1, Q_2의 에미터와 커패시터 양단의 동작

파형을 도시하면 그림 9.5.5(b)에 보이는 바와 같다. 여기 커패시터 파형에서 보는 바와 같이 반주기(T/2) 동안에 전류원 I_1에 의하여 변화하는 전압이 $2V_{BE}$이므로

$$2V_{BE} = \frac{I_1}{C}\frac{T}{2} \tag{9.5.4}$$

와 같은 관계가 있다. 따라서 발진 주파수는

$$f_{osc} = \frac{I_1}{4CV_{BE}} \tag{9.5.5}$$

로 주어진다.

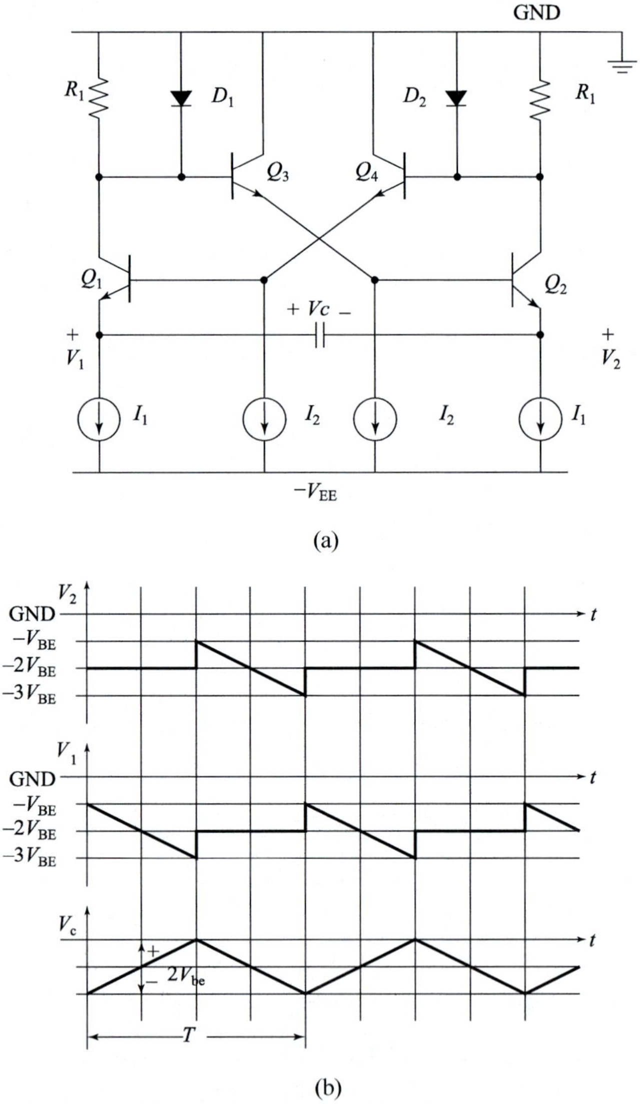

그림 9.5.5

회로설계 예

BJT로 설계한 PLL 회로의 한 예를 아래 그림 9.5.6에 보인다. 이 회로는 위상검출기와 전류제어 발진기를 트랜스컨덕터를 사용하여 결합함으로써 위상동기루프를 형성시킨 회로이다. 위상검출기의 출력신호는 전압파형으로 나타나므로 이것을 전류의 형태로 바꾸어 주는 것이 트랜스컨덕터의 역할이다. 이렇게 전류로 바뀐 신호는 전류제어 발진기의 주파수를 변화시키게 된다. 여기에서 트랜스컨덕터와 전류제어 발진기를 결합하면 바로 전압제어 발진기가 되는 셈이다. 영점과 극점을 추가한 1차 저역여파기는 위상검출기의 출력에 간단하게 결합하여 구현하였다.

여기에서 각 블록의 이득을 구해보면 다음과 같다. 먼저 위상검출기의 이득은 신호의 크기가 충분히 큰 경우에 식 (9.5.2)에서와 같이 여기에서도

$$K_D = \frac{dV_o}{d\phi} = \frac{2}{\pi} I_{EE} R_L \tag{9.5.6}$$

와 같이 표시된다. 한편, 이 경우에 증폭기의 이득은

$$A = 1 \tag{9.5.7}$$

이라고 할 수 있다. 다음으로 트랜스컨덕터의 이득은 근사적으로

$$\frac{dI_X}{dV_O} \cong \frac{1}{R_E} \tag{9.5.8}$$

로 주어진다.

그리고 전류제어발진기의 이득은 식 (9.5.5)로부터

$$\frac{df_{osc}}{dI_X} = \frac{1}{4CV_{BE}} \tag{9.5.9}$$

이 된다. 여기에서 트랜스컨덕터의 이득과 전류제어발진기의 이득을 곱하면 바로 전압제어발진기의 이득이 되며 다음과 같이

$$K_O = \frac{d\omega_{osc}}{dV_O} = \frac{1}{R_E} \cdot \frac{2\pi}{4CV_{BE}} \tag{9.5.10}$$

로 표시된다. 따라서 전체의 루프이득은

$$\begin{aligned} T &= K_D \cdot K_O \cdot A \cdot F(s)/s \\ &= \frac{2}{\pi} I_{EE} R_L \cdot \frac{1}{R_E} \cdot \frac{\pi}{2CV_{BE}} \cdot F(s)/s \\ &= \frac{I_{EE} R_L}{R_E C V_{BE}} F(s)/s \end{aligned} \tag{9.5.11}$$

와 같이 구할 수 있다. 따라서 여기에서 필터를 설계하여 극점과 영점의 위치를 정하면 위상동기루프의 대역폭이 정해지게 된다.

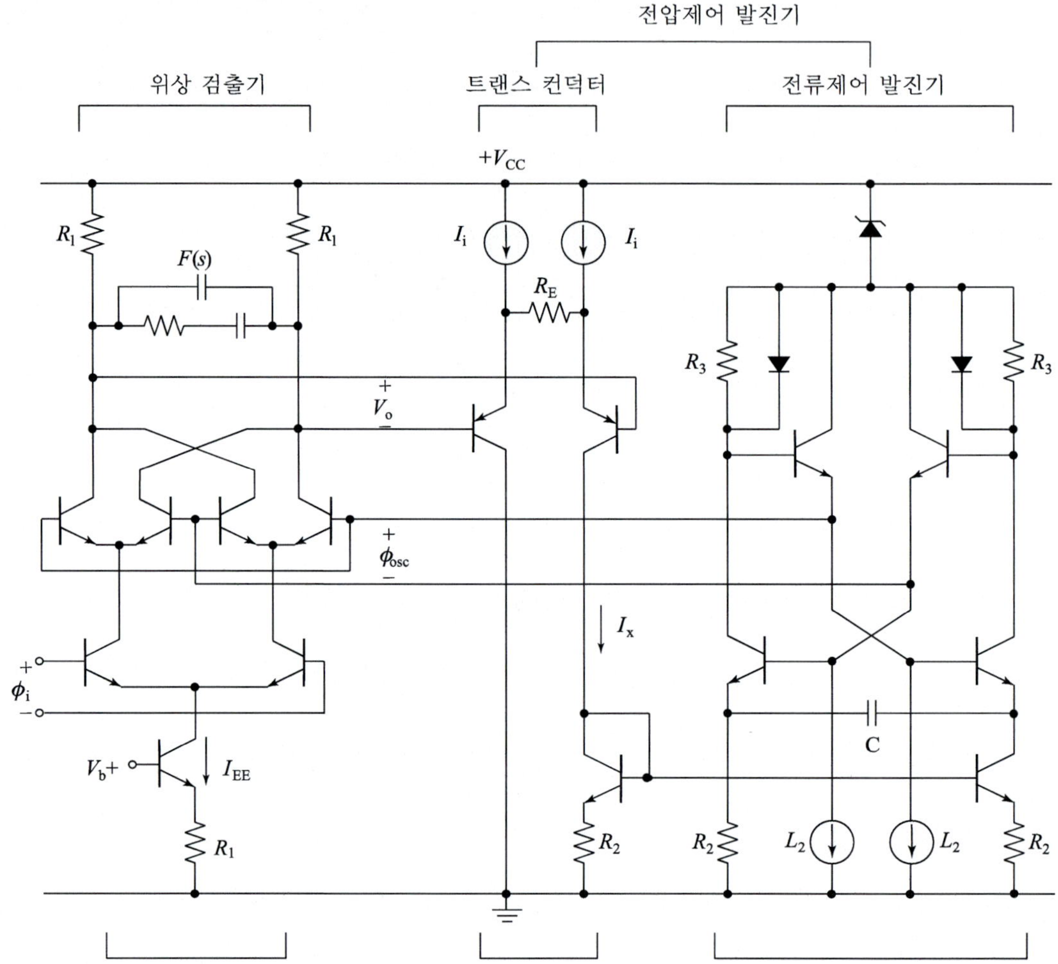

$$K_D = \frac{dV_o}{d\phi} = \frac{2}{\pi} I_{EE} R_L$$

$$A = 1$$

$$\frac{dI_x}{dV_o} \cong \frac{1}{R_E}$$

$$\frac{df_{osc}}{dI_x} = \frac{1}{4CV_{BE}}$$

$$K_o = \frac{d\omega_{osc}}{dV_o} = \frac{1}{R_E} \cdot \frac{2\pi}{4CV_{BE}}$$

$$\begin{aligned} T &= K_D \cdot K_o \cdot A \cdot F(s)/s \\ &= \frac{2}{\pi} I_{EE} R_L \cdot \frac{1}{R_E} \cdot \frac{\pi}{2CV_{BE}} \cdot F(s)/s \\ &= \frac{I_{ee} R_1}{R_E C V_{BE}} F(s)/s \end{aligned}$$

그림 9.5.6 PLL의 설계 예

그림 9.5.7은 실제 칩으로 구현된 560B PLL의 구체적인 회로를 예시한 것이다.

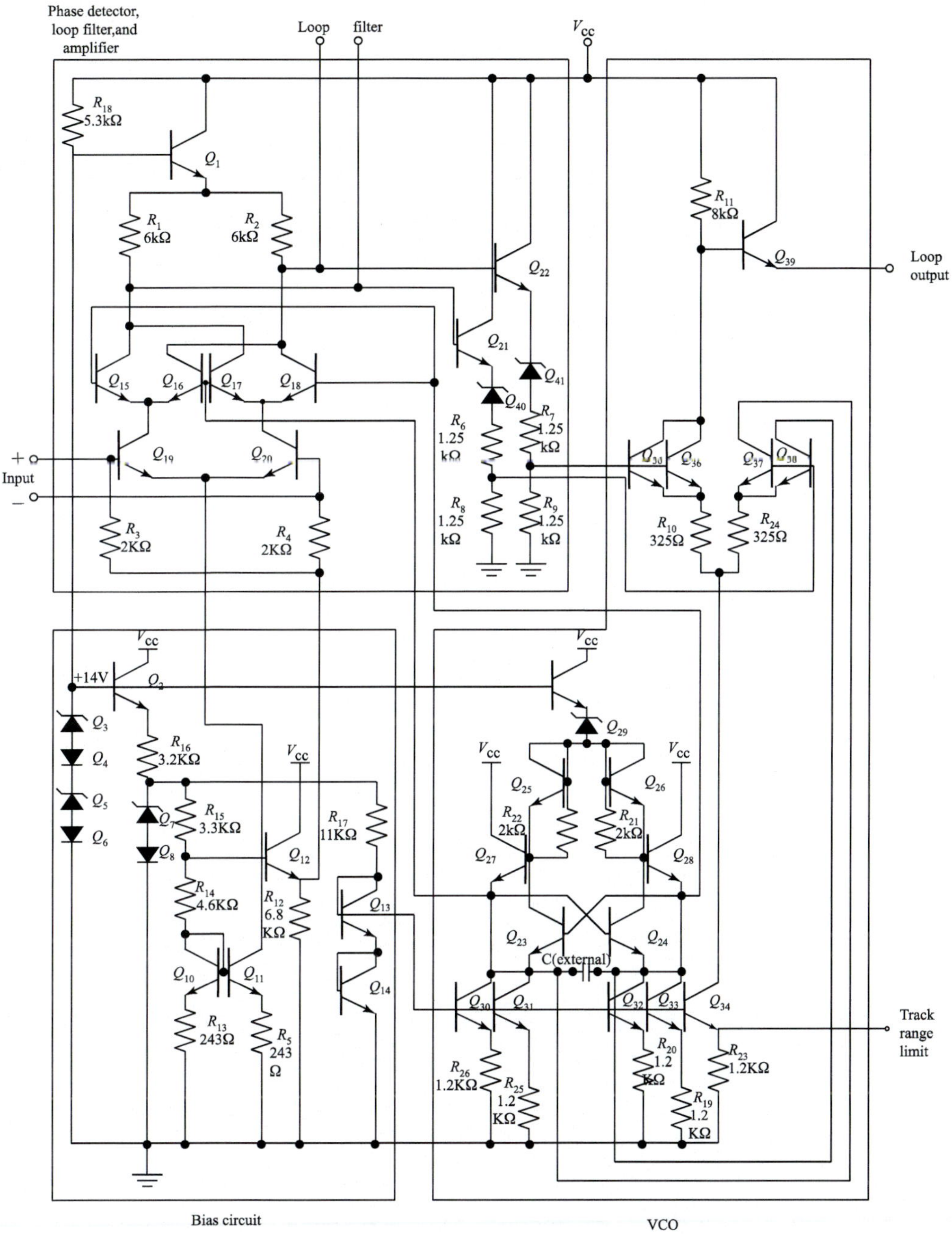

그림 9.5.7 560B PLL 회로

부록 9A

아날로그 곱셈기

1) 2상한 곱셈기

여기에서는 바이폴라 트랜지스터를 이용하여 곱셈기를 설계하는 방법에 대해서 살펴보기로 하자. 그림 9A-1은 보통의 차동증폭기를 보인 것이다. 이 차동증폭기의 트랜스콘덕턴스가 전류의 함수로 선형적으로 변화하므로 이런 특성을 이용하여 곱셈기를 설계할 수 있다.

그림 9A-1에 보이는 회로는 차동증폭기이다. 이 회로에서 신호의 크기가 작을 때 콜렉터 전류 변화분에 대한 식을 써 보면

$$\Delta I_C \approx g_m v_{i1} = \frac{I_{EE}}{2V_T} v_{i1} \tag{9A-1}$$

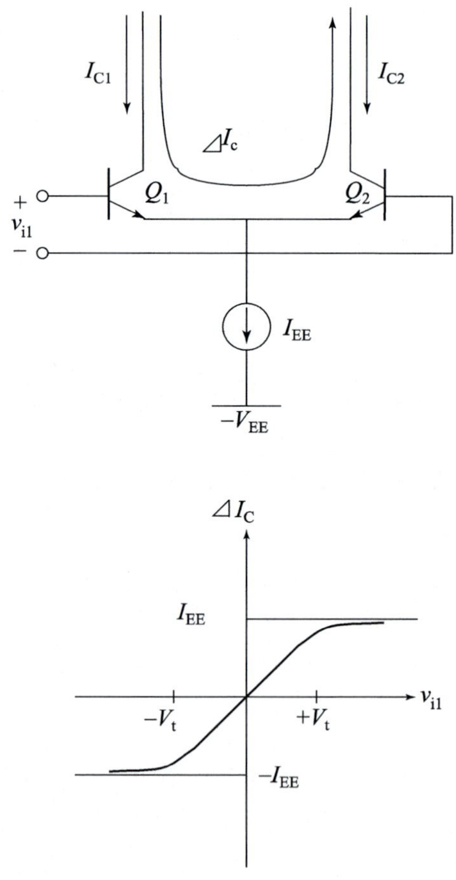

그림 9A-1

와 같이 된다. 따라서 만일 I_{EE}를 그림 9A-2에서와 같이 구현한다면

$$I_{EE} = \frac{1}{R} v_{i2} \qquad \text{(9A-2)}$$

이므로 위의 식 (9A-1)을 고려하면

$$\Delta I_C \approx \frac{1}{2V_T R} v_{i1} v_{i2} = K\, v_{i1} v_{i2} \qquad \text{(9A-3)}$$

와 같이 표시됨을 알 수 있다. 즉, 이것은 ΔI_C가 두 신호의 곱으로 표시됨을 알 수 있다. 그런데 여기에서 이와 같은 곱셈기로 동작함에 있어서는 두 신호원의 크기와 극성에 제한이 있다. 먼저 차동증폭단의 베이스에 인가되는 신호원 v_{i1}은 음양의 극성을 가지는 교류신호의 인가가 가능한 반면 그 크기에는 수십 mV 이내의 작은 신호로 제한된다는 문제점이 있다. 다음으로 신호 v_{i2}는 매우 큰 신호의 인가가 가능한 반면에 극성은 양의 방향으로 제한된다는 점이다. 따라서 이와 같은 곱셈기는 그림 9A-3에 보이는 바와 같이 두 상한에서만 동작이 가능하게 된다.

위에 보인 곱셈기는 차동증폭단의 베이스에 인가되는 신호원의 크기가 커지면 비선형 동작을 하게 된다. 이것은 제3장에서 언급한 바 있지만 여기에서 좀 더 자세히 살펴보면 다음과 같다. 즉, 그림 9A-1에서 각각의 콜렉터 전류는

$$I_{C1} = \frac{I_{EE}}{1 + e^{-v_{i1}/V_T}} = \frac{I_{EE}}{1 + e^{-\theta}} \qquad \text{(9A-4)}$$

$$I_{C2} = \frac{I_{EE}}{1 + e^{v_{i1}/V_T}} = \frac{I_{EE}}{1 + e^{+\theta}} \qquad \text{(9A-5)}$$

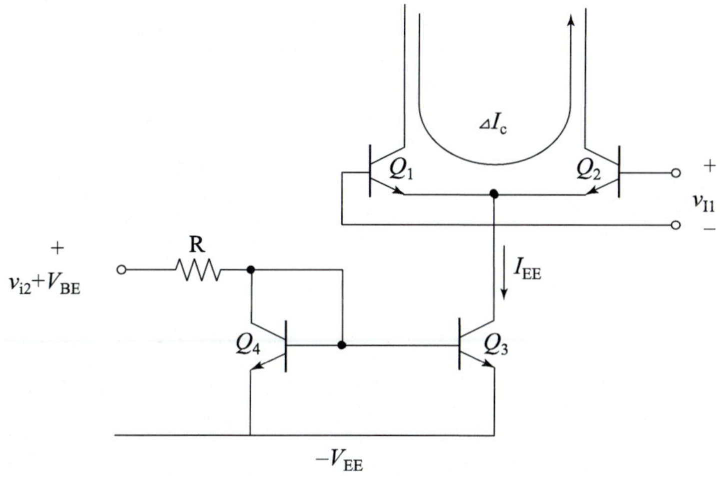

그림 9A-2

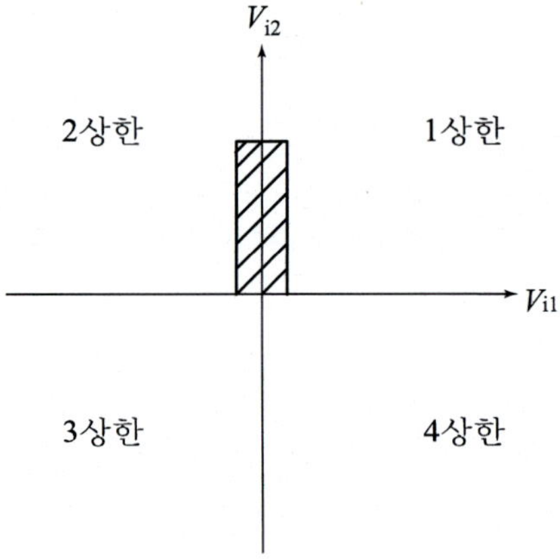

그림 9A-3

와 같이 표시되며 여기에서

$$\theta = v_{i1} / V_T \tag{9A-6}$$

이다. 따라서 ΔI_C는

$$\Delta I_C = I_{C1} - I_{C2} = \frac{I_{EE}}{1+e^{-\theta}} - \frac{I_{EE}}{1+e^{+\theta}} \tag{9A-7}$$

이므로 다시 정리하면

$$\begin{aligned}\Delta I_C &= I_{EE}\left(\frac{e^{\theta/2}}{e^{\theta/2}+e^{-\theta/2}} - \frac{e^{-\theta/2}}{e^{\theta/2}+e^{\theta/2}}\right)\\ &= I_{EE}\left(\frac{e^{\theta/2}-e^{-\theta/2}}{e^{\theta/2}+e^{-\theta/2}}\right)\\ &= I_{EE}\tanh\left(\frac{\theta}{2}\right)\end{aligned} \tag{9A-8}$$

따라서 (9A-6)를 대입하면

$$\Delta I_C = I_{EE}\tanh\left(\frac{v_{i1}}{2V_T}\right) \tag{9A-9}$$

그러므로 신호의 크기가 작을 경우에는

$$\Delta I_C \approx I_{EE}\frac{v_{i1}}{2V_T} \tag{9A-10}$$

와 같이 놓을 수 있으므로 식 (9A-2)를 여기에 대입하면 식 (9A-3)이 얻어지며 그림 (9A-3)에서와 같이 두 상한에서 곱셈기로 동작하게 된다.

2) 4상한 곱셈기

한편 실제에 있어서는 두 입력 신호가 모두 음과 양의 영역을 넘나드는 교류신호에도 잘 동작할 수 있는 곱셈기가 필요한 경우가 대부분이다. 즉, 그림 9A-3에서 보여주는 4개의 상한에서 모두 잘 동작하는 곱셈기의 설계가 요구되며, 이와 같은 목적으로 그림 9A-4의 회로가 출현하게 되었다.

이 회로에서 출력 전류의 변화분은 다음 식으로 표시할 수 있다.

$$\begin{aligned}\Delta I_L &= I_{L1} - I_{L2} \\ &= (I_3 + I_5) - (I_4 + I_6) \\ &= (I_3 - I_4) - (I_6 - I_5) \\ &= I_1 \tanh\left(\frac{v_1}{2V_T}\right) - I_2 \tanh\left(\frac{v_1}{2V_T}\right)\end{aligned}$$

그러므로 다시 정리하면

$$\Delta I_L = (I_1 - I_2)\tanh\left(\frac{v_1}{2V_T}\right) \qquad \text{(9A-11)}$$

와 같이 된다. 그런데

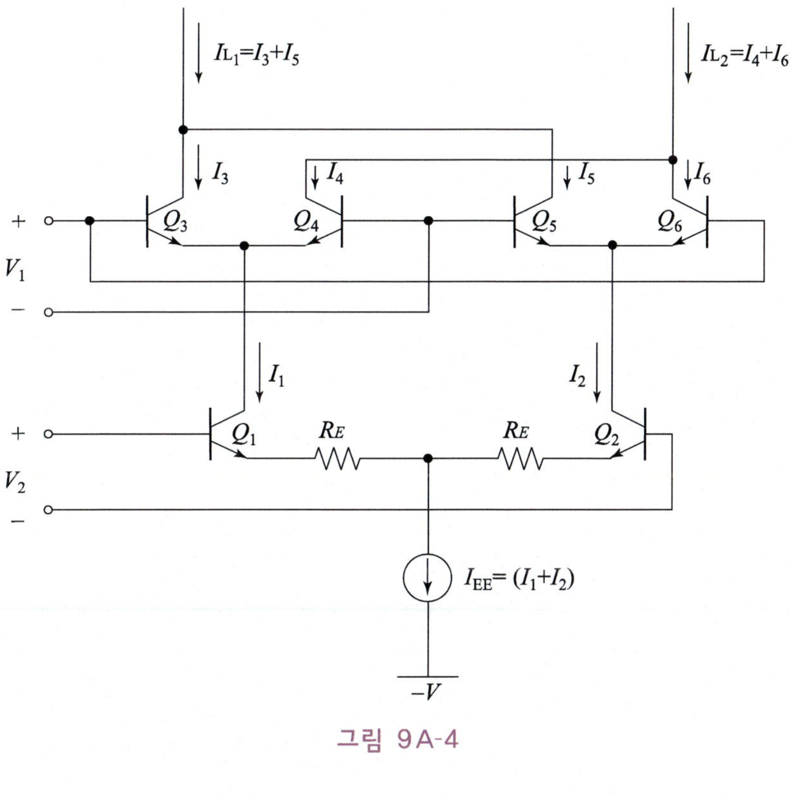

그림 9A-4

$$(I_1 - I_2) = \frac{v_2}{R_E} \tag{9A-12}$$

이므로 위의 두 식으로부터

$$\Delta I_L = \frac{v_2}{R_E}\tanh\left(\frac{v_1}{2V_T}\right) \tag{9A-13}$$

와 같이 주어짐을 알 수 있다. 여기에서 만일 $V_1 << 2V_T$라면 위 식은

$$\Delta I_L \approx \frac{1}{2R_E V_T} v_1 v_2 \tag{9A-14}$$

와 같이 근사화가 가능함을 알 수 있다.

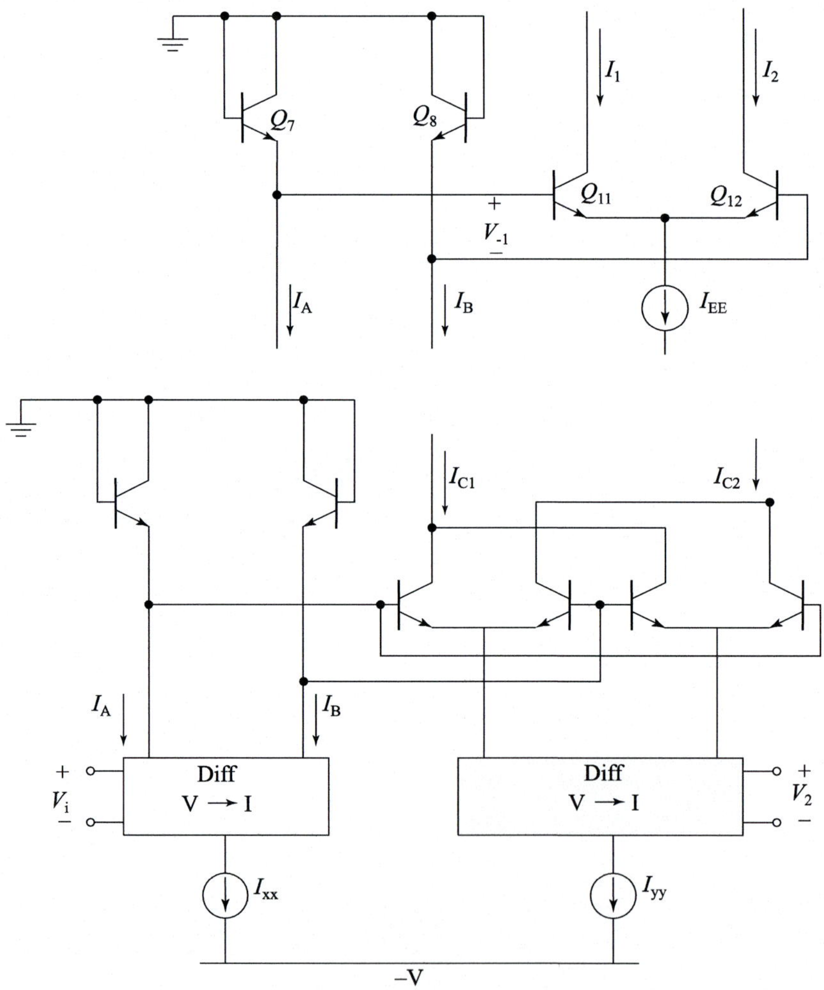

그림 9A-5

식 (9A-14)는 두 입력신호가 모두 교류신호일 때에도 잘 동작하므로 4상한 곱셈기라고 부른다.이 회로는 V_2 신호에 대해서는 에미터에 삽입되어있는 저항 R_E의 역할에 의하여 충분히 큰 신호에 대해서도 선형성이 보장될 수 있다. 그러나 V_1에 대해서는 신호의 크기가 작은 영역에서만 선형성을 유지할 수 있다는 점이 문제이다.

동작영역을 넓게 하여 V_1 신호가 큰 경우에도 선형영역에서 동작하도록 하기 위해서는 추가로 왜곡보상회로가 필요하다. 그림 9A-5가 바로 이러한 목적으로 설계한 회로이다. 여기에서 두 트랜지스터 Q_{11}과 Q_{12}의 베이스간 전압 v_1은

$$v_1 = V_T \ln\left(\frac{I_B}{I_A}\right) = V_T \ln\left(\frac{I_1}{I_2}\right) \tag{9A-15}$$

의 관계가 있다. 또한 식 (9A-9)로부터

$$I_B - I_A = (I_A + I_B)\tanh\left(\frac{v_1}{2V_T}\right) \tag{9A-16}$$

의 관계가 있으므로, 따라서 식 (9A-11)과 식 (9A-16)으로부터

$$\Delta I = (I_1 - I_2)\frac{(I_B - I_A)}{(I_A + I_B)} \tag{9A-17}$$

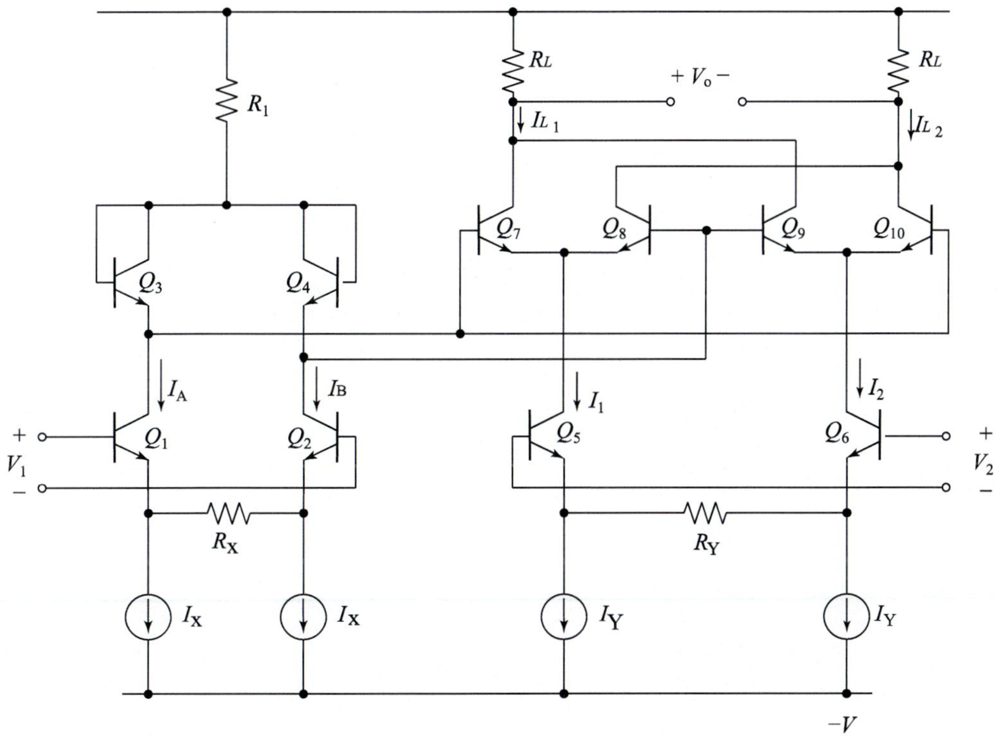

그림 9A-6

와 같이 나타낼 수 있음을 알 수 있다.

따라서 식 (9A-16)을 구현하기 위해서는 큰 교류전압신호를 선형적인 특성을 유지하면서 교류신호전류로 바꾸어주는 회로를 설계하여 부가하면 된다. 최종 완성된 회로는 그림 9A-6과 같다. 이 그림에서

$$I_A + I_B = 2I_X \tag{9A-18}$$

$$|I_B - I_A| = \frac{2|v_1|}{R_X} \tag{9A-18}$$

$$|I_1 - I_2| = \frac{2|v_2|}{R_Y} \tag{9A-20}$$

따라서 이 식들을 식 (9A-17)에 대입하면

$$\begin{aligned} |\Delta I_L| &= |I_1 - I_2| \\ &= \frac{2}{I_X R_X R_Y}|v_1 v_2| \end{aligned} \tag{9A-21}$$

와 같이 주어진다. 따라서 출력전압에 대한 표시식은

$$v_o = K\, v_1 v_2 \tag{9A-22}$$

여기에서

$$K = \frac{2R_L}{I_X R_X R_Y} \tag{9A-23}$$

와 같이 표시가 가능하다. 식 (9A-21)에서 v_1 , v_2는 작은 신호영역에 한정되지 않으며 큰 신호에 대해서도 곱셈기로서 잘 동작하게 된다. 또한 두 신호 모두 교류신호이므로 이런 형태의 곱셈기를 4상한 곱셈기라고 부른다. 그림 9A-6 회로에서 한 가지 주의사항은 트랜지스터 Q_3, Q_4, $Q_7 \sim Q_{10}$으로 구성되어있는 부분이 핵심이 되는 부분으로 잘 매칭이 될 필요가 있다. 이 부분의 매칭 정도에 따라 신호 크기의 동작범위가 달라지게 된다.

EXERCISE

09 연습문제

9.1 다음에 보이는 그림 P9.1의 회로에 대해서 물음에 답하라.
단, $I_1 = I_2 = 100\mu A$이고 전압제어발진기(oscillator)의 자유발진주파수(free Running freq.)는 $1MHz$이다.

(1.1) Q_1~Q_6로 구성된 위상 비교기에서, V_i와 V_{OSC}는 ±1V 고주파 구형 신호이고 $R1 = 10k\Omega$이다. $K_D(= dV_O / d\phi) = 1V / rad$이 되기 위한 R_2값을 정하라.

(1.2) Q_7~Q_{10}으로 구성된 회로에서, $K_G(= dI_{OUT} / dV_{o.avg}) = 100\mu A/V$이기 위한 R_3를 정하라.

(1.3) 만약 $K_O(= d\omega_{OSC} / dI_{OUT}) = 1krad/\sec/\mu A$라면, 입력이 접지된 상태에서 루프 필터를 포함한 루프 이득의 개략적인 형태를 보드선도로 그려라.

(1.4) 위의 루프이득으로부터 복소 쌍극점에 대한 Q-factor가 $1/\sqrt{2}$이 되기 위한 C_2 값을 정하라.

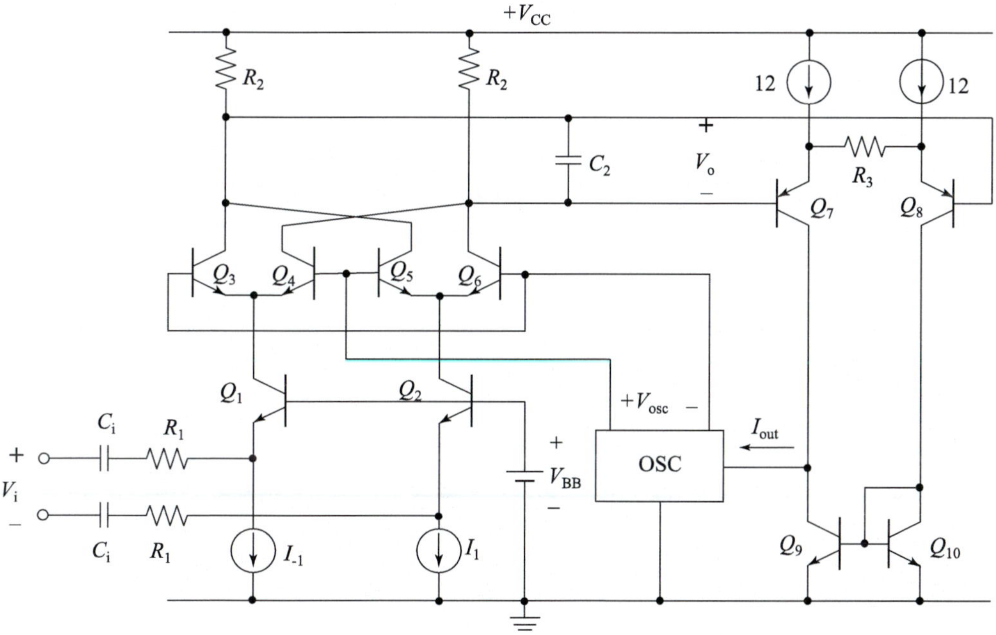

그림 P9.1

9.2

다음 그림 P9.2에 보이는 PLL 루프에 대하여 물음에 답하라.

(2.1) 그림 P9.2에서 출력파형은 입력에 FSK 신호가 입력에 인가되었을 때 얻어진 것이다. 출력파형을 보고 판단해 볼 때 입력 주파수의 변화범위는 얼마인가?

(2.2) 필터에서 C_1=0, 저항이 R_1=10kΩ 일 때, C_2=30pF이라면 출력파형의 시정수는 얼마이겠는가?

(2.3) 이번에는 필터에서 C_1=0, 저항이 R_1=10kΩ 일 때, 루프의 단위이득 주파수가 $\omega_{GB}^* = 2\pi \times 10$KHz가 되도록 C_2를 정하고 루프이득의 보드선도를 도시하라. 단,이 때 위상여유가 충분히 보장되도록 할 것.

(2.4) 필터에서 R_1=10kΩ일 때, $\omega_z = \frac{\omega_{GB}^*}{5}$, $\omega_p = 5\omega_{GB}^*$, $\Phi_m \geq 60°$의 조건을 만족하도록 R_2, C_1, C_2 값을 정하라. 단, ω_{GB}^*는 위에서 주어진 값이다.

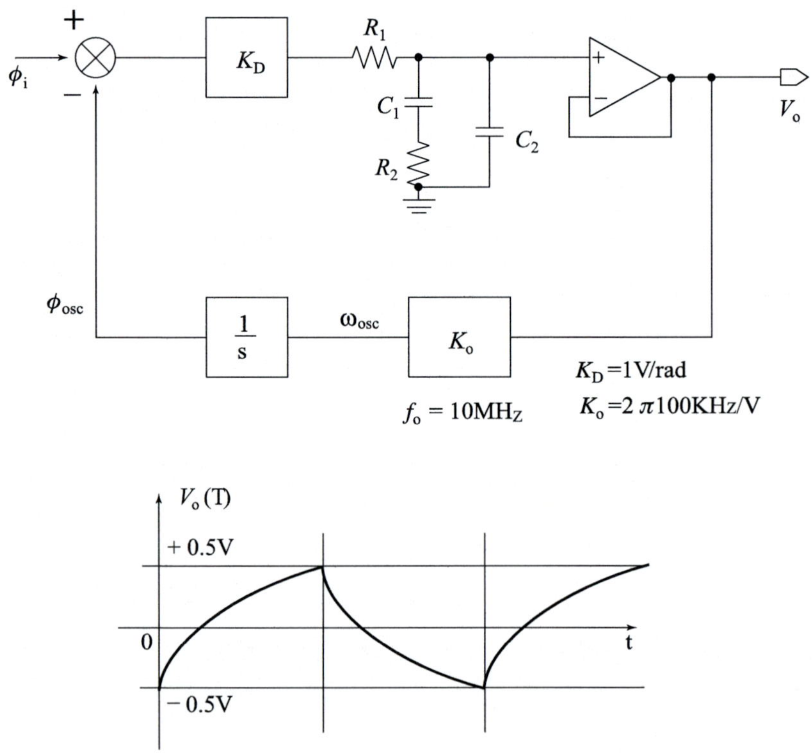

그림 P9.2

9.3

다음 그림 P9.3의 PLL 회로에 대해서 물음에 답하라.

(3.1) Q_1, Q_2의 베이스를 접지시킬 때 I_{10}=100μA가 흐르도록 하기 위해서는 이 회로에 약간의 수정이 필요하다. 수정이 필요한 부분을 찾아서, 정상적으로 동작하도록 바꾸어라. (힌트: 전류원을 어느 곳에 추가할 필요가 있음)

(3.2) 수정된 회로에 대해서 ϕ_i, ϕ_{osc} 신호가 구형파이며 충분히 클 때 $d\bar{I}_{10}/d\phi$를 계산하라. 단, $\bar{I}_{10}$는 I_{10}의 평균전류이다.

(3.3) V_{CO}의 특성은 $\bar{I}_{10}$가 1μA 변화할 때 1 KHz 변화한다. $C_1 = 0$일 때, 즉 1차 PLL의 단위이득 대역폭은 얼마인가?

(3.4) R_1, C_1을 넣어 루프 대역폭을 1/3로 줄이고자 한다. 위상여유를 70° 정도로 보장하기 위한 R_1과 C_1의 값을 대략 구하라.

(3.5) 루프이득 T의 보드선도를 그리고 보상회로 설계가 올바른지 여부를 논하라.

(3.6) 입력 주파수가 f_O를 중심으로 ±100kHz 범위에서 천천히 변화할 때, V_O의 변화범위는 얼마인가?

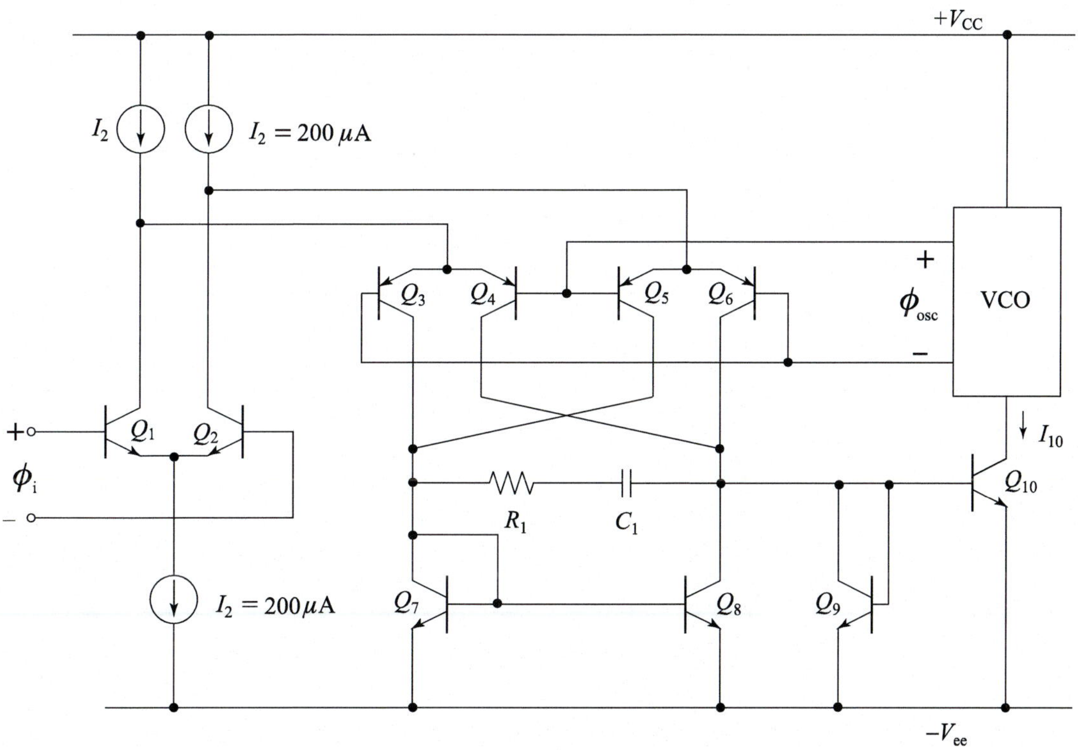

그림 P9.3

9.4

다음 그림 P9.4에 보이는 PLL 회로에 대하여 물음에 답하라.

단, $R_1 = 10K$, $R_2 = 20K$, $R_3 = 1K$, $C_1 = 10\text{nF}$, $C_2 = 100\text{pF}$이고, $K_D = 1\text{V}/\text{rad}$, VCO의 $K_O = 2\pi \times 100\text{kHz/V}$이다.

(4.1) $\left(\dfrac{V_O}{V_I}\right)$의 보드선도를 도시하라.

(4.2) 이 PLL의 잠금범위는 얼마인가?

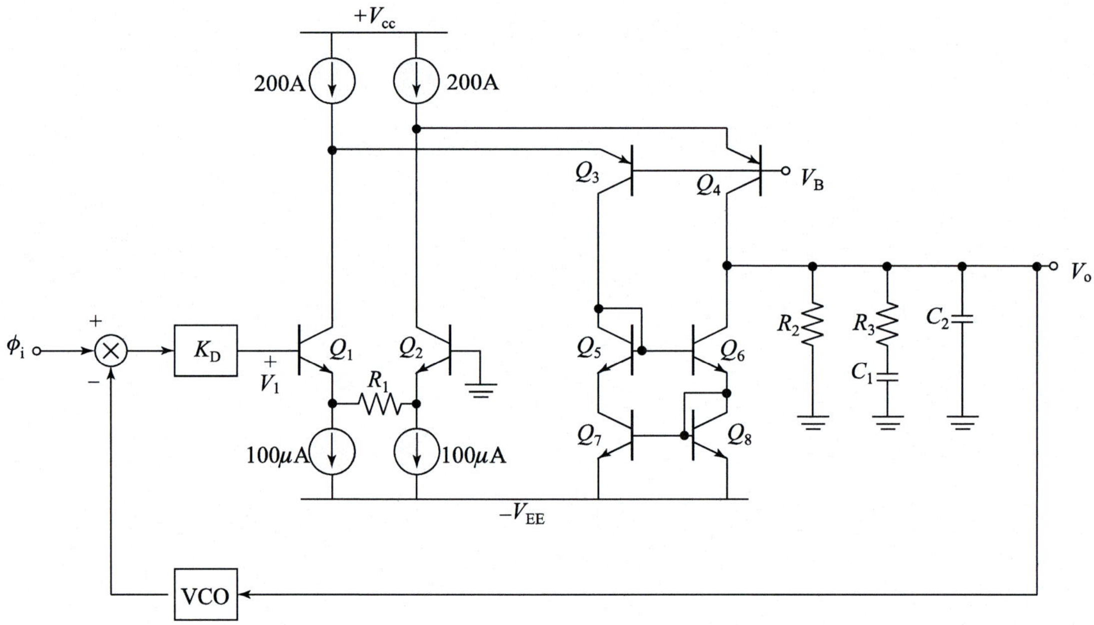

그림 P9.4

참 고 문 헌

[1] P.R.Gray, R.G.Mayer, 'Analysis and Design of Analog Integrated Circuits,'John Wiley & Sons, 1993.

[2] P.E.Gray, C.L.Searle, 'Electronic Principles: Physics, Models, and Circuits,' John Wiley & Sons, 1969.

[3] A.B.Grebene, 'Bipolar and MOS Analog Integrated Circuit Design,' John Wiley & Sons, 1984.

[4] K.R.Larker, W.M.C.Sansen, 'Design of Analog Integrated Circuits and Systems,' McGraw-Hill, 1994.

[5] D.Johns, K.Martin, 'Analog Integrated Circuit Design,' John Wiley & Sons, 1997.

[6] B. Razavi, 'Design of Analog Integrated Circuits,' McGraw-Hill, 2000.

[7] D.O.Pederson, K.Mayaram, 'Analog Integrated Circuits for Communication,' Kluwer Academic Publishers, 1994.

찾아보기

Index

ㅇ

ㅈ

ㅊ

ㅋ

ㅌ

ㅍ

ㅎ

기타

저 자

조 규 형

KAIST 전자공학과 교수

정가 39,000원

전자회로 특론

2008년 2월 10일 초판 인쇄
2010년 2월 20일 수정판 발행
저 자 : 조 규 형
발행자 : 우 명 찬 · 송 준
발행처 : 홍 릉 과 학 출 판 사
주 소 : 서울시 강북구 인수동 455-60
142-885
등 록 : 1976년 10월 21일 제5-66호
전 화 : 999-2274 ～ 5, 996-8341, 903-7037
팩 스 : 905-6729
I S B N : 978-89-7283-666-7
hongpub@hongpub.co.kr
www.hongpub.co.kr